"十二五"普通高等教育本科国家级规划教材

首届全国教材建设奖
全国优秀教材
一等奖

模拟电子技术基础

MONI DIANZI JISHU JICHU

（第五版）

清华大学电子学教研组　编
原主编　童诗白　华成英
修订者　华成英　叶朝辉

高等教育出版社·北京

内容简介

本书是普通高等教育“十二五”国家级规划教材，是总结首届国家级精品课程——清华大学“电子技术基础”的十年教学实践和资源共享课的建设工作，在第四版的基础上修订而成的。

主要内容包括：导言、常用半导体器件、基本放大电路、集成运算放大电路、放大电路的频率响应、放大电路中的反馈、信号的运算和处理、波形的发生和信号的转换、功率放大电路、直流电源和模拟电子电路读图等十一章。

全书以导言开篇，以读图结尾；每章以本章讨论的问题开始，以小结结束；基本知识内容系统、精炼、深入。作者力图使读者站在电子系统的高度认识电路，以便学以致用；从设计的角度讲述部分电路，以便学习科学的思维方法；从结构特点阐明基本电路，以便掌握其精髓和“根本”；从具体电子电路应用的局限性获得重构电路的思路，以便学会自己发现问题、研究问题和解决问题；例题、思考题、自测题、习题层次分明，具有基础性、启发性、灵活性和实践性，特别增加了故障诊断和具有设计性质的问题，以提高综合应用基本知识的能力及理论指导实践的能力。纵观各章 Multisim部分，基本涵盖了 EDA在模拟电子电路中的主要应用，系统且具有示范性。书中减少了分立元件电路，突出集成电路，使双极型、单极型和混合型集成运放的特点及应用更突出；扩展内容和涉及集成器件内部电路的部分相对独立，利于取舍。

本书适于作为高等院校电气类、自动化类、电子类等专业和部分非电类专业与模拟电子技术相关课程的教材，也可作为工程技术人员的参考书。

图书在版编目(CIP)数据

模拟电子技术基础／童诗白，华成英主编；清华大学电子学教研组编．—5版．—北京：高等教育出版社，2015.7(2024.8重印)

ISBN 978-7-04-042505-5

Ⅰ．①模…　Ⅱ．①童…②华…③清…　Ⅲ．①模拟电路-电子技术-高等学校-教材　Ⅳ．①TN710

中国版本图书馆 CIP 数据核字(2015)第 074846 号

策划编辑　欧阳舟　　责任编辑　欧阳舟　　封面设计　李卫青　　版式设计　童　丹
插图绘制　杜晓丹　　责任校对　陈　杨　　责任印制　高　峰

出版发行　高等教育出版社
社　　址　北京市西城区德外大街 4 号
邮政编码　100120
印　　刷　固安县铭成印刷有限公司
开　　本　787mm×1092mm　1/16
印　　张　34.75
字　　数　840 千字
购书热线　010-58581118
咨询电话　400-810-0598

网　　址　http://www.hep.edu.cn
　　　　　http://www.hep.com.cn
网上订购　http://www.landraco.com
　　　　　http://www.landraco.com.cn
版　　次　1980 年 9 月第 1 版
　　　　　2015 年 7 月第 5 版
印　　次　2024 年 8 月第 23 次印刷
定　　价　59.90 元

物 料 号　42505-A0

作 者 声 明

第五版序

《模拟电子技术基础》第五版是普通高等教育"十二五"国家级规划教材，是总结首届国家级精品课程——清华大学"电子技术基础"的十年教学实践和资源共享课的建设工作，在第四版的基础上修订而成的。适于作为高等院校电气类、自动化类、电子类等专业和部分非电类专业模拟电子技术基础课程的教材，也可作为工程技术人员的参考书。

主要内容包括：导言、常用半导体器件、基本放大电路、集成运算放大电路、放大电路的频率响应、放大电路中的反馈、信号的运算和处理、波形的发生和信号的转换、功率放大电路、直流电源和模拟电子电路读图等十一章。

一、修订原则

本次修订以"保证基础，体现先进，联系实际，引导创新，分清层次，利于教学"为基本原则，紧扣教学基本要求，"立足基础，面向发展"。

与第四版相比，保持了原内容体系和体例结构基本不变、"基础与发展""基本知识与扩张知识"兼顾的内容编排方式不变、"深入、透彻"的叙述风格不变、突出教材的基础性、科学性、先进性、实用性和适用性的基本特点不变。同时，加强了电路产生背景、电路结构构思过程、场效应管电路的主要应用以及模拟电子电路的故障诊断、电路设计、EDA 技术应用等方面的内容。

全书以导言开篇，以读图结尾，力图使读者站在电子系统的高度认识电路，以便学以致用；从设计的角度讲述部分电路，再现"器件、电路、方法的获得过程"，以便学习科学的思维方法；从结构特点阐明基本电路，以便掌握其精髓和"根本"，从而能够举一反三；从具体电子电路应用的局限性引导获得重构电路的思路，从而学会自己发现问题、研究问题、解决问题。

二、内容变化

1. 将第四版的多级放大电路部分必要内容合并于集成运算放大电路一章，减少分立元件电路，突出集成电路。

2. 在"集成放大电路"和"功率放大电路"等章节适当增加场效应管的内容，阐明 CMOS 电路、Bi－FET 电路、Bi－CMOS 电路的组成及其特点。使双极型、单极型和混合型集成运放的分类更清晰，各自的特点更突出。

3. 完善全书 Multisim 章节部分，使之基本涵盖 EDA 在模拟电子电路中的基本应用，更加系统，更具示范性。

4. 在例题、思考题、自测题、习题中增加故障诊断和具有设计性质的问题，以提高学生发现问题和应用基本知识的能力；适当增加 EDA 方面的内容，以提高电子电路现代化分析和设计工具的应用能力。

5. 使扩展内容和涉及集成器件内部电路的部分相对独立，以利于教学的取舍。

在修订本教材的同时，重新编写了辅助教材；从原来的《模拟电子技术基础习题解答》更名为《模拟电子技术基础学习辅导与习题解答》，保留了"例题精解"和"习题解答"，增加了"内容概要"和"难点释疑"，以利于读者学习。

本次修订由华成英主编。华成英修订第 0 至第 7 章、第 10 章，叶朝辉修订第 8、9 章；同时，由华成英编写辅助教材。在修订过程中,清华大学电子技术基础教学组全体成员参加了大纲的讨论。

本次修订承蒙浙江大学王小海教授审阅了全书,提出了很多宝贵的意见和建议,在此表示衷心的感谢！同时,也向对原教材提出过意见和建议的读者们表示衷心的感谢！

由于我们的能力和水平所限,书中定有疏漏、欠妥和错误之处。恳请各界读者一如既往,多加指正,以便今后不断改进。

编者电子邮箱:

华成英:hchya@ tsinghua. edu. cn

叶朝辉:yezhaohui@ tsinghua. edu. cn

编　者

2015 年 3 月于清华园

第四版序

《模拟电子技术基础》(第四版)是普通高等教育“十五”国家级规划教材，是总结首届国家级精品课程——清华大学“电子技术基础”课程的教学实践，在第三版的基础上，根据教学基本要求修订而成的。适于作为高等院校电气信息、电子信息类各专业模拟电子技术基础课程的教材，也可作为工程技术人员的参考书。

主要内容包括：导言、常用半导体器件、基本放大电路、多级放大电路、集成运算放大电路、放大电路的频率响应、放大电路中的反馈、信号的运算和处理、波形的发生和信号的转换、功率放大电路、直流电源和模拟电子电路读图。

主要特点如下：

一、第四版基本沿袭了第三版的体系，遵循“先器件后电路，先小信号后大信号，先基础后应用”的规律编排内容。在应用方面，是围绕信号的放大、运算、处理、转换和产生来介绍的。

二、第四版增加了第0章导言，与最后一章读图呼应，使读者了解模拟电子技术基础课程的特点，尽快入门，并能站在电子系统的高度来认识模拟电子电路，了解它们的功能和用途。

三、每章以“本章讨论的问题”开始，以“本章小结”结束，前后呼应。重新提炼了模拟电子技术的基本概念、基本电路和基本方法，它们占有主要篇幅，内容系统，叙述细致、深入、精炼。并力图在讲清电路工作原理和分析方法的同时，尽量阐明电路结构的构思方法，使读者从中获得启迪，有利于培养创新意识。扩展部分触类旁通，简单易懂，篇幅虽少，内容丰富，开阔眼界。

四、在各章主要节后增加了思考题，以利于理解和掌握基本概念、基本电路和基本方法。例题、自测题和习题难度层次分明，题型多样，内容丰富，联系实际；并增加了故障诊断和设计性的题目，使提问题的角度更具有启发性、灵活性和实践性。

五、各章最后一节为 Multisim 应用举例，这些举例或者具有研究性质，或者在实际实验中难于实现，且全书的举例尽量涵盖模拟电子电路的基本测试方法和仿真方法。

第四版由华成英修订，叶朝辉编写了各章的 Multisim 应用举例，刘昕对书中的例题进行了仿真；阎石、杨素行、王宏宝等参加了编写大纲的讨论。

北京工业大学陆培新教授审阅了全书，提出了很多宝贵的意见和建议，在此表示衷心的感谢！同时，也向对原教材提出过意见和建议的读者们表示衷心的感谢！

由于我们的能力和水平所限，书中定有疏漏、欠妥和错误之处。恳请各界读者一如既往，多加指正，以便今后不断改进。

本书第一、二、三版主编童诗白教授在第四版修订之初仙逝，在此谨表深切的怀念之情，并以此书的出版作为纪念。

编　者

2006年1月于清华园

第四版序

第三版序

为了适应电子科学技术的高度发展和21世纪高等教育培养高素质人才的需要，我们在第二版的基础上，总结了多年来课程改革的经验，对教材内容作了修改和更新。考虑到素质教育的特点，在修订时，既要保持多年形成的比较成熟的体系，又要面向新世纪的发展；既要符合本门课程的基本要求，又要适当地引进电子技术中的新器件、新技术、新方法；既要使学生掌握基础知识，又要培养他们的定性分析能力、综合应用能力和创新意识；既要有利于教师对教材的灵活取舍，又要有利于学生对教材内容的主动学习和思考。为此制定了“保证基础，体现先进，联系实际，引导创新，分清层次，利于教学”的修订原则，使第三版具有系统性、科学性、启发性、先进性、实用性和适用性。具体做法是：

一、各章顺序是按先器件后电路、先小信号后大信号、先基础后应用的原则安排的，并以读图作为全书内容的复习和总结。鉴于21世纪是信息时代，在应用方面，书中是围绕信号的放大、运算、处理、转换和产生来介绍的。各章具体名称请见目录。

二、将第二版中难点和重点集中的部分加以调整，使每一章只有一个或两个主干，每一节只解决一个或两个问题，使难点分散，以利于读者“入门”和自学。

三、各章力图按“提出问题，突出主干，理顺思路，启发引导，总结规律，举一反三”的原则编排内容，沿主干方向由浅入深、由简到繁、承前启后、相互呼应，激发读者学习兴趣。在给定的条件下，使读者能主动思考，找出解决问题的方法，并在此基础上总结规律，“举一反三”。

四、由于电子电路分析和设计方法的现代化和自动化，使定量计算更准确和精确，因此设计者将更侧重电路结构的设计。第三版将更多地讲述电子电路的组成，更加注重电路结构的构思，突出定性分析。力图使读者不但“知其然”，还“知其所以然”，从中获得启迪，并进一步提高创新意识。

五、各章节在讲清基本内容的基础上，增加了“提高”和“引申”的内容，以扩展知识面，开阔视野。并对这部分内容设置相对独立的章节，以利于教师按学时多少和专业需要取舍。

六、对例题和习题作了进一步的修改，力图使其在难度上更有层次，在题型上更多样化，在提问题的角度上更具有启发性。

七、适当引入了近些年来电子技术的新器件、新技术、新方法，如可编程模拟器件、开关电容技术、EDA软件等等，以利于读者了解电子技术的新发展。

第三版由童诗白、华成英主编，由华成英执笔。浙江大学郑家龙教授和北京工业大学陆培新教授审阅了全书，提出了很多宝贵的意见和建议。在本书的编写过程中还得到美国俄亥俄州立大学徐雄教授、北京市英塞尔器件集团总工程师高光天高级工程师的帮助。在此，谨向他们以及对原教材提出过批评和建议的读者们表示衷心的感谢！

由于我们的能力和水平所限，所提编写原则和书中具体内容若有疏漏、欠妥和错误之处，恳请各界读者一如既往，多加指正，以便今后不断改进。

编　者

2000年3月于清华大学自动化系

第三版序

[illegible]

第二版序

《模拟电子技术基础》上、下册自1980年和1981年相继出版以来，在各兄弟院校师生和广大读者的关注下，迄今总印刷量已超过一百万册。在这段时间内，我们一方面收到许多批评和建议，另一方面，通过几年来的教学实践，认识到教材中有些内容已不能适应当前教学改革形势的需要。这次修订第二版，编者将在总结经验、改正错误的基础上，力求能在以下几方面有所前进：

一、为了提高思想性、科学性和启发性，我们首先着眼于运用辩证唯物主义的观点来阐述分析问题和解决问题的科学思维过程。为此，书中在介绍基本电路和与之有关的基本概念、基本原理和基本方法之后，对每一个新出现的电路，都尽可能做到从实际需要出发，突出构成该电路的思路。我们希望，这样做一方面可以加深对基本原理的理解，简化定量分析的过程，加强读图的能力；更重要的是有利于启发思考、引导创新。

二、为了体现适合我国情况的先进性，我们大量删减了原书中现已过时的内容，诸如阻容耦合电压放大电路、变压器耦合功率放大电路、由分立元件组成的放大电路设计举例等。另外，在书中的第三章即开始介绍集成运算放大电路的组成和有关性能，在以后各章中还分别介绍了集成比较器、集成乘法器、集成功率放大器、集成三端稳压器、第四代高精度运算放大器等目前在国内已比较流行而且已经生产的先进器件。我们还根据形势的发展，以直接耦合式代替阻容耦合式作为基本放大电路的典型，对它进行全面的分析，以便更好地与模拟、数字集成电路相配合。

三、为了加强教学上的适用性，本书中除第六章和末章外，其余各章都有正文和附录两部分。前者是按国家教委在1987年颁发的《高等工业学校电子技术基础课程教学基本要求》的精神编写的，这部分的内容大致符合60～70学时的课堂教学之用；后者是根据加深加宽的需要而补充的。为了适应不同学校或不同专业在讲授“模拟”和“数字”两部分课程的先后次序上有不同的安排，书中第一章（半导体器件基础）已为数字电路对半导体器件和基本电路的需要做好准备，因此学完该章后即可转入与本书配套的《数字电子技术基础》教材。考虑到两个学期教学内容的平衡性，建议教学内容可按下表处理：

教学次序	教材内容	
	第一学期　60～70学时	第二学期　60～70学时
先“模拟”后“数字”	《模拟电子技术基础》	《数字电子技术基础》
先“数字”后“模拟”	《模拟》第一章《数字》除去“模数转换”一章	《模拟》从第二章开始加《数字》中的“模数转换”

四、为了帮助复习、巩固所学内容并启发不同程度的读者对各类问题进行思考，书中习题采用了多层次的结构。例如，属于基本要求的自我检验题，排在每章的习题之前，利用选择、填空等方式，使读者便于自行检查学习效果；设有思考题以加深对基本概念的理解；设有提高题以引导深入钻研；还有一定数量的分析计算和综合应用题以培养有关能力。习题总量增加到三百二十多道，其中除极个别的仍取自原教材外，其余都是根据近年来从教学和科学研究中所取得的经验重新改编的。书末附有部分计算题的答案以供校核。

本书先以讲义形式在本校出版并试用过两届。其中第一章由高扬编写，后因工作调动由胡尔珊整理；第二、三、四、十、十一章由胡尔珊编写；第五、六、七、八、九章由孙梅生编写；第十二章由胡尔珊、孙梅生二人合写；童诗白任主编，负责组织各章节内容的讨论和定稿；教研组主任阎石参加了编写过程的讨论。讲义稿承西安交通大学信控系沈尚贤教授主审，参加审阅的还有叶德璇、王志宏、唐泽荷几位副教授，他们都提出了很多宝贵意见。本书是在遵照审阅意见和针对讲义使用中所出现的问题加以修改而成。在此谨向他们和以前对原教材提出过批评和建议的同志们表示衷心的感谢！

电子技术日新月异，教学改革任重道远，我们的能力和这两方面的发展所提出的要求相比，还有很大的差距。恳请各界读者一如既往，对书中的缺点和错误多加指正，以便今后不断改进。

编　者

1987 年 5 月

初 版 序

本书是参照高等学校工科基础课电工、无线电类教材会议在1977年11月制订的“电子技术基础”(自动化类)教材编写大纲和各兄弟院校后来对该大纲提出的修改意见编写的。现以《模拟电子技术基础》和《数字电子技术基础》两书出版。其中的基本部分,可供高等院校自动化专业“电子技术基础”课程两学期的教学使用。

在编写过程中,我们力图把内容的重点放在培养分析问题和解决问题的能力上。我们认为,自动化专业的毕业生在电子技术方面应该初步具有一看、二算、三选、四干的能力。所谓会看,就是能看懂本专业中典型电子设备的原理图,了解各部分的组成及其工作原理;会算,就是对各个环节的工作性能会进行定性或定量分析、估算;会选和会干,就是遇到本专业的一般性任务,能大致选定方案,选用有关的元、器件,并且通过安装调试把它基本上研制出来。因此,为了能会看,书中加强了基本概念和各种典型的基本单元电路的介绍,并专设阅图训练的章节;为了能会算,书中加强了基本原理和基本分析方法;至于会选和会干的能力,主要应在设计课、实验课和后续的其它教学环节中培养,但为了配合这方面的要求,书中也有一些设计举例,并设有电子设备的一些实际问题一章。

在处理不断增长的新技术和有限的篇幅之间的矛盾时,我们采取的措施是在保证基本概念、基本原理和基本分析方法的前提下,尽可能地使学生能适应80年代电子技术发展的需要。为此,对于有些用分立元件组成的单元如调制放大、功率放大、门电路、触发电路等方面的内容,均予以大幅度地削减,而有关线性集成电路和数字集成电路部分,则相应加强。此外,还利用排小字(比较深入的部分)、打星号(附加内容)和加下注(补充说明和指明参考资料的出处)等方式,以适应不同程度的要求。在模拟电子技术基础各章小结之后,还附有思路流程图,希望能有助于使读者了解编写意图和基本内容(用粗线框出)。

参加模拟电子技术基础编写工作的有童诗白、金国芬、阎石、吴白纯、孙家炘、张乃国等同志,童诗白同志负责组织和定稿。参加讨论和整理的有马钟璞、董鸿芳、杨素行、王寒伟、孙昌龄、胡东成、尤素英等同志;为书中一些电路进行测试和验证的有朱亚尔、蔡文华、朱占星、杨炘、胡尔珊等同志。李士鑫同志协助一部分制图的工作。

在模拟电子技术基础的整理和定稿过程中,得到了全国六十余所兄弟院校老师们对征求意见稿提出的宝贵意见。审稿会上,在主审单位西安交通大学沈尚贤教授的主持下,华中工学院、南京工学院、浙江大学、山东工学院、哈尔滨工业大学、上海交通大学、大连工学院、昆明工学院、太原工学院、华南工学院、天津大学、重庆大学、合肥工业大学等兄弟院校的老师们仔细阅读了原稿,指出错误和不妥之处,并提出改进的建议,尤其是西安交通大学沈尚贤、叶德璇、王志宏等同志,在审稿期间,倍加辛劳,写出详细的评审和修改意见。此外,我们还得到本校计算机科学系、无线电系以及北京航空学院等单位同志的指正和帮助,本校建工系的几位同志描绘全部插图,在此一并致以衷心的感谢。

由于我们对先进的电子技术了解不够,本教材又缺乏一定的教学实践,因此书中必然存在许多缺点和错误,恳切希望兄弟院校的师生和其它读者给予批评和指正。

编　者

1979年12月

初版序

1979年12月

模拟电子技术基础符号说明

一、几点原则

1. 电流和电压(以基极电流为例,其它电流、电压可类比)

$I_{B(AV)}$	表示平均值
$I_B(I_{BQ})$	大写字母、大写下标,表示直流量(或静态电流)
i_B	小写字母、大写下标,表示交、直流量的瞬时总量
I_b	大写字母、小写下标,表示交流有效值
i_b	小写字母、小写下标,表示交流瞬时值
$\dot{I}_b$	表示交流复数值
Δi_B	表示瞬时值的变化量

2. 电阻

R	电路中的电阻或等效电阻
r	器件内部的等效电阻

二、基本符号

1. 电流和电压

I、i	电流的通用符号
U、u	电压的通用符号
$\dot{I}_f$、$\dot{U}_f$	反馈电流、电压
$\dot{I}_i$、$\dot{U}_i$	交流输入电流、电压
$\dot{I}_o$、$\dot{U}_o$	交流输出电流、电压
I_Q、U_Q	电流、电压静态值
I_{REF}、U_{REF}	参考电流、电压
i_P、u_P	集成运放同相输入端的电流、电位
i_N、u_N	集成运放反相输入端的电流、电位
u_{Ic}、Δu_{Ic}	共模输入电压、共模输入电压增量
u_{Id}、Δu_{Id}	差模输入电压、差模输入电压增量
$\dot{U}_s$	交流信号源电压
U_T	电压比较器的阈值电压
U_{OH}、U_{OL}	电压比较器的输出高电平、输出低电平
V_{BB}	基极回路电源
V_{CC}	集电极回路电源
V_{DD}	漏极回路电源
V_{EE}	发射极回路电源
V_{SS}	源极回路电源

2. 功率和效率

P	功率通用符号
p	瞬时功率
P_o	输出交流功率
P_{om}	最大输出交流功率
P_T	晶体管耗散功率
P_V	电源消耗的功率

3. 频率

f	频率通用符号
f_{bw}	通频带
f_c	使放大电路增益为 0 dB 时的信号频率
f_H、f_L	放大电路的上限截止频率、下限截止频率
f_P	滤波电路的通带截止频率
f_0	电路的振荡频率、中心频率、滤波电路的特征频率
ω	角频率通用符号

4. 电阻、电导、电容、电感

R	电阻通用符号
G	电导通用符号
C	电容通用符号
L	电感通用符号
R_b、R_c、R_e	晶体三极管的基极电阻、集电极电阻、发射极电阻
R_g、R_d、R_s	场效应管的栅极电阻、漏极电阻、源极电阻
R_i、R_{if}	放大电路的输入电阻、负反馈放大电路的输入电阻
R_L	负载电阻
R_N、R_P	集成运放反相输入端外接的等效电阻、同相输入端外接的等效电阻
R_o、R_{of}	放大电路的输出电阻、负反馈放大电路的输出电阻
R_s	信号源内阻

5. 放大倍数、增益

A	放大倍数或增益的通用符号
A_c	共模电压放大倍数
A_d	差模电压放大倍数
$\dot{A}_u$	电压放大倍数的通用符号，$\dot{A}_u=\dot{U}_o/\dot{U}_i$
$\dot{A}_{uh}$	高频电压放大倍数
$\dot{A}_{ul}$	低频电压放大倍数
$\dot{A}_{um}$	中频电压放大倍数
$\dot{A}_{up}$	有源滤波电路的通带放大倍数
$\dot{A}_{us}$	考虑信号源内阻时的电压放大倍数的通用符号，$\dot{A}_{us}=\dot{U}_o/\dot{U}_s$

$\dot{A}_{uu}$	第一个下标为输出量，第二个下标为输入量，电压放大倍数符号，$\dot{A}_{ui}$、$\dot{A}_{ii}$、$\dot{A}_{iu}$以此类推
$\dot{F}$	反馈系数通用符号
$\dot{F}_{uu}$	第一个下标为反馈量，第二个下标为输出量，$\dot{F}_{uu}=\dot{U}_{\mathrm{f}}/\dot{U}_{\mathrm{o}}$，$\dot{F}_{ui}$、$\dot{F}_{ii}$、$\dot{F}_{iu}$以此类推

三、器件参数符号

1. P 型、N 型半导体和 PN 结

C_{b}	势垒电容
C_{d}	扩散电容
C_{j}	结电容
U_{T}	温度的电压当量

2. 二极管

D	二极管
$\mathrm{D_Z}$	稳压二极管
I_{D}	二极管的电流
$I_{\mathrm{D(AV)}}$	二极管的整流平均电流
I_{F}	二极管的最大整流平均电流
I_{R}、I_{S}	二极管的反向电流、反向饱和电流
r_{d}	二极管导通时的动态电阻
r_{z}	稳压管工作在稳压状态下的动态电阻
U_{on}	二极管的开启电压
$U_{\mathrm{(BR)}}$	二极管的击穿电压

3. 晶体三极管

T	晶体管
b、c、e	基极、集电极、发射极
C_{ob}	共基接法时晶体管的输出电容
C_{μ}、C_{π}	混合 π 等效电路中集电结的等效电容、发射结的等效电容
f_{β}	晶体管共射接法电流放大系数的上限截止频率
f_{α}	晶体管共基接法电流放大系数的上限截止频率
f_{T}	晶体管的特征频率，即共射接法下使电流放大系数为 1 的频率
g_{m}	跨导
$h_{11\mathrm{e}}$、$h_{12\mathrm{e}}$、$h_{21\mathrm{e}}$、$h_{22\mathrm{e}}$	晶体管共射接法 h 参数等效电路的四个参数
I_{CBO}	发射极开路时 b－c 间的反向电流
I_{CEO}	基极开路时 c－e 间的穿透电流
I_{CM}	集电极最大允许电流
P_{CM}	集电极最大允许耗散功率

$r_{bb'}$ 基区体电阻
$r_{b'e}$ 发射结的动态电阻
$U_{(BR)CBO}$ 发射极开路时 b－c 间的击穿电压
$U_{(BR)CEO}$ 基极开路时 c－e 间的击穿电压
U_{CES} 晶体管饱和管压降
U_{on} 晶体管 b－e 间的开启电压
α、$\bar{\alpha}$ 晶体管共基交流电流放大系数、共基直流电流放大系数
β、$\bar{\beta}$ 晶体管共射交流电流放大系数、共射直流电流放大系数

4. 场效应管

T 场效应管
d、g、s 漏极、栅极、源极
C_{ds}、C_{gs}、C_{gd} d－s 间等效电容、g－s 间等效电容、g－d 间等效电容
g_m 跨导
i_D、i_S 漏极电流、源极电流
I_{DO} 增强型 MOS 管 $U_{GS}=2U_{GS(th)}$ 时的漏极电流
I_{DSS} 结型场效应管 $U_{GS}=0$ 时的漏极电流
P_{DM} 漏极最大允许耗散功率
r_{ds} d－s 间的动态电阻
$U_{GS(off)}$ 或 U_P 耗尽型场效应管的夹断电压
$U_{GS(th)}$ 或 U_T 增强型场效应管的开启电压

5. 集成运放

A_{od} 开环差模增益
f_c 单位增益带宽
f_h －3 dB 带宽
I_{IB} 输入级偏置电流
I_{IO}、$\mathrm{d}I_{IO}/\mathrm{d}T$ 输入失调电流、输入失调电流的温漂
K_{CMR} 共模抑制比
r_{id} 差模输入电阻
SR 转换速率
U_{IO}、$\mathrm{d}U_{IO}/\mathrm{d}T$ 输入失调电压、输入失调电压的温漂

四、其它符号

D 非线性失真系数
K 热力学温度的单位
N_F 噪声系数
Q 静态工作点
S 整流电路的脉动系数
S_r 稳压电路中的稳压系数

T	温度,周期
η	效率,等于输出功率与电源提供的功率之比
τ	时间常数
φ	相位角

目　　录

第0章　绪论

本章讨论的问题

- 什么是信号？为什么常将非电的物理量通过传感器转换为电信号？
- 什么是模拟信号？ 什么是数字信号？
- 电子系统由哪些部分组成？各部分的作用是什么？
- 电子信息系统中有哪些常见的模拟电路？它们各具有什么功能？
- 如何学习模拟电子技术基础？
- 什么是EDA？为什么说它使电子电路的设计和实现产生革命性变化？

0.1　电信号

0.1.1　什么是电信号

信号是反映消息的物理量,例如工业控制中的温度、压力、流量、自然界的声音信号等,因而信号是消息的表现形式。人们所说的信息,是指存在于消息之中的新内容,例如人们从各种媒体上获得原来未知的消息,就是获得了信息。可见,信息需要借助于某些物理量(如声、光、电)的变化来表示和传递,广播和电视利用电磁波来传送声音和图像就是最好的例证。

由于电信号较容易传送、处理和控制,人们就将非电的物理量通过各种传感器转换成电信号,以达到信息的提取、传送、交换、存储等目的。

电信号是指随时间而变化的电压 u 或电流 i,因此在数学描述上可将它表示为时间 t 的函数,即 $u=f(t)$ 或 $i=f(t)$,并可画出其波形。电子电路中的信号均为电信号,以下简称为信号。

0.1.2　模拟信号和数字信号

信号的形式是多种多样的,可以从不同角度进行分类。例如,根据信号是否具有随机性分为确定信号和随机信号,根据信号是否具有周期性分为周期信号和非周期信号,根据信号对时间的取值分为连续时间信号和离散时间信号,等等。在电子电路中则将信号分为模拟信号和数字信号。

模拟信号在时间和数值上均具有连续性,即对应于任意时间值 t 均有确定的函数值 u 或 i,并且 u 或 i 的幅值是连续取值的。例如,正弦波信号是典型的模拟信号,图 0.1.1(a)所示也是典型的模拟信号。

与模拟信号不同,数字信号在时间和数值上均具有离散性,u 或 i 的变化在时间上不连续,总是发生在离散的瞬间,且它们的数值是一个最小量值的整倍数,并以此倍数作为数字信号的数值,如图0.1.1(b)所示。当实际信号的值在 N 与 $N+1$(N 为整数)之间时,则需通过设定的阈值将其确定为 N 或 $N+1$,即认为 N 与 $N+1$ 之间的数值没有意义。

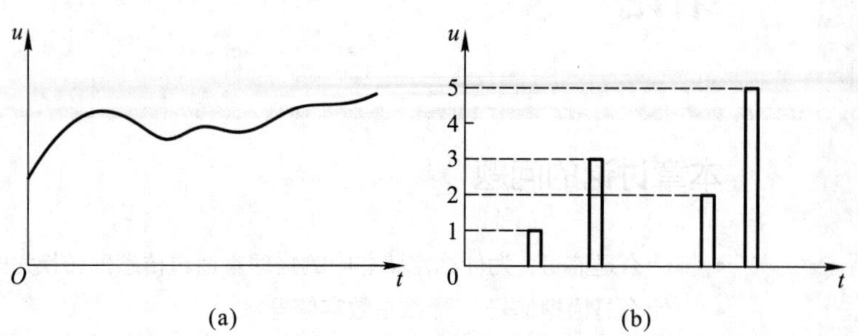

图 0.1.1 模拟信号与数字信号

（a）模拟信号 （b）数字信号

应当指出,大多数物理量所转换成的电信号均为模拟信号。在信号处理时,模拟信号和数字信号可以相互转化。例如,用计算机处理信号时,由于计算机只能识别数字信号,故需将模拟信号转换为数字信号,称为模－数转换①;由于负载常需模拟信号驱动,故需将计算机输出的数字信号转换为模拟信号,称为数－模转换②。

本书所涉及的信号多为模拟信号。

0.2 电子信息系统

电子信息系统可简称为电子系统。本节简要介绍模拟电子系统所包含的主要组成部分和各部分的作用,以及电子系统的设计原则、组成系统时所要考虑的问题和系统中常用的模拟电子电路。

0.2.1 模拟电子系统的组成

图 0.2.1 所示点画线框内为模拟电子系统的示意图。系统首先采集信号,即进行信号的提取。通常,这些信号来源于转换各种物理量为电信号的传感器、接收器,或者来源于用于测试的信号发生器。对于实际系统,传感器或接收器所提供的信号的幅值往往很小,噪声很大,且易受干扰,有时甚至分不清什么是有用信号,什么是干扰或噪声;因此,在加工信号之前需将其进行预处理。预处理时需根据实际情况利用隔离、滤波、阻抗变换等各种手段将信号分离出来并进行放大。当信号足够大时,再进行信号的运算、转换、比较、采样保持等不同的加工。最后,通常要经过功率放大以驱动执行机构(负载)。

若系统不经过计算机处理,则图 0.2.1 中的信号的预处理和信号的加工可合而为一,统称为信号的处理,为模拟系统。若要进行数字化处理,则将模拟信号预处理后经 A/D 转换器送入计算机或专门的数字系统进行处理,然后再经 D/A 转换器返回功率放大以驱动执行机构,如图 0.2.1 点画线框外所示。

---

① 模－数转换,简称 A/D(Analog to Digital)转换。

② 数－模转换,简称 D/A(Digital to Analog)转换。

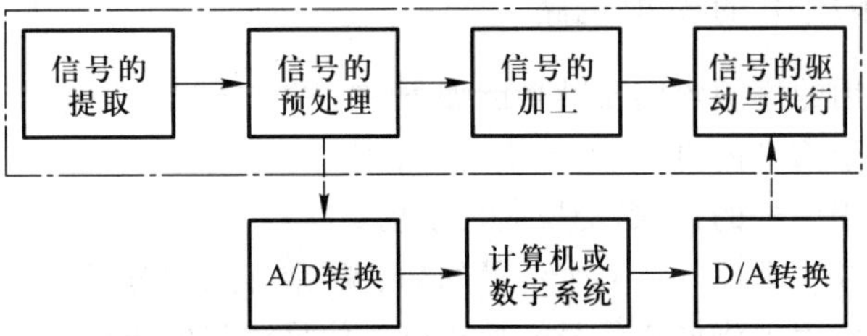

图 0.2.1 电子系统的示意图

对模拟信号处理的电路称为模拟电路,对数字信号处理的电路称为数字电路;目前实用系统常常是两种信号都存在的模-数混合系统。

0.2.2 电子信息系统的组成原则

在设计电子信息系统时,不但要考虑如何实现预期的功能和性能指标,而且还要考虑系统的可测性和可靠性。所谓可测性,包含两个含义,其一是为了调试方便引出合适的测试点,其二是为系统设计有一定故障覆盖率的自检电路和测试激励信号。所谓可靠性是指系统在工作环境下能够稳定运行,具有一定的抗干扰能力。

在系统设计时,应尽可能做到以下几点:

(1) 必须满足功能和性能指标的要求。

(2) 在满足基本要求的前提下,电路要尽量简单。因为具有同样功能和性能的电路,电路越简单,元器件数目越少,连线和焊点越少,出现故障的概率越小,系统的可靠性也就越强。因此,对于电子系统,通常,集成电路能实现的就不选用分立元件电路,大规模集成电路能实现的就不选用小规模集成电路。

(3) 电磁兼容性。电子系统常常不可避免地工作在复杂的电磁环境中,其中既有来自大自然的各种放电现象、宇宙的各种电磁变化,又有人类自己利用电和电磁场从事的各种活动。空间电磁场的变化对于电子系统均会造成不同程度的干扰;与此同时,电子系统本身也在不同程度上成为其它电子设备的干扰源。所谓电磁兼容性,是指电子系统在预定的环境下,既能够抵御周围电磁场的干扰,又能够较少地影响周围环境。在设计电子系统时,电磁兼容性设计的重点是研究周围环境电磁干扰的物理特性,以及采取必要措施抑制干扰源或阻断干扰源的传播途径,使系统正常工作。

在电子系统中,多采用隔离、屏蔽、接地、滤波、去耦等技术来获得较强的抗干扰能力。

(4) 系统的可测性。合理引出测试点,设计自检电路,使系统调试简单易操作,且生产工艺简单方便。

(5) 设计电路和选择元器件时,需统筹考虑,权衡利弊,满足设计需求即可,不盲目追求某单一方面性能特别优秀;因为对于多数电子电路,当其某方面性能改善时,其它方面的性能可能会变坏。

其次,用通用型元器件能实现的,就不用专用型元器件,从而减小系统造价。换言之,只有当系统电路结构正确、但性能不满足要求时,才考虑更换所选的元器件。

0.2.3　电子信息系统中的模拟电路

在电子系统中，常用的模拟电路及其功能如下：

（1）放大电路：用于信号的电压、电流或功率放大。

（2）滤波电路：用于信号的提取、变换或抗干扰。

（3）运算电路：完成一个信号或多个信号的加、减、乘、除、积分、微分、对数、指数……运算。

（4）信号转换电路：用于将电流信号转换成电压信号或将电压信号转换成电流信号、将直流信号转换为交流信号或将交流信号转换为直流信号、将直流电压转换成与之成正比的频率……

（5）信号发生电路：用于产生正弦波、矩形波、三角波、锯齿波等。

（6）直流电源：将 220 V、50 Hz 交流电转换成不同输出电压和电流的直流电，作为各种电子电路的供电电源。

应当指出，放大是对模拟信号最基本的处理，在上述电路中均含有放大电路，因此放大电路是构成各种功能模拟电路的基本电路。

0.3　模拟电子技术基础课程

0.3.1　模拟电子技术基础的课程特点

模拟电子技术基础课是入门性质的技术基础课，目的是使学生初步掌握模拟电子电路的基本理论、基本知识和基本技能。本课程与数学、物理、甚至电路课程有着明显的差别，主要表现在它的工程性和实践性上。因而学习时应特别注意由此带来的课程特点，进而调整过去形成的学习方法和思维习惯，学会像电子科学家那样思考问题。

一、工程性

在模拟电子技术基础课程中，需学会从工程的角度思考和处理问题。

1. 当掌握模拟电子技术的基础知识时，不必通过计算，而根据电路的组成、结构特征及各部分电路的特点，就可推论出整个电路的基本功能和性能，这个过程称为“定性分析”。本课程特别重视电子电路的“定性分析”。

实际工程的解决方案往往不是唯一的，因而不但要提出满足需求的方案，还要对各种方案进行可行性分析；即阐明能够达到预期功能和性能的理由，比较不同方案的优缺点，并能选定一种，这个过程也是定性分析。

2. 实际工程在满足基本性能指标的前提下总是容许存在一定的误差范围的，在电子电路的定量分析中也容许存在一定的误差范围，比如 5% 以下，因而称这种计算为“估算”。

由于半导体器件性能参数的分散性和对温度的敏感性，精确的计算常常没有意义。若确实需要精确求解，则可借助于各种 EDA① 软件。

3. 近似分析要“合理”。估算就是近似分析，因而在估算前必须考虑“研究的是什么问题、在什么条件下、哪些参数被忽略不计及其原因”。换言之，要“近似”得有道理。

① 电子设计自动化（Electronic Design Automation）的英文缩写。

4. 估算不同的参数需采用不同的模型。模拟电子电路归根结底是“电路”,其特殊性表现在含有具有非线性特性的半导体器件。通常,在求解模拟电子电路时需将其转换成用线性元件组成的电路,即将电路中的半导体器件用其等效模型(或称等效电路)取代。不同的条件、解决不同的问题,应构造不同的等效模型。当等效模型取代半导体器件时,就可利用解决一般电路的所有规律来求解电子电路了。

二、实践性

课程的工程性决定了解决问题时不能“纸上谈兵”,因此强调理论与实践相结合,将理论分析的“可行”转换为“硬件实现”。

实用的模拟电子电路几乎都要通过调试才能达到预期的指标,掌握常用电子仪器的使用方法、模拟电子电路的测试方法、故障的判断和排除方法、仿真方法是教学基本要求。了解各元器件参数对电路性能的影响是正确调试的前提,而对所测试电路原理的理解是正确判断和排除故障的基础,掌握一种仿真软件是提高分析问题、解决问题能力的必要手段。

实现电子电路的方法是,首先在 EDA 环境下对分析或设计的电路进行仿真,调整电路参数直至达到预期目的,然后搭建实际电路,再进行调试,最后实测性能指标。

0.3.2 如何学习模拟电子技术基础课

既然模拟电子技术基础课具有上述特点,那么应如何学习这门课程呢?

一、重点掌握“基本概念、基本电路、基本分析方法”

1. 基本概念的含义是不变的,但应用是灵活的。对于任何一个基本概念,至少应了解引入这一概念的必要性及其物理意义,如果是一个物理参数,则还应了解其求解方法及求解过程中的注意事项。

2. 基本电路的组成原则是不变的,电路是千变万化的,实际上不可能也没必要记住所有电路。每一章都有其基本电路,掌握这些电路是学好该课程的关键。某种基本电路常不是特指某一个电路,而是指具有同样功能和结构特征的所有电路。掌握它们至少应了解其产生背景(即为满足什么需求)、结构特点和性能特点,以及在电子系统中的作用。

3. 在掌握基本概念、基本电路的基础上还应掌握基本分析方法。不同类型的电路具有不同的功能,需用不同的参数和不同的方法描述,而不同的参数有不同的求解方法。基本分析方法包括电路的识别方法、性能指标的估算方法和描述方法、电路形式及电路参数的选择方法等。

二、学会全面、辩证地分析模拟电子电路中的问题

应当指出,对于实际需求,从适用的角度出发,没有最好的电路,只有最合适的电路,或者说在某一应用场合中最合适的电路才是最好的电路,“最合适”是由各种约束条件得出的,比如环境、现有元器件、甚至造价,等等。而且,当你为改善电路某方面性能而采取某种措施时,必须自问,这种措施还改变了什么?怎么变的?能容忍这种变化吗?因为一个电子电路是一个整体,各方面性能是相互联系的,通常“有一利将有一弊”,不能“顾此失彼”。

三、注意电路的基本定理、定律在模拟电子电路分析中的应用

如前所述,当模拟电子电路中的半导体器件用其等效电路取代后,则与一般电路一样了。因此,电路的基本定理、定律均可用于模拟电子电路的分析计算,如基尔霍夫定理、戴维宁定理、诺顿定理等。

0.4 电子电路的计算机辅助分析和设计软件介绍

0.4.1 概述

随着计算机的飞速发展,以计算机辅助设计(Computer Aided Design,简称 CAD)为基础的电子设计自动化(EDA)技术已成为电子学领域的重要学科。EDA 工具使电子电路和电子系统的设计产生了革命性的变化,它摒弃了靠硬件调试来达到设计目标的繁琐过程,实现了硬件设计软件化。

EDA 技术自 20 世纪 70 年代开始发展,其标志是美国加利福尼亚大学柏克莱(Berkeley)分校开发的 SPICE(Simulation Program with Integrated Circuit Emphasis)于 1972 年研制成功,并于 1975 年推出实用化版本。当时仅适用于模拟电路的分析,而且只能用程序的方式输入。此后,在扩充电路分析功能、改进和完善算法、增加元器件模型库、改进用户界面等方面做了很多实用化的工作,使之成为享有盛誉的电子电路计算机辅助设计工具,1988 年被定为美国国家工业标准。与此同时,各种以 SPICE 为核心的商用仿真软件应运而生,常用的有 PSpice① 和 Electronics Workbench EDA(简称 EWB)②。

0.4.2 PSpice

PSpice 是非常出色的 EDA 软件,它的 5.00 以上版本是在 Windows 下的模拟电路和数字电路的混合仿真软件,因而得到相当广泛的应用。

PSpice 由电路原理图输入程序(Schematic)、激励源编辑程序(Stimulus Editor)、电路仿真程序(PSpice A/D)、输出结果绘图程序(Probe)、模型参数提取程序(Parts)和元器件模型参数库(LIB)六部分组成。

PSpice 支持电路原理图和网单文件两种输入方式,电路元器件符号库提供绘制电路原理图的所有元器件符号;具有正弦波、脉冲源、指数源、分段线性源、单频调频源等种类繁多的信号源。作为 PSpice 的核心部分——仿真功能包括:直流工作点分析、直流转移特性分析、直流小信号传递函数分析、交流小信号分析、交流小信号噪声分析、瞬态分析、傅里叶分析、直流灵敏度分析、温度分析、最坏情况分析和蒙特卡罗统计分析等;仿真结果可在屏幕绘出曲线、波形,并可打印输出。PSpice 提供一个从元器件特性提取模型参数的软件包,它利用优化算法以用户给出的特性或初值为基础求得参数的最优解。PSpice 具有二极管库、晶体管库、通用集成运放库、晶体振荡器库,Analog Device 公司、Harris 公司等专用 IC 库以及 74 系列、PAL、GAL 等几十个元器件模型参数库,而且在不断扩展。

0.4.3 Multisim

EWB 是基于 PC 平台的电子设计软件,它提供了一个功能全面的 SPICE A/D 系统,支持模

---

① 较早 Micro Sim 公司开发,后 Micro Sim 公司被 OrCAD 公司兼并,再后 OrCAD 公司又被 Cadence 公司并购,目前最新版本为 16.3。

② 加拿大 Interactive Image Technologies Ltd. 公司开发的产品,后称为 Multisim。该公司在 2005 年推出 Multisim8 之后,被美国国家仪器(NI)有限公司收购,目前最新版本为 Multisim13.0。

拟和数字混合电路的分析和设计,创造了集成的一体化设计环境,把电路原理图的输入、仿真和分析紧密地结合起来。系统将 SPICE 仿真器完全集成在原理图输入和测试仪器等工具之中。与其它 Windows 环境下的系统软件相类似,它具有图形化界面,提供按钮式的工具栏,各个菜单中各个选项的物理意义一目了然。在输入原理图时,自动地将其编辑成网络表送到仿真器,加快建立和管理的时间;而在仿真过程中,若改变设计,则立刻获得该变化所带来的影响,实现了交互式的设计和仿真。

Multisim 是 EWB 的新产品,具有更为庞大的元器件模型参数库和更为齐全的仪器仪表库;除了具有 SPICE A/D 全部分析功能外,还包含万用表、信号发生器、示波器、频谱分析仪、网络分析仪、失真分析仪、频率计、逻辑分析仪、逻辑转换仪、波特图仪、瓦特表等 18 种虚拟仪器仪表,可模拟实验室内的操作进行各种实验。因而,学习 Multisim,除了可以提高仿真能力、综合能力和设计能力外,还可进一步提高实践能力。

初步掌握一种电子电路计算机辅助分析和设计软件对学习模拟电子技术基础课很有必要。鉴于 Multisim 的上述特点,本书选用 Multisim 作为基本工具,在各章的最后一节讲述应用举例,力图使读者从中学习电子电路的仿真方法和测试方法。

第1章 常用半导体器件

本章讨论的问题

- 为什么采用半导体材料制作电子器件？
- 空穴是一种载流子吗？空穴导电时电子运动吗？
- 什么是N型半导体？什么是P型半导体？当两种半导体制作在一起时会产生什么现象？
- PN结上所加端电压与电流符合欧姆定律吗？它为什么具有单向导电性？在PN结加反向电压时果真没有电流吗？
- 晶体管是通过什么方式来控制集电极电流的？场效应管是通过什么方式来控制漏极电流的？为什么它们都可以用于放大？
- 为什么半导体器件的参数会受温度的影响呢？

1.1 半导体基础知识

半导体器件是构成电子电路的基本元件，它们所用的材料是经过特殊加工且性能可控的半导体材料。

1.1.1 本征半导体

纯净的具有晶体结构的半导体称为**本征半导体**。

一、半导体

物质的导电性能决定于原子结构。导体一般为低价元素，它们的最外层电子极易挣脱原子核的束缚成为自由电子，在外电场的作用下产生定向移动，形成电流。高价元素（如惰性气体）或高分子物质（如橡胶），它们的最外层电子受原子核束缚力很强，很难成为自由电子，所以导电性极差，成为绝缘体。常用的半导体材料硅（Si）和锗（Ge）均为四价元素，它们的最外层电子既不像导体那么容易挣脱原子核的束缚，也不像绝缘体那样被原子核束缚得那么紧，因而其导电性介于二者之间。

在形成晶体结构的半导体中，人为地掺入特定的杂质元素时，导电性能具有可控性；并且，在光照和热辐射条件下，其导电性还有明显的变化；这些特殊的性质就决定了半导体可以制成各种电子器件。

二、本征半导体的晶体结构

将纯净的半导体经过一定的工艺过程制成单晶体，即为本征半导体。晶体中的原子在空间形成排列整齐的点阵，称为**晶格**。由于相邻原子间的距离很小，因此，相邻的两个原子的一对最外层电子（即价电子）不但各自围绕自身所属的原子核运动，而且出现在相邻原子所属的轨道上，成为**共用电子**，这样的组合称为**共价键**结构，如图1.1.1所示。图中标有“+4”的圆圈表示除价电子外的正离子。

三、本征半导体中的两种载流子

晶体中的共价键具有很强的结合力，因此，在常温下，仅有极少数的价电子由于热运动（热激发）获得足够的能量，从而挣脱共价键的束缚变成为自由电子。与此同时，在共价键中留下一个空位置，称为**空穴**。原子因失掉一个价电子而带正电，或者说空穴带正电。在本征半导体中，自由电子与空穴是成对出现的，即自由电子与空穴数目相等，如图 1.1.2 所示。这样，若在本征半导体两端外加一电场，则一方面自由电子将产生定向移动，形成电子电流；另一方面由于空穴的存在，价电子将按一定的方向依次填补空穴，也就是说空穴也产生定向移动，形成空穴电流。由于自由电子和空穴所带电荷极性不同，所以它们的运动方向相反，本征半导体中的电流是两个电流之和。

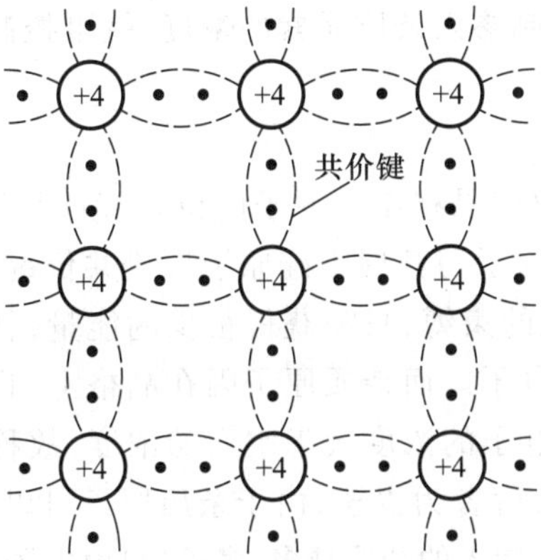

图 1.1.1 本征半导体结构示意图

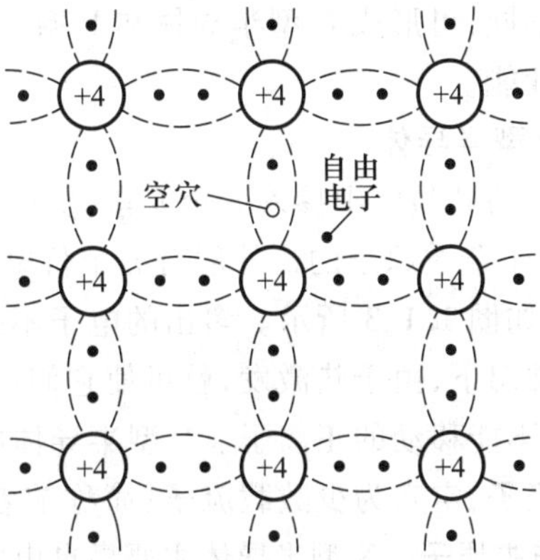

图 1.1.2 本征半导体中的自由电子和空穴

运载电荷的粒子称为**载流子**。导体导电只有一种载流子，即自由电子导电；而**本征半导体有两种载流子，即自由电子和空穴均参与导电**，这是半导体导电的特殊性质。

四、本征半导体中载流子的浓度

半导体在热激发下产生自由电子和空穴对的现象称为**本征激发**。自由电子在运动的过程中如果与空穴相遇就会填补空穴，使两者同时消失，这种现象称为**复合**。在一定的温度下，本征激发所产生的自由电子与空穴对，与复合的自由电子与空穴对数目相等，故达到**动态平衡**。换言之，在一定温度下，本征半导体中**载流子的浓度**是一定的，并且自由电子与空穴的浓度相等。当环境温度升高时，热运动加剧，挣脱共价键束缚的自由电子增多，空穴也随之增多，即载流子的浓度升高，因而必然使得导电性能增强。反之，若环境温度降低，则载流子的浓度降低，因而导电性能变差，可见，本征半导体载流子的浓度是环境温度的函数。理论分析表明，本征半导体载流子的浓度为

$$n_i = p_i = K_1 T^{\frac{3}{2}} e^{\frac{-E_{GO}}{(2kT)}} \tag{1.1.1}$$

式中 n_i 和 p_i 分别表示自由电子与空穴的浓度（cm^{-3}），T 为热力学温度，k 为玻尔兹曼常数（8.63×10^{-5} eV/K），E_{GO}为热力学零度时破坏共价键所需的能量，又称禁带宽度（硅为 1.21 eV，锗为 0.785 eV），K_1是与半导体材料载流子有效质量、有效能级密度有关的常量（硅为 3.87 ×

$10^{16}\ cm^{-3}\cdot K^{-3/2}$，锗为 $1.76\times10^{16}\ cm^{-3}\cdot K^{-3/2}$)。式(1.1.1)表明，当 $T=0$ K 时，自由电子与空穴的浓度均为零，本征半导体成为绝缘体；在一定范围内，当温度升高时，本征半导体载流子的浓度近似按指数曲线升高。在常温下，即 $T=300$ K 时，硅材料的本征载流子浓度 $n_i=p_i=1.43\times10^{10}\ cm^{-3}$，锗材料的本征载流子浓度 $n_i=p_i=2.38\times10^{13}\ cm^{-3}$。

应当指出，本征半导体的导电性能很差，且与环境温度密切相关。半导体材料性能对温度的这种敏感性，既可以用来制作热敏和光敏器件，又是造成半导体器件温度稳定性差的原因。

1.1.2 杂质半导体

通过扩散工艺，在本征半导体中掺入少量合适的杂质元素，便可得到**杂质半导体**。按掺入的杂质元素不同，可形成N型半导体和P型半导体；控制掺入杂质元素的浓度，就可控制杂质半导体的导电性能。

一、N型半导体

在纯净的硅晶体中掺入五价元素（如磷），使之取代晶格中硅原子的位置，就形成了**N型半导体**①。由于杂质原子的最外层有五个价电子，所以除了与其周围硅原子形成共价键外，还多出一个电子，如图1.1.3所示。多出的电子不受共价键的束缚，只需获得很少的能量，就成为自由电子。在常温下，由于热激发，就可使它们成为自由电子。而杂质原子因在晶格上，且又缺少电子，故变为不能移动的正离子。N型半导体中，自由电子的浓度大于空穴的浓度，故称自由电子为**多数载流子**，空穴为**少数载流子**；简称前者为**多子**，后者为**少子**，由于杂质原子可以提供电子，故称之为**施主原子**。N型半导体主要靠自由电子导电，掺入的杂质越多，多子（自由电子）的浓度就越高，导电性能也就越强。

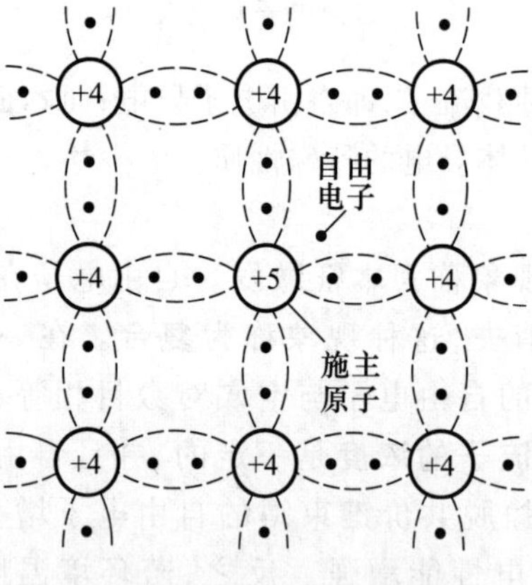

图1.1.3 N型半导体

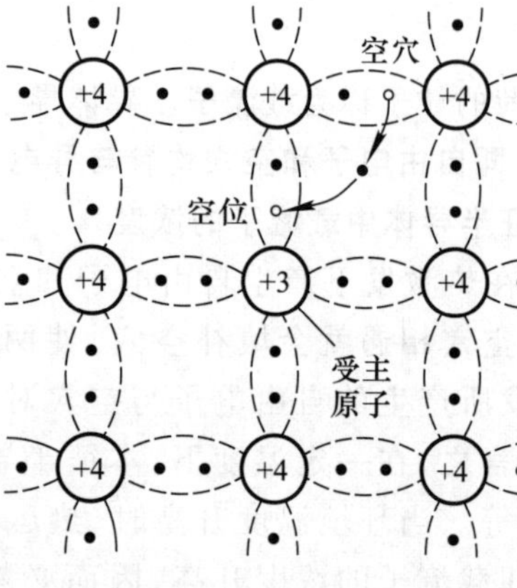

图1.1.4 P型半导体

二、P型半导体

在纯净的硅晶体中掺入三价元素（如硼），使之取代晶格中硅原子的位置，就形成**P型半导体**②。由于杂质原子的最外层有3个价电子，所以当它们与周围的硅原子形成共价键时，就产生

① N为Negative（负）的字头，由于电子带负电，故得此名。

② P为Positive（正）的字头，由于空穴带正电，故得此名。

了一个“空位”(空位为电中性),当硅原子的外层电子填补此空位时,其共价键中便产生一个空穴,如图 1.1.4 所示,而杂质原子成为不可移动的负离子。因而 P 型半导体中,空穴为多子,自由电子为少子,主要靠空穴导电。与 N 型半导体相同,掺入的杂质越多,空穴的浓度就越高,使得导电性能越强。因杂质原子中的空位吸收电子,故称之为**受主原子**。

从以上分析可知,由于掺入的杂质使多子的数目大大增加,从而使多子与少子复合的机会大大增多。因此,对于杂质半导体,多子的浓度愈高,少子的浓度就愈低。可以认为,多子的浓度约等于所掺杂质原子的浓度,因而它受温度的影响很小;而少子是本征激发形成的,所以尽管其浓度很低,却对温度非常敏感,这将影响半导体器件的性能。

1.1.3 PN 结

采用不同的掺杂工艺,将 P 型半导体与 N 型半导体制作在同一块硅片上,在它们的交界面就形成 **PN 结**。**PN 结具有单向导电性**。

一、PN 结的形成

物质总是从浓度高的地方向浓度低的地方运动,这种由于浓度差而产生的运动称为**扩散运动**。当把 P 型半导体和 N 型半导体制作在一起时,在它们的交界面,两种载流子的浓度差很大,因而 P 区的空穴必然向 N 区扩散,与此同时,N 区的自由电子也必然向 P 区扩散,如图 1.1.5(a)所示。图中 P 区标有负号的小圆图表示除空穴外的负离子(即受主原子),N 区标有正号的小圆圈表示除自由电子外的正离子(即施主原子)。由于扩散到 P 区的自由电子与空穴复合,而扩散到 N 区的空穴与自由电子复合,所以在交界面附近多子的浓度下降,P 区出现负离子区,N 区出现正离子区,它们是不能移动的,称为**空间电荷区**,从而形成内电场。随着扩散运动的进行,空间电荷区加宽,内电场增强,其方向由 N 区指向 P 区,正好阻止扩散运动的进行。

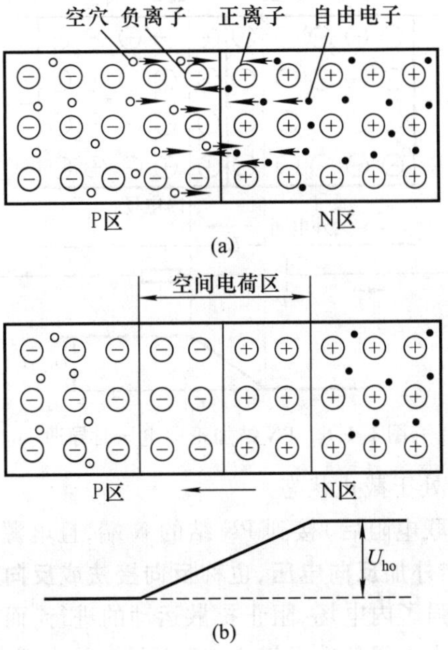

图 1.1.5 PN 结的形成

(a) P 区与 N 区中载流子的运动 (b) 平衡状态下的 PN 结

在电场力作用下，载流子的运动称为**漂移运动**。当空间电荷区形成后，在内电场作用下，少子产生漂移运动，空穴从N区向P区运动，而自由电子从P区向N区运动。在无外电场和其它激发作用下，参与扩散运动的多子数目等于参与漂移运动的少子数目，从而达到动态平衡，形成PN结，如图1.5.1(b)所示。此时，空间电荷区具有一定的宽度，电位差为U_{ho}，电流为零。空间电荷区内，正、负电荷的电量相等；因此，当P区与N区杂质浓度相等时，负离子区与正离子区的宽度也相等，称为**对称结**；而当两边杂质浓度不同时，浓度高一侧的离子区宽度低于浓度低的一侧，称为**不对称PN结**；两种结的外部特性是相同的。

绝大部分空间电荷区内自由电子和空穴都非常少，在分析PN结特性时常忽略载流子的作用，而只考虑离子区的电荷，这种方法称为“耗尽层近似”，故也称空间电荷区为**耗尽层**。

二、PN结的单向导电性

如果在PN结的两端外加电压，就将破坏原来的平衡状态。此时，扩散电流不再等于漂移电流，因而PN结将有电流流过。当外加电压极性不同时，PN结表现出截然不同的导电性能，即呈现出单向导电性。

1. PN结外加正向电压时处于导通状态

当电源的正极(或正极串联电阻后)接到PN结的P端，且电源的负极(或负极串联电阻后)接到PN结的N端时，称PN结外加**正向电压**，也称**正向接法**或**正向偏置**。此时外电场将多数载流子推向空间电荷区，使其变窄，削弱了内电场，破坏了原来的平衡，使扩散运动加剧，漂移运动减弱。由于电源的作用，扩散运动将源源不断地进行，从而形成正向电流，PN结**导通**，如图1.1.6所示。PN结导通时的结压降只有零点几伏，因而应在它所在的回路中串联一个电阻，以限制回路的电流，防止PN结因正向电流过大而损坏。

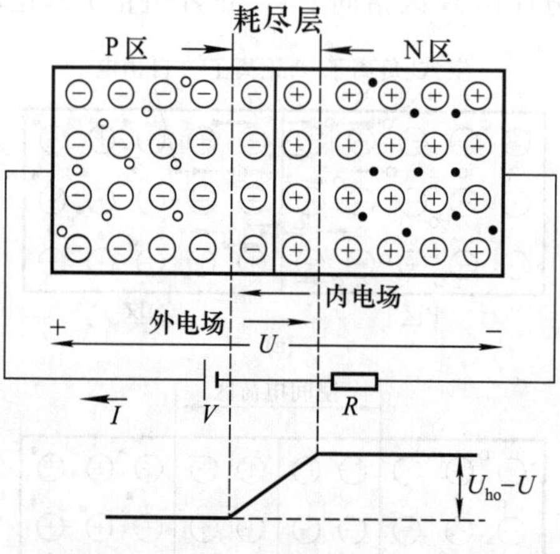

图1.1.6 PN结加正向电压时导通

2. PN结外加反向电压时处于截止状态

当电源的正极(或正极串联电阻后)接到PN结的N端，且电源的负极(或负极串联电阻后)接到PN结的P端时，称PN结外加**反向电压**，也称**反向接法**或**反向偏置**，如图1.1.7所示。此时外电场使空间电荷区变宽，加强了内电场，阻止扩散运动的进行，而加剧漂移运动的进行，形成反向电流，也称为**漂移电流**。因为少子的数目极少，即使所有的少子都参与漂移运动，反向电流也非常小，所以在近似分析中常将它忽略不计，认为PN结外加反向电压时处于**截止**状态。

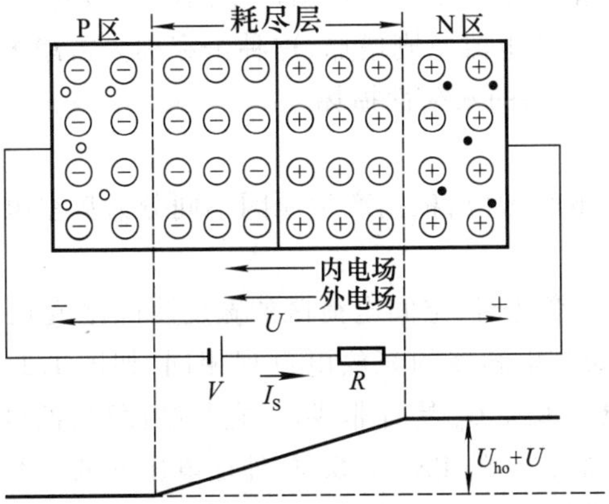

图 1.1.7 PN 结加反向电压时截止

三、PN 结的电流方程

由理论分析①可知,PN 结所加端电压 u 与流过它的电流 i 的关系为

$$i = I_S(e^{\frac{qu}{kT}} - 1) \tag{1.1.2}$$

式中 I_S为**反向饱和电流**,q 为电子的电量,k 为玻尔兹曼常数,T 为热力学温度。将式(1.1.2)中的 kT/q 用 U_T 取代,则得

$$i = I_S(e^{\frac{u}{U_T}} - 1) \tag{1.1.3}$$

常温下,即 $T = 300$ K 时,$U_T \approx 26$ mV,称 U_T 为温度的电压当量。

四、PN 结的伏安特性

由式(1.1.3)可知,当 PN 结外加正向电压,且 $u \gg U_T$② 时,$i \approx I_S e^{\frac{u}{U_T}}$,即 i 随 u 按指数规律变化;当 PN 结外加反向电压,且 $|u| \gg U_T$ 时,$i \approx -I_S$。画出 i 与 u 的关系曲线如图 1.1.8 所示,称为 PN 结的**伏安特性**。其中 $u>0$ 的部分称为**正向特性**,$u<0$ 的部分称为**反向特性**。

当反向电压超过一定数值 $U_{(BR)}$ 后,反向电流急剧增加,称之为**反向击穿**。击穿按机理分为齐纳击穿和雪崩击穿两种情况。在高掺杂的情况下,因耗尽层宽度很窄,不大的反向电压就可在耗尽层形成很强的电场,而直接破坏共价键,使价电子脱离共价键束缚,产生电子-空穴对,致使电流急剧增大,这种击穿称为**齐纳击穿**,可见齐纳击穿电压较低。如果掺杂浓度较低,耗尽层宽度较宽,那么低反向电压下不会产生齐纳击穿。当反向电压增加到较大数值时,耗尽层的电场使少子加快漂移速度,从而与共价键中的价电子相碰

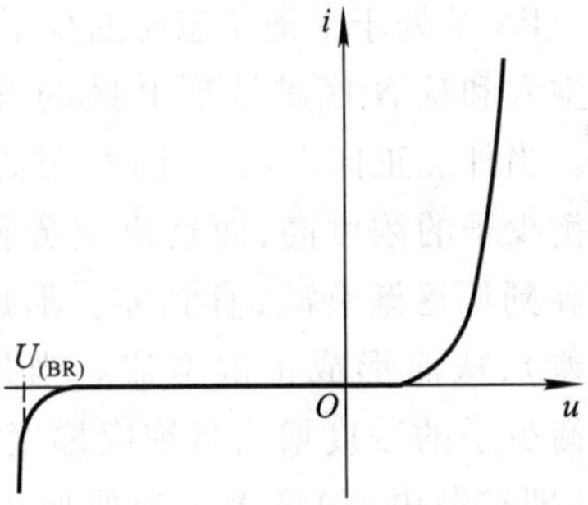

图 1.1.8 PN 结的伏安特性

① 参阅《模拟电子技术基础(第三版)》P7~10。

② 在电子电路中,若同一量纲的两个物理量 A_1 和 A_2 的关系为 $A_1 > (5\sim10)A_2$,则可认为 A_1 远远大于 A_2,记作 $A_1 \gg A_2$。在近似分析中,A_1 比 A_2 大得愈多,计算结果的误差将愈小。

撞，把价电子撞出共价键，产生电子-空穴对。新产生的电子与空穴被电场加速后又撞出其它价电子，载流子雪崩式地倍增，致使电流急剧增加，这种击穿称为**雪崩击穿**。无论哪种击穿，若对其电流不加限制，都可能造成PN结的永久性损坏。

五、PN结的电容效应

在一定条件，PN结具有电容效应，根据产生原因不同分为势垒电容和扩散电容。

1. 势垒电容

当PN结外加的反向电压变化时，空间电荷区的宽度将随之变化，即耗尽层的电荷量随外加电压而增大或减小，这种现象与电容器的充放电过程相同，如图1.1.9(a)所示。耗尽层宽窄变化所等效的电容称为**势垒电容** C_b。C_b 具有非线性，它与结面积、耗尽层宽度、半导体的介电常数及外加电压有关。对于一个制作好的PN结，C_b 与外加电压 u 的关系如图(b)所示。利用PN结加反向电压时 C_b 随 u 变化的特性，可制成各种变容二极管。

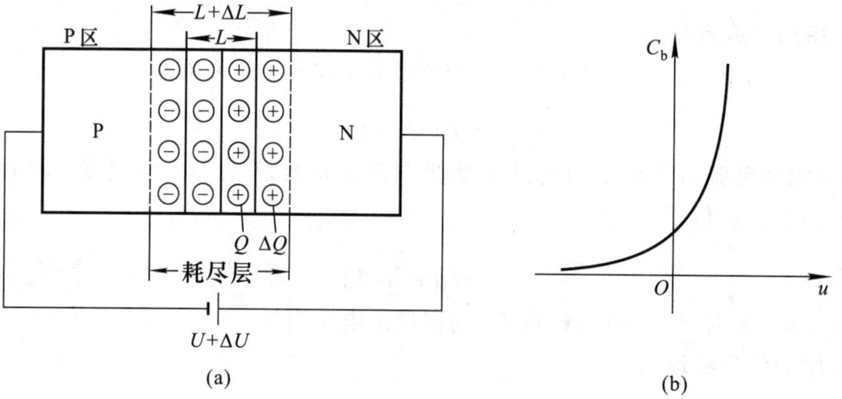

图1.1.9 PN结的势垒电容

(a) 耗尽层的电荷随外加电压变化 (b) 势垒电容与外加电压的关系

2. 扩散电容

PN结处于平衡状态时的少子常称为**平衡少子**。PN结处于正向偏置时，从P区扩散到N区的空穴和从N区扩散到P区的自由电子均称为**非平衡少子**。当外加正向电压一定时，靠近耗尽层交界面的地方非平衡少子的浓度高，而远离交界面的地方浓度低，且浓度自高到低逐渐衰减，直到零。形成一定的浓度梯度(即浓度差)，从而形成扩散电流。当外加正向电压增大时，非平衡少子的浓度增大且浓度梯度也增大，从外部看正向电流(即扩散电流)增大。当外加正向电压减小时与上述变化相反。

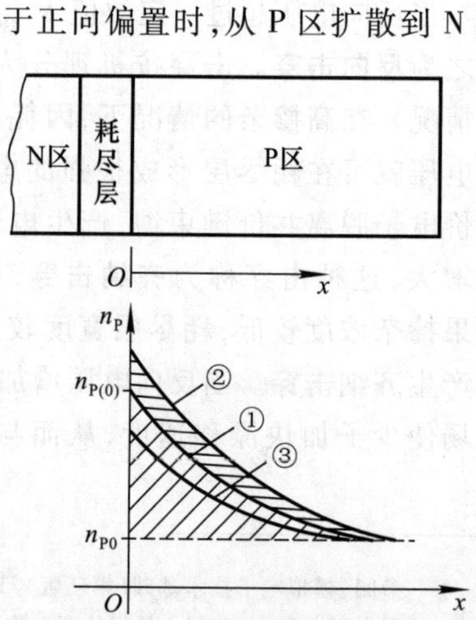

图1.1.10 P区少子浓度分布曲线

图1.1.10所示的三条曲线是在不同正向电压下P区少子浓度的分布情况。各曲线与 $n_P = n_{P0}$ 所对应的水平线之间的面积代表了非平衡少子在扩散区域的数目。当外加电压增大时，曲线由①变为②，非平衡少子数目增多；当外加

电压减小时,曲线由①变为③,非平衡少子数目减少。扩散区内,电荷的积累和释放过程与电容器充放电过程相同,这种电容效应称为**扩散电容** C_d。与 C_b 一样,C_d 也具有非线性,它与流过 PN 结的正向电流 i、温度的电压当量 U_T 以及非平衡少子的寿命 τ 有关。i 越大、τ 越大、U_T 越小,C_d 就越大。

由此可见,PN 结的结电容 C_j 是 C_b 与 C_d 之和,即

$$C_j = C_b + C_d \tag{1.1.4}$$

由于 C_b 与 C_d 一般都很小(结面积小的为 1 pF 左右,结面积大的为几十至几百皮法),对于低频信号呈现出很大的容抗,其作用可忽略不计,因而只有在信号频率较高时才考虑结电容的作用。

■ **思考题**

1.1.1　在制造半导体器件时,为什么先将导电性能介于导体与绝缘体之间的硅或锗制成本征半导体,使之导电性极差,然后再用扩散工艺在本征半导体中掺入杂质形成 N 型半导体或 P 型半导体改善其导电性?

1.1.2　为什么称空穴是载流子?在空穴导电时,电子运动吗?

1.1.3　如何从 PN 结的电流方程来理解其伏安特性曲线和温度对伏安特性的影响?

1.2　半导体二极管

将 PN 结用外壳封装起来,并加上电极引线就构成了半导体二极管,简称二极管。由 P 区引出的电极为阳极,由 N 区引出的电极为阴极,常见的外形如图 1.2.1 所示。

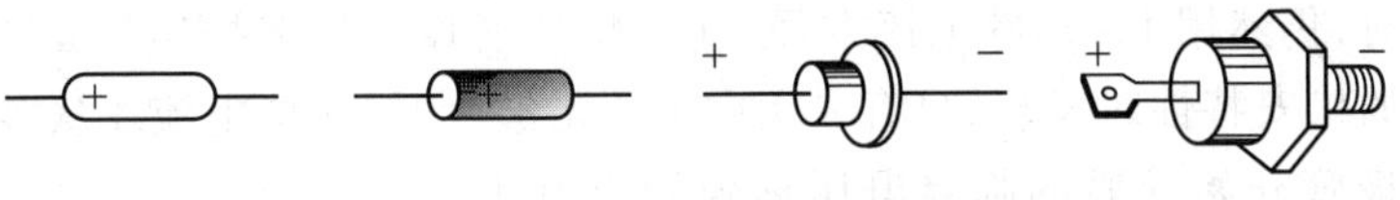

图 1.2.1　二极管的几种外形

本节将介绍二极管的结构、特性、主要参数及特殊二极管的功能。

1.2.1　半导体二极管的几种常见结构

二极管的几种常见结构如图 1.2.2(a) ~ (c)所示,符号如图(d)所示。

图(a)所示的点接触型二极管,由一根金属丝经过特殊工艺与半导体表面相接形成 PN 结。因而结面积小,不能通过较大的电流。但其结电容较小,一般在 1 pF 以下,工作频率可达 100 MHz 以上。因此适用于高频电路和小功率整流。

图(b)所示的面接触型二极管是采用合金法工艺制成的。结面积大,能够流过较大的电流,但其结电容大,因而只能在较低频率下工作,一般仅作为整流管。

图(c)所示的平面二极管是采用扩散法制成的。结面积较大的可用于大功率整流,结面积小的可作为脉冲数字电路中的开关管。

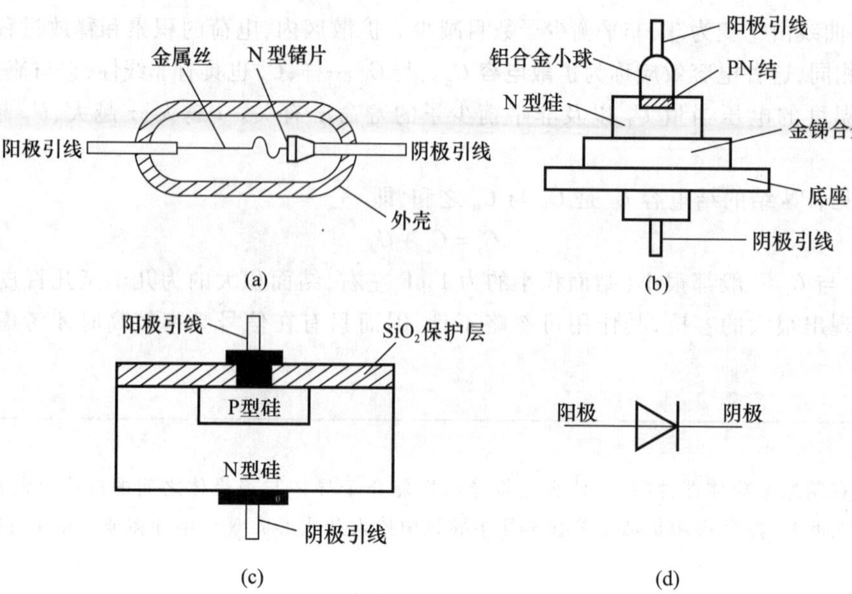

图 1.2.2 二极管的几种常见结构及符号

1.2.2 二极管的伏安特性

一、二极管和 PN 结伏安特性的区别

与 PN 结一样,二极管具有单向导电性。但是,由于二极管存在半导体体电阻和引线电阻,所以当外加正向电压时,在电流相同的情况下,二极管的端电压大于 PN 结上的压降;或者说,在外加正向电压相同的情况下,二极管的正向电流要小于 PN 结的电流;在大电流情况下,这种影响更为明显。另外,由于二极管表面漏电流的存在,使外加反向电压时的反向电流增大。

在近似分析时,仍然用 PN 结的电流方程式(1.1.2)、(1.1.3)来描述二极管的伏安特性。

实测二极管的伏安特性时发现,只有在正向电压足够大时,正向电流才从零随端电压按指数规律增大。使二极管开始导通的临界电压称为开启电压 U_{on},如图 1.2.3 所示。当二极管所加反向电压的数值足够大时,反向电流为 I_S。反向电压太大将使二极管击穿,不同型号二极管的击穿电压差别很大,从几十伏到几千伏。

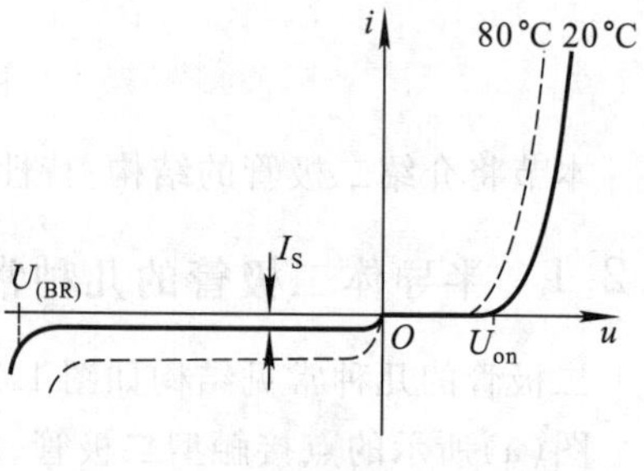

图 1.2.3 二极管的伏安特性

表 1.2.1 列出两种材料小功率二极管开启电压、正向导通电压范围、反向饱和电流的数量级。由于硅材料 PN 结平衡时耗尽层电势 U_{ho} 比锗材料的大,使得硅材料的 U_{on} 比锗材料的大。

表 1.2.1 两种材料二极管比较

材 料	开启电压 U_{on}/V	导通电压 U/V	反向饱和电流 I_S/μA
硅(Si)	≈0.5	0.6~0.8	<0.1
锗(Ge)	≈0.1	0.1~0.3	几十

二、温度对二极管伏安特性的影响

在环境温度升高时，二极管的正向特性曲线将左移，反向特性曲线将下移（如图 1.2.3 虚线所示）。在室温附近，若正向电流不变，则温度每升高 1℃，正向压降减小2 ~2.5 mV；温度每升高 10℃，反向电流 I_S 约增大一倍。可见，二极管的特性对温度很敏感。

1.2.3 二极管的主要参数

为描述二极管的性能，常引用以下几个主要参数：

一、最大整流电流 I_F

I_F 是二极管长期运行时允许通过的最大正向平均电流，其值与 PN 结面积及外部散热条件等有关。在规定散热条件下，二极管正向平均电流若超过此值，则将因结温升过高而烧坏。

二、最高反向工作电压 U_R

U_R 是二极管工作时允许外加的最大反向电压，超过此值时，二极管有可能因反向击穿而损坏。通常 U_R 为击穿电压 $U_{(BR)}$ 的一半。

三、反向电流 I_R

I_R 是二极管未击穿时的反向电流。I_R 愈小，二极管的单向导电性愈好，I_R 对温度非常敏感。

四、最高工作频率 f_M

f_M 是二极管工作的上限截止频率。超过此值时，由于结电容的作用，二极管将不能很好地体现单向导电性。

应当指出，由于制造工艺所限，半导体器件参数具有分散性，同一型号管子的参数值也会有相当大的差距，因而手册上往往给出的是参数的上限值、下限值或范围。此外，使用时应特别注意手册上每个参数的测试条件，当使用条件与测试条件不同时，参数也会发生变化。

在实际应用中，应根据管子所用场合，按其承受的最高反向电压、最大正向平均电流、工作频率、环境温度等条件，选择满足要求的二极管。

1.2.4 二极管的等效电路

二极管的伏安特性具有非线性，这给二极管应用电路的分析带来一定的困难。为了便于分析，常在一定的条件下，用线性元件所构成的电路来近似模拟二极管的特性，并用之取代电路中的二极管。能够模拟二极管特性的电路称为二极管的**等效电路**，也称为二极管的**等效模型**。通常，人们通过两种方法建立模型，一种是根据器件物理原理建立等效电路，由于其电路参数与物理机理密切相关，因而适用范围大，但模型较复杂，适于计算机辅助分析；另一种是根据器件的外特性来构造等效电路，因而模型较简单，适于近似分析。根据二极管的伏安特性可以构造多种等效电路，对于不同的应用场合，不同的分析要求（特别是误差要求），应选用其中一种。

一、由伏安特性折线化得到的等效电路

由伏安特性折线化得到的等效电路如图 1.2.4 所示，图中粗实线为折线化的伏安特性，虚线表示实际伏安特性，下边为等效电路。

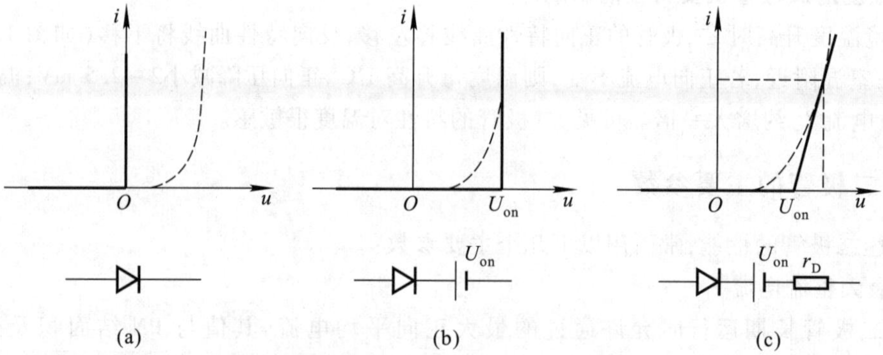

图1.2.4 由伏安特性折线化得到的等效电路

(a) 理想二极管 (b) 正向导通时端电压为常量 (c) 正向导通时端电压与电流成线性关系

图(a)所示的折线化伏安特性表明二极管导通时正向压降为零,截止时反向电流为零,称为**理想二极管**,相当于理想开关,用空心的二极管符号来表示。

图(b)所示的折线化伏安特性表明二极管导通时正向压降为一个常量 U_{on},截止时反向电流为零。因而等效电路是理想二极管串联电压源 U_{on}。

图(c)所示的折线化伏安特性表明当二极管正向电压 U 大于 U_{on}后其电流 I 与 U 成线性关系,直线斜率为 $1/r_D$。二极管截止时反向电流为零。因此等效电路是理想二极管串联电压源 U_{on}和电阻 r_D,且 $r_D=\Delta U/\Delta I$。

【例1.2.1】 在图1.2.5所示电路中,已知二极管为硅管,电阻 $R=10\ \text{k}\Omega$。试分析电压源 V 分别为30 V、6 V和1.5 V时的回路电流 I。

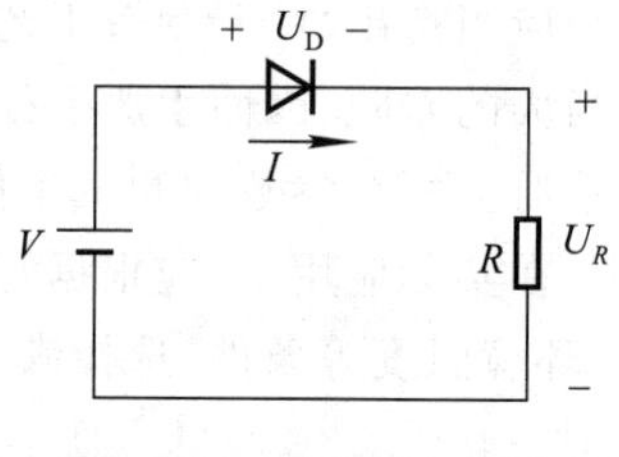

图1.2.5 二极管加正向电压的情况

解:图示电路中二极管为硅管,其导通电压为0.6~0.8 V。

当 $V=30$ V时,电源电压几十倍于 U_D,可认为电阻 R 上电压 U_R约等于电压源电压 V,即认为二极管具有图1.2.4(a)所示特性,回路电流 $I\approx V/R=3$ mA。

当 $V=6$ V时,电源电压几倍于 U_D,则可选二极管具有图1.2.4(b)所示特性。因二极管导通电压的变化范围很小,所以多数情况下,对于硅管,可取 $U_D=U_{on}=0.7$ V;对于锗管,可取 $U_D=U_{on}=0.2$ V。回路电流

$$I\approx\frac{V-U_{on}}{R}=0.53\ \text{mA}$$

当 $V=1.5$ V时,接近于 U_D,为使计算出的回路电流 I 更接近实际情况,二极管需选择图1.2.4(c)所示特性,此时需实测二极管的伏安特性,以确定 U_{on}和 r_D,然后求解电流。

设 $U_{on}=0.55$ V,$r_D=200\ \Omega$,则

$$I=\frac{V-U_{on}}{r_D+R}=\frac{(1.5-0.55)\text{V}}{(0.2+10)\text{k}\Omega}\approx0.093\ \text{mA}=93\ \mu\text{A}$$

当 V 接近于 U_D时,还可采用图解的方法求解电流,详见2.3节。

例1.2.1说明,在二极管应用电路中应根据具体情况选取合适的等效电路,才能减小估

算误差，否则误差会超出规定范围。例如，若 $V=6\ \text{V}$ 时采用图 1.2.4(a)所示特性，则 $I\approx V/R=0.6\ \text{mA}$，误差超过 10%。在近似分析中，以图(a)误差最大，图(c)误差最小，图(b)应用最广。

【例 1.2.2】 电路如图 1.2.6 所示，二极管导通电压 U_D 约为 0.7 V。试分别估算开关断开和闭合时输出电压的数值。

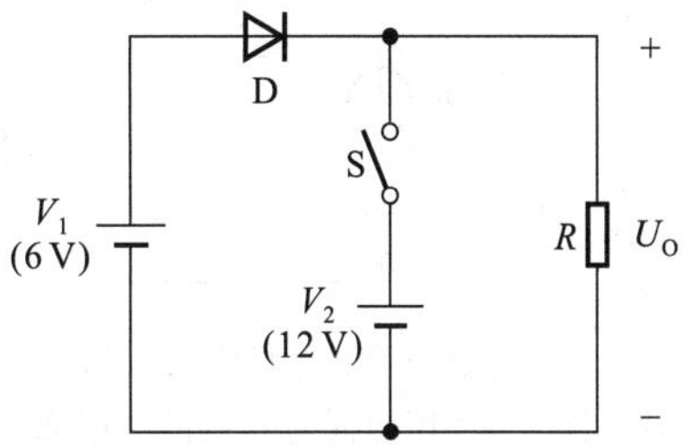

图 1.2.6 例 1.2.2 电路图

解：当开关断开时，二极管因加正向电压而导通，故输出电压

$$U_O=V_1-U_D\approx(6-0.7)\text{V}=5.3\ \text{V}$$

当开关闭合时，二极管因外加反向电压而截止，故输出电压

$$U_O=V_2=12\ \text{V}$$

二、二极管的微变等效电路

当二极管外加直流正向电压时，将有一直流电流，曲线上反映该电压和电流的点为 Q 点，称为静态工作点，如图 1.2.7(a)中所标注。若在 Q 点基础上外加微小的变化量，则可以用以 Q 点为切点的直线来近似微小变化时的曲线，如图 1.2.7(a)所示；即将二极管等效成一个动态电阻 r_d，且 $r_d=\Delta u_D/\Delta i_D$，如图(b)所示，称之为二极管的微变等效电路，或称之为交流等效模型。利用二极管的电流方程可以求出 r_d。

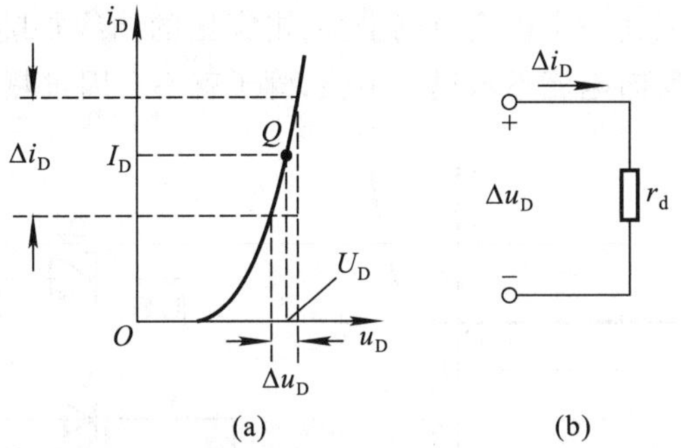

图 1.2.7 二极管的微变等效电路图

(a) Q 点及二极管动态电阻的物理意义 (b) 二极管的动态电阻

$$\frac{1}{r_d}=\frac{\Delta i_D}{\Delta u_D}\approx\frac{\text{d}i_D}{\text{d}u_D}=\frac{\text{d}\left[I_S\left(e^{\frac{u}{U_T}}-1\right)\right]}{\text{d}u}\approx\frac{I_S}{U_T}\cdot e^{\frac{u}{U_T}}\approx\frac{I_D}{U_T}$$

$$r_d\approx\frac{U_T}{I_D}\tag{1.2.1}$$

式中的 I_D 是 Q 点的电流。由于二极管正向特性为指数曲线，所以 Q 点愈高，r_d 的数值愈小。

对于图 1.2.8 所示电路，在交流信号 u_i 幅值较小且频率较低的情况下，u_R 的波形如图 1.2.9 所示，它是在一定的直流电压的基础上叠加上一个与 u_i 一样的正弦波，该正弦波的幅值决定于 r_d 与 R 的分压。图中标注的 U_D 是直流电压源 V 单独作用时二极管的正向压降，即 Q 点电压。

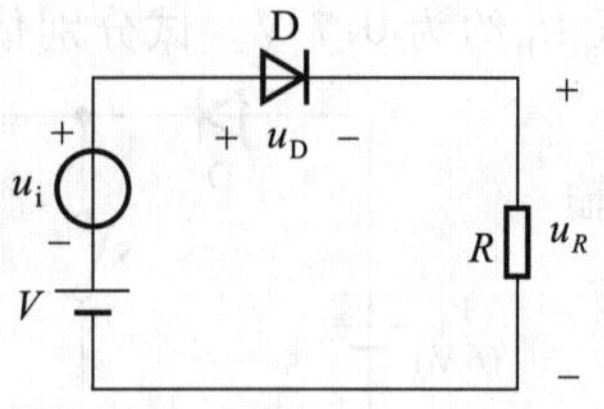

图 1.2.8 直流电压源和交流电压源同时作用的二极管电路

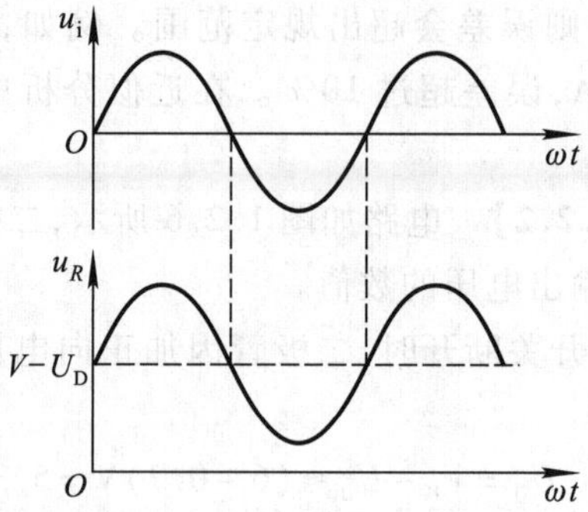

图 1.2.9 图 1.2.8 所示电路的波形分析

1.2.5 稳压二极管

稳压二极管是一种硅材料制成的面接触型晶体二极管，简称稳压管。稳压管在反向击穿时，在一定的电流范围内（或者说在一定的功率损耗范围内），端电压几乎不变，表现出稳压特性。因而广泛用于稳压电源与限幅电路之中。

一、稳压管的伏安特性

稳压器的伏安特性与普通二极管相类似，如图 1.2.10(a)所示，正向特性为指数曲线。当稳压管外加反向电压的数值大到一定程度时则击穿，击穿区的曲线很陡，几乎平行于纵轴，表现其具有稳压特性。只要控制反向电流不超过一定值，管子就不会因过热而损坏。

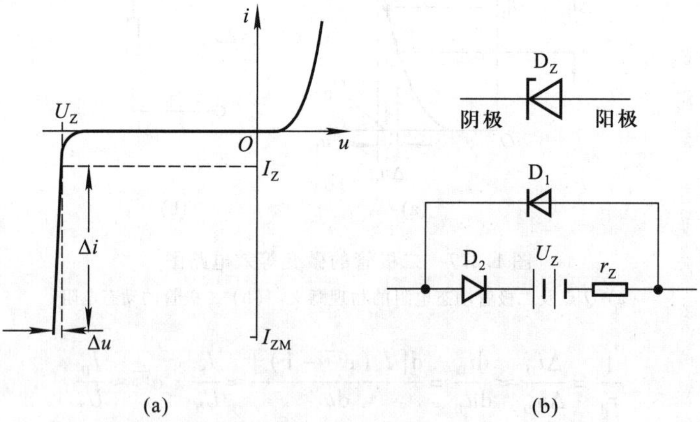

图 1.2.10 稳压管的伏安特性和等效电路

(a) 伏安特性 (b) 符号和等效电路

稳压管的符号及等效电路如图(b)所示。在等效电路中，二极管 D_1 表示稳压管加正向电压与虽加反向电压但未击穿时的情况，理想二极管、电压源 U_Z 和电阻 r_Z 的串联支路表示稳压管反向击穿时的等效电路。

二、稳压管的主要参数

1. 稳定电压 U_Z：U_Z 是在规定电流下稳压管的反向击穿电压。由于半导体器件参数的分散性，同一型号的稳压管的 U_Z 存在一定差别。例如，型号为 2CW11 的稳压管的稳定电压为 3.2～4.5 V。但就某一只管子而言，U_Z 应为确定值。

2. 稳定电流 I_Z：I_Z 是稳压管工作在稳压状态时的参考电流，电流低于此值时稳压效果变坏，甚至根本不稳压，故也常将 I_Z 记作 I_{Zmin}。

3. 额定功耗 P_{ZM}：P_{ZM} 等于稳压管的稳定电压 U_Z 与**最大稳定电流 I_{ZM}**（或记作 I_{Zmax}）的乘积。稳压管的功耗超过此值时，会因结温升过高而损坏。对于一只具体的稳压管，可以通过其 P_{ZM} 的值，求出 I_{ZM} 的值。

只要不超过稳压管的额定功率，电流愈大，稳压效果愈好。

4. 动态电阻 r_z：r_z 是稳压管工作在稳压区时，端电压变化量与其电流变化量之比，即 $r_z=\Delta U_Z/\Delta I_Z$。$r_z$ 愈小，电流变化时 U_Z 的变化愈小，即稳压管的稳压特性愈好。对于不同型号的管子，r_z 将不同，从几欧到几十欧。对于同一只管子，工作电流愈大，r_z 愈小。

5. 温度系数 α：α 表示温度每变化 1℃ 稳压值的变化量，即 $\alpha=\Delta U_Z/\Delta T$。稳定电压小于 4 V 的管子具有负温度系数（属于齐纳击穿），即温度升高时稳定电压值下降；稳定电压大于 7 V 的管子具有正温度系数（属于雪崩击穿），即温度升高时稳定电压值上升；而稳定电压在 4～7 V 之间的管子，温度系数非常小，近似为零（齐纳击穿和雪崩击穿均有）。

由于稳压管的反向电流小于 I_{Zmin} 时不稳压，大于 I_{Zmax} 时会因超过额定功耗而损坏，所以在稳压管电路中必须串联一个电阻来限制电流，从而保证稳压管正常工作，故称这个电阻为**限流电阻**。只有在 R 取值合适时，稳压管才能安全地工作在稳压状态。

【例 1.2.3】 在图 1.2.11 所示稳压管稳压电路中，已知稳压管的稳定电压 $U_Z=6$ V，最小稳定电流 $I_{Zmin}=5$ mA，最大稳定电流 $I_{Zmax}=25$ mA；负载电阻 $R_L=600\ \Omega$。求解限流电阻 R 的取值范围。

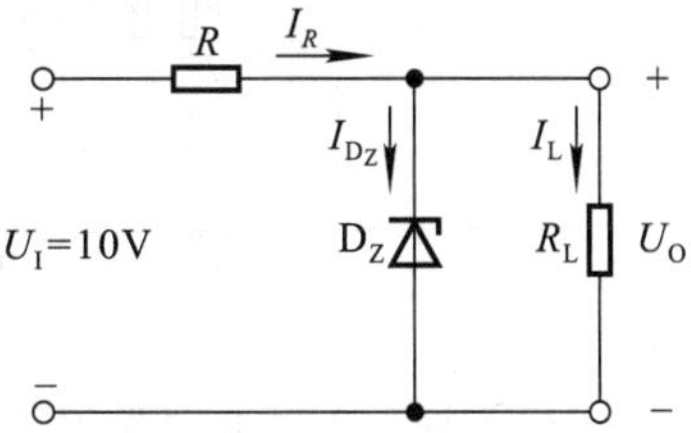

图 1.2.11 例 1.2.3 电路图

解：从图 1.2.11 所示电路可知，R 上电流 I_R 等于稳压管中电流 I_{DZ} 和负载电流 I_L 之和，即 $I_R=I_{DZ}+I_L$。其中 $I_{DZ}=(5\sim25)$ mA，$I_L=U_Z/R_L=(6/600)$ A $=0.01$ A $=10$ mA，所以 $I_R=(15\sim35)$ mA。

R 上电压 $U_R=U_I-U_Z=(10-6)$ V $=4$ V，因此

$$R_{max}=\frac{U_R}{I_{Rmin}}=\left(\frac{4}{15\times10^{-3}}\right)\Omega\approx267\ \Omega$$

$$R_{min}=\frac{U_R}{I_{Rmax}}=\left(\frac{4}{35\times10^{-3}}\right)\Omega\approx114\ \Omega$$

限流电阻 R 的取值范围为 114～267 Ω。

1.2.6 其它类型二极管

一、发光二极管

发光二极管①包括可见光、不可见光、激光等不同类型，这里只对可见光发光二极管做一简单介绍。发光二极管的发光颜色决定于所用材料，目前有红、绿、黄、橙等色，可以制成各种形状，

① 发光二极管的英文是 Light Emitting Diode，简称 LED。

如长方形、圆形[见图1.2.12(a)所示]等。图1.2.12(b)所示为发光二极管的符号。

发光二极管也具有单向导电性。只有当外加的正向电压使得正向电流足够大时才发光,它的开启电压比普通二极管大,红色的在1.6~1.8 V之间,绿色的约为2 V。正向电流愈大,发光愈强。使用时,应特别注意不要超过最大功耗、最大正向电流和反向击穿电压等极限参数。

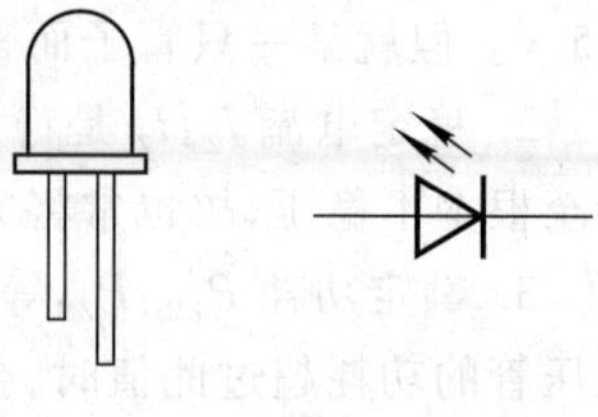

(a) (b)

图1.2.12 发光二极管图

(a) 外形 (b) 符号

发光二极管因其驱动电压低、功耗小、寿命长、可靠性高等优点广泛用于显示电路中。目前已有高亮度、颜色可变的新产品,用于装饰、显示屏、汽车尾灯、照明,等等。

二、光电二极管

光电二极管是远红外线接收管,是一种光能与电能进行转换的器件。PN结型光电二极管充分利用PN结的光敏特性,将接收到的光的变化转换成电流的变化。它的几种常见外形如图1.2.13(a)所示,符号见图(b)。

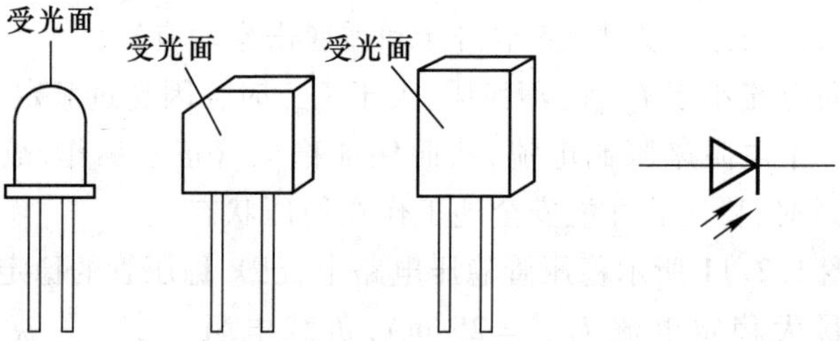

(a) (b)

图1.2.13 光电二极管的外形和符号

(a) 外形 (b) 符号

图1.2.14(a)所示为光电二极管的伏安特性。在无光照时,与普通二极管一样,具有单向导电性。外加正向电压时,电流与端电压成指数关系,见特性曲线的第一象限;外加反向电压时,反向电流称为暗电流,通常小于0.2 μA。

在有光照时,特性曲线下移,它们分布在第三、四象限内。在反向电压的一定范围内,即在第三象限,特性曲线是一组横轴的平行线。光电二极管在反压下受到光照而产生的电流称为光电流,光电流受入射照度的控制。照度一定时,光电二极管可等效成恒流源。照度愈大,光电流愈大,在光电流大于几十微安时,与照度成线性关系。这种特性可广泛用于遥控、报警及光电传感器中。

特性曲线在第四象限时呈光电池特性。

图(b)、(c)、(d)分别是光电二极管工作在特性曲线的第一、三、四象限时的原理电路。图(b)所示电路与普通二极管加正向电压的情况相同。图(c)中的电流仅决定于光电二极管受光面的入射照度,电阻R将电流的变化转换成电压的变化,$u_R = iR$。图(d)中,当R一定时,入射照度愈大,i愈大,R上获得的能量也愈大,此时光电二极管作为微型光电池。

由于光电二极管的光电流较小,所以当将其用于测量及控制等电路中时,需首先进行放大和处理。

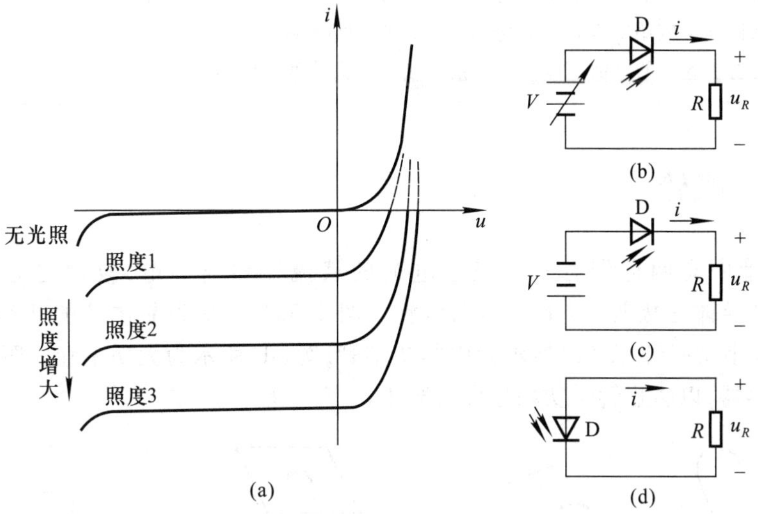

图 1.2.14 光电二极管的伏安特性
(a) 伏安特性 (b) 工作在第一象限时的原理电路
(c) 工作在第三象限时的原理电路 (d) 工作在第四象限时的原理电路

除上述特殊二极管外,还有利用 PN 结势垒电容制成的变容二极管,可用于电子调谐、频率的自动控制、调频调幅、调相和滤波等电路中;利用高掺杂材料形成 PN 结的隧道效应制成的隧道二极管,可用于振荡、过载保护、脉冲数字电路中;利用金属与半导体之间的接触势垒而制成的肖特基二极管,因其正向导通电压小、结电容小而用于微波混频、检测,集成化数字电路等场合。

【例 1.2.4】 电路如图 1.2.15 所示,已知发光二极管的导通电压 $U_D=1.6$ V,正向电流为 5～20 mA 时才能发光。试问:

(1) 开关处于何种位置时发光二极管可能发光?

(2) 为使发光二极管发光,电路中 R 的取值范围为多少?

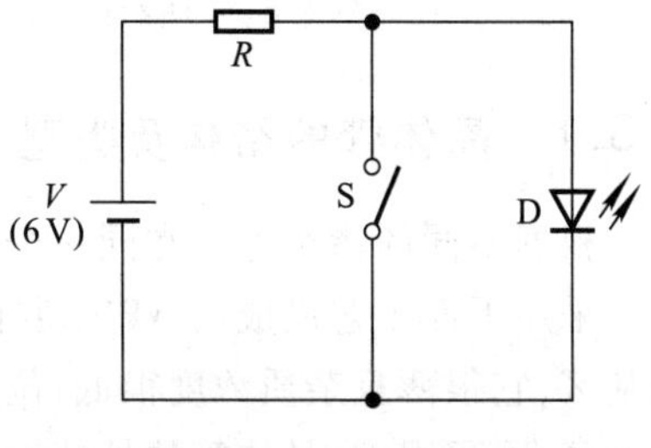

图 1.2.15 例 1.2.4 电路图

解:(1) 当开关断开时发光二极管有可能发光。当开关闭合时发光二极管的端电压为零,因而不可能发光。

(2) 因为 $I_{Dmin}=5$ mA,$I_{Dmax}=20$ mA,所以

$$R_{max}=\frac{V-U_D}{I_{Dmin}}=\left(\frac{6-1.6}{5}\right)\text{k}\Omega=0.88\ \text{k}\Omega$$

$$R_{min}=\frac{V-U_D}{I_{Dmax}}=\left(\frac{6-1.6}{20}\right)\text{k}\Omega=0.22\ \text{k}\Omega$$

R 的取值范围为 220～880 Ω。

■ 思考题

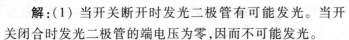

1.2.1 为什么结面积小的二极管的整流平均电流 I_F 小,而最高工作频率 f_H 高?结面积大的二极管的整流平均电流 I_F 大,而最高工作频率 f_H 低?

1.2.2 二极管有几种折线化的伏安特性？它们分别适用于什么应用场合？

1.2.3 什么情况下应用二极管的微变等效电路来分析电路？

1.2.4 能否将1.5 V的电池直接以正向接法接到二极管两端？为什么？

1.3 晶体三极管

晶体三极管中有两种带有不同极性电荷的载流子参与导电，故称之为双极型晶体管(BJT①)，又称半导体三极管，以下简称晶体管。图1.3.1所示为晶体管的几种常见外形。图(a)、(b)所示为小功率管，图(c)所示为中等功率管，图(d)所示为大功率管。图(b)(c)所示外形便于安装散热器，以防止管子功耗过大而损坏。

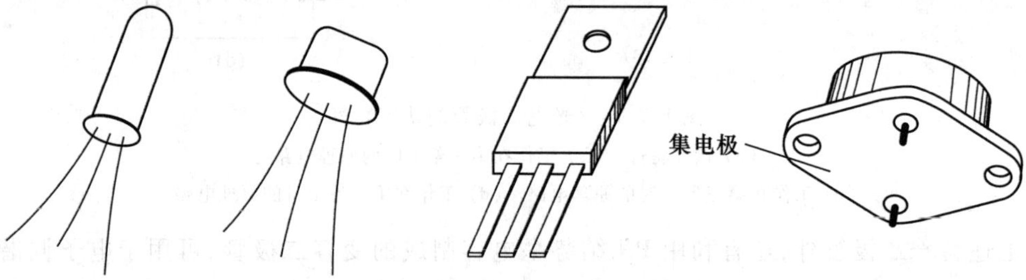

图1.3.1 晶体管的几种常见外形

(a) 小功率管 (b) 小功率管 (c) 中功率管 (d) 大功率管

1.3.1 晶体管的结构及类型

根据不同的掺杂方式在同一个硅片上制造出三个掺杂区域，并形成两个PN结，就构成晶体管。采用平面工艺制成的NPN型硅材料晶体管的结构如图1.3.2(a)所示，位于中间的P区称为基区，它很薄且杂质浓度很低；位于上层的N区是发射区，掺杂浓度很高；位于下层的N区是集电区，面积很大；晶体管的外特性与三个区域的上述特点紧密相关。它们所引出的三个电极分别为基极b、发射极e和集电极c。

图(b)所示为NPN型管的结构示意图，发射区与基区间的PN结称为发射结，基区与集电区间的PN结称为集电结。图(c)所示为NPN型管和PNP型管的符号。

本节以NPN型硅管为例讲述晶体管的放大作用、特性曲线和主要参数。

1.3.2 晶体管的电流放大作用

放大是对模拟信号最基本的处理。在生产实际和科学实验中，从传感器获得的电信号都很微弱，只有经过放大后才能作进一步的处理，或者使之具有足够的能量来推动执行机构。晶体管是放大电路的核心元件，它能够控制能量的转换，将输入的任何微小变化不失真地放大输出。

① BJT是英文Bipolar Junction Transistor的缩写。

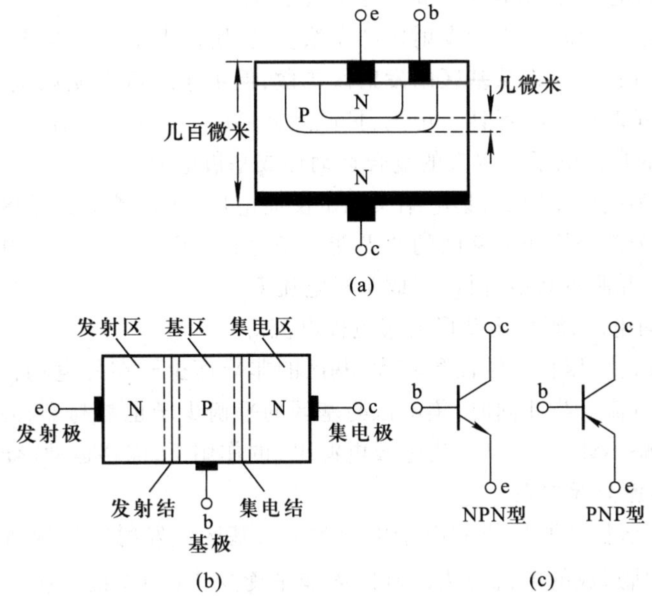

图 1.3.2 晶体管的结构和符号

（a）NPN 型硅管的结构 （b）NPN 型管的结构示意图 （c）晶体管的符号

图 1.3.3 所示为基本放大电路，Δu_I 为输入电压信号，接入基极－发射极回路，称为输入回路；放大后的信号在集电极－发射极回路，称为输出回路。由于发射极是两个回路的公共端，故称该电路为**共射放大电路**。**使晶体管工作在放大状态的外部条件是发射结正向偏置且集电结反向偏置**。因而在输入回路需加基极电源 V_{BB}；在输出回路需加集电极电源 V_{CC}；V_{BB} 和 V_{CC} 的极性应如图 1.3.3 所示，且 V_{CC} 应大于 V_{BB}。晶体管的放大作用表现为小的基极电流可以控制大的集电极电流。下面从内部载流子的运动与外部电流的关系上来做进一步的分析。

一、晶体管内部载流子的运动

当图 1.3.3 所示电路中 $\Delta u_I = 0$ 时，晶体管内部载流子运动示意图如图 1.3.4 所示。

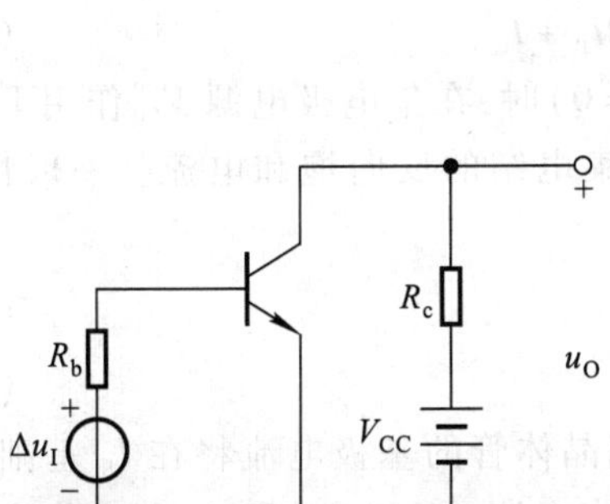

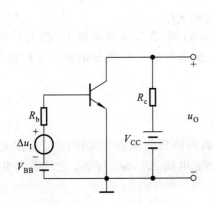

图 1.3.3 基本共射放大电路

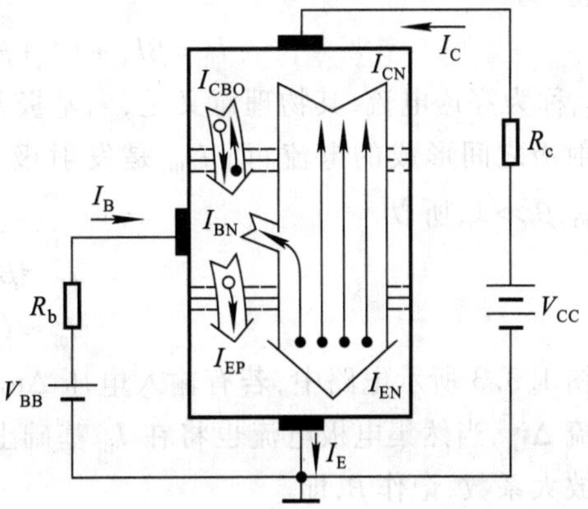

图 1.3.4 晶体管内部载流子运动与外部电流

1. 发射结加正向电压，扩散运动形成发射极电流 I_E

因为发射结加正向电压，又因为发射区杂质浓度高，所以大量自由电子因扩散运动越过发射结到达基区。与此同时，空穴也从基区向发射区扩散，但由于基区杂质浓度低，所以空穴形成的电流非常小，近似分析时可忽略不计。可见，扩散运动形成了发射极电流 I_E。

2. 扩散到基区的自由电子与空穴的复合运动形成基极电流 I_B

由于基区很薄，杂质浓度很低，集电结又加了反向电压，所以扩散到基区的电子中只有极少部分与空穴复合，其余部分均作为基区的非平衡少子达到集电结。又由于电源 V_{BB} 的作用，电子与空穴的复合运动将源源不断地进行，形成基极电流 I_B。

3. 集电结加反向电压，漂移运动形成集电极电流 I_C

由于集电结加反向电压且其结面积较大，基区的非平衡少子在外电场作用下越过集电结到达集电区，形成漂移电流。与此同时，集电区与基区的平衡少子也参与漂移运动，但它的数量很小，近似分析中可忽略不计。可见，在集电极电源 V_{CC} 的作用下，漂移运动形成集电极电流 I_C。

二、晶体管的电流分配关系

设由发射区向基区扩散所形成的电子电流为 I_{EN}，基区向发射区扩散所形成的空穴电流为 I_{EP}，基区内复合运动所形成的电流为 I_{BN}，基区内非平衡少子（即发射区扩散到基区但未被复合的自由电子）漂移至集电区所形成的电流为 I_{CN}，平衡少子在集电区与基区之间的漂移运动所形成的电流为 I_{CBO}，见图 1.3.4 中所标注，则

$$I_E = I_{EN} + I_{EP} = I_{CN} + I_{BN} + I_{EP} \tag{1.3.1}$$

$$I_C = I_{CN} + I_{CBO} \tag{1.3.2}$$

$$I_B = I_{BN} + I_{EP} - I_{CBO} = I'_B - I_{CBO} \tag{1.3.3}$$

从外部看

$$I_E = I_C + I_B \tag{1.3.4}$$

三、晶体管的共射电流放大系数

电流 I_{CN} 与 I'_B 之比称为共射直流电流放大系数 $\bar{\beta}$，根据式(1.3.2)和式(1.3.3)可得

$$\bar{\beta} = \frac{I_{CN}}{I'_B} = \frac{I_C - I_{CBO}}{I_B + I_{CBO}}$$

整理可得

$$I_C = \bar{\beta} I_B + (1 + \bar{\beta}) I_{CBO} = \bar{\beta} I_B + I_{CEO} \tag{1.3.5}$$

式中 I_{CEO} 称为穿透电流，其物理意义是，当基极开路（$I_B = 0$）时，在集电极电源 V_{CC} 作用下的集电极与发射极之间形成的电流，而 I_{CBO} 是发射极开路时，集电结的反向饱和电流。一般情况下，$I_B \gg I_{CBO}$，$\bar{\beta} \gg 1$，所以

$$I_C \approx \bar{\beta} I_B \tag{1.3.6}$$

$$I_E \approx (1 + \bar{\beta}) I_B \tag{1.3.7}$$

在图 1.3.3 所示电路中，若有输入电压 Δu_I 作用，则晶体管的基极电流将在 I_B 基础上叠加动态电流 Δi_B，当然集电极电流也将在 I_C 基础上叠加动态电流 Δi_C，Δi_C 与 Δi_B 之比称为共射交流电流放大系数，记作 β，即

$$\beta = \frac{\Delta i_C}{\Delta i_B} \tag{1.3.8}$$

集电极总电流 $i_C=I_C+\Delta i_C=\bar{\beta}I_B+I_{CEO}+\beta\Delta i_B$，通常穿透电流可忽略不计，故 $i_C\approx\bar{\beta}I_B+\beta\Delta i_B$。在 $|\Delta i_B|$ 不太大的情况下，可以认为

$$\beta\approx\bar{\beta} \tag{1.3.9}$$

式(1.3.9)表明，在一定范围内，可以用晶体管在某一直流量下的 $\bar{\beta}$ 来取代在此基础上加动态信号时的 β。由于在 I_E 较宽的数值范围内 $\bar{\beta}$ 基本不变，因此在近似分析中不对 $\bar{\beta}$ 与 β 加以区分，即认为 $i_C\approx\beta i_B$。小功率管的 β 较大，有的可达三、四百倍；大功率管的 β 较小，有的甚至只有三、四十倍。

当以发射极电流作为输入电流，以集电极电流作为输出电流时，I_{CN} 与 I_E 之比称为共基直流电流放大系数

$$\bar{\alpha}=\frac{I_{CN}}{I_E}$$

根据式(1.3.2)可得

$$I_C=\bar{\alpha}I_E+I_{CBO} \tag{1.3.10}$$

将式(1.3.4)代入上式，可以得出 $\bar{\alpha}$ 与 $\bar{\beta}$ 的关系，即

$$\bar{\beta}=\frac{\bar{\alpha}}{1-\bar{\alpha}} \quad 或 \quad \bar{\alpha}=\frac{\bar{\beta}}{1+\bar{\beta}} \tag{1.3.11}$$

共基交流电流放大系数 α 定义为集电极电流变化量与发射极电流变化量之比，根据 Δi_E、Δi_B 和 Δi_C 的关系可得

$$\alpha=\frac{\Delta i_C}{\Delta i_E}=\frac{\beta}{1+\beta} \tag{1.3.12}$$

通常 $\beta\gg 1$，故 $\alpha\approx 1$；而且与 $\beta\approx\bar{\beta}$ 相同，$\alpha\approx\bar{\alpha}$。

1.3.3 晶体管的共射特性曲线

晶体管的输入特性和输出特性曲线描述各电极之间电压、电流的关系，用于对晶体管的性能、参数和晶体管电路的分析估算。

一、输入特性曲线

输入特性曲线描述管压降 U_{CE} 一定的情况下，基极电流 i_B 与发射结压降 u_{BE} 之间的函数关系，即

$$i_B=f(u_{BE})\Big|_{U_{CE}=常数} \tag{1.3.13}$$

当 $U_{CE}=0$ V 时，相当于集电极与发射极短路，即发射结与集电结并联。因此，输入特性曲线与 PN 结的伏安特性相类似，呈指数关系，见图 1.3.5 中标注 $U_{CE}=0$ V 的那条曲线。

当 U_{CE} 增大时，曲线将右移，见图 1.3.5 中标注 0.5 V 和 ≥1 V 的曲线。这是因为，由发射区注入基区的非平衡少子有一部分越过基区和集电结形成集电极电流 i_C，使得在基区参与复合运动的非平衡少子随 U_{CE} 的增大（即集电结反向电压的增大）而减小；因此，要获得同样的 i_B，就必须加大 u_{BE}，使发射区向基区注入更多的电子。

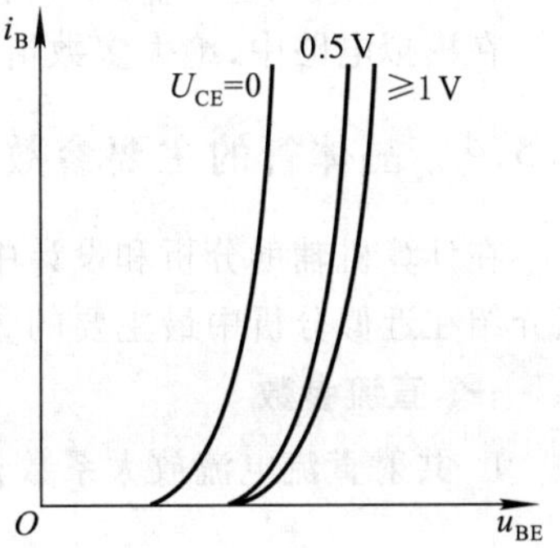

图 1.3.5 晶体管的输入特性曲线

实际上,对于确定的 U_{BE},当 U_{CE} 增大到一定值以后,集电结的电场已足够强,可以将发射区注入基区的绝大部分非平衡少子都收集到集电区,因而再增大 U_{CE},i_C 也不可能明显增大了,也就是说,i_B 已基本不变。因此,U_{CE} 超过一定数值后,曲线不再明显右移而基本重合。对于小功率管,可以用 U_{CE} 大于 1 V 的任何一条曲线来近似 U_{CE} 大于 1 V 的所有曲线。

二、输出特性曲线

输出特性曲线描述基极电流 I_B 为一常量时,集电极电流 i_C 与管压降 U_{CE} 之间的函数关系,即

$$i_C = f(u_{CE})\Big|_{I_B=\text{常数}} \tag{1.3.14}$$

对于每一个确定的 I_B,都有一条曲线,所以输出特性是一族曲线,如图 1.3.6 所示。对于某一条曲线,当 u_{CE} 从零逐渐增大时,集电结电场随之增强,收集基区非平衡少子的能力逐渐增强,因而 i_C 也就逐渐增大。而当 u_{CE} 增大到一定数值时,集电结电场足以将基区非平衡少子的绝大部分收集到集电区来,u_{CE} 再增大,收集能力已不能明显提高,表现为曲线几乎平行于横轴,即 i_C 几乎仅仅决定于 I_B。

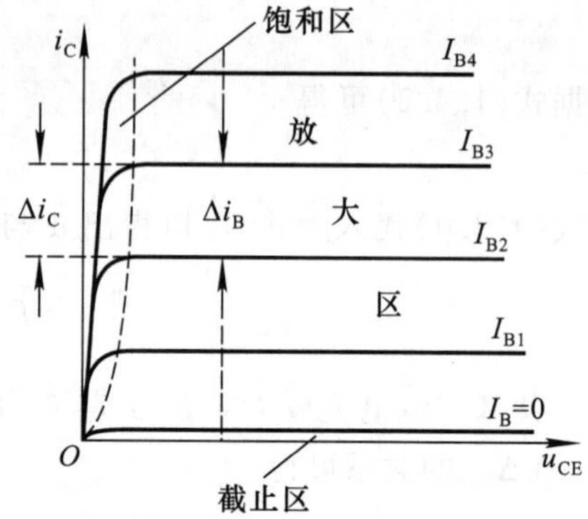

图 1.3.6 晶体管的输出特性曲线

从输出特性曲线可以看出,晶体管有三个工作区域(见图 1.3.6 中所标注):

(1) **截止区**:其特征是发射结电压小于开启电压且集电结反向偏置。对于共射电路,$\boldsymbol{u_{BE} \leqslant U_{on}}$ **且** $\boldsymbol{u_{CE} > u_{BE}}$。此时 $I_B=0$,而 $i_C \leqslant I_{CEO}$。小功率硅管的 I_{CEO} 在 1 μA 以下,锗管的 I_{CEO} 小于几十微安。因此在近似分析中可以认为晶体管截止时的 $i_C \approx 0$。

(2) **放大区**:其特征是发射结正向偏置(u_{BE} 大于发射结开启电压 U_{on})且集电结反向偏置。对于共射电路,$\boldsymbol{u_{BE} > U_{on}}$ **且** $\boldsymbol{u_{CE} \geqslant u_{BE}}$。此时,$i_C$ 几乎仅仅决定于 i_B,而与 u_{CE} 无关,表现出 i_B 对 i_C 的控制作用,$I_C=\bar{\beta}I_B$,$\Delta i_C=\beta\Delta i_B$。在理想情况下,当 I_B 按等差变化时,输出特性是一族横轴的等距离平行线。

(3) **饱和区**:其特征是发射结与集电结均处于正向偏置。对于共射电路,$\boldsymbol{u_{BE} > U_{on}}$ **且** $\boldsymbol{u_{CE} < u_{BE}}$。此时 i_C 不仅与 i_B 有关,而且明显随 u_{CE} 增大而增大,i_C 小于 $\bar{\beta}I_B$。在实际电路中,若晶体管的 u_{BE} 增大时,i_B 随之增大,但 i_C 增大不多或基本不变,则说明晶体管进入饱和区。对于小功率管,可以认为当 $u_{CE}=u_{BE}$,即 $u_{CB}=0$ V 时,晶体管处于临界状态,即临界饱和或临界放大状态。

在模拟电路中,绝大多数情况下应保证晶体管工作在放大状态。

1.3.4 晶体管的主要参数

在计算机辅助分析和设计中,根据晶体管的结构和特性,要用几十个参数全面描述它。这里只介绍在近似分析中最主要的参数,它们均可在半导体器件手册中查到。

一、直流参数

1. 共射直流电流放大系数 $\bar{\beta}$

$$\bar{\beta}=\frac{I_C-I_{CEO}}{I_B}$$

当 $I_C \gg I_{CEO}$ 时，$\overline{\beta} \approx \dfrac{I_C}{I_B}$。

2. 共基直流电流放大系数 $\overline{\alpha}$

当 I_{CBO} 可忽略时，$\overline{\alpha} \approx I_C / I_E$。

3. 极间反向电流

I_{CBO} 是发射极开路时集电结的反向饱和电流。I_{CEO} 是基极开路时，集电极与发射极间的穿透电流，$I_{CEO} = (1+\overline{\beta}) I_{CBO}$。同一型号的管子反向电流愈小，性能愈稳定。

选用管子时，I_{CBO} 与 I_{CEO} 应尽量小。硅管比锗管的极间反向电流小 2 ~ 3 个数量级，因此温度稳定性也比锗管好。

二、交流参数

交流参数是描述晶体管对于动态信号的性能指标。

1. 共射交流电流放大系数 β

$$\beta = \frac{\Delta i_C}{\Delta i_B}\bigg|_{U_{CE}=\text{常量}}$$

见图 1.3.6 中所标注。选用管子时，β 应适中，太小则放大能力不强，太大则温度稳定性差。

2. 共基交流电流放大系数 α

$$\alpha = \frac{\Delta i_C}{\Delta i_E}\bigg|_{U_{CB}=\text{常量}}$$

近似分析中可以认为 $\beta \approx \overline{\beta}$，$\alpha \approx \overline{\alpha} \approx 1$。

3. 特征频率 f_T

由于晶体管中 PN 结结电容的存在，晶体管的交流电流放大系数是所加信号频率的函数。信号频率高到一定程度时，集电极电流与基极电流之比不但数值下降，且产生相移。使共射电流放大系数的数值下降到 1 的信号频率称为特征频率 f_T。

三、极限参数

极限参数是指为使晶体管安全工作对它的电压、电流和功率损耗的限制。

1. 最大集电极耗散功率 P_{CM}

P_{CM} 决定于晶体管的温升。当硅管的温度大于 150℃、锗管的温度大于70℃时，管子特性明显变坏，甚至烧坏。对于确定型号的晶体管，P_{CM} 是一个确定值，即 $P_{CM} = i_C u_{CE}$ = 常数，在输出特性坐标平面中为双曲线中的一条，如图 1.3.7 所示。曲线右上方为过损耗区。

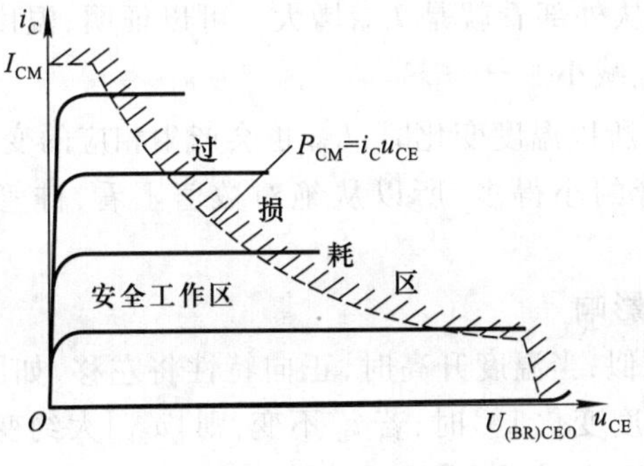

图 1.3.7 晶体管的极限参数

对于大功率管的 P_{CM}，应特别注意测试条件，如对散热片的规格要求。当散热条件不满足要求时，允许的最大功耗将小于 P_{CM}。

2. 最大集电极电流 I_{CM}

i_C 在相当大的范围内 β 值基本不变，但当 i_C 的数值大到一定程度时 β 值将减小。使 β 值明显减小的 i_C 即为 I_{CM}。对于合金型小功率管，定义当 $u_{CE}=1$ V 时，由 $P_{CM}=i_C u_{CE}$ 得出的 i_C 即为 I_{CM}。

3. 极间反向击穿电压

晶体管的某一电极开路时，另外两个电极间所允许加的最高反向电压称为极间反向击穿电压，超过此值时管子会发生击穿现象。下面是各种击穿电压的定义：

$\boldsymbol{U_{(BR)CBO}}$ 是发射极开路时集电极－基极间的反向击穿电压，这是集电结所允许加的最高反向电压。

$\boldsymbol{U_{(BR)CEO}}$ 是基极开路时集电极－发射极间的反向击穿电压，此时集电结承受反向电压。

$\boldsymbol{U_{(BR)EBO}}$ 是集电极开路时发射极－基极间的反向击穿电压，这是发射结所允许加的最高反向电压。

对于不同型号的管子，$U_{(BR)CBO}$ 为几十伏到上千伏，$U_{(BR)CEO}$ 小于 $U_{(BR)CBO}$，而 $U_{(BR)EBO}$ 只有 1 伏以下到几伏。此外，集电极－发射极间的击穿电压还有：b－e 间接电阻时的 $U_{(BR)CER}$，短路时的 $U_{(BR)CES}$，接反向电压时的 $U_{(BR)CEX}$ 等。

在组成晶体管电路时，应根据需求选择管子的型号。例如用于组成音频放大电路，则应选低频管；用于组成宽频带放大电路，则应选高频管或超高频管；用于组成数字电路，则应选开关管；若管子温升较高或反向电流要求小，则应选用硅管；若要求 b－e 间导通电压低，则应选用锗管。而且，为防止晶体管在使用中损坏，必须使之工作在图 1.3.7 所示的安全区，同时 b－e 间的反向电压要小于 $U_{(BR)EBO}$；对于功率管，还必须满足散热条件。

1.3.5 温度对晶体管特性及参数的影响

由于半导体材料的热敏性，晶体管的参数几乎都与温度有关。对于电子电路，如果不能解决温度稳定性问题，将不能使其实用。

一、温度对 I_{CBO} 的影响

因为 I_{CBO} 是集电结加反向电压时平衡少子的漂移运动形成的，所以，当温度升高时，热运动加剧，有更多的价电子获得足够的能量挣脱共价键的束缚，从而使少子浓度明显增大。因而参与漂移运动的少子数目增多，从外部看就是 I_{CBO} 增大。可以证明，温度每升高 10℃，I_{CBO} 增加约一倍。反之，当温度降低时 I_{CBO} 减小。

由于 $I_{CEO}=(1+\bar{\beta})I_{CBO}$，所以温度变化时，$I_{CEO}$ 也会产生相应的变化。

由于硅管的 I_{CBO} 比锗管的小得多，所以从绝对数值上看，硅管比锗管受温度的影响要小得多。

二、温度对输入特性的影响

与二极管伏安特性相类似，当温度升高时，正向特性将左移，如图 1.3.8 所示，反之将右移。$|u_{BE}|$ 具有负温度系数，当温度变化 1℃ 时，若 i_B 不变，则 $|u_{BE}|$ 大约变化 2～2.5 mV，即温度每升高 1℃，大约下降 2～2.5 mV。换言之，若 u_{BE} 不变，则当温度升高时 i_B 将增大，反之 i_B 减小。

三、温度对输出特性的影响

图 1.3.9 所示为某晶体管在温度变化时输出特性变化的示意图，实线所示为 20℃时的特性曲线，虚线所示为 60℃时的特性曲线，且 I_{B1}、I_{B2}、I_{B3}分别等于 I'_{B1}、I'_{B2}、I'_{B3}。当温度从 20℃升高至 60℃时，不但集电极电流增大，且其变化量 $\Delta i'_C > \Delta i_C$，说明温度升高时 β 增大。

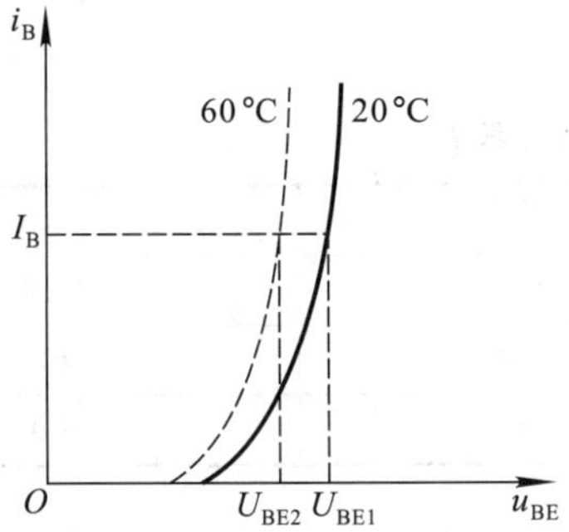

图 1.3.8 温度对晶体管输入特性的影响

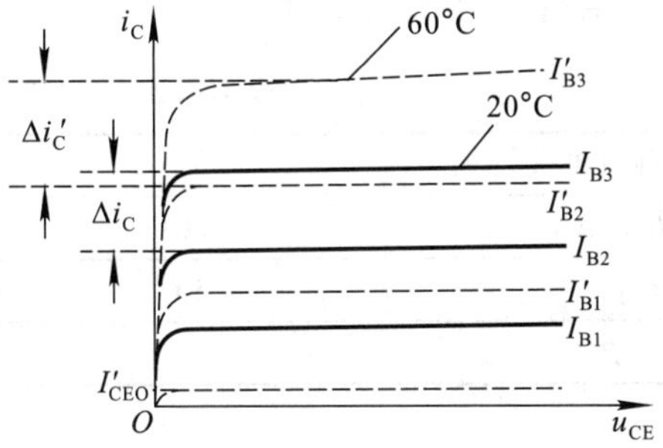

图 1.3.9 温度对晶体管输出特性的影响

可见，温度升高时，由于 I_{CEO}、β 增大，且输入特性左移，所以导致集电极电流增大。

【例 1.3.1】 现已测得某电路中几只 NPN 型晶体管三个极的直流电位如表 1.3.1 所示，各晶体管 b - e 间开启电压 U_{on} 均为 0.5 V。

试分别说明各管子的工作状态。

表 1.3.1 例 1.3.1 中各晶体管电极直流电位

晶体管	T_1	T_2	T_3	T_4
基极直流电位 U_B/V	0.7	1	-1	0
发射极直流电位 U_E/V	0	0.3	-1.7	0
集电极直流电位 U_C/V	5	0.7	0	15
工作状态				

解：在电子电路中，可以通过测试晶体管各极的直流电位来判断晶体管的工作状态。对于 NPN 型管，当 b - e 间电压 $u_{BE} < U_{on}$时，管子截止；当 $u_{BE} > U_{on}$且管压降 $u_{CE} \geqslant u_{BE}$（或 $u_C \geqslant u_B$）时，管子处于放大状态；当 $u_{BE} > U_{on}$且管压降 $u_{CE} < u_{BE}$（或 $u_C < u_B$）时，管子处于饱和状态。硅管的 U_{on}约为 0.5 V，锗管的 U_{on}约为 0.1 V。对于 PNP 型管，读者可类比 NPN 型管总结规律。

根据上述规律可知，T_1 处于放大状态，因为 $U_{BE} = 0.7$ V 且 $U_{CE} = 5$ V，$U_{CE} > U_{BE}$。T_2 处于饱和状态，因为 $U_{BE} = 0.7$ V，且 $U_{CE} = U_C - U_E = 0.4$ V，$U_{CE} < U_{BE}$。T_3 处于放大状态，因为 $U_{BE} = U_B - U_E = 0.7$ V，且 $U_{CE} = U_C - U_E = 1.7$ V，$U_{CE} > U_{BE}$。T_4 处于截止状态，因为 $U_{BE} = 0$ V $< U_{on}$。

将分析结果填入表 1.3.2。

表 1.3.2 例 1.3.1 中各晶体管的工作状态

晶体管	T_1	T_2	T_3	T_4
工作状态	放大	饱和	放大	截止

【例 1.3.2】 在一个单管放大电路中，电源电压为 30 V，已知三只管子的参数如表 1.3.3 所示，请选用一只管子，并简述理由。

表 1.3.3 例 1.3.2 的晶体管参数表

晶体管参数	T_1	T_2	T_3
$I_{CBO}/\mu A$	0.01	0.1	0.05
U_{CEO}/V	50	50	20
β	15	100	100

解：T_1 管虽然 I_{CBO} 很小，即温度稳定性好，但 β 很小，放大能力差，故不宜选用。T_3 管虽然 I_{CBO} 较小且 β 较大，但因 U_{CEO} 仅为 20 V，小于工作电源电压 30 V，在工作过程中有可能被击穿，故不能选用。T_2 管的 I_{CBO} 较小，β 较大，且 U_{CEO} 大于电源电压，所以 T_2 最合适。

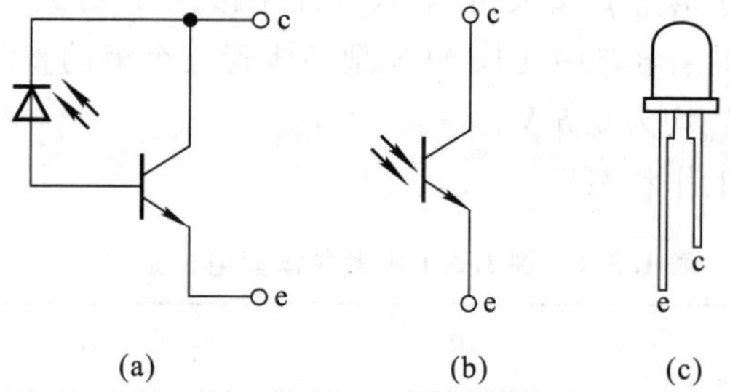

图 1.3.10 光电三极管的等效电路、符号和外形
(a) 等效电路 (b) 符号 (c) 外形

1.3.6 光电三极管

光电三极管依据光照的强度来控制集电极电流的大小，其功能可等效为一只光电二极管与一只晶体管相连，并仅引出集电极与发射极，如图 1.3.10(a) 所示。其符号如图(b)所示，常见外形如图(c)所示。

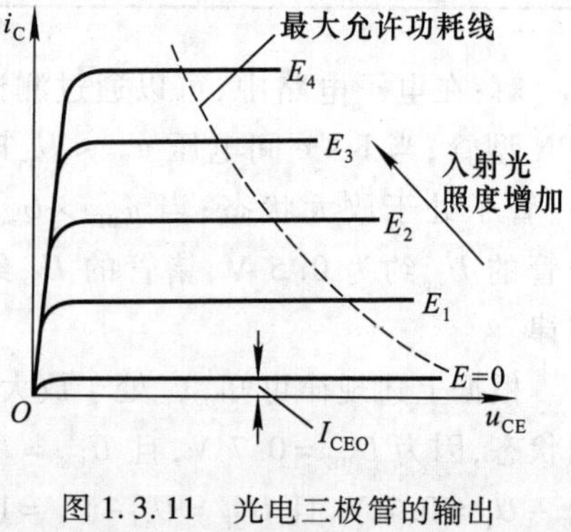

图 1.3.11 光电三极管的输出特性曲线

光电三极管与普通三极管的输出特性曲线相类似，只是将参变量基极电流 I_B 用入射光强 E 取代，如图 1.3.11 所示。无光照时的集电极电流称为暗电流 I_{CEO}，它比光电二极管的暗电流约大两倍，而且受温度的影响很大，温度每上升 25℃，I_{CEO} 上升约 10 倍。有光照时的集电极电流称为光电流。当管压降 u_{CE} 足够大时，i_C 几乎仅仅决定于入射光强 E。对于不同型号的光电三极管，当入射光强 E 为1 000 lx 时，光电流从小于 1 mA 到几毫安

不等。

使用光电三极管时,也应特别注意其反向击穿电压、最高工作电压,最大集电极功耗等极限参数。

思考题

1.3.1 为使 NPN 型管和 PNP 型管工作在放大状态,应分别在外部加什么样的电压?

1.3.2 在实验中应用什么方法判断晶体管的工作状态?

1.3.3 为什么说少数载流子的数目虽少,但却是影响二极管、晶体管温度稳定性的主要因素?

1.3.4 为什么晶体管有工作频率的限制?

1.4 场效应管

场效应管(FET①)是利用输入回路的电场效应来控制输出回路电流的一种半导体器件,并以此命名。由于它仅靠半导体中的多数载流子导电,又称**单极型晶体管**。场效应管不但具备双极型晶体管体积小、重量轻、寿命长等优点,而且输入回路的内阻高达 $10^7 \sim 10^{12}\,\Omega$,噪声低、热稳定性好、抗辐射能力强、耗电省,使之从 20 世纪 60 年代诞生起就广泛地应用于各种电子电路之中。

场效应管分为结型和绝缘栅型两种不同的结构,本节将对它们的工作原理、特性及主要参数一一加以介绍。

1.4.1 结型场效应管

结型场效应管②又有 **N 沟道**和 **P 沟道**两种类型,图 1.4.1(a)是 N 沟道管的实际结构图,图(b)为它们的符号。

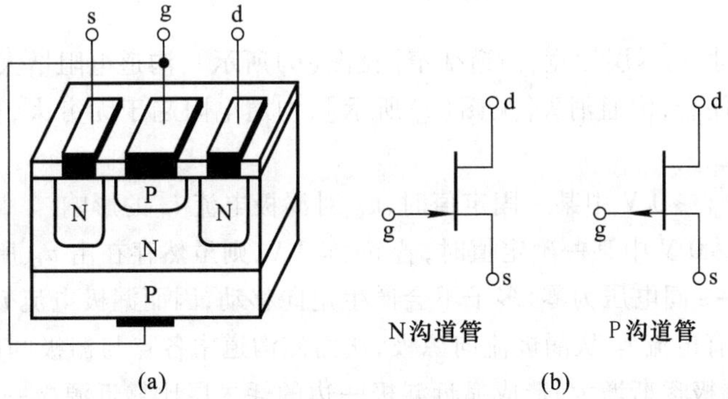

图 1.4.1 结型场效应管的结构和符号

(a) N 沟道管的结构 (b) 符号

① 英文为 Field Effect Transistor,简写成 FET。

② 英文为 Junction Field Effect Transistor,简写成 JFET。

图 1.4.2 所示为 N 沟道结型场效应管的结构示意图。图中,在同一块 N 型半导体上制作两个高掺杂的 P 区,并将它们连接在一起,所引出的电极称为**栅极** g,N 型半导体的两端分别引出两个电极,一个称为**漏极** d,一个称为**源极** s。P 区与 N 区交界面形成耗尽层,漏极与源极间的非耗尽层区域称为**导电沟道**。

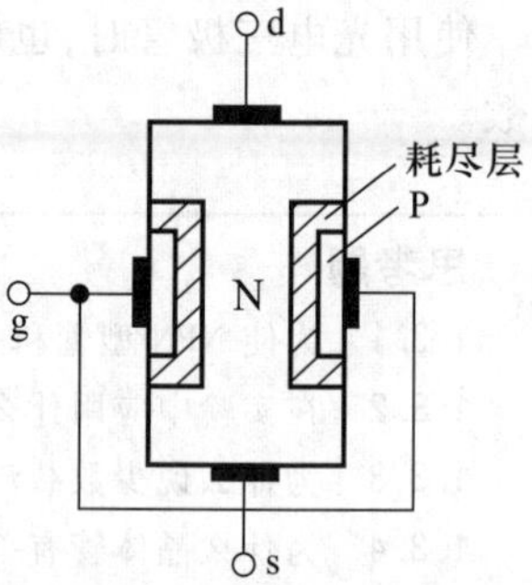

图 1.4.2　N 沟道结型场效应管的结构示意图

一、结型场效应管的工作原理

为使 N 沟道结型场效应管能正常工作,应在其栅 - 源之间加负向电压(即 $u_{GS}<0$),以保证耗尽层承受反向电压;在漏 - 源之间加正向电压 u_{DS},以形成漏极电流 i_D。$u_{GS}<0$,既保证了栅 - 源之间内阻很高的特点,又实现了 u_{GS}对沟道电流的控制。

下面通过栅 - 源电压 u_{GS}和漏 - 源电压 u_{DS}对导电沟道的影响,来说明管子的工作原理。

1. 当 $u_{DS}=0$ V(即 d、s 短路)时,u_{GS}对导电沟道的控制作用

当 $u_{DS}=0$ V 且 $u_{GS}=0$ V 时,耗尽层很窄,导电沟道很宽,如图 1.4.3(a)所示。

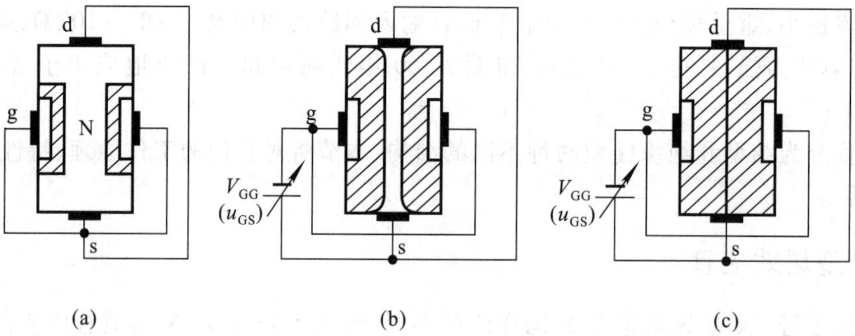

图 1.4.3　$u_{DS}=0$ V 时 u_{GS}对导电沟道的控制作用

(a) $u_{GS}=0$ V　(b) $U_{GS(off)}<u_{GS}<0$ V　(c) $u_{GS}\leqslant U_{GS(off)}$

当 $|u_{GS}|$ 增大时,耗尽层加宽,沟道变窄[见图(b)所示],沟道电阻增大。当 $|u_{GS}|$ 增大到某一数值时,耗尽层闭合,沟通消失[见图(c)所示],沟通电阻趋于无穷大,称此时 u_{GS}的值为夹断电压 $U_{GS(off)}$。

2. 当 u_{GS}为 $U_{GS(off)}\sim0$ V 中某一固定值时,u_{DS}对漏极电流 i_D 的影响

当 u_{GS}为 $U_{GS(off)}\sim0$ V 中某一确定值时,若 $u_{DS}=0$ V,则虽然存在由 u_{GS}所确定的一定宽度的导电沟道,但由于 d - s 间电压为零,多子不会产生定向移动,因而漏极电流 i_D 为零。

若 $u_{DS}>0$ V,则有电流 i_D 从漏极流向源极,从而使沟道中各点与栅极间的电压不再相等,而是沿沟道从源极到漏极逐渐增大,造成靠近漏极一边的耗尽层比靠近源极一边的宽,即靠近漏极一边的导电沟道比靠近源极一边的窄,见图 1.4.4(a)所示。

因为栅 - 漏电压 $u_{GD}=u_{GS}-u_{DS}$,所以当 u_{DS}从零逐渐增大时,u_{GD}逐渐减小,靠近漏极一边的导电沟道必将随之变窄。但是,只要栅 - 漏间不出现夹断区域,沟道电阻仍基本决定于栅 - 源电压 u_{GS},因此,电流 i_D 将随 u_{DS}的增大而线性增大,d - s 呈现电阻特性。而一旦 u_{DS}的增大使 u_{GD}等于 $U_{GS(off)}$,则漏极一边的耗尽层就会出现夹断区,见图(b)所示,称 $u_{GD}=U_{GS(off)}$ 为**预夹断**。若 u_{DS}继

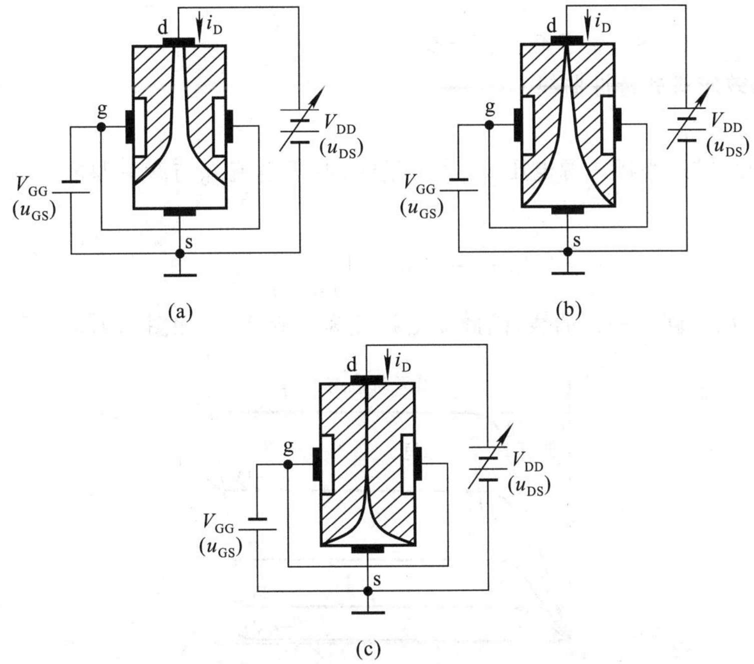

图 1.4.4 $U_{GS(off)} < u_{GS} < 0$ 且 $u_{DS} > 0$ 的情况

(a) $u_{GD} > U_{GS(off)}$ (b) $u_{GD} = U_{GS(off)}$ (c) $u_{GD} < U_{GS(off)}$

续增大,则 $u_{GD} < U_{GS(off)}$,耗尽层闭合部分将沿沟道方向延伸,即夹断区加长,见图(c)所示。这时,一方面自由电子从漏极向源极定向移动所受阻力加大(只能从夹断区的窄缝以较高速度通过),从而导致 i_D 减小;另一方面,随着 u_{DS} 的增大,使 d－s 间的纵向电场增强,也必然导致 i_D 增大。实际上,上述 i_D 的两种变化趋势相抵消,u_{DS} 的增大几乎全部降落在夹断区,用于克服夹断区对 i_D 形成的阻力。因此,从外部看,在 $u_{GD} < U_{GS(off)}$ 的情况下,当 u_{DS} 增大时 i_D 几乎不变,即 i_D 几乎仅仅决定于 u_{GS},表现出 i_D 的恒流特性。

3. 当 $u_{GD} < u_{GS(off)}$ 时,u_{GS} 对 i_D 的控制作用

在 $u_{GD} = u_{GS} - u_{DS} < U_{GS(off)}$,即 $u_{DS} > u_{GS} - U_{GS(off)}$ 的情况下,当 u_{DS} 为一常量时,对应于确定的 u_{GS},就有确定的 i_D。此时,可以通过改变 u_{GS} 来控制 i_D 的大小。由于漏极电流受栅－源电压的控制,故称**场效应管为电压控制元件**。与晶体管用 $\beta(=\Delta i_C/\Delta i_B)$ 来描述动态情况下基极电流对集电极电流的控制作用相类似,场效应管用 g_m 来描述动态的栅－源电压对漏极电流的控制作用,g_m 称为**低频跨导**

$$g_m = \left.\frac{\Delta i_D}{\Delta u_{GS}}\right|_{U_{DS}=\text{常量}} \tag{1.4.1}$$

由以上分析可知:

(1) 在 $u_{GD} = u_{GS} - u_{DS} > U_{GS(off)}$ 的情况下,即当 $u_{DS} < u_{GS} - U_{GS(off)}$(即 g－d 间未出现夹断)时,对应于不同的 u_{GS},d－s 间等效成不同阻值的电阻。

(2) 当 u_{DS} 使 $u_{GD} = U_{GS(off)}$ 时,d－s 之间预夹断。

(3) 当 u_{DS} 使 $u_{GD} < U_{GS(off)}$ 时,i_D 几乎仅仅决定于 u_{GS},而与 u_{DS} 无关。此时可以把 i_D 近似看成

u_{GS}控制的电流源。

（4）当 $u_{GS} < U_{GS(off)}$ 时，管子截止，$i_D = 0$。

二、结型场效应管的特性曲线

1. 输出特性曲线

输出特性曲线描述当栅－源电压 u_{GS}为常量时，漏极电流 i_D与漏－源电压 u_{DS}之间的函数关系，即

$$i_D = f(u_{DS})\Big|_{U_{GS}=\text{常数}} \tag{1.4.2}$$

对应于一个 U_{GS}，就有一条曲线，因此输出特性为一族曲线，如图 1.4.5 所示。

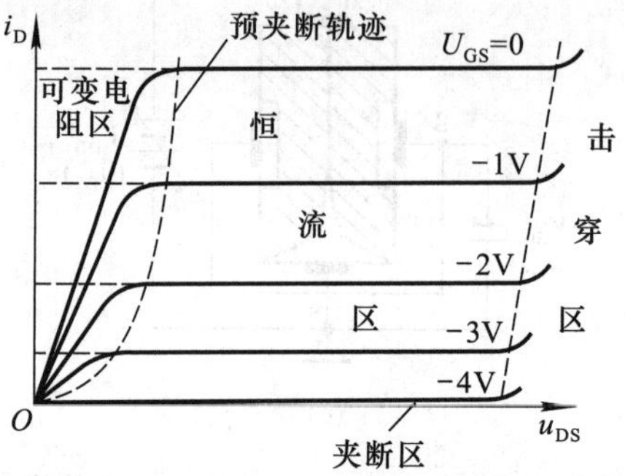

图 1.4.5 场效应管的输出特性

场效应管有三个工作区域：

（1）**可变电阻区**（也称**非饱和区**）：图中的虚线为预夹断轨迹，它是各条曲线上使 $u_{DS} = u_{GS} - U_{GS(off)}$ [即 $u_{GD} = U_{GS(off)}$]的点连接而成的。u_{GS}愈大，预夹断时的 u_{DS}值也愈大。预夹断轨道的左边区域称为可变电阻区，该区域中曲线近似为不同斜率的直线。当 u_{GS}确定时，直线的斜率也唯一地被确定，直线斜率的倒数即为 d－s 间等效电阻。因而在此区域中，可以通过改变 u_{GS}的大小（即压控的方式）来改变漏－源等效电阻的阻值，也因此称之为可变电阻区。

（2）**恒流区**（也称**饱和区**）：图中预夹断轨迹的右边区域为恒流区。当 $u_{DS} > u_{GS} - U_{GS(off)}$（即 $u_{GD} < U_{GS(off)}$）时，各曲线近似为一族横轴的平行线。当 u_{DS}增大时，i_D仅略有增大。因而可将 i_D近似为电压 u_{GS}控制的电流源，故称该区域为恒流区。利用场效应管作放大管时，应使其工作在该区域。

（3）**夹断区**（也称**截止区**）：当 $u_{GS} < U_{GS(off)}$ 时，导电沟道被夹断，$i_D \approx 0$，即图 1.4.5 中靠近横轴的部分，称为夹断区。一般将使 i_D等于某一个很小电流（如 5 μA）时的 u_{GS}定义为夹断电压 $U_{GS(off)}$。

另外，当 u_{DS}增大到一定程度时，漏极电流会骤然增大，管子将被击穿。由于这种击穿是因栅－漏间耗尽层破坏而造成的，因而若栅－漏击穿电压为 $U_{(BR)GD}$，则漏－源击穿电压 $U_{(BR)DS} = u_{GS} - U_{(BR)GD}$，所以当 u_{GS}增大时，漏－源击穿电压将增大，如图 1.4.5 所示。

2. 转移特性

转移特性曲线描述当漏－源电压 U_{DS}为常量时，漏极电流 i_D 与栅－源电压 u_{GS}之间的函数关系，即

$$i_D = f(u_{GS})\Big|_{U_{DS}=\text{常数}} \tag{1.4.3}$$

当场效应管工作在恒流区时，由于输出特性曲线可近似为横轴的一组平行线，所以可以用一条转移特性曲线代替恒流区的所有曲线。在输出特性曲线的恒流区中做横轴的垂线，读出垂线与各曲线交点的坐标值，建立 u_{GS}、i_D 坐标系，连接各点所得曲线就是转移特性曲线，见图 1.4.6 所示。可见转移特性曲线与输出特性曲线有严格的对应关系。

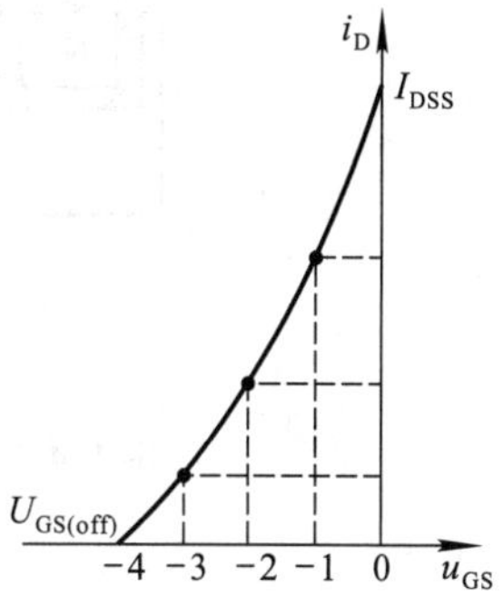

图 1.4.6 场效应管的转移特性曲线

根据半导体物理中对场效应管内部载流子的分析可以得到恒流区中 i_D 的近似表达式为

$$i_D = I_{DSS}\left(1 - \frac{u_{GS}}{U_{GS(off)}}\right)^2 \quad (U_{GS(off)} < u_{GS} < 0) \tag{1.4.4}$$

式中 I_{DSS} 是 $u_{GS}=0$ 情况下产生预夹断时的 I_D，称为饱和漏极电流。

当管子工作在可变电阻区时，对于不同的 U_{DS}，转移特性曲线将有很大差别。

应当指出，为保证结型场效应管栅－源间的耗尽层加反向电压，对于 N 沟道管，$u_{GS} \leqslant 0$ V；对于 P 沟道管，$u_{GS} \geqslant 0$ V。

1.4.2 绝缘栅型场效应管

绝缘栅型场效应管①的栅极与源极、栅极与漏极之间均采用 SiO_2 绝缘层隔离，因此而得名。又因栅极为金属铝，故又称为 MOS 管②。它的栅－源间电阻比结型场效应管大得多，可达 $10^{10}\,\Omega$ 以上，还因为它比结型场效应管温度稳定性好、集成化时工艺简单，而广泛用于大规模和超大规模集成电路中。

与结型场效应管相同，MOS 管也有 N 沟道和 P 沟道两类，但每一类又分为**增强型**和**耗尽型**两种，因此 MOS 管的四种类型为：**N 沟道增强型管**、**N 沟道耗尽型管**，**P 沟道增强型管**和 **P 沟道耗尽型管**。凡栅－源电压 u_{GS} 为零时漏极电流也为零的管子均属于增强型管，凡栅－源电压 U_{GS} 为零时漏极电流不为零的管子均属于耗尽型管。下面讨论它们的工作原理及特性。

一、N 沟道增强型 MOS 管

N 沟道增强型 MOS 管结构示意图如图 1.4.7(a)所示。它以一块低掺杂的 P 型硅片为衬底，利用扩散工艺制作两个高掺杂的 N^+ 区，并引出两个电极，分别为源极 s 和漏极 d，半导体上制作一层 SiO_2 绝缘层，再在 SiO_2 之上制作一层金属铝，引出电极，作为栅极 g。通常将衬底与源极接在一起使用。这样，栅极和衬底各相当于一个极板，中间是绝缘层，形成电容。当栅－源电压变化时，将改变衬底靠近绝缘层处感应电荷的多少，从而控制漏极电流的大小。可见，MOS 管与结型场效应管导电机理及漏极电流控制的原理均不相同。

① 英文为 Insulated Gate Field Effect Transistor，缩写为 IGFET。

② 英文为 Metal-Oxide-Semiconductor，缩写为 MOS。

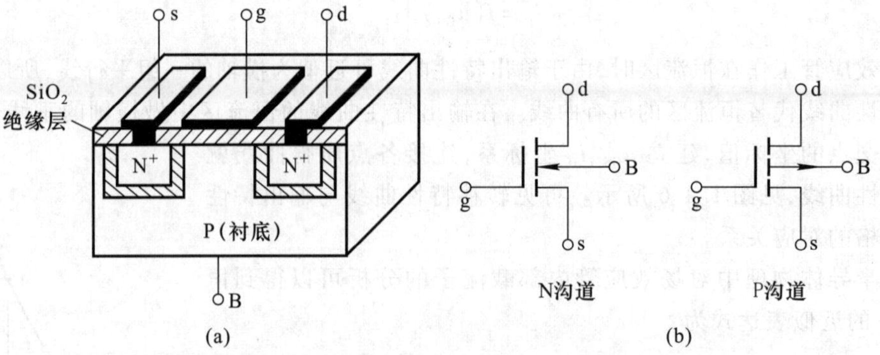

图 1.4.7　N 沟道增强型 MOS 管结构示意图及增强型 MOS 管的符号

(a) 结构示意图　(b) 符号

图 1.4.7(b)所示为 N 沟道和 P 沟道两种增强型 MOS 管的符号。

1. 工作原理

当栅 - 源之间不加电压时，漏源之间是两只背向的 PN 结，不存在导电沟道，因此即使漏 - 源之间加电压，也不会有漏极电流。

当 $u_{DS}=0$ 且 $u_{GS}>0$ 时，由于 SiO_2 的存在，栅极电流为零。但是栅极金属层将聚集正电荷，它们排斥 P 型衬底靠近 SiO_2 一侧的空穴，使之剩下不能移动的负离子区，形成耗尽层，如图 1.4.8(a)所示。当 u_{GS} 增大时，一方面耗尽层增宽，另一方面将衬底的自由电子吸引到耗尽层与绝缘层之间，形成一个 N 型薄层，称为反型层，如图 1.4.8(b)所示。这个反型层就构成了漏 - 源之间的导电沟道。使沟道刚刚形成的栅 - 源电压称为**开启电压 $U_{GS(th)}$**。u_{GS} 愈大，反型层愈厚，导电沟道电阻愈小。

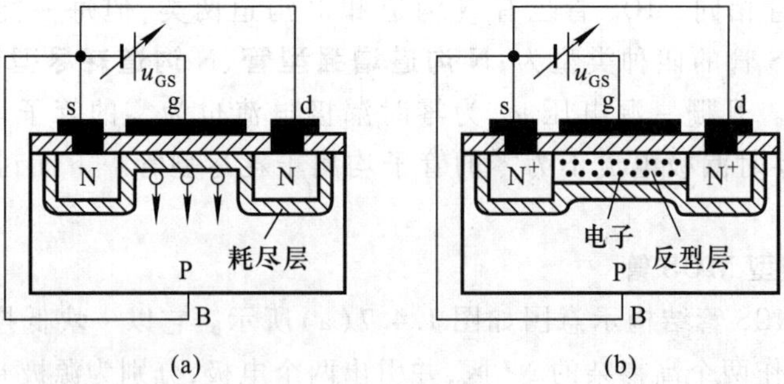

图 1.4.8　$u_{DS}=0$ 时 u_{GS} 对导电沟道的影响

(a) 耗尽层的形成　(b) 沟道的形成

当 u_{GS} 是大于 $U_{GS(th)}$ 的一个确定值时，若在 d - s 之间加正向电压，则将产生一定的漏极电流。此时，u_{DS} 的变化对导电沟道的影响与结型场效应管相似。即当 u_{DS} 较小时，u_{DS} 的增大使 i_D 线性增大，沟道沿源 - 漏方向逐渐变窄，如图 1.4.9(a)所示。一旦 u_{DS} 增大到使 $u_{GD}=U_{GS(th)}$（即 $u_{DS}=u_{GS}-U_{GS(th)}$）时，沟道在漏极一侧出现夹断点，称为**预夹断**，如图(b)所示。如果 u_{DS} 继续增大，夹断区随之延长，如图(c)所示。而且 u_{DS} 的增大部分几乎全部用于克服夹断区对漏极电流的阻力。从外部看，i_D 几乎不因 u_{DS} 的增大而变化，管子进入恒流区，i_D 几乎仅决定于 u_{GS}。

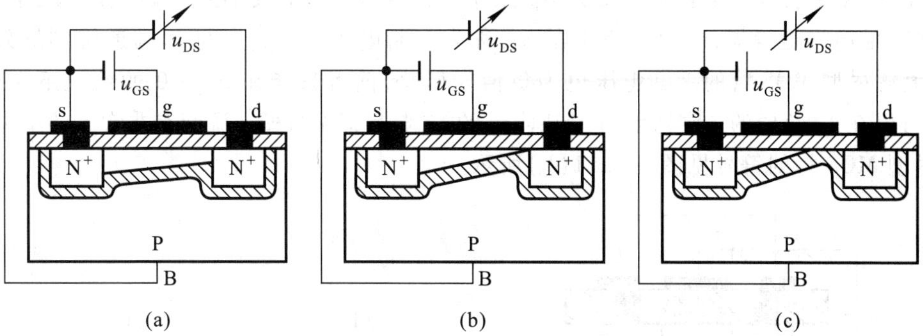

图 1.4.9 u_{GS}为大于 $U_{GS(th)}$的某一值时 u_{DS}对 i_D 的影响

(a) $u_{DS} < u_{GS} - U_{GS(th)}$ (b) $u_{DS} = u_{GS} - U_{GS(th)}$ (c) $u_{DS} > u_{GS} - U_{GS(th)}$

在 $u_{DS} > u_{GS} - U_{GS(th)}$时,对应于每一个 u_{GS}就有一个确定的 i_D。此时,可将 i_D 视为电压 u_{GS}控制的电流源。

2. 特性曲线与电流方程

图 1.4.10(a)、(b)分别为 N 沟道增强型 MOS 管的转移特性曲线和输出特性曲线,它们之间的关系见图中标注。与结型场效应管一样,MOS 管也有三个工作区域:可变电阻区、恒流区及夹断区,如图中所标注。

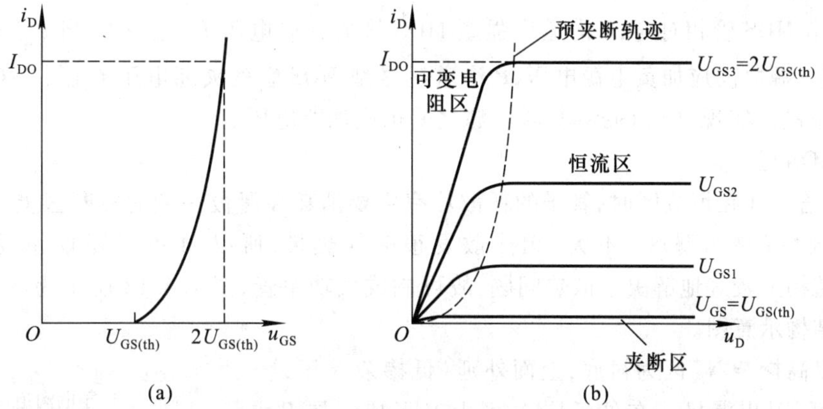

图 1.4.10 N 沟道增强型 MOS 管的特性曲线

(a) 转移特性 (b) 输出特性

与结型场效应管相类似,i_D 与 u_{GS}的近似关系式为

$$i_D = I_{DO}\left(\frac{u_{GS}}{U_{GS(th)}} - 1\right)^2 \tag{1.4.5}$$

式中 I_{DO}是 $u_{GS} = 2U_{GS(th)}$时的 i_D。

二、N 沟道耗尽型 MOS 管

如果在制造 MOS 管时,在 SiO_2 绝缘层中掺入大量正离子,那么即使 $u_{GS} = 0$,在正离子作用下 P 型衬底表层也存在反型层,即漏 - 源之间存在导电沟道。只要在漏 - 源间加正向电压,就会产生漏极电流,如图 1.4.11(a)所示。并且,u_{GS}为正时,反型层变宽,沟道电阻变小,i_D 增大;反之,

u_{GS}为负时,反型层变窄,沟道电阻变大,i_D 减小。而当 u_{GS}从零减小到一定值时,反型层消失,漏-源之间导电沟道消失,$i_D=0$。此时的 u_{GS}称为夹断电压 $U_{GS(off)}$。与 N 沟道结型场效应管相同,N 沟道耗尽型 MOS 管的夹断电压也为负值。但是,前者只能在 $u_{GS}<0$ 的情况下工作,而后者的 u_{GS}可以在正、负值的一定范围内实现对 i_D 的控制,且仍保持栅-源间有非常大的绝缘电阻。

耗尽型 MOS 管的符号见图 1.4.11(b)所示。

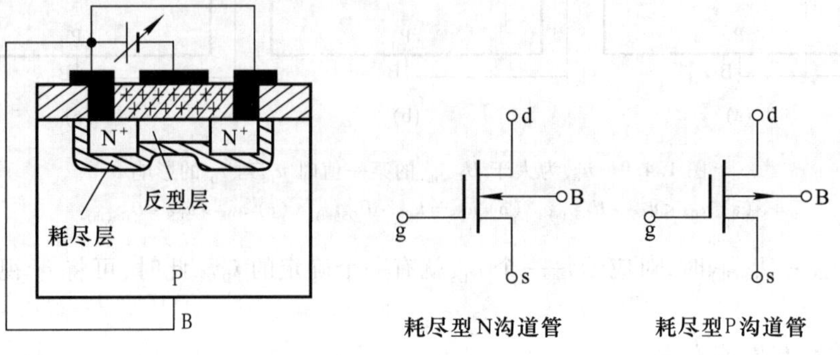

(a) (b)

图 1.4.11 N 沟道耗尽型 MOS 管结构示意图及符号

(a) 结构示意图 (b) 符号

三、P 沟道 MOS 管

与 N 沟道 MOS 管相对应,P 沟道增强型 MOS 管的开启电压 $U_{GS(th)}<0$,当 $u_{GS}<U_{GS(th)}$ 时管子才导通,漏-源之间应加负电源电压;P 沟道耗尽型 MOS 管的夹断电压 $U_{GS(off)}>0$,u_{GS}可在正负值的一定范围内实现对 i_D 的控制,漏-源之间也应加负电压。

四、VMOS 管

当 MOS 管工作在恒流区时,管子的耗散功率主要消耗在漏极一端的夹断区上,并且由于漏极所连接的区域(称为漏区)不大,无法散发很多的热量,所以 MOS 管不能承受较大功率。VMOS 管从结构上较好地解决了散热问题,故可制成大功率管,图 1.4.12 所示为 N 沟道增强型 VMOS 管的结构示意图。

VMOS 以高掺杂 N^+ 区为衬底,上面外延①低掺杂 N 区,共同作为漏区,引出漏极。在外延层 N 区上又形成一层 P 区,并在 P 区之上制成高掺杂的 N^+ 区。从上面俯视 VMOS 管 P 区与 N^+ 区,可以看到它们均为环状区,所引出的电极为源极。中间是腐蚀② 而成的 V 形槽,其上生长一层绝缘层,并覆盖上一层金属,作为栅极。VMOS 管因存在 V 形槽而得名。

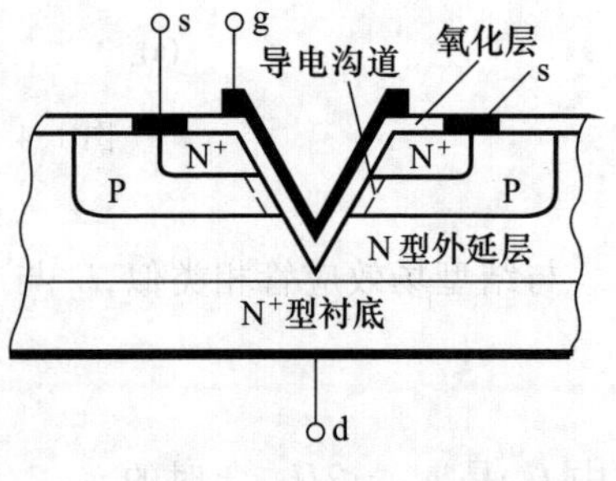

图 1.4.12 N 沟道增强型 VMOS 管的结构示意图

在栅-源电压 u_{GS}大于开启电压 $U_{GS(th)}$ 时,在 P 区靠近 V 形槽氧化层表面所形成的反型层与下边 N 区相接,形成垂

①、② 可参阅《模拟电子技术基础》(第三版)的 1.6 节。

直的导电沟道，见图 1.4.12 所标注。当漏－源间外加正电源时，自由电子将沿沟道从源极流向 N 型外延层、N^+ 区衬底到漏极，形成从漏极到源极的电流 i_D。

VMOS 管的漏区散热面积大，便于安装散热器，耗散功率最大可达千瓦以上；此外，其漏－源击穿电压高，上限工作频率高，而且当漏极电流大于某值（如 500 mA）时，i_D 与 u_{GS} 基本成线性关系。

场效应管的符号及特性如图 1.4.13 所示，表中漏极电流的正方向是从漏极流向源极。

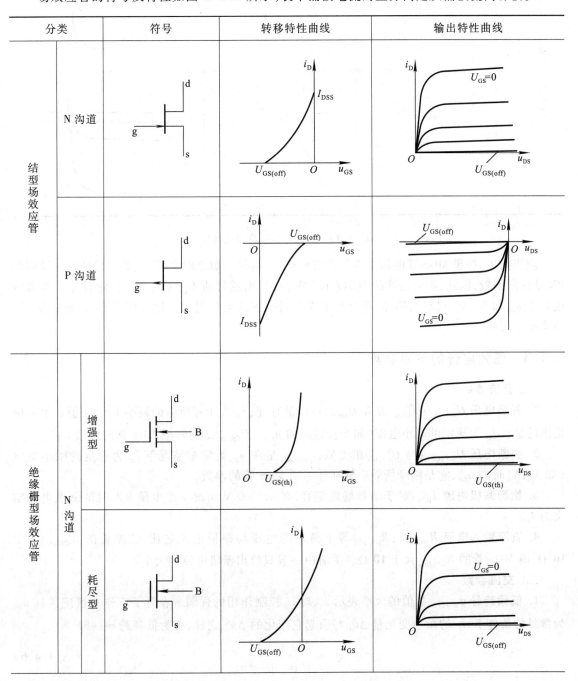

<table>
<tr><th colspan="3">分类</th><th>符号</th><th>转移特性曲线</th><th>输出特性曲线</th></tr>
<tr><td rowspan="2">结型场效应管</td><td colspan="2">N 沟道</td>
<td>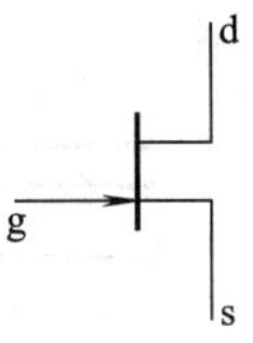
</td>
<td>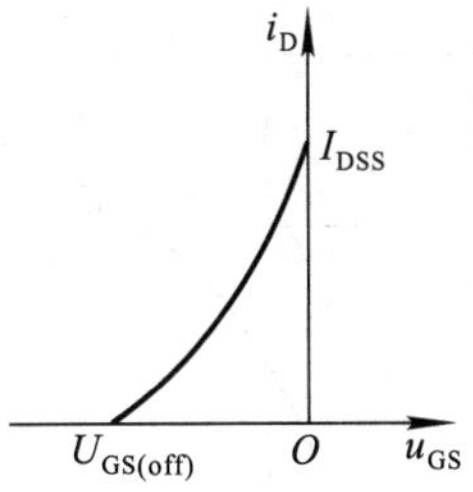
</td>
<td>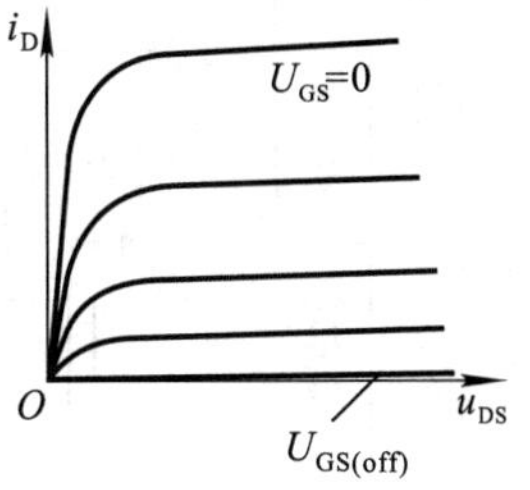
</td></tr>
<tr><td colspan="2">P 沟道</td>
<td>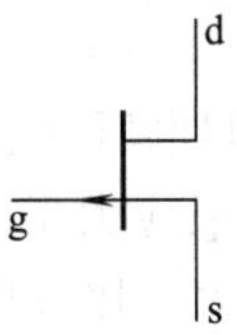
</td>
<td>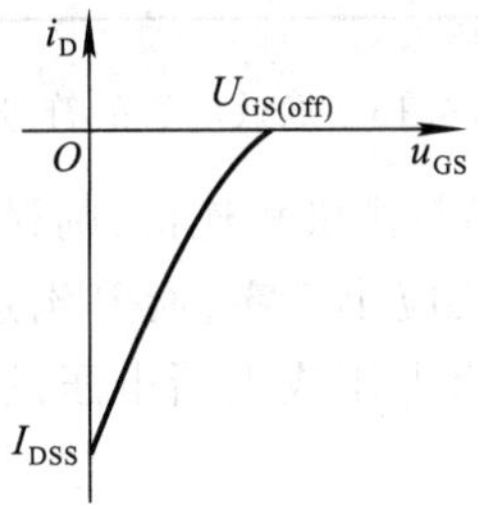
</td>
<td>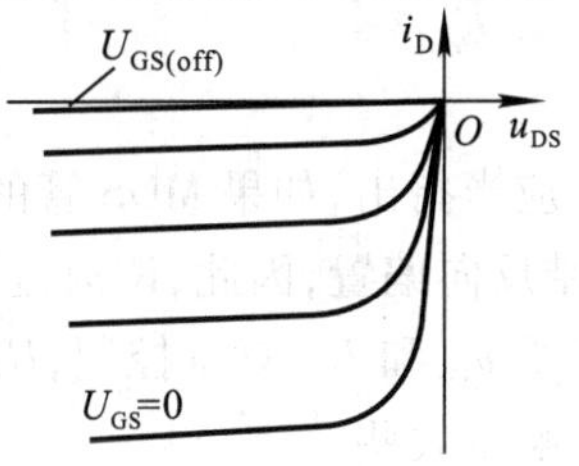
</td></tr>
<tr><td rowspan="2">绝缘栅型场效应管</td><td rowspan="2">N 沟道</td><td>增强型</td>
<td>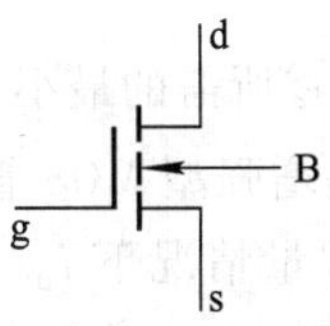
</td>
<td>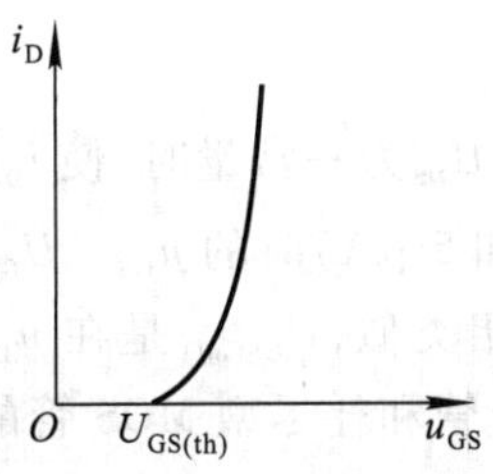
</td>
<td>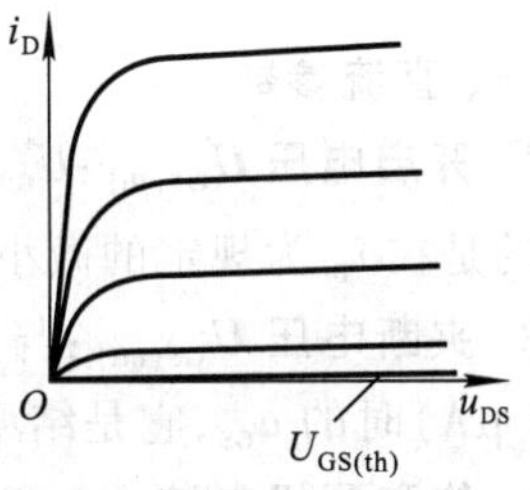
</td></tr>
<tr><td>耗尽型</td>
<td>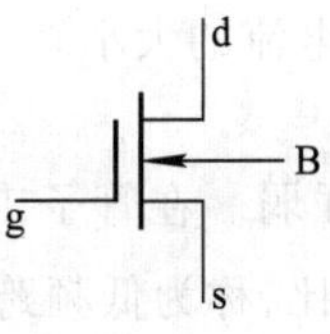
</td>
<td>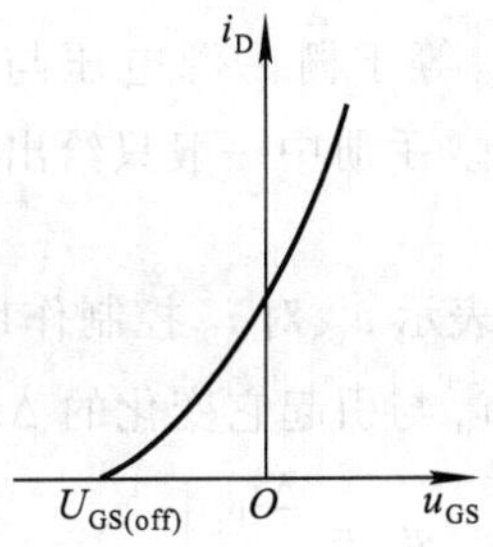
</td>
<td>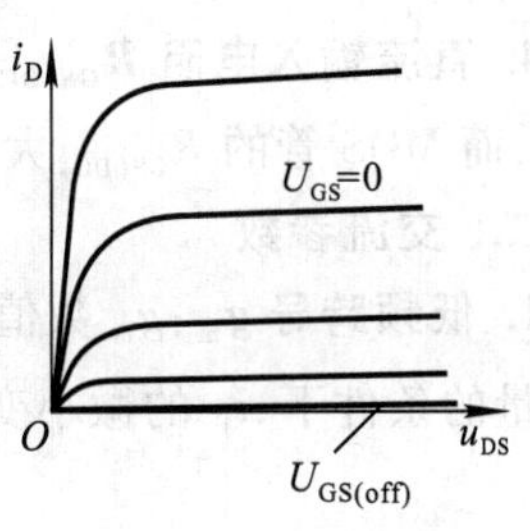
</td></tr>
</table>

续表

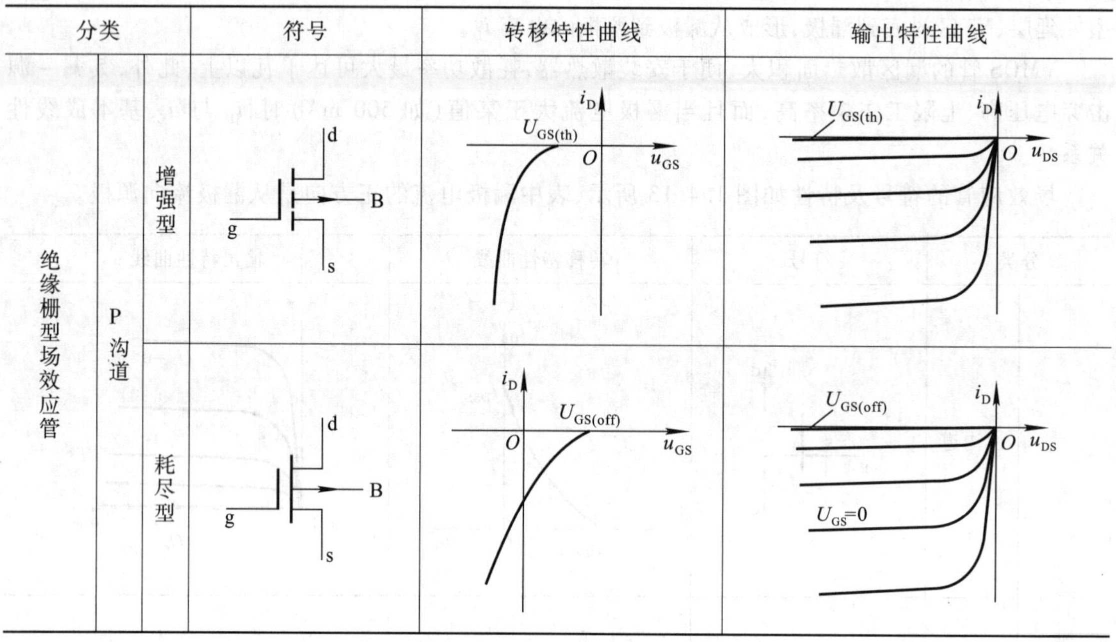

分类
符号
转移特性曲线
输出特性曲线
绝缘栅型场效应管
P沟道
增强型
耗尽型
d
B
g
s
i_D
$U_{GS(th)}$
O
u_{GS}
u_{DS}
$U_{GS(off)}$
U_{GS}=0

图 1.4.13 场效应管的符号及特性

应当指出，如果 MOS 管的衬底不与源极相连接，则衬－源之间电压 U_{BS}必须保证衬－源间的 PN 结反向偏置，因此，N 沟道管的 U_{BS}应小于零，而 P 沟道管的 U_{BS}应大于零。此时导电沟道宽度将受 u_{GS}和 U_{BS}双重控制，U_{BS}使开启电压或夹断电压的数值增大。比较而言，N 沟道管受 U_{BS} 的影响更大些。

1.4.3 场效应管的主要参数

一、直流参数

1. **开启电压 $U_{GS(th)}$**：$U_{GS(th)}$是在 U_{DS}为一常量时，使 i_D 大于零所需的最小 $|u_{GS}|$ 值。手册中给出的是在 i_D 为规定的微小电流（如 5 μA）时的 u_{GS}。$U_{GS(th)}$是增强型 MOS 管的参数。

2. **夹断电压 $U_{GS(off)}$**：与 $U_{GS(th)}$ 相类似，$U_{GS(off)}$是在 u_{DS}为常量情况下 i_D 为规定的微小电流（如 5 μA）时的 u_{GS}，它是结型场效应管和耗尽型 MOS 管的参数。

3. **饱和漏极电流 I_{DSS}**：对于结型场效应管，在 $u_{GS}=0$ V 情况下产生预夹断时的漏极电流定义为 I_{DSS}。

4. **直流输入电阻 $R_{GS(DC)}$**：$R_{GS(DC)}$ 等于栅－源电压与栅极电流之比，结型管的 $R_{GS(DC)}$ 大于 $10^7\,\Omega$，而 MOS 管的 $R_{GS(DC)}$大于 $10^9\,\Omega$。手册中一般只给出栅极电流的大小。

二、交流参数

1. **低频跨导 g_m**：g_m 数值的大小表示 u_{GS}对 i_D 控制作用的强弱。在管子工作在恒流区且 u_{DS}为常量的条件下，i_D 的微小变化量 Δi_D 与引起它变化的 Δu_{GS}之比，称为低频跨导。即

$$g_m=\left.\frac{\Delta i_D}{\Delta u_{GS}}\right|_{U_{DS}=\text{常数}} \tag{1.4.6}$$

g_m 的单位是 S(西门子)或 mS。g_m 是转移特性曲线上某一点的切线的斜率,可通过对式(1.4.4)或式(1.4.5)求导而得。g_m 与切点的位置密切相关,由于转移特性曲线的非线性,因而 i_D 愈大,g_m 也愈大。

2. **极间电容**:场效应管的三个极之间均存在极间电容。通常,栅-源电容 C_{gs} 和栅-漏电容 C_{gd} 为 1~3 pF,而漏-源电容 C_{ds} 为 0.1~1 pF。在高频电路中,应考虑极间电容的影响。管子的最高工作频率 f_M 是综合考虑了三个电容的影响而确定的工作频率的上限值。

三、极限参数

1. **最大漏极电流 I_{DM}**:I_{DM} 是管子正常工作时漏极电流的上限值。

2. **击穿电压**:管子进入恒流区后,使 i_D 骤然增大的 u_{DS} 称为漏-源击穿电压 $U_{(BR)DS}$,u_{DS} 超过此值会使管子损坏。

对于结型场效应管,使栅极与沟道间 PN 结反向击穿的 u_{GS} 为栅-源击穿电压 $U_{(BR)GS}$;对于绝缘栅型场效应管,使绝缘层击穿的 u_{GS} 为栅-源击穿电压 $U_{(BR)GS}$。

3. **最大耗散功率 P_{DM}**:P_{DM} 决定于管子允许的温升。P_{DM} 确定后,便可在管子的输出特性上画出临界最大功耗线;再根据 I_{DM} 和 $U_{(BR)DS}$,便可得到管子的安全工作区。

对于 MOS 管,栅-衬之间的电容容量很小,只要有少量的感应电荷就可产生很高的电压。而由于 $R_{GS(DC)}$ 很大,感应电荷难于释放,以至于感应电荷所产生的高压会使很薄的绝缘层击穿,造成管子的损坏。因此,无论是在存放还是在工作电路中,都应为栅-源之间提供直流通路,避免栅极悬空;同时在焊接时,要将电烙铁良好接地。

【例 1.4.1】 已知某管子的输出特性曲线如图 1.4.14 所示。试分析该管是什么类型的场效应管(结型、绝缘栅型、N 沟道、P 沟道、增强型、耗尽型)。

解:从 i_D 或 u_{DS}、u_{GS} 的极性可知,该管为 N 沟道管;从输出特性曲线中开启电压 $U_{GS(th)}=4$ V >0 V 可知,该管为增强型 MOS 管;所以,该管为 N 沟道增强型 MOS 管。

【例 1.4.2】 电路如图 1.4.15 所示,其中管子 T 的输出特性曲线如图 1.4.14 所示。试分析 u_I 为 0 V、8 V 和 10 V 三种情况下 u_O 分别为多少?

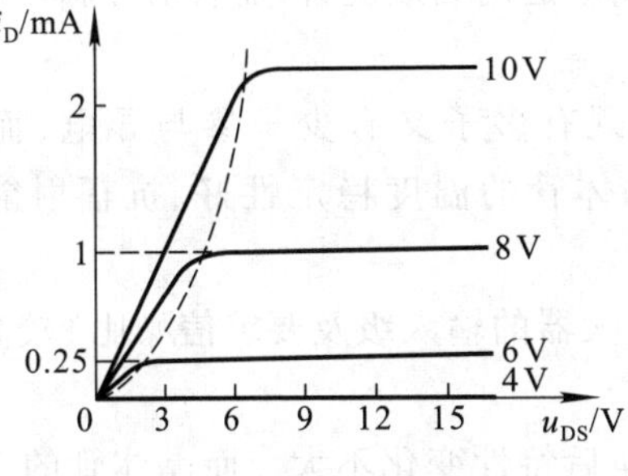

图 1.4.14 例 1.4.1 输出特性曲线

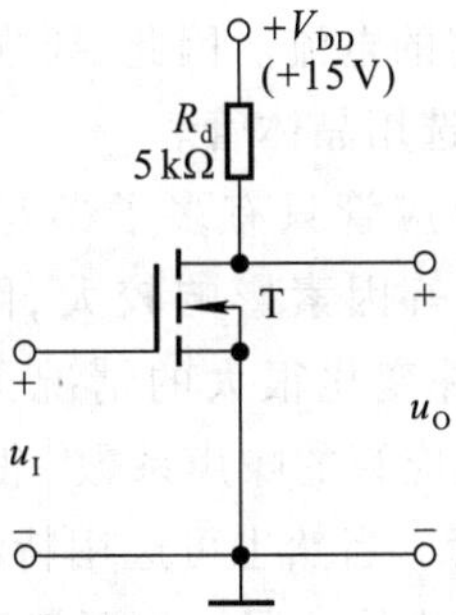

图 1.4.15 例 1.4.2 电路图

解:当 $u_{GS}=u_I=0$ V 时,管子处于夹断状态,因而 $i_D=0$。而 $u_O=u_{DS}=V_{DD}-i_DR_D=V_{DD}=15$ V。

当 $u_{GS}=u_I=8$ V 时,设管子工作在恒流区,则 $i_D=1$ mA,因此

$$u_O=u_{DS}=V_{DD}-i_DR_d=(15-1\times5)\text{ V}=10\text{ V}$$

大于 $u_{GS}-U_{GS(th)}=(8-4)\text{ V}=4$ V,说明假设成立,管子工作在恒流区。

当 $u_{GS}=u_I=10\text{ V}$ 时，若认为管子工作在恒流区，则 i_D 约为 2.2 mA，因而 $u_O=(15-2.2\times5)\text{ V}=4\text{ V}$。但是，$u_{GS}=10\text{ V}$ 时的预夹断电压为

$$u_{DS}=u_{GS}-U_{GS(th)}=(10-4)\text{ V}=6\text{ V}$$

u_{DS}小于 d-s 在 $u_{GS}=10\text{ V}$ 时的预夹断电压，说明管子已不工作在恒流区，而是工作在可变电阻区。从输出特性曲线可得 $u_{GS}=10\text{ V}$ 时 d-s 间的等效电阻为

$$R_{DS}=U_{DS}/I_D\approx\left(\frac{3}{1\times10^{-3}}\right)\Omega=3\text{ k}\Omega$$

所以

$$u_O=\frac{R_{DS}}{R_d+R_{DS}}\cdot V_{CC}=\left(\frac{3}{5+3}\times15\right)\text{V}\approx5.6\text{ V}$$

【例 1.4.3】 电路如图 1.4.16 所示，场效应管的夹断电压 $U_{GS(off)}=-4\text{ V}$，饱和漏极电流 $I_{DSS}=4\text{ mA}$。试问：

为保证负载电阻 R_L 上的电流为恒流，R_L 的取值范围应为多少？

解：从电路图可知，$u_{GS}=0\text{ V}$，因而 $i_D=I_{DSS}=4\text{ mA}$。并且 $u_{GS}=0\text{ V}$ 时的预夹断电压 $u_{DS}=u_{GS}-U_{GS(off)}=[0-(-4)]\text{V}=4\text{ V}$，而

$$u_{DS}=V_{DD}-i_DR_L$$

所以保证 R_L 为恒流的最大输出电压 $U_{omax}=(V_{DD}-4)\text{V}=8\text{ V}$，输出电压范围为 0~8 V，负载电阻 R_L 的取值范围为

$$R_L=\frac{U_O}{I_{DSS}}=0\sim2\text{ k}\Omega$$

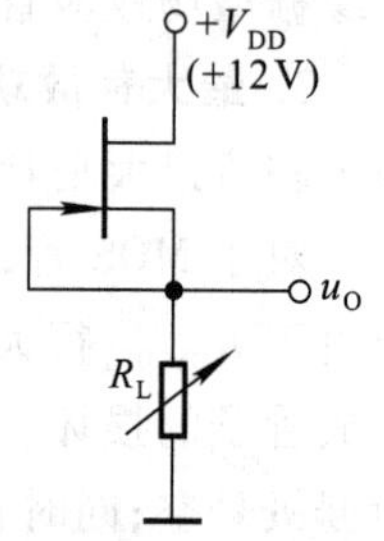

图 1.4.16 例 1.4.3 电路图

1.4.4 场效应管与晶体管的比较

场效应管的栅极 g、源极 s、漏极 d 对应于晶体管的基极 b、发射极 e、集电极 c，它们的作用相类似。

一、场效应管用栅-源电压 u_{GS}控制漏极电流 i_D，栅极基本不取电流。而晶体管工作时基极总要索取一定的电流。因此，要求输入电阻高的电路应选用场效应管；而若信号源可以提供一定的电流，则可选用晶体管。

二、场效应管只有多子参与导电。晶体管内既有多子又有少子参与导电，而少子数目受温度、辐射等因素影响较大，因而场效应管比晶体管的温度稳定性好、抗辐射能力强。所以在环境条件变化很大的情况下应选用场效应管。

三、场效应管的噪声系数①很小，所以低噪声放大器的输入级及要求信噪比②较高的电路应选用场效应管。当然也可选用特制的低噪声晶体管。

四、场效应管的漏极与源极可以互换使用，互换后特性变化不大。而晶体管的发射极与集电极互换后特性差异很大，因此只在特殊需要时才互换，成倒置状态，如在集成逻辑电路中。

---

① 噪声系数 $N_F=\dfrac{P_{si}/P_{ni}}{P_{so}/P_{no}}$，$P_{si}$和 P_{so}分别为信号的输入和输出功率，P_{ni}和 P_{no}分别为噪声的输入和输出功率。

② 放大电路输出的信号功率与噪声功率之比。

五、场效应管比晶体管的种类多,特别是耗尽型 MOS 管,栅-源电压 u_{GS} 可正、可负、可零,均能控制漏极电流。因而在组成电路时场效应管比晶体管更灵活。

六、场效应管和晶体管均可用于放大电路和开关电路,它们构成了品种繁多的集成电路。但由于场效应管集成工艺更简单,且具有耗电省、工作电源电压范围宽等优点,因此场效应管越来越多地应用于大规模和超大规模集成电路中。

除本章所述晶体二极管、三极管外,常用的半导体元件还有利用一个 PN 结构成的具有负阻特性的器件——单结晶体管,以及利用三个 PN 结构成的大功率可控整流器件——晶闸管。它们多用于电力电子技术中,本书不赘述。

■ **思考题**

1.4.1 为使结型场效应管工作在恒流区,为什么其栅-源之间必须加反向电压?为什么耗尽型 MOS 管的栅-源电压可正、可零、可负?

1.4.2 若将图 1.4.9 中 MOS 管的衬底接小于零的电位,则对其特性产生什么影响?

1.4.3 从 N 沟道场效应管的输出特性曲线上看,为什么 u_{GS} 越大预夹断电压越大、漏-源间击穿电压也越高?

1.4.4 为使六种场效应管均工作在恒流区,应分别在它们的栅-源之间和漏-源之间加什么样的电压?

1.5 集成电路中的元件

集成电路就是采用一定的制造工艺,将晶体管、场效应管、二极管、电阻、电容等许多元件组成的具有完整功能的电路制作在同一块半导体基片上,然后加以封装所构成的半导体器件。由于它的元件密度高(即集成度高)、体积小、功能强、功耗低、外部连线及焊点少,从而大大提高了电子设备的可靠性和灵活性,实现了元件、电路与系统的紧密结合。

1.5.1 集成双极型管

一、NPN 型管

在制造集成电路时,需将各个元件相互绝缘。利用 PN 结反向偏置时电阻很大的特点,把各元件所在的 N 区或 P 区四周用 PN 结包围起来,便可使它们相互绝缘,称这个 N 区或 P 区为隔离岛。在基片上经过氧化、光刻、腐蚀、扩散、外延及氧化等重复过程①,即可制造出隔离岛。图 1.5.1(a)所示为集成电路制造过程中的剖面,中间的 N 区为隔离岛,它两侧的 P^+ 区为隔离槽。

利用上述的工艺过程在隔离岛中首先制造出基区,然后制造发射区和集电区,最后制造各极引出窗口,就成为 NPN 型管②,如图(b)所示。

二、PNP 型管

PNP 型管有衬底 PNP 管和横向 PNP 管,其结构如图 1.5.2 所示。衬底 PNP 管以隔离槽为集

---

①、② 可参阅《模拟电子技术基础(第三版)》1.6 节。

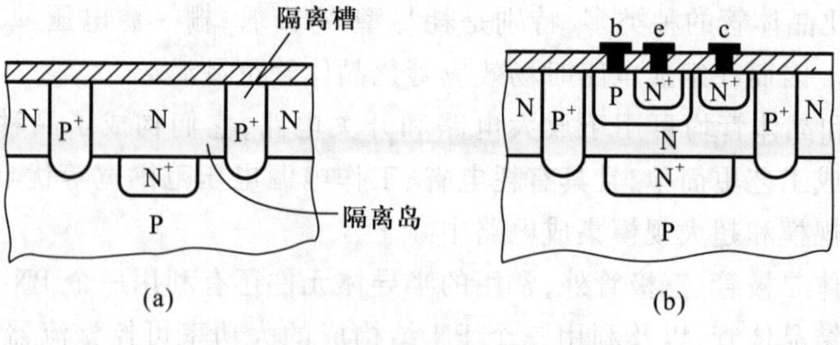

图 1.5.1　隔离岛及 NPN 型管

(a) 隔离岛　(b) NPN 型管

电极,是纵向管,即载流子从发射区沿纵向向集电区运动。由于可以准确控制基区的厚度,所以 β 值较大。但由于隔离槽只能接在整个电路电位最低端,所以应用的局限性很大。

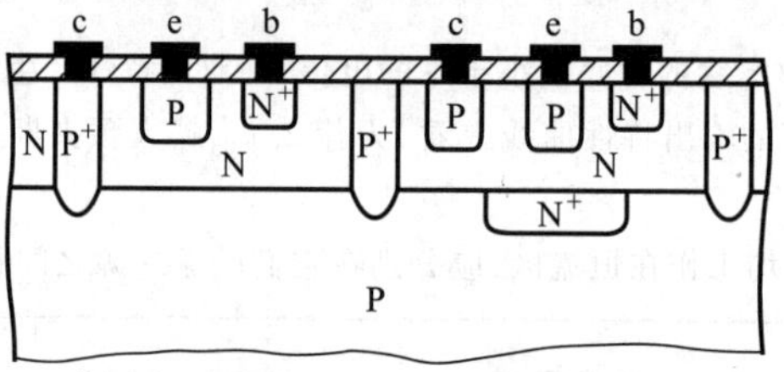

图 1.5.2　集成电路中的 PNP 型管

横向 PNP 管的载流子从发射区沿水平方向向集电区运动,故称横向管。由于制造工艺所限,基区较厚,所以 β 值很小,仅为 2 ~ 20 倍。但其发射结和集电结耐压较高,因而可利用横向 PNP 管和纵向 NPN 管复合而成既有足够大的电流放大系数又耐压较高的管子,从而构成各方面性能俱佳的放大电路。

三、其它类型晶体管

在制造 NPN 型管时,若制作多个发射区,则得到多发射极管,其结构与符号见图 1.5.3 所示。这种管子广泛用于集成数字电路。

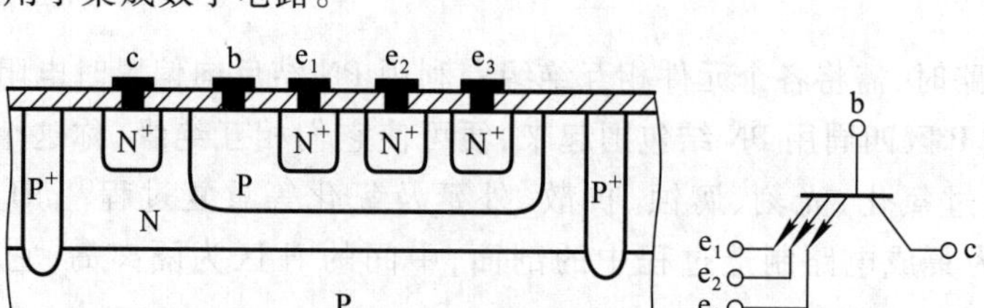

图 1.5.3　多发射极管的结构与符号

(a) 结构　(b) 符号

在制作横向 PNP 型管时,若制作多个集电区,则得到多集电极管,各集电极电流之比决定于对应的集电区面积之比,其结构与符号如图 1.5.4 所示。这种管子多用于集成放大电路中的电流源电路。

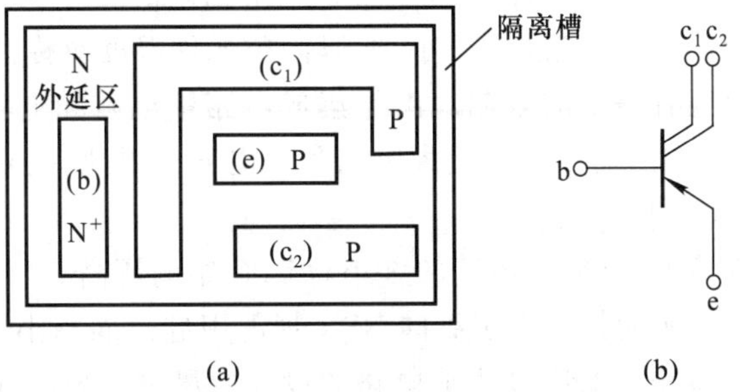

图 1.5.4 多集电极管的结构与符号
(a) 结构 (b) 符号

集成电路中普通 NPN 型管的基区宽度为 0.5 ~ 1 μm,若将基区做得很薄,厚度只有 0.1 ~ 0.2 μm,则得到超 β 晶体管。它的基极电流很小(如小于 10 nA)时,β 可高达千倍以上,但其反向击穿电压很低,$U_{(BR)CBO}$ 为 10 ~ 20 V,$U_{(BR)CEO}$ 为 5 ~ 10 V。这种管子常用于高精度集成放大电路的输入极。

1.5.2 集成单极型管

集成 MOS 管的结构与分立元件 MOS[见图 1.4.7(a)]的结构完全相同,这里不再赘述。在集成 MOS 电路中,常采用 N 沟道 MOS 管与 P 沟道 MOS 管组成的互补电路(简称 CMOS 电路),其结构与电路如图 1.5.5 所示。电路功耗小、工作电源电压范围宽、输入电流非常小、连接方便,是目前应用广泛的集成电路之一。

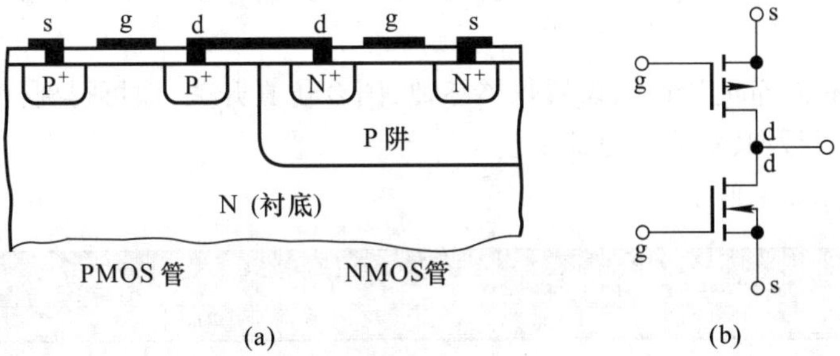

图 1.5.5 CMOS 电路
(a) 结构 (b) 符号

1.5.3 集成电路中的无源元件

集成电路中各种无源元件的制造不需要特殊工艺,例如,用 NPN 型管的发射结作为二极管和稳压管,用 NPN 型管基区体电阻作为电阻,用 PN 结势垒电容或 MOS 管栅极与沟道间等效电容作为电容等。

1.5.4 集成电路中元件的特点

与分立元件相比,集成电路中的元件有如下特点:

一、具有良好的对称性。由于元件在同一硅片上用相同的工艺制造,所以它们的性能比较一致;而且由于元件密集使环境温度差别很小,所以同类元件温度对称性也较好。

二、电阻与电容的数值有一定的限制。由于集成电路中电阻和电容要占用硅片的面积,且数值愈大,占用面积也愈大。因而不易制造大电阻和大电容。因此,电阻阻值范围为几十欧 ~ 几千欧,电容容量一般小于 100 pF。

三、纵向晶体管的 β 值大;横向晶体管的 β 小,但 PN 结耐压高。

四、用有源元件取代无源元件。由于纵向 NPN 管占用硅片面积小且性能好,而电阻和电容占用硅片面积大且取值范围窄,因此,在集成电路的设计中尽量多采用 NPN 型管,而少用电阻和电容。

1.6 Multisim 应用举例

1.6.1 半导体器件特性曲线测试方法的研究

一、题目

利用 IV 分析仪测量二极管的伏安特性

二、测量方法及步骤

1. 选择元件:在 Multisim 主界面的左侧元器件栏中选择某种型号的二极管(Diode),如 1N4148,并将某拖至电路图窗口。

2. 选择仪器:在右侧仪器仪表栏中选择 IV 分析仪(IV - Analysis),也将其拖至电路图窗口;打开 IV 分析仪,在仪器的 Conponents 栏选择 Diode,IV 分析仪的右下角将显示出二极管管脚所接端子。

3. 完成测试:单击 Sim_Param,设置仪器参数;闭合仿真开关,即可得到伏安特性曲线。移动光标,可以读出管压降及其对应的电流值。

以上过程如图 1.6.1 所示。

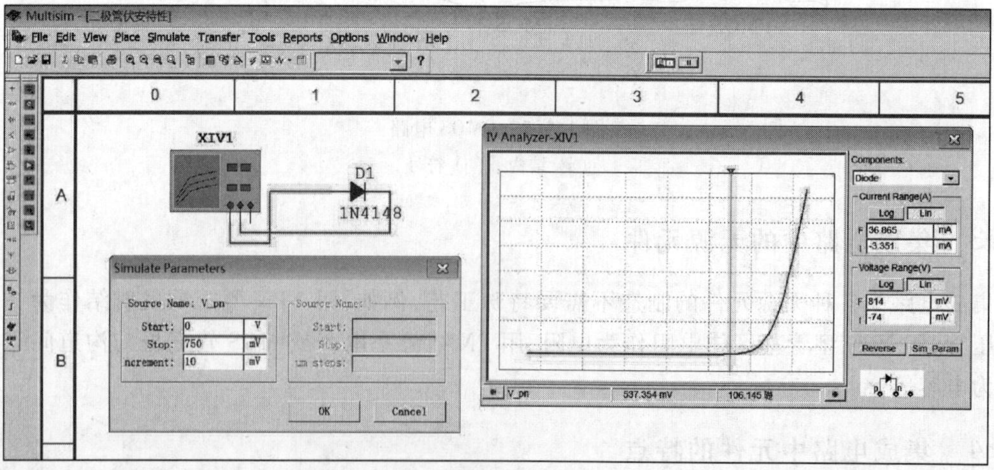

图 1.6.1 二极管伏安特性的测试

三、举一反三

利用 IV 分析仪测试二极管的伏安特性简单易行,而且可以推而广之,采用同样方法测出晶体三极管和各种场效应管的特性曲线。

按上述步骤可测出晶体管的输出特性曲线,如图 1.6.2 所示。值得提醒的是,测试时需对两个参数基极电流 I_b 和管压降 V_ce 分别进行设置。

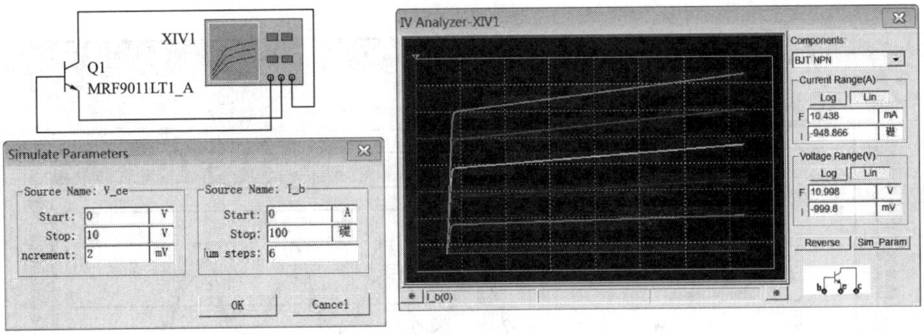

图 1.6.2 晶体管输出特性的测试

1.6.2 半导体二极管特性的研究

一、题目

研究二极管对直流量和交流量表现的不同特点。

二、仿真电路

仿真电路如图 1.6.3 所示。因为只有在低频小信号下二极管才能等效成一个电阻,所以图中交流信号的频率为 1 kHz、数值为 10 mV(有效值)。由于交流信号很小,输出电压不失真,故可以认为直流电压表(测平均值)的读数是电阻上直流电压值。

三、仿真内容

1. 在直流电流不同时二极管管压降的变化。利用直流电压表测电阻上电压,从而得二极管管压降。

2. 在直流电流不同时二极管交流等效电阻的变化。利用示波器测得电阻上交流电压的峰值,从而得二极管交流电压的峰值。

四、仿真结果

仿真结果如表 1.6.1 所示。

表 1.6.1 仿 真 数 据

直流电源 V_1/V	交流信号 V_2/mV	R 直流电压表读数 U_R	R 交流电压 U_r/mV	二极管直流电压 U_D/V	二极管交流电压 U_d/mV
1	10	353.847 mV	9.321	0.646 153≈0.65	0.679
4	10	3.296 V	9.921	0.704	0.079

表中的所有交流电压均为峰值。

五、结论

1. 比较直流电源在1 V和4 V两种情况下二极管的直流管压降可知,二极管的直流电流越大,管压降越大,直流管压降不是常量。

2. 比较直流电源在1 V和4 V两种情况下二极管的交流管压降可知,二极管的直流电流越大,其交流管压降越小,说明随着静态电流的增大,动态电阻将减小;两种情况下电阻的交流压降均接近输入交流电压值,说明二极管的动态电阻很小。

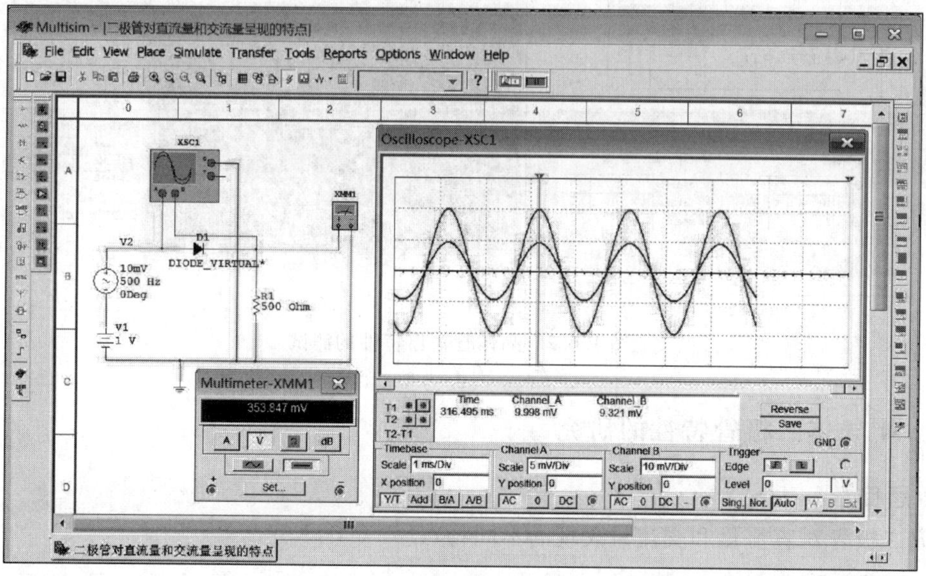

(a)

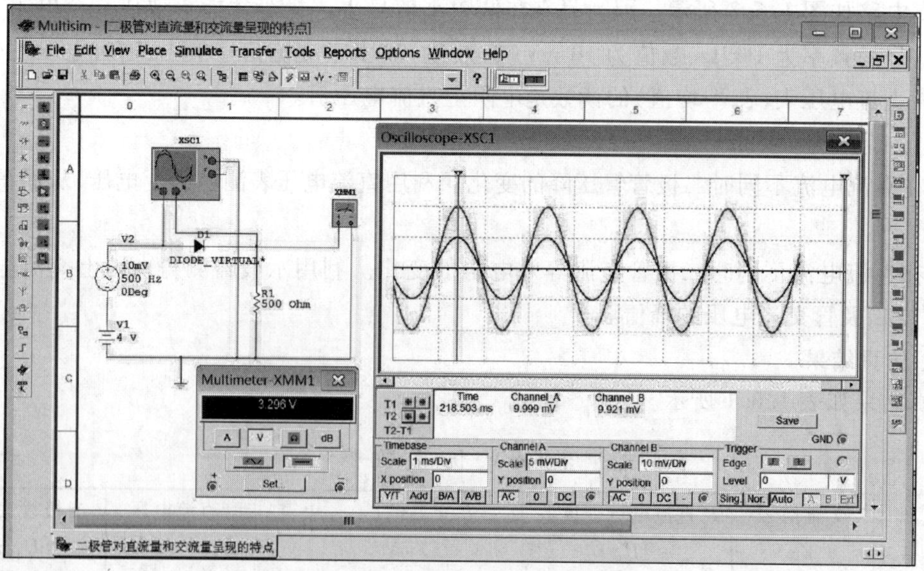

(b)

图1.6.3 二极管静态和动态电压的测试

(a) 直流电源电压为1 V时的情况 (b) 直流电源电压为4 V时的情况

本 章 小 结

本章首先介绍半导体的基础知识，然后重点阐述半导体二极管、晶体管（BJT）和场效应管（FET）的工作原理、特性曲线和主要参数。应当指出，了解管子内部结构及载流子的运动应以理解外特性为度。各部分归纳如下：

一、杂质半导体与 PN 结

在本征半导体中掺入五价元素（如磷）就形成 N 型半导体，掺入三价元素（如硼）就形成 P 型半导体，控制掺入杂质的多少就可有效地实现导电性能的可控性。半导体中有两种载流子：自由电子与空穴。载流子有两种有序的运动：因浓度差而产生的运动称为扩散运动，因电位差而产生的运动称为漂移运动。在同一个硅片（或锗片）上制作两种杂质半导体，在它们的交界面将形成 PN 结。正确理解 PN 结的单向导电性、反向击穿特性、温度特性和电容效应，将有利于了解半导体二极管、晶体管和场效应管等电子器件的特性和参数。

二、半导体二极管

将一个 PN 结封装并引出电极后就构成二极管。二极管加正向电压时，产生扩散电流，电流与电压成指数关系；加反向电压时，产生漂移电流，其数值很小；体现出单向导电性。I_F、I_R、U_R 和 f_M 是二极管的主要参数。

特殊二极管也具有单向导电性。利用 PN 结击穿时的特性可制成稳压二极管，利用发光材料可制成发光二极管，利用 PN 结的光敏性可制成光电二极管。

三、晶体管

当发射结正向偏置且集电结反向偏置时，晶体管具有电流放大作用；发射区多子的扩散运动形成 I_E，基区非平衡少子与多子的复合运动形成基极电流 I_B，集电结少子的漂移运动形成 I_C。i_B 对 i_C 具有控制作用，$i_C=\beta i_B$，可将 i_C 看成为受电流 i_B 控制的电流源。晶体管的输入特性和输出特性表明各极之间电流与电压的关系，β、α、I_{CBO}（I_{CEO}）、I_{CM}、$U_{(BR)CEO}$、P_{CM} 和 f_T 是它的主要参数。晶体管有截止、放大、饱和三个工作区域，学习时应特别注意使管子工作在不同工作区的外部条件。

特殊三极管与晶体管一样，也能够实现输入信号对 i_C 的控制。如光电三极管是用光的入射量来控制 i_C 的大小的。

四、场效应管

场效应管分为结型和绝缘栅型两种类型，每种类型又分为 N 沟道和 P 沟道两种，同一沟道的 MOS 管又分为增强型和耗尽型两种形式。

场效应管工作在恒流区时，利用栅－源之间外加电压所产生的电场来改变导电沟道的宽窄，从而控制多子漂移运动所产生的漏极电流 i_D。此时，可将 i_D 看成电压 u_{GS} 控制的电流源，转移特性曲线描述了这种控制关系。输出特性曲线描述 u_{GS}、u_{DS} 与 i_D 三者之间的关系。g_m、$U_{GS(th)}$ 或 $U_{GS(off)}$、I_{DSS}、I_{DM}、$U_{(BR)DS}$、P_{DM} 和极间电容是它的主要参数。和晶体管相类似，场效应管有夹断区、恒流区和可变电阻区三个工作区域。

因 VMOS 管较好地解决了散热问题，故可制成大功率管。

半导体材料的光敏性和热敏性具有两面性，一方面它使普通半导体器件的温度稳定性变差；另一方面又可利用它来制成特殊半导体器件，如光敏器件和热敏器件。

尽管各种半导体器件的工作原理不尽相同，但在外特性上却有不少相同之处。例如，晶体管的输入特性与二极管的伏安特性相似，二极管的反向特性（特别是光电二极管在第三象限的反向特性）与晶体管的输出特性相似，而场效应管与晶体管的输出特性也相似。

除上述主要内容外，本节还介绍了集成电路中的元件。

学完本章后，应能掌握以下几点：

一、熟悉下列定义、概念及原理：自由电子与空穴，扩散与漂移，复合，空间电荷区，PN 结，耗尽层，导电沟道，二极管的单向导电性，稳压管的稳压作用，晶体管与场效应管的放大作用及三个工作区域。

二、掌握二极管、稳压管、晶体管、场效应管的工作原理、外特性和主要参数。

三、了解选用器件的原则。

自　测　题

一、判断下列说法是否正确，用"√"和"×"表示并将结果填入空内。

(1) 在P型半导体中如果掺入足够量的五价元素，可将其改型为N型半导体。(　)

(2) 因为P型半导体的多子是空穴，所以它带正电。(　)

(3) PN结在无光照、无外加电压时，结电流为零。(　)

(4) 处于放大状态的晶体管，集电极电流是多子漂移运动形成的。(　)

(5) 结型场效应管外加的栅-源电压应使栅-源间的耗尽层承受反向电压，才能保证其 R_{GS} 大的特点。(　)

(6) 若耗尽型N沟道MOS管的 u_{GS} 大于零，则其输入电阻会明显变小。(　)

二、选择正确答案填入空内。

(1) PN结加正向电压时，空间电荷区将________。

A. 变窄　　B. 基本不变　　C. 变宽

(2) 稳压管的稳压区是其工作在________。

A. 正向导通　　B. 反向截止　　C. 反向击穿

(3) 当晶体管工作在放大区时，发射结电压和集电结电压应为________。

A. 前者反偏、后者也反偏　　B. 前者正偏、后者反偏　　C. 前者正偏、后者也正偏

(4) $u_{GS}=0$ V时能够工作在恒流区的场效应管有________。

A. 结型管　　B. 增强型MOS管　　C. 耗尽型MOS管

三、求解图T1.3所示各电路的输出电压值，设二极管导通电压 $U_D=0.7$ V。

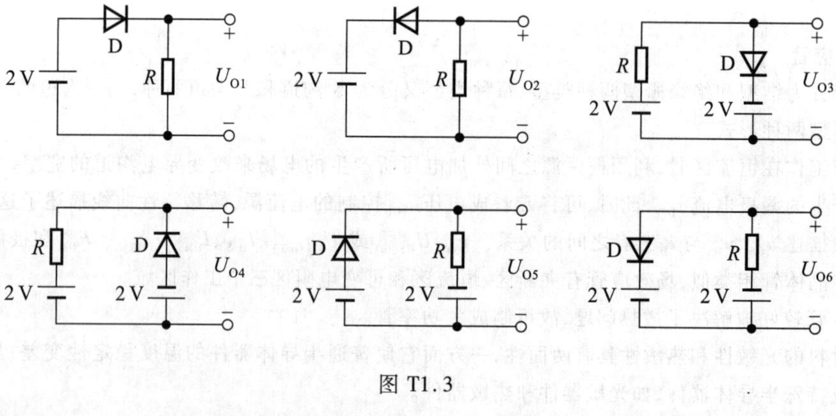

图 T1.3

四、电路如图T1.4所示。已知稳压管的稳压值 $U_Z=6$ V，稳定电流的最小值 $I_{Z\min}=5$ mA；$R_L=5$ kΩ。

(1) 分别求出 $R=500$ Ω和 $R=5$ kΩ两种情况下的 U_O 各为多少伏；

(2) 若已知 R_L 的电流变化范围为5～20 mA，则稳压管的最大稳定电流至少应取多少毫安？

五、电路如图T1.5所示，$\beta=100$，$U_{BE}=0.7$ V。试问：

(1) $R_b=50$ kΩ时，$u_O=?$

(2) 若T临界饱和，则 $R_b\approx ?$

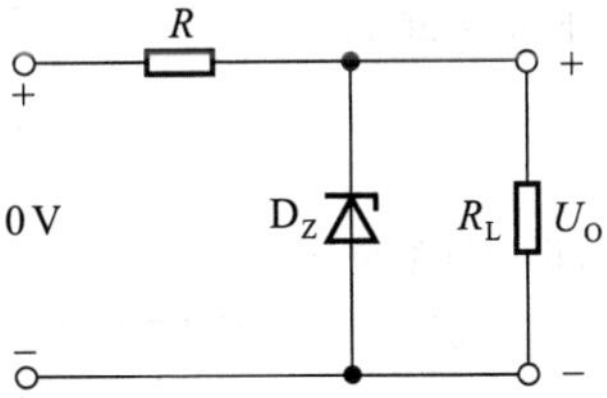

图 T1.4

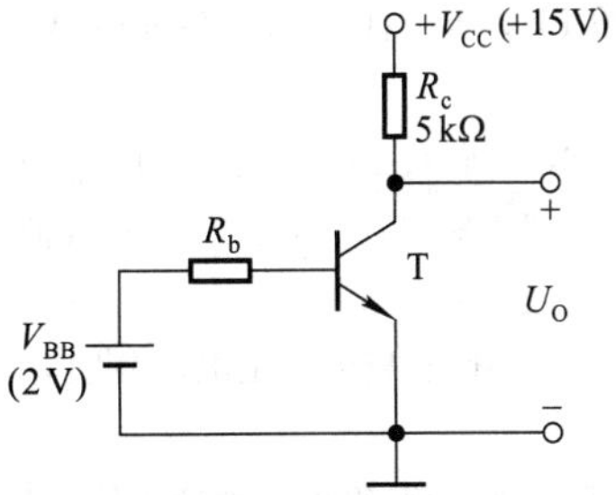

图 T1.5

六、测得某放大电路中三个 MOS 管的三个电极的电位如表 T1.6 所示，它们的开启电压也在表中。试分析各管的工作状态（截止区、恒流区、可变电阻区），并填入表内。

表 T1.6

管　号	$U_{GS(th)}$/V	U_S/V	U_G/V	U_D/V	工作状态
T_1	4	−5	1	3	
T_2	−4	3	3	10	
T_3	−4	6	0	5	

习　题

1.1　选择合适答案填入空内。

(1) 在本征半导体中加入______元素可形成 N 型半导体，加入______元素可形成 P 型半导体。

A. 五价　　B. 四价　　C. 三价

(2) 当温度升高时，二极管的反向饱和电流将______。

A. 增大　　B. 不变　　C. 减小

(3) 工作在放大区的某三极管，如果当 I_B 从 12 μA 增大到 22 μA 时，I_C 从 1 mA 变为2 mA，那么它的 β 约为______。

A. 83　　B. 91　　C. 100

(4) 当场效应管的漏极直流电流 I_D 从 2 mA 变为 4 mA 时，它的低频跨导 g_m 将______。

A. 增大　　B. 不变　　C. 减小

1.2　电路如图 P1.2 所示，已知 $u_i = 10\sin\omega t$(V)，试画出 u_i 与 u_O 的波形。设二极管正向导通电压可忽略不计。

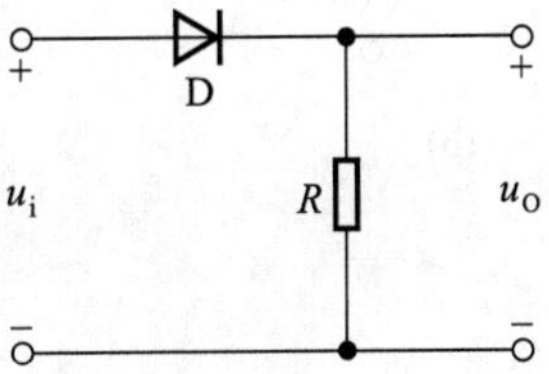

图 P1.2

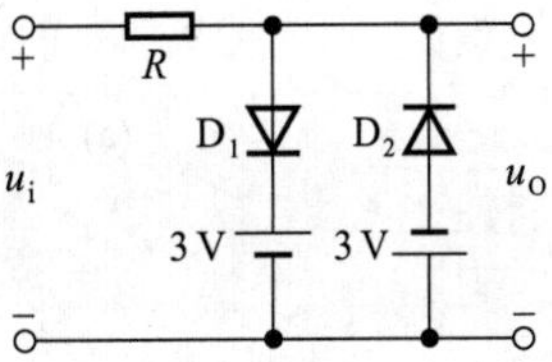

图 P1.3

1.3　电路如图 P1.3 所示,已知 $u_\mathrm{i}=5\sin\omega t(\mathrm{V})$,二极管导通电压 $U_\mathrm{D}=0.7\ \mathrm{V}$。试画出 u_i 与 u_O 的波形,并标出幅值。

1.4　电路如图 P1.4 所示,二极管导通电压 $U_\mathrm{D}=0.7\ \mathrm{V}$,常温下 $U_\mathrm{T}\approx 26\ \mathrm{mV}$,电容 C 对交流信号可视为短路;u_i 为正弦波,有效值为 10 mV。

试问二极管中流过的交流电流有效值为多少?

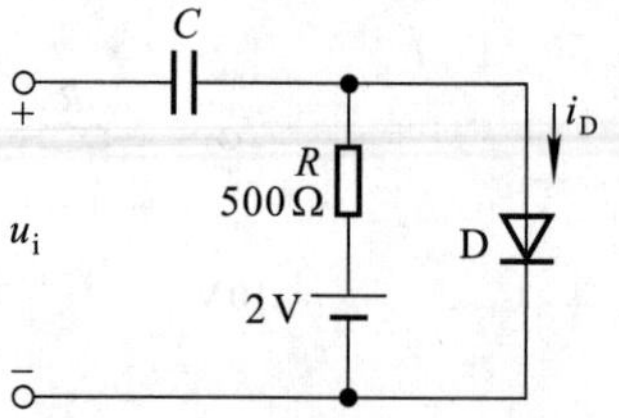

图 P1.4

1.5　现有两只稳压管,它们的稳定电压分别为 6 V 和 8 V,正向导通电压为 0.7 V。试问:

(1) 将它们串联相接,则可得到几种稳压值?各为多少?

(2) 将它们并联相接,则又可得到几种稳压值?各为多少?

1.6　已知图 P1.6 所示电路中稳压管的稳定电压 $U_\mathrm{Z}=6\ \mathrm{V}$,最小稳定电流 $I_\mathrm{Zmin}=5\ \mathrm{mA}$,最大稳定电流 $I_\mathrm{Zmax}=25\ \mathrm{mA}$。

(1) 分别计算 U_I 为 10 V、15 V、35 V 三种情况下输出电压 U_O 的值;

(2) 若 $U_\mathrm{I}=35\ \mathrm{V}$ 时负载开路,则会出现什么现象?为什么?

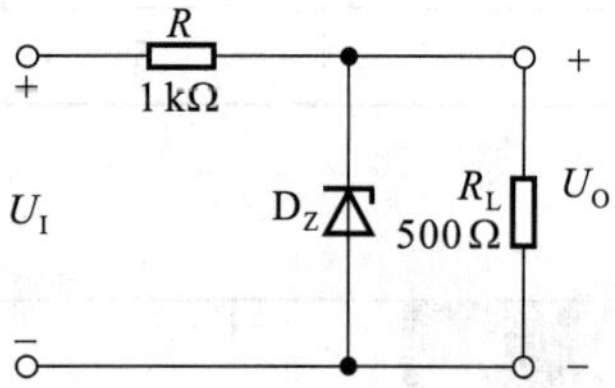

图 P1.6

图 P1.7

1.7　在图 P1.7 所示电路中,发光二极管导通电压 $U_\mathrm{D}=1.5\ \mathrm{V}$,正向电流在 5 ~ 15 mA 时才能正常工作。试问:

(1) 开关 S 在什么位置时发光二极管才能发光?

(2) R 的取值范围是多少?

1.8　现测得放大电路中两只管子两个电极的电流如图 P1.8 所示。分别求另一电极的电流,标出其实际方向,并在圆圈中画出管子,且分别求出它们的电流放大系数 β。

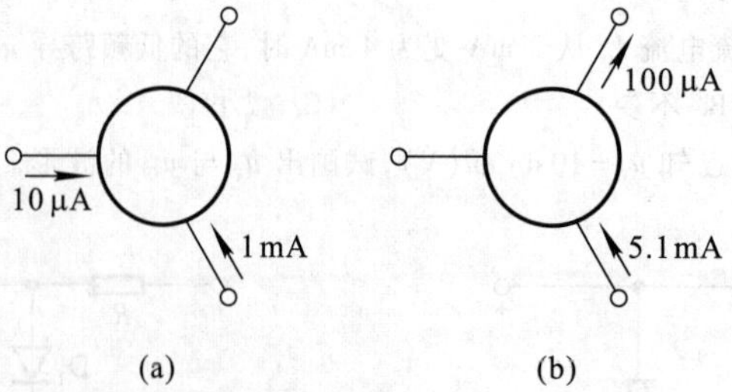

图 P1.8

1.9　测得放大电路中六只晶体管的直流电位如图 P1.9 所示。在圆圈中画出管子,并分别说明它们是硅管还是锗管。

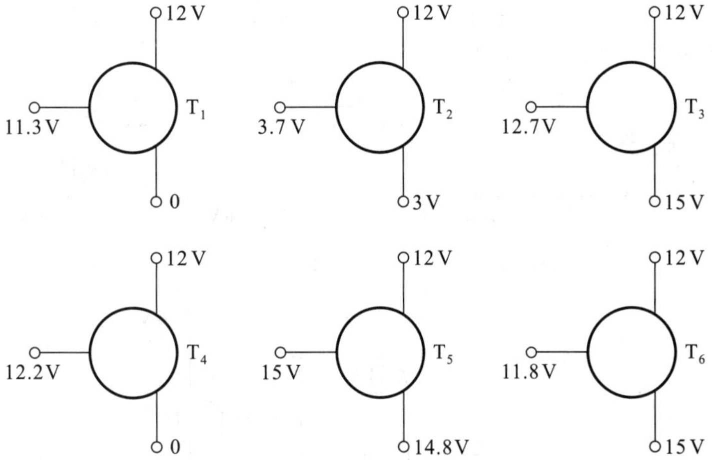

图 P1.9

1.10 电路如图 P1.10 所示，晶体管导通时 $U_{BE}=0.7$ V，$\beta=50$。试分析 V_{BB} 为 0 V、1 V、3 V 三种情况下 T 的工作状态及输出电压 u_O 的值。

1.11 电路如图 P1.11 所示，晶体管的 $\beta=50$，$|U_{BE}|=0.2$ V，饱和管压降 $|U_{CES}|=0.1$ V；稳压管的稳定电压 $U_Z=5$ V，正向导通电压 $U_D=0.5$ V。

试问：当 $u_I=0$ V 时 $u_O=$？当 $u_I=-5$ V 时 $u_O=$？

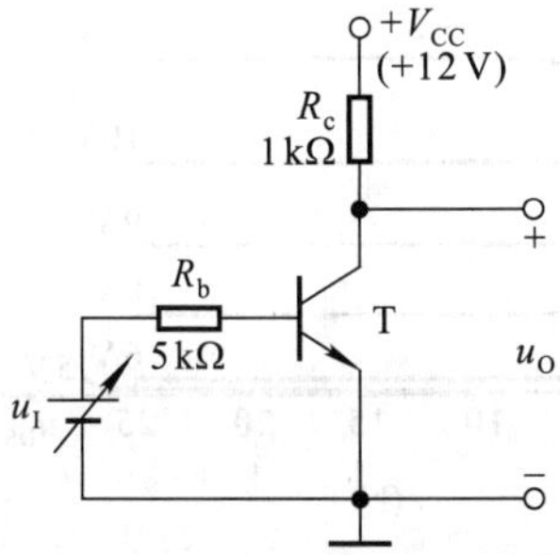

图 P1.10

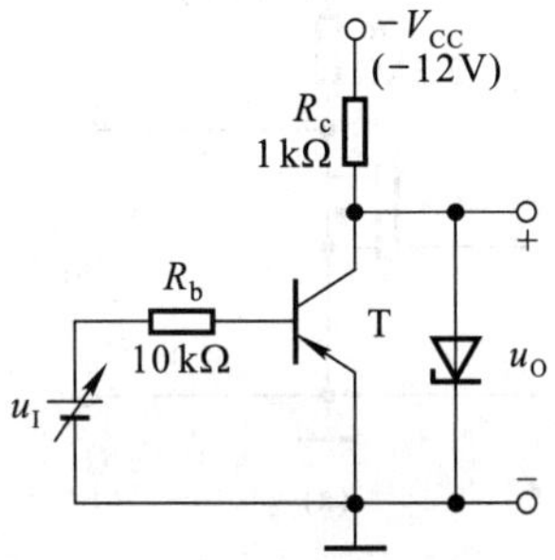

图 P1.11

1.12 分别判断图 P1.12 所示各电路中晶体管是否有可能工作在放大状态。

1.13 已知放大电路中一只 N 沟道场效应管三个极①、②、③的电位分别为 4 V、8 V、12 V，管子工作在恒流区。试判断它可能是哪种管子（结型管、MOS 管、增强型、耗尽型），并说明 ①、②、③与 g、s、d 的对应关系。

1.14 电路如图 P1.14(a) 所示，T 的输出特性如图(b)所示，分析当 $u_I=4$ V、8 V、12 V 三种情况下场效应管分别工作在什么区域。

1.15 分别判断图 P1.15 所示各电路中的场效应管是否有可能工作在恒流区。

1.16 利用 Multisim 研究图 P1.4 所示电路在 R 的阻值变化时二极管的直流电压和交流电流的变化，并总结仿真结果。

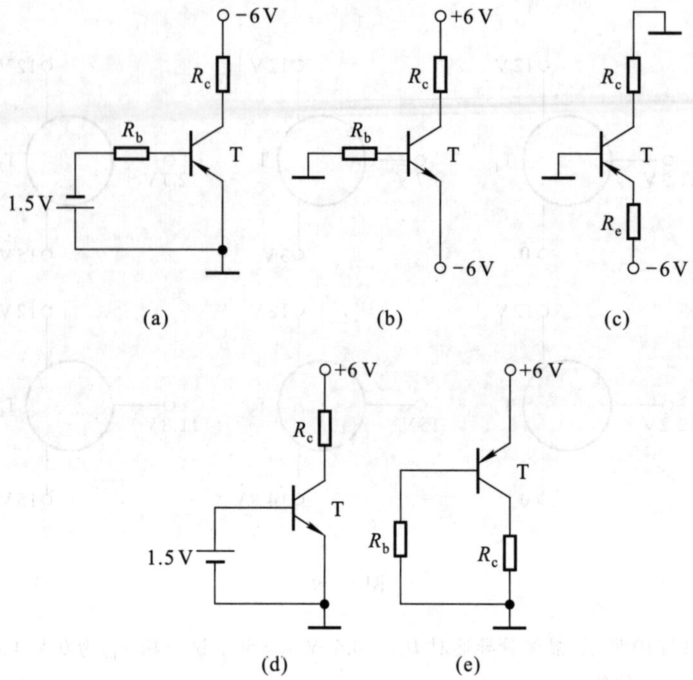

图 P1. 12

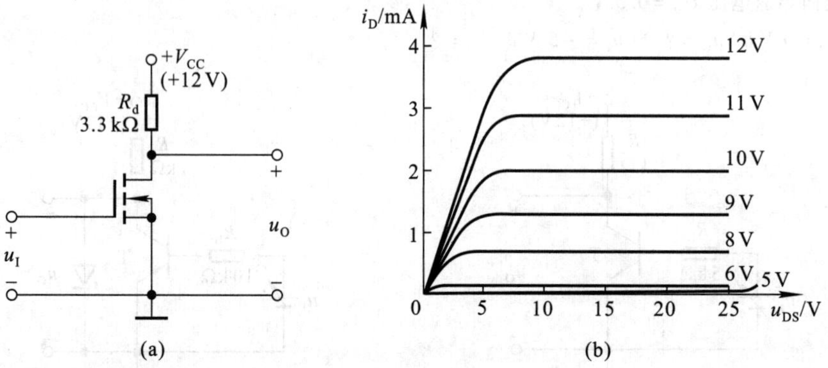

图 P1. 14

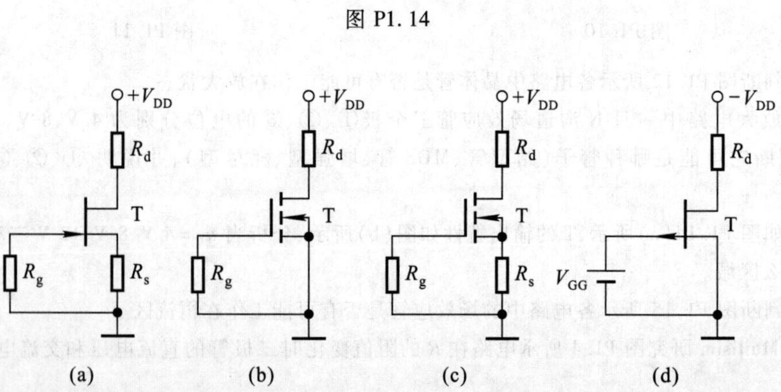

图 P1. 15

出题目的：

(1) 学习在 Multisim 环境下搭建电路的方法；

(2) 学习直流电压与交流电流的测试方法；

(3) 进一步理解二极管对直流量和交流量呈现的不同特性。

提示:二极管采用实际二极管,如 1BH62;其它元件可采用虚拟元件。

1.17 利用 Multisim 研究图 P1.10 所示电路中的晶体管在 u_I 为何值时从截止状态变为导通状态，u_I 为何值时从放大状态变为饱和状态。

提示:晶体管采用实际晶体管,如 2N2222A,其它元件可采用虚拟元件。

第 2 章　基本放大电路

本章讨论的问题

- 什么是放大？放大电路放大电信号与放大镜放大物体的意义相同吗？放大的特征是什么？
- 为什么晶体管的输入输出特性说明它有放大作用？如何将晶体管接入电路才能使其起放大作用？组成放大电路的原则是什么？有几种接法？
- 如何评价放大电路的性能？有哪些主要指标？用什么方法分析这些参数？
- 晶体管的三种基本放大电路各有什么特点？如何根据需求利用它们的特点组成派生电路？
- 怎样根据放大电路的组成原则利用场效应管构成放大电路？它也有三种接法吗？场效应管放大电路的特点是什么？
- 在什么场合下应选用晶体管放大电路？在什么场合下应选用场效应管放大电路？
- 在不同场合下，应如何选用不同接法的基本放大电路？

2.1　放大的概念和放大电路的主要性能指标

2.1.1　放大的概念

放大现象存在于各种场合，例如，利用放大镜放大微小物体，这是光学中的放大；利用杠杆原理用小力移动重物，这是力学中的放大；利用变压器将低电压变换为高电压，这是电学中的放大。研究它们的共同点，一是都将原物形状或大小的差异按一定比例放大了，二是放大前后能量守恒，例如，杠杆原理中前后端做功相同，理想变压器的一次功率（也称原边功率）、二次功率（也称副边功率）相同等。

利用扩音机放大声音，是电子学中的放大，其原理框图如图 2.1.1 所示；图中 V 为供电电源[①]，“⊥”为电路的公共端[②]。话筒（传感器）将微弱的声音转换成电信号，经放大电路放大成足够强的电信号后，驱动扬声器（执行机构），使其发出较原来强得多的声音。这种放大与上述放大的相同之处是**放大的对象均为变化量**（差异），不同之处在于扬声器所获得的能量（或输出功率）远大于话筒送出的能量（或输入功率）。可见，**放大电路放大的本质是能量的控制和转换**；是在输入信号作用下，通过放大电路将直流电源的能量转换成负载所获得的能量，使负载从电源获

① 实际的扩音机可能是一个电源供电，也可能是正、负两个电源供电，图 2.1.1 示意性地画一个电源。

② 也称为电路的接地端（点）。在电子电路中若电源的负极接地，则电源标为“$+V$”；若电源的正极接地，则电源标为“$-V$”。

得的能量大于信号源所提供的能量。因此，**电子电路放大的基本特征是功率放大**，即负载上总是获得比输入信号大得多的电压或电流，有时兼而有之。**能够控制能量的元件称为有源元件**，因而在放大电路中必须存在有源元件，如晶体管和场效应管等。

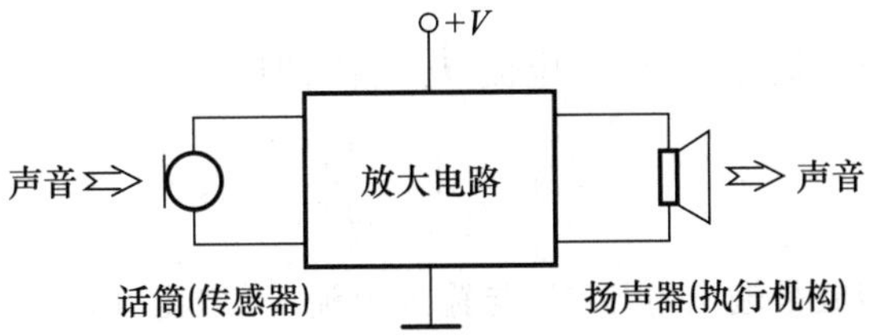

图 2.1.1 扩音机示意图

放大的前提是不失真，即只有在不失真的情况下放大才有意义。晶体管和场效应管是放大电路的核心元件，只有它们工作在合适的区域（晶体管工作在放大区、场效应管工作在恒流区），才能使输出量与输入量始终保持线性关系，即电路才不会产生失真。

由于任何稳态信号都可分解为若干频率正弦信号（谐波）的叠加，所以放大电路常以正弦波作为测试信号。

2.1.2 放大电路的性能指标

图 2.1.2(a)所示为放大电路的示意图。对于信号而言，任何一个放大电路均可看成一个两端口网络。左边为输入端口，当内阻为 R_s 的正弦波信号源 $\dot{U}_s$ 作用时，放大电路得到输入电压 $\dot{U}_i$，同时产生输入电流 $\dot{I}_i$；右边为输出端口，输出电压为 $\dot{U}_o$，输出电流为 $\dot{I}_o$，R_L 为负载电阻。不同放大电路在 $\dot{U}_s$ 和 R_L 相同的条件下，$\dot{U}$、$\dot{I}_i$、$\dot{U}_o$、$\dot{I}_o$将不同，说明不同放大电路从信号源索取的电流和获不同，且对同样信号的放大能力也不同；同一放大电路在幅值相同、频率不同的 $\dot{U}_s$ 作用下，$\dot{U}_o$ 也将不同，即同一放大电路对不同频率信号的放大能力也存在差异。为了反映放大电路的各方面性能，引出如下主要指标。

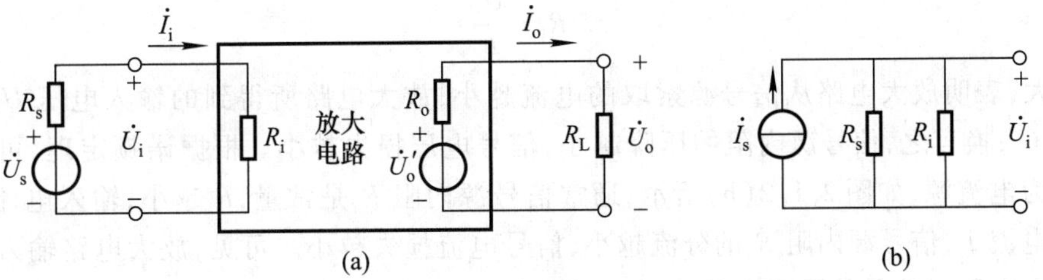

图 2.1.2 放大电路示意图

(a) 放大电路示意图 (b) 信号源等效变换为电流源

一、放大倍数

放大倍数是直接衡量放大电路放大能力的重要指标，其值为输出量 $\dot{X}_o$（$\dot{U}_o$ 或 $\dot{I}_o$）与输入量 $\dot{X}_i$（$\dot{U}_i$ 或 $\dot{I}_i$）之比。对于小功率放大电路，人们常常只关心电路单一指标的放大倍数，如电压放大倍数，而不研究其功率放大能力。

电压放大倍数是输出电压 $\dot{U}_o$ 与输入电压 $\dot{U}_i$ 之比，记作 $\dot{A}_{uu}$①，即

$$\dot{A}_{uu}=\dot{A}_u=\frac{\dot{U}_o}{\dot{U}_i} \tag{2.1.1}$$

电流放大倍数是输出电流 $\dot{I}_o$ 与输入电流 $\dot{I}_i$ 之比，即

$$\dot{A}_{ii}=\dot{A}_i=\frac{\dot{I}_o}{\dot{I}_i} \tag{2.1.2}$$

电压对电流的放大倍数是输出电压 $\dot{U}_o$ 与输入电流 $\dot{I}_i$ 之比，即

$$\dot{A}_{ui}=\frac{\dot{U}_o}{\dot{I}_i} \tag{2.1.3}$$

因其量纲为电阻，有些文献也称之为互阻放大倍数。

电流对电压的放大倍数是输出电流 $\dot{I}_o$ 与输入电压 $\dot{U}_i$ 之比，即

$$\dot{A}_{iu}=\frac{\dot{I}_o}{\dot{U}_i} \tag{2.1.4}$$

因其量纲为电导，有些文献也称之为互导放大倍数。

本章重点研究电压放大倍数 $\dot{A}_u$。应当指出，在实测放大倍数时，必须用示波器观察输出端的波形，只有在不失真的情况下，测试数据才有意义；测试其它指标时也应如此。

当输入信号为缓慢变化量或直流变化量时，输入电压、输入电流、输出电压和输出电流分别用 Δu_I、Δi_I、Δu_O 和 Δi_O 表示。放大倍数 $A_u=\Delta u_O/\Delta u_I$，$A_i=\Delta i_O/\Delta i_I$，$A_{ui}=\Delta u_O/\Delta i_I$，$A_{iu}=\Delta i_O/\Delta u_I$。

二、输入电阻

放大电路与信号源相连接就成为信号源的负载，必然从信号源索取电流，电流的大小表明放大电路对信号源的影响程度。**输入电阻 $\boldsymbol{R}_i$** 是从放大电路输入端看进去的等效电阻，定义为输入电压有效值 U_i 和输入电流有效值 I_i 之比，即

$$R_i=\frac{U_i}{I_i} \tag{2.1.5}$$

R_i 越大，表明放大电路从信号源索取的电流越小，放大电路所得到的输入电压 U_i 越接近信号源电压 U_s；换言之，信号源内阻的压降越小，信号电压损失越小。根据诺顿定理，可将信号源等效变换为电流源，如图 2.1.2(b)所示；通常信号源内阻 R_s 是常量，R_i 越小，输入电流 I_i 就越接近信号源电流 I_s，信号源内阻 R_s 的分流越小，信号电流损失越小。可见，放大电路输入电阻的大小要视放大电路对信号的需要而设计。

三、输出电阻

任何放大电路的输出都可以等效成一个有内阻的电压源，从放大电路输出端看进去的等效内阻称为**输出电阻 $\boldsymbol{R}_o$**，如图 2.1.2(a)所示。U'_o 为空载时输出电压的有效值，U_o 为带负载后输出

① 放大倍数 A 下标的第一个字母表示输出量，第二个字母表示输入量，为电压时标 u，为电流时标 i。

电压的有效值，因此

$$U_o = \frac{R_L}{R_o + R_L} \cdot U'_o$$

输出电阻

$$R_o = \left(\frac{U'_o}{U_o} - 1\right) R_L \qquad (2.1.6)$$

R_o愈小，负载电阻 R_L变化时，U_o的变化愈小，放大电路的带负载能力愈强。然而，若要使负载电阻获得的信号电流大一些，则放大电路的输出电阻就应当大一些。因此，放大电路输出电阻的大小要视负载的需要而设计。

输入电阻与输出电阻描述了电子电路在相互连接时所产生的影响。当两个放大电路相互连接时(如图 2.1.3 所示)，放大电路Ⅱ的输入电阻 R_{i2}是放大电路Ⅰ的负载电阻，而放大电路Ⅰ是放大电路Ⅱ的信号源，其内阻就是放大电路Ⅰ的输出电阻 R_{o1}。因此，输入电阻和输出电阻均会直接或间接地影响放大电路的放大能力。

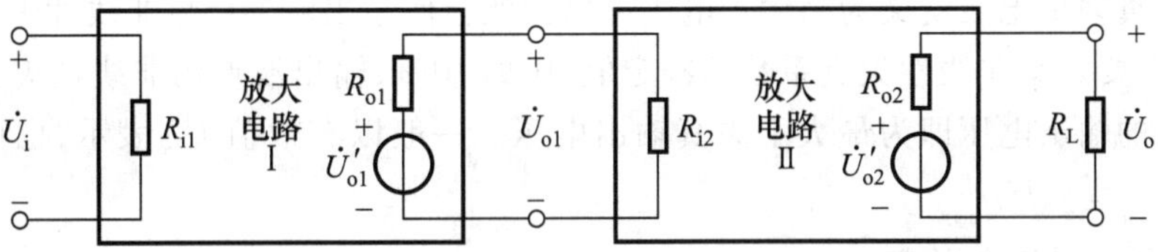

图 2.1.3 两个放大电路相连接的示意图

四、通频带

通频带用于衡量放大电路对不同频率信号的放大能力。由于放大电路中电容、电感及半导体器件结电容等电抗元件的存在，在输入信号频率较低或较高时，放大倍数的数值会下降并产生相移。一般情况，放大电路只适用于放大某一个特定频率范围内的信号。图 2.1.4 所示为某放大电路放大倍数的数值与信号频率的关系曲线，称为幅频特性曲线，图中 $\dot{A}_m$ 为**中频放大倍数**。

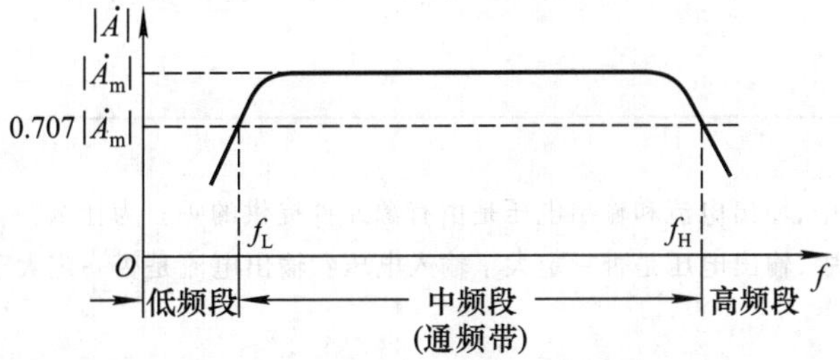

图 2.1.4 放大电路的频率指标

在信号频率下降到一定程度时，放大倍数的数值明显下降，使放大倍数的数值等于 0.707 倍 $|\dot{A}_m|$的频率称为**下限截止频率 f_L**。信号频率上升到一定程度，放大倍数数值也将减小，使放大倍数的数值等于 0.707 倍$|\dot{A}_m|$的频率称为**上限截止频率 f_H**。f 小于 f_L 的部分称为放大电路的低频段，f 大

于f_H的部分称为高频段,而f_L与f_H之间形成的频带称为中频段,也称为放大电路的**通频带f_{bw}**。

$$f_{bw}=f_H-f_L \tag{2.1.7}$$

通频带宽,表明放大电路对不同频率信号的适应能力越强。当频率趋近于零或无穷大时放大倍数的数值趋近于零。对于扩音机,其通频带应宽于音频(20 Hz ~ 20 kHz)范围,才能完全不失真地放大声音信号。在实用电路中有时也希望频带尽可能窄,比如选频放大电路,从理论上讲希望它只对单一频率的信号放大,以避免干扰和噪声的影响。

五、非线性失真系数

由于放大器件均具有非线性特性,它们的线性放大范围有一定的限度,当输入信号幅度超过一定值后,输出电压将会产生非线性失真。输出波形中的谐波成分总量与基波成分之比称为非线性失真系数D。设基波幅值为A_1,谐波幅值为A_2、A_3…则

$$D=\sqrt{\left(\frac{A_2}{A_1}\right)^2+\left(\frac{A_3}{A_1}\right)^2+\cdots} \tag{2.1.8}$$

六、最大不失真输出电压

最大不失真输出电压定义为当输入电压再增大就会使输出波形产生非线性失真时的输出电压。实测时,需要定义非线性失真系数的额定值,比如10%,输出波形的非线性失真系数刚刚达到此额定值时的输出电压即为最大不失真输出电压。一般以有效值U_{om}表示,也可以用峰-峰值U_{opp}表示,$U_{opp}=2\sqrt{2}U_{om}$。

七、最大输出功率与效率

在输出信号不失真的情况下,负载上能够获得的最大功率称为**最大输出功率P_{om}**。此时,输出电压达到最大不失真输出电压。

直流电源能量的利用率称为**效率η**,设电源消耗的功率为P_V,则效率η等于最大输出功率P_{om}与P_V之比,即

$$\eta=\frac{P_{om}}{P_V} \tag{2.1.9}$$

在测试上述指标参数时,对于$\dot{A}$、R_i、R_o,应给放大电路输入中频段小幅值信号;对于f_L、f_H、f_{BW},应给放大电路输入小幅值、宽频率范围的信号;对于U_{om}、P_{om}、η和D,应给放大电路输入中频段大幅值信号。

■ 思考题

2.1.1 在放大电路中,输出电流和输出电压是由有源元件提供的吗?为什么?

2.1.2 在放大电路中,输出电压是否一定大于输入电压?输出电流是否一定大于输入电流?放大电路放大的特征是什么?

2.1.3 已知放大电路空载时的电压放大倍数$|\dot{A}_u|=U_o/U_i$(U_o和U_i均为有效值)、输入电阻R_i、输出电阻R_o,试求出$|\dot{A}_{ui}|$、$|\dot{A}_{iu}|$和$|\dot{A}_{ii}|$。

2.1.4 两级放大电路的方框图如图2.1.3所示,已知电路Ⅰ和电路Ⅱ空载时的电压放大倍数,以及它们的输入电阻和输出电阻,试求解整个电路的电压放大倍数。

2.2　基本共射放大电路的工作原理

本节将以 NPN 型晶体管组成的基本共射放大电路为例，阐明放大电路的组成原则及电路中各元件的作用。

2.2.1　基本共射放大电路的组成及各元件的作用

图 2.2.1 所示为基本共射放大电路，晶体管是起放大作用的核心元件。输入信号 u_i 为正弦波电压。由于该电路是依据晶体管工作在放大状态 b－e、c－e 所需电压而组成，故也称之为原理性电路，以区别于实用电路。

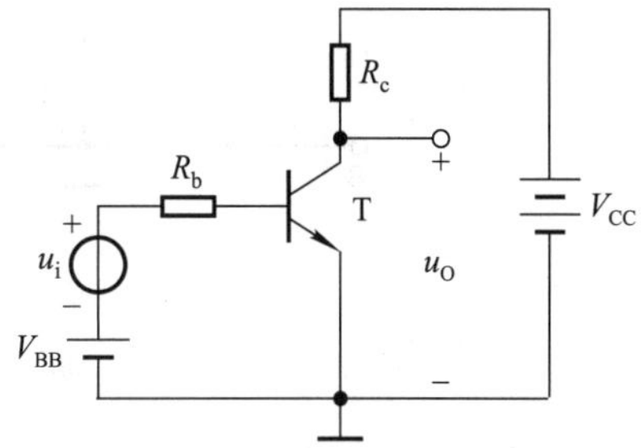

图 2.2.1　基本共射放大电路

当 $u_i=0$ 时，称放大电路处于静态。在输入回路中，基极电源 V_{BB} 使晶体管 b－e 间电压 U_{BE} 大于开启电压 U_{on}，并与基极电阻 R_b 共同决定基极电流 I_B；在输出回路中，集电极电源 V_{CC} 应足够高，使晶体管的集电结反向偏置，以保证晶体管工作在放大状态，因此集电极电流 $I_C=\beta I_B$；集电极电阻 R_c 上的电流等于 I_C，因而其电压为 $I_C R_c$，从而确定了 c－e 间电压 $U_{CE}=V_{CC}-I_C R_c$。

当 u_i 不为 0 时，在输入回路中，必将在静态值的基础上产生一个动态的基极电流 i_b；当然，在输出回路就得到动态电流 i_c；集电极电阻 R_c 将集电结电流的变化转化成电压的变化，使得管压降 u_{CE} 产生变化，管压降的变化量就是输出动态电压 u_o，从而实现了电压放大。直流电源 V_{CC} 为输出提供所需能量。

由于图 2.2.1 所示电路的输入回路与输出回路以发射极为公共端，故称之为共射放大电路。在电子电路中，称公共端为“地”。

2.2.2　设置静态工作点的必要性

一、静态工作点

由以上分析可知，在放大电路中，当有信号输入时，交流量与直流量共存。将输入信号为零、即直流电源单独作用时晶体管的基极电流 I_B、集电极电流 I_C、b－e 间电压 U_{BE}、管压降 U_{CE} 称为放大电路的静态工作点 Q①，常将四个物理量记作 I_{BQ}、I_{CQ}、U_{BEQ}、U_{CEQ}。在近似估算中常认为 U_{BEQ} 为已知量，对于硅管，取 $|U_{BEQ}|$ 为 0.6～0.8 V 中的某一值，如 0.7 V；对于锗管，取 $|U_{BEQ}|$ 为 0.1～0.3 V 中的某一值，如 0.2 V；而且认为穿透电流 $I_{CEO}=0$，$\bar{\beta}=\beta$。

在图 2.2.1 所示电路中，令 $\dot{U}_i=0$，根据回路方程，便可得到静态工作点的表达式

$$\begin{cases} I_{BQ}=\dfrac{V_{BB}-U_{BEQ}}{R_b} & (2.2.1a) \\ I_{CQ}=\bar{\beta} I_{BQ}=\beta I_{BQ} & (2.2.1b) \\ U_{CEQ}=V_{CC}-I_{CQ}R_c & (2.2.1c) \end{cases}$$

---

① Q 是英文 Quiescent 的字头。

二、为什么要设置静态工作点

既然放大电路要放大的对象是动态信号，那么为什么要设置静态工作点呢？为了说明这一问题，不妨将基极电源去掉，如图 2.2.2 所示，电源 $+V_{CC}$ 的负端接"地"。

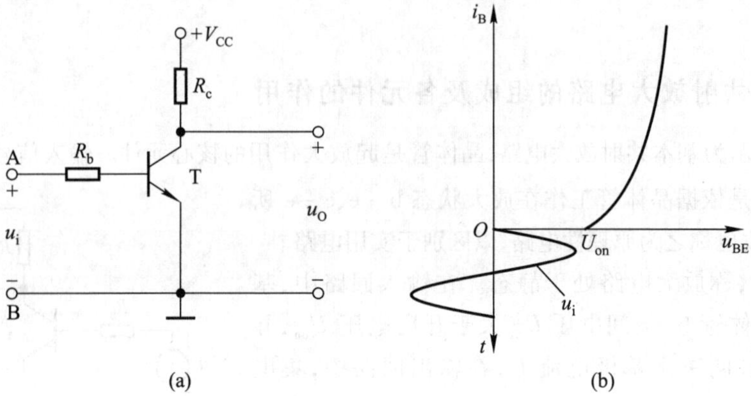

图 2.2.2 没有设置合适的静态工作点
（a）电路 （b）分析

在图 2.2.2 所示电路中，静态时将输入端 A 与 B 短路，必然得出 $I_{BQ}=0$、$I_{CQ}=0$、$U_{CEQ}\approx V_{CC}$ 的结论，因而晶体管处于截止状态。当加入输入电压 u_i 时，$u_{AB}=u_i$，若其峰值小于 b－e 间开启电压 U_{on}，则在信号的整个周期内晶体管始终工作在截止状态，因而 U_{CE} 毫无变化，输出电压为零；即使 u_i 的幅值足够大，晶体管也只可能在信号正半周大于 U_{on} 的时间间隔内导通，所以输出电压必然严重失真。

对于放大电路的最基本要求，一是不失真，二是能够放大。如果输出波形严重失真，所谓"放大"就毫无意义了。因此，设置合适的静态工作点，以保证放大电路不产生失真是非常必要的。

应当指出，Q 点不仅影响电路是否会产生失真，而且影响着放大电路几乎所有的动态参数，这些将在后面几节中详细加以说明。

2.2.3 基本共射放大电路的工作原理及波形分析

在图 2.2.1 所示的基本放大电路中，静态时的 I_{BQ}、I_{CQ}、U_{CEQ} 如图 2.2.3（b）、（c）中虚线所标注。

当有输入电压时，基极电流是在原来直流分量 I_{BQ} 的基础上叠加一个正弦交流电流 i_b，因而基极总电流 $i_B=I_{BQ}+i_b$，见图 2.2.3（b）中实线所画波形。根据晶体管基极电流对集电极电流的控制作用，集电极电流也会在直流分量 I_{CQ} 的基础上产生一个正弦交流电流 i_c，而且 $i_c=\beta i_b$，集电结总电流 $i_C=I_{CQ}+\beta i_b$。不难理解，集电极动态电流 i_c 必将在集电极电阻 R_c 上产生一个与 i_c 波形相同的交变电压。而由于 R_c 上的电压增大时，管压降 u_{CE} 必然减小；R_c 上的电压减小时，u_{CE} 必然增大，所以管压降是在直流分量 U_{CEQ} 的基础上叠加上一个与 i_c 变化方向相反的交变电压 u_{ce}。管压降总量 $u_{CE}=U_{CEQ}+u_{ce}$，见图 2.2.3（c）中实线所画波形。将管压降中的直流分量 U_{CEQ} 去掉，就得到一个与输入电压 u_i 相位相反且放大了的交流电压 u_o，如图 2.2.3（d）所示。

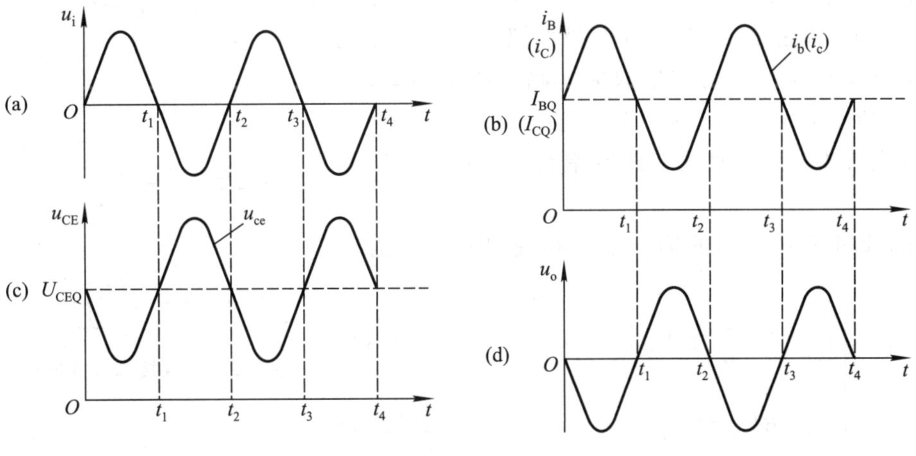

图 2.2.3　基本共射放大电路的波形分析

(a) u_i的波形　(b) $i_B(i_C)$的波形　(c) u_{CE}的波形　(d) u_o的波形

从以上分析可知，对于基本共射放大电路，只有设置合适的静态工作点，使交流信号驮载在直流分量之上，以**保证晶体管在输入信号的整个周期内始终工作在放大状态，输出电压波形才不会产生非线性失真**。基本共射放大电路的电压放大作用是利用晶体管的电流放大作用，并依靠R_c将电流的变化转化成电压的变化来实现的。

2.2.4　放大电路的组成原则

一、组成原则

通过对基本共射放大电路的简单分析可以总结出，在组成放大电路时必须遵循以下几个原则。

(1) 必须根据所用放大管的类型提供直流电源，以便设置合适的静态工作点，并作为输出的能源。对于晶体管放大电路，电源的极性和大小应使晶体管发射结处于正向偏置，且静态电压$|U_{BEQ}|$大于开启电压U_{on}，以保证晶体管工作在导通状态；集电结处于反向偏置，以保证晶体管工作在放大区。对于场效应管放大电路，电源的极性和大小应为场效应管的栅－源之间、漏－源之间提供合适的电压，从而使之工作在恒流区。

(2) 电阻取值得当，与电源配合，使放大管有合适的静态工作电流。

(3) 输入信号必须能够作用于放大管的输入回路。对于晶体管，输入信号必须能够改变基极与发射极之间的电压，产生Δu_{BE}，从而改变基极或发射极电流，产生Δi_B或Δi_E。对于场效应管，输入信号必须能够改变栅－源之间的电压，产生Δu_{GS}。这样，才能改变放大管输出回路的电流，从而放大输入信号。

(4) 当负载接入时，必须保证放大管输出回路的动态电流(晶体管的Δi_C、Δi_E或场效应管的Δi_D、Δi_S)能够作用于负载，从而使负载获得比输入信号大得多的信号电流或信号电压。

二、两种实用的共射放大电路

根据上述原则，可以构成与图 2.2.1 不尽相同的共射放大电路。

在实用放大电路中，为了防止干扰，常要求输入信号、直流电源、输出信号均有一端接在公共端,即“地”端,称为“**共地**”。这样,将图2.2.1所示电路中的基极电源与集电极电源合二为一,并且为了合理设置静态工作点,在基极回路又增加一个电阻,便得到图2.2.4所示的共射放大电路。由于图2.2.1和图2.2.4所示电路中信号源与放大电路、放大电路与负载电阻均直接相连,故称为“**直接耦合**”,“耦合”即为“连接”。

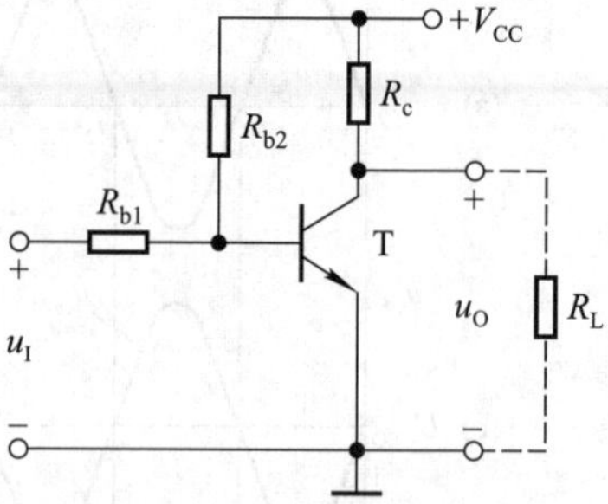

图2.2.4 直接耦合共射放大电路

将图2.2.4所示电路的输入端短路便可求出静态工作点。

$$
\begin{cases}
I_{BQ} = \dfrac{V_{CC} - U_{BEQ}}{R_{b2}} - \dfrac{U_{BEQ}}{R_{b1}} & (2.2.2a) \\
I_{CQ} = \bar{\beta} I_{BQ} = \beta I_{BQ} & (2.2.2b) \\
U_{CEQ} = V_{CC} - I_{CQ} R_c & (2.2.2c)
\end{cases}
$$

应当指出,R_{b1}是必不可少的。试想,若$R_{b1} = 0$,则静态时,由于输入端短路,$I_{BQ} = 0$,晶体管将截止,电路不可能正常工作。R_{b1}、R_{b2}的取值与V_{CC}相配合,才能得到合适的基极电流I_{BQ},合理地选取R_c,才能得到合适的管压降U_{CEQ}。有输入信号时的波形分析如图2.2.3所示。

当输入信号作用时,由于信号电压在图2.2.1所示电路中的R_b和图2.2.4所示电路中的R_{b1}上均有损失,因而减小了晶体管基极与发射极之间的信号电压,也就影响了电路的放大能力。同时,上述两种电路接入负载后,负载电阻不但有信号电压,还有直流电源作用的结果,即存在直流分量,这常常需要去除。图2.2.5(a)所示电路既解决了“共地”问题,又使一定频率范围内的输入信号几乎毫无损失地加到放大管的输入回路,而且负载电阻上没有直流分量。

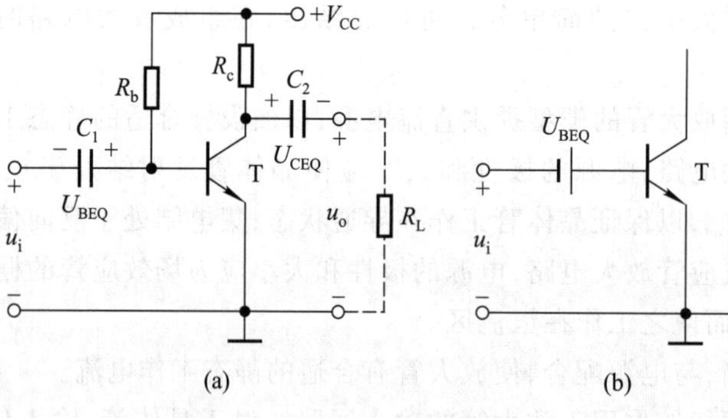

图2.2.5 阻容耦合共射放大电路

(a) 电路 (b) 输入回路等效电路

图2.2.5(a)中电容C_1用于连接信号源与放大电路,电容C_2用于连接放大电路与负载。在电子电路中起连接作用的电容称为**耦合电容**①,利用电容连接电路称为**阻容耦合**,故图2.2.5(a)所示电路为阻容耦合共射放大电路。由于电容对直流量的容抗无穷大,所以信号源与放大电路、放大电路与负载之间没有直流量通过。耦合电容的容量应足够大,使其在输入信号频率范围内

---

① 耦合电容容量较大,多为电解电容,接入电路时应注意其正、负极。

的容抗很小,可视为短路,所以输入信号几乎无损失地加在放大管的基极与发射极之间。可见,耦合电容的作用是“**隔离直流,通过交流**”。令输入端短路,可以求出静态工作点。

$$\begin{cases} I_{BQ} = \dfrac{V_{CC} - U_{BEQ}}{R_b} & (2.2.3a) \\ I_{CQ} = \bar{\beta} I_{BQ} = \beta I_{BQ} & (2.2.3b) \\ U_{CEQ} = V_{CC} - I_{CQ} R_c & (2.2.3c) \end{cases}$$

电容 C_1 上的电压为 U_{BEQ},电容 C_2 上的电压为 U_{CEQ},方向如图 2.2.5(a)中所标注。由于在输入信号作用时,C_1 上电压基本不变,因此可将其等效成一个电池,如图 2.2.5(b)所示。这样,放大管基极与发射极之间总电压为 U_{BEQ} 与 u_i 之和。u_i、i_B、i_C、u_{CE}、u_o 的波形分析如图 2.2.3 所示。应该注意,输出电压 u_o 等于集电极与发射极之间总电压减去 C_2 上的电压 U_{CEQ},所以 u_o 为纯交流信号。

【例 2.2.1】 现有一个直流电源,试用一只 PNP 型管组成共射放大电路。

解:在放大电路中,直流电源一方面设置合适的静态工作点,另一方面作为负载的能源。为使晶体管导通,发射结应正偏,因而 PNP 型管的发射极应接电源的正极,而基极应接电源的负极;且为了限制基极电流,基极回路应加电阻 R_b,如图 2.2.6(a)所示。为使晶体管工作在放大状态,集电结应反偏,因而 PNP 型管的集电极应接电源的负极;且为了将集电极电流的变化转换为电压的变化,集电极应通过电阻 R_c 接电源的负极,如图(b)所示。为了使输入信号驮载在 b-e 静态电压之上,则应在晶体管基极与信号源之间加一个电阻或电容,如图(c)、(d)所示;图(c)电路的输入端为直接耦合方式,图(d)电路的输入端为阻容耦合方式;它们的输出端均采用了直接耦合方式,当然也可采用阻容耦合方式。

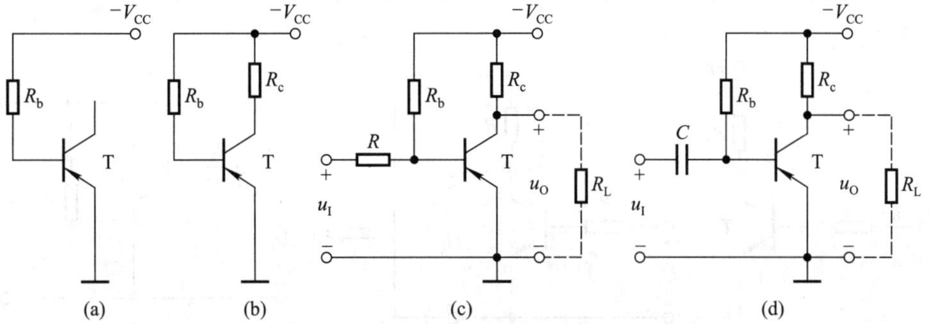

图 2.2.6 用 PNP 型管组成共射放大电路

(a) 使发射结正偏 (b) 使集电结反偏 (c) 输入端为直接耦合的共射放大电路
(d)输入端为阻容耦合的共射放大电路

■ 思考题

2.2.1 试用 NPN 型管组成一个共射放大电路,使之在输入为零时输出为零。要求画出电路图。可以用一路电源,也可用两路电源。

2.2.2 试标出图 2.2.6(d)中耦合电容的极性。

2.2.3 PNP 管共射放大电路的输出电压与输入电压反相吗?用波形来分析这个问题。

2.2.4 在图 2.2.1 所示电路中,若在输出端接入负载电阻 R_L,则如何求解静态管压降 U_{CEQ}?

2.3 放大电路的分析方法

分析放大电路就是在理解放大电路工作原理的基础上求解静态工作点和各项动态参数。本节以 NPN 型晶体管组成的基本共射放大电路为例，针对电子电路中存在着晶体管或场效应管等非线性器件，而且直流量与交流量同时作用的特点，提出分析方法。

2.3.1 直流通路与交流通路

通常，在放大电路中，直流电源的作用和交流信号的作用总是共存的，即静态电流、电压和动态电流、电压总是共存的。但是由于电容、电感等电抗元件的存在，直流量所流经的通路与交流信号所流经的通路不完全相同。因此，为了研究问题方便起见，常把直流电源对电路的作用和输入信号对电路的作用区分开来，分成直流通路和交流通路。

直流通路是在直流电源作用下直流电流流经的通路，也就是静态电流流经的通路，用于研究静态工作点。对于直流通路，① 电容视为开路；② 电感线圈视为短路（即忽略线圈电阻）；③ 信号源视为短路，但应保留其内阻。

交流通路是输入信号作用下交流信号流经的通路，用于研究动态参数。对于交流通路，① 容量大的电容（如耦合电容）视为短路，② 无内阻的直流电源（如 V_{CC}）视为短路。

根据上述原则，图 2.2.1 所示共射放大电路的直流通路如图 2.3.1(a)所示。图中，基极电源 V_{BB} 和集电极电源 V_{CC} 的负极均接地。为了得到交流通路，应将直流电源 V_{BB} 和 V_{CC} 均短路，因而集电极电阻 R_c 并联在晶体管的集电极和发射极之间，如图 2.3.1(b)所示。

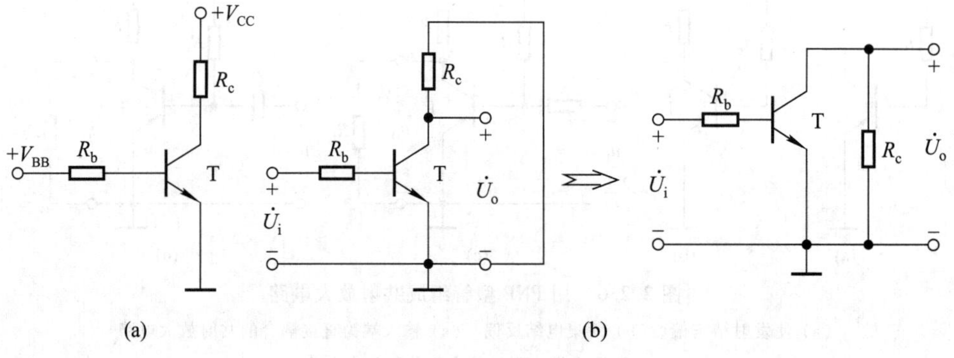

图 2.3.1 图 2.2.1 所示共射放大电路的直流通路和交流通路

(a) 直流通路 (b) 交流通路

在图 2.3.2(a)所示的直接耦合共射放大电路中，R_s 为信号源内阻，因此其直流通路如图(b)所示。从直流通路可以看出，直接耦合放大电路的静态工作点既与信号源内阻 R_s 有关，又与负载电阻 R_L 有关。由于直流电源 V_{CC} 对交流信号短路，所以，在交流通路中，R_{b2} 并联在晶体管的基极与发射极之间，而集电极电阻 R_c 和负载电阻 R_L 均并联在晶体管的集电极与发射极之间，如图 2.3.2(c)所示。

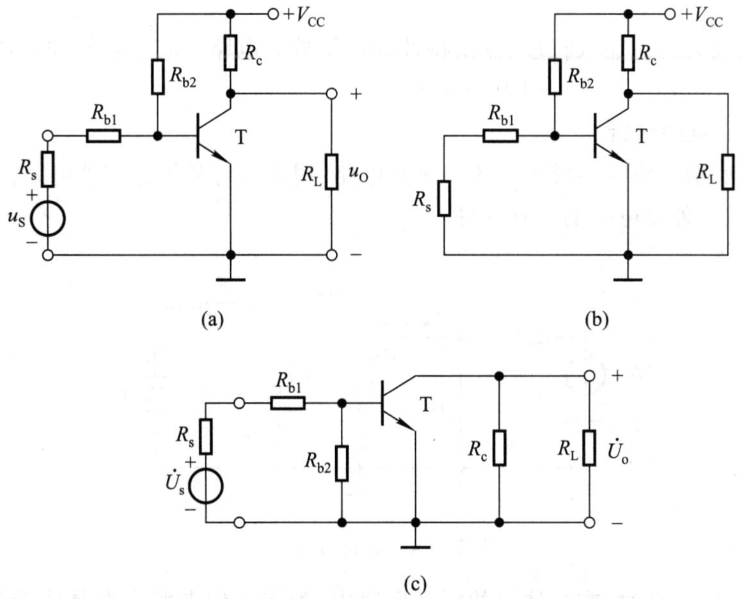

图 2.3.2 直接耦合共射放大电路及其直流通路和交流通路

(a) 直接耦合共射放大电路 (b) 直流通路 (c) 交流通路

在图 2.2.5(a)所示阻容耦合放大电路中,信号源内阻为 0。对于直流量,C_1、C_2 开路,所以直流通路如图 2.3.3(a)所示。对于交流信号,C_1、C_2 相当于短路,直流电源 V_{CC} 短路,因而输入电压 $\dot{U}_i$ 加在晶体管基极与发射极之间,基极电阻 R_b 并联在输入端;集电极电阻 R_c 与负载电阻 R_L 并联在集电极与发射极之间,即并联在输出端。因此,交流通路如图 2.3.3(b)所示。从直流通路可以看出,由于 C_1、C_2 的"隔直"作用,静态工作点与信号源内阻和负载电阻无关。

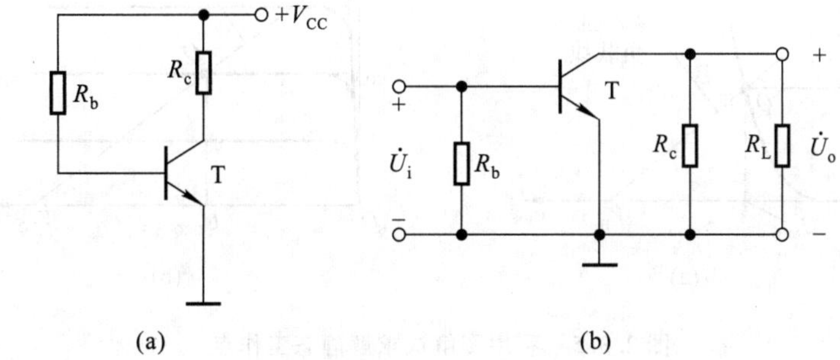

图 2.3.3 阻容耦合共射放大电路的直流通路和交流通路

(a) 直流通路 (b) 交流通路

在分析放大电路时,应遵循"先静态,后动态"的原则,求解静态工作点时应利用直流通路,求解动态参数时应利用交流通路,两种通路切不可混淆。静态工作点合适,动态分析才有意义。对于简单电路,不一定非画出直流通路不可。读者不难发现,在式(2.2.1)、(2.2.2)、(2.2.3)的分析过程中已经使用了直流通路。

2.3.2 图解法

在实际测出放大管的输入特性、输出特性和已知放大电路中其它各元件参数的情况下，利用作图的方法对放大电路进行分析即为图解法。

一、静态工作点的分析

将图 2.2.1 所示电路变换成图 2.3.4 所示电路，用虚线将晶体管与外电路分开，两条虚线之间为晶体管，虚线之外是电路的其它元件。

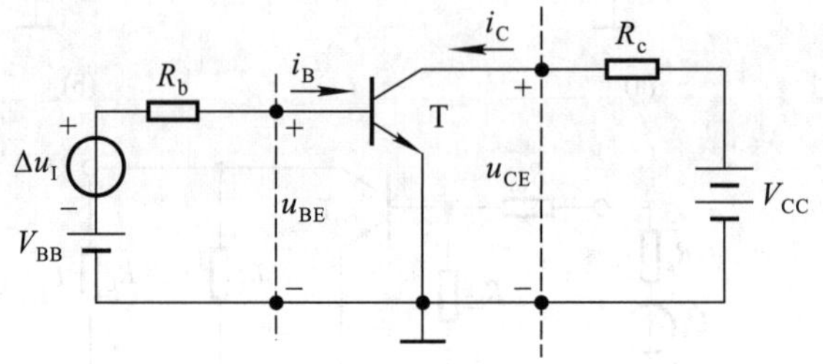

图 2.3.4 共射放大电路

当输入信号 $\Delta u_I = 0$ 时，在晶体管的输入回路中，静态工作点既应在晶体管的输入特性曲线上，又应满足外电路的回路方程：

$$u_{BE} = V_{BB} - i_B R_b \tag{2.3.1}$$

在输入特性坐标系中，画出式(2.3.1)所确定的直线，它与横轴的交点为(V_{BB},0)，与纵轴的交点为(0,V_{BB}/R_b)，斜率为 $-1/R_b$。直线与曲线的交点就是静态工作点 Q，其横坐标值为 U_{BEQ}，纵坐标值为 I_{BQ}，如图 2.3.5(a)中所标注。式(2.3.1)所确定的直线称为输入回路负载线。

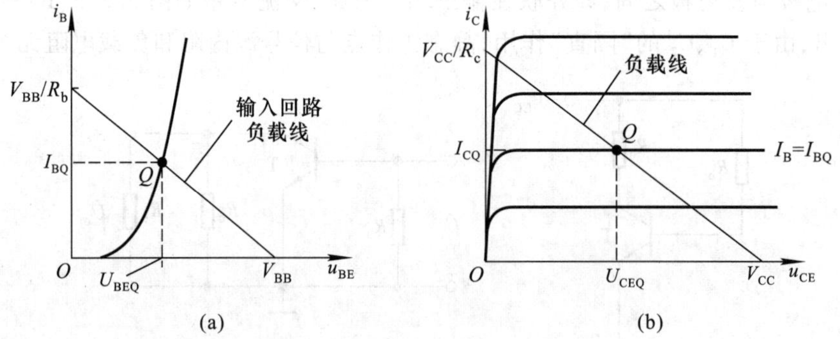

图 2.3.5 利用图解法求解静态工作点

(a) 输入回路的图解分析 (b) 输出回路的图解分析

与输入回路相似，在晶体管的输出回路中，静态工作点既应在 $I_B = I_{BQ}$ 的那条输出特性曲线上，又应满足外电路的回路方程：

$$u_{CE} = V_{CC} - i_C R_c \tag{2.3.2}$$

在输出特性坐标系中，画出式(2.3.2)所确定的直线，它与横轴的交点为(V_{CC},0)，与纵轴的交点为(0,V_{CC}/R_c)，斜率为 $-1/R_c$；并且找到 $I_B = I_{BQ}$ 的那条输出特性曲线，该曲线与上述直线的交点就是

静态工作点 Q,其纵坐标值为 I_{CQ},横坐标值为 U_{CEQ},如图 2.3.5(b)中所标注。由式(2.3.2)所确定的直线称为输出回路负载线。

应当指出,如果输出特性曲线中没有 $I_B = I_{BQ}$ 的那条输出特性曲线,则应当补测该曲线。

二、电压放大倍数的分析

当加入输入信号 Δu_I 时,输入回路方程为

$$u_{BE} = V_{BB} + \Delta u_I - i_B R_b \tag{2.3.3}$$

该直线与横轴的交点为$(V_{BB} + \Delta u_I, 0)$,与纵轴的交点为$\left(0, \dfrac{V_{BB} + \Delta u_I}{R_b}\right)$。但斜率仍为 $-1/R_b$。

在求解电压放大倍数 A_u 时,首先给定 Δu_I,然后根据式(2.3.3)做输入回路负载线,从输入回路负载线与输入特性曲线的交点便可得到在 Δu_I 作用下的基极电流变化量 Δi_B;在输出特性中,找到 $i_B = I_{BQ} + \Delta i_B$ 的那条输出特性曲线,输出回路负载线与曲线的交点为$(U_{CEQ} + \Delta u_{CE}, I_{CQ} + \Delta i_C)$,其中 Δu_{CE} 就是输出电压,见图 2.3.6 所示。从而可得电压放大倍数

$$A_u = \frac{\Delta u_{CE}}{\Delta u_I} = \frac{\Delta u_O}{\Delta u_I} \tag{2.3.4}$$

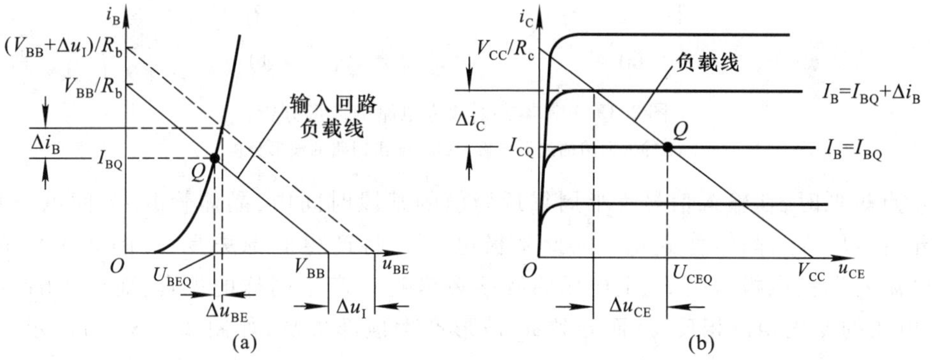

图 2.3.6 利用图解法求解电压放大倍数

(a) 从 Δu_I 得出 Δi_B (b) 从 Δi_B 得出 Δi_C 和 $\Delta u_{CE}(\Delta u_O)$

上述求解过程可简述如下:首先给定 Δu_I

Δu_I(经输入回路图解)$\to \Delta i_B$(经输出回路图解)$\to \Delta i_C \to \Delta u_{CE} \to A_u$

从图解分析可知,当 $\Delta u_I > 0$ 时,$\Delta i_B > 0$,$\Delta i_C > 0$,而 $\Delta u_{CE} < 0$;反之,当 $\Delta u_I < 0$ 时,$\Delta i_B < 0$,$\Delta i_C < 0$,而 $\Delta u_{CE} > 0$;说明输出电压与输入电压的变化相反。在输入回路中,若直流电压 V_{BB} 的数值不变,则基极电阻 R_b 的值愈小,Q 点愈高(即 I_{BQ} 和 U_{BEQ} 的值愈大),Q 点附近的曲线愈陡,因而在同样的 Δu_I 作用下所产生的 Δi_B 就愈大,也就意味着 $|A_u|$ 将愈大。在输出回路中,R_c 的数值愈小,负载线愈陡,这就意味着同样的 Δi_C 下所产生的 Δu_{CE} 愈小,即 $|A_u|$ 将愈小。可见,Q 点的位置影响着放大电路的电压放大能力。

应当指出,利用图解法求解电压放大倍数时,Δu_I 的数值愈大,晶体管的非线性特性对分析结果的影响愈大。另外,其分析过程与后面将阐述的微变等效电路法相比,较为繁琐,而且误差较大。因此,讲述图解法求解 A_u 的目的是为了进一步体会放大电路的工作原理和 Q 点对 A_u 的

影响。

三、波形非线性失真的分析

当输入电压为正弦波时，若静态工作点合适且输入信号幅值较小，则晶体管 b－e 间的动态电压为正弦波，基极动态电流也为正弦波，如图 2.3.7(a)所示。在放大区内集电极电流随基极电流按 β 倍变化，并且 i_C 与 u_{CE} 将沿负载线变化。当 i_C 增大时，u_{CE} 减小；当 i_C 减小时，u_{CE} 增大。由此得到动态管压降 u_{ce}，即输出电压 u_o，u_o 与 u_i 反相，如图(b)所示。

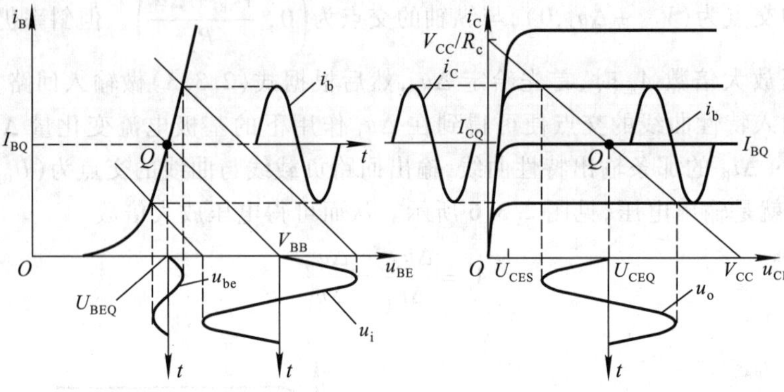

(a) (b)

图 2.3.7 基本共射放大电路的波形分析

(a) 输入回路的波形分析 (b) 输出回路的波形分析

当 Q 点过低时，在输入信号负半周靠近峰值的某段时间内，晶体管 b－e 间电压总量 u_{BE} 小于其开启电压 U_{on}，晶体管截止。因此基极电流 i_b 将产生底部失真，如图 2.3.8(a)所示。集电极电流 i_c 和集电极电阻 R_c 上电压的波形必然随 i_b 产生同样的失真；而由于输出电压 u_o 与 R_c 上电压的变化相位相反，从而导致 u_o 波形产生顶部失真，如图 2.3.8(b)所示。因晶体管截止而产生的失真称为**截止失真**。在图 2.3.4 所示电路中，只有增大基极电源 V_{BB}，才能消除截止失真。

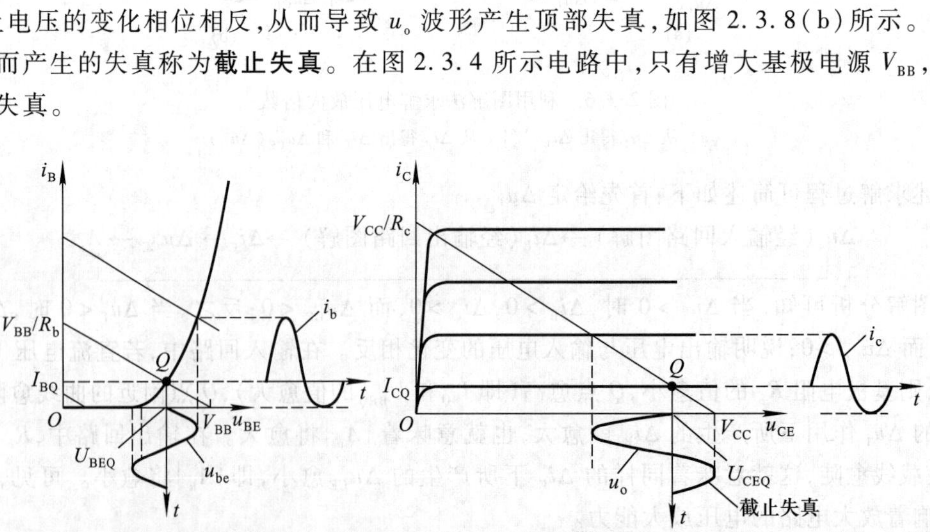

(a) (b)

图 2.3.8 基本共射放大电路的截止失真

(a) 输入回路的波形分析 (b) 输出回路的波形分析

当 Q 点过高时，虽然基极动态电流 i_b 为不失真的正弦波，如图 2.3.9(a)所示，但是由于输入信号正半周靠近峰值的某段时间内晶体管进入了饱和区，导致集电极动态电流 i_c 产生顶部失真，集电极电阻 R_c 上的电压波形随之产生同样的失真。由于输出电压 u_o 与 R_c 上电压的变化相位相反，从而导致 u_o 波形产生底部失真，如图 2.3.9(b)所示。因晶体管饱和而产生的失真称为**饱和失真**。为了消除饱和失真，就要适当降低 Q 点。为此，可以增大基极电阻 R_b 以减小基极静态电流 I_{BQ}，从而减小集电极静态电流 I_{CQ}；也可以减小集电极电阻 R_c 以改变负载线斜率，从而增大管压降 U_{CEQ}；或者更换一只 β 较小的管子，以便在同样的 I_{BQ} 情况下减小 I_{CQ}。

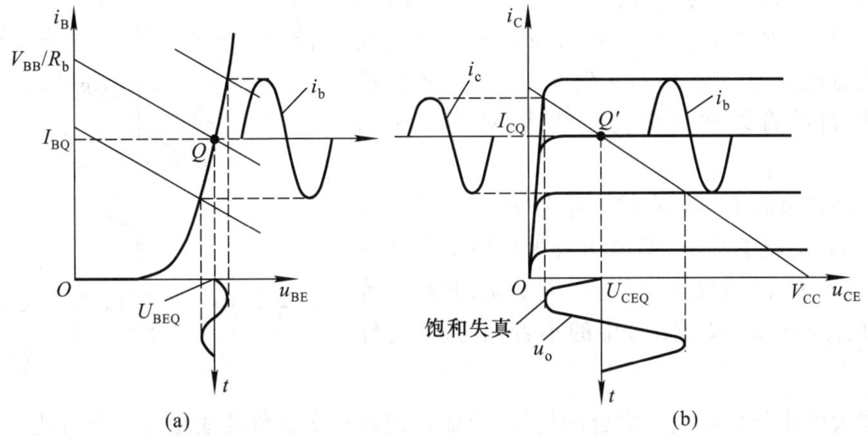

图 2.3.9 基本共射放大电路的饱和失真

(a) 输入回路的波形分析 (b) 输出回路的波形分析

应当指出，截止失真和饱和失真都是比较极端的情况。实际上，在输入信号的整个周期内，即使晶体管始终工作在放大区域，也会因为输入特性和输出特性的非线性使输出波形产生失真，只不过当输入信号幅值较小时，这种失真非常小，可忽略不计。

如果将晶体管的特性理想化，即认为在管压降总量 u_{CE} 最小值大于饱和管压降 U_{CES}（即管子不饱和），且基极电流总量 i_B 的最小值大于0（即管子不截止）的情况下，非线性失真可忽略不计，那么就可以得出放大电路的最大不失真输出电压 U_{om}。对于图 2.3.4 所示的放大电路，从图 2.3.7(b)所示输出特性的图解分析可得最大不失真输出电压的峰值，其方法是以 U_{CEQ} 为中心，取“$V_{CC}-U_{CEQ}$”和“$U_{CEQ}-U_{CES}$”这两段距离中较小的数值，并除以$\sqrt{2}$，则得到其有效值 U_{om}。为了使 U_{om} 尽可能大，应将 Q 点设置在放大区内负载线的中点，即其横坐标值为 $\frac{V_{CC}+U_{CES}}{2}$ 的位置，此时的 $U_{om}=\frac{V_{CC}-U_{CEQ}}{\sqrt{2}}$。

四、直流负载线与交流负载线

从图 2.3.3(b)所示阻容耦合放大电路的交流通路可以看出，当电路带上负载电阻 R_L 时，输出电压是集电极动态电流 i_c 在集电极电阻 R_c 和负载电阻 R_L 并联总电阻（$R_c // R_L$）上所产生的电压，而不仅决定于 R_c。因此，由直流通路所确定的负载线 $u_{CE}=V_{CC}-i_C R_c$，称为**直流负载线**，而动态信号遵循的负载线称为**交流负载线**。交流负载线应具备两个特征：第一，由于输入电压$u_i=0$时，晶体管的集电极电流应为I_{CQ}，管压降应为U_{CEQ}，所以它必过Q点；第二，由于集电极动态电流i_c仅决定于基极动态电流i_b，而动态管压降u_{ce}等于i_c与$R_c // R_L$之积，所以它的斜率为$-1/(R_c // R_L)$。根据上述特征，只要过Q点做一条斜率为$-1/(R_c // R_L)$的直线就是交流负载线。实际上，已知直线上一点为Q，再寻找另一点，连接两点即可。在图2.3.10中，对于直角三角形QAB，已知直角边QA为I_{CQ}，斜率为$-1/(R_c // R_L)$，因而另一直角边AB为$I_{CQ}(R_c // R_L)$，所以交流负载线与横轴的交点坐标为$[U_{CEQ}+I_{CQ}(R_c // R_L),0]$，连接该点与$Q$点所得的直线就是交流负载线，如图2.3.10所示。

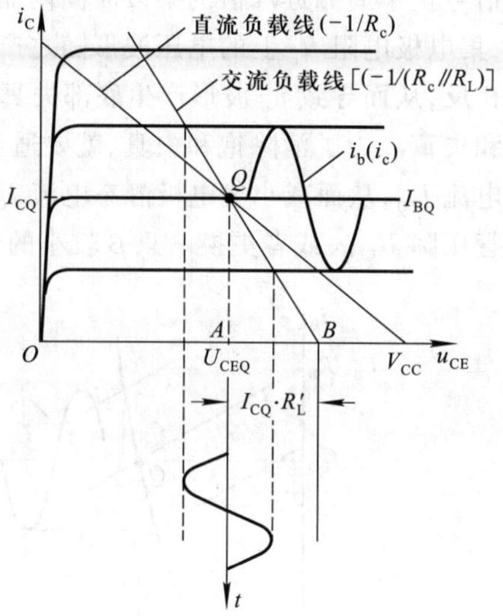

图2.3.10 直流负载线和交流负载线

放大电路带负载R_L后，在输入信号u_i不变的情况下，输出电压u_o的幅值变小，即电压放大倍数的数值变小。同时，最大不失真输出电压也产生变化，其峰值等于$(U_{CEQ}-U_{CES})$与$I_{CQ}(R_c // R_L)$中的小者；有效值是峰值除以$\sqrt{2}$。

对于放大电路与负载直接耦合的情况，直流负载线与交流负载线是同一条直线；而对于阻容耦合放大电路，则只有在空载时两条直线才合二而一。

五、图解法的适用范围

图解法的特点是直观形象地反映晶体管的工作情况，但是必须实测所用管的特性曲线，而且用图解法进行定量分析时误差较大。此外，晶体管的特性曲线只反映信号频率较低时的电压、电流关系，而不反映信号频率较高时极间电容产生的影响。因此，图解法多适用于分析输出幅值比较大而工作频率不太高时的情况。在实际应用中，多用于分析Q点位置、最大不失真输出电压和失真情况等。

【例2.3.1】 在图2.2.1所示基本共射放大电路中，由于电路参数的改变使静态工作点产生如图2.3.11所示的变化。试问：

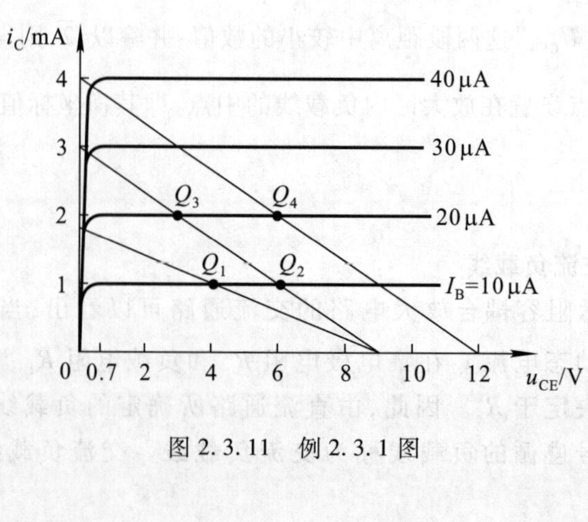

图2.3.11 例2.3.1图

(1) 当静态工作点从 Q_1 移到 Q_2、从 Q_2 移到 Q_3、从 Q_3 移到 Q_4 时,分别是因为电路的哪个参数变化造成的? 这些参数是如何变化的?

(2) 当电路的静态工作点分别为 $Q_1 \sim Q_4$ 时,从输出电压的角度看,哪种情况下最易产生截止失真? 哪种情况下最易产生饱和失真? 哪种情况下最大不失真输出电压 U_{om} 最大? 其值约为多少?

(3) 电路的静态工作点为 Q_4 时,集电极电源 V_{CC} 的值为多少伏? 集电极电阻 R_c 为多少千欧?

解:(1) 因为 Q_2 与 Q_1 在一条输出特性曲线上,所以 I_{BQ} 相同,说明 R_b、V_{BB} 均没变;Q_2 与 Q_1 不在同一条负载线上,说明 R_c 变化了,由于负载线变陡,所以静态工作点从 Q_1 移到 Q_2 的原因是 R_c 减小。

因为 Q_3 与 Q_2 都同在一条负载线上,所以 R_c 没变;而 Q_3 与 Q_2 不在同一条输出特性曲线上,说明 R_b、V_{BB} 产生变化。由于 Q_3 的 I_{BQ}(20 μA)大于 Q_2 的 I_{BQ}(10 μA),因此从 Q_2 移到 Q_3 的原因是 R_b 减小或 V_{BB} 增大,当然也可能兼而有之。

因为 Q_4 与 Q_3 在同一条输出特性曲线上,所以输入回路参数没有变化;而 Q_4 所在负载线平行于 Q_3 所在负载线,说明 R_c 没变;从负载线与横轴交点可知,从 Q_3 移到 Q_4 的原因是集电极电源 V_{CC} 增大。

(2) 从 Q 点在晶体管输出特性坐标平面中的位置可知,Q_2 最靠近截止区,因而电路最易出现截止失真;Q_3 最靠近饱和区,因而电路最易出现饱和失真;Q_4 距饱和区和截止区最远,所以静态工作点为 Q_4 时的最大不失真电压 U_{om} 最大。

因为 Q_4 点 $U_{CEQ} = 6$ V,正居负载线中点,所以其最大不失真输出电压有效值

$$U_{om} = \frac{U_{CEQ} - U_{CES}}{\sqrt{2}} \approx 3.75 \text{ V}$$

估算时 U_{CES} 取 0.7 V。

(3) 根据 Q_4 所在负载线与横轴的交点可知,集电极电源为 12 V;根据 Q_4 所在负载线与纵轴的交点可知,集电极电阻

$$R_c = V_{CC}/I_C = (12/4)\text{k}\Omega = 3 \text{ k}\Omega$$

2.3.3　等效电路法

晶体管电路分析的复杂性在于其特性的非线性,如果能在一定条件下将特性线性化,即用线性电路来描述其非线性特性,建立线性模型,就可应用线性电路的分析方法来分析晶体管电路了。针对应用场合的不同和所分析问题的不同,同一只晶体管有不同的等效模型①。这里首先简单介绍晶体管在分析静态工作点时所用的直流模型;然后重点阐述用于低频小信号时的 h 参数等效模型,以及使用该模型分析动态参数的方法。

一、晶体管的直流模型及静态工作点的估算法

在对图 2.2.1、图 2.2.4、图 2.2.5 所示各共射放大电路进行静态分析时,分别得出静态工作

① 在计算机辅助分析或设计电子电路时,较为常见的晶体管模型为 EM 模型,EM 为 J. J. Ebers 和 J. L. Moll 二人姓的字头。详细内容见参考文献[18]。

点的表达式(2.2.1)、(2.2.2)、(2.2.3)。当将 b－e 间电压 U_{BEQ} 取一个固定数值时，也就是认为 b－e 间等效为直流恒压源，说明已将晶体管输入特性折线化，如图 2.3.12(a)所示。式中集电极电流 $I_{CQ}=\beta I_{BQ}$，说明 I_{CQ} 仅决定于 I_{BQ} 而与静态管压降 U_{CEQ} 无关，即输出特性曲线是横轴的平行线，如图 2.3.12(b)所示，所以晶体管的直流模型如图(c)所示。图(c)中的理想二极管限定了电流方向。

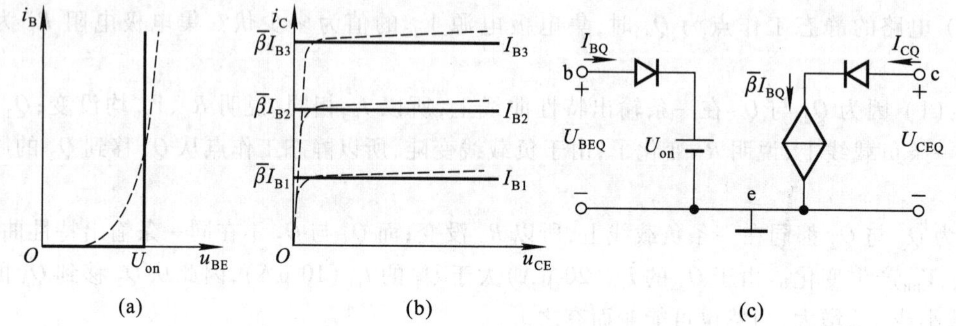

图 2.3.12　晶体管的直流模型

(a) 输入特性折线化　(b) 输出特性理想化　(c) 直流模型

应当特别指出，晶体管的直流模型是晶体管在静态时工作在放大状态的模型，它的使用条件是：$U_{BE}>U_{on}$ 且 $U_{CE}\geqslant U_{BE}$，并认为 $\bar{\beta}=\beta$。

在图 2.2.5(a)所示电路中，若已知 $V_{CC}=12\ \text{V}$，$R_b=510\ \text{k}\Omega$，$R_c=3\ \text{k}\Omega$；晶体管的 $\beta=100$，$U_{BEQ}\approx 0.7\ \text{V}$，则根据式(2.2.3)可得，$I_{BQ}\approx 22\ \mu\text{A}$，$I_{CQ}\approx 2.2\ \text{mA}$，$U_{CEQ}\approx 5.35\ \text{V}$。

二、晶体管共射 *h* 参数等效模型

在共射接法的放大电路中，在低频小信号作用下，将晶体管看成一个线性双口网络，利用网络的 h 参数来表示输入端口、输出端口的电压与电流的相互关系，便可得出等效电路，称之为**共射 *h* 参数等效模型**。这个模型只能用于放大电路低频动态小信号参数的分析。

1. *h* 参数等效模型的由来

若将晶体管看成一个双口网络，并以 b－e 作为输入端口，以 c－e 作为输出端口，如图 2.3.13(a)所示，则网络外部的端电压和电流关系就是晶体管的输入特性和输出特性，如图 2.3.13(b)、(c)所示。可以写成关系式

$$\begin{cases} u_{BE}=f(i_B,u_{CE}) & (2.3.5\text{a}) \\ i_C=f(i_B,u_{CE}) & (2.3.5\text{b}) \end{cases}$$

式中 u_{BE}、i_B、u_{CE}、i_C 均为各电量的瞬时总量。为了研究低频小信号作用下各变化量之间的关系，对上边两式求全微分，得出

$$\begin{cases} \mathrm{d}u_{BE}=\left.\dfrac{\partial u_{BE}}{\partial i_B}\right|_{U_{CE}}\mathrm{d}i_B+\left.\dfrac{\partial u_{BE}}{\partial u_{CE}}\right|_{I_B}\mathrm{d}u_{CE} & (2.3.6\text{a}) \\ \mathrm{d}i_C=\left.\dfrac{\partial i_C}{\partial i_B}\right|_{U_{CE}}\mathrm{d}i_B+\left.\dfrac{\partial i_C}{\partial u_{CE}}\right|_{I_B}\mathrm{d}u_{CE} & (2.3.6\text{b}) \end{cases}$$

由于 $\mathrm{d}u_{BE}$ 代表 u_{BE} 的变化部分，可以用 $\dot{U}_{be}$ 取代；同理 $\mathrm{d}i_B$ 可用 $\dot{I}_b$ 取代，$\mathrm{d}i_C$ 可用 $\dot{I}_c$ 取代，$\mathrm{d}u_{CE}$ 可用 $\dot{U}_{ce}$ 取代。根据电路原理网络分析知识，可从式(2.3.6)得出 h 参数方程

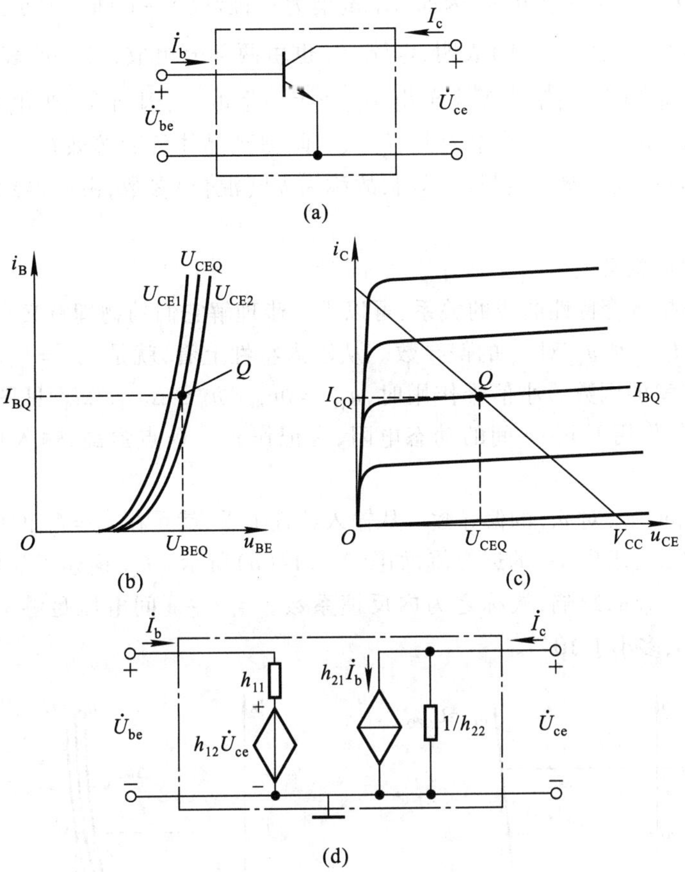

图 2.3.13 晶体管的共射 h 参数等效模型

(a) 将晶体管看成线性双口网络 (b) 输入特性曲线

(c) 输出特性曲线 (d) 共射 h 参数等效模型

$$\begin{cases} \dot{U}_{be} = h_{11e}\dot{I}_b + h_{12e}\dot{U}_{ce} & (2.3.7a) \\ \dot{I}_c = h_{21e}\dot{I}_b + h_{22e}\dot{U}_{ce} & (2.3.7b) \end{cases}$$

下标 e 表示共射接法,式中

$$\begin{cases} h_{11e} = \left.\dfrac{\partial u_{BE}}{\partial i_B}\right|_{U_{CE}} & (2.3.8a) \\ h_{12e} = \left.\dfrac{\partial u_{BE}}{\partial u_{CE}}\right|_{I_B} & (2.3.8b) \\ h_{21e} = \left.\dfrac{\partial i_C}{\partial i_B}\right|_{U_{CE}} & (2.3.8c) \\ h_{22e} = \left.\dfrac{\partial i_C}{\partial u_{CE}}\right|_{I_B} & (2.3.8d) \end{cases}$$

式(2.3.7a)表明,电压 $\dot{U}_{be}$由两部分组成,第一项表示由 $\dot{I}_b$ 产生一个电压,因而 h_{11e}为一电阻;第二项表示由 $\dot{U}_{ce}$ 产生一个电压,因而 h_{12e} 量纲为一;所以 b - e 间等效成一个电阻与一个电压控制的电压源串联。式(2.3.7b)表明,电流 $\dot{I}_c$ 也由两部分组成,第一项表示由 $\dot{I}_b$ 控制产生一个电流,因而 h_{21e} 量纲为一;第二项表示由 $\dot{U}_{ce}$ 产生一个电流,因而 h_{22e} 为电导;所以 c - e 间等效成一个电流控制的电流源与一个电阻并联。这样,得到晶体管的等效模型如图 2.3.13(d)所示。由于式(2.3.8)中四个参数的量纲不同,故称为 h①(混合)参数,由此得到的等效电路称为 h 参数等效模型。

2. h 参数的物理意义

研究 h 参数与晶体管特性曲线的关系,可以进一步理解它们的物理意义和求解方法。

h_{11e} 是当 $u_{CE}=U_{CEQ}$ 时 u_{BE} 对 i_B 的偏导数。从输入特性上看,就是 $u_{CE}=U_{CEQ}$ 那条输入特性曲线在 Q 点处切线斜率的倒数。小信号作用时,$h_{11e}=\partial u_{BE}/\partial i_B\approx\Delta u_{BE}/\Delta i_B$,见图 2.3.14(a)所示。因此 h_{11e} 表示小信号作用下 b - e 间的动态电阻,常记作 r_{be}。Q 点愈高,输入特性曲线愈陡,h_{11e} 的值也就愈小。

h_{12e} 是当 $i_B=I_{BQ}$ 时 u_{BE} 对 u_{CE} 的偏导数。从输入特性上看,就是在 $i_B=I_{BQ}$ 的情况下 u_{CE} 对 u_{BE} 的影响,可以用 $\Delta u_{BE}/\Delta u_{CE}$ 求出 h_{12e} 的近似值,如图 2.3.14(b)所示。h_{12e} 描述了晶体管输出回路电压 u_{CE} 对输入回路电压 u_{BE} 的影响,故称之为内反馈系数。当 c - e 间电压足够大时,如 $U_{CE}\geqslant 1$ V,$\Delta u_{BE}/\Delta u_{CE}$ 的值很小,多小于 10^{-2}。

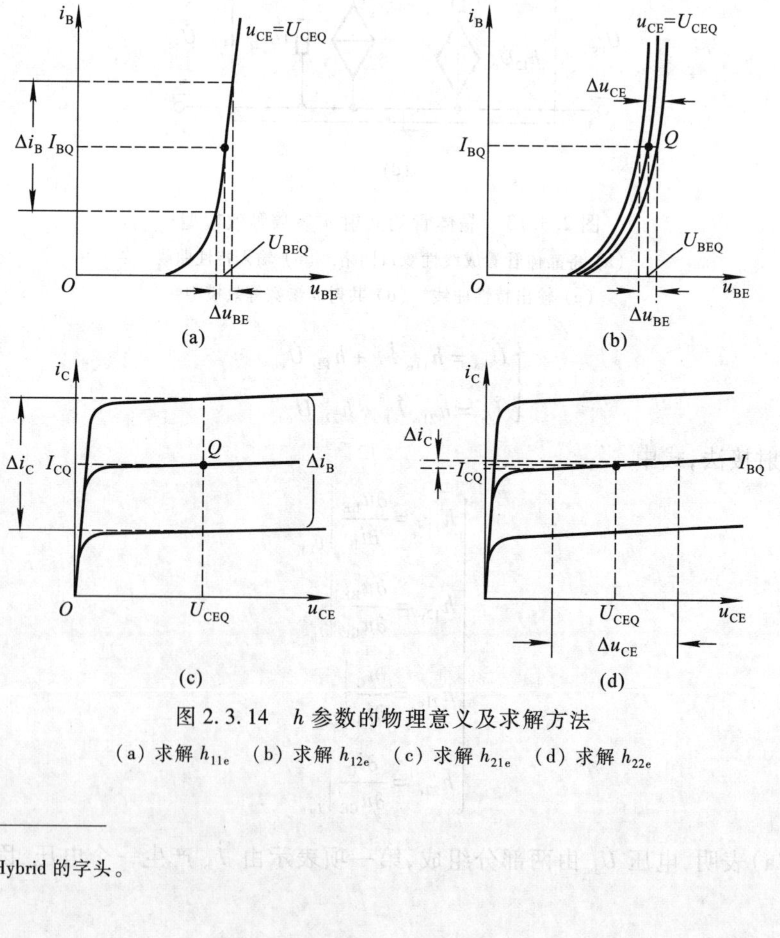

图 2.3.14 h 参数的物理意义及求解方法

(a) 求解 h_{11e} (b) 求解 h_{12e} (c) 求解 h_{21e} (d) 求解 h_{22e}

---

① h 是英文 Hybrid 的字头。

h_{21e}是当 $u_{CE}=U_{CEQ}$时 i_C 对 i_B 的偏导数。从输出特性上看,当小信号作用时,$h_{21e}=\partial i_C/\partial i_B \approx \Delta i_C/\Delta i_B$,如图 2.3.14(c)所示。所以,$h_{21e}$表示晶体管在 Q 点附近的电流放大系数 β。

h_{22e}是当 $i_B=I_{BQ}$时,i_C 对 u_{CE}的偏导数。从输出特性上看,h_{22e}是在 $i_B=I_{BQ}$的那条输出特性曲线上 Q 点处导数,如图 2.3.14(d)所示,它表示输出特性曲线上翘的程度,可以利用 $\Delta i_C/\Delta u_{CE}$得到其近似值。由于大多数管子工作在放大区时曲线均几乎平行于横轴,所以其值常小于 10^{-5}S。常称 $1/h_{22e}$为 c－e 间动态电阻 r_{ce},其值在几百千欧以上。

3. 简化的 h 参数等效模型

由以上分析可知,在输入回路,内反馈系数 h_{12e}很小,即内反馈很弱,近似分析中可忽略不计,故晶体管的输入回路可近似等效为只有一个动态电阻 $r_{be}(h_{11e})$;在输出回路,h_{22e}很小,即 r_{ce}很大,说明在近似分析中该支路的电流可忽略不计,故晶体管的输出回路可近似等效为只有一个受控电流源 $\dot{I}_c$,$\dot{I}_c=\beta\dot{I}_b$;因此,简化的 h 参数等效模型如图 2.3.15 所示。

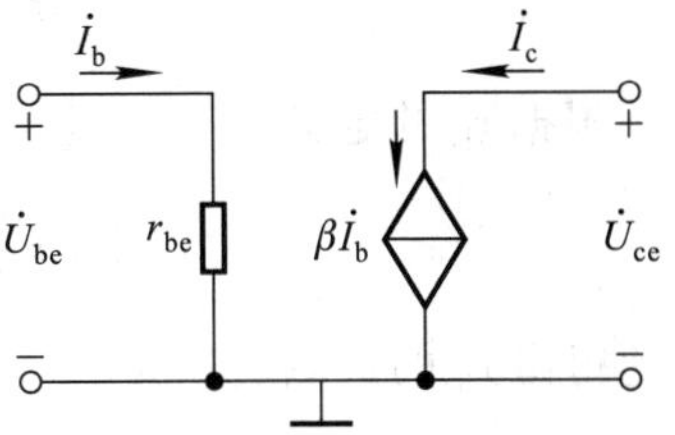

图 2.3.15 简化的 h 参数等效模型

应当指出,如果晶体管输出回路所接负载电阻 R_L 与 r_{ce}可比,如 $r_{ce}<10R_L$,则在电路分析中应当考虑 r_{ce}的影响。

4. r_{be}的近似表达式

在简化的 h 参数等效模型中,可以通过实测得到工作在 Q 点下的 β,并可以通过以下分析所得的近似表达式来计算 r_{be}的数值。

从图 2.3.16(a)所示晶体管的结构示意图中可以看出,b－e 间电阻由基区体电阻 $r_{bb'}$、发射结电阻 $r_{b'e'}$和发射区体电阻 r_e 三部分组成。$r_{bb'}$与 r_e 仅与杂质浓度及制造工艺有关,由于基区很薄且多子浓度很低,$r_{bb'}$数值较大,对于小功率管,多在几十欧到几百欧,可以通过查阅手册得到。由于发射区多数载流子浓度很高,r_e 数值很小,只有几欧,与 $r_{bb'}$和 $r_{b'e}$相比可以忽略不计。因此,晶体管输入回路的等效电路如图 2.3.16(b)所示。流过 $r_{bb'}$的电流为 $\dot{I}_b$,而流过 $r_{b'e}$的电流为 $\dot{I}_e$,所以

$$\dot{U}_{be} \approx \dot{I}_b r_{bb'} + \dot{I}_e r_{b'e}$$

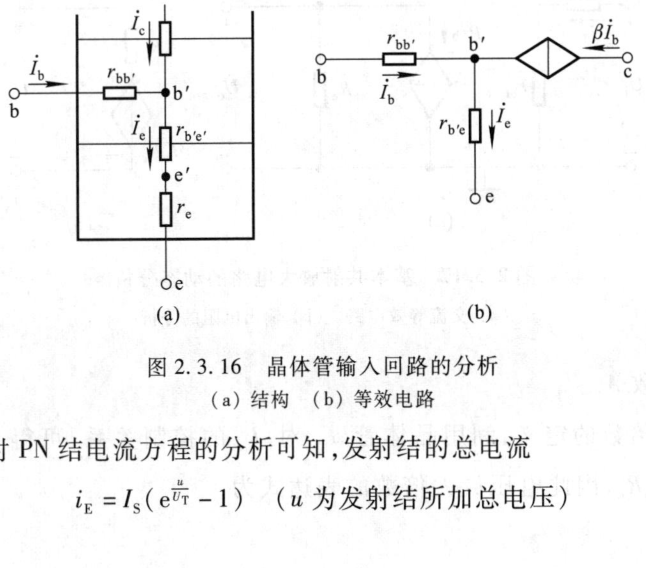

图 2.3.16 晶体管输入回路的分析

(a) 结构 (b) 等效电路

根据第 1 章中对 PN 结电流方程的分析可知,发射结的总电流

$$i_E = I_S(e^{\frac{u}{U_T}}-1) \quad (u \text{ 为发射结所加总电压})$$

因而

$$\frac{1}{r_{b'e}}=\frac{di_E}{du}=\frac{1}{U_T}\cdot I_S\cdot e^{\frac{u}{U_T}}$$

由于发射结处于正向偏置，u 大于开启电压（如硅管 U_{on} 为 0.5 V 左右），而常温下 $U_T\approx 26$ mV，因此可以认为 $i_E\approx I_S e^{\frac{u}{U_T}}$，代入上式可得

$$\frac{1}{r_{b'e}}\approx\frac{1}{U_T}\cdot i_E$$

当用以 Q 点为切点的切线取代 Q 点附近的曲线时

$$\frac{1}{r_{b'e}}\approx\frac{1}{U_T}\cdot I_{EQ}$$

根据 r_{be} 的定义

$$r_{be}=\frac{U_{be}}{I_b}\approx\frac{U_{bb'}+U_{b'e}}{I_b}=\frac{U_{bb'}}{I_b}+\frac{U_{b'e}}{I_b}=r_{bb'}+\frac{I_e r_{b'e}}{I_b}$$

由此得出 r_{be} 的近似表达式

$$r_{be}\approx r_{bb'}+(1+\beta)\frac{U_T}{I_{EQ}}\quad 或 \quad r_{be}\approx r_{bb'}+\beta\frac{U_T}{I_{CQ}} \tag{2.3.9}$$

式(2.3.9)进一步表明，Q 点愈高，即 $I_{EQ}(I_{CQ})$ 愈大，r_{be} 愈小。

h 参数等效模型用于研究动态参数，它的四个参数都是在 Q 点处求偏导数得到的。因此，只有在信号比较小，且工作在线性度比较好的区域内，分析计算的结果误差才较小。而且，由于 h 参数等效模型没有考虑结电容的作用，只适用低频信号的情况，故也称之为晶体管的低频小信号模型。

三、共射放大电路动态参数的分析

利用 h 参数等效模型可以求解放大电路的电压放大倍数、输入电阻和输出电阻。在放大电路的交流通路中，用 h 参数等效模型取代晶体管便可得到放大电路的交流等效电路。图 2.2.1 所示基本共射放大电路的交流等效电路如图 2.3.17(a)所示。

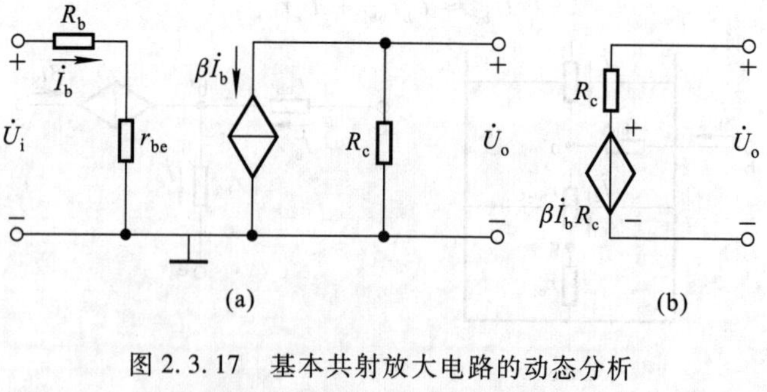

图 2.3.17 基本共射放大电路的动态分析

(a) 交流等效电路 (b) 输出电阻的分析

1. 电压放大倍数 $\dot{A}_u$

根据电压放大倍数的定义，利用晶体管 $\dot{I}_b$ 对 $\dot{I}_c$ 的控制关系，可得 $\dot{U}_i=\dot{I}_b(R_b+r_{be})$，$\dot{U}_o=-\dot{I}_c R_c=-\beta\dot{I}_b R_c$，因此电压放大倍数的表达式为

$$\dot{A}_u = \frac{\dot{U}_o}{\dot{U}_i} = -\frac{\beta R_c}{R_b + r_{be}} \tag{2.3.10}$$

2. 输入电阻 R_i

R_i 是从放大电路输入端看进去的等效电阻。因为输入电流有效值 $I_i = I_b$，输入电压有效值 $U_i = I_b(R_b + r_{be})$，故输入电阻为

$$R_i = \frac{U_i}{I_i} = R_b + r_{be} \tag{2.3.11}$$

3. 输出电阻 R_o

根据诺顿定理将放大电路输出回路进行等效变换，使之成为一个有内阻的电压源，如图 2.3.17(b)所示，可得

$$R_o = R_c \tag{2.3.12}$$

对电子电路输出电阻进行分析时，还可令信号源电压 $\dot{U}_s = 0$，但保留内阻 R_s；然后，在输出端加一正弦波测试信号 U_o，必然产生动态电流 I_o，则

$$R_o = \left.\frac{U_o}{I_o}\right|_{U_s=0} \tag{2.3.13}$$

在图 2.3.17(a)所示电路中，所加信号 $\dot{U}_i$ 为恒压源，内阻为 0。当 $\dot{U}_i = 0$ 时，$\dot{I}_b = 0$，当然 $\dot{I}_c = 0$，因此，

$$R_o = \frac{U_o}{I_o} = \frac{U_o}{U_o/R_c} = R_c$$

应当指出，虽然利用 h 参数等效模型分析的是动态参数，但是由于 r_{be} 与 Q 点紧密相关，因而使动态参数与 Q 点紧密相关；对放大电路的分析应遵循“先静态，后动态”的原则，只有 Q 点合适，动态分析才有意义。

上述分析方法为等效电路法，有些文献也称之为微变等效电路法。

【例 2.3.2】 在图 2.2.1 所示电路中，已知 $V_{BB} = 1\ \text{V}$，$R_b = 24\ \text{k}\Omega$，$V_{CC} = 12\ \text{V}$，$R_c = 5.1\ \text{k}\Omega$；晶体管的 $r'_{bb} = 100\ \Omega$，$\beta = 100$，导通时的 $U_{BEQ} = 0.7\ \text{V}$。

(1) 静态工作点 Q；

(2) 求解 $\dot{A}_u$、R_i 和 R_o。

解：(1) 利用式(2.2.1)求出 Q 点。

$$I_{BQ} = \frac{V_{BB} - U_{BEQ}}{R_b} = \left(\frac{1-0.7}{24\times 10^3}\right)\ \text{A} = (12.5\times 10^{-6})\ \text{A} = 12.5\ \mu\text{A}$$

$$I_{CQ} = \bar{\beta} I_{BQ} = \beta I_{BQ} = (100\times 12.5\times 10^{-6})\ \text{A} = 1.25\ \text{mA}$$

$$U_{CEQ} = V_{CC} - I_{CQ}R_c = (12 - 1.25\times 5.1)\ \text{V} \approx 5.63\ \text{V}$$

U_{CEQ} 大于 U_{BEQ}，说明晶体管工作在放大区。

(2) 动态分析时，先求出 r_{be}。

$$r_{be} \approx r_{bb'} + \beta\frac{U_T}{I_{CQ}} \approx \left(100 + 100\times\frac{26}{1.25}\right)\Omega \approx 2\ 200\ \Omega = 2.2\ \text{k}\Omega$$

根据式(2.3.10)、(2.3.11)、(2.3.12)可得

$$\dot{A}_u=-\frac{\beta R_c}{R_b+r_{be}}\approx-\frac{100\times5.1}{24+2.2}\approx-19.5$$

$$R_i=R_b+r_{be}\approx(24+2.2)\text{ k}\Omega=26.2\text{ k}\Omega$$

$$R_o=R_c=5.1\text{ k}\Omega$$

【例 2.3.3】 在图 2.2.5(a)所示电路中,已知 $V_{CC}=12$ V,$R_b=510$ kΩ,$R_c=3$ kΩ;晶体管的 $r_{bb'}=150$ Ω,$\beta=80$,$U_{BEQ}=0.7$ V;$R_L=3$ kΩ;耦合电容对交流信号可视为短路。

(1) 求出电路的 $\dot{A}_u$、R_i 和 R_o;

(2) 若所加信号源内阻 R_s 为 2 kΩ,求出 $\dot{A}_{us}=\dot{U}_o/\dot{U}_s=$?

(3) 若电容 C_2 短路,则对电路的静态和动态有哪些影响?简述理由。

解:(1) 首先求出 Q 点和 r_{be},再求出 $\dot{A}_u$、R_b 和 R_o。

根据式(2.2.3)可得

$$I_{BQ}=\frac{V_{CC}-U_{BEQ}}{R_b}=\left(\frac{12-0.7}{510}\right)\text{mA}\approx0.0222\text{ mA}=22.2\ \mu\text{A}$$

$$I_{CQ}=\beta I_{BQ}\approx(80\times0.0222)\text{mA}\approx1.77\text{ mA}$$

$$U_{CEQ}=V_{CC}-I_{CQ}R_c\approx(12-1.77\times3)\text{V}=6.69\text{ V}$$

U_{CEQ} 大于 U_{BEQ},说明 Q 点在晶体管的放大区。

$$r_{be}\approx r_{bb'}+\beta\frac{U_T}{I_{CQ}}\approx\left(150+80\times\frac{26}{1.77}\right)\Omega\approx1\,325\ \Omega\approx1.33\text{ k}\Omega$$

画出交流等效电路,如图 2.3.18 所示。

从图 2.3.18 可知,$\dot{U}_o=-\dot{I}_c(R_c/\!/R_L)=-\beta\dot{I}_b(R_c/\!/R_L)$,$\dot{U}_i=\dot{I}_b r_{be}$,根据 $\dot{A}_u$ 的定义可以得出

$$\dot{A}_u=\frac{\dot{U}_o}{\dot{U}_i}=-\frac{\beta R_L'}{r_{be}}\quad(R_L'=R_c/\!/R_L)\tag{2.3.14}$$

代入数据

$$\dot{A}_u\approx-80\times\frac{\frac{3\times3}{3+3}}{1.33}\approx-90$$

根据 R_i 定义可以得出

$$R_i=\frac{U_i}{I_i}=R_b/\!/r_{be}\tag{2.3.15}$$

通常情况下 $R_b\gg r_{be}$,所以 $R_i\approx r_{be}\approx1.33$ kΩ。

$$R_o=R_c\tag{2.3.16}$$

代入数据,得 $R_o=3$ kΩ。

应当指出,**放大电路的输入电阻与信号源内阻无关,输出电阻与负载无关**。

(2) 根据 $\dot{A}_{us}$ 的定义

$$\dot{A}_{us}=\frac{\dot{U}_o}{\dot{U}_s}=\frac{\dot{U}_i}{\dot{U}_s}\cdot\frac{\dot{U}_o}{\dot{U}_i}=\frac{R_i}{R_s+R_i}\cdot\dot{A}_u\tag{2.3.17}$$

代入数据后,得

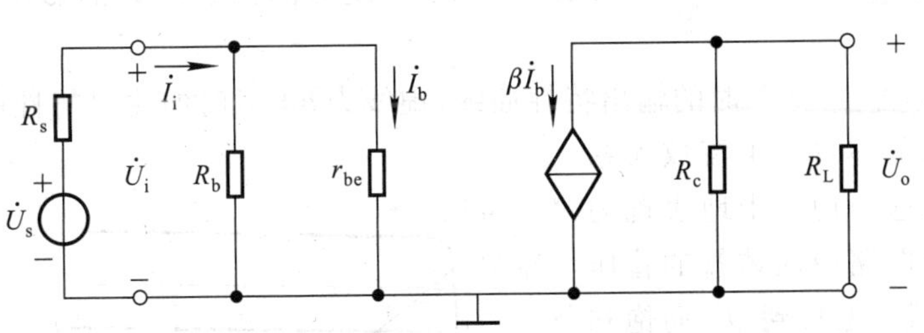

图 2.3.18　图 2.2.5(a)所示电路的交流等效电路

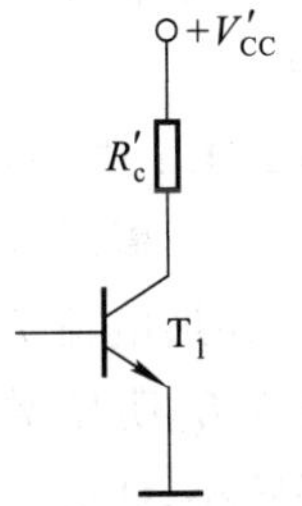

图 2.3.19　例 2.3.3 解图

$$\dot{A}_{us} \approx \frac{1.33}{2+1.33} \times (-90) \approx -36$$

$|\dot{A}_{us}|$总是小于$|\dot{A}_u|$，输入电阻愈大，$\dot{U}_i$ 愈接近 $\dot{U}_s$，$|\dot{A}_u|$也就愈接近$|\dot{A}_{us}|$。

(3) 若电容 C_2短路，则电路输出端与负载电阻由阻容耦合变为直接耦合，R_L将影响 Q 点。此时，虽然由于静态时晶体管的输入回路没有变化，因此 I_{BQ}、I_{CQ}保持不变；但是，输出回路经戴维宁定理进行等效变换为新的直流电源 V'_{CC}和等效电阻 R'_c，分别为

$$V'_{CC} = \frac{R_L}{R_c + R_L} \cdot V_{CC}, \quad R'_c = R_c /\!/ R_L$$

如图 2.3.19 所示，代入数据，得 $V'_{CC} = 6$ V，$R'_c = 1.5$ kΩ。因此，管压降

$$U_{CEQ} = V'_{CC} - I_{CQ}R'_c \approx (6 - 1.77 \times 1.5)\text{V} = 3.35 \text{ V}$$

管压降减小，图解分析可知，放大电路的最大不失真输出电压明显变小。

因为交流等效电路没变，所以电路的电压放大倍数、输入电阻和输出电阻未变。

■ **思考题**

2.3.1 “若输入信号为直流信号，则用直流通路分析电路；若输入信号为交流信号，则用交流通路分析电路。”这种说法正确吗？为什么？

2.3.2 试用图解法分别说明如何消除图 2.2.1 和图 2.2.5(a)所示两个放大电路的截止失真和饱和失真。

2.3.3 利用等效电路法求解出的电压放大倍数、输入电阻和输出电阻都是在中频段小信号下的参数，在大信号作用下这些参数有变化吗？为什么？

2.3.4 分别说明采用什么措施可以增强图 2.2.1 和图 2.2.5(a)所示共射放大电路的电压放大能力，采用什么措施可以增大输入电阻；并说明增大输入电阻将对电压放大倍数有什么影响。

2.4　放大电路静态工作点的稳定

2.4.1　静态工作点稳定的必要性

从上节的分析可以看出，静态工作点不但决定了电路是否会产生失真，而且还影响着电压放大倍数、输入电阻等动态参数。实际上，电源电压的波动、元件的老化以及因温度变化所引起晶体管参数的变化，都会造成静态工作点的不稳定，从而使动态参数不稳定，有时

电路甚至无法正常工作。在引起 Q 点不稳定的诸多因素中，温度对晶体管参数的影响是最为主要的。

在图 2.4.1 中，实线为晶体管在 20 ℃时的输出特性曲线，虚线为 40 ℃时的输出特性曲线。从图可知，当环境温度升高时，晶体管的电流放大系数 β 增大，穿透电流 I_{CEO} 增大；这一切集中地表现为集电极电流 I_{CQ} 明显增大，共射电路中晶体管的管压降 U_{CEQ} 将减小，Q 点沿直流负载线上移到 Q'，向饱和区变化；而要想使之回到原来位置，必须减小基极电流 I_{BQ}。可以想象，当温度降低时，Q 点将沿直流负载线下移，向截止区变化，要想使之基本不变，则必须增大 I_{BQ}。

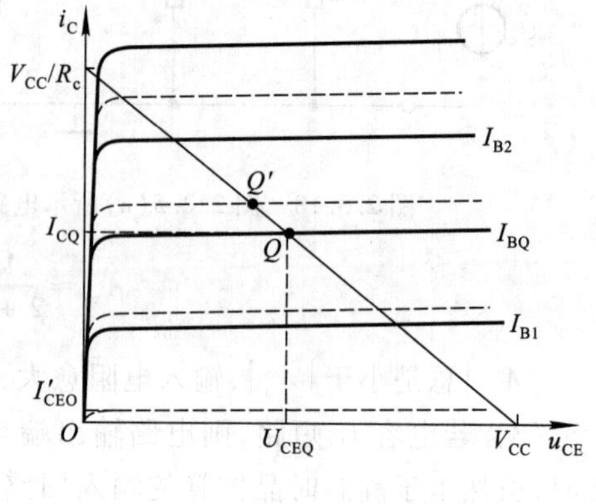

图 2.4.1 晶体管在不同环境温度下的输出特性曲线

由此可见，所谓稳定 Q 点，通常是指在环境温度变化时静态集电极电流 I_{CQ} 和管压降 U_{CEQ} 基本不变，即 Q 点在晶体管输出特性坐标平面中的位置基本不变，而且，必须依靠 I_{BQ} 的变化来抵消 I_{CQ} 和 U_{CEQ} 的变化。常用引入直流负反馈或温度补偿的方法使 I_{BQ} 在温度变化时产生与 I_{CQ} 相反的变化。

2.4.2 典型的静态工作点稳定电路

一、电路组成和 Q 点稳定原理

典型的 Q 点稳定电路如图 2.4.2 所示，图(a)为直接耦合方式，图(b)为阻容耦合方式，它们具有相同的直流通路，如图(c)所示。

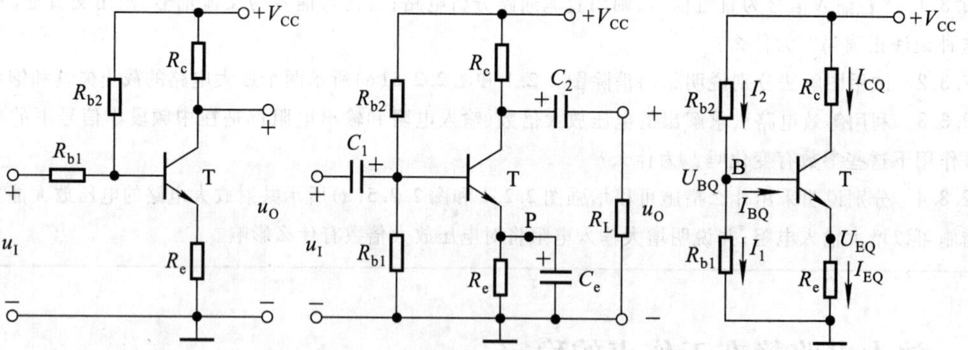

图 2.4.2 静态工作点稳定电路

(a) 直接耦合电路 (b) 阻容耦合电路 (c) 图(a)、(b)所示电路的直流通路

在图 2.4.2(c)所示电路中，节点 B 的电流方程为

$$I_2 = I_1 + I_{BQ}$$

为了稳定 Q 点，通常使参数的选取满足

$$I_1 \gg I_{BQ} \tag{2.4.1}$$

因此，$I_2 \approx I_1$，B 点电位

$$U_{BQ} \approx \frac{R_{b1}}{R_{b1}+R_{b2}} \cdot V_{CC} \tag{2.4.2}$$

式(2.4.2)表明基极电位几乎仅决定于 R_{b1} 与 R_{b2} 对 V_{CC} 的分压，而与环境温度无关，即当温度变化时 U_{BQ} 基本不变。

当温度升高时，集电极电流 I_C 增大，发射极电流 I_E 必然相应增大，因而发射极电阻 R_e 上的电压 U_E（即发射极的电位）随之增大；因为 U_{BQ} 基本不变，而 $U_{BE}=U_B-U_E$，所以 U_{BE} 势必减小，导致基极电流 I_B 减小，I_C 随之相应减小。结果，I_C 随温度升高而增大的部分几乎被由于 I_B 减小而减小的部分相抵消，I_C 将基本不变，U_{CE} 也将基本不变，从而 Q 点在晶体管输出特性坐标平面上的位置基本不变。可将上述过程简写为：

$$T(℃)\uparrow \rightarrow I_C\uparrow(I_E\uparrow)\rightarrow U_E\uparrow(\text{因为 } U_{BQ}\text{ 基本不变})\rightarrow U_{BE}\downarrow \rightarrow I_B\downarrow$$
$$I_C\downarrow \leftarrow\!\!\!-$$

当温度降低时，各物理量向相反方向变化，I_C 和 U_{CE} 也将基本不变。

不难看出，在稳定的过程中，R_e 起着重要作用，当晶体管的输出回路电流 I_C 变化时，通过 R_e 上产生电压的变化来影响 b－e 间电压，从而使 I_B 向相反方向变化，达到稳定 Q 点的目的。这种将输出量（I_C）通过一定的方式（利用 R_e 将 I_C 的变化转化成电压的变化）引回到输入回路来影响输入量（U_{BE}）的措施称为反馈；由于反馈的结果使输出量的变化减小，故称为负反馈；又由于反馈出现在直流通路之中，故称为直流负反馈。R_e 为直流负反馈电阻。

由此可见，图 2.4.2(c)所示电路 Q 点稳定的原因是：

(1) R_e 的直流负反馈作用；

(2) 在 $I_1 \gg I_{BQ}$ 的情况下，U_{BQ} 在温度变化时基本不变。

所以也称这种电路为分压式电流负反馈 Q 点稳定电路。从理论上讲，R_e 愈大，反馈愈强，Q 点愈稳定。但是实际上，对于一定的集电极电流 I_C，由于 V_{CC} 的限制，R_e 太大会使晶体管进入饱和区，电路将不能正常工作。

二、静态工作点的估算

已知 $I_1 \gg I_{BQ}$

$$U_{BQ} \approx \frac{R_{b1}}{R_{b1}+R_{b2}} \cdot V_{CC}$$

发射极电流

$$I_{EQ} = \frac{U_{BQ}-U_{BEQ}}{R_e} \tag{2.4.3}$$

由于 $I_{CQ} \approx I_{EQ}$，管压降

$$U_{CEQ} \approx V_{CC} - I_{CQ}(R_c+R_e) \tag{2.4.4}$$

基极电流

$$I_{BQ} = \frac{I_{EQ}}{1+\beta} \tag{2.4.5}$$

应当指出，不管电路参数是否满足 $I_1 \gg I_{BQ}$，R_e 的负反馈作用都存在。利用戴维宁定理，可将图 2.4.2(c)所示电路变换成图 2.4.3 所示电路，其中

$$V_{BB}=\frac{R_{b1}}{R_{b1}+R_{b2}}\cdot V_{CC}$$

$$R_b=R_{b1}/\!/R_{b2}$$

列输入回路方程

$$V_{BB}=I_{BQ}R_b+U_{BEQ}+I_{EQ}R_e$$

可得出 I_{EQ}

$$I_{EQ}=\frac{V_{BB}-U_{BEQ}}{\frac{R_b}{1+\beta}+R_e}$$

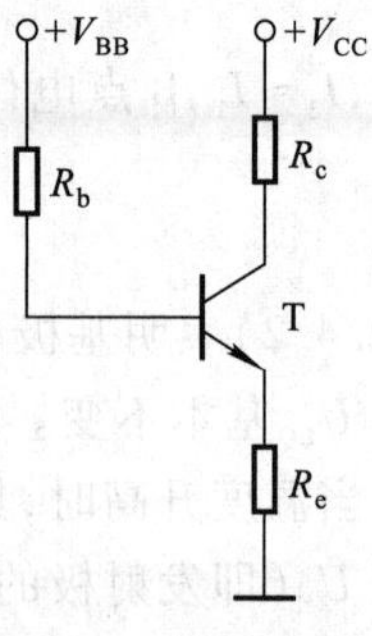

图 2.4.3 图 2.4.2(c) 所示电路的等效电路

当 $R_e \gg \frac{R_b}{1+\beta}$，即 $(1+\beta)R_e \gg R_b$ 时，I_{EQ} 的表达式与式(2.4.3)相同。因此，可用 $(1+\beta)R_e$ 与 $R_{b1}/\!/R_{b2}$ 的大小关系来判断式(2.4.1)是否成立。

三、动态参数的估算

画出图 2.4.2(b)所示电路的交流等效电路如图 2.4.4(a)所示，电容 C_e 为旁路电容，容量很大，对交流信号可视为短路。若将 $R_{b1}/\!/R_{b2}$ 看成一个电阻 R_b，则图 2.4.4(a)所示电路与阻容耦合共射放大电路的交流等效电路(见图 2.3.18)完全相同，因此动态参数

$$\dot{A}_u=\frac{\dot{U}_o}{\dot{U}_i}=-\frac{\beta R_L'}{r_{be}} \quad (R_L'=R_c/\!/R_L) \tag{2.4.6a}$$

$$R_i=\frac{\dot{U}_i}{\dot{I}_i}=R_b/\!/r_{be}=R_{b1}/\!/R_{b2}/\!/r_{be} \tag{2.4.6b}$$

$$R_o=R_c \tag{2.4.6c}$$

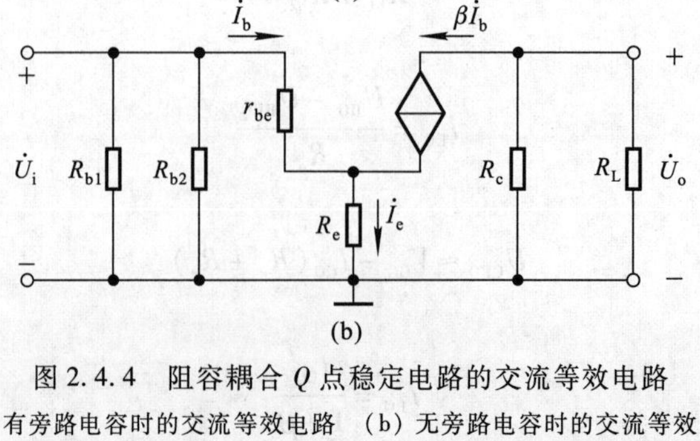

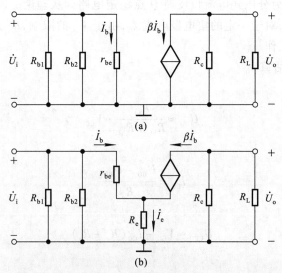

图 2.4.4 阻容耦合 Q 点稳定电路的交流等效电路

(a) 有旁路电容时的交流等效电路 (b) 无旁路电容时的交流等效电路

倘若没有旁路电容 C_e，则图 2.4.2(b)所示电路的交流等效电路如图 2.4.4(b)所示。由图可知

$$\dot{U}_i = \dot{I}_b r_{be} + \dot{I}_e R_e = \dot{I}_b r_{be} + \dot{I}_b (1+\beta) R_e$$
$$\dot{U}_o = -\dot{I}_c R'_L$$

所以

$$\begin{cases} \dot{A}_u = \dfrac{\dot{U}_o}{\dot{U}_i} = -\dfrac{\beta R'_L}{r_{be}+(1+\beta)R_e} \quad (R'_L = R_c /\!/ R_L) & (2.4.7a) \\ R_i = \dfrac{\dot{U}_i}{\dot{I}_i} = R_{b1} /\!/ R_{b2} /\!/ [r_{be}+(1+\beta)R_e] & (2.4.7b) \\ R_o = R_c & (2.4.7c) \end{cases}$$

在式(2.4.7a)中，若 $(1+\beta)R_e \gg r_{be}$，且 $\beta \gg 1$，则

$$\dot{A}_u = \frac{\dot{U}_o}{\dot{U}_i} \approx -\frac{R'_L}{R_e} \quad (R'_L = R_c /\!/ R_L) \qquad (2.4.8)$$

可见，虽然 R_e 使 $|\dot{A}_u|$ 减小了，但由于 $\dot{A}_u$ 仅决定于电阻取值，不受环境温度的影响，所以温度稳定性好。

【例 2.4.1】 在图 2.4.2(b)所示电路中，已知 $V_{CC}=12\ \text{V}$，$R_{b1}=5\ \text{k}\Omega$，$R_{b2}=15\ \text{k}\Omega$，$R_e=2.3\ \text{k}\Omega$，$R_c=5.1\ \text{k}\Omega$，$R_L=5.1\ \text{k}\Omega$；晶体管的 $\beta=50$，$r_{be}=1.5\ \text{k}\Omega$，$U_{BEQ}=0.7\ \text{V}$。

(1) 估算静态工作点 Q；

(2) 分别求出有、无 C_e 两种情况下的 $\dot{A}_u$ 和 R_i。

(3) 若 R_{b1} 因虚焊而开路，则电路会产生什么现象？

解：(1) 求解 Q 点，因为 $(1+\beta)R_e \gg R_{b1} /\!/ R_{b2}$，所以

$$U_{BQ} \approx \frac{R_{b1}}{R_{b1}+R_{b2}} \cdot V_{CC} = \left(\frac{5}{5+15} \times 12\right)\text{V} = 3\ \text{V}$$

$$I_{EQ} = \frac{U_{BQ}-U_{BEQ}}{R_e} \approx \left(\frac{3-0.7}{2.3}\right)\text{mA} = 1\ \text{mA}$$

$$U_{CEQ} \approx V_{CC} - I_{CQ}(R_c+R_e) = [12-1\times(5.1+2.3)]\text{V} = 4.6\ \text{V}$$

$$I_{BQ} = \frac{I_{EQ}}{1+\beta} = \left(\frac{1}{1+50}\right)\text{mA} \approx 0.02\ \text{mA} = 20\ \mu\text{A}$$

(2) 求解 $\dot{A}_u$ 和 R_i。当有 C_e 时：

$$\dot{A}_u = -\frac{\beta R'_L}{r_{be}} = -\frac{50 \times \dfrac{5.1\times 5.1}{5.1+5.1}}{1.5} = -85$$

$$R_i = R_{b1} /\!/ R_{b2} /\!/ r_{be} \approx 1.07\ \text{k}\Omega$$

当无 C_e 时，由于 $(1+\beta)R_e \gg r_{be}$，且 $\beta \gg 1$，所以

$$\dot{A}_u \approx -\frac{R'_L}{R_e} = -1.7$$

$$R_i = R_{b1} /\!/ R_{b2} /\!/ [r_{be} + (1+\beta) R_e] \approx 3.75\ \text{k}\Omega$$

当无 C_e 时,电路的电压放大能力很差,因此在实用电路中常常将 R_e 分为两部分,只将其中一部分接旁路电容。

(3) 若 R_{b1} 开路,则电路如图 2.4.5 所示。设电路中晶体管仍工作在放大状态,则基极电流和集电极电流(也约为发射极电流)分别为

$$I_{BQ} = \frac{V_{CC} - U_{BEQ}}{R_{b2} + (1+\beta) R_e}$$

$$= \left[\frac{12 - 0.7}{15 + (1+50) \times 2.3}\right] \text{mA} = 0.09\ \text{mA}$$

$$I_{CQ} = \beta I_{BQ} = (50 \times 0.09)\ \text{mA} = 4.5\ \text{mA}$$

管压降

$$U_{CEQ} \approx V_{CC} - I_{CQ}(R_c + R_e)$$

$$= [12 - 4.5 \times (5.1 + 2.3)]\ \text{V} = -21.3\ \text{V}$$

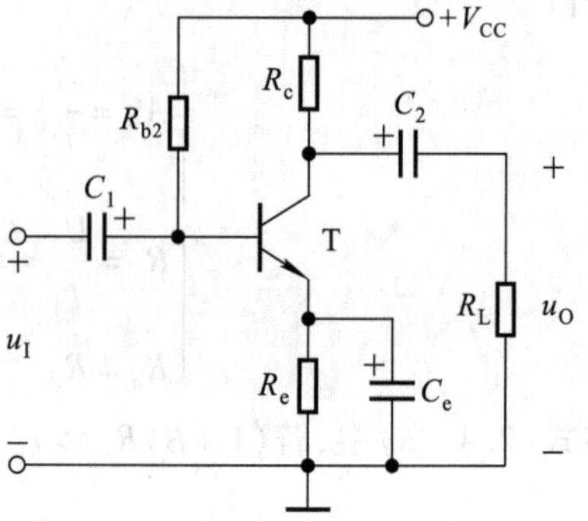

图 2.4.5 例 2.4.1 电路图

上式表明,原假设不成立,管子已不工作在放大区,而进入饱和区,动态分析已无意义。

若晶体管的饱和管压降 $U_{CES} = U_{BEQ} = 0.7$ V,则管子的发射极电位和集电极电位分别近似为

$$U_{EQ} = \frac{V_{CC} - U_{CES}}{R_c + R_e} \cdot R_e = \left(\frac{12 - 0.7}{5.1 + 2.3} \times 2.3\right) \text{V} = 3.52\ \text{V}$$

$$U_{CQ} = U_{EQ} + U_{CES} = (3.52 + 0.7)\ \text{V} = 4.22\ \text{V}$$

本题也可假设晶体管工作在饱和区,然后通过分析来判断假设的正确性。

2.4.3 稳定静态工作点的措施

典型的静态工作点稳定电路中利用负反馈稳定 Q 点,而图 2.4.6(a)中则采用温度补偿的方法来稳定 Q 点。

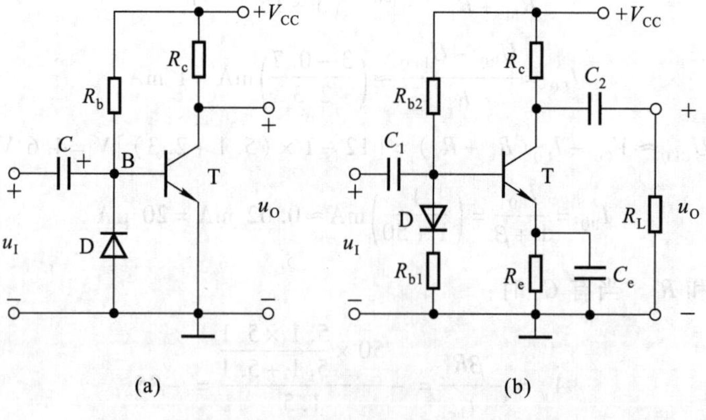

图 2.4.6 稳定静态工作点的措施

(a) 利用二极管的反向特性进行温度补偿 (b) 利用二极管的正向特性进行温度补偿

使用温度补偿方法稳定静态工作点时,必须在电路中采用对温度敏感的器件,如二极管、热敏电阻等。在图 2.4.6(a)所示电路中,电源电压 V_{CC} 远大于晶体管 b－e 间导通电压 U_{BEQ},因此

R_b 中静态电流

$$I_{R_b}=\frac{V_{CC}-U_{BEQ}}{R_b}\approx\frac{V_{CC}}{R_b}$$

节点 B 的电流方程为

$$I_{R_b}=I_R+I_{BQ}$$

I_R 为二极管的反向电流，I_{BQ}为晶体管基极静态电流。当温度升高时，一方面 I_C 增大，另一方面由于 I_R 增大导致 I_B 减小，从而 I_C 随之减小。当参数合适时，I_C 可基本不变。其过程简述如下：

$$T(℃)\uparrow\longrightarrow I_C\uparrow$$
$$\searrow I_R\uparrow\longrightarrow I_B\downarrow\longrightarrow I_C\downarrow$$

从这个过程的分析可知，温度补偿的方法是靠温度敏感器件直接对基极电流 I_B 产生影响，使之产生与 I_C 相反方向的变化。

图 2.4.6(b)所示电路同时使用引入直流负反馈和温度补偿两种方法来稳定 Q 点。设温度升高时二极管内电流基本不变，因此其压降 U_D 必然减小，稳定过程简述如下：

$$T(℃)\uparrow\rightarrow I_C\uparrow\longrightarrow U_E\uparrow\searrow$$
$$\searrow U_D\downarrow\longrightarrow U_B\downarrow\longrightarrow U_{BE}\downarrow\longrightarrow I_C\downarrow$$

当温度降低时，各物理量向相反方向变化。

■ **思考题**

2.4.1 在典型的静态工作点稳定电路中，既然 R_e 的阻值越大，负反馈越强，Q 点越稳定，那么 R_e 有上限值吗？

2.4.2 在图 2.4.2(a)、(b)所示电路中，为了增强 Q 点的稳定性，若 R_{b1}、R_{b2}采用热敏电阻，则分别说明它们应具有正温度系数，还是负温度系数？为什么？

2.4.3 为了增强图 2.4.2(b)所示电路电压放大倍数 $\dot{A}_u$ 的稳定性，又不至于使 $|\dot{A}_u|$下降太多，可将 R_e 的一部分加旁路电容，画出图来，并写出 Q、$\dot{A}_u$、R_i 和 R_o 的表达式。

2.5 晶体管单管放大电路的三种基本接法

晶体管组成的基本放大电路有共射、共集、共基三种基本接法，即除了前面所述的共射放大电路外，还有以集电极为公共端的共集放大电路和以基极为公共端的共基放大电路。它们的组成原则和分析方法完全相同，但动态参数具有不同的特点，使用时要根据需求合理选用。

2.5.1 基本共集放大电路

一、电路的组成

根据放大电路的组成原则，晶体管应工作在放大区，即 $u_{BE}>U_{on}$，$u_{CE}\geqslant u_{BE}$，所以在图 2.5.1 所示基本共集放大电路中，晶体管的输入回路加基极电源 V_{BB}，它与 R_b、R_e 共同确定合适的基极静态电流；晶体管的输出回路加集电极电源 V_{CC}，它提供集电极电流和输出电流。画出图2.5.1(a)所示电路的直流通路如图(b)所示，电源 V_{BB}和 V_{CC}的负端接地；交流通路如图(c)所示，集电极是输入回路和输出回路的公共端。

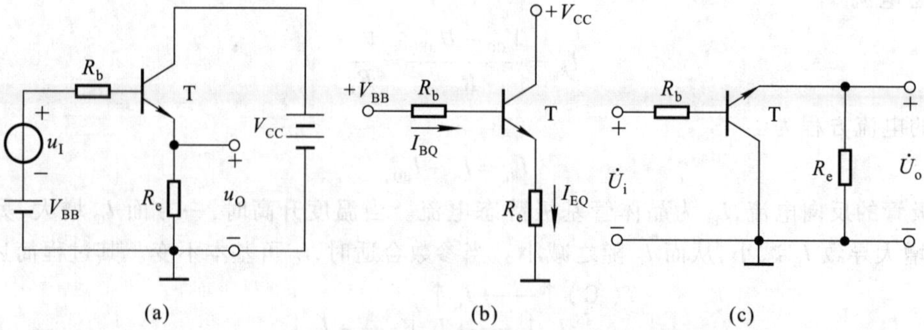

图 2.5.1 基本共集放大电路
(a) 电路 (b) 直流通路 (c) 交流通路

交流信号 u_i 输入时，产生动态的基极电流 i_b，驮载在静态电流 I_{BQ} 之上，通过晶体管得到放大了的发射极电流 i_E，其交流分量 i_e 在发射极电阻 R_e 上产生的交流电压即为输出电压 u_o。由于输出电压由发射极获得，故也称共集放大电路为射极输出器。

二、静态分析

在图 2.5.1(b)所示直流通路中，列出输入回路的方程

$$V_{BB}=I_{BQ}R_b+U_{BEQ}+I_{EQ}R_e=I_{BQ}R_b+U_{BEQ}+(1+\beta)I_{BQ}R_e$$

便得到基极静态电流 I_{BQ}、发射极静态电流 I_{EQ} 和管压降 U_{CEQ}

$$\begin{cases}I_{BQ}=\dfrac{V_{BB}-U_{BEQ}}{R_b+(1+\beta)R_e} & (2.5.1a)\\ I_{EQ}=(1+\beta)I_{BQ} & (2.5.1b)\\ U_{CEQ}=V_{CC}-I_{EQ}R_e & (2.5.1c)\end{cases}$$

三、动态分析

把图 2.5.1(c)所示电路中的晶体管用其 h 参数等效模型取代便得到共集放大电路的交流等效电路，如图 2.5.2 所示。

根据电压放大倍数的定义，利用 $\dot{I}_b$ 对 $\dot{I}_c$ 的控制关系，可得出 $\dot{A}_u$ 的表达式为

$$\dot{A}_u=\frac{\dot{U}_o}{\dot{U}_i}=\frac{I_eR_e}{I_b(R_b+r_{be})+I_eR_e}=\frac{(1+\beta)I_bR_e}{(R_b+r_{be})I_b+(1+\beta)I_bR_e}$$

$$\dot{A}_u=\frac{(1+\beta)R_e}{R_b+r_{be}+(1+\beta)R_e} \tag{2.5.2}$$

式(2.5.2)表明，$\dot{A}_u$ 大于 0 且小于 1，即 $\dot{U}_o$ 与 $\dot{U}_i$ 同相且 $U_o<U_i$。当 $(1+\beta)R_e\gg R_b+r_{be}$ 时，$\dot{A}_u\approx1$，即 $\dot{U}_o\approx\dot{U}_i$，故常称共集放大电路为射极跟随器。虽然 $|\dot{A}_u|<1$，电路无电压放大能力，但是输出电流 I_e 远大于输入电流 I_b，所以电路仍有功率放大作用。

根据输入电阻 R_i 的物理意义能够得出 R_i 的表达式

$$R_i=\frac{\dot{U}_i}{\dot{I}_i}=\frac{\dot{U}_i}{\dot{I}_b}=\frac{\dot{I}_b(R_b+r_{be})+\dot{I}_eR_e}{\dot{I}_b}$$

$$R_i=R_b+r_{be}+(1+\beta)R_e \tag{2.5.3}$$

可见,发射极电阻 R_e 等效到基极回路时,将增大到$(1+\beta)$倍,因此共集放大电路的输入电阻比共射放大电路的输入电阻大得多,可达几十千欧到几百千欧。

为了计算输出电阻 R_o,令输入信号为零,在输出端加正弦波电压 U_o,求出因其产生的电流 I_o,则输出电阻 $R_o=U_o/I_o$,如图 2.5.3 所示。在图中,I_o 由两部分组成,一部分是 U_o 在 R_e 上产生的电流 I_{R_e},另一部分是 U_o 由于作用于晶体管的基极回路产生基极电流 I_b 从而获得的 I_e,它们分别为

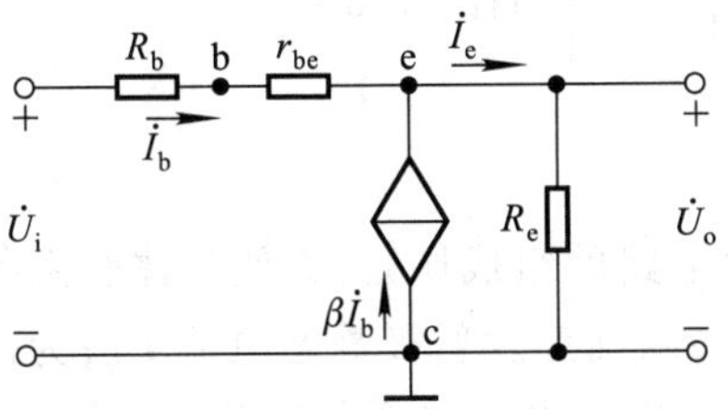

图 2.5.2 基本共集放大电路的交流等效电路

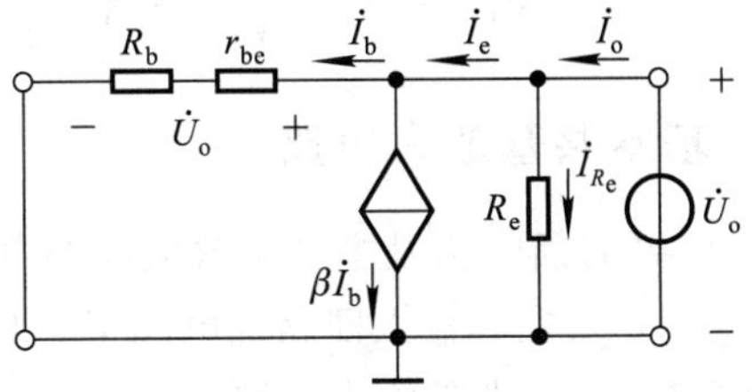

图 2.5.3 基本共集放大电路输出电阻的求解

$$I_b=\frac{U_o}{R_b+r_{be}}\ ,\ I_e=(1+\beta)\frac{U_o}{R_b+r_{be}}$$

$$I_o=I_{R_e}+I_e$$

所以,输出电阻的表达式为

$$R_o=\frac{U_o}{I_o}=\frac{U_o}{\dfrac{U_o}{R_e}+(1+\beta)\dfrac{U_o}{R_b+r_{be}}}=\frac{1}{\dfrac{1}{R_e}+(1+\beta)\dfrac{1}{R_b+r_{be}}}$$

故

$$R_o=R_e /\!/ \frac{R_b+r_{be}}{1+\beta} \tag{2.5.4}$$

可见,基极回路电阻 R_b 等效到射极回路时,应减小到原来的 $1/(1+\beta)$。由于通常情况下,R_e 取值较小,r_{be} 也多在几百欧到几千欧,而 β 至少几十倍,所以 R_o 可小到几十欧。

因为共集放大电路输入电阻大、输出电阻小,因而从信号源索取的电流小而且带负载能力强,所以常用于多级放大电路的输入级和输出级;也可用它连接两电路,减少电路间直接相连所带来的影响,起缓冲作用。

【例 2.5.1】 在图 2.5.1(a)所示电路中,已知 $V_{BB}=6\ \text{V}$,$V_{CC}=12\ \text{V}$,$R_b=15\ \text{k}\Omega$,$R_e=5\ \text{k}\Omega$;晶体管的 $U_{BEQ}=0.7\ \text{V}$,$r_{bb'}=200\ \Omega$,$\beta=150$。

试估算 Q 点、$\dot{A}_u$、R_i 和 R_o。

解:根据式(2.5.1)

$$I_{BQ}=\frac{V_{BB}-U_{BEQ}}{R_b+(1+\beta)R_e}=\frac{6-0.7}{15+(1+150)\times 5}\ \text{mA}\approx 0.006\ 88\ \text{mA}=6.88\ \mu\text{A}$$

$$I_{EQ}=(1+\beta)I_{BQ}\approx(1+150)\times 0.006\ 88\ \text{mA}\approx 1.04\ \text{mA}$$

$$U_{CEQ}=V_{CC}-I_{EQ}R_e\approx(12-1.04\times 5)\ \text{V}=6.8\ \text{V}$$

$$r_{\mathrm{be}} \approx r_{\mathrm{bb'}} + \beta \frac{U_{\mathrm{T}}}{I_{\mathrm{CQ}}} \approx \left(200 + 150 \times \frac{26}{1}\right)\Omega = 4\ 100\ \Omega = 4.1\ \mathrm{k}\Omega$$

根据式(2.5.2)、(2.5.3)、(2.5.4)可得

$$\dot{A}_u = \frac{(1+\beta)R_{\mathrm{e}}}{R_{\mathrm{b}} + r_{\mathrm{be}} + (1+\beta)R_{\mathrm{e}}} \approx \frac{(1+150)\times 5}{15 + 4.1 + (1+150)\times 5} \approx 0.975$$

$$R_{\mathrm{i}} = R_{\mathrm{b}} + r_{\mathrm{be}} + (1+\beta)R_{\mathrm{e}} \approx (15 + 4.1 + 151 \times 5)\mathrm{k}\Omega \approx 774\ \mathrm{k}\Omega$$

$$R_{\mathrm{o}} = R_{\mathrm{e}} /\!/ \frac{R_{\mathrm{b}} + r_{\mathrm{be}}}{1+\beta} \approx \frac{R_{\mathrm{b}} + r_{\mathrm{be}}}{1+\beta} = \left(\frac{15+4.1}{151} \times 10^3\right)\Omega \approx 126\ \Omega$$

2.5.2 基本共基放大电路

图 2.5.4(a)所示为基本共基放大电路,根据放大电路的组成原则,为使晶体管发射结正向偏置且 $U_{\mathrm{BE}} > U_{\mathrm{on}}$,在其输入回路加电源 V_{BB},V_{BB} 与 R_{e} 共同确定发射极静态电流 I_{EQ};为使晶体管的集电结反向偏置,在其输出回路加电源 V_{CC},V_{CC} 提供集电极电流和输出电流。画出交流通路如图 2.5.4(b)所示,可以看出输入回路与输出回路的公共端为基极。

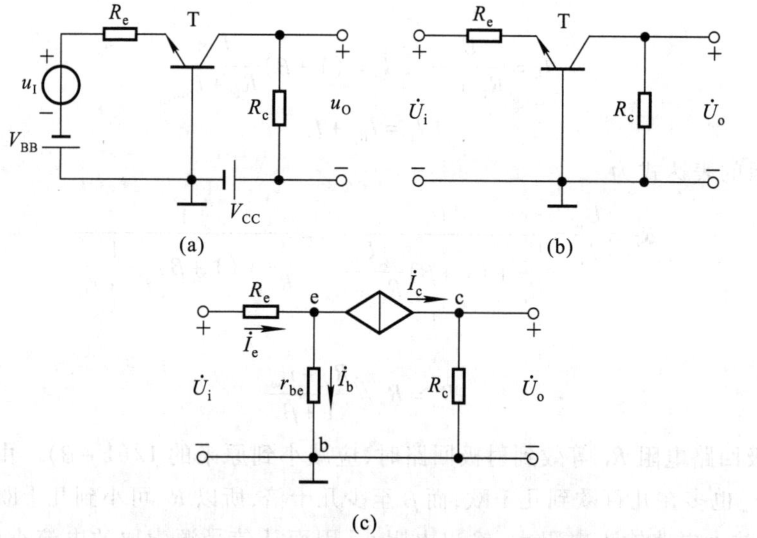

图 2.5.4 基本共基放大电路

(a) 电路 (b) 交流通路 (c) 交流等效电路

在图 2.5.4(a)所示电路中,令 $\dot{U}_{\mathrm{i}} = 0$,发射极电位 $U_{\mathrm{EQ}} = -U_{\mathrm{BE}}$,集电极电位 $U_{\mathrm{CQ}} = V_{\mathrm{CC}} - I_{\mathrm{CQ}}R_{\mathrm{c}}$,便可得出静态工作点

$$\begin{cases} I_{\mathrm{EQ}} = \dfrac{V_{\mathrm{BB}} - U_{\mathrm{BEQ}}}{R_{\mathrm{e}}} & (2.5.5\mathrm{a}) \\ I_{\mathrm{BQ}} = \dfrac{I_{\mathrm{EQ}}}{1+\beta} & (2.5.5\mathrm{b}) \\ U_{\mathrm{CEQ}} = U_{\mathrm{CQ}} - U_{\mathrm{EQ}} = V_{\mathrm{CC}} - I_{\mathrm{CQ}}R_{\mathrm{c}} + U_{\mathrm{BEQ}} & (2.5.5\mathrm{c}) \end{cases}$$

用晶体管的 h 参数等效模型取代图 2.5.4(b)所示电路中的晶体管,便可得到基本共基放大

电路的交流等效电路，如图 2.5.4(c)所示。根据上节所讲的等效电路法可得电压放大倍数 $\dot{A}_u$、输入电阻 R_i 和输出电阻 R_o。

$$\begin{cases} \dot{A}_u = \dfrac{\dot{U}_o}{\dot{U}_i} = \dfrac{\dot{I}_c R_c}{\dot{I}_e R_e + \dot{I}_b r_{be}} = \dfrac{\beta R_c}{r_{be} + (1+\beta) R_e} & (2.5.6a) \\ R_i = \dfrac{\dot{U}_i}{\dot{I}_i} = \dfrac{\dot{U}_i}{\dot{I}_e} = \dfrac{\dot{I}_e R_e + \dot{I}_b r_{be}}{\dot{I}_e} = R_e + \dfrac{r_{be}}{1+\beta} & (2.5.6b) \\ R_o = R_c & (2.5.6c) \end{cases}$$

由于共基电路的输入回路电流为 i_E，而输出回路电流为 i_C，所以无电流放大能力。而当 R_e 为信号源内阻时，电压放大倍数与阻容耦合共射放大电路的数值相同，均为 $\beta R_c / r_{be}$，所以有足够的电压放大能力，从而实现功率放大。此外，共基放大电路的输出电压与输入电压同相；输入电阻较共射电路小；输出电阻与共射电路相当，均为 R_c。共基放大电路的最大优点是频带宽，因而常用于无线电通信等方面。

【例 2.5.2】 电路如图 2.5.4(a)所示。设 $R_e = 300\ \Omega$，$R_c = 5\ \text{k}\Omega$；晶体管的 $\beta = 100$，$r_{be} = 1\ \text{k}\Omega$；静态工作点合适。试估算 $\dot{A}_u$、R_i 和 R_o 的值。

解：根据式(2.5.6)可得

$$\dot{A}_u = \frac{\beta R_c}{r_{be} + (1+\beta) R_e} = \frac{100 \times 5}{1 + 101 \times 0.3} \approx 16$$

$$R_i = R_e + \frac{r_{be}}{1+\beta} = \left(300 + \frac{10^3}{101}\right)\Omega \approx 310\ \Omega = 0.31\ \text{k}\Omega$$

$$R_o = R_c = 5\ \text{k}\Omega$$

2.5.3 三种接法的比较

综上所述，晶体管单管放大电路的三种基本接法的特点归纳如下：

(1) 共射电路既能放大电流又能放大电压，输入电阻居三种电路之中，输出电阻较大，频带较窄。常作为低频电压放大电路的单元电路。

(2) 共集电路只能放大电流不能放大电压，是三种接法中输入电阻最大、输出电阻最小的电路，并具有电压跟随的特点。常用于电压放大电路的输入级和输出级，在功率放大电路中也常采用射极输出的形式。

(3) 共基电路只能放大电压不能放大电流，具有电流跟随的特点；输入电阻小，电压放大倍数、输出电阻与共射电路相当，是三种接法中高频特性最好的电路。常作为宽频带放大电路。

■ 思考题

2.5.1 如何判别晶体管基本放大电路是哪种(共射、共集、共基)接法？

2.5.2 试用 NPN 型管分别组成单管阻容耦合共集放大电路和共基放大电路，并分析它们的 Q 点、$\dot{A}_u$、R_i 和 R_o。

2.5.3 在图 2.5.1(a)和图 2.5.4(a)所示电路中，若输出电压波形出现底部失真，则分别说明这是产生了饱和失真还是截止失真？

2.5.4 在三种基本接法的单管放大电路中,要实现电压放大,应选用什么电路?要实现电流放大,应选用什么电路?要实现电压跟随,应选用什么电路?要实现电流跟随,应选用什么电路?

2.6 场效应管放大电路

场效应管通过栅-源之间电压 u_{GS} 来控制漏极电流 i_D,因此,它和晶体管一样可以实现对能量的控制,构成放大电路。由于栅-源之间电阻可达 $10^7 \sim 10^{12}\,\Omega$,所以常作为高输入阻抗放大器的输入级。

2.6.1 场效应管放大电路的三种接法

场效应管的源极、栅极和漏极与晶体管的发射极、基极和集电极相对应,因此在组成放大电路时也有三种接法,即共源放大电路、共漏放大电路和共栅放大电路。以N沟道结型场效应管为例,三种接法的交流通路如图2.6.1所示,由于共栅电路很少使用,本节只对共源和共漏两种电路进行分析。

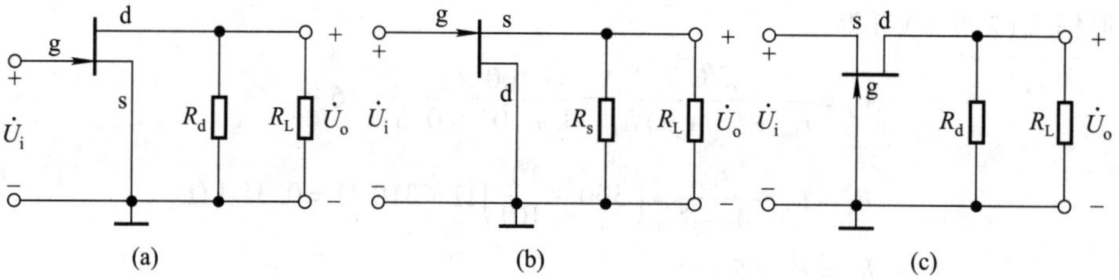

图2.6.1 场效应管放大电路的三种接法

(a) 共源放大电路 (b) 共漏放大电路 (c) 共栅放大电路

2.6.2 场效应管放大电路静态工作点的设置方法及其分析估算

与晶体管放大电路一样,为了使电路正常放大,必须设置合适的静态工作点,以保证在信号的整个周期内场效应管均工作在恒流区。下面以共源电路为例,说明设置 Q 点的几种方法。

一、基本共源放大电路

图2.6.2所示共源放大电路采用的是N沟道增强型MOS管,为使它工作在恒流区,在输入回路加栅极电源 V_{GG},V_{GG} 应大于开启电压 $U_{GS(th)}$;在输出回路加漏极电源 V_{DD},它一方面使漏-源电压大于预夹断电压以保证管子工作在恒流区,另一方面作为负载的能源;R_d 与共射放大电路中 R_c 具有完全相同的作用,它将漏极电流 i_D 的变化转换成电压 u_{DS} 的变化,从而实现电压放大。

令 $\dot{U}_i=0$,由于栅-源之间是绝缘的,故栅极电流为0,所以 $U_{GSQ}=V_{GG}$。如果已知场效应管的输出特性曲线,那么首先在输出特性中找到 $U_{GS}=V_{GG}$ 的那条曲线(若没有,需测出该曲线),然后作负载线 $u_{DS}=V_{DD}-i_D R_d$,如图2.6.3所示,曲线与直线的交点就是 Q 点,读其坐标值即得 I_{DQ} 和 U_{DSQ}。

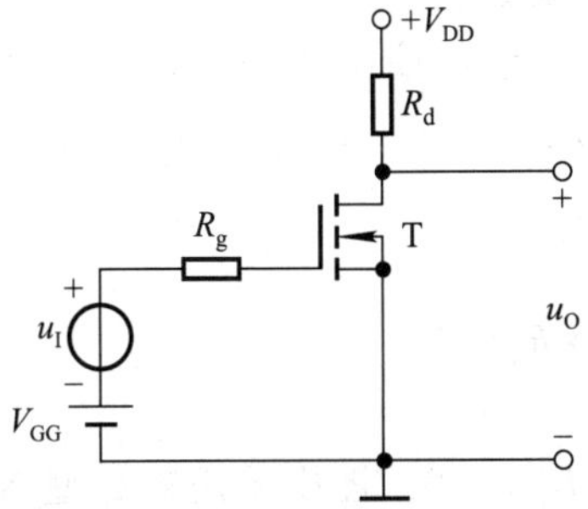

图 2.6.2 基本共源放大电路

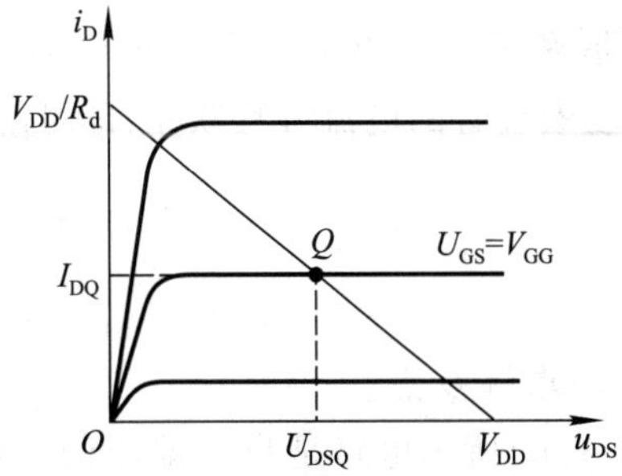

图 2.6.3 图解法求基本共源放大电路的静态工作点

当然,也可以利用场效应管的电流方程,求出 I_{DQ}。因为

$$i_D = I_{DO}\left(\frac{u_{GS}}{U_{GS(th)}} - 1\right)^2$$

所以 I_{DQ} 和 U_{DSQ} 分别为

$$I_{DQ} = I_{DO}\left(\frac{V_{GG}}{U_{GS(th)}} - 1\right)^2 \tag{2.6.1}$$

$$U_{DSQ} = V_{DD} - I_{DQ}R_d \tag{2.6.2}$$

为了使信号源与放大电路"共地",也为了采用单电源供电,在实用电路中多采用下面介绍的自给偏压电路和分压式偏置电路。

二、自给偏压电路

图 2.6.4(a)所示为 N 沟道结型场效应管共源放大电路,也是典型的自给偏压电路。N 沟道结型场效应管只有在栅 - 源电压 U_{GS} 小于零时电路才能正常工作,那么图示电路中为什么 U_{GS} 会小于零呢?

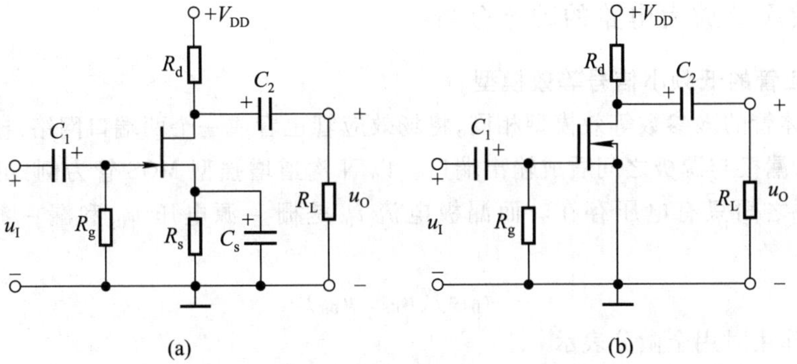

图 2.6.4 自给偏压共源放大电路

(a) 由 N 沟道结型场效应管组成的电路 (b) 由 N 沟道耗尽型管组成的电路

在静态时,由于场效应管栅极电流为零,因而电阻 R_g 的电流为零,栅极电位 U_{GQ} 也就为零;而漏极电流 I_{DQ} 流过源极电阻 R_s 必然产生电压,使源极电位 $U_{SQ} = I_{DQ}R_s$,因此,栅 - 源之间静态电压

$$U_{GSQ}=U_{GQ}-U_{SQ}=-I_{DQ}R_s \tag{2.6.3}$$

可见，电路是靠源极电阻上的电压为栅-源两极提供一个负偏压的，故称为自给偏压。将式(2.6.3)与场效应管的电流方程联立，即可解出 I_{DQ} 和 U_{GSQ}。

$$I_{DQ}=I_{DSS}\left(1-\frac{U_{GSQ}}{U_{GS(off)}}\right)^2 \tag{2.6.4}$$

$$U_{DSQ}=V_{DD}-I_{DQ}(R_d+R_s) \tag{2.6.5}$$

也可用图解法求解 Q 点。

图2.6.4(b)所示电路是自给偏压的一种特例，其 $U_{GSQ}=0$。图中采用耗尽型N沟道MOS管，因此其栅-源之间电压在小于零、等于零和大于零的一定范围内均能正常工作。求解 Q 点时，可先在转移特性上求得 $U_{GS}=0$ 时的 i_D，即 I_{DQ}；然后利用式(2.6.2)求出管压降 U_{DSQ}。

三、分压式偏置电路

图2.6.5所示为N沟道增强型MOS管构成的共源放大电路，它靠 R_{g1} 与 R_{g2} 对电源 V_{DD} 分压来设置偏压，故称分压式偏置电路。

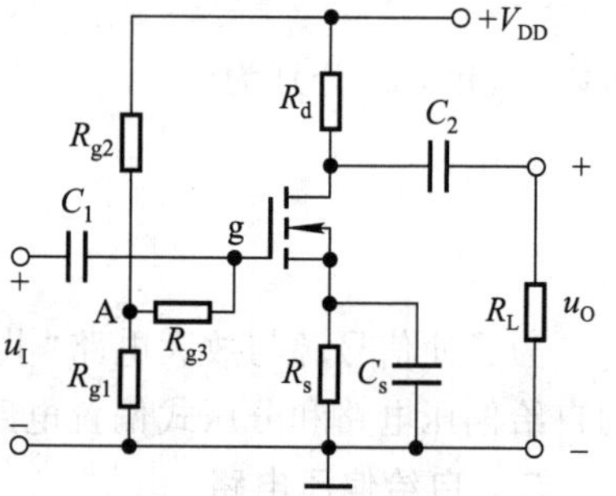

图2.6.5 分压式偏置电路

静态时，由于栅极电流为0，所以电阻 R_{g3} 上的电流为0，栅极电位和源极电位分别为

$$U_{GQ}=U_A=\frac{R_{g1}}{R_{g1}+R_{g2}}\cdot V_{DD},\quad U_{SQ}=I_{DQ}R_s$$

因此，栅-源电压

$$U_{GSQ}=U_{GQ}-U_{SQ}=\frac{R_{g1}}{R_{g1}+R_{g2}}\cdot V_{DD}-I_{DQ}R_s \tag{2.6.6}$$

与式(1.4.5)联立可得 I_{DQ} 和 U_{GSQ}，再利用式(2.6.5)可得管压降 U_{DSQ}。

电路中的 R_{g3} 可取值到几兆欧，以增大输入电阻。

2.6.3 场效应管放大电路的动态分析

一、场效应管的低频小信号等效模型

与分析晶体管的 h 参数等效模型相同，将场效应管也看成一个两端口网络，栅极与源极之间看成输入端口，漏极与源极之间看成输出端口。以N沟道增强型MOS管为例，可以认为栅极电流为零，栅-源之间只有电压存在。而漏极电流 i_D 是栅-源电压 u_{GS} 和漏-源电压 u_{DS} 的函数，即

$$i_D=f(u_{GS},\ u_{DS})$$

研究动态信号作用时用全微分表示

$$\mathrm{d}i_D=\left.\frac{\partial i_D}{\partial u_{GS}}\right|_{U_{DS}}\mathrm{d}u_{GS}+\left.\frac{\partial i_D}{\partial u_{DS}}\right|_{U_{GS}}\mathrm{d}u_{DS} \tag{2.6.7}$$

令式中

$$\left.\frac{\partial i_D}{\partial u_{GS}}\right|_{U_{DS}}=g_m \tag{2.6.8}$$

$$\left.\frac{\partial i_{\mathrm{D}}}{\partial u_{\mathrm{DS}}}\right|_{U_{\mathrm{GS}}}=\frac{1}{r_{\mathrm{ds}}} \tag{2.6.9}$$

当信号幅值较小时，管子的电流、电压只在 Q 点附近变化，因此可以认为在 Q 点附近的特性是线性的，g_{m} 与 r_{ds} 近似为常数。用交流信号 $\dot{I}_{\mathrm{d}}$、$\dot{U}_{\mathrm{gs}}$ 和 $\dot{U}_{\mathrm{ds}}$ 取代变化量 $\mathrm{d}i_{\mathrm{D}}$、$\mathrm{d}u_{\mathrm{GD}}$ 和 $\mathrm{d}u_{\mathrm{DS}}$，式(2.6.7)可写成

$$\dot{I}_{\mathrm{d}}=g_{\mathrm{m}}\dot{U}_{\mathrm{gs}}+\frac{1}{r_{\mathrm{ds}}}\cdot\dot{U}_{\mathrm{ds}} \tag{2.6.10}$$

根据此式可构造出场效应管的低频小信号作用下的等效模型，如图 2.6.6 所示。输入回路栅－源之间相当于开路；输出回路与晶体管的 h 参数等效模型相似，是一个电压 $\dot{U}_{\mathrm{gs}}$ 控制的电流源和一个电阻 r_{ds} 并联。

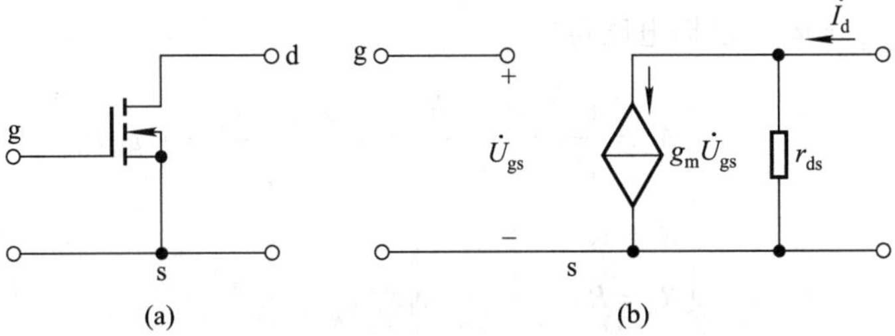

图 2.6.6 MOS 管的低频小信号等效模型

（a）N 沟道增强型 MOS 管 （b）交流等效模型

可以从场效应管的转移特性和输出特性曲线上求出 g_{m} 和 r_{ds}，如图 2.6.7 所示。从转移特性可知，g_{m} 是 $U_{\mathrm{DS}}=U_{\mathrm{DSQ}}$ 那条转移特性曲线上 Q 点处的导数，即以 Q 点为切点的切线斜率。在小信号作用时可用切线来等效 Q 点附近的曲线。由于 g_{m} 是输出回路电流与输入回路电压之比，故称为**跨导**，其量纲是电导。

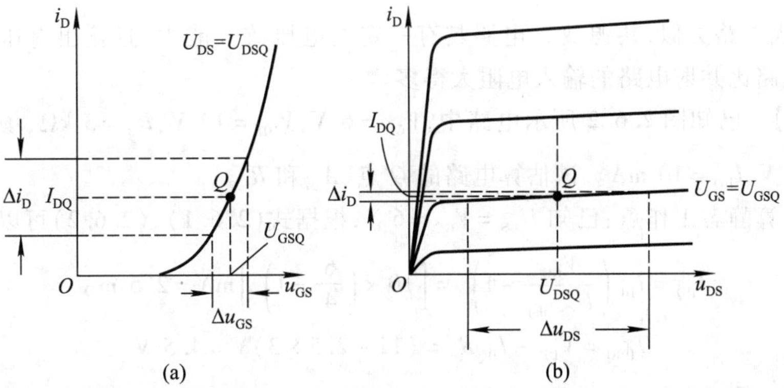

图 2.6.7 从特性曲线求解 g_{m} 和 r_{ds}

（a）从转移特性曲线求解 g_{m} （b）从输出特性曲线求解 r_{ds}

从输出特性可知，r_{ds} 是 $U_{\mathrm{GS}}=U_{\mathrm{GSQ}}$ 这条输出特性曲线上 Q 点处斜率的倒数，与 r_{ce} 一样，它描述曲线上翘的程度，r_{ds} 越大，曲线越平。通常 r_{ds} 在几十千欧到几百千欧之间，如果外电路的电阻

较小时，也可忽略 r_{ds} 中的电流，将输出回路只等效成一个受控电流源。

对增强型 MOS 管的电流方程求导可得出 g_m 的表达式。

$$g_m=\frac{\partial i_D}{\partial u_{GS}}\bigg|_{U_{DS}}=\frac{2I_{DO}}{U_{GS(th)}}\left(\frac{u_{GS}}{U_{GS(th)}}-1\right)\bigg|_{U_{DS}}=\frac{2}{U_{GS(th)}}\sqrt{I_{DO}i_D}$$

在小信号作用时，可用 I_{DQ} 来近似 i_D，得出

$$g_m\approx\frac{2}{U_{GS(th)}}\sqrt{I_{DO}I_{DQ}} \tag{2.6.11}$$

上式表明，g_m 与 Q 点紧密相关，Q 点愈高，g_m 愈大。因此，场效应管放大电路与晶体管放大电路相同，Q 点不仅影响电路是否会产生失真，而且影响着电路的动态参数。

二、基本共源放大电路的动态分析

画出图 2.6.2 所示基本共源放大电路的交流等效电路如图 2.6.8 所示，图中采用了 MOS 管的简化模型，即认为 $r_{ds}=\infty$。根据电路可得

$$\begin{cases}\dot{A}_u=\dfrac{\dot{U}_o}{\dot{U}_i}=\dfrac{-\dot{I}_dR_d}{\dot{U}_{gs}}=-\dfrac{g_m\dot{U}_{gs}R_d}{\dot{U}_{gs}}=-g_mR_d & (2.6.12a)\\ R_i=\infty & (2.6.12b)\\ R_o=R_d & (2.6.12c)\end{cases}$$

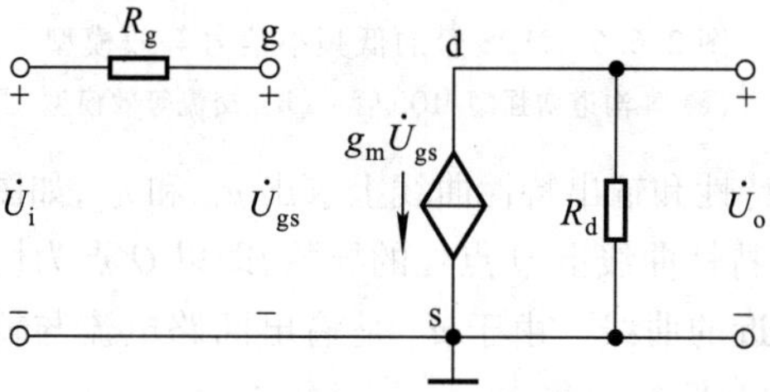

图 2.6.8 基本共源放大电路的交流等效电路

与共射放大电路类似，共源放大电路具有一定的电压放大能力，且输出电压与输入电压反相，只是共源电路比共射电路的输入电阻大得多。

【例 2.6.1】 已知图 2.6.2 所示电路中，$V_{GG}=6\ \text{V}$，$V_{DD}=12\ \text{V}$，$R_d=3\ \text{k}\Omega$；场效应管的开启电压 $U_{GS(th)}=4\ \text{V}$，$I_{DO}=10\ \text{mA}$。试估算电路的 Q 点、$\dot{A}_u$ 和 R_o。

解：(1) 估算静态工作点：已知 $U_{GS}=V_{GG}=6\ \text{V}$，根据式(2.6.1)、(2.6.2)可以得出

$$I_{DQ}=I_{DO}\left(\frac{V_{GG}}{U_{GS(th)}}-1\right)^2=\left[10\times\left(\frac{6}{4}-1\right)^2\right]\text{mA}=2.5\ \text{mA}$$

$$U_{DSQ}=V_{DD}-I_{DQ}R_d=(12-2.5\times3)\text{V}=4.5\ \text{V}$$

(2) 估算 $\dot{A}_u$ 和 R_o：

$$g_m=\frac{2}{U_{GS(th)}}\sqrt{I_{DO}I_{DQ}}=\left(\frac{2}{4}\sqrt{10\times2.5}\right)\text{mS}=2.5\ \text{mS}$$

$$\dot{A}_u=-g_mR_d=-2.5\times3=-7.5$$

$$R_o=R_d=3\ \text{k}\Omega$$

由以上分析可知，要提高共源电路的电压放大能力，最有效的方法是增大漏极静态电流以增大 g_m。

三、基本共漏放大电路的动态分析

基本共漏放大电路如图 2.6.9(a)所示，图(b)是它的交流等效电路。

可以利用输入回路方程和场效应管的电流方程联立

$$V_{GG}=U_{GSQ}+I_{DQ}R_s$$

$$I_{DQ}=I_{DO}\left(\frac{U_{GSQ}}{U_{GS(th)}}-1\right)^2$$

求出漏极静态电流 I_{DQ} 和栅－源静态电压 U_{GSQ}，再根据输出回路方程求出管压降

$$U_{DSQ}=V_{DD}-I_{DQ}R_s$$

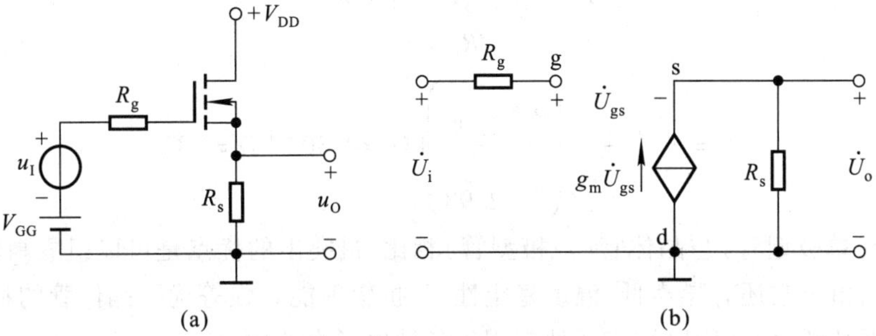

图 2.6.9 基本共漏放大电路

(a)电路 (b)交流等效电路

从图(b)可得动态参数

$$\dot{A}_u=\frac{\dot{U}_o}{\dot{U}_i}=\frac{\dot{I}_dR_s}{\dot{U}_{gs}+\dot{I}_dR_s}=\frac{g_m\dot{U}_{gs}R_s}{\dot{U}_{gs}+g_m\dot{U}_{gs}R_s}=\frac{g_mR_s}{1+g_mR_s} \tag{2.6.13}$$

$$R_i=\infty \tag{2.6.14}$$

分析输出电阻时，将输入端短路，在输出端加交流电压 U_o，如图 2.6.10 所示，然后求出 I_o，则 $R_o=U_o/I_o$。由图可知

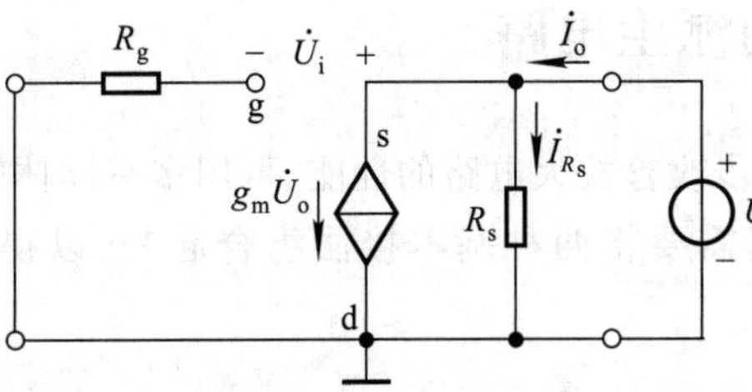

图 2.6.10 求解基本共漏放大电路的输出电阻

$$\dot{I}_o=\frac{\dot{U}_o}{R_s}+\dot{I}_d=\frac{\dot{U}_o}{R_s}+g_m\dot{U}_o$$

所以

$$R_o = R_s // \frac{1}{g_m} \tag{2.6.15}$$

【例 2.6.2】 电路如图 2.6.9(a)所示，已知场效应管的开启电压 $U_{GS(th)}=3\ V$，$I_{DO}=8\ mA$；$R_s=3\ k\Omega$；静态时 $I_{DQ}=2.5\ mA$，场效应管工作在恒流区。

试估算电路的 $\dot{A}_u$、R_i 和 R_o。

解：首先求出 g_m

$$g_m = \frac{2}{U_{GS(th)}}\sqrt{I_{DO}I_{DQ}} = \left(\frac{2}{3}\sqrt{8\times 2.5}\right) mS \approx 2.98\ mS$$

然后根据式(2.6.13)、(2.6.14)和(2.6.15)可得

$$\dot{A}_u = \frac{g_m R_s}{1+g_m R_s} \approx \frac{2.98\times 3}{1+2.98\times 3} \approx 0.899$$

$$R_i = \infty$$

$$R_o = R_s // \frac{1}{g_m} \approx \left(\frac{3\times\frac{1}{2.98}}{3+\frac{1}{2.98}}\right) k\Omega \approx 0.302\ k\Omega = 302\ \Omega$$

场效应管(单极型管)与晶体管(双极型管)相比，最突出的优点是可以组成高输入电阻的放大电路。此外，由于它还有噪声低、温度稳定性好、抗辐射能力强等优于晶体管的特点，而且便于集成化，构成低功耗电路，所以被广泛地应用于各种电子电路中。

■ **思考题**

2.6.1 什么应用场合下采用场效应管放大电路？

2.6.2 试根据图 1.4.13 用各种场效应管分别组成类似图 2.6.2 所示的基本共源放大电路。

2.6.3 哪些场效应管组成的放大电路可以采用自给偏压的方法设置静态工作点？画出图来。

2.6.4 试分别比较共射放大电路和共源放大电路、共集放大电路和共漏放大电路的相同之处和不同之处。

2.7 基本放大电路的派生电路

在实际应用中，为了进一步改善放大电路的性能，可用多只晶体管构成复合管来取代基本电路中的一只晶体管；也可根据需要将两种基本接法组合起来，以得到多方面性能俱佳的放大电路。

2.7.1 复合管放大电路

一、复合管

1. 晶体管组成的复合管及其电流放大系数

图 2.7.1(a)和(b)所示为两只同类型(NPN 或 PNP)晶体管组成的复合管，等效成与组成它们的晶体管同类型的管子；图(c)和(d)所示为不同类型晶体管组成的复合管，等效成与 T_1 管同

类型的管子。下面以图(a)为例说明复合管的电流放大系数 β 与 T_1、T_2 的电流放大系数 β_1、β_2 的关系。

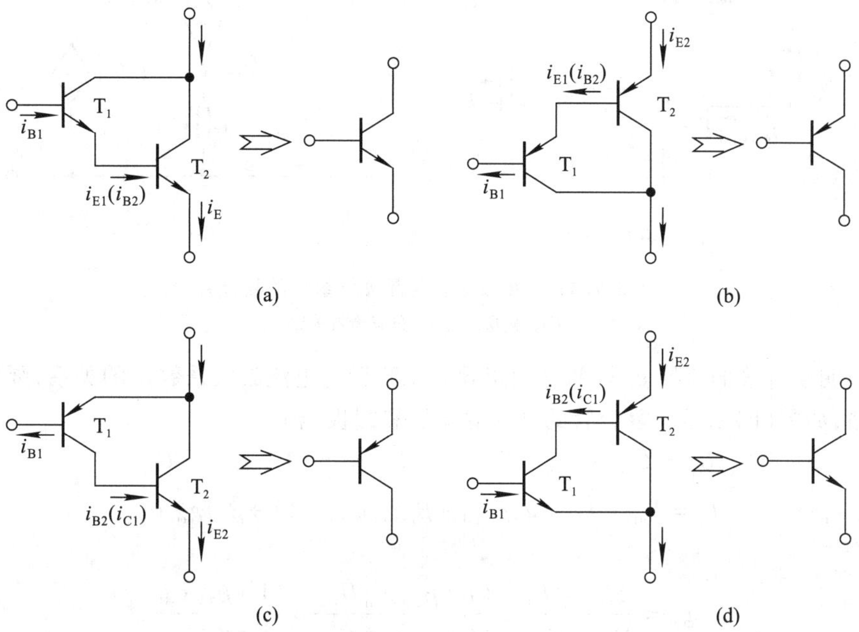

图 2.7.1 复合管

(a) 由两只 NPN 型管组成 (b) 由两只 PNP 型管组成

(c) 由 PNP 型管和 NPN 型管组成 (d) 由 NPN 型管和 PNP 型管组成

在图(a)中,复合管的基极电流 i_B 等于 T_1 管的基极电流 i_{B1},集电极电流 i_C 等于 T_2 管的集电极电流 i_{C2}与 T_1 管的集电极电流 i_{C1}之和,而 T_2 管的基极电流 i_{B2}等于 T_1 管的发射极电流 i_{E1},所以

$$i_C = i_{C1} + i_{C2} = \beta_1 i_{B1} + \beta_2(1+\beta_1) i_{B1} = (\beta_1 + \beta_2 + \beta_1\beta_2)\ i_{B1}$$

因为 β_1 和 β_2 至少为几十,因而 $\beta_1\beta_2 \gg (\beta_1 + \beta_2)$,所以可以认为复合管的电流放大系数

$$\beta \approx \beta_1\beta_2 \tag{2.7.1}$$

用上述方法可以推导出图 2.7.1(b)、(c)、(d)所示复合管的 β 均约为 $\beta_1\beta_2$。

本章所述单管放大电路输出的动态电流大约在几毫安,采用复合管后,在信号源提供的输入电流不变的情况下,可以得到高达几安的输出驱动电流,要注意的是此时应选择中等功率或大功率管。从另一角度看,若驱动电流仍为几毫安,采用复合管后,需要信号源提供的输入电流会非常小,这对于微弱信号的放大是非常有意义的。

2. 场效应管与晶体管组成的复合管及其跨导

图 2.7.2 所示为 N 沟道增强型场效应管和 NPN 型晶体管组成的复合管,等效为场效应管。由图可知,复合管的栅-源动态电压 Δu_{GS}等于 T_1管的栅-源动态电压 Δu_{GS1}和 T_2管的 b-e 动态电压 Δu_{BE}之和,漏极动态电流 Δi_D等于 T_1管的漏极动态电流 Δi_{D1}和 T_2管集电极动态电流 Δi_{C2}之和,T_2管的基极动态电流 Δi_{B2}等于 T_1管的源极动态电流 Δi_{S1}(即 Δi_{D1})。

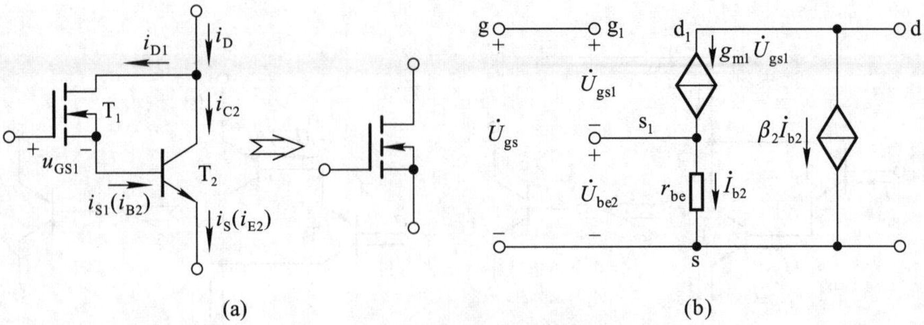

图 2.7.2　由场效应管与晶体管组成的复合管

(a) 接法　(b) 交流等效电路

下面说明复合管的跨导 g_m 与 T_1 管的跨导 g_{m1}、T_2 管的电流放大系数 β_2 的关系，画出它们的交流等效电路，如图(b)所示。复合管的栅－源电压和漏极电流

$$\dot{U}_{gs}=\dot{U}_{gs1}+\dot{U}_{be}=\dot{U}_{gs1}+g_{m1}\dot{U}_{gs1}r_{be}=(1+g_{m1}r_{be})\dot{U}_{gs1}$$

$$\dot{I}_d=\dot{I}_{d1}+\dot{I}_{c2}=g_{m1}\dot{U}_{gs1}+\beta_2 g_{m1}\dot{U}_{gs1}=(1+\beta_2)g_{m1}\dot{U}_{gs1}$$

因而跨导

$$g_m=\frac{\Delta i_D}{\Delta u_{GS}}=\frac{\dot{I}_d}{\dot{U}_{gs}}=\frac{(1+\beta_2)g_{m1}\dot{U}_{gs1}}{(1+g_{m1}r_{be})\dot{U}_{gs1}}=\frac{(1+\beta_2)g_{m1}}{1+g_{m1}r_{be}}$$

因为 $\beta_2\gg 1$，所以可以认为复合管的跨导

$$g_m\approx\frac{\beta_2 g_{m1}}{1+g_{m1}r_{be}}\tag{2.7.2}$$

场效应管与晶体管还可用其它接法构成复合管，但两只管子的位置不能互换，它们的跨导表达式与式(2.7.2)相类似。

3. 复合管的组成原则

(1) 在正确的外加电压下，每只管子的各极电流均有合适的通路，且均工作在放大区或恒流区；

(2) 为了实现电流放大，应将第一只管的集电极(漏极)或发射极(源极)电流作为第二只管子的基极电流。

由于晶体管构成的复合管有很高的电流放大系数，所以只需很小的输入驱动电流 i_B，便可获得很大的集电极(或发射极)电流 i_C(或 i_E)。在一些场合下，还可将三只晶体管接成复合管。应当指出，使用三只以上管子构成复合管的情况比较少，因为管子数目太多时，会因结电容的作用使高频特性变坏；复合管的穿透电流会很大，温度稳定性变差；而且为保证复合管中每一只管子都工作在放大区，必然要求复合管的直流管压降足够大，这就需要提高电源电压。

二、复合管共射放大电路

将图2.2.5(a)所示电路中的晶体管用图2.7.1(a)所示复合管取代，便可得到如图2.7.3(a)所示的复合管共射放大电路，图(b)是它的交流等效电路。

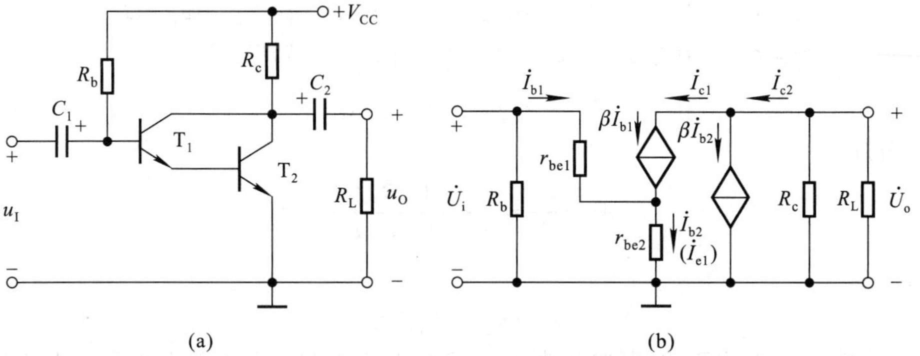

(a) (b)

图 2.7.3 阻容耦合复合管共射放大电路

(a) 电路 (b) 交流等效电路

从图(b)可知

$$\dot{I}_{c}=\dot{I}_{c1}+\dot{I}_{c2}\approx\beta_1\beta_2\dot{I}_{b1}$$

$$\dot{U}_{i}=\dot{I}_{b1}r_{be1}+\dot{I}_{b2}r_{be2}=\dot{I}_{b1}r_{be1}+\dot{I}_{b1}(1+\beta_1)r_{be2}$$

$$\dot{U}_{o}\approx-\beta_1\beta_2\dot{I}_{b1}(R_c/\!/R_L)$$

电压放大倍数

$$\dot{A}_{u}\approx-\frac{\beta_1\beta_2(R_c/\!/R_L)}{r_{be1}+(1+\beta_1)r_{be2}} \tag{2.7.3}$$

输入电阻

$$R_i=R_b/\!/[r_{be1}+(1+\beta_1)r_{be2}] \tag{2.7.4}$$

与式(2.3.15)相比,R_i明显增大。说明当 $\dot{U}_i$ 相同时,从信号源索取的电流将显著减小,降低了对信号源输出电流的要求。

三、复合管共源放大电路

若要进一步提高图 2.6.5 所示电路的输入电阻,可将图中的场效应管用图 2.7.2(a)所示复合管取代,便得到如图 2.7.4(a)所示的复合管共源放大电路,图(b)是它的交流等效电路。

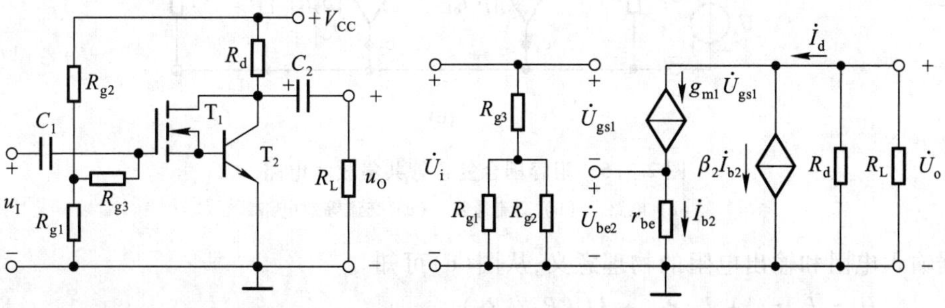

(a) (b)

图 2.7.4 阻容耦合复合管共源放大电路

(a) 电路 (b) 交流等效电路

从图(b)可知

$$\dot{I}_{d} = \dot{I}_{d1} + \dot{I}_{c2} = g_{m1}\dot{U}_{gs1} + \beta_2 g_{m1}\dot{U}_{gs1} = (1+\beta_2)g_{m1}\dot{U}_{gs1} \approx g_{m1}\beta_2\dot{U}_{gs1}$$

$$\dot{U}_{i} = \dot{U}_{gs1} + \dot{U}_{be2} = \dot{U}_{gs1} + g_{m1}\dot{U}_{gs1}r_{be} = (1+g_{m1}r_{be})\dot{U}_{gs1}$$

$$\dot{U}_{o} = -\dot{I}_{d}(R_d /\!/ R_L) \approx -g_{m1}\beta_2\dot{U}_{gs1}(R_d /\!/ R_L)$$

电压放大倍数

$$\dot{A}_u = \frac{\dot{U}_o}{\dot{U}_i} \approx -\frac{g_{m1}\beta_2(R_d /\!/ R_L)}{1+g_{m1}r_{be}} \tag{2.7.5}$$

输入电阻

$$R_i = R_{g3} + R_{g1} /\!/ R_{g2} \tag{2.7.6}$$

与式(2.7.4)相比可知,由于R_{g3}可取几兆欧,电路的输入电阻比复合管共射放大电路的输入电阻大得多,表现出场效应管放大电路的突出优点。

四、复合管共集放大电路

图2.7.5(a)所示为阻容耦合复合管共集放大电路,其交流通路如图(b)所示,交流等效电路如图(c)所示。

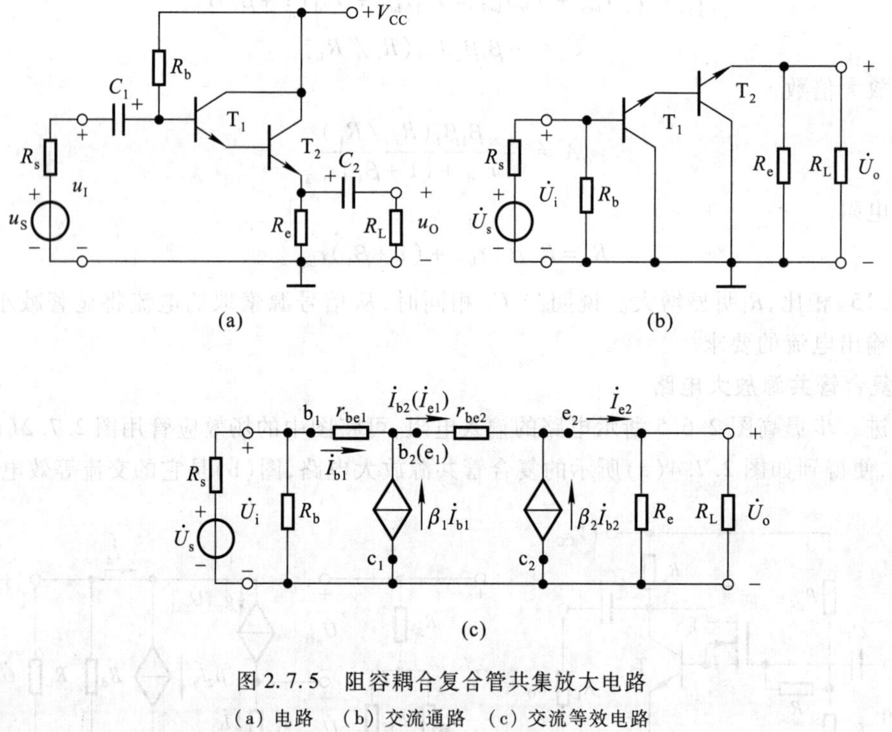

图2.7.5 阻容耦合复合管共集放大电路

(a) 电路 (b) 交流通路 (c) 交流等效电路

根据输入电阻和输出电阻的物理意义,从图(c)可知

$$\dot{U}_i = \dot{I}_{b1}r_{be1} + \dot{I}_{b2}r_{be2} + \dot{I}_{e2}(R_e /\!/ R_L)$$

$$= \dot{I}_{b1}r_{be1} + \dot{I}_{b1}(1+\beta_1)r_{be2} + \dot{I}_{b1}(1+\beta_1)(1+\beta_2)(R_e /\!/ R_L)$$

$$R_i = R_b /\!/ [r_{be1} + (1+\beta_1)r_{be2} + (1+\beta_1)(1+\beta_2)(R_e /\!/ R_L)] \tag{2.7.7}$$

$$R_o = R_e // \frac{r_{be2} + \frac{R_s // R_b + r_{be1}}{1+\beta_1}}{1+\beta_2} \tag{2.7.8}$$

以上表明，由于采用复合管，输入电阻 R_i 中与 R_b 相并联的部分大大提高，而输出电阻 R_o 中与 R_e 相并联的部分大大降低，使共集放大电路 R_i 大、R_o 小的特点得到进一步的发挥。

从式(2.7.7)可知，共集放大电路的输入电阻与负载电阻有关；从式(2.7.8)可知，共集放大电路的输出电阻与信号源内阻有关。但是必须特别指出，根据输入、输出电阻的定义，无论什么样的放大电路，R_i 均与 R_s 无关，而 R_o 均与 R_L 无关。

2.7.2 共射－共基放大电路

将共射电路与共基电路组合在一起，既保持共射放大电路电压放大能力较强的优点，又获得共基放大电路较好的高频特性。图 2.7.6 所示为共射－共基放大电路的交流通路，T_1 组成共射电路，T_2 组成共基电路，由于 T_1 管以输入电阻小的共基电路为负载，使 T_1 管集电结电容对输入回路的影响减小①，从而使共射电路高频特性得到改善。

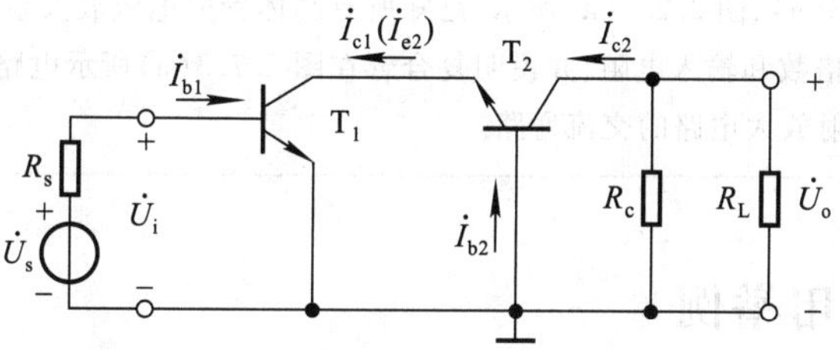

图 2.7.6 共射－共基放大电路的交流通路

从图 2.7.6 可以推导出电压放大倍数 $\dot A_u$ 的表达式。设 T_1 的电流放大系数为 β_1，b－e 间动态电阻为 r_{be1}；T_2 的电流放大系数为 β_2，则

$$\dot A_u = \frac{\dot U_o}{\dot U_i} = \frac{\dot I_{c1}}{\dot U_i} \cdot \frac{\dot U_o}{\dot I_{e2}} = \frac{\beta_1 \dot I_{b1}}{\dot I_{b1} r_{be}} \cdot \frac{-\beta_2 \dot I_{b2}(R_c // R_L)}{(1+\beta_2)\dot I_{b2}}$$

因为 $\beta_2 \gg 1$，即 $\beta_2/(1+\beta_2) \approx 1$，所以

$$\dot A_u \approx \frac{-\beta_1 (R_c // R_L)}{r_{be1}} \tag{2.7.9}$$

与单管共射放大电路的 $\dot A_u$ 相同。

2.7.3 共集－共基放大电路

图 2.7.7 所示为共集－共基放大电路的交流通路，它以 T_1 管组成的共集电路作为输入端，故输入电阻较大；以 T_2 管组成的共基电路作为输出端，故具有一定电压放大能力；由于共集电路和共基电路均有较高的上限截止频率，故电路有较宽的通频带。

① 可参阅第 4 章关于晶体管高频等效电路中对 C_μ 的分析。

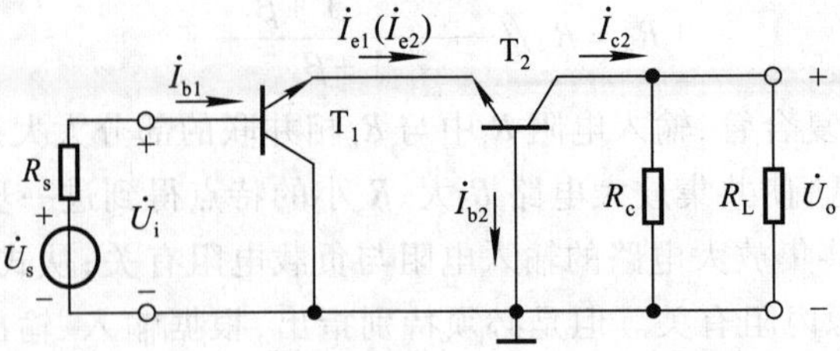

图 2.7.7　共集－共基放大电路的交流通路

根据具体需要，还可以组成其它电路，如共漏－共射放大电路，既保持高输入电阻，又具有高的电压放大倍数。可见，利用两种基本接法组合，可以同时获得两种接法的优点。

■ **思考题**

2.7.1　如何判断两只连接在一起的管子是否可作为复合管？举例说明，什么样的连接能够作为复合管，什么样的连接不能作为复合管。

2.7.2　电路如图 2.7.3(a)、图 2.2.5(a)所示，已知所有晶体管的电流放大系数均为 β，$r_{bb'}$ 均可忽略不计。试比较两个电路的电压放大倍数和输入电阻，并说明复合管在图 2.7.3(a)所示电路中的作用。

2.7.3　画出共漏－共射放大电路的交流通路。

2.8　Multisim 应用举例

2.8.1　利用“直流扫描分析”测试基本共射放大电路电压传输特性

所谓电压传输特性，是指一个电路输出电压 u_O 与输入电压 u_I 之间的函数关系，即 $u_O = f(u_I)$，通常用曲线描述。电压传输特性是稳态特性，可用逐点测试的方法获得。

一、仿真电路

在 Multisim 电路图区域搭建基本共射放大电路，选择元器件型号和参数值，如图 2.8.1 所示。

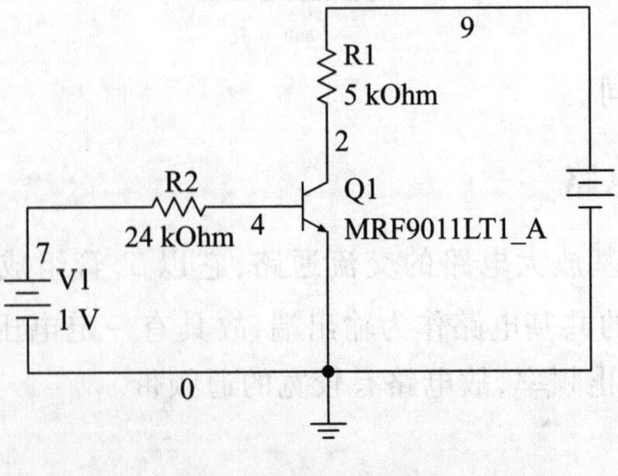

图 2.8.1　基本共射放大电路

二、仿真方法与步骤

首先设置直流扫描分析(DC Sweep Analysis)参数;在 Analysis Parameters 栏目中选定 V1 为自变量输入电压,设定其起始值(Start value)、终了值(Stop value)和步长(Increment),在 Output variables 栏目中选定节点 2 作为函数,即输出电压,也就是晶体管的管压降,如图 2.8.2(a)所示;按仿真(Simulate)按钮即得到基本共射放大电路的电压传输特性,如图 2.8.2(b)所示。

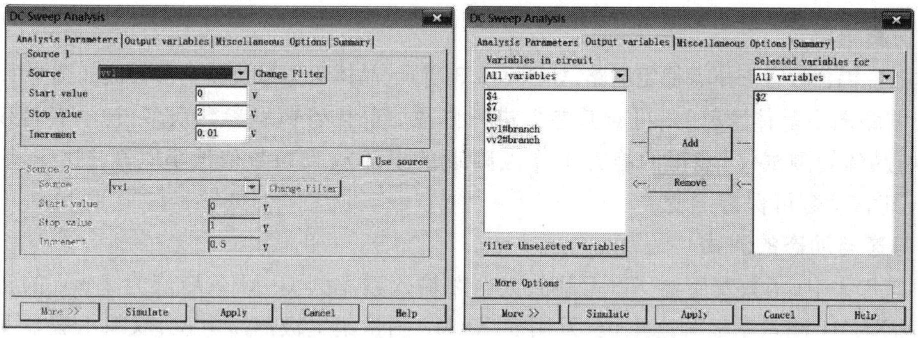

(a)

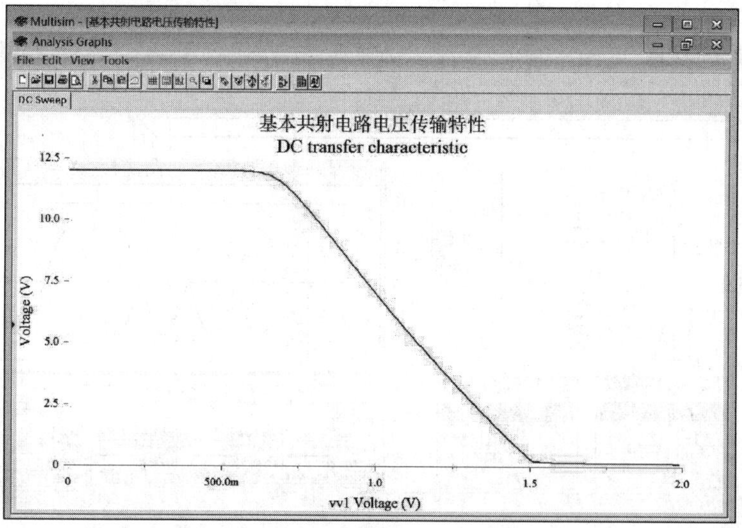

(b)

图 2.8.2 基本共射放大电路电压传输特性的测试

(a) 仿真参数的设定 (b) 仿真结果

三、仿真结果分析

1. 在仿真电路中,应将 V1 理解为加在输入的交、直流总量。从图 2.8.2(b)能够读出使晶体管处于放大区时 V1 的近似值,当 V1 < 0.7 V 时晶体管截止,当 V1 > 1.5 V 晶体管饱和,当 0.7 V < V1 < 1.5 V 时晶体管工作在放大区,静态工作点 Q 应设置在这个区域。当已知 Q 在曲线上的位置时,就可得出,电路不出现失真时输入交流信号的峰值。从另一角度讲,若已知输入交流信号的峰值,则可确定出使电路不失真的 Q 点的合适位置;当然,也可能 Q 点没有合适的位置,需要重新选择电路参数。

2. 直流扫描分析用于研究一个或两个直流电源发生变化时电路中各点的变化。若扫描一个直流电源,则仿真结果得到一条曲线;若同时扫描两个直流电源,则仿真结果可得到一组曲线,因此可用它测试晶体管和场效应管的输出特性曲线。可见,它与1.6节中介绍的IV分析仪有异曲同工之妙。

2.8.2 放大电路静态工作点及电压放大倍数的测试

一、仿真电路

搭建阻容耦合静态工作点稳定电路,如图2.8.3所示,晶体管型号及其它参数值如图中所标注。

双击电路图中晶体管符号,可对其参数进行修改。晶体管模型参数众多,初学者可仅根据实际仪器(如晶体管测试仪)测得的静态工作点附近的电流放大系数修改BF(β),这里将β由87改为200,其它参数可保持不变。

二、静态与动态的测试

在图2.8.3中,函数发生器XFG1给放大电路输入频率为10 kHz、峰值为2 mV的正弦波电压,万用表XMM1测量基极静态电位,万用表XMM2测量集电极静态电位,双踪示波器测量输入电压和输出电压。

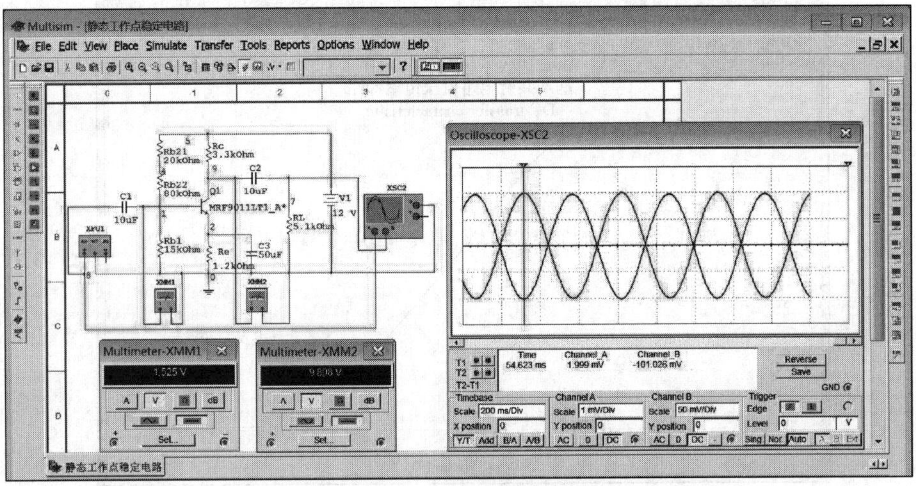

图2.8.3 静态工作点稳定共射放大电路静态和动态电压的测试

根据万用表的读数,$U_{BQ}=1.525$ V,$U_{CQ}=9.808$ V,可以计算出静态工作点

$$I_{CQ}=\frac{V_{CC}-U_{CQ}}{R_c} \tag{2.8.1}$$

$$I_{BQ}=\frac{I_{CQ}}{\beta} \tag{2.8.2}$$

$$U_{CEQ}\approx V_{CC}-I_{CQ}(R_c+R_e) \tag{2.8.3}$$

得$I_{CQ}\approx 0.66$ mA,$I_{BQ}\approx 3.3$ μA,$U_{CEQ}\approx 9.03$ V。

根据示波器读数可得输入电压正半周峰值约为2 mV时,输出电压负半周峰值约为100 mV,因此电压放大倍数$\dot{A}_u=U_{omax}/U_{imax}\approx -50$。

从示波器读数中可以看到，输入电压正半周峰值约为 2 mV 时，输出电压负半周峰值约为 98 mV，可见电路稍有非线性失真，这是因为晶体管的非线性特性造成的。通常，失真度为 5% 以下时肉眼是很难观察出来的，需要用专门设备（失真度仪）来测试。

三、总结

1. 在 Multisim 环境下可以像在实验室里一样搭建电路并用虚拟仪器进行各种测量，这些仪器的调节方法和在实验室利用真实仪器时的操作过程完全相同，故而可在软件环境下学习各种仪器的使用方法和电路的测试方法。

2. 为了测试的准确性，测试仪器与被测电路应“共地”，如图 2.8.3 所示。因此静态测电位，再通过计算求得电压和电流。

3. 由于晶体管的非线性特性，单管放大电路的输出电压总会或多或少有些失真，而饱和失真和截止失真是比较极端的情况。通过输出电压正、负半周峰值是否相同，可初步判断电路失真的情况，再根据需求决定是否采取措施。

2.8.3 利用“参数扫描分析”研究电阻变化对静态工作点的影响

对于放大电路，若已知静态工作点 Q，则可根据集电极电流 I_{CQ}（或发射极电流 I_{EQ}）得出 b－e 间动态电阻 r_{be}，进而得到输入电阻、电压放大倍数等性能指标。因此，研究电阻变化对 Q 点的影响，便可得到其对动态性能的影响。以下是对图 2.8.3 所示的静态工作点稳定共射放大电路进行研究。

一、研究偏置电阻变化对静态工作点的影响

在参数扫描分析（Parameter Sweep Analysis）中利用如前所述直流扫描分析的仿真方法与步骤，首先设置 R_{b22} 的起始值、终了值和点数，分别为 3 000 Ω、12 000 Ω、6；点数即 R_{b22} 从起始值到终了值取值的个数，它决定扫描时每次变化的步长，得 1 800 Ω；Analysis to 选“DC operating point”；如图 2.8.4（a）所示。然后进行扫描，得到发射极（S2）电位 U_E 和集电极（S9）电位 U_C 的变化，分别如图（b）所示。

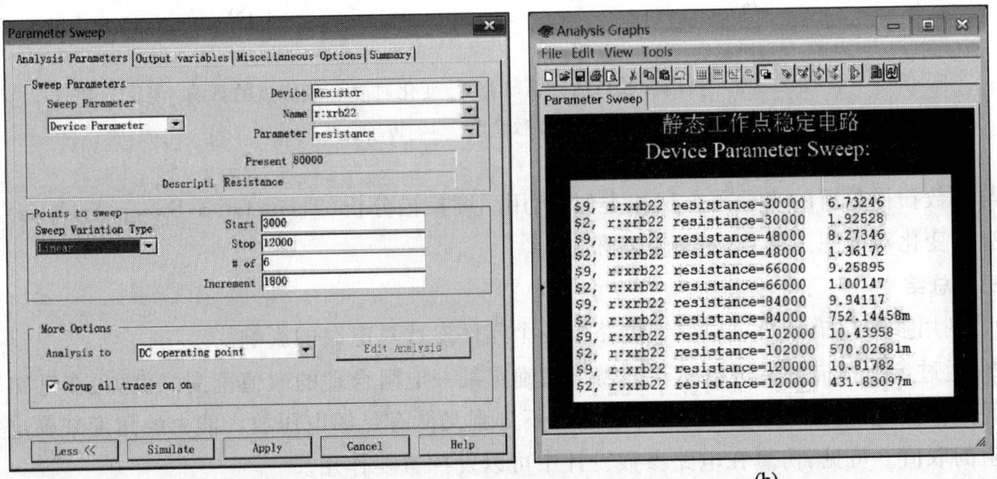

(a) (b)

图 2.8.4 利用参数扫描分析研究 R_{b22} 变化对静态工作点的影响

（a）R_{b22} 的仿真参数设置 （b）仿真结果

由图可知，随 R_{b22} 增大，U_B 降低，U_C 升高，说明集电极电流 I_{CQ} 随之减小；可以推论，电压放大倍数的数值将逐渐减小，而输入电阻将逐渐增大。同时，若已设定 I_{CQ} 的值，根据式(2.8.3)可得 U_C 的值，则从扫描结果中就可确定 R_{b22} 的值，从而完成 R_{b22} 的选取。

二、研究集电极电阻变化对静态工作点的影响

设置 R_c 的起始值、终了值和点数，分别为 3 300 Ω、20 000 Ω、6(即步长为 3 340 Ω)，如图 2.8.5(a)所示。然后进行扫描，得到发射极(S2)电位 U_E 和集电极(S9)电位 U_C 的变化，分别如图(b)所示。

由图(b)可知，在 R_c 的变化过程中，U_E 变化很小，说明 R_c 变化对 I_{EQ}(即 I_{CQ})的影响很小；但 U_C 随之降低，使管压降随之减小，当 R_c 增至 16.66 kΩ 时 U_C 与 U_E 接近，说明管子进入饱和区，电路不能正常放大。可见，虽然 R_c 的增大可使电压放大能力增强，但应以电路不产生失真为度。

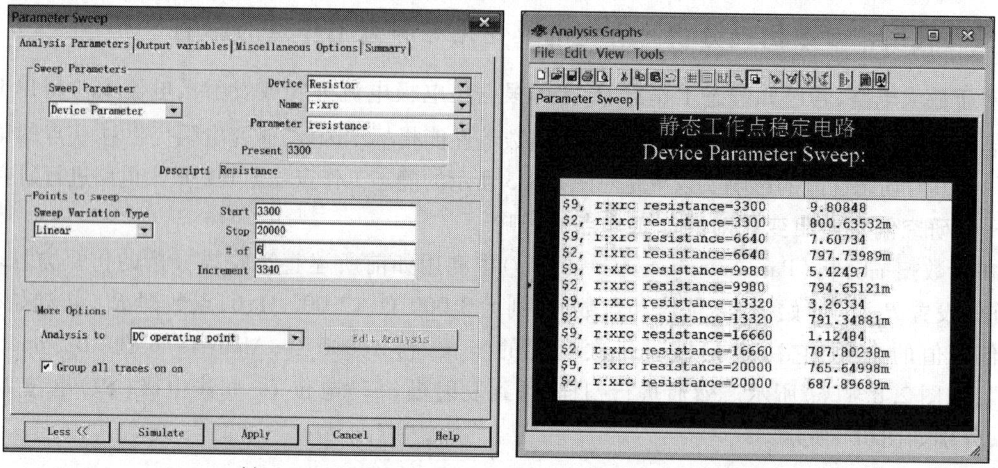

(a) (b)

图 2.8.5 利用参数扫描分析研究 R_c 变化对静态工作点的影响

(a) R_c 的仿真参数设置 (b) 仿真结果

与参数扫描分析的步骤与方法相类似，利用温度扫描分析(Temperature Sweep Analysis)可以研究温度变化对静态工作点的影响，不赘述。

三、总结

1. 利用参数扫描分析可以研究电路中各个元件参数对电路的影响。

2. 通过参数扫描分析可以从不同需求来确定某一电阻合理的取值范围。例如，在已知输入电压最大幅值的情况下，结合动态测试，从既不失真又能有足够电压放大能力的角度来确定集电极电阻的取值。可见，仿真在电路参数设计中可以发挥重要作用。

3. 扫描分析(包括 DC、参数、温度等)的仿真方法与步骤有共性，即首先选定研究对象，对自变量设定起始值、终了值、步长(点数)，其后确定函数，仿真，便得到它们的关系，进而分析仿真结果。

2.8.4 U_{GSQ}对共源放大电路电压放大倍数的影响

仿真电路为共源放大电路,MOS 场效应管型号及其它参数如图 2.8.6 中所标注。

一、仿真内容

1. 通过直流扫描分析方法(DC Sweep)测量 2N7000 的转移特性,测量电路及结果如图 2.8.6 所示。在图左边所示电路中,设定直流电源 V1 为被扫描电压,节点 2 为输出,由于源极电阻为 1 Ω,因而其电压可表示源极(即漏极)电流;图右边所示为几组测试数据;中间是测试所得转移特性曲线。测量结果表明,2N7000 的开启电压 $U_{GS(th)}=2\ V$,$I_{DO}\approx 200\ mA$。

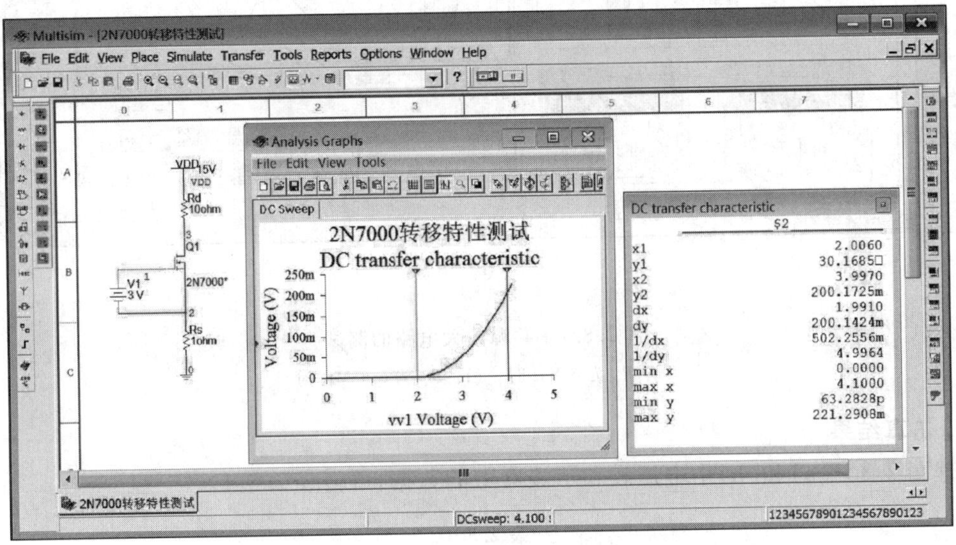

图 2.8.6 场效应管转移特性的测试

2. 图 2.8.7(a)、(b)所示为 R_{g2}分别等于 6 MΩ 和 6.1 MΩ 情况下 U_{GSQ}、U_{DSQ}和 U_o的测试结果。左边的电压表指示的是 U_{GSQ},右边的电压表指示的是 U_{DSQ},从示波器中读出 U_o的峰值。

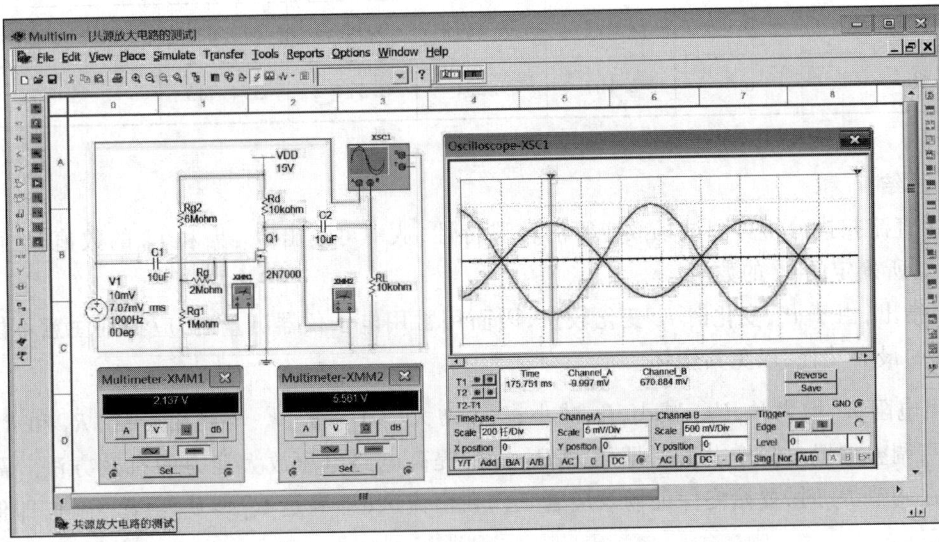

(a)

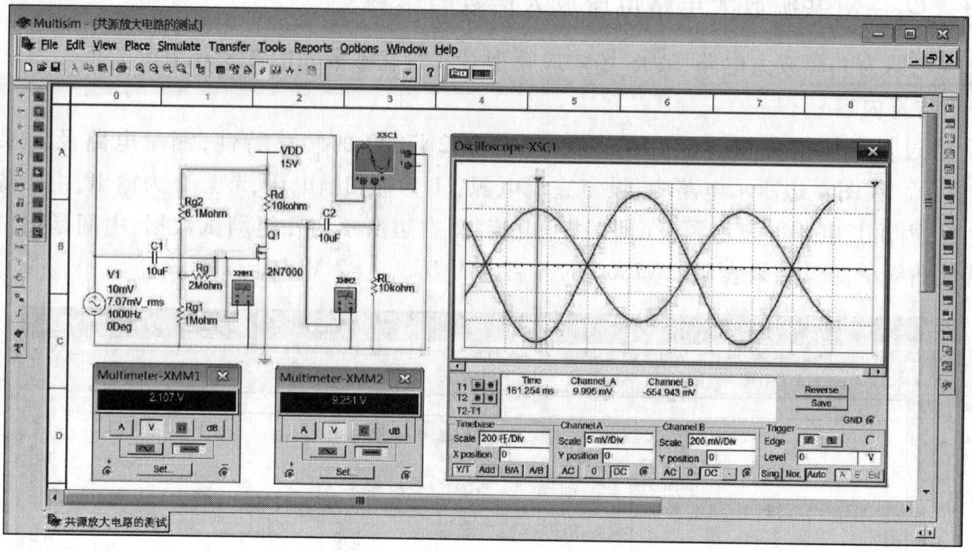

(b)

图 2.8.7　共源放大电路的测试

(a) R_{g2}为 6 MΩ 时　(b) R_{g2}为 6.1 MΩ 时

二、仿真结果

整理图 2.8.7(a)和(b)中电压表和示波器上的数据,可得表 2.8.1。

表 2.8.1

输入电压峰值 U_{ipp}/mV	R_{g2} /MΩ	U_{GSQ} /V	U_{DSQ} /V	漏极电流 I_{DQ}/mA	输出电压 U_o/mV	电压放大倍数 $\dot{A}_u$
10	6.0	2.137	5.561	0.943 9	670.884	-67
10	6.1	2.107	9.251	0.574 9	554.943	-55

三、总结

1. 用直流扫描分析可测试场效应管的转移特性,从中可读出 $U_{GS(th)}$ 和 I_{DO} 的数值,也可读出在不同 U_{GS}所确定的 I_D 的数值。

应当指出,由于 u_{GS}变化时 i_D 变化较快,因而用常用电子仪器测量时,应特别注意不能超过场效应管的最大功耗,以免其烧坏。

2. 当电阻 R_{g2}增大时,U_{GSQ}减小,I_{DQ}减小,U_{DSQ}增大,$|\dot{A}_u|$减小。与此相反,在 R_d 和 R_L 不变的情况下,调整偏置电阻增大 I_{DQ}(即增大 U_{GSQ})是提高电路电压放大能力的有效方法。需要注意的是,在调节 R_{g2}时,要始终保证场效应管工作在恒流区(即满足 $U_{DS}>U_{GS}-U_{GS(th)}$),即保证电路不失真。

3. 由 $U_{GS(th)}=2\ \mathrm{V}$、$I_{DO}=200.172\ \mathrm{mA}$ 和公式 $g_m=\frac{2}{U_{GS(th)}}\sqrt{I_{DO}\cdot I_{DQ}}$，分别计算出 R_{g2} 等于 6.0 MΩ和 6.1 MΩ 时的 g_m 分别为 13.7 mS 和 10.7 mS，因此电压放大倍数为

$$\dot{A}_u=-g_m(R_d /\!/ R_L)\approx -13.7\times 5\approx -68$$

$$\dot{A}_u=-g_m(R_d /\!/ R_L)\approx -10.7\times 5\approx -54$$

与仿真结果近似。说明公式的近似程度很好，也说明仿真对电路的实际调试具有指导意义。

本章小结

本章既是学习的重点又是学习的难点；一是因为它是后面各章学习的基础，二是因为对于初学者来讲它包含了太多的基本概念、电路、方法，而且它们几乎贯穿于全书。主要内容如下：

一、放大的概念

在电子电路中，放大的对象是变化量，常用的测试信号是正弦波。放大的本质是在输入信号的作用下，通过有源元件（晶体管或场效应管）对直流电源的能量进行控制和转换，使负载从电源中获得的输出信号能量比信号源向放大电路提供的能量大得多，因此放大的特征是功率放大，表现为输出电压大于输入电压，或者输出电流大于输入电流，或者二者兼而有之。放大的前提是不失真，换言之，如果电路输出波形产生失真便谈不上放大。

二、放大电路的组成原则

1. 放大电路的核心元件是有源元件，即晶体管或场效应管。

2. 供电电源电压的数值、极性及其它电路参数应使晶体管工作在放大区、场效应管工作在恒流区，即建立起合适的静态工作点，保证即使输入信号幅值最大电路也不产生失真。

3. 输入信号应能够有效地作用于有源元件的输入回路，即晶体管的 b－e 回路和场效应管的 g－s 回路；输出信号应能够作用于负载之上。

三、放大电路的主要性能指标

1. 放大倍数 A：输出变化量幅值与输入变化量幅值之比，或二者的正弦交流量之比，用以衡量电路的放大能力。

2. 输入电阻 R_i：从输入端看进去的等效电阻，反映放大电路从信号源索取电流的大小。

3. 输出电阻 R_o：从输出端看进去的等效输出信号源的内阻，说明放大电路的带负载能力。

4. 最大不失真输出电压 U_{om}：未产生截止失真和饱和失真时，最大输出电压信号的正弦有效值或峰－峰值。

5. 下限、上限截止频率 f_L 和 f_H、通频带 f_{bw}：均为频率响应参数，反映电路对信号频率的适应能力，见第 4 章。

6. 最大输出功率 P_{om} 和效率 η：衡量在输出波形基本不失真情况下负载能够从电路获得的最大功率，以及电源为此应提供的功率，见第 8 章。

四、放大电路的分析方法

1. 静态分析就是求解静态工作点 Q，在输入信号为零时，晶体管和场效应管各电极间的电流与电压就是 Q 点。可用估算法或图解法求解。

2. 动态分析就是求解各动态参数和分析输出波形。通常，利用 h 参数等效电路计算小信号作用时的 $\dot{A}_u$、R_i 和 R_o，利用图解法分析 U_{om} 和失真情况。

放大电路的分析应遵循“先静态、后动态”的原则，只有静态工作点合适，动态分析才有意义；Q 点不但影响电路输出是否失真，而且与动态参数密切相关，稳定 Q 点非常必要。

五、晶体管和场效应管的基本放大电路

1. 晶体管基本放大电路有共射、共集、共基三种接法。共射放大电路既能放大电流又能放大电压，输入电阻居三种电路之中，输出电阻较大，适用于一般放大。共集放大电路只放大电流不放大电压，具有电压跟随作用；因输入电阻高而常作为多级放大电路的输入级，因输出电阻低而常作为多级放大电路的输出级，并可作为中间级起隔离作用。共基电路只放大电压不放大电流，具有电流跟随作用，输入电阻小；高频特性好，适用于宽频带放大电路。

2. 场效应管放大电路有共源、共漏、共栅接法，与晶体管放大电路的共射、共集、共基接法相对应，因共源、共漏电路比晶体管电路输入电阻高、噪声系数低、抗辐射能力强，适用于做电压放大电路的输入级。

六、基本放大电路的派生电路

在基本放大电路不能满足性能要求时，可将放大管采用复合管结构或两种接法组合的方式构成放大电路，前者可提高等效管的电流放大能力，后者可集中两种接法的优点于一个电路。

学完本章希望能够达到以下要求：

一、掌握基本概念和定义：放大，静态工作点，饱和失真与截止失真，直流通路与交流通路，直流负载线与交流负载线，h 参数等效模型，放大倍数，输入电阻和输出电阻，最大不失真输出电压，静态工作点的稳定。

二、“会看”，即会根据结构判断电路的基本接法，从而掌握组成放大电路的原则和各种基本放大电路的工作原理及特点。

三、“会算”，即掌握放大电路的分析方法，能够正确估算基本放大电路的静态工作点和动态参数 $\dot{A}_u$、R_i 和 R_o，正确分析电路的输出波形和产生截止失真、饱和失真的原因。

四、“会选”，即能够根据需求选择电路的类型，根据对静态工作点和动态性能的要求选择放大管的种类和部分电路参数。

五、了解稳定静态工作点的必要性及稳定方法。

自 测 题

一、在括号内用“√”或“×”表明下列说法是否正确

(1) 只放大电压不放大电流或只放大电流不放大电压的电路，不能称其为放大电路；(　　)

(2) 可以说任何放大电路都有功率放大作用；(　　)

(3) 放大电路中输出的电流和电压都是由有源元件提供的；(　　)

(4) 电路中各电量的交流成分是交流信号源提供的；(　　)

(5) 放大电路必须加上合适的直流电源才能正常工作；(　　)

(6) 由于放大的对象是变化量，所以当输入信号为直流信号时，任何放大电路的输出都毫无变化；(　　)

(7) 只要是共射放大电路，输出电压的底部失真都是饱和失真。(　　)

二、试分析图 T2.2 所示各电路是否能够放大正弦交流信号，简述理由。设图中所有电容对交流信号均可视为短路。

三、在图 T2.3 所示电路中，已知 $V_{CC}=12\ \text{V}$，晶体管的 $\beta=100$，$R_b'=100\ \text{k}\Omega$。填空：要求先填文字表达式后填得数。

(1) 当 $\dot{U}_i=0\ \text{V}$ 时，测得 $U_{BEQ}=0.7\ \text{V}$，若要基极电流 $I_{BQ}=20\ \mu\text{A}$，则 R_b' 和 R_w 之和 $R_b=$ ______ $\approx$ ______ kΩ；而若测得 $U_{CEQ}=6\ \text{V}$，则 $R_c=$ ______ $\approx$ ______ kΩ。

(2) 若测得输入电压有效值 $U_i=5\ \text{mV}$ 时，输出电压有效值 $U_o=0.6\ \text{V}$，则电压放大倍数 $\dot{A}_u=$ ______ $\approx$ ______；若负载电阻 R_L 值与 R_c 相等，则带上负载后输出电压有效值 $U_o=$ ______ $=$ ______ V。

四、已知图 T2.3 所示电路中 $V_{CC}=12\ \text{V}$，$R_c=3\ \text{k}\Omega$，静态管压降 $U_{CEQ}=6\ \text{V}$；并在输出端加负载电阻 R_L，其阻值为 3 kΩ。选择一个合适的答案填入空内。

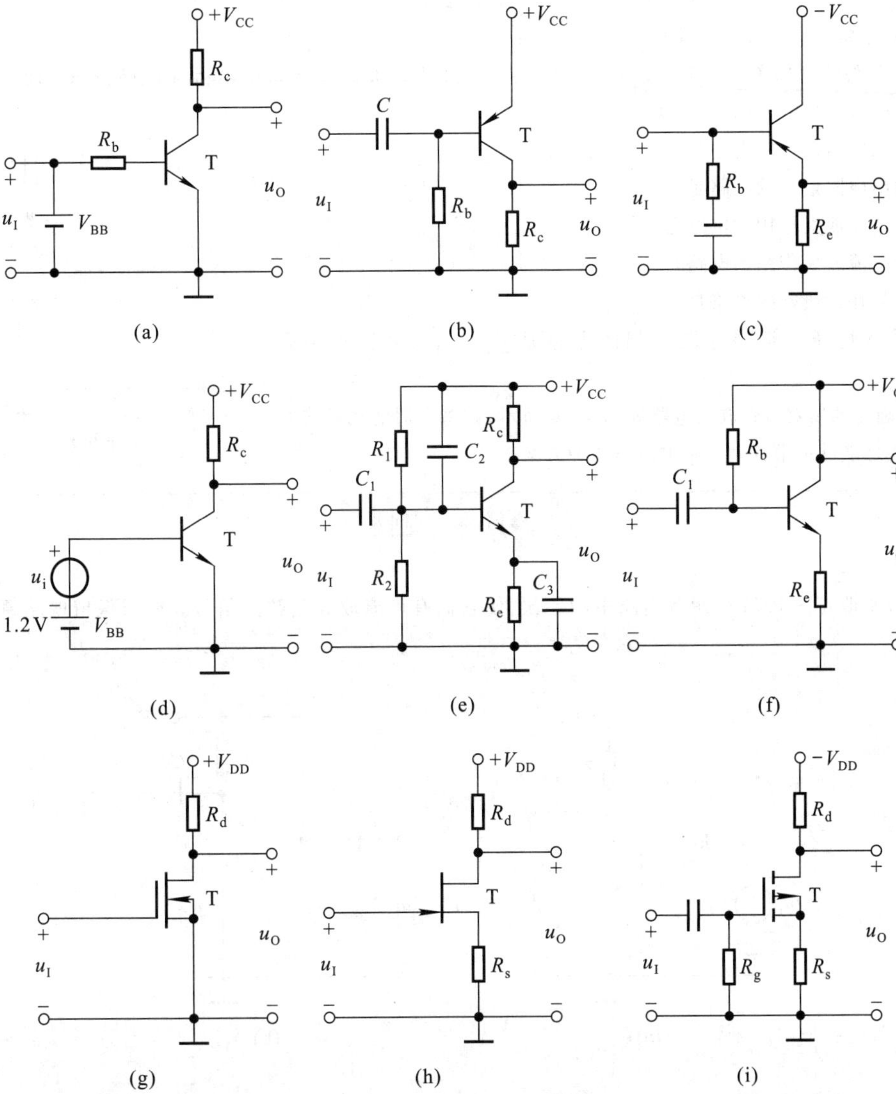

图 T2.2

（1）该电路的最大不失真输出电压有效值 $U_{om}\approx$______；

A. 2 V　　B. 3 V　　C. 6 V

（2）当 $U_i=1$ mV 时，若在不失真的条件下，减小 R_w，则输出电压的幅值将______；

A. 减小　　B. 不变　　C. 增大

（3）在 $U_i=1$ mV 时，将 R_w 调到输出电压最大且刚好不失真，若此时增大输入电压，则输出电压波形将______；

A. 顶部失真　　B. 底部失真　　C. 为正弦波

（4）若发现电路出现饱和失真，则为消除失真可将______。

A. R_w 减小　　B. R_c 减小　　C. V_{CC}减小

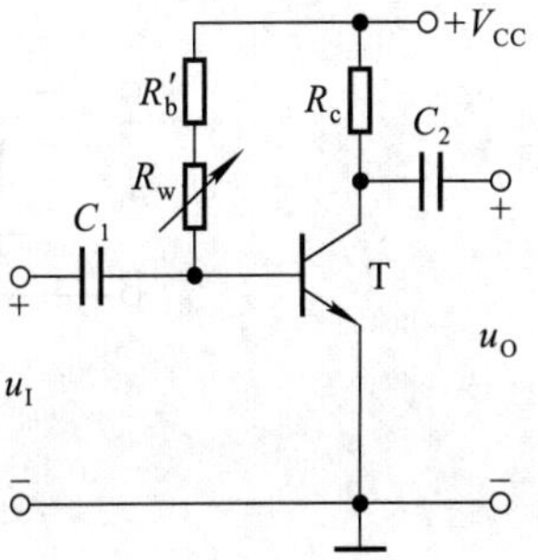

图 T2.3

五、现有直接耦合基本放大电路如下：

A. 共射电路　　B. 共集电路　　C. 共基电路
D. 共源电路　　E. 共漏电路

它们的电路分别如图 2.2.1、2.5.1(a)、2.5.4(a)、2.7.2 和 2.7.9(a)所示；设图中$R_e < R_b$，且 I_{CQ}、I_{DQ}均相等。选择正确答案填入空内，只需填 A、B……

(1) 输入电阻最小的电路是______，最大的是______；

(2) 输出电阻最小的电路是______；

(3) 有电压放大作用的电路是______；

(4) 有电流放大作用的电路是______；

(5) 高频特性最好的电路是______；

(6) 输入电压与输出电压同相的电路是______；反相的电路是______。

六、未画完的场效应管放大电路如图 T2.6 所示，试将合适的场效应管接入电路，使之能够正常放大。要求给出两种方案。

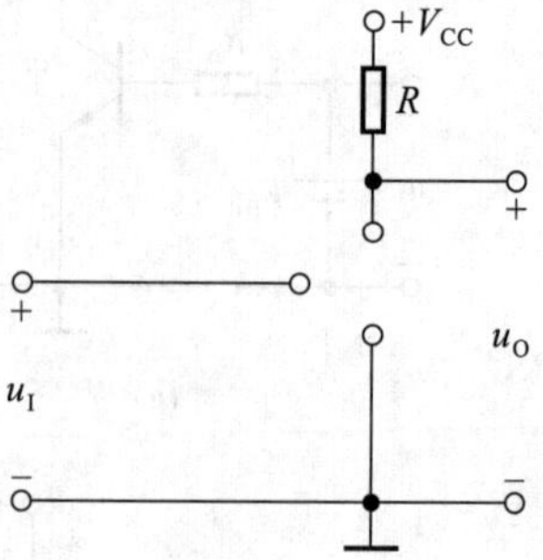

图 T2.6

习　题

2.1 分别改正图 P2.1 所示各电路中的错误，使它们有可能放大正弦波信号。要求保留电路原来的共射接法。

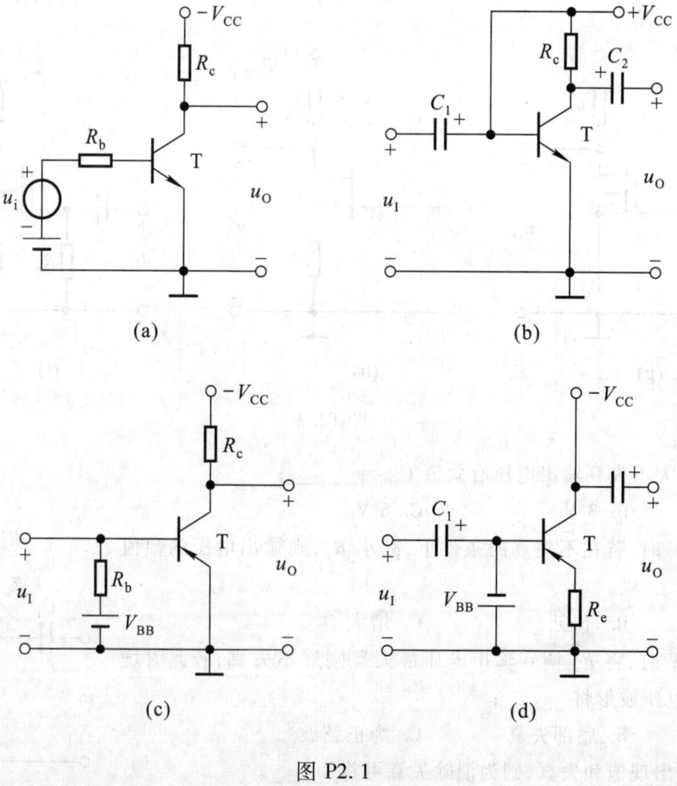

图 P2.1

2.2 画出图 P2.2 所示各电路的直流通路和交流通路。设图中所有电容对交流信号均可视为短路。

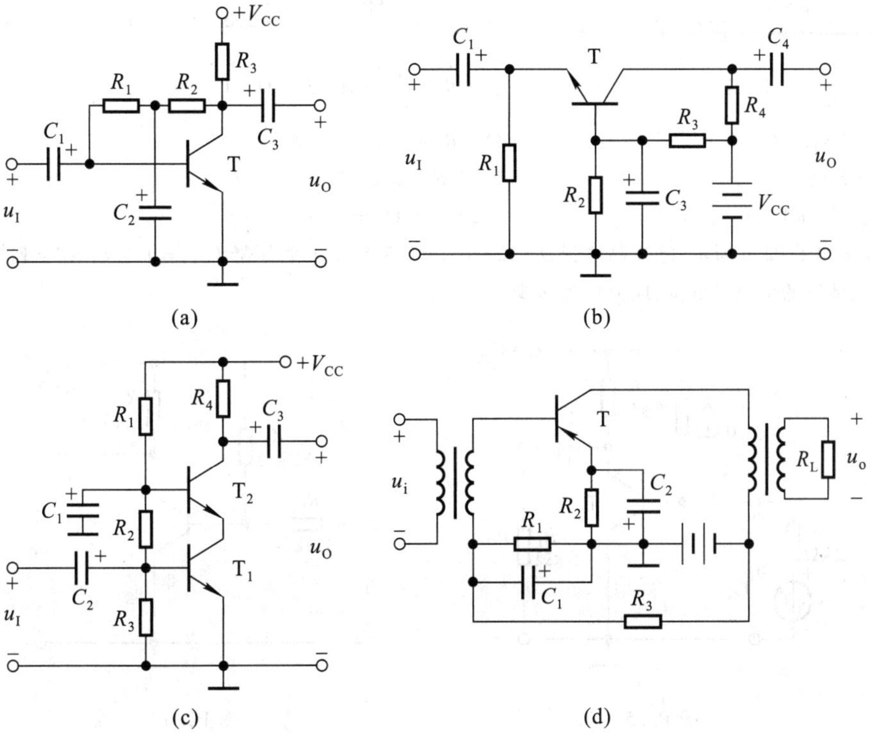

图 P2.2

2.3 分别判断图 P2.2(a)、(b)所示两电路各是共射、共集、共基放大电路中的哪一种，并写出 Q、$\dot{A}_u$、R_i 和 R_o 的表达式。

2.4 电路如图 P2.4(a)所示，图(b)是晶体管的输出特性，静态时 $U_{BEQ}=0.7\ V$。利用图解法分别求出 $R_L=\infty$ 和 $R_L=3\ k\Omega$ 时的静态工作点和最大不失真输出电压 U_{om}(有效值)。

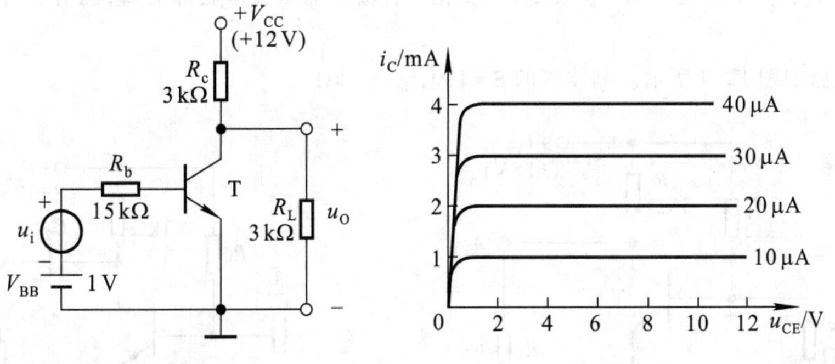

图 P2.4

2.5 在图 P2.5 所示电路中，已知晶体管的 $\beta=80$，$r_{be}=1\ k\Omega$，$U_i=20\ mV$；静态时 $U_{BEQ}=0.7\ V$，$U_{CEQ}=4\ V$，$I_{BQ}=20\ \mu A$。判断下列结论是否正确，凡对的在括号内打“✓”，否则打“×”。

(1) $\dot{A}_u = -\frac{4}{20\times10^{-3}} = -200$ (　　)　　(2) $\dot{A}_u = -\frac{4}{0.7} \approx -5.71$ (　　)

(3) $\dot{A}_u = -\frac{80\times5}{1} = -400$ (　　)　　(4) $\dot{A}_u = -\frac{80\times2.5}{1} = -200$ (　　)

(5) $R_i = \frac{20}{20}\text{k}\Omega = 1\ \text{k}\Omega$ (　　)　　(6) $R_i = \frac{0.7}{0.02}\text{k}\Omega = 35\ \text{k}\Omega$ (　　)

(7) $R_i \approx 3\ \text{k}\Omega$ (　　)　　(8) $R_i \approx 1\ \text{k}\Omega$ (　　)

(9) $R_o = 5\ \text{k}\Omega$ (　　)　　(10) $R_o = 2.5\ \text{k}\Omega$ (　　)

(11) $U_s \approx 20\ \text{mV}$ (　　)　　(12) $U_s \approx 60\ \text{mV}$ (　　)

2.6　电路如图 P2.6 所示，已知晶体管 $\beta = 120$，$U_{BE} = 0.7\ \text{V}$，饱和管压降 $U_{CES} = 0.5\ \text{V}$。在下列情况下，用直流电压表测晶体管的集电极电位，应分别为多少？

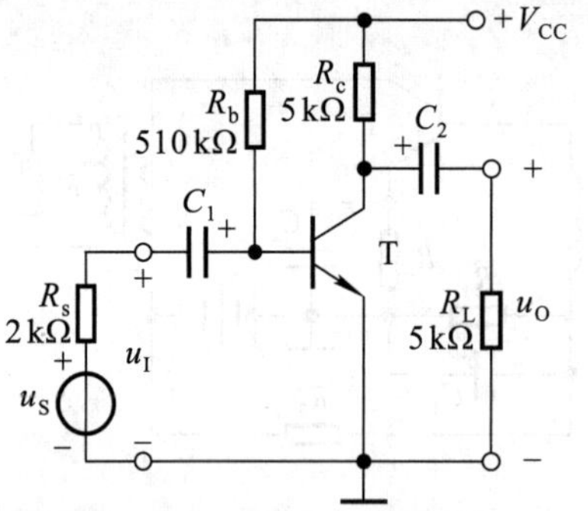

图 P2.5

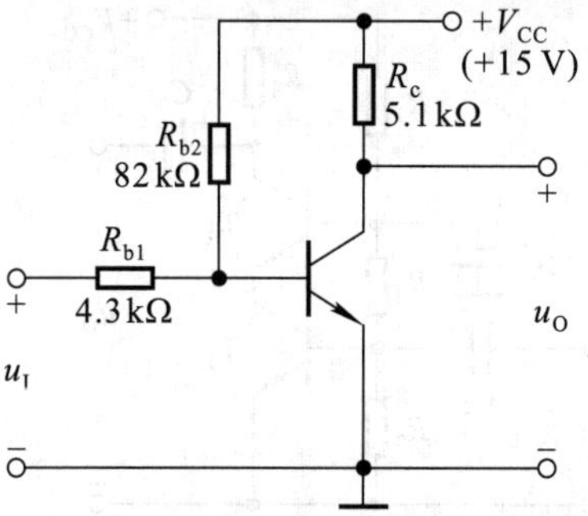

图 P2.6

(1) 正常情况；(2) R_{b1} 短路；(3) R_{b1} 开路；

(4) R_{b2} 开路；　(5) R_{b2} 短路；(6) R_c 短路。

2.7　电路如图 P2.7 所示，晶体管的 $\beta = 80$，$r_{bb'} = 100\ \Omega$。分别计算 $R_L = \infty$ 和 $R_L = 3\ \text{k}\Omega$ 时的 Q 点、$\dot{A}_u$、R_i 和 R_o。

2.8　若将图 P2.7 所示电路中的 NPN 型管换成 PNP 型管，其它参数不变，则为使电路正常放大，电源应作如何变化？Q 点、$\dot{A}_u$、R_i 和 R_o 变化吗？如变，如何变化？若输出电压波形底部失真，说明电路产生了什么失真，如何消除。

2.9　已知电路如图 P2.9 所示。晶体管的 $\beta = 100$，$r_{be} = 1\ \text{k}\Omega$。

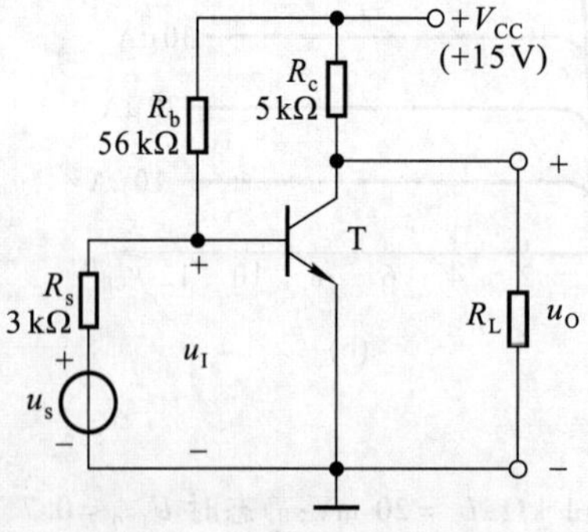

图 P2.7

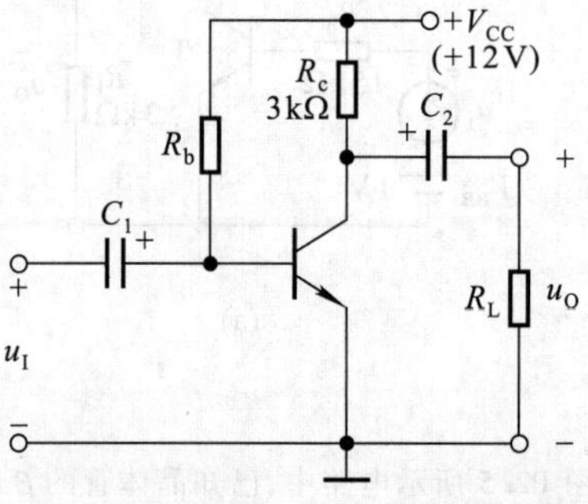

图 P2.9

（1）现已测得静态管压降 $U_{CEQ}=6V$，估算 R_b 约为多少千欧；

（2）已知负载电阻 $R_L=5\ k\Omega$。若保持 R_b 不变，则为了使输入电压有效值 $U_i=1$ mV 时输出电压有效值 $U_o>220$ mV，则 R_c 至少应选取多少千欧？

2.10 在图 P2.9 所示电路中，设静态时 $I_{CQ}=2$ mA，晶体管饱和管压降 $U_{CES}=0.6$ V。试问：当 $R_L=3\ k\Omega$ 时电路的最大不失真输出电压为多少伏？若要使输出不失真输出电压最大，则在其它电路参数不变的情况下 R_b 应选取多少千欧？

2.11 电路如图 P2.11 所示，晶体管的 $\beta=100$，$r_{bb'}=100\ \Omega$。

（1）求电路的 Q 点、$\dot{A}_u$、R_i 和 R_o；

（2）若改用 $\beta=200$ 的晶体管，则 Q 点如何变化？

（3）若电容 C_e 开路，则将引起电路的哪些动态参数发生变化？如何变化？

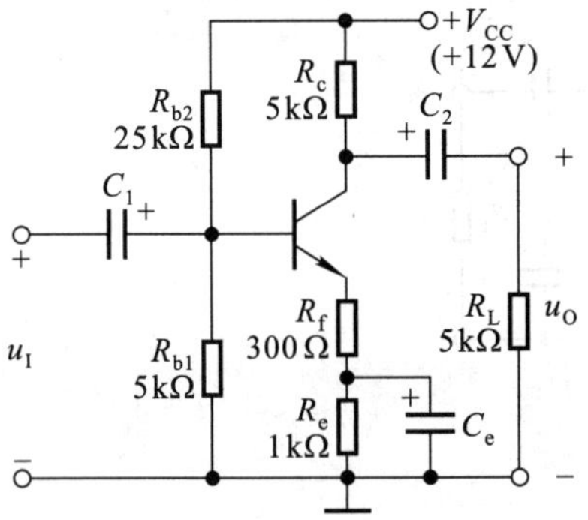

图 P2.11

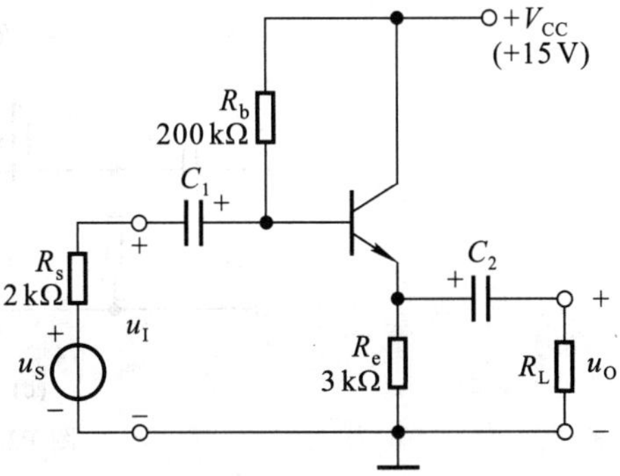

图 P2.12

2.12 电路如图 P2.12 所示，晶体管的 $\beta=80$，$r_{be}=1\ k\Omega$。

（1）求出 Q 点；

（2）分别求出 $R_L=\infty$ 和 $R_L=3\ k\Omega$ 时电路的 $\dot{A}_u$、R_i 和 R_o。

2.13 电路如图 P2.13 所示，晶体管的 $\beta=60$，$r_{bb'}=100\ \Omega$。

（1）求解 Q 点、$\dot{A}_u$、R_i 和 R_o；

（2）设 $U_s=10$ mV（有效值），问 $U_i=?$ $U_o=?$ 若 C_3 开路，则 $U_i=?$ $U_o=?$

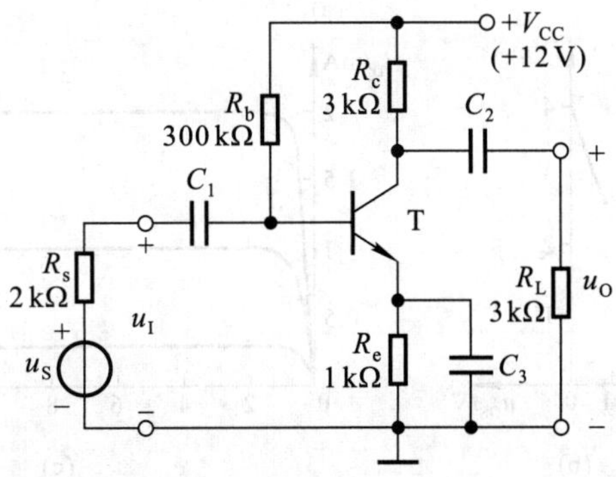

图 P2.13

2.14 改正图 P2.14 所示各电路中的错误，使它们有可能放大正弦波电压。要求保留电路的共源接法。

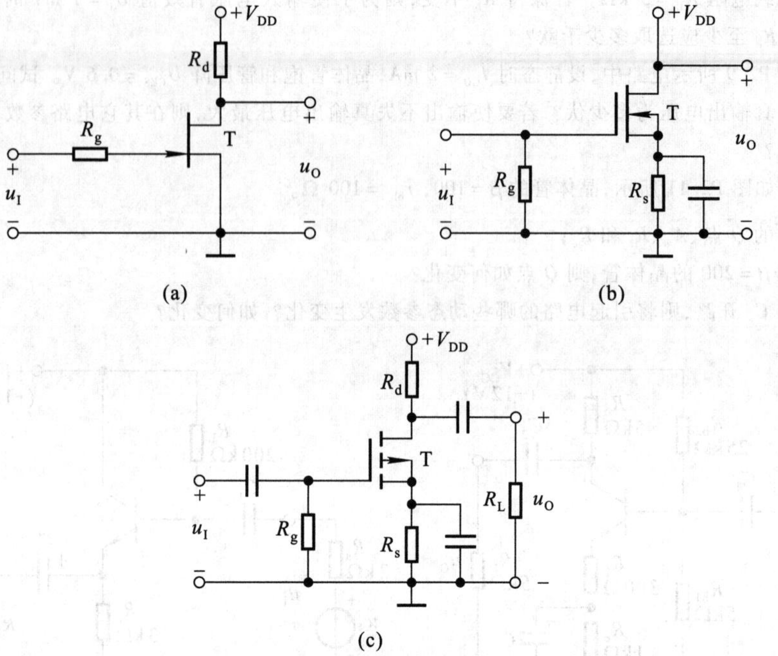

图 P2.14

2.15 已知图 P2.15(a)所示电路中场效应管的转移特性和输出特性分别如图(b)、(c)所示。

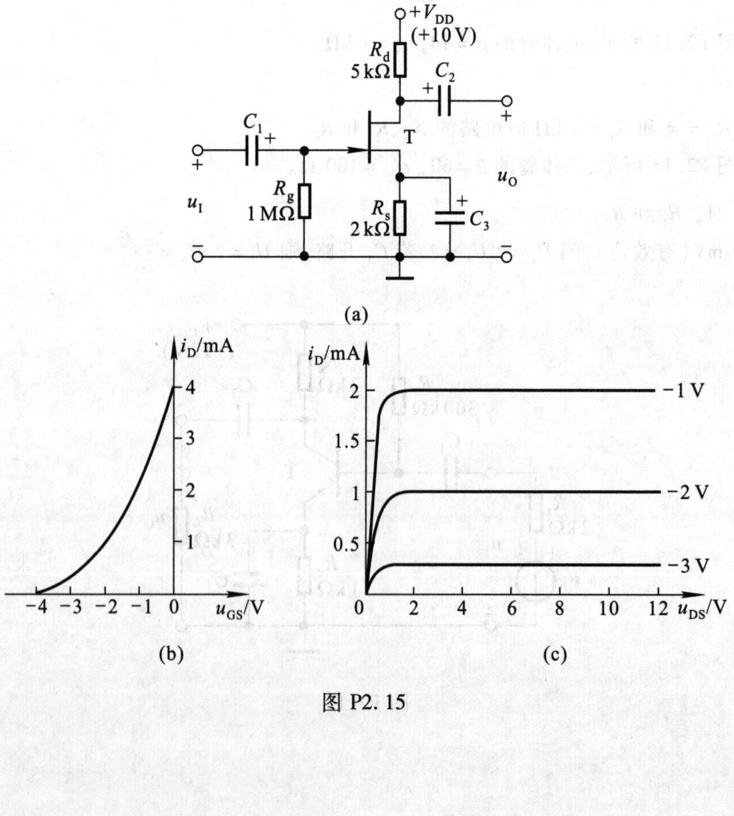

图 P2.15

（1）利用图解法求解 Q 点；

（2）利用等效电路法求解 $\dot{A}_u$、R_i 和 R_o。

2.16 已知图 P2.16(a)所示电路中场效应管的转移特性如图(b)所示。求解电路的 Q 点和 $\dot{A}_u$。

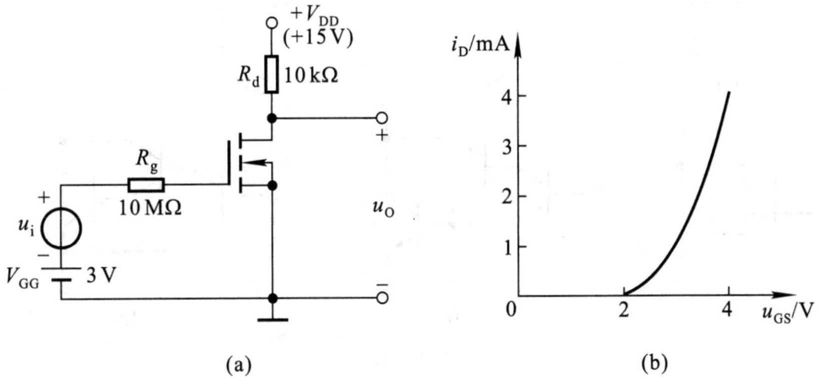

图 P2.16

2.17 电路如图 P2.17 所示。

（1）若输出电压波形底部失真，则可采取哪些措施？若输出电压波形顶部失真，则可采取哪些措施？

（2）若想增大 $|\dot{A}_u|$，则可采取哪些措施？

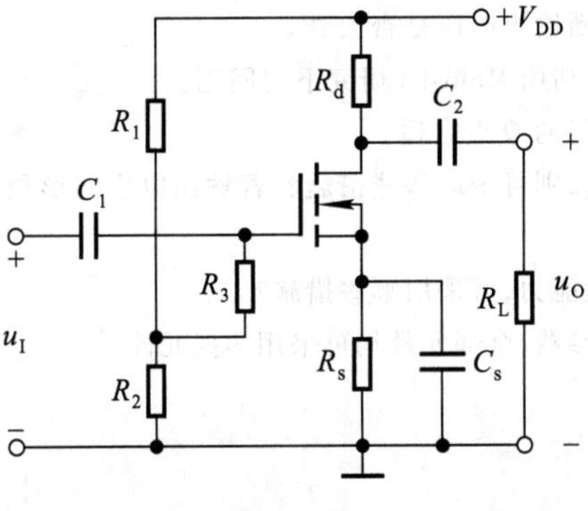

图 P2.17

2.18 图 P2.18 中的哪些接法可以构成复合管？标出它们等效管的类型（如 NPN 型、PNP 型、N 沟道结型……）及管脚（b、e、c、d、g、s）。

2.19 利用 Multisim 分析图 P2.5 所示电路中 R_b、R_c 和晶体管参数变化对 Q 点、$\dot{A}_u$、R_i、R_o 和 U_{om} 的影响。

出题目的：

（1）学习在 Multisim 环境下搭建电路的方法；

（2）学习静态工作点与动态参数的测试方法和分析方法；

（3）进一步理解放大电路的组成原则、各元件的作用及其对动态参数的影响。

提示：

（1）为便于设置和修改电路参数，以及研究参数对性能的影响，全部元件均可采用虚拟元件。

（2）在研究某一电路参数变化对电路的影响时，应假设其它参数均保持不变。

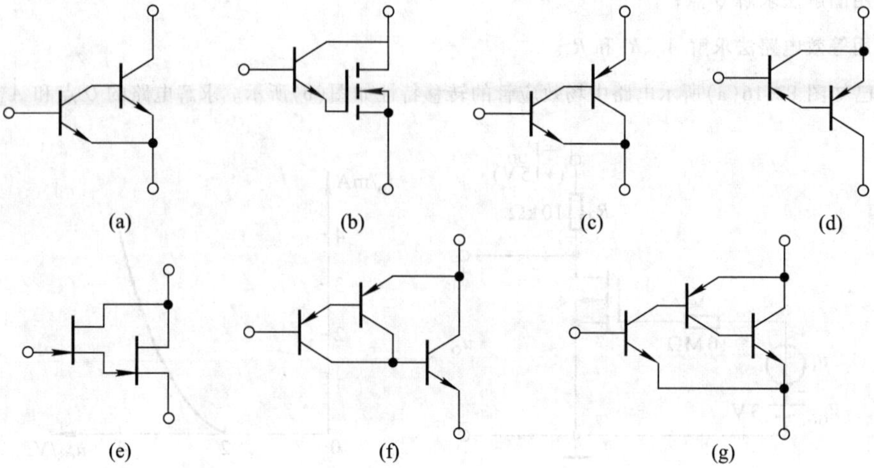

图 P2.18

(3) 测量 Q 点时，应令 $u_S=0$。测量 $\dot{A}_u$、R_i、R_o 时，u_S 应为中频小信号电压，即耦合电容容抗可忽略不计，结电容电流可忽略不计。测量 U_{om} 时，u_S 应为中频大信号电压。

实际上，在单管放大电路中，若输入电压幅值较大，则即使晶体管未饱和或截止，由于晶体管特性的非线性，输出电压波形也会产生失真，造成 U_{om} 的值难以确定。因而，可采用将测量值与估算值相比较的方法来确定 U_{om}；也可设定若输出电压波形正半周峰值与负半周峰值相差 10%，则认为产生失真，来确定 U_{om}。在用常用电子仪器测量时，可用失真度仪来判断输出电压是否失真。

2.20 电路如图 P2.17 所示。利用 Multisim 研究下列问题：

(1) 确定一组电路参数，使电路的 Q 点合适。

(2) 若输出电压波形底部失真，则可采取哪些措施？若输出电压波形顶部失真，则可采取哪些措施？调整 Q 点约在交流负载线的中点。

(3) 要想提高电路的电压放大能力，可采用哪些措施？

提示：为便于设置和修改电路参数，全部元件均可采用虚拟元件。

第3章　集成运算放大电路

本章讨论的问题

- 为什么需要多级放大电路？如何将多个单级放大电路连接成多级放大电路？各种连接方式有什么特点？
- 多级放大电路的动态参数与组成它的各个单级放大电路有什么关系？
- 直接耦合放大电路的特殊问题是什么？如何解决？
- 如何根据要求组成多级放大电路？
- 集成运放有什么特点？它由哪几部分组成？各部分的作用是什么？各级放大电路的特点是什么？如何设置它们的静态工作点？
- 集成运放的电压传输特性有什么特点？为什么？
- 如何评价集成运放的性能？有哪些主要指标？
- 集成运放有哪些类型？如何选择？使用时应注意哪些问题？

3.1　多级放大电路的一般问题

在实际应用中，常对放大电路的性能提出多方面的要求。例如，要求一个放大电路输入电阻大于2 MΩ，电压放大倍数大于2 000，输出电阻小于100 Ω 等。仅靠前面所讲的任何一种放大电路都不可能同时满足上述要求，这时就可选择多个基本放大电路，将它们合理连接构成多级放大电路。

3.1.1　多级放大电路的耦合方式

组成多级放大电路的每一个基本放大电路称为一级，级与级之间的连接称为级间耦合。多级放大电路有四种常见的耦合方式：直接耦合、阻容耦合、变压器耦合和光电耦合。

一、直接耦合放大电路

将前一级的输出端直接连接到后一级的输入端，称为直接耦合，如图3.1.1(a)所示。图中所示电路省去了第二级的基极电阻，而使 R_{c1} 既作为第一级的集电极电阻，又作为第二级的基极电阻，只要 R_{c1} 取值合适，就可以为 T_2 管提供合适的基极电流。

1. 直接耦合放大电路静态工作点的设置

从图3.1.1(a)所示电路中可知，静态时，T_1 管的管压降 U_{CEQ1} 等于 T_2 管的b－e间电压 U_{BEQ2}。通常情况下，若 T_1 管为硅管，U_{BEQ2} 约为0.7 V，则 T_1 管的静态工作点靠近饱和区，在动态信号作用时容易引起饱和失真。因此，为使第一级有合适的静态工作点，就要抬高 T_2 管的基极电位。为此，可以在 T_2 管的发射极加电阻 R_{e2}，如图3.1.1(b)所示。

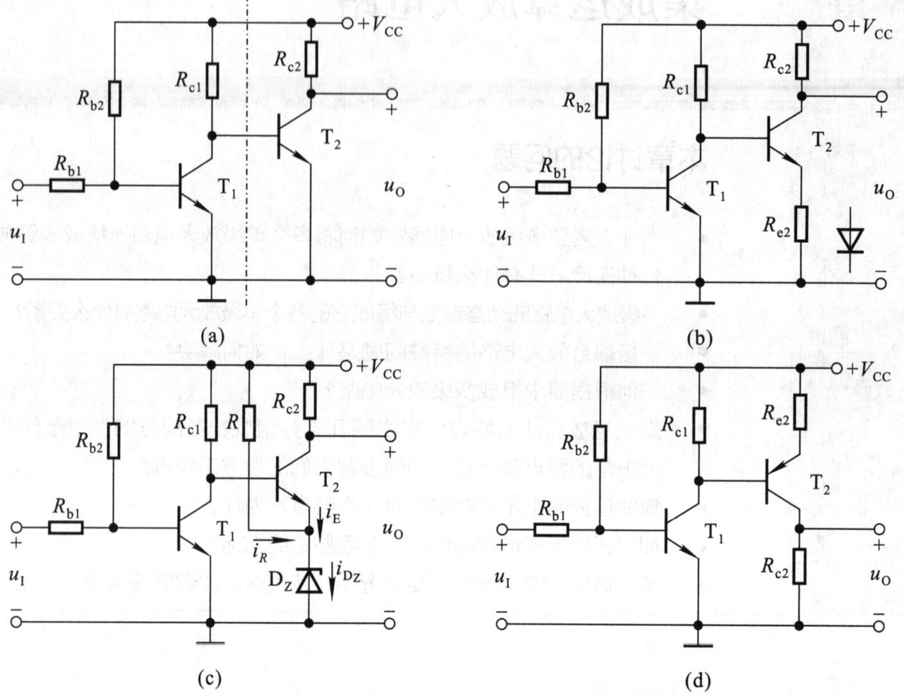

图 3.1.1 直接耦合放大电路静态工作点的设置

(a) 前级的输出直接接到后级的输入 (b) 为增大 U_{CE1} 而加 R_e 或二极管

(c) 后级发射极电阻用稳压管替代 (d) NPN 和 PNP 管混合使用

然而,增加 R_{e2} 后,虽然在参数取值得当时,两级均可有合适的静态工作点,但是,R_{e2} 会使第二级的电压放大倍数大大下降,从而影响整个电路的放大能力。因此,需要选择一种器件取代 R_{e2},它应对直流量和交流量呈现出不同的特性;对直流量,它相当于一个电压源;而对交流量,它等效成一个小电阻;这样,既可以设置合适的静态工作点,又对放大电路的放大能力影响不大。二极管和稳压管都具有上述特性。

通过第 1 章对二极管正向特性的分析可知,当二极管流过直流电流时,在伏安特性上可以确定它的端电压 U_D;而在这个直流信号上叠加一个交流信号时,二极管的动态电阻为 du_D/di_D,对于小功率管,其值仅为几至几十欧。若要求 T_1 管的管压降 U_{CEQ} 的数值小于 2 V,则可用一只或两只二极管取代 R_{e2},如图(b)所示。但如果要求 U_{CEQ} 为几伏,则需要多个二极管串联。这样,一方面多个二极管串联后的动态电阻变大,使放大能力变差;另一方面元件数量的增多,必然使焊点增多,故障率增大,可靠性变差。

通过第 1 章对稳压管反向特性的分析可知,当稳压管工作在击穿状态时,在一定的电流范围内,其端电压基本不变,并且动态电阻也仅为十几至几十欧,所以可用稳压管取代 R_{e2},如图(c)所示。为了保证稳压管工作在稳压状态,图(c)中电阻 R 的电流 I_R 流经稳压管,使得稳压管中的电流大于稳定电流(多为 5 mA 或 10 mA)。根据 T_1 管管压降 U_{CEQ} 所需的数值,选取稳压管的稳定电压 U_Z。

在图 3.1.1(a)、(b)、(c)所示电路中,为使各级晶体管都工作在放大区,必然要求 T_2 管的集电极电位高于其基极电位。可以设想,如果级数增多,且仍为 NPN 型管构成的共射电路,则由于集电极电位逐级升高,以至于接近电源电压,势必使后级的静态工作点不合适。因此,直接耦合多级放大电路常采用 NPN 型和 PNP 型管混合使用的方法解决上述问题,如图(d)所示。在图(d)所示电路中,虽然 T_1 管的集电极电位高于其基极电位,但是为使 T_2 管工作在放大区,T_2 管的集电极电位应低于其基极电位(即 T_1 管的集电极电位)。

2. 直接耦合方式的优缺点

从以上分析可知,采用直接耦合方式使各级之间的直流通路相连,因静态工作点相互影响,这样就给电路的分析、设计和调试带来一定的困难。在求解静态工作点时,应写出直流通路中各个回路的方程,然后求解多元一次方程组。实际应用时,则应采用各种计算机软件辅助分析。

直接耦合放大电路的突出优点是具有良好的低频特性,可以放大变化缓慢的信号;并且由于电路中没有大容量电容,所以易于将全部电路集成在一片硅片上,构成集成放大电路。由于电子工业的飞速发展,集成放大电路的性能越来越好,种类越来越多,价格也越来越便宜,所以凡能用集成放大电路的场合,均不再使用分立元件放大电路。

直接耦合放大电路最大的问题是存在零点漂移现象,即输入信号为零时,输出电压产生变化的现象,关于这种现象产生的原因以及为克服该现象而采用的差分放大电路,将在本章 3.3 节中讲述。

二、阻容耦合放大电路

将放大电路的前级输出端通过电容接到后级输入端,称为阻容耦合方式,图 3.1.2 所示为两级阻容耦合放大电路,第一级为共射放大电路,第二级为共集放大电路。

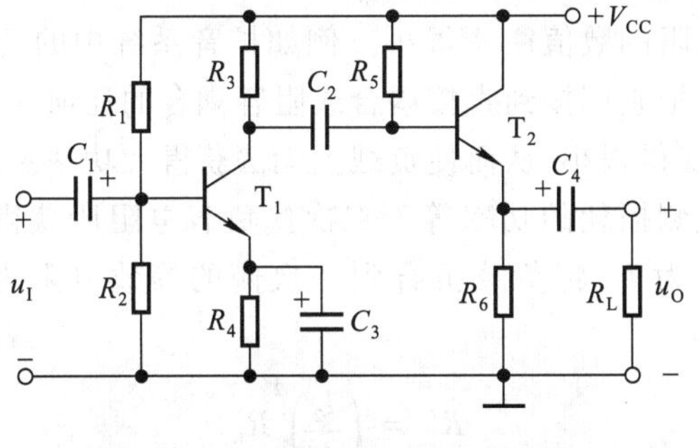

图 3.1.2 两级阻容耦合放大电路

由于电容对直流量的电抗为无穷大,因而阻容耦合放大电路各级之间的直流通路各不相通,各级的静态工作点相互独立,在求解或实际调试 Q 点时可按单级处理,所以电路的分析、设计和调试简单易行。而且,只要输入信号频率较高,耦合电容容量较大,前级的输出信号就可以几乎没有衰减地传递到后级的输入端,因此,在分立元件电路中阻容耦合方式得到了非常广泛的应用。

阻容耦合放大电路的低频特性差,不能放大变化缓慢的信号。这是因为电容对这类信号呈现出很大的容抗,信号的一部分甚至全部都衰减在耦合电容上,而根本不向后级传递。此外,在集成电路中制造大容量电容很困难,甚至不可能,所以这种耦合方式不便于集成化。

应当指出,通常只有在信号频率很高、输出功率很大等特殊情况下,才采用阻容耦合方式的分立元件放大电路。

三、变压器耦合放大电路

将放大电路前级的输出信号通过变压器接到后级的输入端或负载电阻上，称为变压器耦合。图3.1.3(a)所示为变压器耦合共射放大电路，R_L既可以是实际的负载电阻，也可以代表后级放大电路，图(b)是它的交流等效电路。

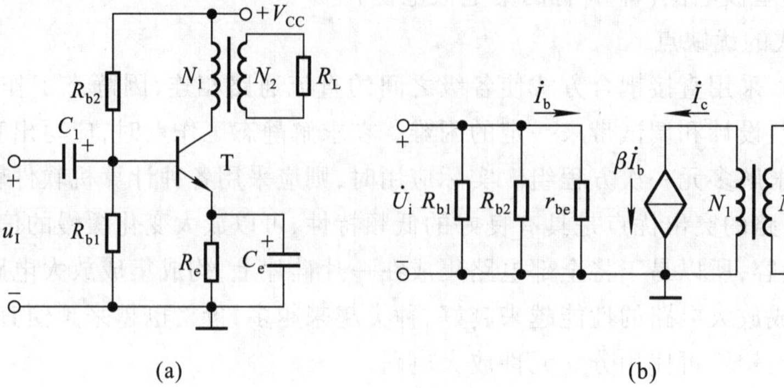

图3.1.3 变压器耦合共射放大电路

(a) 电路 (b) 交流等效电路

由于变压器耦合放大电路的前、后级靠磁路耦合，所以与阻容耦合放大电路一样，它的各级放大电路的静态工作点相互独立，便于分析、设计和调试。而它的低频特性差，不能放大变化缓慢的信号，且笨重，更不能集成化。与前两种耦合方式相比，其最大特点是可以实现阻抗变换，因而在分立元件功率放大电路中得到了广泛应用。

在实际系统中，负载电阻的数值往往很小。例如扩音系统中的扬声器，其阻值一般为3 Ω、4 Ω、8 Ω和16 Ω等几种。把它们接到直接耦合或阻容耦合的任何一种放大电路的输出端，都将使其电压放大倍数的数值变得很小，从而使负载上无法获得大功率。采用变压器耦合时，若忽略变压器自身的损耗，则一次侧损耗的功率等于二次侧负载电阻所获得的功率，即 $P_1 = P_2$。设一次电流为 $I_1(I_c)$，二次电流为 I_2，将负载折合到一次侧的等效电阻为 R'_L，如图3.1.4所示，则 $I_1^2 R'_L = I_2^2 R_L$，即

$$R'_L = \left(\frac{I_2}{I_1}\right)^2 R_L$$

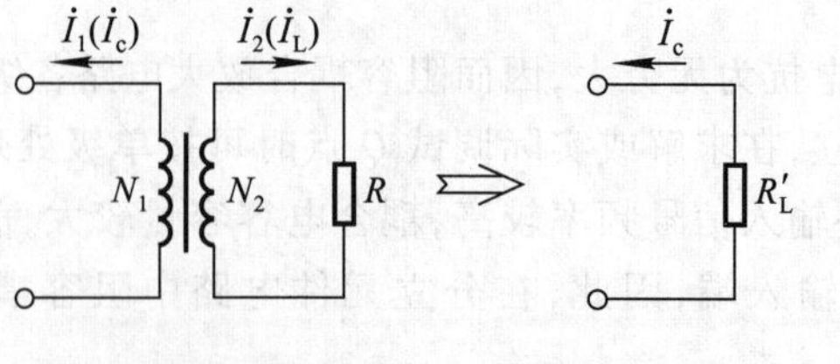

图3.1.4 变压器耦合的阻抗变换

因为变压器二次电流与一次电流之比等于一次线圈匝数 N_1 与二次线圈匝数 N_2 之比，所以

$$R'_L = \left(\frac{N_1}{N_2}\right)^2 R_L \tag{3.1.1}$$

对于图3.1.3所示电路，可得电压放大倍数

$$\dot{A}_u = -\frac{\beta R'_L}{r_{be}} \quad \left[R'_L = \left(\frac{N_1}{N_2}\right)^2 R_L\right] \tag{3.1.2}$$

根据所需的电压放大倍数,可以选择合适的匝数比,使负载电阻上获得足够大的电压。并且当匹配得当时,负载可以获得足够大的功率。在集成功率放大电路产生之前,几乎所有的功率放大电路都采用变压器耦合的形式。而目前,只有在集成功率放大电路无法满足需要的情况下,如需输出特大功率,或实现高频功率放大时,才考虑用分立元件构成变压器耦合放大电路。

四、光电耦合

光电耦合是以光信号为媒介来实现电信号的耦合和传递的,因其抗干扰能力强而得到越来越广泛的应用。

1. 光电耦合器

光电耦合器是实现光电耦合的基本器件,它将发光元件(发光二极管)与光敏元件(光电三极管)相互绝缘地组合在一起,如图 3.1.5(a)所示。发光元件为输入回路,它将电能转换成光能;光敏元件为输出回路,它将光能再转换成电能,实现了两部分电路的电气隔离,从而可有效地抑制电干扰。在输出回路常采用复合管(也称为达林顿结构)形式以增大放大倍数。

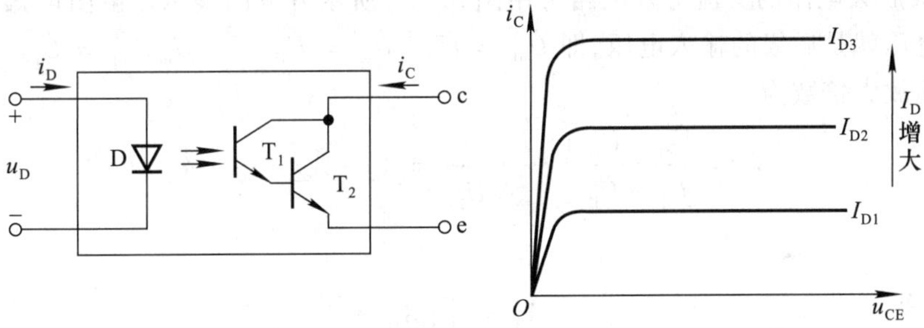

图 3.1.5　光电耦合器及其传输特性

光电耦合器的传输特性如图 3.1.5(b)所示,它描述当发光二极管的电流为一个常量 I_D 时,集电极电流 i_C 与管压降 u_{CE} 之间的函数关系,即

$$i_C = f(u_{CE})\big|_{I_D} \tag{3.1.3}$$

因此,与晶体管的输出特性一样,也是一族曲线。当管压降 u_{CE} 足够大时,i_C 几乎仅决定于 i_D。与晶体管的 β 相类似,在 c－e 之间电压一定的情况下,i_C 的变化量与 i_D 的变化量之比称为传输比 *CTR*。

$$CTR = \frac{\Delta i_C}{\Delta i_D}\bigg|_{U_{CE}} \tag{3.1.4}$$

不过 CTR 的数值比 β 小得多,只有 0.1~1.5。

2. 光电耦合放大电路

图 3.1.6 所示为光电耦合放大电路,信号源部分可以是真实的信号源,也可以是前级放大电路。当动态信号为 0 时,输入回路有静态电流 I_{DQ},输出回路有静态电流 I_{CQ},从而确定出静态管压降 U_{CEQ}。有动态信号时,随着 i_D 的变化,i_C 将产生线性变化。当然,u_{CE} 也将产生相应的变化。

由于传输比的数值较小,所以一般情况下,输出电压还需进一步放大。实际上,目前已有集成光电耦合放大电路,具有较强的放大能力。

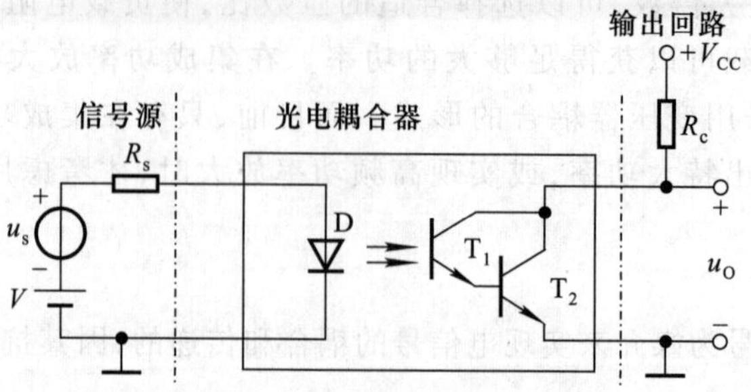

图 3.1.6 光电耦合放大电路

在图 3.1.6 所示电路中,若信号源部分与输出回路部分采用独立电源且分别接不同的"地",则即使是远距离信号传输,也可以避免受到各种电干扰。

3.1.2 多级放大电路的动态分析

一个 N 级放大电路的交流等效电路可用图 3.1.7 所示方框图表示。由图可知,放大电路中前级的输出电压就是后级的输入电压,即 $\dot{U}_{o1} = \dot{U}_{i2}$、$\dot{U}_{o2} = \dot{U}_{i3}$、…、$\dot{U}_{o(N-1)} = \dot{U}_{iN}$,所以,多级放大电路的电压放大倍数为

$$\dot{A}_u = \frac{\dot{U}_{o1}}{\dot{U}_i} \cdot \frac{\dot{U}_{o2}}{\dot{U}_{i2}} \cdot \cdots \cdot \frac{\dot{U}_o}{\dot{U}_{iN}} = \dot{A}_{u1} \cdot \dot{A}_{u2} \cdot \cdots \cdot \dot{A}_{uN}$$

即

$$\dot{A}_u = \prod_{j=1}^{N} \dot{A}_{uj} \tag{3.1.5}$$

式(3.1.5)表明,多级放大电路的电压放大倍数等于组成它的各级放大电路的电压放大倍数之积。对于第一级到第($N-1$)级,每一级的放大倍数均应该是以后级输入电阻作为负载时的放大倍数。

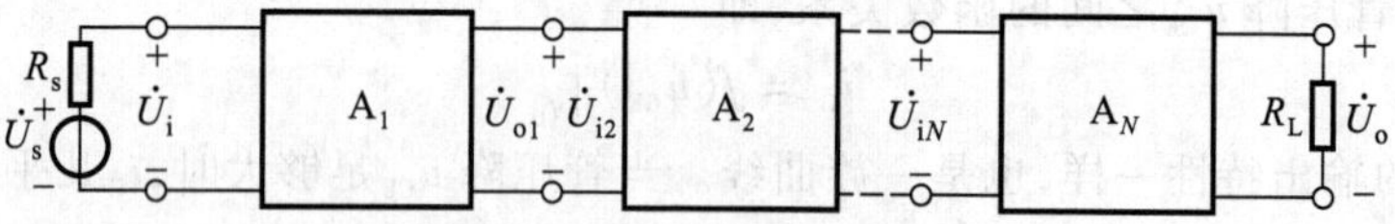

图 3.1.7 多级放大电路方框图

根据放大电路的输入电阻的定义,多级放大电路的输入电阻就是第一级的输入电阻,即

$$R_i = R_{i1} \tag{3.1.6}$$

根据放大电路的输出电阻的定义,多级放大电路的输出电阻就是最后一级的输出电阻,即

$$R_o = R_{oN} \tag{3.1.7}$$

应当注意,当共集放大电路作为输入级(即第一级)时,它的输入电阻与其负载,即与第二级的输入电阻有关;而当共集放大电路作为输出级(即最后一级)时,它的输出电阻与其信号源内阻,即与倒数第二级的输出电阻有关。

当多级放大电路的输出波形产生失真时，应首先确定是在哪一级先出现的失真，然后再判断是产生了饱和失真还是截止失真，进而采用合适的方法消除这种失真。

【例 3.1.1】 已知图 3.1.2 所示电路中，$R_1=15\ \text{k}\Omega$，$R_2=R_3=5\ \text{k}\Omega$，$R_4=2.3\ \text{k}\Omega$，$R_5=100\ \text{k}\Omega$，$R_6=R_L=5\ \text{k}\Omega$；$V_{CC}=12\ \text{V}$；晶体管的 β 均为 150，$r_{be1}=4\ \text{k}\Omega$，$r_{be2}=2.2\ \text{k}\Omega$，$U_{BEQ1}=U_{BEQ2}=0.7\ \text{V}$。

试估算电路的 Q 点、$\dot{A}_u$、R_i 和 R_o。

解：(1) 求解 Q 点：由于电路采用阻容耦合方式，所以每一级的 Q 点都可以按单管放大电路来求解。

第一级为典型的 Q 点稳定电路，根据参数取值可以认为

$$U_{BQ1}\approx\frac{R_2}{R_1+R_2}\cdot V_{CC}=\frac{5}{15+5}\times 12\ \text{V}=3\ \text{V}$$

$$I_{EQ1}=\frac{U_{BQ1}-U_{BEQ1}}{R_4}\approx\frac{3-0.7}{2.3}\ \text{mA}=1\ \text{mA}$$

$$I_{BQ1}=\frac{I_{EQ1}}{1+\beta_1}\approx\frac{1}{150}\ \text{mA}\approx 0.0067\ \text{mA}=6.7\ \mu\text{A}$$

$$U_{CEQ1}\approx V_{CC}-I_{EQ1}(R_3+R_4)=[12-1\times(5+2.3)]\text{V}=4.7\ \text{V}$$

第二级为共集放大电路，根据其基极回路方程求出 I_{BQ2}，便可得到 I_{EQ2} 和 U_{CEQ2}。即

$$I_{BQ2}=\frac{V_{CC}-U_{BEQ2}}{R_5+(1+\beta_2)R_6}=\frac{12-0.7}{100+151\times 5}\ \text{mA}\approx 0.013\ \text{mA}=13\ \mu\text{A}$$

$$I_{EQ2}=(1+\beta_2)I_{BQ2}\approx(1+150)\times 13\ \mu\text{A}=1\,963\ \mu\text{A}\approx 2\ \text{mA}$$

$$U_{CEQ2}\approx V_{CC}-I_{EQ2}R_6\approx(12-2\times 5)\text{V}=2\ \text{V}$$

(2) 求解 $\dot{A}_u$、R_i 和 R_o：画出图 3.1.2 所示电路的交流等效电路如图 3.1.8 所示。

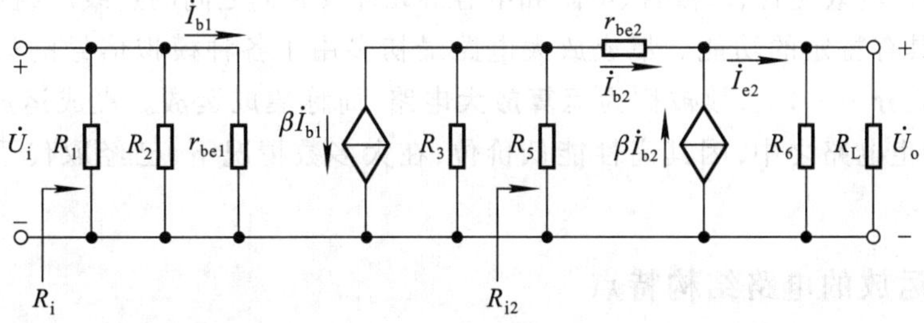

图 3.1.8 图 3.1.2 所示电路的交流等效电路

为了求出第一级的电压放大倍数 $\dot{A}_{u1}$，首先应求出其负载电阻，即第二级的输入电阻：

$$R_{i2}=R_5\,/\!/\,\{r_{be2}+[(1+\beta_2)(R_6\,/\!/\,R_L)]\}\approx 79\ \text{k}\Omega$$

$$\dot{A}_{u1}=-\frac{\beta_1(R_3\,/\!/\,R_{i2})}{r_{be1}}\approx-\frac{150\times\dfrac{5\times 79}{5+79}}{4}\approx-176$$

第二级的电压放大倍数应接近 1，根据电路可得

$$\dot{A}_{u2}=\frac{(1+\beta_2)(R_6\,/\!/\,R_L)}{r_{be2}+(1+\beta_2)(R_6\,/\!/\,R_L)}=\frac{151\times 2.5}{2.2+151\times 2.5}\approx 0.994$$

将 $\dot{A}_{u1}$ 与 $\dot{A}_{u2}$ 相乘，便可得出整个电路的电压放大倍数为

$$\dot{A}_u = \dot{A}_{u1} \cdot \dot{A}_{u2} \approx -176 \times 0.994 \approx -175$$

根据输入电阻的物理意义，可知

$$R_i = R_1 /\!/ R_2 /\!/ r_{be1} = \left(\frac{1}{1/15 + 1/5 + 1/4}\right)\text{k}\Omega \approx 1.94\ \text{k}\Omega$$

电路的输出电阻 R_o 与第一级的输出电阻 R_3 有关，

$$R_o = R_6 /\!/ \frac{r_{be2} + R_3 /\!/ R_5}{1+\beta_2} \approx \frac{r_{be2} + R_3}{1+\beta_2} = \frac{2.2+5}{1+150}\ \text{k}\Omega \approx 0.047\,7\ \text{k}\Omega \approx 48\ \Omega$$

■ 思考题

3.1.1 直接耦合放大电路只能放大直流信号，阻容耦合和变压器耦合放大电路只能放大交流信号，这种说法对吗？为什么？

3.1.2 如何组成一个输入电阻大于 1 MΩ、输出电阻小于 150 Ω、电压放大倍数的数值大于 10^3 的多级放大电路？画出方框图，填写每个方框的电路名称，并简述理由。

3.1.3 已知一个三级放大电路的负载电阻和各级电路的输入电阻、输出电阻、空载电压放大倍数，试求解整个放大电路的电压放大倍数。

3.1.4 已知两级共射放大电路由 NPN 型管组成，其输出电压波形产生底部失真，试说明产生失真所有可能的原因。

3.2 集成运算放大电路概述

集成电路是一种将“管”和“路”紧密结合的器件，它以半导体单晶硅为芯片，采用专门的制造工艺，把晶体管、场效应管、二极管、电阻和电容等元件及它们之间的连线所组成的完整电路制作在一起，使之具有特定的功能。集成放大电路最初多用于各种模拟信号的运算（如比例、求和、求差、积分、微分……）上，故被称为**运算放大电路**，简称**集成运放**。集成运放广泛用于模拟信号的处理和产生电路之中，因其高性能低价位，在大多数情况下，已经取代了分立元件放大电路。

3.2.1 集成运放的电路结构特点

由 1.6 节可知，在集成运放电路中，相邻元器件的参数具有良好的一致性；纵向晶体管的 β 大，横向晶体管的耐压高；电阻的阻值和电容的容量均有一定的限制；以及便于制造互补式 MOS 电路等特点。这些特点就使得集成放大电路与分立元件放大电路在结构上有较大的差别。观察它们的电路图可以发现，后者除放大管外，其余元件多为电阻、电容、电感等；而前者以晶体管和场效应管为主要元件，电阻与电容的数量很少。归纳起来，集成运放有如下特点：

一、因为硅片上不能制作大电容，所以集成运放均采用直接耦合方式。

二、因为相邻元件具有良好的对称性，而且受环境温度和干扰等影响后的变化也相同，所以集成运放中大量采用元件具有对称性的各种差分放大电路（作输入级）和恒流源电路（作偏置电

路或有源负载）。

三、因为制作不同形式的集成电路，只是所用掩模不同，增加元器件并不增加制造工序，即电路的复杂化并不会使工艺过程复杂化，所以集成运放允许采用复杂的电路形式，以达到提高各方面性能的目的。

四、集成运放电路中作为放大管的晶体管和场效应管数量很少，其余管子用做它用。例如，因为硅片上不宜制作高阻值的电阻，所以在集成运放中常用有源元件（晶体管或场效应管）取代电阻。

五、集成晶体管和场效应管因制作工艺不同，性能上有较大差异，所以在集成运放中常采用复合形式，以得到各方面性能俱佳的效果。

3.2.2 集成运放电路的组成及其各部分的作用

集成运放电路由输入级、中间级、输出级和偏置电路四部分组成，如图 3.2.1 所示。它有两个输入端和一个输出端，图中所标 u_P、u_N、u_O 均以“地”为公共端。

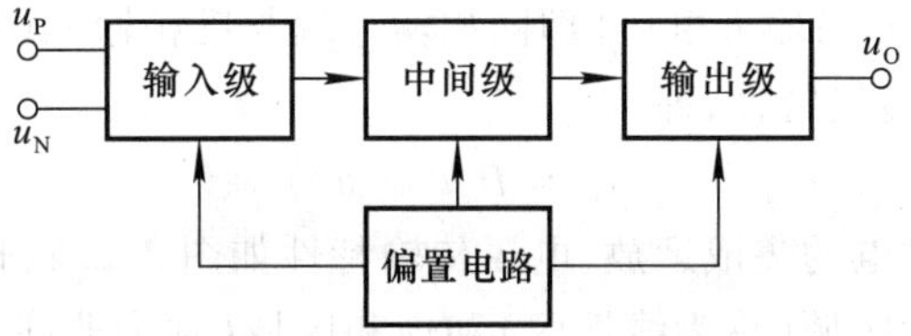

图 3.2.1 集成运放电路方框图

一、输入级

输入级又称前置级，它往往是一个双端输入的高性能差分放大电路。一般要求其输入电阻高，电压放大倍数大，抑制零点漂移现象的能力强，静态电流小。输入级的好坏直接影响集成运放的大多数性能参数，因此，在几代产品的更新过程中，输入级的变化最大。

二、中间级

中间级是整个放大电路的主放大器，其作用是使集成运放具有较强的放大能力，多采用共射或共源放大电路。而且，为了提高电压放大倍数，经常采用复合管作放大管，以恒流源作集电极负载。其电压放大倍数可达千倍以上。

三、输出级

输出级应具有输出电压线性范围宽，输出电阻小（即带负载能力强）、非线性失真小等特点。集成运放的输出级多采用互补输出电路。

四、偏置电路

偏置电路用于设置集成运放各级放大电路的静态工作点。与分立元件不同，集成运放采用电流源电路为各级提供合适的集电极（或发射极、漏极、源极）静态工作电流，从而确定了合适的静态工作点。

3.2.3 集成运放的电压传输特性

集成运放有同相输入端和反相输入端，这里的“同相”和“反相”是指运放的输入电压与输出电压之间的相位关系，其符号如图 3.2.2(a)所示。从外部看，可以认为集成运放是一个双端输入、单端输出，具有高电压放大倍数、高输入电阻、低输出电阻，能较好地抑制零点漂移现象的差分放大电路；有单电源供电和正负双电源供电之分。

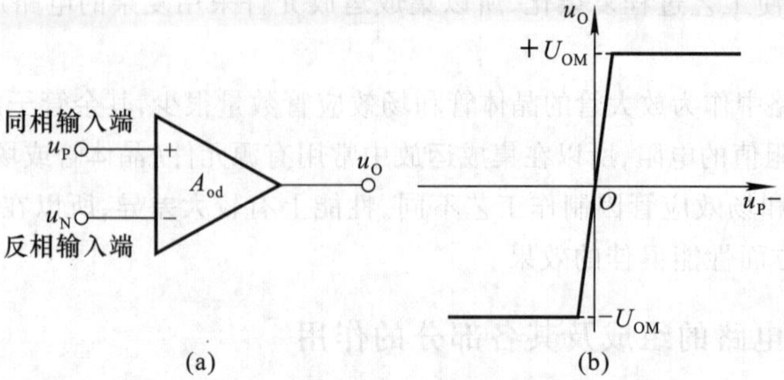

图 3.2.2　集成运放的符号和电压传输特性
（a）符号　（b）电压传输特性

集成运放的输出电压 u_O 与输入电压（即同相输入端与反相输入端之间的电位差）(u_P-u_N) 之间的关系曲线称为电压传输特性，即

$$u_O=f(u_P-u_N) \tag{3.2.1}$$

对于正、负两路电源供电的集成运放，电压传输特性如图 3.2.2（b）所示。从图示曲线可以看出，集成运放有线性放大区域（称为线性区）和饱和区域（称为非线性区）两部分。在线性区，曲线的斜率为电压放大倍数；在非线性区，输出电压只有两种可能的情况，$+U_{OM}$ 或 $-U_{OM}$。

由于集成运放放大的是 u_P 和 u_N 之间的差值信号，称为差模信号，且没有通过外电路引入反馈，故称其电压放大倍数为差模开环放大倍数，记作 A_{od}，因而当集成运放工作在线性区时

$$u_O=A_{od}(u_P-u_N) \tag{3.2.2}$$

通常 A_{od} 非常高，可达几十万倍，因此集成运放电压传输特性中的线性区非常之窄。如果输出电压的最大值 $\pm U_{OM}=\pm 14\ \text{V}$，$A_{od}=5\times10^5$，那么只有当 $|u_P-u_N|<28\ \mu\text{V}$ 时，电路才工作在线性区。换言之，若 $|u_P-u_N|>28\ \mu\text{V}$，则集成运放进入非线性区，因而输出电压 u_O 不是 $+14\ \text{V}$，就是 $-14\ \text{V}$。

■　**思考题**

3.2.1　利用分立元件组成和集成运放内部完全相同的电路，是否会具有同样优良的性能？为什么？

3.2.2　为什么集成运放内部可以采用增加电路复杂性的方法来提高其性能，而分立元件电路不能采用同样的方法？

3.2.3　若集成运放的电源电压为 $\pm15\ \text{V}$，差模放大倍数为 10^5，则当其差模输入电压为 $\pm1\ \mu\text{V}$、$\pm10\ \mu\text{V}$、$\pm100\ \mu\text{V}$、$\pm1\ \text{mV}$ 时，输出电压各为多少？

3.3　集成运放中的单元电路

从上节分析可知，通用型集成运放是由差分放大电路、复合管共射放大电路、互补输出级以及偏置电路组成的直接耦合放大电路，本节将对直接耦合放大电路的零点漂移现象和各单元电

路一一加以阐述。

3.3.1 直接耦合放大电路的零点漂移现象

工业控制中的很多物理量均为模拟量,如温度、流量、压力、液面、长度等,它们通过各种不同传感器转化成的电量也均为变化缓慢的非周期性信号,而且比较微弱,因而这类信号一般均需通过直接耦合放大电路放大后才能驱动负载。只有克服直接耦合放大电路存在的问题才能使之实用。

一、零点漂移现象及其产生的原因

人们在实验中发现,在直接耦合放大电路中,即使将输入端短路,用灵敏的直流表测量输出端,也会有变化缓慢的输出电压,如图 3.3.1 所示。这种输入电压(Δu_I)为零而输出电压的变化(Δu_O)不为零的现象称为零点漂移现象。

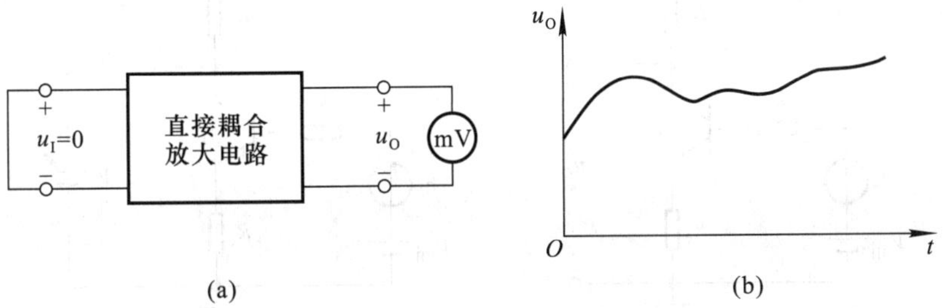

图 3.3.1 零点漂移现象
(a) 测试电路 (b) 测试结果

在放大电路中,任何元件参数的变化,如电源电压的波动、元件的老化、半导体元件参数随温度变化而产生的变化,都将产生输出电压的漂移。在阻容耦合放大电路中,这种缓慢变化的漂移电压都将降落在耦合电容之上,而不会传递到下一级电路进一步放大。但是,在直接耦合放大电路中,由于前后级直接相连,前一级的漂移电压会和有用信号一起被送到下一级,而且逐级放大,以至于有时在输出端很难区分什么是有用信号,什么是漂移电压,放大电路不能正常工作。

采用高质量的稳压电源和使用经过老化实验的元件就可以大大减小因此而产生的漂移。由温度变化所引起的半导体器件参数的变化就成为产生零点漂移现象的主要原因,因此,也称零点漂移为温度漂移,简称温漂。在第 2 章的 2.4 节曾分析了温度对晶体管参数的影响,这里不再赘述。

二、抑制温度漂移的方法

对于直接耦合放大电路,如果不采取措施抑制温度漂移,从理论分析上它的性能再优良,也不能成为实用电路。在第 2 章的 2.4 节曾经讲到稳定静态工作点的方法,这些方法也是抑制温度漂移的方法。因为从某种意义上讲,零点漂移就是 Q 点的漂移,因此抑制温度漂移的方法如下:

(1) 在电路中引入直流负反馈,例如典型的静态工作点稳定电路(图 2.4.2)中 R_e 所起的作用。

(2) 采用温度补偿的方法,利用热敏元件来抵消放大管的变化。例如图 2.4.6 所示电路中的二极管。

(3) 采用特性相同的管子,使它们的温漂相互抵消,构成"差分放大电路"。这个方法也可归结为温度补偿。

3.3.2 差分放大电路

差分放大电路是构成多级直接耦合放大电路的基本单元电路，常作为集成运放的输入级。

一、电路的组成

差分放大电路是由典型的工作点稳定电路演变而来的。在图 3.3.2(a)所示电路中，若基极电阻 R_b 上的静态电压可忽略不计，则发射极的静态电流 $I_{EQ} \approx (V_{BB} - U_{BEQ})/R_e$，因而可以认为其 Q 点基本稳定。但是，如果仔细研究在温度变化时 Q 点的稳定过程，就不难发现，最终，集电极电流 I_{CQ} 会有微小的变化；而且也正是这种变化在发射极电阻 R_e 上产生变化的电压（即负反馈电压），影响了晶体管的 b-e 间静态电压，才达到减小温漂的目的。可以想象，只要采用直接耦合方式，这种变化就会逐级放大。

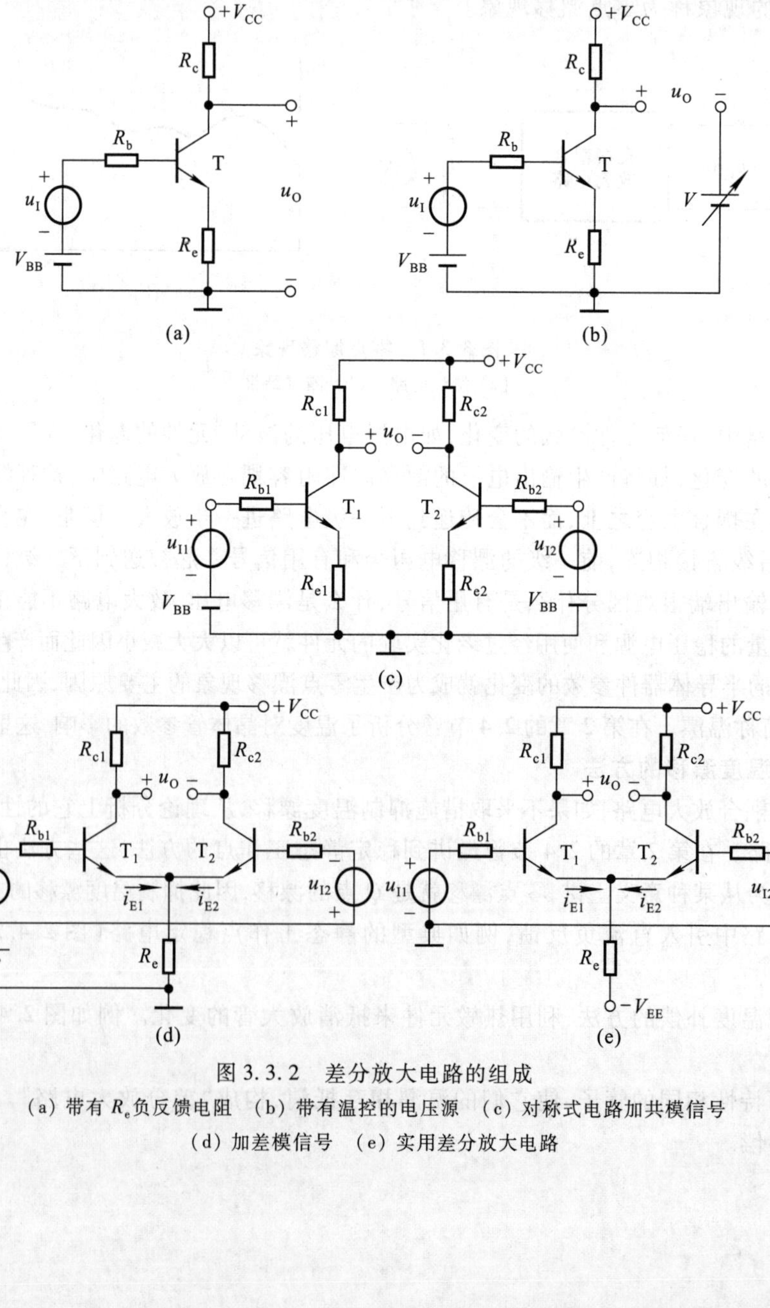

图 3.3.2 差分放大电路的组成

(a) 带有 R_e 负反馈电阻 (b) 带有温控的电压源 (c) 对称式电路加共模信号

(d) 加差模信号 (e) 实用差分放大电路

但是，如果能像图 3.3.2(b)所示电路那样，改变电压输出端，并能寻找到一个受温度控制的直流电压源 V，当晶体管集电极静态电位 U_{CQ}变化时，V 始终与之保持相等，那么输出电压中就只有动态信号 u_I作用的部分了，而与静态工作电位 U_{CQ}及其温度漂移毫无关系。可以想象，如果采用与图(b)所示电路参数完全相同，管子特性也完全相同的电路，那么两只管子的集电极静态电位在温度变化时也将时时相等，电路以两只管子集电极电位差作为输出，就克服了温度漂移，实现了上述构思，如图(c)所示。

在图(c)所示电路中，当 u_{I1} 与 u_{I2} 所加信号为大小相等、极性相同的输入信号(称为**共模信号**)时，由于电路参数对称，T_1 管和 T_2 管所产生的电流变化相等，即 $\Delta i_{B1}=\Delta i_{B2}$，$\Delta i_{C1}=\Delta i_{C2}$；因此集电极电位的变化也相等，即 $\Delta u_{C1}=\Delta u_{C2}$。那么，图中所标注的输出电压 $u_O=u_{C1}-u_{C2}=(U_{CQ1}+\Delta u_{C1})-(U_{CQ2}+\Delta u_{C2})=0$，说明差分放大电路对共模信号具有很强的抑制作用，在参数理想对称的情况下，共模输出为零。

为使信号得以放大，需将其分成大小相等的两部分，按相反极性加在电路的两个输入端，如图(d)所示。称这种大小相等极性相反的信号为**差模信号**。由于 $\Delta u_{I1}=-\Delta u_{I2}$，又由于电路参数对称，$T_1$ 管和 T_2 管所产生的电流的变化大小相等而变化方向相反，即 $\Delta i_{B1}=-\Delta i_{B2}$，$\Delta i_{C1}=-\Delta i_{C2}$；因此集电极电位的变化也是大小相等且变化方向相反的，即 $\Delta u_{C1}=-\Delta u_{C2}$，这样得到的输出电压 $\Delta u_O=\Delta u_{C1}-\Delta u_{C2}=2\Delta u_{C1}$，从而实现了电压放大。但是，由于图(c)中 R_{e1} 和 R_{e2} 的存在使电路的电压放大能力变差，当它们数值较大时，甚至不能放大。研究差模输入信号作用时，T_1 管和 T_2 管发射极电流的变化，就会发现，它们与基极电流一样，变化量的大小相等方向相反，即$\Delta i_{E1}=-\Delta i_{E2}$。若将 T_1 管和 T_2 管的发射极连在一起，将 R_{e1} 和 R_{e2} 合二而一，成为一个电阻 R_e，如图(d)所示，则在差模信号作用下 R_e 中的电流变化为零，即 R_e 对差模信号无反馈作用，相当于短路，因此大大提高了对差模信号的放大能力。为了简化电路，便于调节 Q 点，也为了使电源与信号源“共地”，就产生了图(e)所示的典型差分放大电路。也有文献称之为差动放大电路，所谓“差动”，是指只有当两个输入端之间的电位有差别(即变化量)时，输出电压才有变动(即变化量)的意思。

对于差分放大电路的分析，多是在电路参数理想对称情况下进行的。所谓电路参数理想对称，是指在对称位置的电阻值绝对相等，两只晶体管在任何温度下输入特性曲线与输出特性曲线均完全重合。

应当指出，由于实际电阻的阻值误差各不相同，特别是晶体管特性的分散性，任何分立元件差分放大电路的参数不可能理想对称，也就不可能完全抑制零点漂移；而在集成电路中，由于相邻元件具有良好的对称性，故能够实现趋于参数理想对称的差分放大电路。

二、长尾式差分放大电路

图 3.3.3 所示为典型的差分放大电路，由于 R_e 接负电源 $-V_{EE}$，拖一个尾巴，故称为长尾式电路，电路参数理想对称，即 $R_{b1}=R_{b2}=R_b$，$R_{c1}=R_{c2}=R_c$；T_1 管与 T_2 管的特性相同，$\beta_1=\beta_2=\beta$，$r_{be1}=r_{be2}=r_{be}$；R_e 为公共的发射极电阻。

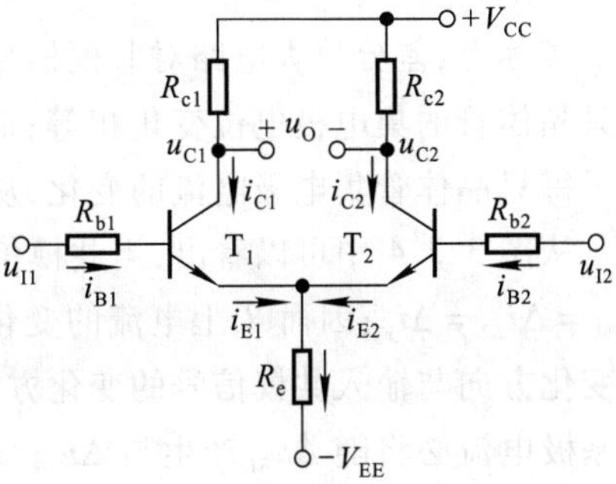

图 3.3.3 长尾式差分放大电路

1. 静态分析

当输入信号 $u_{I1}=u_{I2}=0$ 时，电阻 R_e中的电流等于 T_1 管和 T_2管的发射极电流之和，即

$$I_{R_e} = I_{EQ1} + I_{EQ2} = 2I_{EQ}$$

根据基极回路方程

$$I_{BQ}R_b + U_{BEQ} + 2I_{EQ}R_e = V_{EE} \tag{3.3.1}$$

可以求出基极静态电流 I_{BQ} 或发射极电流 I_{EQ}，从而解出静态工作点。通常情况下，由于 R_b 阻值很小（很多情况下 R_b 为信号源内阻），而且 I_{BQ} 也很小，所以 R_b 上的电压可忽略不计，发射极电位 $U_{EQ} \approx -U_{BEQ}$，因而发射极的静态电流为

$$I_{EQ} \approx \frac{V_{EE} - U_{BEQ}}{2R_e} \tag{3.3.2}$$

可见，只要合理地选择 R_e 的阻值，并与电源 V_{EE} 相配合，就可以设置合适的静态工作点。由 I_{EQ} 可得

$$I_{BQ} = \frac{I_{EQ}}{1+\beta} \tag{3.3.3}$$

$$U_{CEQ} = U_{CQ} - U_{EQ} \approx V_{CC} - I_{CQ}R_c + U_{BEQ} \tag{3.3.4}$$

由于 $U_{CQ1} = U_{CQ2}$，所以 $u_O = U_{CQ1} - U_{CQ2} = 0$。

2. 对共模信号的抑制作用

从差分放大电路组成的分析可知，电路参数的对称性起了相互补偿的作用，抑制了温度漂移。当电路输入共模信号时，如图 3.3.4 所示，基极电流和集电极电流的变化量相等，即 $\Delta i_{B1} = \Delta i_{B2}$，$\Delta i_{C1} = \Delta i_{C2}$；因此，集电极电位的变化也相等，即 $\Delta u_{C1} = \Delta u_{C2}$，从而使得输出电压 $u_O = 0$，即对共模信号不放大。由于电路参数的理想对称性，温度变化时管子的电流变化完全相同，故可以将温度漂移等效成共模信号。

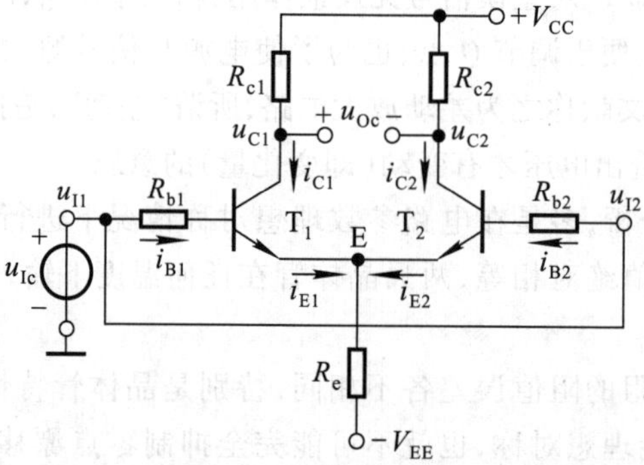

图 3.3.4 差分放大电路输入共模信号

实际上，差分放大电路对共模信号的抑制，不但利用了电路参数对称性所起的补偿作用，使两只晶体管的集电极电位变化相等；而且还利用了发射极电阻 R_e 对共模信号的负反馈作用，抑制了每只晶体管集电极电流的变化，从而抑制集电极电位的变化。

从图 3.3.4 中可以看出，当共模信号作用于电路时，两只管子发射极电流的变化量相等，即 $\Delta i_{E1} = \Delta i_{E2} = \Delta i_E$；因而 R_e 上电流的变化量为 2 倍的 Δi_E，发射极电位的变化量 $\Delta u_E = 2\Delta i_E R_e$。$\Delta u_E$ 的变化方向与输入共模信号的变化方向相同，致使 b－e 间电压的变化（Δu_{BE}）方向与 Δu_E 相反，而基极电流必将随 Δu_{BE} 产生与 Δu_{BE} 变化方向相同的变化 Δi_B，从而减小集电极电流的变化 Δi_C，也就抑制了集电极电位的变化。例如，当所加共模信号 Δu_{Ic} 为正时，简述晶体管各极之间电流、

电压的变化方向如下：

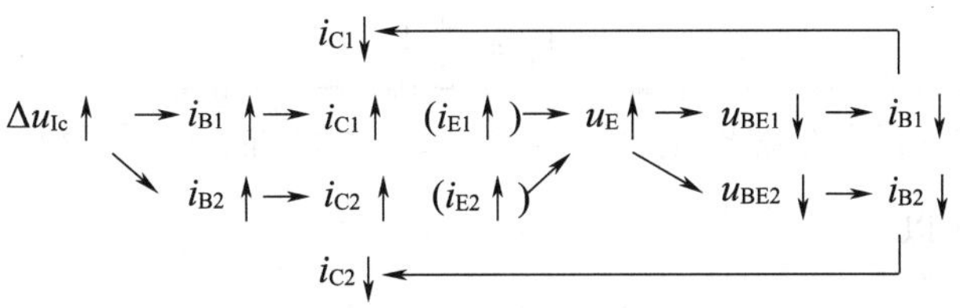

因为 $\Delta u_E=\Delta i_E(2R_e)$，所以对于每边晶体管而言，发射极等效电阻为 $2R_e$。由于 R_e 对共模信号起负反馈作用，故称之为共模负反馈电阻。R_e 阻值愈大，负反馈作用愈强，集电极电流变化愈小，因而集电极电位的变化也就愈小。但 R_e 的取值不宜过大，因为由式(3.3.2)可知，它受电源电压 V_{EE} 的限制。为了描述差分放大电路对共模信号的抑制能力，引入"共模放大倍数 A_c"这一参数①，定义为

$$A_c=\frac{\Delta u_{Oc}}{\Delta u_{Ic}} \tag{3.3.5}$$

式中，Δu_{Ic} 为共模输入电压，Δu_{Oc} 是 Δu_{Ic} 作用下的输出电压。它们可以是缓慢变化的信号，也可以是正弦交流信号。

在图 3.3.3 所示差分放大电路中，若电路参数理想对称，则 $A_c=0$。

3. 对差模信号的放大作用

当给差分放大电路输入一个差模信号 Δu_{Id} 时，由于电路参数的对称性，Δu_{Id} 经分压后，加在 T_1 管一边的为 $+\Delta u_{Id}/2$，加在 T_2 管一边的为 $-\Delta u_{Id}/2$，如图 3.3.5(a)所示。

由于 E 点电位在差模信号作用下不变，相当于接"地"；又由于负载电阻的中点电位在差模信号作用下也不变，也相当于接"地"，因而 R_L 被分成相等的两部分，分别接在 T_1 管和 T_2 管的 c－e 之间，所以图 3.3.5(a)所示电路在差模信号作用下的交流等效电路如图(b)所示。

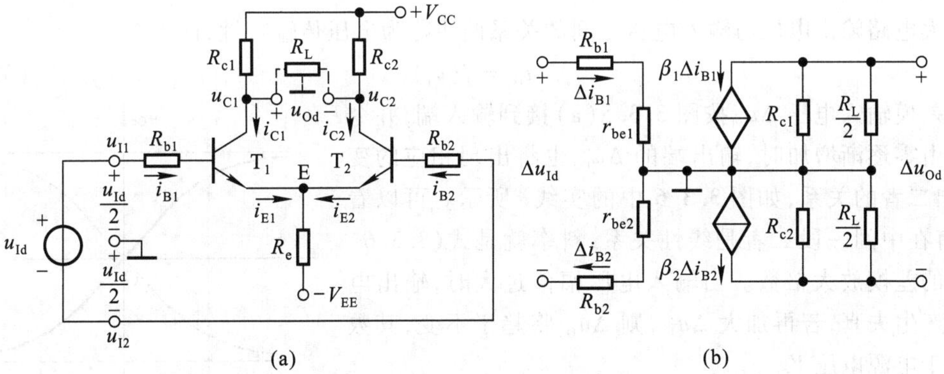

图 3.3.5　差分放大电路加差模信号

(a) 电路　(b) 交流等效电路

① 脚注 C 是 common 的字头。

输入差模信号时的电压放大倍数称为差模放大倍数，记作 A_d①，定义为

$$A_d = \frac{\Delta u_{Od}}{\Delta u_{Id}} \tag{3.3.6}$$

式中的 Δu_{Od} 是 Δu_{Id} 作用下的输出电压。从图(b)中可知，$\Delta u_{Id} = 2\Delta i_{B1}(R_b + r_{be})$，$\Delta u_{Od} = -2\Delta i_{C1}\left(R_c // \frac{R_L}{2}\right)$，所以

$$A_d = -\frac{\beta\left(R_c // \frac{R_L}{2}\right)}{R_b + r_{be}} \tag{3.3.7}$$

由此可见，虽然差分放大电路用了两只晶体管，但它的电压放大能力只相当于单管共射放大电路。因而，差分放大电路是以牺牲一只管子的放大倍数为代价来换取低温漂的效果的。

根据输入电阻的定义，从图(b)可以看出

$$R_i = 2(R_b + r_{be}) \tag{3.3.8}$$

它是单管共射放大电路输入电阻的两倍。

电路的输出电阻

$$R_o = 2R_c \tag{3.3.9}$$

也是单管共射放大电路输出电阻的两倍。

为了综合考察差分放大电路对差模信号的放大能力和对共模信号的抑制能力，特引入了一个指标参数——**共模抑制比**，记作 K_{CMR}，定义为

$$K_{CMR} = \left|\frac{A_d}{A_c}\right| \tag{3.3.10}$$

其值愈大，说明电路性能愈好。在图 3.3.3 所示电路中，若电路参数理想对称，由于 $A_c = 0$，$K_{CMR} = \infty$。

4. 电压传输特性

放大电路输出电压与输入电压之间的关系曲线称为电压传输特性，即

$$u_O = f(u_I) \tag{3.3.11}$$

将差模输入电压 Δu_{Id} 按图 3.3.5(a)接到输入端，并令其幅值由零逐渐增加时，输出端的 Δu_{Od} 也将出现相应的变化，画出二者的关系，如图 3.3.6 中的实线②所示。可以看出，只有在中间一段二者是线性关系，斜率就是式(3.3.6)所表示的差模放大倍数。当输入电压幅值过大时，输出电压就会产生失真，若再加大 Δu_{Id}，则 Δu_{Od} 将趋于不变，其数值取决于电源电压 V_{CC}。

若改变 Δu_{Id} 的极性，则可得到另一条如图 3.3.6 中虚线所示的曲线，它与实线完全对称。

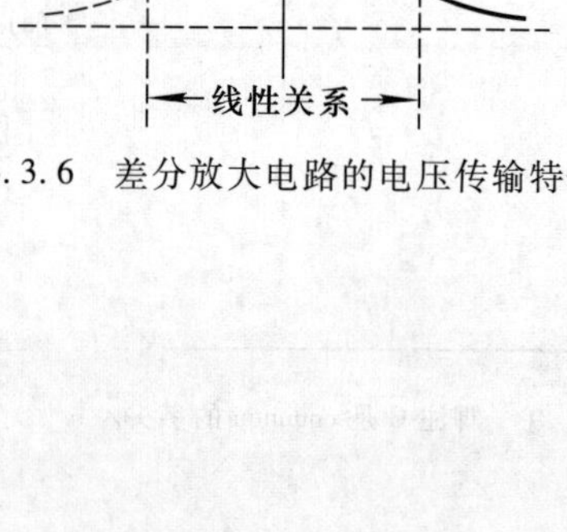

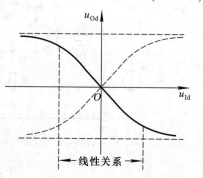

图 3.3.6 差分放大电路的电压传输特性

① 脚注中的 d 是 differential 的字头。

② 图中曲线可用 $u_{Od} = i_C R_c \operatorname{th}\left(-\frac{u_{Id}}{2U_T}\right)$ 来表示。

三、差分放大电路的四种接法

在图 3.3.3 所示电路中，输入端与输出端均没有接“地”点，称为双端输入、双端输出电路。在实际应用中，为了防止干扰和负载的安全，常将信号源的一端接地，或者将负载电阻的一端接地。根据输入端和输出端接地情况不同，除上述双端输入、双端输出电路外，还有双端输入、单端输出，单端输入、双端输出和单端输入、单端输出，共四种接法。下面分别介绍其电路的特点。

1. 双端输入、单端输出电路

图 3.3.7 所示为双端输入、单端输出差分放大电路。与图 3.3.3 所示电路相比，只在输出端不同，其负载电阻 R_L 的一端接 T_1 管的集电极，另一端接地。它的输出回路已不对称，因此影响了它的静态工作点和动态参数。

画出图 3.3.7 所示电路的直流通路如图 3.3.8 所示，图中 V'_{CC} 和 R'_c 是利用戴维宁定理进行变换得出的等效电源和电阻，其表达式分别为

$$V'_{CC} = \frac{R_L}{R_c + R_L} \cdot V_{CC} \tag{3.3.12}$$

$$R'_c = R_c /\!/ R_L \tag{3.3.13}$$

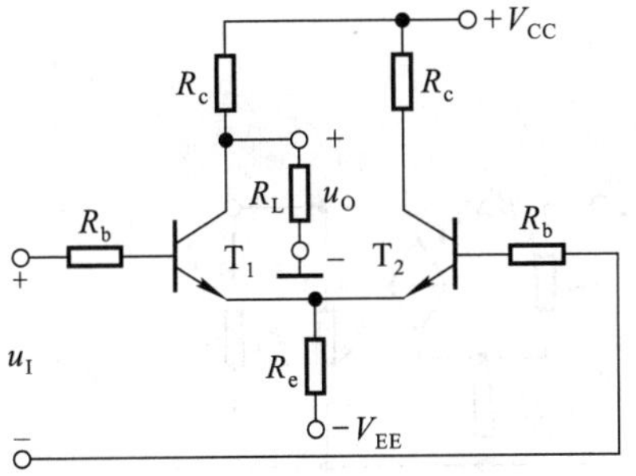

图 3.3.7 双端输入、单端输出差分放大电路

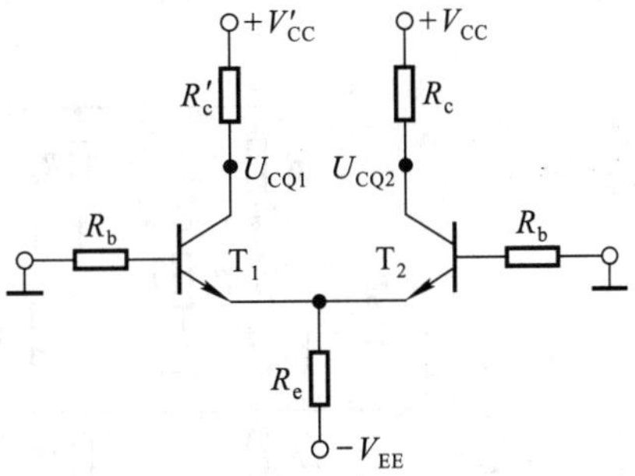

图 3.3.8 图 3.3.7 所示电路的直流通路

虽然由于输入回路参数对称，使静态电流 $I_{BQ1} = I_{BQ2}$，从而 $I_{CQ1} = I_{CQ2}$；但是，由于输出回路的不对称性，使 T_1 管和 T_2 管的集电极电位 $U_{CQ1} \neq U_{CQ2}$，从而使管压降 $U_{CEQ1} \neq U_{CEQ2}$。由图 3.3.8 可得

$$U_{CQ1} = V'_{CC} - I_{CQ}R'_c \tag{3.3.14}$$

$$U_{CQ2} = V_{CC} - I_{CQ}R_c \tag{3.3.15}$$

静态工作点 I_{CQ}、I_{BQ} 和 U_{CEQ1}、U_{CEQ2} 可通过式(3.3.2)、(3.3.3)、(3.3.4)计算。

因为在差模信号作用时，负载电阻仅取得 T_1 管集电极电位的变化量，所以与双端输出电路相比，差模放大倍数的数值减小。画出图 3.3.7 所示电路对差模信号的等效电路，如图 3.3.9 所示。在差模信号作用时，由于 T_1 管与 T_2 管中电流大小相等且方向相反，所以发射极相当于接地。输出电压 $\Delta u_{Od} = -\Delta i_C(R_c /\!/ R_L)$，输入电压 $\Delta u_{Id} = 2\Delta i_B(R_b + r_{be})$，因此差模放大倍数

$$A_d = \frac{\Delta u_{Od}}{\Delta u_{Id}} = -\frac{1}{2} \cdot \frac{\beta(R_c /\!/ R_L)}{R_b + r_{be}} \tag{3.3.16}$$

电路的输入回路没有变，所以输入电阻 R_i 仍为 $2(R_b + r_{be})$。

电路的输出电阻 R_o 为 R_c，是双端输出电路输出电阻的一半。

如果输入差模信号极性不变，而输出信号取自 T_2 管的集电极，则输出与输入同相。

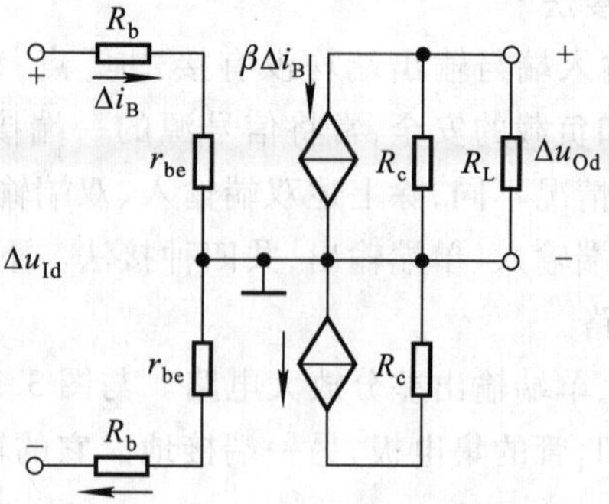

图 3.3.9　图 3.3.7 所示电路对差模信号的等效电路

当输入共模信号时,由于两边电路的输入信号大小相等且极性相同。所以发射极电阻 R_e上的电流变化量 $\Delta i_E = 2\Delta i_E$,发射极电位的变化量 $\Delta u_E = 2\Delta i_E R_e$;对于每只管子而言,可以认为是 Δi_E流过阻值为 $2R_e$所造成的,如图 3.3.10(a)所示。因此,与输出电压相关的 T_1管一边电路对共模信号的等效电路如图 3.3.10(b)所示。从图上可以求出

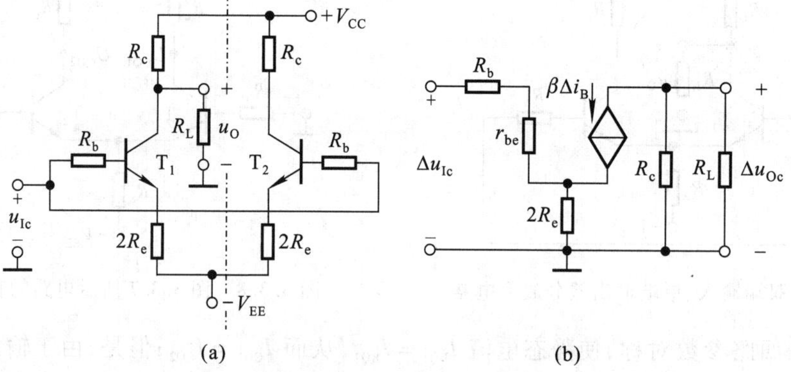

图 3.3.10　图 3.3.7 所示电路对共模信号的等效电路

(a) 等效变换　(b) 等效电路

$$A_c = \frac{\Delta u_{Oc}}{\Delta u_{Ic}} = -\frac{\beta(R_c /\!/ R_L)}{R_b + r_{be} + 2(1+\beta)R_e} \tag{3.3.17}$$

共模抑制比

$$K_{CMR} = \left|\frac{A_d}{A_c}\right| = \frac{R_b + r_{be} + 2(1+\beta)R_e}{2(R_b + r_{be})} \tag{3.3.18}$$

从式(3.3.17)和式(3.3.18)可以看出,R_e愈大,A_c的值愈小,K_{CMR}愈大,电路的性能也就愈好。因此,增大 R_e是改善共模抑制比的基本措施。

2. 单端输入、双端输出电路

图 3.3.11(a)所示为单端输入、双端输出电路,两个输入端中有一个接地,输入信号加在另一端与地之间。因为电路对于差模信号是通过发射极相连的方式将 T_1管的发射极电流传递到 T_2管的发射极的,故称这种电路为射极耦合电路。

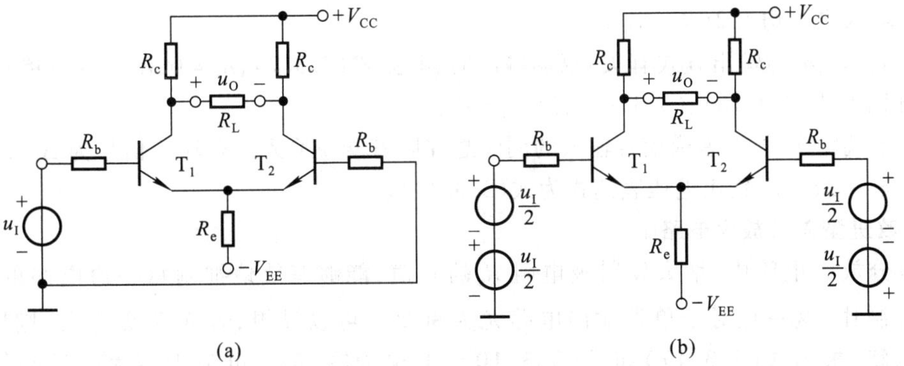

图 3.3.11 单端输入、双端输出电路

(a) 电路 (b) 输入信号的等效变换

为了说明这种输入方式的特点，不妨将输入信号进行如下的等效变换。在加信号一端，可将输入信号分为两个串联的信号源，它们的数值均为 $\Delta u_I/2$，极性相同；在接地一端，也可等效为两个串联的信号源，它们的数值均为 $\Delta u_I/2$，但极性相反，如图(b)所示。不难看出，同双端输入时一样，左右两边获得的差模信号仍为 $\pm\Delta u_I/2$；但是与此同时，两边输入了 $\Delta u_I/2$ 的共模信号。可见，单端输入电路与双端输入电路的区别在于：在输入差模信号的同时，伴随着共模信号的输入。因此，在共模放大倍数 A_c 不为零时，输出端不仅有差模信号作用而得到的差模输出电压，而且还有共模信号作用而得到的共模输出电压，即输出电压

$$\Delta u_O = A_d \Delta u_I + A_c \cdot \frac{\Delta u_I}{2} \tag{3.3.19}$$

当然，若电路参数理想对称，则 $A_c = 0$，即式中的第二项为 0，此时 K_{CMR} 将为无穷大。

单端输入、双端输出电路与双端输入、双端输出电路的静态工作点以及动态参数的分析完全相同，这里不再一一推导。

3. 单端输入、单端输出电路

图 3.3.12 所示为单端端入、单端输出电路，对于单端输出电路，常将不输出信号一边的 R_c 省掉。该电路对 Q 点、A_d、A_c、R_i 和 R_o 的分析与图 3.3.7 所示电路相同，对输入信号作用的分析与图 3.3.11 所示电路相同。

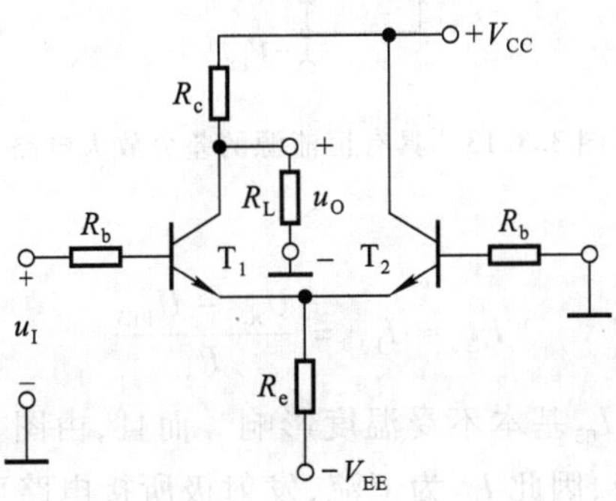

图 3.3.12 单端输入、单端输出电路

由以上分析可知，将四种接法的动态参数特点归纳如下：

(1) 输入电阻均为$2(R_b+r_{be})$。

(2) A_d、A_c、R_o与输出方式有关，双端输出时，A_d见式(3.3.7)，$A_c=0$，$R_o=2R_c$；单端输出时，A_d与A_c分别见式(3.3.16)、(3.3.17)，而$R_o=R_c$。

(3) 单端输入时，在差模信号输入的同时总伴随着共模输入。若输入信号为Δu_I，则$\Delta u_{Id}=\Delta u_I$，$\Delta u_{Ic}=+\Delta u_I/2$，输出电压表达式为式(3.3.19)。

四、改进型差分放大电路

在差分放大电路中，增大发射极电阻R_e的阻值，能够有效地抑制每一边电路的温漂，提高共模抑制比，这一点对于单端输出电路尤为重要。可以设想，若R_e为无穷大，则即使是单端输出电路，根据式(3.3.17)和式(3.3.10)，A_c也为零，K_{CMR}也为无穷大。设晶体管发射极静态电流为0.5 mA，则R_e中电流就为1 mA；若R_e为10 kΩ，则电源V_{EE}的值约为10.7 V；若$R_e=100$ kΩ，则$V_{EE}\approx100.7$ V，这显然是不现实的。考虑到故障情况下这样高的电源电压会全部加在差分管上，差分管必须选择高耐压管，对于小信号放大电路这是不合理的。差分电路需要既能采用较低的电源电压、又能有很大的等效电阻R_e的发射极电路，电流源具备上述特点。

利用工作点稳定电路来取代R_e，就得到如图3.3.13所示的具有恒流源的差分放大电路。图中R_1、R_2、R_3和T_3组成工作点稳定电路，电源V_{EE}可取几伏，电路参数应满足$I_2 \gg I_{B3}$。这样，$I_1\approx I_2$，所以R_2上的电压为

$$U_{R2}\approx\frac{R_2}{R_1+R_2}\cdot V_{EE} \tag{3.3.20}$$

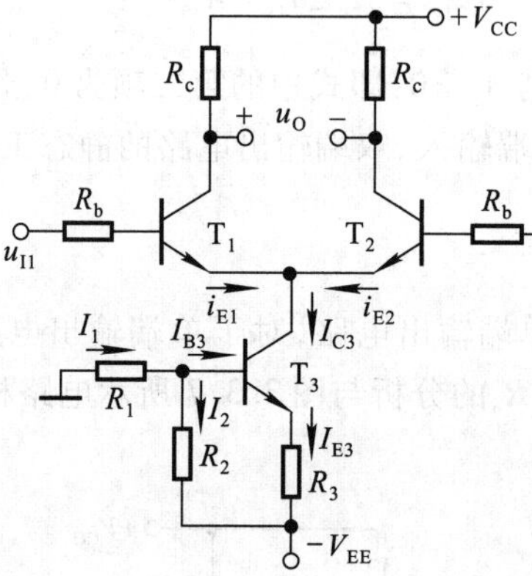

图3.3.13 具有恒流源的差分放大电路

T_3管的集电极电流

$$I_{C3}\approx I_{E3}=\frac{U_{R2}-U_{BE3}}{R_3} \tag{3.3.21}$$

若U_{BE3}的变化可忽略不计，则I_{C3}基本不受温度影响。而且，由图3.3.13可知，没有动态信号能够作用到T_3管的基极或发射极，因此I_{C3}为恒流，发射极所接电路可以等效成一个恒流源。T_1管和T_2管的发射极静态电流

$$I_{EQ1}=I_{EQ2}=\frac{I_{C3}}{2} \tag{3.3.22}$$

当 T_3 管输出特性为理想特性时，T_3 在放大区的输出特性曲线是横轴的平行线时，恒流源的内阻为无穷大，即相当于 T_1 管和 T_2 管的发射极接了一个阻值为无穷大的电阻，对共模信号的负反馈作用无穷大，因此使电路的 $A_c=0$，$K_{CMR}=\infty$。

恒流源的具体电路是多种多样的，在集成运放中一般采用 3.3.3 节所述的电流源电路。若用恒流源符号取代具体电路，则可得到图 3.3.14 所示差分放大电路。在实际电路中，由于难于做到参数理想对称，常用一个阻值很小的电位器加在两只管子发射极之间，见图中的 R_w。调节电位器滑动端的位置便可使电路在 $u_{I1}=u_{I2}=0$ 时 $u_O=0$，所以常称 R_w 为调零电位器。

为了获得高输入电阻的差分放大电路，可以将前面所讲电路中的差放管用场效应管取代，如图 3.3.15 所示。这种电路特别适于做直接耦合多级放大电路的输入级。通常情况下，可以认为其输入电阻为无穷大。和晶体管差分放大电路相同，场效应管差分放大电路也有四种接法，可以采用前面叙述的方法对四种接法进行分析，这里不赘述。

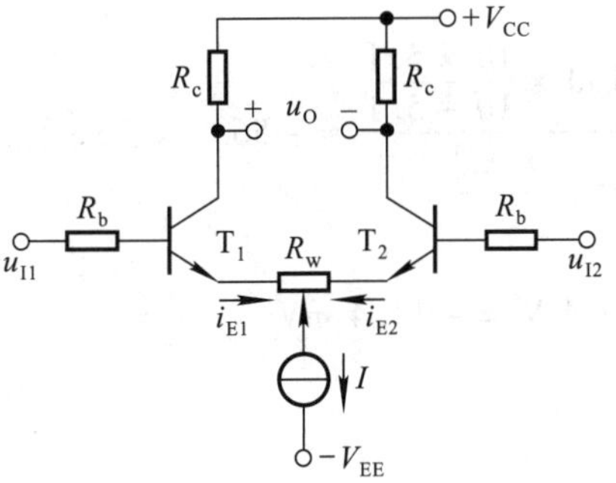

图 3.3.14 恒流源电路的简化画法及电路调零措施

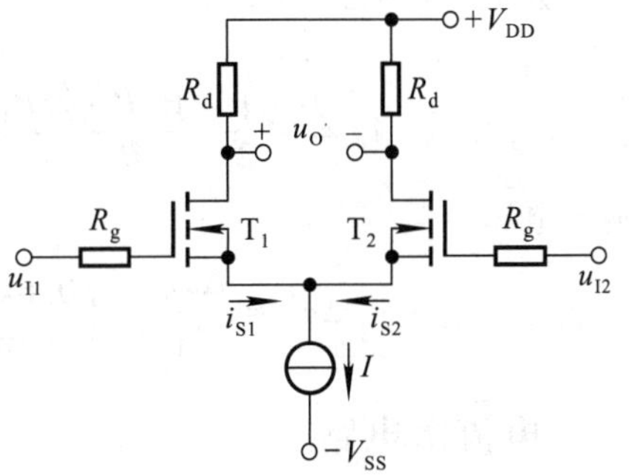

图 3.3.15 场效应管差分放大电路

【例 3.3.1】 电路如图 3.3.5(a)所示，已知 $R_b=1\ k\Omega$，$R_c=10\ k\Omega$，$R_L=5.1\ k\Omega$，$V_{CC}=12\ V$，$V_{EE}=6\ V$；晶体管的 $\beta=100$，$r_{be}=2\ k\Omega$，$U_{BEQ}=0.7\ V$；T_1 管和 T_2 管的发射极静态电流均为 0.5 mA。

(1) R_e 的取值应为多少？T_1 管和 T_2 管的管压降 U_{CEQ} 等于多少？

(2) 计算 A_u①、R_i 和 R_o 的数值；

(3) 若将电路改成单端输出，如图 3.3.7 所示，用直流表测得输出电压 $u_O=3\ V$，试问输入电压 u_I 约为多少？设共模输出电压可忽略不计。

解：(1) 根据式(3.3.2)有

$$R_e\approx\frac{V_{EE}-U_{BEQ}}{2I_{EQ}}=\frac{6-0.7}{2\times0.5}k\Omega=5.3\ k\Omega$$

$$U_{CQ}=V_{CC}-I_{CQ}R_c\approx(12-0.5\times10)V=7\ V$$

根据式(3.3.4)有

---

① 因为所加信号为有用信号，也就是差模信号，故 A_u 就是 A_d。

$$U_{CEQ}=U_{CQ}-U_{EQ}\approx(7+0.7)\text{ V}=7.7\text{ V}$$

(2) 根据式(3.3.7)、(3.3.8)、(3.3.9)，可计算出动态参数。

$$A_u=-\frac{\beta\left(R_c /\!/ \frac{R_L}{2}\right)}{R_b+r_{be}}=-\frac{100\times\frac{10\times2.55}{10+2.55}}{1+2}\approx-68$$

$$R_i=2(R_b+r_{be})=2\times(1+2)\text{ k}\Omega=6\text{ k}\Omega$$

$$R_o=2R_c=2\times10\text{ k}\Omega=20\text{ k}\Omega$$

(3) 由于用直流表测得的输出电压中既含有直流(静态)量又含有变化量(信号作用的结果)，所以首先应计算出静态时 T_1 管的集电极电位，然后用所测电压减去计算出静态电位就可得到动态电压。根据式(3.3.12)、(3.3.13)、(3.3.14)可得

$$U_{CQ1}=\frac{R_L}{R_c+R_L}\cdot V_{CC}-I_{CQ}(R_c /\!/ R_L)=\left(\frac{5.1}{10+5.1}\times12-0.5\times\frac{10\times5.1}{10+5.1}\right)\text{V}\approx2.36\text{ V}$$

$$\Delta u_O=u_O-U_{CQ1}\approx(3-2.36)\text{ V}=0.64\text{ V}$$

已知 Δu_o，且共模输出电压可忽略不计，因而若能计算出差模电压放大倍数，就可以得出输入电压的数值。根据式(3.3.16)有

$$A_d=-\frac{1}{2}\cdot\frac{\beta(R_c /\!/ R_L)}{R_b+r_{be}}=-\frac{1}{2}\times\frac{100\times\frac{10\times5.1}{10+5.1}}{1+2}\approx-56$$

所以输入电压

$$\Delta u_I\approx\frac{\Delta u_O}{A_d}=\left(\frac{0.64}{-56}\right)\text{V}\approx-0.0114\text{ V}=-11.4\text{ mV}$$

3.3.3　电流源电路

集成运放电路中的晶体管和场效应管，除了作为放大管外，还构成电流源电路，为各级提供合适的静态电流；或作为有源负载取代高阻值的电阻，从而提高放大电路的放大能力。本节将介绍常见的电流源电路及有源负载的应用。

一、基本电流源电路

1. 镜像电流源

图3.3.16所示为镜像电流源电路，它由两只特性完全相同的管子 T_0 和 T_1 构成，由于 T_0 的管压降 U_{CE0} 与其 b－e 间电压 U_{BE0} 相等，从而保证 T_0 工作在放大状态，而不进入饱和状态，故集电极电流 $I_{C0}=\beta_0 I_{B0}$。由于图中 T_0 和 T_1 的 b－e 间电压相等，故基极电流 $I_{B0}=I_{B1}=I_B$；而由于电流放大系数 $\beta_0=\beta_1=\beta$，故集电极电流 $I_{C0}=I_{C1}=I_C=\beta I_B$。可见，电路的这种特殊接法，造成 I_{C1} 和 I_{C0} 呈镜像关系，因而称此电路为镜像电流源。I_{C1} 为输出电流。

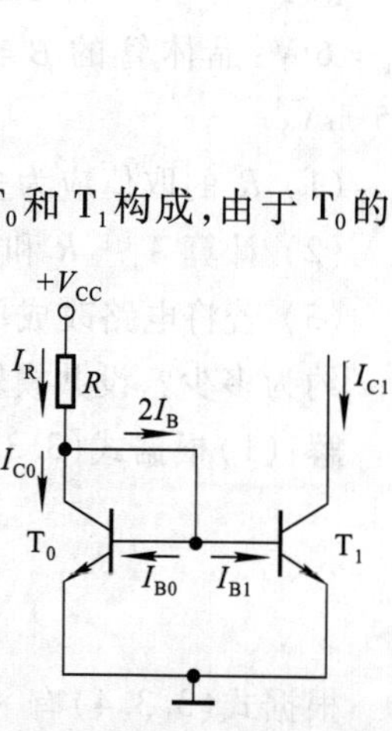

图3.3.16　镜像电流源

电阻 R 中的电流为基准电流，其表达式为

$$I_R=\frac{V_{CC}-U_{BE}}{R}=I_C+2I_B=I_C+2\cdot\frac{I_C}{\beta}$$

所以集电极电流

$$I_C = \frac{\beta}{\beta + 2} \cdot I_R \tag{3.3.23}$$

当 $\beta \gg 2$ 时，输出电流

$$I_C \approx I_R = \frac{V_{CC} - U_{BE}}{R} \tag{3.3.24}$$

集成运放中纵向晶体管的 β 均在百倍以上，因而式(3.3.24)成立。当 V_{CC} 和 R 的数值一定时，I_{C1} 也就随之确定。

镜像电流源具有一定的温度补偿作用，简述如下：

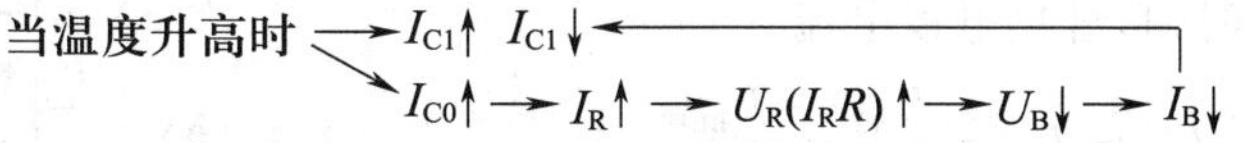

当温度升高时
$I_{C1}\uparrow$ $I_{C1}\downarrow$
$I_{C0}\uparrow \to I_R\uparrow \to U_R(I_R R)\uparrow \to U_B\downarrow \to I_B\downarrow$

当温度降低时，电流、电压的变化与上述过程相反，因此提高了输出电流 I_{C1} 的稳定性。

镜像电流源电路简单，应用广泛。但是，在电源电压 V_{CC} 一定的情况下，若要求 I_{C1} 较大，则根据式(3.3.24)，I_R 势必增大，R 的功耗也就增大，这是集成电路中应当避免的；若要求 I_{C1} 很小，则 I_R 势必也小，R 的数值必然很大，这在集成电路中是很难做到的。因此，派生了其它类型的电流源电路。

2. 比例电流源

比例电流源电路改变了镜像电流源中 $I_{C1} \approx I_R$ 的关系，而使 I_{C1} 可以大于 I_R，可以小于 I_R，与 I_R 成比例关系，从而克服镜像电流源的上述缺点，其电路如图 3.3.17 所示。

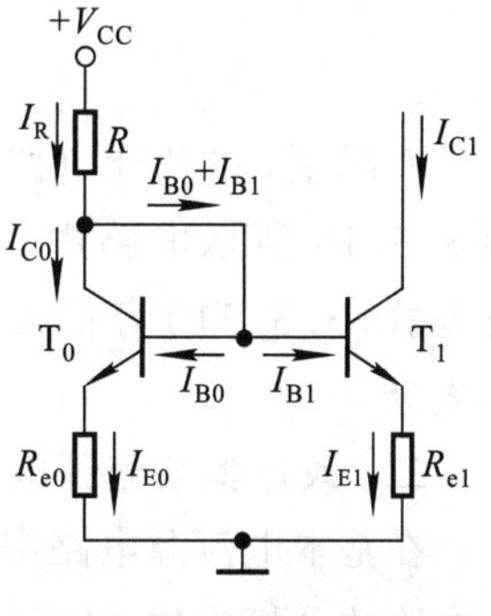

图 3.3.17 比例电流源

从电路可知

$$U_{BE0} + I_{E0} R_{e0} = U_{BE1} + I_{E1} R_{e1} \tag{3.3.25}$$

根据晶体管发射结电压与发射极电流的近似关系①可得

$$U_{BE} \approx U_T \ln \frac{I_E}{I_S}$$

由于 T_0 与 T_1 的特性完全相同，所以

$$U_{BE0} - U_{BE1} \approx U_T \ln \frac{I_{E0}}{I_{E1}}$$

代入式(3.3.25)，整理可得

$$I_{E1} R_{e1} \approx I_{E0} R_{e0} + U_T \ln \frac{I_{E0}}{I_{E1}}$$

当 $\beta \gg 2$ 时，$I_{C0} \approx I_{E0} \approx I_R$，$I_{C1} \approx I_{E1}$，所以

$$I_{C1} \approx \frac{R_{e0}}{R_{e1}} \cdot I_R + \frac{U_T}{R_{e1}} \ln \frac{I_R}{I_{C1}} \tag{3.3.26}$$

在一定的取值范围内，若式(3.3.26)中的对数项可忽略，则

$$I_{C1} \approx \frac{R_{e0}}{R_{e1}} \cdot I_R \tag{3.3.27}$$

可见，只要改变 R_{e0} 和 R_{e1} 的阻值，就可以改变 I_{C1} 和 I_R 的比例关系。式中基准电流

---

① 在忽略基区电阻 $r_{bb'}$ 上的电压时，晶体管发射极电流与 b－e 间电压的关系约为 $I_E \approx I_S e^{\frac{U_{BE}}{U_T}}$。

$$I_R \approx \frac{V_{CC} - U_{BE0}}{R + R_{e0}} \tag{3.3.28}$$

与典型的静态工作点稳定电路一样，R_{e0}和R_{e1}是电流负反馈电阻，因此与镜像电流源比较，比例电流源的输出电流I_{C1}具有更高的温度稳定性。

3. 微电流源

集成运放输入级放大管的集电极(发射极)静态电流很小，往往只有几十微安，甚至更小。为了只采用阻值较小的电阻，而又获得较小的输出电流I_{C1}，可以将比例电流源中R_{e0}的阻值减小到零，便得到如图3.3.18所示的微电流源电路。当$\beta \gg 1$时，T_1管集电极电流

$$I_{C1} \approx I_{E1} = \frac{U_{BE0} - U_{BE1}}{R_e} \tag{3.3.29}$$

式中$(U_{BE0} - U_{BE1})$只有几十毫伏，甚至更小，因此，只要几千欧的R_e，就可得到几十微安的I_{C1}。

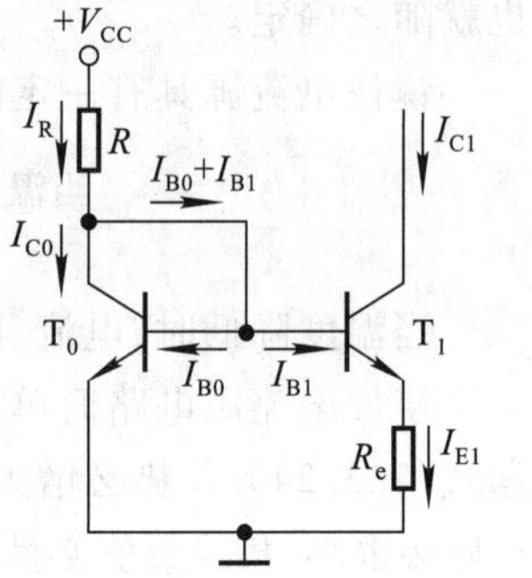

图3.3.18 微电流源

图中T_1与T_0特性完全相同，根据式(3.3.26)可得

$$I_{C1} \approx \frac{U_T}{R_e} \ln \frac{I_R}{I_{C1}} \tag{3.3.30}$$

在已知R_e的情况下，上式对I_{C1}而言是超越方程，可以通过图解法或累试法解出I_{C1}。式中基准电流

$$I_R \approx \frac{V_{CC} - U_{BE0}}{R} \tag{3.3.31}$$

实际上，在设计电路时，首先应确定I_R和I_{C1}的数值，然后求出R和R_e的数值。例如，在图3.3.18所示电路中，若$V_{CC} = 15\ \text{V}$，$I_R = 1\ \text{mA}$，$U_{BE0} = 0.7\ \text{V}$，$U_T = 26\ \text{mV}$，$I_{C1} = 20\ \mu\text{A}$；则根据式(3.3.31)可得$R = 14.3\ \text{k}\Omega$，根据式(3.3.30)可得$R_e \approx 5.09\ \text{k}\Omega$。可见求解过程并不复杂。

二、改进型电流源电路

在基本电流源电路中，β足够大时式(3.3.24)、(3.3.26)、(3.3.30)才成立。换言之，在上述电路的分析中均忽略了基极电流对I_{C1}的影响。如果在基本电流源中采用横向PNP型管，则β只有几倍至十几倍。例如，若镜像电流源中$\beta = 10$，则根据式(3.3.23)，$I_{C1} \approx 0.833 I_R$，I_{C1}与I_R相差很大。为了减小基极电流I_{B0}和I_{B1}的影响，提高输出电流与基准电流的传输精度，稳定输出电流，可对基本镜像电流源电路加以改进。

1. 加射极输出器的电流源

在镜像电流源T_0管的集电极与基极之间加一只从射极输出的晶体管T_2，便构成图3.3.19所示电路。利用T_2管的电流放大作用，减小了基极电流I_{B0}和I_{B1}对基准电流I_R的分流。

T_0、T_1和T_2特性完全相同，因而$\beta_0 = \beta_1 = \beta_2 = \beta$，而由于$U_{BE1} = U_{BE0}$，$I_{B1} = I_{B0} = I_B$，因此输出电流

$$I_{C1} = I_{C0} = I_R - I_{B2} = I_R - \frac{I_{E2}}{1+\beta} = I_R - \frac{2I_B}{1+\beta} = I_R - \frac{2I_{C1}}{(1+\beta)\beta}$$

整理后可得

$$I_{C1}=\frac{I_R}{1+\dfrac{2}{(1+\beta)\beta}}\approx I_R \tag{3.3.32}$$

若 $\beta=10$，则代入上式可得 $I_{C1}\approx 0.982I_R$。说明即使 β 很小，也可以认为 $I_{C1}\approx I_R$，I_{C1} 与 I_R 保持很好的镜像关系。

在实际电路中，有时在 T_0 管和 T_1 管的基极与地之间加电阻 R_{e2}（如图中虚线所画），用来增大 T_2 管的工作电流，从而提高 T_2 的 β。此时，T_2 管发射极电流 $I_{E2}=I_{B0}+I_{B1}+I_{R_{e2}}$。

2. 威尔逊电流源

图 3.3.20 所示电路为威尔逊电流源，I_{C2} 为输出电流。T_1 管 c－e 串联在 T_2 管的发射极，其作用与典型工作点稳定电路中的 R_e 相同。因为 c－e 间等效电阻非常大，所以可使 I_{C2} 高度稳定。图中 T_0、T_1 和 T_2 管特性完全相同，因而 $\beta_0=\beta_1=\beta_2=\beta$，$I_{C1}=I_{C0}=I_C$。

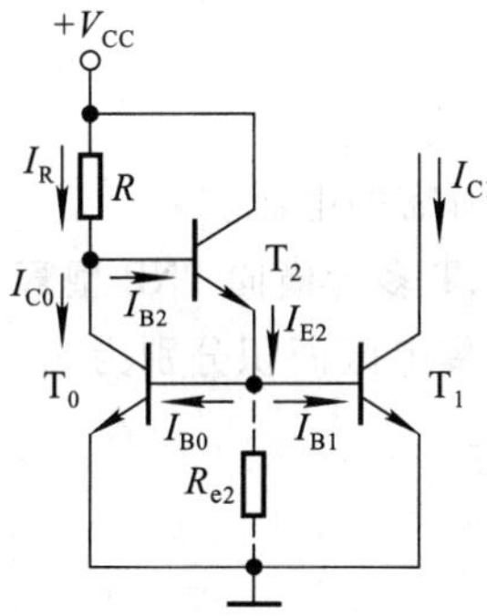

图 3.3.19 加射极输出器的电流源

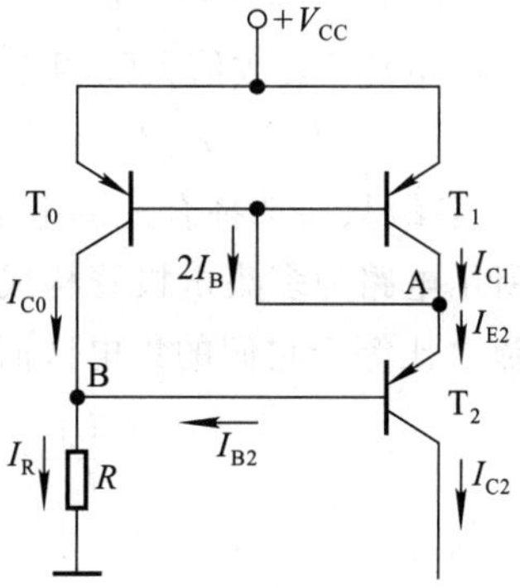

图 3.3.20 威尔逊电流源

根据各管的电流可知，A 点的电流方程为

$$I_{E2}=I_C+2I_B=I_C+\frac{2I_C}{\beta}$$

所以

$$I_C=\frac{\beta}{\beta+2}\cdot I_{E2}=\frac{\beta}{\beta+2}\cdot\frac{1+\beta}{\beta}I_{C2}=\frac{\beta+1}{\beta+2}\cdot I_{C2}$$

在 B 点

$$I_R=I_{B2}+I_C=\frac{I_{C2}}{\beta}+\frac{\beta+1}{\beta+2}\cdot I_{C2}=\frac{\beta^2+2\beta+2}{\beta^2+2\beta}\cdot I_{C2}$$

整理可得

$$I_{C2}=\left(1-\frac{2}{\beta^2+2\beta+2}\right)I_R\approx I_R \tag{3.3.33}$$

当 $\beta=10$ 时，$I_{C2}\approx 0.984I_R$，可见，在 β 很小时也可认为 $I_{C2}\approx I_R$，I_{C2} 受基极电流影响很小。

三、多路电流源电路

集成运放是一个多级放大电路，因而需要多路电流源分别给各级提供合适的静态电流。可以利用一个基准电流去获得多个不同的输出电流，以适应各级的需要。

图 3.3.21 所示电路是在比例电流源基础上得到的多路电流源，I_R 为基准电流，I_{C1}、I_{C2} 和 I_{C3} 为三路输出电流。根据 $T_0 \sim T_3$ 的接法，可得

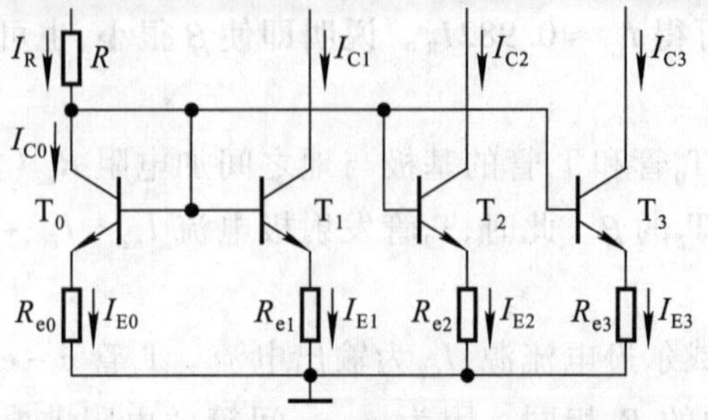

图 3.3.21 基于比例电流源的多路电流源

$$U_{BE0}+I_{E0}R_{e0}=U_{BE1}+I_{E1}R_{e1}=U_{BE2}+I_{E2}R_{e2}=U_{BE3}+I_{E3}R_{e3}$$

由于各管的 b - e 间电压 U_{BE} 数值大致相等，因此可得近似关系

$$I_{E0}R_{e0}\approx I_{E1}R_{e1}\approx I_{E2}R_{e2}\approx I_{E3}R_{e3} \tag{3.3.34}$$

当 I_{E0} 确定后，各级只要选择合适的电阻，就可以得到所需的电流。

图 3.3.22 所示电路为多集电极管构成的多路电流源，T 多为横向 PNP 型管。当基极电流一定时，集电极电流之比等于它们的集电区面积之比。设各集电区面积分别为 S_0、S_1、S_2，则

$$\frac{I_{C1}}{I_{C0}}=\frac{S_1}{S_0},\quad \frac{I_{C2}}{I_{C0}}=\frac{S_2}{S_0} \tag{3.3.35}$$

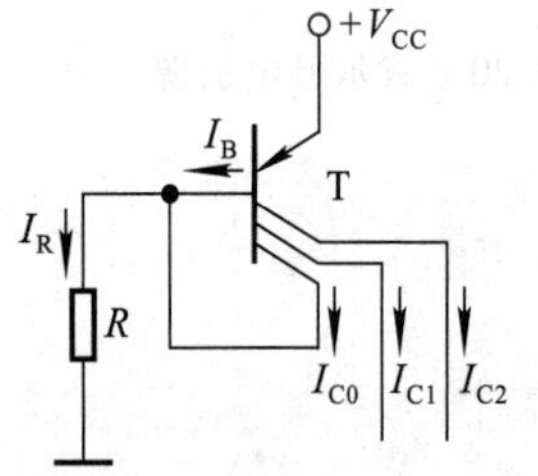

图 3.3.22 多集电极管构成的多路电流源

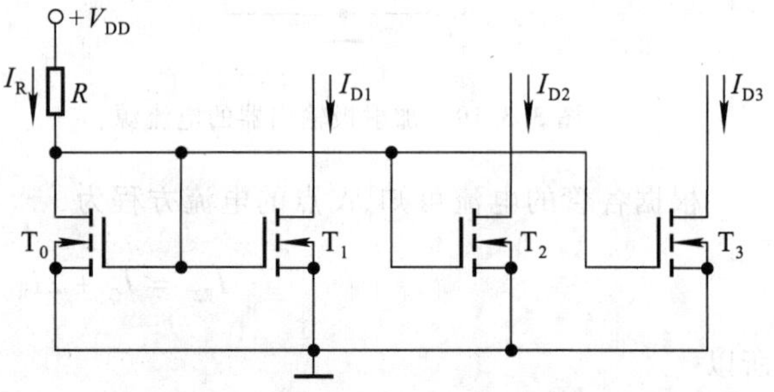

图 3.3.23 MOS 管多路电流源

用场效应管同样可以组成镜像电流源、比例电流源等。在实际电路中，常见图 3.3.23 所示的 MOS 管多路电流源。$T_0 \sim T_3$ 均为 N 沟道增强型 MOS 管，它们的开启电压 $U_{GS(th)}$ 等参数相等，在 $U_{GS0}=U_{GS1}=U_{GS2}=U_{GS3}$ 时，它们的漏极电流 I_D 正比于沟道的宽长比。设宽长比 $W/L=S$，且 $T_0 \sim T_3$ 的宽长比分别为 S_0、S_1、S_2、S_3，则

$$\frac{I_{D1}}{I_{D0}}=\frac{S_1}{S_0},\quad \frac{I_{D2}}{I_{D0}}=\frac{S_2}{S_0},\quad \frac{I_{D3}}{I_{D0}}=\frac{S_3}{S_0} \tag{3.3.36}$$

可以通过改变场效应管的几何尺寸来获得各种数值的电流。

为了获得更加稳定的输出电流，多路电流源中可以采用带有射极输出器的电流源和威尔逊电流源等形式，这里不赘述。

【例 3.3.2】 图 3.3.24 所示电路是型号为 F007 的通用型集成运放的电流源部分。其中

T_{10}与T_{11}为纵向管；T_{12}与T_{13}是横向 PNP 型管，它们的β均为 5，它们 b－e 间电压值均约为 0.7 V。试求出各管的集电极电流。

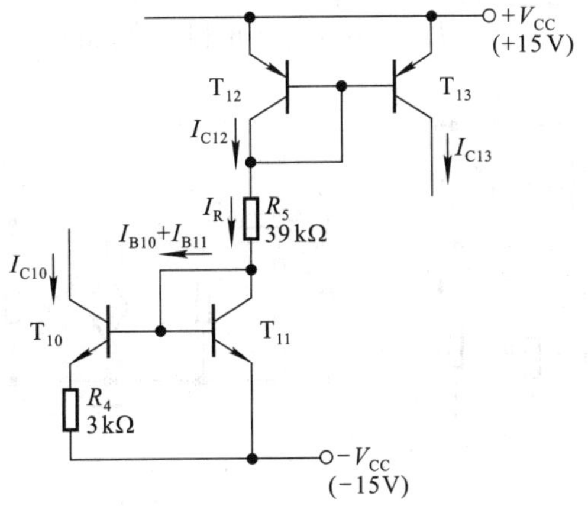

图 3.3.24 F007 中的电流源电路

解：图中R_5上的电流是基准电流，根据R_5所在回路可以求出

$$I_R=\frac{2V_{CC}-U_{EB12}-U_{BE11}}{R_5}\approx\left(\frac{30-0.7-0.7}{39}\right)\text{mA}\approx 0.73\ \text{mA}$$

T_{10}与T_{11}构成微电流源，根据式(3.3.30)

$$I_{C10}\approx\frac{U_T}{R_4}\ln\frac{I_R}{I_{C10}}\approx\left(\frac{26}{3}\ln\frac{0.73}{I_{C10}}\right)\mu\text{A}$$

利用累试法或图解法求出$I_{C10}\approx 28\ \mu\text{A}$。

T_{12}与T_{13}构成镜像电流源，根据式(3.3.23)有

$$I_{C13}=I_{C12}=\frac{\beta}{\beta+2}\cdot I_R\approx\frac{5}{5+2}\times 0.73\ \text{mA}\approx 0.52\ \text{mA}$$

在电流源电路的分析中，首先应求出基准电流I_R，I_R常常是集成运放电路中唯一一个通过列回路方程直接估算出的电流；然后利用与I_R的关系，分别求出各路输出电流。

四、以电流源为有源负载的放大电路

在共射(共源)放大电路中，为了提高电压放大倍数的数值，行之有效的方法是增大集电极电阻R_c(或漏极电阻R_d)。然而，为了维持晶体管(场效应管)的静态电流不变，在增大R_c(R_d)的同时必须提高电源电压。当电源电压增大到一定程度时，电路的设计就变得不合理了。在集成运放中，常用电流源电路取代R_c(或R_d)，这样在电源电压不变的情况下，既可获得合适的静态电流，对于交流信号，又可得到很大的等效的R_c(或R_d)。由于晶体管和场效应管是有源元件，而上述电路中又以它们作为负载，故称之为有源负载。

1. 有源负载共射放大电路

图 3.3.25(a)所示为有源负载共射放大电路。T_1为放大管，T_2与T_3构成镜像电流源，T_2是T_1的有源负载。设T_2与T_3管特性完全相同，因而$\beta_2=\beta_3=\beta$，$I_{C2}=I_{C3}$。基准电流

$$I_R=\frac{V_{CC}-U_{EB3}}{R}$$

根据式(3.3.23),空载时 T_1 管的静态集电极电流

$$I_{CQ1}=I_{C2}=\frac{\beta}{\beta+2}\cdot I_R$$

可见,电路中并不需要很高的电源电压,只要 V_{CC} 与 R 相配合,就可设置合适的集电极电流 I_{CQ1}。

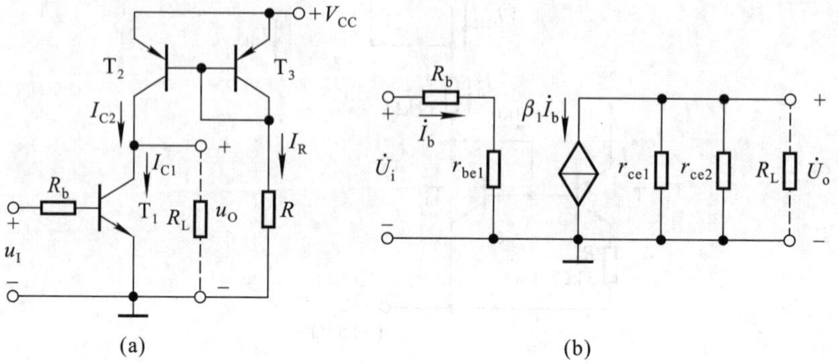

图 3.3.25 有源负载共射放大电路

(a) 电路 (b) 交流等效电路

应当指出,输入端的 u_I 中应含有直流分量,为 T_1 提供静态基极电流 I_{BQ1},I_{BQ1} 应等于 I_{CQ1}/β_1,而不应与镜像电流源提供的 I_{C2} 产生冲突。应当注意,当电路带上负载电阻 R_L 后,由于 R_L 对 I_{C2} 的分流作用,I_{CQ1} 将有所变化。

若负载电阻 R_L 很大,则 T_1 管和 T_2 管在 h 参数等效电路中的 $1/h_{22}$ 就不能忽略不计,即应考虑 c－e 之间动态电阻中的电流,因此图(a)所示电路的交流等效电路如图(b)所示。这样,电路的电压放大倍数

$$\dot{A}_u=-\frac{\beta_1(r_{ce1}\,/\!/\,r_{ce2}\,/\!/\,R_L)}{R_b+r_{be1}} \tag{3.3.37}$$

若 $R_L \ll (r_{ce1}/\!/r_{ce2})$,则

$$\dot{A}_u\approx-\frac{\beta_1 R_L}{R_b+r_{be1}} \tag{3.3.38}$$

说明 T_1 管集电极的动态电流 $\beta_1\dot{I}_b$ 全部流向负载 R_L,有源负载使 $|\dot{A}_u|$ 大大提高。

2. 有源负载差分放大电路

利用镜像电流源可以使单端输出差分放大电路的差模放大倍数提高到双端输出时的情况,常见的电路形式如图 3.3.26 所示。

图中 N 沟道增强型 MOS 管 T_1 与 T_2 为放大管;P 沟道增强型 MOS 管 T_3 与 T_4 的特性理想对称,组成镜像电流源作为有源负载,$i_{D3}=i_{D4}$。

静态时,T_1 管和 T_2 管的源极电流 $I_{S1}=I_{S2}=I/2$;同样,漏极电流 $I_{D1}=I_{D2}=I/2$;因可认为栅极电流为零,故 $I_{D3}=I_{D1}$;又因 $I_{D4}=I_{D3}=I_{D1}$,所以 $i_O=I_{D4}-I_{D2}=0$。

当差模信号 Δu_I 输入时,根据差分放大电路的特点,动态漏极电流 $\Delta i_{D1}=-\Delta i_{D2}$,而 $\Delta i_{D3}=\Delta i_{D1}$;由于 i_{D4} 和 i_{D3} 的镜像关系,$\Delta i_{D4}=\Delta i_{D3}=\Delta i_{D1}$;所以,$\Delta i_O=\Delta i_{D4}-\Delta i_{D2}=\Delta i_{D1}-(-\Delta i_{D1})=2\Delta i_{D1}$。由此可见,输出电流为单端输出时的两倍,这时输出电流与输入电压之比

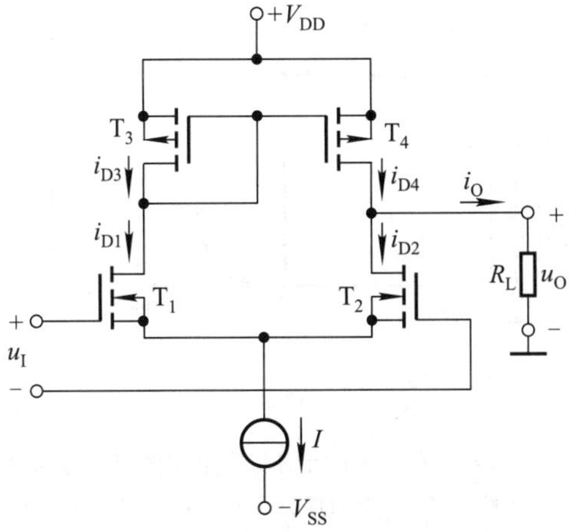

图 3.3.26 利用 MOS 管作差分管的有源负载差分放大电路

$$A_{iu} = \frac{\Delta i_O}{\Delta u_I} = \frac{2\Delta i_{D1}}{2 \cdot \frac{\Delta u_I}{2}} = g_m$$

式中 g_m 为 MOS 管的跨导。设 T_1 管和 T_4 管漏 - 源之间动态电阻分别为 r_{ds1} 和 r_{ds4}；当电路带负载电阻 R_L 时，其电压放大倍数的分析与图 3.3.25 所示电路相同，若 R_L 与 $(r_{ds2} /\!/ r_{ds4})$ 可以相比，则

$$A_u = \frac{\Delta u_O}{\Delta u_I} = \frac{\Delta i_O}{\Delta u_I} \cdot (r_{ds2} /\!/ r_{ds4} /\!/ R_L) = g_m(r_{ds2} /\!/ r_{ds4} /\!/ R_L) \tag{3.3.39}$$

因而电压放大倍数与双端输出时的情况相等。

若 $R_L \ll (r_{ds2} /\!/ r_{ds4})$，则

$$A_u = g_m R_L \tag{3.3.40}$$

说明利用镜像电流源作有源负载，不但可将 T_1 管的漏极电流变化转换为输出电流，而且还将所有变化电流流向负载 R_L。

若将图 3.3.25(a)所示电路中的晶体管用合适的场效应管取代，则构成有源负载共源放大电路；若将图 3.3.26 所示电路中的场效应管用合适的晶体管取代，则构成双极型管差分放大电路；它们也具有上述电路的特点，分析过程相类似，这里不赘述。

3.3.4 直接耦合互补输出级

对于电压放大电路的输出级，一般有两个基本要求：一是输出电阻低，二是最大不失真输出电压尽可能大。分析所学过的各种基本放大电路，共集放大电路满足前一要求，但它带上负载后静态工作点会产生变化，且输出不失真电压也将减小。为了满足上述要求，并且做到输入电压为零时输出电压为零，便产生了双向跟随的互补输出级。

一、基本电路

图 3.3.27(a)所示为互补输出级的基本电路。虽然 T_1 管为 NPN 型管，T_2 管为 PNP 型管，但是要求它的参数相同，特性对称。

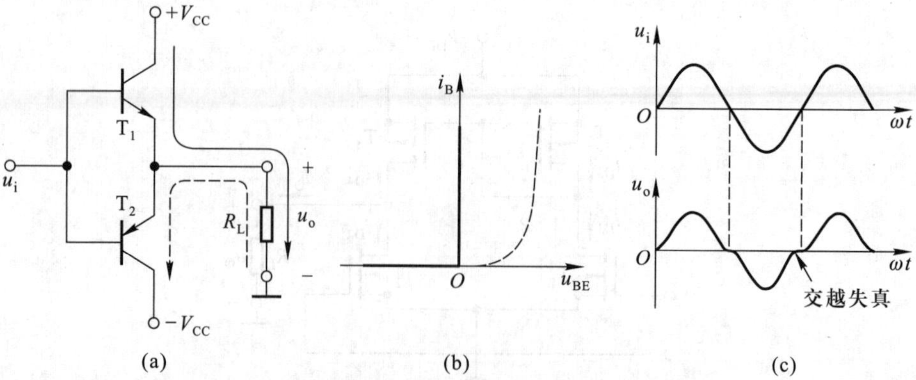

图 3.3.27 互补输出级的基本电路及其交越失真

(a) 电路 (b) T_1管的理想输入特性 (c) 交越失真

设晶体管有理想输入特性，见图(b)中实线所示。静态时，输入电压为零(即将输入端接地)，输出电压为零(即输出端电位为零)。设输入电压 $\dot{U}_i$ 为正弦波，当 $u_i>0$ 时，T_1管导通，T_2管截止，T_1管以射极输出形式将正半周信号传递到负载，$u_o=u_i$。此时正电源 $+V_{CC}$供电，电流通路如图 3.3.27(a)中实线所标注。与此相反，当 $u_i<0$ 时，T_1管截止，T_2管导通，T_2管以射极输出形式将负半周信号传递到负载，$u_o=u_i$。此时负电源 $-V_{CC}$供电，电流通路如图 3.3.27(a)中虚线所标注。这样，T_1管与 T_2管以互补的方式交替工作，正、负电源交替供电，电路实现了双向跟随。在输入电压幅值足够大时，输出电压的最大幅值可达 $\pm(V_{CC}-|U_{CES}|)$，U_{CES}为饱和管压降。

如果考虑晶体管的实际输入特性如图(b)中虚线所示，则不难发现，当输入电压小于 b－e 间开启电压 U_{on}时，T_1管与 T_2管均处于截止状态。也就是说，只有当$|u_i|>U_{on}$时，输出电压才跟随 u_i变化。因此，当输入电压为正弦波时，在 u_i过零附近输出电压将产生失真，波形如图(c)所示，这种失真称为交越失真。

与一般放大电路相同，消除失真的方法是设置合适的静态工作点。可以设想，若在静态时 T_1管与 T_2管均处于临界导通或微导通(即有一个微小的静态电流)状态，则当输入信号作用时，就能保证至少有一只管子导通，实现双向跟随。

二、消除交越失真的互补输出级

在图 3.3.28(a)所示电路中，静态时，从正电源 $+V_{CC}$ 经 R_1、D_1、D_2、R_2到负电源 $-V_{CC}$形成一个直流电流，必然使 T_1和 T_2的两个基极之间产生电压

$$U_{B1B2}=U_{D1}+U_{D2}$$

如果晶体管与二极管采用同一种材料，如都为硅管，就可以通过调整 R_1、R_2的阻值来改变二极管管压降，使 T_1和 T_2均处于微导通状态。由于二极管的动态电阻很小，可以认为 T_1管基极动态电位与 T_2管基极动态电位近似相等，且均约为 u_i，即 $u_{b1}\approx u_{b2}\approx u_i$。

为消除交越失真，在集成电路中常采用图 3.3.28(b)所示电路。若 $I_2\gg I_B$，则

$$U_{B1B2}=U_{CE}\approx\frac{R_3+R_4}{R_4}\cdot U_{BE}=\left(1+\frac{R_3}{R_4}\right)U_{BE} \tag{3.3.41}$$

合理选择 R_3和 R_4，可以得到 U_{BE}任意倍数的直流电压，故称为 U_{BE}倍增电路。同时也可得到 PN 结任意倍数的温度系数，从而得到温度补偿。

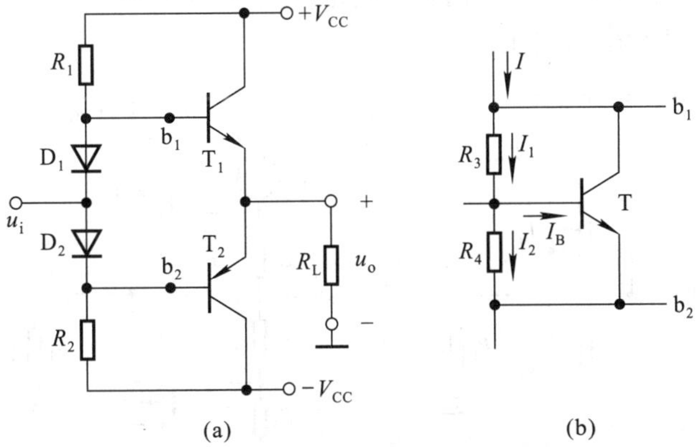

图 3.3.28 消交越失真的互补输出级
(a) 用二极管电路 (b) 用 U_{BE} 倍增电路

为了增大 T_1 管和 T_2 管的电流放大系数,以减小前级驱动电流,常采用复合管结构。而要寻找特性完全对称的 NPN 型和 PNP 型管是比较困难的,所以,在实用电路中常采用图 3.3.29 所示电路。图中 T_1 管和 T_2 管复合成 NPN 型管,T_3 管和 T_4 管复合成 PNP 型管。从输出端看进去,T_2 管和 T_4 管均采用了同类型管,较容易做到特性相同。这种输出管为同一类型管的电路称为准互补电路。

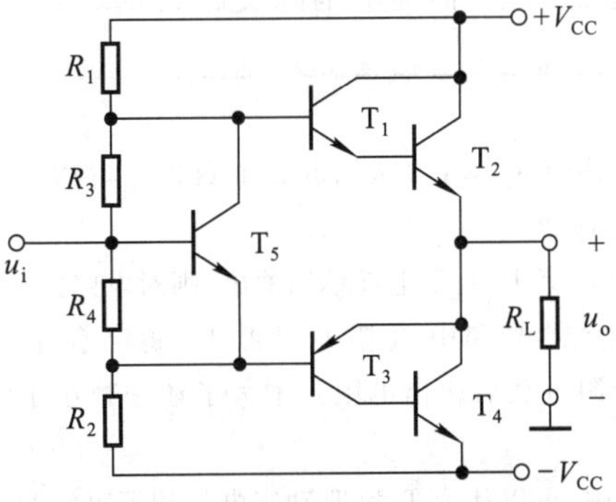

图 3.3.29 采用复合的互补输出级

本节所介绍的互补输出级(简称互补电路)常作为功率放大电路,也称为 OCL① 电路。有关输出功率及效率等问题见第 8 章。

三、CMOS 互补输出级

与晶体管构成的互补输出级相类似,利用 MOS 管也可构成互补电路,称为 CMOS 电路。CMOS 互补输出级由具有对称特性的增强型 NMOS 管和 PMOS 管组成,它们的两个栅极相连作为输入端,两个源极相连作为输出端,两个漏极分别接正、负电源,如图 3.3.30(a)所示。与晶体管构成的互补输出级工作原理相同,设输入信号 u_I 为正弦波电压;则正半周时 T_1 导通、T_2 截止,

① OCL 为英文 Output Capacitorless 的缩写。

$+V_{DD}$供电，构成源极输出电路，输出跟随输入变化；负半周时T_1截止、T_2导通，$-V_{DD}$供电，仍构成源极输出电路，输出仍跟随输入变化。

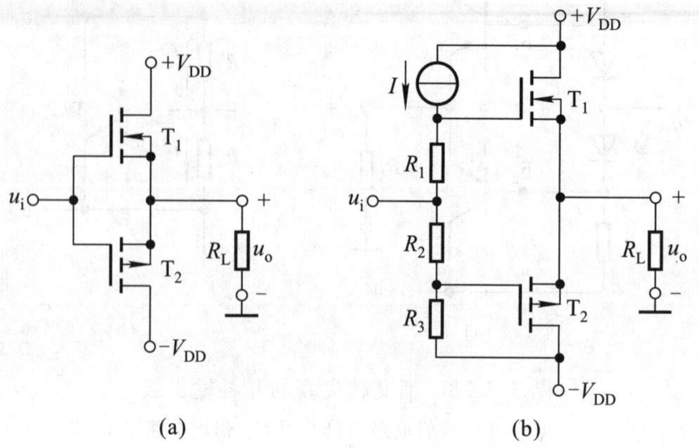

图 3.3.30 CMOS 互补输出级

(a) 基本电路 (b) 消除交越失真的电路

由于MOS管的开启电压要大于晶体管的开启电压，可达几伏，因而消除交越失真显得尤为重要，图(b)所示为一种消除交越失真的CMOS输出级。图中电流源I既为前级提供静态电流，又作为前级电路的有源负载，I在R_1和R_2上的压降等于T_1管和T_2管栅极间的静态电压，应使两只管子处于临界导通或微导通状态，从而能够消除交越失真。

■ **思考题**

3.3.1 已知图3.3.3所示电路中$R_{c1}=1.01R_{c2}$，其余参数理想对称。试问：与全部参数理想对称情况相比，电路的静态和动态参数有哪些不同？

3.3.2 在图3.3.7所示电路中，若从T_2集电极单端输出，则对电路的静态和动态有什么影响？

3.3.3 在图3.3.18所示微电流源电路中，电阻R_e是否具有稳定输出电流I_{C1}的作用？简述理由。

3.3.4 共射放大电路采用有源负载后输出电阻是增大了还是减小了？输出电流是增大了还是减小了？为什么？

3.3.5 在图3.3.30(b)电路中，可以认为T_1和T_2动态电位相等吗？为什么？

3.4 集成运放电路简介

从本质上看，集成运放是一种高性能的直接耦合放大电路。尽管品种繁多，内部电路结构也不尽相同，但是它们的基本组成部分、结构形式和组成原则基本一致。本章首先从集成运放电路的原理电路谈起，然后对典型电路进行分析。分析集成运放电路的目的，一是从中更加深入地理解集成运放的性能特点，二是了解复杂电路的分析方法。

3.4.1 双极型集成运放电路

在分析集成运放电路时，首先应将电路“化整为零”，分为偏置电路、输入级、中间级和输出级四个部分;进而“分析功能”,弄清每部分电路的结构形式和性能特点;最后“统观整体”,研究各部分相互间的联系,从而理解电路如何实现所具有的功能;必要时再进行“定量估算”。

一、原理电路

双极型集成运放的原理电路如图 3.4.1(a)所示,首先将偏置电路分离出来,然后再对放大电路进行分析。

1. 对偏置电路的分析

在集成运放电路中,若有一个支路的电流可以直接估算出来,通常该电流就是偏置电路的基准电流。观察图 3.4.1(a)所示电路,电阻 R_4中的电流

$$I_{R_4} = \frac{2V_{CC} - U_{EB10}}{R_4}$$

为电流源的基准电流。T_{12}与 T_{10}构成镜像电流源,T_{11}、R_5与 T_{10}构成微电流源,故 T_{10}、T_{11}、T_{12}和 R_4、R_5构成多路电流源;T_{11}的集电极电流为输入级提供静态电流,T_{12}的集电极电流为中间级和输出级提供静态电流。用电流源符号取代两路电流源电路,则得图(b)所示简化后的放大电路部分,两个输入端的差值($u_{I1} - u_{I2}$)为输入电压。

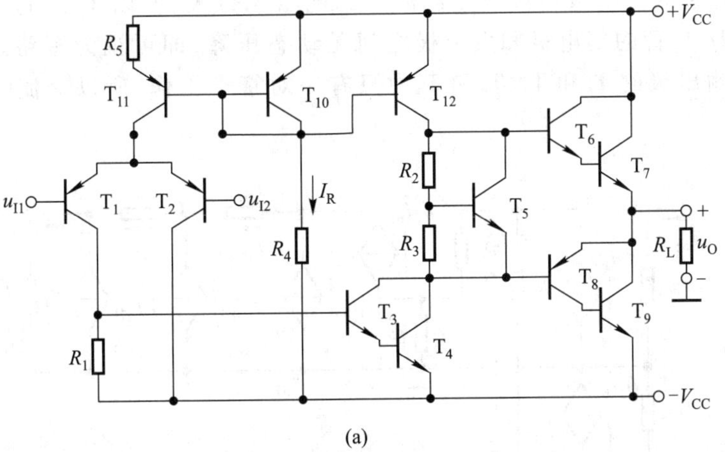

(a)

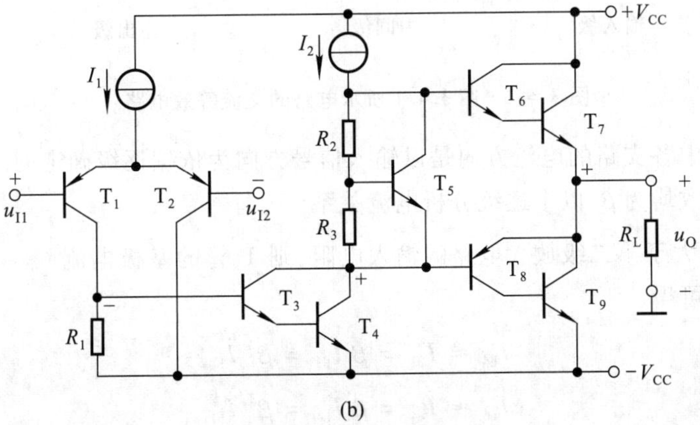

(b)

图 3.4.1 双极型集成运放的原理电路

(a) 原理电路 (b) 放大电路部分

2. 对原理电路的定性分析

观察图(b)电路，按输入信号($u_{I1}-u_{I2}$)传递的顺序可以看出，所示为三级大电路。与图 3.2.1 所示集成运放电路方框图对照，第一级是以 T_1 管和 T_2 管为放大管、双端输入、单端输出的差分放大电路，以减小整个电路的温漂，增大共模抑制比。第二级是以 T_3 和 T_4 管组成的复合管为放大管、以恒流源作有源负载的共射放大电路，可获得很高的电压放大倍数。第三级是准互补电路，带负载能力强，且最大不失真输出电压幅值接近电源电压；R_2、R_3 和 T_5 组成 U_{BE} 倍增电路，用来消除交越失真。电路还采用 NPN 和 PNP 型混合使用的方法，以保证各级均有合适的静态工作点，且输入电压为零时输出电压为零。

当输入的差模信号极性 u_{I1} 为正、u_{I2} 为负时，T_1 管集电极动态电位的极性为负，即 T_3 管的基极动态电位为负，因而 T_3 和 T_4 管集电极动态电位为正(共射电路输出电压与输入电压反相)，所以输出电压为正(OCL 电路是电压跟随电路)。因此，u_{I1} 与 u_O 极性相同，u_{I2} 与 u_O 极性相反。可见，u_{I1} 为同相输入端，u_{I2} 为反相输入端。

3. 对原理电路的定量估算

为了分析动态参数，首先应画出图 3.4.1(b)所示电路的交流等效电路，如图 3.4.2 所示。因为 T_3 和 T_4 管的集电极所接恒流源的动态电阻无穷大，所以 T_3 和 T_4 管的动态电流全部流向输出级；且 T_5 管的集电极和发射极之间无动态压降，即可视为短路。因为在输入信号极性不同时，输出级的 T_6 和 T_7、T_8 和 T_9 中只有一对管子工作，所以交流等效电路中可只画一半电路。

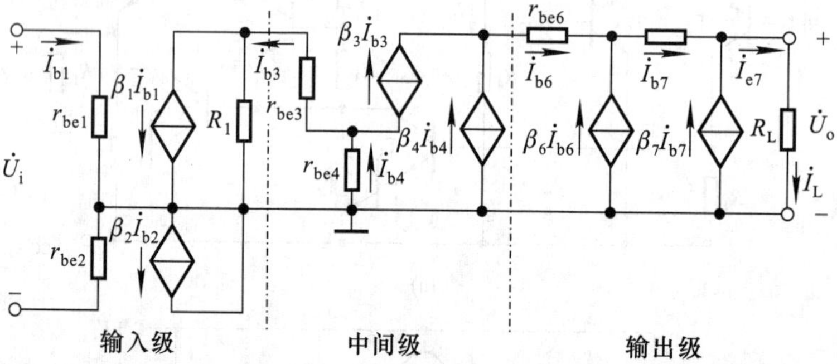

图 3.4.2 图 3.4.1 所示电路的交流等效电路

交流等效电路中各支路的电流方向是以输入信号方向为依据逐级确定的。设电路中所有晶体管的电流放大系数均为 β，以下逐级分析电流关系。

若电阻 R_1 远远大于第二级放大电路的输入电阻，则 T_3 管的基极电流 $\dot{I}_{b3}\approx\dot{I}_{c1}=\beta\dot{I}_{b1}$，而且根据图中电流关系可得

$$\dot{I}_{b4}\approx\dot{I}_{c3}=\beta\dot{I}_{b3}=\beta^2\dot{I}_{b1}$$

$$\dot{I}_{b6}\approx\dot{I}_{c4}=\beta\dot{I}_{b4}=\beta^3\dot{I}_{b1}$$

$$\dot{I}_{b7}\approx\dot{I}_{c6}=\beta\dot{I}_{b6}=\beta^4\dot{I}_{b1}$$

T_7 管的发射极电流全部流入负载，负载电阻上的电流

$$\dot{I}_{\mathrm{L}} = \dot{I}_{\mathrm{e7}} \approx \dot{I}_{\mathrm{c7}} = \beta \dot{I}_{\mathrm{b7}} \approx \beta^5 \dot{I}_{\mathrm{b1}}$$

因此,图 3.4.1 所示电路的电压放大倍数

$$\dot{A}_u = \frac{\Delta u_{\mathrm{O}}}{\Delta(u_{\mathrm{I1}} - u_{\mathrm{I2}})} = \frac{\dot{I}_{\mathrm{L}} R_{\mathrm{L}}}{\dot{I}_{\mathrm{b1}} \cdot 2r_{\mathrm{be1}}} \approx \frac{\beta^5 R_{\mathrm{L}}}{2r_{\mathrm{be1}}}$$

上式表明要使电压放大倍数达到几十万甚至上百万倍不是太困难的事。同时说明,双极型管放大电路高电压放大倍数是依靠晶体管的电流放大作用的积累来实现的。

输入电阻

$$R_{\mathrm{i}} = r_{\mathrm{be1}} + r_{\mathrm{be2}} = 2r_{\mathrm{be1}}$$

因为差分放大电路的集电极静态电流很小,为几十微安甚至更小,所以输入电阻很大。

二、F007 电路分析

在集成运放电路中,若有一个支路的电流可以直接估算出来,通常该电流就是偏置电路的基准电流,电路中与之相关联的电流源(如镜像电流源、比例电流源等)部分,就是偏置电路。将偏置电路分离出来,剩下部分一般为三级放大电路,按信号的流通方向,以“输入”和“输出”为线索,既可将三级分开,又可得出每一级属于哪种基本放大电路。

F007 是通用型集成运放,其电路如图 3.4.3 所示,它由 ±15 V 两路电源供电。从图中可以看出,从 $+V_{\mathrm{CC}}$ 经 T_{12}、R_5 和 T_{11} 到 $-V_{\mathrm{CC}}$ 所构成的回路的电流能够直接估算出来,因而 R_5 中的电流为偏置电路的基准电流。T_{10} 与 T_{11} 构成微电流源,而且 T_{10} 的集电极电流 I_{C10} 等于 T_9 管集电极电流 I_{C9} 与 T_3、T_4 的基极电流 I_{B3}、I_{B4} 之和,即 $I_{\mathrm{C10}} = I_{\mathrm{C9}} + I_{\mathrm{B3}} + I_{\mathrm{B4}}$;$\mathrm{T}_8$ 与 T_9 为镜像关系,为第一级提供静态电流;T_{13} 与 T_{12} 为镜像关系,为第二、三级提供静态电流。F007 的偏置电路如图中所标注,其分析估算见例 3.3.2。将偏置电路分离出来后,可得到 F007 的放大电路部分,如图 3.4.4 所示。根据信号的流通方向可将其分为三级,下面就各级作具体分析。

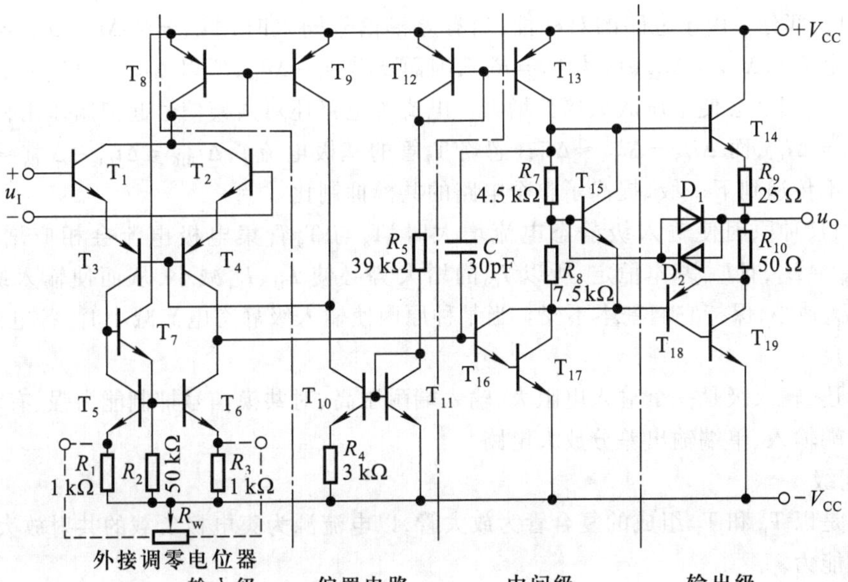

图 3.4.3 F007 电路原理图

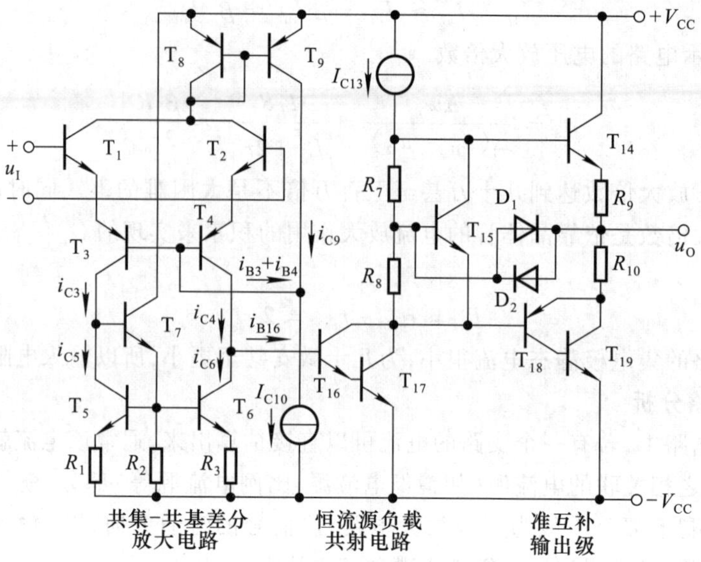

图 3.4.4 F007 电路中的放大电路部分

1. 输入级

输入信号 u_I 加在 T_1 和 T_2 管的基极，而从 T_4 管（即 T_6 管）的集电极输出信号，故输入级是双端输入、单端输出的差分放大电路，完成了整个电路对地输出的转换。T_1 与 T_2、T_3 与 T_4 管两、两特性对称，构成共集－共基电路，从而提高电路的输入电阻，改善频率响应。T_1 与 T_2 管为纵向管，β 大；T_3 与 T_4 管为横向管，β 小但耐压高；T_5、T_6 与 T_7 管构成的电流源电路作为差分放大电路的有源负载；因此输入级可承受较高的差模输入电压并具有较强的放大能力。

T_5、T_6 与 T_7 构成的电流源电路不但作为有源负载，而且将 T_3 管集电极动态电流转换为输出电流 Δi_{B16} 的一部分。由于电路的对称性，当有差模信号输入时，$\Delta i_{C3}=-\Delta i_{C4}$，$\Delta i_{C5}\approx\Delta i_{C3}$（忽略 T_7 管的基极电流），$\Delta i_{C5}=\Delta i_{C6}$（因为 $R_1=R_3$），因而 $\Delta i_{C6}\approx-\Delta i_{C4}$，所以 $\Delta i_{B16}=\Delta i_{C4}-\Delta i_{C6}\approx 2\Delta i_{C4}$，输出电流加倍，当然会使电压放大倍数增大。电流源电路还对共模信号起抑制作用，当共模信号输入时，$\Delta i_{C3}=\Delta i_{C4}$，而 $\Delta i_{C6}=\Delta i_{C5}\approx\Delta i_{C3}$（忽略 T_7 管的基极电流），$\Delta i_{B16}=\Delta i_{C4}-\Delta i_{C6}\approx 0$，可见，共模信号基本不传递到下一级，提高了整个电路的共模抑制比。

此外，当某种原因使输入级静态电流增大时，T_8 与 T_9 管集电极电流会相应增大，但因为 $I_{C10}=I_{C9}+I_{B3}+I_{B4}$，且 I_{C10} 基本恒定，所以 I_{C9} 的增大势必使 I_{B3}、I_{B4} 减小，从而使输入级静态电流 I_{C1}、I_{C2}、I_{C3}、I_{C4} 减小，保持它们基本不变。当某种原因使输入级静态电流减小时，各电流的变化与上述过程相反。

综上所述，输入级是一个输入电阻大、输入端耐压高、对共模信号抑制能力强、有较大差模放大倍数的双端输入、单端输出差分放大电路。

2. 中间级

中间级是以 T_{16} 和 T_{17} 组成的复合管为放大管，以电流源为集电极负载的共射放大电路，具有很强的放大能力。

3. 输出级

输出级是准互补电路，T_{18} 和 T_{19} 复合而成的 PNP 型管与 NPN 型管 T_{14} 构成互补形式，为了弥补它们的非对称性，在发射极加了两个阻值不同的电阻 R_9 和 R_{10}。R_7、R_8 和 T_{15} 构成 U_{BE} 倍增电路，为输出级设置合适的静态工作点，以消除交越失真。R_9 和 R_{10} 还作为输出电流 i_O（发射极电流）的采样电阻与 D_1、D_2 共同构成过流保护电路，这是因为 T_{14} 导通时 R_7 上电压与二极管 D_1 上电压之和等于 T_{14} 管 b－e 间电压与 R_9 上电压之和，即

$$u_{R_7} + u_{D1} = u_{BE14} + i_O R_9$$

当 i_O 未超过额定值时，$u_{D1} < U_{ON}$，D_1 截止；而当 i_O 过大时，R_9 上电压变大使 D_1 导通，为 T_{14} 的基极分流，从而限制了 T_{14} 的发射极电流，保护了 T_{14} 管。D_2 在 T_{18} 和 T_{19} 导通时起保护作用。

在图 3.4.3 中，电容 C 的作用是相位补偿，具体分析见第 5 章 5.6 节；外接电位器 R_w 起调零作用，改变其滑动端，可改变 T_5 和 T_6 管的发射极电阻，以调整输入级的对称程度。

读者可参阅本节对图 3.4.1 所示电路的定量分析自行分析 F007 电路的输入电阻、输出电阻和电压放大倍数。其电压放大倍数可达几十万倍，输入电阻可达 2 MΩ 以上。

3.4.2 单极型集成运放

在测量设备中，常需要高输入电阻的集成运放，其输入电流小到 10 pA 以下，这对于任何双极型集成运放都无法实现，必须采用场效应管构成的集成运放。由于同时制作 N 沟道和 P 沟道互补对称管工艺较易实现，所以 CMOS 技术广泛用于集成运放。CMOS 集成运放的输入电阻高达 10^{10} Ω 以上，并可在很宽的电源电压范围内工作。它们所需的芯片面积只是可比的双极型设计的 1/5～1/3，因此 CMOS 电路的集成度更高。

C14573 是四个独立的运放制作在一个芯片上的器件，其电路原理图如图 3.4.5 所示，它全部由增强型 MOS 管构成，与晶体管集成运放电路结构相类比可知。T_1、T_2 和 T_7 管构成多路电流源，在已知 T_1 管的开启电压的前提下，利用外接电阻可以求出基准电流 I_R，一般选择 I_R 为 20～200 μA。根据 T_1、T_2 和 T_7 管的结构尺寸可以得到 T_2 与 T_7 管的漏极电流，它们为放大电路提供静态电流。把偏置电路简化后，便可得到如图 3.4.6 所示的放大电路部分；由图可知，C14573 是两级放大电路。

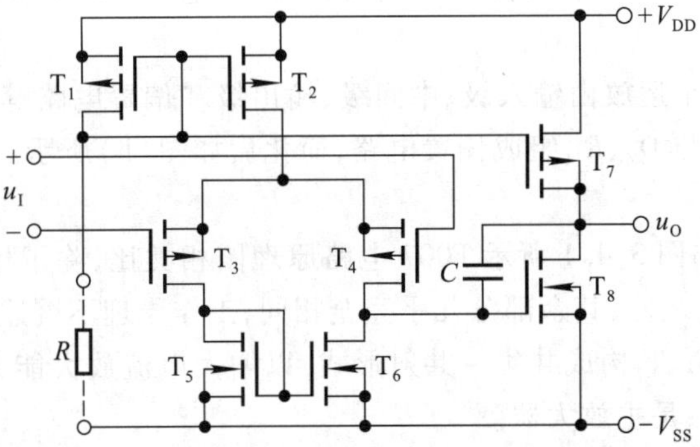

图 3.4.5　C14573 电路图

第一级是以 P 沟道管 T_3 和 T_4 为放大管、以 T_5 和 T_6 管构成的电流源为有源负载、采用共源形式的双端输入、单端输出差分放大电路，有源负载使单端输出电路的动态输出电流近似等于双端输出电流的情况。由于第二级电路从 T_8 的栅极输入，其输入电阻非常大，所以使第一级具有很强的电压放大能力。

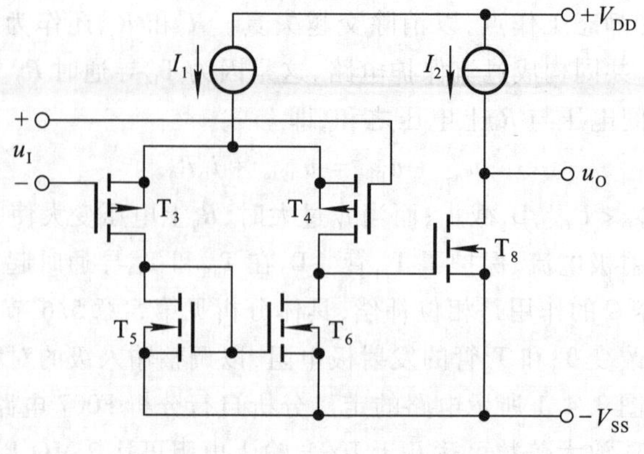

图 3.4.6 C14573 的放大电路部分

第二级是共源放大电路，以 N 沟道管 T_8 为放大管，漏极带有源负载，因此也具有很强的电压放大能力。但它的输出电阻很大，因而带负载能力较差，是为高阻抗负载而设计的，适用于以场效应管为负载的电路。

电容 C 起相位补偿作用。

在使用时，工作电源电压 V_{DD} 与 V_{SS} 之间的差值应满足 $5\ V \leqslant (V_{DD} - V_{SS}) \leqslant 15\ V$；可以单电源供电（正、负均可）；也可以双电源供电，并允许正负电源不对称。使用者可根据对输出电压动态范围的要求选择电源电压的数值。

3.4.3 双极型与单极型混合结构集成运放

为了提高集成运放的性能，常采用晶体管和场效应管混合方式构成内部电路，包括 Bi - MOS（晶体管 - MOS 管混合）、Bi - CMOS（晶体管 - CMOS 电路混合）、Bi - FET（晶体管 - 结型场效应管混合）等。本节介绍一种 Bi - FET 电路，第 8 章将介绍一种 Bi - CMOS 电路。

LF153 是双运放，每个运放由输入级、中间级、输出级和偏置电路等四部分组成，如图 3.4.7(a)所示。其中 $T_{12} \sim T_{16}$ 与 D_Z、R_{11} 组成偏置电路，简化后如图(b)所示。图(b)中电流源 I_1、I_2 分别为各级提供静态电流。

LF153 的输入级可与图 3.4.1 所示 F007 电路原理图相类比，除了用结型场效应管 T_1、T_2 取代 F007 的晶体管 $T_1 \sim T_4$ 之外，其余部分几乎完全相同，工作原理不赘述。

LF153 的中间级由 T_6、T_7 构成共集 - 共射形式，以增大电流放大能力；由电流源 I_2 作有源负载，以增大电压放大能力；是主放大器。

LF153 的输出级是由 T_{10}、T_{11} 构成的互补输出级，T_8、T_9、R_5 所构成的电路用以消除交越失真。

电阻 R_{10} 在输出短路时可起到过流保护作用。

LF153 的部分性能指标与 F007 相当，但它的输入阻抗更高、输入偏置电流更小、功耗更低，且能够实现输出短路过流保护。此外，还有与之电路结构完全相同但用于不同环境温度的 LF253、LF353。

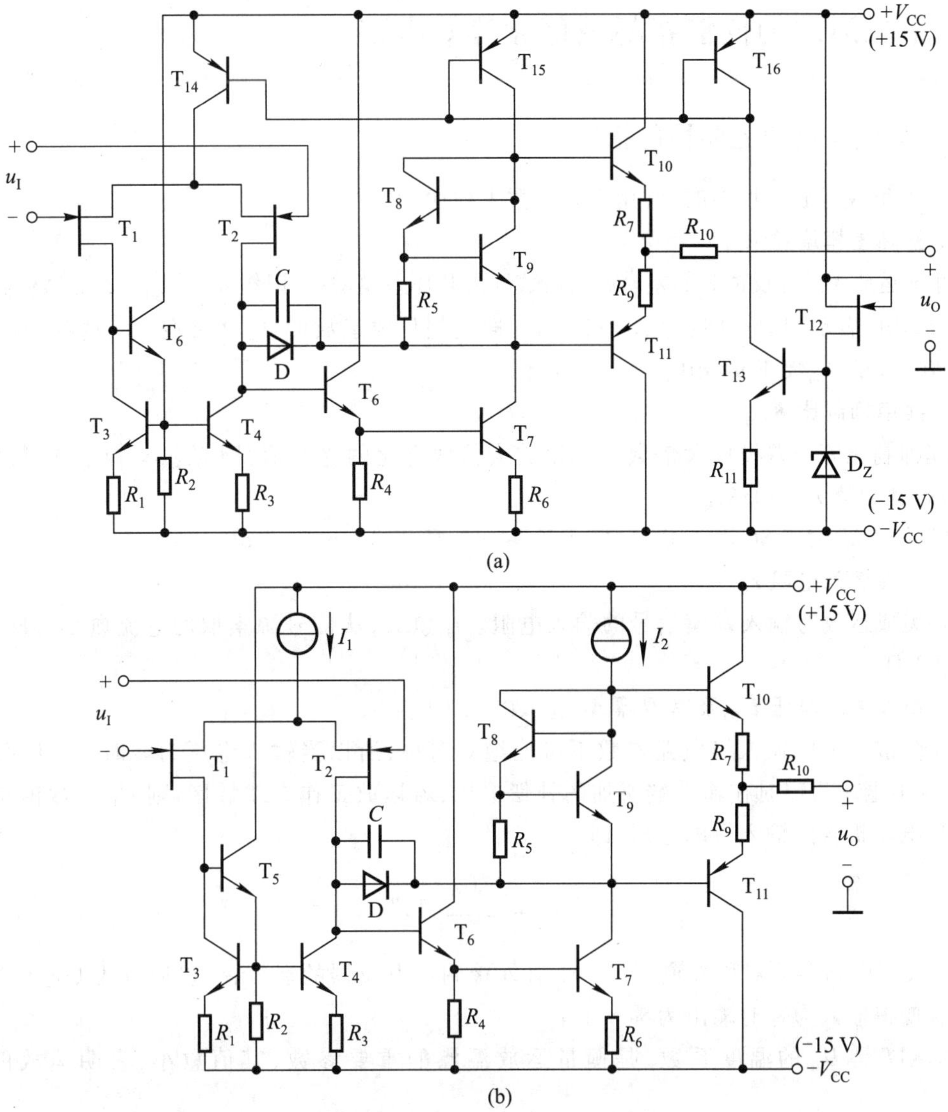

图 3.4.7 LF153 内部电路图

(a) 电路 (b) 简化电路

■ 思考题

3.4.1 如何将偏置电路从集成运放电路中分离出来?

3.4.2 根据什么原则来判断集成运算放大电路中各级放大电路的基本接法和性能特点?

3.4.3 对于单电源供电的集成运放,为了使其输出电压在两个变化方向上的最大值相等,应如何设置静态工作点?画出信号源与集成运放直接耦合和阻容耦合两种方式的电路。

3.4.4 为什么采用双极型管和单极型管混合应用来构成集成运放?

3.5 集成运放的性能指标及低频等效电路

3.5.1 集成运放的主要性能指标

在考察集成运放的性能时，常用下列参数来描述：

一、开环差模增益 A_{od}

在集成运放无外加反馈时的差模放大倍数称为开环差模增益，记作 A_{od}。$A_{od}=\Delta u_O/\Delta(u_P-u_N)$，常用分贝(dB)表示，其分贝数为 $20\lg|A_{od}|$。通用型集成运放的 A_{od} 通常在 10^5 左右，即 100 dB 左右。F007C 的 A_{od} 大于 94 dB。

二、共模抑制比 K_{CMR}

共模抑制比等于差模放大倍数与共模放大倍数之比的绝对值，即 $K_{CMR}=|A_{od}/A_{oc}|$，也常用分贝表示，其数值为 $20\lg K_{CMR}$。

F007 的 K_{CMR} 大于 80 dB。由于 A_{od} 大于 94 dB，所以 A_{oc} 小于 14 dB。

三、差模输入电阻 r_{id}

r_{id} 是集成运放对输入差模信号的输入电阻。r_{id} 愈大，从信号源索取的电流愈小。F007C 的 r_{id} 大于 2 MΩ。

四、输入失调电压 U_{IO} 及其温漂 dU_{IO}/dT

由于集成运放的输入级电路参数不可能绝对对称，所以当输入电压为零时，u_O 并不为零。U_{IO} 是使输出电压为零时在输入端所加的补偿电压，若运放工作在线性区，则 U_{IO} 的数值是 u_I 为零时输出电压折合到输入端的电压，即

$$U_{IO}=-\frac{U_O\big|_{u_I=0}}{A_{od}} \tag{3.5.1}$$

U_{IO} 愈小，表明电路参数对称性愈好。对于有外接调零电位器的运放，可以通过改变电位器滑动端的位置使得输入为零时输出为零。

dU_{IO}/dT 是 U_{IO} 的温度系数，是衡量运放温漂的重要参数，其值愈小，表明运放的温漂愈小。

F007C 的 U_{IO} 小于 2 mV，dU_{IO}/dT 小于 20 μV/℃。因为 F007C 的开环差模增益为 94 dB，约 5×10^4 倍；根据式(3.2.2)可知，在输入失调电压(2 mV)作用下，集成运放已工作在非线性区；所以若不加调零措施，则输出电压不是 $+U_{OM}$，就是 $-U_{OM}$，而无法放大。

五、输入失调电流 I_{IO} 及其温漂 dI_{IO}/dT

$$I_{IO}=|I_{B1}-I_{B2}| \tag{3.5.2}$$

I_{IO} 反映输入级差放管输入电流的不对称程度。dI_{IO}/dT 与 dU_{IO}/dT 的含义相类似，只不过研究的对象为 I_{IO}。I_{IO} 和 dI_{IO}/dT 愈小，运放的质量愈好。

六、输入偏置电流 I_{IB}

I_{IB} 是输入级差放管的基极(栅极)偏置电流的平均值，即

$$I_{IB}=\frac{1}{2}(I_{B1}+I_{B2}) \tag{3.5.3}$$

I_{IB}愈小,信号源内阻对集成运放静态工作点的影响也就愈小。而通常 I_{IB}愈小,往往 I_{IO}也愈小。

七、最大共模输入电压 U_{Icmax}

U_{Icmax}是输入级能正常放大差模信号情况下允许输入的最大共模信号,若共模输入电压高于此值,则运放不能对差模信号进行放大。因此,在实际应用时,要特别注意输入信号中共模信号的大小。

F007 的 U_{Icmax}高达 ±13 V。

八、最大差模输入电压 U_{Idmax}

当集成运放所加差模信号大到一定程度时,输入级至少有一个 PN 结承受反向电压,U_{Idmax}是不至于使 PN 结反向击穿所允许的最大差模输入电压。当输入电压大于此值时,输入级将损坏。运放中 NPN 型管的 b - e 间耐压值只有几伏,而横向 PNP 型管的 b - e 间耐压值可达几十伏。

F007C 中输入级采用了横向 PNP 型管,因而 U_{Idmax}可达 ±30 V。

九、-3 dB 带宽 f_H

f_H 是使 A_{od}下降 3 dB(即下降到约 0.707 倍)时的信号频率。由于集成运放中晶体管(或场效应管)数目多,因而极间电容就较多;又因为那么多元件制作在一小块硅片上,分布电容和寄生电容也较多;因此,当信号频率升高时,这些电容的容抗变小,使信号受到损失,导致 A_{od}数值下降且产生相移。

F007C 的 f_H 仅为 7 Hz。

应当指出,在实用电路中,因为引入负反馈,展宽了频带①,所以上限频率可达数百千赫以上。

十、单位增益带宽 f_c

f_c 是使 A_{od}下降到零分贝(即 $A_{od}=1$,失去电压放大能力)时的信号频率,与晶体管的特征频率 f_T 相类似。

十一、转换速率 SR

SR② 是在大信号作用下输出电压在单位时间变化量的最大值,即

$$SR=\left|\frac{\mathrm{d}u_O}{\mathrm{d}t}\right|_{max} \tag{3.5.4}$$

SR 表示集成运放对信号变化速度的适应能力,是衡量运放在大幅值信号作用时工作速度的参数,常用每微秒输出电压变化多少伏来表示。当输入信号变化斜率的绝对值小于 SR 时,输出电压才能按线性规律变化。信号幅值愈大、频率愈高,要求集成运放的 SR 也就愈大。

在近似分析时,常把集成运放的参数理想化,即认为 A_{od}、K_{CMR}、r_{id} f_H 等参数值均为无穷大,而 U_{IO}和 $\mathrm{d}U_{IO}/\mathrm{d}T$、$I_{IO}$和 $\mathrm{d}I_{IO}/\mathrm{d}T$、$I_{IB}$等参数值均为零。

---

① 具体分析参阅第 5 章 5.4 节,上限频率与负反馈的深度有关。

② SR 是英文 Slew Rate 的缩写,也称为“压摆率”。

3.5.2 集成运放的低频等效电路

在分立元件放大电路的交流通路中,若用晶体管、场效应管的交流等效模型取代管子,则电路的分析与一般线性电路完全相同。同理,如果在集成运放应用电路中用运放的等效模型取代运放,那么电路的分析也将与线性电路完全相同。但是,如果在运放电路中将所有管子都用其等效模型取代去构造运放的模型,那么势必使等效电路非常复杂。例如 F007 电路中有 19 只晶体管,在计算机辅助分析中,若采用 EM2 模型,每只管子均由 11 个元件构成,则 19 只管子共有 11×19=209 个元件,可以想象电路的复杂程度。因此,人们常构造集成运放的宏模型,即在一定的精度范围内构造一个等效电路,使之与运放(或其它复杂电路)的输入端口和输出端口的特性相同或相似。分析的问题不同,所构造的宏模型也有所不同。

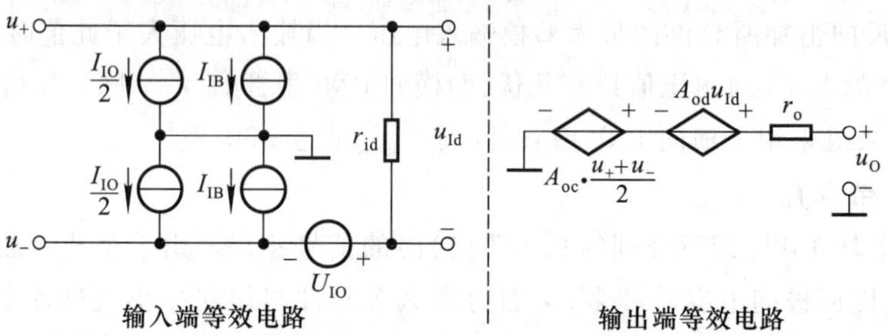

图 3.5.1 集成运放低频等效电路

图 3.5.1 所示为集成运放的低频等效电路,对于输入回路,考虑了差模输入电阻 r_{id}、偏置电流 I_{IB}、失调电压 U_{IO} 和失调电流 I_{IO} 等四个参数;对于输出回路,考虑了差模输出电压 u_{Od},共模输出电压 u_{Oc} 和输出电阻 r_o 等三个参数。显然,图示电路中没有考虑管子的结电容及分布电容、寄生电容等的影响,因此,只适用于输入信号频率不高情况下的电路分析。

如果仅研究对输入信号(即差模信号)的放大问题,而不考虑失调因素对电路的影响,那么可用简化的集成运放低频等效电路,如图 3.5.2 所示。这时,从运放输入端看进去,等效为一个电阻 r_{id};从输出端看进去,等效为一个电压 u_I(即 u_P-u_N)控制的电压源 $A_{od}u_I$,内阻为 r_o。若将集成运放理想化,则 $r_{id}=\infty$,$r_o=0$。

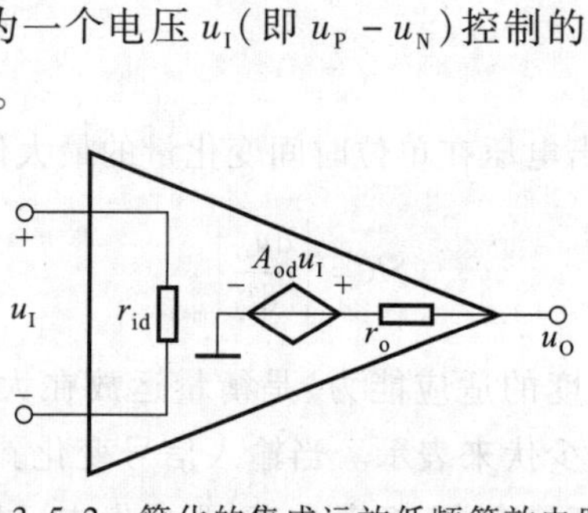

图 3.5.2 简化的集成运放低频等效电路

思考题

3.5.1 对于实际的集成运放,当差模输入信号为零时其输出电压为零吗?为什么?

3.5.2 集成运放的主要参数中有哪些描述输入级的非对称性?它们与温度有关吗?为什么?

3.6 集成运放的种类及选择

3.6.1 集成运放的发展概况

集成运放自20世纪60年代问世以来，飞速发展，目前已经历了四代产品。

第一代产品虽然基本沿用了分立元件放大电路的设计思想，采用了集成数字电路的制造工艺，利用了少量横向PNP型管，构成以电流源作偏置电路的三级直接耦合放大电路；但是，它各方面性能都远远优于分立元件电路，满足了一般应用的要求。典型产品有μA709，国产的F003、5G23等。

第二代产品普遍采用了有源负载，简化了电路设计，并使开环增益有了明显的提高，各方面性能指标比较均衡，因此属于通用型运放，应用非常广泛。典型产品有μA741、LM324，国产的F007、F324、5G24等。

第三代产品的输入级采用了超β管，β值高达1 000 ~ 5 000，而且版图设计上考虑了热效应的影响，从而减小了失调电压、失调电流及它们的温漂，增大了共模抑制比和输入电阻。典型产品有AD508、MC1556、国产的F1556、F030等。

第四代产品采用了斩波稳零和动态稳零技术，使各性能指标参数更加理想化，一般情况下不需调零就能正常工作，大大提高了精度。典型产品有HA2900、SN62088，国产的5G7650等。

目前，除有不同增益的各种通用型运放外，还有品种繁多的专用型运放，以满足各种特殊要求。

3.6.2 集成运放的种类

从前面集成运放典型电路的分析可知，按供电方式可将运放分为双电源供电和单电源供电，在双电源供电中又分正、负电源对称型和不对称型供电。按集成度（即一个芯片上运放个数）可分为单运放、双运放和四运放，目前四运放日益增多。按内部结构和制造工艺可将运放分为双极型、CMOS型、Bi-JFET和Bi-MOS型。双极型运放一般输入偏置电流及器件功耗较大，但由于采用多种改进技术，所以种类多、功能强。CMOS型运放输入阻抗高、功耗小，可在低电源电压下工作，目前已有低失调电压、低噪声、高速度、强驱动能力的产品。Bi-JFET、Bi-MOS型运放采用双极型管与单极型管混合搭配的生产工艺，以场效应管作输入级，使输入电阻高达10^{12} Ω以上；Bi-MOS常以CMOS电路作输出级，可输出较大功率。目前具有各不相同电参数的产品种类繁多。

除以上几种分类方法外，还可从内部电路的工作原理、电路的可控性和电参数的特点等三个方面分类，下面简单加以介绍。

一、按工作原理分类

1. 电压放大型

实现电压放大，输出回路等效成由电压u_I控制的电压源$u_O = A_{od}u_I$。F007、F324、C14573均属这类产品。

2. 电流放大型

实现电流放大，输出回路等效成由电流i_I控制的电流源$i_O = A_i i_I$。LM3900、F1900属于这类产品。

3. 跨导放大型

将输入电压转换成输出电流，输出回路等效成由电压 u_I 控制的电流源 i_O，即 $i_O = A_{iu}u_I$，A_{iu} 的量纲为电导，它是输出电流与输入电压之比，故称跨导，常记作 g_m。LM3080、F3080 属于这类产品。

4. 互阻放大型

将输入电流转换成输出电压，输出回路等效成由电流 i_I 控制的电压源 u_O，即 $u_O = A_{ui}i_I$，A_{ui} 的量纲为电阻，故称这种电路为互阻放大电路。AD8009、AD8011 属于这类产品。

输出等效为电压源的运放，输出电阻很小，通常为几十至上百欧；而输出等效为电流源的运放，输出电阻较大，通常为几千欧以上。

二、按可控性分类

1. 可变增益运放

可变增益运放有两类电路，一类由外接的控制电压 u_C 来调整开环差模增益 A_{od}，称为电压控制增益的放大电路，如 VCA610，当 u_C 从 0 V 变为 -2 V 时，A_{od} 从 -40 dB 变为 +40 dB，中间连续可调；另一类是利用数字编码信号来控制开环差模增益 A_{od} 的，这类运放是模拟电路与数字电路的混合集成电路，具有较强的编程功能，例如 AD526，其控制变量为 A_2、A_1、A_0，当给定不同的二进制码时，A_{od} 将随之改变。

2. 选通控制运放

此类运放的输入为多通道，输出为一个通道，即对“地”输出电压信号。利用输入逻辑信号的选通作用来确定电路对哪个通道的输入信号进行放大。图 3.6.1 所示为两通道选通控制运放 OPA676 的原理示意图。当 $\overline{CHA}$ 为 0 V 时，开关 S 倒向电路 A_1 的输出端，电路对 u_{IA} 放大，输出电压 $u_O = A_{od}u_{IA}$；当 $\overline{CHA}$ 为 2.7 V 时，开关 S 倒向电路 A_2 的输出端，电路对 u_{IB} 放大，输出电压 $u_O = A_{od}u_{IB}$；A_{od} 为开环差模增益。由于开关起切换输入通道的作用，故也称这类电路为输入切换运放。

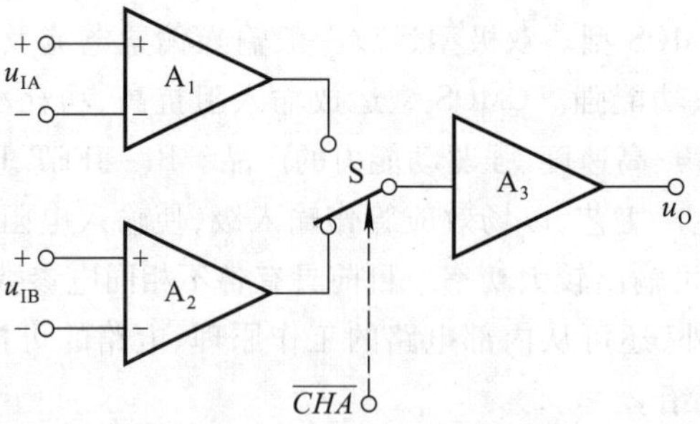

图 3.6.1 两通道选通控制运放 OPA676 的原理示意图

三、按性能指标分类

按性能指标可分为通用型和专用型两类。通用型运放用于无特殊要求的电路之中，其性能指标的数值范围见表 3.6.1，少数运放可能超出表中数值范围；专用型运放为了适应各种特殊要求，某一方面性能特别突出，下面作一简单介绍。

表 3.6.1 通用型运放的性能指标

参数	单位	数值范围	参数	单位	数值范围
A_{od}	dB	65 ~ 100	K_{CMR}	dB	70 ~ 90
r_{id}	MΩ	0.5 ~ 2	单位增益带宽	MHz	0.5 ~ 2
U_{IO}	mV	2 ~ 5			
I_{IO}	μA	0.2 ~ 2	SR	V/μs	0.5 ~ 0.7
I_{IB}	μA	0.3 ~ 7	功耗	mW	80 ~ 120

1. 高阻型

具有高输入电阻(r_{id})的运放称为高阻型运放。它们的输入级多采用超 β 管或场效应管,r_{id} 大于 10^9 Ω,适用于测量放大电路、信号发生电路或采样 - 保持电路。

国产的 F3130,输入级采用 MOS 管。输入电阻大于 10^{12} Ω,I_{IB} 仅为 5 pA。

2. 高速型

单位增益带宽和转换速率高的运放为高速型运放。它的种类很多,增益带宽多在 10 MHz 左右,有的高达千兆赫;转换速率大多在几十伏/微秒至几百伏/微秒,有的高达几千伏/微秒。适用于模数转换器、数模转换器、锁相环电路和视频放大电路。

国产超高速运放 3554 的 SR 为 1 000 V/μs,单位增益带宽为 1.7 GHz。

3. 高精度型

高精度型运放具有低失调、低温漂、低噪声、高增益等特点,它的失调电压和失调电流比通用型运放小两个数量级,而开环差模增益和共模抑制比均大于 100 dB。适用于对微弱信号的精密测量和运算,常用于高精度的仪器设备中。

国产的超低噪声高精度运放 F5037 的 U_{IO} 为 10 μV,其温漂为 0.2 μV/℃;I_{IO} 为 7 nA;等效输入噪声电压密度约为 3.5 nV/$\sqrt{\text{Hz}}$,电流密度约为 1.7 pA/$\sqrt{\text{Hz}}$;A_{od} 约为 105 dB。

4. 低功耗型

低功耗型运放具有静态功耗低、工作电源电压低等特点,它们的功耗只有几毫瓦,甚至更小,电源电压为几伏,而其它方面的性能不比通用型运放差。适用于能源有严格限制的情况,例如空间技术、军事科学及工业中的遥感遥测等领域。

微功耗高性能运放 TLC2252 的功耗约为 180 μW,工作电源为 5 V,开环差模增益为 100 dB,差模输入电阻为 10^{12} Ω。可见,它集高阻与低功耗于一身。

此外,还有能够输出高电压(如 100 V)的高压型运放,能够输出大功率(如几十瓦)的大功率型运放等。

除了通用型和专用型运放外,还有一类运放是为完成某种特定功能而生产的,例如仪表用放大器、隔离放大器、缓冲放大器、对数/反对数放大器等。随着 EDA 技术的发展,人们会越来越多地自己设计专用芯片。目前可编程模拟器件也在发展之中,人们可以在一块芯片上通过编程的方法实现对多路信号的各种处理,如放大、有源滤波、电压比较等。

3.6.3 集成运放的选择

通常情况下,在设计集成运放应用电路时,没有必要研究运放的内部电路,而是根据设计需求寻找具有相应性能指标的芯片。因此,了解运放的类型,理解运放主要性能指标的物理意义,是正确选择运放的前提。应根据以下几方面的要求选择运放。

一、信号源的性质

根据信号源是电压源还是电流源,内阻大小、输入信号的幅值及频率的变化范围等,选择运放的差模输入电阻 r_{id}、-3 dB 带宽(或单位增益带宽)、转换速率 SR 等指标参数。

二、负载的性质

根据负载电阻的大小,确定所需运放的输出电压和输出电流的幅值。对于容性负载或感性负载,还要考虑它们对频率参数的影响。

三、精度要求

对模拟信号的处理,如放大、运算等,往往提出精度要求;如电压比较,往往提出响应时间、灵敏度要求。根据这些要求选择运放的开环差模增益 A_{od}、失调电压 U_{IO}、失调电流 I_{IO} 及转换速率 SR 等指标参数。

四、环境条件

根据环境温度的变化范围,可正确选择运放的失调电压及失调电流的温漂 dU_{IO}/dT、dI_{IO}/dT 等参数;根据所能提供的电源(如有些情况只能用干电池)选择运放的电源电压;根据对能耗有无限制,选择运放的功耗等。

根据上述分析就可以通过查阅手册等手段选择某一型号的运放了,必要时还可以通过各种 EDA 软件进行仿真,最终确定最满意的芯片。目前,各种专用运放和多方面性能俱佳的运放种类繁多,采用它们会大大提高电路的质量。

不过,从性能价格比方面考虑,应尽量采用通用型运放,只有在通用型运放不能满足应用要求时才采用专用型运放。

3.7 集成运放的使用

本节将对使用集成运放时必做的工作和运放的保护措施作简单的介绍。

3.7.1 使用时必做的工作

一、集成运放的外引线(管脚)

目前集成运放的常见封装方式有金属壳封装和双列直插式封装,外形如图 3.7.1 所示,以后者居多。双列直插式有 8、10、12、14、16 管脚等种类,虽然它们的外引线排列日趋标准化,但各制造厂仍略有区别。因此,使用运放前必须查阅有关手册,辨认管脚,以便正确连线。

二、参数测量

使用运放之前往往要用简易测试法判断其好坏,例如用万用表电阻的中间挡(“ ×100 Ω”或“ ×1 kΩ”挡,避免电流或电压过大)对照管脚测试有无短路和断路现象。必要时还可采用测试设备量测运放的主要参数。

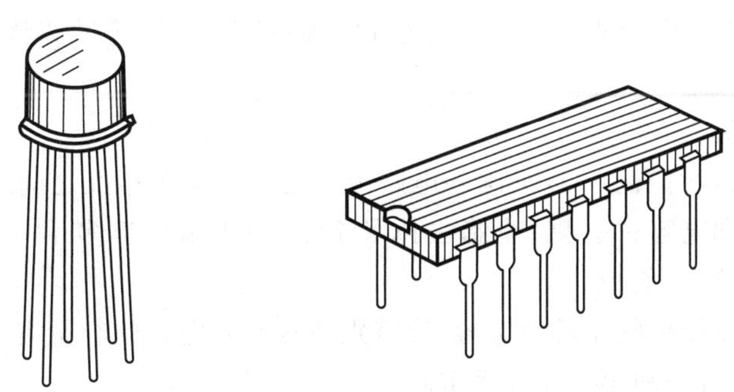

(a) (b)

图 3.7.1 集成电路的外形

(a) 圆壳式外形 (b) 双列直插式外形

三、调零和设置偏置电压

由于失调电压及失调电流的存在,输入为零时输出往往不为零。对于内部无自动稳零措施的运放需外加调零电路,使之在零输入时输出为零。

对于单电源供电的运放,常需在输入端加直流偏置电压,设置合适的静态点,以便能放大正、负两个方向的变化信号。例如,为使正、负两个方向信号变化的幅值相同,应将 Q 点设置在集成运放电压传输特性的中点,即 $V_{CC}/2$ 处,如图 3.7.2(a)所示。图(b)和(c)分别为阻容耦

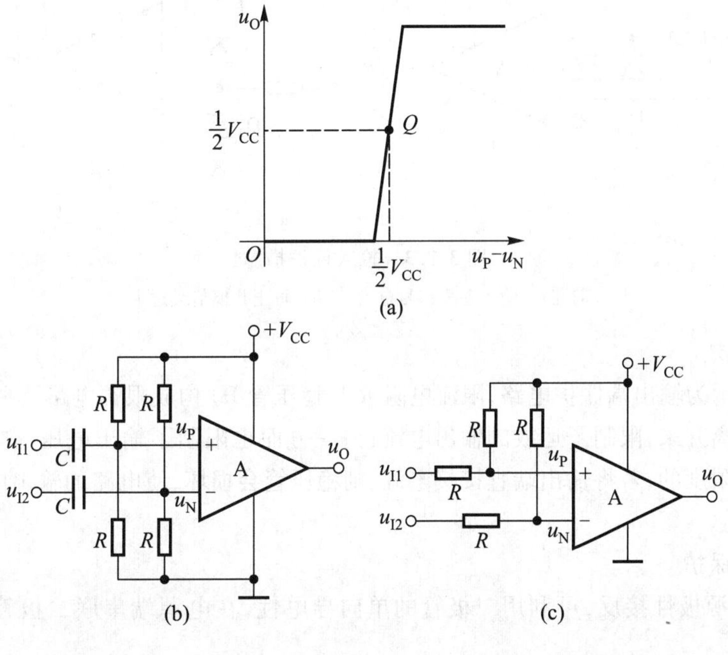

图 3.7.2 单电源集成运放静态工作点的设置

(a) Q 点在电压传输特性上的位置 (b) 阻容耦合偏置电路 (c) 直接耦合偏置电路

合和直接耦合两种情况下的偏置电路；静态时，$u_{I1}=u_{I2}=0$，由于4个电阻均为R，阻值相等，故$u_P=u_N=V_{CC}/2$。如果正、负两个方向信号变化的幅值不同，可通过调整偏置电路中电阻阻值来调高或调低Q点。

四、消除自激振荡

为防止电路产生自激振荡①，且消除各电路因共用一个电源相互之间所产生的影响，应在集成运放的电源端加去耦电容；"去耦"是指去掉联系，一般去耦电容多用一个容量大的和一个容量小的电容并联在电源正、负极。

有的集成运放还需外接频率补偿电容，应特别注意接入电容的容量需合适，否则会影响集成运放的带宽，详细分析可查阅第5章5.5节。

3.7.2 保护措施

集成运放在使用中常因以下三种原因被损坏：输入信号过大，使PN结击穿；电源电压极性接反或过高；输出端直接接"地"或接电源，运放将因输出级功耗过大而损坏。因此，为使运放安全工作，也从三个方面进行保护。

一、输入保护

一般情况下，运放工作在开环(即未引反馈)状态时，易因差模电压过大而损坏；在闭环状态时，易因共模电压超出极限值而损坏。图3.7.3(a)所示是防止差模电压过大的保护电路，(b)所示是防止共模电压过大的保护电路。

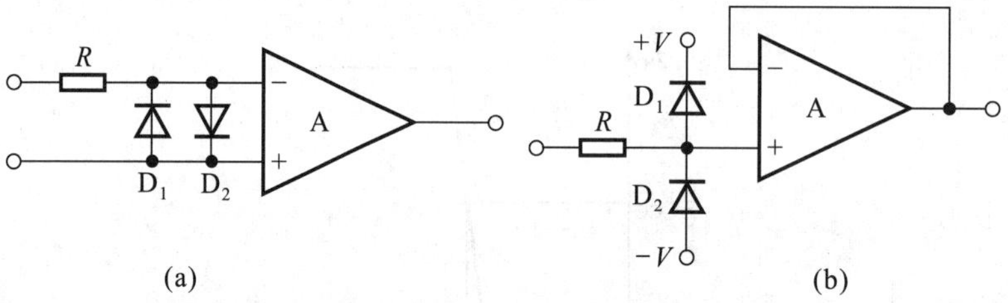

图3.7.3 输入保护措施

(a) 防止输入差模信号过大 (b) 防止共模信号过大

二、输出保护

图3.7.4所示为输出端保护电路，限流电阻R与稳压管D_Z构成限幅电路。一方面将负载与集成运放输出端隔离开来，限制了运放的输出电流；另一方面也限制了输出电压的幅值。当然，任何保护措施都是有限度的，若将输出端直接接电源，则稳压管会损坏，使电路的输出电阻大大提高，影响了电路的性能。

三、电源端保护

为了防止电源极性接反，可利用二极管的单向导电性，在电源端串联二极管来实现保护，如图3.7.5所示。

① 关于自激振荡，请参阅第5章5.5节。

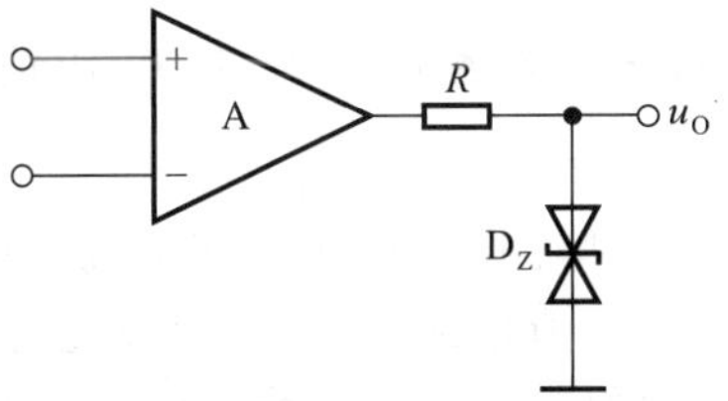

图 3.7.4 输出保护电路

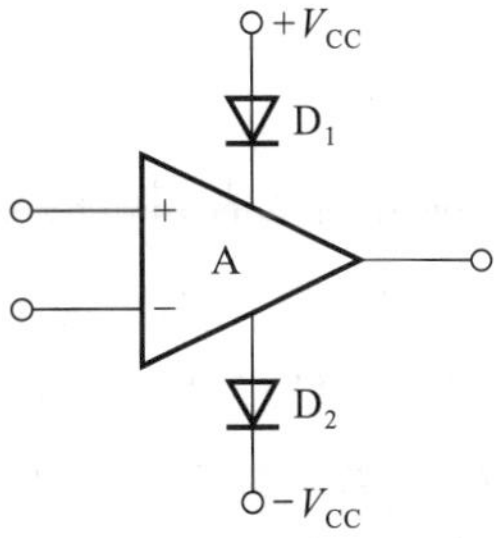

图 3.7.5 电源端保护

3.8 Multisim 应用举例

3.8.1 直接耦合多级放大电路调试方法的研究

一、仿真电路

在图 3.8.1 中所示两级直接耦合放大电路中，第一级为双端输入、单端输出差分放大电路，放大管 Q1、Q2 和恒流源电路中的晶体管 Q3 均为 2N2222A，$\beta=220$，$r_{bb'}=130\ \Omega$；稳压管的型号为 IN4730A，稳定电压为 3.891 V；第二级为 PNP 型管组成的共射放大电路，管子型号为2N3720，$\beta=133$，$r_{bb'}=10\ \Omega$。

二、仿真目的

调整两级放大电路的集电极电阻 R_1、R_5（其余电阻阻值如图 3.8.1 所标注保持不变），使电路静态时放大管 Q4 的集电极电位为 2～3 V，以保证电路的最大不失真输出电压尽可能大些；而且使电路电压放大倍数的数值大于 500。

在满足上述条件下，研究电路共模抑制比的测试方法和温度对电路静态工作点的影响。

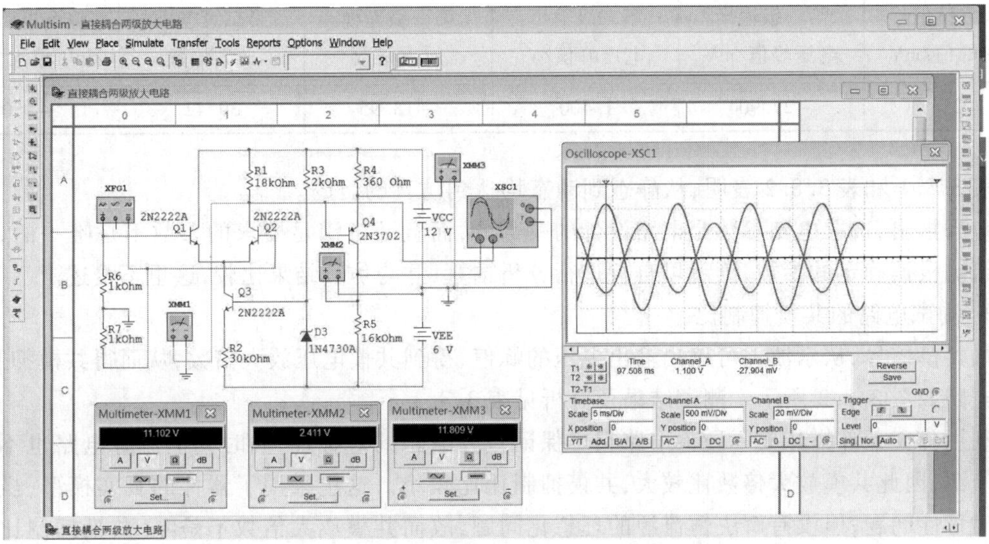

图 3.8.1 两级直接耦合放大电路的测试

三、仿真内容

1. 根据仿真目的确定部分电路参数

利用参数扫描分析或者累试的方法，结合虚拟仪器的测试调整 R_1 和 R_5 阻值，使之满足 Q4 集电极静态电位在 2～3 V 之间，且 $|\dot{A}_u|>500$。

在图 3.8.1 中，用自左至右三个万用表的直流电压挡，分别测量 Q2 集电极、Q4 集电极和 Q4 发射极静态电位；用函数发生器给放大电路输入频率为 100 Hz、峰－峰值为 2 mV 的正弦波电压，用示波器测量 Q2 集电极、Q4 集电极的交流信号的峰值电压。参数调试结果如图中标注，测试数据见万用表和示波器的读数。

静态数据整理如表 3.8.1 所示。

表 3.8.1 静态工作点的调试

Q2 集电极电阻 R_1/kΩ	Q4 集电极电阻 R_5/kΩ	Q2 集电极静态电位 U_{C2Q}/V	Q4 集电极静态电位 U_{C4Q}/V	Q4 集电极静态电流 I_{C4Q}/mA	Q4 静态管压降 U_{CE4Q}/V
18	16	11.102	2.411	0.53	8.441

表中 Q4 的静态电流和管压降算式如下：

$$I_{C4Q}=\frac{U_{C4Q}+V_{EE}}{R_5}=\frac{(2.411+6)\text{ V}}{16\text{ k}\Omega}\approx 0.53\text{ mA}$$

$$U_{CE4Q}=U_{C4Q}+V_{EE}=(2.411+6)\text{ V}=8.441\text{ V}$$

管压降数据表明 Q4 远离饱和区；且由于总电源电压为 $V_{CC}+V_{EE}=18$ V，表明 Q4 也远离截止区；所以最大不失真输出电压较大。

动态测试数据及整理如表 3.8.2 所示。

表 3.8.2 电压放大倍数的调试

输入差模信号电压峰值/mV	第一级输出电压峰值/mV	第二级输出电压峰值/V	第一级差模放大倍数	第二级电压放大倍数	整个电路的电压放大倍数
2	−27.904	1.100	−13.95	39.42	−550

表 3.8.1 和表 3.8.2 表明，从静态到动态均达到仿真的目的。

应当指出，选取电路参数是电路设计的一部分，而且通常满足要求的参数不是唯一的，可以有多组。根据确定的参数，读者可自行进行分析估算，并与仿真结果比较，这里不赘述。

2. 测试电路的共模抑制比

加共模信号，从示波器可读出输出电压的峰值，得到共模电压放大倍数，从而得共模抑制比。测试电路如图 3.8.2 所示。测试结果及分析见表 3.8.3。

利用分立元件搭建实际硬件电路很难保证差分电路的对称性，同时其恒流源电路也不是理想恒流源，因此共模放大倍数比较大，共模抑制比比较小。这里采用了器件的真实模型，虽然解决了对称性问题，但没有解决恒流源的理想化问题，故而共模放大倍数不是零，共模抑制比不是无穷大。尽管如此，与实际的分立元件电路比较，这两项指标已相当优秀了。

3. 温度对静态工作点的影响

在 Multisim 环境下，默认温度是 27℃。利用"温度扫描分析"(Temperature Sweep Analysis)能够了解温度对静态工作点的影响。首先设置温度的起始值(0℃)、终了值(50℃)和点数(步长为 10℃)，然后确定扫描对象 Q2 集电极(S6)和 Q4 集电极(S5)的电位，最后按扫描键，结果如图 3.8.3 所示。

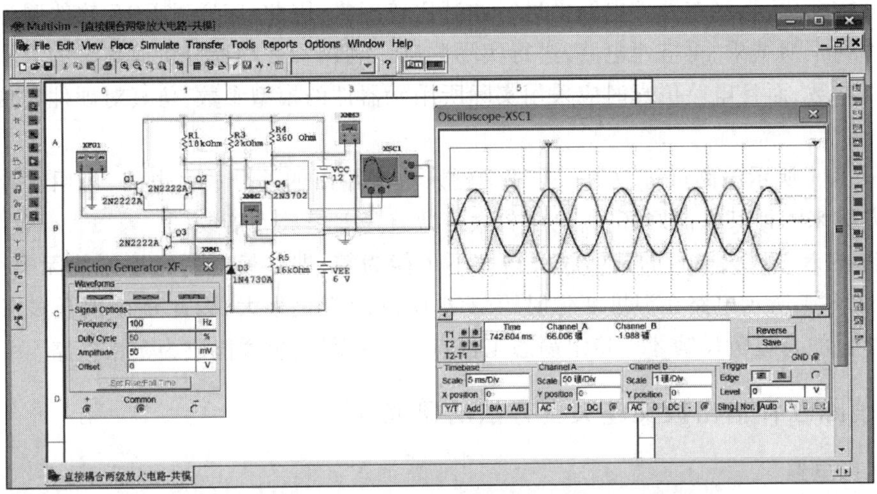

图 3.8.2 两级直接耦合放大电路共模放大倍数的测试

表 3.8.3 共模放大倍数的测试

输入共模信号电压峰值/mV	第一级输出电压峰值/μV	第二级输出电压/μV	第一级共模放大倍数	整个电路的共模放大倍数	共模抑制比
50	1.988	66.006	4×10^{-5}	-1.32×10^{-3}	4.08×10^{5}

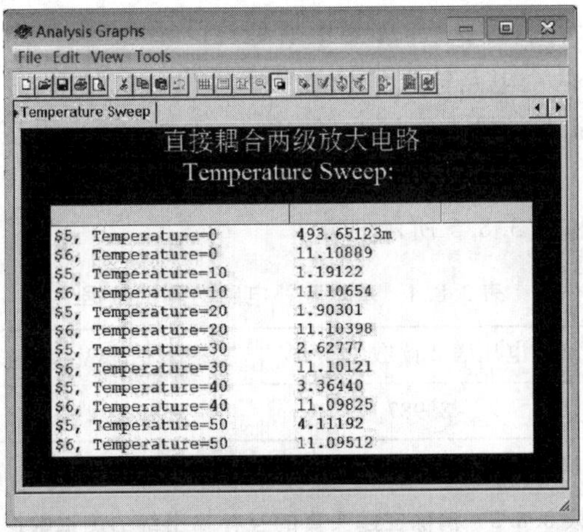

图 3.8.3 两级直接耦合放大电路温度扫描分析结果

从扫描结果可以看出，Q2 集电极电位变化较小，这是因为差分放大电路中恒流源电路的共模负反馈作用很强，使之温度漂移不明显。而第二级电路直流负反馈较弱，因而随着温度的升高，Q4 集电极电位不断升高，即 Q4 集电极电阻上电压不断增大，说明其集电极电流增大，管压降减小，Q 点明显漂移。Q 点变化，将引起一系列动态参数的变化；因此，如果直接耦合放大电路不解决温度漂移的问题就不能成为实用电路。

四、总结

1. 由于直接耦合放大电路各级之间的静态工作点相互影响，在变化某一电路参数时会引起多个静态参数变化，直接在硬件电路中进行调试比较困难；因此，应通过 EDA 软件调整电路参数使之基本达到预期结果，再搭建电路，进行实际测试。利用参数扫描分析或累试的方法均可较快地确定电路参数，而且电路仿真时应采用实际所用元器件的模型参数，仿真对硬件实现才有指导意义。

2. 图 3.8.1 所示电路可等效为一个双端输入单端输出的差分放大电路，可用对差分放大电路的评价方法来测评其性能好坏，其电压放大倍数就是差模放大倍数。

3. 实际的差分放大电路的共模放大倍数不可能为零，即共模抑制比不可能无穷大；而且仿真表明，图 3.8.1 所示电路在温度变化时第二级 Q 点的变化很大，因此直接耦合多级放大电路需引入足够强的直流负反馈才能稳定静态工作点，克服漂移，也才能成为实用电路。

3.8.2 消除互补输出级交越失真方法的研究

一、仿真电路

基本互补电路和消除交越失真互补输出级如图 3.8.4(a)所示。晶体管采用 NPN 型晶体管 2N3904 和 PNP 型晶体管 2N3906。二极管采用 1N4009。

在实际的实验中，几乎不可能得到具有较为理想对称特性的 NPN 型和 PNP 型管，但是在 Multisim 中却可以做到。因此，可以看到只受晶体管输入特性影响（不受其它因素影响）所产生的失真和消除这种失真的方法。

二、仿真内容

1. 利用直流电压表测量两个电路中晶体管基极和发射极电位，得到静态工作点，如图 3.8.4(a)所示。各电压表所测量的电压如图中所标注。

2. 用示波器分别观察两个电路输入信号波形和输出信号波形，并测试输出电压的幅值。如图 3.8.4(b)所示。Channel A 为输入电压波形，Channel B 为输出电压波形。

三、仿真结果

仿真结果如表 3.8.4 和表 3.8.5 所示。

表 3.8.4 基本互补电路的测试数据

直流电压表 1 读数 U_{B1}/mV	直流电压表 2 读数 U_{E1}/nV	输入信号 V1 峰值/V	输出信号峰值/V
0	-8.987	2	1.331

表 3.8.5 消除交越失真的互补输出级的测试数据

直流电压表 3 读数 U_{B3}/mV	直流电压表 4 读数 U_{B4}/mV	直流电压表 5 读数 U_{E3}/mV	输入信号 V2 峰值/V	Q_3 基极动态电位/V	Q_4 基极动态电位/V	输出信号峰值/V
721.256	-721.324	14.705	2	1.406	1.406	1.997

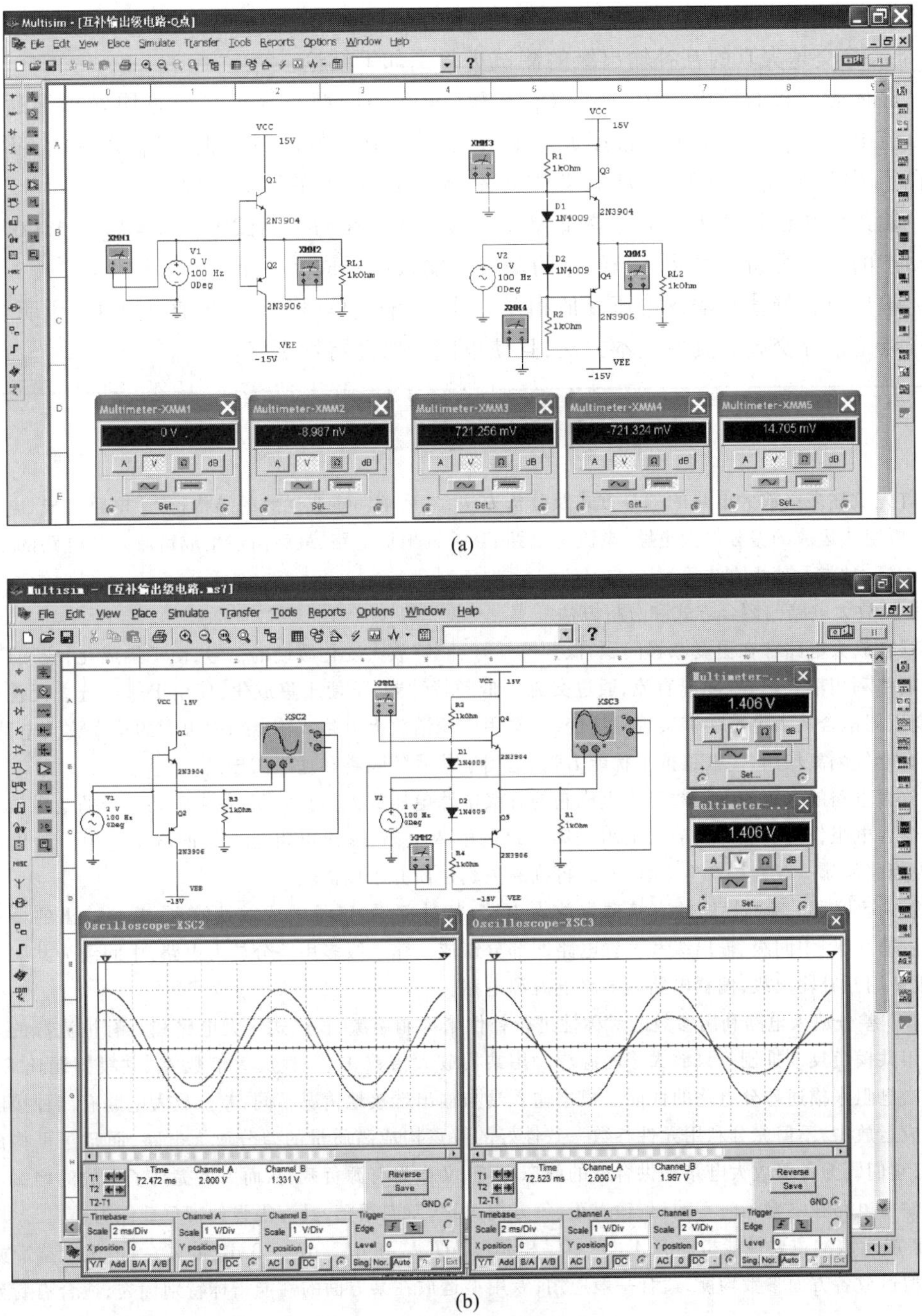

图 3.8.4　互补输出级电路的测试

(a) 静态测试　(b) 动态测试

四、总结

1. 对基本互补电路的测试可得到如下结论：

(1) 静态时晶体管基极和发射极的直流电压均为 0,静态功耗小。

（2）由于输入电压小于 b－e 间的开启电压时两只晶体管均截止，输出信号波形明显产生了交越失真，且输出电压峰值小于输入电压峰值。

2. 对消除交越失真的互补输出级的测试可得到如下结论：

（1）晶体管基极直流电位 $U_{B3} \approx -U_{B4} = 721\ mV$，表明两只管子在静态均处于导通状态，发射极的直流电位 $U_{E3} \approx 14.7\ mV$，很接近 0，说明管子具有很好的对称性。$U_{B3} \neq -U_{B4}$、$U_{E3} \neq 0$ 的原因仍在于 NPN 型晶体管 2N3904 和 PNP 型晶体管 2N3906 的不对称性。

（2）输入电压的峰值为 2 V，有效值约为 1.414 V。在动态测试中，$U_{b3} = U_{b4} = 1.406\ V \approx U_i$，说明在动态的近似分析中可将 T_3 和 T_4 的基极与输入端看成为一个点。

（3）输出电压峰值与输入电压峰值相差无几，且输出信号波形没有产生失真，说明合理设置静态工作点是消除交越失真的基本方法，且使电路的跟随特性更好。

本 章 小 结

本章首先讲述多级放大电路的耦合方式及分析方法，然后阐明集成运放的结构特点、电路组成、电压传输特性，进而分析组成运放的差分放大电路、电流源电路、互补输出级电路，最后简述集成运放内部电路的工作原理、主要性能指标、种类及使用方法等。

一、多级放大电路的耦合方式和分析方法。

直接耦合放大电路存在温度漂移问题，低频特性好，能够放大变化缓慢的信号，便于集成化，应用广泛；阻容耦合放大电路利用耦合电容“隔离直流，通过交流”，低频特性差，不便于集成化，仅用于非用分立元件电路不可的情况；变压器耦合放大电路能够实现阻抗变换，常用作调谐放大电路或输出功率很大的功率放大电路；光电耦合方式具有电气隔离作用，使电路抗干扰能力强，适用于信号的隔离和远距离传送。

多级放大电路的电压放大倍数等于组成它的各级电路电压放大倍数之积，在求解某一级的电压放大倍数时应将后级输入电阻作为负载。其输入电阻是第一级的输入电阻，输出电阻是末级的输出电阻。输出波形失真时，应首先判断从哪一级开始产生失真，然后再判断失真性质并予以消除。

二、集成运放是一种高性能的直接耦合放大电路，从外部看，可等效成双端输入、单端输出的差分放大电路。通常由输入级、中间级、输出级和偏置电路四部分组成。输入级多用差分放大电路，中间级为共射（共源）电路，输出级多用互补输出级，偏置电路是多路电流源电路。

三、基本差分放大电路利用参数的对称性进行补偿来抑制温漂，长尾式放大电路和具有恒流源的差分放大电路还利用共模负反馈抑制每只放大管的温漂。用共模放大倍数 A_c、差模放大倍数 A_d、共模抑制比 K_{CMR}、输入电阻和输出电阻来描述差分电路的性能。根据输入端与输出端接地情况不同，差分放大电路有四种接法。

在集成运放中，不但充分利用元件参数一致性好的特点构成高质量的差分放大电路，而且还可构成各种电流源电路，它们既为各级放大电路提供合适的静态电流，又作为有源负载，从而大大提高了运放的增益。

互补输出电路在零输入时零输出，输出正、负方向对称，双向跟随，具有很强的带负载能力。

四、集成运放的主要性能指标有 A_{od}、r_{id}、U_{IO} 和 dU_{IO}/dT、I_{IO} 和 dI_{IO}/dT、－3 dB 带宽 f_H、单位增益带宽 f_c 和 SR 等。通用型运放各方面参数均衡，适合一般应用；专用型运放在某方面的性能指标特别优秀，适合有特殊要求的场合。

五、使用运放时应注意调零、设置偏置电压、频率补偿和必要的保护措施。目前多数产品内部有补偿电容，部分产品内部有稳零措施。

学完本章后希望能够达到以下要求：

一、掌握以下概念及定义：零点漂移与温度漂移，共模信号与共模放大倍数，差模信号与差模放大倍数，共模抑制比，差模输入电阻，失调电压和失调电流，－3 dB 带宽 f_H 等。

二、掌握各种耦合方式的优缺点，能够正确估算多级放大电路的 $\dot{A}_u$、R_i 和 R_o。

三、熟悉集成运放的组成及各部分的作用，正确理解主要指标参数的物理意义及其使用注意事项。

四、理解差分放大电路的组成和工作原理，掌握静态和动态参数的分析方法；了解电流源电路的工作原理；掌握互补输出级（OCL 电路）的正确接法和输入－输出关系。

五、了解一种运放电路的工作原理。

自 测 题

一、现有基本放大电路：

A. 共射电路　　B. 共集电路　　C. 共基电路

D. 共源电路　　E. 共漏电路

根据要求选择合适电路组成两级放大电路。

(1) 要求输入电阻为 1 ~ 2 kΩ，电压放大倍数大于 3 000，第一级应采用________，第二级应采用________。

(2) 要求输入电阻大于 10 MΩ，电压放大倍数大于 300，第一级应采用________，第二级应采用________。

(3) 要求输入电阻为 100 ~ 200 kΩ，电压放大倍数数值大于 100。第一级应采用________，第二级应采用________。

(4) 要求电压放大倍数的数值大于 10，输入电阻大于 10 MΩ，输出电阻小于 100 Ω，第一级应采用________，第二级应采用________。

(5) 设信号源为内阻很大的电压源，要求将输入电流转换成输出电压，且 $|\dot{A}_{ui}| = |\dot{U}_o / \dot{I}_i| > 1\ 000$，输出电阻 $R_o < 100$，第一级应采用________，第二级应采用________。

二、选择合适的答案填入空内。

(1) 直接耦合放大电路存在零点漂移的原因是________。

A. 元件老化　　B. 晶体管参数受温度影响

C. 放大倍数不够稳定　　D. 电源电压不稳定

(2) 集成放大电路采用直接耦合方式的原因是________。

A. 便于设计　　B. 放大交流信号　　C. 不易制作大容量电容

(3)差分放大电路的差模信号是两个输入端信号的________，共模信号是两个输入端信号的________。

A. 差　　B. 和　　C. 平均值

(4) 用恒流源取代长尾式差分放大电路中的发射极电阻 R_e，将使电路的________。

A. 差模放大倍数数值增大　　B. 抑制共模信号能力增强　　C. 差模输入电阻增大

(5) 通用型集成运放适用于放大________。

A. 高频信号　　B. 低频信号　　C. 任何频率信号

(6) 集成运放的输入级采用差分放大电路是因为可以________。

A. 减小温漂　　B. 增大放大倍数　　C. 提高输入电阻

(7) 为增大电压放大倍数，集成运放的中间级多采用________。

A. 共射放大电路　　B. 共集放大电路　　C. 共基放大电路

(8)集成运放的末级采用互补输出级是为了________。

A. 电压放大倍数大　　B. 不失真输出电压大　　C. 带负载能力强

三、电路如图 T3.3 所示，所有晶体管均为硅管，β 均为 200，$r_{bb'} = 200\ \Omega$，静态时 $|U_{BEQ}| \approx 0.7$ V。试求：

(1) 静态时 T_1 管和 T_2 管的发射极电流；

(2) 若静态时 $u_O > 0$，则应如何调节 R_{c2} 的值才能使 $u_O = 0$ V？若静态 $u_O = 0$ V，则 $R_{c2} = $？电压放大倍数为多少？

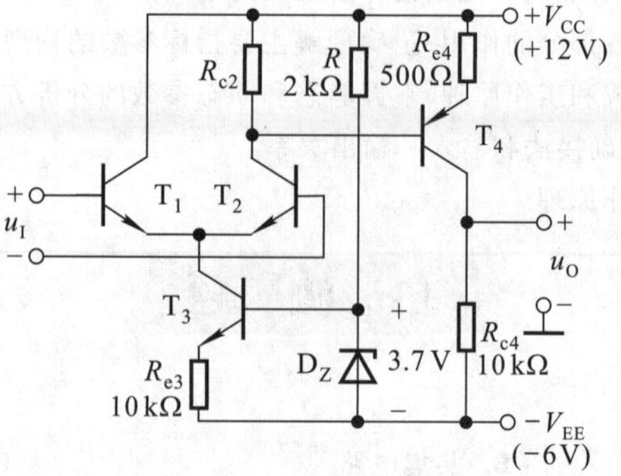

图 T3.3

四、电路如图 T3.4 所示，已知 $\beta_1=\beta_2=\beta_3=100$。各管的 U_{BE} 均为 0.7 V，试求 I_{C2} 的值。

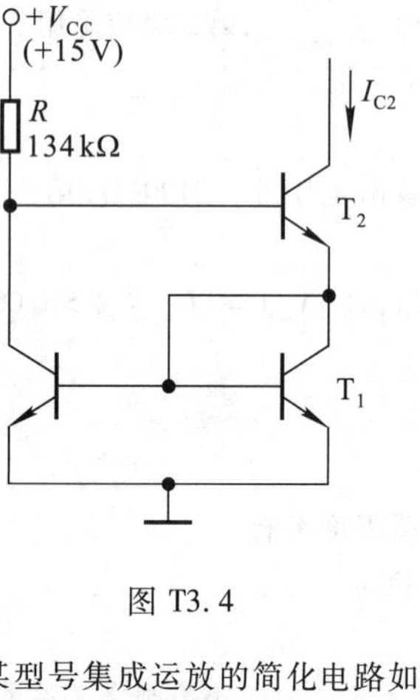

图 T3.4

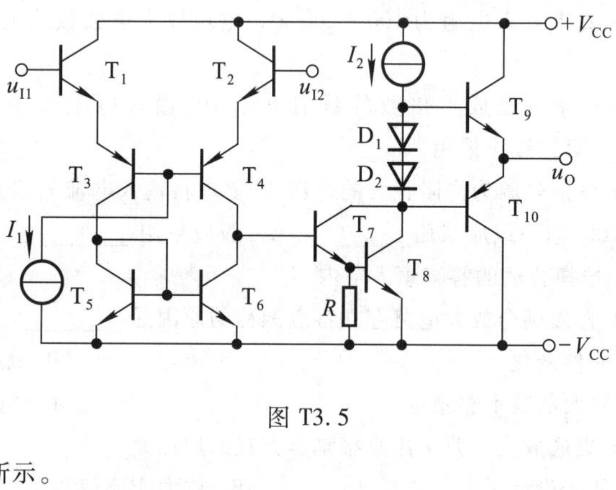

图 T3.5

五、某型号集成运放的简化电路如图 T3.5 所示。

(1) 说明电路是几级放大电路，各级分别是哪种形式的放大电路（共射、共集、差分……）；

(2) 分别说明各级采用了哪些措施来改善其性能指标（如增大放大倍数、增大输入电阻……）。

习　题

3.1 判断图 P3.1 所示各两级放大电路中，T_1 和 T_2 管分别组成哪种组态（共射、共射……接法）。设图中所有电容对于交流信号均可视为短路。

3.2 设图 P3.2 所示各电路的静态工作点均合适，分别画出它们的交流等效电路，并写出 $\dot{A}_u$、R_i 和 R_o 的表达式。

3.3 基本放大电路如图 P3.3(a)、(b) 所示，图 (a) 点画线框内为电路Ⅰ，图 (b) 点画线框内为电路Ⅱ。由电路Ⅰ、Ⅱ组成的多级放大电路如图 (c)、(d)、(e) 所示，它们均正常工作。试说明图 (c)、(d)、(e) 所示电路中

(1) 哪些电路的输入电阻比较大；

(2) 哪些电路的输出电阻比较小；

(3) 哪个电路的 $\dot{A}_{us}=|\dot{U}_o/\dot{U}_s|$ 最大。

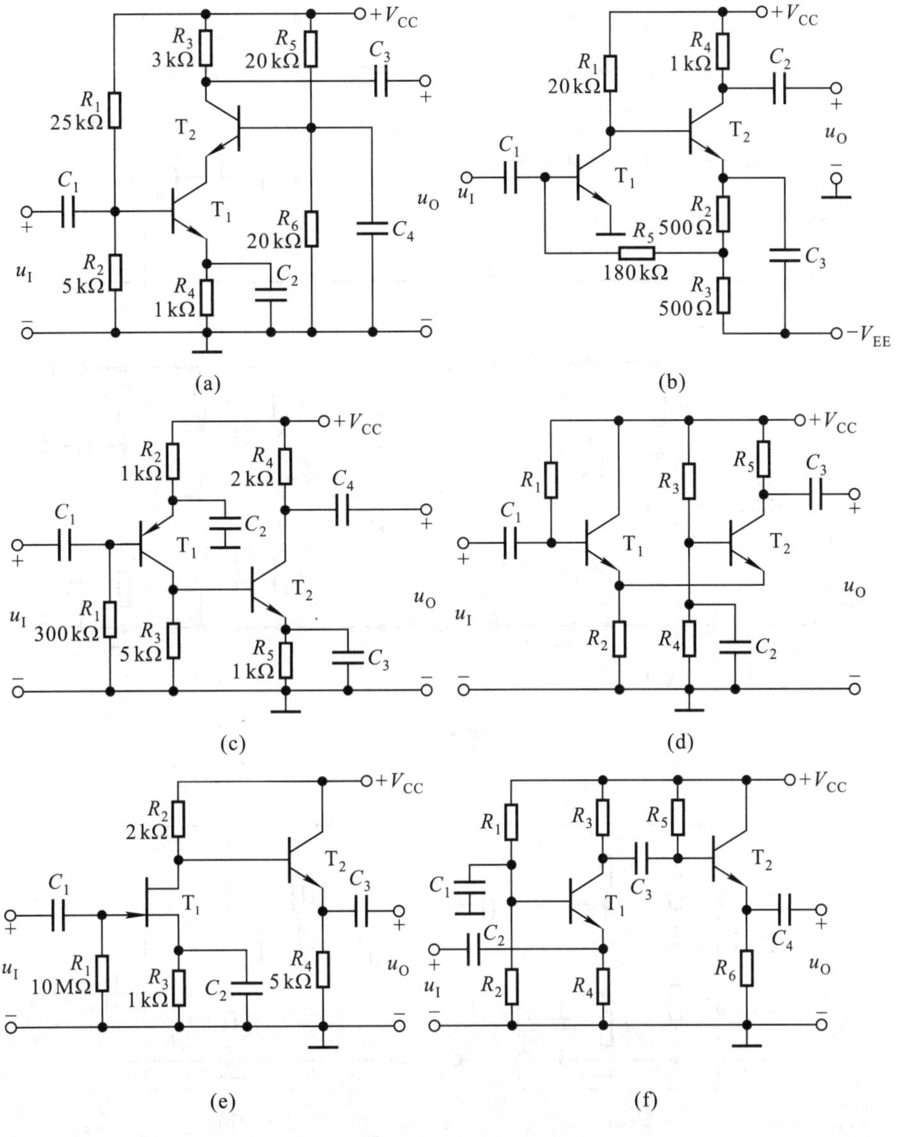

图 P3.1

3.4 电路如图 P3.1(e)所示，晶体管的 β 为 200，r_{be} 为 3 kΩ，场效应管的 g_m 为 15 mS；Q 点合适。求解 $\dot{A}_u$、R_i 和 R_o。

3.5 图 P3.5 所示电路参数理想对称，晶体管的 β 均为 100，$r_{bb'}=100\ \Omega$，$U_{BEQ}\approx 0.7$。试计算 R_w 滑动端在中点时 T_1 管和 T_2 管的发射极静态电流 I_{EQ}，以及动态参数 A_d 和 R_i。

3.6 电路如图 P3.6 所示，已知 T_1 管和 T_2 管的 β 均为 140，r_{be} 均为 4 kΩ。试问：若输入直流信号 $u_{I1}=20\ \text{mV}$，$u_{I2}=10\ \text{mV}$，则电路的共模输入电压 $u_{Ic}=$？差模输入电压 $u_{Id}=$？输出动态电压 $\Delta u_O=$？

3.7 电路如图 P3.7 所示，T_1 和 T_2 的低频跨导 g_m 均为 10 mS。试求解差模放大倍数和输入电阻。

3.8 电路如图 P3.8 所示，$T_1 \sim T_5$ 的电流放大系数分别为 $\beta_1 \sim \beta_5$，b－e 间动态电阻分别为 $r_{be1} \sim r_{be5}$，写出 $\dot{A}_u$、R_i 和 R_o 的表达式。

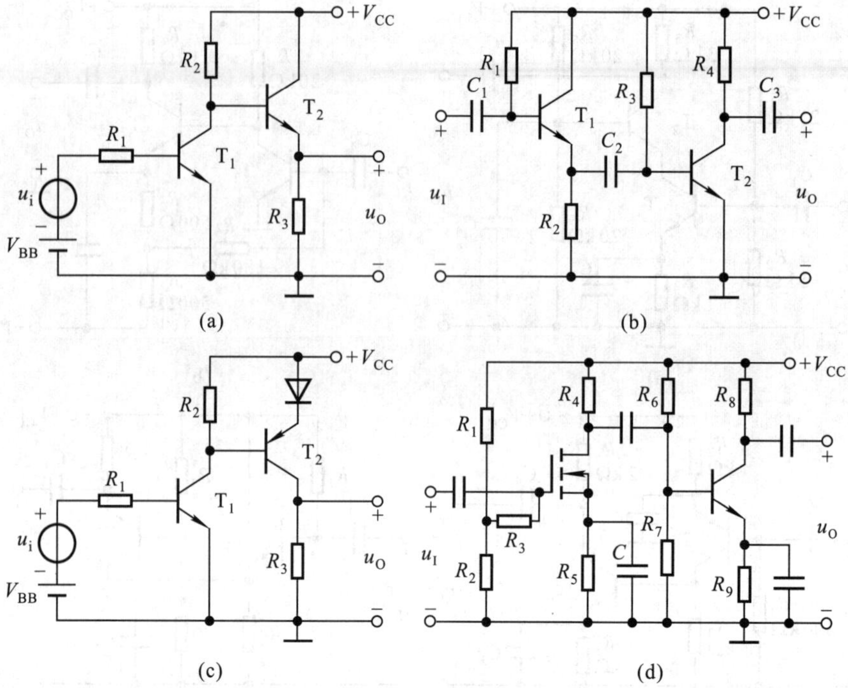

$+V_{CC}$
R_1
R_2
R_3
R_4
R_5
R_6
R_7
R_8
R_9
C_1
C_2
C_3
C
T_1
T_2
u_i
u_I
u_O
V_{BB}
(a)
(b)
(c)
(d)

图 P3. 2

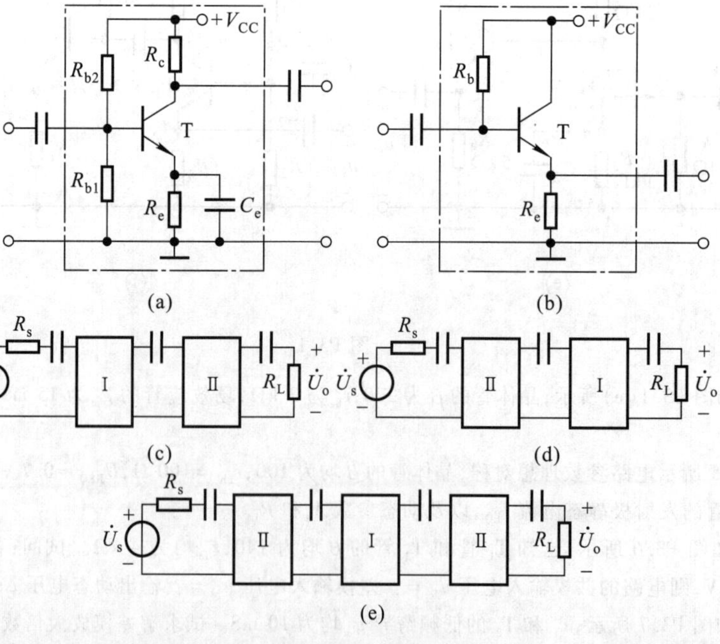

$+V_{CC}$
R_{b2}
R_{b1}
R_b
R_c
R_e
C_e
T
(a)
(b)
R_s
$\dot{U}_s$
$\dot{U}_o$
R_L
Ⅰ
Ⅱ
(c)
(d)
(e)

图 P3. 3

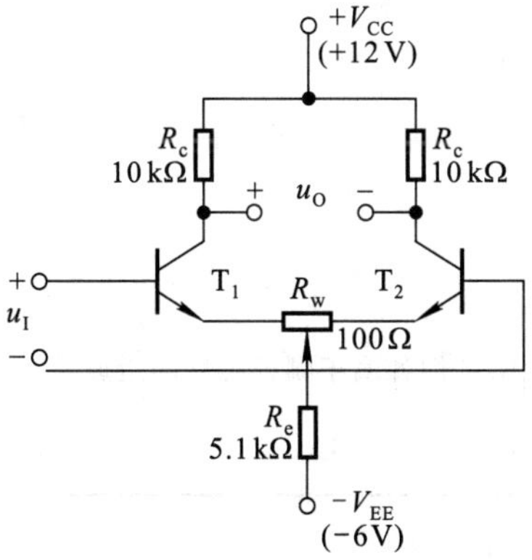

图 P3.5

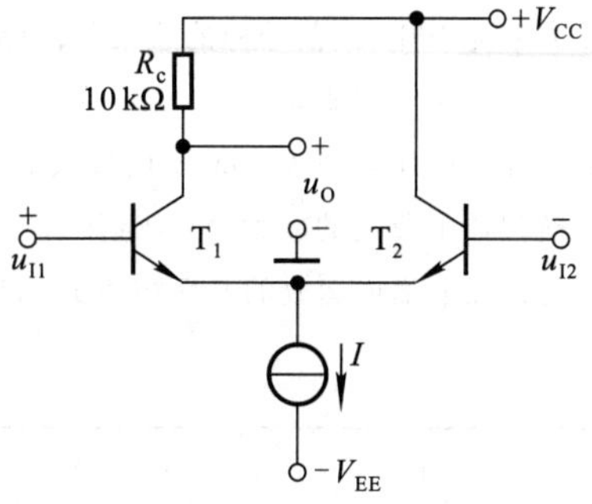

图 P3.6

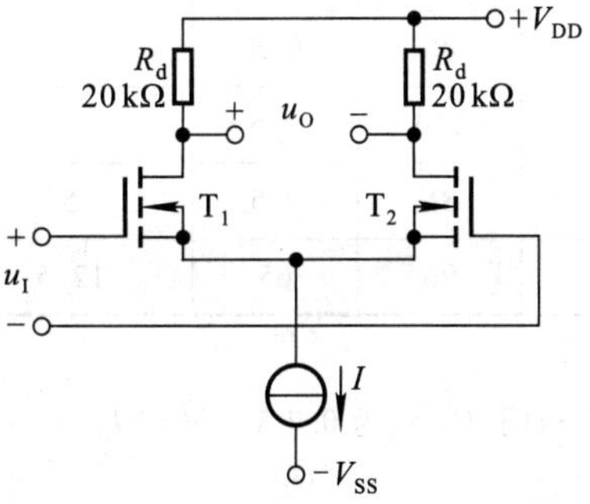

图 P3.7

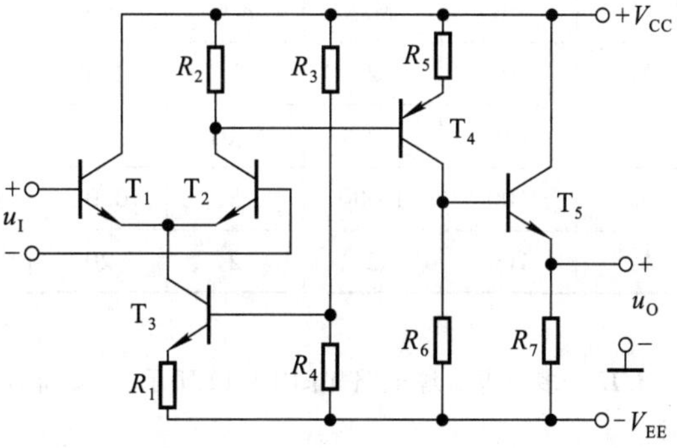

图 P3.8

3.9　电路如图 P3.9 所示。已知电压放大倍数为 −100，输入电压 u_I 为正弦波，T_2 和 T_3 管的饱和压降 $|U_{CES}|=1$ V。试问：

（1）在不失真的情况下，输入电压最大有效值 U_{imax} 为多少？

（2）若 $U_i=10$ mV（有效值），则 $U_o=$？若此时 R_3 开路，则 $U_o=$？若 R_3 短路，则 $U_o=$？

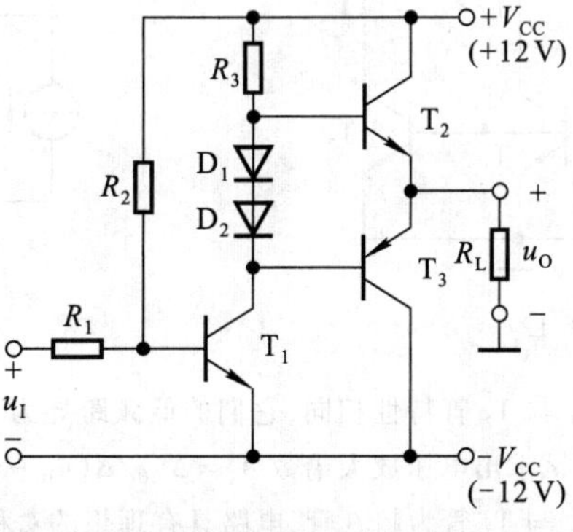

图 P3.9

3.10　根据下列要求，将应优先考虑使用的集成运放填入空内。已知现有集成运放的类型是：

① 通用型　② 高阻型　③ 高速型　④ 低功耗型　⑤ 高压型　⑥ 大功率型　⑦ 高精度型

（1）作低频放大器，应选用________；

（2）作宽频带放大器，应选用________；

（3）作幅值为 1 μV 以下微弱信号的测量放大器，应选用________；

（4）作内阻为 100 kΩ 信号源的放大器，应选用________；

（5）负载需 5 A 电流驱动的放大器，应选用________；

（6）要求输出电压幅值为 ±80 V 的放大器，应选用________；

（7）宇航仪器中所用的放大器，应选用________。

3.11　已知几个集成运放的参数如表 P3.11 所示，试分别说明它们各属于哪种类型的运放。

表 P3.11

特性指标	A_{od}	r_{id}	U_{IO}	I_{IO}	I_{IB}	$-3\ \mathrm{dB}f_H$	K_{CMR}	SR	单位增益带宽
单位	dB	MΩ	mV	nA	nA	Hz	dB	V/μs	MHz
A_1	100	2	5	200	600	7	86	0.5	
A_2	130	2	0.01	2	40	7	120	0.5	
A_3	100	1 000	5	0.02	0.03		86	0.5	5
A_4	100	2	2	20	150		96	65	12.5

3.12　多路电流源电路如图 P3.12 所示，已知所有晶体管的特性均相同，U_{BE} 均为 0.7 V。试求 I_{C1}、I_{C2} 各为多少。

3.13　电路如图 P3.13 所示，各晶体管的低频跨导均为 g_m，T_1 和 T_2 管 D－S 间的动态电阻分别为 r_{ds1} 和 r_{ds2}。试求解电压放大倍数 $A_u=\Delta u_O/\Delta u_I$ 的表达式。

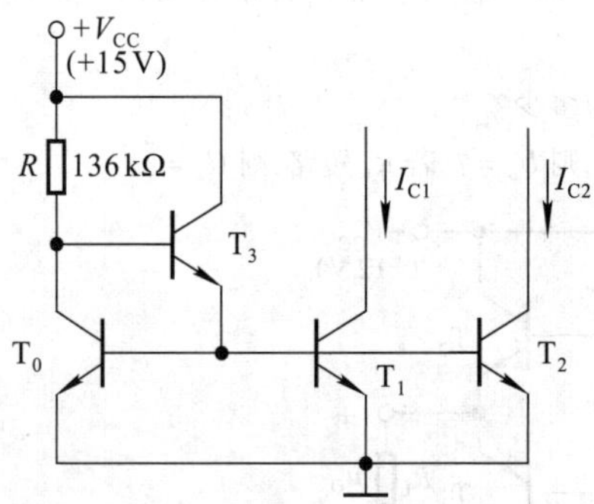

图 P3.12

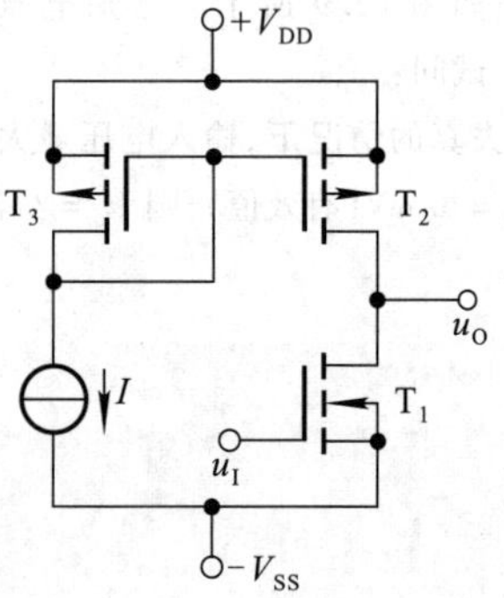

图 P3.13

3.14　电路如图 P3.14 所示，T_1 与 T_2 管特性相同，它们的低频跨导为 g_m；T_3 与 T_4 管特性对称；T_2 与 T_4 管 d－s 间动态电阻分别为 r_{ds2} 和 r_{ds4}。试求出电压放大倍数 $A_u=\Delta u_O/\Delta(u_{I1}-u_{I2})$ 的表达式。

3.15　电路如图 P3.15 所示，T_1 与 T_2 管为超 β 管，电路具有理想的对称性。选择合适的答案填入空内。

（1）该电路采用了________；

A. 共集－共基接法　　B. 共集－共射接法　　C. 共射－共基接法

（2）电路所采用的上述接法是为了________；

A. 增大输入电阻　　B. 增大电流放大系数　　C. 展宽频带

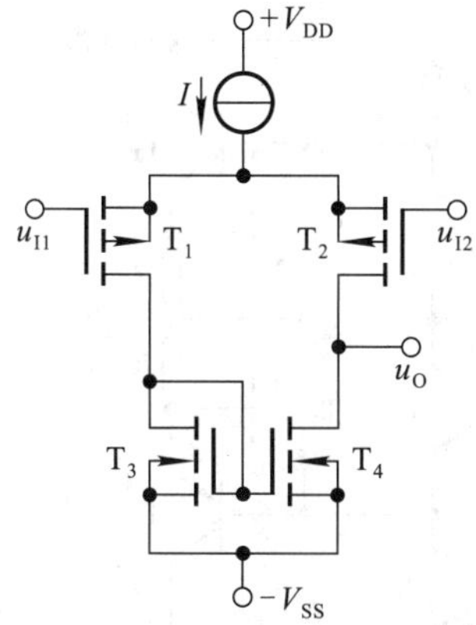

图 P3.14

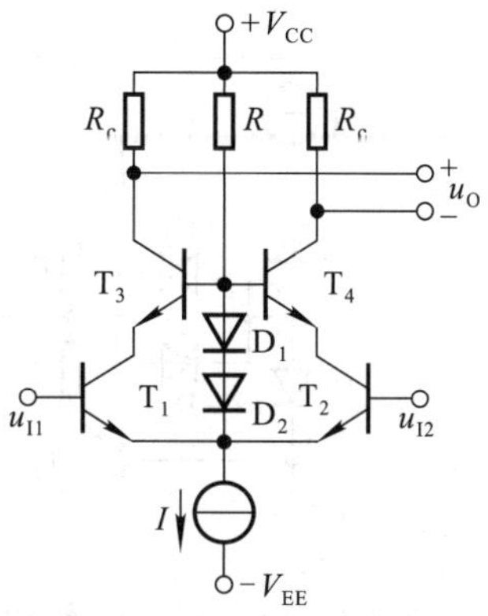

图 P3.15

(3) 电路采用超β管能够________;

A. 增大输入级的耐压值　　B. 增大放大能力　　C. 增大带负载能力

(4) T_1 与 T_2 管的静态管压降约为________。

A. 0.7 V　　B. 1.4 V　　C. 不可知

3.16 在图 P3.16 所示电路中,已知 $T_1\sim T_3$ 管的特性完全相同,$\beta\gg 2$;反相输入端的输入电流为 i_{I1},同相输入端的输入电流为 i_{I2}。试问:

(1) $i_{C2}\approx$?

(2) $i_{B3}\approx$?

(3) $A_{ui}=\Delta u_O/(i_{I1}-i_{I2})\approx$?

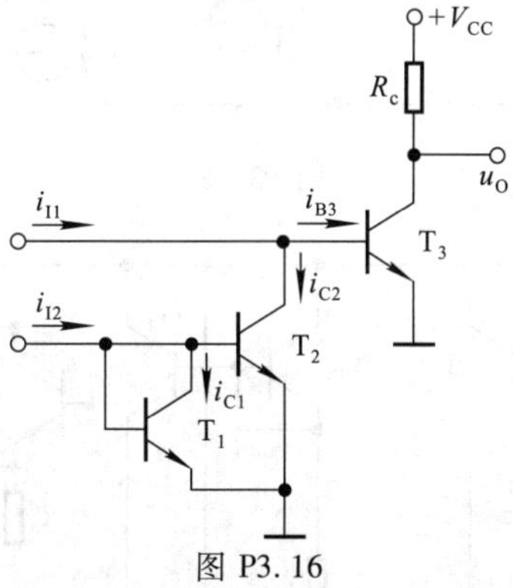

图 P3.16

3.17 比较图 P3.17 所示两个电路,分别说明它们是如何消除交越失真和如何实现过流保护的。

3.18 图 P3.18 所示为简化的高精度运放电路原理图,试分析:

(1) 两个输入端中哪个是同相输入端,哪个是反相输入端;

(2) T_3 与 T_4 的作用;

(3) 电流源 I_3 的作用;

(4) D_2 与 D_3 的作用。

3.19 通用型运放 F747 的内部电路如图 P3.19 所示,试分析:

(1) 偏置电路由哪些元件组成?基准电流约为多少?

(2) 哪些是放大管?组成几级放大电路?每级各是什么基本电路?

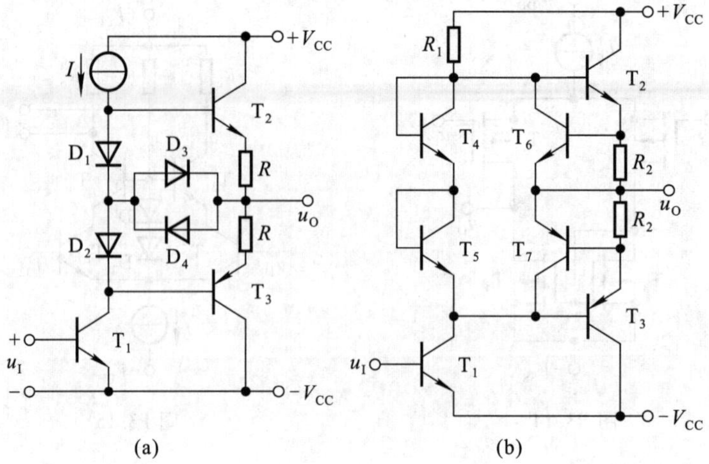

图 P3. 17

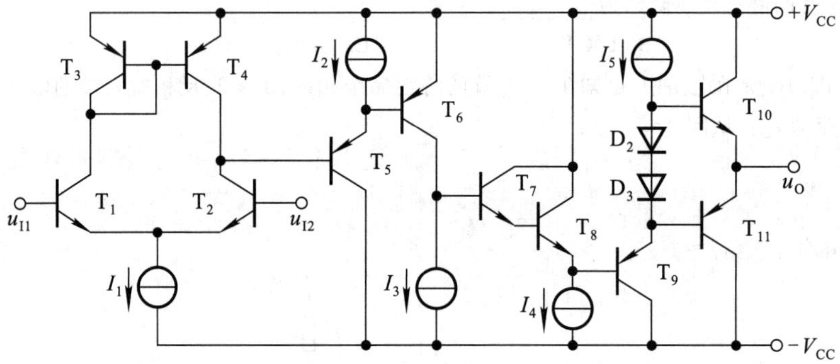

图 P3. 18

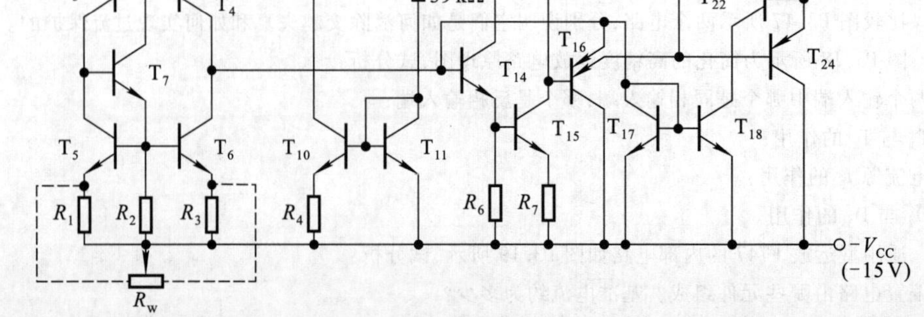

图 P3. 19

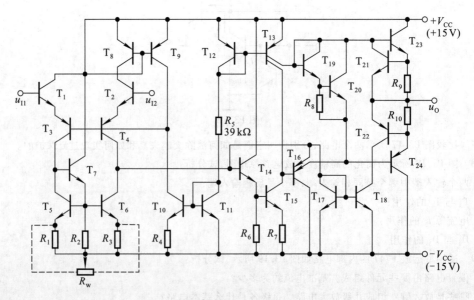

(3) T_{19}、T_{20}和 R_8 组成的电路的作用是什么？

3.20 型号为5G28的集成运放内部电路如图P3.20所示。试分析：

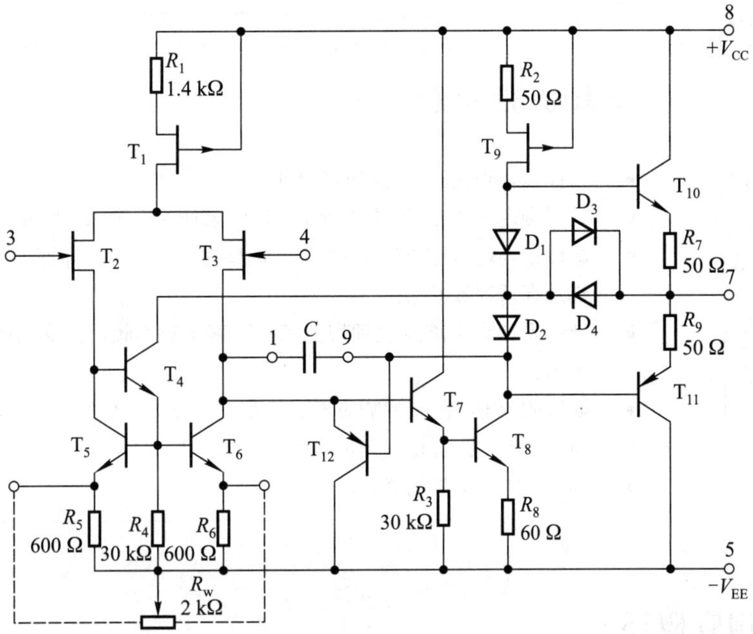

图 P3.20

(1) 该运放属于哪种类型的运放(双极型、单极型……)；

(2) 哪些是放大管？组成几级放大电路？每级各是什么基本电路；

(3) R_7、R_9 的作用是什么？

(4) 电容 C 的作用是什么？

3.21 利用Multisim研究图P3.5所示电路在下列情况下对电路静态和动态的影响：

(1) 两个 R_c 阻值相差5%；

(2) R_w 不在中点；

(3) 两个差分管的电流放大倍数不相等。

提示：为便于调节晶体管参数，采用虚拟晶体管。

3.22 利用Multisim为图P3.8所示电路选择电路参数，使之正常工作，并测试 Q 点、电压放大倍数和输入电阻。

出题目的：

(1) 学习搭建复杂电路的方法和利用Multisim辅助设计电子电路的方法。

(2) 了解直接耦合多级放大电路 Q 点的调试方法。

提示：

(1) 晶体管采用实际晶体管，其余可采用虚拟元件。

(2) 需思考为提高输入电阻，$R_1 \sim R_7$ 应如何选取；为提高差模放大能力，$R_1 \sim R_7$ 应如何选取。

(3) 若测试过程中电路产生了自激振荡，即在输入电压为零时输出为一定频率、一定幅值的正弦波，则在 T_4 管基极与集电极之间加一个小容量的电容(如10 pF)消振。

第4章　放大电路的频率响应

本章讨论的问题

- 为什么要研究放大电路的频率响应？
- 如何测定一个RC网络的频率响应？怎样画出频率特性曲线？
- 晶体管与场效应管的h参数等效模型在高频信号下还适用吗？为什么？如何构造高频等效模型？
- 什么是放大电路的通频带？哪些因素影响通频带？如何确定放大电路的通频带？
- 如果放大电路的频率响应不满足要求，应该怎么办？
- 对于放大电路，是通频带愈宽愈好吗？为什么？
- 为什么集成运放的通频带很窄？

4.1　频率响应概述

本节将讲述研究频率响应的必要性、有关频率响应的基本概念、放大电路频率响应的分析方法以及频率特性曲线的画法等问题。

4.1.1　研究放大电路频率响应的必要性

在放大电路中，由于电抗元件（如电容、电感线圈等）及半导体管极间电容的存在，当输入信号的频率过低或过高时，不但放大倍数的数值会变小，而且还将产生超前或滞后的相移，说明放大倍数是信号频率的函数，这种函数关系称为**频率响应**或**频率特性**。第2章中所介绍的"通频带"就是用来描述电路对不同频率信号适应能力的动态参数，对于任何一个具体的放大电路都有一个确定的通频带。因此，在设计电路时，必须首先了解信号的频率范围，以便使所设计的电路具有适应于该信号频率范围的通频带；在使用电路前，应查阅手册、资料，或实测其通频带，以便确定电路的适用范围。

在前面的电路分析中，所用的双极型管和单极型管的等效模型均未考虑极间电容的作用，即认为它们对信号频率呈现出的电抗值为无穷大，因而它们只适用于对低频信号的分析。本章将引入半导体管的高频等效模型，并阐明放大电路上限频率、下限频率和通频带的求解方法，以及频率响应的描述方法。

4.1.2　频率响应的基本概念

在放大电路中，由于耦合电容的存在，对信号构成了高通电路，即对于频率足够高的信号电容相当于短路，信号几乎毫无损失地通过；而当信号频率低到一定程度时，电容的容抗不可忽略，信号将在其上产生压降，从而导致放大倍数的数值减小且产生相移。与耦合电容相反，由于半导体管极间电容的存在，对信号构成了低通电路，即对于频率足够低的信号相当于开路，对电路不产生影响；而当信号频率高到一定程度时，极间电容将分流，从而导致放大倍数的数值减小且产生相移。为了便于理解有关频率响应的基本要领，这里将对无源单级 RC 电路的频率响应加以分析。

一、高通电路

在图 4.1.1(a)所示高通电路中，设输出电压 $\dot{U}_o$ 与输入电压 $\dot{U}_i$ 之比为 $\dot{A}_u$，则

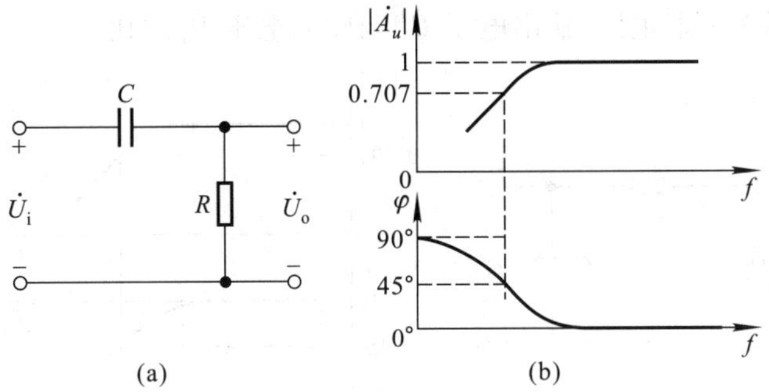

图 4.1.1 高通电路及其频率响应
(a) 电路 (b) 频率响应

$$\dot{A}_u=\frac{\dot{U}_o}{\dot{U}_i}=\frac{R}{\frac{1}{j\omega C}+R}=\frac{1}{1+\frac{1}{j\omega RC}} \tag{4.1.1}$$

式中 ω 为输入信号的角频率，RC 为回路的时间常数 τ，令 $\omega_L=\frac{1}{RC}=\frac{1}{\tau}$，则

$$f_L=\frac{\omega_L}{2\pi}=\frac{1}{2\pi\tau}=\frac{1}{2\pi RC} \tag{4.1.2}$$

因此

$$\dot{A}_u=\frac{1}{1+\frac{\omega_L}{j\omega}}=\frac{1}{1+\frac{f_L}{jf}}=\frac{j\frac{f}{f_L}}{1+j\frac{f}{f_L}} \tag{4.1.3}$$

将 $\dot{A}_u$ 用其幅值与相角表示，得出

$$|\dot{A}_u|=\frac{\frac{f}{f_L}}{\sqrt{1+\left(\frac{f}{f_L}\right)^2}} \tag{4.1.4a}$$

$$\varphi=90°-\arctan\frac{f}{f_L} \tag{4.1.4b}$$

因式(4.1.4a)表明 $\dot{A}_u$ 的幅值与频率的函数关系，故称之为 $\dot{A}_u$ 的**幅频特性**；因式(4.1.4b)表明 $\dot{A}_u$ 的相位与频率的函数关系，故称之为 $\dot{A}_u$ 的**相频特性**。

由式(4.1.4)可知，当 $f\gg f_L$ 时，$|\dot{A}_u|\approx 1$，$\varphi\approx 0°$；当 $f=f_L$ 时，$|\dot{A}_u|=1/\sqrt{2}\approx 0.707$，$\varphi=$

45°；当 $f \ll f_L$ 时，$f/f_L \ll 1$，$|\dot{A}_u| \approx f/f_L$，表明 f 每下降10倍，$|\dot{A}_u|$ 也下降10倍；当 f 趋于零时，$|\dot{A}_u|$ 也趋于零，φ 趋于 +90°。由此可见，对于高通电路，频率愈低，衰减愈大，相移愈大；只有当信号频率远高于 f_L 时，$\dot{U}_o$ 才约为 $\dot{U}_i$。称 f_L 为**下限截止频率**，简称**下限频率**，在该频率下，$\dot{A}_u$ 的幅值下降到70.7%，相移恰为 +45°。画出图4.1.1(a)所示电路的频率特性曲线如图(b)所示，上边为幅频特性曲线，下边为相频特性曲线。

二、低通电路

图4.1.2(a)所示为低通电路，输出电压 $\dot{U}_o$ 与输入电压 $\dot{U}_i$ 之比

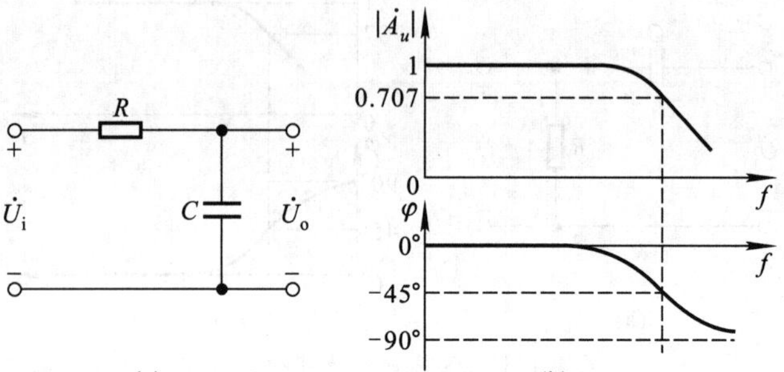

(a) (b)

图4.1.2 低通电路及其频率响应

(a) 电路 (b) 频率响应

$$\dot{A}_u = \frac{\dot{U}_o}{\dot{U}_i} = \frac{\frac{1}{j\omega C}}{R + \frac{1}{j\omega C}} = \frac{1}{1 + j\omega RC} \tag{4.1.5}$$

回路的时间常数 $\tau = RC$，令 $\omega_H = \frac{1}{\tau}$，则

$$f_H = \frac{\omega_H}{2\pi} = \frac{1}{2\pi\tau} = \frac{1}{2\pi RC} \tag{4.1.6}$$

代入式(4.1.5)可得

$$\dot{A}_u = \frac{1}{1 + j\frac{\omega}{\omega_H}} = \frac{1}{1 + j\frac{f}{f_H}} \tag{4.1.7}$$

将 $\dot{A}_u$ 用其幅值及相角表示，得出

$$\begin{cases} |\dot{A}_u| = \dfrac{1}{\sqrt{1 + \left(\dfrac{f}{f_H}\right)^2}} & (4.1.8a) \\ \varphi = -\arctan \dfrac{f}{f_H} & (4.1.8b) \end{cases}$$

式(4.1.8a)是 $\dot{A}_u$ 的幅频特性，式(4.1.8b)是 $\dot{A}_u$ 的相频特性。从对式(4.1.8)的分析可得，当 $f \ll f_H$ 时，$|\dot{A}_u| \approx 1$，$\varphi \approx 0°$；当 $f = f_H$ 时，$|\dot{A}_u| = 1/\sqrt{2} \approx 0.707$，$\varphi = -45°$；当 $f \gg f_H$ 时，$f/f_H \gg 1$，$|\dot{A}_u| \approx f_H/f$，表明 f 每升高10倍，$|\dot{A}_u|$ 降低10倍；当 f 趋于无穷时，$|\dot{A}_u|$ 趋于零，φ 趋于

$-90°$。由此可见，对于低通电路，频率愈高，衰减愈大，相移愈大；只有当频率远低于 f_H 时，$\dot{U}_o$ 才约为 $\dot{U}_i$。称 f_H 为**上限截止频率**，简称**上限频率**，在该频率下，$|\dot{A}_u|$ 降到 70.7%，相移为 $-45°$。画出幅频特性曲线与相频特性曲线如图 4.1.2(b)所示。

放大电路上限频率 f_H 与下限频率 f_L 之差就是其通频带 f_{bw}，即

$$f_{bw}=f_H-f_L \tag{4.1.9}$$

4.1.3　波特图

在研究放大电路的频率响应时，输入信号（即加在放大电路输入端的测试信号）的频率范围常常设置在几赫到上百兆赫，甚至更宽；而放大电路的放大倍数可从几倍到上百万倍；为了在同一坐标系中表示如此宽的变化范围，在画频率特性曲线时常采用对数坐标，称为**波特图**①。

波特图由对数幅频特性和对数相频特性两部分组成，它们的横轴采用对数刻度 $\lg f$，幅频特性的纵轴采用 $20\lg|\dot{A}_u|$ 表示，单位是分贝（dB）；相频特性的纵轴仍用 φ 表示。这样不但开阔了视野，而且将放大倍数的乘除运算转换成加减运算。

根据式(4.1.4a)，高通电路的对数幅频特性为

$$20\lg|\dot{A}_u| = 20\lg\frac{f}{f_L}-20\lg\sqrt{1+\left(\frac{f}{f_L}\right)^2} \tag{4.1.10}$$

与式(4.1.4b)联立可知，当 $f \gg f_L$ 时，$20\lg|\dot{A}_u| \approx 0$ dB，$\varphi \approx 0°$；当 $f=f_L$ 时，$20\lg|\dot{A}_u| = -20\lg\sqrt{2} \approx -3$ dB，$\varphi = +45°$；当 $f \ll f_L$ 时，$20\lg|\dot{A}_u| \approx 20\lg\frac{f}{f_L}$，表明 f 每下降 10 倍，增益下降 20 dB，即对数幅频特性在此区间可等效成斜率为 20 dB/十倍频的直线。

根据式(4.1.8a)，低通电路的对数幅频特性为

$$20\lg|\dot{A}_u| = -20\lg\sqrt{1+\left(\frac{f}{f_H}\right)^2} \tag{4.1.11}$$

与式(4.1.8b)联立可知，当 $f \ll f_H$ 时，$20\lg|\dot{A}_u| \approx 0$ dB，$\varphi \approx 0°$；当 $f=f_H$ 时，$20\lg|\dot{A}_u| = -20\lg\sqrt{2} \approx -3$ dB，$\varphi = -45°$；当 $f \gg f_H$ 时，$20\lg|\dot{A}_u| \approx -20\lg\frac{f}{f_H}$，表明 f 每上升 10 倍，增益下降 20 dB，即对数幅频特性在此区间可等效成斜率为 -20 dB/十倍频的直线。

在电路的近似分析中，为简单起见，常将波特图的曲线折线化，称为近似的波特图。对于高通电路，在对数幅频特性中，以截止频率 f_L 为拐点，由两段直线近似曲线。当 $f>f_L$ 时，以 $20\lg|\dot{A}_u|=0$ dB 的直线近似；当 $f<f_L$ 时，以斜率为 20 dB/十倍频的直线近似。在对数相频特性中，用三段直线取代曲线；以 $10f_L$ 和 $0.1f_L$ 为两个拐点，当 $f>10f_L$ 时，用 $\varphi=0°$ 的直线近似，即认为 $f=10f_L$ 时 $\dot{A}_u$ 开始产生相移（误差为 $-5.71°$）；当 $f<0.1f_L$ 时，用 $\varphi=+90°$ 的直线近似，即认为 $f=0.1f_L$ 时已产生 $-90°$ 相移（误差为 $5.71°$）；当 $0.1f_L<f<10f_L$ 时，φ 随 f 线性下降，因此当 $f=f_L$ 时 $\varphi=+45°$。图 4.1.1(a)所示高通电路的波特图如图 4.1.3(a)所示。

用同样的方法，将低通电路的对数幅频特性以 f_H 为拐点用两段直线近似，对数相频特性以

① 由 H. W. Bode 提出。

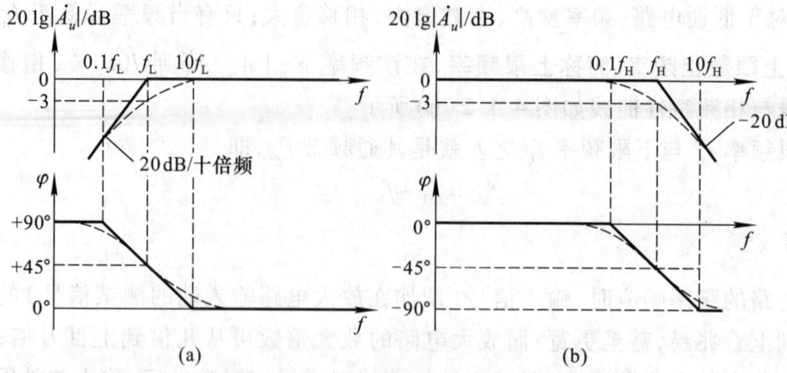

图 4.1.3 高通电路与低通电路的波特图

(a) 高通电路波特图 (b) 低通电路波特图

$0.1f_H$ 和 $10f_H$ 为拐点用三段直线近似，图 4.1.2(a)所示低通电路的波特图如图 4.1.3(b)所示。

在本节的分析中，具有普遍意义的结论是：

(1) 电路的截止频率决定于电容所在回路的时间常数 τ，如图 4.1.1(a)和图 4.1.2(a)所示电路的 f_L 和 f_H 分别如式(4.1.2)、(4.1.6)所示。

(2) 当信号频率等于下限频率 f_L 或上限频率 f_H 时，放大电路的增益下降 3 dB，且产生 +45° 或 -45°相移。

(3) 在近似分析中，可用折线化的近似波特图描述放大电路的频率特性。

思考题

4.1.1 试分别用相量图说明图 4.1.1 和图 4.1.2 所示两电路的频率响应。

4.1.2 若一放大电路的电压增益为 100 dB，则其电压放大倍数为多少？

4.2 晶体管的高频等效模型

从晶体管的物理结构出发，考虑发射结和集电结电容的影响，就可以得到在高频信号作用下的物理模型，称为混合 π 模型。由于晶体管的混合 π 模型与第 2 章所介绍的 h 参数等效模型在低频信号作用下具有一致性，因此，可用 h 参数来计算混合 π 模型中的某些参数，并用于高频信号作用下的电路分析。

4.2.1 晶体管的混合π 模型

一、完整的混合 π 模型

图 4.2.1(a)所示为晶体管结构示意图。r_c 和 r_e 分别为集电区体电阻和发射区体电阻，它们的数值较小，常常忽略不计。C_μ 为集电结电容，$r_{b'c'}$ 为集电结电阻，$r_{bb'}$ 为基区体电阻，C_π 为发射结电容，$r_{b'e'}$ 为发射结电阻。图(b)是与图(a)对应的混合 π 模型。

图中，由于 C_π 与 C_μ 的存在，使 $\dot{I}_c$ 和 $\dot{I}_b$ 的大小、相角均与频率有关，即电流放大系数是频率的函数，应记作 $\dot{\beta}$。根据半导体物理的分析，晶体管的受控电流 $\dot{I}_c$ 与发射结电压 $\dot{U}_{b'e}$ 成线性

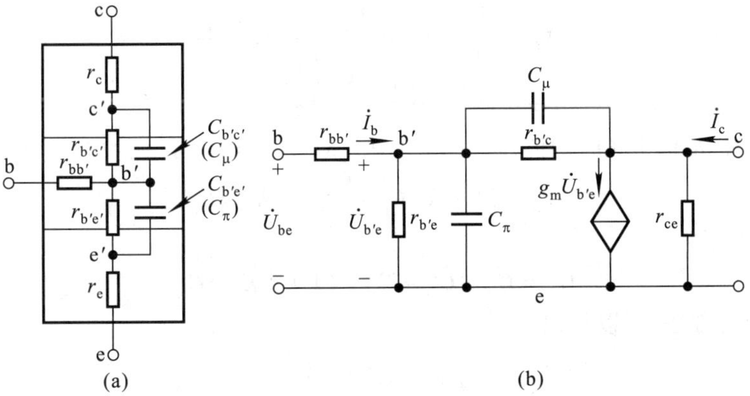

图 4.2.1　晶体管结构示意图及混合 π 模型

(a) 晶体管的结构示意图　(b) 混合 π 模型

关系，且与信号频率无关。因此，混合 π 模型中引入了一个新参数 g_m，g_m 为跨导，描述 $\dot{U}_{b'e}$ 对 $\dot{I}_c$ 的控制关系，即 $\dot{I}_c = g_m \dot{U}_{b'e}$。

二、简化的混合 π 模型

在图 4.2.1(b)所示电路中，通常情况下，r_{ce} 远大于 c－e 间所接的负载电阻，而 $r_{b'c}$ 也远大于 C_μ 的容抗，因而可认为 r_{ce} 和 $r_{b'c}$ 开路，如图 4.2.2(a)所示。

由于 C_μ 跨接在输入与输出回路之间，使电路的分析变得十分复杂。因此，为简单起见，将 C_μ 等效到输入回路和输出回路中去，称为单向化。单向化是通过等效变换来实现的。设 C_μ 折合到 b′－e 间的电容为 C'_μ，折合到 c－e 间的电容为 C''_μ，则单向化之后的电路如图(b)所示。

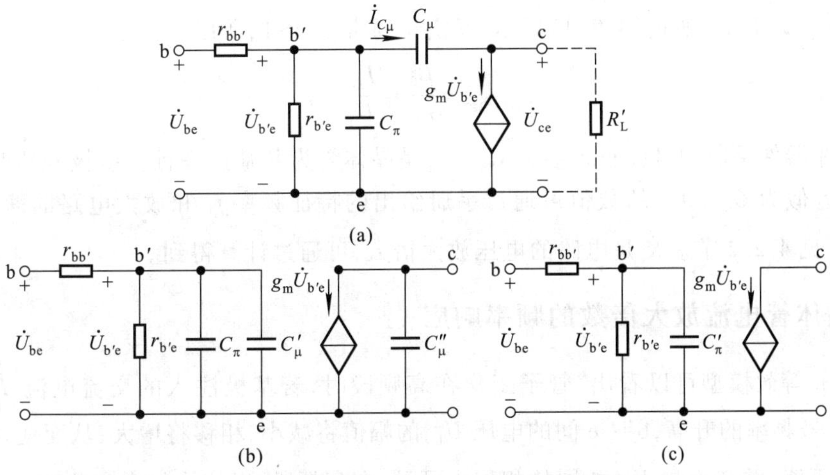

图 4.2.2　混合 π 模型的简化

(a) 简化的混合 π 模型　(b) 单向化后的混合 π 模型　(c) 忽略 C''_μ 的混合 π 模型

等效变换过程如下：在图(a)所示电路中，从 b′看进去 C_μ 中流过的电流为

$$\dot{I}_{C\mu} = \frac{\dot{U}_{b'e} - \dot{U}_{ce}}{X_{C\mu}} = \frac{(1-\dot{K})\dot{U}_{b'e}}{X_{C\mu}} \qquad \left(\dot{K} = \frac{\dot{U}_{ce}}{\dot{U}_{b'e}}\right)$$

为保证变换的等效性，要求流过 C'_μ 的电流仍为 $\dot{I}_{C\mu}$，而它的端电压为 $\dot{U}_{b'e}$，因此 C'_μ 的电抗为

$$X_{C'_\mu}=\frac{\dot{U}_{b'e}}{\dot{I}_{C\mu}}=\frac{\dot{U}_{b'e}}{(1-\dot{K})\dfrac{\dot{U}_{b'e}}{X_{C\mu}}}=\frac{X_{C\mu}}{1-\dot{K}}$$

考虑在近似计算时,$\dot{K}$ 取中频时的值,所以 $|\dot{K}|=-\dot{K}$。$X_{C'_\mu}$ 约为 $X_{C\mu}$ 的 $(1+|\dot{K}|)$ 分之一,因此

$$C'_\mu=(1-\dot{K})C_\mu\approx(1+|\dot{K}|)C_\mu \tag{4.2.1}$$

b′-e 间总电容为

$$C'_\pi=C_\pi+C'_\mu\approx C_\pi+(1+|\dot{K}|)C_\mu \tag{4.2.2}$$

用同样的分析方法,可以得出

$$C''_\mu=\frac{\dot{K}-1}{\dot{K}}\cdot C_\mu \tag{4.2.3}$$

因为 $C'_\pi \gg C''_\mu$,且一般情况下 C''_μ 的容抗远大于 R'_L,C''_μ 中的电流可忽略不计,所以简化的混合π模型如图(c)所示。

三、混合π模型的主要参数

将简化的混合π模型与简化的 h 参数等效模型相比较,它们的电阻参数是完全相同的,从手册中可查得 $r_{bb'}$,而

$$r_{b'e}=(1+\beta_0)\frac{U_T}{I_{EQ}} \tag{4.2.4}$$

式中 β_0 为低频段晶体管的电流放大系数。虽然利用 β 和 g_m 表述的受控关系不同,但是它们所要表述的却是同一个物理量,即

$$\dot{I}_c=g_m\dot{U}_{b'e}=\beta_0\dot{I}_b$$

由于 $\dot{U}_{b'e}=\dot{I}_b r_{b'e}$,且 $r_{b'e}$ 如式(4.2.4)所示,又由于通常 $\beta_0\gg1$,所以

$$g_m=\frac{\beta_0}{r_{b'e}}\approx\frac{I_{EQ}}{U_T} \tag{4.2.5}$$

在半导体器件手册中可以查得参数 C_{ob},C_{ob} 是晶体管为共基接法且发射极开路时 c-b 间的结电容,C_μ 近似为 C_{ob}。C_π 的数值可通过手册给出的特征频率 f_T 和放大电路的静态工作点求解,具体分析见 4.2.2 节。$\dot{K}$ 是电路的电压放大倍数,可通过计算得到。

4.2.2 晶体管电流放大倍数的频率响应

从混合π等效模型可以看出,管子工作在高频段时,若基极注入的交流电流 $\dot{I}_b$ 的幅值不变,则随着信号频率的升高,b′-e 间的电压 $\dot{U}_{b'e}$ 的幅值将减小,相移将增大;从而使 $\dot{I}_c$ 的幅值随 $|\dot{U}_{b'e}|$ 线性下降,并产生与 $\dot{U}_{b'e}$ 相同的相移。可见,在高频段,当信号频率变化时 $\dot{I}_c$ 与 $\dot{I}_b$ 的关系也随之变化,电流放大系数不是常量,$\dot{\beta}$ 是频率的函数。

根据电流放大系数的定义

$$\dot{\beta}=\frac{\dot{I}_c}{\dot{I}_b}\bigg|_{U_{CE}}$$

表明 $\dot{\beta}$ 是在 c-e 间无动态电压,即令图 4.2.2(c)所示电路中 c-e 间电压为零时动态电流 $\dot{I}_c$

与 $\dot{I}_b$ 之比，因此 $\dot{K}=0$。根据式(4.2.2)

$$C'_\pi \approx C_\pi + (1+|\dot{K}|)C_\mu = C_\pi + C_\mu$$

由于 $\dot{I}_c = g_m \dot{U}_{b'e}$，$g_m = \beta_0 / r_{b'e}$，所以

$$\dot{\beta} = \frac{\dot{I}_c}{I_{r_{b'e}} + I_{C'_\pi}} = \frac{g_m U_{b'e}}{U_{b'e}\left(\frac{1}{r_{b'e}} + j\omega C'_\pi\right)} = \frac{\beta_0}{1 + j\omega r_{b'e} C'_\pi} \tag{4.2.6}$$

与式(4.1.5)的形式完全一样，说明 $\dot{\beta}$ 的频率响应与低通电路相似。f_β 为 $\dot{\beta}$ 的截止频率，称为**共射截止频率**。

$$f_\beta = \frac{1}{2\pi\tau} = \frac{1}{2\pi r_{b'e} C'_\pi} \quad (C'_\pi = C_\pi + C_\mu) \tag{4.2.7}$$

将其代入式(4.2.6)，得出

$$\dot{\beta} = \frac{\beta_0}{1 + j\frac{f}{f_\beta}} \tag{4.2.8}$$

写出 $\dot{\beta}$ 的对数幅频特性与对数相频特性为

$$\begin{cases} 20\lg|\dot{\beta}| = 20\lg\beta_0 - 20\lg\sqrt{1+\left(\frac{f}{f_\beta}\right)^2} & (4.2.9\text{a}) \\ \varphi = -\arctan\frac{f}{f_\beta} & (4.2.9\text{b}) \end{cases}$$

画出 $\dot{\beta}$ 的折线化波特图如图 4.2.3 所示，图中 f_T 是使 $|\dot{\beta}|$ 下降到 1(即 0 dB)时的频率。

令式(4.2.9a)等于 0，则 $f=f_T$，由此可求出 f_T。

$$20\lg\beta_0 - 20\lg\sqrt{1+\left(\frac{f_T}{f_\beta}\right)^2} = 0 \quad 或 \quad \sqrt{1+\left(\frac{f_T}{f_\beta}\right)^2} = \beta_0$$

因 $f_T \gg f_\beta$，所以

$$f_T \approx \beta_0 f_\beta \tag{4.2.10}$$

利用 $\dot{\beta}$ 的表达式，可以求出 $\dot{\alpha}$ 的截止频率

$$\dot{\alpha} = \frac{\dot{\beta}}{1+\dot{\beta}} = \frac{\frac{\beta_0}{1+jf/f_\beta}}{1+\frac{\beta_0}{1+jf/f_\beta}} = \frac{\beta_0}{1+\beta_0+jf/f_\beta} = \frac{\frac{\beta_0}{1+\beta_0}}{1+j\frac{f}{(1+\beta_0)f_\beta}}$$

$$\dot{\alpha} = \frac{\alpha_0}{1+j\frac{f}{f_\alpha}} \quad [f_\alpha = (1+\beta_0)f_\beta] \tag{4.2.11}$$

f_α 是使 $|\dot{\alpha}|$ 下降到 70.7% α_0 的频率，称为**共基截止频率**。式(4.2.11)表明

$$f_\alpha = (1+\beta_0)f_\beta \approx f_T \tag{4.2.12}$$

可见，共基电路的截止频率远高于共射电路的截止频

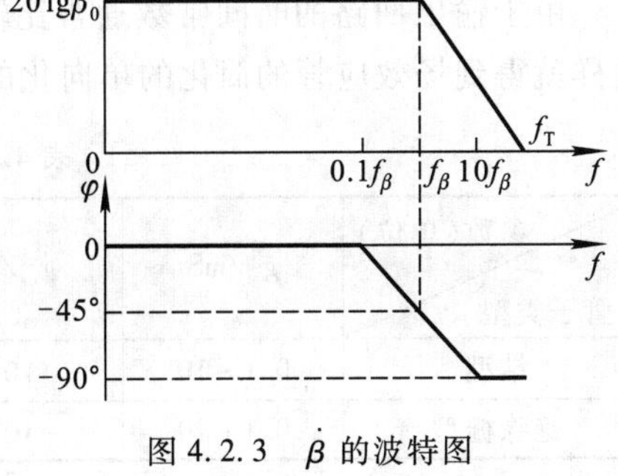

图 4.2.3 $\dot{\beta}$ 的波特图

率，因此共基放大电路可作为宽频带放大电路。

在器件手册中查出 f_β（或 f_T）和 C_{ob}（近似为 C_μ），并估算出发射极静态电流 I_{EQ}，从而得到 $r_{b'e}$［见式(4.2.4)］，再根据式(4.2.7)、(4.2.10)就可求出 C_π 的值。

思考题

4.2.1 为什么在研究晶体管的高频等效电路时引入参数 g_m，而且只考虑 b′－e 间等效电容的影响，而不考虑 c－e 间等效电容的影响？

4.2.2 在共射放大电路中，若静态工作点沿直流负载线上移，则放大管发射结等效电容 C'_π 如何变化？为什么？

4.3 场效应管的高频等效模型

由于场效应管各极之间存在极间电容，因而其高频响应与晶体管相似。根据场效应管的结构，可得出图4.3.1(a)所示的高频等效模型，大多数场效应管的参数如表4.3.1所示。由于一般情况下 r_{gs} 和 r_{ds} 比外接电阻大得多，因而，在近似分析时，可认为它们是开路的。而对于跨接在 g－d 之间的电容 C_{gd}，可将其进行等效变换，即将其折合到输入回路和输出回路，使电路单向化。这样，g－s 间的等效电容为

$$C'_{gs}=C_{gs}+(1-\dot{K})C_{gd}\quad(\dot{K}\approx -g_m R'_L)\tag{4.3.1}$$

d－s 间的等效电容为

$$C'_{ds}=C_{ds}+\frac{\dot{K}-1}{\dot{K}}C_{gd}\quad(\dot{K}\approx -g_m R'_L)\tag{4.3.2}$$

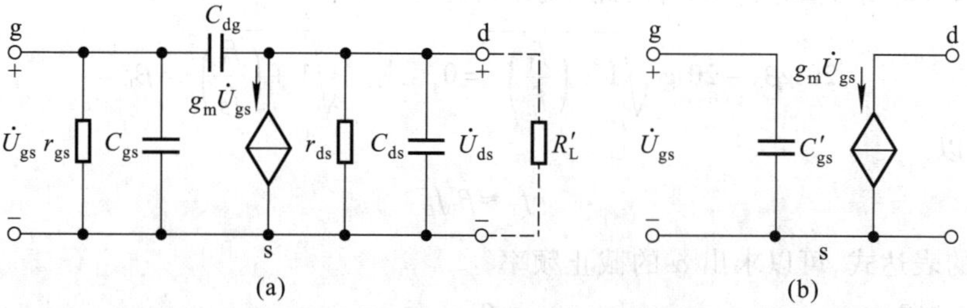

图4.3.1 场效应管的高频等效模型

(a) 高频等效模型 (b) 简化模型

由于输出回路的时间常数通常比输入回路的小得多，故分析频率特性时可忽略 C'_{ds} 的影响。这样就得到场效应管的简化的单向化的高频等效模型，如图4.3.1(b)所示。

表4.3.1 场效应管的主要参数

参数(单位) / 管子类型	g_m/mS	r_{ds}/Ω	r_{gs}/Ω	C_{gs}/pF	C_{gd}/pF	C_{ds}/pF
结型	0.1～10	10^5	$>10^7$	1～10	1～10	0.1～1
绝缘栅型	0.1～20	10^4	$>10^9$	1～10	1～10	0.1～1

■ **思考题**

4.3.1 场效应管栅-源等效电容是常量吗？它决定于哪些参数？

4.4 单管放大电路的频率响应

利用晶体管和场效应管的高频等效模型，可以分析放大电路的频率响应。本节通过单管放大电路来讲述频率响应的一般分析方法。

4.4.1 单管共射放大电路的频率响应

考虑到耦合电容和结电容的影响，图 4.4.1(a)所示电路的等效电路如图(b)所示。

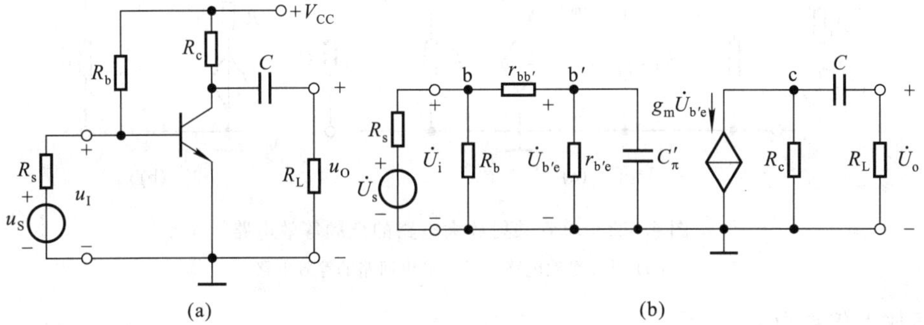

图 4.4.1 单管共射放大电路及其等效电路

(a) 共射放大电路 (b) 适应于频率从零到无穷大的交流等效电路

在分析放大电路的频率响应时，为了方便起见，一般将输入信号的频率范围分为中频、低频和高频三个频段。在中频段，极间电容因容抗很大而视为开路，耦合电容(或旁路电容)因容抗很小而视为短路，故不考虑它们的影响；在低频段，应当考虑耦合电容(或旁路电容)的影响，此时极间电容仍视为开路；在高频段，应当考虑极间电容的影响，此时耦合电容(或旁路电容)仍视为短路；根据上述原则，便可得到放大电路在各频段的等效电路，从而得到各频段的放大倍数。

一、中频电压放大倍数

在中频电压信号 $\dot{U}_s$ 作用于电路时，由于$\dfrac{1}{\omega C'_\pi} \gg r_{b'e}$，$C'_\pi$ 可视为开路；又由于$\dfrac{1}{\omega C} \ll R_L$，$C$ 可视为短路；因此，图 4.4.1(a)所示电路的中频等效电路如图 4.4.2 所示。输入电阻 $R_i = R_b /\!/ (r_{bb'} + r_{b'e}) = R_b /\!/ r_{be}$，中频电压放大倍数

$$\dot{A}_{usm} = \frac{\dot{U}_o}{\dot{U}_s} = \frac{\dot{U}_i}{\dot{U}_s} \cdot \frac{\dot{U}_{b'e}}{\dot{U}_i} \cdot \frac{\dot{U}_o}{\dot{U}_{b'e}} = \frac{R_i}{R_s + R_i} \cdot \frac{r_{b'e}}{r_{be}} \cdot (-g_m R'_L) \tag{4.4.1}$$

$$(R'_L = R_c /\!/ R_L)$$

电路空载时的中频电压放大倍数为

$$\dot{A}_{usm} = \frac{\dot{U}_o}{\dot{U}_s} = \frac{R_i}{R_s + R_i} \cdot \frac{r_{b'e}}{r_{be}} \cdot (-g_m R_c) \tag{4.4.2}$$

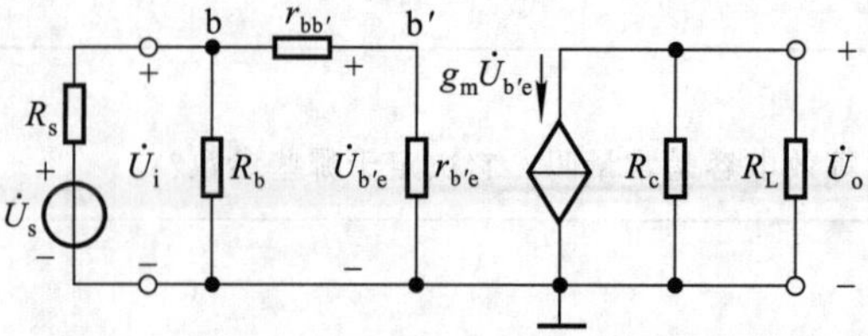

图 4.4.2 单管共射放大电路的中频等效电路

二、低频电压放大倍数

考虑到低频电压信号作用时耦合电容 C 的影响，图 4.4.1(a)所示电路的低频等效电路如图 4.4.3(a)所示。将受控电流源 $g_m\dot{U}_{b'e}$与 R_c进行等效变换如图(b)所示，$\dot{U}_o'$是空载时的输出电压，电容 C 与负载电阻 R_L 组成了如图 4.1.1(a)所示的高通电路。

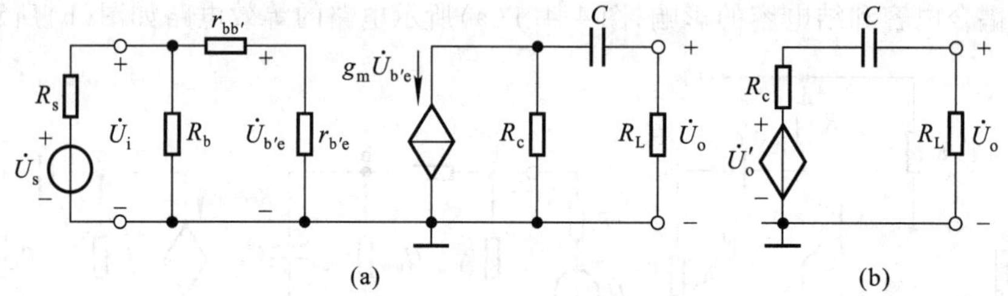

图 4.4.3 单管共射放大电路的低频等效电路
(a) 低频等效电路 (b) 输出回路的等效电路

低频电压放大倍数为

$$\dot{A}_{usl}=\frac{\dot{U}_o}{\dot{U}_s}=\frac{\dot{U}_o'}{\dot{U}_s}\cdot\frac{\dot{U}_o}{\dot{U}_o'}$$

将式(4.4.2)代入上式

$$\dot{A}_{usl}=\frac{R_i}{R_s+R_i}\cdot\frac{r_{b'e}}{r_{be}}\cdot(-g_mR_c)\cdot\frac{R_L}{R_c+\dfrac{1}{j\omega C}+R_L}$$

将上式的分子与分母同除以(R_c+R_L)便可得到

$$\dot{A}_{usl}=\frac{R_i}{R_s+R_i}\cdot\frac{r_{b'e}}{r_{be}}\cdot(-g_mR'_L)\cdot\frac{j\omega(R_c+R_L)C}{1+j\omega(R_c+R_L)C}$$

与式(4.4.1)比较，得出

$$\dot{A}_{usl}=\dot{A}_{usm}\cdot\frac{j\dfrac{f}{f_L}}{1+j\dfrac{f}{f_L}}=\dot{A}_{usm}\cdot\frac{1}{1+\dfrac{f_L}{jf}}\tag{4.4.3}$$

其中f_L为下限频率，其表达式为

$$f_L=\frac{1}{2\pi(R_c+R_L)C}\tag{4.4.4}$$

式(4.4.4)中的$(R_c+R_L)C$正是 C 所在回路的时间常数，它等于从电容 C 两端向外看的等效总

电阻乘以 C。

根据式(4.4.3),单管共射放大电路的对数幅频特性及相频特性的表达式为

$$\begin{cases} 20\lg|\dot{A}_{usl}| = 20\lg|\dot{A}_{usm}| + 20\lg\dfrac{\dfrac{f}{f_L}}{\sqrt{1+\left(\dfrac{f}{f_L}\right)^2}} & (4.4.5a) \\ \varphi = -180° + \left(90° - \arctan\dfrac{f}{f_L}\right) = -90° - \arctan\dfrac{f}{f_L} & (4.4.5b) \end{cases}$$

式(4.4.5b)中的 $-180°$表示中频段时 $\dot{U}_o$ 与 $\dot{U}_s$ 反相。因电抗元件引起的相移称为附加相移,因而式(4.4.5b)表明低频段最大附加相移为 $+90°$。

三、高频电压放大倍数

考虑到高频信号作用时 C'_π 的影响,图4.4.1(a)所示电路的高频等效电路如图4.4.4(a)所示。

利用戴维宁定理,从 C'_π 两端向左看,电路可等效成图(b)所示电路,R 和 C'_π 构成如图4.1.2(a)所示的低通电路。通过图(c)所示电路可以求出 b′-e 间的开路电压及等效内阻 R 的表达式。

$$\dot{U}'_s = \frac{r_{b'e}}{r_{be}} \cdot \dot{U}_i = \frac{r_{b'e}}{r_{be}} \cdot \frac{R_i}{R_s + R_i} \cdot \dot{U}_s \quad (4.4.6)$$

$$R = r_{b'e} /\!/ (r_{bb'} + R_s /\!/ R_b) \quad (4.4.7)$$

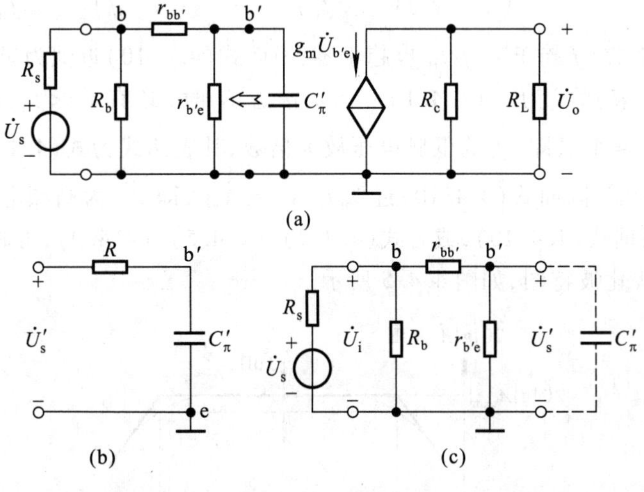

图 4.4.4 单管共射放大电路的高频等效电路

(a) 高频等效电路 (b) 输入回路的等效变换 (c) 输入回路

因为 b′-e 间电压 $\dot{U}_{b'e}$与输出电压 $\dot{U}_o$ 的关系没变,所以高频电压放大倍数

$$\dot{A}_{ush} = \frac{\dot{U}_o}{\dot{U}_s} = \frac{\dot{U}'_s}{\dot{U}_s} \cdot \frac{\dot{U}_{b'e}}{\dot{U}'_s} \cdot \frac{\dot{U}_o}{\dot{U}_{b'e}} = \frac{R_i}{R_s + R_i} \cdot \frac{r_{b'e}}{r_{be}} \cdot \frac{\dfrac{1}{j\omega RC'_\pi}}{1 + \dfrac{1}{j\omega RC'_\pi}} \cdot (-g_m R'_L)$$

将上式与式(4.4.1)比较,可得

$$\dot{A}_{ush}=\dot{A}_{usm}\cdot\frac{1}{1+j\omega RC}$$

令 $f_H=\dfrac{1}{2\pi RC'_\pi}$，$RC'_\pi$ 是 C'_π 所在回路的时间常数，因而

$$\dot{A}_{ush}=\dot{A}_{usm}\cdot\frac{1}{1+j\dfrac{f}{f_H}} \tag{4.4.8}$$

$\dot{A}_{ush}$的对数幅频特性与相频特性的表达式为

$$\begin{cases}20\lg|\dot{A}_{ush}|=20\lg|\dot{A}_{usm}|-20\lg\sqrt{1+\left(\dfrac{f}{f_H}\right)^2} & (4.4.9a)\\ \varphi=-180°-\arctan\dfrac{f}{f_H} & (4.4.9b)\end{cases}$$

式(4.4.9b)表明，在高频段，由 C'_π 引起的最大附加相移为 $-90°$。

四、波特图

综上所述，若考虑耦合电容及结电容的影响，对于频率从零到无穷大的输入电压，电压放大倍数的表达式应为

$$\dot{A}_{us}=\dot{A}_{usm}\cdot\frac{j\dfrac{f}{f_L}}{\left(1+j\dfrac{f}{f_L}\right)\left(1+j\dfrac{f}{f_H}\right)}=\dot{A}_{usm}\cdot\frac{1}{\left(1+\dfrac{f_L}{jf}\right)\left(1+j\dfrac{f}{f_H}\right)} \tag{4.4.10}$$

当 $f_L \ll f \ll f_H$ 时，f_L/f 趋于零，f/f_H 也趋于零，因而式(4.4.10)近似为 $\dot{A}_{us}\approx\dot{A}_{usm}$，即 $\dot{A}_{us}$为中频电压放大倍数，其表达式为式(4.4.1)。当 f 接近 f_L 时，必有 $f \ll f_H$，f/f_H 趋于零，因而式(4.4.10)近似为 $\dot{A}_{us}\approx\dot{A}_{usl}$，即 $\dot{A}_{us}$为低频电压放大倍数，其表达式为式(4.4.3)。当 f 接近 f_H 时，必有 $f \gg f_L$，f_L/f 趋于零，因而式(4.4.10)近似为 $\dot{A}_{us}\approx\dot{A}_{ush}$，即 $\dot{A}_{us}$为高频电压放大倍数，其表达式为式(4.4.8)。根据式(4.4.10)，或者式(4.4.2)、(4.4.5)、(4.4.9)，可画出图4.4.1(a)所示单管放大电路的折线化波特图，如图4.4.5所示。

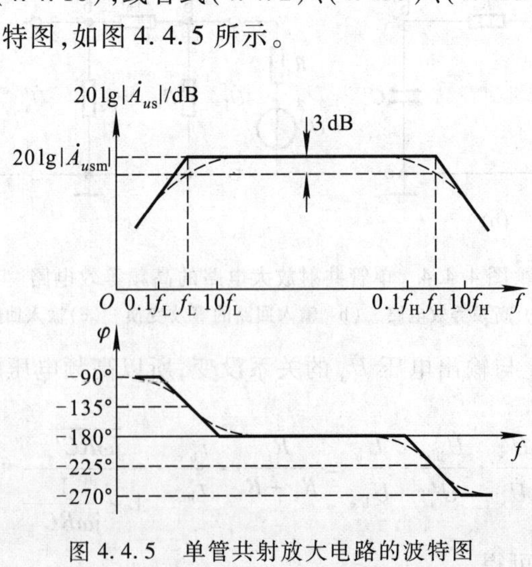

图 4.4.5　单管共射放大电路的波特图

从以上分析可知，式(4.4.10)可以全面表示任何频段的电压放大倍数，而且上限频率和下限频率均可表示为$\frac{1}{2\pi\tau}$，τ 分别是极间电容 C'_{π} 和耦合电容 C 所在回路的时间常数，τ 是从电容两端向外看的总等效电阻与相应的电容之积。可见，求解上、下限截止频率的关键是正确求出回路的等效电阻。

【例 4.4.1】　在图 4.4.1(a)所示电路中，已知 $V_{CC}=15\ \text{V}$，$R_s=1\ \text{k}\Omega$，$R_b=20\ \text{k}\Omega$，$R_c=R_L=5\ \text{k}\Omega$，$C=5\ \mu\text{F}$；晶体管的 $U_{BEQ}=0.7\ \text{V}$，$r_{bb'}=100\ \Omega$，$\beta=100$，$f_\beta=0.5\ \text{MHz}$，$C_{ob}=5\ \text{pF}$。

试估算电路的截止频率 f_H 和 f_L，并画出 $\dot{A}_{us}$的波特图。

解：(1) 求解 Q 点

$$I_{BQ}=\frac{V_{CC}-U_{BEQ}}{R_b}-\frac{U_{BEQ}}{R_s}=\left(\frac{15-0.7}{20}-\frac{0.7}{1}\right)\text{mA}=0.015\ \text{mA}$$

$$I_{CQ}=\beta I_{BQ}=(100\times0.015)\ \text{mA}=1.5\ \text{mA}$$

$$U_{CEQ}=V_{CC}-I_{CQ}R_c=(15-1.5\times5)\ \text{V}=7.5\ \text{V}$$

可见，放大电路的 Q 点合适。

(2) 求解混合 π 模型中的参数

$$r_{b'e}=(1+\beta)\frac{U_T}{I_{EQ}}=\frac{U_T}{I_{BQ}}=\frac{26}{0.015}\ \Omega\approx1\ 733\ \Omega$$

根据式(4.2.7)

$$C_\pi=\frac{1}{2\pi r_{b'e}f_\beta}-C_\mu\approx\frac{1}{2\pi r_{b'e}f_\beta}-C_{ob}=\left(\frac{10^{12}}{2\pi\times1\ 733\times5\times10^5}-5\right)\text{pF}\approx178\ \text{pF}$$

$$g_m=\frac{I_{EQ}}{U_T}\approx\frac{1.5}{26}\ \text{S}\approx0.057\ 7\ \text{S}$$

$$\dot{K}=\frac{\dot{U}_{ce}}{\dot{U}_{be}}=-g_m(R_c/\!/R_L)\approx-0.057\ 7\times2\ 500\approx-144$$

$$C'_\pi=C_\pi+(1-\dot{K})C_\mu\approx(178+144\times5)\ \text{pF}=898\ \text{pF}$$

(3) 求解中频电压放大倍数

$$r_{be}=r_{bb'}+r_{b'e}\approx(100+1\ 733)\ \Omega\approx1.83\ \text{k}\Omega$$

$$R_i=R_b/\!/r_{be}\approx\frac{20\times1.83}{20+1.83}\ \text{k}\Omega\approx1.68\ \text{k}\Omega$$

$$\dot{A}_{usm}=\frac{\dot{U}_o}{\dot{U}_s}=\frac{R_i}{R_s+R_i}\cdot\frac{r_{b'e}}{r_{be}}\cdot(-g_mR_L)\approx\frac{1.68}{1+1.68}\times\frac{1.73}{1.83}\times(-144)\approx-85$$

(4) 求解 f_H 和 f_L

$$f_H=\frac{1}{2\pi[r_{b'e}/\!/(r_{bb'}+R_s/\!/R_b)]C'_\pi}$$

因为 $R_s\ll R_b$，所以

$$f_H=\frac{1}{2\pi[r_{b'e}/\!/(r_{bb'}+R_s)]C'_\pi}$$

$$\approx\frac{1}{2\pi\times\frac{1\ 733\times(100+1\ 000)}{1\ 733+(100+1\ 000)}\times898\times10^{-12}}\ \text{Hz}$$

$$\approx 263\ 000\ \text{Hz}$$
$$= 263\ \text{kHz}$$

$$f_{\text{L}} = \frac{1}{2\pi(R_{\text{c}} + R_{\text{L}})C} = \frac{1}{2\pi(5\times10^{3} + 5\times10^{3})\times5\times10^{-6}}\ \text{Hz} \approx 3.2\ \text{Hz}$$

(5) 画 $\dot{A}_{us}$ 的波特图

根据式(4.4.10)及以上的计算结果可得

$$\dot{A}_{us} = \dot{A}_{usm}\cdot\frac{\text{j}\dfrac{f}{f_{\text{L}}}}{\left(1+\text{j}\dfrac{f}{f_{\text{L}}}\right)\left(1+\text{j}\dfrac{f}{f_{\text{H}}}\right)} \approx \frac{-85\times\left(\text{j}\dfrac{f}{3.2}\right)}{\left(1+\text{j}\dfrac{f}{3.2}\right)\left(1+\text{j}\dfrac{f}{263\times10^{3}}\right)}$$

$20\lg|\dot{A}_{usm}| \approx 38.6\ \text{dB}$，画出 $\dot{A}_{us}$ 的波特图如图 4.4.6 所示。

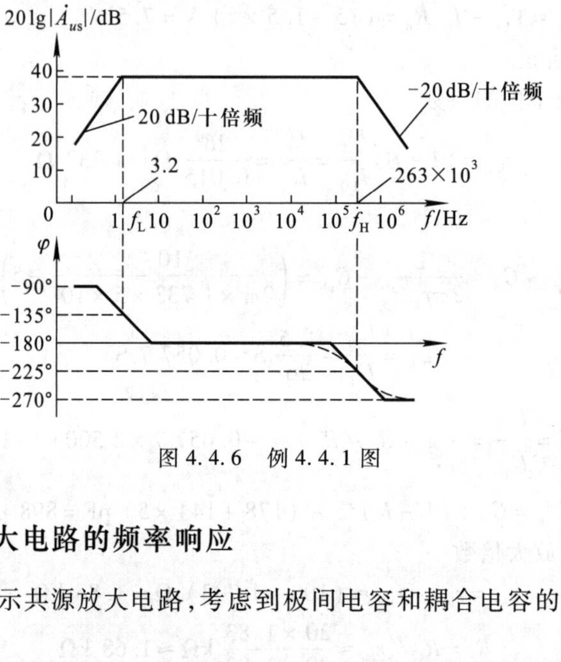

图 4.4.6　例 4.4.1 图

4.4.2　单管共源放大电路的频率响应

对于图 4.4.7(a)所示共源放大电路，考虑到极间电容和耦合电容的影响，其动态等效电路如图(b)所示。

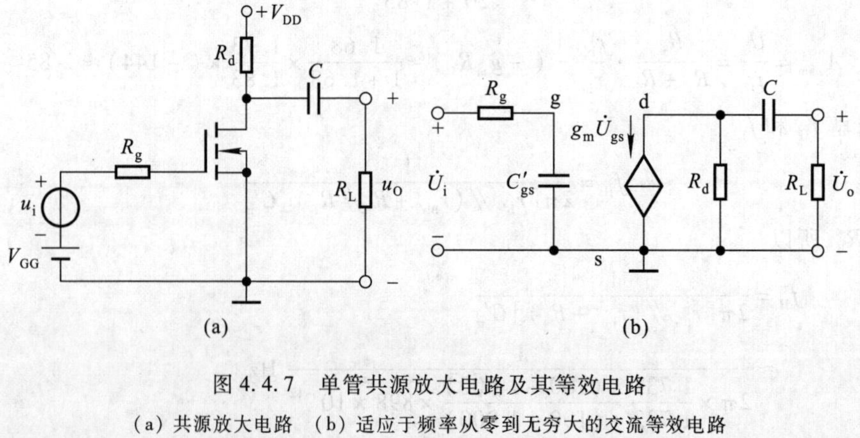

图 4.4.7　单管共源放大电路及其等效电路

(a) 共源放大电路　(b) 适应于频率从零到无穷大的交流等效电路

在中频段，C'_{gs}开路，C 短路，因而中频电压放大倍数

$$\dot{A}_{um}=\frac{\dot{U}_o}{\dot{U}_i}=\frac{-g_m\dot{U}_{gs}(R_d /\!/ R_L)}{\dot{U}_{gs}}=-g_mR'_L \tag{4.4.11}$$

在高频段，C 短路，考虑 C'_{gs}的影响，它所在回路的时间常数 $\tau=R_gC'_{gs}$，因而上限频率为

$$f_H=\frac{1}{2\pi R_gC'_{gs}} \tag{4.4.12}$$

在低频段，C'_{gs}开路，考虑 C 的影响，它所在回路的时间常数 $\tau=(R_d+R_L)C$，因而下限频率为

$$f_L=\frac{1}{2\pi(R_d+R_L)C} \tag{4.4.13}$$

写出 $\dot{A}_u$ 的表达式

$$\dot{A}_u=\dot{A}_{um}\cdot\frac{\mathrm{j}\dfrac{f}{f_L}}{\left(1+\mathrm{j}\dfrac{f}{f_L}\right)\left(1+\mathrm{j}\dfrac{f}{f_H}\right)} \tag{4.4.14}$$

式(4.4.14)与式(4.4.10)形式上相同，若画出 $\dot{A}_u$ 的波特图，则与图 4.4.5 相似，此处从略。

4.4.3 放大电路频率响应的改善和增益带宽积

为了改善单管放大电路的低频特性，需加大耦合电容及其回路电阻，以增大回路时间常数，从而降低下限频率。然而这种改善是很有限的，因此在信号频率很低的使用场合，应考虑采用直接耦合方式。

为了改善单管放大电路的高频特性，需减小 b′－e 间等效电容 C'_π 或 g－s 间等效电容 C'_{gs}及其回路电阻，以减小回路时间常数，从而增大上限频率。

根据式(4.2.2)，$C'_\pi=C_\pi+(1+|\dot{K}|)C_\mu\approx C_\pi+(1+g_mR'_L)C_\mu$；而根据式(4.4.1)，中频电压放大倍数 $\dot{A}_{usm}=\dfrac{R_i}{R_s+R_i}\cdot\dfrac{r_{b'e}}{r_{be}}\cdot(-g_mR'_L)$；因此，为减小 C'_π 需减小 $g_mR'_L$，而减小 $g_mR'_L$ 必然使 $|\dot{A}_{usm}|$ 减小。可见，f_H 的提高与 $|\dot{A}_{usm}|$ 的增大是相互矛盾的。

对于大多数放大电路，$f_H\gg f_L$，因而通频带 $f_{bw}=f_H-f_L\approx f_H$。也就是说，$f_H$ 与 $|\dot{A}_{usm}|$ 的矛盾就是带宽与增益的矛盾，即增益提高时，必使带宽变窄，增益减小时，必使带宽变宽。为了综合考察这两方面的性能，引入一个新的参数“带宽增益积”。

根据式(4.4.1)和式(4.4.7)，图 4.4.1(a)所示单管共射放大电路的带宽增益积

$$|\dot{A}_{usm}f_{bw}|\approx|\dot{A}_{usm}f_H|=\frac{R_i}{R_s+R_i}\cdot\frac{r_{b'e}}{r_{be}}\cdot g_mR'_L\cdot\frac{1}{2\pi[r_{b'e}/\!/(r_{bb'}+R_s/\!/R_b)]C'_\pi}$$

为使问题简单化，设电路中 $R_b\gg r_{be}$，则 $R_i\approx r_{be}$；设 $R_b\gg R_s$，则 $R_b/\!/R_s\approx R_s$；设$(1+g_mR'_L)C_\mu\gg C_\pi$，且 $g_mR'_L\gg1$，则 $C'_\pi\approx g_mR'_LC_\mu$。在假设条件均成立的条件下，上式将变换成

$$\begin{aligned}|\dot{A}_{usm}f_{bw}|&\approx\frac{r_{be}}{R_s+r_{be}}\cdot\frac{r_{b'e}}{r_{be}}\cdot g_mR'_L\cdot\frac{1}{2\pi[r_{b'e}/\!/(r_{bb'}+R_s)]g_mR'_LC_\mu}\\&=\frac{r_{b'e}}{R_s+r_{be}}\cdot\frac{1}{2\pi\cdot\dfrac{r_{b'e}\cdot(r_{bb'}+R_s)}{r_{b'e}+(r_{bb'}+R_s)}\cdot C_\mu}\end{aligned}$$

整理可得

$$|\dot{A}_{usm}f_{bw}| \approx \frac{1}{2\pi(r_{bb'}+R_s)C_\mu} \tag{4.4.15}$$

上式表明，当晶体管选定后，$r_{bb'}$ 和 C_μ（约为 C_{ob}）就随之确定，因而增益带宽积也就大体确定，即增益增大多少倍，带宽几乎就变窄多少倍，这个结论具有普遍性。

从另一角度看，为了改善电路的高频特性，展宽频带，首先应选用 $r_{bb'}$ 和 C_{ob} 均小的高频管，与此同时还要尽量减小 C'_π 所在回路的总等效电阻。另外，还可考虑采用共基电路。

根据式(4.3.1)、式(4.4.11)和式(4.4.12)，图4.4.7(a)所示场效应管共源放大电路的增益带宽积

$$|\dot{A}_{um}f_{bw}| \approx |\dot{A}_{um}f_H| = g_m R'_L \cdot \frac{1}{2\pi R_g[C_{gs}+(1+g_m R'_L)C_{gd}]}$$

若 $g_m R'_L \gg 1$，且 $(1+g_m R'_L)C_{gd} \gg C_{gs}$，则

$$|\dot{A}_{um}f_{bw}| \approx g_m R'_L \cdot \frac{1}{2\pi R_g g_m R'_L C_{gd}} = \frac{1}{2\pi R_g C_{gd}} \tag{4.4.16}$$

可见，场效应管选定后，增益带宽积也近似为常量。因此改善高频特性的根本办法是选择 C_{gd} 小的管子并减小 R_g 的阻值。

应当指出，并不是在所有的应用场合都需要宽频带的放大电路，例如正弦波振荡电路中的放大电路就应具有选频特性，它仅对某单一频率的信号进行放大，而其余频率的信号均被衰减，而且衰减愈快，电路的选频特性愈好，振荡的波形将愈好。应当说，在信号频率范围已知的情况下，放大电路只需具有与信号频段相对应的通频带即可，而且这样做将有利于抵抗外部的干扰信号。盲目追求宽频带不但无益，而且还将牺牲放大电路的增益。

■ 思考题

4.4.1 在图4.4.1(a)所示电路中，耦合电容 C 和 b′－e 间的等效电容 C'_π 分别构成的是低通电路还是高通电路？为什么？

4.4.2 电路如图2.2.5(a)所示，已知所有电路参数及负载电阻 R_L。试分别求解上限频率 f_H、C_1 所确定的下限频率 f_{L1} 和 C_2 所确定的下限频率 f_{L2} 的表达式。

4.4.3 在图4.4.1所示电路中，若空载，则该电路的电压放大倍数和上限频率有何变化？简述理由。

4.5 多级放大电路的频率响应

在多级放大电路中含有多个放大管，因而在高频等效电路中就含有多个 C'_π（或 C'_{gs}），即有多个低通电路。在阻容耦合放大电路中，如有多个耦合电容或旁路电容，则在低频等效电路中就含有多个高通电路。对于含有多个电容回路的电路，如何求解截止频率呢？电路的截止频率与每个电容回路的时间常数有什么关系呢？这是本节所要讨论的问题。

4.5.1 多级放大电路频率特性的定性分析

设一个 N 级放大电路各级的电压放大倍数分别为 $\dot{A}_{u1}, \dot{A}_{u2}, \cdots, \dot{A}_{uN}$，则该电路的电压放大

倍数

$$\dot{A}_u = \prod_{k=1}^{N} \dot{A}_{uk} \tag{4.5.1}$$

对数幅频特性和相频特性表达式为

$$\begin{cases} 20\lg|\dot{A}_u| = \sum_{k=1}^{N} 20\lg|\dot{A}_{uk}| & (4.5.2a) \\ \varphi = \sum_{k=1}^{N} \varphi_k & (4.5.2b) \end{cases}$$

即该电路的增益为各级放大电路增益之和,相移也为各级放大电路相移之和。

设组成两级放大电路的两个单管共射放大电路具有相同的频率响应,$\dot{A}_{u1} = \dot{A}_{u2}$;即它们的中频电压增益 $\dot{A}_{um1} = \dot{A}_{um2}$,下限频率 $f_{L1} = f_{L2}$,上限频率 $f_{H1} = f_{H2}$;故整个电路的中频电压增益

$$20\lg|\dot{A}_u| = 20\lg|\dot{A}_{um1} \cdot \dot{A}_{um2}| = 40\lg|\dot{A}_{um1}|$$

当 $f = f_{L1}$ 时,$|\dot{A}_{ul1}| = |\dot{A}_{ul2}| = \dfrac{|\dot{A}_{um1}|}{\sqrt{2}}$,所以

$$20\lg|\dot{A}_u| = 40\lg|\dot{A}_{um1}| - 40\lg\sqrt{2}$$

说明增益下降 6 dB,并且由于 $\dot{A}_{u1}$ 和 $\dot{A}_{u2}$ 均产生 $+45°$ 的附加相移,所以 $\dot{A}_u$ 产生 $+90°$ 附加相移。根据同样的分析可得,当 $f = f_{H1}$ 时,增益也下降 6 dB,但所产生的附加相移为 $-90°$。因此,两级放大电路和组成它的单级放大电路的波特图如图 4.5.1 所示。根据截止频率的定义,在幅频特性中找到使增益下降3 dB的频率就是两级放大电路的下限频率 f_L 和上限频率 f_H,如图中所标注。显然,$f_L > f_{L1}(f_{L2})$,$f_H < f_{H1}(f_{H2})$,因此两级放大电路的通频带比组成它的单级放大电路窄。

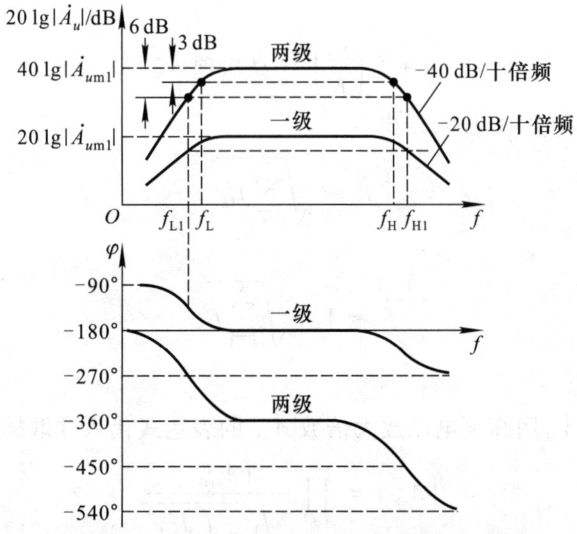

图 4.5.1　两级放大电路的波特图

上述结论具有普遍意义。对于一个 N 级放大电路,设组成它的各级放大电路的下限频率分别为 $f_{L1}, f_{L2}, \cdots, f_{LN}$,上限频率分别为 $f_{H1}, f_{H2}, \cdots, f_{HN}$,通频带分别为 $f_{bw1}, f_{bw2}, \cdots, f_{bwN}$;该多级放大

电路的下限频率为 f_{L}，上限频率为 f_{H}，通频带为 f_{bw}；则

$$\begin{cases} f_{\mathrm{L}} > f_{\mathrm{L}k} \quad (k = 1 \sim N) & (4.5.3\mathrm{a}) \\ f_{\mathrm{H}} < f_{\mathrm{H}k} \quad (k = 1 \sim N) & (4.5.3\mathrm{b}) \\ f_{\mathrm{bw}} < f_{\mathrm{bw}k} \quad (k = 1 \sim N) & (4.5.3\mathrm{c}) \end{cases}$$

4.5.2　截止频率的估算

一、下限频率 f_{L}

将式(4.5.1)中的 $\dot{A}_{uk}$ 用低频电压放大倍数 $\dot{A}_{ulk}$ 的表达式代入并取模，得出多级放大电路低频段的电压放大倍数为

$$|\dot{A}_{ul}| = \prod_{k=1}^{N} \frac{|\dot{A}_{umk}|}{\sqrt{1 + \left(\frac{f_{\mathrm{L}k}}{f}\right)^2}}$$

根据 f_{L} 的定义，当 $f = f_{\mathrm{L}}$ 时

$$|\dot{A}_{ul}| = \frac{\prod_{k=1}^{N} |\dot{A}_{umk}|}{\sqrt{2}}$$

即

$$\prod_{k=1}^{N} \sqrt{1 + \left(\frac{f_{\mathrm{L}k}}{f_{\mathrm{L}}}\right)^2} = \sqrt{2}$$

等式两边取平方，得

$$\prod_{k=1}^{N} \left[1 + \left(\frac{f_{\mathrm{L}k}}{f_{\mathrm{L}}}\right)^2\right] = 2$$

展开上式，得

$$1 + \sum \left(\frac{f_{\mathrm{L}k}}{f_{\mathrm{L}}}\right)^2 + \text{高次项} = 2$$

由于 $f_{\mathrm{L}k}/f_{\mathrm{L}}$ 小于1，可将高次项忽略，得出

$$f_{\mathrm{L}} \approx \sqrt{\sum_{k=1}^{N} f_{\mathrm{L}k}^2} \tag{4.5.4}$$

如加上修正系数①，则

$$f_{\mathrm{L}} \approx 1.1 \sqrt{\sum_{k=1}^{N} f_{\mathrm{L}k}^2} \tag{4.5.5}$$

二、上限频率 f_{H}

将式(4.5.1)中的 $\dot{A}_{uk}$ 用高频电压放大倍数 $\dot{A}_{uhk}$ 的表达式代入并取模，得

$$|\dot{A}_{uh}| = \prod_{k=1}^{N} \frac{|\dot{A}_{umk}|}{\sqrt{1 + \left(\frac{f}{f_{\mathrm{H}k}}\right)^2}}$$

① 参阅 J. 米尔曼. 微电子学：数字和模拟电路与系统　中册[M]. 清华大学电子学教研组，译. 北京：人民教育出版社，1981：111～112.

根据 f_H 的定义，当 $f=f_H$ 时

$$|\dot{A}_{uh}| = \frac{\prod_{k=1}^{N}|\dot{A}_{umk}|}{\sqrt{2}}$$

即

$$\prod_{k=1}^{N}\sqrt{1+\left(\frac{f_H}{f_{Hk}}\right)^2}=\sqrt{2}$$

等式两边取平方，得

$$\prod_{k=1}^{N}\left[1+\left(\frac{f_H}{f_{Hk}}\right)^2\right]=2$$

展开等式，得

$$1+\sum_{k=1}^{N}\left(\frac{f_H}{f_{Hk}}\right)^2+\text{高次项}=2$$

由于 f_H/f_{Hk} 小于 1，所以可以忽略高次项，得出 f_H 的近似表达式

$$\frac{1}{f_H}\approx\sqrt{\sum_{k=1}^{N}\frac{1}{f_{Hk}^2}}$$

如加上修正系数，则得

$$\frac{1}{f_H}\approx 1.1\sqrt{\sum_{k=1}^{N}\frac{1}{f_{Hk}^2}} \tag{4.5.6}$$

根据以上分析可知，若两级放大电路是由两个具有相同频率特性的单管放大电路组成，则其上、下限频率分别为

$$\begin{cases}\dfrac{1}{f_H}\approx 1.1\sqrt{\dfrac{2}{f_{H1}^2}},\quad f_H\approx\dfrac{f_{H1}}{1.1\sqrt{2}}\approx 0.643f_{H1} & (4.5.7a)\\ f_L\approx 1.1\sqrt{2}f_{L1}\approx 1.56f_{L1} & (4.5.7b)\end{cases}$$

对各级具有相同频率特性的三级放大电路，其上、下限频率分别为

$$\begin{cases}\dfrac{1}{f_H}\approx 1.1\sqrt{\dfrac{3}{f_{H1}^2}},\quad f_H\approx\dfrac{f_{H1}}{1.1\sqrt{3}}\approx 0.52f_{H1} & (4.5.8a)\\ f_L\approx 1.1\sqrt{3}f_{L1}\approx 1.91f_{L1} & (4.5.8b)\end{cases}$$

可见，三级放大电路的通频带几乎是单级电路的一半。放大电路的级数愈多，频带愈窄。

在多级放大电路中，若某级的下限频率远高于其它各级的下限频率，则可认为整个电路的下限频率近似为该级的下限频率；同理，若某级的上限频率远低于其它各级的上限频率，则可认为整个电路的上限频率近似为该级的上限频率。因此式(4.5.5)、(4.5.6)多用于各级截止频率相差不多的情况。此外，对于有多个耦合电容和旁路电容的单管放大电路，在分析下限频率时，应先求出每个电容所确定的截止频率，然后利用式(4.5.5)求出电路的下限频率。

【例 4.5.1】 已知某电路的各级均为共射放大电路，其对数幅频特性如图 4.5.2 所示。试求解下限频率 f_L、上限频率 f_H 和电压放大倍数 $\dot{A}_u$。

解：由图 4.5.2 可知

(1) 频率特性曲线的低频段只有一个拐点，且低频段曲线斜率为 20 dB/十倍频，说明影响低频特性的只有一个电容，故电路的下限频率为 10 Hz。

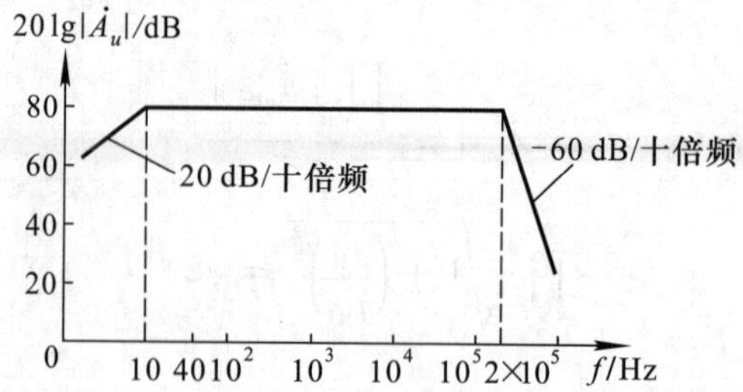

图 4.5.2 例 4.5.1 图

(2) 频率特性曲线的高频段只有一个拐点，且高频段曲线斜率为 −60 dB/十倍频，说明影响高频特性的有三个电容，即电路为三级放大电路，且每一级的上限频率均为 2×10^5 Hz，根据式(4.5.8a)可得上限频率为

$$f_{\rm H}\approx0.52f_{\rm H1}=(0.52\times2\times10^5)\ {\rm Hz}=1.04\times10^5\ {\rm Hz}=104\ {\rm kHz}$$

(3) 因各级均为共射电路，所以在中频段输出电压与输入电压相位相反。因此，电压放大倍数

$$\dot{A}_u=\frac{-10^4}{\left(1+\dfrac{10}{{\rm j}f}\right)\left(1+{\rm j}\dfrac{f}{2\times10^5}\right)^3}\quad 或\quad \dot{A}_u=\frac{-10^3{\rm j}f}{\left(1+{\rm j}\dfrac{f}{10}\right)\left(1+{\rm j}\dfrac{f}{2\times10^5}\right)^3}$$

【例 4.5.2】 在图 2.4.2(b)所示 Q 点稳定电路中，已知 $C_1=C_2=C_e$，其余参数选择合适，电路在中频段工作正常。试问：电路的下限频率决定于哪个电容？为什么？

解：考虑到 C_1、C_2、C_e 的作用，图 2.4.2(b)所示电路的低频等效电路如图 4.5.3(a)所示。在考虑某一电容对频率响应的影响时，应将其它电容作理想化处理，即将其它耦合电容或旁路电容视为短路。比较三个电容所在回路的等效电阻，数值最小的说明该电容的时间常数最小，因而它所确定的下限频率最高，若能判断出这个下限频率远高于其它两个，则说明整个电路的下限频率就是该频率。

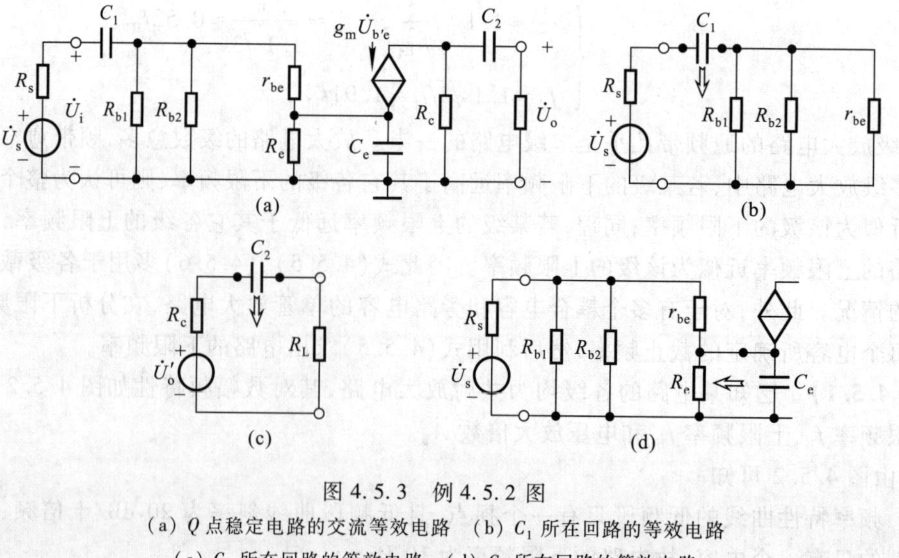

图 4.5.3 例 4.5.2 图

(a) Q 点稳定电路的交流等效电路 (b) C_1 所在回路的等效电路

(c) C_2 所在回路的等效电路 (d) C_e 所在回路的等效电路

在考虑 C_1 对低频特性的影响时，应将 C_2、C_e 短路。图(b)所示是 C_1 所在回路的等效电路，其时间常数

$$\tau_1=(R_s+R_{b1}/\!/R_{b2}/\!/r_{be})C_1=(R_s+R_i)C_1 \tag{4.5.9}$$

在考虑 C_2 对低频特性的影响时，应将 C_1、C_e 短路。图(c)所示是 C_2 所在回路的等效电路，其时间常数

$$\tau_2=(R_c+R_L)C_2 \tag{4.5.10}$$

式(4.5.9)与(4.5.10)在本质上是相同的，因为倘若电路的负载是下一级放大电路，则式(4.5.10)中的 R_L 即为后级的输入电阻 R_i，而 R_c 正是后级电路的信号源内阻 R_s。

在考虑 C_e 对低频特性的影响时，应将 C_1、C_2 短路。图(d)所示是 C_e 所在回路的等效电路。从 C_e 两端向左看的等效电阻是射极输出器的输出电阻，因此它的时间常数

$$\tau_e=\left(R_e/\!/\frac{r_{be}+R_{b1}/\!/R_{b2}/\!/R_s}{1+\beta}\right)C_e \tag{4.5.11}$$

设 C_1、C_2、C_e 所在回路所确定的下限频率分别为 f_{L1}、f_{L2}、f_{Le}。比较时间常数 τ_1、τ_2、τ_e，不难看出，当取 $C_1=C_2=C_e$ 时，τ_e 将远小于 τ_1、τ_2，即 f_{Le} 远大于 f_{L1}、f_{L2}，因此可以认为 f_{Le} 就约为该电路的下限频率，即

$$f_L\approx f_{Le}=\frac{1}{2\pi\tau_e}=\frac{1}{2\pi\left(R_e/\!/\dfrac{r_{be}+R_{b1}/\!/R_{b2}/\!/R_s}{1+\beta}\right)C_e}$$

从另一角度考虑，为改善电路的低频特性，C_e 的容量应远大于 C_1、C_2。当 f_{L1}、f_{L2} 和 f_{Le} 的数值相差不大时，可用式(4.5.5)求解电路的 f_L。

思考题

4.5.1　为什么说放大电路的级数越多、耦合电容和旁路电容越多，通频带越窄？

4.5.2　一般情况下，要想改善图 2.4.2(b)所示电路的低频特性，应增大哪个电容的容量？为什么？

4.5.3　试求解图 2.4.2(b)所示电路适用于频率从零到无穷大的电压放大倍数的表达式。

4.6　频率响应与阶跃响应

频率响应描述放大电路对不同频率正弦信号放大的能力，即在输入信号幅值不变的情况下改变信号频率，来考察输出信号幅值与相位的变化，这种方法称为频域法。实际上，还可以用阶跃函数作为放大电路的输入，考察输出信号前沿与顶部的变化，来研究电路的放大性能，这种方法称为时域法。所谓阶跃函数，就是在 $t<0$ 时 $u_I=0$ V，$t\geqslant0$ 时 $u_I=U_I$(U_I 为常量)的信号，如图 4.6.1 所示。

输出对于阶跃函数的响应，应采用过渡过程的分析方法。

4.6.1　阶跃响应的指标

阶跃函数是在 $t=0$ 时刻产生单位突变的信号，由于电路中电容(如耦合电容、极间电容等)上的电压不会跃变，造成输出信号跟不上输入信号的变化，因而产生失真，如图 4.6.2 所示。

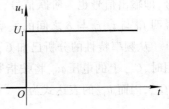

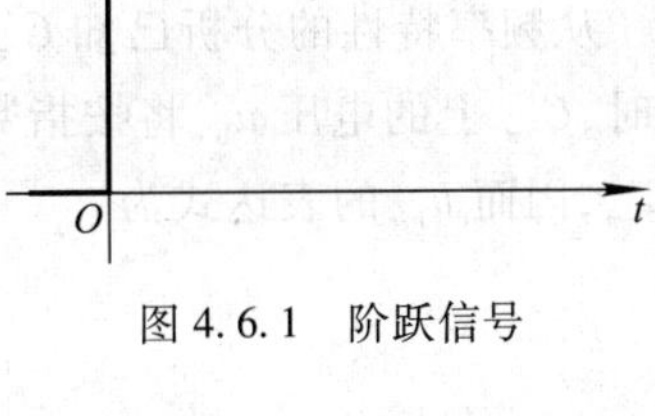

图 4.6.1　阶跃信号

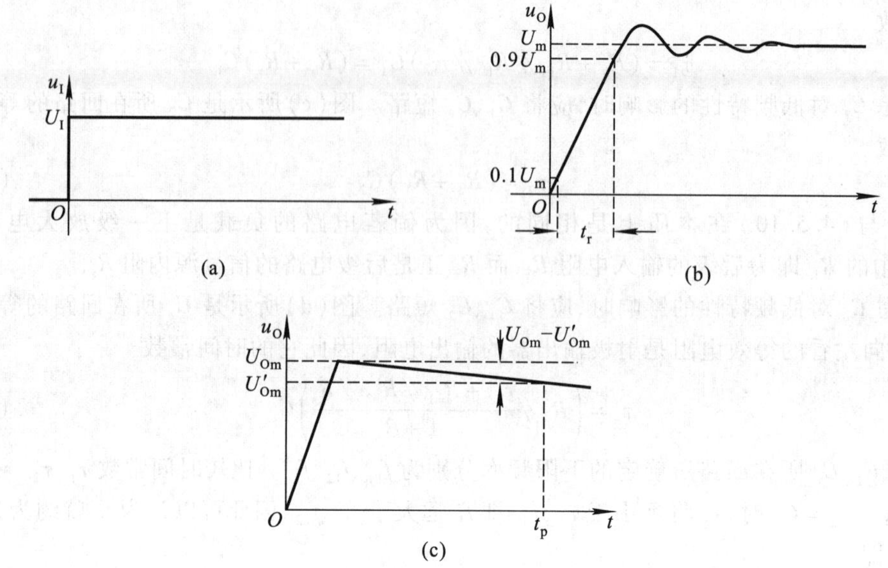

图 4.6.2 放大电路的阶跃响应

（a）输入阶跃信号 （b）输出电压波形 （c）输出电压波形的近似分析

为了描述输出电压的失真情况，引入以下三个指标：

(1) 上升时间：指输出电压从终了值的 10% 上升到终了值的 90% 所需要的时间，见图 4.6.2(b)中标注的 t_r。

(2) 倾斜率：指在指定的时间 t_p 内，输出电压顶部的变化量与上升的终了值的百分比，即倾斜率

$$\delta = \frac{U_{Om} - U'_{Om}}{U_{Om}} \cdot 100\% \tag{4.6.1}$$

见图(c)中所标注。

(3) 超调量：指在输出电压上升的瞬态过程中，上升值超过终了值的部分，一般用超过终了值的百分比来表示。

4.6.2 频率响应与阶跃响应的关系

从频谱的概念去理解，一个阶跃函数的频谱应包含从 0 到无穷大无数个频率成分，因此只有放大电路的频带无限宽，才可能在阶跃函数作用时，在输出端得到与输入信号成比例的输出信号，即输出信号也为阶跃信号，或仅仅反相。下面以图 4.4.1(a)所示单管共射放大电路为例来说明 f_H 与 t_r，f_L 与 δ 之间的关系，从中理解频率响应与阶跃响应的关系。

从频率特性的分析已知 C'_π 所在回路是低通电路，如图 4.6.3(a)所示。因此，在阶跃信号作用时，C'_π 上的电压 $u_{b'e}$ 将按指数规律上升。$u_{b'e}$ 的起始值为 0 V，终了值为 U_I，回路时间常数为 RC'_π，因而 $u_{b'e}$ 的表达式为

$$u_{b'e} = U_I(1 - e^{-\frac{t}{RC'_\pi}}) \tag{4.6.2}$$

u_I与$u_{b'e}$随时间的变化波形如图4.6.3(b)所示。根据式(4.6.2)可以计算出,$u_{b'e}$上升到10% U_I所需的时间为$0.1RC'_\pi$,上升到90% U_I所需的时间为$2.3\ RC'_\pi$,因此$u_{b'e}$的上升时间

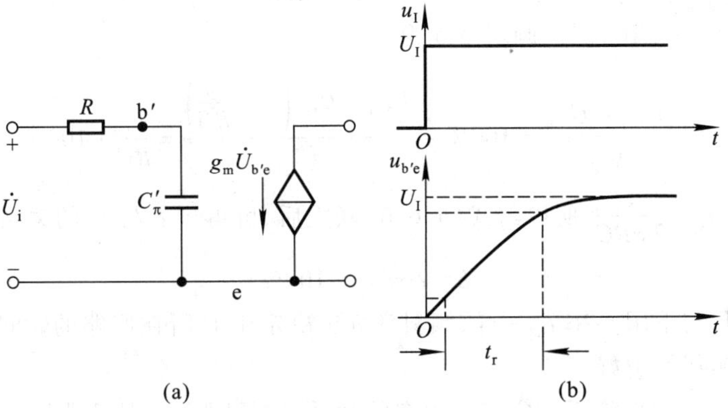

(a)　(b)

图4.6.3　图4.4.1所示电路输入回路的阶跃响应

(a) 输入回路　(b) 阶跃响应

$$t_r = 2.2\ RC'_\pi \tag{4.6.3}$$

因为上限频率$f_H = \dfrac{1}{2\pi RC'_\pi}$,所以与式(4.6.3)联立可得出$t_r$与$f_H$的关系式,

$$t_r \approx \frac{0.35}{f_H} \tag{4.6.4}$$

上述分析表明,与上限频率一样,上升时间也决定于C'_π所在回路的时间常数,f_H愈大,t_r愈小,放大电路的高频特性愈好。

根据定义,倾斜率是研究输入信号从突变到某一固定值时引起输出电压变化的过程,因此电路的低频参数将起主要作用。从放大电路低频特性的分析可知,耦合电容C所在回路是高通电路,如图4.6.4(a)所示。u'_O为开路时的输出电压,$u'_O = -g_m u_{b'e} R_c$,它随$u_{b'e}$而产生线性变化,并与之反相。因为回路时间常数$(R_c + R_L)C \gg t_r$,所以可以认为在$u_{b'e}$从零到U_I的变化阶段,u_O跟随u'_O按比例变化。即认为电容C近似为短路,$u_O = \dfrac{R_L}{R_c + R_L} \cdot u'_O$。当$u_{b'e}$达到稳态值$U_I$时,$u_O$也达到最大值$U_{Om}$。之后$u_O$以$U_{Om}$为起始值,以$(R_c + R_L)C$为时间常数,以零为终了值,按指数规律变化,$u_O$的表达式为

$$u_O = U_{Om} e^{-\frac{t}{RC}} \quad (R = R_c + R_L) \tag{4.6.5}$$

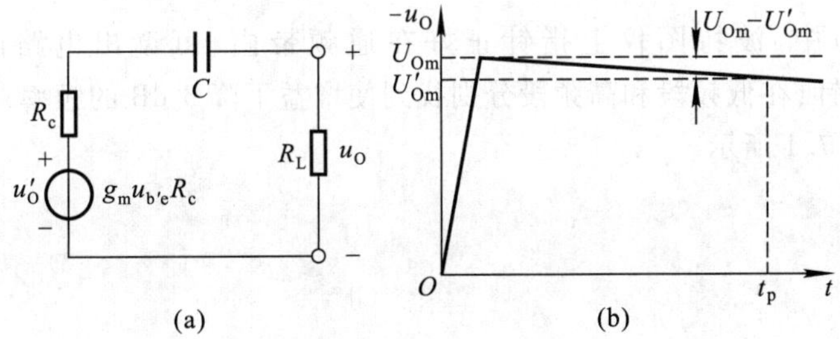

(a)　(b)

图4.6.4　图4.4.1所示电路输出回路的阶跃响应

(a) 输出回路　(b) 阶跃响应

当 $t \ll RC$ 时

$$u_O \approx U_{Om}\left(1-\frac{t}{RC}\right)$$

在图 4.6.4 中，$t_r \ll t_p \ll RC$，因此倾斜率 δ 为

$$\delta=\frac{U_{Om}-U'_{Om}}{U_{Om}}\cdot 100\% \approx \frac{U_{Om}-U_{Om}\left(1-\frac{t_p}{RC}\right)}{U_{Om}}=\frac{t_p}{RC}\cdot 100\% \tag{4.6.6}$$

因为下限频率 $f_L=\frac{1}{2\pi RC}$，所以与式(4.6.6)联立后，可得到 δ 与 f_L 的关系为

$$\delta \approx 2\pi f_L t_p \times 100\%$$

上述分析表明，与下限频率 f_L 一样，倾斜率 δ 也决定于 C 所在回路的时间常数，f_L 愈低，δ 愈小，放大电路的低频特性愈好。

综上所述，频率响应与阶跃响应有着内在的联系，这是因为它们只是分别从频域和时域两个角度描述同一个电路模型的放大性能，从而得出不同的指标。这些指标的优劣都取决于电抗元件所在回路的时间常数。

4.7 Multisim 应用举例

4.7.1 放大电路频率响应的仿真方法

仿真电路为典型的阻容耦合静态工作点稳定电路，如图 4.7.1 所示。其中晶体管采用小功率高频晶体管 ZTX325，它的电流放大系数 β 为 93，发射结电容 C_π 为 1.18 pF，集电结电容 C_μ 为 1.54 pF；其余参数如图中所标注。

一、仿真内容

在 Multisim 中，可采用两种方法测试放大电路的频率响应。

方法一是利用“交流分析（AC Analysis）”获得幅频特性曲线和相频特性曲线。方法与扫描分析相类似，首先设定起始频率、终了频率、点数、扫描方式、扫描对象，然后按扫描键即可；方法二是利用虚拟仪器波特图仪（Bode Plotter）直接测试，在图示仪上只能分别看幅频特性曲线和相频特性曲线；如图 4.7.1(a)所示。第二种方法也可在“Analysis Graphs”同时观察两条曲线，如图(b)所示。

二、仿真结果

在图 4.7.1(a)中，波特图仪上指针正好在通频带内，可读出电路的中频段增益，为 33.499 dB。移动指针，在低频段和高频段分别找到使增益下降 3 dB 的频率，即为下限频率和上限频率，结果如表 4.7.1 所示。

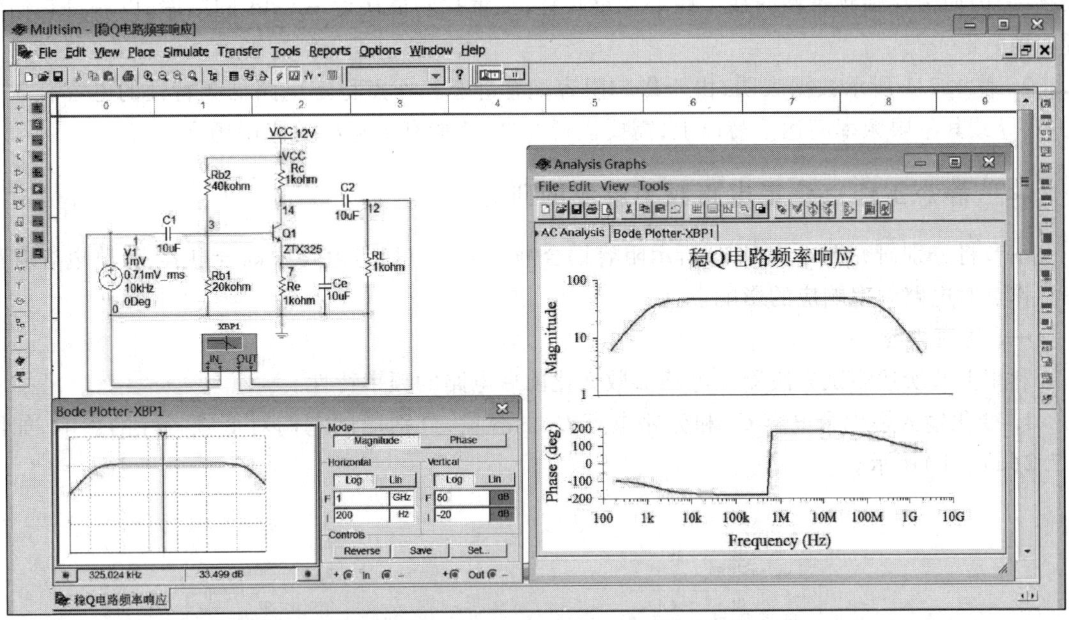

(a)

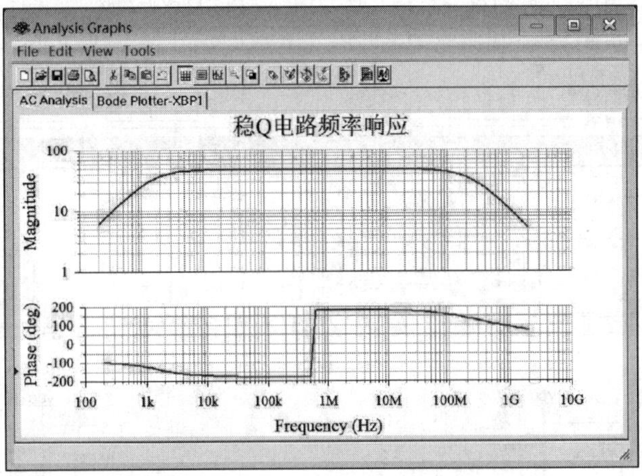

(b)

图 4.7.1　放大电路频率响应的测试

（a）测试电路和两种测试方法　（b）在“Analysis Graphs”观察波特图仪的测试结果

表 4.7.1　图 4.7.1(a)所示放大电路的频率响应

中频段增益/dB	下限频率 f_L/kHz	$f=f_L$ 时的增益/dB	上限频率 f_H/MHz	$f=f_H$ 时的增益/dB
33.499	≈1.558	30.479	≈233.723	30.36

三、结论

1. 在 Multisim 中，无论是用“交流分析（AC Analysis）”还是用波特图仪，均可方便地测试出放大电路的对数幅频特性曲线和相频特性曲线。在波特图仪上很难寻找到准确的下限频率和上限频率,因而需在幅频特性曲线上耐心调整指针,尽量找到最接近 -3 dB 的频率,以获得它们的近似值。

2. 表 4.7.1 所示数据表明,由于影响阻容耦合静态工作点稳定电路低频特性的电容有 3 个之多,导致其下限频率高达千赫以上,需要进行改进,才能有更宽泛的应用场合。

4.7.2　静态工作点稳定电路频率响应的研究

本节将分别研究图 4.7.1(a)所示阻容耦合静态工作点稳定电路中耦合电容、旁路电容和静态工作点对电路频率响应的影响。

一、仿真内容

利用上节所述测试方法测试电路参数变化前后电路的频率特性。

1. 变化输入端耦合电容 C_1 和旁路电容 C_e 的容量,分别测试它们对低频特性的影响,如图 4.7.2(a)、(b)所示。

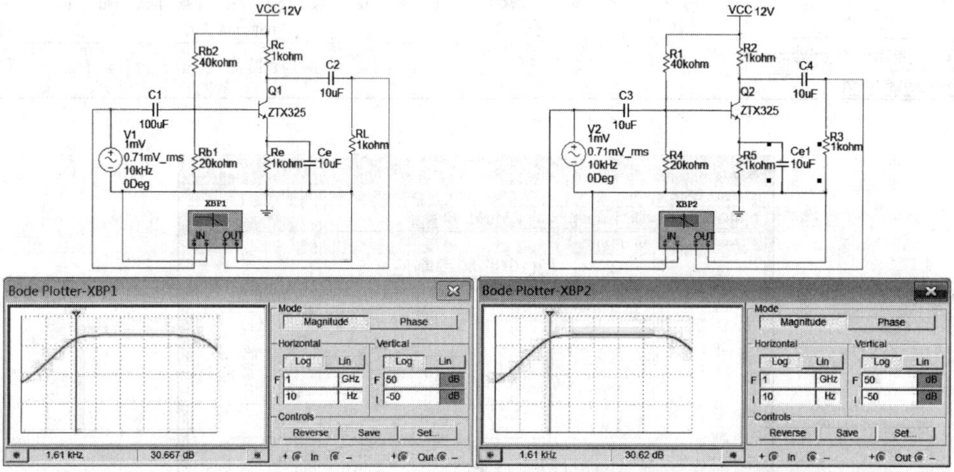

(a)

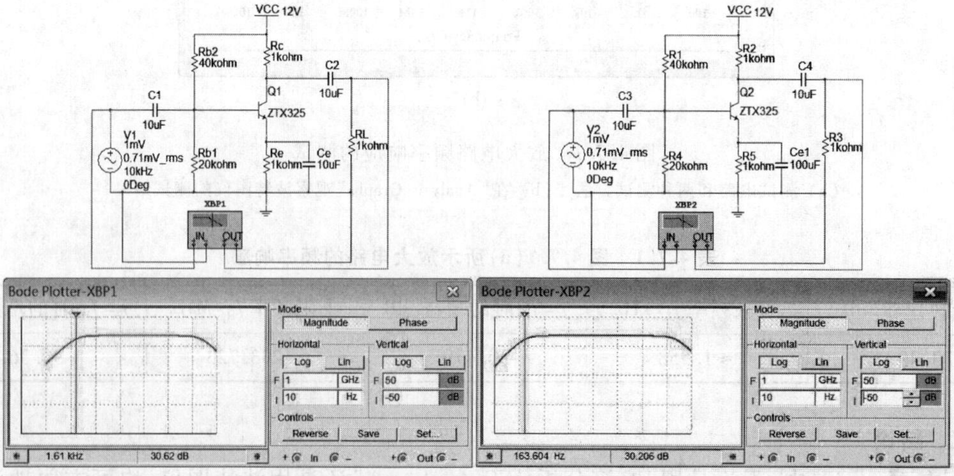

(b)

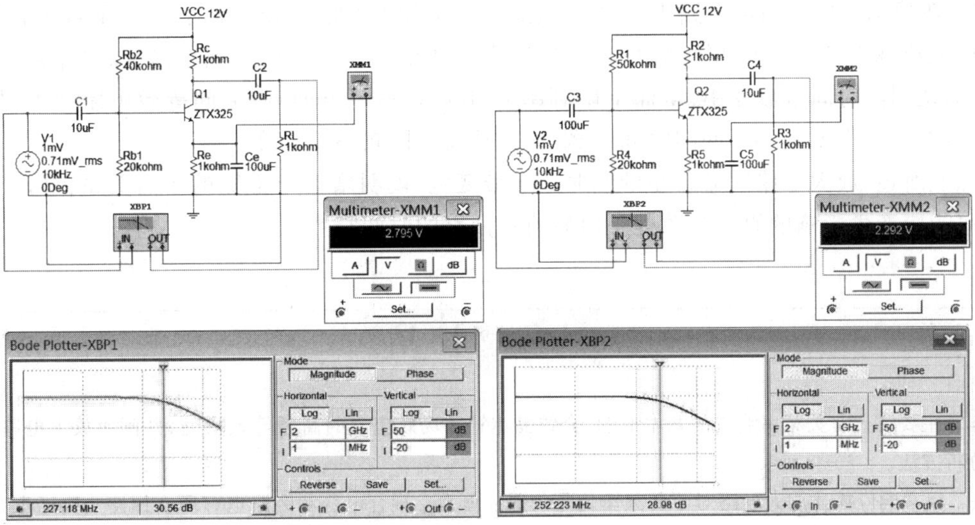

(c)

图 4.7.2 典型的静态工作点稳定电路频率响应的测试

(a) 耦合电容 C_1 变化 (b) 旁路电容 C_e 变化 (c) 偏置电阻 R_{b2} 变化

2. 变化偏置电路中 R_{b2} 的阻值,测试静态工作点对频率特性的影响,如图 4.7.2(c)所示。

图(c)中两只万用表分别测试左右两个电路中发射极的静态地位,已知它们的发射极电阻均为 1 kΩ,由此计算出两个电路的发射极静态电流,分别为 2.795 mA 和 2.292 mA,可近似为集电极电流,并根据电路的其它参数可估算基极静态电位、管压降等。

二、仿真结果

如表 4.7.2 所示。

表 4.7.2 电路参数变化时对频率响应的影响

耦合电容 C_1 (C_3)/μF	耦合电容 C_2 (C_4)/μF	旁路电容 C_e (C_5)/μF	偏置电阻 R_{b2} (R_1)/kΩ	中频电压增益/dB	下限频率 f_L/Hz	上限频率 f_H/MHz
10	10	10	40	33.499	1610	
100	10	10	40	33.499	1610	
10	10	100	40	33.499	163.604	227.118
10	10	100	50	31.96	134.7	252.223

三、结论

1. 实验表明,耦合电容 C_1 从 10 μF 变为 100 μF 时下限频率基本不变,而旁路电容 C_e 从 10 μF 变为 100 μF 时下限频率明显减小。这一方面说明由于 C_e 所在回路的等效电阻最小,要想改善该电路的低频特性应增大 C_e;另一方面还说明在分析电路的下限频率时,如果有一个电容所在回路的时间常数远小于其它电容所在回路的时间常数,那么该电容所确定的下限频率就可近似为整个电路的下限频率,而没有必要计算其它电容所确定的下限频率,因而计算前的定性分析很重要。

2. 在静态工作点稳定电路中，当偏置电阻 R_{b2} 从 40 kΩ 变为 50 kΩ 时，一方面放大管的静态发射极电流减小，b－e 间等效电阻变大，导致增益减小；同时跨导 g_m 减小，$k = g_m R'_L$ 减小，C'_π 随之减小，C'_π 回路时间常数变小，从而上限频率 f_H 升高。另一方面 b－e 间等效电阻变大，导致输入电阻增大，使得 C_1 和 C_e 回路时间常数增大，从而下限频率 f_L 降低。

综上所述，放大电路增益减小的同时通频带变宽，说明增益与带宽的矛盾关系；静态工作点对频率响应产生影响的原因是改变了电容所在回路的时间常数。

本章小结

本章主要讲述有关频率响应的基本概念，介绍晶体管和场效应管的高频等效模型，并阐明放大电路频率响应的分析方法。

一、频率响应描述放大电路对不同频率信号的适应能力。耦合电容和旁路电容所在回路为高通电路，在低频段使放大倍数的数值下降，且产生超前相移。极间电容所在回路为低通电路，在高频段使放大倍数的数值下降，且产生滞后相移。

二、在研究频率响应时，应采用放大管的高频等效模型。在晶体管高频等效模型中，极间电容等效为 C'_π；在场效应管高频等效模型中，极间电容等效为 C'_{gs}。

三、放大电路的上限频率 f_H 和下限频率 f_L 决定于电容所在回路的时间常数 τ，$f_H = \dfrac{1}{2\pi\tau_H}$，$f_L = \dfrac{1}{2\pi\tau_L}$。通频带 f_{bw} 等于 f_H 与 f_L 之差（$f_H - f_L$）。

四、对于单管共射放大电路，若已知 f_H、f_L 和中频放大倍数 $\dot{A}_{um}$（或 $\dot{A}_{usm}$），便可画出波特图，并可写出适于频率从零到无穷大情况下的放大倍数 $\dot{A}_u$（或 $\dot{A}_{us}$）的表达式。当 $f = f_L$ 或 $f = f_H$ 时，增益下降 3 dB，附加相移为 +45° 或 －45°。

在一定条件下，增益带宽积 $|\dot{A}_{um} f_{bw}|$（或 $|\dot{A}_{usm} f_{bw}|$）约为常量。要想高频特性好，首先应选择截止频率高的管子，然后合理选择参数，使 C'_π 所在回路的等效电阻尽可能小。要想低频特性好，应采用直接耦合方式。

五、多级放大电路的波特图是已考虑了前后级相互影响的各级波特图的代数和。若各级的上限频率（或下限频率）相近，则可根据式（4.5.6）［或式（4.5.5）］方便地求解整个电路的上限频率（或下限频率）。若各级上限频率或下限频率相差较大，则可以近似认为各上限频率中最低的频率为整个电路的上限频率，各下限频率中最高的频率为整个电路的下限频率。

学完本章后，应掌握以下几方面：

一、掌握以下概念：上限频率，下限频率，通频带，波特图，增益带宽积。

二、能够计算放大电路中只含一个时间常数时的 f_H 和 f_L，并会画出波特图。

三、了解多级放大电路频率响应与组成它的各级电路频率响应间的关系。

自测题

一、选择正确答案填入空内。

（1）测试放大电路输出电压幅值与相位的变化，可以得到它的频率响应，条件是______。

A. 输入电压幅值不变，改变频率

B. 输入电压频率不变，改变幅值

C. 输入电压的幅值与频率同时变化

（2）放大电路在高频信号作用时放大倍数数值下降的原因是______，而低频信号作用时放大倍数数值下降的原因是______。

A. 耦合电容和旁路电容的存在

B. 半导体管极间电容和分布电容的存在

C. 半导体管的非线性特性

D. 放大电路的静态工作点不合适

（3）当信号频率等于放大电路的 f_L 或 f_H 时，放大倍数的值约下降到中频时的______。

A. 0.5　　B. 0.7　　C. 0.9

即增益约下降______。

A. 3 dB　　B. 4 dB　　C. 5 dB

（4）对于单管共射放大电路，当 $f=f_L$ 时，$\dot{U}_o$ 与 $\dot{U}_i$ 相位关系是______。

A. $+45°$　　B. $-90°$　　C. $-135°$

当 $f=f_H$ 时，$\dot{U}_o$ 与 $\dot{U}_i$ 的相位关系是______。

A. $-45°$　　B. $-135°$　　C. $-225°$

二、电路如图 T4.2 所示。已知：晶体管的 $C_\mu=4$ pF，$f_T=50$ MHz，$r_{bb'}=100\ \Omega$，$\beta_0=80$。试求解：

（1）中频电压放大倍数 $\dot{A}_{usm}$；

（2）C'_π；

（3）f_H 和 f_L；

（4）画出波特图。

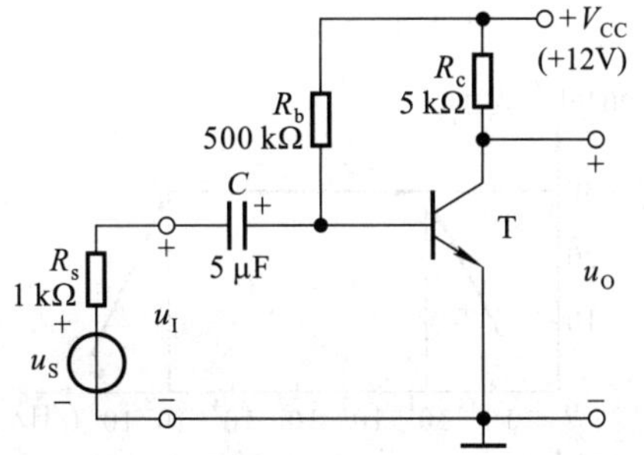

图 T4.2

三、已知某放大电路的波特图如图 T4.3 所示，填空：

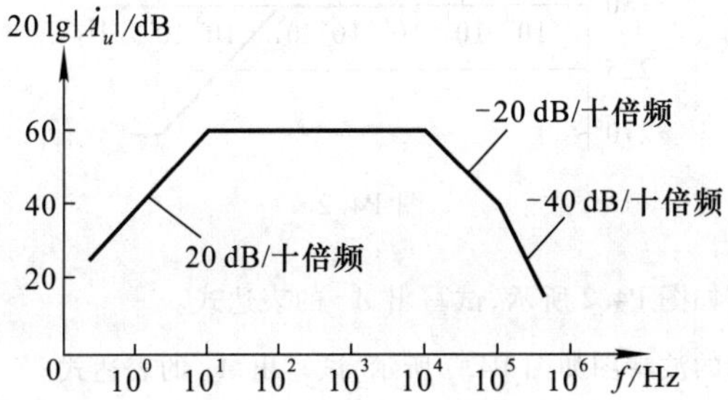

图 T4.3

(1) 电路的中频电压增益 $20\lg|\dot{A}_{um}|$ = ______ dB，$\dot{A}_{um}$ = ______。

(2) 电路的下限频率 $f_L \approx$ ______ Hz，上限频率 $f_H \approx$ ______ kHz。

(3) 电路的电压放大倍数的表达式 $\dot{A}_u$ = ______。

习 题

4.1 在图 P4.1 所示电路中，已知晶体管的 $r_{bb'}$、C_μ、C_π，$R_i \approx r_{be}$。

填空：除要求填写表达式的之外，其余各空填入①增大、②基本不变、③减小。

(1) 在空载情况下，下限频率的表达式 f_L = ______。当 R_b 减小时，f_L 将______；当带上负载电阻后，f_L 将______。

(2) 在空载情况下，若 b－e 间等效电容为 C'_π，则上限频率的表达式 f_H = ______；当 R_s 为零时，f_H 将______；当 R_b 减小时，g_m 将______，C'_π 将______，f_H 将______。

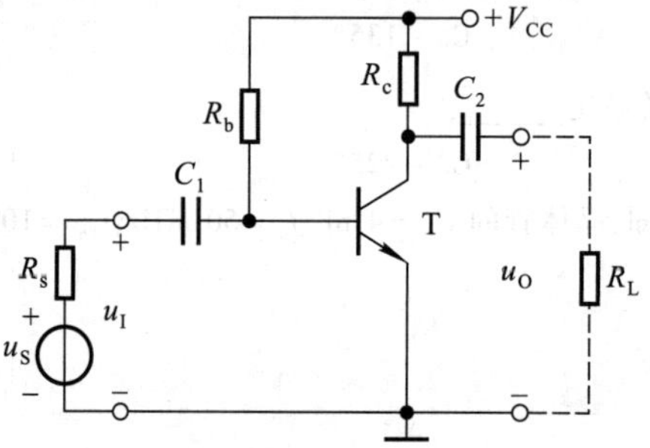

图 P4.1

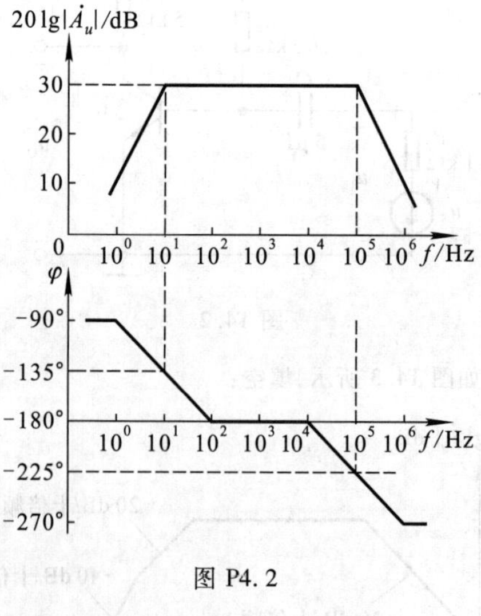

图 P4.2

4.2 已知某电路的波特图如图 P4.2 所示，试写出 $\dot{A}_u$ 的表达式。

4.3 已知某共射放大电路的波特图如图 P4.3 所示，试写出 $\dot{A}_u$ 的表达式。

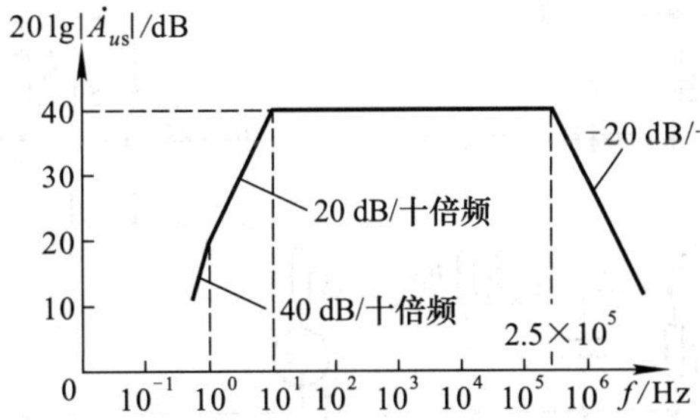

图 P4.3

4.4　已知某电路的幅频特性如图 P4.4 所示，试问：

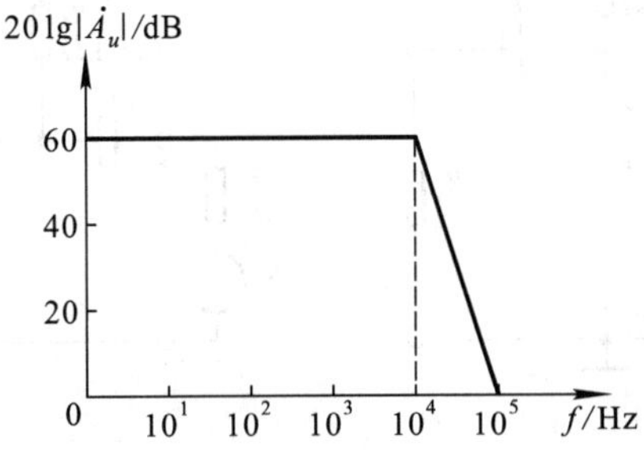

图 P4.4

（1）该电路的耦合方式；

（2）该电路由几级放大电路组成；

（3）当 $f=10^4$ Hz 时，附加相移为多少？当 $f=10^5$ Hz 时，附加相移又为多少？

（4）该电路的上限频率 f_H 约为多少？

4.5　已知某电路电压放大倍数

$$\dot{A}_u=\frac{-10\mathrm{j}f}{\left(1+\mathrm{j}\frac{f}{10}\right)\left(1+\mathrm{j}\frac{f}{10^5}\right)}$$

试求解 $\dot{A}_{um}$、f_L、f_H，并画出波特图。

4.6　已知两级共射放大电路的电压放大倍数

$$\dot{A}_u=\frac{200\mathrm{j}f}{\left(1+\mathrm{j}\frac{f}{10}\right)\left(1+\mathrm{j}\frac{f}{10^4}\right)\left(1+\mathrm{j}\frac{f}{10^5}\right)}$$

试求解 $\dot{A}_{um}$、f_L、f_H，并画出波特图。

4.7　电路如图 P4.7 所示。已知：晶体管的 β、$r_{bb'}$、C_μ 均相等，所有电容的容量均相等，静态时所有电路中晶体管的发射极电流 I_{EQ} 均相等。定性分析各电路，将结论填入空内。

（1）低频特性最差即下限频率最高的电路是______；

（2）低频特性最好即下限频率最低的电路是______；

（3）高频特性最差即上限频率最低的电路是______。

4.8　在图 P4.7(b)所示电路中，若要求 C_1 与 C_2 所在回路的时间常数相等，且已知 $r_{be}=1\ \mathrm{k}\Omega$，则 $C_1 : C_2=$？若 C_1 与 C_2 所在回路的时间常数均为 25 ms，则 C_1、C_2 各为多少？下限频率 $f_L\approx$？

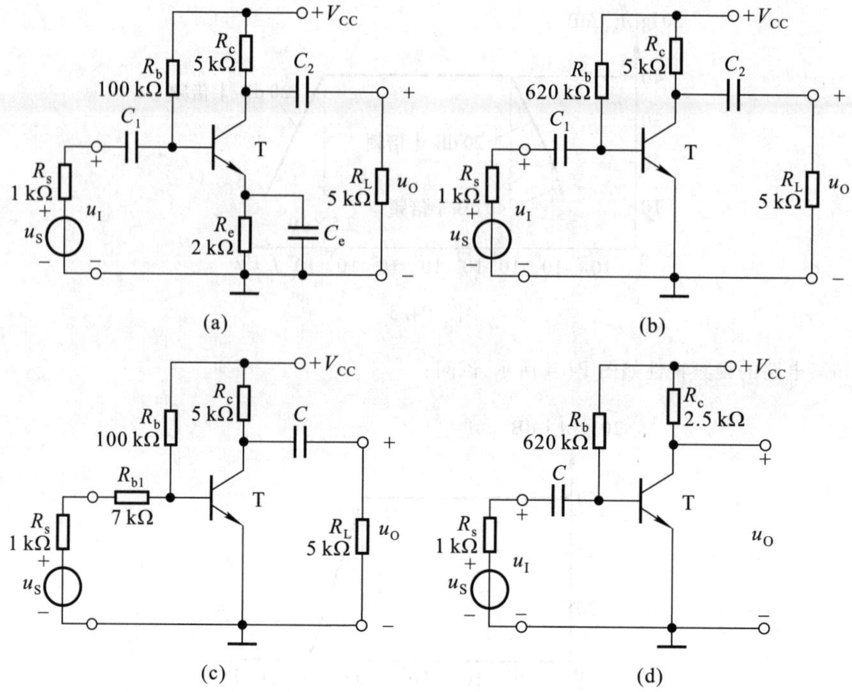

图 P4.7

4.9　在图 P4.7(a)所示电路中，若 C_e 突然开路，则中频电压放大倍数 $\dot{A}_{usm}$、f_H 和 f_L 各产生什么变化(是增大、减小、还是基本不变)？为什么？

4.10　电路如图 P4.10 所示，已知 $C_{gs}=C_{gd}=5$ pF，$g_m=5$ mS，$C_1=C_2=C_s=10$ μF。试求 f_H、f_L 各约为多少，并写出 $\dot{A}_{us}$的表达式。

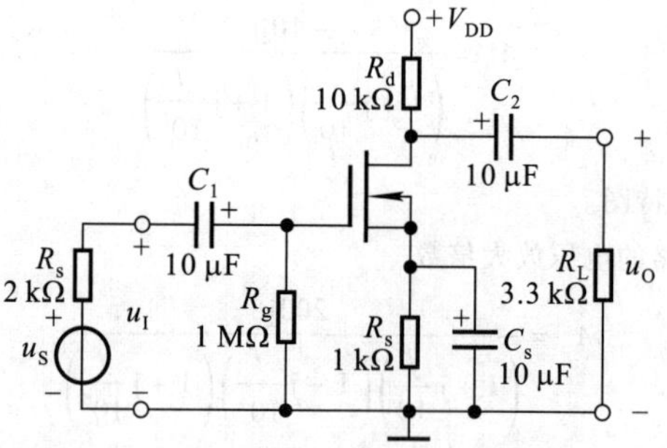

图 P4.10

4.11　在图 4.4.7(a)所示电路中，已知 $R_g=2$ MΩ，$R_d=R_L=10$ kΩ，$C=10$ μF；场效应管的 $C_{gs}=C_{gd}=4$ pF，$g_m=10$ mS。试画出电路的波特图，并标出有关数据。

4.12　已知一个两级放大电路各级电压放大倍数分别为

$$\dot{A}_{u1}=\frac{\dot{U}_{o1}}{\dot{U}_i}=\frac{-25jf}{\left(1+j\dfrac{f}{4}\right)\left(1+j\dfrac{f}{10^5}\right)},\quad \dot{A}_{u2}=\frac{\dot{U}_o}{\dot{U}_{i2}}=\frac{-2jf}{\left(1+j\dfrac{f}{50}\right)\left(1+j\dfrac{f}{10^5}\right)}$$

(1) 写出该放大电路的电压放大倍数的表达式；

(2) 求出该电路的 f_L 和 f_H 各约为多少；

(3) 画出该电路的波特图。

4.13 电路如图 P4.13 所示。试定性分析下列问题，并简述理由。

(1) 哪一个电容决定电路的下限频率；

(2) 若 T_1 和 T_2 静态时发射极电流相等，且 $r_{bb'}$ 和 C'_π 相等，则哪一级的上限频率低。

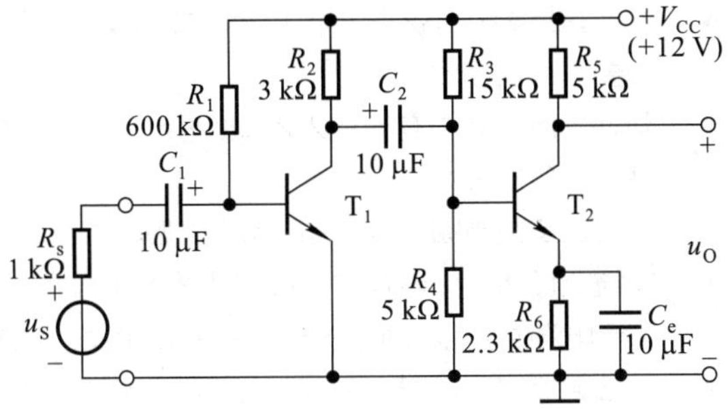

图 P4.13

4.14 利用 Multisim 来从下列几个方面研究图 P4.7(b)所示电路的频率响应。

(1) 设 $C_1 = C_2 = 10\ \mu F$，分别测试它们所确定的下限频率；

(2) $C_1 = C_2 = 10\ \mu F$ 时电路的频率响应及 C_1、C_2 取值对低频特性的影响；

(3) 放大管的集电极静态电流对上限频率的影响。

出题目的：虽然正确估算具有一个耦合电容电子电路的频率特性是教学基本要求，但实际放大电路若采用阻容耦合方式，则很少只含有一个电容的。因此，了解实际电路频率特性的测试方法和改善频率特性的方法非常必要。

提示：

(1) 晶体管采用高频小信号晶体管，如 ZTX325。若函数发生器作信号源，则应在放大电路输入端接 1 kΩ 电阻，等效为信号源内阻；并可用波特图仪测量幅频特性。

(2) 若测 C_1(10 μF)所确定的下限频率，则应取 C_2 远远大于 C_1，如取 C_2 为 500 μF，使 C_2 对放大电路的下限频率几乎无影响。

4.15 利用 Multisim 从下列两个方面研究图 P4.10 所示电路的频率响应。

(1) 为改善低频特性，应增大三个耦合电容中的哪一个最有效。

(2) 场效应管的漏极静态电流对上限频率的影响。

提示：可采用虚拟 N 沟道耗尽型 MOS 场效应管，便于设置参数。例如，设置虚拟 MOS 管的沟道长度 Channel length = 100 μm、沟道宽度 Channel width = 100 μm，设置模型参数 VT = $U_{GS(th)}$ = −2 V，KP = 1 * 10^{-3} mA/V^2，CGSO = 1 * 10^{-8} F/m，CGDO = 2 * 10^{-8} F/m。

第5章 放大电路中的反馈

本章讨论的问题

- 什么是反馈？什么是直流反馈和交流反馈？什么是正反馈和负反馈？为什么要引入反馈？
- 如何判断电路中有无引入反馈？引入的是直流反馈还是交流反馈？是正反馈还是负反馈？
- 交流负反馈有哪四种组态？如何判断？
- 交流负反馈放大电路的一般表达式是什么？
- 放大电路中引入不同组态的负反馈将对性能分别产生什么样的影响？
- 什么是深度负反馈？在深度负反馈条件下，如何估算放大倍数？
- 什么是理想运放？指标参数有哪些特点？为什么理想运放工作在线性区时会有“虚短”和“虚断”的特点？如何计算由理想运放组成的负反馈放大电路的放大倍数？
- 为什么放大电路以三级为最常见？
- 负反馈愈深愈好吗？什么是自激振荡？什么样的负反馈放大电路容易产生自激振荡？如何消除自激振荡？
- 放大电路中只能引入负反馈吗？放大电路引入正反馈能改善性能吗？

5.1 反馈的基本概念及判断方法

在实用放大电路中，几乎都要引入这样或那样的反馈，以改善放大电路某些方面的性能。因此，掌握反馈的基本概念及判断方法是研究实用电路的基础。

5.1.1 反馈的基本概念

一、什么是反馈

反馈也称为“回授”，广泛应用于各个领域。例如，在行政管理中，通过对执行部门工作效果（输出）的调研，以便修订政策（输入）；在商业活动中，通过对商品销售（输出）的调研来调整进货渠道及进货数量（输入）；在控制系统中，通过对执行机构偏移量（输出量）的监测来修正系统的输入量；等等。上述例子表明，反馈的目的是通过输出对输入的影响来改善系统的运行状况及控制效果。

什么是电子电路中的反馈呢？**在电子电路中，将输出量（输出电压或输出电流）的一部分或全部通过一定的电路形式作用到输入回路，用来影响其输入量（放大电路的输入电压或输入电流）的措施称为反馈。**

将反馈放大电路网络化后，按照各部分电路的主要功能可将其分为基本放大电路和反馈网络两部分,如图 5.1.1 所示。前者主要功能是放大信号,后者主要功能是传输反馈信号。基本放大电路的输入信号称为**净输入量**,它不但决定于输入信号(**输入量**),还与反馈信号(**反馈量**)有关。

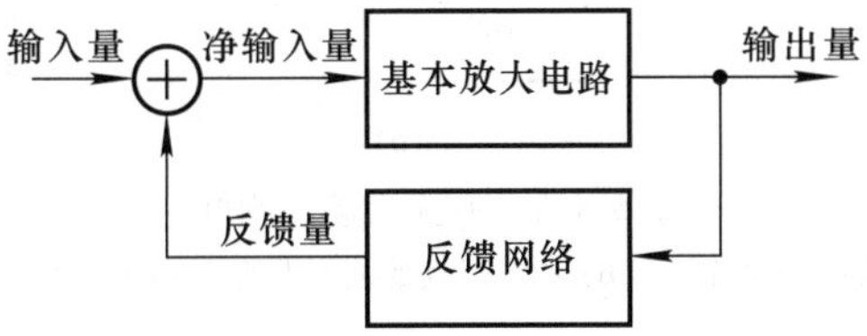

图 5.1.1 反馈放大电路的方框图

二、正反馈与负反馈

根据反馈的效果可以区分反馈的极性,使基本放大电路净输入量增大的反馈称为**正反馈**,使基本放大电路净输入量减小的反馈称为**负反馈**。由于反馈的结果影响了净输入量,就必然影响输出量;所以,根据输出量的变化也可以区分反馈的极性,反馈的结果使输出量的变化增大的为正反馈,使输出量的变化减小的为负反馈。

在图 2.4.2(b)所示的典型工作点稳定电路中,温度的变化引起集电极电流 I_C(输出量)变化,这种变化在发射极电阻 R_e上产生变化的电压,并影响放大管 b－e 间的电压(净输入量),导致基极电流 I_B向相反方向变化,从而使 I_C向相反方向变化。可见,反馈的结果使 $|\Delta I_C|$ 减小,说明电路中引入的是负反馈。

三、直流反馈与交流反馈

如果反馈量只含有直流量,则称为**直流反馈**;如果反馈量只含有交流量,则称为**交流反馈**。或者说,仅在直流通路中存在的反馈称为直流反馈;仅在交流通路中存在的反馈称为交流反馈。在很多放大电路中,常常是交、直流反馈兼而有之。在图 2.4.2(b)所示电路中,R_e仅存在于直流通路,故引入的是直流反馈;但若去掉旁路电容 C_e,则 R_e上的电压就既有直流量又有交流量,因而电路中既引入了直流反馈又引入了交流反馈。

直流负反馈主要用于稳定放大电路的静态工作点,本章的重点是研究交流负反馈。

5.1.2 反馈的判断

反馈的判断就是对放大电路中的反馈进行定性分析,正确判断反馈的性质是研究反馈放大电路的基础。

一、有无反馈的判断

若放大电路中存在将**输出回路与输入回路相连接的通路**,并由此影响放大电路的净输入,则表明电路引入了反馈;否则电路中便没有反馈。

在图 5.1.2(a)所示电路中,集成运放的输出端与同相输入端、反相输入端均无通路,故电路中没有引入反馈。在图(b)所示电路中,电阻 R_2将集成运放的输出端与反相输入端相连接,因而集成运放的净输入量不仅决定于输入信号,还与输出信号有关,所以该电路中引入了反馈。在图(c)所示电路中,虽然电阻 R 跨接在集成运放的输出端与同相输入端之间,但是因为同相输入端接地,R 只不过是集成运放的负载,而不会使 u_O作用于输入回路,所以电路中没有引入反馈。

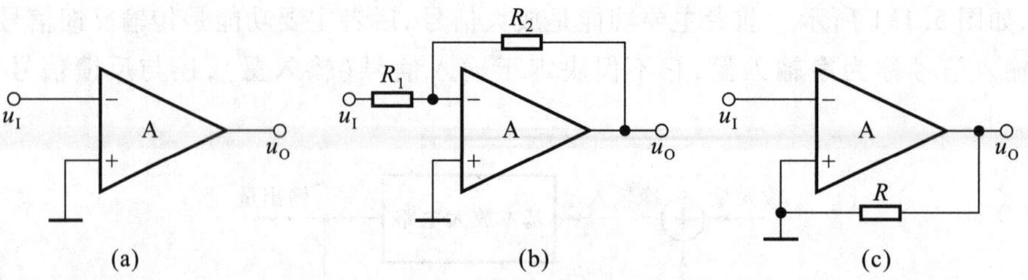

图 5.1.2　有无反馈的判断

(a) 没引入反馈的放大电路　(b) 引入反馈的放大电路　(c) R 的接入没有引入反馈

由以上分析可知,通过寻找电路中有无反馈通路,即可判断出电路是否引入了反馈。

二、反馈极性的判断

瞬时极性法是判断电路中反馈极性的基本方法。具体做法是:规定电路输入信号在某一时刻对地的极性,并以此为依据,逐级判断电路中各相关点电流的流向和电位的极性,从而得到输出信号的极性;根据输出信号的极性判断出反馈信号的极性;若反馈信号使基本放大电路的净输入信号增大,则说明引入了正反馈;若反馈信号使基本放大电路的净输入信号减小,则说明引入了负反馈。

在图 5.1.3 (a)所示电路中,设输入电压 u_I的瞬时极性对地为正,即集成运放同相输入端电位 u_P对地为正,因而输出电压 u_O对地也为正;u_O在 R_2和 R_1回路产生电流,方向如图中虚线所示,并且该电流在 R_1上产生极性为上"+"下"-"的反馈电压 u_F,使反相输入端电位对地为正;由此导致集成运放的净输入电压 $u_D(u_P-u_N)$的数值减小,说明电路引入了负反馈。

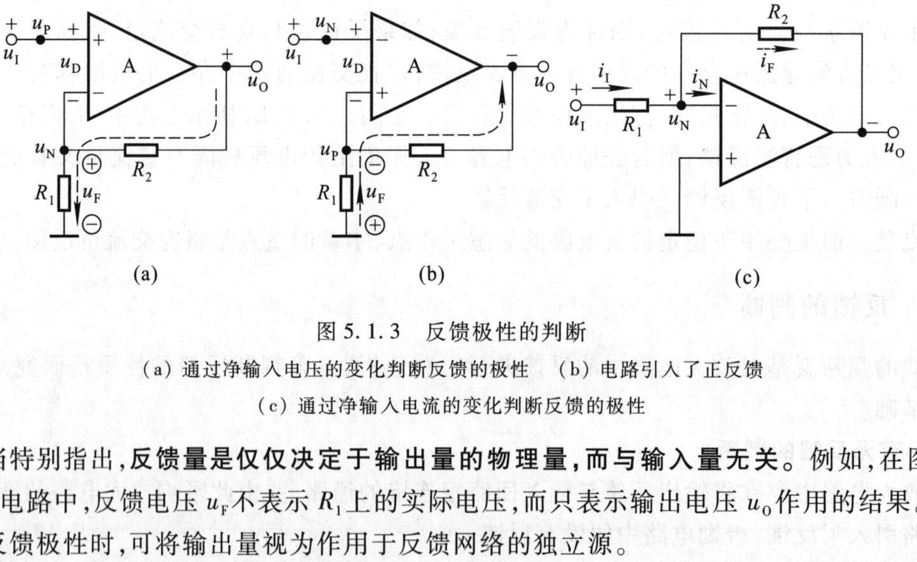

图 5.1.3　反馈极性的判断

(a) 通过净输入电压的变化判断反馈的极性　(b) 电路引入了正反馈

(c) 通过净输入电流的变化判断反馈的极性

应当特别指出,**反馈量是仅仅决定于输出量的物理量,而与输入量无关**。例如,在图 5.1.3 (a)所示电路中,反馈电压 u_F不表示 R_1上的实际电压,而只表示输出电压 u_O作用的结果。因此,在分析反馈极性时,可将输出量视为作用于反馈网络的独立源。

若将图(a)所示电路中集成运放的同相输入端和反相输入端互换时,则得到图(b)所示电路。设 u_I瞬时极性对地为正,则输出电压 u_O极性对地为负;u_O作用于 R_1和 R_2回路所产生的电流的方向如图中虚线所示,由此可得 R_1上所产生的反馈电压 u_F的极性为上"-"下"+",即同相输入端电位 u_P对地为负;所以必然导致集成运放的净输入电压 $u_D(u_P-u_N)$的数值增大,说明电路引入了正反馈。

在图 5.1.3(c)所示电路中,设输入电流 i_I瞬时极性如图所示。集成运放反相输入端的电流 i_N流入集成运放,电位 u_N对地为正,因而输出电压 u_O极性对地为负;u_O作用于电阻 R_2,产生电流 i_F,如图中虚线所标注;i_F对 i_I分流,导致集成运放的净输入电流 i_N的数值减小,故说明电路引入了负反馈。

以上分析说明,在集成运放组成的反馈放大电路中,可以通过分析集成运放的净输入电压 u_D,或者净输入电流 i_P(或 i_N),因反馈的引入是增大了还是减小了,来判断反馈的极性。

由于集成运放输出电压的变化总是与其反相输入端电位的变化方向相反,因而从集成运放的输出端通过电阻、电容等反馈通路引回到其反相输入端的电路必然构成负反馈电路;同理,由于集成运放输出电压的变化总是与其同相输入端电位的变化方向相同,因而从集成运放的输出端通过电阻、电容等反馈通路引回到其同相输入端的电路必然构成正反馈电路;上述结论可用于单个集成运放中引入反馈的极性的判断。

对于分立元件电路,可以通过判断输入级放大管的净输入电压(b-e 间或 e-b 间电压,g-s 间或 s-g 间电压)或者净输入电流(i_B或 i_E,i_S)因反馈的引入被增大还是被减小,来判断反馈的极性。例如,在图 5.1.4 所示电路中,设输入电压 u_I的瞬时极性对地为"+",因而 T_1管的基极电位对地为"+";共射电路输出电压与输入电压反相,故 T_1管的集电极电位对地为"-",即 T_2管的基极电位对地为"-";第二级仍为共射电路,故 T_2管的集电极电位对地为"+",即输出电压 u_O极性为上"+"下"-";u_O作用于 R_6和 R_3回路,产生电流,如图中虚线所示,从而在 R_3上得到反馈电压 u_F;根据 u_O的极性得到 u_F的极性为上"+"下"-",如图中所标注;u_F作用的结果使 T_1管 b-e 间电压减小,故判定电路引入了负反馈。

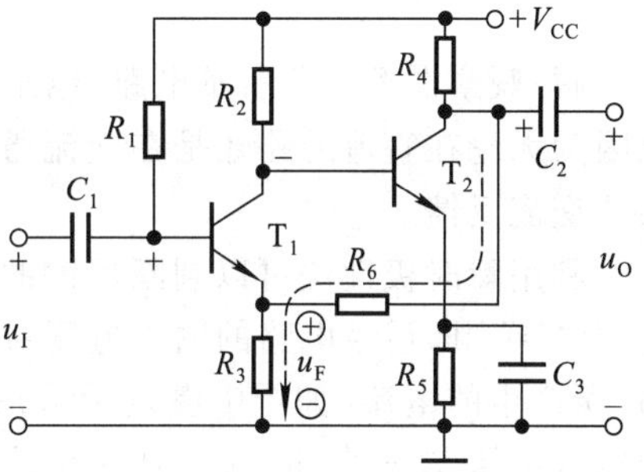

图 5.1.4 分立元件放大电路反馈极性的判断

三、直流反馈与交流反馈的判断

根据直流反馈与交流反馈的定义,可以通过反馈存在于放大电路的直流通路之中还是交流通路之中,来判断电路引入的是直流反馈还是交流反馈。

在图 5.1.5(a)所示电路中,已知电容 C 对交流信号可视为短路,因而它的直流通路和交流通路分别如图(b)和图(c)所示,与图 5.1.3(a)和图 5.1.2(c)所示电路相比较可知,图(a)所示电路中只引入了直流反馈,而没有引入交流反馈。

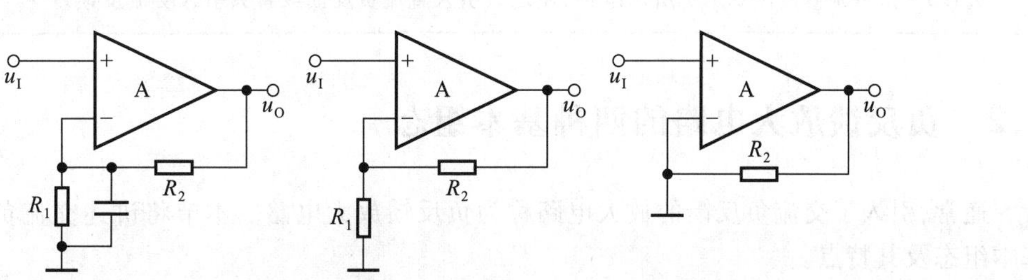

(a) (b) (c)

图 5.1.5 直流反馈与交流反馈的判断(一)

(a) 电路 (b) 直流通路 (c) 交流通路

在图5.1.6所示电路中,已知电容 C 对交流信号可视为短路。对于直流量,电容 C 相当于开路,即在直流通路中不存在连接输出回路与输入回路的通路,故电路中没有直流负反馈。对于交流量,C 相当于短路,R_2 将集成运放的输出端与反相输入端相连接,故电路中引入了交流反馈。

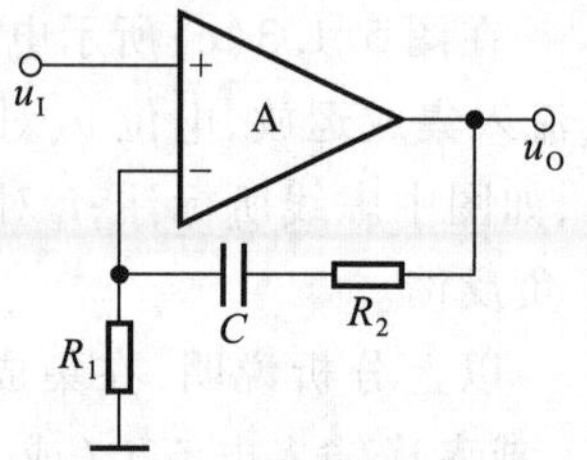

图5.1.6 直流反馈与交流反馈的判断(二)

【例5.1.1】 判断5.1.7所示电路中是否引入了反馈;若引入了反馈,是直流反馈还是交流反馈,是正反馈还是负反馈。

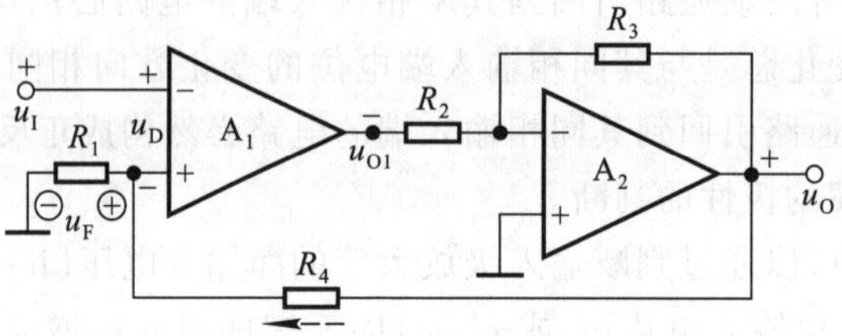

图5.1.7 例5.1.1电路图

解:观察图5.1.7所示电路,电阻 R_4 将输出回路与输入回路相连接,故电路中引入了反馈。又因为无论在直流通路还是在交流通路中,反馈通路均存在,所以电路中既引入了直流反馈又引入了交流反馈。

利用瞬时极性法可以判断反馈的极性。设输入电压 u_I 的极性对地为"+", A_1 的输出电位 u_{O1} 为"−",即后级电路的输入电压对地为"−",故输出电压 u_O 对地为"+";u_O 作用于 R_4 和 R_1 回路,所产生的电流(如图中虚线所示)在 R_1 上获得反馈电压 u_F,极性如图中所注;由于 u_F 使 A_1 的净输入电压 u_D 减小,故电路中引入了负反馈。

在图5.1.7所示电路中,A_2 与 R_2、R_3 所构成的电路与图5.1.3(c)相同,也引入了负反馈,因其只影响局部电路,故称之为"局部反馈";而 R_4 所引入的反馈影响整个电路,故称之为"总体反馈"或"级间反馈";本章重点研究后者。

思考题

5.1.1 "直接耦合放大电路只能引入直流反馈,阻容耦合放大电路只能引入交流反馈。"这种说法正确吗?举例说明。

5.1.2 为什么说"反馈量是仅仅决定于输出量的物理量"?在判断反馈极性时如何体现上述概念?

5.1.3 试分别修改图5.1.7所示电路,使之只引入直流负反馈或者只引入交流反馈。

5.2 负反馈放大电路的四种基本组态

通常,引入了交流负反馈的放大电路称为负反馈放大电路。本节将讲述交流负反馈的四种基本组态及其特点。

5.2.1 负反馈放大电路分析要点

利用前面所讲的方法可以判断出图5.2.1(a)所示电路中引入了交流负反馈,输出电压 u_O

的全部作为反馈电压作用于集成运放的反相输入端。在输入电压 u_I 不变的情况下，若由于某种原因（例如负载电阻 R_L 变化）引起输出电压 u_O 增大，则集成运放反相输入端电位 u_N 势必随之升高，导致集成运放的净输入电压 u_D 减小，从而使 u_O 减小。上述过程可表示为

$$u_O\uparrow \longrightarrow u_N\uparrow \longrightarrow u_D(u_I - u_N)\downarrow$$
$$u_O\downarrow \longleftarrow$$

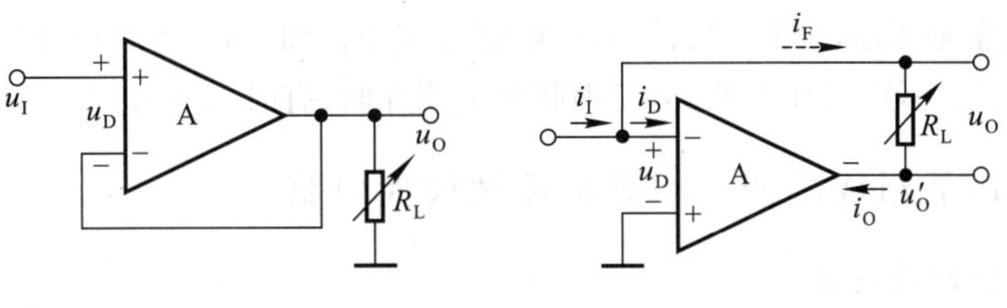

(a)　(b)

图 5.2.1　负反馈放大电路

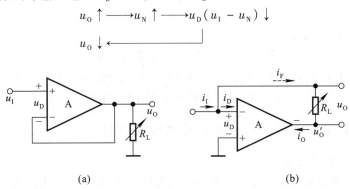

（a）输出电压引回后影响净输入电压　（b）输出电流引回后影响净输入电流

若由于某种原因使 u_O 减小时，则负反馈的结果将使 u_O 增大；总之，反馈的结果使输出电压的变化减小。当开环增益很大时，净输入电压 u_D 必然很小，因而图 5.2.1 所示电路的输出电压 u_O 近似等于输入电压 u_I，即 $u_O \approx u_I$。

经判断，图（b）所示电路中也引入了交流负反馈，输出电流 i_O 的全部作为反馈电流作用于集成运放的反相输入端。在输入电流 i_I 不变的情况下，若由于某种原因（例如负载电阻 R_L 变化）引起输出电流 i_O 增大，i_F 随之增大，则集成运放反相输入端的电流 i_D 将减小，导致 u_D 减小，反相输入端电位 u_N 势必降低，从而使集成运放的输出电压 u'_O 升高，i_O 随之减小。上述过程可表示为

$$i_O\uparrow \longrightarrow i_F\uparrow \longrightarrow i_D\downarrow \longrightarrow u_D\downarrow \longrightarrow u_N\downarrow \longrightarrow u'_O\uparrow$$
$$i_O\downarrow \longleftarrow$$

若由于某种原因使 i_O 减小时，则负反馈的结果将使 i_O 增大；总之，反馈的结果使输出电流的变化减小。当净输入电流 i_D 很小时，图 5.2.1（b）所示电路的输出电流 i_O 近似等于输入电流 i_I，即 $i_O \approx i_I$。

对上述电路的分析，可以得出如下结论：

（1）交流负反馈稳定放大电路的输出量，任何因素引起的输出量的变化均将得到抑制。由于输入量的变化所引起的输出量的变化也同样会受到抑制，所以交流负反馈使电路的放大能力下降。

（2）反馈量实质上是对输出量的采样，它既可能来源于输出电压，如图（a）所示电路；又可能来源于输出电流，如图（b）所示电路；其数值与输出量成正比。

（3）负反馈的基本作用是将引回的反馈量与输入量相减，从而调整电路的净输入量和输出量。净输入量既可能是输入电压减反馈电压，如图 5.2.1（a）所示电路；也可能是输入电流减反馈电流，如图（b）所示电路。

（4）反馈量取自输出电压将使输出电压稳定，如图 5.2.1（a）所示电路；反馈量取自输出电流将使输出电流稳定，如图（b）所示电路。

因此，对于具体的负反馈放大电路，首先应研究下列问题，进而进行定量分析。

(1) 从输出端看，反馈量是取自于输出电压，还是取自于输出电流；即反馈的目的是稳定输出电压，还是稳定输出电流。

(2) 从输入端看，反馈量与输入量是以电压方式相叠加，还是以电流方式相叠加；即反馈的结果是减小净输入电压，还是减小净输入电流。

反馈量若取自输出电压，则称为电压反馈；若取自输出电流，则称为电流反馈。反馈量与输入量若以电压方式相叠加，则称为串联反馈；若以电流方式相叠加，则称为并联反馈。因此，交流负反馈有四种组态，即电压串联、电压并联、电流串联和电流并联，有时也称为交流负反馈的四种方式。

5.2.2 由集成运放组成的四种组态负反馈放大电路

一、电压串联负反馈电路

图5.2.1(a)所示电路将输出电压的全部作为反馈电压，而大多数电路均采用电阻分压的方式将输出电压的一部分作为反馈电压，如图5.2.2所示。电路各点电位的瞬时极性如图中所标注。由图可知，反馈量

$$u_F=\frac{R_1}{R_1+R_2}\cdot u_O \tag{5.2.1}$$

表明反馈量取自于输出电压 u_O，且正比于 u_O，并将与输入电压 u_I 求差后放大，故电路引入了电压串联负反馈。

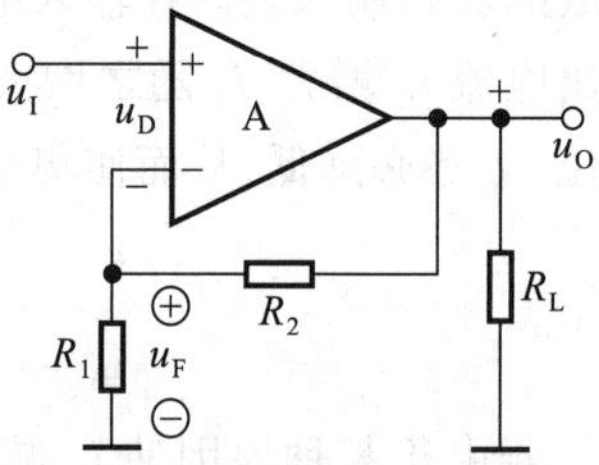

图5.2.2 电压串联负反馈电路

二、电流串联负反馈电路

在图5.2.2所示电路中，若将负载电阻 R_L 接在 R_2 处，则 R_L 中就可得到稳定的电流，如图5.2.3(a)所示，习惯上常画成图(b)所示形式。电路中相关电位及电流的瞬时极性和电流流向如图中所标注。由图可知，反馈量

$$u_F=i_OR_1 \tag{5.2.2}$$

表明反馈量取自于输出电流 i_O，且转换为反馈电压 u_F，并将与输入电压 u_I 求差后放大，故电路引入了电流串联负反馈。

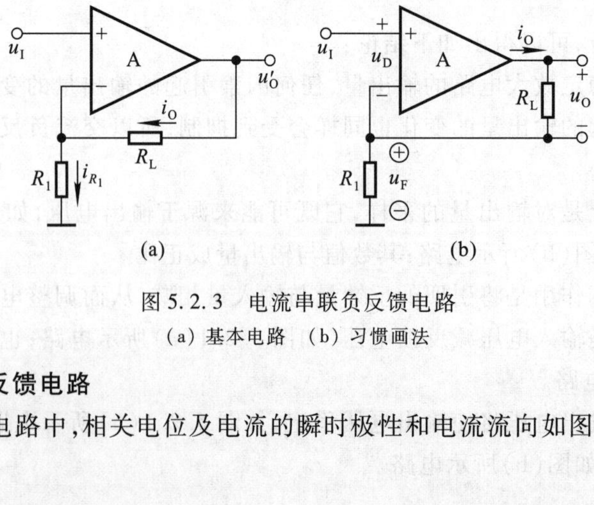

图5.2.3 电流串联负反馈电路

(a) 基本电路 (b) 习惯画法

三、电压并联负反馈电路

在图5.2.4所示电路中，相关电位及电流的瞬时极性和电流流向如图中所标注。由图可知，反馈量

$$i_F = -\frac{u_O}{R} \tag{5.2.3}$$

表明反馈量取自输出电压 u_O，且转换成反馈电流 i_F，并将与输入电流 i_I 求差后放大，因此电路引入了电压并联负反馈。

四、电流并联负反馈电路

在图 5.2.5 所示电路中，各支路电流的瞬时极性如图中所标注。由图可知，反馈量

$$i_F = -\frac{R_2}{R_1 + R_2} \cdot i_O \tag{5.2.4}$$

表明反馈信号取自输出电流 i_O，且转换成反馈电流 i_F，并将与输入电流 i_I 求差后放大，因而电路引入了电流并联负反馈。

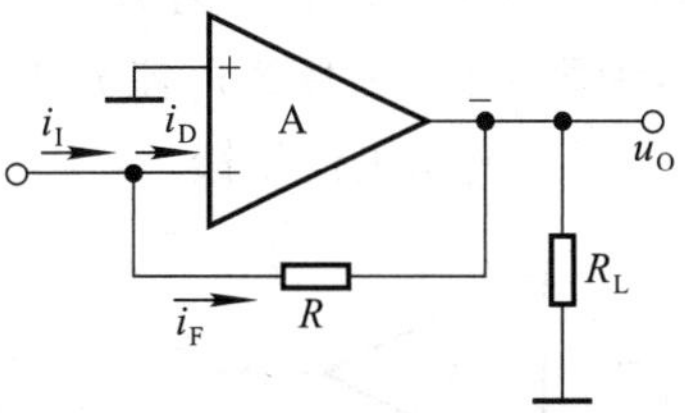

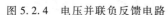

图 5.2.4 电压并联负反馈电路

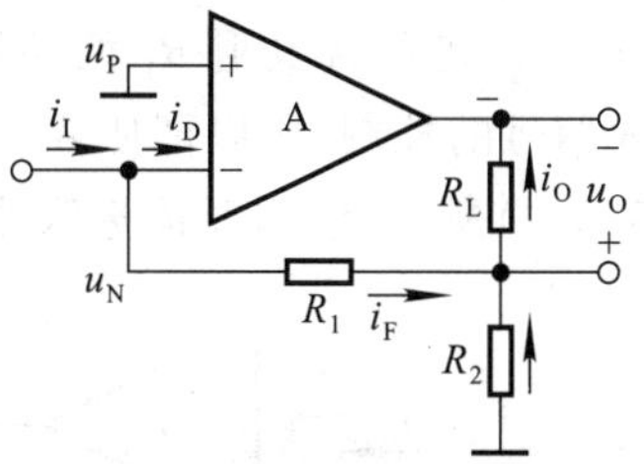

图 5.2.5 电流并联负反馈电路

由上述四个电路可知，串联负反馈电路所加信号源均为电压源，这是因为若加恒流源，则电路的净输入电压将等于信号源电流与集成运放输入电阻之积，而不受反馈电压的影响；同理，并联负反馈电路所加信号源均为电流源，这是因为若加恒压源，则电路的净输入电流将等于信号源电压除以集成运放输入电阻，而不受反馈电流的影响。换言之，串联负反馈适用于输入信号为恒压源或近似恒压源的情况，而并联负反馈适用于输入信号为恒流源或近似恒流源的情况。

综上所述，放大电路中应引入电压负反馈还是电流负反馈，取决于负载欲得到稳定的电压还是稳定的电流；放大电路中应引入串联负反馈还是并联负反馈，取决于输入信号源是恒压源（或近似恒压源）还是恒流源（或近似恒流源）。

5.2.3 反馈组态的判断

一、电压负反馈与电流负反馈的判断

电压反馈与电流反馈的区别在于基本放大电路的输出回路与反馈网络的连接方式不同。如前所述，负反馈电路中的反馈量不是取自输出电压就是取自输出电流；因此，只要令负反馈放大电路的输出电压 u_O 为零，若反馈量也随之为零，则说明电路中引入了电压负反馈；若反馈量依然存在，则说明电路中引入了电流负反馈。

通过判断可知，图 5.2.6(a)所示电路中引入了交流负反馈，输入电流 i_I 与反馈电流 i_F 如图中所标注。令输出电压 $u_O=0$，即将集成运放的输出端接地，便得到图(b)所示电路。此时，虽然反馈电阻 R_f 中仍有电流，但那是输入电流 i_I 作用的结果，而因为输出电压 u_O 为零，所以它在 R_f 中产生的电流（即反馈电流）也必然为零，故电路中引入的是电压反馈。

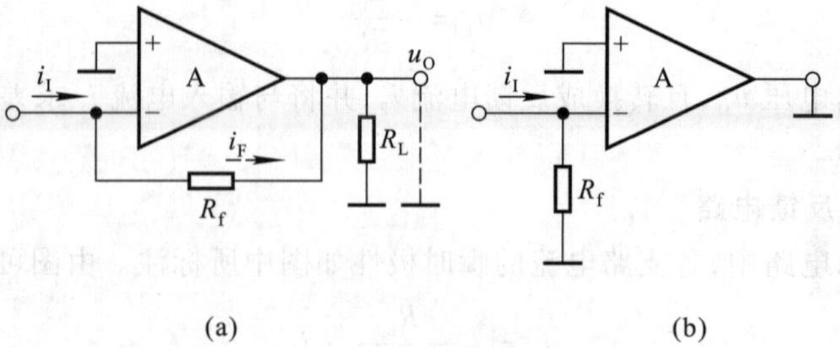

图 5.2.6 电压反馈与电流反馈的判断(一)

(a) 电路 (b) 令输出电压为零

通过判断可知,图 5.2.7(a)所示电路中引入了交流负反馈,各支路电流如图中所标注。令输出电压 $u_O=0$,即将负载电阻 R_L 两端短路,便得到如图(b)所示电路。因为输出电流 i_O 仅受集成运放输入信号的控制,所以即使 R_L 短路,i_O 也并不为零;又因为反馈电流 i_F 与 i_O 的关系不变,仍如式(5.2.4)所示,说明反馈量依然存在,故电路中引入的是电流反馈。

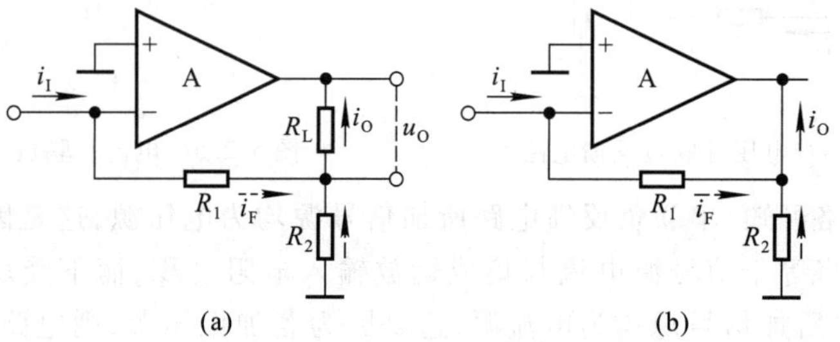

图 5.2.7 电压反馈与电流反馈的判断(二)

(a) 电路 (b) 令输出电压为零

应当特别指出,上述方法仅仅是判断方法,而不是实验方法;因为如果将集成运放的输出端强制接地,常会使之因电流过大而烧坏。

二、串联反馈与并联反馈的判断

串联反馈与并联反馈的区别在于基本放大电路的输入回路与反馈网络的连接方式不同。若反馈信号为电压量,与输入电压求差而获得净输入电压,则为串联反馈;若反馈信号为电流量,与输入电流求差获得净输入电流,则为并联反馈。

在图 5.2.2 和图 5.2.3 所示两电路中,集成运放的净输入电压

$$u_D = u_I - u_F$$

故它们均引入了串联反馈。

在图 5.2.4 和图 5.2.5 所示两电路中,集成运放的净输入电流

$$i_D = i_I - i_F$$

故它们均引入了并联反馈。

【例 5.2.1】 试分析图 5.2.8 所示电路中有无引入反馈;若有反馈,则说明引入的是直流反馈还是交流反馈,是正反馈还是负反馈;若为交流负反馈,则说明反馈的组态。

解:观察电路,R_2 将输出回路与输入回路相连接,因而电路引入了反馈。无论在直流通路

中,还是在交流通路中,R_2 形成的反馈通路均存在,因而电路中既引入了直流反馈,又引入了交流反馈。

设输入电压 u_I 对地为"+",集成运放的输出端电位(即晶体管 T 的基极电位)为"+",因此集电极电流(即输出电流 i_O)的流向如图中所标注。i_O 通过 R_3 和 R_2 所在支路分流,在 R_1 上获得反馈电压 u_F,u_F 的极性为上"+"下"-",使集成运放的净输入电压 u_D 减小,故电路中引入的是负反馈。

根据 u_I、u_F 和 u_D 的关系,说明电路引入的是串联反馈。令输出电压$u_O=0$,即将 R_L 短路,因 i_O 仅受 i_B 的控制而依然存在,u_F 和 i_O 的关系不变,故电路中引入的是电流反馈。所以,电路中引入了电流串联负反馈。

【例 5.2.2】 试分析图 5.2.9 所示电路中引入了哪种组态的交流负反馈。

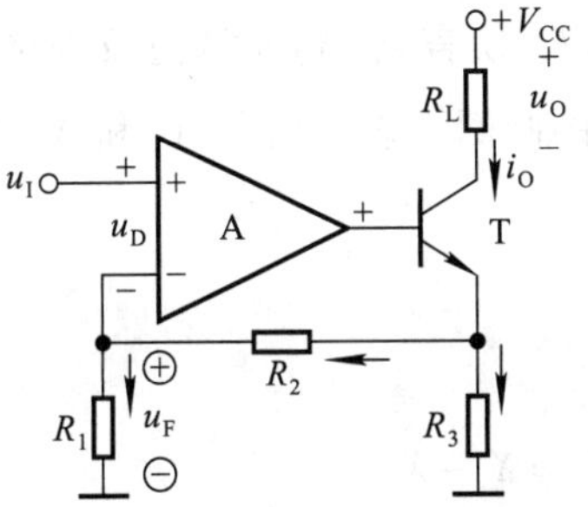

图 5.2.8 例 5.2.1 电路图

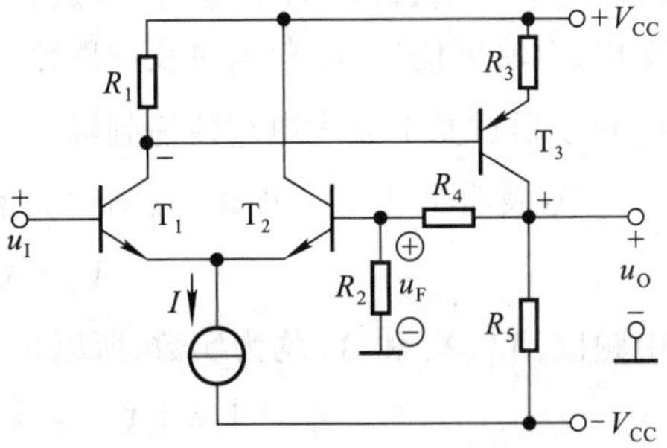

图 5.2.9 例 5.2.2 电路图

解:在假设输入电压 u_I 对地为"+"的情况下,电路中各点的电位如图中所标注,在电阻 R_2 上获得反馈电压 u_F。u_F 使差分放大电路的净输入电压(即 T_1 管和 T_2 管的基极电位之差)变小,故电路中引入了串联反馈。

令输出电压 $u_O=0$,即将 T_3 管的集电极接地,将使 u_F 为零,故电路中引入了电压负反馈。

可见,该电路中引入了电压串联负反馈。

■ **思考题**

5.2.1 当负载电阻变化时,电压负反馈放大电路和电流负反馈放大电路的输出电压分别如何变化?为什么?

5.2.2 在分析分立元件放大电路和集成运放电路中反馈的性质时,净输入电压和净输入电流分别指的是什么地方的电压和电流?电流负反馈电路的输出电流一定是负载电流吗?举例说明。

5.2.3 在图 5.2.9 所示电路中,当输出电压为零时,电阻 R_2 上电压不为零。为什么认为这个电路引入的是电压负反馈,而不是电流负反馈?

5.3 负反馈放大电路的方块图及一般表达式

因为负反馈放大电路有四种基本组态,而且对于同一种组态,具体电路也各不相同;所以为研究负反馈放大电路的共同规律,可以利用方块图来描述所有电路。本节将讲述负反馈放大电路的方块图及其一般表达式。

5.3.1　负反馈放大电路的方块图表示法

任何负反馈放大电路都可以用图5.3.1所示的方块图来表示，上面一个方块是负反馈放大电路的基本放大电路，下面一个方块是负反馈放大电路的反馈网络。负反馈放大电路的基本放大电路是在断开反馈且考虑了反馈网络的负载效应①的情况下所构成的放大电路；反馈网络是指与反馈系数 $\dot{F}$ 有关的所有元器件构成的网络。

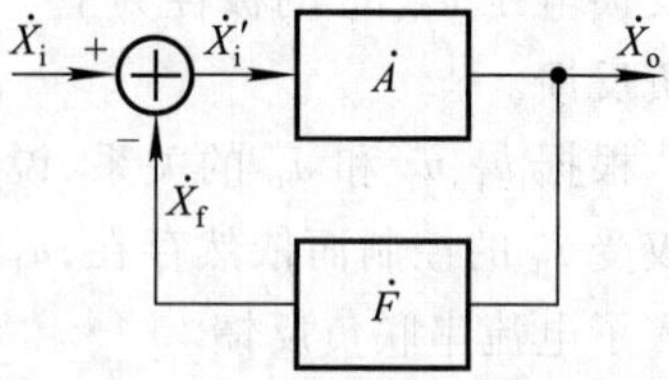

图5.3.1　负反馈放大电路的方块图

图中 $\dot{X}_i$ 为输入量，$\dot{X}_f$ 为反馈量，$\dot{X}'_i$ 为净输入量，$\dot{X}_o$ 为输出量。图中连线的箭头表示信号的流通方向，说明方块图中的信号是单向流通的，即输入信号 $\dot{X}_i$ 仅通过基本放大电路传递到输出，而输出信号 $\dot{X}_o$ 仅通过反馈网络传递到输入；换言之，$\dot{X}_i$ 不通过反馈网络传递到输出，而 $\dot{X}_o$ 也不通过基本放大电路传递到输入。输入端的圆圈⊕表示信号 $\dot{X}_i$ 和 $\dot{X}_f$ 在此叠加，“+”号和“−”号表明了 $\dot{X}_i$、$\dot{X}_f$ 和 $\dot{X}'_i$ 之间的关系为

$$\dot{X}'_i = \dot{X}_i - \dot{X}_f \tag{5.3.1}$$

在信号的中频段，$\dot{X}'_i$、$\dot{X}_i$ 和 $\dot{X}_f$ 均为实数，所以可写为

$$|\dot{X}'_i| = |\dot{X}_i| - |\dot{X}_f| \text{ 或 } X'_i = X_i - X_f \tag{5.3.2}$$

在方块图中定义基本放大电路的放大倍数为

$$\dot{A} = \frac{\dot{X}_o}{\dot{X}'_i} \tag{5.3.3}$$

反馈系数为

$$\dot{F} = \frac{\dot{X}_f}{\dot{X}_o} \tag{5.3.4}$$

负反馈放大电路的放大倍数（也称闭环放大倍数）为

$$\dot{A}_f = \frac{\dot{X}_o}{\dot{X}_i} \tag{5.3.5}$$

根据式(5.3.3)、(5.3.4)可得

$$\dot{A}\dot{F} = \frac{\dot{X}_f}{\dot{X}'_i} \tag{5.3.6}$$

$\dot{A}\dot{F}$ 称为电路的环路放大倍数。

5.3.2　四种组态电路的方块图

若将负反馈放大电路的基本放大电路与反馈网络均看为两端口网络，则不同反馈组态表明两个网络的不同连接方式。四种反馈组态电路的方块图如图5.3.2所示。其中图(a)所示为电

---

①　参阅童诗白、华成英主编的《模拟电子技术基础(第三版)》6.3.4节。

压串联负反馈电路,图(b)所示为电流串联负反馈电路,图(c)所示为电压并联负反馈电路,图(d)所示为电流并联负反馈电路。

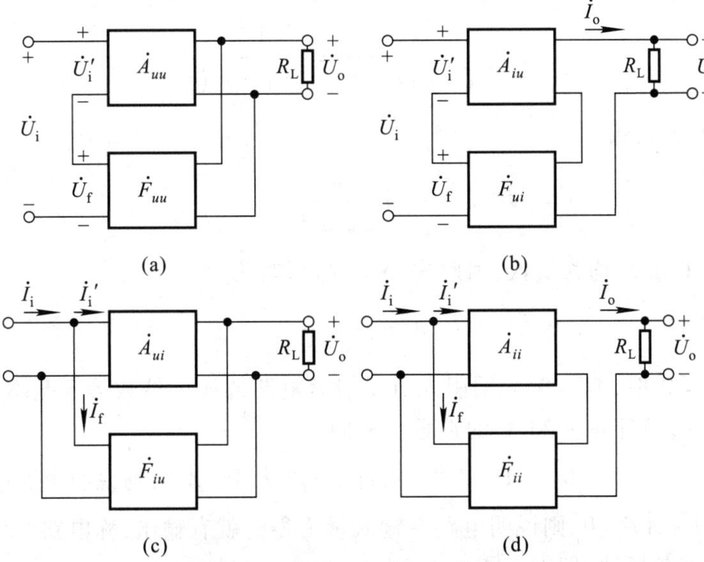

图 5.3.2 四种反馈组态电路的方块图

(a) 电压串联负反馈电路 (b) 电流串联负反馈电路

(c) 电压并联负反馈电路 (d) 电流并联负反馈电路

由于电压负反馈电路中 $\dot{X}_o=\dot{U}_o$,电流负反馈电路中 $\dot{X}_o=\dot{I}_o$;串联负反馈电路中,$\dot{X}_i=\dot{U}_i$,$\dot{X}'_i=\dot{U}'_i$,$\dot{X}_f=\dot{U}_f$;并联负反馈电路中,$\dot{X}_i=\dot{I}_i$,$\dot{X}'_i=\dot{I}'_i$,$\dot{X}_f=\dot{I}_f$;因此,不同的反馈组态,$\dot{A}$、$\dot{F}$ 和 $\dot{A}_f$ 的物理意义不同,量纲也不同,电路实现的控制关系不同,因而功能也就不同,如表 5.3.1 所示。

表 5.3.1 四种组态负反馈放大电路的比较

反馈组态	$\dot{X}_i\dot{X}_f\dot{X}'_i$	$\dot{X}_o$	$\dot{A}$	$\dot{F}$	$\dot{A}_f$	功能
电压串联	$\dot{U}_i\dot{U}_f\dot{U}'_i$	$\dot{U}_o$	$\dot{A}_{uu}=\dfrac{\dot{U}_o}{\dot{U}'_i}$	$\dot{F}_{uu}=\dfrac{\dot{U}_f}{\dot{U}_o}$	$\dot{A}_{uuf}=\dfrac{\dot{U}_o}{\dot{U}_i}$	$\dot{U}_i$ 控制 $\dot{U}_o$,电压放大
电流串联	$\dot{U}_i\dot{U}_f\dot{U}'_i$	$\dot{I}_o$	$\dot{A}_{iu}=\dfrac{\dot{I}_o}{\dot{U}'_i}$	$\dot{F}_{ui}=\dfrac{\dot{U}_f}{\dot{I}_o}$	$\dot{A}_{iuf}=\dfrac{\dot{I}_o}{\dot{U}_i}$	$\dot{U}_i$ 控制 $\dot{I}_o$,电压转换成电流
电压并联	$\dot{I}_i\dot{I}_f\dot{I}'_i$	$\dot{U}_o$	$\dot{A}_{ui}=\dfrac{\dot{U}_o}{\dot{I}'_i}$	$\dot{F}_{iu}=\dfrac{\dot{I}_f}{\dot{U}_o}$	$\dot{A}_{uif}=\dfrac{\dot{U}_o}{\dot{I}_i}$	$\dot{I}_i$ 控制 $\dot{U}_o$,电流转换成电压
电流并联	$\dot{I}_i\dot{I}_f\dot{I}'_i$	$\dot{I}_o$	$\dot{A}_{ii}=\dfrac{\dot{I}_o}{\dot{I}'_i}$	$\dot{F}_{ii}=\dfrac{\dot{I}_f}{\dot{I}_o}$	$\dot{A}_{iif}=\dfrac{\dot{I}_o}{\dot{I}_i}$	$\dot{I}_i$ 控制 $\dot{I}_o$,电流放大

表 5.3.1 说明,负反馈放大电路的放大倍数具有广泛的含义,而且环路放大倍数 $\dot{A}\dot{F}$ 在四种组态中均量纲为一。

5.3.3 负反馈放大电路的一般表达式

根据式(5.3.3)、(5.3.4)、(5.3.5)、(5.3.6),可得

$$\dot{A}_f=\frac{\dot{X}_o}{\dot{X}_i}=\frac{\dot{X}_o}{\dot{X}_i'+\dot{X}_f}=\frac{\dot{A}\dot{X}_i'}{\dot{X}_i'+\dot{A}\dot{F}\dot{X}_i'}$$

由此得到 $\dot{A}_f$ 的一般表达式

$$\dot{A}_f=\frac{\dot{A}}{1+\dot{A}\dot{F}} \tag{5.3.7}$$

在中频段,$\dot{A}_f$、$\dot{A}$ 和 $\dot{F}$ 均为实数,因此式(5.3.7)可写为

$$A_f=\frac{A}{1+AF} \tag{5.3.8}$$

当电路引入负反馈时,$AF>0$,表明引入负反馈后电路的放大倍数等于基本放大电路放大倍数的$(1+AF)$分之一,而且 A、F 和 A_f 的符号均相同。

倘若在分析中发现 $\dot{A}\dot{F}<0$,即 $1+\dot{A}\dot{F}<1$,即 $|\dot{A}_f|$ 大于 $|\dot{A}|$,则说明电路中引入了正反馈;而若 $\dot{A}\dot{F}=-1$,使 $1+\dot{A}\dot{F}=0$,则说明电路在输入量为零时就有输出,称电路产生了自激振荡。

若电路引入深度负反馈,即 $1+AF\gg1$,则

$$A_f\approx\frac{1}{F} \tag{5.3.9}$$

表明放大倍数几乎仅仅决定于反馈网络,而与基本放大电路无关。由于反馈网络常为无源网络,受环境温度的影响极小,因而放大倍数获得很高的稳定性。从深度负反馈的条件可知,反馈网络的参数确定后,基本放大电路的放大能力愈强,即 A 的数值愈大,反馈愈深,A_f 与 $1/F$ 的近似程度愈好。

大多数负反馈放大电路,特别是用集成运放组成的负反馈放大电路,一般均满足 $1+AF\gg1$ 的条件,因而在近似分析中均可认为 $A_f\approx1/F$,而不必求出 A,当然也就不必定量分析基本放大电路了。

应当指出,通常所说的负反馈放大电路是指中频段的反馈极性;当信号频率进入低频段或高频段时,由于附加相移的产生,负反馈放大电路可能对某一特定频率产生正反馈过程,甚至产生自激振荡,5.6 节将重点讲述这一问题。

■ **思考题**

5.3.1 利用图 5.3.2 所示方块图说明为什么串联负反馈适用于输入信号为恒压源或近似恒压源的情况,而并联负反馈适用于输入信号为恒流源或近似恒流源的情况。

5.3.2 说明在负反馈放大电路的方块图中,什么是反馈网络,什么是基本放大电路;在研究负反馈放大电路时,为什么重点研究的是反馈网络,而不是基本放大电路。

5.3.3 为什么说“无论用集成运放组成哪种组态的负反馈放大电路,通常都可以认为引入的是深度负反馈”?

5.4　深度负反馈放大电路放大倍数的分析

实用的放大电路中多引入深度负反馈,因此分析负反馈放大电路的重点是从电路中分离出反馈网络,并求出反馈系数 $\dot{F}$。为了便于研究和测试,人们还常常需要求出不同组态负反馈放大电路的电压放大倍数。本节将重点研究具有深度负反馈放大电路的放大倍数的估算方法。

5.4.1　深度负反馈的实质

在负反馈放大电路的一般表达式中,若 $|1+\dot{A}\dot{F}|\gg 1$,则

$$\dot{A}_{\mathrm{f}} \approx \frac{1}{\dot{F}} \tag{5.4.1}$$

根据 $\dot{A}_{\mathrm{f}}$ 和 $\dot{F}$ 的定义,

$$\dot{A}_{\mathrm{f}} = \frac{\dot{X}_{\mathrm{o}}}{\dot{X}_{\mathrm{i}}},\quad \dot{F} = \frac{\dot{X}_{\mathrm{f}}}{\dot{X}_{\mathrm{o}}},\quad \dot{A}_{\mathrm{f}} \approx \frac{1}{\dot{F}} = \frac{\dot{X}_{\mathrm{o}}}{\dot{X}_{\mathrm{f}}}$$

说明 $\dot{X}_{\mathrm{i}} \approx \dot{X}_{\mathrm{f}}$。可见,深度负反馈的实质是在近似分析中忽略净输入量。但不同组态,可忽略的净输入量也将不同。当电路引入深度串联负反馈时,

$$\dot{U}_{\mathrm{i}} \approx \dot{U}_{\mathrm{f}} \tag{5.4.2}$$

认为净输入电压 $\dot{U}_{\mathrm{i}}'$ 可忽略不计。当电路引入深度并联负反馈时,

$$\dot{I}_{\mathrm{i}} \approx \dot{I}_{\mathrm{f}} \tag{5.4.3}$$

认为净输入电流 $\dot{I}_{\mathrm{i}}'$ 可忽略不计。

利用式(5.4.1)、(5.4.2)、(5.4.3)可以求出四种不同组态负反馈放大电路的放大倍数。

5.4.2　反馈网络的分析

反馈网络连接放大电路的输出回路与输入回路,并且影响着反馈量。寻找出负反馈放大电路的反馈网络,便可根据定义求出反馈系数。

图 5.2.2 所示电压串联负反馈电路的反馈网络如图 5.4.1(a)方框中所示。因而反馈系数为

$$\dot{F}_{uu} = \frac{\dot{U}_{\mathrm{f}}}{\dot{U}_{\mathrm{o}}} = \frac{R_1}{R_1 + R_2} \tag{5.4.4}$$

图 5.2.3(b)所示电流串联负反馈电路的反馈网络如图 5.4.1(b)方框中所示。其反馈系数

$$\dot{F}_{ui} = \frac{\dot{U}_{\mathrm{f}}}{\dot{I}_{\mathrm{o}}} = \frac{\dot{I}_{\mathrm{o}} R}{\dot{I}_{\mathrm{o}}} = R \tag{5.4.5}$$

图 5.2.4 所示电压并联负反馈电路的反馈网络如图 5.4.1(c)方框中所示。其反馈系数为

$$\dot{F}_{iu} = \frac{\dot{I}_{\mathrm{f}}}{\dot{U}_{\mathrm{o}}} = \frac{-\dfrac{\dot{U}_{\mathrm{o}}}{R}}{\dot{U}_{\mathrm{o}}} = -\frac{1}{R} \tag{5.4.6}$$

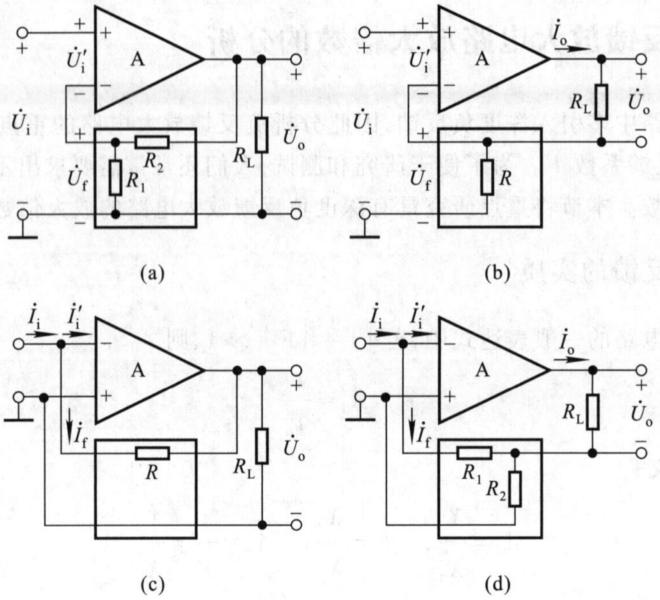

图 5.4.1　反馈网络的分析

(a) 电压串联负反馈电路　(b) 电流串联负反馈电路

(c) 电压并联负反馈电路　(d) 电流并联负反馈电路

图 5.2.5 所示电流并联负反馈电路的反馈网络如图 5.4.1(d)方框中所示。其反馈系数为

$$\dot F_{ii}=\frac{\dot I_f}{\dot I_o}=-\frac{R_2}{R_1+R_2} \tag{5.4.7}$$

这里再次特别指出,由于反馈量仅决定于输出量,因此反馈系数仅决定于反馈网络,而与放大电路的输入、输出特性及负载电阻 R_L 无关。

5.4.3　基于反馈系数的放大倍数分析

一、电压串联负反馈电路

根据表 5.3.1,电压串联负反馈电路的放大倍数就是电压放大倍数,即

$$\dot A_{uuf}=\dot A_{uf}=\frac{\dot U_o}{\dot U_i}\approx\frac{\dot U_o}{\dot U_f}=\frac{1}{\dot F_{uu}} \tag{5.4.8}$$

根据式(5.4.4),图 5.4.1(a)所示电路的 $\dot A_{uf}\approx 1+\frac{R_2}{R_1}$。$\dot A_{uf}$与负载电阻 R_L 无关,表明引入深度电压负反馈后,电路的输出可近似为受控恒压源。

二、电流串联负反馈电路

根据表 5.3.1,电流串联负反馈电路的放大倍数

$$\dot A_{iuf}=\frac{\dot I_o}{\dot U_i}\approx\frac{\dot I_o}{\dot U_f}=\frac{1}{\dot F_{ui}} \tag{5.4.9}$$

从图 5.3.2(b)所示方块图可知,输出电压 $\dot U_o=\dot I_oR_L$,$\dot U_o$ 与 $\dot I_o$ 随负载的变化成线性关系,

故电压放大倍数

$$\dot{A}_{uf}=\frac{\dot{U}_o}{\dot{U}_i}\approx\frac{\dot{I}_oR_L}{\dot{U}_f}=\frac{1}{\dot{F}_{ui}}\cdot R_L \tag{5.4.10}$$

根据式(5.4.5),图 5.4.1(b)所示电路的 $\dot{A}_{uf}\approx\frac{R_L}{R}$。

三、电压并联负反馈电路

根据表 5.3.1,电压并联负反馈电路的放大倍数

$$\dot{A}_{uif}=\frac{\dot{U}_o}{\dot{I}_i}\approx\frac{\dot{U}_o}{\dot{I}_f}=\frac{1}{\dot{F}_{iu}} \tag{5.4.11}$$

实际上,并联负反馈电路的输入量通常不是理想的恒流信号 $\dot{I}_i$。在绝大多数情况下,信号源 $\dot{I}_s$ 有内阻 R_s,如图 5.4.2(a)所示。根据诺顿定理,可将信号源转换成内阻为 R_s 的电压源 $\dot{U}_s$,如图(b)所示。由于 $\dot{I}_i\approx\dot{I}_f$,$\dot{I}'_i$ 趋于零,可以认为 $\dot{U}_s$ 几乎全部降落在电阻 R_s 上,所以

$$\dot{U}_s\approx\dot{I}_iR_s\approx\dot{I}_fR_s \tag{5.4.12}$$

于是可得电压放大倍数

$$\dot{A}_{usf}=\frac{\dot{U}_o}{\dot{U}_s}\approx\frac{\dot{U}_o}{\dot{I}_fR_s}=\frac{1}{\dot{F}_{iu}}\cdot\frac{1}{R_s} \tag{5.4.13}$$

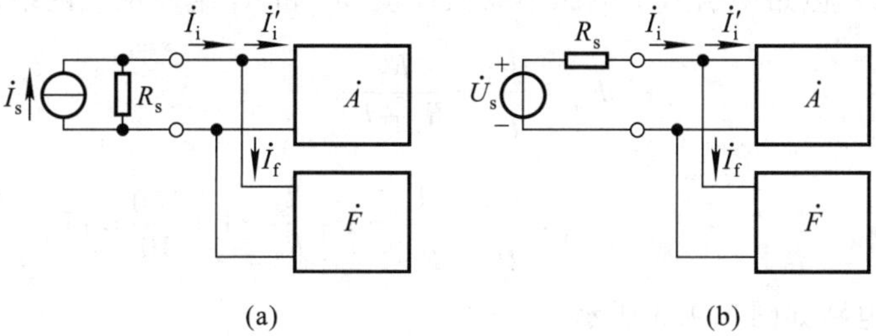

图 5.4.2 并联负反馈电路的信号源

(a) 信号源为内阻是 R_s 的电流源 (b) 将电流源转换成电压源

将内阻为 R_s 的信号源 $\dot{U}_s$ 加在图 5.4.1(c)所示电路的输入端,根据式(5.4.6),可得出电压放大倍数 $\dot{A}_{usf}\approx-\frac{R}{R_s}$。

如前所述,并联负反馈电路适用于恒流源或内阻 R_s 很大的恒压源(即近似恒流源),因而在电路测试时,若信号源内阻很小,则应外加一个相当于 R_s 的电阻。

四、电流并联负反馈电路

根据表 5.3.1,电流并联负反馈电路的放大倍数

$$\dot{A}_{iif}=\frac{\dot{I}_o}{\dot{I}_i}\approx\frac{\dot{I}_o}{\dot{I}_f}=\frac{1}{\dot{F}_{ii}} \tag{5.4.14}$$

从图 5.3.2(d)所示方块图可知,输出电压 $\dot{U}_o=\dot{I}_oR_L$,当以 R_s 为内阻的电压源 $\dot{U}_s$ 为输入信号时,根据式(5.4.12),电压放大倍数为

$$\dot{A}_{usf}=\frac{\dot{U}_o}{\dot{U}_s}\approx\frac{\dot{I}_oR_L}{\dot{I}_fR_s}=\frac{1}{\dot{F}_{ii}}\cdot\frac{R_L}{R_s} \tag{5.4.15}$$

将内阻为 R_s 的电压源 $\dot{U}_s$ 加在图 5.4.1(d)所示电路的输入端,根据式(5.4.7),可得电压放大倍数 $\dot{A}_{usf}\approx-\left(1+\frac{R_1}{R_2}\right)\cdot\frac{R_L}{R_s}$。

当电路引入并联负反馈时,多数情况下可以认为 $\dot{U}_s\approx\dot{I}_fR_s$;当电路引入电流负反馈时,$\dot{U}_o=\dot{I}_oR'_L$,$R'_L$ 是电路输出端所接总负载,可能是若干电阻的并联,也可能就是负载电阻 R_L。

综上所述,求解深度负反馈放大电路放大倍数的一般步骤是:

(1) 正确判断反馈组态;

(2) 求解反馈系数;

(3) 利用 $\dot{F}$ 求解 $\dot{A}_f$、$\dot{A}_{uf}$(或 $\dot{A}_{usf}$)。

从式(5.4.8)、(5.4.10)、(5.4.13)、(5.4.15)可知,$\dot{A}_{uf}$(或 $\dot{A}_{usf}$)与 $\dot{F}$ 符号相同;从式(5.3.7)可知,$\dot{A}$、$\dot{F}$ 和 $\dot{A}_f$ 符号也相同;因而 $\dot{A}$、$\dot{F}$、$\dot{A}_f$ 和 $\dot{A}_{uf}$(或 $\dot{A}_{usf}$)均同符号;它们反映了瞬时极性法判断出的 $\dot{U}_o$ 与 $\dot{U}_i$ 的相位关系,同相时为正号,反相时为负号。

【例 5.4.1】 在图 5.2.9 所示电路中,已知 $R_2=10\ \text{k}\Omega$,$R_4=100\ \text{k}\Omega$。求解深度负反馈条件下的电压放大倍数 $\dot{A}_{uf}$。

解:图 5.2.9 所示电路中引入了电压串联负反馈,R_2 和 R_4 组成反馈网络。所以

$$\dot{F}_{uu}=\frac{\dot{U}_f}{\dot{U}_o}=\frac{R_2}{R_2+R_4}$$

$$\dot{A}_{uf}=\frac{\dot{U}_o}{\dot{U}_i}\approx\frac{1}{\dot{F}_{uu}}=1+\frac{R_4}{R_2}=1+\frac{100}{10}=11$$

【例 5.4.2】 电路如图 5.4.3 所示。

(1) 判断电路中引入了哪种组态的交流负反馈;

(2) 求出在深度负反馈条件下的 $\dot{A}_f$ 和 $\dot{A}_{uf}$。

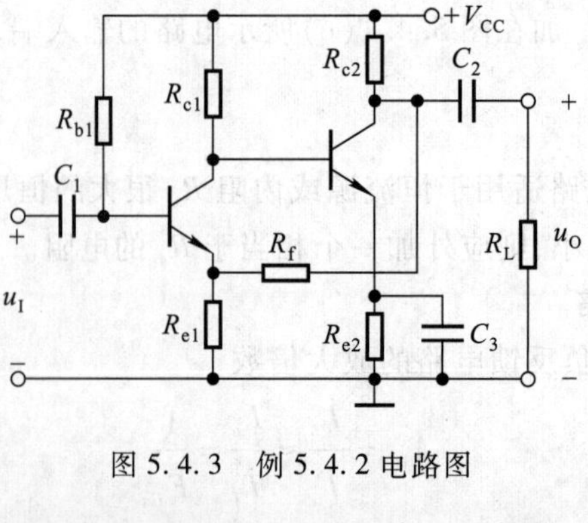

图 5.4.3 例 5.4.2 电路图

解:(1) 图 5.4.3 所示电路为两级共射放大电路,$\dot{U}_o$ 与 $\dot{U}_i$ 同相;R_{e1} 和 R_f 组成反馈网络,$\dot{U}_o$ 作用于反馈网络,在 R_{e1} 上获得的电压为反馈电压;因而电路中引入了电压串联负反馈。

(2) 因为 $\dot{U}_o$ 与 $\dot{U}_i$ 同相,所以 $\dot{A}_f$ 和 $\dot{A}_{uf}$ 均为正号。

$$\dot{F}_{uu}=\frac{\dot{U}_f}{\dot{U}_o}=\frac{R_{e1}}{R_{e1}+R_f}$$

$$\dot{A}_f=\dot{A}_{uf}=\frac{\dot{U}_o}{\dot{U}_i}\approx\frac{1}{\dot{F}_{uu}}=1+\frac{R_f}{R_{e1}}$$

【例 5.4.3】 电路如图 5.4.4 所示,已知 $R_s=R_{e1}=R_{e2}=1\ \text{k}\Omega$,$R_{c1}=R_{c2}=R_L=10\ \text{k}\Omega$。

(1) 判断电路中引入了哪种组态的交流负反馈;

(2) 在深度负反馈条件下,若要 T_2 管集电极动态电流与输入电流的比值 $|\dot{A}_i|\approx10$,则反馈电阻 R_f 的阻值约取多少?此时 $\dot{A}_{usf}=\dot{U}_o/\dot{U}_s\approx$?

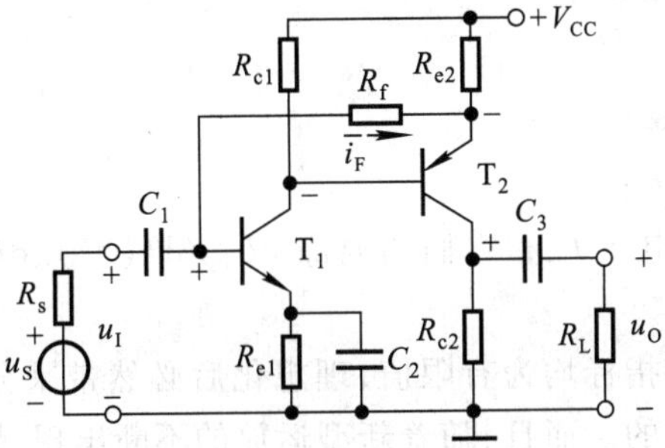

图 5.4.4 例 5.4.3 电路图

解:(1) 设输入电压方向为上"+"下"-",各相关点的电位和反馈电流的流向如图中所标注,说明电路引入了负反馈,且 R_f 和 R_{e2} 构成反馈网络。输入量、反馈量和净输入量以电流的方式相叠加,且当负载电阻短路时反馈电流依然存在,因而电路引入了电流并联负反馈。

(2) 由于 $\dot{U}_o$ 与 $\dot{U}_i$ 同相,$\dot{F}$、$\dot{A}_f$ 和 $\dot{A}_{uf}$ 均为正号。输出电流 $\dot{I}_o$(即 $\dot{I}_e$ 或 $\dot{I}_c$)作用于反馈网络所得反馈电流为

$$\dot{I}_f=\frac{R_{e2}}{R_{e2}+R_f}\cdot\dot{I}_o$$

因此反馈系数为

$$\dot{F}_{ii}=\frac{\dot{I}_f}{\dot{I}_o}=\frac{R_{e2}}{R_{e2}+R_f}$$

放大倍数为

$$\dot{A}_{iif}=\frac{\dot{I}_o}{\dot{I}_i}\approx\frac{1}{\dot{F}_{ii}}=1+\frac{R_f}{R_{e2}}=10$$

将 $R_{e2}=1\ \text{k}\Omega$ 代入,得 $R_f=9\ \text{k}\Omega$。

根据式(5.4.15),电压放大倍数为

$$\dot{A}_{usf}=\frac{\dot{U}_o}{\dot{U}_s}\approx\frac{1}{\dot{F}_{ii}}\cdot\frac{R'_L}{R_s}=\left(1+\frac{R_f}{R_{e2}}\right)\cdot\frac{R_{c2}/\!/R_L}{R_s}=10\times\frac{\frac{10\times10}{10+10}}{1}=50$$

5.4.4 基于理想运放的放大倍数分析

一、理想运放的线性工作区

利用集成运放作为放大电路,可以引入各种组态的负反馈。在分析由集成运放组成的负反馈放大电路时,通常都将其性能指标理想化,即将其看成理想运放。尽管集成运放的应用电路多种多样,但就其工作区域却只有两个;在电路中,它们不是工作在线性区,就是工作在非线性区。在由集成运放组成的负反馈放大电路中集成运放工作在线性区。

1. 理想运放的性能指标

集成运放的理想化参数是:

(1) 开环差模增益(放大倍数)$A_{od}=\infty$;

(2) 差模输入电阻 $r_{id}=\infty$;

(3) 输出电阻 $r_o=0$;

(4) 共模抑制比 $K_{CMR}=\infty$;

(5) 上限截止频率 $f_H=\infty$;

(6) 失调电压 U_{IO}、失调电流 I_{IO}和它们的温漂 $dU_{IO}/dT(℃)$、$dI_{IO}/dT(℃)$均为零,且无任何内部噪声。

实际上,集成运放的技术指标均为有限值,理想化后必然带来分析误差。但是,在一般的工程计算中,这些误差都是允许的。而且,随着新型运放的不断出现,性能指标越来越接近理想,误差也就越来越小。因此,只有在进行误差分析时,才考虑实际运放有限的增益、带宽、共模抑制比、输入电阻和失调因素等所带来的影响。

2. 理想运放在线性区的特点

设集成运放同相输入端和反相输入端的电位分别为 u_P、u_N,电流分别为 i_P、i_N。当集成运放工作在线性区时,输出电压应与输入差模电压成线性关系,即应满足

$$u_O=A_{od}(u_P-u_N) \tag{5.4.16}$$

由于 u_O 为有限值,$A_{od}=\infty$,因而净输入电压 $u_P-u_N=0$,即

$$u_P=u_N \tag{5.4.17}$$

称两个输入端"虚短路"。所谓"虚短路"是指理想运放的两个输入端电位无穷接近,但又不是真正短路的特点。

因为净输入电压为零,又因为理想运放的输入电阻为无穷大,所以两个输入端的输入电流也均为零,即

$$i_P=i_N=0 \tag{5.4.18}$$

换言之,从集成运放输入端看进去相当于断路,称两个输入端"虚断路"。所谓"虚断路"是指理想运放两个输入端的电流趋于零,但又不是真正断路的特点。

应当特别指出,"虚短"和"虚断"是非常重要的概念。对于运放工作在线性区的应用电路,"虚短"和"虚断"是分析其输入信号和输出信号关系的两个基本出发点。

3. 集成运放工作在线性区的电路特征

对于理想运放,由于 $A_{od}=\infty$,因而即使两个输入端之间加微小电压,输出电压都将超出其线性范围,不是正向最大电压 $+U_{OM}$,就是负向最大电压 $-U_{OM}$。因此,只有电路引入负反馈,使净输入量

趋于零，才能保证集成运放工作在线性区；从另一角度考虑，可以通过电路是否引入了负反馈，来判断运放是否工作在线性区。

对于单个的集成运放，通过无源的反馈网络将集成运放的输出端与反相输入端连接起来，就表明电路引入了负反馈，如图 5.4.5 所示。

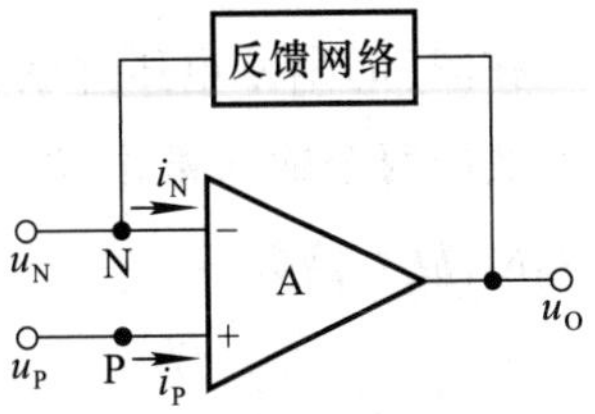

图 5.4.5 集成运放引入负反馈

反之，若理想运放处于开环状态（即无反馈）或仅引入正反馈，则工作在非线性区。此时，输出电压 u_O 与输入电压（u_P-u_N）不再是线性关系，当 $u_P>u_N$ 时 $u_O=+U_{OM}$，$u_P<u_N$ 时 $u_O=-U_{OM}$①。

二、放大倍数的分析

由集成运放组成的四种组态负反馈放大电路如图 5.4.6 所示，它们的瞬时极性及反馈量均分别标注于图中。由于它们均引入了深度负反馈，故集成运放的两个输入端都有"虚短"和"虚断"的特点，以下分析中不赘述。

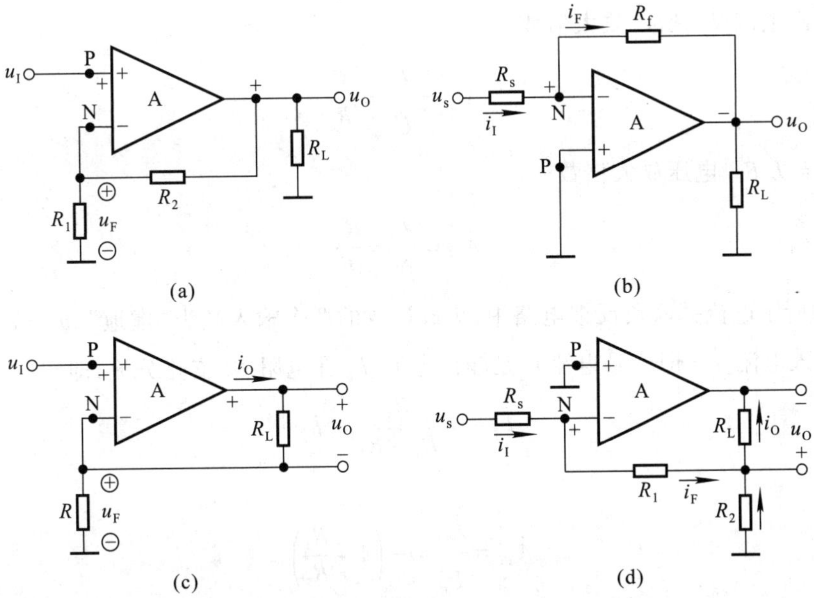

图 5.4.6 由理想运放组成的负反馈放大电路

（a）电压串联负反馈电路 （b）电压并联负反馈电路

（c）电流串联负反馈电路 （d）电流并联负反馈电路

在图（a）所示电压串联负反馈电路中，由于输入电压 $\dot{U}_i$ 等于反馈电压 $\dot{U}_f$，R_2 的电流等于 R_1 的电流，所以输出电压

$$\dot{U}_o=\frac{R_1+R_2}{R_1}\cdot\dot{U}_i$$

电压放大倍数为

① 关于理想运放工作在非线性区的特点及其主要应用见 7.2 节。

$$\dot{A}_{uf} = 1 + \frac{R_2}{R_1} \tag{5.4.19}$$

在图(b)所示电压并联负反馈电路中，由于输入电流(即信号电流)$\dot{I}_i$ 等于反馈电流 $\dot{I}_f$，集成运放的两个输入端电位均为零，称为“虚地”，即 $u_P = u_N = 0$；因此，输出电压 $\dot{U}_o = -\dot{I}_f R_f = -\dot{I}_i R_f$，放大倍数

$$\dot{A}_{uif} = \frac{\dot{U}_o}{\dot{I}_i} = -R_f \tag{5.4.20}$$

由于信号源电压 $\dot{U}_s = \dot{I}_i R_s$，电压放大倍数

$$\dot{A}_{usf} = \frac{\dot{U}_o}{\dot{U}_s} = -\frac{R_f}{R_s} \tag{5.4.21}$$

在图(c)所示电流串联负反馈电路中，由于输入电压 $\dot{U}_i$ 等于反馈电压 $\dot{U}_f$，R 的电流等于 R_L 的电流，即输出电流 $\dot{I}_o$，所以放大倍数

$$\dot{A}_{iuf} = \frac{\dot{I}_o}{\dot{U}_i} = \frac{1}{R} \tag{5.4.22}$$

输出电压 $\dot{U}_o = \dot{I}_o R_L$，电压放大倍数

$$\dot{A}_{uf} = \frac{\dot{U}_o}{\dot{U}_i} = \frac{R_L}{R} \tag{5.4.23}$$

在图(d)所示电流并联负反馈电路中，集成运放的两个输入端为“虚地”，$u_P = u_N = 0$；反馈电流 $\dot{I}_f$ 等于输入电流 $\dot{I}_i$(即信号电流)，是输出电流 $\dot{I}_o$ 在电阻 R_1 支路分流，即

$$\dot{I}_f = -\frac{R_2}{R_1 + R_2} \cdot \dot{I}_o$$

放大倍数

$$\dot{A}_{iif} = \frac{\dot{I}_o}{\dot{I}_i} = -\left(1 + \frac{R_1}{R_2}\right) \tag{5.4.24}$$

由于信号源电压 $\dot{U}_s = \dot{I}_i R_s$，输出电压 $\dot{U}_o = \dot{I}_o R_L$，故电压放大倍数

$$\dot{A}_{usf} = \frac{\dot{U}_o}{\dot{U}_s} = -\left(1 + \frac{R_1}{R_2}\right)\frac{R_L}{R_s} \tag{5.4.25}$$

将式(5.4.19)、(5.4.20)、(5.4.22)、(5.4.24)与四种负反馈组态反馈系数 $\dot{F}$ 表达式(5.4.4)、(5.4.5)、(5.4.6)、(5.4.7)分别比较，不难发现前者是 $1/\dot{F}$；将式(5.4.19)、(5.4.21)、(5.4.23)、(5.4.25)与(5.4.8)、(5.4.10)、(5.4.13)、(5.4.15)分别比较，不难发现它们具有一致性。由此可见，理想运放引入的负反馈是深度负反馈；而且由于参数的理想化，放大倍数表达式中的“≈”变为“=”。

【例 5.4.4】 在图 5.2.8 所示电路中，已知集成运放为理想运放，$R_1 = 10\ \text{k}\Omega$，$R_2 = 100\ \text{k}\Omega$，$R_3 = 2\ \text{k}\Omega$，$R_L = 5\ \text{k}\Omega$。求解其电压放大倍数 $\dot{A}_{usf}$。

解:图 5.2.8 所示电路中引入了电流串联负反馈,具有“虚短”和“虚断”的特点。R_2 的电流等于 R_1 的电流,它们是输出电流 $\dot{I}_o$ 在 R_2 支路的分流,表达式为

$$\dot{I}_{R_2}=\frac{R_3}{R_1+R_2+R_3}\cdot\dot{I}_o$$

输入电压 $\dot{U}_i$ 等于反馈电压 $\dot{U}_f$,为

$$\dot{U}_i=\dot{U}_f=\dot{I}_{R_2}R_1=\frac{R_1R_3}{R_1+R_2+R_3}\cdot\dot{I}_o$$

输出电压 $\dot{U}_o=\dot{I}_oR_L$,因此,电压放大倍数为

$$\dot{A}_{uf}=\frac{\dot{U}_o}{\dot{U}_i}=\frac{R_1+R_2+R_3}{R_1R_3}\cdot R_L$$

代入已知数据,得 $\dot{A}_{uf}=28$。

■ **思考题**

5.4.1 试从深度负反馈条件下四种组态负反馈放大电路的电压放大倍数表达式,来说明电压负反馈稳定输出电压,电流负反馈稳定输出电流。

5.4.2 为什么集成运放引入的负反馈通常可以认为是深度负反馈?

5.4.3 在分析集成运放组成的负反馈放大电路时,利用深度负反馈的条件和利用理想运放“虚短”、“虚断”的特点求解出的放大倍数有区别吗?为什么?

5.5 负反馈对放大电路性能的影响

放大电路中引入交流负反馈后,其性能会得到多方面的改善;比如,可以稳定放大倍数,改变输入电阻和输出电阻,展宽频带,减小非线性失真等。下面将一一加以说明。

5.5.1 稳定放大倍数

当放大电路引入深度负反馈时,$\dot{A}_f\approx\frac{1}{\dot{F}}$,$\dot{A}_f$ 几乎仅决定于反馈网络,而反馈网络通常由电阻、电容组成,因而可获得很好的稳定性。那么,就一般情况而言,是否引入交流负反馈就一定使 $\dot{A}_f$ 得到稳定呢?

在中频段,$\dot{A}_f$、$\dot{A}$ 和 $\dot{F}$ 均为实数,$\dot{A}_f$ 的表达式可写成

$$A_f=\frac{A}{1+AF}\tag{5.5.1}$$

对上式求微分得

$$dA_f=\frac{(1+AF)dA-AFdA}{(1+AF)^2}=\frac{dA}{(1+AF)^2}\tag{5.5.2}$$

用式(5.5.2)的左右式分别除以式(5.5.1)的左右式,可得

$$\frac{\mathrm{d}A_{\mathrm{f}}}{A_{\mathrm{f}}}=\frac{1}{1+AF}\cdot\frac{\mathrm{d}A}{A} \tag{5.5.3}$$

式(5.5.3)表明,负反馈放大电路放大倍数 A_{f} 的相对变化量 $\mathrm{d}A_{\mathrm{f}}/A_{\mathrm{f}}$ 仅为其基本放大电路放大倍数 A 的相对变化量 $\mathrm{d}A/A$ 的 $(1+AF)$ 分之一,也就是说 A_{f} 的稳定性是 A 的 $(1+AF)$ 倍。

例如,当 A 变化 10% 时,若 $1+AF=100$,则 A_{f} 仅变化 0.1%。

对式(5.5.3)的内涵进行分析可知,引入交流负反馈,因环境温度的变化、电源电压的波动、元件的老化、器件的更换等原因引起的放大倍数的变化都将减小。特别是在制成产品时,因半导体器件参数的分散性所造成的放大倍数的差别也将明显减小,从而使放大能力具有很好的一致性。

应当指出,A_{f} 的稳定性是以损失放大倍数为代价的,即 A_{f} 减小到 A 的 $(1+AF)$ 分之一,才使其稳定性提高到 A 的 $(1+AF)$ 倍。一些文献定义 (HAF) 为反馈深度。

5.5.2　改变输入电阻和输出电阻

在放大电路中引入不同组态的交流负反馈,将对输入电阻和输出电阻产生不同的影响。

一、对输入电阻的影响

输入电阻是从放大电路输入端看进去的等效电阻,因而负反馈对输入电阻的影响,决定于基本放大电路与反馈网络在电路输入端的连接方式,即决定于电路引入的是串联反馈还是并联反馈。

1. 串联负反馈增大输入电阻

图 5.5.1 所示为串联负反馈放大电路的方块图,根据输入电阻的定义,基本放大电路的输入电阻

$$R_{\mathrm{i}}=\frac{U_{\mathrm{i}}'}{I_{\mathrm{i}}}$$

而整个电路的输入电阻

$$R_{\mathrm{if}}=\frac{U_{\mathrm{i}}}{I_{\mathrm{i}}}=\frac{U_{\mathrm{i}}'+U_{\mathrm{f}}}{I_{\mathrm{i}}}=\frac{U_{\mathrm{i}}'+AFU_{\mathrm{i}}'}{I_{\mathrm{i}}}$$

从而得出串联负反馈放大电路输入电阻 R_{if} 的表达式为

$$R_{\mathrm{if}}=(1+AF)R_{\mathrm{i}} \tag{5.5.4}$$

表明输入电阻增大到 R_{i} 的 $(1+AF)$ 倍。

应当指出,在某些负反馈放大电路中,有些电阻并不在反馈环内,例如,在图 5.4.3 所示电路的交流通路中,R_{b1} 并联在输入端,反馈对它不产生影响。这类电路的方块图如图 5.5.2 所示,可以看出

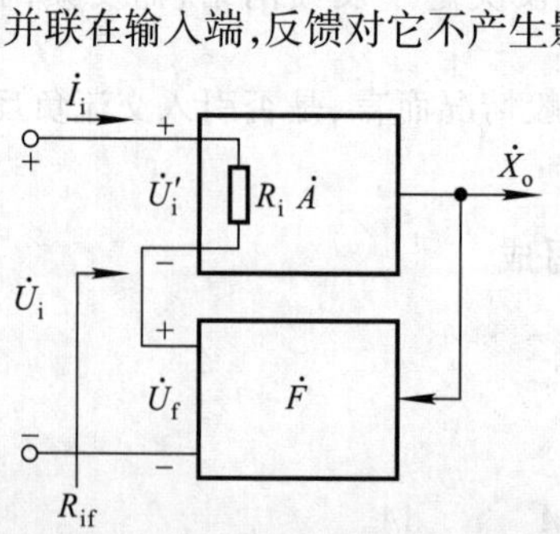

图 5.5.1　串联负反馈电路的方块图

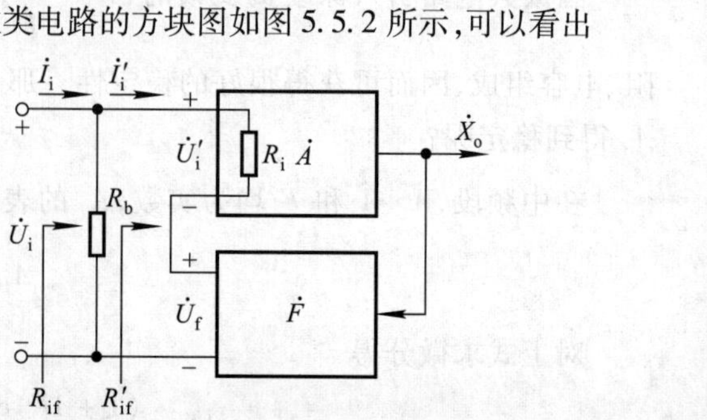

图 5.5.2　R_{b} 在反馈环之外时串联负反馈电路的方块图

$$R'_{if}=(1+AF)R_i$$

而整个电路的输入电阻

$$R_{if}=R_b /\!/ R'_{if}$$

因此,更确切地说,引入串联负反馈,使引入反馈的支路的等效电阻增大到基本放大电路的$(1+AF)$倍。但是,不管哪种情况,引入串联负反馈都将增大输入电阻。

2. 并联负反馈减小输入电阻

并联负反馈放大电路的方块图如图 5.5.3 所示。根据输入电阻的定义,基本放大电路的输入电阻

$$R_i=\frac{U_i}{I'_i}$$

整个电路的输入电阻

$$R_{if}=\frac{U_i}{I_i}=\frac{U_i}{I'_i+I_f}=\frac{U_i}{I'_i+AFI'_i}$$

从而得出并联负反馈放大电路输入电阻 R_{if}的表达式

$$R_{if}=\frac{R_i}{1+AF} \tag{5.5.5}$$

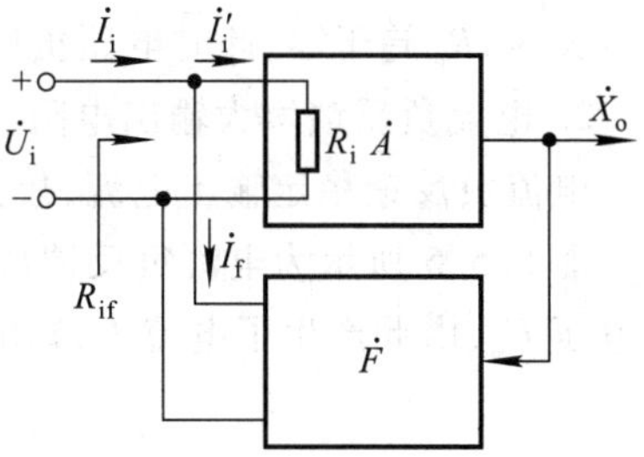

图 5.5.3 并联负反馈电路的方块图

表明引入并联负反馈后,输入电阻减小,仅为基本放大电路输入电阻的$(1+AF)$分之一。

二、对输出电阻的影响

输出电阻是从放大电路输出端看进去的等效内阻,因而负反馈对输出电阻的影响决定于基本放大电路与反馈网络在放大电路输出端的连接方式,即决定于电路引入的是电压反馈还是电流反馈。

1. 电压负反馈减小输出电阻

电压负反馈的作用是稳定输出电压,故必然使其输出电阻减小。电压负反馈放大电路的方块图如图 5.5.4 所示,令输入量 $X_i=0$,在输出端加交流电压 U_o,产生电流 I_o,则电路的输出电阻为

$$R_{of}=\frac{U_o}{I_o} \tag{5.5.6}$$

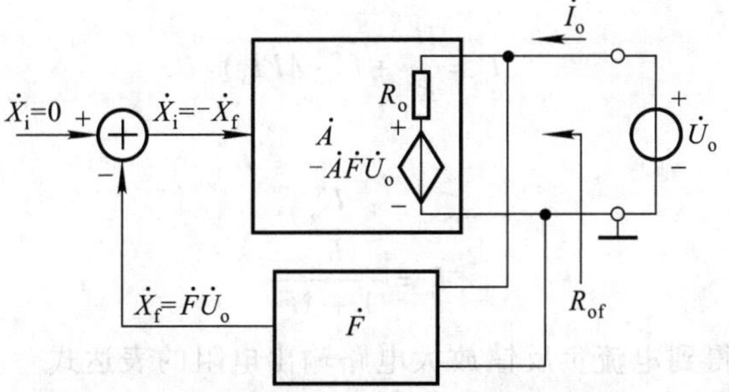

图 5.5.4 电压负反馈电路的方块图

U_o 作用于反馈网络,得到反馈量 $X_f=FU_o$, $-X_f$ 又作为净输入量作用于基本放大电路,产生输出电压为 $-AFU_o$。基本放大电路的输出电阻为 R_o,因为在基本放大电路中已考虑

了反馈网络的负载效应①，所以可以不必重复考虑反馈网络的影响，因而 R_o 中的电流为 I_o，其表达式为

$$I_o=\frac{U_o-(-AFU_o)}{R_o}=\frac{(1+AF)U_o}{R_o}$$

将上式代入式(5.5.6)，得到电压负反馈放大电路输出电阻的表达式为

$$R_{of}=\frac{R_o}{1+AF} \tag{5.5.7}$$

表明引入负反馈后输出电阻仅为其基本放大电路输出电阻的 $(1+AF)$ 分之一。当 $(1+AF)$ 趋于无穷大时，R_{of} 趋于零，此时电压负反馈电路的输出具有恒压源特性。

2. 电流负反馈增大输出电阻

电流负反馈稳定输出电流，故其必然使输出电阻增大。

图 5.5.5 所示为电流负反馈放大电路的方块图，令 $X_i=0$，在输出端断开负载电阻并外加交流电压 U_o，由此产生了电流 I_o，则电路的输出电阻为

$$R_{of}=\frac{U_o}{I_o} \tag{5.5.8}$$

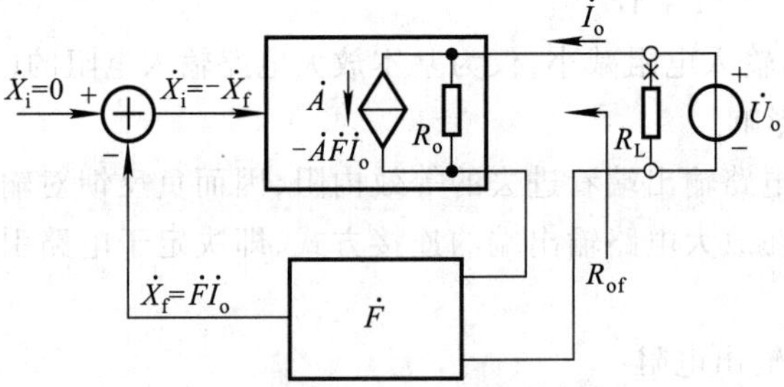

图 5.5.5 电流负反馈电路的方块图

I_o 作用于反馈网络，得到反馈量 $X_f=FI_o$，$-X_f$ 又作为净输入量作用于基本放大电路，所产生的输出电流为 $-AFI_o$。R_o 为基本放大电路的输出电阻，由于在基本放大电路中已经考虑了反馈网络的负载效应，所以可以认为此时作用于反馈网络的输入电压为零，即 R_o 上的电压为 U_o。因此，流入基本放大电路的电流 I_o 为

$$I_o=\frac{U_o}{R_o}+(-AFI_o)$$

即

$$I_o=\frac{\dfrac{U_o}{R_o}}{1+AF}$$

将上式代入(5.5.8)，便得到电流负反馈放大电路输出电阻的表达式

$$R_{of}=(1+AF)R_o \tag{5.5.9}$$

说明 R_{of} 增大到 R_o 的 $(1+AF)$ 倍。当 $(1+AF)$ 趋于无穷大时，R_{of} 也趋于无穷大，电路的输出具有

① 可参阅童诗白、华成英主编的《模拟电子技术基础(第三版)》6.3.4 节。

恒流源特性。

需要注意的是，与图 5.5.2 所示的方块图中的 R_b 相类似，在一些电路中有的电阻并联在反馈环之外，如图 5.4.4 所示电路中的 R_{c2}，反馈的引入对它们所在支路没有影响。因此，对这类电路，电流负反馈仅仅稳定了引出反馈的支路的电流，并使该支路的等效电阻 R'_o 增大到基本放大电路的 $(1+AF)$ 倍。

表 5.5.1 中列出四种组态负反馈对放大电路输入电阻与输出电阻的影响。表中括号内的"0"或"∞"，表示在理想情况下，即当 $1+AF=\infty$ 时，输入电阻和输出电阻的值。可以认为由理想运放构成负反馈放大电路的 $(1+AF)$ 趋于无穷大，因而它们的输入电阻和输出电阻趋于表中的理想值。

表 5.5.1 交流负反馈对输入电阻、输出电阻的影响

反馈组态	电压串联	电流串联	电压并联	电流并联
R_{if}（或 R'_{if}）	增大（∞）	增大（∞）	减小（0）	减小（0）
R_{of}（或 R'_{of}）	减小（0）	增大（∞）	减小（0）	增大（∞）

5.5.3 展宽频带

由于引入负反馈后，各种原因引起的放大倍数的变化都将减小，当然也包括因信号频率变化而引起的放大倍数的变化，因此其效果是展宽了通频带。

为了使问题简单化，设反馈网络为纯电阻网络，且在放大电路波特图的低频段和高频段各仅有一个拐点；基本放大电路的中频放大倍数为 $\dot{A}_m$，上限频率为 f_H，下限频率为 f_L，因此高频段放大倍数的表达式为

$$\dot{A}_h=\frac{\dot{A}_m}{1+j\dfrac{f}{f_H}}$$

引入负反馈后，电路的高频段放大倍数为

$$\dot{A}_{hf}=\frac{\dot{A}_h}{1+\dot{A}_h\dot{F}_h}=\frac{\dfrac{\dot{A}_m}{1+j\dfrac{f}{f_H}}}{1+\dfrac{\dot{A}_m}{1+j\dfrac{f}{f_H}}\cdot\dot{F}}=\frac{\dot{A}_m}{1+j\dfrac{f}{f_H}+\dot{A}_m\dot{F}}$$

将分子分母均除以 $(1+\dot{A}_m\dot{F})$，可得

$$\dot{A}_{hf}=\frac{\dfrac{\dot{A}_m}{1+\dot{A}_m\dot{F}}}{1+j\dfrac{f}{(1+\dot{A}_m\dot{F})f_H}}=\frac{\dot{A}_{mf}}{1+j\dfrac{f}{f_{Hf}}}$$

式中 $\dot{A}_{mf}$为负反馈放大电路的中频放大倍数,f_{Hf}为其上限频率,故

$$f_{Hf}=(1+A_mF)f_H \tag{5.5.10}$$

表明引入负反馈后上限频率增大到基本放大电路的$(1+A_mF)$倍。

利用上述推导方法可以得到负反馈放大电路下限频率的表达式

$$f_{Lf}=\frac{f_L}{1+A_mF} \tag{5.5.11}$$

可见,引入负反馈后,下限频率减小到基本放大电路的$(1+A_mF)$分之一。

一般情况下,由于$f_H \gg f_L$,$f_{Hf} \gg f_{Lf}$,因此,基本放大电路及负反馈放大电路的通频带分别可近似表示为

$$\begin{aligned} f_{bw}&=f_H-f_L\approx f_H \\ f_{bwf}&=f_{Hf}-f_{Lf}\approx f_{Hf} \end{aligned} \tag{5.5.12}$$

即引入负反馈使频带展宽到基本放大电路的$(1+AF)$倍。

应当指出,由于不同组态负反馈电路放大倍数的物理意义不同,因而式(5.5.10)、(5.5.11)、(5.5.12)所具有的含义也就不同。根据式(5.5.12)可知,对于电压串联负反馈电路,$\dot{A}_{uuf}$的频带是$\dot{A}_{uu}$的$(1+AF)$倍;对于电压并联负反馈电路,$\dot{A}_{uif}$的频带是$\dot{A}_{ui}$的$(1+AF)$倍;对于电流串联负反馈电路,$\dot{A}_{iuf}$的频带是$\dot{A}_{iu}$的$(1+AF)$倍;对于电流并联负反馈电路,$\dot{A}_{iif}$的频带是$\dot{A}_{ii}$的$(1+AF)$倍。

若放大电路的波特图中有多个拐点,且反馈网络不是纯电阻网络,则问题的分析就比较复杂了,但是频带展宽的趋势不变。

5.5.4 减小非线性失真

对于理想的放大电路,其输出信号与输入信号应完全呈线性关系。但是,由于组成放大电路的半导体器件(如晶体管和场效应管)均具有非线性特性,当输入信号为幅值较大的正弦波时,输出信号往往不是正弦波。经谐波分析,输出信号中除含有与输入信号频率相同的基波外,还含有其它谐波,因而产生失真。怎样才能消除这种失真呢?我们不妨看下面的例子。

设放大电路输入级放大管的 b-e 间得到正弦电压 u_{be},由于晶体管输入特性的非线性,i_b 将要失真,其正半周幅值大,负半周幅值小,如图5.5.6(a)所示,这样必然造成输出电压、电流的失真。可以设想,如果能使 b-e 间电压的正半周幅值小些而负半周幅值大些,那么 i_b 将近似为正弦波,如图(b)所示。电路引入负反馈,将使净输入量产生类似上述 b-e 间电压的变化,因此减小了非线性失真。

图5.5.7所示为减小非线性失真的定性分析。设在正弦波输入量 X_i 作用下,输出量 X_o 与 X_i 同相,且产生正半周幅值大负半周幅值小的失真,反馈量 X_f 与 X_o 的失真情况相同,如图(a)所示。当电路闭环后,由于净输入量 X_i' 为 X_i 和 X_f 之差,因而其正半周幅值小而负半周幅值大,如图(b)所示。结果将使输出波形正、负半周的幅值趋于一致,从而使非线性失真减小。

设图(a)中的输出量(即电路开环时的输出量)为

$$X_o=AX_i'+X_o'$$

式中,AX_i' 为 X_o 中的基波部分,X_o' 为由半导体器件的非线性所产生的谐波部分。

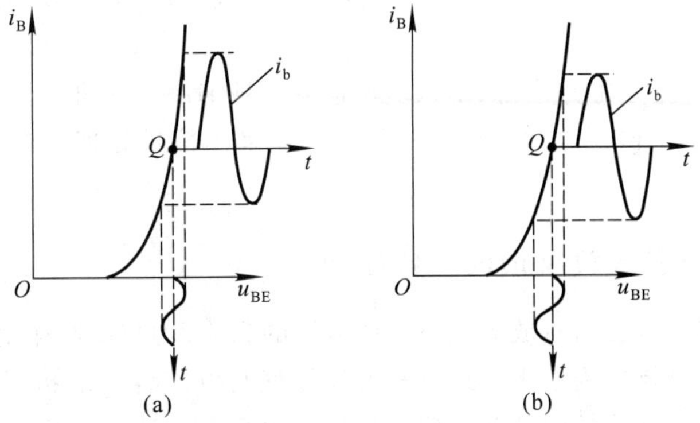

图 5.5.6　消除 i_b 失真的方法

（a）u_{be}为正弦波时 i_b 失真　（b）u_{be}为非正弦波使 i_b 近似为正弦波

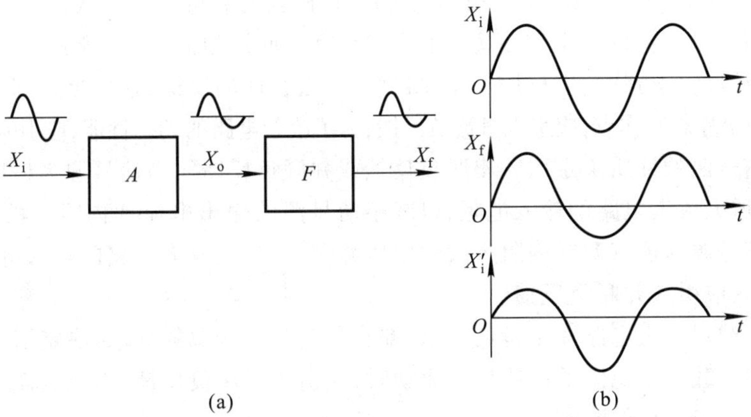

图 5.5.7　引入负反馈使非线性失真减小

（a）开环时各点的波形　（b）闭环后的波形分析

为了使非线性失真情况在电路闭环前后具有可比性，当电路闭环后（如图 5.3.1 所示），应增大输入量 X_i，使 X'_i 中的基波成分与开环时相同，以保证输出量的基波成分与开环时相同。设此时 X_o 中的谐波部分为 X''_o，则可将 X''_o 分为两部分，一部分是因 X'_i（与开环时相同）而产生的 X'_o，另一部分是输出量中的谐波 X''_o 经反馈网络和基本放大电路而产生的输出 $-AFX''_o$，写成表达式为

$$X''_o = X'_o - AFX''_o$$

因此

$$X''_o = \frac{X'_o}{1+AF} \tag{5.5.13}$$

表明在输出基波幅值不变的情况下，引入负反馈后，输出的谐波部分被减小到基本放大电路的 $(1+AF)$ 分之一。

综上所述，可以得到如下结论：

(1) 只有信号源有足够的潜力，能使电路闭环后基本放大电路的净输入电压与开环时相等，即输出量在闭环前、后保持基波成分不变，非线性失真才能减小到基本放大电路的$(1+AF)$分之一。

（2）非线性失真产生于电路内部，引入负反馈后才被抑制。换言之，当非线性信号混入输入量或干扰来源于外界时，引入负反馈将无济于事，必须采用信号处理（如有源滤波）或屏蔽等方法才能解决。

5.5.5　放大电路中引入负反馈的一般原则

通过以上分析可知，负反馈对放大电路性能方面的影响，均与反馈深度$(1+AF)$有关。应当说明的是，以上的定量分析是为了更好地理解反馈深度与电路各性能指标的定性关系。从某种意义上讲，对负反馈放大电路的定性分析比定量计算更重要。这一方面是因为在分析实用电路时，几乎均可认为它们引入的是深度负反馈，如当基本放大电路为集成运放时，便可认为$(1+AF)$趋于无穷大；另一方面，即使需要精确分析电路的性能指标，也不需要利用方块图进行手工计算，而应借助于如PSpice、Multisim等电子电路计算机辅助分析和设计软件。

引入负反馈可以改善放大电路多方面的性能，而且反馈组态不同，所产生的影响也各不相同。因此，在设计放大电路时，应根据需要和目的，引入合适的反馈，这里提供部分一般原则。

（1）为了稳定静态工作点，应引入直流负反馈；为了改善电路的动态性能，应引入交流负反馈。

（2）根据信号源的性质决定引入串联负反馈或并联负反馈。当信号源为恒压源或内阻较小的电压源时，为增大放大电路的输入电阻，以减小信号源的输出电流和内阻上的压降，应引入串联负反馈。当信号源为恒流源或内阻很大的电压源时，为减小放大电路的输入电阻，使电路获得更大的输入电流，应引入并联负反馈。

（3）根据负载对放大电路输出量的要求，即负载对其信号源的要求，决定引入电压负反馈或电流负反馈。当负载需要稳定的电压信号驱动时，应引入电压负反馈；当负载需要稳定的电流信号驱动时，应引入电流负反馈。

（4）根据表5.3.1所示的四种组态反馈电路的功能，在需要进行信号变换时，选择合适的组态。例如，若将电流信号转换成电压信号，则应引入电压并联负反馈；若将电压信号转换成电流信号，则应引入电流串联负反馈，等等。

【例5.5.1】　电路如图5.5.8所示，为了达到下列目的，分别说明应引入哪种组态的负反馈以及电路如何连接。

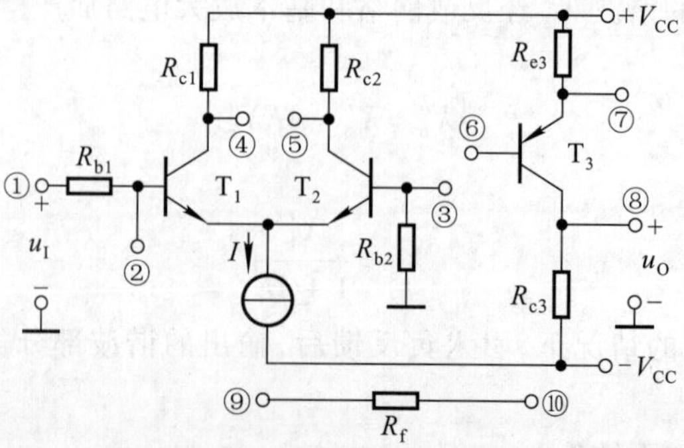

图5.5.8　例5.5.1电路图

(1) 减小放大电路从信号源索取的电流并增强带负载能力；

(2) 将输入电流 i_I 转换成与之成稳定线性关系的输出电流 i_O；

(3) 将输入电流 i_I 转换成稳定的输出电压 u_O。

解：若 u_I 瞬时极性对地为"+"，则 T_1 管集电极电位为"-"，T_2 管集电极电位为"+"，如图中所标注；而若要 T_3 管的发射极电位为"+"，集电极电位为"-"，则需将其基极接 T_2 管集电极，否则需将其基极接 T_1 管集电极。

(1) 电路需要增大输入电阻并减小输出电阻，故应引入电压串联负反馈。

反馈信号从输出电压采样，故将⑧与⑩相连接；反馈量应为电压量，故将③与⑨相连接；这样，u_O 作用于 R_f 和 R_{b2} 回路，在 R_{b2} 上得到反馈电压 u_F。为了保证电路引入的为负反馈，当 u_I 对地为"+"时，u_F 应为上"+"下"-"，即⑧的电位为"+"，因此应将④与⑥连接起来。

结论：电路中应将④与⑥、③与⑨、⑧与⑩分别连接起来。

(2) 电路应引入电流并联负反馈。

将⑦与⑩、②与⑨分别相连，R_f 与 R_{e3} 对 i_O 分流，R_f 中的电流为反馈电流 i_F。为保证电路引入的是负反馈，当 u_I 对地为"+"时，i_F 应自输入流向输出，即应使⑦端的电位为"-"，因此应将④与⑥连接起来。

结论：电路中应将④与⑥、⑦与⑩、②与⑨分别连接起来。

(3) 电路应引入电压并联负反馈。

电路中应将②与⑨、⑧与⑩、⑤与⑥分别连接起来。

应当指出，对于一个确定的放大电路，输出量与输入量的相位关系唯一地被确定，因此所引入的负反馈的组态将受它们相位关系的约束。例如，当⑤与⑥相连接时，u_O 与 u_I 将反相，该电路将不可能引入电压串联负反馈，而只能引入电压并联负反馈。读者可自行总结这方面的规律。

思考题

5.5.1 列表总结交流负反馈对放大电路各方面性能的影响。

5.5.2 只要放大电路中引入交流负反馈，都可使电压放大倍数的稳定性增强、频带展宽吗？为什么？

5.5.3 试利用集成运放分别构成四种组态的负反馈放大电路，并求出它们在深度负反馈条件下的放大倍数和电压放大倍数。要求所设计的电路与图 5.4.6 所示各电路有所不同。

5.5.4 在图 5.5.8 所示电路中，为什么不能通过将反馈电阻 R_f 接到 T_1 和 T_2 发射极来引入串联负反馈？若要引入电流串联负反馈，则应如何连接电路？

5.6 负反馈放大电路的稳定性

从 5.5 节的分析可知，交流负反馈可以改善放大电路多方面的性能，而且反馈愈深，性能改善得愈好。但是，有时会事与愿违，如果电路的组成不合理，反馈过深，那么在输入量为零时，输出却产生了一定频率和一定幅值的信号，称电路产生了自激振荡。此时，电路不能正常工作，不具有稳定性。

自激振荡现象产生的原因和条件是什么？深度负反馈电路是否一定会产生自激振荡呢？如何消除自激振荡呢？本节将对这些问题进行深入的分析。

5.6.1　负反馈放大电路自激振荡产生的原因和条件

一、自激振荡产生的原因

由图5.3.1所示方块图可知,负反馈放大电路的一般表达式为

$$\dot{A}_f=\frac{\dot{A}}{1+\dot{A}\dot{F}}$$

在中频段,由于 $\dot{A}\dot{F}>0$,$\dot{A}$ 和 $\dot{F}$ 的相角 $\varphi_A+\varphi_F=2n\pi$($n$ 为整数),因此净输入量 $\dot{X}'_i$、输入量 $\dot{X}_i$ 和反馈量 $\dot{X}_f$ 之间的关系为

$$|\dot{X}'_i|=|\dot{X}_i|-|\dot{X}_f|$$

在低频段,因为耦合电容、旁路电容的存在,$\dot{A}\dot{F}$ 将产生超前相移;在高频段,因为半导体元件极间电容的存在,$\dot{A}\dot{F}$ 将产生滞后相移;在中频段相位关系的基础所产生的这些相移称为附加相移,用($\varphi'_A+\varphi'_F$)来表示。当某一频率 f_0 的信号使附加相移 $\varphi'_A+\varphi'_F=n\pi$($n$ 为奇数)时,反馈量 $\dot{X}_f$ 与中频段相比产生超前或滞后180°的附加相移,因而使净输入量

$$|\dot{X}'_i|=|\dot{X}_i|+|\dot{X}_f| \tag{5.6.1}$$

于是输出量 $|\dot{X}_o|$ 也随之增大,反馈的结果使放大倍数增大。

若在输入信号为零时(如图5.6.1所示),因为某种电扰动(如合闸通电),其中含有频率为 f_0 的信号,使 $\varphi'_A+\varphi'_F=\pm\pi$,由此产生了输出信号 $\dot{X}_o$;则根据式(5.6.1),$|\dot{X}_o|$ 将不断增大。其过程如下:

$$|\dot{X}_o|\uparrow\longrightarrow|\dot{X}_f|\uparrow\longrightarrow|X'_i|\uparrow$$

$$|\dot{X}_o|\uparrow\uparrow\longleftarrow$$

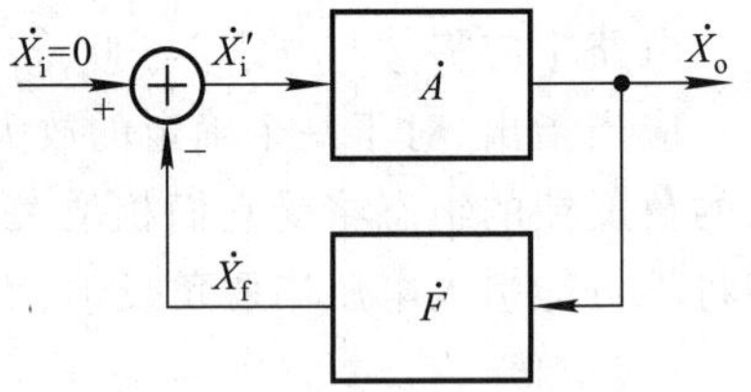

图5.6.1　负反馈放大电路的自激振荡

由于半导体器件的非线性特性,若电路最终达到动态平衡,即反馈信号(也就是负的净输入信号)维持着输出信号,而输出信号又维持着反馈信号,它们互相依存,则称电路产生了自激振荡。

可见,电路产生自激振荡时,输出信号有其特定的频率 f_0 和一定的幅值,且振荡频率 f_0 必在电路的低频段或高频段。而电路一旦产生自激振荡将无法正常放大,称电路处于不稳定状态。

二、自激振荡的平衡条件

从图5.6.1可以看出,在电路产生自激振荡时,由于 $\dot{X}_o$ 与 $\dot{X}_f$ 相互维持,所以 $\dot{X}_o=\dot{A}\dot{X}'_i=-\dot{A}\dot{F}\dot{X}_o$,即

$$\dot{A}\dot{F}=-1 \tag{5.6.2}$$

可写成模及相角形式

$$\begin{cases}|\dot{A}\dot{F}|=1 & (5.6.3a)\\ \varphi_A+\varphi_F=(2n+1)\pi\quad(n\text{ 为整数}) & (5.6.3b)\end{cases}$$

上式称为自激振荡的平衡条件,式(5.6.3a)为幅值平衡条件,式(5.6.3b)为相位平衡条件,简称幅值条件和相位条件。只有同时满足上述两个条件,电路才会产生自激振荡。在起振过程中,$|\dot{X}_o|$ 有一个从小到大的过程,故起振条件为

$$|\dot{A}\dot{F}| > 1 \tag{5.6.4}$$

5.6.2 负反馈放大电路稳定性的定性分析

设放大电路采用直接耦合方式，且反馈网络为纯电阻网络，则附加相移仅产生于放大电路，且为滞后相移，电路只可能产生高频振荡。

在上述条件下，在单管放大电路中引入负反馈，因其产生的最大附加相移为 $-90°$，不存在满足相位条件的频率，故不可能产生自激振荡。在两级放大电路中引入负反馈，当频率从零变化到无穷大时，附加相移从 $0°$ 变化到 $-180°$，虽然从理论上存在满足相位条件的频率 f_0，但 f_0 趋于无穷大，且当 $f=f_0$ 时 $\dot{A}$ 的值为零，不满足幅值条件，故不可能产生自激振荡。在三级放大电路中引入负反馈，当频率从零变化到无穷大时，附加相移从零变化到 $-270°$，因而存在使 $\varphi'_A=-180°$ 的频率 f_0，且当 $f=f_0$ 时 $|\dot{A}|>0$，有可能满足幅值条件，故可能产生自激振荡。可以推论，四级、五级放大电路更易产生自激振荡，因为它们一定存在 f_0，且更易满足幅值条件。因此，实用电路中以三级放大电路最常见。

由以上分析可知，放大电路级数愈多，引入负反馈后愈容易产生高频振荡。与上述分析相类似，放大电路中耦合电容、旁路电容等愈多，引入负反馈后，愈容易产生低频振荡。而且 $(1+AF)$ 愈大，即反馈愈深，满足幅值条件的可能性愈大，产生自激振荡的可能性就愈大。

应当指出，电路的自激振荡是由其自身条件决定的，不因其输入信号的改变而消除。要消除自激振荡，就必须破坏产生振荡的条件；而只有消除了自激振荡，放大电路才能稳定地工作。

5.6.3 负反馈放大电路稳定性的判断

利用负反馈放大电路环路增益的频率特性可以判断电路闭环后是否产生自激振荡，即电路是否稳定。

一、判断方法

图 5.6.2 所示为两个电路环路增益的频率特性，从图中可以看出它们均为直接耦合放大电路。

设满足自激振荡相位条件[如式(5.6.3b)所示]的频率为 f_0，满足幅值条件[如式(5.6.3a)所示]的频率为 f_c。

在图(a)所示曲线中，使 $\varphi_A+\varphi_F=-180°$ 的频率为 f_0，使 $20\lg|\dot{A}\dot{F}|=0$ dB 的频率为 f_c。因为当 $f=f_0$ 时，$20\lg|\dot{A}\dot{F}|>0$ dB，即 $|\dot{A}\dot{F}|>1$，说明满足式(5.6.4)所示的起振条件，所以，具有图(a)所示环路增益频率特性的放大电路闭环后必然产生自激振荡，振荡频率为 f_0。

在图(b)所示曲线中，使 $\varphi_A+\varphi_F=-180°$ 的频率为 f_0，使 $20\lg|\dot{A}\dot{F}|=0$ dB 的频率为 f_c。因为当 $f=f_0$ 时，$20\lg|\dot{A}\dot{F}|<0$ dB，即 $|\dot{A}\dot{F}|<1$，说明不满足式(5.6.4)所示的起振条件，所以具有图(b)所示环路增益频率特性的放大电路闭环后不可能产生自激振荡。

综上所述，在已知环路增益频率特性的条件下，判断负反馈放大电路是否稳定的方法如下：

(1) 若不存在 f_0，则电路稳定。

(2) 若存在 f_0，且 $f_0<f_c$，则电路不稳定，必然产生自激振荡；若存在 f_0，但 $f_0>f_c$，则电路稳定，不会产生自激振荡。

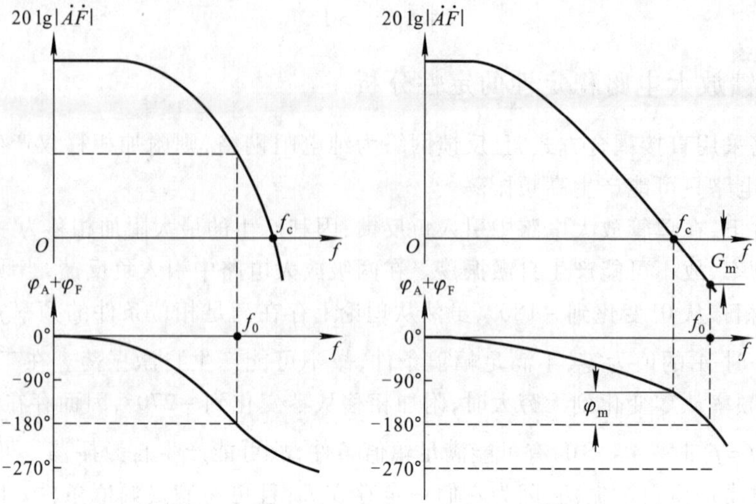

图 5.6.2 两个负反馈电路环路增益的频率特性

(a) $f_0 < f_c$ 的情况 (b) $f_0 > f_c$ 的情况

二、稳定裕度

虽然根据负反馈放大电路稳定性的判断方法,只要 $f_0 > f_c$ 电路就稳定,但是为了使电路具有足够的可靠性,还规定电路应具有一定的稳定裕度。

定义 $f = f_0$ 时所对应的 $20\lg|\dot{A}\dot{F}|$ 的值为幅值裕度 G_m,如图 5.6.2(b)所示幅频特性曲线中所标注,G_m 的表达式为

$$G_m = 20\lg\left|\dot{A}\dot{F}\right|_{f=f_0} \tag{5.6.5}$$

稳定的负反馈放大电路的 $G_m < 0$,而且 $|G_m|$ 愈大,电路愈稳定。通常认为 $G_m \leqslant -10$ dB,电路就具有足够的幅值稳定裕度。

定义 $f = f_c$ 时的 $\left|\varphi_A + \varphi_F\right|$ 与 180°的差值为相位裕度 φ_m,如图 5.6.2(b)所示相频特性曲线中所标注,其表达式为

$$\varphi_m = 180° - \left|\varphi_A + \varphi_F\right|_{f=f_c} \tag{5.6.6}$$

稳定的负反馈放大电路的 $\varphi_m > 0$,而且 φ_m 愈大,电路愈稳定。通常认为 $\varphi_m > 45°$,电路就具有足够的相位稳定裕度。

综上所述,只有当 $G_m \leqslant -10$ dB 且 $\varphi_m > 45°$时,才认为负反馈放大电路具有可靠的稳定性。

5.6.4 负反馈放大电路自激振荡的消除方法

通过对负反馈放大电路稳定性的分析可知,当电路产生了自激振荡时,如果采用某种方法能够改变 $\dot{A}\dot{F}$ 的频率特性,使之根本不存在 f_0,或者即使存在 f_0,但 $f_0 > f_c$,那么自激振荡必然被消除。下面对常用消振方法加以介绍。为简单起见,设反馈网络为纯电阻网络。

一、滞后补偿

1. 简单滞后补偿

设某负反馈放大电路环路增益的幅频特性如图 5.6.3 中虚线所示,在电路中找出产生 f_{H1} 的

那级电路，加补偿电路，如图 5.6.4(a)所示，其高频等效电路如图 5.6.4(b)所示。R_{o1}为前级输出电阻，R_{i2}为后级输入电阻，C_{i2}为后级输入电容，因此加补偿电容前的上限频率

$$f_{H1}=\frac{1}{2\pi(R_{o1}/\!/R_{i2})C_{i2}} \tag{5.6.7}$$

加补偿电容 C 后的上限频率

$$f'_{H1}=\frac{1}{2\pi(R_{o1}/\!/R_{i2})(C_{i2}+C)} \tag{5.6.8}$$

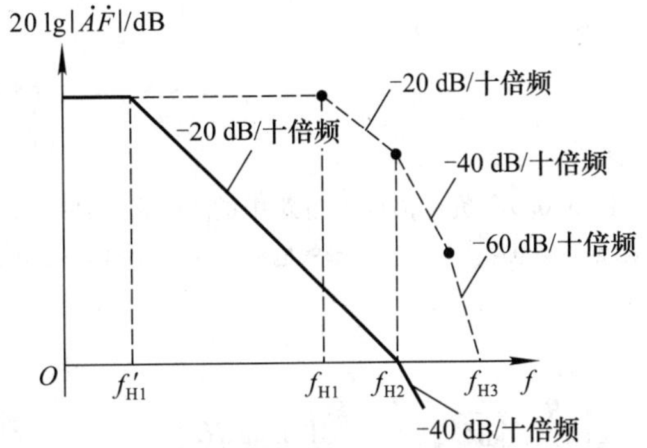

图 5.6.3 简单滞后补偿前后环路增益的幅频特性

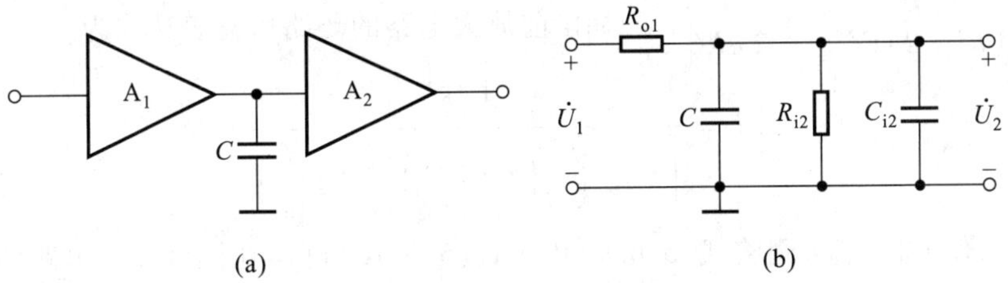

图 5.6.4 放大电路中的简单滞后补偿
(a) 简单滞后补偿电路 (b) 高频等效电路

如果补偿后，使 $f=f_{H2}$ 时，$20\lg|\dot{A}\dot{F}|=0$ dB，且 $f_{H2}\geqslant 10f'_{H1}$，如图 5.6.3 中实线所示，则表明 $f=f_c$ 时，$(\varphi_A+\varphi_F)$趋于 $-135°$，即 $f_0>f_c$，并具有 45°的相位裕度，所以电路一定不会产生自激振荡。

应当指出，简单滞后补偿的代价是带宽大大变窄。

2. RC 滞后补偿

简单滞后补偿方法虽然可以消除自激振荡，但以频带变窄为代价，如图 5.6.3 中所示，上限频率由 f_{H1}变为 f'_{H1}。采用 RC 滞后补偿不仅可以消除自激振荡，而且可以使带宽的损失有所改善。具体方法如图 5.6.5(a)所示，其高频等效电路如图(b)所示；通常应选择 $R\ll(R_{o1}/\!/R_{i2})$，$C\gg C_{i2}$，因而简化电路如图(c)所示，其中

$$\dot{U}'_{o1}=\frac{R_{i2}}{R_{o1}+R_{i2}}\cdot\dot{U}_{o1}, R'=R_{o1}/\!/R_{i2}$$

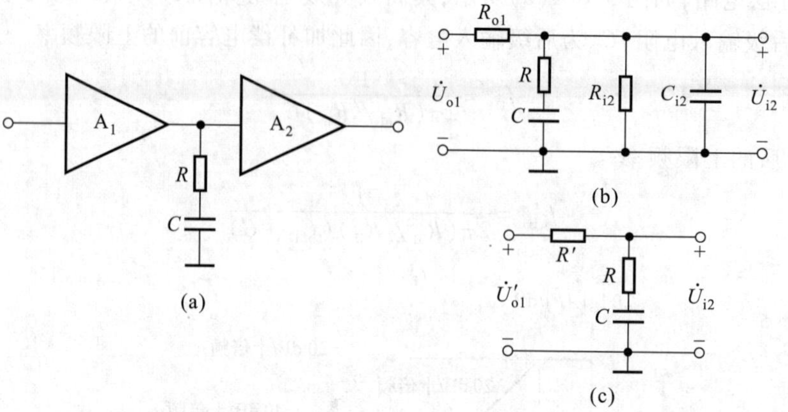

图 5.6.5 负反馈放大电路中的 *RC* 滞后补偿
(a) *RC* 滞后补偿电路 (b) 高频等效电路 (c) 简化的高频等效电路

因此，

$$\frac{\dot U_{i2}}{\dot U'_{o1}}=\frac{R+\dfrac{1}{j\omega C}}{R'+R+\dfrac{1}{j\omega C}}=\frac{1+j\omega RC}{1+j\omega(R+R')C}=\frac{1+j\dfrac{f}{f'_{H2}}}{1+j\dfrac{f}{f'_{H1}}} \tag{5.6.9}$$

式中$f'_{H1}=\dfrac{1}{2\pi(R'+R)C}$,$f'_{H2}=\dfrac{1}{2\pi RC}$。若补偿前放大电路的环路增益表达式为

$$\dot A\dot F=\frac{\dot A_m\dot F}{\left(1+j\dfrac{f}{f_{H1}}\right)\left(1+j\dfrac{f}{f_{H2}}\right)\left(1+j\dfrac{f}{f_{H3}}\right)} \tag{5.6.10}$$

并且 *RC* 的取值使$f'_{H2}=f_{H2}$，则将式(5.6.9)代入式(5.6.10)可得补偿后放大电路的环路增益表达式，为

$$\dot A\dot F=\frac{\dot A_m\dot F}{\left(1+j\dfrac{f}{f'_{H1}}\right)\left(1+j\dfrac{f}{f_{H3}}\right)} \tag{5.6.11}$$

上式表明，补偿后环路增益幅频特性曲线中只有两个拐点，因而电路不可能产生自激振荡。

图5.6.6所示为放大电路补偿前后的幅频特性，右边虚线为未加补偿的幅频特性，左边虚线是加简单电容补偿后的幅频特性，实线是加 *RC* 补偿后的幅频特性。三者相比，显然 *RC* 补偿比简单电容补偿的带宽有所改善。实际上，当$f=f_{H3}$时，即使$20\lg|\dot A\dot F|>0$ dB，电路也不可能产生自激振荡，因此 *RC* 补偿后的幅频特性曲线还可右移，即频带还可更宽些。

3. 密勒效应补偿

为减小补偿电容的容量，可以利用密勒效应，将补偿电容、或补偿电阻和电容跨接在放大电路的输入端和输出端，如图5.6.7所示。

设图5.6.7(a)所示电路中$A_2=-100$，$C=20$ pF，则相当于在图5.6.4(a)电路中补偿电容$C\approx(20\times100)$ pF$=2\,000$ pF。

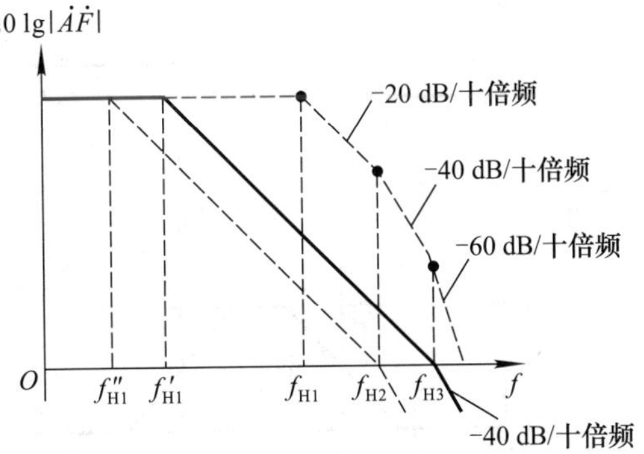

图 5.6.6 RC 滞后补偿前后环路增益的幅频特性

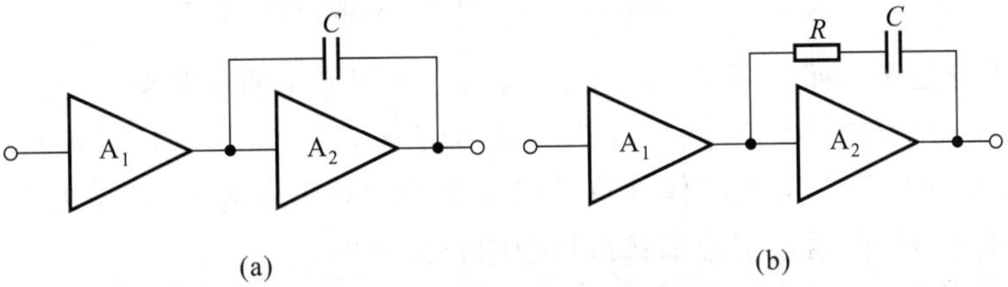

图 5.6.7 密勒效应补偿电路

（a）电容补偿 （b）电容 - 电阻补偿

二、超前补偿

若改变负反馈放大电路在环路增益为 0 dB 点的相位，使之超前，则 $f_0>f_c$，也能破坏其自激振荡条件，这种补偿方法称为超前补偿方法。通常，将超前补偿电容加在反馈回路，如图 5.6.8 所示。

未加补偿电路时的反馈系数

$$\dot{F}_0=\frac{R_1}{R_1+R_2}$$

加了补偿电容后的反馈系数

$$\dot{F}=\frac{R_1}{R_1+R_2/\!/\dfrac{1}{\mathrm{j}\omega C}}=\frac{R_1}{R_1+R_2}\cdot\frac{1+\mathrm{j}\omega R_2C}{1+\mathrm{j}\omega(R_1/\!/R_2)C}$$

$$=\dot{F}_0\cdot\frac{1+\mathrm{j}\dfrac{f}{f_1}}{1+\mathrm{j}\dfrac{f}{f_2}}$$

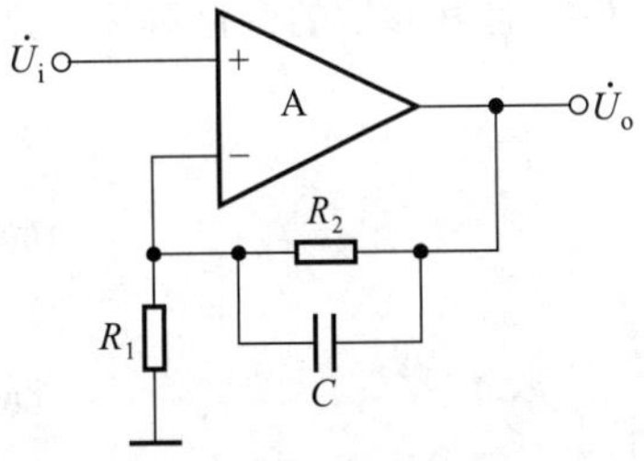

图 5.6.8 超前补偿电路

式中 $f_1=\dfrac{1}{2\pi R_2C}$，$f_2=\dfrac{1}{2\pi(R_1/\!/R_2)C}$，显然 $f_1<f_2$。画出 $\dot{F}$ 的波特图，近似为图 5.6.9 所示。从相频特性曲线可知，在 f_1 与 f_2 之间，相位超前，最大超前相移为 90°。可以想象，如果补偿前 $f_1<f_c<f_2$，且 $f_0<f_c$；那么补偿后，f_0 将因 φ_F 的超前相移而增大，当所取参数合适时，就可以做到 $f_0>f_c$，从而使电路消除自激振荡。

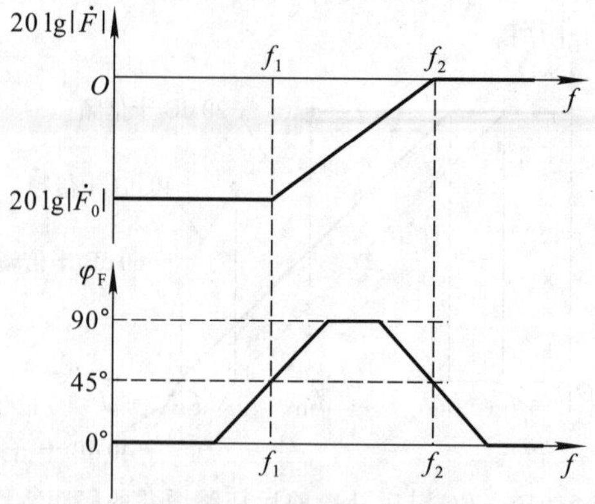

图 5.6.9　加补偿电容后反馈系数的频率特性

综上所述，无论是滞后补偿还是超前补偿，都可以用很简单的电路来实现。补偿后对带宽的影响由小到大依次为超前补偿、RC 滞后补偿、电容滞后补偿。应当指出，理解消除自激振荡的基本思路以及不同方法的特点，要比具体计算补偿元件的参数重要得多；这是因为在很多情况下，需要在正确思路的指导下，通过实验来获得理想的补偿效果。

【例 5.6.1】　某负反馈放大电路产生了自激振荡，现用 40 pF 电容分别按图 5.6.4(a)和图 5.6.7(a)所示方法均可消除振荡，试问：一般情况下应选择哪种方法为好？简述理由。

解：一般情况下应采用图 5.6.4(a)所示的简单滞后方法。

因为采用密勒效应补偿方法将使等效到 A_2 输入端与地之间的电容约为 40 pF 的 $|A_2|$ 倍，从而使上限频率约为简单滞后补偿后电路上限频率的 $|1/A_2|$，所以频带大大变窄。因此，为了消振后对带宽影响小些，在这里应采用简单滞后补偿方法。

【例 5.6.2】　已知放大电路幅频特性近似如图 5.6.10 所示。引入负反馈时，反馈网络为纯电阻网络，且其参数的变化对基本放大电路的影响可忽略不计。

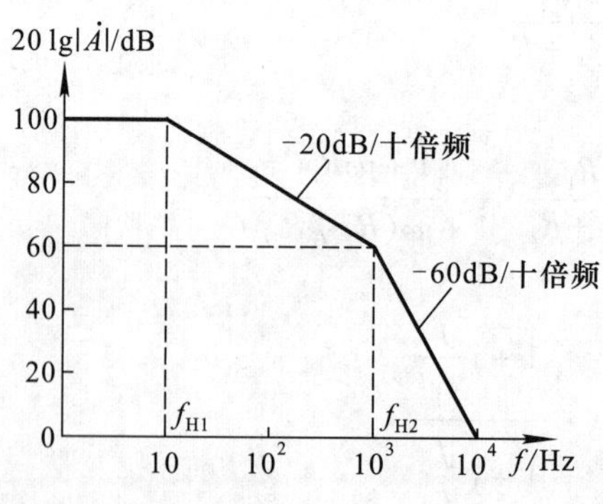

图 5.6.10　例 5.6.2 放大电路的幅频特性

回答下列问题：

(1) 当 $f = 10^3$ Hz 时，$20\lg|\dot{A}| \approx$？　$\varphi_A \approx$？

(2) 若引入反馈后反馈系数 $\dot{F} = 1$，则电路是否会产生自激振荡？

(3) 若想引入负反馈后电路稳定，则 $|\dot{F}|$ 的上限值约为多少？

解:(1) 从图 5.6.10 所示曲线可知,当 $f=10^3$ Hz 时,$20\lg|\dot{A}|\approx 60$ dB。

在 $f=10^3$ Hz 前后幅频特性曲线下降斜率由 -20 dB/十倍频变为 -60 dB/十倍频,说明在 $f=10^3$ Hz 处有两个截止频率,它们产生的相移约为 $-90°$;而由于 $f_{H2}=100f_{H1}$,确定 f_{H1} 的 RC 环节产生的相移约为 $-90°$,故当 $f=f_{H2}=10^3$ Hz 时,$\varphi_A\approx-180°$。

(2) 根据上述分析可知,$f_0\approx10^3$ Hz,且当 $f=f_0$ 时,因 $\dot{F}=1$,使得 $20\lg|\dot{A}\dot{F}|\approx 60\text{ dB}>0$ dB,所以电路必定会产生自激振荡。

(3) 为使 $f=10^3$ Hz 时,$20\lg|\dot{A}\dot{F}|<0$ dB,即 $20\lg|\dot{A}|+20\lg|\dot{F}|\approx 60\text{ dB}+20\lg|\dot{F}|<0$ dB,因而要求 $20\lg|\dot{F}|<-60$ dB,所以 $|\dot{F}|<0.001$。

5.6.5 集成运放的频率响应和频率补偿

一、集成运放的频率响应

集成运放是直接耦合多级放大电路,具有很好的低频特性,它的各级半导体管的极间电容将影响它的高频特性。由于输入级和中间级均有很高的电压增益(高达几百倍,甚至上千倍),所以尽管结电容的数值很小,但晶体管发射结等效电容 C'_π 或场效应管 g-s 间等效电容 C'_{gs} 却很大,致使上限频率很低,通用型运放的 -3 dB 带宽只有十几赫到几十赫。

为了防止集成运放引入负反馈后产生自激振荡,通常在电路内部加频率补偿。图 5.6.11 所示为某通用性集成运放未加频率补偿时的频率响应,其开环差模增益为 100 dB(即 $A_{od}=10^5$),三个上限频率分别为 10 Hz、100 Hz 和 1 000 Hz。当反馈系数为 1 时,f_0 和 f_c 如图中所标注。这个频率响应具有典型性。

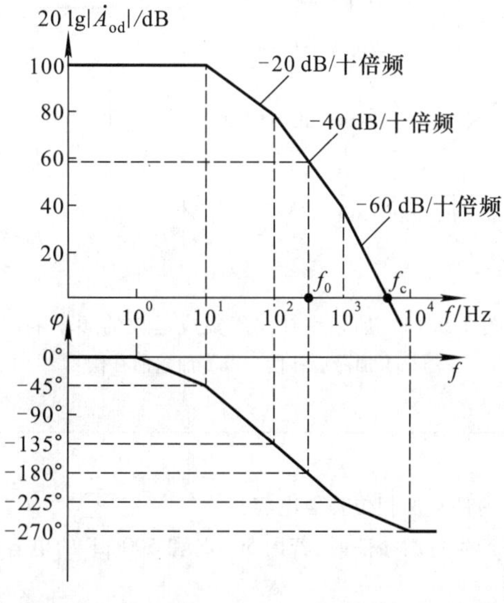

图 5.6.11 未加补偿电容的集成运放的频率响应

二、集成运放中的频率补偿

通常,集成运放内部的频率补偿多为简单滞后补偿(密勒补偿)或超前补偿,用以改变其频率响应,使之在开环差分增益降至 0 dB 时最大附加相移为 $-135°$。这样,在引入负反馈且反馈网络为纯电阻网络时电路一定不会产生自激振荡，并具有足够的稳定性。

图5.6.12(a)所示电路中 C 为补偿电容，为密勒补偿；图(b)所示电路中 R 和 C 组成补偿电路，为超前补偿。

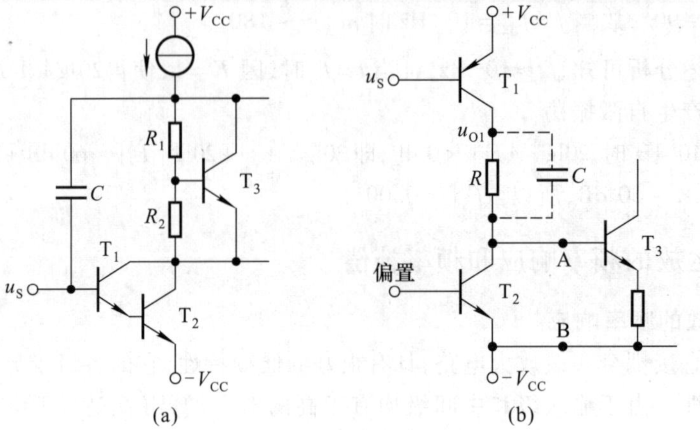

图5.6.12 集成运放的频率补偿

(a) 密勒补偿 (b) 超前补偿

集成运放加滞后补偿后的幅频特性如图5.6.13(a)中实线所示，加超前补偿后的幅频特性如图(b)中实线所示，虚线是未加补偿电容时的幅频特性。由图可知，加滞后补偿使通频带变窄；加超前补偿环节时，若 RC 取值得当，则通频带变宽①。

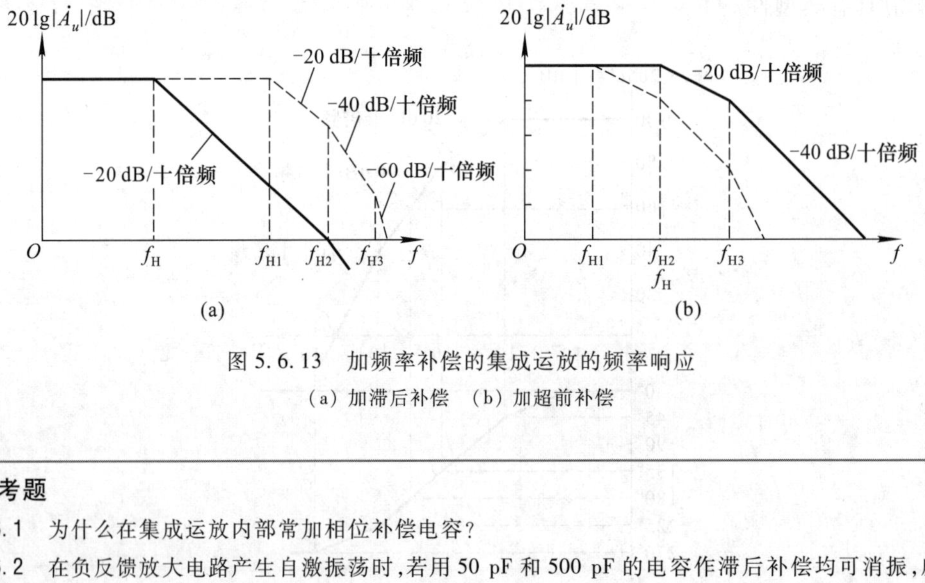

图5.6.13 加频率补偿的集成运放的频率响应

(a) 加滞后补偿 (b) 加超前补偿

■ 思考题

5.6.1 为什么在集成运放内部常加相位补偿电容？

5.6.2 在负反馈放大电路产生自激振荡时，若用50 pF和500 pF的电容作滞后补偿均可消振，应当用哪个电容？为什么？

5.6.3 若负反馈放大电路产生自激振荡，为什么总是在上限频率最低的那一级电路加补偿电容（或电容、电阻）？

---

① 可参阅童诗白、华成英主编《模拟电子技术基础(第三版)》5.6.2节。

5.7 放大电路中其它形式的反馈

在实用放大电路中，除了引入四种基本组态的交流负反馈外，还常引入合适的正反馈，以改善电路的性能；在高速宽频带电路中，还常选用“电流反馈型”运算放大电路。本节将对上述内容加以简单介绍。

5.7.1 放大电路中的正反馈

一、电压－电流转换电路

在放大电路中引入电流串联负反馈，可以实现电压－电流的转换。实际上，若信号源能够输出足够大的电流且集成运放有足够大的耗散功率，则在电路中引入电流并联负反馈也可实现电压－电流转换，如图 5.7.1(a)所示。设集成运放为理想运放，因而引入负反馈后具有“虚短”和“虚断”的特点，图中 $u_N = u_P = 0$，$i_O = i_R$，即

$$i_O = i_R = \frac{u_I}{R} \tag{5.7.1}$$

i_O 与 u_I 成线性关系。

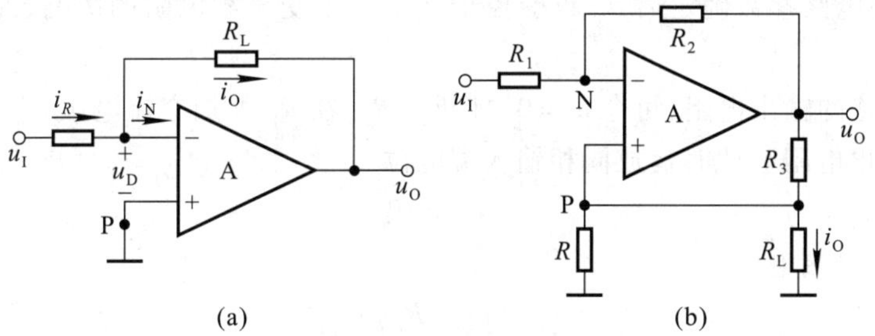

图 5.7.1 电压－电流转换电路

(a) 一般电路 (b) 豪兰德电流源电路

在实用电路中，常需要负载电阻 R_L 有接地端，为此产生了如图 5.7.1(b)所示的豪兰德(Howland)电流源电路。设集成运放为理想运放，由于电路通过 R_2 引入负反馈，使之具有“虚短”和“虚断”的特点，故图中 $u_N = u_P$，R_1 和 R_2 的电流相等，结点 N 的电流方程为

$$\frac{u_I - u_N}{R_1} = \frac{u_N - u_O}{R_2}$$

因而 N 点电位

$$u_N = \left(\frac{u_I}{R_1} + \frac{u_O}{R_2}\right) \cdot R_N \quad (R_N = R_1 /\!/ R_2) \tag{5.7.2}$$

结点 P 的电流方程

$$\frac{u_P}{R} + i_O = \frac{u_O - u_P}{R_3}$$

因而 P 点电位

$$u_P = \left(\frac{u_O}{R_3} - i_O\right) \cdot (R /\!/ R_3) \tag{5.7.3}$$

利用式(5.7.2)和式(5.7.3)相等的关系，并将它们展开、整理，可得

$$\frac{R_2}{R_1 + R_2} \cdot u_I + \frac{R_1}{R_1 + R_2} \cdot u_O = \frac{R}{R + R_3} \cdot u_O - i_O \cdot \frac{RR_3}{R + R_3}$$

若$\frac{R_2}{R_1} = \frac{R_3}{R}$，则$\frac{R_2}{R_1 + R_2} = \frac{R_3}{R + R_3}$，$\frac{R_1}{R_1 + R_2} = \frac{R}{R + R_3}$，消去上式中的公因子，得到

$$i_O = -\frac{u_I}{R} \tag{5.7.4}$$

与式(5.7.1)仅差符号，说明图5.7.1所示两电路均具有电压-电流转换功能。

从物理概念上看，在图(b)所示电路中既引入了负反馈，又引入了正反馈。若负载电阻 R_L 减小，因电路内阻的存在，则一方面 i_O 将增大，另一方面 u_P 将下降，从而导致 u_O 下降，i_O 将随之减小，其过程简述如下：

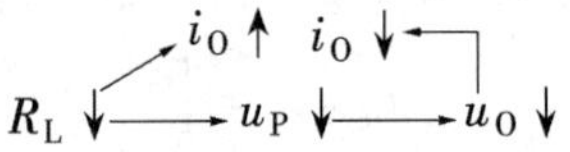

当满足$R_2/R_1 = R_3/R$时，因 R_L 减小引起的 i_O 的增大等于因正反馈作用引起的 i_O 的减小，即正好抵消，因而在电路参数确定后，i_O 仅受控于 u_I。i_O 不受负载电阻的影响，说明电路的输出电阻为无穷大。

为了求解电路的输出电阻，可令 $u_I = 0$，且断开 R_L，在 R_L 处加交流电压 U'_o，由此产生电流 I_o，则 U'_o/I_o 即为输出电阻。此时运放同相输入端电位

$$U_P = U'_o$$

对于理想运放，输出端电位

$$U_o = \left(1 + \frac{R_2}{R_1}\right) \cdot U'_o \tag{5.7.5}$$

因而输出电流

$$I_o = \frac{U_o - U'_o}{R_3} - \frac{U'_o}{R}$$

将式(5.7.5)代入上式

$$I_o = \frac{R_2}{R_1 R_3} \cdot U'_o - \frac{U'_o}{R} = \frac{R_2}{R_1} \cdot \frac{U'_o}{R_3} - \frac{R_3}{R} \cdot \frac{U'_o}{R_3}$$

因为$R_2/R_1 = R_3/R$，所以 $I_o = 0$，因此

$$R_o = \frac{U'_o}{I_o} = \infty \tag{5.7.6}$$

可见，只有严格保证 R_1、R_2、R_3 和 R 之间的匹配关系，输出电阻才趋于无穷大，输出电流也才具有恒流特性。

二、自举电路

在阻容耦合放大电路中，常在引入负反馈的同时，引入合适的正反馈，以提高输入电阻，见图5.7.2(a)所示电路。

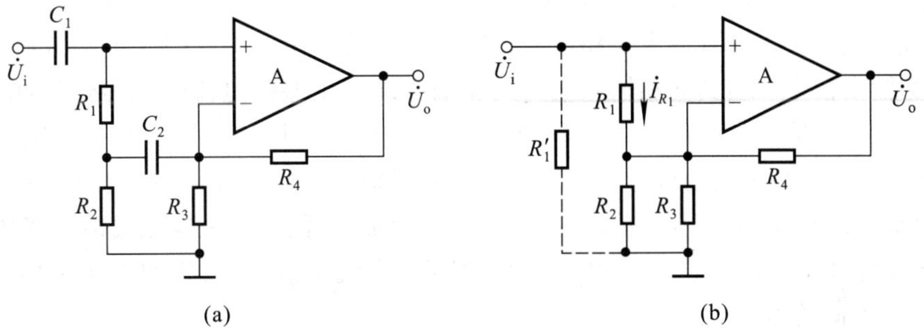

图 5.7.2 自举电路举例

(a) 电路 (b) 交流通路

为使集成运放静态时能正常工作，必须在同相输入端与地之间加电阻。若不加电容 C_2，则电路中虽然引入了电压串联负反馈，但输入电阻的值却不大。在理想运放情况下

$$R_i = R_1 + R_2 \tag{5.7.7}$$

当加 C_2 时，电路的交流通路如图(b)所示，R_2 和 R_3 并联，R_1 跨接在运放的两个输入端。利用瞬时极性法可以判断出电路中除了通过 R_4 接反相输入端引入负反馈外，还通过 R_1 接同相输入端而引入了正反馈；当信号源为有内阻的电压源时，正反馈的结果使输入端的动态电位升高。这种通过引入正反馈使输入端动态电位升高的电路，称为自举电路。

由于引入交流正反馈，R_1 中的交流电流 I_{R_1} 大大减小，其表达式为

$$I_{R_1} = \frac{U_P - U_N}{R_1}$$

式中 $U_P = U_i$。若将 R_1 等效到输入端与地之间，如图中虚线所示，则等效电阻

$$R_1' = \frac{U_i}{I_{R_1}} = \frac{U_P}{U_P - U_N} \cdot R_1$$

在理想运放情况下，$U_N = U_P$，故 R_1' 趋于无穷大。因而电路的输入电阻

$$R_i = R_1' /\!/ R_i' = \infty \tag{5.7.8}$$

与式(5.7.7)比较可知，引入正反馈使输入电阻大大提高。

5.7.2 电流反馈运算放大电路

一、什么是电流反馈集成运算放大电路

传统的集成运放均为电压放大电路，以电压作为输入信号和输出信号。当同相输入端和反相输入端有差值电压(即差模输入电压)时，电路产生响应，逐级放大，从而获得相应的输出电压。因此，用开环差模增益来描述输入量和输出量的传递关系。它们的性能指标除了追求尽可能大的电压增益外，还应具有尽可能大的输入电阻，以便获得尽可能大的输入电压。在使用时，无论引入什么形式的反馈，最终必然产生差模输入电压经集成运放放大，故称这类电路为电压反馈运算放大电路，简称为 VFA①。VFA 电路因受其信号传递方式的限制，在工作速度和频率等性能方面不能满足目前迅猛发展的高速系统的要求。

---

① VFA 为英文 Voltage Feedback Operational Amplifier 的缩写。

采用电流模技术设计和制造的模拟集成电路，在工作速度、精度、带宽和线性度等方面均获得很高的性能，电流反馈运算放大电路（简称 CFA①）就是其中一种。CFA 电路以电流为输入信号，以电压为输出信号。当其同相输入端与反相输入端产生差值电流时，电路产生响应，逐级放大，最终转换成电压输出。因此，开环增益为输出电压与输入电流之比，其量纲为欧姆，故也称为互阻放大电路。为获得更大的输入电流，CFA 均有低输入电阻的输入端。在使用时，无论引入什么形式的反馈，最终必须产生差值输入电流，经运放放大，故称之为电流反馈运算放大电路。

由以上分析可知，VFA 和 CFA 的“电压反馈”和“电流反馈”与反馈组态中的“电压反馈”和“电流反馈”是不同的概念。

二、电流模电路

以电压作为参量进行处理的电路称为电压模电路，而以电流作为参量进行处理的电路为电流模电路；即电压模电路的处理对象是电压，而电流模电路的处理对象是电流。由于电流与电压具有相关性，因此难以给电流模电路以一个严格的定义。一般称信号传递过程中除与晶体管 b－e 间电压有关外，其余各参量均为电流量的电路，即为电流模电路。因此，利用电流模技术设计的电流放大电路最具有典型性。由于电流模电路的种种优点，VFA 电路也在局部采用此技术，以获得性能的改善。

由于电流源电路能够按比例传输电流，因而作为基本单元电路广泛用于各种电流模电路之中。图 5.7.3 所示为最简单的电流源电路，即镜像电流源。T_1 管一边注入输入电流 i_I，产生 b－e 间电压 u_{BE1}，并作为 T_2 管的基极偏压，若 T_1 与 T_2 理想对称，且 $\beta \gg 2$，则输出电流 $i_O \approx i_I$。虽然镜像电流源电路简单，但可以看出电流模电路的如下优点：

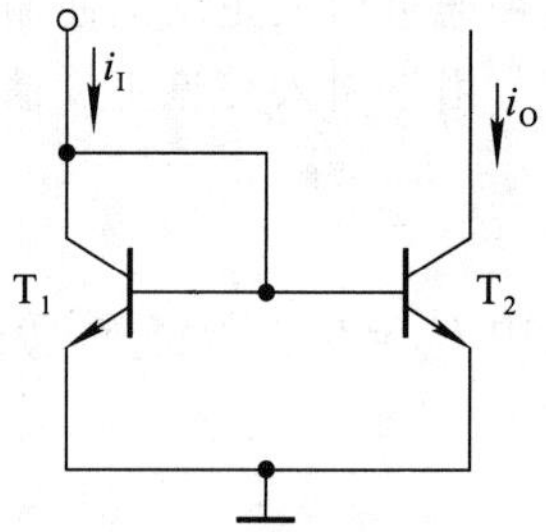

图 5.7.3 镜像电流源

（1）只要 T_2 管的管压降 u_{CE2} 足够大，保证其工作在放大状态，输出电流的幅值就仅受管子最大集电极电流 I_{CM} 的限制，因此电路可在低电源电压下工作，并且输出电流可以有很大的变化范围。

而电压模电路的输出电压幅值受电源电压的限制。

（2）只要 T_1 与 T_2 管理想对称，i_O 与 i_I 就具有良好的线性关系，而不受晶体管输入特性非线性的影响，因此电路的非线性失真很小。

而在电压模电路中，输入电压作用于 b－e 之间，产生 Δu_{BE}，由于输入特性的指数规律，Δi_B 与 Δu_{BE} 成非线性关系，最终导致输出电压产生非线性失真。

（3）在信号传递过程中，由于 b－e 间电压随 i_I 的变化仅有微小的变化，而且晶体管的极间电容 $C_{b'e}$（即 C_π）和 $C_{b'c}$（即 C_μ）所在回路均为低阻回路，故电路的截止频率很高，可以接近管子的特征频率 f_T。

而在电压模电路中，各级电压放大倍数很大，使得管子发射结等效电容较大，且回路电阻大，因而截止频率很低。

虽然实际的电流模电路要比图 5.7.3 所示电路复杂得多，但它们所具有的频带宽、速度高、失真小、输出动态范围大等优点是共同的。

① CFA 为英文 Current Feedback Operational Amplifier 的缩写。

三、电流反馈运算放大电路工作原理

电流反馈运算放大电路的简化原理图如图 5.7.4 所示，T_1 管的基极为同相输入端，T_3 管和 T_4 管的发射极为反相输入端，R 为外接电阻。

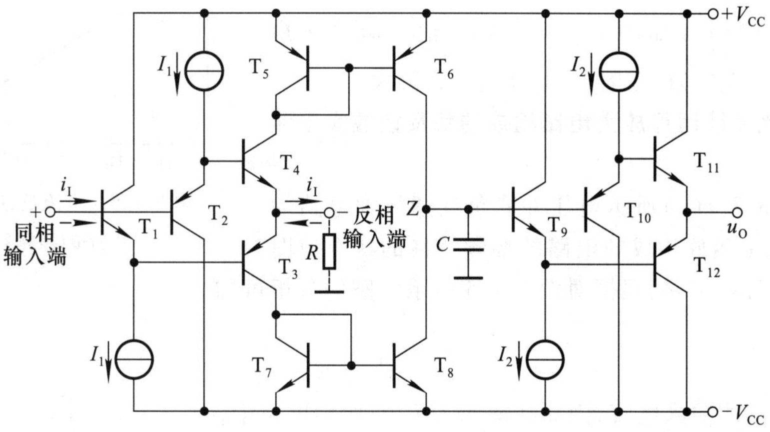

图 5.7.4 电流反馈运算放大电路的简化原理图

输入级是由 $T_1 \sim T_4$ 管组成的射极输出互补电路。反相输入端电位 U_N 跟随同相输入端电位 U_P 的变化，即 $U_N = U_P$；且若同相输入端电流 $I_P = I_i$，则反相输入端电流 $I_N = -I_i$；所以，称输入级为单位增益缓冲器。图中虚线箭头为电流的假设正方向。

$T_5 \sim T_8$ 管构成的两个镜像电流源将输入电流传递到输出级，T_6 管和 T_8 管的集电极为输出端，输出电阻很大，理想情况下可以认为是无穷大，因而输出呈恒流源特性，且输出电流等于 I_i。因此，$T_1 \sim T_8$ 管所组成的电路实现了电流控制电流源的功能。

$T_9 \sim T_{12}$ 管组成互补输出级，仅对电流具有放大作用，其电压放大倍数等于 1，在电路空载情况时的输入电阻趋于无穷大。因为前级电路均为电流模电路，所以管子极间电容所在回路均为低阻回路，因而电路中唯一的高阻节点为图中所示的 Z 点。设 Z 点到地的等效电容为 C，等效电阻是前级的输出电阻与输出级的输入电阻的并联值 R_z。C 的数值主要决定于电路中所接频率补偿电容的大小，一般为 3 ~ 5 pF。因此，图 5.7.5 所示电路的截止频率主要取决于 R_zC。

图 5.7.5 所示为图 5.7.4 电路输入级和输出级的等效电路图。图中，r_o 是输入级从反相输入端看进去的输入电阻，也是输入级的输出电阻。

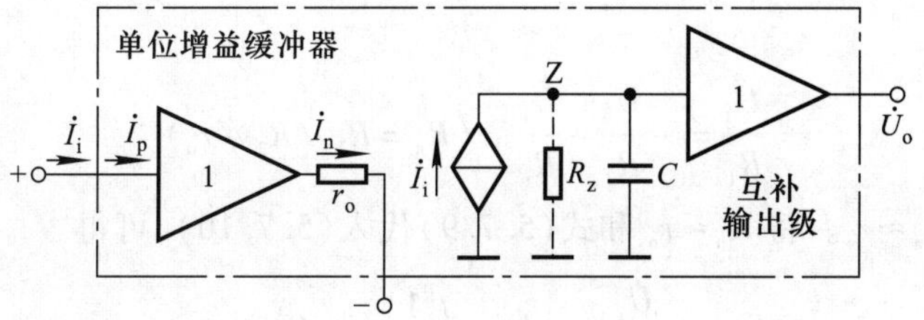

图 5.7.5 电流反馈运算放大电路的等效电路

设 $T_6 \sim T_{12}$ 具有理想特性，c－e 间动态电阻为无穷大时，则 $R_z=\infty$，因而放大倍数为

$$\dot{A}_{ui}=\frac{\dot{U}_o}{\dot{I}_i}=\frac{\dot{I}_i\cdot\frac{1}{j\omega C}}{\dot{I}_i}=\frac{1}{j\omega C}$$

画出 $\dot{A}_{ui}$ 的幅频特性，如图 5.7.6 所示。信号频率 f 愈低，$|\dot{A}_{ui}|$ 愈大；当 f 趋近零时，$|\dot{A}_{ui}|$ 趋于无穷大。

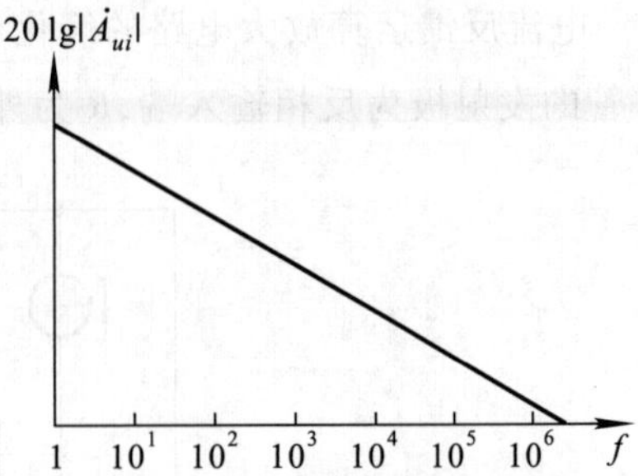

图 5.7.6　电流反馈运算放大电路的幅频特性

四、由电流反馈运算放大电路组成的负反馈放大电路的频率特性

下面以图 5.7.7(a)所示电压并联负反馈放大电路为例，说明电流反馈运放构成的电路的幅频特性的特点。图(b)为图(a)的等效电路，根据对图 5.7.5 所示电路的分析可知

$$\dot{U}_o=\dot{I}_i\cdot\frac{1}{j\omega C}$$

$\dot{I}_i$ 为同相输入端的输入电流，因而在图 5.7.7(b)所示电路中，$\dot{I}_n=-\dot{I}_i$，且 $\dot{I}_n=\dot{U}_n/r_o$，故

$$\dot{U}_o=-\dot{I}_n\cdot\frac{1}{j\omega C}=-\frac{\dot{U}_n}{j\omega r_o C}$$

$$\dot{U}_n=-j\omega r_o C\dot{U}_o \tag{5.7.9}$$

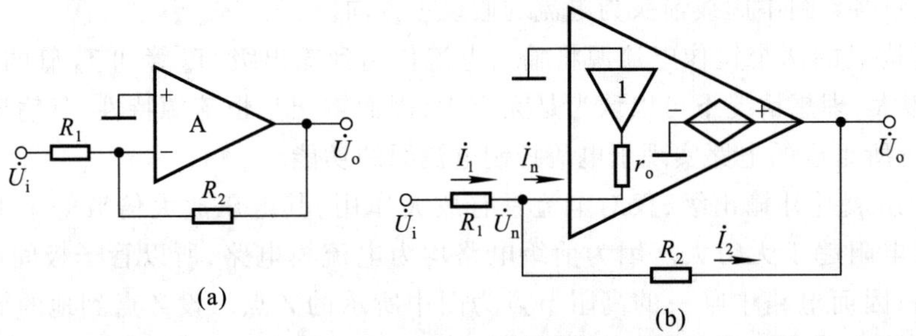

图 5.7.7　由电流反馈运放构成的电压并联负反馈放大电路

(a) 电路　(b) 等效电路

运放反相输入端的结点电流方程为

$$\frac{\dot{U}_i-\dot{U}_n}{R_1}=\frac{\dot{U}_n}{r_o}+\frac{\dot{U}_n-\dot{U}_o}{R_2}$$

整理后，得出

$$\frac{\dot{U}_i}{R_1}=-\frac{\dot{U}_o}{R_2}+\frac{\dot{U}_n}{R_n}\quad(R_n=R_1/\!/R_2/\!/r_o) \tag{5.7.10}$$

若 $R_1/\!/R_2\gg r_o$，则 $R_n\approx r_o$。将 $R_n\approx r_o$ 和式(5.7.9)代入(5.7.10)，可得

$$\frac{\dot{U}_i}{R_1}\approx-\dot{U}_o\cdot\left(\frac{1}{R_2}+j\omega C\right)$$

因此，电压放大倍数为

$$\dot{A}_u = \frac{\dot{U}_o}{\dot{U}_i} \approx -\frac{R_2}{R_1} \cdot \frac{1}{1 + j\omega R_2 C} \tag{5.7.11}$$

令 $\omega_H = \dfrac{1}{R_2 C}$,则上限频率

$$f_H = \frac{1}{2\pi R_2 C} \tag{5.7.12}$$

f_H 与 R_1 无关。将式(5.7.12)代入式(5.7.11),得出

$$\dot{A}_u \approx -\frac{R_2}{R_1} \cdot \frac{1}{1 + j\dfrac{f}{f_H}} \tag{5.7.13}$$

因此,$\dot{A}_u$ 的幅频特性如图 5.7.8 所示。当 R_1 取值减小为 R_1' 时,电路的低频放大倍数的数值增大,但其带宽不变,如图中虚线所示。

综上所述,在由电流反馈运放组成的负反馈放大电路中,当参数选择合适时,即使改变电压放大倍数,带宽也基本不变。这一点与传统的增益带宽积为常量的概念,全然不同。

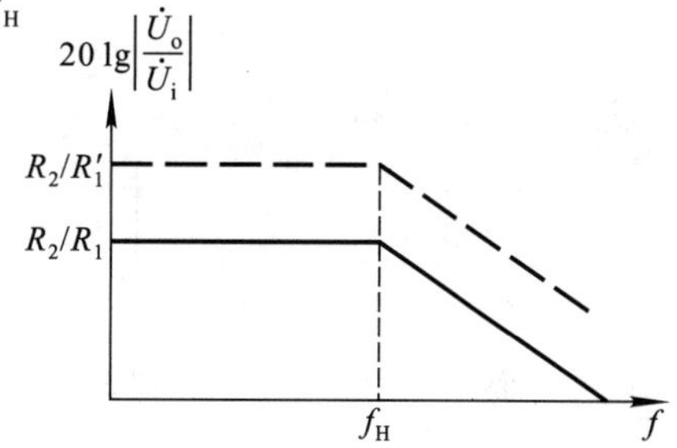

图 5.7.8 图 5.7.7(a)所示电路的幅频特性

■ **思考题**

5.7.1 放大电路中有可能引入直流正反馈吗?只能引入交流负反馈吗?如能引入交流正反馈,则应依据什么原则?

5.7.2 电流反馈集成运放与第四章所述集成运放有什么明显的区别?

5.8 Multisim 应用举例

5.8.1 开环放大倍数对闭环放大倍数的影响

一、仿真电路

仿真电路如图 5.8.1 所示,为电压串联负反馈放大电路。其中 U1A、U2A 均采用通用型运放 LM347,具有较为理想的性能指标;电阻取值如图中所标注。它们分别引入了局部电压并联负反馈,因而可以认为闭环电压放大倍数分别为 $\dot{A}_{uf1} \approx -R_7/R_1$、$\dot{A}_{uf2} \approx -R_3/R_2$,该负反馈放大电路的基本放大电路的放大倍数

$$\dot{A}_u \approx \dot{A}_{uf1}\dot{A}_{uf2} \tag{5.8.1}$$

整个电路引入了级间电压串联负反馈,在开环放大倍数趋于无穷大时,闭环电压放大倍数

$$\dot{A}_{uf} = \frac{1}{\dot{F}} = 1 + \frac{R_4}{R_5} = 100 \tag{5.8.2}$$

二、仿真内容

为电路输入频率为 10 Hz、峰值为 10 mV 的正弦波电压,用双踪示波器分别测量 $R_5 = 10\ \text{k}\Omega$ 和 1 MΩ 时输出的峰值电压,如图 5.8.1 所示,从而得到电压放大倍数的变化。

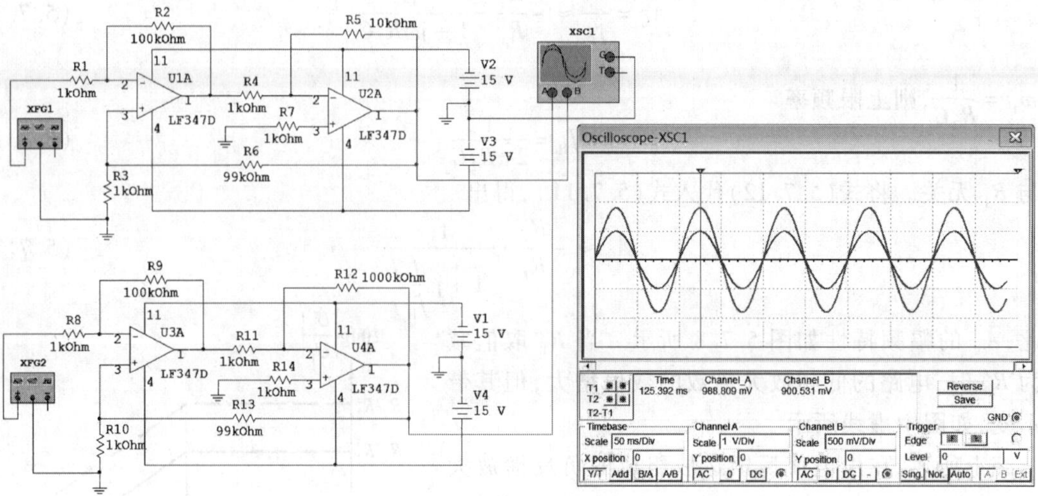

图 5.8.1　改变开环增益测量输出电压

测试数据及整理如表 5.8.1 所示。

表 5.8.1　开环放大倍数变化对闭环放大倍数的影响

实测信号源峰值 U_{ip}/mV	反馈电阻 R_5/kΩ	运放 U2A 输出电压峰值 U_{op}/V	闭环电压放大倍数 $\dot{A}_{uf}$	电压放大倍数 $\dot{A}_{uf1}$	电压放大倍数 $\dot{A}_{uf2}$	开环电压放大倍数 $\dot{A}_u$
9.997	10	900.531	90.5	-100	-10	10^3
9.997	1 000	988.809	98.9	-100	-1 000	10^5

表中采用峰值之比来计算电压放大倍数。

三、结论

1. 由表 5.8.1 可知，当 R_5 从 10 kΩ 变为 1 MΩ 时，开环增益变大，使闭环电压放大倍数由 90.5 变为 98.9，更接近式(5.8.2)所示理想情况下的数值。

2. 当 R_5 从 10 kΩ 变为 1 MΩ 时，电路的开环电压放大倍数 A 从 10^3 变为 10^5，相对变化 $\Delta\dot{A}_u/\dot{A}_u=(10^3-10^5)/10^5=-0.99$，闭环电压放大倍数相对变化 $\Delta\dot{A}_{uf}/\dot{A}_{uf}=(90.5-98.9)/98.9\approx-0.08$，数值远小于开环放大倍数的相对变化，说明负反馈提高了放大倍数的稳定性。

5.8.2　交流负反馈对频率特性的影响

两级直接耦合放大电路由图 3.4.1 所示电路演变而来，电路参数也与之相同，如图 5.8.2(a)所示。

一、仿真内容

研究电路引入电压串联负反馈前后增益和带宽的变化，测试电路分别如图 5.8.2(a)、(b)所示，图中采用波特图仪测试对数幅频特性曲线，测试数据及整理见表 5.8.2。

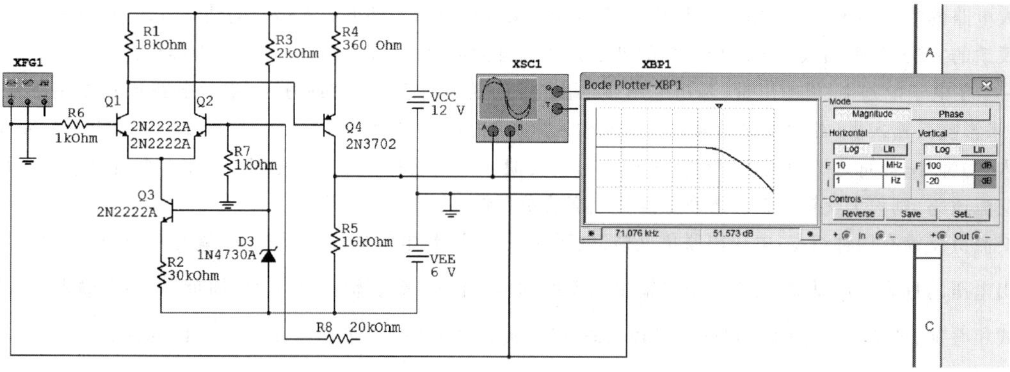

(a)

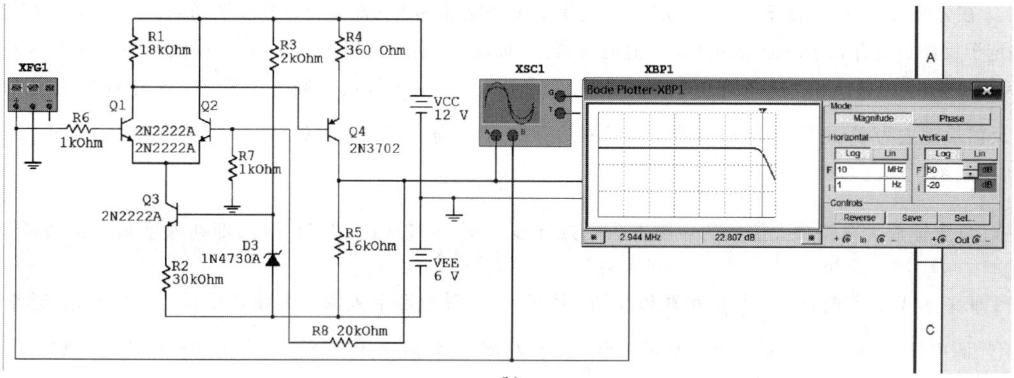

(b)

图 5.8.2 引入交流负反馈前后对数幅频特性曲线的测试

（a）引入反馈前 （b）引入反馈前后

表 5.8.2 引入交流负反馈前后增益及上限频率的变化

电路	中频增益/dB	上限频率/kHz
引入反馈之前	54.532	≈71.076
引入反馈之后	25.848	≈2 944

二、总结

1. 本电路引入的反馈是交、直流共存的负反馈，故在引入反馈后应测试电路静态工作点仍正常，方可进行动态测试，这里为节省篇幅而略去。

2. 当静态工作点变化时，晶体管的动态参数会有所变化，故上述测试存在误差。另外，由图 5.8.2 可知，表 5.8.2 中所示上限频率并不是准确的增益下降 3 dB 频率，因而也只是近似值。

3. 尽管测试是近似的，但是数据仍可表明，放大电路引入交流负反馈使得频带明显展宽。

本章小结

本章既是全书的重点，也是难点；原因一是实用电路中几乎没有不引入反馈的，要想学以致用，必须深刻了解反馈；原因二是除了要综合应用前几章的基本知识，还引入了其特有的概念、方法和解决问题的思路。

本章主要讲述了反馈的基本概念、负反馈放大电路的方块图及一般表达式、负反馈对放大电路性能的影响和放大电路的稳定性等问题，阐明了反馈的判断方法、深度负反馈条件下放大倍数的估算方法、根据需要正确引入负反馈的方法、负反馈放大电路稳定性的判断方法和自激振荡的消除方法等。主要内容为：

一、在电子电路中，将输出量（输出电压或输出电流）的一部分或全部通过一定的电路形式作用到输入回路，用来影响其输入量（放大电路的输入电压或输入电流）的措施称为反馈。若反馈的结果使输出量的变化（或净输入量）减小，则称之为负反馈；反之，则称之为正反馈。若反馈存在于直流通路，则称为直流反馈；若反馈存在于交流通路，则称为交流反馈。本章重点研究交流负反馈。

交流负反馈有四种组态：电压串联负反馈，电压并联负反馈，电流串联负反馈，电流并联负反馈。反馈量取自输出电压的称为电压反馈；反馈量取自输出电流的称为电流反馈；若输入量 $\dot{X}_i$、反馈量 $\dot{X}_f$ 和净输入量 $\dot{X}_i'$以电压形式相叠加，即 $\dot{U}_i = \dot{U}'_i + \dot{U}_f$，则称为串联反馈；以电流形式相叠加，即 $\dot{I}_i = \dot{I}'_i + \dot{I}_f$，则称为并联反馈。反馈组态不同，$\dot{X}_i$、$\dot{X}_f$、$\dot{X}'_i$、$\dot{X}_o$ 的量纲也就不同。

二、在分析反馈放大电路时，“有无反馈”决定于输出回路和输入回路是否存在反馈通路；“直流反馈或交流反馈”决定于反馈通路存在于直流通路还是交流通路；“正、负反馈”用瞬时极性法来判断，反馈的结果使净输入量减小的为负反馈，使净输入量增大的为正反馈。电压负反馈和电流负反馈的判断方法是令放大电路输出电压等于零，若反馈量随之为零，则为电压反馈；若反馈量依然存在，则为电流反馈；串联反馈和并联反馈决定于 $\dot{X}_i$、$\dot{X}_f$、$\dot{X}'_i$ 叠加时的量纲。

三、负反馈放大电路放大倍数的一般表达式为 $\dot{A}_f = \dfrac{\dot{A}}{1+\dot{A}\dot{F}}$，若$(1+\dot{A}\dot{F}) \gg 1$，即在深度负反馈条件下，$\dot{A}_f \approx 1/\dot{F}$，即 $\dot{X}_i \approx \dot{X}_f$。若电路引入深度串联负反馈，则 $\dot{U}_i \approx \dot{U}_f$；若电路引入深度并联负反馈，则 $\dot{I}_i \approx \dot{I}_f$，通常可以认为信号源电压 $\dot{U}_s \approx \dot{I}_s R_s$。引入电流负反馈时，$\dot{U}_o \approx \dot{I}_o R'_L$。利用 $\dot{A}_f \approx 1/\dot{F}$可以求出四种反馈组态放大电路的电压放大倍数 $\dot{A}_{uf}$或 $\dot{A}_{usf}$。

开环差模增益、共模抑制比、输入电阻为无穷大，输出电阻、所有失调参数及其温漂、噪声均为零的运放为理想运放。对于用理想运放组成的负反馈放大电路，可利用其“虚短”和“虚断”的特点求解放大倍数。

四、引入交流负反馈后可以提高放大倍数的稳定性、改变输入电阻和输出电阻、展宽频带、减小非线性失真等。引入不同组态负反馈对放大电路性能的影响不尽相同，在实用电路中应根据需求引入合适组态的负反馈。

五、负反馈放大电路的级数愈多，反馈愈深，产生自激振荡的可能性愈大，因此实用的负反馈放大电路以三级最常见。在已知环路增益的波特图的情况下，可以根据 f_0和 f_c的关系判断电路的稳定性，若 $f_0 < f_c$，则电路不稳定，会产生自激振荡；若 $f_0 > f_c$，则电路稳定，不会产生自激振荡。为使电路具有足够的稳定性，幅值裕度应小于 -10 dB，相位裕度应大于 45°。若负反馈放大电路产生了自激振荡，则应在电路中合适的位置加小容量电容或电阻和电容来消振。

在放大电路中除了引入负反馈外，有时还可能引入正反馈。此外，利用电流反馈型集成运放构成的负反馈放大电路还可在改变增益的情况下使上限截止频率基本不变。

学完本章后，应在理解反馈基本概念的基础上，达到下列要求：

一、“会判”，即能够正确判断电路中是否引入了反馈及反馈的性质，例如是直流反馈还是交流反馈，是正反馈还是负反馈；如为交流负反馈，是哪种组态的反馈等。

二、“会算”，即理解负反馈放大电路放大倍数 $\dot{A}_f$ 在不同反馈组态下的物理意义，并能够估算深度负反馈条件下的放大倍数。

三、“会引”，即掌握负反馈四种组态对放大电路性能的影响，并能够根据需要在放大电路中引入合适的交流负反馈。

四、“会判振消振”，即理解负反馈放大电路产生自激振荡的原因，能够利用环路增益的波特图判断电路的稳定性，并了解消除自激振荡的方法。

自 测 题

一、已知交流负反馈有四种组态：

A. 电压串联负反馈　　B. 电压并联负反馈

C. 电流串联负反馈　　D. 电流并联负反馈

选择合适的答案填入下列空格内，只填入 A、B、C 或 D。

（1）欲得到电流－电压转换电路，应在放大电路中引入______；

（2）欲将电压信号转换成与之成比例的电流信号，应在放大电路中引入______；

（3）欲减小电路从信号源索取的电流，增强带负载能力，应在放大电路中引入______；

（4）欲从信号源获得更大的电流，并稳定输出电流，应在放大电路中引入______。

二、判断图 T5.2 所示各电路中是否引入了反馈；若引入了反馈，则判断是正反馈还是负反馈；若引入了交流负反馈，则判断是哪种组态的负反馈，并求出反馈系数和深度负反馈条件下的电压放大倍数 $\dot{A}_{uf}$ 或 $\dot{A}_{usf}$。设图中所有电容对交流信号均可视为短路。

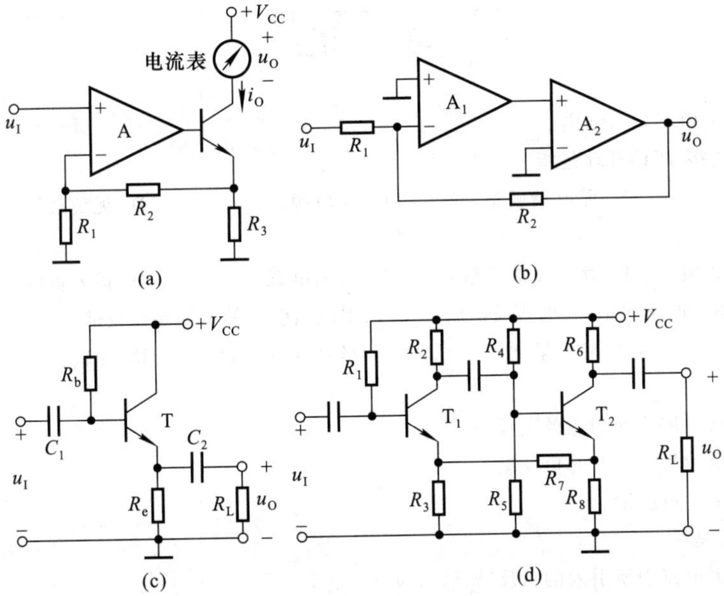

图 T5.2

三、电路如图 T5.3 所示。

（1）正确接入信号源和反馈，使电路的输入电阻增大、输出电阻减小；

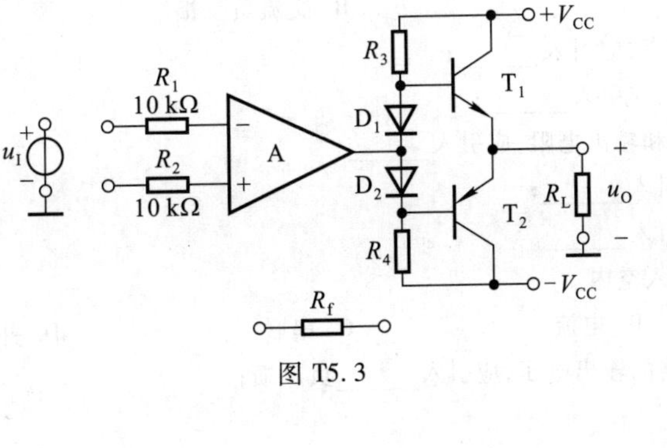

图 T5.3

（2）若 $|\dot{A}_u| = \frac{U_o}{U_i} = 20$，则 R_f 应取多少千欧？

四、已知一个负反馈放大电路中基本放大电路的对数幅频特性如图 T5.4 所示，反馈网络由纯电阻组成。试问：若要求电路稳定工作，即不产生自激振荡，则反馈系数的上限值为多少分贝？简述理由。

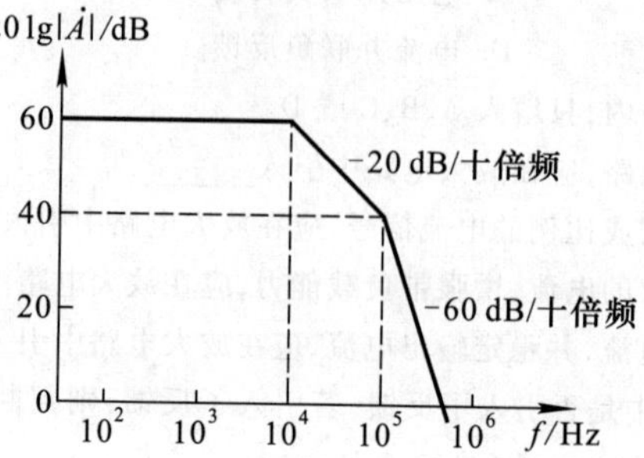

图 T5.4

习　题

5.1 选择合适的答案填入空内。

（1）对于放大电路，所谓开环是指______；

A. 无信号源　　B. 无反馈通路　　C. 无电源　　D. 无负载

而所谓闭环是指______。

A. 考虑信号源内阻　　B. 存在反馈通路　　C. 接入电源　　D. 接入负载

（2）在输入量不变的情况下，若引入反馈后______，则说明引入的反馈是负反馈。

A. 输入电阻增大　　B. 输出量增大　　C. 净输入量增大　　D. 净输入量减小

（3）直流负反馈是指______。

A. 直接耦合放大电路中所引入的负反馈

B. 只有放大直流信号时才有的负反馈

C. 在直流通路中的负反馈

（4）交流负反馈是指______。

A. 阻容耦合放大电路中所引入的负反馈

B. 只有放大交流信号时才有的负反馈

C. 在交流通路中的负反馈

（5）为了实现下列目的，应引入

A. 直流负反馈　　B. 交流负反馈

① 为了稳定静态工作点，应引入______；

② 为了稳定放大倍数，应引入______；

③ 为了改变输入电阻和输出电阻，应引入______；

④ 为了抑制温漂，应引入______；

⑤ 为了展宽频带，应引入______。

5.2 选择合适答案填入空内。

A. 电压　　B. 电流　　C. 串联　　D. 并联

（1）为了稳定放大电路的输出电压，应引入______负反馈；

(2) 为了稳定放大电路的输出电流,应引入______负反馈;

(3) 为了增大放大电路的输入电阻,应引入______负反馈;

(4) 为了减小放大电路的输入电阻,应引入______负反馈;

(5) 为了增大放大电路的输出电阻,应引入______负反馈;

(6) 为了减小放大电路的输出电阻,应引入______负反馈。

5.3 分别简述下列说法中的问题。

(1) 为了改善放大电路的性能,电路中只能引入负反馈。

(2) 放大电路中引入的负反馈越强,电路的放大倍数就一定越稳定。

(3) 在图 T5.2(a)所示电路中,R_1 上的电压就是反馈电压。

(4) 既然电流负反馈稳定输出电流,那么必然稳定输出电压;既然电压负反馈稳定输出电压,那么也必然稳定输出电流;因此电流负反馈与电压负反馈没有本质的区别。

5.4 判断图 P5.4 所示各电路中是否引入了反馈,是直流反馈还是交流反馈,是正反馈还是负反馈。设图中所有电容对交流信号均可视为短路。

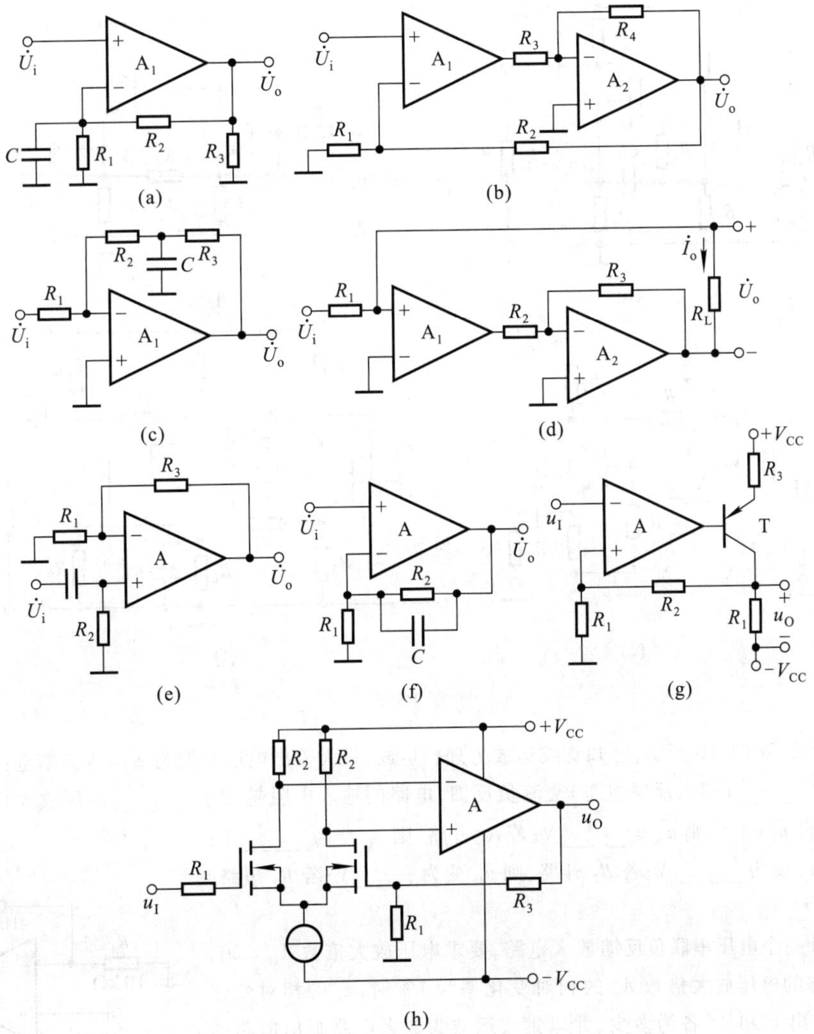

图 P5.4

5.5 电路如图 P5.5 所示，要求同题 5.4。

5.6 分别判断图 P5.4(d) ~ (h)所示各电路中引入了哪种组态的交流负反馈。

5.7 分别判断图 P5.5(a)、(b)、(e)、(f)所示各电路中引入了哪种组态的交流负反馈。

5.8 分别估算图 P5.4(d) ~ (h)所示各电路在理想运放条件下的电压放大倍数。

5.9 分别估算图 P5.5(a)、(b)、(e)、(f)所示各电路在深度负反馈条件下的电压放大倍数。

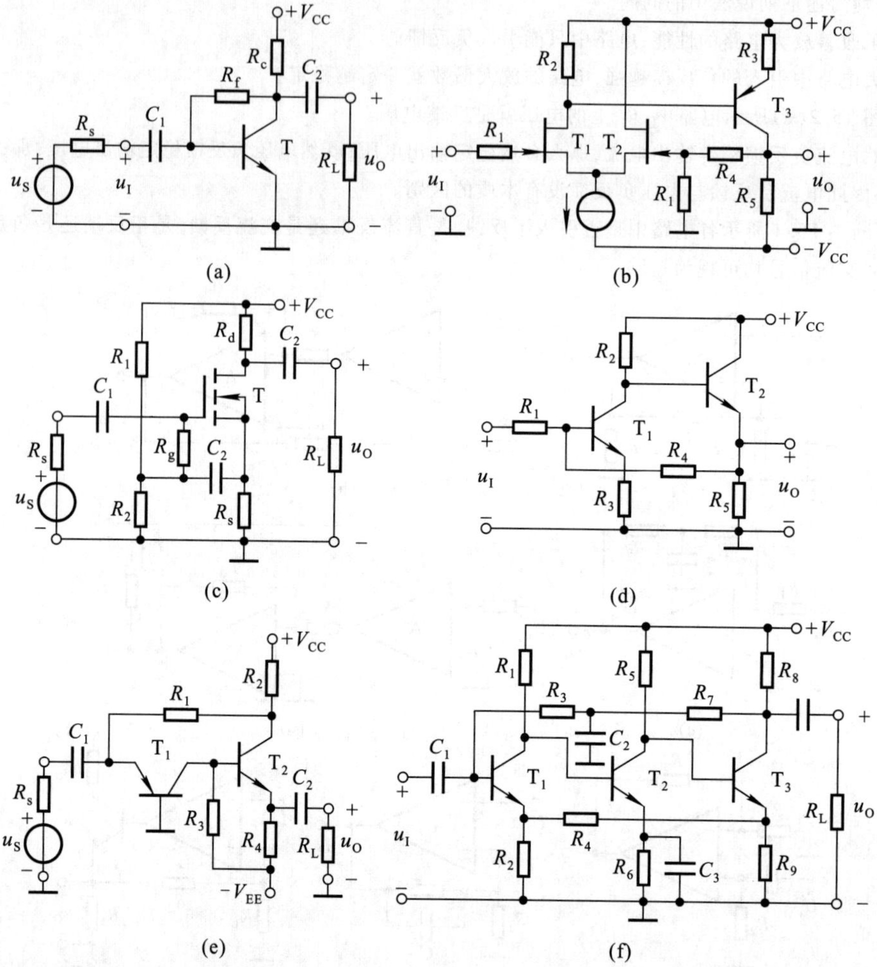

图 P5.5

5.10 电路如图 P5.10 所示，已知集成运放为理想运放，最大输出电压幅值为 ±14 V。填空：

电路引入了______(填入反馈组态)交流负反馈，电路的输入电阻趋近于______，电压放大倍数 $A_{uf}=\Delta u_O/\Delta u_I=$______。设 $u_I=1$ V，则 $u_O=$______ V；若 R_1 开路，则 u_O 变为______ V；若 R_1 短路，则 u_O 变为______ V；若 R_2 开路，则 u_O 变为______ V；若 R_2 短路，则 u_O 变为______ V。

5.11 设计一个电压串联负反馈放大电路，要求电压放大倍数 $A_{uf}=20$，且基本放大电路的电压放大倍数 A_u 的相对变化率为 1% 时，A_{uf} 的相对变化率为 0.01%，求出 F 和 A_u 各为多少，并以集成运放为放大电路画出电路图来，标注出各电阻值。

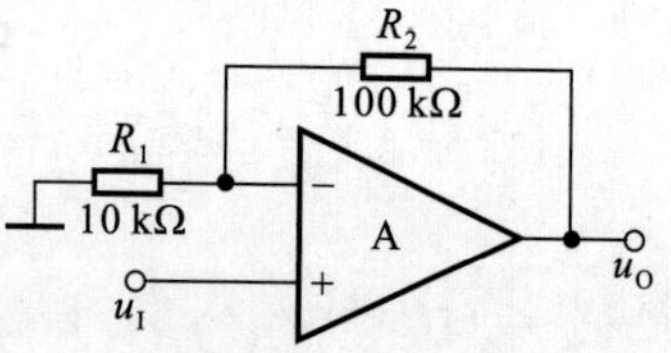

图 P5.10

5.12　已知负反馈放大电路的 $\dot{A}=\dfrac{10^4}{\left(1+j\dfrac{f}{10^4}\right)\left(1+j\dfrac{f}{10^5}\right)^2}$。试分析：为了使放大电路能够稳定工作（即不产生自激振荡），反馈系数的上限值为多少？

5.13　以集成运放作为放大电路，引入合适的负反馈，分别达到下列目的，要求画出电路图来。

（1）实现电流－电压转换电路；

（2）实现电压－电流转换电路；

（3）实现输入电阻高、输出电压稳定的电压放大电路；

（4）实现输入电阻低、输出电流稳定的电流放大电路。

5.14　电路如图 P5.14 所示。

（1）试通过电阻引入合适的交流负反馈，使输入电压 u_I 转换成稳定的输出电流 i_L；

（2）若 $u_I=0\sim5$ V 时，$i_L=0\sim10$ mA，则反馈电阻 R_F 应取多少？

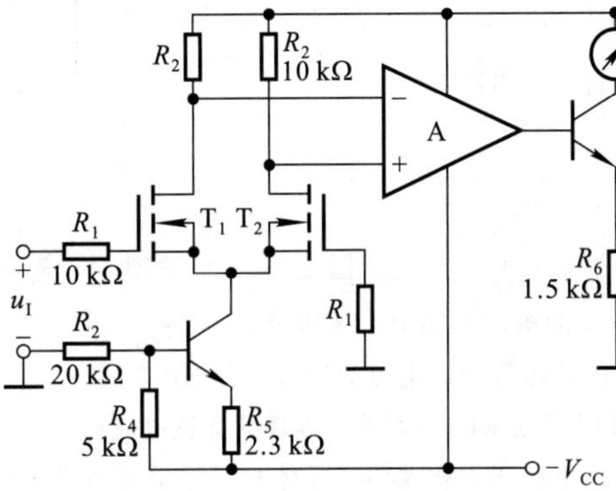

图 P5.14

5.15　图 P5.15(a)所示放大电路 $\dot{A}\dot{F}$ 的波特图如图(b)所示。

（1）判断该电路是否会产生自激振荡？简述理由。

（2）若电路产生了自激振荡，则应采取什么措施消振？要求在图(a)中画出来。

（3）若仅有一个 50 pF 电容，分别接在三个晶体管的基极和地之间均未能消振，则将其接在何处有可能消振？为什么？

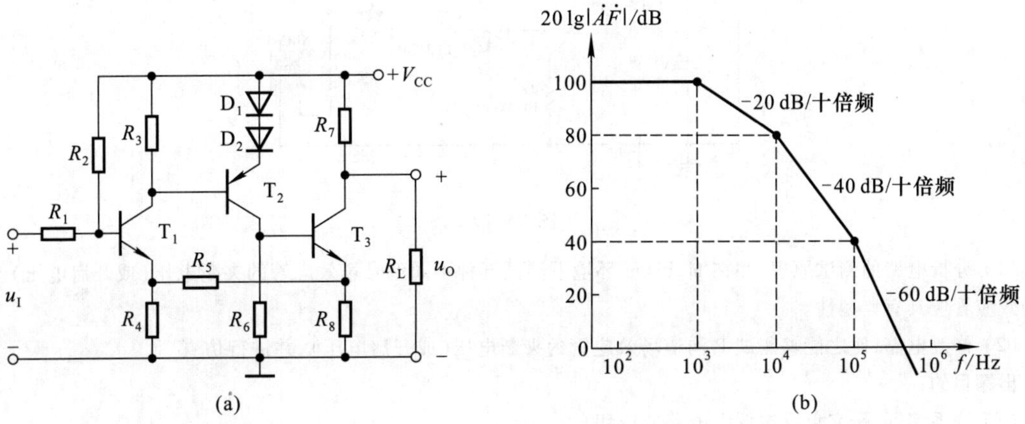

图 P5.15

5.16　试分析如图 P5.16 所示电路中是否引入了正反馈(即构成自举电路),如有,则在电路中标出,并简述正反馈起什么作用。设电路中所有电容对交流信号视为短路。

5.17　电路如图 P5.4(b)所示,已知 A_1、A_2 均为理想运放,其最大输出电压幅值 $\pm U_{OM} = \pm 14$ V;$R_1 = R_3 = 10$ kΩ,$R_2 = R_4 = 100$ kΩ;输入电压 $u_I = 1$ V。回答下列问题:

(1) 正常情况下 u_O = ________ V;

(2) 若 R_1 开路,则 u_O = ________ V;若 R_1 短路,则 u_O = ________ V;

(3) 若 R_2 开路,则 u_O = ________ V;若 R_2 短路,则 u_O = ________ V;

(4) 若 R_4 开路,则 u_O = ________ V;若 R_4 短路,则 u_O = ________ V;

(5) 简化电路,利用一个集成运放实现与原图同样功能,画出电路图。

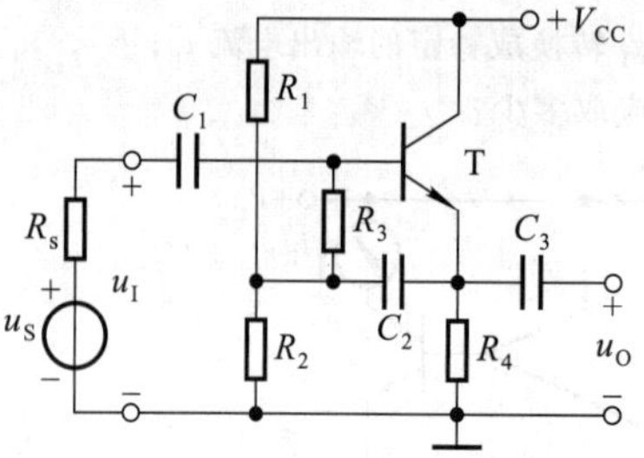

图 P5.16

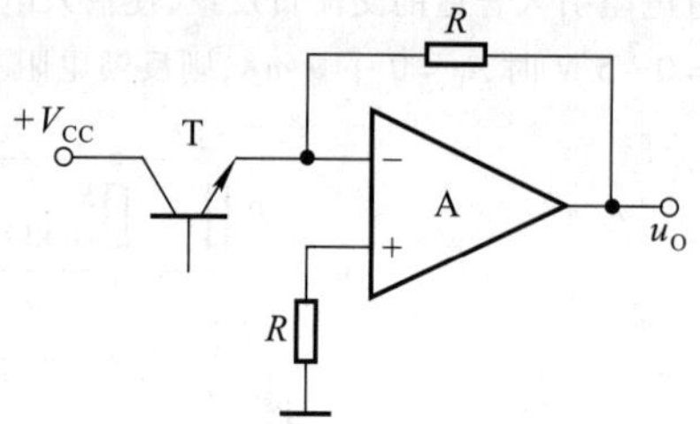

图 P5.18

5.18　测试 NPN 型晶体管穿透电流的电路如图 P5.18 所示。

(1) 电路中引入了哪种反馈?测试晶体管穿透电流的原理是什么?

(2) 选择合适的 R,在 Multisim 环境下测试四种型号晶体管的穿透电流。

提示:首先应了解穿透电流的定义、小功率管和大功率晶体管穿透电流的数量级,然后根据所加 V_{CC} 的数值和所希望输出电压的数值选择 R 的取值。由于穿透电流数值较小,为了测量比较精确,R 的取值不可太小。

5.19　测试 N 沟道场效应管夹断电压(或开启电压)的电路如图 P5.19 所示。

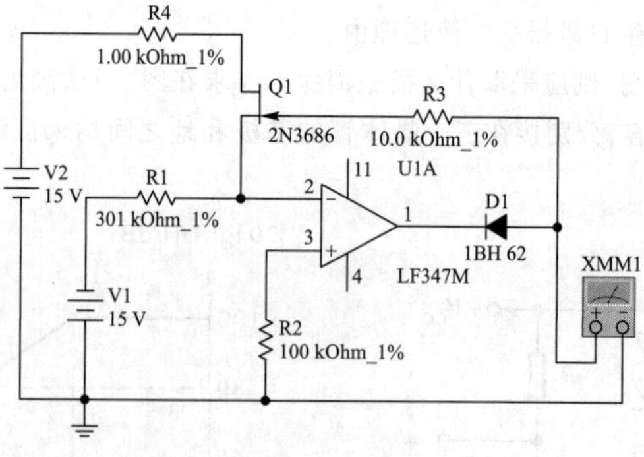

图 P5.19

(1) 分析电路的测试原理,并在 Multisim 环境下测试五种不同型号场效应管的夹断电压(或开启电压)。所选场效应管应具有典型性。

(2) 修改电路,使之能够测试 P 沟道场效应管的夹断电压(或开启电压),并进行仿真。

出题目的:

(1) 联系实际,研究负反馈放大电路的应用。

(2) 熟悉场效应管的种类及夹断电压(开启电压)的物理意义。

提示:手册中给出的夹断电压或开启电压,通常是漏极电流 I_D 为一很小数值(如 5 μA)下的栅 - 源电压 U_{GS}。

5.20 图 P5.20 所示为简易测试集成运放开环差模增益的电路。因集成运放的上限频率很低,开环差模增益很高,故输入为低频正弦波小信号(如频率为 10 Hz、峰值 U_{ip}为10 mV),测得输出电压峰值为 U_{op},即可得开环差模放大倍数。

C 为耦合电容,故应取值足够大。

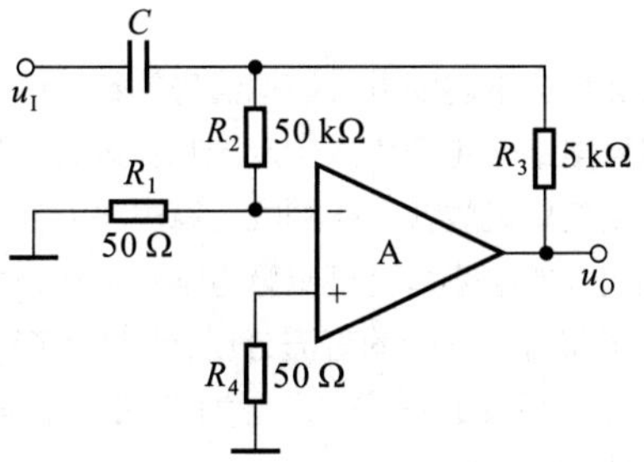

图 P5.20

(1) 分析电路中的反馈,说明测量原理,求出开环差模放大倍数的表达式。

(2) 在 Multisim 环境下仿真,测试不同型号集成运放的开环差模增益。

第 6 章　信号的运算和处理

本章讨论的问题

- 什么情况下需要进行模拟信号的数学运算？
- 运算电路一定要引入负反馈吗？运算电路中集成运放必须工作在线性区吗？不是理想运放就不能构成运算电路吗？
- 如何判断电路是否是运算电路？怎样分析运算电路的运算关系？
- 为了获得信号中的直流分量，或者为了获得信号中的高频分量，或者为了传送某一频段的信号，或者为了去掉信号中电源所带来的50 Hz干扰，应采用什么电路？
- 为什么说有源滤波电路是信号处理电路？有几种滤波电路？它们分别有什么特点？应用在什么场合？有哪些主要性能指标？如何描述它们的特性？
- 由集成运放组成的有源滤波电路中一定要引入负反馈吗？能否引入正反馈？为什么？

6.1　基本运算电路

集成运放的基本应用之一是能构成各种运算电路，并因此而得名。在运算电路中，以输入电压作为自变量，以输出电压作为函数；当输入电压变化时，输出电压将按一定的数学规律变化，即输出电压反映输入电压某种运算的结果。运算电路首先应用在控制电路中，例如在自动控制系统中，常常需要其主要参数（如温度、压力、流量……）经传感器变为电信号放大后，再经一定数学运算（如比例、积分、微分……）的结果去驱动执行机构，才能获得最佳控制；另外，基本运算电路也是构成其它集成运放应用电路的基础电路。

本节将介绍比例、加减、积分、微分、对数、指数等基本运算电路。

6.1.1　概述

一、电路的组成

为了实现输出电压与输入电压的某种运算关系，运算电路中的集成运放应当工作在线性区，因而电路中必须引入负反馈；且为了稳定输出电压，故均引入电压负反馈。可见，运算电路的特征是从集成运放的输出端到其反相输入端存在反馈通路，如图 5.4.5 所示。

由于集成运放优良的指标参数，不管引入电压串联负反馈，还是引入电压并联负反馈，均为深度负反馈。因此电路是利用反馈网络和输入网络来实现各种数学运算的。

二、“虚短”和“虚断”是分析运算电路的基本出发点

通常，在分析运算电路时均设集成运放为理想运放，因而其两个输入端的净输入电压和净输入电流均为零，即具有“虚短路”和“虚断路”两个特点，这是分析运算电路输出电压与输入电压运算关系的基本出发点。

在运算电路中，无论输入电压，还是输出电压，均对“地”而言。

在求解运算关系式时，多采用节点电流法；对于多输入的电路，还可利用叠加原理。

6.1.2 比例运算电路

一、反相比例运算电路

1. 基本电路

反相比例运算电路如图 6.1.1 所示，与图 5.4.6(b)所示电路相比可知，这是典型的电压并联负反馈电路。输入电压 u_I 通过电阻 R 作用于集成运放的反相输入端，故输出电压 u_O 与 u_I 反相。同相输入端通过电阻 R' 接地，R' 为补偿电阻，以保证集成运放输入级差分放大电路外接电阻的对称性；其值为 $u_I=0$（将输入端接地）时反相输入端的总等效电阻，即各支路电阻的并联，因此 $R'=R//R_f$。电路中通过 R_f 引入负反馈，故

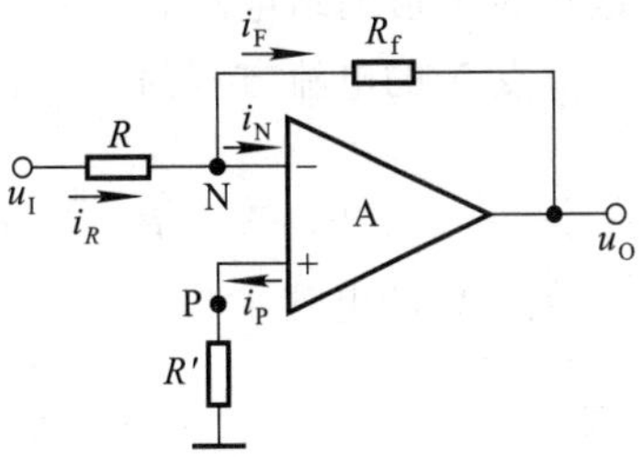

图 6.1.1 反相比例运算电路

$$u_N = u_P = 0 \tag{6.1.1}$$

为“虚地”；“虚”即“假”，表明电位为零，但又不真正接地。

$$i_P = i_N = 0 \tag{6.1.2}$$

节点 N 的电流方程为

$$i_R = i_F$$

$$\frac{u_I - u_N}{R} = \frac{u_N - u_O}{R_f}$$

由于 N 点为虚地，整理得出

$$u_O = -\frac{R_f}{R}u_I \tag{6.1.3}$$

u_O 与 u_I 成比例关系，比例系数为 $-R_f/R$，负号表示 u_O 与 u_I 反相。比例系数的数值可以是大于、等于和小于 1 的任何值。

因为电路引入了深度电压负反馈，且 $1+AF=\infty$，所以输出电阻 $R_o=0$，电路带负载后运算关系不变。

因为从电路输入端和地之间看进去的等效电阻等于输入端和虚地之间看进去的等效电阻，所以电路的输入电阻

$$R_i = R \tag{6.1.4}$$

可见，尽管理想运放的输入电阻为无穷大，但是由于电路引入的是并联负反馈，反相比例运算电路的输入电阻却不大。

式(6.1.4)表明为了增大输入电阻，必须增大 R。例如，在比例系数为 -50 的情况下，若要求 $R_i=10\ \text{k}\Omega$，则 R 应取 10 kΩ，R_f 应取 500 kΩ；若要求 $R_i=100\ \text{k}\Omega$，则 R 应取 100 kΩ，R_f 应取 5 MΩ。实际上，当电路中电阻取值过大时，一方面由于工艺的原因，电阻的稳定性差且噪声大；

另一方面，当阻值与集成运放的输入电阻等数量级时，式(6.1.3)所示比例系数会发生较大变化，其值将不仅决定于反馈网络，还与集成运放的参数有关。使用阻值较小的电阻，达到数值较大的比例系数，并且具有较大的输入电阻，是实际应用的需要。

在基本电路中，由于反馈电流与输入电流相等，所以使比例系数为 $-R_f/R$。可以想象，若 i_F 远大于 i_I，则利用阻值不大的电阻就可以得到较大的输出电压，从而获得同样的比例系数。利用T形网络取代图6.1.1所示电路中的 R_f，可以达到上述目的。

2. T形网络反相比例运算电路

在图6.1.2所示电路中，电阻 R_2、R_3 和 R_4 构成英文字母T，故称为T形网络电路。

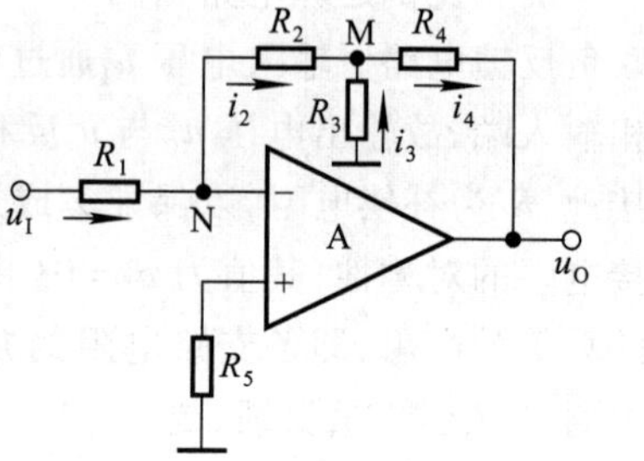

图6.1.2 T形网络反相比例运算电路

节点N的电流方程为

$$\frac{u_I}{R_1} = \frac{-u_M}{R_2}$$

因而节点M的电位

$$u_M = -\frac{R_2}{R_1} \cdot u_I$$

R_3 和 R_4 的电流分别为

$$i_3 = -\frac{u_M}{R_3} = \frac{R_2}{R_1 R_3} u_I$$

$$i_4 = i_2 + i_3$$

输出电压

$$u_O = -i_2 R_2 - i_4 R_4$$

将各电流表达式代入，整理可得

$$u_O = -\frac{R_2 + R_4}{R_1}\left(1 + \frac{R_2 /\!/ R_4}{R_3}\right) u_I \tag{6.1.5}$$

上式表明当 $R_3 = \infty$ 时，反馈电阻 $R_f = R_2 + R_4$，u_O 与 u_I 的关系如式(6.1.3)所示。T形网络电路的输入电阻 $R_i = R_1$。若要求比例系数为 -50 且 $R_i = 100\ \text{k}\Omega$，则 R_1 应取 $100\ \text{k}\Omega$；如果 R_2 和 R_4 也取 $100\ \text{k}\Omega$，那么只要 R_3 取 $2.08\ \text{k}\Omega$，即可得到 -50 的比例系数。

因为 R_3 的引入使反馈系数减小，所以为保证足够的反馈深度，应选用开环增益更大的集成运放。

二、同相比例运算电路

将图6.1.1所示电路中的输入端和接地端互换，就得到同相比例运算电路，如图6.1.3所示。电路引入了电压串联负反馈，故可以认为输入电阻为无穷大，输出电阻为零。即使考虑集成运放参数的影响，输入电阻也可达 $10^9\ \Omega$ 以上。

根据“虚短”和“虚断”的概念，集成运放的净输入电压为零，即

$$u_P = u_N = u_I \tag{6.1.6}$$

说明集成运放有共模输入电压。

净输入电流为零，因而 $i_R = i_F$，即

$$\frac{u_N - 0}{R} = \frac{u_O - u_N}{R_f}$$

$$u_O = \left(1 + \frac{R_f}{R}\right)u_N = \left(1 + \frac{R_f}{R}\right)u_P \qquad (6.1.7)$$

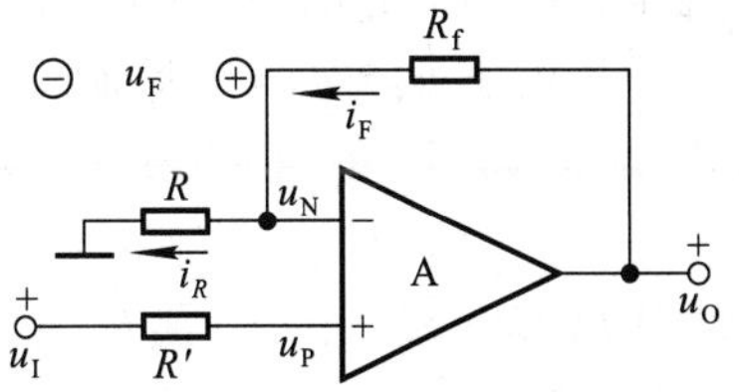

图 6.1.3 同相比例运算电路

将式(6.1.6)代入，得

$$u_O = \left(1 + \frac{R_f}{R}\right)u_I \qquad (6.1.8)$$

上式表明 u_O与 u_I同相，且 u_O大于 u_I。

应当指出，虽然同相比例运算电路具有高输入电阻、低输出电阻的优点，但因为集成运放有共模输入，所以为了提高运算精度，应当选用高共模抑制比的集成运放。从另一角度看，在对电路进行误差分析时，应特别注意共模信号的影响。

比例运算电路可作为反相或同相放大电路，其放大倍数非常稳定；且电路设计较分立元件电路要简单得多，只需选择几个电阻值即可。

三、电压跟随器

在同相比例运算电路中，若将输出电压的全部反馈到反相输入端，就构成图 6.1.4 所示的电压跟随器。电路引入了电压串联负反馈，且反馈系数为 1。由于 $u_O = u_N = u_P$，故输出电压与输入电压的关系为

$$u_O = u_I \qquad (6.1.9)$$

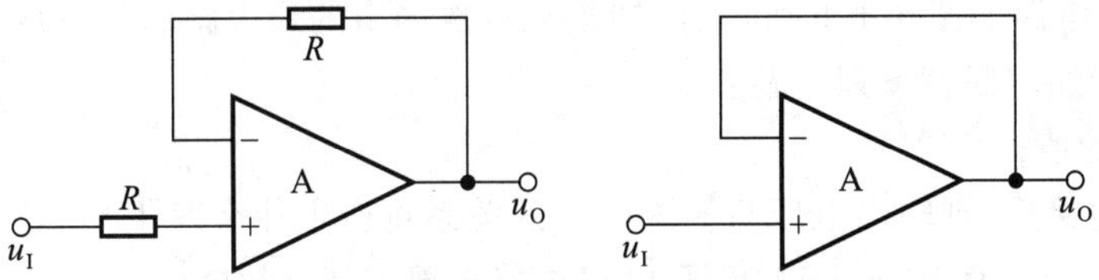

图 6.1.4 电压跟随器

理想运放的开环差模增益为无穷大，因而电压跟随器具有比射极输出器和源极输出器好得多的跟随特性。实用时，还可选择集成电压跟随器，它们在多方面具有更优良的性能。

综上所述，对于单一信号作用的运算电路，在分析运算关系时，应首先列出关键节点的电流方程，所谓关键节点是指那些与输入电压和输出电压产生关系的节点，如 N 点和 P 点；然后根据"虚短"和"虚断"的原则，进行整理，即可得到输出电压和输入电压的运算关系。

【例 6.1.1】 电路如图 6.1.5 所示，已知 $R_2 \gg R_4$，$R_1 = R_2$，试问：

(1) u_O与 u_I的比例系数为多少？

(2) 若 R_4开路，则 u_O与 u_I的比例系数为多少？

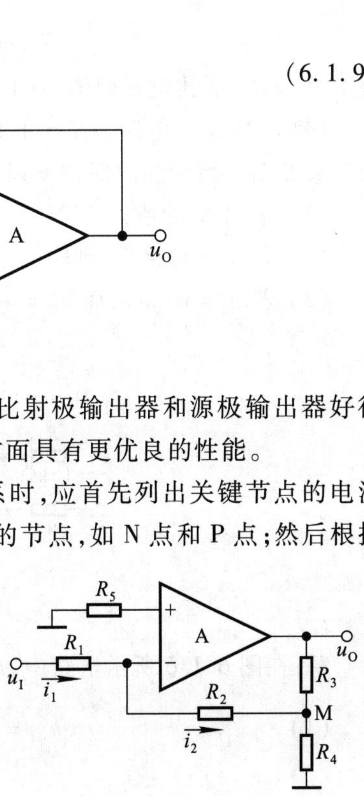

图 6.1.5 例 6.1.1 的电路图

解：比较图 6.1.5 和图 6.1.2 所示的电路不难发现，它们

是完全相同的运算电路，即T形网络反相比例运算电路。

（1）由于 $u_N=u_P=0$，因而

$$i_2=i_1=\frac{u_I}{R_1}$$

M点的电位

$$u_M=-i_2R_2=-\frac{R_2}{R_1}u_I$$

由于 $R_2\gg R_4$，可以认为

$$u_O\approx\left(1+\frac{R_3}{R_4}\right)u_M$$

$$u_O\approx-\frac{R_2}{R_1}\left(1+\frac{R_3}{R_4}\right)u_I$$

在上式中，由于 $R_1=R_2$，故 u_O 与 u_I 的关系式为

$$u_O\approx-\left(1+\frac{R_3}{R_4}\right)u_I$$

所以，比例系数约为 $-(1+R_3/R_4)$。

（2）若 R_4 开路，则电路变为典型的反相比例运算电路，根据式(6.1.3)，u_O 与 u_I 的运算关系式为

$$u_O=-\frac{R_2+R_3}{R_1}\cdot u_I$$

由于 $R_1=R_2$，故比例系数为 $-(1+R_3/R_1)$。

【例6.1.2】 电路如图6.1.6所示，已知集成运放输出的最大幅值为 ±14 V；$u_O=-55u_I$，其余参数如图中所标注。回答下列问题：

（1）求出 R_5 的值；

（2）若 u_I 与地接反，则输出电压与输入电压的关系将产生什么变化？

（3）若 $u_I=10$ mV，而 $u_O=-14$ V，则电路可能出现了什么故障？

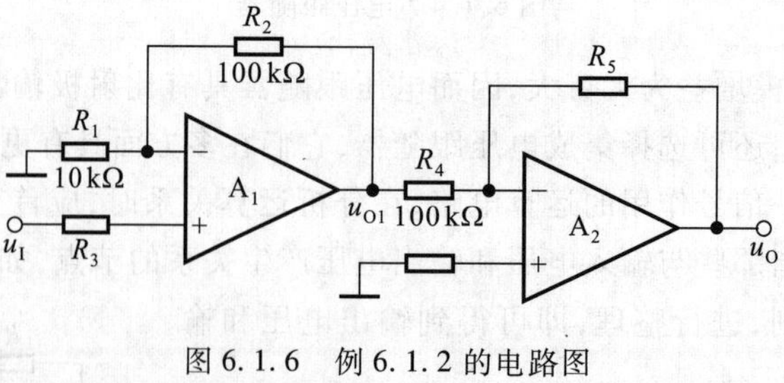

图6.1.6 例6.1.2的电路图

解：在图6.1.6所示电路中，A_1 构成同相比例运算电路，A_2 构成反相比例运算电路。

（1）
$$u_{O1}=\left(1+\frac{R_2}{R_1}\right)u_I=\left(1+\frac{100\ \text{k}\Omega}{10\ \text{k}\Omega}\right)u_I=11u_I$$

$$u_O=-\frac{R_5}{R_4}u_{O1}=-\frac{R_5}{100\ \text{k}\Omega}\times11u_I=-55u_I$$

得出 $R_5=500\ \text{k}\Omega$。

(2) 若 u_I与地接反,则第一级变为反相比例运算电路。因此,

$$u_{O1}=-\frac{R_2}{R_1}\cdot u_I=-\frac{100\ \text{k}\Omega}{10\ \text{k}\Omega}\cdot u_I=-10u_I$$

由于第二级电路的比例系数仍为 -5,所以 $u_O=50u_I$。

在多级运算电路的分析中,因各级电路的输出电阻均为零,后级电路作为前级电路的负载不影响前级电路的运算关系,所以对每级电路的分析和单级电路完全相同。

(3) 电路正常工作时,若 $u_I=10\ \text{mV}$,则 $u_O=-550\ \text{mV}$。$u_O=-14\ \text{V}$ 表明至少有一级电路的集成运放工作在开环状态,即反馈电阻 R_2或 R_5断开,或者二者均断开;当然,也可能至少有一级电路接成正反馈,即 A_1或 A_2的同相输入端和反相输入端接反,或者二者均接反。

实验中常常会出现故障,只有在理论的指导下才能迅速查出并排除故障。

6.1.3 加减运算电路

实现多个输入信号按各自不同的比例求和或求差的电路统称为加减运算电路。若所有输入信号均作用于集成运放的同一个输入端,则实现加法运算;若一部分输入信号作用于同相输入端,而另一部分输入信号作用于反相输入端,则实现加减法运算。

一、求和运算电路

1. 反相求和运算电路

反相求和运算电路的多个输入信号均作用于集成运放的反相输入端,如图 6.1.7 所示。根据"虚短"和"虚断"的原则,$u_N=u_P=0$,节点 N 的电流方程为

$$i_1+i_2+i_3=i_F$$

$$\frac{u_{I1}}{R_1}+\frac{u_{I2}}{R_2}+\frac{u_{I3}}{R_3}=-\frac{u_O}{R_f}$$

所以 u_O的表达式为

$$u_O=-R_f\left(\frac{u_{I1}}{R_1}+\frac{u_{I2}}{R_2}+\frac{u_{I3}}{R_3}\right) \tag{6.1.10}$$

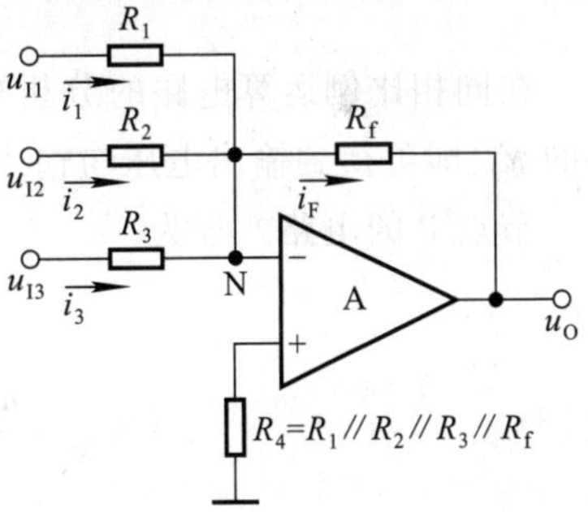

图 6.1.7 反相求和运算电路

对于多输入的电路除了用上述节点电流法求解运算关系外,还可利用叠加原理,首先分别求出各输入电压单独作用时的输出电压,然后将它们相加,便得到所有信号共同作用时输出电压与输入电压的运算关系。

设 u_{I1}单独作用,此时应将 u_{I2}和 u_{I3}接地,如图 6.1.8 所示。由于电阻 R_2和 R_3的一端是"地",一端是"虚地",故它们的电流为零。因此,电路实现的是反相比例运算

$$u_{O1}=-\frac{R_f}{R_1}u_{I1}$$

利用同样方法,分别求出 u_{I2}和 u_{I3}单独作用时的输出 u_{O2}和 u_{O3},即

$$u_{O2}=-\frac{R_f}{R_2}u_{I2},\quad u_{O3}=-\frac{R_f}{R_3}u_{I3}$$

当 u_{I1}、u_{I2} 和 u_{I3} 同时作用时，有

$$u_O = u_{O1} + u_{O2} + u_{O3} = -\frac{R_f}{R_1}u_{I1} - \frac{R_f}{R_2}u_{I2} - \frac{R_f}{R_3}u_{I3}$$

与式(6.1.10)相同。

若 $R_1 = 5\ \text{k}\Omega, R_2 = 20\ \text{k}\Omega, R_3 = 50\ \text{k}\Omega, R_f = 100\ \text{k}\Omega$，则 $u_O = -20u_{I1} - 5u_{I2} - 2u_{I3}$。

从反相求和运算电路的分析可知，各信号源为运算电路提供的输入电流各不相同，表明从不同的输入端看进去的等效电阻不同，即输入电阻不同。

2. 同相求和运算电路

当多个输入信号同时作用于集成运放的同相输入端时，就构成同相求和运算电路，如图 6.1.9 所示。

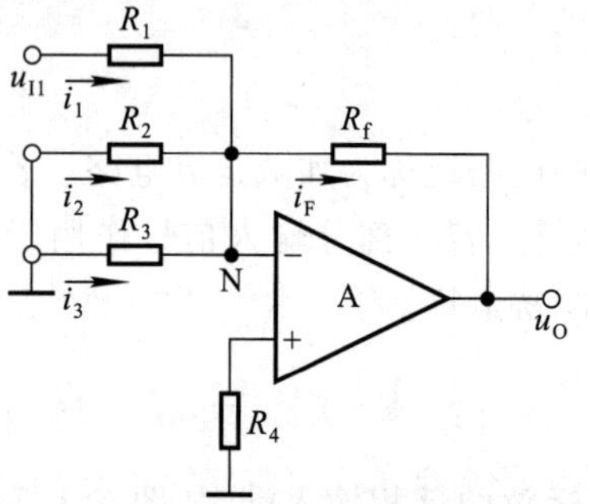

图 6.1.8　利用叠加原理求解运算关系

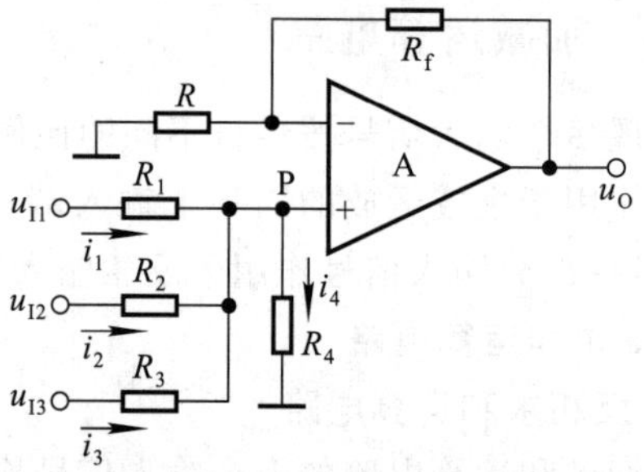

图 6.1.9　同相求和运算电路

在同相比例运算电路的分析中，曾得到式(6.1.7)所示的结论。因此求出图 6.1.9 所示电路的 u_P，即可得到输出电压与输入电压的运算关系。

节点 P 的电路方程为

$$i_1 + i_2 + i_3 = i_4$$

$$\frac{u_{I1} - u_P}{R_1} + \frac{u_{I2} - u_P}{R_2} + \frac{u_{I3} - u_P}{R_3} = \frac{u_P}{R_4}$$

$$\left(\frac{1}{R_1} + \frac{1}{R_2} + \frac{1}{R_3} + \frac{1}{R_4}\right)u_P = \frac{u_{I1}}{R_1} + \frac{u_{I2}}{R_2} + \frac{u_{I3}}{R_3}$$

所以同相输入端电位为

$$u_P = R_P\left(\frac{u_{I1}}{R_1} + \frac{u_{I2}}{R_2} + \frac{u_{I3}}{R_3}\right) \tag{6.1.11}$$

式中，$R_P = R_1 /\!/ R_2 /\!/ R_3 /\!/ R_4$。

将式(6.1.11)代入式(6.1.7)，得出

$$u_O = \left(1 + \frac{R_f}{R}\right) \cdot R_P \cdot \left(\frac{u_{I1}}{R_1} + \frac{u_{I2}}{R_2} + \frac{u_{I3}}{R_3}\right)$$

$$= \frac{R + R_f}{R} \cdot \frac{R_f}{R_f} \cdot R_P \cdot \left(\frac{u_{I1}}{R_1} + \frac{u_{I2}}{R_2} + \frac{u_{I3}}{R_3}\right)$$

$$= R_f \cdot \frac{R_P}{R_N} \cdot \left(\frac{u_{I1}}{R_1} + \frac{u_{I2}}{R_2} + \frac{u_{I3}}{R_3} \right) \tag{6.1.12}$$

式中，$R_N = R /\!/ R_f$。若 $R_N = R_P$，则

$$u_O = R_f \left(\frac{u_{I1}}{R_1} + \frac{u_{I2}}{R_2} + \frac{u_{I3}}{R_3} \right) \tag{6.1.13}$$

与式(6.1.10)相比，仅差符号。应当说明，只有在 $R_N = R_P$的条件下，式(6.1.13)才成立，否则应利用式(6.1.12)求解。若 $R /\!/ R_f = R_1 /\!/ R_2 /\!/ R_3$，则可省去 R_4。

与反相求和运算电路相同，也可用叠加原理求解同相求和运算电路的 u_P，可得

$$u_P = \frac{R_2 /\!/ R_3 /\!/ R_4}{R_1 + R_2 /\!/ R_3 /\!/ R_4} u_{I1} + \frac{R_1 /\!/ R_3 /\!/ R_4}{R_2 + R_1 /\!/ R_3 /\!/ R_4} u_{I2} + \frac{R_1 /\!/ R_2 /\!/ R_4}{R_3 + R_1 /\!/ R_2 /\!/ R_4} u_{I3}$$

输出电压

$$u_O = \left(1 + \frac{R_f}{R} \right) \left(\frac{R_2 /\!/ R_3 /\!/ R_4}{R_1 + R_2 /\!/ R_3 /\!/ R_4} u_{I1} + \frac{R_1 /\!/ R_3 /\!/ R_4}{R_2 + R_1 /\!/ R_3 /\!/ R_4} u_{I2} + \frac{R_1 /\!/ R_2 /\!/ R_4}{R_3 + R_1 /\!/ R_2 /\!/ R_4} u_{I3} \right) \tag{6.1.14}$$

虽然式中每一项的物理意义非常明确，但计算过程繁琐。

由以上分析可知，对于不同的运算电路，应选用不同的分析方法，以简化求解过程，并获得简洁的表达式。

二、加减运算电路

从对比例运算电路和求和运算电路的分析可知，输出电压与同相输入端信号电压极性相同，与反相输入端信号电压极性相反，因而如果多个信号同时作用于两个输入端时，那么必然可以实现加减运算。

图 6.1.10 所示为四个输入的加减运算电路，表示反相输入端各信号作用和同相输入端各信号作用的电路分别如图 6.1.11(a)和(b)所示。

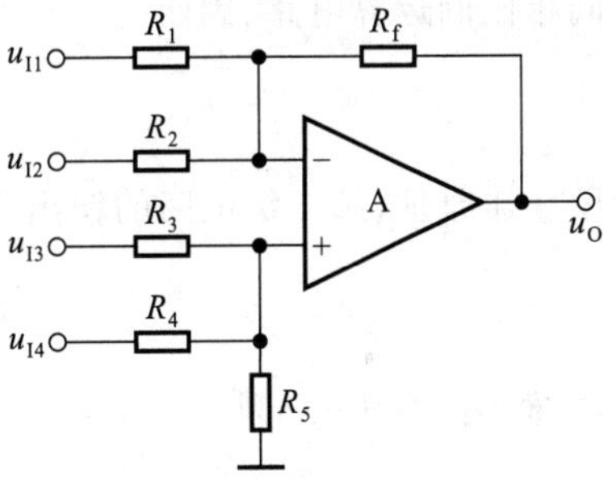

图 6.1.10 加减运算电路

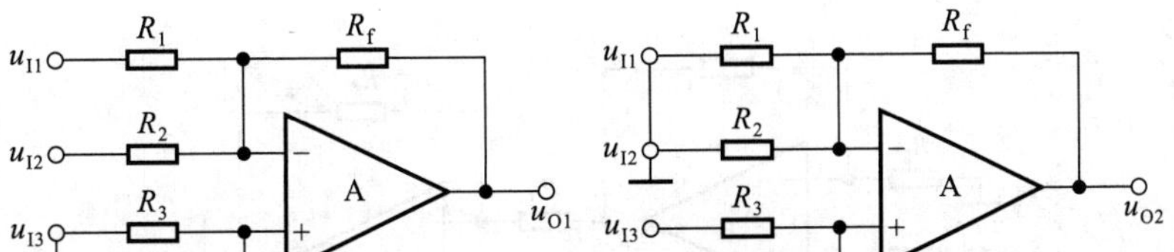

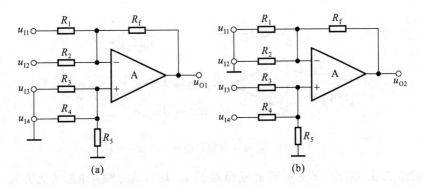

图 6.1.11 利用叠加原理求解加减运算电路

(a) 反相输入端各信号作用时的等效电路 (b) 同相输入端各信号作用时的等效电路

图 6.1.11(a)所示电路为反相求和运算电路，故输出电压为

$$u_{O1} = -R_f \left(\frac{u_{I1}}{R_1} + \frac{u_{I2}}{R_2} \right)$$

图 6.1.11(b)所示电路为同相求和运算电路，若 $R_1 /\!/ R_2 /\!/ R_f = R_3 /\!/ R_4 /\!/ R_5$，则输出电压为

$$u_{O2} = R_f\left(\frac{u_{I3}}{R_3} + \frac{u_{I4}}{R_4}\right)$$

因此，所有输入信号同时作用时的输出电压为

$$u_O = u_{O1} + u_{O2} = R_f\left(\frac{u_{I3}}{R_3} + \frac{u_{I4}}{R_4} - \frac{u_{I1}}{R_1} - \frac{u_{I2}}{R_2}\right) \tag{6.1.15}$$

若电路只有两个输入，且参数对称，如图 6.1.12 所示，则

$$u_O = \frac{R_f}{R}(u_{I2} - u_{I1}) \tag{6.1.16}$$

电路实现了对输入差模信号的比例运算。

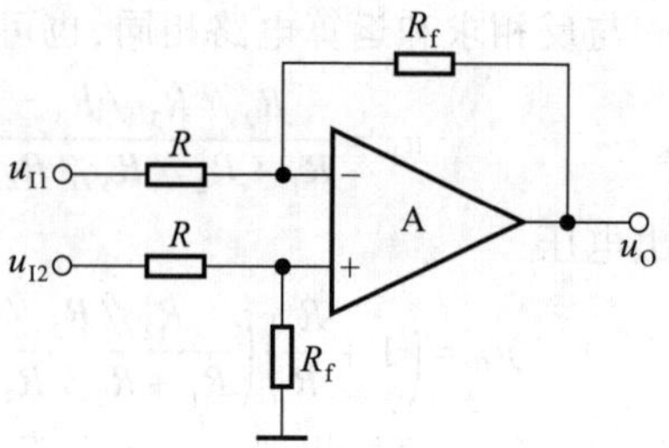

图 6.1.12 差分比例运算电路

使用单个集成运放构成加减运算电路存在两个缺点：一是电阻的选取和调整不方便；二是对于每个信号源的输入电阻均较小。因此，必要时可采用两级电路。例如，可用图 6.1.13 所示的电路实现差分比例运算。第一级电路为同相比例运算电路，因而

$$u_{O1} = \left(1 + \frac{R_{f1}}{R_1}\right)u_{I1}$$

利用叠加原理，第二级电路的输出为

$$u_O = -\frac{R_{f2}}{R_3}u_{O1} + \left(1 + \frac{R_{f2}}{R_3}\right)u_{I2}$$

若 $R_1 = R_{f2}$，$R_3 = R_{f1}$，则

$$u_O = \left(1 + \frac{R_{f2}}{R_3}\right)(u_{I2} - u_{I1}) \tag{6.1.17}$$

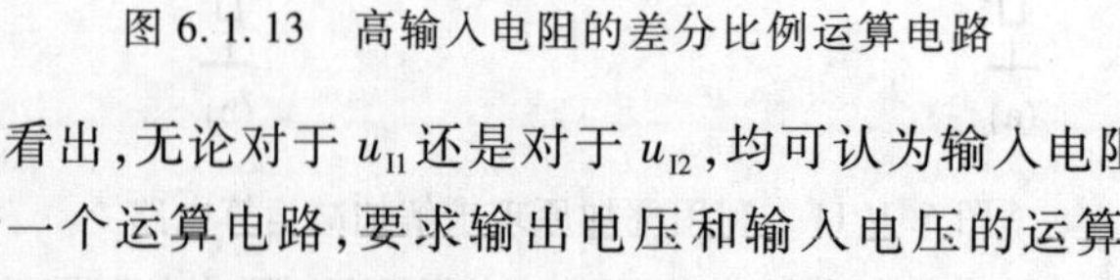

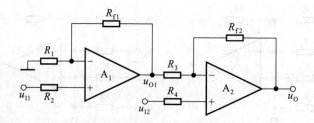

图 6.1.13 高输入电阻的差分比例运算电路

从电路的组成可以看出，无论对于 u_{I1} 还是对于 u_{I2}，均可认为输入电阻为无穷大。

【例 6.1.3】 设计一个运算电路，要求输出电压和输入电压的运算关系式为 $u_O = 10u_{I1} - 5u_{I2} - 4u_{I3}$。

解：根据已知的运算关系式可知，当采用单个集成运放构成电路时，u_{I1} 应作用于同相输入端，而 u_{I2} 和 u_{I3} 应作用于反相输入端，如图 6.1.14 所示。

选取 $R_f = 100\ \text{k}\Omega$，若 $R_2 /\!/ R_3 /\!/ R_f = R_1 /\!/ R_4$，则

$$u_O = R_f\left(\frac{u_{I1}}{R_1} - \frac{u_{I2}}{R_2} - \frac{u_{I3}}{R_3}\right)$$

因为 $R_f/R_1 = 10$，故 $R_1 = 10\ \text{k}\Omega$；因为 $R_f/R_2 = 5$，故 $R_2 = 20\ \text{k}\Omega$；因为 $R_f/R_3 = 4$，故 $R_3 = 25\ \text{k}\Omega$。

$$\frac{1}{R_4} = \frac{1}{R_2} + \frac{1}{R_3} + \frac{1}{R_f} - \frac{1}{R_1} = \left(\frac{1}{20} + \frac{1}{25} + \frac{1}{100} - \frac{1}{10}\right)\text{k}\Omega^{-1} \approx 0\ \text{k}\Omega^{-1}$$

即 $R_4 = \infty$，故可省去 R_4。所设计的电路如图 6.1.15 所示。

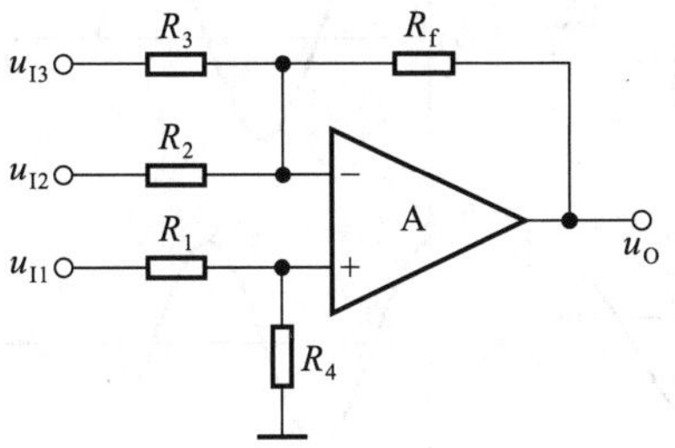

图 6.1.14 例 6.1.3 的电路(一)

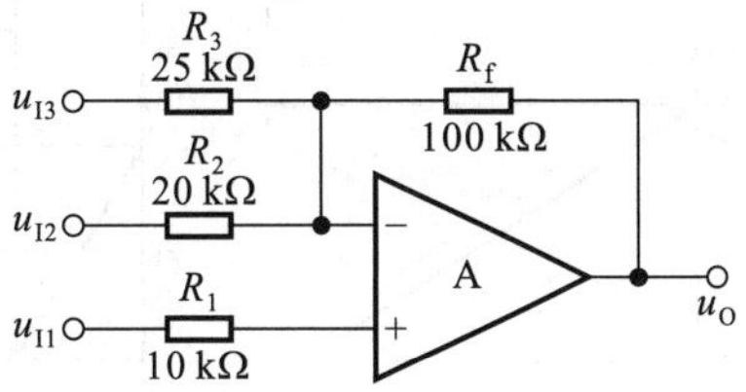

图 6.1.15 例 6.1.3 的电路(二)

6.1.4 积分运算电路和微分运算电路

积分运算和微分运算互为逆运算。在自控系统中，常用积分电路和微分电路作为调节环节。此外，它们还被广泛应用于波形的产生和变换以及仪器仪表之中。以集成运放作为放大电路，利用电阻和电容作为反馈网络，可以实现这两种运算电路。

一、积分运算电路

在图 6.1.16 所示积分运算电路中，由于集成运放的同相输入端通过 R' 接地，$u_P = u_N = 0$，为“虚地”。

电路中，电容 C 中的电流等于电阻 R 中的电流，即

$$i_C = i_R = \frac{u_I}{R}$$

输出电压与电容上电压的关系为

$$u_O = -u_C$$

而电容上电压等于其电流的积分，故

$$u_O = -\frac{1}{C}\int i_C \text{d}t = -\frac{1}{RC}\int u_I \text{d}t \tag{6.1.18}$$

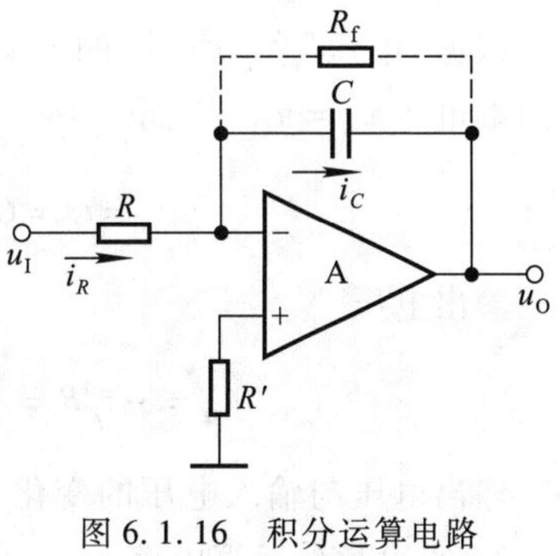

图 6.1.16 积分运算电路

求解 t_1 到 t_2 时间段的积分值，有

$$u_O = -\frac{1}{RC}\int_{t_1}^{t_2} u_I \text{d}t + u_O(t_1) \tag{6.1.19}$$

式中 $u_O(t_1)$ 为积分起始时刻的输出电压，即积分运算的起始值，积分的终值是 t_2 时刻的输出电压。

当 u_I 为常量时，输出电压

$$u_O = -\frac{1}{RC}u_I(t_2 - t_1) + u_O(t_1) \tag{6.1.20}$$

当输入为阶跃信号时，若 t_0 时刻电容上的电压为零，则输出电压波形如图 6.1.17(a)所示。当输入为方波和正弦波时，输出电压波形分别如图(b)和(c)所示。可见，利用积分运算电路可以实现方波－三角波的波形变换和正弦－余弦的移相功能。

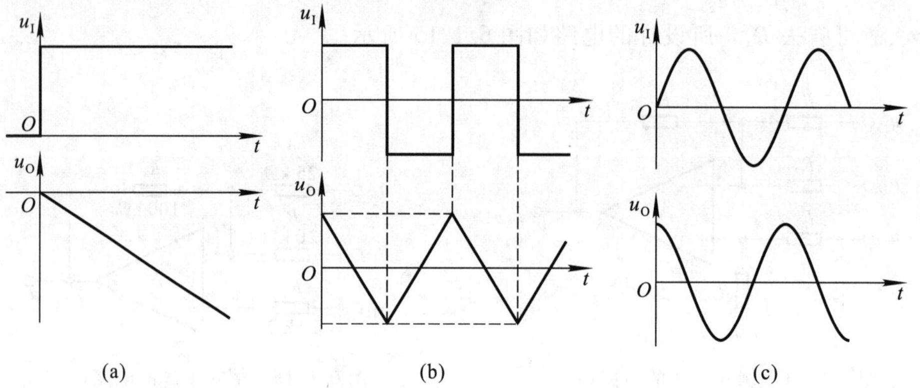

图 6.1.17 积分运算电路在不同输入情况下的波形
(a) 输入为阶跃信号 (b) 输入为方波 (c) 输入为正弦波

在实用电路中，为了防止低频信号增益过大，常在电容上并联一个电阻加以限制，如图 6.1.16 中虚线所示。

二、微分运算电路

1. 基本微分运算电路

若将图 6.1.16 所示电路中电阻 R 和电容 C 的位置互换，则得到基本微分运算电路，如图 6.1.18 所示。

根据“虚短”和“虚断”的原则，$u_P = u_N = 0$，为“虚地”，电容两端电压 $u_C = u_I$。因而

$$i_R = i_C = C\frac{du_I}{dt}$$

输出电压

$$u_O = -i_R R = -RC\frac{du_I}{dt} \tag{6.1.21}$$

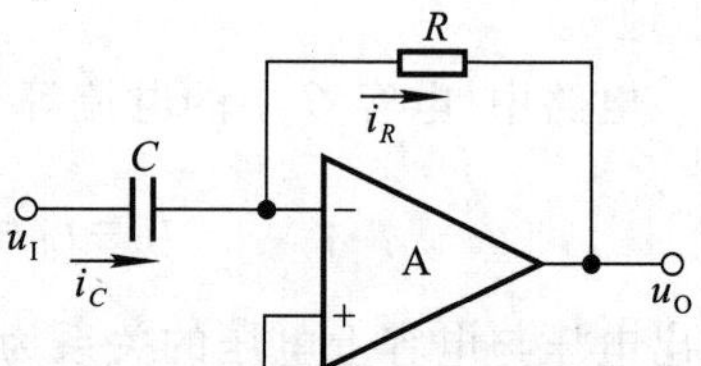

图 6.1.18 基本微分运算电路

输出电压与输入电压的变化率成比例。

2. 实用微分运算电路

在图 6.1.18 所示电路中，无论是输入电压产生阶跃变化，还是脉冲式大幅值干扰，都会使得集成运放内部的放大管进入饱和或截止状态，以至于即使信号消失，管子还不能脱离原状态回到放大区，出现阻塞现象，电路不能正常工作；同时，由于反馈网络为滞后环节，它与集成运放内部的滞后环节相叠加，易于满足自激振荡的条件，从而使电路不稳定。

为了解决上述问题，可在输入端串联一个小阻值的电阻 R_1，以限制输入电流，也就限制了 R 中电流；在反馈电阻 R 上并联稳压二极管，以限制输出电压幅值，保证集成运放中的放大管始终

工作在放大区，不至于出现阻塞现象；在 R 上并联小容量电容 C_1，起相位补偿作用，提高电路的稳定性，如图 6.1.19 所示。该电路的输出电压与输入电压成近似微分关系。若输入电压为方波，且 $RC \ll \frac{T}{2}$（T 为方波的周期），则输出为尖顶波，如图 6.1.20 所示。

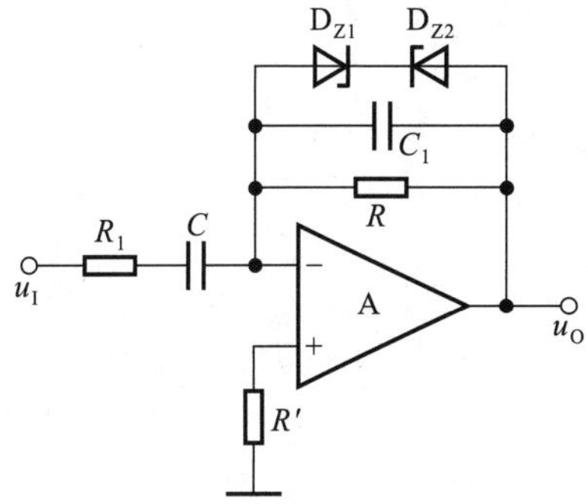

图 6.1.19 实用微分运算电路

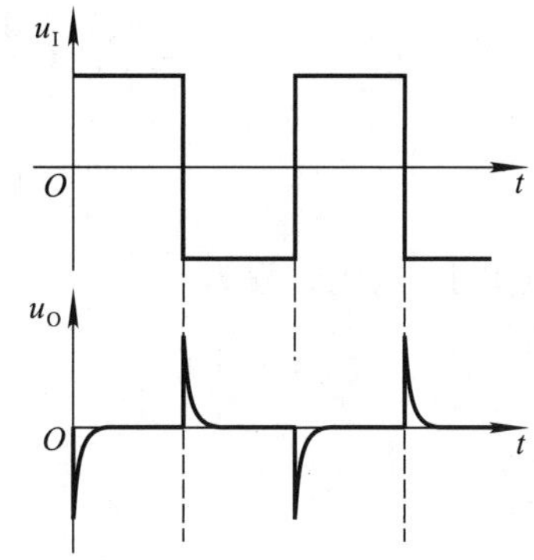

图 6.1.20 微分电路输入、输出波形分析

3. 逆函数型微分运算电路

若将积分运算电路作为负反馈回路，则可得到微分运算电路，如图 6.1.21 所示。若输入电压 u_I 假设正方向为“+”，则只有电阻 R_2 的电流方向如图中所示，即 u_{O2} 极性为“-”，才说明电路引入的是负反馈；而因为 u_O 为积分电路的输入，积分电路的输出电压与输入电压反相，故 u_O 极性必须为“+”，即 u_O 与 u_I 极性相同；由此推出 u_I 应加在 A_1 的同相输入端一边。因此，各部分电流与电压的极性如图 6.1.21 所示。

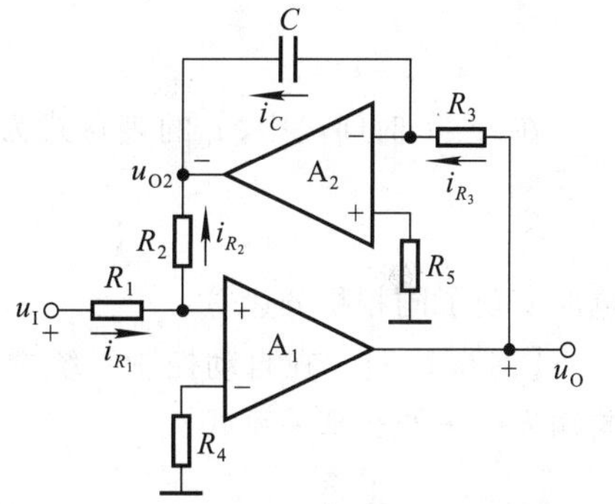

图 6.1.21 逆函数型微分运算电路

在图 6.1.21 所示电路中，$i_{R_1} = i_{R_2}$，即

$$\frac{u_I}{R_1} = -\frac{u_{O2}}{R_2}$$

$$u_{O2} = -\frac{R_2}{R_1} \cdot u_I$$

根据积分运算电路的运算关系可知

$$u_{O2} = -\frac{1}{R_3 C}\int u_O \mathrm{d}t$$

因此

$$-\frac{R_2}{R_1}u_I = -\frac{1}{R_3 C}\int u_O \mathrm{d}t$$

从而得到输出电压的表达式为

$$u_O = \frac{R_2 R_3 C}{R_1} \cdot \frac{\mathrm{d}u_I}{\mathrm{d}t} \tag{6.1.22}$$

利用积分运算电路来实现微分运算的方法具有普遍意义。例如，若以乘法运算电路、乘方运算电路、对数运算电路分别作为集成运放的负反馈通路，则可分别实现除法运算、开方运算和指

数运算。必须强调的是,只要是运算电路,就必须引入负反馈。

【例 6.1.4】 电路如图 6.1.22 所示,$C_1=C_2=C$,试求出 u_O 与 u_I 的运算关系式。

解: 根据"虚短"和"虚断"的原则,在节点 N 上,电流方程为

$$i_1=i_{C_1}$$

$$-\frac{u_N}{R}=C\frac{d(u_N-u_O)}{dt}=C\frac{du_N}{dt}-C\frac{du_O}{dt}$$

$$C\frac{du_O}{dt}=C\frac{du_N}{dt}+\frac{u_N}{R}$$

在节点 P 上,电流方程为

$$i_2=i_{C_2}$$

$$\frac{u_I-u_P}{R}=C\frac{du_P}{dt}$$

$$\frac{u_I}{R}=C\frac{du_P}{dt}+\frac{u_P}{R}$$

因为 $u_P=u_N$,所以

$$C\frac{du_O}{dt}=\frac{u_I}{R}$$

$$u_O=\frac{1}{RC}\int u_I dt$$

在 $t_1\sim t_2$ 时间段中,u_O 的表达式为

$$u_O=\frac{1}{RC}\int_{t_1}^{t_2}u_I dt+u_O(t_1)$$

电路实现了同相积分运算。

【例 6.1.5】 在自动控制系统中,常采用如图 6.1.23 所示的 PID① 调节器,试分析输出电压与输入电压的运算关系式。

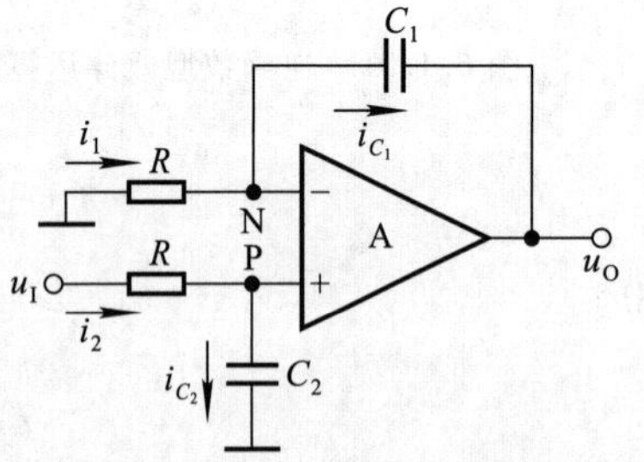

图 6.1.22　例 6.1.4 的电路图

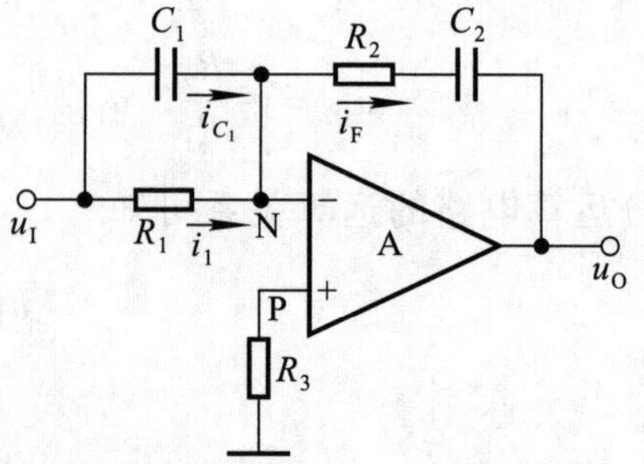

图 6.1.23　PID 调节器电路图

解: 根据"虚短"和"虚断"的原则,$u_P=u_N=0$,为虚地。N 点的电流方程为

$$i_F=i_{C_1}+i_1$$

① PID 是 Propotional Integral Differential 的缩写。

$$i_{C_1}=C_1\frac{\mathrm{d}u_I}{\mathrm{d}t},\qquad i_1=\frac{u_I}{R_1}$$

输出电压 u_O 等于 R_2 两端的电压 u_{R_2} 和 C_2 两端的电压 u_{C_2} 之和，而

$$u_{R_2}=i_F R_2=\frac{R_2}{R_1}u_I+R_2C_1\frac{\mathrm{d}u_I}{\mathrm{d}t}$$

$$\begin{aligned}u_{C_2}&=\frac{1}{C_2}\int i_F\mathrm{d}t=\frac{1}{C_2}\int\left(C_1\frac{\mathrm{d}u_I}{\mathrm{d}t}+\frac{u_I}{R_1}\right)\mathrm{d}t\\&=\frac{C_1}{C_2}u_I+\frac{1}{R_1C_2}\int u_I\mathrm{d}t\end{aligned}$$

所以

$$u_O=-\left(\frac{R_2}{R_1}+\frac{C_1}{C_2}\right)u_I-R_2C_1\frac{\mathrm{d}u_I}{\mathrm{d}t}-\frac{1}{R_1C_2}\int u_I\mathrm{d}t$$

因电路中含有比例、积分和微分运算，故称之为 PID 调节器。

当 $R_2=0$ 时，电路只有比例和积分运算部分，称为 PI 调节器；当 $C_2=0$ 时，电路只有比例和微分运算部分，称为 PD 调节器。根据控制中的不同需要，采用不同的调节器。

6.1.5 对数运算电路和指数运算电路

利用 PN 结伏安特性所具有的指数规律，将二极管或者晶体管分别接入集成运放的反馈回路和输入回路，可以实现对数运算和指数运算，而利用对数运算、指数运算和加减运算电路相组合，便可实现乘法、除法、乘方和开方等运算。

一、对数运算电路

1. 采用二极管的对数运算电路

图 6.1.24 所示为采用二极管的对数运算电路，为使二极管导通，输入电压 u_I 应大于零。根据半导体基础知识可知，二极管的正向电流与其端电压的近似关系为

$$i_D\approx I_S e^{\frac{u_D}{U_T}}$$

因而

$$u_D\approx U_T\ln\frac{i_D}{I_S}$$

由于 $u_P=u_N=0$，为虚地，因而

$$i_D=i_R=\frac{u_I}{R}$$

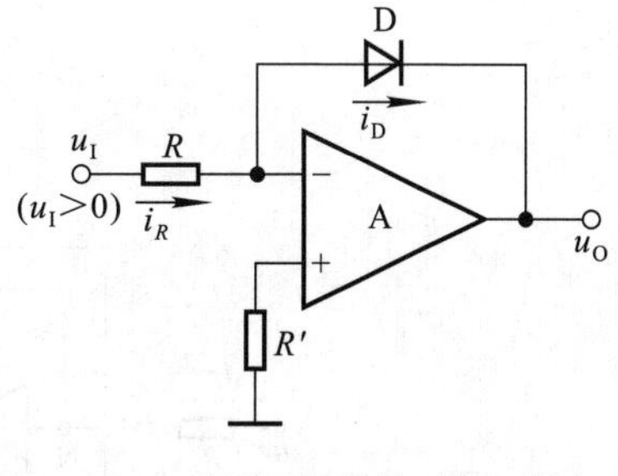

图 6.1.24 采用二极管的对数运算电路

根据以上分析可得输出电压

$$u_O=-u_D\approx -U_T\ln\frac{u_I}{I_SR}\tag{6.1.23}$$

上式表明，运算关系与 U_T 和 I_S 有关，因而运算精度受温度的影响；而且，二极管在电流较小时内部载流子的复合运动不可忽略，在大电流较大时内阻不可忽略；所以，仅在一定的电流范围才满

足指数特性。为了扩大输入电压的动态范围,实用电路中常用晶体管取代二极管。

2. 利用晶体管的对数运算电路

利用晶体管的对数运算电路如图 6.1.25 所示,由于集成运放的反相输入端为虚地,因此节点方程为

$$i_C = i_R = \frac{u_I}{R}$$

在忽略晶体管基区体电阻压降且认为晶体管的共基电路放大系数 $\alpha \approx 1$ 的情况下,若 $u_{BE} \gg U_T$,则

$$i_C = \alpha i_E \approx I_S e^{\frac{u_{BE}}{U_T}}$$

$$u_{BE} = U_T \ln \frac{i_C}{I_S}$$

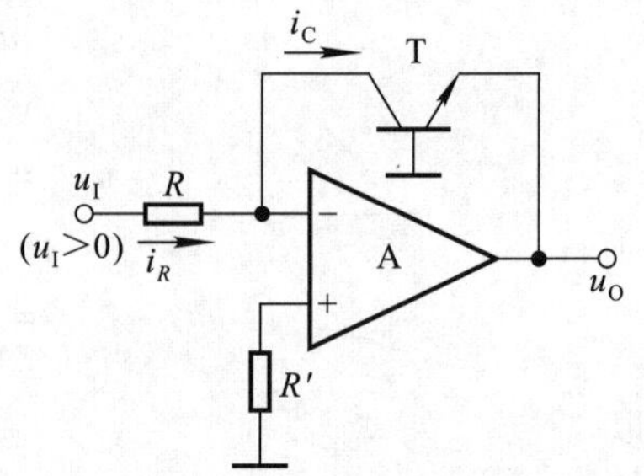

图 6.1.25 利用晶体管的对数运算电路

输出电压

$$u_O = -u_{BE} = -U_T \ln \frac{u_I}{I_S R}$$

与式(6.1.23)相同。与二极管构成的对数运算电路一样,运算关系仍受温度的影响,而且在输入电压较小和较大的情况下,运算精度变差。

在设计实用的对数运算电路时,人们总要采用一定的措施来减小 I_S对运算关系的影响。

3. 集成对数运算电路

在集成对数运算电路中,根据差分电路的基本原理,利用特性相同的两只晶体管进行补偿,消去 I_S对运算关系的影响。型号为 ICL8048 的对数运算电路如图 6.1.26 所示,点画线框内为集成电路,框外为外接电阻。

电路分析的思路是:欲知 u_O需知 u_{P2},而根据图中所标注的电压方向,$u_{P2} = u_{BE2} - u_{BE1}$;因为 u_{BE2}与 I_R成对数关系,u_{BE1}与 i_I成对数关系,而 i_I与 u_I成线性关系,故可求出 u_O与 u_I的运算关系。

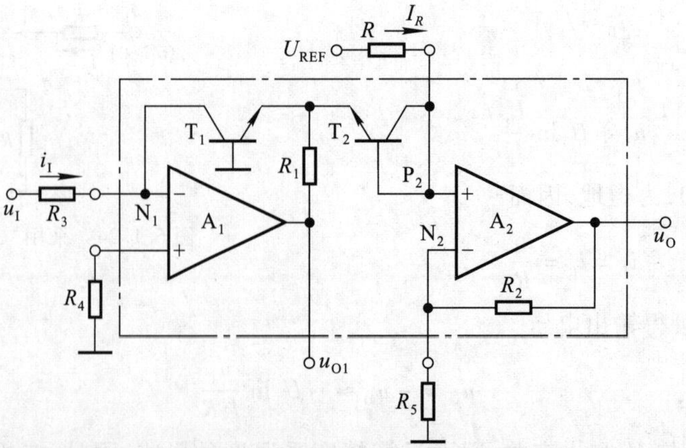

图 6.1.26 集成对数运算电路

节点 N_1的电流方程为

$$i_{C1}=i_I=\frac{u_I}{R_3}\approx I_S e^{\frac{u_{BE1}}{U_T}}$$

因而

$$u_{BE1}\approx U_T\ln\frac{u_I}{I_S R_3}$$

节点 P_2的电流方程为

$$i_{C2}=I_R\approx I_S e^{\frac{u_{BE2}}{U_T}}$$

因而

$$u_{BE2}\approx U_T\ln\frac{I_R}{I_S}$$

P_2点的电位为

$$u_{P2}=u_{BE2}-u_{BE1}\approx -U_T\ln\frac{u_I}{I_R R_3}$$

$u_P=u_N$,因此输出电压

$$u_O\approx -\left(1+\frac{R_2}{R_5}\right)U_T\ln\frac{u_I}{I_R R_3} \tag{6.1.24}$$

若外接电阻 R_5为热敏电阻,则可补偿 U_T的温度特性。R_5应具有正温度系数,当环境温度升高时,R_5阻值增大,使得放大倍数$(1+R_2/R_5)$减小,以补偿 U_T的增大,使 u_O在 u_I不变时基本不变。

二、指数运算电路

将图 6.1.25 所示对数运算电路中的电阻和晶体管互换,便可得到指数运算电路,如图 6.1.27 所示。

因为集成运放反相输入端为虚地,所以

$$u_{BE}=u_I$$

$$i_R=i_E\approx I_S e^{\frac{u_I}{U_T}}$$

输出电压

$$u_O=-i_R R=-I_S e^{\frac{u_I}{U_T}}R \tag{6.1.25}$$

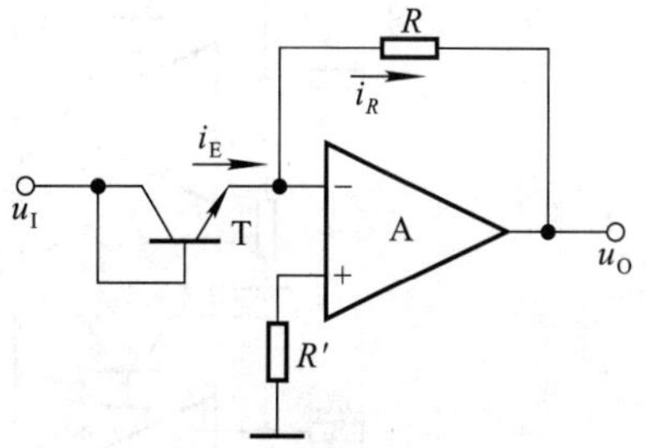

图 6.1.27 指数运算电路

为使晶体管导通,u_I应大于零,且只能在发射结导通电压范围内,故其变化范围很小。同时,从式(6.1.25)可以看出,由于运算结果与受温度影响较大的 I_S有关,因而指数运算的精度也与温度有关。

在集成指数运算电路中,采用了类似集成对数运算电路的方法,利用两只双极型晶体管特性的对称性,消除 I_S对运算关系的影响;并且,采用热敏电阻补偿 U_T的变化;电路如图 6.1.28 所示。

对照图 6.1.26 所示集成对数运算电路的分析过程,读者可自行推出集成指数运算电路的运算关系式,这里不赘述。

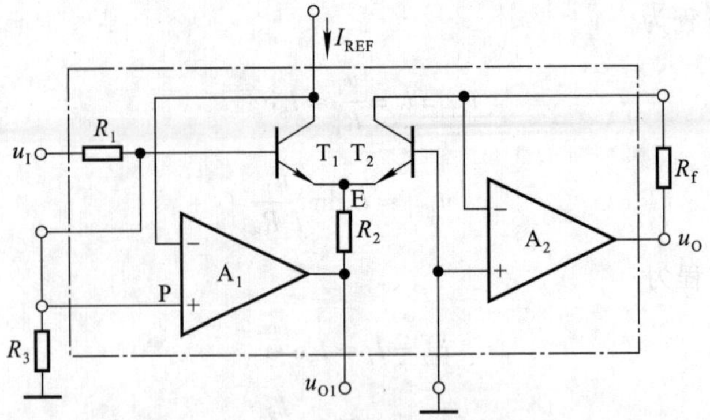

图 6.1.28　集成指数运算电路

6.1.6　利用对数和指数运算电路实现的乘法运算电路和除法运算电路

利用对数和指数运算电路实现的乘法运算电路的方框图如图 6.1.29 所示，具体电路如图 6.1.30 所示。

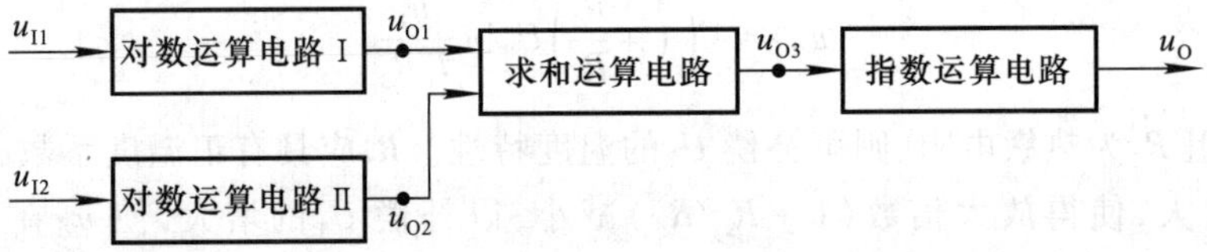

图 6.1.29　利用对数和指数运算电路实现的乘法运算电路的方框图

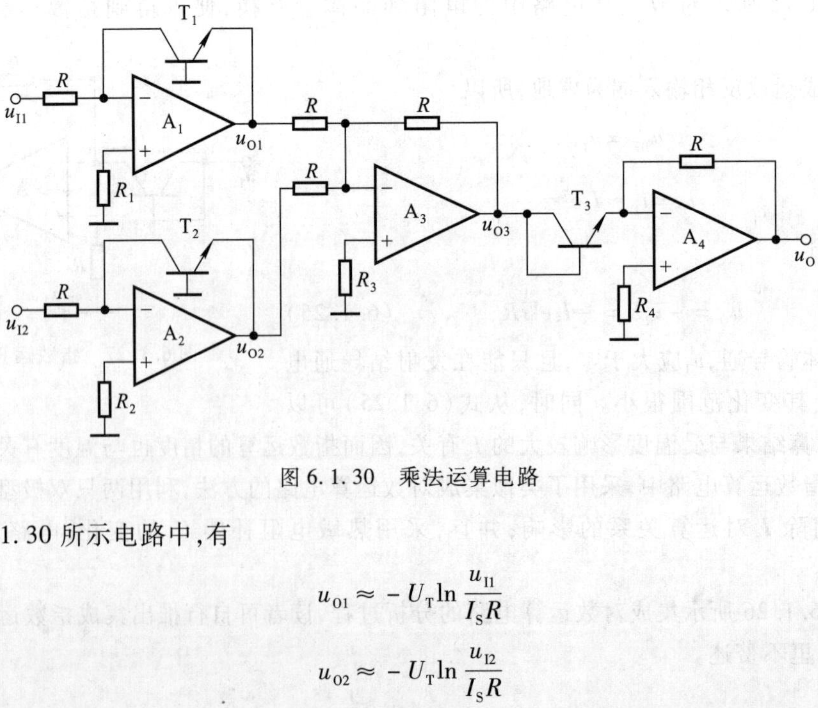

图 6.1.30　乘法运算电路

在图 6.1.30 所示电路中，有

$$u_{O1} \approx -U_T \ln \frac{u_{I1}}{I_S R}$$

$$u_{O2} \approx -U_T \ln \frac{u_{I2}}{I_S R}$$

为了满足指数运算电路输入电压的幅值要求,求和运算电路的系数为1,故

$$u_{O3}=-(u_{O1}+u_{O2})\approx U_T\ln\frac{u_{I1}u_{I2}}{(I_SR)^2}$$

$$u_O\approx -I_SRe^{\frac{u_{O3}}{U_T}}\approx -\frac{u_{I1}u_{I2}}{I_SR} \tag{6.1.26}$$

若将图6.1.29和图6.1.30所示电路中的求和运算电路换为求差(差分)运算电路,则可实现除法运算电路。

6.1.7 集成运放性能指标对运算误差的影响

在上述各电路运算关系的分析中,均认为集成运放为理想运放。而实际上,当利用运放构成运算电路时,由于开环差模增益 A_{od}、差模输入电阻 r_{id} 和共模抑制比 K_{CMR} 为有限值,且输入失调电压 U_{IO}、失调电流 I_{IO} 以及它们的温漂 $\frac{dU_{IO}}{dT}$、$\frac{dI_{IO}}{dT}$ 均不为零,必然造成误差。

对于任何运算电路,若元器件参数理想情况下输出电压为 u_O',电路的实际输出电压为 u_O,则输出电压的绝对误差 $\Delta u_O=|u_O|-|u_O'|$,而相对误差为

$$\delta=\frac{\Delta u_O}{u_O'}\times 100\% \tag{6.1.27}$$

本节仅对几种情况作一简要分析。

一、A_{od} 和 r_{id} 为有限值时,对反相比例运算电路运算误差的影响

考虑 A_{od} 和 r_{id} 为有限值时,反相比例运算电路的等效电路如图6.1.31所示。由于 $r_{id}\gg R'$,可以认为

$$u_N\approx -u_{Id}=-\frac{u_O}{A_{od}} \tag{6.1.28}$$

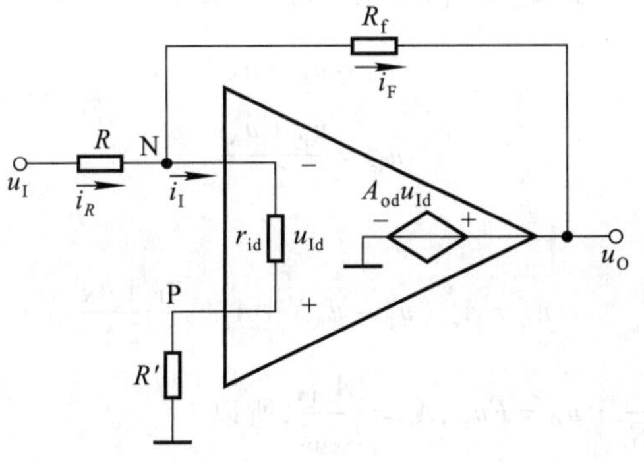

图6.1.31 A_{od} 和 r_{id} 为有限值时反相比例运算电路的等效电路

节点N的电流方程为 $i_R=i_F+i_I$,即

$$\frac{u_I-u_N}{R}=\frac{u_N-u_O}{R_f}+\frac{u_N}{r_{id}+R'}$$

将式(6.1.28)代入上式,并令 $R_N=R/\!/R_f/\!/(r_{id}+R')$,整理可得

$$u_O \approx -\frac{R_f}{R} \cdot \frac{A_{od}R_N}{R_f + A_{od}R_N} \cdot u_I \tag{6.1.29}$$

理想运放时的输出电压

$$u_O' = -\frac{R_f}{R} \cdot u_I \tag{6.1.30}$$

故相对误差

$$\delta \approx -\frac{R_f}{R_f + A_{od}R_N} \times 100\% \tag{6.1.31}$$

若 $R = 10\ \text{k}\Omega$, $R_f = 100\ \text{k}\Omega$, $R' = R /\!/ R_f$, $A_{od} = 2 \times 10^5$, $r_{id} = 2\ \text{M}\Omega$,则 $\delta \approx -0.005\ 5\%$。式(6.1.31)表明,$A_{od}$和 r_{id}愈大,相对误差的数值愈小。

二、A_{od}和 K_{CMR}为有限值时,对同相比例运算电路运算误差的影响

因为同相比例运算电路在输入差模信号的同时伴随着共模信号输入,因此共模抑制比成为影响运算误差的重要因素。图6.1.32所示为 A_{od}和 K_{CMR}为有限值时同相比例运算电路的等效电路。由于 r_{id}为无穷大,$i_I = 0$,故 R'上电压为零,$u_P = u_I$。输出电压是差模信号和共模信号两部分作用的结果,其中

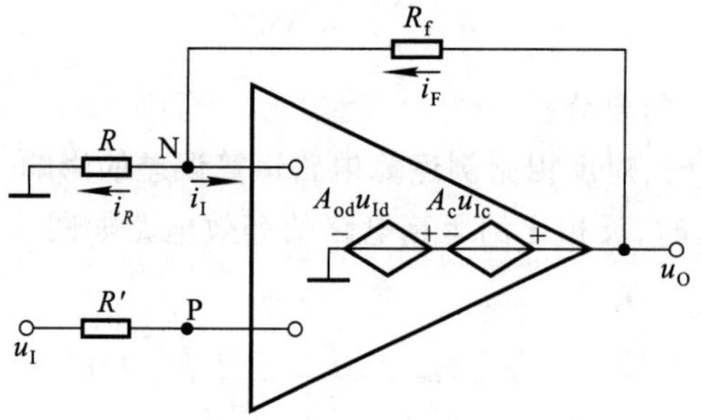

图6.1.32 考虑 A_{od}和 K_{CMR}为有限值时同相比例运算电路的等效电路

$$u_{Id} = u_P - u_N$$

$$u_{Ic} = \frac{u_P + u_N}{2}$$

输出电压的表达式为

$$u_O = A_{od}(u_P - u_N) + A_c \cdot \frac{u_P + u_N}{2} \tag{6.1.32}$$

因为 $u_P = u_I$, $u_N = \dfrac{R}{R + R_f} \cdot u_O = Fu_O$, $A_c = \dfrac{A_{od}}{K_{CMR}}$,所以

$$u_O = A_{od}u_I - A_{od}Fu_O + \frac{A_{od}}{K_{CMR}} \cdot \frac{u_I}{2} + \frac{A_{od}}{K_{CMR}} \cdot \frac{Fu_O}{2}$$

整理可得

$$u_O = \left(1 + \frac{R_f}{R}\right) \cdot \frac{1 + \dfrac{1}{K_{CMR}}}{1 + \dfrac{1}{A_{od}F}} \cdot u_I \tag{6.1.33}$$

理想运放情况下的输出电压

$$u_O' = \left(1 + \frac{R_f}{R}\right) u_I \tag{6.1.34}$$

所以相对误差

$$\delta = \left(\frac{1 + \frac{1}{K_{CMR}}}{1 + \frac{1}{A_{od}F}} - 1 \right) \times 100\% \tag{6.1.35}$$

若 $R = 10\ \text{k}\Omega, R_f = 100\ \text{k}\Omega, R' = R /\!/ R_f, A_{od} = 2 \times 10^5, K_{CMR} = 10^4$，则 $\delta \approx 0.004\ 5\%$。式(6.1.35)表明，$A_{od}$ 和 K_{CMR} 愈大，相对误差的数值愈小。

三、失调参数对积分运算电路运算误差的影响

考虑集成运放失调电压 U_{IO} 和失调电流 I_{IO} 的影响，积分运算电路在输入电压为零时的等效电路如图 6.1.33 所示，此时输出电压仅决定于失调因素。

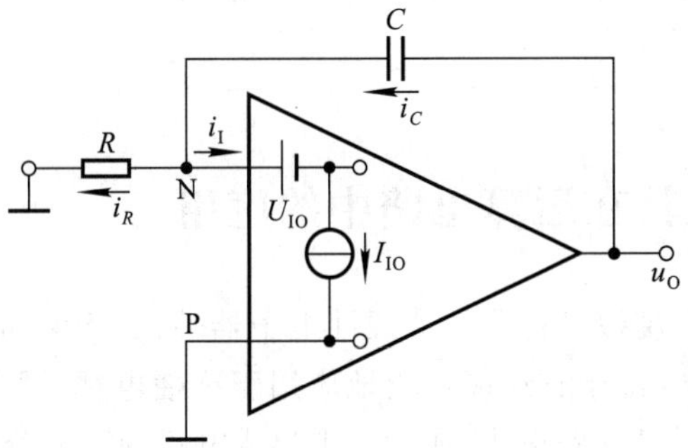

图 6.1.33 考虑 U_{IO} 和 I_{IO} 时，积分运算电路在输入电压为零时的等效电路

因为 $u_P = 0$ V，集成运放的差模输入电阻为无穷大，电流源 I_{IO} 上的电压可忽略不计，所以 $u_N = U_{IO}$。N 点的电流方程为

$$\frac{U_{IO}}{R} + I_{IO} = i_C$$

输出电压

$$u_O = -\frac{1}{C}\int \left(\frac{U_{IO}}{R} + I_{IO} \right) \mathrm{d}t \tag{6.1.36}$$

若仅考虑失调温漂，则输出电压的变化量

$$\Delta u_O = -\frac{1}{C}\int \left(\frac{\Delta U_{IO}}{R} + \Delta I_{IO} \right) \mathrm{d}t \tag{6.1.37}$$

因为在理想运放情况下的输出电压为

$$u_O' = -\frac{1}{C}\int \frac{u_I}{R} \mathrm{d}t \tag{6.1.38}$$

所以因失调温漂所引起的相对误差的数值为

$$|\delta| = \left| \frac{\Delta u_O}{u_O} \right| = \left| \frac{\Delta U_{IO} + \Delta I_{IO} R}{u_I} \right| \times 100\% \tag{6.1.39}$$

可见，失调温漂愈大，R 愈大，u_I 愈小，相对误差愈大。

应当指出，运算电路的运算误差不仅来源于集成运放非理想的指标参数，还取决于其它元器件的精度及电源电压的稳定性等。因此，为了提高运算精度，除了应选择高质量的集成运放外，还应合理选择其它元器件，提高电源电压的稳定性，减小环境温度的变化，抑制干扰和噪声，精心设计电路板等。

■ **思考题**

6.1.1 如何识别电路是否为运算电路？为什么两个运算电路在相互连接时可以不考虑前后级之间的影响？

6.1.2 如何分析运算电路输出电压与输入电压的运算关系式？

6.1.3 在图 6.1.7 所示电路中，对各个信号源，电路的输入电阻分别为多少？

6.1.4 设计一个电路，要求输出电压与输入电压的运算关系式为 $u_O = k_1 u_{I1} - k_2 u_{I2}$，$k_1$、$k_2$ 为正数，且两个信号源 u_{I1} 和 u_{I2} 的输出电流均为零。

6.1.5 对于积分运算电路，当输入一个幅值为 $\pm U_{I\max}$ 的方波时，定性画出输出电压初始值为零和不为零两种情况下的波形，并对它们进行比较。

6.2 模拟乘法器及其在运算电路中的应用

模拟乘法器是实现两个模拟量相乘的非线性电子器件，利用它可以方便地实现乘法、除法、乘方和开方运算电路。此外，由于它还能广泛地应用于广播电视、通信、仪表和自动控制系统之中，进行模拟信号的处理，所以发展很快，成为模拟集成电路的重要分支之一。

6.2.1 模拟乘法器简介

模拟乘法器有两个输入端，一个输出端，输入及输出均对"地"而言，如图 6.2.1(a)所示。输入的两个模拟信号是互不相关的物理量，输出电压是它们的乘积，即

$$u_O = k u_X u_Y \tag{6.2.1}$$

k 为乘积系数，也称为乘积增益或标尺因子，其值多为 $+0.1\ \text{V}^{-1}$ 或 $-0.1\ \text{V}^{-1}$。

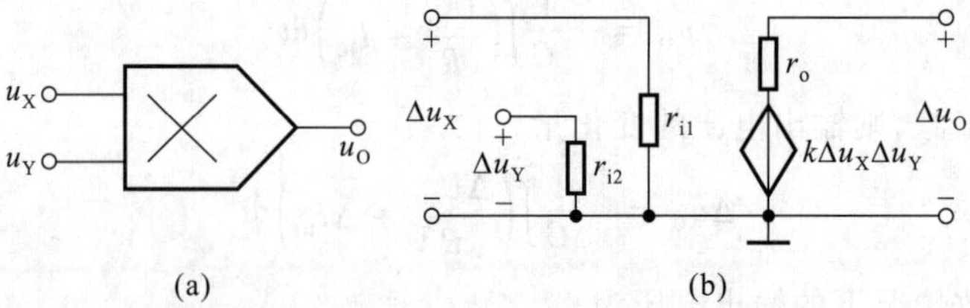

图 6.2.1 模拟乘法器的符号及其等效电路
(a) 符号 (b) 等效电路

模拟乘法器的等效电路如图(b)所示，r_{i1} 和 r_{i2} 分别为两个输入端的输入电阻，r_o 是输出电阻。

理想模拟乘法器应具备如下条件：

(1) r_{i1} 和 r_{i2} 为无穷大；

（2）r_o为零；

（3）k 值不随信号幅值和频率而产生变化；

（4）当 u_X或 u_Y为零时 u_O为零，电路没有失调电压、电流和噪声。

在上述条件下，无论 u_X和 u_Y的波形、幅值、频率、极性如何变化，式(6.2.1)均成立。本节的分析均设模拟乘法器为理想器件。

输入信号 u_X和 u_Y的极性有四种可能的组合，在 u_X和 u_Y的坐标平面上，分为四个区域，即四个象限，如图 6.2.2 所示。按照允许输入信号的极性，模拟乘法器有单象限、两象限和四象限之分。

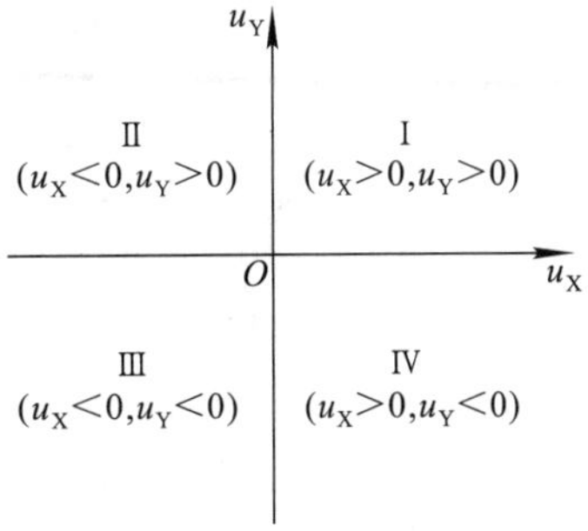

图 6.2.2 模拟乘法器输入信号的四个象限

6.2.2 变跨导型模拟乘法器的工作原理

实现模拟量相乘可有多种方案，但就集成电路而言，多采用变跨导型电路。变跨导型电路利用一路输入电压控制差分放大电路差分管的发射极电路，使之跨导作相应的变化，从而达到与另一路输入电压相乘的目的。

一、差分放大电路的差模传输特性

差分放大电路的差模传输特性是指在差模信号作用下，输出电压与输入电压的函数关系。

在图 6.2.3(a)所示差分放大电路中，u_X为差模输入电压，

$$u_X = u_{Id} = u_{BE1} - u_{BE2} \tag{6.2.2}$$

差分管的跨导

$$g_m = \frac{I_{EQ}}{U_T} = \frac{I_0}{2U_T} \tag{6.2.3}$$

恒流源电流

$$\begin{aligned} I_0 &\approx i_{E1} + i_{E2} \\ &= I_S e^{\frac{u_{BE1}}{U_T}} + I_S e^{\frac{u_{BE2}}{U_T}} \\ &= I_S e^{\frac{u_{BE2}}{U_T}} \left(1 + e^{\frac{u_{BE1} - u_{BE2}}{U_T}}\right) \\ &= i_{E2} \left(1 + e^{\frac{u_{BE1} - u_{BE2}}{U_T}}\right) \end{aligned}$$

因此 T_2管的发射极电流

$$i_{E2} = \frac{I_0}{1 + e^{\frac{u_X}{U_T}}}$$

同理，可得 T_1管的发射极电流

$$i_{E1} = \frac{I_0}{1 + e^{\frac{-u_X}{U_T}}}$$

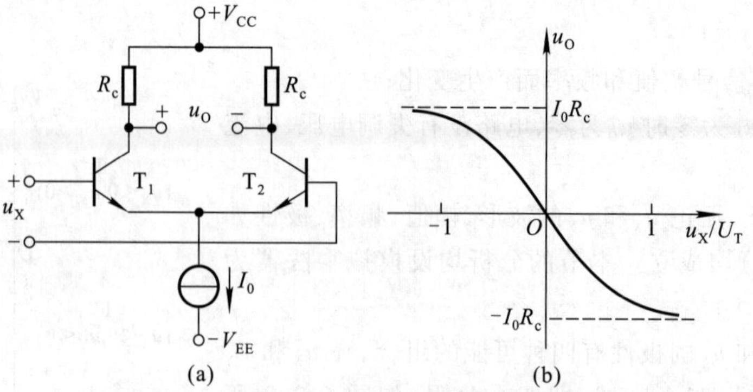

图 6.2.3 差分放大电路及其差模传输特性

(a) 电路 (b) 差模传输特性

因此

$$i_{C1}-i_{C2}\approx i_{E1}-i_{E2}=I_0\,\text{th}\,\frac{u_X}{2U_T} \tag{6.2.4}$$

当 $u_X \ll 2U_T$（约为 2×26 mV）时，有

$$i_{C1}-i_{C2}\approx I_0\frac{u_X}{2U_T}=g_m u_X$$

输出电压

$$u_O=-(i_{C1}-i_{C2})R_c\approx -I_0\frac{u_X}{U_T}\cdot R_c=-g_m R_c u_X \tag{6.2.5}$$

因而电路的差模电压传输特性如图 6.2.3(b)所示。

二、可控恒流源差分放大电路的乘法特性

在图 6.2.4 所示差分放大电路中，

$$i_{C3}=I=\frac{u_Y-u_{BE3}}{R_e}$$

代入式(6.2.5)可得

$$u_O=-\frac{u_Y-u_{BE3}}{R_e}\cdot\frac{u_X}{2U_T}\cdot R_c \tag{6.2.6}$$

若 $u_Y \gg u_{BE3}$，则

$$u_O\approx -\frac{R_c}{2U_TR_e}\cdot u_Xu_Y=ku_Xu_Y \tag{6.2.7}$$

式中 u_X 可正可负，但 u_Y 必须大于零，故图 6.2.4 所示为两象限模拟乘法器。电路有如下明显的缺点：

(1) 式(6.2.6)表明，u_Y 的值越小，运算误差越大；

(2) 式(6.2.7)表明，u_O 与 U_T 有关，即 k 与温度有关；

(3) 电路只能工作在两象限。

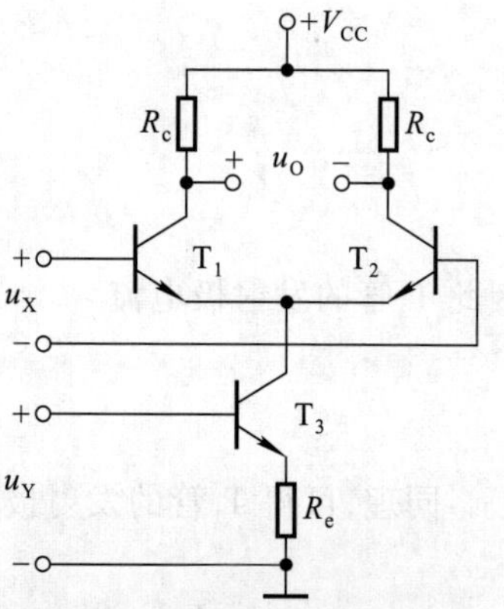

图 6.2.4 两象限模拟乘法器

三、四象限变跨导型模拟乘法器

图 6.2.5 所示为双平衡四象限变跨导型模拟乘法器。通过对图 6.2.3 所示电路的分析，得到的式(6.2.4)适用于图 6.2.5 所示电路，因而

$$i_1 - i_2 \approx i_5 \text{th} \frac{u_X}{2U_T} \tag{6.2.8}$$

$$i_4 - i_3 \approx i_6 \text{th} \frac{u_X}{2U_T} \tag{6.2.9}$$

$$i_5 - i_6 \approx I \text{th} \frac{u_Y}{2U_T} \tag{6.2.10}$$

$$i_{O1} - i_{O2} = (i_1 + i_3) - (i_4 + i_2) = (i_1 - i_2) - (i_4 - i_3)$$

将式(6.2.8)、(6.2.9)、(6.2.10)代入上式，得

$$i_{O1} - i_{O2} \approx (i_5 - i_6) \text{th} \frac{u_X}{2U_T} \approx I\left(\text{th} \frac{u_Y}{2U_T}\right)\left(\text{th} \frac{u_X}{2U_T}\right)$$

当 $u_X \ll 2U_T$，且 $u_Y \ll 2U_T$ 时，

$$i_{O1} - i_{O2} \approx \frac{I}{4U_T^2} \cdot u_X u_Y$$

所以，输出电压

$$u_O = -(i_{O1} - i_{O2}) R_c \approx -\frac{I}{4U_T^2} u_X u_Y = k u_X u_Y \tag{6.2.11}$$

由于 u_X 和 u_Y 均可正可负，故图 6.2.5 所示电路为四象限模拟乘法器。它是双端输出形式，可利用图 6.2.6 所示的集成运算电路，将其转换成单端输出形式。

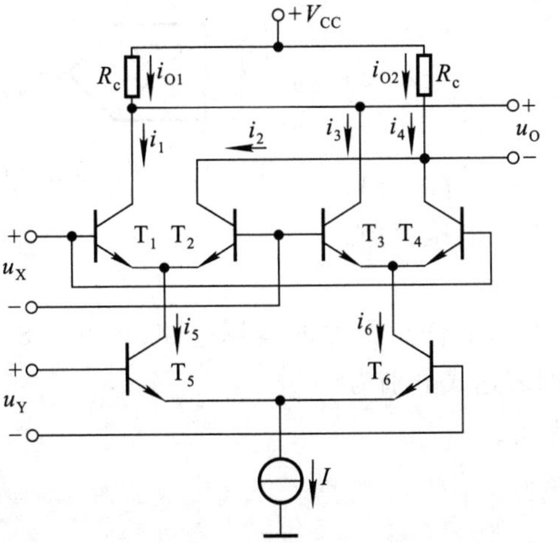

图 6.2.5 双平衡四象限变跨导型模拟乘法器

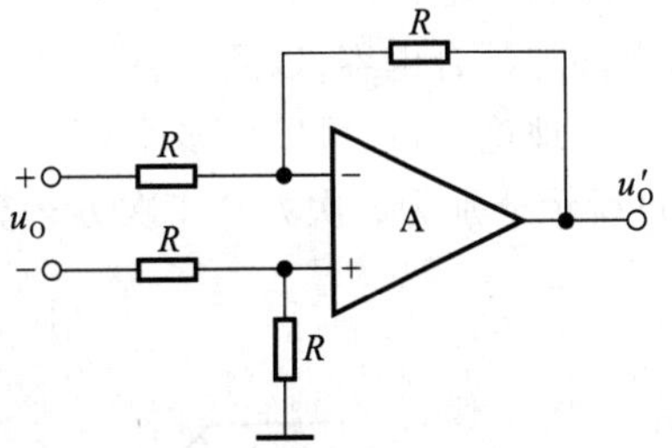

图 6.2.6 双端输入、单端输出电路

四、模拟乘法器的性能指标

与集成运放一样，为了衡量模拟乘法器的性能好坏，特别设定一些指标参数。表 6.2.1 中列出了主要参数及其典型数值。

表 6.2.1 模拟乘法器的主要参数

参数名称	单位	典型值	测试条件
输入失调电流 I_{IO}	μA	0.2	$u_X = u_Y = 0$ V
输入偏置电流 I_B	μA	2.0	$u_X = u_Y = 0$ V

续表

参数名称	单位	典型值	测试条件
输出不平衡电流 I_{OO}	μA	20	$u_X = u_Y = 0$ V
输出精度 $\varepsilon_{Rx}\varepsilon_{Ry}$	%	1 ~ 2	$u_X = 10$ V、$u_Y = \pm 10$ V 和 $u_Y = 10$ V、$u_X = \pm 10$ V
-3 dB 增益带宽 f_{bw}	MHz	3.0	满刻度位置
满功率响应 f_p	kHz	700	满刻度位置
上升速度 SR	V/μs	45	满刻度位置
输入电阻 r_i	MΩ	35	

此外，还有共模输入电压范围、共模增益、输出电阻和矢量误差等。

6.2.3 模拟乘法器在运算电路中的应用

模拟乘法器除了自身能够实现两个模拟信号的乘法和平方运算外，还可以和其它电路相配合构成除法、开方、均方根等运算电路。

一、乘方运算电路

利用四象限模拟乘法器能够实现四象限平方运算电路，如图 6.2.7 所示。

输出电压

$$u_O = ku_I^2 \tag{6.2.12}$$

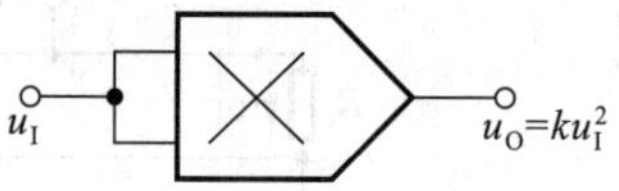

图 6.2.7 平方运算电路

当 u_I为正弦波 U_i，且 $u_I = \sqrt{2}U_i \sin \omega t$ 时，则

$$u_O = U_o = 2kU_i^2 \sin^2 \omega t = kU_i^2(1 - \cos 2\omega t) \tag{6.2.13}$$

输出为输入的二倍频电压信号，为了得到纯交流电压，可在输出端加耦合电容，以隔离直流电压。

从理论上讲，可以用多个模拟乘法器串联组成 u_I的任意次方的运算电路，图 6.2.8(a)和(b)所示分别为 3 次方和 4 次方运算电路。它们的表达式分别为

$$u_{O1} = k^2 u_I^3$$

$$u_{O2} = k^2 u_I^4$$

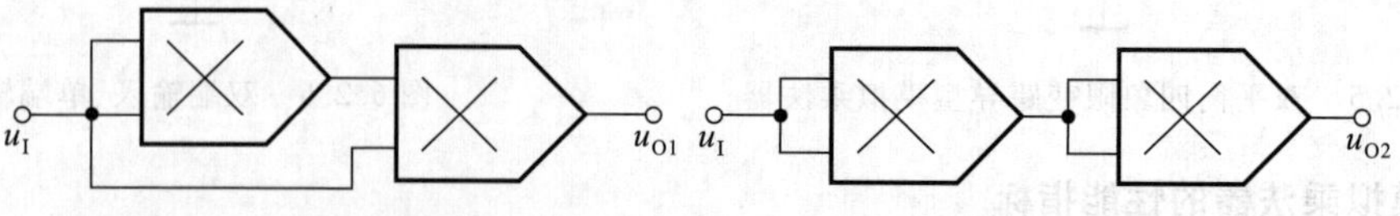

图 6.2.8 3 次方和 4 次方运算电路

(a) 3 次方运算电路 (b) 4 次方运算电路

但是，实际上，当串联的模拟乘法器超过 3 个时，运算误差的积累就使得电路的精度变得很差，在要求较高时将不适用。因此，在实现高次幂的乘方运算时，可以考虑采用模拟乘法器与集成对数运算电路和指数运算电路组合而成，如图 6.2.9 所示。

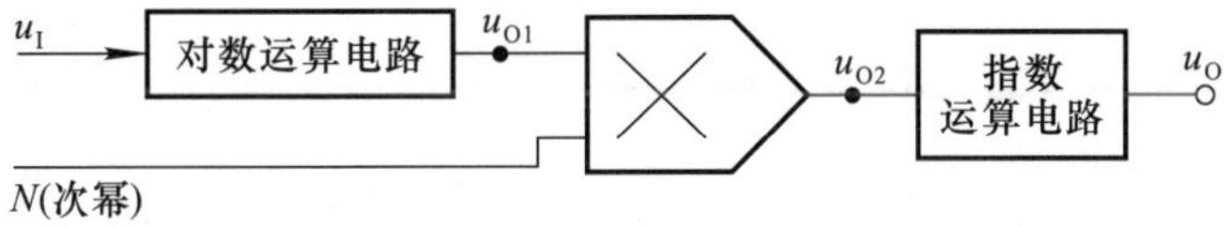

图 6.2.9　N 次幂运算电路

对数运算电路的输出电压

$$u_{O1}=k_1\ln u_I$$

模拟乘法器的输出电压

$$u_{O2}=k_1k_2N\ln u_I$$

k_2为乘积系数。输出电压

$$u_O=k_3u_I^{k_1k_2N}=k_3u_I^{kN} \tag{6.2.14}$$

设 $k_1=10$,$k_2=0.1\ V^{-1}$,则当 $N>1$ 时,电路实现乘方运算。若 $N=2$,则电路为平方运算电路;若 $N=10$,则电路为 10 次幂运算电路。

二、除法运算电路

利用反函数型运算电路的基本原理,将模拟乘法器置于集成运放的负反馈通路中,便可构成除法运算电路,如图 6.2.10 所示。与只用集成运放组成的运算电路一样,在用模拟乘法器和集成运放共同构成运算电路时,也必须引入负反馈,据此可确定二者的连接方法。

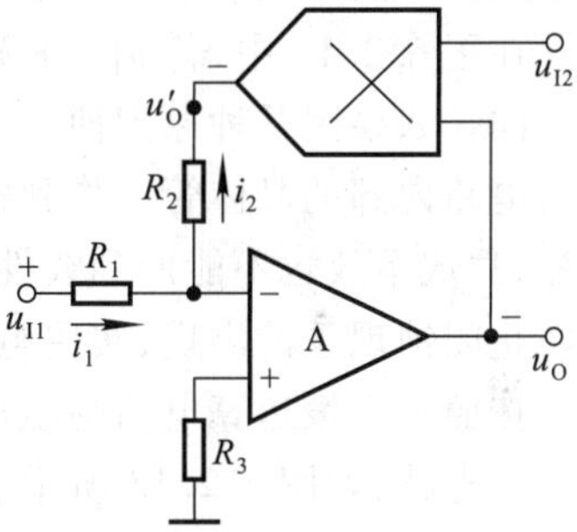

图 6.2.10　除法运算电路

对于图 6.2.10 所示电路,必须保证 $i_1=i_2$,电路引入的才是负反馈。即当 $u_{I1}>0$ V 时,$u'_O<0$ V;而 $u_{I1}<0$ V 时,$u'_O>0$ V。由于 u_O与 u_{I1}反相,故要求 u'_O与 u_O同符号。因此,当模拟乘法器的 k 小于零时,u_{I2}应小于零;而 k 大于零时,u_{I2}应大于零;即 u_{I2}与 k 同符号。同理,若模拟乘法器的输出端通过电阻接集成运放的同相输入端,则为保证电路引入的是负反馈,u_{I2}与 k 的符号应当相反。

在图 6.2.10 所示电路中,设集成运放为理想运放,则 $u_N=u_P=0$,为虚地,$i_1=i_2$,即

$$\frac{u_{I1}}{R_1}=-\frac{u'_O}{R_2}=-\frac{ku_{I2}u_O}{R_2}$$

整理上式,得出输出电压

$$u_O=-\frac{R_2}{kR_1}\cdot\frac{u_{I1}}{u_{I2}} \tag{6.2.15}$$

由于 u_{I2}的极性受 k 的限制,故图 6.2.10 所示电路为两象限除法运算电路。对于一个确定的除法运算电路,模拟乘法器 k 的极性是唯一的,故 u_{I2}的极性是唯一的,其运算关系式也是唯一的;换言之,若 k 或 u_{I2}的极性变化,则电路的接法应遵循引入负反馈的原则产生相应的变化。

三、开方运算电路

利用乘方运算电路作为集成运放的负反馈通路,就可构成开方运算电路。在除法运算电路中,令 $u_{I2}=u_O$,就构成平方根运算电路,如图 6.2.11 所示。

若电路引入的是负反馈，则 $u_N = u_P = 0$，为虚地，$i_1 = i_2$，即

$$\frac{-u_I}{R_1} = \frac{u'_O}{R_2}$$

$$u'_O = -\frac{R_2}{R_1} \cdot u_I = k u_O^2 \tag{6.2.16}$$

故

$$|u_O| = \sqrt{-\frac{R_2 u_I}{k R_1}} \tag{6.2.17}$$

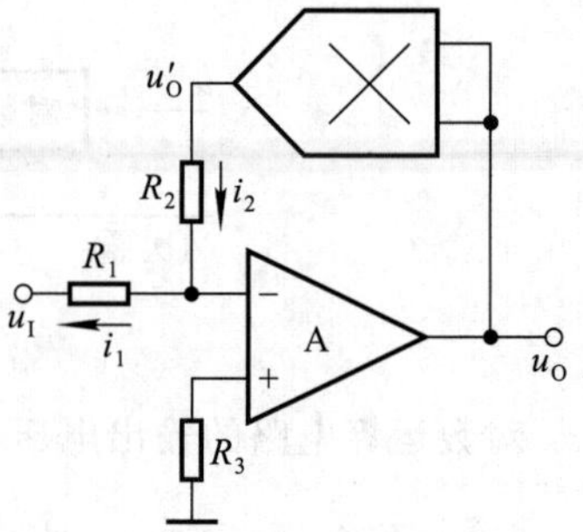

图 6.2.11　平方根运算电路

为了使根号下为正数，u_I 与 k 必须符号相反。因此，由于 u_O 与 u_I 极性相反，故当 $u_I > 0$、$k < 0$ 时，运算关系式应为

$$u_O = -\sqrt{-\frac{R_2 u_I}{k R_1}} \tag{6.2.18}$$

当 $u_I < 0$、$k > 0$ 时，运算关系式应为

$$u_O = \sqrt{-\frac{R_2 u_I}{k R_1}} \tag{6.2.19}$$

与除法运算电路相同，因为当模拟乘法器选定后 k 的极性就唯一地被确定，因此实际电路的运算关系式只可能是式(6.2.18)和式(6.2.19)中的一个。

在图 6.2.11 中，若 $u_I < 0$、$k > 0$，则图中所标注的电流方向是在上述条件下电阻中电流的实际方向。如果因某种原因使 u_I 大于零，则必然导致 u'_O 大于零，从而使反馈极性变正，最终使集成运放电路内部的晶体管工作到截止区或饱和区，输出电压接近电源电压，以至于即使 u_I 变得小于零，集成运放也不能回到线性区，电路不能恢复正常工作，运放出现闭锁或称为锁定现象。为了防止闭锁现象的出现，实用电路中常在输出回路串联一个二极管，如图 6.2.12 所示。

按照平方根运算电路的组成思路，将 3 次方电路作为集成运放的负反馈通路，就可实现立方根运算电路，如图 6.2.13 所示。图中，

$$u'_O = k^2 u_O^3$$

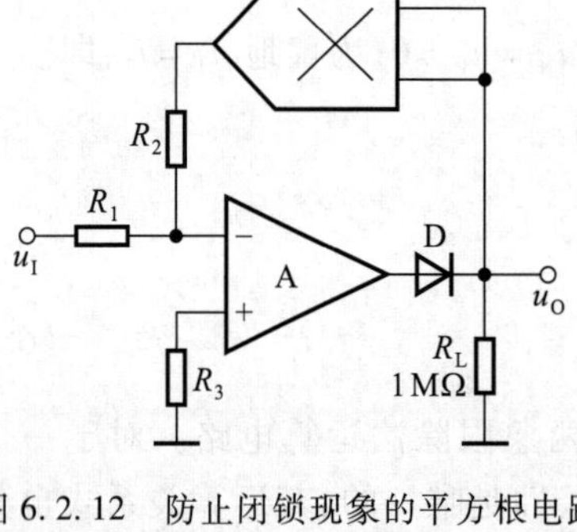

图 6.2.12　防止闭锁现象的平方根电路

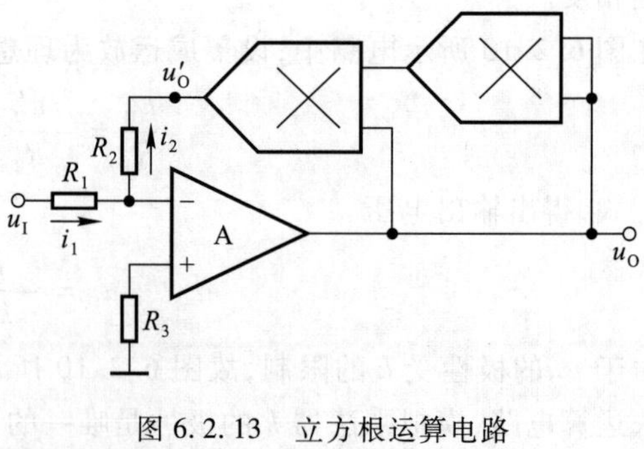

图 6.2.13　立方根运算电路

由于 k^2 大于零，且 u_O^3 与 u_I 反相，所以不管 k 值为正还是为负，电路均引入了负反馈。电路中 $u_N = u_P = 0$，为虚地，$i_1 = i_2$，即

$$\frac{u_I}{R_1} = -\frac{u'_O}{R_2}$$

$$u_O' = -\frac{R_2}{R_1}\cdot u_I = k^2 u_O^3$$

整理可得

$$u_O = \sqrt[3]{-\frac{R_2}{k^2 R_1}\cdot u_I} \tag{6.2.20}$$

与乘方运算电路相类似，当多个模拟乘法器串联实现高次根的运算时，将产生较大的误差。因此，为了提高精度，也可采用如图 6.2.9 所示电路。从式(6.2.14)可以看出，若 $k_1=10$，$k_2=0.1\ \mathrm{V}^{-1}$，则 $k=1$；故 $N<1$ 时，电路为开方运算电路。当 $N=0.1$ 时，$u_O=k_3\sqrt[10]{u_I}$；当 $N=0.5$ 时，$u_O=k_3\sqrt{u_I}$。

【例 6.2.1】 运算电路如图 6.2.14 所示。已知模拟乘法器的运算关系式为 $u_O'=ku_Xu_Y=-0.1\ \mathrm{V}^{-1}u_Xu_Y$。

(1) 电路对 u_{I3} 的极性是否有要求，简述理由；

(2) 求解电路的运算关系式。

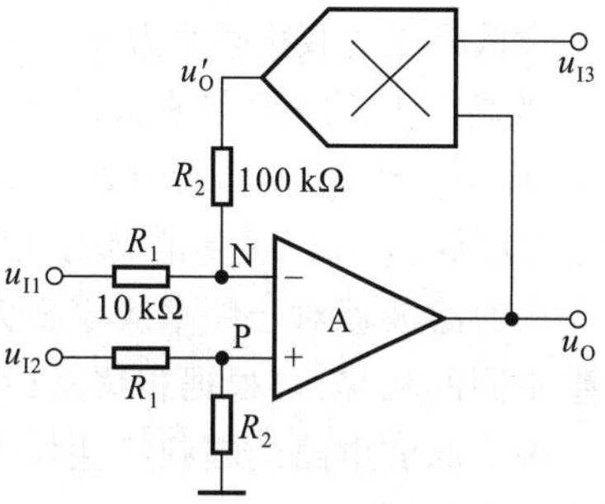

图 6.2.14 例 6.2.1 电路图

解：(1) 只有电路中引入负反馈，才能实现运算。而只有 u_{I1} 与 u_O' 符号相反，电路引入的才是负反馈；已知 u_O 与 u_{I1} 反相，故 u_O' 应与 u_O 同符号。因为 $k<0$，所以 u_{I3} 应小于零。

(2) P 点电位

$$u_P = \frac{R_2}{R_1+R_2}\cdot u_{I2} = u_N$$

N 点的电流方程为

$$\frac{u_{I1}-u_N}{R_1} = \frac{u_N-u_O'}{R_2}$$

将 u_N 的表达式代入上式，整理得出

$$u_O' = \frac{R_2}{R_1}(u_{I2}-u_{I1}) = ku_Ou_{I3}$$

所以输出电压

$$u_O = \frac{R_2}{kR_1}\cdot\frac{u_{I2}-u_{I1}}{u_{I3}} = \frac{100}{0.1\times 10}\cdot\frac{u_{I1}-u_{I2}}{u_{I3}} = 100\cdot\frac{u_{I1}-u_{I2}}{u_{I3}}$$

■ **思考题**

6.2.1 为了得到正弦波电压的二倍频纯交流信号，应采用什么电路？画出图来。

6.2.2 试说明利用逆运算即逆函数型方法组成运算电路的原则。

6.2.3 试利用模拟乘法器和集成运放实现除法运算电路，画出模拟乘法器的乘积系数不同极性和输入信号不同极性各种组合情况下电路的构成。

6.3 有源滤波电路

对于信号的频率具有选择性的电路称为滤波电路，它的功能是使特定频率范围内的信号通

过，而阻止其它频率信号通过。有源滤波电路是应用广泛的信号处理电路。

6.3.1　滤波电路的基础知识

一、滤波电路的种类

通常，按照滤波电路的工作频带为其命名，分为低通滤波器（LPF①）、高通滤波器（HPF②）、带通滤波器（BPF③）、带阻滤波器（BEF④）和全通滤波器（APF⑤）。

设截止频率为f_p，频率低于f_p的信号能够通过，高于f_p的信号被衰减的滤波电路称为低通滤波器；反之，频率高于f_p的信号能够通过，而频率低于f_p的信号被衰减的滤波电路称为高通滤波器。前者可以作为直流电源整流后的滤波电路，以便得到平滑的直流电压；后者可以作为交流放大电路的耦合电路，隔离直流成分，通过放大频率高于f_p的信号。实际上，常利用它们分别在难于分辨的电压中提取出有用的低频或高频信号。

设低频段的截止频率为f_{p1}，高频段的截止频率为f_{p2}，频率为f_{p1}到f_{p2}之间的信号能够通过，低于f_{p1}或高于f_{p2}的信号被衰减的滤波电路称为带通滤波器；反之，频率低于f_{p1}和高于f_{p2}的信号能够通过，而频率在f_{p1}到f_{p2}之间的信号被衰减的滤波电路称为带阻滤波器。前者常用于载波通信或弱信号提取等场合，以提高信噪比；后者常用于在已知干扰或噪声频率的情况下，阻止其通过。

全通滤波器对于频率从零到无穷大的信号具有同样的比例系数，但对于不同频率的信号将产生不同的相移，可根据相移来检测信号的频率。

理想滤波电路的幅频特性如图6.3.1所示。允许通过的频段称为通带，将信号衰减到零的频段称为阻带。

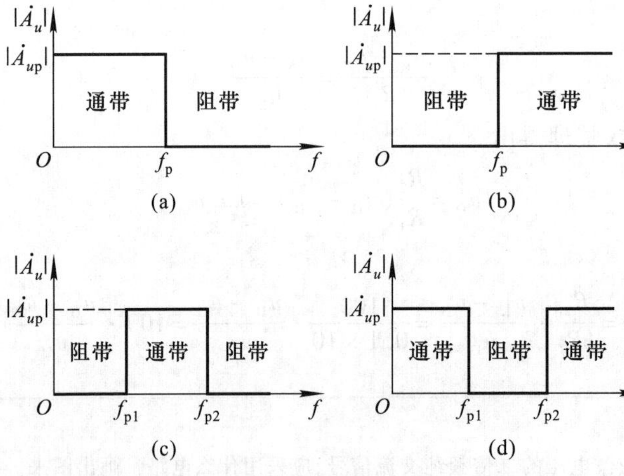

图6.3.1　理想滤波电路的幅频特性

（a）LPF的幅频特性　（b）HPF的幅频特性　（c）BPF的幅频特性　（d）BEF的幅频特性

① Low Pass Filter的缩写。

② High Pass Filter的缩写。

③ Band Pass Filter的缩写。

④ Band Elimination Filter的缩写。

⑤ All Pass Filter的缩写。

二、滤波器的幅频特性

实际上，任何滤波器均不可能具备图 6.3.1 所示的幅频特性，在通带和阻带之间存在着过渡带。称通带中输出电压与输入电压之比 $\dot{A}_{up}$ 为通带放大倍数。图 6.3.2 所示为某低通滤波器的实际幅频特性，$\dot{A}_{up}$ 是频率等于零时输出电压与输入电压之比，使 $|\dot{A}_u| \approx 0.707|\dot{A}_{up}|$ 的频率为通带截止频率 f_p，从 f_p 到 $|\dot{A}_u|$ 接近零的频段称为过渡带，使 $|\dot{A}_u|$ 趋近于零的频段称为阻带。过渡带愈窄，电路的选择性愈好，滤波特性愈理想。

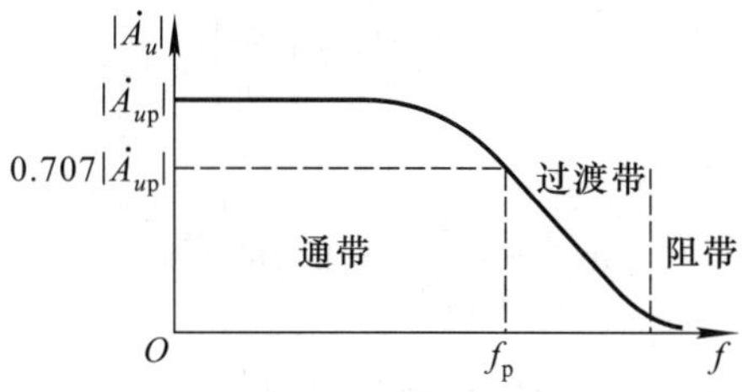

图 6.3.2 低通滤波器的实际幅频特性

对于 LPF、HPF、BPF 和 BEF，分析滤波电路就是研究其幅频特性，即求解出 $\dot{A}_{up}$、f_p 和过渡带的斜率。

三、无源滤波电路和有源滤波电路

若滤波电路仅由无源元件（电阻、电容、电感）组成，则称为无源滤波电路。若滤波电路由无源元件和有源元件（双极型管、单极型管、集成运放）共同组成，则称为有源滤波电路。

1. 无源低通滤波器

图 6.3.3(a) 所示为 *RC* 低通滤波器，当信号频率趋于零时，电容的容抗趋于无穷大，故通带放大倍数

$$\dot{A}_{up} = \frac{\dot{U}_o}{\dot{U}_i} = 1$$

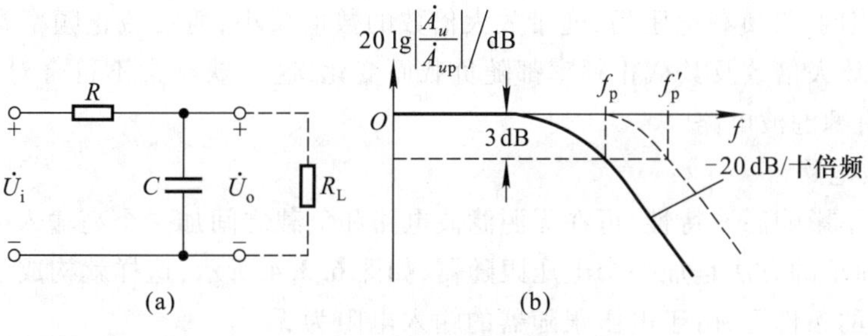

图 6.3.3 *RC* 低通滤波器及其幅频特性

(a) 电路 (b) 幅频特性

频率从零到无穷大时的电压放大倍数

$$\dot{A}_u = \frac{\dot{U}_o}{\dot{U}_i} = \frac{\frac{1}{j\omega C}}{R + \frac{1}{j\omega C}} = \frac{1}{1 + j\omega RC} \tag{6.3.1}$$

令 $f_p = \dfrac{1}{2\pi\tau} = \dfrac{1}{2\pi RC}$，则上式变换为

$$\dot{A}_u = \frac{1}{1 + j\dfrac{f}{f_p}} = \frac{\dot{A}_{up}}{1 + j\dfrac{f}{f_p}} \tag{6.3.2}$$

其模为

$$|\dot{A}_u| = \frac{|\dot{A}_{up}|}{\sqrt{1 + \left(\dfrac{f}{f_p}\right)^2}} \tag{6.3.3}$$

当 $f = f_p$ 时，有

$$|\dot{A}_u| = \frac{|\dot{A}_{up}|}{\sqrt{2}} \approx 0.707\,|\dot{A}_{up}|$$

当 $f >> f_p$ 时，$|\dot{A}_u| \approx \dfrac{f}{f_p}|\dot{A}_{up}|$，频率每升高 10 倍，$|\dot{A}_u|$ 下降 10 倍，即过渡带的斜率为 -20 dB/十倍频。电路的幅频特性如图 6.3.3(b)中实线所示。

当图 6.3.3(a)所示电路带上负载(如图 6.3.3(a)中虚线所示)后，通带放大倍数变为

$$\dot{A}_{up} = \frac{\dot{U}_o}{\dot{U}_i} = \frac{R_L}{R + R_L}$$

电压放大倍数为

$$\dot{A}_u = \frac{\dot{U}_o}{\dot{U}_i} = \frac{R_L /\!/ \dfrac{1}{j\omega C}}{R + R_L /\!/ \dfrac{1}{j\omega C}} = \frac{\dfrac{R_L}{R + R_L}}{1 + j\omega(R /\!/ R_L)C}$$

$$\dot{A}_u = \frac{\dot{U}_o}{\dot{U}_i} = \frac{\dot{A}_{up}}{1 + j\dfrac{f}{f'_p}} \qquad \left(f'_p = \frac{1}{2\pi(R /\!/ R_L)C}\right) \tag{6.3.4}$$

式(6.3.4)表明，带负载电阻后，通带放大倍数的数值减小，通带截止频率升高。可见，无源滤波电路的通带放大倍数及其截止频率都随负载而变化，这一缺点常不符合对信号处理电路的要求，因而产生有源滤波电路。

2. 有源滤波电路

为了使负载不影响滤波特性，可在无源滤波电路和负载之间加一个高输入电阻、低输出电阻的隔离电路，最简单的方法是加一个电压跟随器，如图 6.3.4 所示，这样就构成了有源滤波电路。

在理想运放的条件下，由于电压跟随器的输入电阻为无穷大，输出电阻为零，因而 $\dot{U}_p$ 仅决定于 RC 的取值。输出电压 $\dot{U}_o = \dot{U}_p$，所以电压放大倍数与式(6.3.2)相同。在集成运放功耗允许的情况下，负载变化时放大倍数的表达式不变，因此频率特性不变。

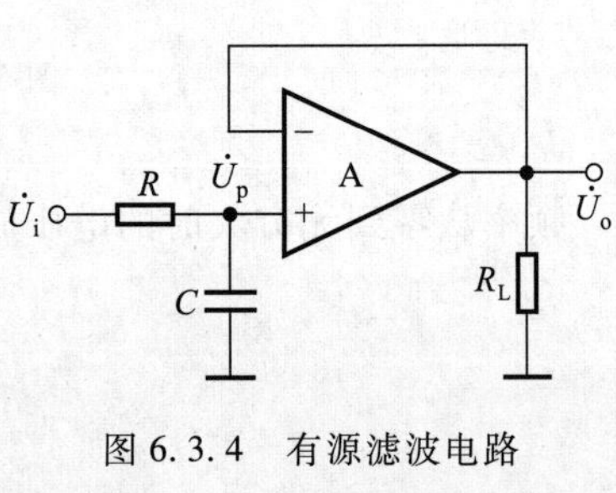

图 6.3.4　有源滤波电路

有源滤波电路一般由 RC 网络和集成运放组成，因而必须在合适的直流电源供电的情况下才能起滤波作用，与此同

时还可以进行放大。组成电路时应选用带宽合适的集成运放。有源滤波电路不适于高电压大电流的负载，只适用于信号处理。通常，直流电源中整流后的滤波电路均采用无源电路；且在大电流负载时，应采用 LC（电感、电容）电路，详见第 9 章。

四、有源滤波电路的传递函数

在分析有源滤波电路时，常常通过"拉氏变换"将电压与电流变换成"象函数" $U(\mathrm{s})$ 和 $I(\mathrm{s})$，因而电阻的 $R(\mathrm{s})=R$，电容的 $Z_C(\mathrm{s})=1/sC$，电感的 $Z_L(\mathrm{s})=sL$，输出量与输入量之比称为传递函数，即

$$A_u(s)=\frac{U_\mathrm{o}(s)}{U_\mathrm{i}(s)}$$

图 6.3.4 所示电路的传递函数为

$$A_u(s)=\frac{U_\mathrm{o}(s)}{U_\mathrm{i}(s)}=\frac{U_\mathrm{p}(s)}{U_\mathrm{i}(s)}=\frac{\frac{1}{sC}}{R+\frac{1}{sC}}=\frac{1}{1+sRC} \tag{6.3.5}$$

将 s 换成 $\mathrm{j}\omega$，便可得到放大倍数，如式(6.3.1)所示。令 $s=0$，即 $\omega=0$，就可得到通带放大倍数。传递函数分母中 s 的最高指数称为滤波器的阶数。式(6.3.5)表明，图 6.3.4 所示电路为一阶低通滤波器。根据频率特性的基本知识可知，电路中 RC 环节愈多，阶数愈高，过渡带将愈窄。

6.3.2 低通滤波器

本节以低通滤波器为例，阐明有源滤波电路的组成、特点及分析方法。

一、同相输入低通滤波器

1. 一阶电路

图 6.3.5 所示为一阶低通滤波电路，其传递函数为

$$A_u(s)=\frac{U_\mathrm{o}(s)}{U_\mathrm{i}(s)}=\left(1+\frac{R_2}{R_1}\right)\frac{U_\mathrm{p}(s)}{U_\mathrm{i}(s)}=\left(1+\frac{R_2}{R_1}\right)\frac{1}{1+sRC}$$

用 $\mathrm{j}\omega$ 取代 s，且令 $f_0=\frac{1}{2\pi RC}$，得出电压放大倍数

$$\dot{A}_u=\left(1+\frac{R_2}{R_1}\right)\cdot\frac{1}{1+\mathrm{j}\frac{f}{f_0}} \tag{6.3.6}$$

式中，f_0 称为特征频率。令 $f=0$，可得通带放大倍数

$$\dot{A}_{u\mathrm{p}}=1+\frac{R_2}{R_1} \tag{6.3.7}$$

当 $f=f_0$ 时，$\dot{A}_u=\frac{\dot{A}_{u\mathrm{p}}}{\sqrt{2}}$，故通带截止频率 $f_\mathrm{p}=f_0$。幅频特性如图 6.3.6 所示，当 $f\gg f_\mathrm{p}$ 时，曲线按 -20 dB/十倍频下降。

2. 简单二阶电路

一阶电路的过渡带较宽，幅频特性的最大衰减斜率仅为 -20 dB/十倍频。增加 RC 环节，可加大衰减斜率，使过渡带变窄。

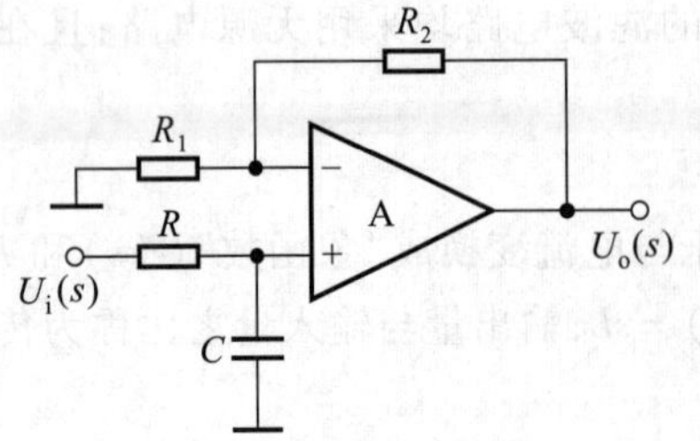

图 6.3.5　一阶低通滤波电路

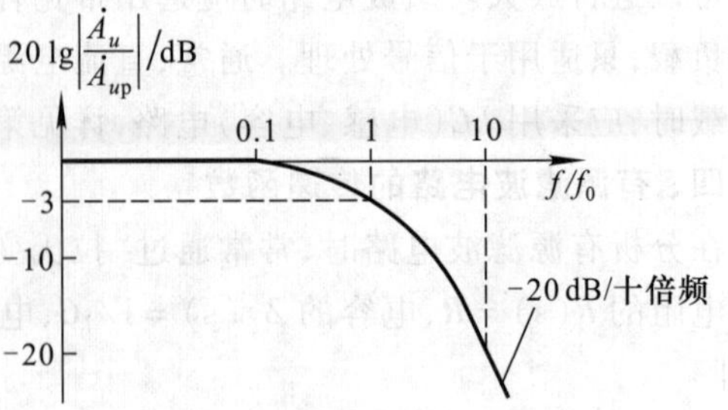

图 6.3.6　一阶低通滤波电路的幅频特性

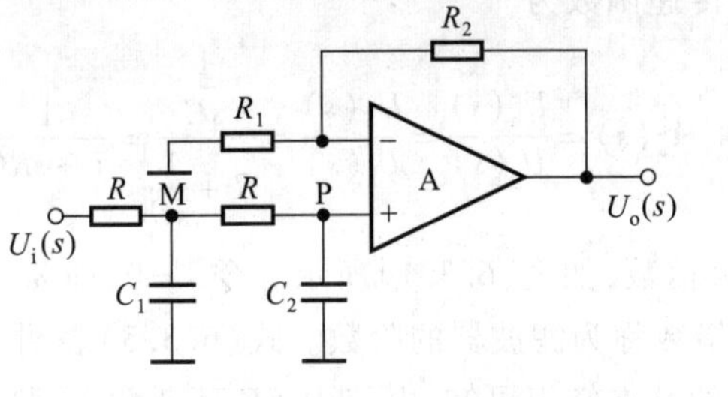

图 6.3.7　简单二阶低通滤波电路

图 6.3.7 所示为简单二阶低通滤波电路。其通带放大倍数与一阶电路相同，传递函数为

$$A_u(s)=\left(1+\frac{R_2}{R_1}\right)\cdot\frac{U_p(s)}{U_i(s)}=\left(1+\frac{R_2}{R_1}\right)\cdot\frac{U_p(s)}{U_m(s)}\cdot\frac{U_m(s)}{U_i(s)} \tag{6.3.8}$$

当 $C_1=C_2=C$ 时，

$$\frac{U_p(s)}{U_m(s)}=\frac{1}{1+sRC}$$

$$\frac{U_m(s)}{U_i(s)}=\frac{\frac{1}{sC}/\!/\left(R+\frac{1}{sC}\right)}{R+\left[\frac{1}{sC}/\!/\left(R+\frac{1}{sC}\right)\right]}$$

代入式(6.3.8)，整理可得

$$A_u(s)=\left(1+\frac{R_2}{R_1}\right)\frac{1}{1+3sRC+(sRC)^2} \tag{6.3.9}$$

用 $j\omega$ 取代 s，且令 $f_0=\frac{1}{2\pi RC}$，得出电压放大倍数的表达式为

$$\dot{A}_u=\frac{1+\frac{R_2}{R_1}}{1-\left(\frac{f}{f_0}\right)^2+j3\frac{f}{f_0}} \tag{6.3.10}$$

称 f_0 为特征频率。令式(6.3.10)分母的模等于$\sqrt{2}$，可解出通带截止频率

$$f_p\approx 0.37f_0 \tag{6.3.11}$$

幅频特性如图 6.3.8 所示。虽然衰减斜率达 −40 dB/十倍频，但是 f_p 远离 f_0。若使 $f=f_0$ 附近的

电压放大倍数数值增大，则可使 f_p 接近 f_0，滤波特性趋于理想。从反馈的概念可知，引入正反馈，可以增大放大倍数。

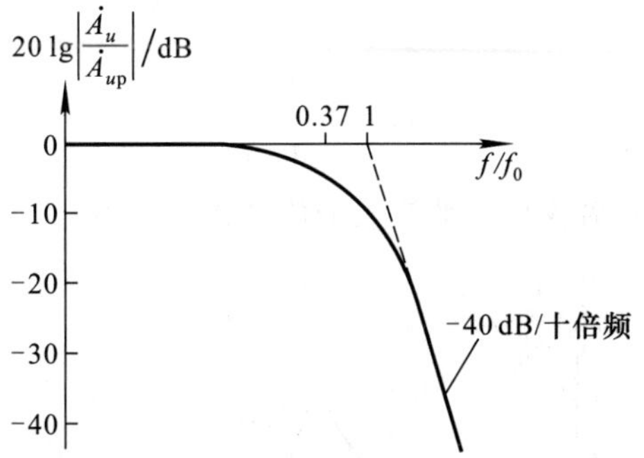

图 6.3.8 简单二阶低通滤波电路的幅频特性

3. 压控电压源二阶低通滤波电路

将图 6.3.7 所示电路中 C_1 的接地端改接到集成运放的输出端，便可得到压控电压源二阶低通滤波电路，如图 6.3.9 所示。电路中既引入了负反馈，又引入了正反馈。当信号频率趋于零时，由于 C_1 的电抗趋于无穷大，因而正反馈很弱；当信号频率趋于无穷大时，由于 C_2 的电抗趋于零，因而 $U_p(s)$ 趋于零。可以想象，只要正反馈引入得当，就既可能在 $f=f_0$ 时使电压放大倍数数值增大，又不会因正反馈过强而产生自激振荡。因为同相输入端电位控制由集成运放和 R_1、R_2 组成的电压源，故称之为压控电压源滤波电路。

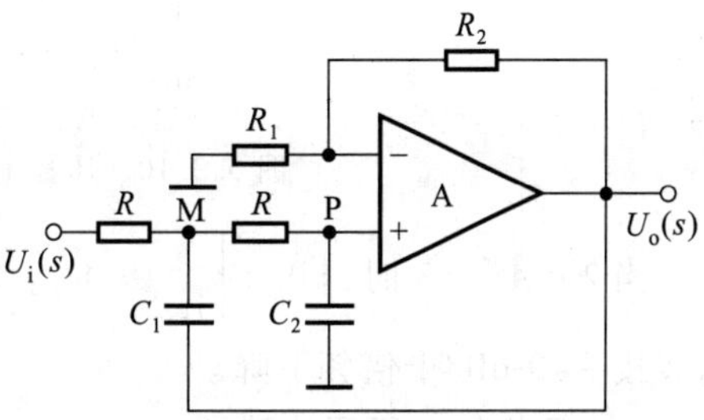

图 6.3.9 压控电压源二阶低通滤波电路

设 $C_1=C_2=C$。M 点的电流方程为

$$\frac{U_i(s)-U_m(s)}{R}=\frac{U_m(s)-U_o(s)}{\frac{1}{sC}}+\frac{U_m(s)-U_p(s)}{R} \tag{6.3.12}$$

P 点的电流方程为

$$\frac{U_m(s)-U_p(s)}{R}=\frac{U_p(s)}{\frac{1}{sC}} \tag{6.3.13}$$

联立式(6.3.12)和式(6.3.13)，解出传递函数为

$$A_u(s)=\frac{A_{up}(s)}{1+[3-A_{up}(s)]sRC+(sRC)^2} \tag{6.3.14}$$

在式(6.3.14)中，只有当 $\dot{A}_{up}$（即 $1+R_2/R_1$）小于 3，即分母中 s 的一次项系数大于零时，电路才能稳定工作，而不产生自激振荡。

若令 $s=j\omega$，$f_0=\frac{1}{2\pi RC}$，则电压放大倍数为

$$\dot{A}_u=\frac{\dot{A}_{up}}{1-\left(\frac{f}{f_0}\right)^2+j(3-\dot{A}_{up})\frac{f}{f_0}} \tag{6.3.15}$$

若令 $Q=\left|\dfrac{1}{3-\dot{A}_{up}}\right|$，则 $f=f_0$ 时，有 $\left|\dot{A}_u\right|\Big|_{f=f_0}=\dfrac{\left|\dot{A}_{up}\right|}{\left|3-\dot{A}_{up}\right|}=Q\dot{A}_{up}$，即

$$Q=\frac{\left|\dot{A}_u\right|\Big|_{f=f_0}}{\left|\dot{A}_{up}\right|} \tag{6.3.16}$$

可见，Q 是 $f=f_0$ 时的电压放大倍数与通带放大倍数之比。

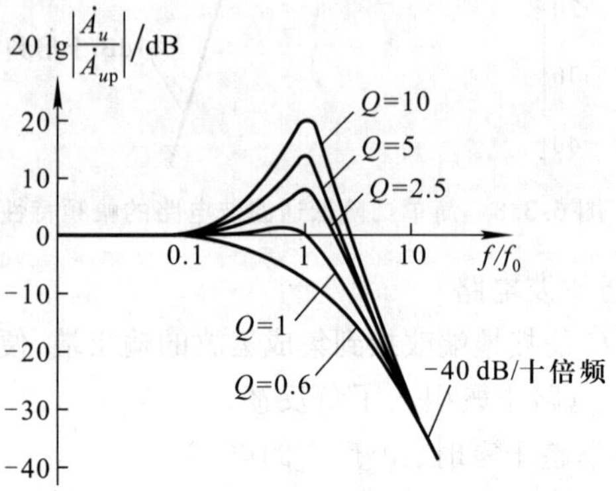

图 6.3.10 压控电压源二阶低通滤波电路的幅频特性

当 $2<\dot{A}_{up}<3$ 时，$\left|\dot{A}_u\right|\Big|_{f=f_0}>\dot{A}_{up}$。图 6.3.10 所示为 Q 值不同时的幅频特性，当 $f\gg f_p$ 时，曲线按 −40 dB/十倍频下降。

二、反相输入低通滤波器

1. 一阶电路

积分运算电路具有低通特性，但是当频率趋于零时电压放大倍数的数值趋于无穷大，其幅频特性如图 6.3.11(b) 中虚线所示。由前面的分析可知，通带放大倍数决定于由电阻组成的负反馈网络，故在积分运算电路中电容 C 上并联一个电阻 R_2，可得到图 6.3.11(a) 所示的反相输入一阶低通滤波电路。令信号频率等于零，可得通带放大倍数

$$\dot{A}_{up}=-\frac{R_2}{R_1} \tag{6.3.17}$$

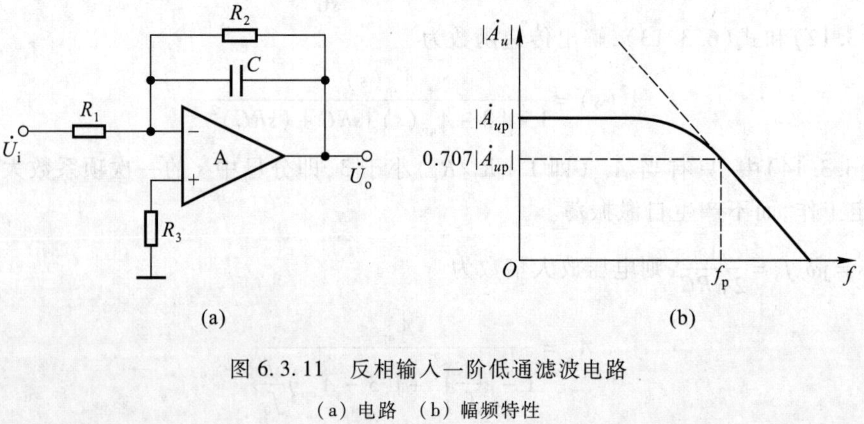

图 6.3.11 反相输入一阶低通滤波电路

(a) 电路 (b) 幅频特性

电路的传递函数

$$A_u(s) = -\frac{R_2 /\!/ \frac{1}{sC}}{R_1} = -\frac{R_2}{R_1} \cdot \frac{1}{1+sR_2C} \tag{6.3.18}$$

用 jω 取代 s，令 $f_0 = \frac{1}{2\pi R_2 C}$，得出电压放大倍数

$$\dot{A}_u = \frac{\dot{A}_{up}}{1+\mathrm{j}\frac{f}{f_0}} \tag{6.3.19}$$

通带截止频率 $f_p = f_0$，幅频特性如图 6.3.11(b)中实线所示。

2. 二阶电路

与同相输入电路类似，增加 RC 环节，可以使滤波器的过渡带变窄，衰减斜率的值加大，如图 6.3.12 所示。为了改善 f_0 附近的频率特性，也可采用压控电压源二阶滤波器相似的方法，即多路反馈的方法，如图 6.3.13 所示。

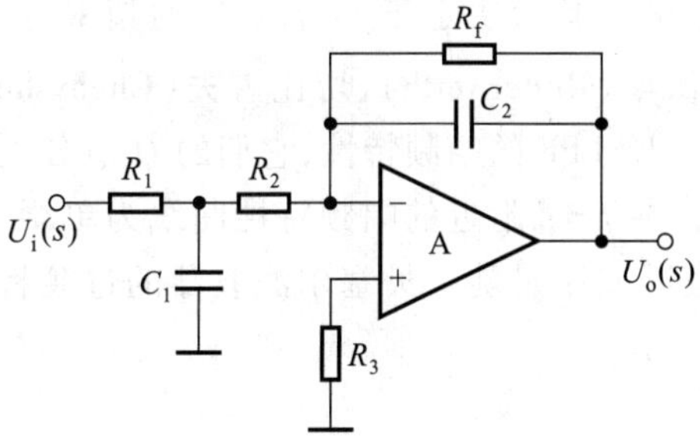

图 6.3.12 简单二阶低通滤波电路图

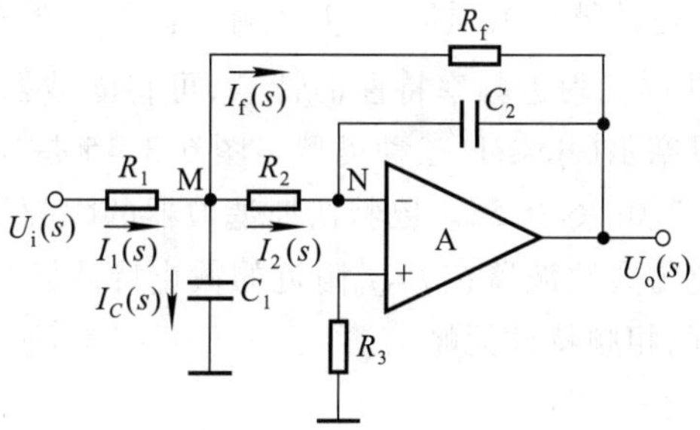

图 6.3.13 无限增益多路反馈二阶低通滤波电路

在图 6.3.13 所示电路中，当 $f=0$ 时，C_1 和 C_2 均开路，故通带放大倍数

$$\dot{A}_{up} = -\frac{R_f}{R_1} \tag{6.3.20}$$

M 点的电流方程为

$$I_1(s) = I_f(s) + I_2(s) + I_c(s)$$

$$\frac{U_i(s) - U_m(s)}{R_1} = \frac{U_m(s) - U_o(s)}{R_f} + \frac{U_m(s)}{R_2} + U_m(s)sC_1 \tag{6.3.21}$$

其中

$$U_o(s) = -\frac{1}{sR_2C_2} \cdot U_m(s) \tag{6.3.22}$$

解式(6.3.21)和式(6.3.22)组成的联立方程，得到传递函数

$$A_u(s) = \frac{A_{up}(s)}{1 + sC_2R_2R_f\left(\frac{1}{R_1} + \frac{1}{R_2} + \frac{1}{R_f}\right) + s^2C_1C_2R_2R_f} \tag{6.3.23}$$

与式(6.3.14)对比，可得

$$\begin{cases} f_0=\dfrac{1}{2\pi\sqrt{C_1C_2R_2R_f}} & (6.3.24a) \\ Q=(R_1/\!/R_2/\!/R_f)\sqrt{\dfrac{C_1}{R_2R_fC_2}} & (6.3.24b) \end{cases}$$

从式(6.3.23)的分母可以看出,滤波器不会因通带放大倍数数值过大而产生自激振荡。因为图6.3.13所示电路中的运放可看成理想运放,即可认为其增益无穷大,故称该电路为无限增益多路反馈滤波电路。

当多个低通滤波器串联起来时,就可得到高阶低通滤波器,图6.3.14所示为四阶低通滤波器的方框图。实用时,有现成的集成高阶电路,如十一阶,它们几乎具有理想的滤波特性。

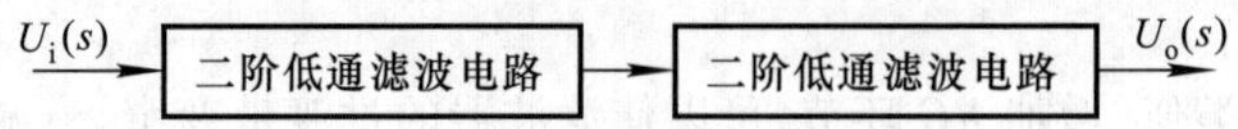

图6.3.14 四阶低通滤波器方框图

三、三种类型的有源低通滤波器

滤波器的品质因数 Q,也称为滤波器的截止特性系数。其值决定于 $f=f_0$ 附近的频率特性。按照 $f=f_0$ 附近频率特性的特点,可将滤波器分为巴特沃斯(Butterworth)、切比雪夫(Chebyshev)和贝塞尔(Bessel)三种类型。图6.3.15是这三种类型二阶LPF的幅频特性,它们的 Q 值分别为0.707、0.96、0.56。巴特沃斯滤波器的幅频特性无峰值,在 $f=f_0$ 附近的幅频特性曲线为单调减。切比雪夫滤波器在 $f=f_0$ 附近的截止特性最好,曲线的衰减斜率最陡。贝塞尔滤波器的过渡特性最好,相频特性无峰值。

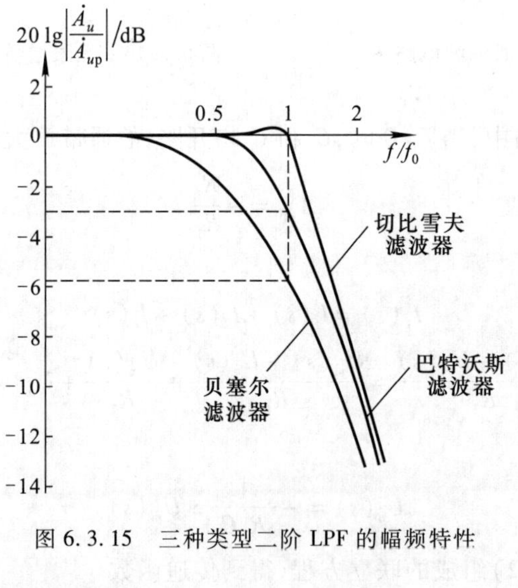

图6.3.15 三种类型二阶LPF的幅频特性

6.3.3 其它滤波电路

一、高通滤波电路

高通滤波电路与低通滤波电路具有对偶性,如果将图6.3.5、图6.3.7和图6.3.9所示电路中的电容替换成电阻,电阻替换成电容,就可得到各种高通滤波器。图 6.3.16(a)所示为压控电压源二阶高通滤波电路,图(b)所示为无限增益多路反馈高通滤波电路。

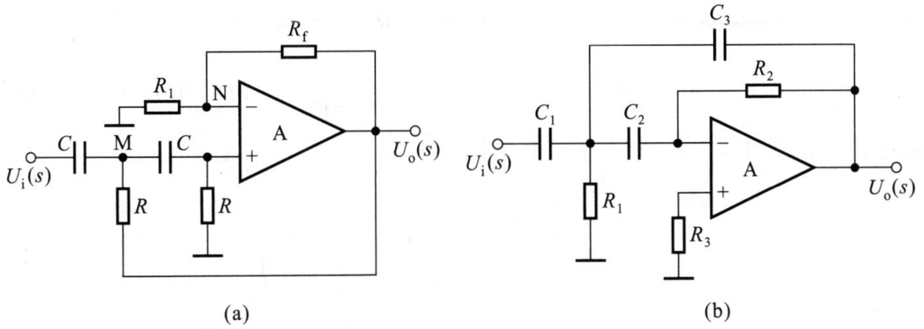

图 6.3.16 二阶高通滤波电路

(a) 压控电压源二阶高通滤波电路 (b) 无限增益多路反馈高通滤波电路

图 6.3.16(a)所示电路的传递函数、通带放大倍数、截止频率和品质因数分别为

$$A_u(s) = A_{up}(s) \cdot \frac{(sRC)^2}{1+[3-A_{up}(s)]sRC+(sRC)^2} \tag{6.3.25}$$

$$\dot{A}_{up} = 1+\frac{R_f}{R_1} \tag{6.3.26}$$

$$f_p = \frac{1}{2\pi RC} \tag{6.3.27}$$

$$Q = \frac{1}{3-\dot{A}_{up}} \tag{6.3.28}$$

图 6.3.16(b)所示电路的传递函数、通带放大倍数、截止频率和品质因数分别为

$$A_u(s) = A_{up}(s) \cdot \frac{s^2 R_1 R_2 C_2 C_3}{1+sR_1(C_1+C_2+C_3)+s^2 R_1 R_2 C_2 C_3} \tag{6.3.29}$$

$$\dot{A}_{up} = -\frac{C_1}{C_3} \tag{6.3.30}$$

$$f_p = \frac{1}{2\pi\sqrt{R_1 R_2 C_2 C_3}} \tag{6.3.31}$$

$$Q = (C_1+C_2+C_3)\sqrt{\frac{R_1}{C_2 C_3 R_2}} \tag{6.3.32}$$

二、带通滤波电路

将低通滤波器和高通滤波器串联,如图 6.3.17 所示,就可得到带通滤波器。设前者的截止频率为 f_{p1},后者的截止频率为 f_{p2},f_{p2} 应小于 f_{p1},则通频带为 $(f_{p1}-f_{p2})$。实用电路中也常采用单个集成运放构成压控电压源二阶带通滤波电路,如图 6.3.18 所示。

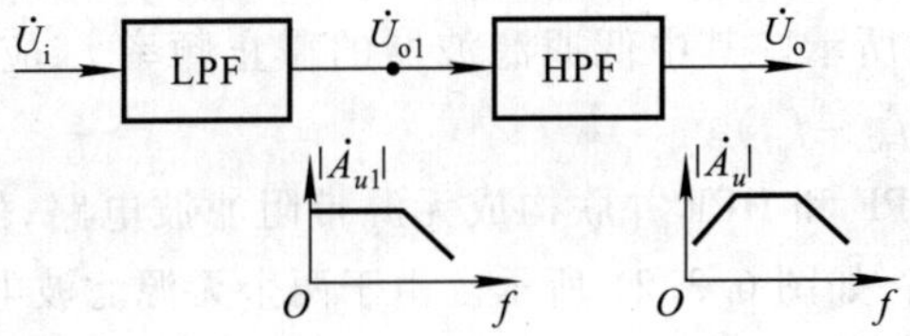

图 6.3.17 由低通滤波器和高通滤波器串联组成的带通滤波器

$\dot{U}_{p}$ 为同相比例运算电路的输入，比例系数为

$$\dot{A}_{uf}=\frac{\dot{U}_{o}}{\dot{U}_{p}}=1+\frac{R_{f}}{R_{1}} \tag{6.3.33}$$

当 $C_1=C_2=C, R_1=R, R_2=2R$ 时，令中心频率 $f_0=\frac{1}{2\pi RC}$，可得电压放大倍数、通带放大倍数、下限截止频率 f_{p1} 和上限截止频率 f_{p2}、通频带分别为

$$\dot{A}_{u}=\frac{\dot{A}_{uf}}{3-\dot{A}_{uf}}\cdot\frac{1}{1+\mathrm{j}\frac{1}{3-\dot{A}_{uf}}\left(\frac{f}{f_0}-\frac{f_0}{f}\right)} \tag{6.3.34}$$

当 $f=f_0$ 时，得出

$$\dot{A}_{up}=\frac{\dot{A}_{uf}}{|3-\dot{A}_{uf}|}=Q\dot{A}_{uf} \tag{6.3.35}$$

$$\begin{cases}f_{p1}=\frac{f_0}{2}\left[\sqrt{(3-\dot{A}_{uf})^2+4}-(3-\dot{A}_{uf})\right] & (6.3.36a)\\ f_{p2}=\frac{f_0}{2}\left[\sqrt{(3-\dot{A}_{uf})^2+4}+(3-\dot{A}_{uf})\right] & (6.3.36b)\end{cases}$$

$$f_{bw}=f_{p2}-f_{p1}=|3-\dot{A}_{uf}|f_0=\frac{f_0}{Q} \tag{6.3.37}$$

电路的幅频特性如图 6.3.19 所示。Q 值愈大，通带放大倍数数值愈大，频带愈窄，选频特性愈好。调整电路的 $\dot{A}_{up}$，能够改变频带宽度。

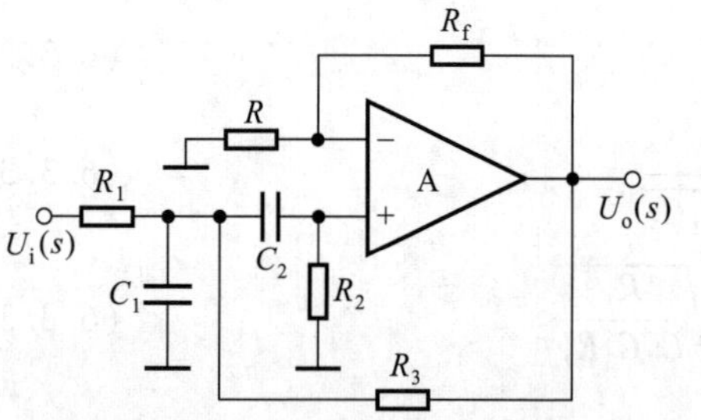

图 6.3.18　压控电压源二阶带通滤波电路

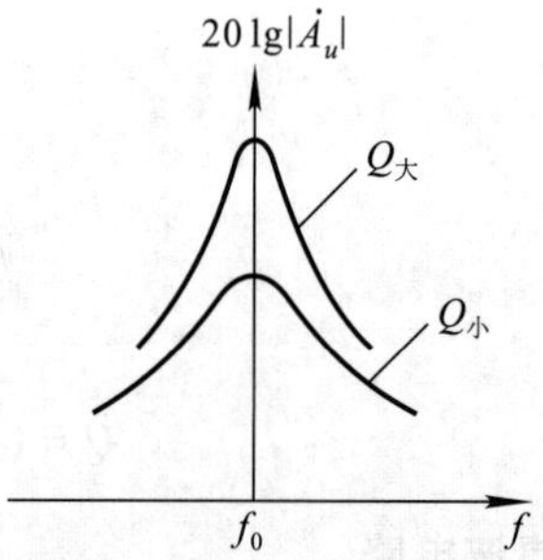

图 6.3.19　压控电压源二阶带通滤波电路的幅频特性

三、带阻滤波器

将输入电压同时作用于低通滤波器和高通滤波器，再将两个电路的输出电压求和，就可以得到带阻滤波器，如图 6.3.20 所示。其中低通滤波器的截止频率 f_{p1} 应小于高通滤波器的截止频率 f_{p2}，因此，电路的阻带为 $(f_{p2}-f_{p1})$。

实用电路常利用无源 LPF 和 HPF 并联构成无源带阻滤波电路，然后接同相比例运算电路，从而得到有源带阻滤波电路，如图 6.3.21 所示。由于两个无源滤波电路均由三个元件构成英文字母 T，故称之为双 T 网络。

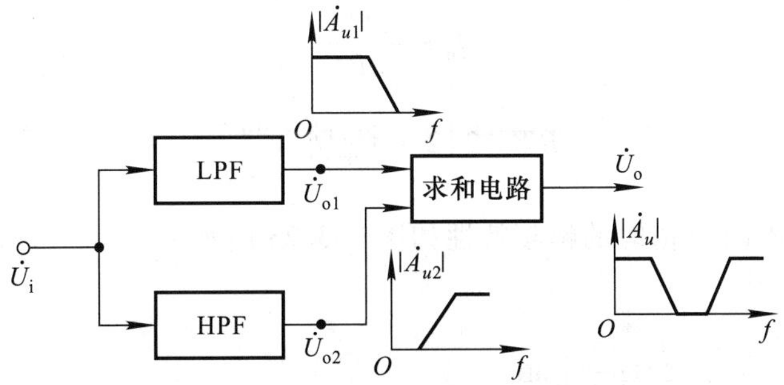

图 6.3.20 带阻滤波器的方框图

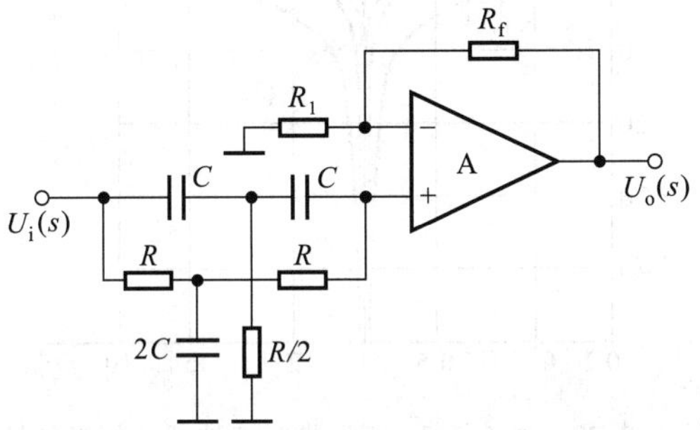

图 6.3.21 双 T 网络有源带阻滤波电路

同相比例运算电路的比例系数,即电路的电压放大倍数为

$$\dot{A}_{up} = 1 + \frac{R_f}{R_1} \tag{6.3.38}$$

当输入信号的频率趋于零时,信号通过两个电阻直接作用于集成运放的同相输入端;当输入信号的频率趋于无穷大时,信号通过两个电容直接作用于集成运放的同相输入端。上述两种情况下的电压放大倍数均如式(6.3.38)所示。而在其它情况下,电压放大倍数均会衰减并产生相移。可见,电路具有带阻特性,式(6.3.38)所示为通带放大倍数。

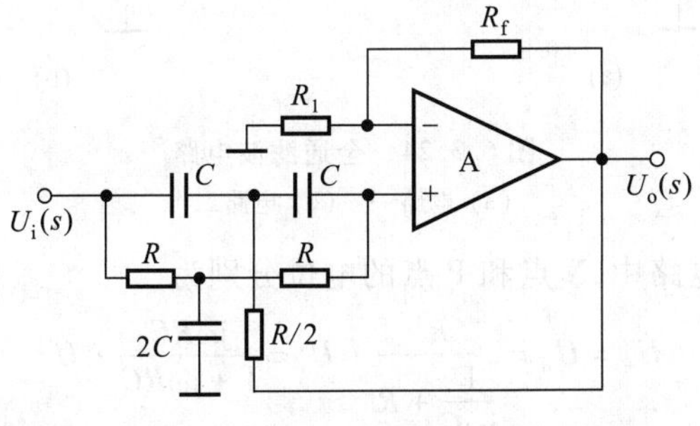

图 6.3.22 实用双 T 网络带阻滤波电路

若将电路适当引入正反馈,如图 6.3.22 所示,并满足图中所示电阻和电容的取值关系,则中心频率和阻带宽度分别[①]为

① 有关推导可参阅童诗白、华成英主编的《模拟电子技术基础》第三、四版有关部分。

$$f_0=\frac{1}{2\pi RC} \tag{6.3.39}$$

$$BW=2\left|2-\dot{A}_{up}\right|f_0=\frac{f_0}{Q} \tag{6.3.40}$$

其中 $Q=\dfrac{1}{2\left|2-\dot{A}_{up}\right|}$，不同 Q 值时的幅频特性如图 6.3.23 所示。

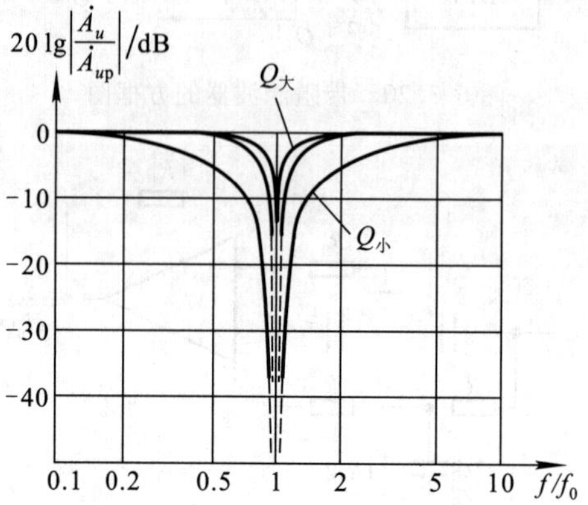

图 6.3.23　图 6.3.22 所示带阻滤波器的幅频特性

四、全通滤波电路

图 6.3.24 所示为两个一阶全通滤波电路。

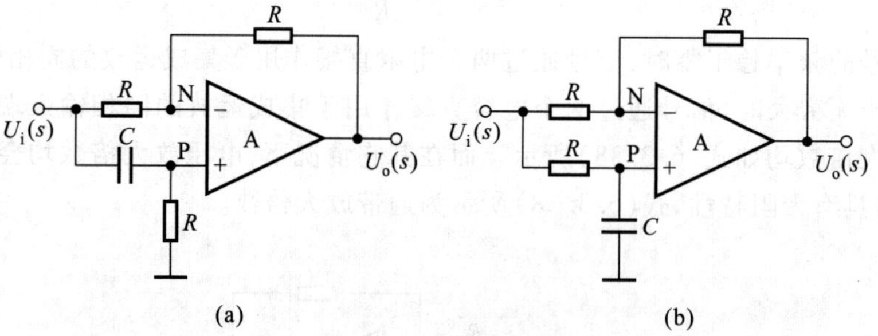

图 6.3.24　全通滤波电路

（a）电路一　（b）电路二

在图 6.3.24（a）所示电路中，N 点和 P 点的电位分别为

$$\dot{U}_n=\dot{U}_p=\frac{R}{\dfrac{1}{j\omega C}+R}\cdot\dot{U}_i=\frac{j\omega RC}{1+j\omega RC}\cdot\dot{U}_i$$

因而，输出电压

$$\dot{U}_o=-\frac{R}{R}\cdot\dot{U}_i+\left(1+\frac{R}{R}\right)\frac{j\omega RC}{1+j\omega RC}\cdot\dot{U}_i$$

式中第一项是 $\dot{U}_i$ 对集成运放反相输入端作用的结果，第二项是 $\dot{U}_i$ 对同相输入端作用的结果，所以电压放大倍数

$$\dot{A}_u = -\frac{1-\mathrm{j}\omega RC}{1+\mathrm{j}\omega RC} \tag{6.3.41}$$

写成模和相角的形式

$$\begin{cases} |\dot{A}_u| = 1 & (6.3.42\text{a}) \\ \varphi = 180° - 2\arctan\dfrac{f}{f_0} \quad \left(f_0 = \dfrac{1}{2\pi RC}\right) & (6.3.42\text{b}) \end{cases}$$

式(6.3.42a)表明，信号频率从零到无穷大，输出电压的数值与输入电压相等。式(6.3.42b)表明，当 $f=f_0$ 时，$\varphi=90°$；f 趋于零时，φ 趋于 180°；f 趋于无穷大时，φ 趋于 0°。相频特性如图 6.3.25 中实线所示。

用上述方法可以得出图 6.3.24(b)所示电路的相频特性如图 6.3.25 中虚线所示。

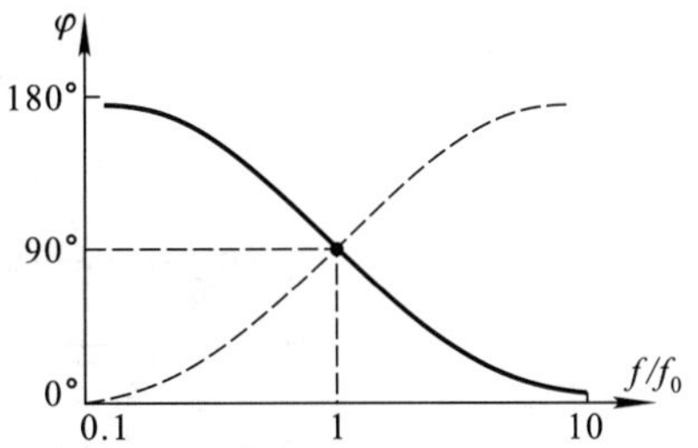

图 6.3.25 全通滤波电路的相频特性

6.3.4 开关电容滤波器

开关电容电路由受时钟脉冲信号控制的模拟开关、电容器和运算放大电路三部分组成。这种电路的特性与电容器的精度无关，而仅与各电容器电容量之比的准确性有关。在集成电路中，可以通过均匀地控制硅片上氧化层的介电常数及其厚度，使电容量之比主要取决于每个电容电极的面积，从而获得准确性很高的电容比。自 20 世纪 80 年代以来，开关电容电路广泛地应用于滤波器、振荡器、平衡调制器和自适应均衡器等各种模拟信号处理电路之中。由于开关电容电路应用 MOS 工艺，故尺寸小，功耗低，工艺过程较简单，且易于制成大规模集成电路。

一、基本开关电容单元

图 6.3.26 所示为基本开关电容单元电路，两个相时钟脉冲 ϕ 和 $\bar{\phi}$ 互补，即 ϕ 为高电平时 $\bar{\phi}$ 为低电平，ϕ 为低电平时 $\bar{\phi}$ 为高电平；它们分别控制电子开关 S_1 和 S_2，因此两个开关不可能同时闭合或断开。当 S_1 闭合时，S_2 必然断开，u_1 对 C 充电，充电电荷 $Q_1=Cu_1$；而 S_1 断开时，S_2 必然闭合，C 放电，放电电荷 $Q_2=Cu_2$。设开关的周期为 T_c，节点从左到右传输的总电荷为

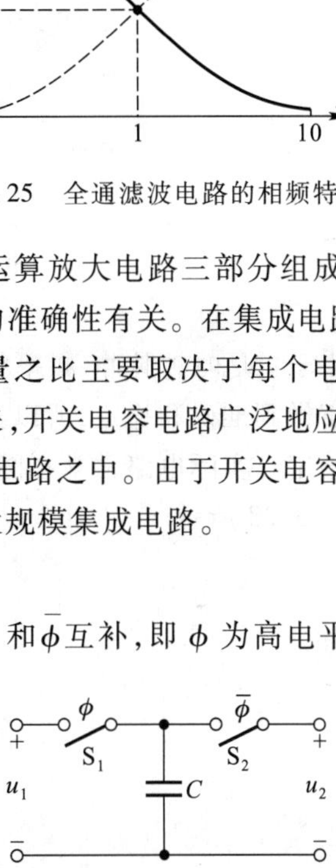

图 6.3.26 基本开关电容单元电路

$$\Delta Q = C\Delta u = C(u_1 - u_2)$$

等效电流

$$i = \frac{\Delta Q}{T_c} = \frac{C}{T_c}(u_1 - u_2)$$

如果时钟脉冲的频率 f_c 足够高，以至于可以认为在一个时钟周期内两个端口的电压基本不变，则基本开关电容单元就可以等效为电阻，其阻值为

$$R = \frac{u_1 - u_2}{i} = \frac{T_c}{C} \tag{6.3.43}$$

若 $C=1\text{pF}$，$f_c=100\ \text{kHz}$，则等效电阻 R 等于 10 MΩ。利用 MOS 工艺，电容只需硅片面积 0.01 mm^2，所占面积极小，所以解决了集成运放不能直接制作大电阻的问题。

二、开关电容滤波电路

图6.3.27(a)所示为开关电容低通滤波器,图(b)所示为它的原型电路。电路正常工作的条件是 ϕ 和 $\bar{\phi}$ 的频率 f_c 远大于输入电压 $\dot{U}_i$ 的频率。因而开关电容单元可等效成电阻 R,且 $R=T_c/C_1$。电路的通带截止频率 f_p 决定于时间常数

$$\tau = RC_2 = \frac{C_2}{C_1}T_c$$

$$f_p = \frac{1}{2\pi\tau} = \frac{C_1}{C_2}\cdot f_c \tag{6.3.44}$$

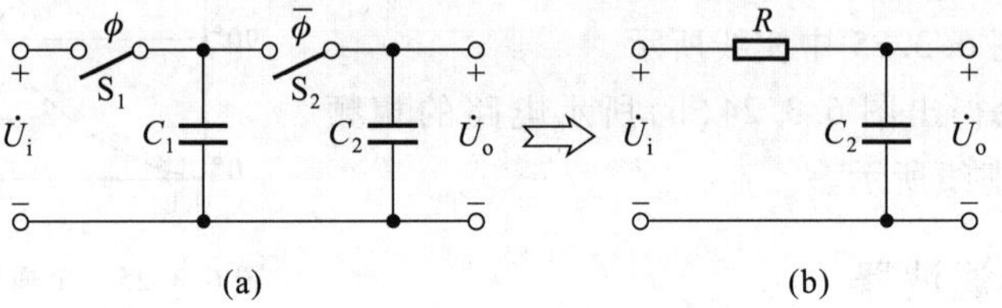

图6.3.27　开关电容低通滤波器及其原型电路

(a) 开关电容低通滤波器　(b) 原型电路

由于 f_c 是时钟脉冲,频率相当稳定;而且 C_1/C_2 是两个电容的电容量之比,在集成电路制作时易于做到准确和稳定,所以开关电容电路容易实现稳定准确的时间常数,从而使滤波器的截止频率稳定。实际电路常常在图6.3.27(a)所示电路的后面加电压跟随器或同相比例运算电路,如图6.3.28所示。

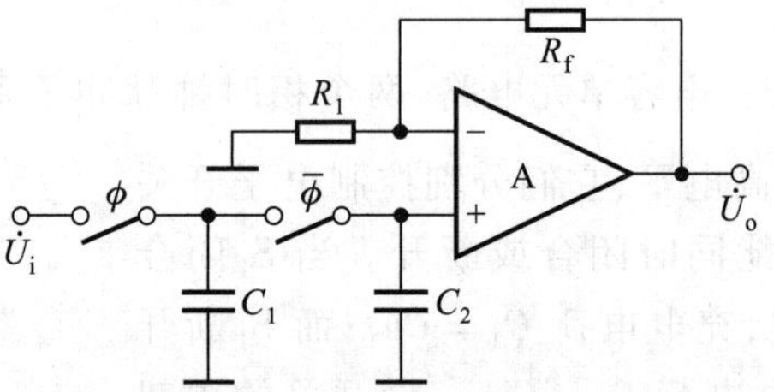

图6.3.28　实际开关电容低通滤波器

6.3.5　状态变量型有源滤波器

将比例、积分、求和等基本运算电路组合在一起,并能对其自由设置传递函数,实现各种滤波功能的电路,称为状态变量型有源滤波电路。本节仅以二阶滤波器为例,从定性的角度简单介绍状态变量型有源滤波器的组成、特点和原理以及负反馈在电路中的作用①。

一、积分电路在状态变量型滤波器中的应用

在图6.3.11(a)所示由积分电路组成的一阶低通滤波器分析可知,电阻 R_2 引入负反馈后与 R_1 共同确定了通带放大倍数。在状态变量型滤波器中,用纯电阻负反馈网络来决定通带放大倍

---

① 关于二阶电路的传递函数及其设置方法,可参阅童诗白、华成英主编的《模拟电子技术基础》第四版有关部分。

数具有普遍性。

1. 利用积分电路实现高通滤波器

既然积分电路具有低通特性，根据实现逆运算的原理，将积分电路置于集成运放的负反馈通路中就可使电路具有高通特性，电路如图 6.3.29 所示。图中 A_2 和 C、R_3、R_5 组成积分运算电路；根据瞬时极性法在图中标注出各处的电位和电流方向，$i_1=i_2$，表明积分电路构成负反馈通路。

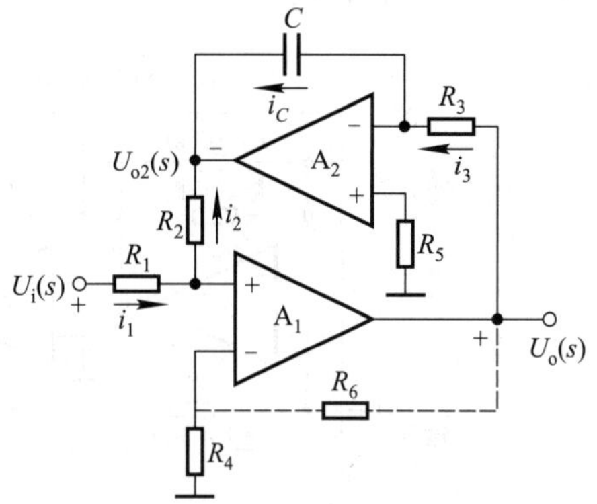

图 6.3.29 利用积分电路实现高通滤波器

电路的高通特性使之随信号频率的增大，电压放大倍数的数值将线性增大；当输入信号的频率 f 趋于无穷大时，C 相当于短路，A_2 的输出电压 u_{O2} 趋于零；此时 A_1 处于开环状态，工作在非线性区，其输出电压 u_{O1} 趋于集成运放的正向或负向饱和电压 $\pm U_{OM}$；为使 A_1 工作在线性区，有确定的通带放大倍数，需用电阻 R_6 引入负反馈，如图 6.3.29 中虚线所示。令 $f=\infty$，则 $\dot{U}_{o2}=0$，根据节点电流方程，可得

$$i_1=i_2,\text{即}\frac{\dot{U}_{i}-\dot{U}_{p1}}{R_1}=\frac{\dot{U}_{p1}-\dot{U}_{o2}}{R_2} \tag{6.3.45}$$

$$\dot{U}_{p1}=\frac{R_4}{R_4+R_6}\cdot\dot{U}_{o} \tag{6.3.46}$$

将式(6.3.46)代入式(6.3.45)整理可得

$$\dot{A}_{up}=\frac{\dot{U}_0}{\dot{U}_i}=\left(\frac{R_2}{R_1+R_2}\right)\left(1+\frac{R_6}{R_4}\right) \tag{6.3.47}$$

读者可自行分析下限频率。

2. 利用积分电路实现多阶滤波器

利用多个积分电路串接便可实现多阶滤波器，图 6.3.30 所示为二阶低通滤波器。图中以 A_1 为核心组成反相放大电路；为确定通带放大倍数，由 R_5 引入电压负反馈（瞬时极性如图中所标注），确定了通带放大倍数

$$\dot{A}_{up}=\frac{\dot{U}_{o}}{\dot{U}_{i}}=-\frac{R_5}{R_1} \tag{6.3.48}$$

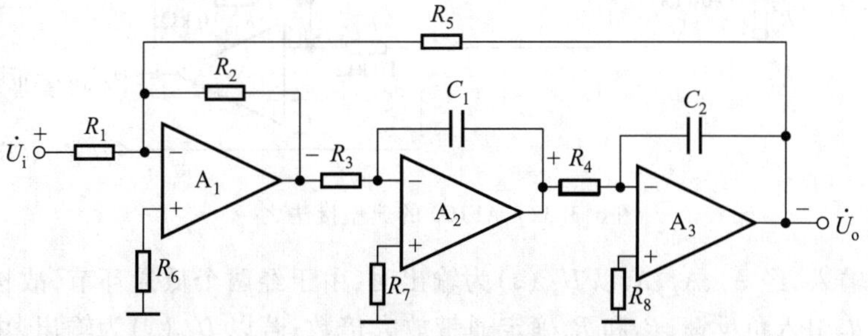

图 6.3.30 利用积分电路实现二阶低通滤波器

若将串接的两个积分电路置于 A_1 的负反馈通路中，并从 A_1 输出，则构成了二阶高通滤波器。

二、集成状态变量型滤波电路

集成状态变量型滤波电路由若干基本运算电路组合而成，仅需外接几个电阻，就可得到低通、高通、带通和带阻四种滤波器，实现多种功能。型号为 AF100 的集成电路是二阶集成状态变量型滤波电路，内部电路如图 6.3.31 所示。

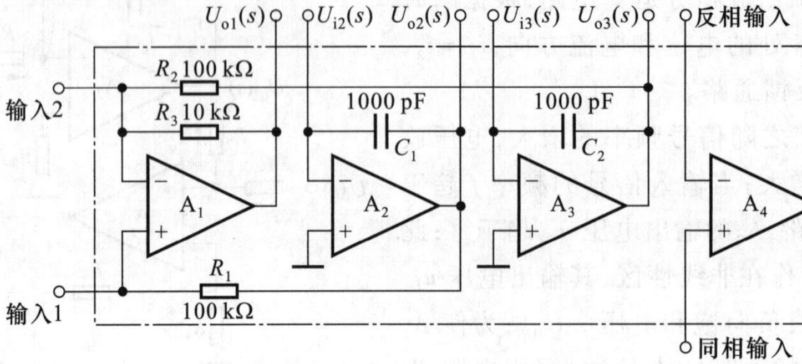

图 6.3.31 AF100 的内部电路

AF100 中以 A_1 为核心构成反相放大电路，以 A_2、A_3 各自为核心分别组成的积分电路构成两个低通环节。

图 6.3.32 所示为 AF100 的典型接法之一，凡打“ * ”的均为外接电阻，四个集成运放的输出实现四种滤波功能。对照逆运算的原理，若放大电路的反馈通路是低通滤波电路，则整个电路实现高通滤波；若反馈通路是高通滤波电路，则整个电路实现低通滤波。在参数选择得当时，若高通滤波电路串联一个低通滤波电路，则整个电路实现带通滤波；若高通滤波电路的输出与低通滤波电路的输出接求和运算电路，则整个电路实现带阻滤波。据此，可对图 6.3.32 所示电路进行定性分析①。

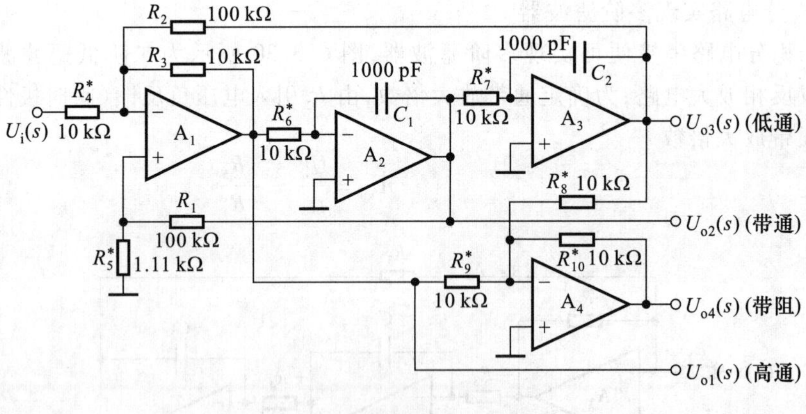

图 6.3.32 AF100 的典型接法之一

以 $U_i(s)$ 为输入，经 A_1、A_2、A_3 以 $U_{o3}(s)$ 为输出时，由于经两个低通环节，故构成二阶低通滤波器，通过电阻 R_2 引入负反馈，R_2 和 R_4 确定通带放大倍数；若以 $U_{o1}(s)$ 为输出，由于两个积分电

① 定量分析可参阅童诗白、华成英主编的《模拟电子技术基础》第四版的有关部分。

路在 A_1 的负反馈通路中，则构成二阶高通滤波器，R_3 和 R_4 确定通带放大倍数；若以 $U_{o2}(s)$ 为输出，以 $U_{o1}(s)$ 为输出的高通滤波器串联了一级低通滤波器，则只要参数选取合适，就能构成带通滤波器，并通过电阻 R_1 引入负反馈，R_1 和 R_5 确定通带放大倍数；若以 $U_{o4}(s)$ 为输出，则因高通滤波的输出 $U_{o1}(s)$ 和低通滤波的输出 $U_{o3}(s)$ 经求和运算，故必然实现带阻滤波。

■ **思考题**

6.3.1 如何识别集成运放所组成的电路是否为有源滤波电路？它与运算电路有什么相同之处和不同之处？

6.3.2 如何判别滤波电路是 LPF、HPF、BPF 还是 BEF？是几阶电路？

6.3.3 举例说明利用积分运算电路除了能完成积分运算外，还能实现哪些功能？

6.4 电子信息系统预处理中所用放大电路

在电子信息系统中，通过传感器或其它途径所采集的信号往往很小，不能直接进行运算、滤波等处理，必须进行放大。本节将介绍几种常用的放大电路和预处理中的一些实际问题。

6.4.1 仪表放大器

集成仪表放大器，也称为精密放大器，用于弱信号放大。

一、仪表放大器的特点

在测量系统中，通常被测物理量均通过传感器转换为电信号，然后进行放大。因此，传感器的输出是放大器的信号源。然而，多数传感器的等效电阻均不是常量，它们随所测物理量的变化而变。这样，对于放大器而言，信号源内阻 R_s 是变量，根据电压放大倍数的表达式

$$\dot{A}_{us}=\frac{R_i}{R_s+R_i}\cdot\dot{A}_u$$

可知，放大器的放大能力将随信号大小而变。为了保证放大器对不同幅值信号具有稳定的放大倍数，就必须使得放大器的输入电阻 $R_i \gg R_s$，R_i 愈大，因信号源内阻变化而引起的放大误差就愈小。

此外，从传感器所获得的信号常为差模小信号，并含有较大共模部分，其数值有时远大于差模信号。因此，要求放大器具有较强的抑制共模信号的能力。

综上所述，仪表放大器除了具有足够大的差模放大倍数外，还应具有高输入电阻和高共模抑制比。

二、基本电路

集成仪表放大器的具体电路多种多样，但是很多电路都是在图 6.4.1 所示电路的基础上演变而来的。根据运算电路的基本分析方法，在图 6.4.1 所示电路中，$u_A=u_{I1}$，$u_B=u_{I2}$，因而

$$u_{I1}-u_{I2}=\frac{R_2}{2R_1+R_2}(u_{O1}-u_{O2})$$

即

$$u_{O1}-u_{O2}=\left(1+\frac{2R_1}{R_2}\right)(u_{I1}-u_{I2})$$

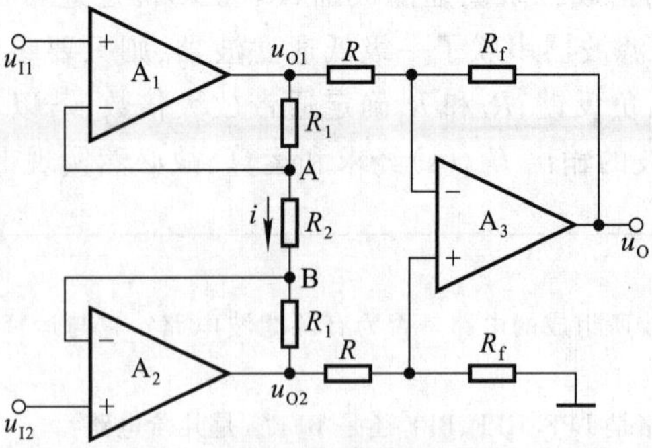

图 6.4.1　三运放构成的精密放大器

所以输出电压

$$u_O = -\frac{R_f}{R}(u_{O1} - u_{O2}) = -\frac{R_f}{R}\left(1 + \frac{2R_1}{R_2}\right)(u_{I1} - u_{I2}) \tag{6.4.1}$$

设 $u_{Id} = u_{I1} - u_{I2}$，则

$$u_O = -\frac{R_f}{R}\left(1 + \frac{2R_1}{R_2}\right)u_{Id} \tag{6.4.2}$$

当 $u_{I1} = u_{I2} = u_{Ic}$ 时，由于 $u_A = u_B = u_{Ic}$，R_2 中电流为零，$u_{O1} = u_{O2} = u_{Ic}$，输出电压 $u_O = 0$。

可见，电路放大差模信号，抑制共模信号。差模放大倍数数值愈大，共模抑制比愈高。当输入信号中含有共模噪声时，也将被抑制。

三、集成仪表放大器

图 6.4.2 所示是型号为 INA102 的集成仪表放大器，图中各电容均为相位补偿电容。第一级电路由 A_1 和 A_2 组成，与图 6.4.1 所示电路中的 A_1 和 A_2 对应，电阻 R_1、R_2 和 R_3 与图 6.4.1 中的 R_2 对应，R_4 和 R_5 与图 6.4.1 中的 R_1 对应；第二级电路的电压放大倍数为 1。

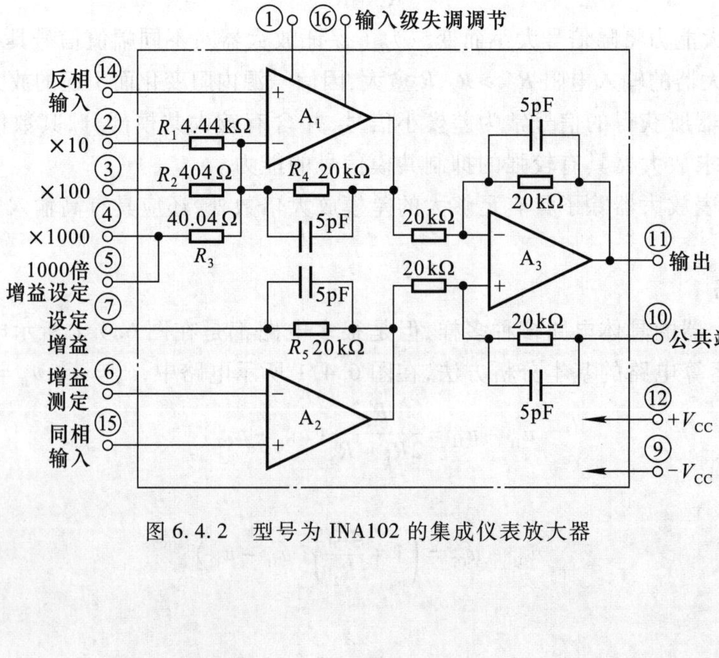

图 6.4.2　型号为 INA102 的集成仪表放大器

INA102 的外接电源和输入级失调调整引脚接法如图 6.4.3 所示，两个 1 μF 电容为去耦电容。改变其它引脚的外部接线可以改变第一级电路的增益，分为 1、10、100 和 1 000 四挡，接法见表 6.4.1。

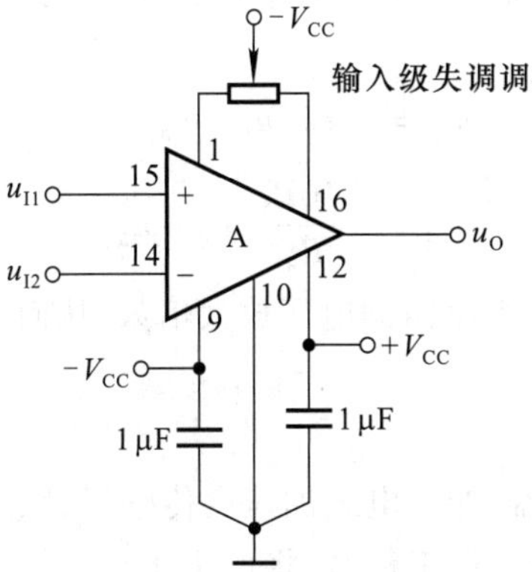

图 6.4.3 INA102 的外接电源和输入级失调调整引脚接法

表 6.4.1 INA102 集成仪表放大器增益的设定

增益	引脚连接	增益	引脚连接
1	6 和 7	100	3 和 6 和 7
10	2 和 6 和 7	1 000	4 和 7,5 和 6

INA102 的输入电阻可达 10^4 MΩ，共模抑制比为 100 dB，输出电阻为 0.1 Ω，小信号带宽为 300 kHz；当电源电压为 ±15 V 时，最大共模输入电压为 ±12.5 V。

四、应用举例

图 6.4.4 所示为采用 PN 结温度传感器的数字式温度计电路，测量范围为 −50 ~ +150℃，分辨率为 0.1℃。电路由三部分组成，如图中所标注。R_1、R_2、D 和 R_{w1} 构成测量电桥，D 为温度测试元件，即温度传感器。电桥的输出信号接到集成仪表放大器 INA102 即 A_1 的输入端进行放大。A_2 构成的电压跟随器，起隔离作用，并驱动电压表，实现数字化显示。

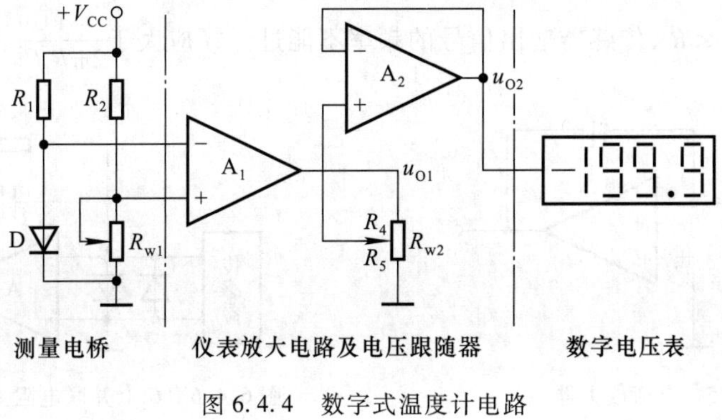

图 6.4.4 数字式温度计电路

设放大后电路的灵敏度为10 mV/℃，则在温度从 -50℃变化到 +150℃时，输出电压的变化范围为2 V，即从 -0.5 ~ +1.5 V。当INA102的电源电压为±18 V时，可将INA102的引脚②、⑥和⑦连接在一起，设定仪表放大器的电压放大倍数为10，因而仪表放大器的输出电压范围为 -5 ~ +15 V。根据运算电路的分析方法，可以求出 A_1 和 A_2 输出电压的表达式为

$$\begin{cases} u_{O1} = -10(u_D - u_{R_{w1}}) & (6.4.3a) \\ u_{O2} = -\dfrac{10R_5}{R_{w2}}(u_D - u_{R_{w1}}) & (6.4.3b) \end{cases}$$

改变 R_{w2} 滑动端的位置可以改变放大电路的电压放大倍数，从而调整数字电压表的显示数据。

6.4.2　电荷放大器

某些传感器属于电容性传感器，如压电式加速度传感器、压力传感器等。这类传感器的阻抗非常高，呈容性，输出电压很微弱；它们工作时，将产生正比于被测物理量的电荷量，且具有较好的线性度。

积分运算电路可以将电荷量转换成电压量，电路如图6.4.5所示。电容性传感器可等效为因存储电荷而产生的电动势 u_t 与一个输出电容 C_t 串联，如图中点画线框内所示。u_t、C_t 和电容上的电量 q 之间的关系为

$$u_t = \frac{q}{C_t} \tag{6.4.4}$$

在理想运放条件下，根据"虚短"和"虚断"的概念，$u_P = u_N = 0$，为虚地。将传感器对地的杂散电容 C 短路，消除因 C 而产生的误差。集成运放A的输出电压

$$u_O = -\frac{\dfrac{1}{j\omega C_f}}{\dfrac{1}{j\omega C_t}}u_t = -\frac{C_t}{C_f}u_t$$

将式(6.4.4)代入上式，可得

$$u_O = -\frac{q}{C_f} \tag{6.4.5}$$

为了防止因 C_f 长时间充电导致集成运放饱和，常在 C_f 上并联电阻 R_f，如图6.4.6所示。并联 R_f 后，为了使 $\frac{1}{\omega C_f} \ll R_f$，传感器输出信号的频率不能过低，$f$ 应大于 $\frac{1}{2\pi R_f C_f}$。

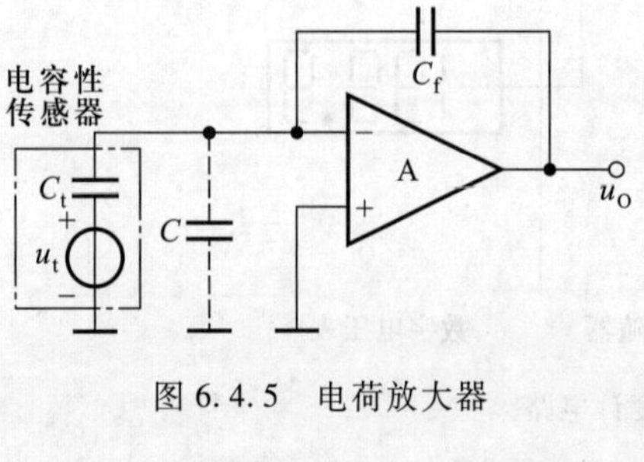

图6.4.5　电荷放大器

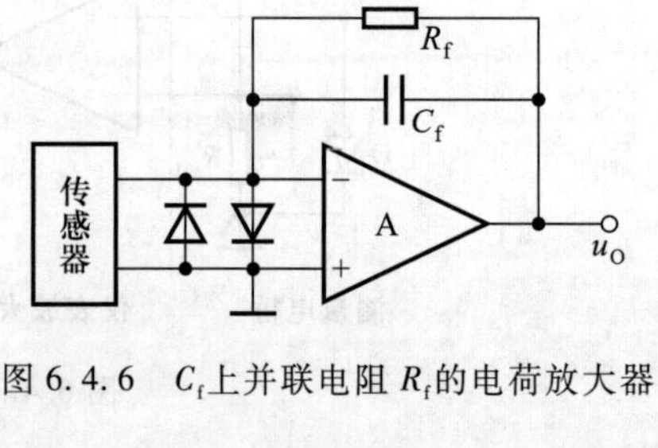

图6.4.6　C_f 上并联电阻 R_f 的电荷放大器

在实用电路中,为了减少传感器输出电缆的电容对放大电路的影响,一般常将电荷放大器装在传感器内,而为了防止传感器在过载时有较大的输出,则在集成运放输入端加保护二极管,如图 6.4.6 所示。

6.4.3　隔离放大器

在远距离信号传输的过程中,常因强干扰的引入使放大电路的输出有着很强的干扰背景,甚至将有用信号淹没,造成系统无法正常工作。将电路的输入侧和输出侧在电气上完全隔离的放大电路称为隔离放大器。它既可切断输入侧和输出侧电路间的直接联系,避免干扰混入输出信号,又可使有用信号畅通无阻。

目前集成隔离放大器有光电耦合式、变压器耦合式和电容耦合式三种。这里仅就光电耦合式电路简单加以介绍。

图 6.4.7 所示是型号为 ISO100 的光电耦合放大器,由两个运放 A_1 和 A_2、两个恒流源 I_{REF1} 和 I_{REF2} 以及一个光电耦合器组成。光电耦合器由一个发光二极管 LED 和两个光电二极管 D_1、D_2 组成,起隔离作用,使输入侧和输出侧没有电通路。两侧电路的电源与地也相互独立。

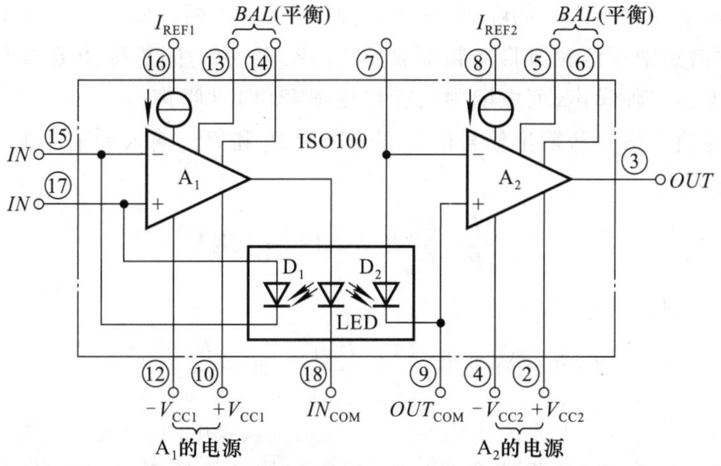

图 6.4.7　ISO100 光电耦合放大器

ISO100 的基本接法如图 6.4.8 所示,R 和 R_f 为外接电阻,调整它们可以改变增益。若 D_1 和 D_2 所受光照相同,则可以证明

$$u_O = \frac{R_f}{R} \cdot u_I \tag{6.4.6}$$

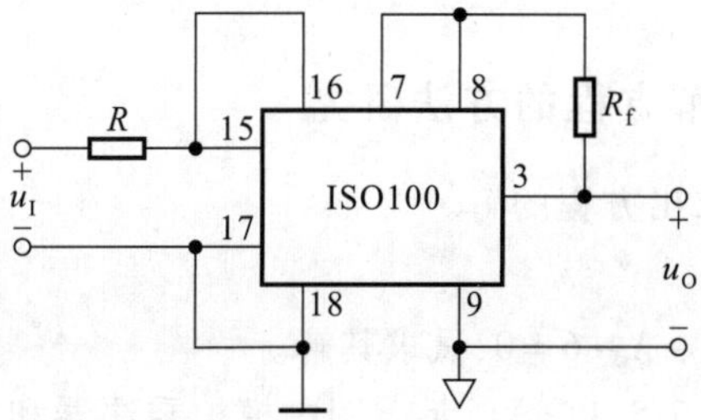

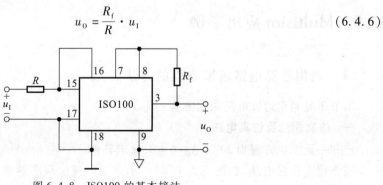

图 6.4.8　ISO100 的基本接法

6.4.4　放大电路中的干扰和噪声及其抑制措施

在微弱信号放大时，干扰和噪声的影响不容忽视。因此，常用抗干扰能力和信号噪声比作为性能指标来衡量放大电路这方面的能力。

一、干扰的来源及抑制措施

较强的干扰常常来源于高压电网、电焊机、无线电发射装置（如电台、电视台等）以及雷电等，它们所产生的电磁波或尖峰脉冲通过电源线、磁耦合或传输线间的电容进入放大电路。

因此，为了减小干扰对电路的影响，在可能的情况下应远离干扰源，必要时加金属屏蔽罩；并且在电源接入电路之处加滤波环节，通常将一个 10～30 μF 的钽电容和一个 0.01～0.1 μF 独石电容并联接在电源接入处；同时，在已知干扰的频率范围的情况下，还可在电路中加一个合适的有源滤波电路。

二、噪声的来源及抑制措施

在电子电路中，因电子无序的热运动而产生的噪声，称为热噪声；因单位时间内通过 PN 结的载流子数目的随机变化而产生的噪声，称为散弹噪声；上述两种噪声的功率频谱均为均匀的。此外，还有一种频谱集中在低频段且与频率成反比的噪声，称为闪烁噪声或 $1/f$ 噪声。晶体管和场效应管中存在上述三种噪声，而电阻中仅存在热噪声和 $1/f$ 噪声。

若设放大器的输入信号和输出信号的功率分别为 P_{si} 和 P_{so}，输入和输出的噪声功率为 P_{ni} 和 P_{no}，则噪声系数定义为

$$N_f = \frac{P_{si}/P_{ni}}{P_{so}/P_{no}} \text{或 } N_f(\text{dB}) = 10\lg N_f \tag{6.4.7}$$

因为 $P = U^2/R$，故可以将式（6.4.7）改写为

$$N_f(\text{dB}) = 10\lg\frac{(U_{si}/U_{ni})^2}{(U_{so}/U_{no})^2} = 20\lg\frac{U_{si}/U_{ni}}{U_{so}/U_{no}} \tag{6.4.8}$$

在放大电路中，为了减小电阻产生的噪声，可选用金属膜电阻，且避免使用大阻值电阻；为了减小放大电路的噪声，可选用低噪声集成运放；当已知信号的频率范围时，可加有源滤波电路。此外，在数据采集系统中，可提高放大电路输出量的采样频率，剔除异常数据取平均值的方法，减小噪声影响。

6.5　Multisim 应用举例

6.5.1　利用运算电路求解方程的方法研究

本节研究利用运算电路求出方程的解。

一、仿真题目及仿真电路

已知一元二次方程为 $2X^2+X-6=0$，试求其解。

按方程式搭建电路，如图 6.5.1（a）所示。图中模拟乘法器和运放均为虚拟元件，其参数可自行设定，分别如图 6.5.1（b）和（c）所示，其余参数见图中标注。

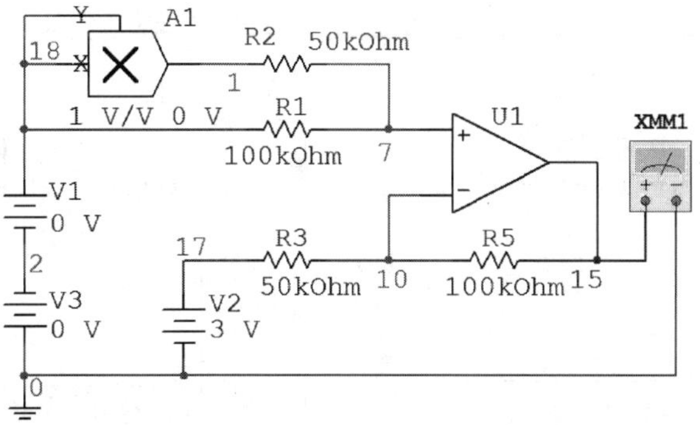

(a)

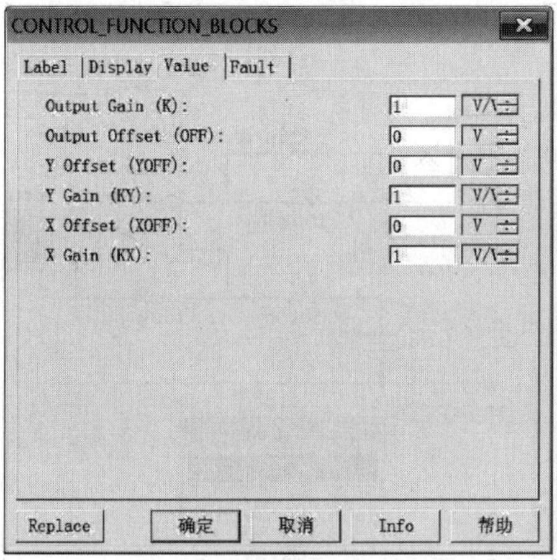

(b)

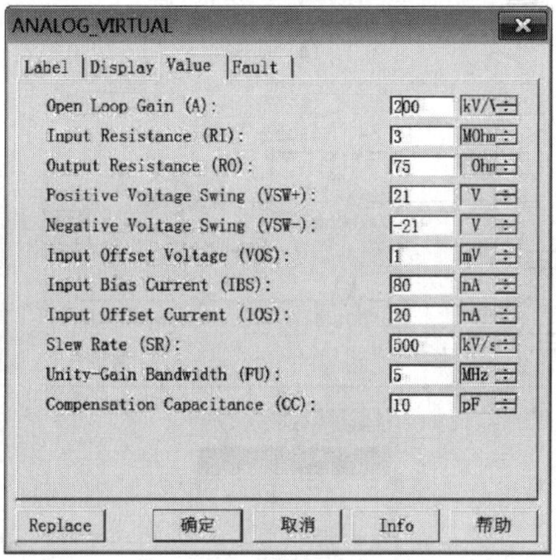

(c)

图 6.5.1 一元二次方程求解电路

（a）仿真电路 （b）模拟乘法器参数设置 （c）集成运放参数设置

应当指出，求解上述方程的电路，图 6.5.1(a)不是唯一的。

二、仿真内容

分别以图 6.5.1(a)所示电路的 V1、V3 为自变量，以输出电压为函数进行直流扫描，得出 1.5 V 和 -2 V 两个解，如图 6.5.2(a)和(b)所示。给电路分别加 1.5 V 和 -2 V 的直流信号，观察输出电压，如图 6.5.2(c)所示，均约为 1 mV。

三、结论

(1) 方程 $2X^2+X-6=0$ 的求解过程具有通用性。利用 Multisim 可以构建描述数学方程的运算电路，并可通过直流扫描分析或累试的方法求解。对于一些利用数学方法难解的方程，如超越方程，这样求解不失为一种有效的方法。

(2) 当输入分别为 1.5 V 和 -2.0 V 时，输出电压均约为 1 mV，说明存在一定的误差，这是由于集成运放的非理想参数引起的，利用高精度运放可进一步提高求解的精度。

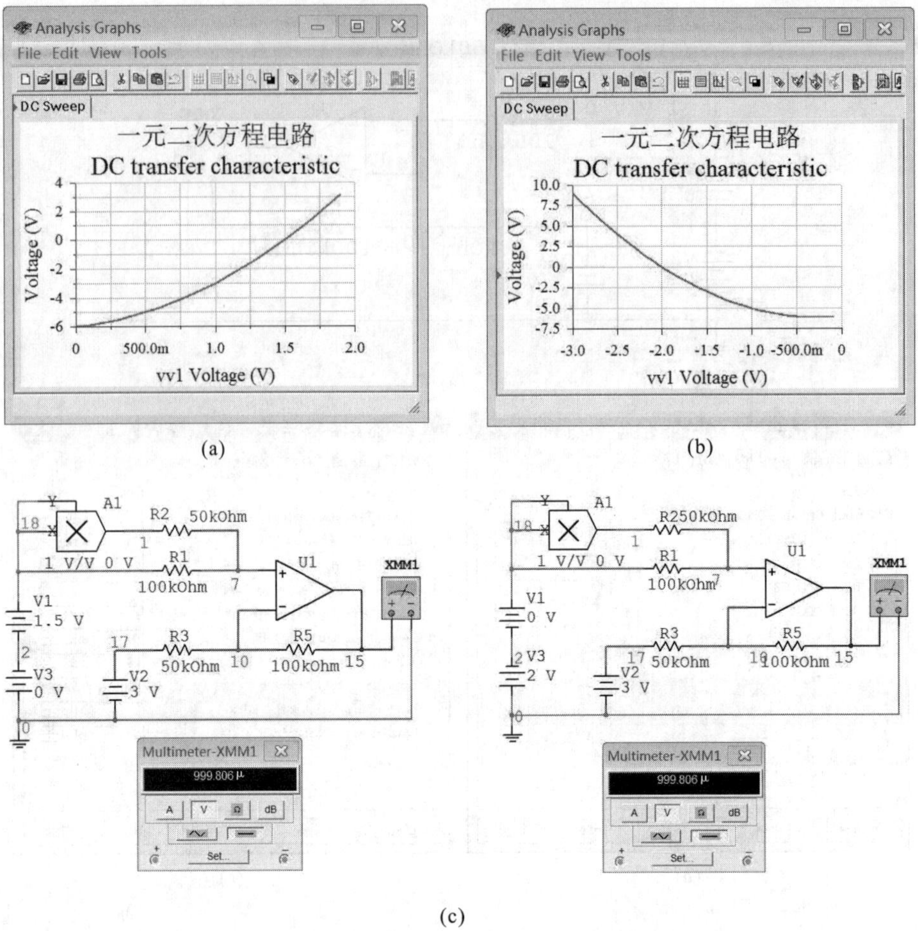

图 6.5.2 利用直流扫描求出一元二次方程的解

(a) 以 V1 为自变量扫描得出正解 1.5 V (b) 以 V1 为自变量扫描得出负解 -2 V

(c) 分别给电路输入1.5 V、-2 V,观察输出电压

6.5.2 压控电压源二阶 LPF 幅频特性的研究

本节研究压控电压源二阶低通滤波电路品质因素 Q 对频率特性的影响。仿真电路如图 6.5.3 所示,其中集成运放采用 LM324,其电源电压为 ±15 V,图中 Multisim 默认为电源端 4、11 已接电源。

一、仿真内容

分别测量 $R_f = 10\ \text{k}\Omega$、$15\ \text{k}\Omega$ 时的幅频特性。移动波特图仪显示屏上的指针分别测量通带电压增益、$f = f_0$处的电压增益以及高频段增益下降 3 dB 的频率。

二、仿真结果

如表 6.5.1 所示。

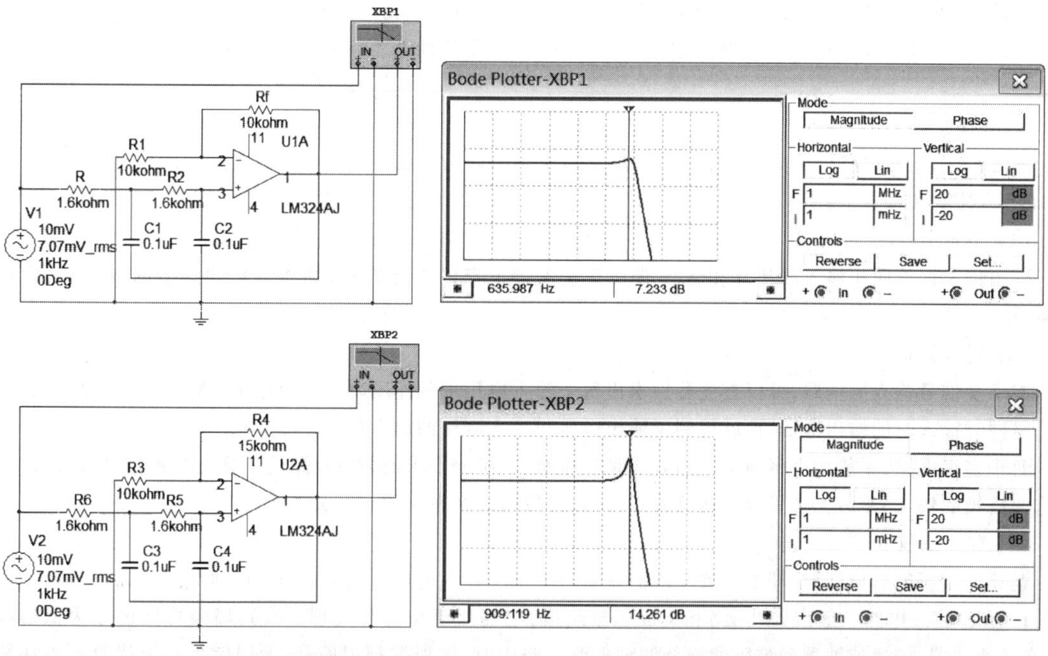

图 6.5.3　压控电压源二阶低通滤波器幅频特性的测试

表 6.5.1　压控电压源二阶低通滤波器幅频特性的测试结果

反馈电阻	特征频率	通带电压增益/dB	通带电压放大倍数	$f=f_0$处的电压增益/dB	$f=f_0$处的电压放大倍数	品质因数
$R_f/\text{k}\Omega$	f_0/Hz	$20\lg\|\dot{A}_{up}\|$	$\dot{A}_{up}$	$20\lg\left\|\dot{A}_u\right\|_{f=f_0}\right\|$	$\dot{A}_u\|_{f=f_0}$	$Q=\left\|\dfrac{\dot{A}_u\|_{f=f_0}}{\dot{A}_{up}}\right\|$
10	1 000	6.02	2	7.233	2.30	1.15
15	1 000	7.959	2.5	14.261	5.16	2.06

三、结论

反馈电阻 R_f 增大，通带电压放大倍数 $\dot{A}_{up}$ 增大，使品质因素 Q 增大，从而使 $f=f_0$ 处的电压放大倍数增大。适当调节 $\dot{A}_{up}$ 增大品质因素 Q，可以改善滤波电路的频率特性。当通带电压放大倍数 $\dot{A}_{up}$ 分别为 2 和 2.5 时，计算得到的 Q 值分别为 1 和 2，与实验结果近似。

本 章 小 结

本章主要讲述了基本运算电路和有源滤波电路，内容如下：

一、基本运算电路

1. 运算电路的特点

运算电路研究时域问题，即电路实现的是输出电压为该时刻输入电压某种运算的结果。集成运放引入电压负反馈后,可以实现模拟信号的比例、加减、乘除、积分、微分、对数和指数等各种基本运算。模拟乘法器引入电压负反馈后,可以实现模拟信号的乘法、除法、乘方和开方等各种基本运算。因此其电路特征是引入电压负反馈。

2. 运算关系的分析方法

通常,求解运算电路输出电压与输入电压的运算关系时认为集成运放和模拟乘法器均具有理想化的指标参数,基本方法有两种:

(1) 节点电流法

列出集成运放同相输入端和反相输入端及其它关键节点的电流方程,利用虚短和虚断的概念,求出运算关系。

(2) 叠加原理

对于多信号输入的电路,可以首先分别求出每个输入电压单独作用时的输出电压,然后将它们相加,就是所有信号同时输入时的输出电压,也就得到了输出电压与输入电压的运算关系。

对于多级电路,一般均可将前级电路看成是恒压源,故可分别求出各级电路的运算关系式,然后以前级的输出作为后级的输入,逐级代入后级的运算关系式,从而得出整个电路的运算关系式。

二、有源滤波电路

运算电路研究频域问题,即电路要实现的是输出电压与输入电压的频率成所需的函数关系。

1. 有源滤波电路一般由 *RC* 网络和集成运放组成,主要用于小信号处理。按其幅频特性可分为低通滤波器、高通滤波器、带通滤波器和带阻滤波器四种电路。应用时,应根据有用信号、无用信号和干扰等所占频段来选择合理的类型。

2. 有源滤波电路一般均引入电压负反馈,因而集成运放工作在线性区,故分析方法与运算电路基本相同,常用传递函数表示输出与输入的函数关系。有源滤波电路的主要性能指标有通带放大倍数 A_{up}、通带截止频率 f_p、特征频率 f_0、带宽 f_{bw} 和品质因数 Q 等,用幅频特性描述。

3. 在有源滤波电路中也常常引入正反馈,以实现压控电压源滤波电路,当参数选择不合适时,电路会产生自激振荡。

除了上述内容外,本章还介绍了全通滤波器、状态变量型滤波器、开关电容滤波器以及用于小信号放大的仪表用放大器、电荷放大器和隔离放大器等,并简述了放大电路的干扰和噪声及其抑制措施。

学完本章后,希望能够达到下列基本要求:

一、“会看”,即能够识别运算电路;“会算”,即掌握基本运算电路输出电压和输入电压运算关系的分析方法;“会选”,根据需求选择电路和电路参数。

二、正确理解 LPF、HPF、BPF 和 BEF 的组成及特点;“会看”,即能够识别滤波电路;“会选”,即能够根据需要合理选择电路。

三、了解干扰和噪声的来源及抑制方法。

自 测 题

一、现有电路:

A. 反相比例运算电路　B. 同相比例运算电路　C. 积分运算电路

D. 微分运算电路　E. 加法运算电路　F. 乘方运算电路

选择一个合适的答案填入空内。

(1) 欲将正弦波电压移相 +90°,应选用______。

(2) 欲将正弦波电压转换成二倍频电压,应选用______。

(3) 欲将正弦波电压叠加上一个直流量,应选用______。

（4）欲实现 $A_u = -100$ 的放大电路，应选用______。

（5）欲将方波电压转换成三角波电压，应选用______。

（6）欲将方波电压转换成尖顶波电压，应选用______。

二、填空：

（1）为了避免 50 Hz 电网电压的干扰进入放大器，应选用______滤波电路。

（2）已知输入信号的频率为 10 ~ 12 kHz，为了防止干扰信号的混入，应选用______滤波电路。

（3）为了获得输入电压中的低频信号，应选用______滤波电路。

（4）为了使滤波电路的输出电阻足够小，保证负载电阻变化时滤波特性不变，应选用______滤波电路。

三、已知图 T6.3 所示各电路中的集成运放均为理想运放，模拟乘法器的乘积系数 k 大于零，试分别求解各电路的运算关系。

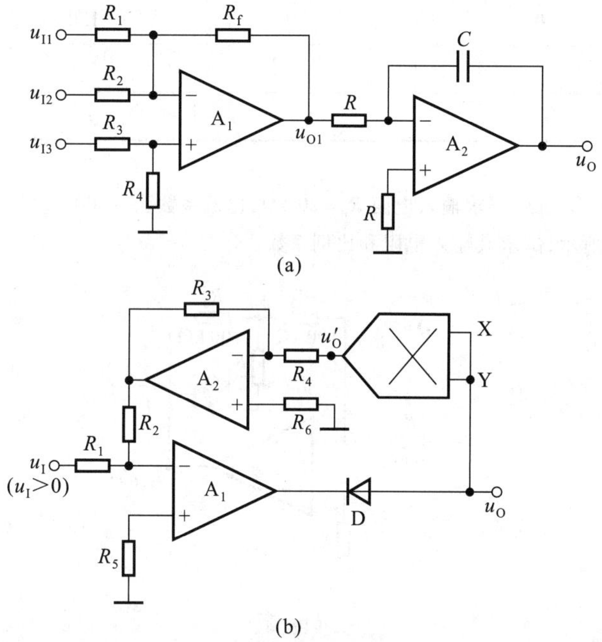

图 T6.3

习　题

本章习题中的集成运放均为理想运放。

6.1　填空：

（1）______运算电路可实现 $A_u > 1$ 的放大器。

（2）______运算电路可实现 $A_u < 0$ 的放大器。

（3）______运算电路可将三角波电压转换成方波电压。

（4）______运算电路可实现函数 $Y = aX_1 + bX_2 + cX_3$，a、b 和 c 均大于零。

（5）______运算电路可实现函数 $Y = aX_1 + bX_2 + cX_3$，a、b 和 c 均小于零。

（6）______运算电路可实现函数 $Y = aX^2$。

6.2　电路如图 P6.2 所示，集成运放输出电压的最大幅值为 ±14 V，填表。

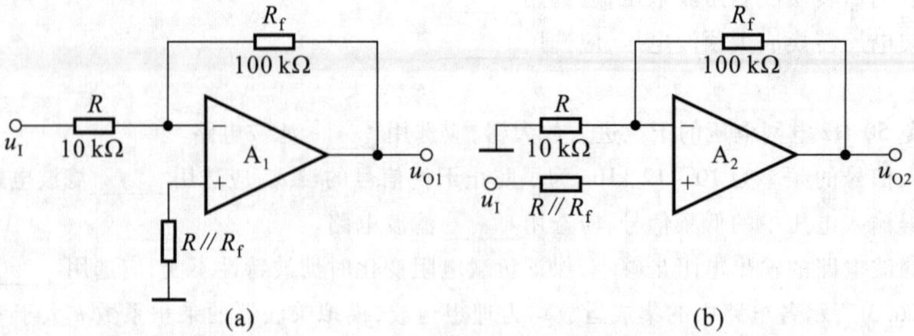

图 P6.2

u_I/V	0.1	0.5	1.0	1.5
u_{O1}/V				
u_{O2}/V				

6.3　设计一个比例运算电路，要求输入电阻 $R_i = 20\ \text{k}\Omega$，比例系数为 -100。

6.4　电路如图 P6.4 所示，试求其输入电阻和比例系数。

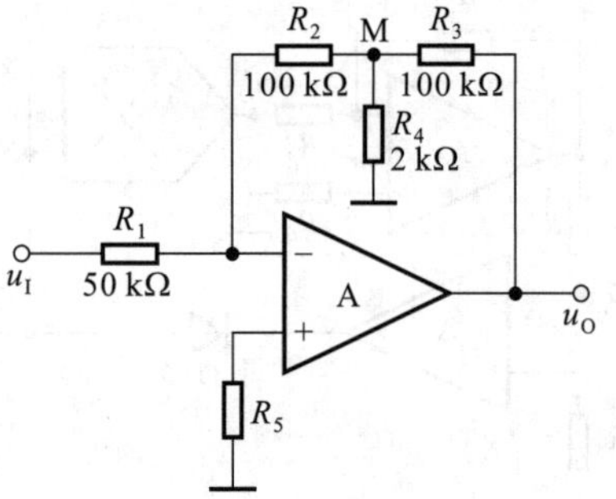

图 P6.4

6.5　电路如图 P6.4 所示，集成运放输出电压的最大幅值为 ± 14 V，u_I 为 2 V 的直流信号。分别求出下列各种情况下的输出电压。

（1）R_2 短路；（2）R_3 短路；（3）R_4 短路；（4）R_4 断路。

6.6　试求图 P6.6 所示各电路输出电压与输入电压的运算关系式。

6.7　在图 P6.6 所示各电路中，集成运放的共模信号分别为多少？要求写出表达式。

6.8　图 P6.8 所示为恒流源电路，已知稳压管工作在稳压状态，试求负载电阻 R_L 中的电流；若要求 R_L 中电流的变化范围是 1 ~ 10 mA，则电阻 R_2 应如何变化？

6.9　电路如图 P6.9 所示。

（1）写出 u_O 与 u_{I1}、u_{I2} 的运算关系式；

（2）当 R_w 的滑动端在最上端时，若 $u_{I1} = 10$ mV，$u_{I2} = 20$ mV，则 $u_O = ?$

（3）若 u_O 的最大幅值为 ± 14 V，输入电压最大值 $u_{I1\max} = 10$ mV，$u_{I2\max} = 20$ mV，它们的最小值均为 0，则为了保证集成运放工作在线性区，R_2 的最大值为多少？

6.10　分别求解图 P6.10 所示各电路的运算关系。

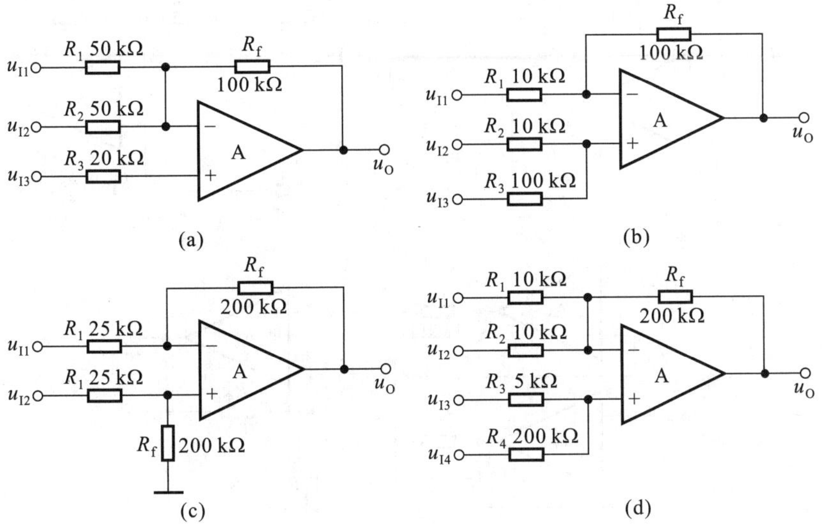

图 P6.6

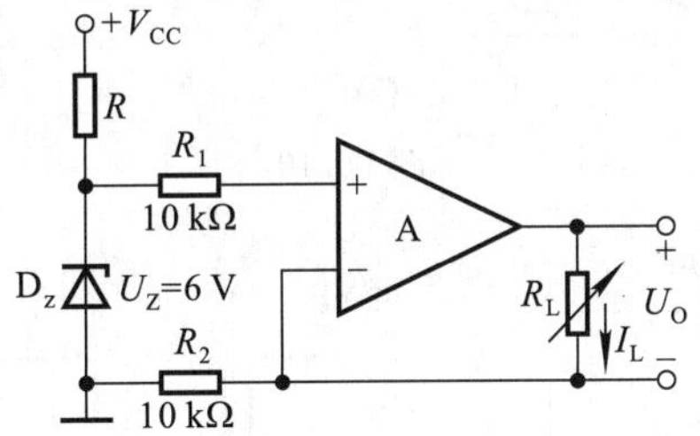

图 P6.8

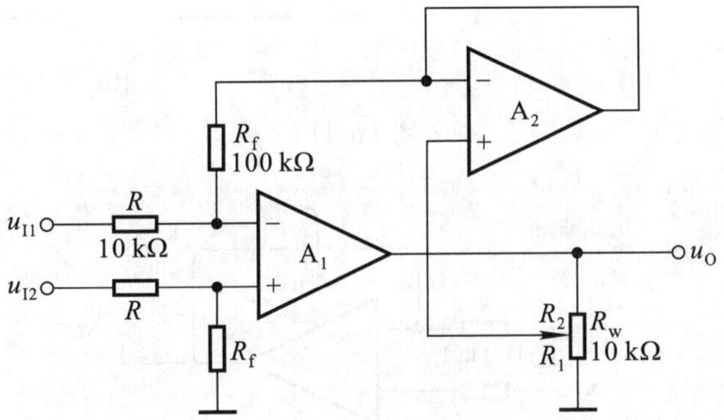

图 P6.9

6.11　在图 P6.11(a)所示电路中，已知输入电压 u_I 的波形如图(b)所示，当 $t=0$ 时 $u_O=0$。试画出输出电压 u_O 的波形。

6.12　已知图 P6.12 所示电路输入电压 u_I 的波形如图 P6.11(b)所示，且当 $t=0$ 时 $u_O=0$。试画出输出电压 u_O 的波形。

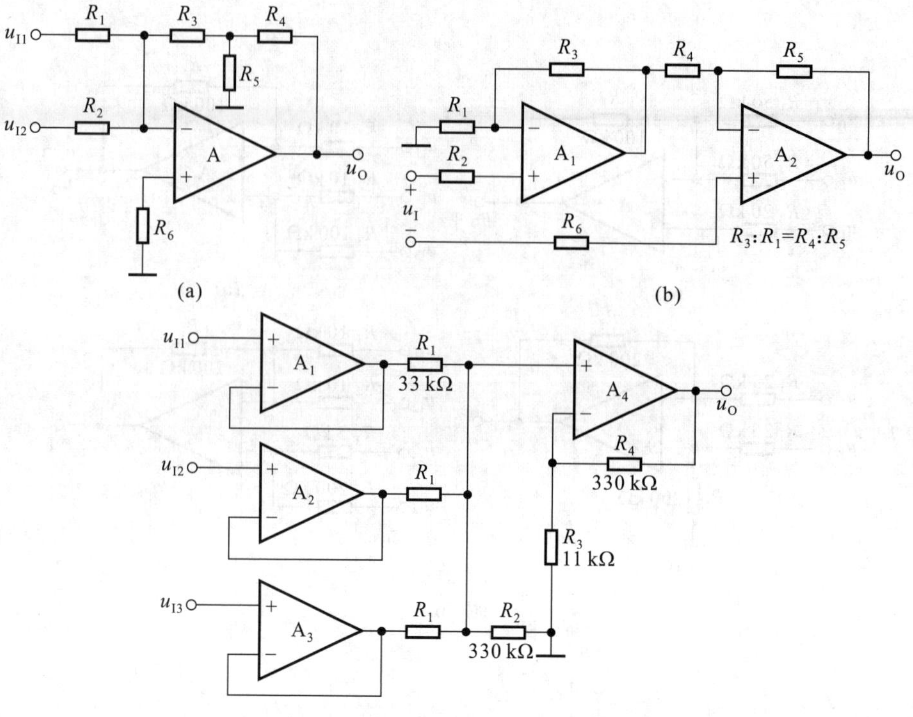

(c)

图 P6. 10

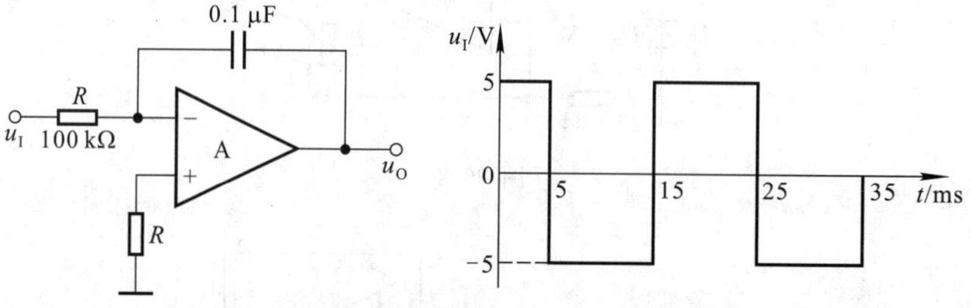

(a)　　　　　　　　(b)

图 P6. 11

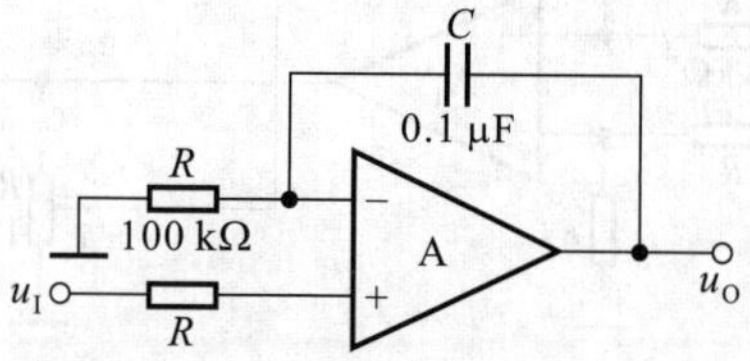

图 P6. 12

6. 13　试分别求解图 P6. 13 所示各电路的运算关系。

6. 14　在图 P6. 14 所示电路中,已知 $R_1 = R = R' = R_2 = R_f = 100\ \text{k}\Omega$,$C = 1\ \mu\text{F}$。

(1) 试求出 u_O 与 u_I 的运算关系。

(2) 设 $t = 0$ 时 $u_O = 0$,且 u_I 由零跃变为 -1 V,试求输出电压由零上升到 $+6$ V 所需要的时间。

6. 15　试求出图 P6. 15 所示电路的运算关系。

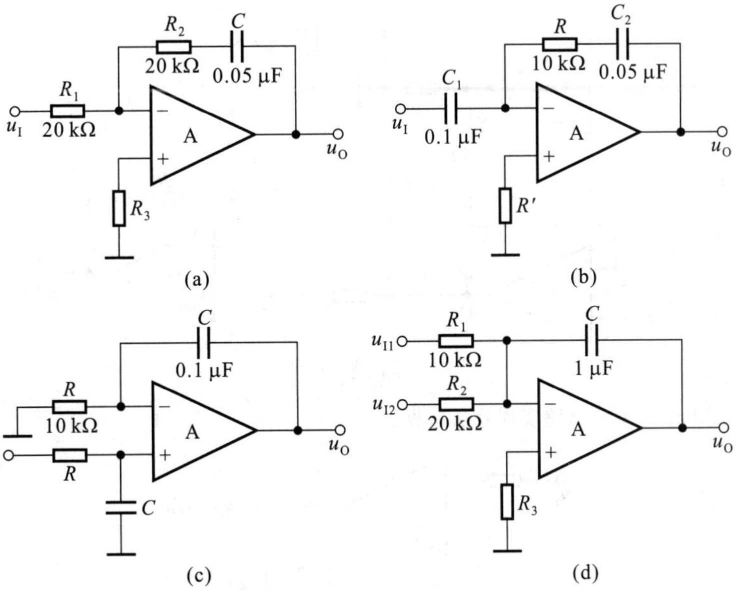

图 P6. 13

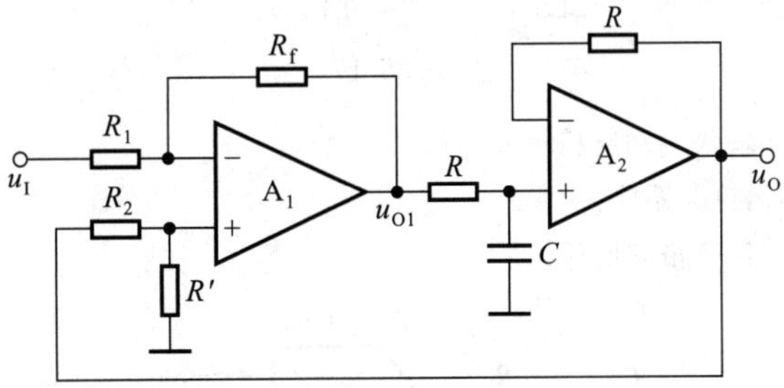

图 P6. 14

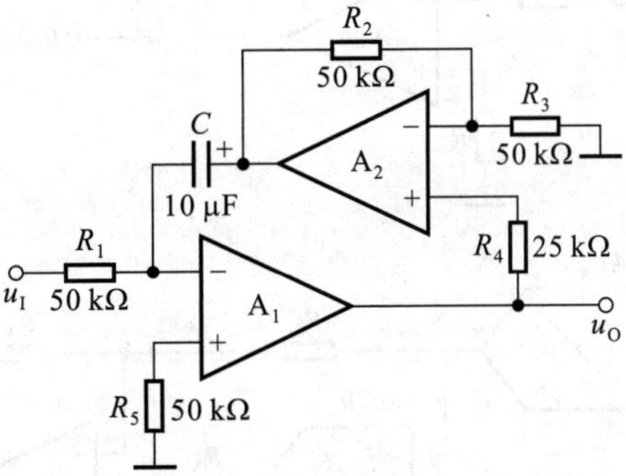

图 P6. 15

6. 16　在图 P6. 16 所示电路中，已知 $u_{I1}=4\ \text{V}$，$u_{I2}=1\ \text{V}$。回答下列问题：

（1）当开关 S 闭合时，分别求解 A、B、C、D 和 u_O 的电位；

（2）设 $t=0$ 时 S 打开，问经过多长时间 $u_O=0$？

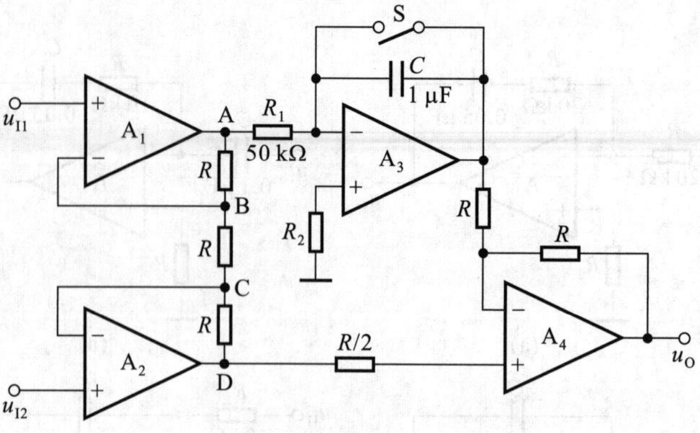

图 P6.16

6.17　为了使图 P6.17 所示电路实现除法运算，

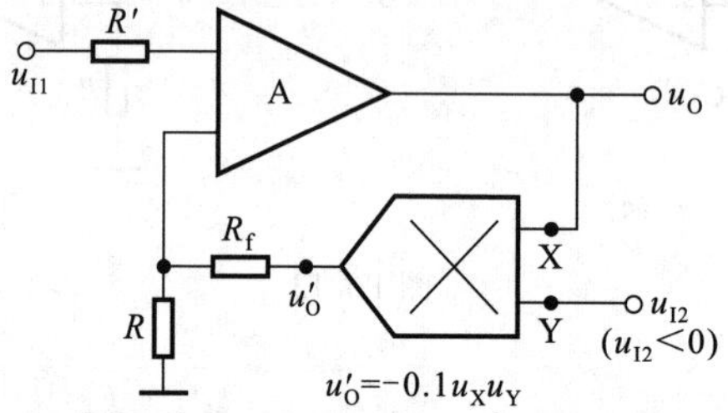

图 P6.17

（1）标出集成运放的同相输入端和反相输入端；

（2）求出 u_O 和 u_{I1}、u_{I2}的运算关系式。

6.18　求出图 P6.18 所示各电路的运算关系。

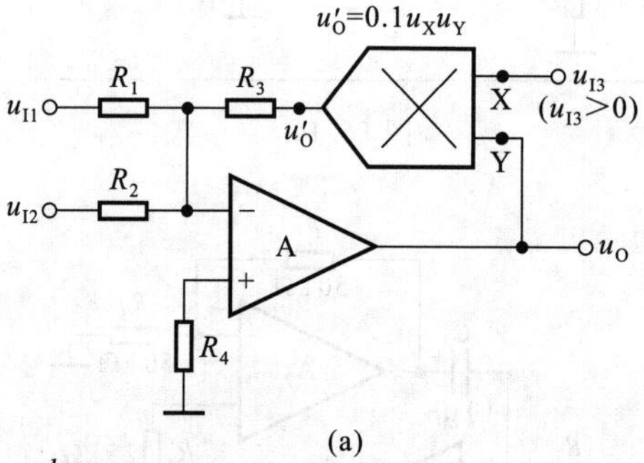

(a)

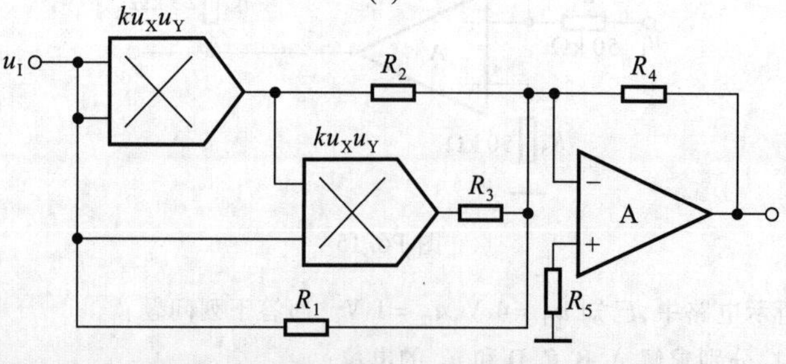

(b)

图 P6.18

6.19 分别设计完成以下函数关系的运算电路，画出电路图，并选取电路参数。

（1）$u_{o1} = -\sqrt{2u_{I1}^2 + 2u_{I2}^2}$

（2）$u_{o2} = \dfrac{4u_{I1}}{2u_{I2} + 2u_{I3}}$

（3）$u_{o3} = -\dfrac{1}{10^3}\int(6u_{I1} \cdot u_{I2})\,dt$

6.20 试说明图 P6.20 所示各电路属于哪种类型的滤波电路；是几阶滤波电路？

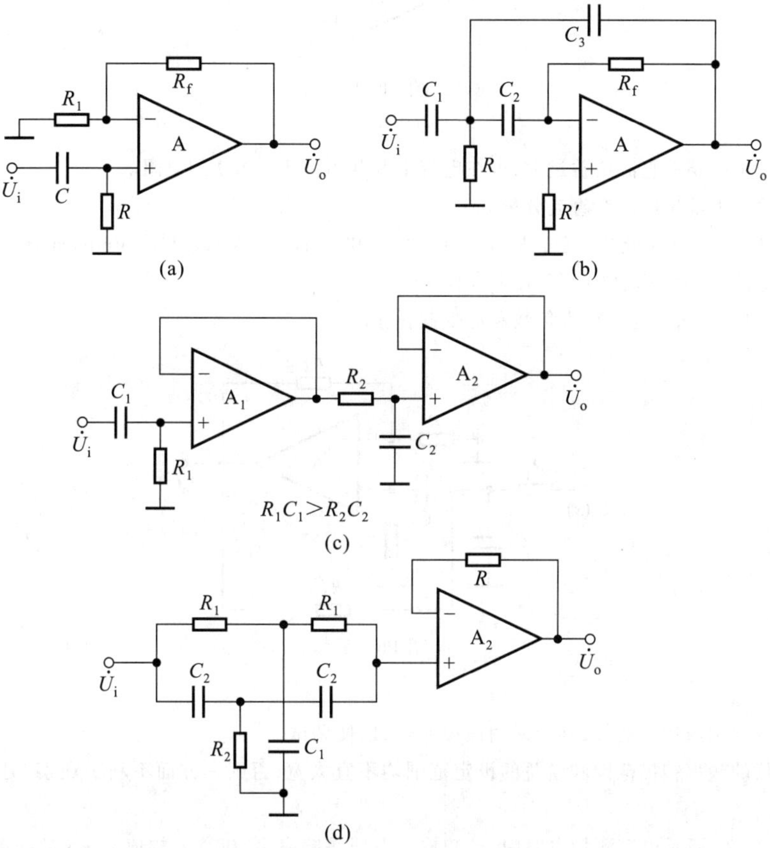

图 P6.20

6.21 设一阶 HPF 和二阶 LPF 的通带放大倍数均为 2，通带截止频率分别为 2 Hz 和100 kHz。试用它们构成一个带通滤波电路，并画出幅频特性。

6.22 在图 6.3.9 所示电路中，已知通带放大倍数为 2，截止频率为 1 kHz，C 取值为1 μF。试选取电路中各电阻的阻值。

6.23 试分析图 P6.23 所示电路的输出 u_{O1}、u_{O2} 和 u_{O3} 分别具有哪种滤波特性（LPF、HPF、BPF、BEF）？

6.24 利用 Multisim 分析图 P6.13(a)、(c)所示电路的输入电压为 200 Hz、幅值为 ±1 V 的方波时输出电压的波形。

出题目的：具有积分或微分环节的运算电路的波形分析是学习的一个难点，本题借助于 Multisim 来了解输出电压与输入电压的波形关系。

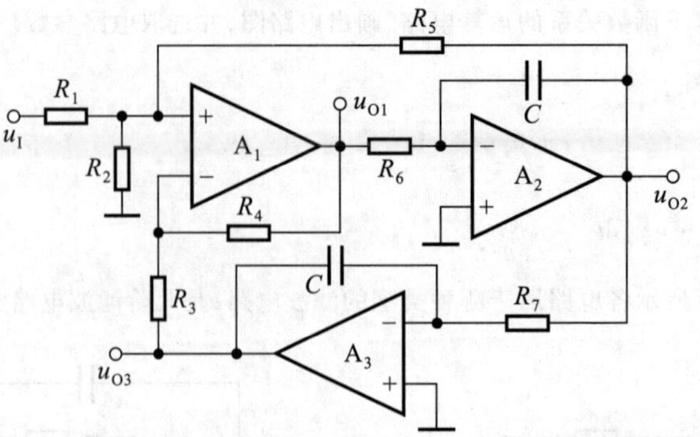

图 P6.23

提示：

(1) 为防止图示电路的直流增益过大，可在电容上并联阻值为 1 MΩ 的电阻。

(2) 在什么情况下输出电压有直流分量。

6.25　在图 P6.25 所示电路中，已知 $R=51\ \text{k}\Omega, R_3=500\ \Omega; f_0=1\ \text{kHz}$。利用 Multisim 分析下列问题：

(1) 选取合适的 R_1、R_2、C_1、C_2 的值，使 $f_0=1\ \text{kHz}$；

(2) 测试幅频特性，求出通带放大倍数和通带截止频率。

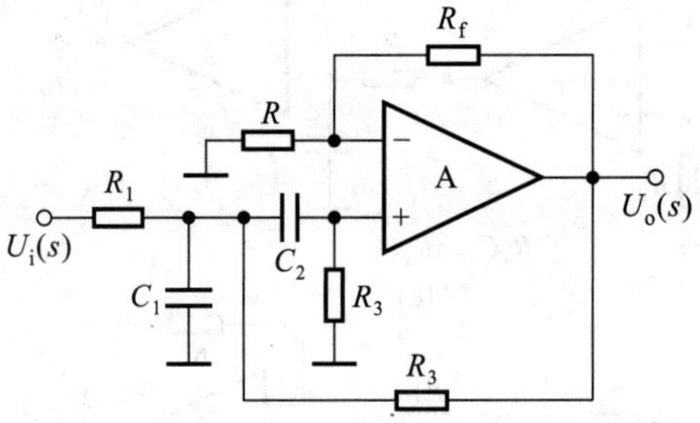

图 P6.25

提示：

(1) 集成运放选用通用型器件，其余采用虚拟元件，以便调试。

(2) 波特图仪的频率扫描范围和增益的设定范围均不宜太宽，否则一方面不利于观察，另一方面影响测试精度。

6.26　在图 P6.26 所示电容测量电路中，已知输入电压是频率为 100 Hz、幅值为 ±5 V 的锯齿波，C_X 为被测电容，通过测量输出电压的直流电压得到 C_X 的容量；C_1 为消振电容。利用 Multisim 研究下列问题：

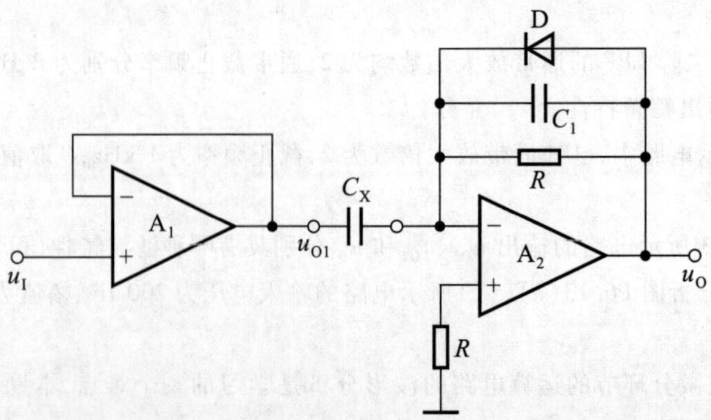

图 P6.26

(1) 设 $C_X = 0.05\ \mu F$ 时 $u_O = -10\ V$,选取 R 的阻值。

(2) 设 $C_X = 0.05\ \mu F$,进行仿真,观察 u_{O1}、u_O的波形,测试 u_O 的直流值。

(3) 改变 C_X 的值,测试电路的测量范围及线性度。

提示:

(1) 分析两个集成运放各组成什么基本运算电路,弄清电路的工作原理。

(2) 集成运放可用通用型元件,其余可用虚拟元件。从函数发生器获得锯齿波电压信号。

(3) 所谓线性度是指输出电压与 C_X 的比例系数是否为常量,在 C_X 变化时比例系数的变化情况。

第7章 波形的发生和信号的转换

本章讨论的问题

- 在模拟电子电路中需要哪些波形的信号作为测试信号和控制信号？
- 什么是自激振荡？正弦波振荡电路所产生的自激振荡和负反馈放大电路中所产生的自激振荡有区别吗？为什么正弦波振荡电路中必须有选频网络？选频网络可由哪些元件组成？
- 怎样组成正弦波振荡电路？如何判断电路是否是正弦波振荡电路？
- 波形发生电路中必须有放大电路吗？
- 为什么说矩形波发生电路是产生其它非正弦波信号的基础？为什么非正弦波发生电路中几乎都含有电压比较器？
- 电压比较器与放大电路有什么区别？集成运放在电压比较器电路和运算电路中的工作状态一样吗？为什么？如何判断电路中集成运放的工作状态？
- 如何组成矩形波、三角波和锯齿波发生电路？
- 为什么需要将输入信号进行转换？有哪些基本的转换？这些转换电路组成的基本思路是什么？

在模拟电子电路中，常常需要各种波形的信号，作为测试信号或控制信号等。例如，在测量放大电路的指标参数时需要给电路输入正弦波信号；又如，在用示波器测试电路的电压传输特性时需要给电路输入锯齿波电压；再如，在增益可控集成运放的控制端需要输入矩形波，等等。而为了使所采集的信号能够用于测量、控制、驱动负载或送入计算机，常常需要将信号进行变换，如将电压变换成电流、将电流变换成电压、将电压变换成频率与之成正比的脉冲，等等。

本章将讲述有关波形发生和信号转换电路的组成原则、工作原理以及主要参数。

7.1 正弦波振荡电路

正弦波振荡电路是在没有外加输入信号的情况下，依靠电路自激振荡而产生正弦波输出电压的电路。它被广泛地应用于量测、遥控、通信、自动控制、热处理和超声波电焊等加工设备之中，也作为模拟电子电路的测试信号。本节将就正弦波振荡电路的种类、组成和工作原理一一加以介绍。

7.1.1 概述

一、产生正弦波振荡的条件

在负反馈放大电路中，若在低频段或高频段中存在频率 f_0，使电路产生的附加相移为 $\pm\pi$，而且当 $f=f_0$ 时 $|\dot{A}\dot{F}|>1$，则电路将产生自激振荡。振荡频率除了决定于电路中的电阻和电容

外,还决定于晶体管的极间电容、电路的分布电容等人们不能确定的因素[①],因此不能作为信号源。

虽然正弦波振荡电路的振荡原理在本质上与负反馈放大电路产生自激振荡的原理相同,但是,正弦波振荡电路引入**正反馈以满足振荡条件**,而且**外加选频网络使振荡频率人为可控**,这是其电路组成的显著特征。

通常,可将正弦波振荡电路分解为图 7.1.1(a)所示方框图,上一个方框为放大电路,下一个方框为反馈网络,反馈极性为正。当输入量为零时,反馈量等于输入量,如图(b)所示。由于电扰动(如合闸通电的瞬间),电路产生一个幅值很小的输出量,它含有丰富的频率,若电路只对频率为f_0的正弦波产生正反馈过程,则将产生如下过程:

$$X_o\uparrow\rightarrow X_f\uparrow(X_i'\uparrow)\rightarrow X_o\uparrow\uparrow$$

即输出量X_o的增大使反馈量X_f增大,因放大电路的输入量就是X_i'反馈量X_f,故X_o将进一步增大。

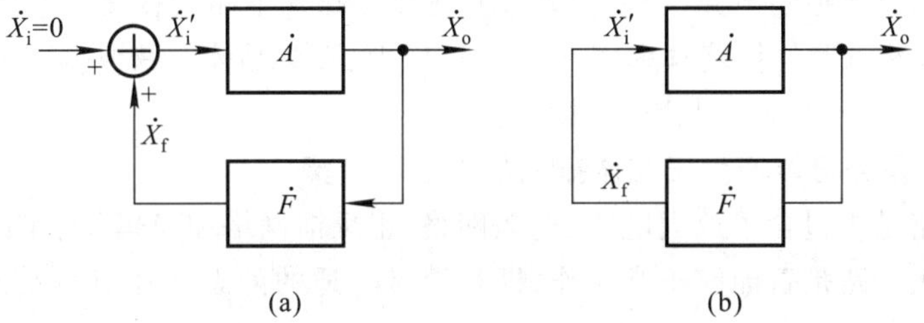

图 7.1.1 正弦波振荡电路的方框图

(a) 电路引入正反馈 (b) 反馈量作为净输入量

X_o不会无限制地增大,当X_o增大到一定数值时,由于晶体管的非线性特性和电源电压的限制,使放大电路放大倍数的数值减小,最终X_o的幅值将维持在一个确定值,电路达到动态平衡。这时,输出量X_o通过反馈网络产生反馈量X_f作为放大电路的输入量X_i',而输入量X_i'又通过放大电路维持着输出量X_o,写成表达式为

$$\dot{X}_o = \dot{A}\dot{X}_f = \dot{A}\dot{F}\dot{X}_o$$

也就是说,正弦波振荡的平衡条件为

$$\dot{A}\dot{F} = 1 \tag{7.1.1}$$

写成幅值与相角的形式为

$$\begin{cases} |\dot{A}\dot{F}| = 1 & (7.1.2a) \\ \varphi_A + \varphi_F = 2n\pi \quad (n\text{ 为整数}) & (7.1.2b) \end{cases}$$

式(7.1.2a)称为幅值平衡条件,式(7.1.2b)称为相位平衡条件,分别简称为幅值条件和相位条件。为了使输出量在合闸后能够有一个从小到大直至平衡在一定幅值的过程,电路的起振条件为

$$|\dot{A}\dot{F}| > 1 \tag{7.1.3}$$

电路把频率$f=f_0$以外的输出量均逐渐衰减为零,因此输出量为$f=f_0$的正弦波。

---

① 参阅 5.6 节。

二、正弦波振荡电路的组成及分类

从以上分析可知,正弦波振荡电路必须由以下四个部分组成:

(1) 放大电路:保证电路能够有从起振到幅值逐渐增大直至动态平衡的过程,使电路获得一定幅值的输出量,实现能量的控制。

(2) 选频网络:确定电路的振荡频率,使电路产生单一频率的振荡,即保证电路产生正弦波振荡。

(3) 正反馈网络:引入正反馈,使放大电路的输入信号等于反馈信号。

(4) 稳幅环节:也就是非线性环节,作用是使输出信号幅值稳定。

在不少实用电路中,常将选频网络和正反馈网络"合二而一";而且,对于分立元件放大电路,也不再另加稳幅环节,而依靠晶体管特性的非线性来达到稳幅作用。

正弦波振荡电路常用选频网络所用元件来命名,分为 *RC* 正弦波振荡电路、*LC* 正弦波振荡电路和石英晶体正弦波振荡电路三种类型。*RC* 正弦波振荡电路的振荡频率较低,一般在 1 MHz 以下;*LC* 正弦波振荡电路的振荡频率多在 1 MHz 以上;石英晶体正弦波振荡电路也可等效为 *LC* 正弦波振荡电路,其特点是振荡频率非常稳定。

三、判断电路是否可能产生正弦波振荡的方法和步骤

(1) 观察电路是否包含了放大电路、选频网络、正反馈网络和稳幅环节四个组成部分。

(2) 判断放大电路是否能够正常工作,即是否有合适的静态工作点且动态信号是否能够输入、输出和放大。

(3) 利用瞬时极性法判断电路是否满足正弦波振荡的相位条件。具体做法是:断开反馈,在断开处给放大电路加频率为 f_0 的正弦波输入电压 $\dot{U}_i$,并给定其瞬时极性,如图 7.1.2 所示;然后以 $\dot{U}_i$ 极性为依据判断输出电压 $\dot{U}_o$ 的极性,从而得到反馈电压 $\dot{U}_f$ 的极性;若 $\dot{U}_f$ 与 $\dot{U}_i$ 极性相同,则说明满足相位条件,电路有可能产生正弦波振荡,否则表明不满足相位条件,电路不可能产生正弦波振荡。

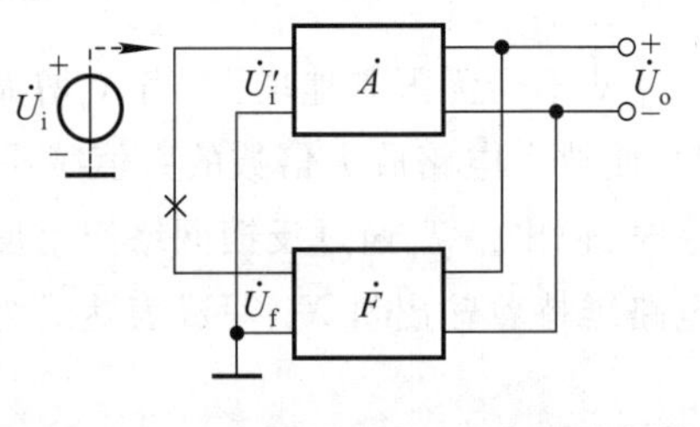

图 7.1.2　利用瞬时极性法判断相位条件

(4) 判断电路是否满足正弦波振荡的幅值条件,即是否满足起振条件。具体方法是:分别求解电路的 $\dot{A}$ 和 $\dot{F}$,然后判断 $|\dot{A}\dot{F}|$ 是否大于1。只有在电路满足相位条件的情况下,判断是否满足幅值条件才有意义。换言之,若电路不满足相位条件,则电路一定不可能振荡。

7.1.2　*RC* 正弦波振荡电路

实用的 *RC* 正弦波振荡电路多种多样,但最具典型性的是 *RC* 桥式正弦波振荡电路,在文献中也称之为文氏桥振荡电路。本节介绍它的电路组成、工作原理和振荡频率。

一、*RC* 串并联选频网络

将电阻 R_1 与电容 C_1 串联、电阻 R_2 与电容 C_2 并联所组成的网络称为 *RC* 串并联选频网络,如图 7.1.3(a)所示。通常,选取 $R_1 = R_2 = R, C_1 = C_2 = C$。因为 *RC* 串并联选频网络在正弦波振荡电路中既为选频网络,又为正反馈网络,所以其输入电压为 $\dot{U}_o$,输出电压为 $\dot{U}_f$。

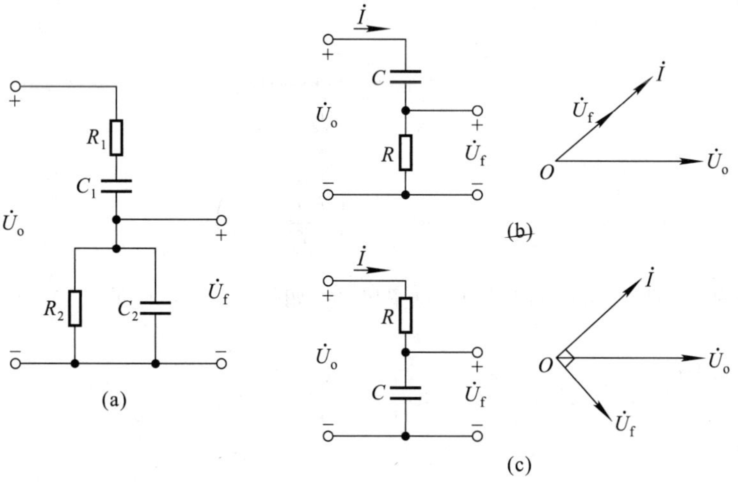

图 7.1.3 RC 串并联选频网络及其在低频段和高频段的等效电路
(a) RC 串并联选频网络 (b) 低频段等效电路及其相量图
(c) 高频段等效电路及其相量图

当信号频率足够低时，$\frac{1}{\omega C} \gg R$，因而网络的简化电路及其电压和电流的相量图如图 7.1.3(b) 所示。$\dot{U}_f$ 超前 $\dot{U}_o$，当频率趋近于零时，相位超前趋近于 +90°，且 $|\dot{U}_f|$ 趋近于零。

当信号频率足够高时，$\frac{1}{\omega C} \ll R$，因而网络的简化电路及其电压和电流的相量图如图 7.1.3(c) 所示。$\dot{U}_f$ 滞后 $\dot{U}_o$，当频率趋近于无穷大时，相位滞后趋近于 -90°，且 $|\dot{U}_f|$ 趋近于零。

可以想象，当信号频率从零逐渐变化到无穷大时，$\dot{U}_f$ 的相位将从 +90° 逐渐变化到 -90°。因此，对于 RC 串并联选频网络，必定存在一个频率 f_0，当 $f = f_0$ 时，$\dot{U}_f$ 与 $\dot{U}_o$ 同相。通过以下计算，可以求出 RC 串并联选频网络的频率特性和 f_0。

$$\dot{F} = \frac{\dot{U}_f}{\dot{U}_o} = \frac{R \,/\!/\, \frac{1}{j\omega C}}{R + \frac{1}{j\omega C} + R \,/\!/\, \frac{1}{j\omega C}}$$

整理可得

$$\dot{F} = \frac{1}{3 + j\left(\omega RC - \frac{1}{\omega RC}\right)}$$

令 $\omega_0 = \frac{1}{RC}$，则

$$f_0 = \frac{1}{2\pi RC} \tag{7.1.4}$$

代入上式，得出

$$\dot{F} = \frac{1}{3 + j\left(\frac{f}{f_0} - \frac{f_0}{f}\right)} \tag{7.1.5}$$

幅频特性为

$$|\dot{F}| = \frac{1}{\sqrt{3^2 + \left(\frac{f}{f_0} - \frac{f_0}{f}\right)^2}} \tag{7.1.6}$$

相频特性为

$$\varphi_F = -\arctan\frac{1}{3}\left(\frac{f}{f_0} - \frac{f_0}{f}\right) \tag{7.1.7}$$

根据式(7.1.6)和式(7.1.7)画出 $\dot{F}$ 的频率特性，如图 7.1.4 所示。当 $f = f_0$ 时，$\dot{F} = \frac{1}{3}$，即 $|\dot{U}_f| = \frac{1}{3}|\dot{U}_o|$，$\varphi_F = 0°$。

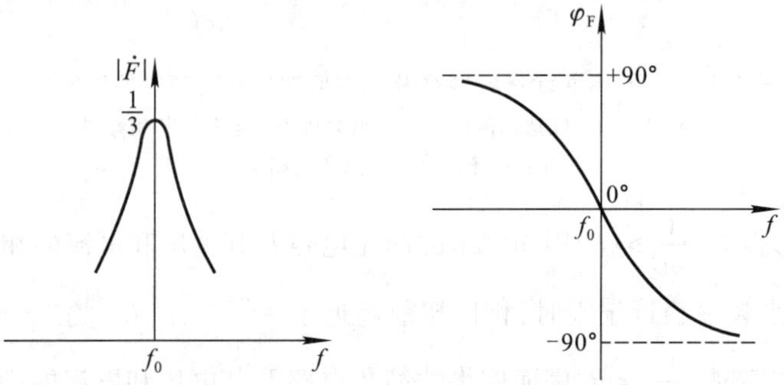

图 7.1.4　*RC* 串并联选频网络的频率特性

二、*RC* 桥式正弦波振荡电路

根据式(7.1.1)，因为当 $f = f_0$ 时，$\dot{F} = \frac{1}{3}$，所以

$$\dot{A} = \dot{A}_u = 3 \tag{7.1.8}$$

式(7.1.8)表明，只要为 *RC* 串并联选频网络匹配一个电压放大倍数等于 3(即输出电压与输入电压同相，且放大倍数的数值为 3)的放大电路就可以构成正弦波振荡电路，如图 7.1.5 所示。考虑到起振条件，所选放大电路的电压放大倍数应略大于 3。

从理论上讲，任何满足放大倍数要求的放大电路与 *RC* 串并联选频网络都可组成正弦波振荡电路；但是，实际上，所选用的放大电路应具有尽可能大的输入电阻和尽可能小的输出电阻，以减小放大电路对选频特性的影响，使振荡频率几乎仅仅决定于选频网络。因此，通常选用引入电压串联负反馈的放大电路，如同相比例运算电路。

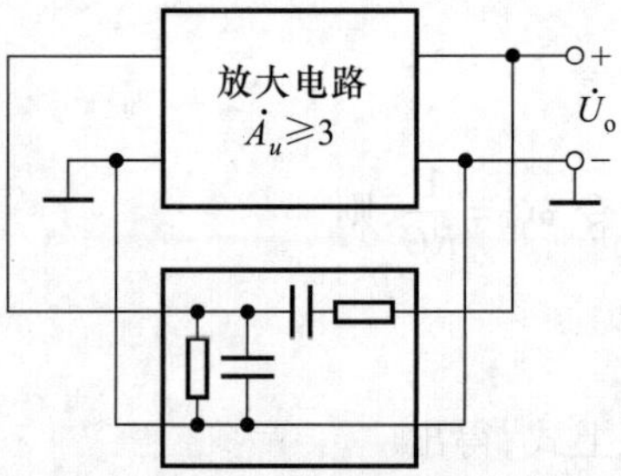

图 7.1.5　利用 *RC* 串并联选频网络构成正弦波振荡电路的方框图

由 *RC* 串并联选频网络和同相比例运算电路所构成的 *RC* 桥式正弦波振荡电路如图 7.1.6(a)所示。观察电路，负反馈网络的 R_1、R_f 以及正反馈网络串联的 R 和

C、并联的 R 和 C 各为一臂构成桥路，故此得名。集成运放的输出端和"地"接桥路的两个顶点作为电路的输出；集成运放的同相输入端和反相输入端接另外两个顶点，是集成运放的净输入电压；如图(b)所示。

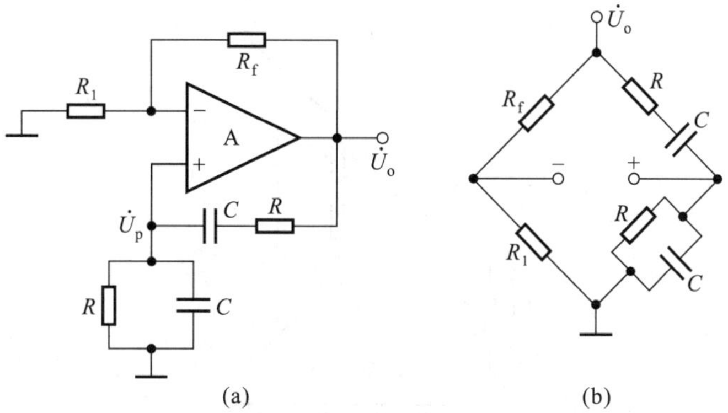

图 7.1.6 *RC* 桥式正弦波振荡电路

(a) 电路 (b) 电路中的桥路

正反馈网络的反馈电压 $\dot{U}_f$ 是同相比例运算电路的输入电压，因而要把同相比例运算电路作为整体看成电压放大电路，它的比例系数是电压放大倍数，根据起振条件和幅值平衡条件

$$\dot{A}_u = \frac{\dot{U}_o}{\dot{U}_p} = 1 + \frac{R_f}{R} \geqslant 3$$

$$R_f \geqslant 2R_1 \tag{7.1.9}$$

R_f的取值要略大于 $2R_1$。应当指出，由于 U_o与 U_f具有良好的线性关系，所以为了稳定输出电压的幅值，一般应在电路中加入非线性环节。例如，可选用 R_1为正温度系数的热敏电阻，当 U_o因某种原因而增大时，流过 R_f和 R_1上的电流增大，R_1上的功耗随之增大，导致温度升高，因而 R_1的阻值增大，从而使得 $\dot{A}_u$ 数值减小，U_o也就随之减小；当 U_o因某种原因而减小时，各物理量与上述变化相反，从而使输出电压稳定。当然，也可选用 R_f为负温度系数的热敏电阻。

此外，还可在 R_f回路串联两个并联的二极管，如图 7.1.7 所示，利用电流增大时二极管动态电阻减小、电流减小时二极管动态电阻增大的特点，加入非线性环节，从而使输出电压稳定。此时比例系数为

$$\dot{A}_u = 1 + \frac{R_f + r_d}{R_1} \tag{7.1.10}$$

三、振荡频率可调的 *RC* 桥式正弦波振荡电路

为了使得振荡频率连续可调，常在 *RC* 串并联网络中，用双层波段开关接不同的电容作为振荡频率 f_0的粗调；用同轴电位器实现 f_0的微调，如图 7.1.8 所示。振荡频率的可调范围能够从几赫兹到几百千赫。

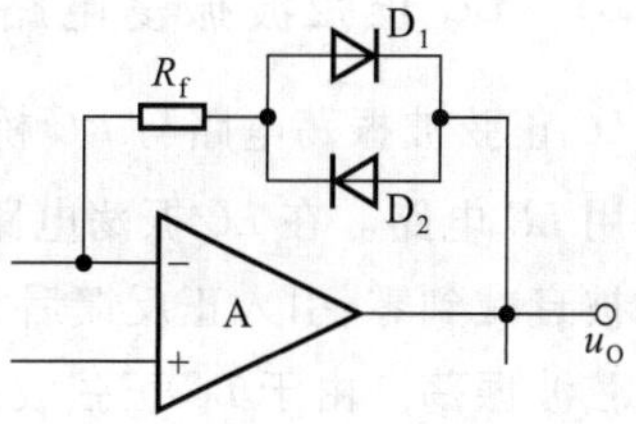

图 7.1.7 利用二极管作为非线性环节

综上所述，*RC* 桥式正弦波振荡电路以 *RC* 串并联网络为选频网络和正反馈网络，以电压串联负反馈放大电路为

放大环节,具有振荡频率稳定、带负载能力强、输出电压失真小等优点,因此获得相当广泛的应用。

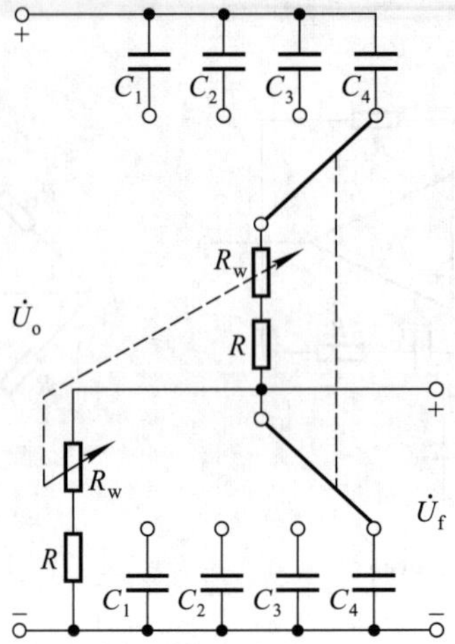

图 7.1.8 振荡频率连续可调的 RC 串并联选频网络

为了提高 RC 桥式正弦波振荡电路的振荡频率,必须减小 R 和 C 的数值。然而,一方面,当 R 减小到一定程度时,同相比例运算电路的输出电阻将影响选频特性;另一方面,当 C 减小到一定程度时,晶体管的极间电容和电路的分布电容将影响选频特性;因此,振荡频率 f_0 高到一定程度时,其值不仅决定于选频网络,还与放大电路的参数有关。这样,f_0 不但与一些未知因素有关,而且还将受环境温度的影响。因此,当振荡频率较高时,应选用 LC 正弦波振荡电路。

【例 7.1.1】 在图 7.1.8 所示电路中,若电容的取值分别为 0.01 μF、0.1 μF、1 μF、10 μF,电阻 $R=50\ \Omega$,电位器 $R_w=10\ k\Omega$。试问:f_0 的调节范围为多少?

解:因为 $f_0=\dfrac{1}{2\pi RC}$,所以 f_0 的最小值

$$f_{0\min}=\frac{1}{2\pi(R+R_w)C_{\max}}=\frac{1}{2\pi\times(50+10\times10^3)\times10\times10^{-6}}\ \text{Hz}\approx1.59\ \text{Hz}$$

f_0 的最大值

$$f_{0\max}=\frac{1}{2\pi RC_{\min}}=\frac{1}{2\pi\times50\times0.01\times10^{-6}}\ \text{Hz}\approx318\ 000\ \text{Hz}=318\ \text{kHz}$$

f_0 的调节范围为 1.59 Hz~318 kHz。

7.1.3 LC 正弦波振荡电路

LC 正弦波振荡电路与 RC 桥式正弦波振荡电路的组成原则在本质上是相同的,只是选频网络采用 LC 电路。在 LC 振荡电路中,当 $f=f_0$ 时,放大电路的放大倍数数值最大,而其余频率的信号均被衰减到零;引入正反馈后,使反馈电压作为放大电路的输入电压,以维持输出电压,从而形成正弦波振荡。由于 LC 正弦波振荡电路的振荡频率较高,所以放大电路多采用分立元件电路,必要时还应采用共基电路,也可采用宽频带集成运放。

一、LC 谐振回路的频率特性

常见的 LC 正弦波振荡电路中的选频网络多采用 LC 并联网络，如图 7.1.9 所示。图(a)为理想电路，无损耗，谐振频率为

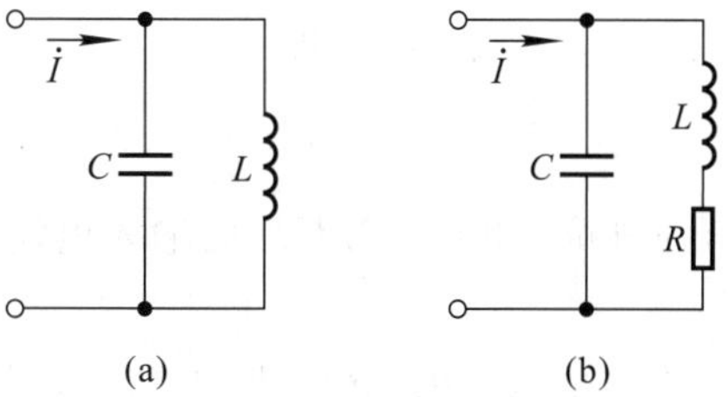

图 7.1.9 LC 并联网络

(a) 理想情况下的网络 (b) 考虑电路损耗时的网络

$$f_0 = \frac{1}{2\pi\sqrt{LC}}$$

在信号频率较低时，电容的容抗很大，网络呈感性；在信号频率较高时，电感的感抗很大，网络呈容性；只有当 $f=f_0$ 时，网络才呈纯阻性，且阻抗无穷大。这时电路产生电流谐振，电容的电场能转换成磁场能，而电感的磁场能又转换成电场能，两种能量相互转换。

实际的 LC 并联网络总是有损耗的，将各种损耗等效成电阻 R，如图(b)所示。电路的导纳为

$$Y = j\omega C + \frac{1}{R + j\omega L} = \frac{R}{R^2 + (\omega L)^2} + j\left[\omega C - \frac{\omega L}{R^2 + (\omega L)^2}\right] \tag{7.1.11}$$

令式中虚部为零，可求出谐振角频率

$$\omega_0 = \frac{1}{\sqrt{1 + \left(\frac{R}{\omega_0 L}\right)^2}} \cdot \frac{1}{\sqrt{LC}} = \frac{1}{\sqrt{1 + \frac{1}{Q^2}} \cdot \sqrt{LC}}$$

式中 Q 为品质因数，并且

$$Q = \frac{\omega_0 L}{R} \tag{7.1.12}$$

当 $Q \gg 1$ 时，$\omega_0 \approx \frac{1}{\sqrt{LC}}$，所以谐振频率

$$f_0 \approx \frac{1}{2\pi\sqrt{LC}} \tag{7.1.13}$$

将式(7.1.13)代入式(7.1.12)，得出

$$Q \approx \frac{1}{R}\sqrt{\frac{L}{C}} \tag{7.1.14}$$

可见，选频网络的损耗愈小；谐振频率相同时，电容容量愈小，电感数值愈大，品质因数愈大，将使得选频特性愈好。

当 $f=f_0$ 时，电抗

$$Z_0 = \frac{1}{Y_0} = \frac{R^2 + (\omega_0 L)^2}{R} = R + Q^2 R$$

当 $Q \gg 1$ 时，$Z_0 \approx Q^2 R$，将式(7.1.14)代入，整理可得

$$Z_0 \approx QX_L \approx QX_C \tag{7.1.15}$$

X_L 和 X_C 分别是电感和电容的电抗。因此，当网络的输入电流为 I_0 时，电容和电感的电流约为 QI_0。

根据式(7.1.11)，可得适用于频率从零到无穷大时 LC 并联网络电抗的表达式为

$$Z = \frac{1}{Y}$$

Z 是频率的函数，其频率特性如图 7.1.10 所示。Q 值愈大，曲线愈陡，选频特性愈好。

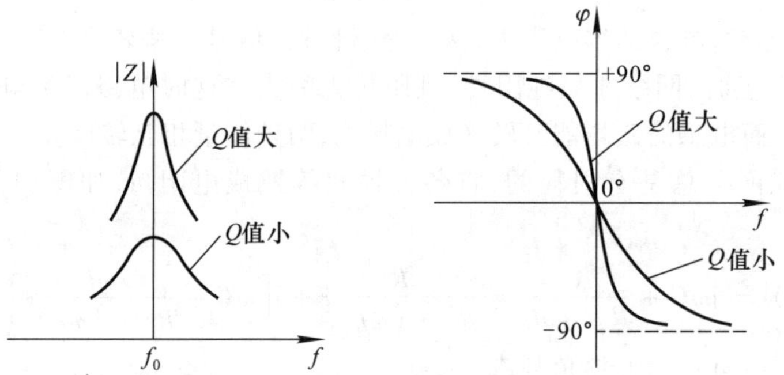

图 7.1.10　LC 并联网络电抗的频率特性

若以 LC 并联网络作为共射放大电路的集电极负载，如图 7.1.11 所示，则电路的电压放大倍数

$$\dot{A}_u = -\beta \frac{Z}{r_{be}}$$

根据 LC 并联网络的频率特性，当 $f=f_0$ 时，电压放大倍数的数值最大，且无附加相移。对于其余频率的信号，电压放大倍数不但数值减小，而且有附加相移。电路具有选频特性，故称之为选频放大电路。若在电路中引入正反馈，并能用反馈电压取代输入电压，则电路就成为正弦波振荡电路。根据引入反馈的方式不同，LC 正弦波振荡电路分为变压器反馈式、电感反馈式和电容反馈式三种电路；所用放大电路视振荡频率而定，可用共射电路、共基电路或者是宽频带集成运放。

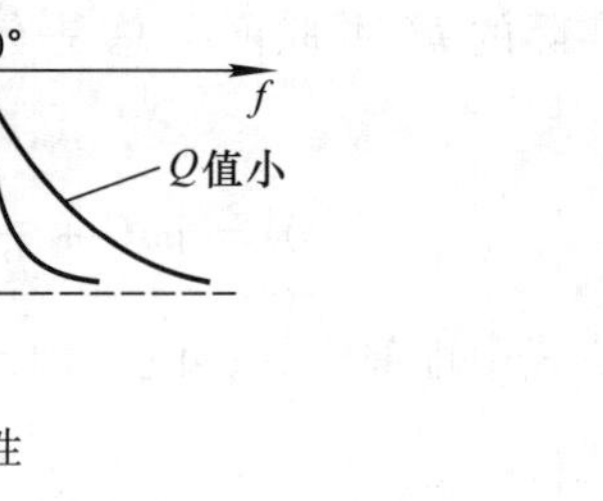

图 7.1.11　选频放大电路

二、变压器反馈式振荡电路

1. 工作原理

引入正反馈最简单的方法是采用变压器反馈方式，如图 7.1.12 所示；为使反馈电压与输入电压同相，同名端如

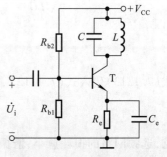

图中所标注。当反馈电压取代输入电压时,就得到变压器反馈式振荡电路,如图 7.1.13 所示。

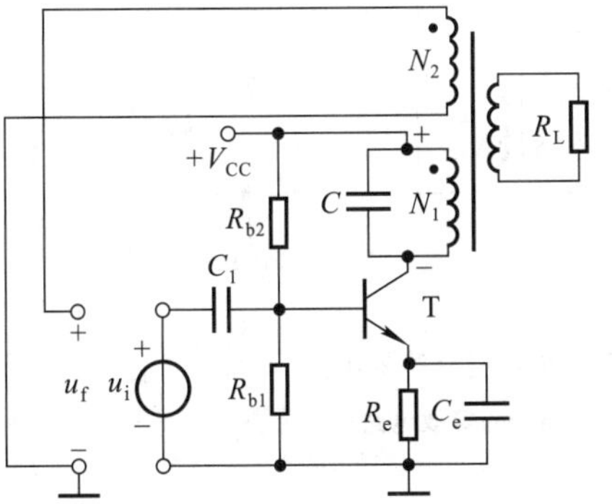

图 7.1.12 在选频放大电路中引入正反馈

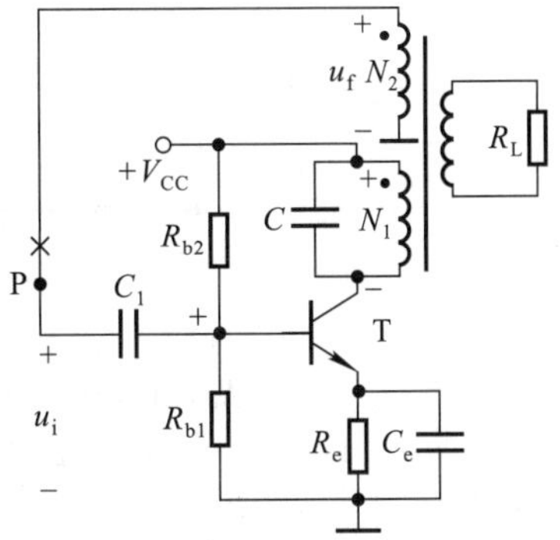

图 7.1.13 变压器反馈式振荡电路

对于图 7.1.13 所示的电路,可以用前面所叙述的方法判断电路产生正弦波振荡的可能性。首先,观察电路,存在放大电路、选频网络、正反馈网络以及用晶体管的非线性特性所实现的稳幅环节四个部分。然后,判断放大电路能否正常工作,图中放大电路是典型的工作点稳定电路,可以设置合适的静态工作点;电路的交流通路如图 7.1.14 所示,交流信号传递过程中无开路或短路现象,电路可以正常放大。最后,采用瞬时极性法判断电路是否满足相位平衡条件。在图 7.1.14 中,断开 P 点,加 $f=f_0$的输入电压,规定其极性,得到变压器一次线圈 N_1电压的极性,进而得到二次线圈 N_2电压的极性,如图中所标注,故电路满足相位条件,有可能产生正弦波振荡。

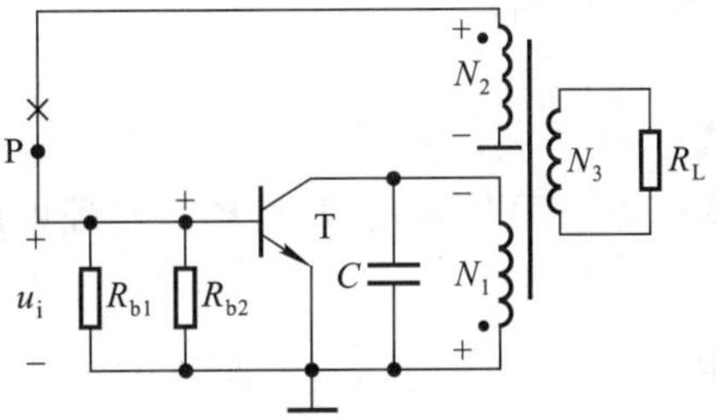

图 7.1.14 变压器反馈式振荡电路的交流通路

而在多数情况下,不必画出交流通路就可判断电路是否满足相位条件。具体做法是:在图 7.1.13 所示电路中,断开 P 点,在断开处给放大电路加 $f=f_0$的输入电压 $\dot{U}_i$,给定其极性对"地"为正,因而晶体管基极动态电位对"地"为正,由于放大电路为共射接法,故集电极动态电位对"地"为负;对于交流信号,电源相当于"地",所以线圈 N_1上电压为上"正"下"负";根据同名端,N_2上电压也为上"正"下"负",即反馈电压对"地"为正,与输入电压假设极性相同,满足正弦波振荡的相位条件。

图 7.1.13 所示电路表明,变压器反馈式振荡电路中放大电路的输入电阻是放大电路负载的一部分,因此 $\dot{A}$ 与 $\dot{F}$ 相互关联。一般情况下,只要合理选择变压器一次、二次线圈的匝数比以及其它电路参数,电路很容易满足幅值条件。

2. 振荡频率及起振条件

图 7.1.13 所示变压器反馈式振荡电路的交流等效电路如图 7.1.15 所示。R 是 LC 谐振回路、负载等的总损耗,L_1为考虑到 N_3回路参数折合到一次侧的等效电感,L_2为二次电感,M 为 N_1和 N_2间的等效互感;R_i为放大电路的输入电阻,其值 $R_i=R_{b1}/\!/R_{b2}/\!/r_{be}$。

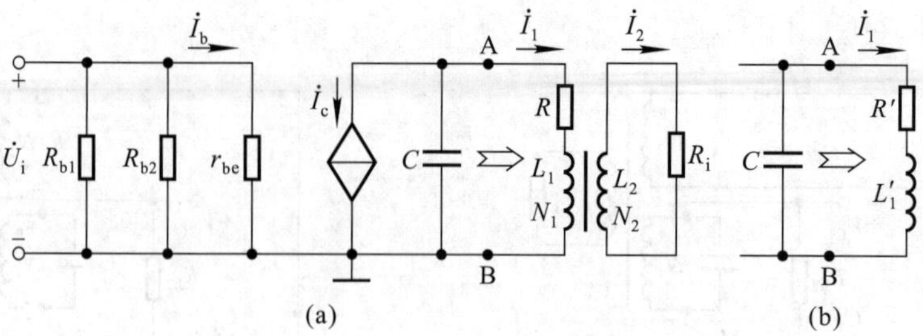

图 7.1.15　变压器反馈式振荡电路的交流等效电路
(a) 交流等效电路　(b) 变压器部分的等效电路

为了分析振荡频率和起振条件,首先求解图 7.1.15(a)中从 A 和 B 两点向右边看进去的等效电路及其参数。在变压器一次侧,有

$$\dot{U}_o = (R + j\omega L_1)\dot{I}_1 - j\omega M\dot{I}_2 \tag{7.1.16}$$

在二次侧,有

$$\dot{I}_2 = \frac{j\omega M\dot{I}_1}{R_i + j\omega L_2} \tag{7.1.17}$$

将式(7.1.17)代入式(7.1.16),整理可得

$$\dot{U}_o = (R' + j\omega L'_1)\dot{I}_1 \tag{7.1.18}$$

其中

$$\begin{cases} R' = R + \dfrac{\omega^2 M^2}{R_i^2 + \omega^2 L_2^2}\cdot R_i & (7.1.19a) \\ L'_1 = L_1 - \dfrac{\omega^2 M^2}{R_i^2 + \omega^2 L_2^2}\cdot L_2 & (7.1.19b) \end{cases}$$

因此,从变压器一次侧向二次侧看进去的等效电路如图 7.1.15(b)所示,为典型的 LC 谐振回路。但与之相比,带负载后,电感量变小,损耗变大,因而品质因数变小,选频特性变差。其品质因数

$$Q \approx \frac{1}{R'}\sqrt{\frac{L'_1}{C}} \tag{7.1.20}$$

当 $Q \gg 1$ 时,振荡频率

$$f_0 \approx \frac{1}{2\pi\sqrt{L'_1 C}} \tag{7.1.21}$$

根据前面的分析可知,在谐振频率下,L_1 中电流的数值约为晶体管集电极电流的 Q 倍,即

$$|\dot{I}_1| \approx Q|\dot{I}_c| = Q\beta|\dot{I}_b| = Q\beta\frac{|\dot{U}_i|}{r_{be}}$$

根据式(7.1.17),反馈电压

$$\dot{U}_f = \dot{I}_f R_i = \frac{j\omega_0 M\dot{I}_1}{R_i + j\omega_0 L_2}\cdot R_i$$

通常，$\omega_0 L_2 \ll R_i$，所以

$$|\dot{U}_f| \approx \omega_0 M |\dot{I}_1| = \omega_0 MQ\beta \frac{|\dot{U}_i|}{r_{be}}$$

电路的起振条件

$$\left|\frac{\dot{U}_f}{\dot{U}_i}\right| > 1$$

即

$$\beta > \frac{r_{be}}{\omega_0 MQ} \tag{7.1.22}$$

式(7.1.22)表明选频网络的品质因数愈大，对晶体管电流放大系数的要求愈低。若将式(7.1.20)和式(7.1.21)代入式(7.1.22)，则得出起振条件为

$$\beta > \frac{r_{be} R' C}{M} \tag{7.1.23}$$

3. 优缺点

变压器反馈式振荡电路易于产生振荡，波形较好，应用范围广泛。但是，由于输出电压与反馈电压靠磁路耦合，因而耦合不紧密，损耗较大。并且振荡频率的稳定性不高。

三、电感反馈式振荡电路

1. 电路组成

为了克服变压器反馈式振荡电路中变压器一次线圈和二次线圈耦合不紧密的缺点，可将 N_1 和 N_2 合并为一个线圈，把图 7.1.13 所示电路中线圈 N_1 接电源的一端和 N_2 接地的一端相连作为中间抽头；为了加强谐振效果，将电容 C 跨接在整个线圈两端，如图 7.1.16 所示。

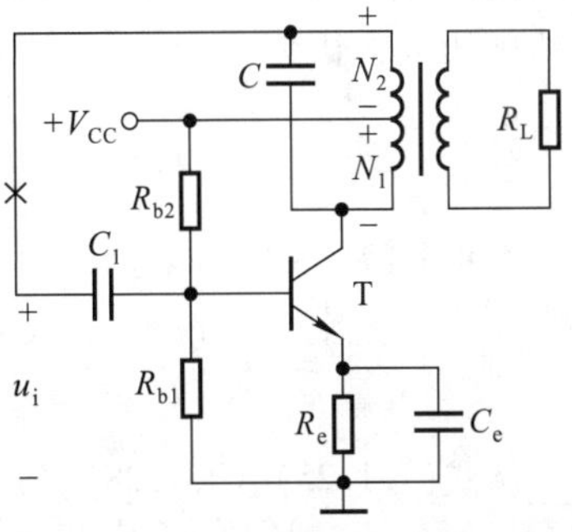

图 7.1.16 电感反馈式振荡电路

2. 工作原理

利用判断电路能否产生正弦波振荡的方法来分析图 7.1.16 所示电路。首先观察电路，它包含了放大电路、选频网络、反馈网络和非线性元件——晶体管四个部分，而且放大电路能够正常工作。然后用瞬时极性法判断电路是否满足正弦波振荡的相位条件：断开反馈，加频率为 f_0 的输入电压，给定其极性，判断出从 N_2 上获得的反馈电压极性与输入电压相同，故电路满足正弦波振荡的相位条件，各点瞬时极性如图中所标注。只要电路参数选择得当，电路就可满足幅值条件，而产生正弦波振荡。

图 7.1.17 所示为电感反馈式振荡电路的交流通路，一次线圈的三个端分别接在晶体管的三个极，故称电感反馈式振荡电路为电感三点式电路。

3. 振荡频率和起振条件

断开反馈且空载情况下的交流等效电路如图 7.1.18 所示。

设 N_1 的电感量为 L_1，N_2 的电感量为 L_2，N_1 与 N_2 间的互感为 M，且品质因数远大于 1，则振荡频率

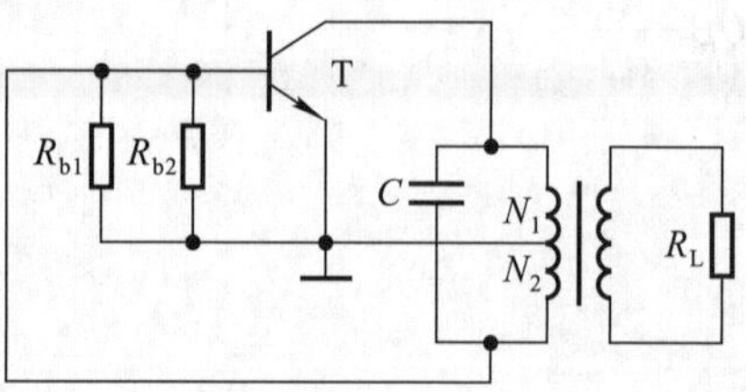

图 7.1.17 电感反馈式振荡电路的交流通路

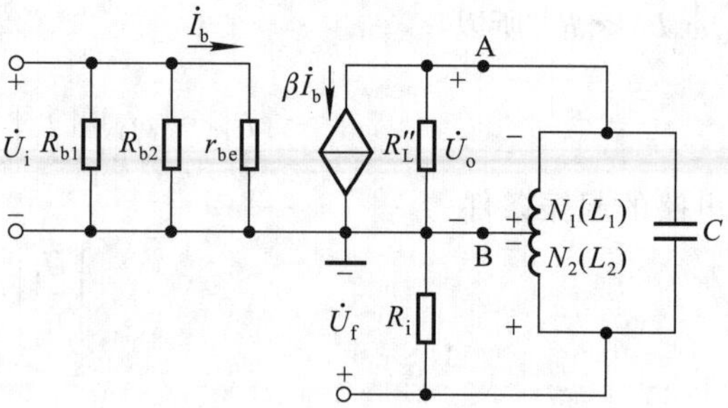

图 7.1.18 电感反馈式振荡电路的交流等效电路

$$f_0 \approx \frac{1}{2\pi\sqrt{(L_1 + L_2 + 2M)C}} \tag{7.1.24}$$

反馈系数的数值

$$|\dot{F}| = \left|\frac{\dot{U}_f}{\dot{U}_o}\right| \approx \frac{j\omega L_2 + j\omega M}{j\omega L_1 + j\omega M} = \frac{L_2 + M}{L_1 + M} \tag{7.1.25}$$

因而，从 A 和 B 两端向右看的等效电阻为

$$R'_i = \frac{R_i}{|\dot{F}|^2} \tag{7.1.26}$$

设 R'_L 为 R_L 折合到 A、B 两点间的等效电阻，则集电极总负载

$$R''_L = R'_L // R'_i \tag{7.1.27}$$

当 $f = f_0$ 且 $Q \gg 1$ 时，LC 回路产生谐振，等效电阻非常大，所取电流可忽略不计，因此放大电路的电压放大倍数

$$\dot{A}_u = -\beta\frac{R''_L}{r_{be}} \tag{7.1.28}$$

根据 $|\dot{A}\dot{F}| > 1$，利用式(7.1.25)和式(7.1.28)，可得起振条件为

$$\beta > \frac{L_1 + M}{L_2 + M} \cdot \frac{r_{be}}{R''_L} \tag{7.1.29}$$

从式(7.1.25)、(7.1.28)、(7.1.29)可以看出，若增大 L_2 与 L_1 的比值，则一方面 $|\dot{F}|$ 随之增大，有利于电路起振；另一方面，它又使 R''_L 减小，从而使 $|\dot{A}_u|$ 减小，不利于电路起振。所以，L_2/L_1 既不能太大，也不能太小。在大批量生产时，应通过实验确定 N_2 与 N_1 的比值，一般在 1/7 ~ 1/4 之间。

4. 优缺点

电感反馈式振荡电路中 N_2 与 N_1 之间耦合紧密，振幅大；当 C 采用可变电容时，可以获得调节范围较宽的振荡频率，最高振荡频率可达几十兆赫。由于反馈电压取自电感，对高频信号具有较大的电抗，输出电压波形中常含有高次谐波。因此，电感反馈式振荡电路常用在对波形要求不高的设备之中，如高频加热器、接收机的本机振荡器等。

四、电容反馈式振荡电路

1. 电路组成

为了获得较好的输出电压波形，若将电感反馈式振荡电路中的电容换成电感，电感换成电容，并在置换后将两个电容的公共端接地，且增加集电极电阻 R_c，就可得到电容反馈式振荡电路，如图 7.1.19 所示。因为两个电容的三个端分别接晶体管的三个极，故也称之为电容三点式电路。

2. 工作原理

根据正弦波振荡电路的判断方法，观察图 7.1.19 所示电路，包含了放大电路、选频网络、反馈网络和非线性元件——晶体管四个部分，而且放大电路能够正常工作。断开反馈，加频率为 f_0 的输入电压，给定其极性，判断出从 C_2 上所获得的反馈电压的极性与输入电压相同，故电路满足正弦波振荡的相位条件，各点瞬时极性如图中所标注。只要电路参数选择得当，电路就可满足幅值条件，而产生正弦波振荡。

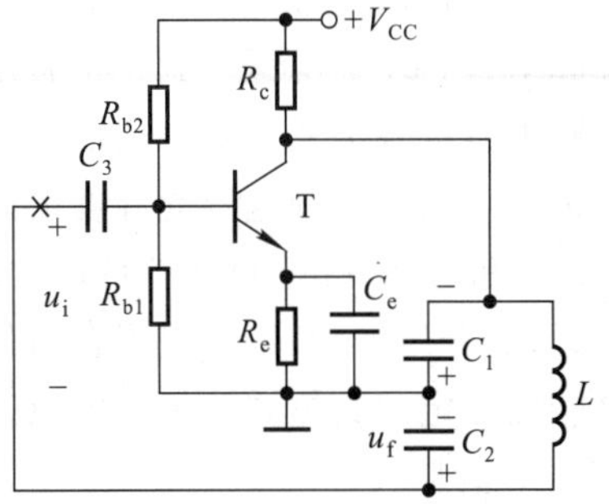

图 7.1.19　电容反馈式振荡电路

3. 振荡频率和起振条件

当由 L、C_1 和 C_2 所构成的选频网络的品质因数 Q 远大于 1 时，振荡频率

$$f_0 \approx \frac{1}{2\pi\sqrt{L\dfrac{C_1C_2}{C_1+C_2}}} \tag{7.1.30}$$

设 C_1 和 C_2 的电流分别为 $\dot{I}_{C_1}$ 和 $\dot{I}_{C_2}$，则反馈系数

$$|\dot{F}| = \left|\frac{\dot{U}_f}{\dot{U}_o}\right| = \left|\frac{I_{C_2}/j\omega C_2}{I_{C_1}/j\omega C_1}\right| \approx \frac{C_1}{C_2} \tag{7.1.31}$$

电压放大倍数

$$|\dot{A}_u| = \left|\frac{\dot{U}_o}{\dot{U}_i}\right| = \beta\frac{R'_L}{r_{be}} \tag{7.1.32}$$

在空载情况下，类比式(7.1.26)可知，式(7.1.32)中集电极等效负载

$$R'_L = R_c \mathbin{/\!/} \frac{R_i}{|\dot{F}|^2}$$

根据 $|\dot{A}\dot{F}|>1$，利用式(7.1.31)和式(7.1.32)，可得起振条件为

$$\beta > \frac{C_2}{C_1}\cdot\frac{r_{be}}{R'_L} \tag{7.1.33}$$

与电感反馈式振荡电路相类似，若增大 C_1/C_2，则一方面反馈系数数值随之增大，有利于电路起振；另一方面，它又使 R'_L 减小，从而造成电压放大倍数数值减小，不利于电路起振。因此，C_1/C_2 既不能太大，又不能太小，具体数值应通过实验来确定。

电容反馈式振荡电路的输出电压波形好，但若用改变电容的方法来调节振荡频率，则会影响电路的起振条件；而若用改变电感的方法来调节振荡频率，则比较困难。所以，电容反馈式振荡电路常常用在固定振荡频率的场合。在振荡频率可调范围不大的情况下，可采用图 7.1.20 所示电路取代图 7.1.19 所示电路中的选频网络。

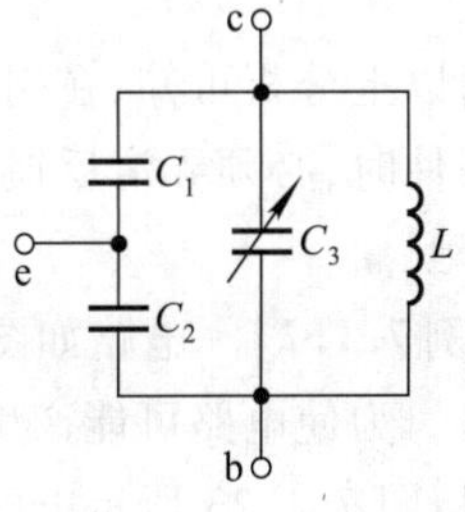

图 7.1.20　频率可调的选频网络

4. 稳定振荡频率的措施

若要提高电容反馈式振荡电路的振荡频率，则势必要减小 C_1、C_2 的电容量和 L 的电感量。实际上，当 C_1 和 C_2 减小到一定程度时，晶体管的极间电容和电路中的杂散电容将影响振荡频率。这些电容等效为放大电路的输入电容 C_i 和输出电容 C_o，它们分别与 C_1 和 C_2 并联，如图 7.1.21 所标注。由于极间电容受温度的影响，杂散电容又难于确定，为了稳定振荡频率，在设计电路时，必须能够使 C_i 和 C_o 对选频特性的影响忽略不计。试想，如果 C_1 和 C_2 远大于极间电容和杂散电容，只起分压作用，以便获得合适的反馈电压，而几乎对振荡频率无影响，那么电路的振荡频率就可能很稳定。具体方法是在电感所在支路串联一个小容量电容 C，而且 $C \ll C_1$，$C \ll C_2$，这样

$$\frac{1}{C_1}+\frac{1}{C_2}+\frac{1}{C} \approx \frac{1}{C}$$

总电容约为 C，因而电路的振荡频率

$$f_0 \approx \frac{1}{2\pi\sqrt{LC}} \tag{7.1.34}$$

几乎与 C_1 和 C_2 无关，当然，也就几乎与极间电容和杂散电容无关了。

若要求电容反馈式振荡电路的振荡频率高达 100 MHz 以上，则要考虑采用共基放大电路，如图 7.1.22 所示。图中 C_b 为旁路电容，对交流信号可视为短路；放大电路为共基放大电路。断开反馈，给放大电路加频率为 f_0 的输入电压，极性为上“+”下“-”；因共基放大电路的输出电压与输入电压同相，故集电极动态电位为“+”；选频网络的电压方向为上“-”下“+”，因此从 C_1 上获得的反馈电压也为上“-”下“+”，与输入电压同相，所以电路满足正弦波振荡的相位平衡条件。如果参数选择合适，使电路满足起振条件，那么电路就一定会产生正弦波振荡。

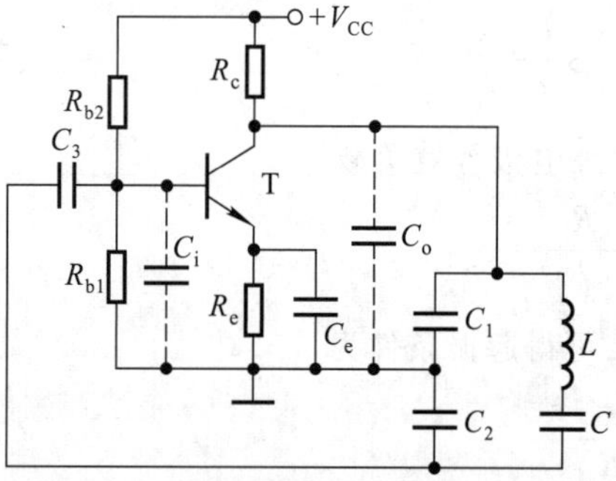

图 7.1.21 电容反馈式振荡电路的改进

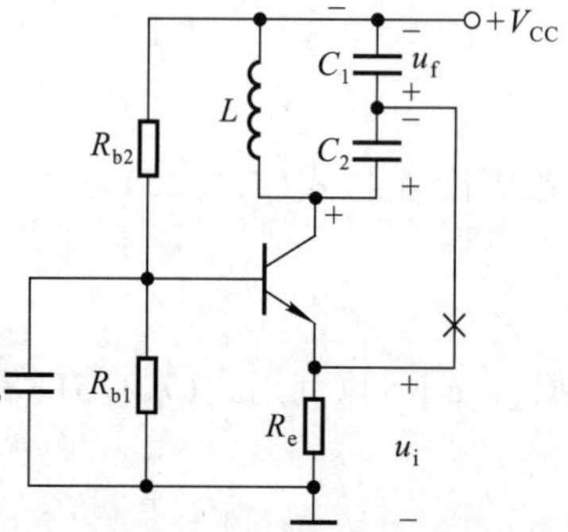

图 7.1.22 采用共基放大电路的电容反馈式振荡电路

由以上分析可知，在判断电路是否可能产生正弦波振荡，即判断电路是否满足正弦波振荡的相位条件时，必须弄清反馈电压取自哪个线圈或电容，而通常这个线圈或电容总有一端为交流通路的“地”。

【例7.1.2】 电路如图 7.1.23 所示，图中 C_b 为旁路电容，C_1 为耦合电容，对交流信号均可视为短路。为使电路可能产生正弦波振荡，试说明变压器一次线圈和二次线圈的同名端。

解：图 7.1.23 所示电路中的放大电路为共基放大电路。断开反馈，给放大电路加频率为 f_0 的输入电压，极性为上“+”下“-”；集电极动态电位为“+”，选频网络的电压极性为上“-”下

“+”;从变压器二次侧获得的反馈电压应为上“+”下“-”,才满足正弦波振荡的相位平衡条件。因此,变压器一次线圈的下端和二次线圈的上端为同名端;或者说一次线圈的上端和二次线圈的下端为同名端。

【例 7.1.3】 改正图 7.1.24 所示电路中的错误,使之有可能产生正弦波振荡。要求不能改变放大电路的基本接法。

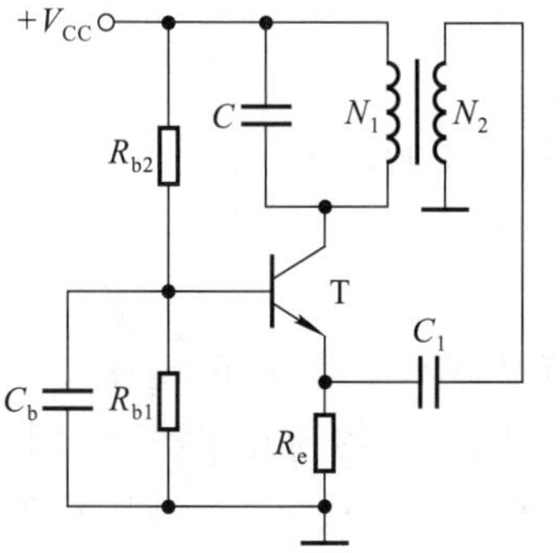

图 7.1.23 例 7.1.2 电路图

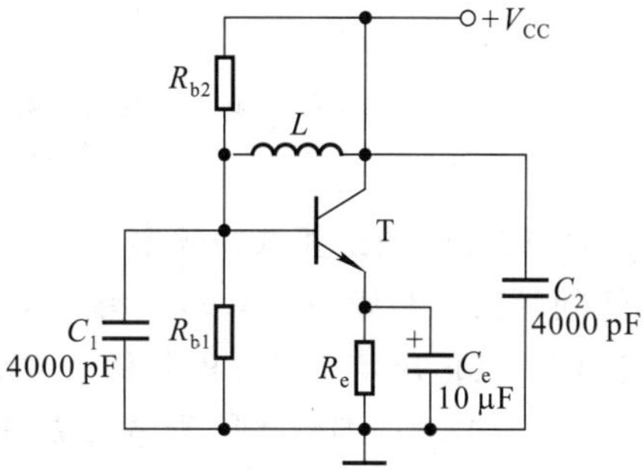

图 7.1.24 例 7.1.3 电路图

解:观察电路,C_e容量远大于 C_1和 C_2,故为旁路电容,对交流信号可视为短路。C_1、C_2和 L 构成 LC 并联谐振网络,C_2上的电压为输出电压,C_1上的电压为反馈电压,因而电路为电容反馈式振荡电路。

电感 L 连接晶体管的基极和集电极,在直流通路中使两个极近似短路,造成放大电路的静态工作点不合适,故应在选频网络与放大电路输入端之间加耦合电容。

晶体管的集电极直接接电源,在交流通路中使集电极与发射极短路,因而输出电压恒等于零,所以必须在集电极加电阻 R_c。

改正电路如图 7.1.25 所示,与图 7.1.19 所示电路相比,同为电容反馈式振荡电路,只是画法不同而已。

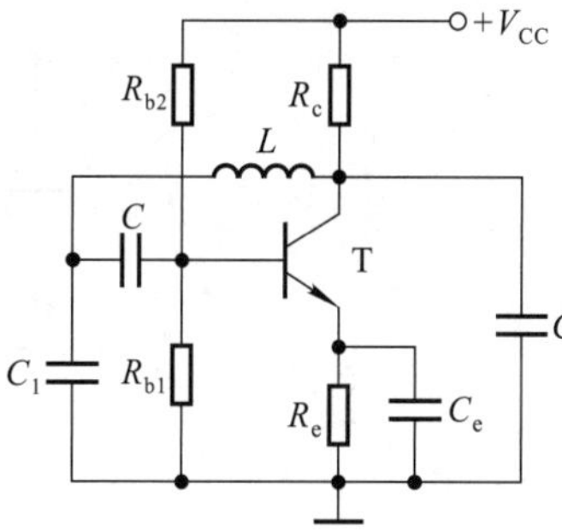

图 7.1.25 图 7.1.24 所示电路的改正电路

7.1.4 石英晶体正弦波振荡电路

石英晶体谐振器,简称石英晶体,具有非常稳定的固有频率。对于振荡频率的稳定性要求高的电路,应选用石英晶体作选频网络。

一、石英晶体的特点

将二氧化硅(SiO_2)结晶体按一定的方向切割成很薄的晶片,再将晶片两个对应的表面抛光和涂敷银层,并作为两个极引出引脚,加以封装,就构成石英晶体谐振器。其结构示意图和符号如图 7.1.26 所示。

1. 压电效应和压电振荡

在石英晶体两个引脚加交变电场时,它将会产生一定频率的机械变形,而这种机械振动又会产生交变电场,上述物理现象称为压电效应。一般情况下,无论是机械振动的振幅,还是交变电场的振幅都非常小。但是,当交变电场的频率为某一特定值时,振幅骤然增大,产生共振,称之为压电振荡。这一特定频率就是石英晶体的固有频率,也称为谐振频率。

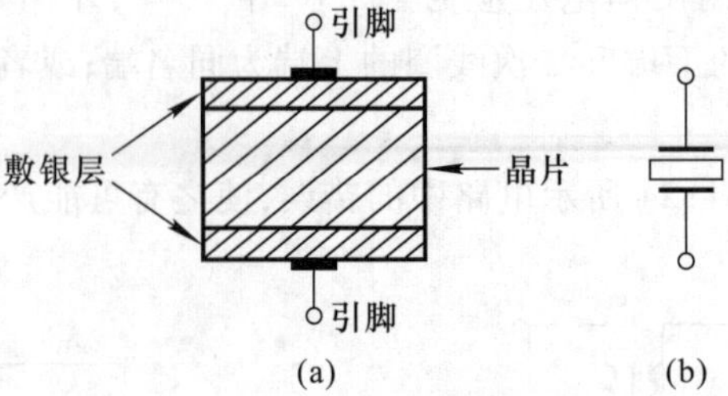

图 7.1.26　石英晶体谐振器的结构示意图及符号
(a) 结构示意图　(b) 符号

2. 石英晶体的等效电路和振荡频率

石英晶体的等效电路如图 7.1.27(a)所示。当石英晶体不振动时,可等效为一个平板电容 C_0,称为静态电容;其值决定于晶片的几何尺寸和电极面积,一般约为几皮法到几十皮法。当晶片产生振动时,机械振动的惯性等效为电感 L,其值为几毫亨到几十毫亨。晶片的弹性等效为电容 C,其值仅为 0.01 ~0.1 pF,因此 $C \ll C_0$。晶片的摩擦损耗等效为电阻 R,其值约为 100 Ω,理想情况下 $R=0\ \Omega$。

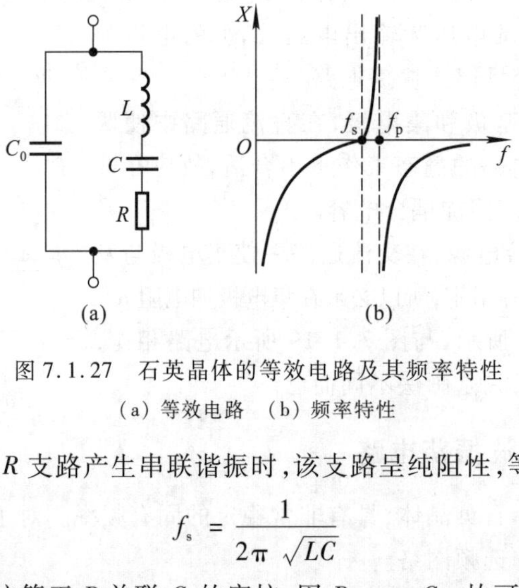

图 7.1.27　石英晶体的等效电路及其频率特性
(a) 等效电路　(b) 频率特性

当等效电路中的 L、C、R 支路产生串联谐振时,该支路呈纯阻性,等效电阻为 R,谐振频率

$$f_s=\frac{1}{2\pi\sqrt{LC}} \tag{7.1.35}$$

谐振频率下整个网络的电抗等于 R 并联 C_0 的容抗,因 $R \ll \omega_0 C_0$,故可以近似认为石英晶体也呈纯阻性,等效电阻为 R。

当 $f<f_s$ 时,C_0 和 C 电抗较大,起主导作用,石英晶体呈容性。

当 $f>f_s$ 时,L、C、R 支路呈感性,将与 C_0 产生并联谐振,石英晶体又呈纯阻性,谐振频率

$$f_p=\frac{1}{2\pi\sqrt{L\dfrac{CC_0}{C+C_0}}}=f_s\sqrt{1+\frac{C}{C_0}} \tag{7.1.36}$$

由于 $C \ll C_0$,所以 $f_p \approx f_s$。

当 $f>f_p$ 时,电抗主要决定于 C_0,石英晶体又呈容性。因此,若 $R=0\ \Omega$,则石英晶体电抗的

频率特性如图 7.1.27(b)所示，只有在 $f_s<f<f_p$ 的情况下，石英晶体才呈感性；并且 C 和 C_0 的容量相差愈悬殊，f_s 和 f_p 愈接近，石英晶体呈感性的频带愈狭窄。

根据品质因数的表达式

$$Q \approx \frac{1}{R}\sqrt{\frac{L}{C}}$$

由于 C 和 R 的数值都很小，L 数值很大，所以 Q 值高达 $10^4 \sim 10^6$。而且，因为振荡频率几乎仅决定于晶片的尺寸，所以其稳定度 $\Delta f/f_0$ 可达 $10^{-8} \sim 10^{-6}$，一些产品甚至高达到 $10^{-11} \sim 10^{-10}$。而即使最好的 LC 振荡电路，Q 值也只能达到几百，振荡频率的稳定度也只能达到 10^{-5}。因此，石英晶体的选频特性是其它选频网络不能比拟的。

二、石英晶体正弦波振荡电路

1. 并联型石英晶体正弦波振荡电路

如果用石英晶体取代图 7.1.19 所示电路中的电感，就得到并联型石英晶体正弦波振荡电路，如图 7.1.28 所示。

图中电容 C_1 和 C_2 与石英晶体中的 C_0 并联，总容量大于 C_0，当然远大于石英晶体中的 C，所以电路的振荡频率约等于石英晶体的并联谐振频率 f_p。

2. 串联型石英晶体正弦波振荡电路

图 7.1.29 所示为串联型石英晶体正弦波振荡电路。电容 C 为旁路电容，对交流信号可视为短路。电路的第一级为共基放大电路，第二级为共集放大电路。若断开反馈，给放大电路加输入电压，极性上“+”下“−”；则 T_1 管的集电极动态电位为“+”，T_2 管的发射极动态电位也为“+”。只有在石英晶体呈纯阻性，即产生串联谐振时，反馈电压才与输入电压同相，电路才满足正弦波振荡的相位平衡条件。所以，电路的振荡频率为石英晶体的串联谐振频率 f_s。调整 R_f 的阻值，可使电路满足正弦波振荡的幅值平衡条件。

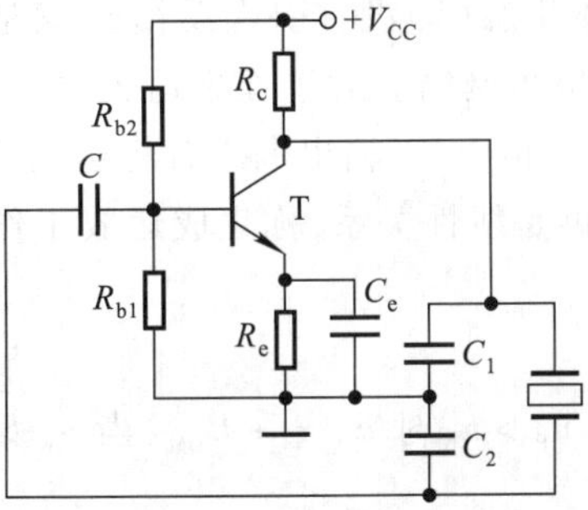

图 7.1.28 并联型石英晶体振荡电路

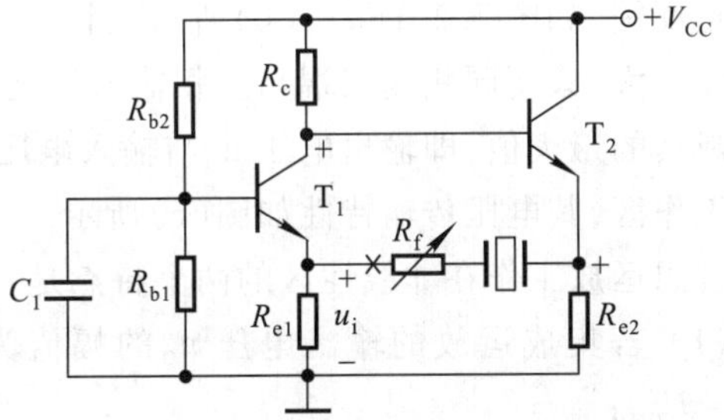

图 7.1.29 串联型石英晶体振荡电路

■ 思考题

7.1.1 负反馈放大电路产生自激振荡与正弦波振荡电路产生自激振荡有什么相同之处和不同之处？为什么不能用产生自激振荡的负反馈放大电路作信号发生电路用？

7.1.2 用单管共射放大电路、共基放大电路或共集放大电路与 RC 串并联网络相连接能构成正弦波振荡电路吗？为什么？在桥式正弦波振荡电路的放大电路中，为什么必须引入电压串联负反馈？

7.1.3 如何根据应用场合（如振荡频率的高低、振荡频率的稳定性）选择正弦波振荡电路？

7.1.4 判断电路是否可能产生正弦波振荡的基本要点是什么？

7.2 电压比较器

电压比较器是对输入信号进行鉴幅与比较的电路，是组成非正弦波发生电路的基本单元电路，在测量和控制系统中有着相当广泛的应用。本节主要讲述各种电压比较器的特点及电压传输特性，同时阐明电压比较器的组成特点和分析方法。

7.2.1 概述

一、电压比较器的电压传输特性

电压比较器的输出电压 u_O 与输入电压 u_I 的函数关系 $u_O=f(u_I)$ 一般用曲线来描述，称为电压传输特性。输入电压 u_I 是模拟信号，而输出电压 u_O 只有两种可能的状态，不是高电平 U_{OH}，就是低电平 U_{OL}，用以表示比较的结果。使 u_O 从 U_{OH} 跃变为 U_{OL}，或者从 U_{OL} 跃变为 U_{OH} 的输入电压称为阈值电压或转折电压，记作 U_T。

为了正确画出电压传输特性，必须求出以下三个要素：

(1) 输出电压高电平和低电平的数值 U_{OH} 和 U_{OL}；

(2) 阈值电压的数值 U_T；

(3) 当 u_I 变化且经过 U_T 时，u_O 跃变的方向，即是从 U_{OH} 跃变为 U_{OL}，还是从 U_{OL} 跃变为 U_{OH}。

电压比较器是最简单的模/数转换电路，即从模拟信号转换成一位二值信号的电路。它的输出表明模拟信号是否超出预定范围，因此报警电路是其最基本的应用。

二、集成运放的非线性工作区

在电压比较器电路中，绝大多数集成运放不是处于开环状态（即没有引入反馈），就是只引入了正反馈，如图7.2.1(a)、(b)所示；图(b)中反馈通路为电阻网络。对于理想运放，由于差模增益无穷大，只要同相输入端与反相输入端之间有无穷小的差值电压，输出电压就将达到正的最大值或负的最大值，即输出电压 u_O 与输入电压 (u_P-u_N) 不再是线性关系，称集成运放工作在非线性工作区，其电压传输特性如图(c)所示。

理想运放工作在非线性区的两个特点是：

(1) 若集成运放的输出电压 u_O 的幅值为 $\pm U_{OM}$，则当 $u_P>u_N$ 时 $u_O=+U_{OM}$，当 $u_N>u_P$ 时 $u_O=-U_{OM}$；

(2) 由于理想运放的差模输入电阻无穷大，故净输入电流为零，即 $i_P=i_N=0$。

三、电压比较器的种类

1. 单限比较器

电路只有一个阈值电压，输入电压 u_I 逐渐增大或减小过程中，当通过 U_T 时，输出电压 u_O 产生跃变，从高电平 U_{OH} 跃变为低电平 U_{OL}，或者从 U_{OL} 跃变为 U_{OH}。图7.2.2(a)是某单限比较器的电压传输特性。

2. 滞回比较器

电路有两个阈值电压，输入电压 u_I 从小变大过程中使输出电压 u_O 产生跃变的阈值电压 U_{T1}，不等于从大变小过程中使输出电压 u_O 产生跃变的阈值电压 U_{T2}，电路具有滞回特性。它与单限比较器的相同之处在于：当输入电压向单一方向变化时，输出电压只跃变一次。图 7.2.2(b)是某滞回比较器的电压传输特性。

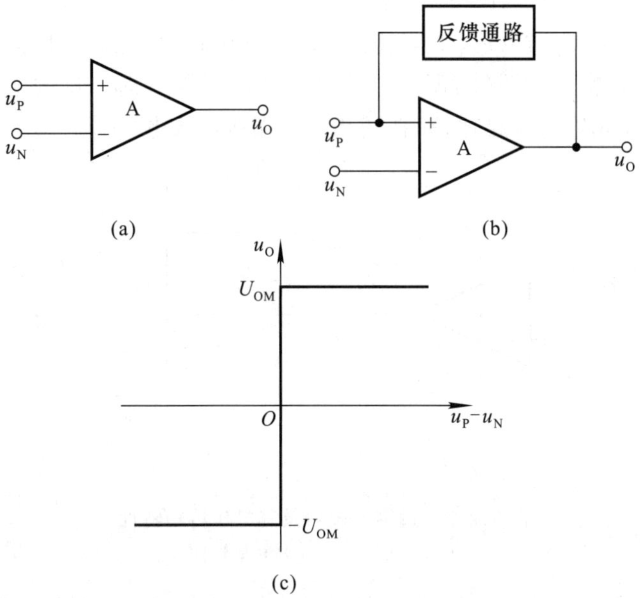

图 7.2.1 集成运放工作在非线性区的电路特点及其电压传输特性

(a) 集成运放的开环状态 (b) 集成运放引入正反馈 (c) 集成运放的电压传输特性

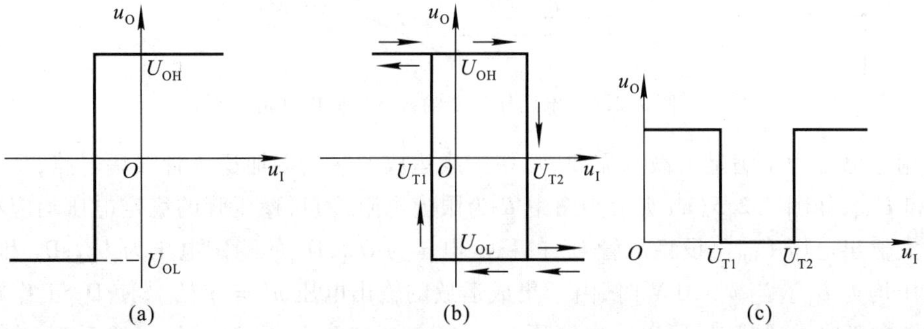

图 7.2.2 电压比较器电压传输特性举例

(a) 单限比较器 (b) 滞回比较器 (c) 窗口比较器

3. 窗口比较器

电路有两个阈值电压，输入电压 u_I 从小变大或从大变小过程中使输出电压 u_O 产生两次跃变。例如，某窗口比较器的两个阈值电压 U_{T1} 小于 U_{T2}，且均大于零；输入电压 u_I 从零开始增大，当经过 U_{T1} 时，u_O 从高电平 U_{OH} 跃变为低电平 U_{OL}；u_I 继续增大，当经过 U_{T2} 时，u_O 又从 U_{OL} 跃变为 U_{OH}；电压传输特性如图 7.2.2(c)所示，中间如开了个窗口，故此得名。窗口比较器与前两种比较器的区别在于：输入电压向单一方向变化过程中，输出电压跃变两次。

上述为常见的三种电压比较器，在实际应用中还有其它种类，如三态电压比较器。

7.2.2 单限比较器

一、过零比较器

过零比较器，顾名思义，其阈值电压 $U_T = 0$ V。电路如图 7.2.3(a)所示，集成运放工作在开环状态，其输出电压为 $+U_{OM}$ 或 $-U_{OM}$。当输入电压 $u_I < 0$ V 时，$U_O = +U_{OM}$；当 $u_I > 0$ V 时，$U_O = -U_{OM}$。因此，电压传输特性如图(b)所示。若想获得 u_O 跃变方向相反的电压传输特性，则应在图(a)所示电路中将反相输入端接地，而在同相输入端接输入电压。

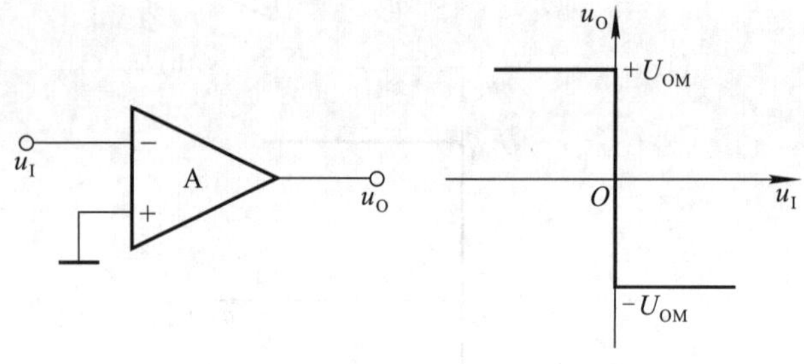

图 7.2.3 过零比较器及其电压传输特性
(a) 电路 (b) 电压传输特性

为了限制集成运放的差模输入电压，保护其输入级，可加二极管限幅电路，如图 7.2.4 所示。

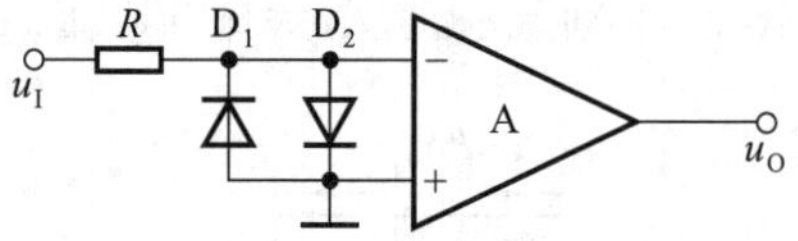

图 7.2.4 电压比较器输入级的保护电路

在实用电路中为了满足负载的需要，常在集成运放的输出端加稳压管限幅电路，从而获得合适的 U_{OL} 和 U_{OH}，如图 7.2.5(a)所示。图中 R 为限流电阻，两只稳压管的稳定电压均应小于集成运放的最大输出电压 U_{OM}。设稳压管 D_{Z1} 的稳定电压为 U_{Z1}，D_{Z2} 的稳定电压为 U_{Z2}；D_{Z1} 和 D_{Z2} 的正向导通电压均为 U_D。当 $u_I < 0$ V 时，由于集成运放的输出电压 $u'_O = +U_{OM}$，使 D_{Z1} 工作在稳压状态，D_{Z2} 工作在正向导通状态，所以输出电压 $u_O = U_{OH} = +(U_{Z1} + U_D)$。当 $u_I > 0$ V 时，由于集成运

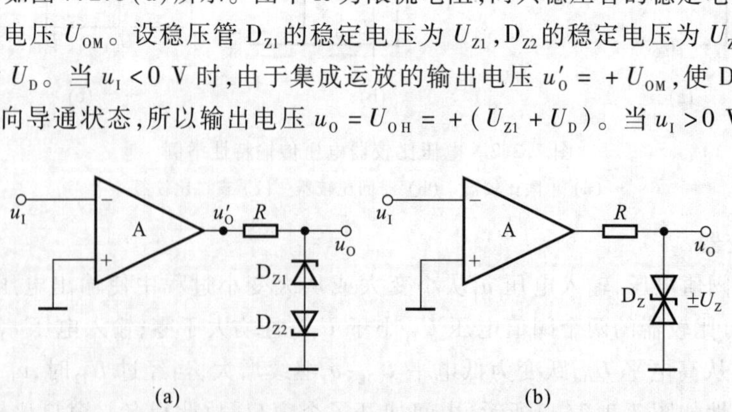

图 7.2.5 电压比较器的输出限幅电路
(a) 两只稳压管稳压值不同 (b) 两只稳压管的稳压值相同

放的输出电压 $u'_O=-U_{OM}$，使 D_{Z2} 工作在稳压状态，D_{Z1} 工作在正向导通状态，所以输出电压 $u_O=U_{OL}=-(U_{Z2}+U_D)$。若要求 $U_{Z1}=U_{Z2}$，则可以采用两只特性相同而又制作在一起的稳压管，其符号如图 7.2.5(b)所示，导通时的端电压标为 $\pm U_Z$。当 $u_I<0$ V 时，$u_O=U_{OH}=+U_Z$；当 $u_I>0$ V 时，$u_O=U_{OL}=-U_Z$。

限幅电路的稳压管还可跨接在集成运放的输出端和反相输入端之间，如图 7.2.6 所示。假设稳压管截止，则集成运放必然工作在开环状态，输出电压不是 $+U_{OM}$，就是 $-U_{OM}$；这样，必将导致稳压管击穿而工作在稳压状态，D_Z 构成负反馈通路，使反相输入端为"虚地"，限流电阻上的电流 i_R 等于稳压管的电流 i_Z，输出电压 $u_O=\pm U_Z$。可见，虽然图示电路中引入了负反馈，但它仍具有电压比较器的基本特征。

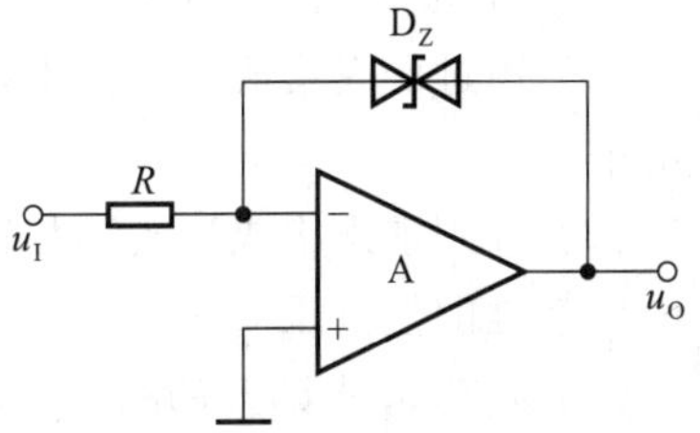

图 7.2.6 将稳压管接在反馈通路中

图 7.2.6 所示电路具有如下两个优点：一是由于集成运放的净输入电压和净输入电流均近似为零，从而保护了输入级；二是由于集成运放并没有工作到非线性区，因而在输入电压过零时，其内部的晶体管不需要从截止区逐渐进入饱和区，或从饱和区逐渐进入截止区，所以提高了输出电压的变化速度。

应当指出，在图 7.2.5 和图 7.2.6 中，需根据稳压管的稳定电流和最大稳定电流选取限流电阻 R 的阻值，使稳压管既工作在稳压状态又不至于因电流过大而损坏；具体选取方法可参阅 9.4 节。

二、一般单限比较器

图 7.2.7(a)所示为一般单限比较器，U_{REF} 为外加参考电压。根据叠加原理，集成运放反相输入端的电位为

$$u_N=\frac{R_1}{R_1+R_2}u_I+\frac{R_2}{R_1+R_2}U_{REF}$$

令 $u_N=u_P=0$，则求出阈值电压为

$$U_T=-\frac{R_2}{R_1}U_{REF} \tag{7.2.1}$$

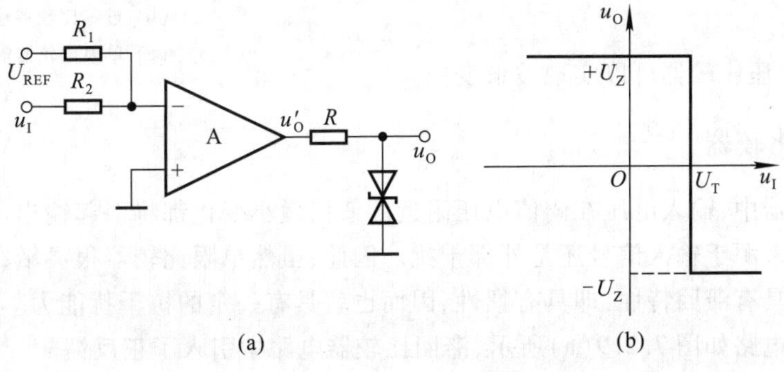

图 7.2.7 一般单限比较器及其电压传输特性

(a) 电路 (b) 电压传输特性

当 $u_I < U_T$ 时，$u_N < u_P$，所以 $u'_O = +U_{OM}$，$u_O = U_{OH} = +U_Z$；当 $u_I > U_T$ 时，$u_N > u_P$，所以 $u'_O = -U_{OM}$，$u_O = U_{OL} = -U_Z$。若 $U_{REF} > 0$，则图 7.2.7(a)所示电路的电压传输特性如图 7.2.7(b)所示。

根据式(7.2.1)可知，只要改变参考电压的大小和极性以及电阻 R_1 和 R_2 的阻值，就可以改变阈值电压的大小和极性。若要改变 u_I 过 U_T 时 u_O 的跃变方向，则应将集成运放的同相输入端和反相输入端所接外电路互换。

综上所述，分析电压传输特性三个要素的方法是：

(1) 通过研究集成运放输出端所接的限幅电路来确定电压比较器的输出低电平 U_{OL} 和输出高电平 U_{OH}；

(2) 分别求出集成运放同相输入端 u_P 和反相输入端电位 u_N 的表达式，令 $u_P = u_N$，解得的输入电压就是阈值电压 U_T；

(3) u_O 在 u_I 过 U_T 时的跃变方向决定于 u_I 作用于集成运放的哪个输入端。当 u_I 从反相输入端(或通过电阻)输入时，$u_I < U_T$，$u_O = U_{OH}$；$u_I > U_T$，$u_O = U_{OL}$。当 u_I 从同相输入端(或通过电阻)输入时，$u_I < U_T$，$u_O = U_{OL}$；$u_I > U_T$，$u_O = U_{OH}$。

【例 7.2.1】 在图 7.2.6 所示电路中，稳压管的稳定电压 $U_Z = \pm 6$ V；在图 7.2.7(a)所示电路中，$R_1 = R_2 = 5$ kΩ，基准电压 $U_{REF} = 2$ V，稳压管的稳定电压 $U_Z = \pm 5$ V；它们的输入电压均为图 7.2.8(a)所示的三角波。试分别画出两电路输出电压的波形。

解：根据图 7.2.6 所示电路可知，当 $u_I < 0$ V 时，$u_{O1} = +U_Z = +6$ V；当 $u_I > 0$ V，$u_{O1} = -U_Z = -6$ V；所以画出其输出电压 u_{O1} 的波形如图 7.2.8(b)所示。

根据式(7.2.1)

$$U_T = -\frac{R_2}{R_1}U_{REF} = \left(-\frac{5}{5}\times 2\right)\text{V} = -2\text{ V}$$

因此，当 $U_I < -2$ V 时，$U_{O1} = +U_Z = +5$ V；当 $U_I > -2$ V，$U_{O1} = -U_Z = -5$ V；所以画出其输出电压 u_{O2} 的波形如图 7.2.8(c)所示。

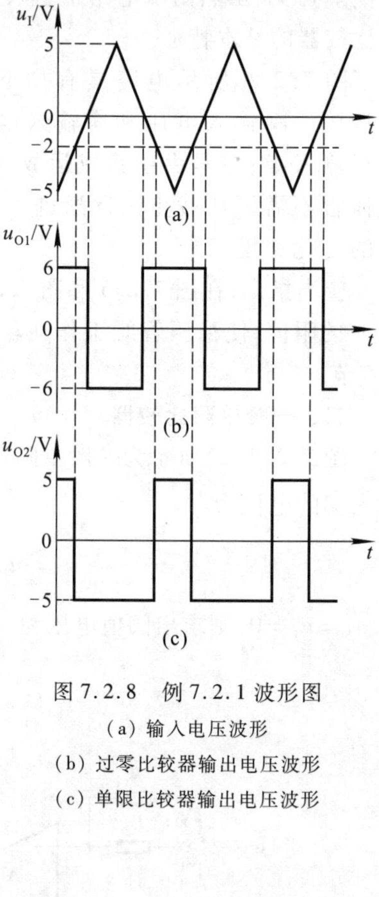

图 7.2.8 例 7.2.1 波形图
(a) 输入电压波形
(b) 过零比较器输出电压波形
(c) 单限比较器输出电压波形

可见，利用电压比较器可以实现波形变换。

7.2.3 滞回比较器

在单限比较器中，输入电压在阈值电压附近的任何微小变化都将引起输出电压的跃变，不管这种微小变化是来源于输入信号还是外部干扰。因此，虽然单限比较器很灵敏，但是抗干扰能力差。滞回比较器具有滞回特性，即具有惯性，因而也就具有一定的抗干扰能力。从反相输入端输入的滞回比较器电路如图 7.2.9(a)所示，滞回比较器电路中引入了正反馈。

从集成运放输出端的限幅电路可以看出，$u_O = \pm U_Z$。集成运放反相输入端电位 $u_N = u_I$，同相输入端电位

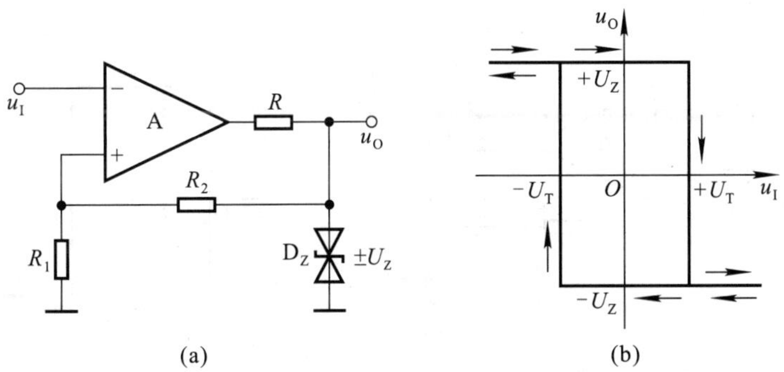

图 7.2.9 滞回比较器及其电压传输特性

(a) 电路 (b) 电压传输特性

$$u_P = \frac{R_1}{R_1 + R_2} \cdot U_Z$$

令 $u_N = u_P$，求出的 u_I 就是阈值电压，因此得出

$$\pm U_T = \pm \frac{R_1}{R_1 + R_2} \cdot U_Z \tag{7.2.2}$$

输出电压在输入电压 u_I 等于阈值电压时是如何变化的呢？假设 $u_I < -U_T$，那么 u_N 一定小于 u_P，因而 $u_O = +U_Z$，所以 $u_P = +U_T$。只有当输入电压 u_I 增大到 $+U_T$，再增大一个无穷小量时，输出电压 u_O 才会从 $+U_Z$ 跃变为 $-U_Z$。同理，假设 $u_I > +U_T$，那么 u_N 一定大于 u_P，因而 $u_O = -U_Z$，所以 $u_P = -U_T$。只有当输入电压 u_I 减小到 $-U_T$，再减小一个无穷小量时，输出电压 u_O 才会从 $-U_Z$ 跃变为 $+U_Z$。可见，u_O 从 $+U_Z$ 跃变为 $-U_Z$ 和 u_O 从 $-U_Z$ 跃变为 $+U_Z$ 的阈值电压是不同的，电压传输特性如图 7.2.9(b) 所示。

从电压传输特性曲线上可以看出，当 $-U_T < u_I < +U_T$ 时，u_O 可能是 $+U_Z$，也可能是 $-U_Z$。如果 u_I 是从小于 $-U_T$ 的值逐渐增大到 $-U_T < u_I < +U_T$，那么 u_O 应为 $+U_Z$；如果 u_I 是从大于 $+U_T$ 的值逐渐减小到 $-U_T < u_I < +U_T$，那么 u_O 应为 $-U_Z$；曲线具有方向性，如图 7.2.9(b) 中所标注；说明在 $-U_T < u_I < +U_T$ 范围内，u_I 的变化不影响 u_O，电路具有抗干扰能力。两个阈值电压差值的绝对值称为回差电压 ΔU，ΔU 愈大，抗干扰能力愈强，但灵敏度愈差，需视应用场合合理设定。

实际上，由于集成运放的开环差模增益不是无穷大，只有当它的差模输入电压足够大时，输出电压 u_O 才为 $\pm U_Z$。u_O 在从 $+U_Z$ 变为 $-U_Z$ 或从 $-U_Z$ 变为 $+U_Z$ 的过程中，随着 u_I 的变化，将经过线性区，并需要一定的时间。滞回比较器中引入了正反馈，加快了 u_O 的转换速度。例如，当 $u_O = +U_Z$、$u_P = +U_T$ 时，只要 u_I 略大于 $+U_T$ 足以引起 u_O 的下降，就会产生如下的正反馈过程：

$$u_O \downarrow \quad \rightarrow u_P \downarrow$$
$$u_O \downarrow\downarrow \longleftarrow\!\!\lrcorner$$

即 u_O 的下降导致 u_P 下降，而 u_P 的下降又使得 u_O 进一步下降，反馈的结果使 u_O 迅速变为 $-U_Z$，从而获得较为理想的电压传输特性。

为使滞回比较器的电压传输特性曲线向左或向右平移，需将两个阈值电压叠加相同的正电压或负电压。把电阻 R_1 的接地端接参考电压 U_{REF}，可达到此目的，如图 7.2.10(a) 所示。图中同相输入端的电位

$$u_P = \frac{R_2}{R_1 + R_2} U_{REF} \pm \frac{R_1}{R_1 + R_2} U_Z$$

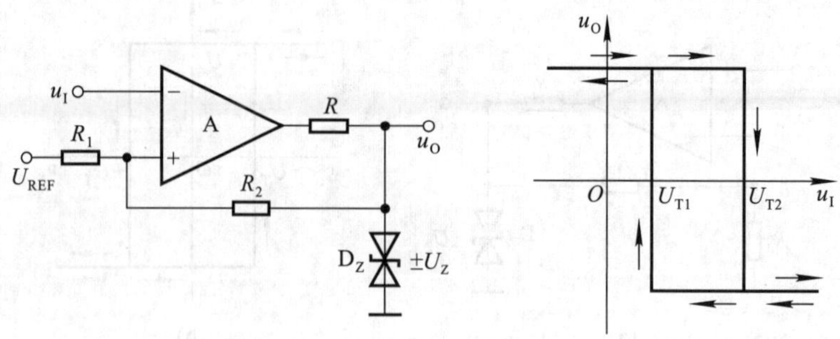

图 7.2.10　加了参考电压的滞回比较器

(a) 电路　(b) 电压传输特性

令 $u_N = u_P$，求出的 u_I 就是阈值电压，因此得出

$$\begin{cases} U_{T1} = \dfrac{R_2}{R_1 + R_2} U_{REF} - \dfrac{R_1}{R_1 + R_2} U_Z & (7.2.3a) \\ U_{T2} = \dfrac{R_2}{R_1 + R_2} U_{REF} + \dfrac{R_1}{R_1 + R_2} U_Z & (7.2.3b) \end{cases}$$

两式中第一项是曲线在横轴左移或右移的距离，当 $U_{REF} > 0$ V 时，图 7.2.10(a)所示电路的电压传输特性如图 7.2.10(b)所示，改变 U_{REF} 的极性即可改变曲线平移的方向。

为使电压传输特性曲线上、下平移，则应改变稳压管的稳定电压。

【例 7.2.2】　现测得某电路输入电压 u_I 和输出电压 u_O 的波形如图 7.2.11(a)和(b)所示。

(1) 判断该电路是哪种电压比较器，并求解电压传输特性；

(2) 若要使 $U_{T1} = 2$ V、$U_{T2} = -4$ V，则应在电路中采取什么措施？

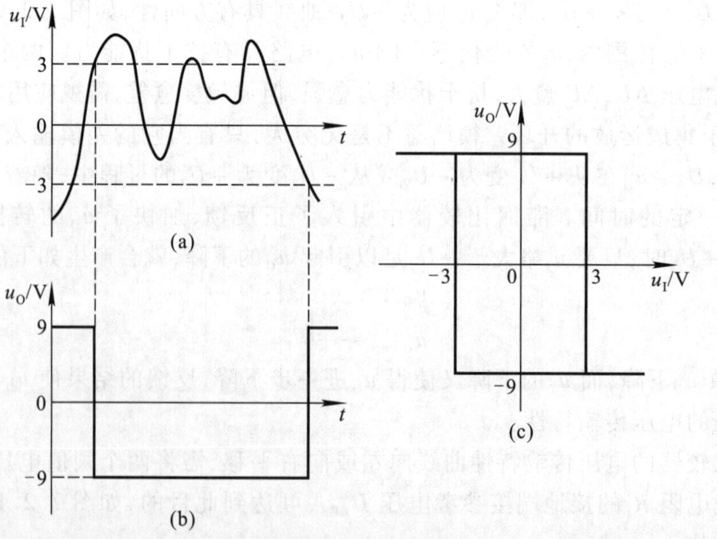

图 7.2.11　例 7.2.2 波形图

(a) 输入电压波形　(b) 输出电压波形　(c) 电压传输特性

解：(1) 从图7.2.11(b)所示 u_O 的波形可知，输出高、低电平分别为 $\pm U_Z = \pm 9\ V$；从 u_O 与 u_I 的波形关系可知，阈值电压 $\pm U_T = \pm 3\ V$；因为当 $u_I < -3\ V$ 时 $u_O = U_{OH}$，当 $u_I > +3\ V$ 时 $u_O = U_{OL}$，说明输入信号从反相输入端输入；因为当 $-3\ V < u_I < +3\ V$ 时 u_I 变化 u_O 保持不变，说明电路有滞回特性；故该电路是从反相输入端输入的滞回比较器，如图7.2.9(a)所示。根据上述分析，其电压传输特性如图7.2.11(c)所示。

(2) 将 $U_{T1} = 2\ V$、$U_{T2} = -4\ V$ 与原阈值电压 $U_{T1} = 3\ V$、$U_{T2} = -3\ V$ 相比可知，它们均在原数值上减1 V，说明电压传输特性向左平移1 V，故电路如图7.2.10(a)所示，且 $U_{REF} < 0$。

根据式(7.2.3)，U_{REF} 数值应满足

$$\frac{R_2}{R_1 + R_2} \cdot U_{REF} = -1 \tag{7.2.4}$$

原电路的阈值电压表达式为 $\pm U_T = \pm \dfrac{R_1}{R_1 + R_2} \cdot U_Z$，将 $\pm U_T = \pm 3\ V$、$\pm U_Z = \pm 9\ V$ 代入，可得 $R_1 : R_2 = 1:2$，代入式(7.2.4)解得 $U_{REF} = -1.5\ V$。

【例7.2.3】 设计一个电压比较器，使其电压传输特性如图7.2.12(a)所示，除稳压管的限流电阻外，要求所用电阻的阻值在20～100 kΩ之间。

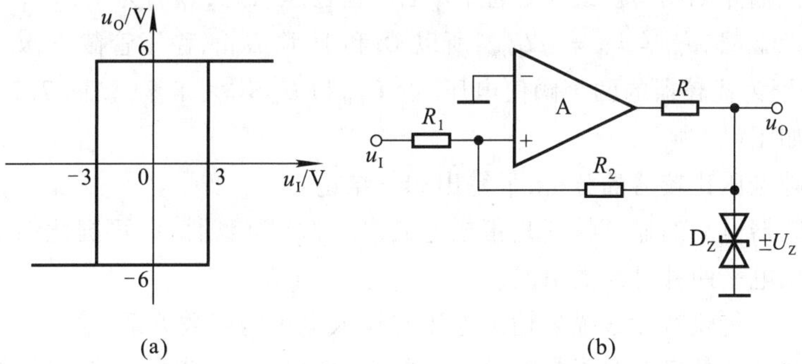

图7.2.12 例7.2.3图

(a) 电压传输特性 (b) 所设计电路

解：根据电压传输特性可知，输入电压作用于同相输入端，而且 $u_O = \pm U_Z = \pm 6\ V$，$U_{T1} = -U_{T2} = 3\ V$，电路没有外加基准电压，故电路如图7.2.12(b)所示。求解阈值电压的表达式：

$$u_P = \frac{R_2}{R_1 + R_2} u_I + \frac{R_1}{R_1 + R_2} u_O = u_N = 0$$

$$\pm U_T = \pm \frac{R_1}{R_2} \cdot U_Z = \left(\pm \frac{R_1}{R_2} \cdot 6 \right) V = \pm 3\ V$$

解得 $R_2 = 2R_1$。

若取 R_1 为25 kΩ，则 R_2 应取为50 kΩ；若取 R_1 为50 kΩ，则 R_2 应取为100 kΩ。

7.2.4 窗口比较器

图7.2.13(a)所示为一种窗口比较器，外加参考电压 $U_{RH} > U_{RL}$，电阻 R_1、R_2 和稳压管 D_Z 构成限幅电路。

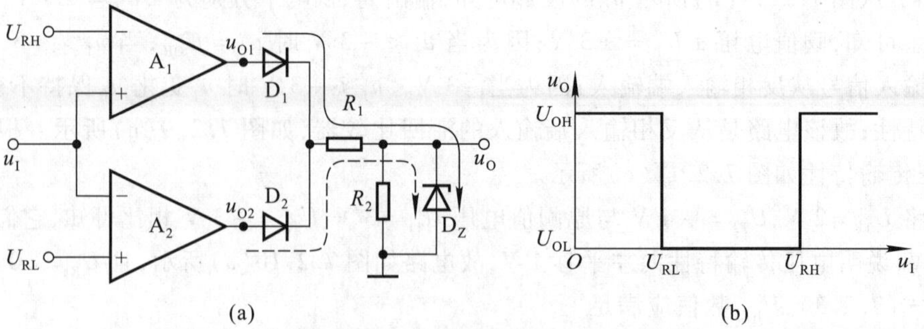

图 7.2.13 窗口比较器及其电压传输特性
(a) 电路 (b) 电压传输特性

当输入电压 u_I大于 U_{RH}时,必然大于 U_{RL},所以集成运放 A_1的输出 $u_{O1}=+U_{OM}$,A_2的输出 $u_{O2}=-U_{OM}$,使得二极管 D_1导通,D_2截止,电流通路如图中实线所标注,稳压管 D_Z工作在稳压状态,输出电压 $u_O=+U_Z$。

当 u_I小于 U_{RL}时,必然小于 U_{RH},所以 A_1的输出 $u_{O1}=-U_{OM}$,A_2的输出 $u_{O2}=+U_{OM}$。因此 D_2导通,D_1截止,电流通路如图中虚线所标注,D_Z工作在稳压状态,u_O仍为 $+U_Z$。

当 $U_{RL}<u_I<U_{RH}$时,$u_{O1}=u_{O2}=-U_{OM}$,所以 D_1和 D_2均截止,稳压管截止,$u_O=0$ V。

U_{RH}和 U_{RL}分别为比较器的两个阈值电压,设 U_{RH}和 U_{RL}均大于零,则图 7.2.13(a)所示电路的电压传输特性如图(b)所示。

通过以上三种电压比较器的分析,可得出如下结论:

(1) 电压比较器电路的显著特征是集成运放多工作在非线性区,可据此识别电路;其输出电压只有高电平和低电平两种可能的情况。

(2) 通常用电压传输特性来描述输出电压与输入电压的函数关系。

(3) 电压传输特性的三个要素是输出电压的高、低电平,阈值电压和输出电压的跃变方向。输出电压的高、低电平决定于限幅电路;令 $u_P=u_N$所求出的 u_I就是阈值电压;u_I等于阈值电压时输出电压的跃变方向决定于输入电压作用于同相输入端还是反相输入端。

7.2.5 集成电压比较器

一、集成电压比较器的主要特点和分类

电压比较器可将模拟信号转换成二值信号,即只有高电平和低电平两种状态的离散信号。因此,可用电压比较器作为模拟电路和数字电路的接口电路。集成电压比较器虽然比集成运放的开环增益低,失调电压大,共模抑制比小;但其响应速度快,传输延迟时间短,而且一般不需要外加限幅电路就可直接驱动 TTL、CMOS 和 ECL 等集成数字电路;有些芯片带负载能力很强,还可直接驱动继电器和指示灯。

按一个器件上所含有电压比较器的个数,可分为单、双和四电压比较器;按功能,可分为通用型、高速型、低功耗型、低电压型和高精度型电压比较器;按输出方式,可分为普通输出、集电极(或漏极)开路输出或互补输出三种情况。集电极(或漏极)开路输出电路必须在输出端接一个电阻至电源才能正常工作,常称该电阻为上拉电阻。互补输出电路有两个输出端,若一个为高电

平，则另一个必为低电平。

此外，还有的集成电压比较器带有选通端，用来控制电路是处于工作状态，还是处于禁止状态。所谓工作状态，是指电路按电压传输特性工作；所谓禁止状态，是指电路不再按电压传输特性工作，从输出端看进去相当于开路，即处于高阻状态。

二、集成电压比较器的基本接法

1. 通用型集成电压比较器 AD790

图 7.2.14(a)所示为双列直插式 AD790 单集成电压比较器的引脚图（顶视图），与集成运放相同，它有同相和反相两个输入端，分别是引脚 2 和 3；正、负两个外接电源 $\pm V_S$，分别为引脚 1 和 4；当单电源供电时，$-V_S$应接地。此外，引脚 8 接逻辑电源①，其值决定于负载所需的高电平。为了驱动 TTL 电路，应接 +5 V，此时比较器输出高电平为 4.3 V。引脚 5 为锁存控制端，当它为低电平时，锁存输出信号。

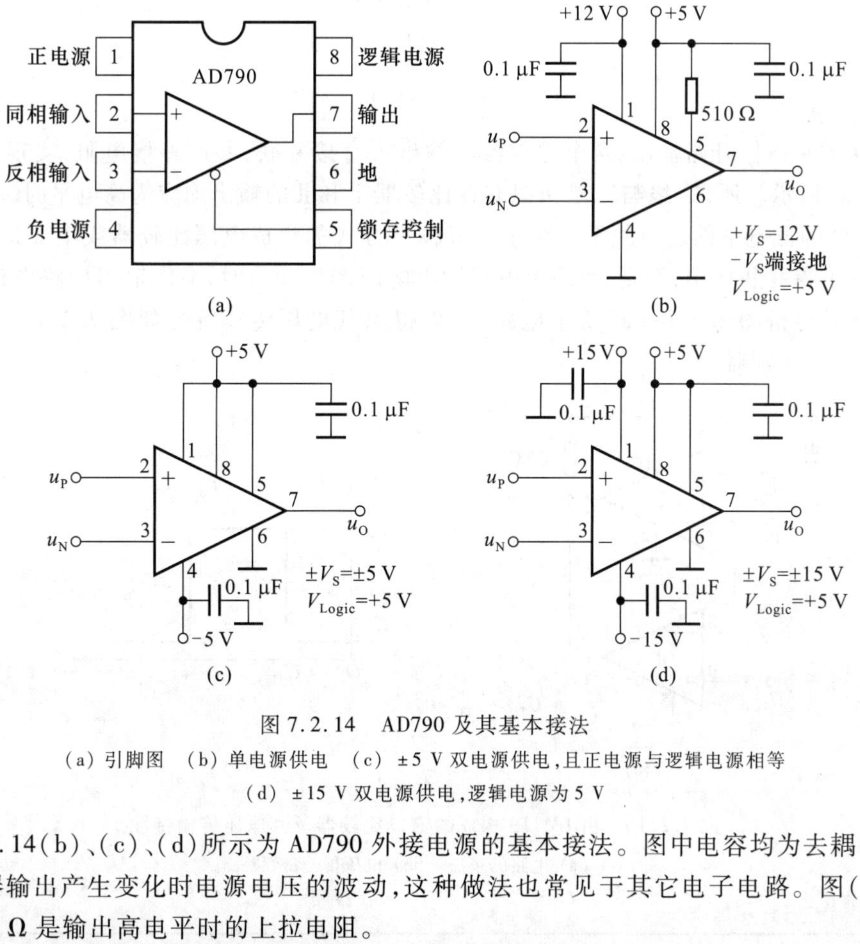

图 7.2.14　AD790 及其基本接法

(a) 引脚图　(b) 单电源供电　(c) ±5 V 双电源供电，且正电源与逻辑电源相等

(d) ±15 V 双电源供电，逻辑电源为 5 V

图 7.2.14(b)、(c)、(d)所示为 AD790 外接电源的基本接法。图中电容均为去耦电容，用于滤去比较器输出产生变化时电源电压的波动，这种做法也常见于其它电子电路。图(b)所示电路中的 510 Ω 是输出高电平时的上拉电阻。

用 AD790 替换前面所讲各种比较器电路中的集成运放，就可组成单限比较器、滞回比较器

① 是指决定比较器输出高电平大小的外接电源，因比较器输出的是逻辑信号（即不是高电平就是低电平），故称之为“逻辑电源”。

和窗口比较器。

2. 集电极开路集成电压比较器 LM119

图 7.2.15 所示为金属封装的双集成电压比较器 LM119 的引脚图(顶视图),可双电源供电,也可单电源供电。

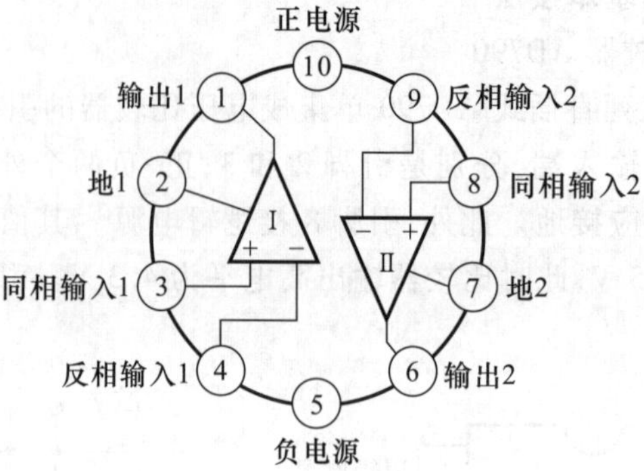

图 7.2.15　LM119 的引脚图

LM119 为集电极开路输出,两个比较器的输出可直接并联,共用外接电阻,实现"**线与**",如图 7.2.16(a)所示。所谓"**线与**",是指只有在比较器Ⅰ和Ⅱ的输出均应为高电平时,u_O才为高电平,否则 u_O就为低电平的逻辑关系。对于一般输出方式的集成电压比较器或集成运放,两个电路的输出端不得并联使用;否则,当两个电路输出电压产生冲突时,会因输出回路电流过大而造成器件损坏。分析图 7.2.16(a)所示电路,可以得出其电压传输特性如图 7.2.16(b)所示,因此,电路为窗口比较器。

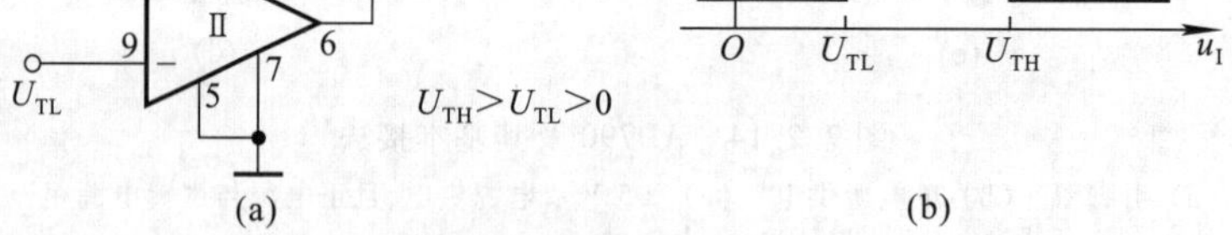

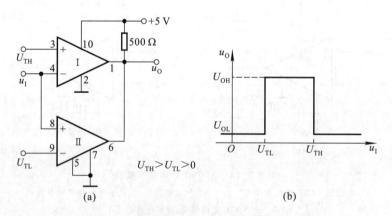

图 7.2.16　由 LM119 构成的窗口比较器及其电压传输特性

(a) 电路的接法　(b) 电压传输特性

■ 思考题

7.2.1　如何识别电路是否为电压比较器？滞回比较器与其它比较器电路的区别是什么？

7.2.2　电压比较器的电压传输特性有哪几个基本要素？如何求解它们？

7.2.3　已知矩形波在一个周期内高电平的时间与周期之比称为占空比,试利用电压比较器将正弦波电压分别变换成与之同频率的方波(占空比为 50%)和矩形波(占空比不为 50%)以及二倍频的矩形波,画出原理电路图,不必计算电路参数。

7.2.4 设计三个温度报警器,问在什么不同需求下应分别选择单限比较器、滞回比较器和窗口比较器?

7.3 非正弦波发生电路

在实用电路中除了常见的正弦波外,还有矩形波、三角波、锯齿波、尖顶波和阶梯波,如图 7.3.1 所示。

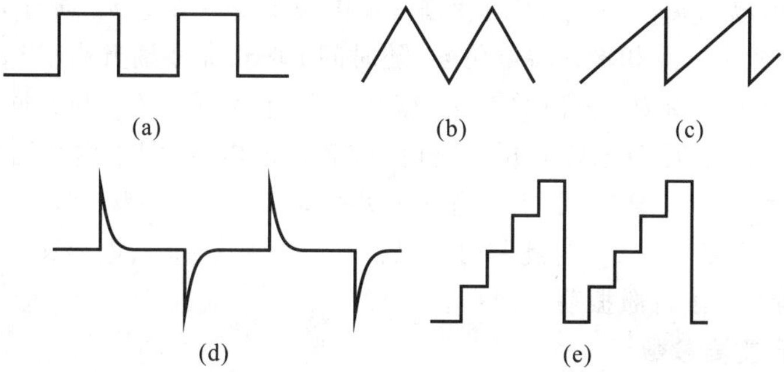

图 7.3.1 几种常见的非正弦波

(a) 矩形波 (b) 三角波 (c) 锯齿波 (d) 尖顶波 (e) 阶梯波

本节主要讲述模拟电子电路中常用的矩形波、三角波和锯齿波三种非正弦波波形发生电路的组成、工作原理、波形分析和主要参数以及波形变换电路的原理。

7.3.1 矩形波发生电路

矩形波发生电路是其它非正弦波发生电路的基础,例如,若方波电压加在积分运算电路的输入端,则输出就获得三角波电压;若改变积分电路正向积分和反向积分时间常数,使某一方向的积分常数趋于零,则可获得锯齿波。

一、电路组成及工作原理

因为矩形波电压只有两种状态,不是高电平,就是低电平,所以电压比较器是它的重要组成部分;因为产生振荡,就是要求输出的两种状态自动地相互转换,所以电路的输出必须通过一定的方式引回到它的输入,以控制输出状态的转换;因为输出状态应按一定的时间间隔交替变化,即产生周期性变化,所以电路中要有延迟环节来确定每种状态维持的时间。图 7.3.2 所示为矩形波发生电路,它由反相输入的滞回比较器和 RC 电路组成。RC 回路作为延迟环节,C 上电压作为滞回比较器的输入,通过 RC 充放电实现输出状态的自动转换。

图中滞回比较器的输出电压 $u_O = \pm U_Z$,阈值电压

$$\pm U_T = \pm \frac{R_1}{R_1 + R_2} \cdot U_Z \tag{7.3.1}$$

因而电压传输特性如图 7.3.3 所示。

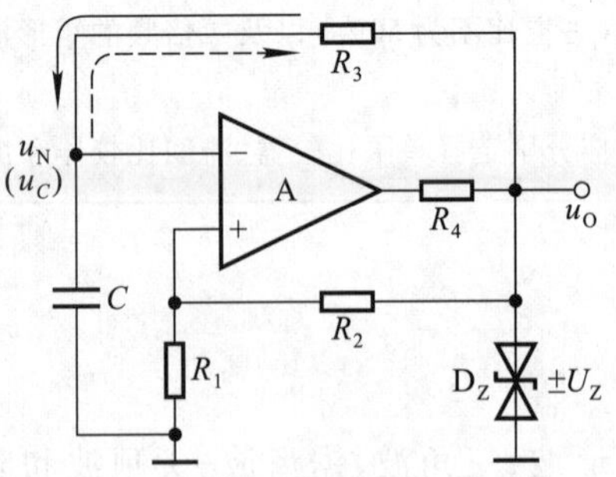

图 7.3.2　矩形波发生电路

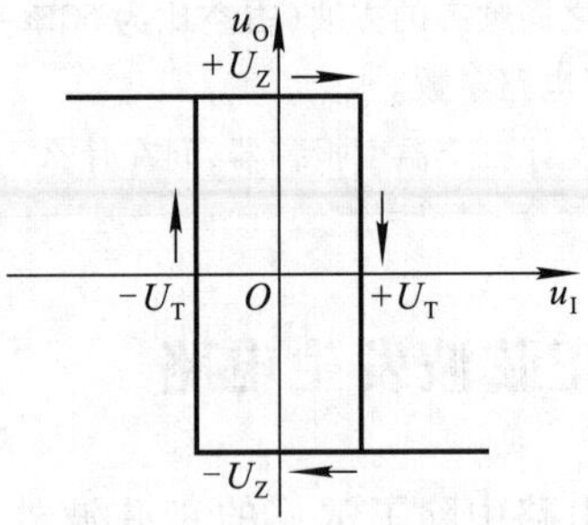

图 7.3.3　电压传输特性

设某一时刻输出电压 $u_O = +U_Z$，则同相输入端电位 $u_P = +U_T$。u_O 通过 R_3 对电容 C 正向充电，如图中实线箭头所示。反相输入端电位 u_N 随时间 t 增长而逐渐升高，当 t 趋近于无穷时，u_N 趋于 $+U_Z$；但是，一旦 $u_N = +U_T$，再稍增大，u_O 就从 $+U_Z$ 跃变为 $-U_Z$，与此同时 u_P 从 $+U_T$ 跃变为 $-U_T$。随后，u_O 又通过 R_3 对电容 C 反向充电，或者说放电，如图中虚线箭头所示。反相输入端电位 u_N 随时间 t 增长而逐渐降低，当 t 趋近于无穷时，u_N 趋于 $-U_Z$；但是，一旦 $u_N = -U_T$，再稍减小，u_O 就从 $-U_Z$ 跃变为 $+U_Z$，与此同时 u_P 从 $-U_T$ 跃变为 $+U_T$，电容又开始正向充电。上述过程周而复始，电路产生了自激振荡。

二、波形分析及主要参数

由于图 7.3.2 所示电路中电容正向充电与反向充电的时间常数均为 RC，而且充电的总幅值也相等，因而在一个周期内 $u_O = +U_Z$ 的时间与 $u_O = -U_Z$ 的时间相等，u_O 为对称的方波，所以也称该电路为方波发生电路。电容上电压 u_C（即集成运放反相输入端电位 u_N）和电路输出电压 u_O 波形如图 7.3.4 所示。矩形波的宽度 T_k 与周期 T 之比称为占空比，因此 u_O 是占空比为 1/2 的矩形波。

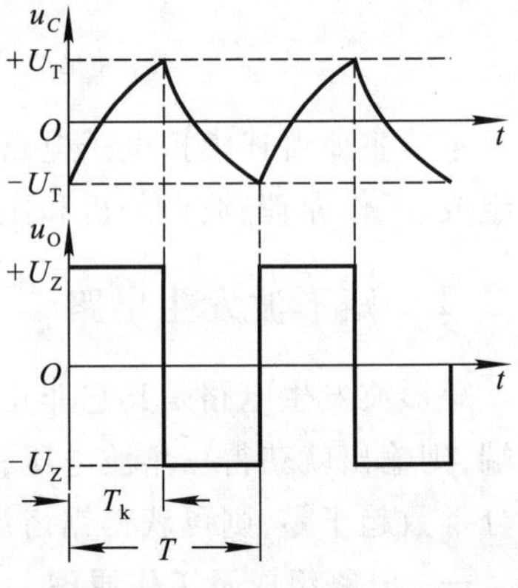

图 7.3.4　方波发生电路的波形图

根据电容上电压波形可知，在 1/2 周期内，电容充电的起始值为 $-U_T$，终了值为 $+U_T$，时间常数为 R_3C；时间 t 趋于无穷时，u_C 趋于 $+U_Z$，利用一阶 RC 电路的三要素法可列出方程

$$+U_T = (U_Z + U_T)\left(1 - e^{-\frac{T/2}{R_3C}}\right) + (-U_T)$$

将式(7.3.1)代入上式，即可求出振荡周期

$$T = 2R_3C\ln\left(1 + \frac{2R_1}{R_2}\right) \qquad (7.3.2)$$

振荡频率 $f = 1/T$。

通过以上分析可知，调整电压比较器的电路参数 R_1 和 R_2 可以改变 u_C 的幅值，调整电阻 R_1、R_2、R_3 和电容 C 的数值可以改变电路的振荡频率。而要调整输出电压 u_O 的振幅，则要换稳压管以改变 U_Z，此时 u_C 的幅值也将随之变化。

三、占空比可调电路

通过对方波发生电路的分析，可以想象，欲改变输出电压的占空比，就必须使电容正向充电和反向充电的时间常数不同，即两个充电回路的参数不同。利用二极管的单向导电性可以引导电流流经不同的通路,占空比可调的矩形波发生电路如图 7.3.5(a)所示,电容上电压和输出电压波形如图(b)所示。

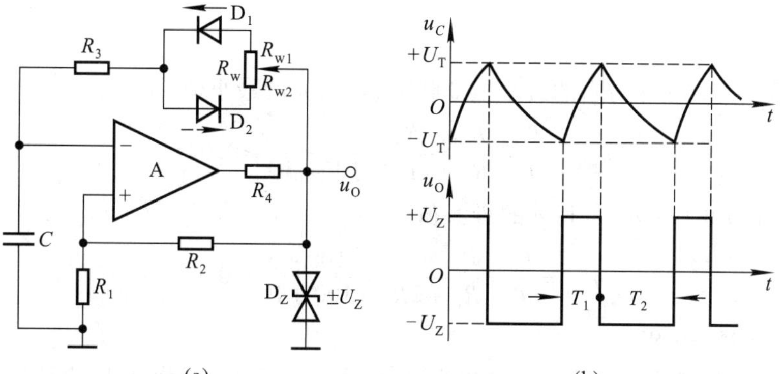

(a) (b)

图 7.3.5 占空比可调的矩形波发生电路
(a) 电路 (b) 波形分析

当 $u_O = +U_Z$ 时,u_O 通过 R_{w1}、D_1 和 R_3 对电容 C 正向充电,若忽略二极管导通时的等效电阻,则时间常数

$$\tau_1 \approx (R_{w1} + R_3)C$$

当 $u_O = -U_Z$ 时,u_O 通过 R_{w2}、D_2 和 R_3 对电容 C 反向充电,若忽略二极管导通时的等效电阻,则时间常数

$$\tau_2 \approx (R_{w2} + R_3)C$$

利用一阶 RC 电路的三要素法可以解出

$$\begin{cases} T_1 \approx \tau_1 \ln\left(1 + \dfrac{2R_1}{R_2}\right) & (7.3.3a) \\ T_2 \approx \tau_2 \ln\left(1 + \dfrac{2R_1}{R_2}\right) & (7.3.3b) \end{cases}$$

$$T = T_1 + T_2 \approx (R_w + 2R_3)C\ln\left(1 + \frac{2R_1}{R_2}\right) \tag{7.3.4}$$

式(7.3.4)表明改变电位器的滑动端可以改变占空比,但周期不变。占空比为

$$q = \frac{T_1}{T} \approx \frac{R_{w1} + R_3}{R_w + 2R_3} \tag{7.3.5}$$

【例 7.3.1】 在图 7.3.5(a)所示电路中,已知 $R_1 = R_2 = 25\ \text{k}\Omega$,$R_3 = 5\ \text{k}\Omega$,$R_w = 100\ \text{k}\Omega$,$C = 0.1\ \mu\text{F}$,$\pm U_Z = \pm 8\ \text{V}$。试求:

(1) 输出电压的幅值和振荡频率约为多少;

(2) 占空比的调节范围约为多少;

(3) 若 D_1 断路,则产生什么现象。

解:(1) 输出电压 $u_O = \pm 8\ \text{V}$。振荡周期

$$T \approx (R_w + 2R_3)C\ln\left(1 + \frac{2R_1}{R_2}\right)$$

$$= \left[(100+10) \times 10^3 \times 0.1 \times 10^{-6} \ln\left(1+\frac{2\times 25\times 10^3}{25\times 10^3}\right)\right] \text{s}$$
$$\approx 12.1 \times 10^{-3} \text{ s}$$
$$= 12.1 \text{ ms}$$

振荡频率 $f=1/T\approx 83$ Hz。

(2) 根据式(7.3.5),将 R_{w1} 的最小值 0 代入,可得 q 的最小值

$$q_{\min} = \frac{T_1}{T} \approx \frac{R_{w1}+R_3}{R_w+2R_3} = \frac{5}{100+10} \approx 0.045$$

将 R_{w1} 的最大值 100 kΩ 代入,可得 q 的最大值

$$q_{\max} = \frac{T_1}{T} \approx \frac{R_{w1}+R_3}{R_w+2R_3} = \frac{100+5}{100+10} \approx 0.95$$

占空比 $T_1/T \approx 0.045 \sim 0.95$。

(3) 若 D_1 断路,则电路不振荡,输出电压 u_O 恒为 $+U_Z$。因为在 D_1 断路的瞬间,若 $u_O = +U_Z$,电容电压将不变,则 u_O 保持 $+U_Z$ 不变;若 $u_O = -U_Z$,则电容仅有反向充电回路,必将使 $u_N < u_P$,导致 $u_O = +U_Z$。

7.3.2 三角波发生电路

一、电路的组成

在方波发生电路中,当滞回比较器的阈值电压数值较小时,可将电容两端的电压看成为近似三角波。但是,一方面这个三角波的线性度较差,另一方面带负载后将使电路的性能产生变化。实际上,只要将方波电压作为积分运算电路的输入,在其输出就得到三角波电压,如图 7.3.6(a)

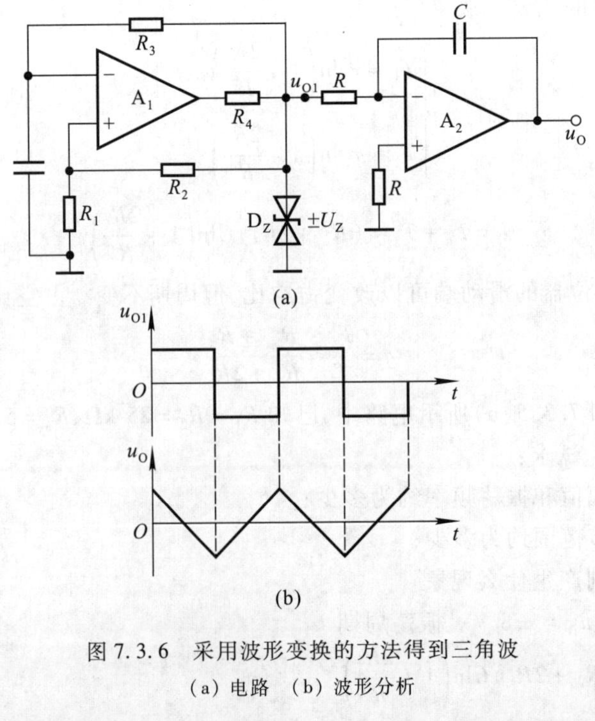

图 7.3.6 采用波形变换的方法得到三角波

(a) 电路 (b) 波形分析

所示。当方波发生电路的输出电压 $u_{O1}=+U_Z$ 时，积分运算电路的输出电压 u_O 将线性下降；而当 $u_{O1}=-U_Z$ 时，u_O 将线性上升；波形如图(b)所示。

由于图 7.3.6(a)所示电路中存在 RC 电路和积分电路两个延迟环节，在实用电路中，将它们“合二为一”，即去掉方波发生电路中的 RC 回路，使积分运算电路即作为延迟环节，又作为方波变三角波电路，滞回比较器和积分运算电路的输出互为另一个电路的输入，如图 7.3.7 所示。由图 7.3.4 和图 7.3.6(b)所示波形可知，前者 RC 回路充电方向与后者积分电路的积分方向相反，故为了满足极性的需要，滞回比较器改为同相输入。

二、工作原理

在图 7.3.7 所示三角波发生电路中，虚线左边为同相输入滞回比较器，右边为积分运算电路。对于由多个集成运放组成的应用电路，一般应首先分析每个集成运放所组成电路输出与输入的函数关系，然后分析各电路间的相互联系，在此基础上得出电路的功能。

图中滞回比较器的输出电压 $u_{O1}=\pm U_Z$，它的输入电压是积分电路的输出电压 u_O，根据叠加原理，集成运放 A_1 同相输入端的电位

$$u_{P1}=\frac{R_2}{R_1+R_2}u_O+\frac{R_1}{R_1+R_2}u_{O1}=\frac{R_2}{R_1+R_2}u_O\pm\frac{R_1}{R_1+R_2}U_Z$$

令 $u_{P1}=u_{N1}=0$，则阈值电压

$$\pm U_T=\pm\frac{R_1}{R_2}U_Z \tag{7.3.6}$$

因此，滞回比较器的电压传输特性如图 7.3.8 所示。

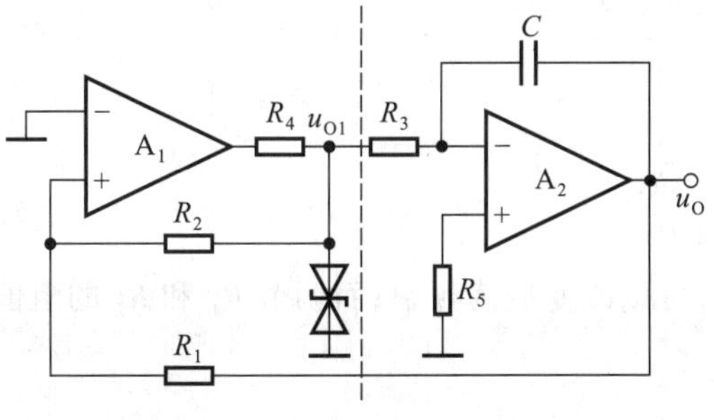

图 7.3.7 三角波发生电路

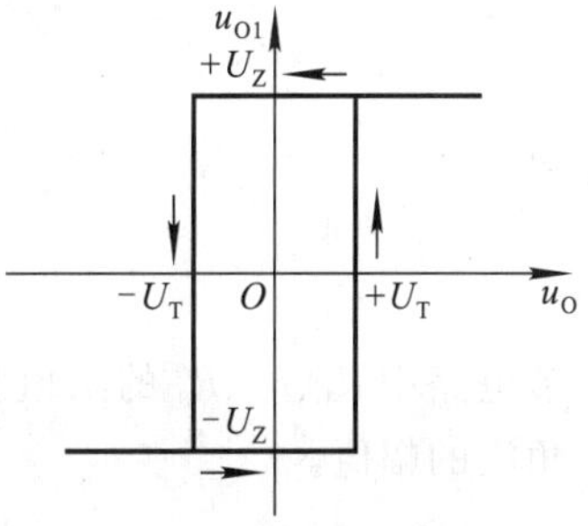

图 7.3.8 三角波发生电路中滞回比较器的电压传输特性

积分电路的输入电压是滞回比较器的输出电压 u_{O1}，而且 u_{O1} 不是 $+U_Z$，就是 $-U_Z$，所以输出电压的表达式为

$$u_O=-\frac{1}{R_3C}u_{O1}(t_1-t_0)+u_O(t_0) \tag{7.3.7}$$

式中 $u_O(t_0)$ 为初态时的输出电压。设初态时 u_{O1} 正好从 $-U_Z$ 跃变为 $+U_Z$，则式(7.3.7)应写成

$$u_O=-\frac{1}{R_3C}U_Z(t_1-t_0)+u_O(t_0) \tag{7.3.8}$$

积分电路反向积分，u_O 随时间的增长线性下降，根据图 7.3.8 所示电压传输特性，一旦 $u_O=-U_T$，再稍减小，U_{O1} 将从 $+U_Z$ 跃变为 $-U_Z$。使得式(7.3.7)变为

$$u_O = \frac{1}{R_3C}U_Z(t_2 - t_1) + u_O(t_1) \tag{7.3.9}$$

$u_O(t_1)$为u_{O1}产生跃变时的输出电压。积分电路正向积分，u_O随时间的增长线性增大，根据图7.3.8所示电压传输特性，一旦$u_O = +U_T$，再稍增大，u_{O1}将从$-U_Z$跃变为$+U_Z$，回到初态，积分电路又开始反向积分。电路重复上述过程，因此产生自激振荡。

由以上分析可知，u_O是三角波，幅值为$\pm U_T$；u_{O1}是方波，幅值为$\pm U_Z$，如图7.3.9所示，因此也可称图7.3.7所示电路为三角波－方波发生电路。由于积分电路引入了深度电压负反馈，所以在负载电阻相当大的变化范围里，三角波电压几乎不变。

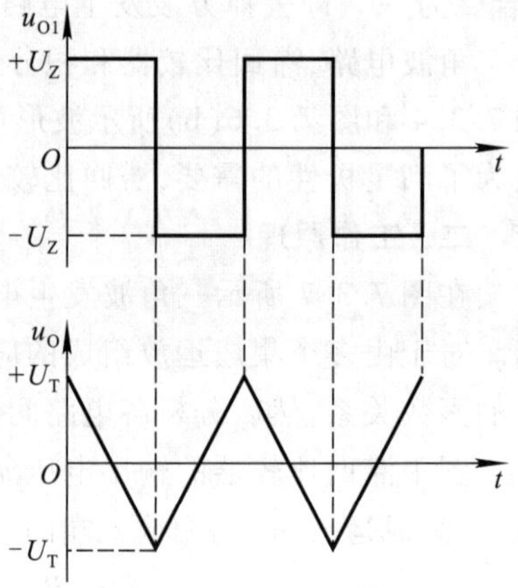

图7.3.9 三角波－方波发生电路的波形图

三、振荡频率

根据图7.3.9所示波形可知，正向积分的起始值为$-U_T$，终了值为$+U_T$，积分时间为1/2周期，将它们代入式(7.3.9)，得出

$$+U_T = \frac{1}{R_3C}U_Z \cdot \frac{T}{2} + (-U_T)$$

式中$U_T = \frac{R_1}{R_2}U_Z$，经整理可得出振荡周期

$$T = \frac{4R_1R_3C}{R_2} \tag{7.3.10}$$

振荡频率

$$f = \frac{R_2}{4R_1R_3C} \tag{7.3.11}$$

调节电路中R_1、R_2、R_3的阻值和C的容量，可以改变振荡频率；而调节R_1和R_2的阻值，可以改变三角波的幅值。

7.3.3 锯齿波发生电路

如果图7.3.7所示积分电路的正向积分的时间常数远大于反向积分的时间常数，或者反向积分的时间常数远大于正向积分的时间常数，那么输出电压u_O上升和下降的斜率相差很多，就可以获得锯齿波。利用二极管的单向导电性使积分电路两个方向的积分通路不同，就可得到锯齿波发生电路，如图7.3.10(a)所示。图中R_3的阻值远小于R_w。

设二极管导通时的等效电阻可忽略不计，电位器的滑动端移到最上端。当$u_{O1} = +U_Z$时，D_1导通，D_2截止，输出电压的表达式为

$$u_O = -\frac{1}{R_3C}U_Z(t_1 - t_0) + u_O(t_0) \tag{7.3.12}$$

u_O随时间线性下降。当$u_{O1} = -U_Z$时，D_2导通，D_1截止，输出电压的表达式为

$$u_O = \frac{1}{(R_3 + R_w)C}U_Z(t_2 - t_1) + u_O(t_1) \tag{7.3.13}$$

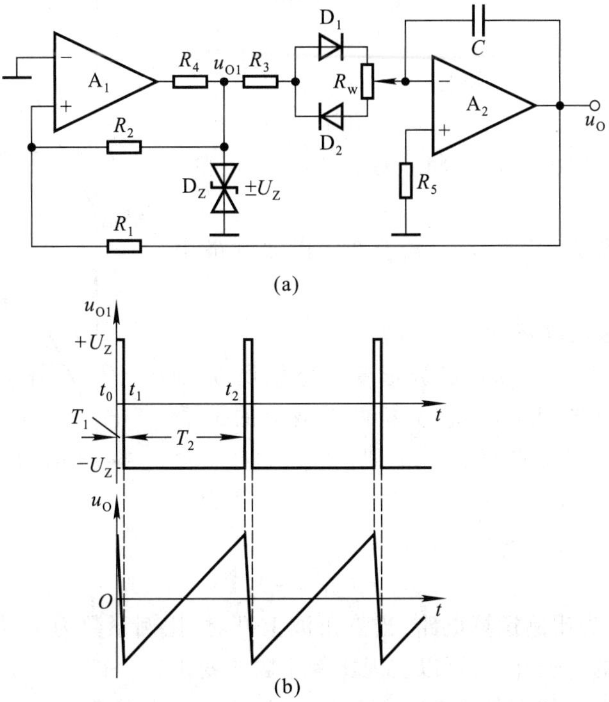

图 7.3.10 锯齿波发生电路及其波形

(a) 电路 (b) 波形分析

u_O 随时间线性上升。由于 $R_w \gg R_3$，u_{O1} 和 u_O 的波形如图 7.3.10(b)所示。

根据三角波发生电路的振荡周期的计算方法，可得出下降时间和上升时间，分别为

$$T_1 = t_1 - t_0 \approx 2 \cdot \frac{R_1}{R_2} \cdot R_3 C$$

$$T_2 = t_2 - t_1 \approx 2 \cdot \frac{R_1}{R_2} \cdot (R_3 + R_w) C$$

所以振荡周期

$$T = \frac{2R_1(2R_3 + R_w)C}{R_2} \tag{7.3.14}$$

因为 R_3 的阻值远小于 R_w，所以可以认为 $T \approx T_2$。

根据 T_1 和 T 的表达式，可得 u_{O1} 的占空比

$$\frac{T_1}{T} = \frac{R_3}{2R_3 + R_w} \tag{7.3.15}$$

调整 R_1 和 R_2 的阻值可以改变锯齿波的幅值；调整 R_1、R_2 和 R_w 的阻值以及 C 的容量，可以改变振荡周期；调整电位器滑动端的位置，可以改变 u_{O1} 的占空比以及锯齿波上升和下降的斜率。

7.3.4 波形变换电路

从三角波和锯齿波发生电路的分析可知，这些电路构成的基本思路是将一种形状的波形变

换成另一种形状的波形，即实现波形变换。只是由于电路中两个组成部分的输出互为另一部分的输入，因此产生了自激振荡。实际上，可以利用基本电路来实现波形的变换。例如，利用积分电路将方波变为三角波，利用微分电路将三角波变为方波，利用电压比较器将正弦波变为矩形波，利用模拟乘法器将正弦波变为二倍频，等等。

这里介绍采用特殊方法来实现三角波变锯齿波电路和三角波变正弦波电路。

一、三角波变锯齿波电路

三角波电压如图 7.3.11(a)，经波形变换电路所获得的二倍频锯齿波电压如图(b)所示。分析两个波形的关系可知，当三角波上升时，锯齿波与之相等，即

$$u_O : u_I = 1 : 1 \tag{7.3.16}$$

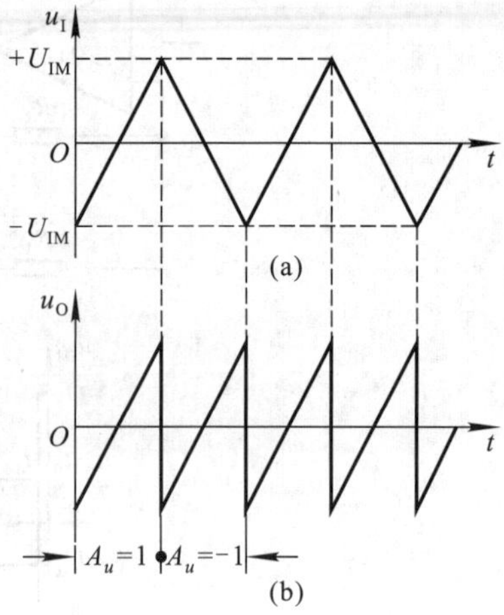

图 7.3.11 三角波变锯齿波的波形

当三角波下降时，锯齿波与之相反，即

$$u_O : u_I = -1 : 1 \tag{7.3.17}$$

因此，波形变换电路应为比例运算电路，当三角波上升时，比例系数为 1；当三角波下降时，比例系数为 -1；利用可控的电子开关，可以实现比例系数的变化。

三角波变锯齿波电路如图 7.3.12 所示，其中电子开关为示意图，u_C 是电子开关的控制电压，它与输入三角波电压的对应关系如图中所示。当 u_C 为低电平时，开关断开；当 u_C 为高电平时，开关闭合。分析含有电子开关的电路时，应分别求出开关断开和闭合两种情况下输出和输入间的函数关系，而且为了简单起见，常常忽略开关断开时的漏电流和闭合时的压降。

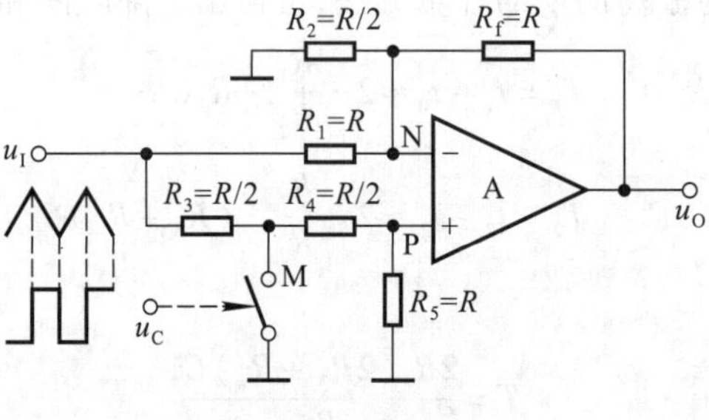

图 7.3.12 三角波变锯齿波电路

设开关断开，则 u_I 同时作用于集成运放的反相输入端和同相输入端，根据虚短和虚断的概念有

$$u_N = u_P = \frac{R_5}{R_3 + R_4 + R_5} \cdot u_I = \frac{u_I}{2} \tag{7.3.18}$$

列 N 点电流方程

$$\frac{u_I - u_N}{R_1} = \frac{u_N}{R_2} + \frac{u_N - u_O}{R_f} \tag{7.3.19}$$

将 $R_1 = R$、$R_2 = R/2$、$R_f = R$ 及式(7.3.18)代入式(7.3.19)，解得

$$u_O = u_I \tag{7.3.20}$$

设开关闭合，则集成运放的同相输入端和反相输入端为虚地，$u_N = u_P = 0$ V，电阻 R_2 中电流为零，等效电路是反相比例运算电路，因此

$$u_O = -u_I \tag{7.3.21}$$

式(7.3.20)和式(7.3.21)正好符合式(7.3.16)和式(7.3.17)的要求，从而实现了将三角波转换成锯齿波。在实际电路中，可以利用图7.3.13所示电路取代图7.3.12所示电路中的开关，在电路参数一定的情况下，控制电压的幅值应足够大，以保证管子工作在开关状态；可以利用微分运算电路将输入的三角波转换为方波，用来作为电子开关的控制信号，读者可自行设计这部分电路。

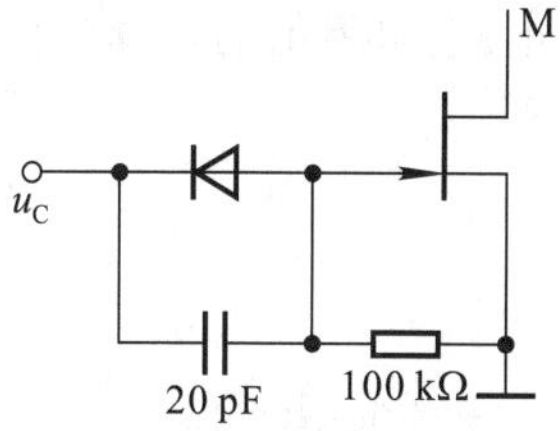

图7.3.13 电子开关电路

二、三角波变正弦波电路

1. 滤波法

在三角波电压为固定频率或频率变化范围很小的情况下，可以考虑采用低通滤波(或带通滤波)的方法将三角波变换为正弦波，电路框图如图7.3.14(a)所示。输入电压和输出电压的波形如图(b)所示，u_O 的频率等于 u_I基波的频率。

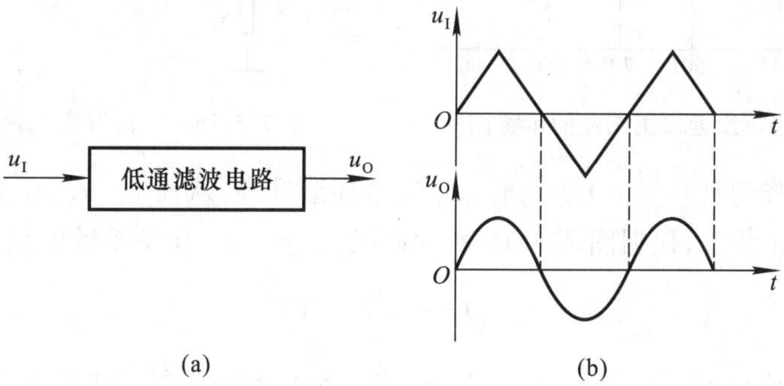

图7.3.14 利用低通滤波器将三角波变换成正弦波
(a) 电路框图 (b) 波形分析

将三角波按傅里叶级数展开

$$u_I(\omega t) = \frac{8}{\pi^2}U_m\left(\sin\omega t - \frac{1}{9}\sin3\omega t + \frac{1}{25}\sin5\omega t - \cdots\right)$$

其中 U_m是三角波的幅值。根据上式可知，低通滤波器的通带截止频率应大于三角波的基波频率且小于三角波的三次谐波频率。例如，若三角波的频率范围为100～200 Hz，则低通滤波器的通带截止频率可取250 Hz，带通滤波器的通频带可取50～250 Hz。但是，如果三角波的最高频率超过其最低频率的三倍，就要考虑采用折线法来实现变换了。

2. 折线法

比较三角波和正弦波的波形可以发现，在正弦波从零逐渐增大到峰值的过程中，与三角波的差别越来越大；即零附近的差别最小，峰值附近的差别最大。因此，根据正弦波与三角波的差别，将三角波分成若干段，按不同的比例衰减，就可以得到近似于正弦波的折线化波形，如图7.3.15所示。

根据上述思路，应采用比例系数可以自动调节的运算电路。利用二极管和电阻构成的反馈通路，可以随着输入电压的数值不同而改变电路的比例系数，如图 7.3.16 所示。由于反馈通路中有电阻 R_f，即使电路中所有二极管均截止，负反馈仍然存在，故集成运放的反相输入端和同相输入端为虚地，$u_N = u_P = 0$ V。当 $u_I = 0$ V 时，$u_O = 0$ V；由于 $+V_{CC}$ 和 $-V_{CC}$ 的作用，所有二极管均截止；电阻阻值的选择应保证 $u_1 < u_2 < u_3$，$u'_1 > u'_2 > u'_3$。

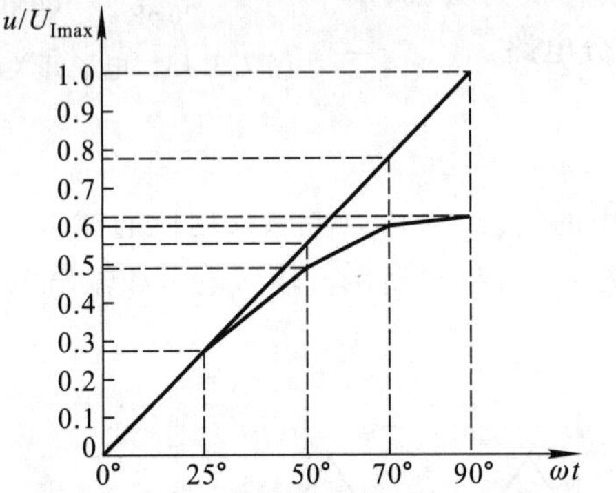

图 7.3.15 用折线近似正弦波的示意图

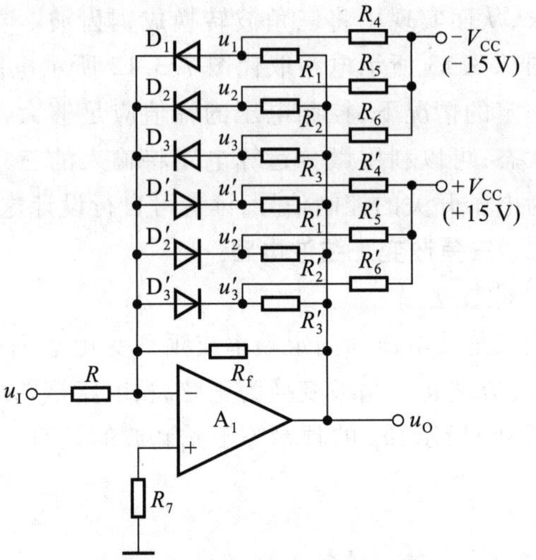

图 7.3.16 三角波变正弦波电路

当 u_I 从零逐渐降低且 $|u_I| < 0.3U_m$ 时，u_O 从零逐渐升高，从而 u_1、u_2、u_3 也随之逐渐升高，但各二极管仍处于截止状态，根据图 7.3.15 所示曲线，$u_O = -u_I$，比例系数的值

$$|k| = \left|\frac{u_O}{u_I}\right| = 1$$

当 u_I 继续降低且 $0.3U_m \leqslant |u_I| < 0.56U_m$ 时，D_1 导通，此时的等效电路如图 7.3.17 所示。若忽略二极管的正向电阻，则 N 点的电流方程为

$$\frac{-u_I}{R} + \frac{V_{CC}}{R_4} \approx \frac{u_O}{R_f} + \frac{u_O}{R_1}$$

根据图 7.3.15 所示曲线，$|u_O| \approx 0.89u_I$。合理选择 R_4，使

$$\frac{V_{CC}}{R_4} = \frac{u_O}{R_f}$$

从而比例系数为

$$|k| \approx \frac{R_1}{R} \approx 0.89$$

选择 $R_1 \approx 0.89R$，就可得到 $|u_O| \approx 0.89u_I$。

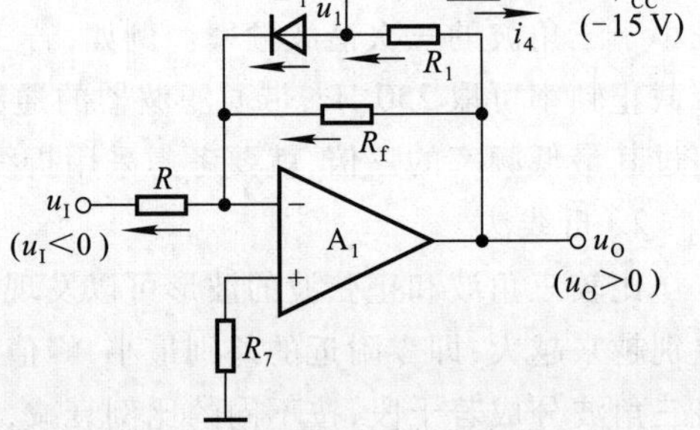

图 7.3.17 三角波变正弦波电路的分析

随着 u_I 逐渐降低，u_O 逐渐升高，D_2、D_3 依次导通，等效反馈电阻逐渐减小，比例系数的数值依次约为 0.77、0.63。当 u_I 从负的峰值逐渐增大时，D_3、D_2、D_1 依次截止，比例系数的数值依次约为 0.63、

0.77、0.89、1。

同理，当 u_I 逐渐升高，u_O 逐渐降低，D'_1、D'_2、D'_3 依次导通，等效反馈电阻逐渐减小，比例系数的数值依次约为 1、0.89、0.77、0.63；当 u_I 从正的峰值逐渐减小时，D'_3、D'_2、D'_1 依次截止，比例系数的数值依次约为 0.63、0.77、0.89、1；使输出电压接近正弦波的变化规律，波形如图所示，与输入三角波反相。

应当指出，为了使输出电压波形更接近于正弦波，应当将三角波的四分之一区域分成更多的线段，尤其是在三角波和正弦波差别明显的部分，然后再按正弦波的规律控制比例系数，逐段衰减。

折线法的优点是不受输入电压频率范围的限制，便于集成化，缺点是反馈网络中电阻的匹配比较困难。

7.3.5 函数发生器

函数发生器是一种可以同时产生方波、三角波和正弦波的专用集成电路。当调节外部电路参数时，还可以获得占空比可调的矩形波和锯齿波。因此，函数发生器被广泛用于仪器仪表之中。

一、电路结构

函数发生器电路的基本原理框图如图 7.3.18 所示，为有足够强的带负载能力，输出级为缓冲电路，可用电压跟随器。图中各方框表述的是其实现的功能，在实际芯片中，电路结构是多种多样的。另外，为了使振荡频率、振荡幅值、三角波的对称性、直流偏置等均可调，实际电路会更加复杂。

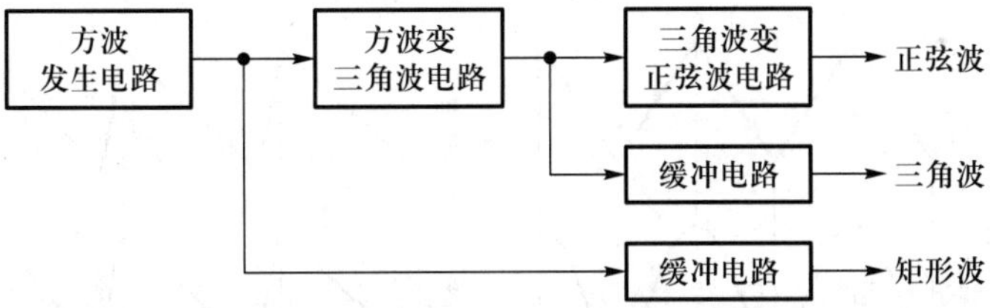

图 7.3.18 函数发生器电路的基本原理框图

二、函数发生器 ICL8038 的性能特点及常用接法

ICL8038 是性能优良的集成函数发生器，其引脚图如图 7.3.19 所示。可用单电源供电，即将引脚 11 接地，引脚 6 接 $+V_{CC}$，V_{CC} 为 10～30V；也可用双电源供电，即将引脚 11 接 $-V_{EE}$，引脚 6 接 $+V_{CC}$，它们的值为 ±5～±15 V。

1. 性能特点

ICL8038 频率的可调范围为 0.001 Hz～300 kHz；输出矩形波的占空比可调范围为 2%～98%，上升时间为 180 ns，下降时间为 40 ns；输出三角波（斜坡波）的非线性小于 0.05%；输出正弦波的失真度小于 1%。

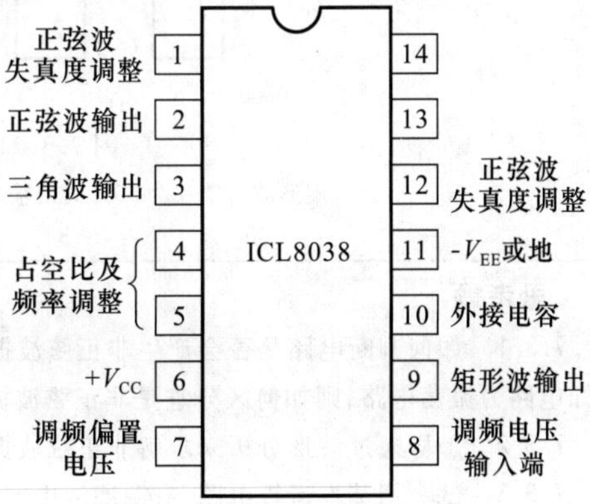

图 7.3.19 ICL8038 的引脚图

引脚8为频率调节(简称调频)电压输入端,电路的振荡频率与调频电压成正比。引脚7输出调频偏置电压,数值是引脚7与电源 $+V_{CC}$ 之差,它可作为引脚8的输入电压。

2. 两种基本接法

图7.3.20所示为ICL8038最常见的两种基本接法,矩形波输出端为集电极开路形式,需外接电阻 R_L 至 $+V_{CC}$。在图7.3.20(a)所示电路中,R_A 和 R_B 可分别独立调整。在图7.3.20(b)所示电路中,通过改变电位器 R_w 滑动端的位置来调整 R_A 和 R_B 的数值。当 $R_A=R_B$ 时,各输出端的波形如图7.3.21(a)所示,矩形波的占空比为50%,因而为方波。当 $R_A \neq R_B$ 时,矩形波不再是方波,引脚2的输出也就不再是正弦波了,图7.3.21(b)所示为矩形波占空比是15%时各输出端的波形图。

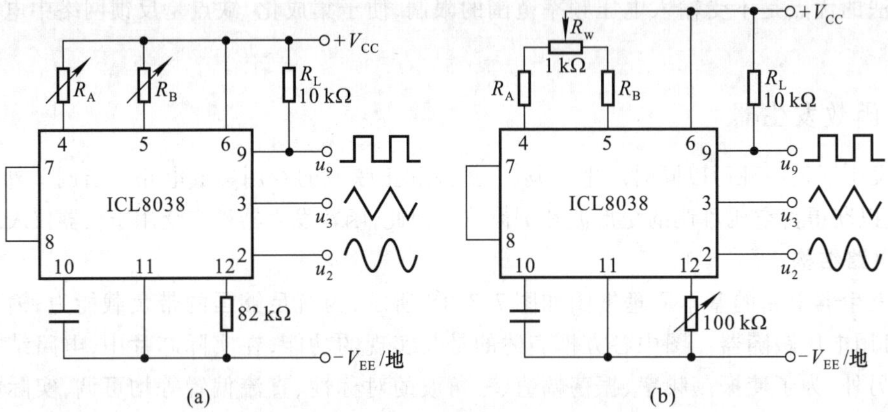

图7.3.20　ICL8038的两种基本接法

(a) 接法之一　(b) 接法之二

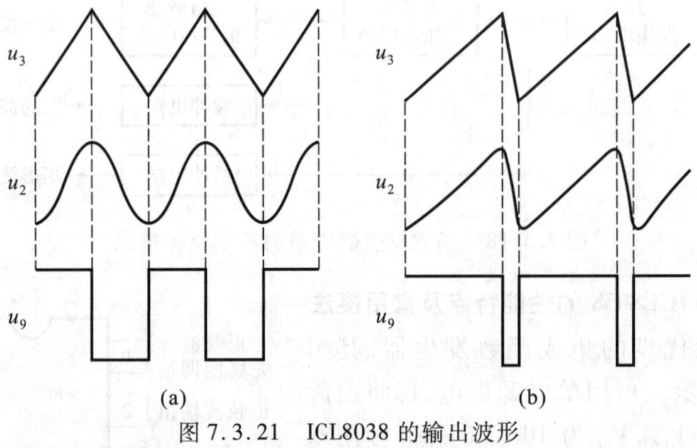

图7.3.21　ICL8038的输出波形

(a) 矩形波占空比为50%时的输出波形　(b) 矩形波占空比为15%时的输出波形

■ **思考题**

7.3.1　如何判断电路是否会产生非正弦波振荡?与判断电路是否产生正弦波振荡的方法有何区别?如果已知电路为振荡电路,则如何区分它是非正弦波振荡电路还是正弦波振荡电路?

7.3.2　怎样通过波形分析来求解非正弦波振荡的振幅和周期?

7.3.3　试利用基本运算电路、有源滤波电路、电压比较器等实现尽可能多的波形转换。

7.4 利用集成运放实现的信号转换电路

在控制、遥控、遥测、近代生物物理和医学等领域，常常需要将模拟信号进行转换，如将信号电压转换成电流，将信号电流转换成电压，将直流信号转换成交流信号，将模拟信号转换成数字信号，等等。本节将对用集成运放实现的几种信号转换电路加以简单介绍。

7.4.1 电压－电流转换电路

在控制系统中，为了驱动执行机构，如记录仪、继电器等，常需要将电压转换成电流；而在监测系统中，为了数字化显示，又常将电流转换成电压，再接数字电压表。在放大电路中引入合适的反馈，就可实现上述转换。

一、电压－电流转换电路

在5.7.1节中曾介绍过电压－电流转换电路，图5.7.1(a)所示为基本原理电路，图5.7.1(b)所示为负载接地的豪兰德电流源电路。图7.4.1所示电路为另一种负载接地的实用电压－电流转换电路。A_1、A_2均引入了负反馈，前者构成同相求和运算电路，后者构成电压跟随器。图中$R_1=R_2=R_3=R_4=R$，因此

$$u_{O2}=u_{P2}$$

$$u_{P1}=\frac{R_4}{R_3+R_4}\cdot u_I+\frac{R_3}{R_3+R_4}\cdot u_{P2}=0.5u_I+0.5u_{P2} \tag{7.4.1}$$

$$u_{O1}=\left(1+\frac{R_2}{R_1}\right)u_{P1}=2u_{P1}$$

将式(7.4.1)代入上式，得$u_{O1}=u_{P2}+u_I$，R_o上的电压

$$u_{R_o}=u_{O1}-u_{P2}=u_I$$

所以

$$i_O=\frac{u_I}{R_o} \tag{7.4.2}$$

与豪兰德电流源电路的表达式[式(5.7.4)]相比，仅差符号。

二、电流－电压转换电路

集成运放引入电压并联负反馈即可实现电流－电压转换，如图7.4.2所示，在理想运放条件下，输入电阻$R_{if}=0$，因而$i_F=i_S$，故输出电压

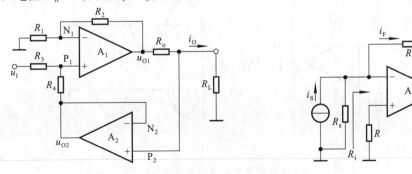

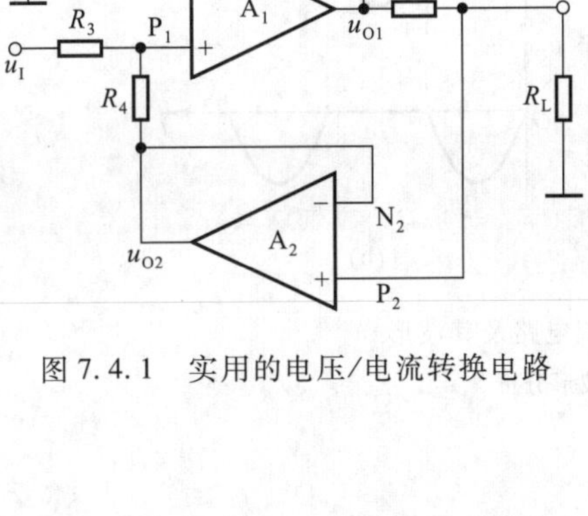

图7.4.1 实用的电压/电流转换电路

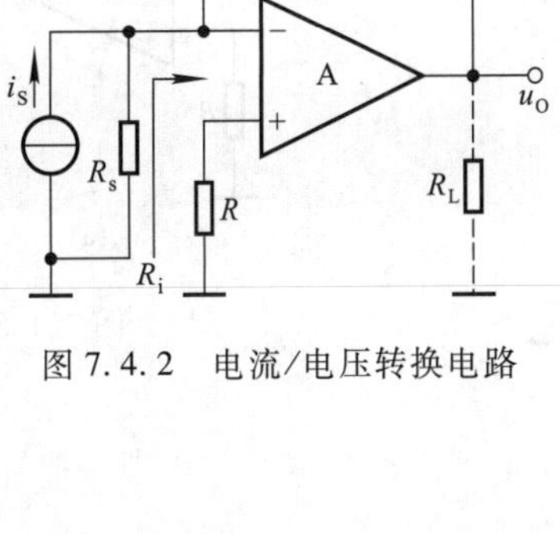

图7.4.2 电流/电压转换电路

$$u_O = -i_S R_f \tag{7.4.3}$$

应当指出,因为实际电路的 R_{if}不可能为零,所以 R_s比 R_{if}大得愈多,转换精度愈高。

7.4.2　精密整流电路

将交流电转换为直流电,称为整流。精密整流电路的功能是将微弱的交流电压转换成直流电压。整流电路的输出保留输入电压的形状,而仅仅改变输入电压的相位。当输入电压为正弦波时,半波整流电路和全波整流电路的输出电压波形分别如图 7.4.3 中 u_{O1}和 u_{O2}所示。

在图 7.4.4(a)所示的一般半波整流电路中,由于二极管的伏安特性如图 7.4.4(b)所示,当输入电压 u_I的幅值小于二极管的开启电压 U_{ON}时,二极管在信号的整个周期均处于截止状态,输出电压始终为零。即使 u_I的幅值足够大,输出电压也只反映 u_I大于 U_{ON}的那部分电压的大小。因此,该电路不能对微弱信号整流。

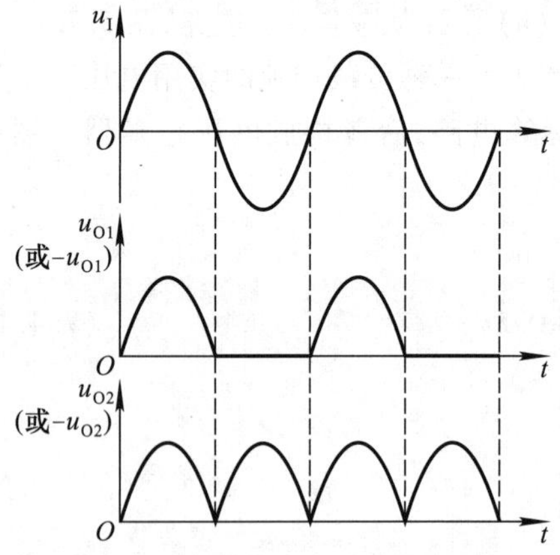

图 7.4.3　整流电路的波形

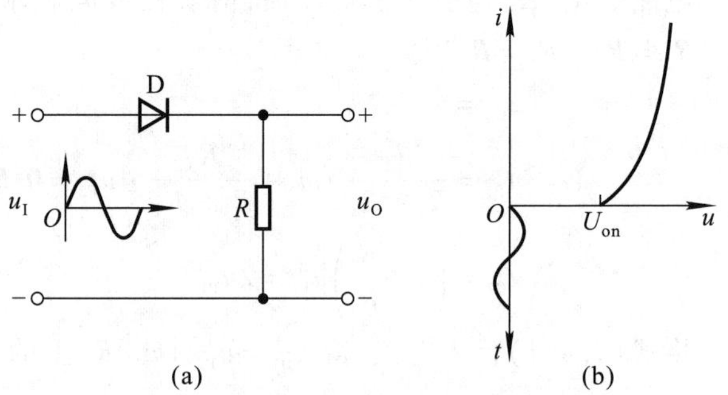

图 7.4.4　一般半波整流电路

(a) 半波整流电路　(b) 二极管的伏安特性

图 7.4.5(a)所示为半波精密整流电路。当 $u_I>0$ 时,必然使集成运放的输出 $u'_O<0$,从而导致二极管 D_2 导通,D_1 截止,电路实现反相比例运算,输出电压

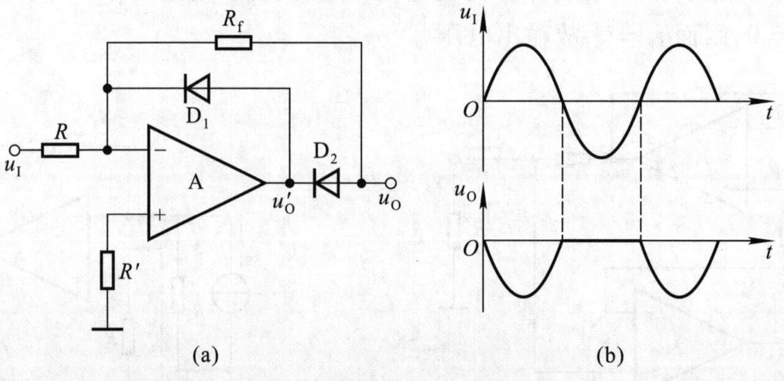

图 7.4.5　半波精密整流电路及其波形

(a) 电路　(b) 波形分析

$$u_O = -\frac{R_f}{R} \cdot u_I \tag{7.4.4}$$

当 $u_I<0$ 时，必然使集成运放的输出 $u'_O>0$，从而导致二极管 D_1 导通，D_2 截止，R_f 中的电流为零，因此输出电压 $u_O=0$。u_I和 u_O 的波形如图 7.4.5(b)所示。

如果设二极管的导通电压为 0.7 V，集成运放的开环差模放大倍数为 50 万倍，那么为使二极管 D_1 导通，集成运放的净输入电压

$$u_P - u_N = \left(\frac{0.7}{5\times10^5}\right)\ \mathrm{V} = 0.14\times10^{-5}\ \mathrm{V} = 1.4\ \mu\mathrm{V}$$

同理，可估算出为使 D_2 导通集成运放所需的净输入电压，也是同数量级。可见，只要输入电压 u_I使集成运放的净输入电压产生非常微小的变化，就可以改变 D_1 和 D_2 的工作状态，从而达到精密整流的目的。

图 7.4.5(b)所示波形说明当 $u_I>0$ 时 $u_O=-Ku_I(K>0)$，当 $u_I<0$ 时，$u_O=0$。可以想象，若利用反相求和电路将 $-Ku_I$与 u_I负半周波形相加，就可实现全波整流，电路如图 7.4.6(a)所示。

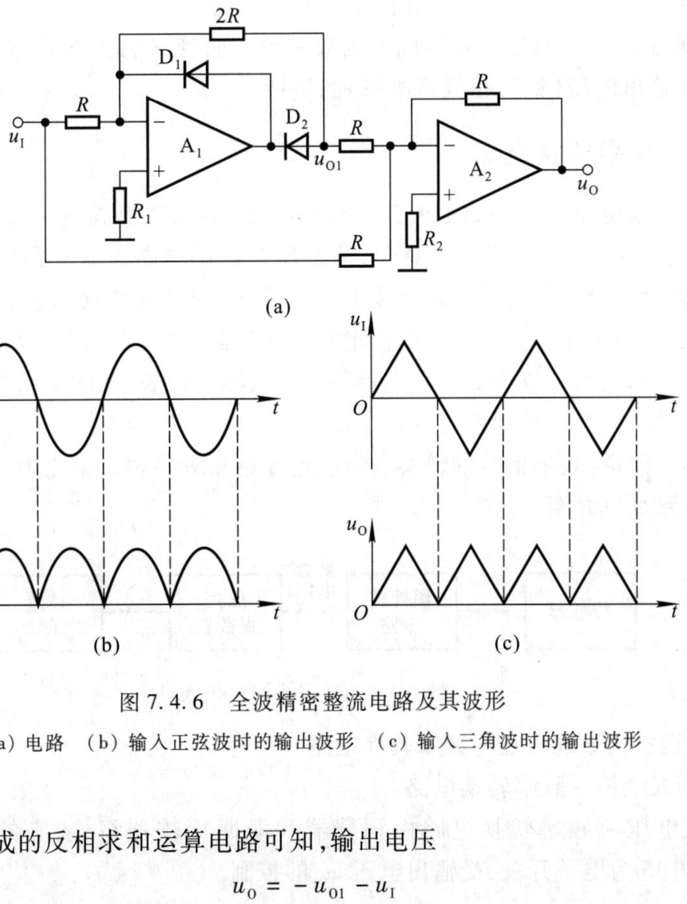

图 7.4.6　全波精密整流电路及其波形

(a) 电路　(b) 输入正弦波时的输出波形　(c) 输入三角波时的输出波形

分析由 A_2 所组成的反相求和运算电路可知，输出电压

$$u_O = -u_{O1} - u_I$$

当 $u_I>0$ 时，$u_{O1}=-2u_I$，$u_O=2u_I-u_I=u_I$；当 $u_I<0$ 时，$u_{O1}=0$，$u_O=-u_I$；所以

$$u_O = |u_I| \tag{7.4.5}$$

故图 7.4.6(a)所示电路也称为绝对值电路。当输入电压为正弦波和三角波时，电路输出波

形分别如图7.4.6(b)和(c)所示。

【例7.4.1】 分析图7.4.7所示电路的输出电压与输入电压间的关系,并说明电路功能。已知 $R_1=R_2$。

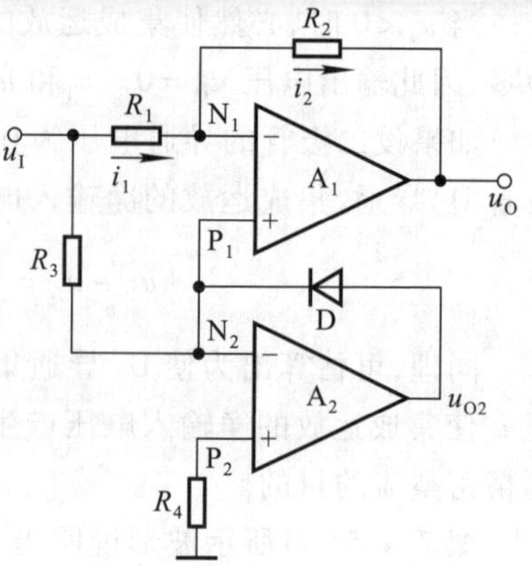

图7.4.7 例7.4.1的电路图

解:当 $u_I>0$ 时,$u_{O2}<0$,二极管D截止,故 $u_{P1}=u_{N2}=u_I$,使 $i_1=i_2=0$,因而 $u_O=u_I$。

当 $u_I<0$ 时,$u_{O2}>0$,D导通,$u_{P1}=u_{N2}=u_{P2}=0$,为虚地,故

$$u_O=-\frac{R_2}{R_1}\cdot u_I=-u_I$$

因此

$$u_O=|u_I|$$

电路的功能是实现精密全波整流,或者说构成绝对值电路。

通过对精密整流电路的分析可知,当分析含有二极管(或三极管、场效应管)的电路时,一般应首先判断管子的工作状态,然后求解输出信号与输入信号间的函数关系。而管子的工作状态通常决定于输入电压(如整流电路)或输出电压(如压控振荡电路)的极性。

7.4.3 电压-频率转换电路

电压-频率转换电路(VFC①)的功能是将输入直流电压转换成频率与其数值成正比的输出电压,故也称为电压控制振荡电路(VCO②),简称压控振荡电路。通常,它的输出是矩形波。可以想象,如果任何物理量通过传感器转换成电信号后,经预处理变换为合适的电压信号,然后去控制压控振荡电路,再用压控振荡电路的输出驱动计数器,使之在一定时间间隔内记录矩形波个数,并用数码显示,那么都可以得到该物理量的数字式测量仪表,如图7.4.8所示。因此,可以认为电压-频率转换电路是一种模拟量到数字量的转换电路,即模/数转换电路。电压-频率转换电路被广泛应用于模拟/数字信号的转换、调频、遥控遥测等各种设备之中。其电路形式很多,这里仅对其基本电路加以介绍。

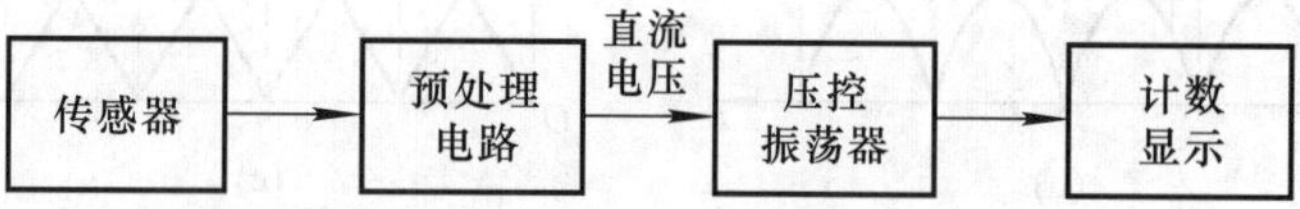

图7.4.8 数字式测量仪表

一、由集成运放构成的电压-频率转换电路

1. 电荷平衡式电压-频率转换电路

电荷平衡式电压-频率转换电路由积分器和滞回比较器组成,它的一般原理框图如图7.4.9所示。图中S为电子开关,受输出电压 u_O 的控制。

① 英文 Voltage Frequency Converter 的缩写。

② 英文 Voltage Controlled Oscillator 的缩写。

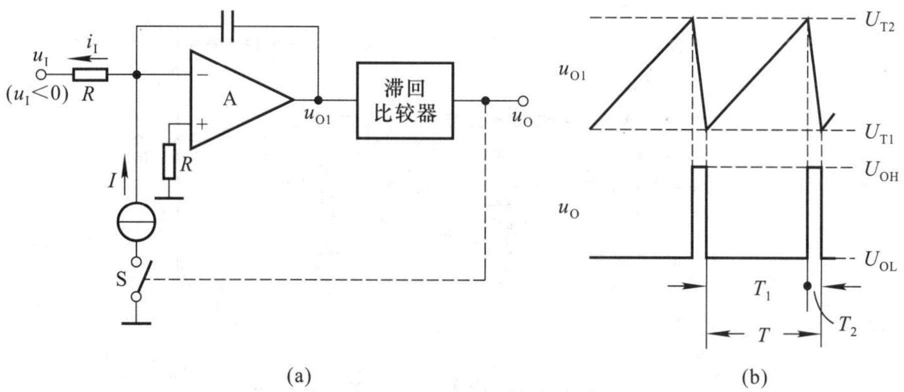

图 7.4.9 电荷平衡式电压 - 频率转换电路的原理框图及波形分析
(a) 原理框图 (b) 波形分析

设 $u_I<0$，$|I|\gg|i_I|$；u_O 的高电平为 U_{OH}，u_O 的低电平为 U_{OL}；当$u_O=U_{OH}$时 S 闭合，当 $u_O=U_{OL}$时 S 断开。若初态 $u_O=U_{OL}$，S 断开，积分器对输入电流 i_I积分，且 $i_I=u_I/R$，u_{O1}随时间逐渐上升；当增大到一定数值时，u_O 从 U_{OL}跃变为 U_{OH}，使 S 闭合，积分器对恒流源电流 I 与 i_I的差值积分，且 I 与 i_I的差值近似为 I，u_{O1}随时间下降；因为 $|I|\gg|i_I|$，所以 u_{O1}的下降速度远大于其上升速度；当 u_{O1}减小到一定数值时，u_O 从 U_{OH}跃变为 U_{OL}，回到初态，电路重复上述过程，产生自激振荡，波形如图 7.4.9(b)所示。由于 $T_1\gg T_2$，可以认为振荡周期 $T\approx T_1$。而且，u_I数值愈大，T_1 愈小，振荡频率 f 愈高，因此实现了电压 - 频率转换，或者说实现了压控振荡。由于电流源 I 对电容 C 在很短时间内放电(或称反向充电)的电荷量等于 i_I在较长时间内充电(或称正向充电)的电荷量，故称这类电路为电荷平衡式电路。

在图 7.3.10(a)所示锯齿波发生电路中，若将电位器滑动端置于最上端，且积分电路正向积分决定于输入电压，则构成压控振荡电路，如图 7.4.10(a)所示，这是电荷平衡式电压 - 频率转换电路的一种。在实际电路中，将图 7.4.10(a)中的 D_2 省略，将 R_w 换为固定电阻，并习惯画成为如图 7.4.10(b)所示电路，两个集成运放输出电压的波形如图 7.4.10(c)所示。根据 7.3.3 节对锯齿波发生电路的定量分析可知，图 7.4.10(b)所示电路中滞回比较器的阈值电压

$$\pm U_T=\pm\frac{R_1}{R_2}\cdot U_Z$$

在图 7.4.10(c)波形中的 T_2 时间段，u_{O1}是对 u_I的线性积分，其起始值为 $-U_T$，终了值 $+U_T$，因而 T_2 应满足

$$U_T=-\frac{1}{R_wC}\cdot u_IT_2-U_T$$

解得

$$T_2=\frac{2R_1R_wC}{R_2}\cdot\frac{U_Z}{|u_I|}$$

当 $R_w\gg R_3$ 时，振荡周期 $T\approx T_2$，故振荡频率

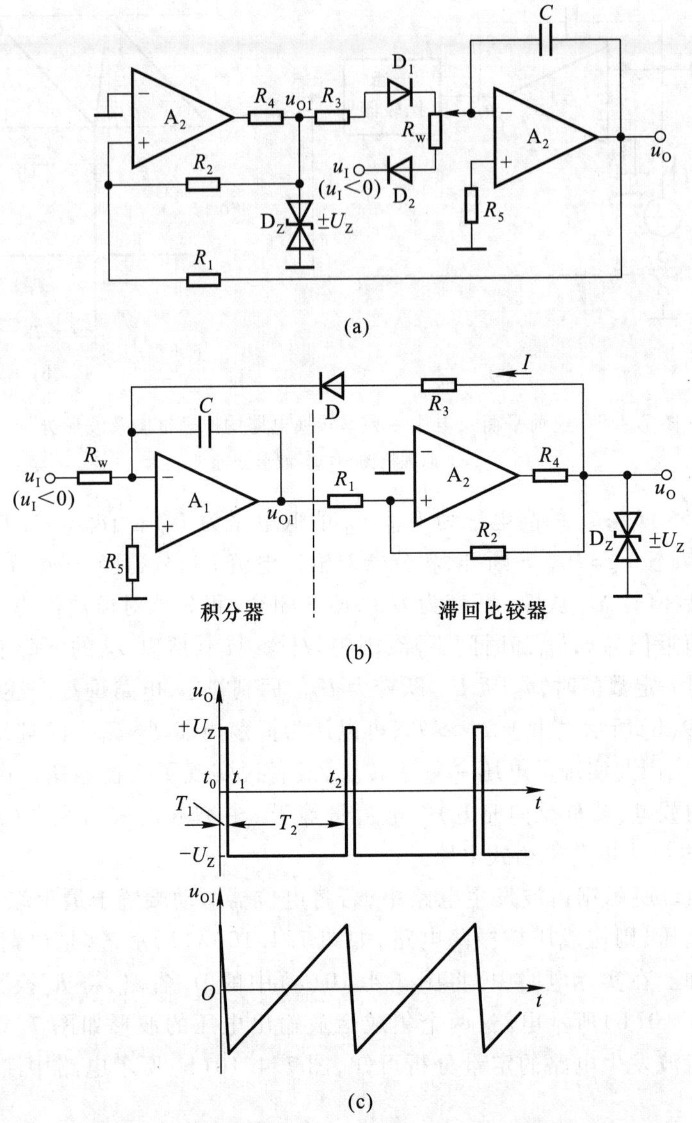

图 7.4.10　由锯齿波发生电路演变为电压－频率转换电路

(a) 原理电路图　(b) 习惯画法　(c) 波形分析

$$f \approx \frac{1}{T_2} = \frac{R_2}{2R_1 R_w C\ U_Z} \cdot |u_I| \tag{7.4.6}$$

振荡频率受控于输入电压。

2. 复位式电压－频率转换电路

复位式电压－频率转换电路的原理框图如图 7.4.11(a)所示，电路由积分器和单限比较器组成，S 为模拟电子开关，可由晶体管或场效应管组成。设输出电压 u_O 为高电平 U_{OH} 时 S 断开，u_O 为低电平 U_{OL} 时 S 闭合。当电源接通后，由于电容 C 上的电压为零，即 $u_{O1}=0$，使 $u_O=U_{OH}$，S

断开，积分器对 u_I 积分，u_{O1} 逐渐减小；一旦 u_{O1} 过基准电压 $-U_{REF}$，u_O 将从 U_{OH} 跃变为 U_{OL}，导致 S 闭合，使 C 迅速放电至零，即 $u_{O1}=0$，从而 u_O 从 U_{OL} 跃变为 U_{OH}；S 又断开，重复上述过程，电路产生自激振荡，波形如图 7.4.11(b) 所示。u_I 愈大，u_{O1} 从零变化到 U_{REF} 所需的时间愈短，振荡频率也就愈高。

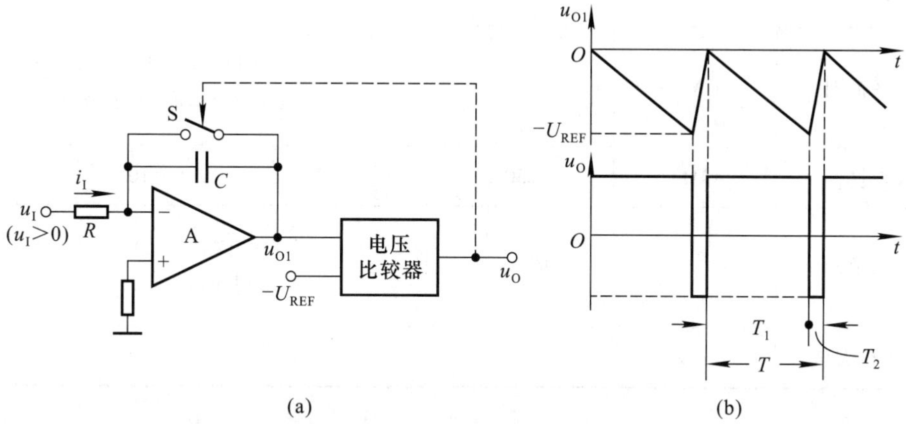

图 7.4.11　复位式电压－频率转换电路的原理框图及波形分析

（a）原理框图　（b）波形分析

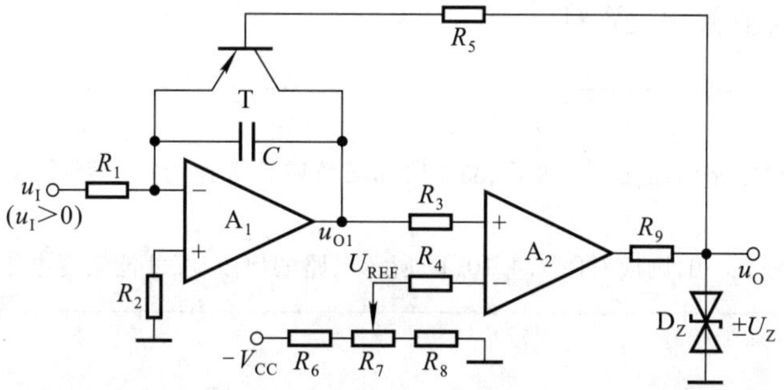

图 7.4.12　复位式电压－频率转换电路

图 7.4.12 所示为复位式电压－频率转换电路，读者可比照图 7.4.11 所示原理框图分析该电路，其振荡周期 T 和频率 f 分别为

$$T \approx R_1 C \cdot \frac{U_{REF}}{u_I} \tag{7.4.7}$$

$$f \approx \frac{R_1 C u_I}{U_{REF}} \tag{7.4.8}$$

二、集成电压－频率转换电路

集成电压－频率转换电路分为电荷平衡式（如 AD650、VFC101）和多谐振荡器式（如 AD654）两类，它们的性能比较见表 7.4.1。

表 7.4.1 集成电压－频率转换电路的主要性能指标

指标参数	单位	AD650	AD654
满刻度频率	MHz	1	0.5
非线性	%	0.005	0.06
电压输入范围	V	$-10\sim0$	$0\sim(V_S-4)$(单电源供电) $-V_S\sim(V_S-4)$(双电源供电)
输入阻抗	kΩ	250	250×10^3
电源电压范围	V	$\pm9\sim\pm18$	单电源供电:4.5～3.6 双电源供电:$\pm5\sim\pm18$
电源电流最大值	mA	8	3

表中参数表明，电荷平衡式电压－频率转换电路的满刻度输出频率高，线性误差小，但其输入阻抗低，必须正、负双电源供电，且功耗大。多谐振荡器式电压－频率转换电路功耗低，输入阻抗高，而且内部电路结构简单，输出为方波，价格便宜，但不如前者精度高。

很多集成电压－频率转换电路均可方便地实现频率－电压转换，如型号为 AD650 和 AD654 的集成电路，使用时可查阅相关资料。

思考题

7.4.1 在信号转换电路中往往有二极管、晶体管和场效应管等作为电子开关，如何分析这类电路的工作原理？

7.4.2 若输入信号 $u_I>0$，则应对图 7.4.10(b)所示电路如何改动，才能实现电压－频率转换？

7.5 Multisim 应用举例

7.5.1 *RC* 桥式正弦波振荡电路的调试

仿真电路如图 7.5.1(a)所示，其中集成运放采用 LM324，其电源电压为 ±15 V，Multisim 默认为电源端 4、11 已接电源。

一、仿真内容

(1) 调节反馈电阻 R_f 的阻值，使电路产生正弦波振荡。

(2) 观察电路的起振过程。

(3) 利用示波器测量稳定振荡时输出电压峰值 U_{op}、运放同相输入端电压峰值 U_{+p}、二极管两端电压峰值 U_{Dp}。

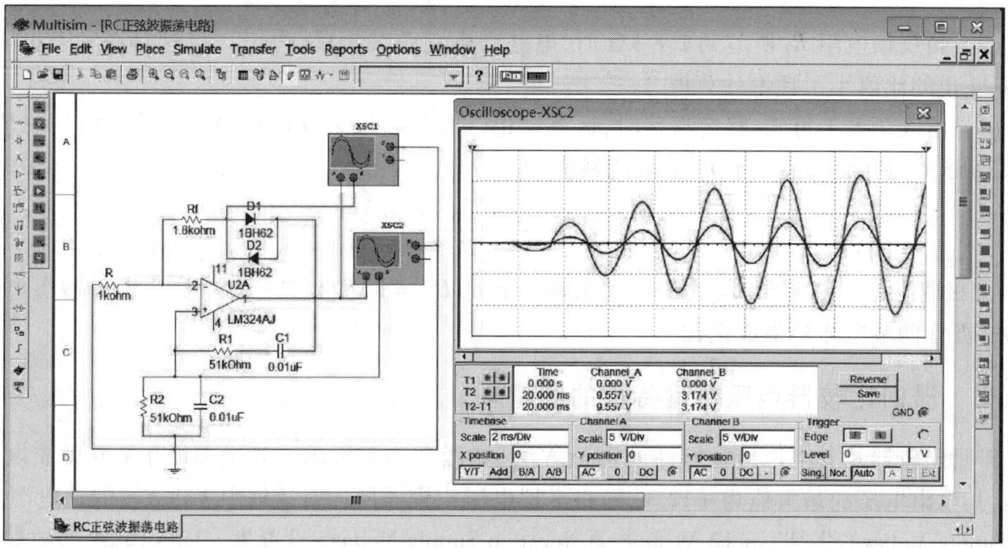

(a)

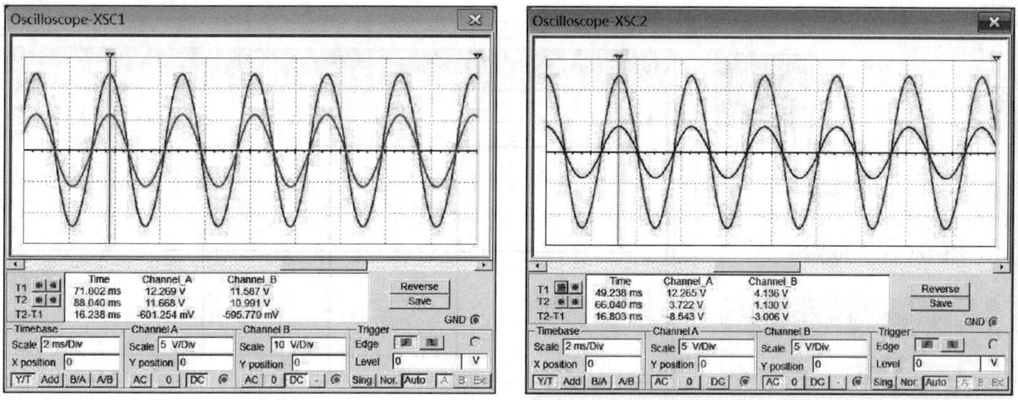

(b)

图 7.5.1 *RC* 桥式正弦波振荡电路的调试

(a) 起振过程中输出电压波形 (b) 稳定振荡时各点的波形

二、仿真结果

测试电路及电路的起振过程如图 7.5.1(a)所示,示波器显示数据如图 7.5.1(b)所示,读出示波器指针对应的数据并整理,见表 7.5.1。

表 7.5.1 *RC* 桥式正弦波振荡电路的测试数据

反馈电阻 R_f/kΩ	输出电压峰值 U_{op}/V	R_f 右端电压峰值 U_{fp}/V	运放同相端电压峰值 U_{+p}/V	二极管两端电压峰值 $U_{Dp}=U_{op}-U_{fp}$/V
1.8	12.269	11.587	4.136	0.682

三、结论

(1) 在硬件实验中很难观察到振荡电路起振的过渡过程,但在 Multisim 中可以很方便地看到。

(2) 当反馈电阻 R_f 调节到 1.8 kΩ 时，电路产生正弦波振荡，由于二极管存在动态电阻，因此 R_f 与 R 的比值小于理论计算值 2。

(3) 由表 7.5.1 可知，稳定振荡时，运放反相(即同相)输入端电压峰值是输出电压峰值 U_{op} 的 1/3；而 R 的电流峰值等于 R_f 的电流峰值，即

$$\frac{U_{op}}{3R}=\frac{U_{op}-U_{Dp}-U_{op}/3}{R_f}$$

U_{op} 与二极管两端电压峰值 U_{Dp} 之间的关系基本满足 $U_{op}=[3R/(2R-R_f)]U_{Dp}$，说明输出电压峰值与二极管两端电压峰值成正比。

7.5.2 滞回比较器电压传输特性的测量

滞回比较器及其电压传输特性的测量方法，如图 7.5.2 所示。其中 U1 为虚拟集成电压比较器，其输出电压的最大值为 ±12 V，即将虚拟电压比较器属性对话框中 Value 页的正电源 Positive Supply Voltage 设置为 +12 V、负电源 Negative Supply Voltage 设置为 −12 V；其余参数如图中所标注。

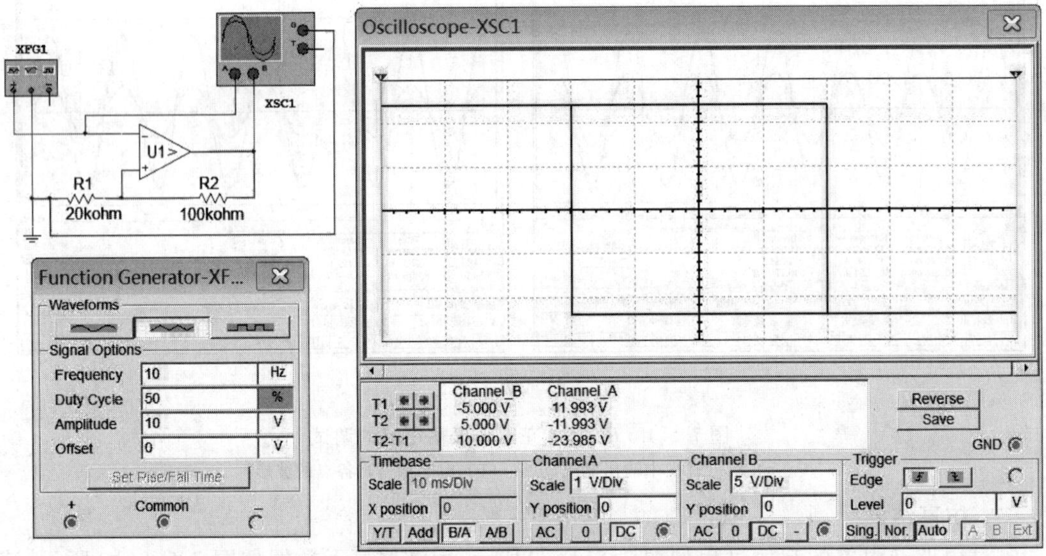

图 7.5.2 滞回比较器及其电压传输特性的测量方法

电压传输特性是稳态特性，为便于观察电压传输特性的变化，输入信号的频率应尽可能低一些，信号波形在一个周期内应具有线性变化的特点，如锯齿波、三角波。这里采用函数发生器产生幅值为 10 V、频率为 10 Hz 的三角波电压。

一、仿真内容

利用示波器测试滞回比较器的电压传输特性，并读出阈值电压及输出电压的幅值。

移动指针，读出阈值电压 $\pm U_T=\pm 2.014\ V\approx\pm 2\ V$，输出电压的幅值 $\pm U_{om}=\pm 11.993\ V\approx\pm 12\ V$，与理论估算相同。

二、结论

（1）与用实验的方法相同，将输入电压加在示波器 X 输入、输出电压加在示波器 Y 输入，将扫描时间区块 Timebase 的显示方式设置为 B/A 方式，即可测得电压传输特性。

（2）为便于观察电压传输特性的变化，输入信号应设置为低频三角波信号。输入信号峰值应大于 $\pm U_T$，这样，才能显示出完整的电压传输特性。

7.5.3 压控振荡电路的测试

仿真电路如图 7.5.3 所示，集成运放采用 LM324，其电源电压为 ±15 V，Multisim 默认为电源端 4、11 已接电源。输入直流电压采用虚拟电压源，锯齿波电压由函数发生器提供，为锯齿波。

一、仿真内容

（1）分别测量 $u_I = -6$ V、-3 V 时 u_O 的频率，观察 u_O 与 u_{O1} 的波形。

（2）观察 u_I 是幅值为 $-3 \sim -15$ V 的锯齿波时 u_{O1} 的波形。

二、仿真结果

如表 7.5.2 所示。

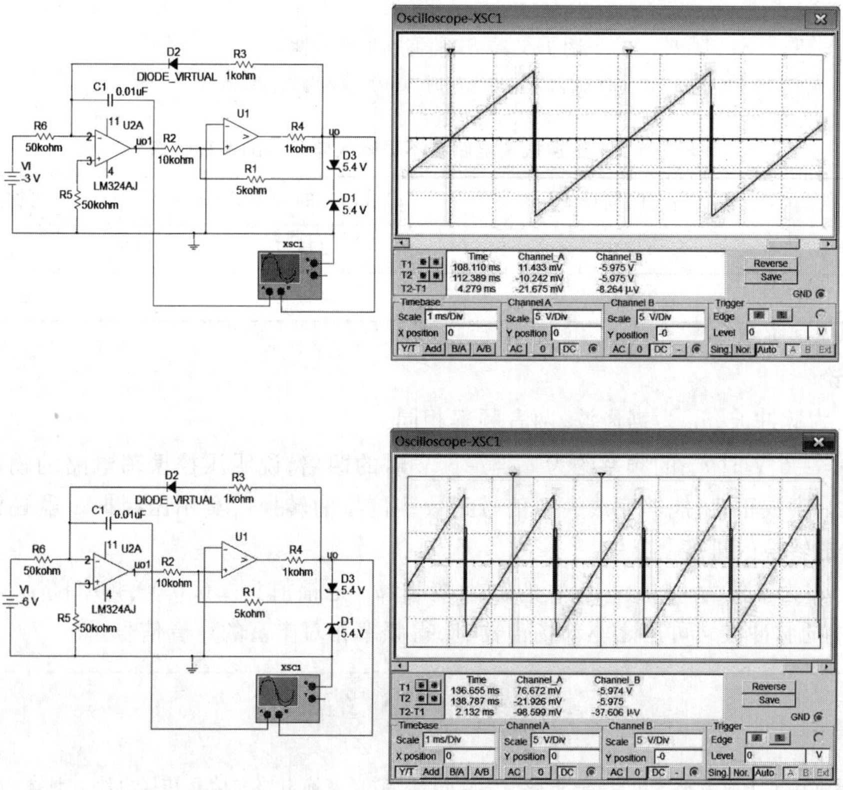

(a)

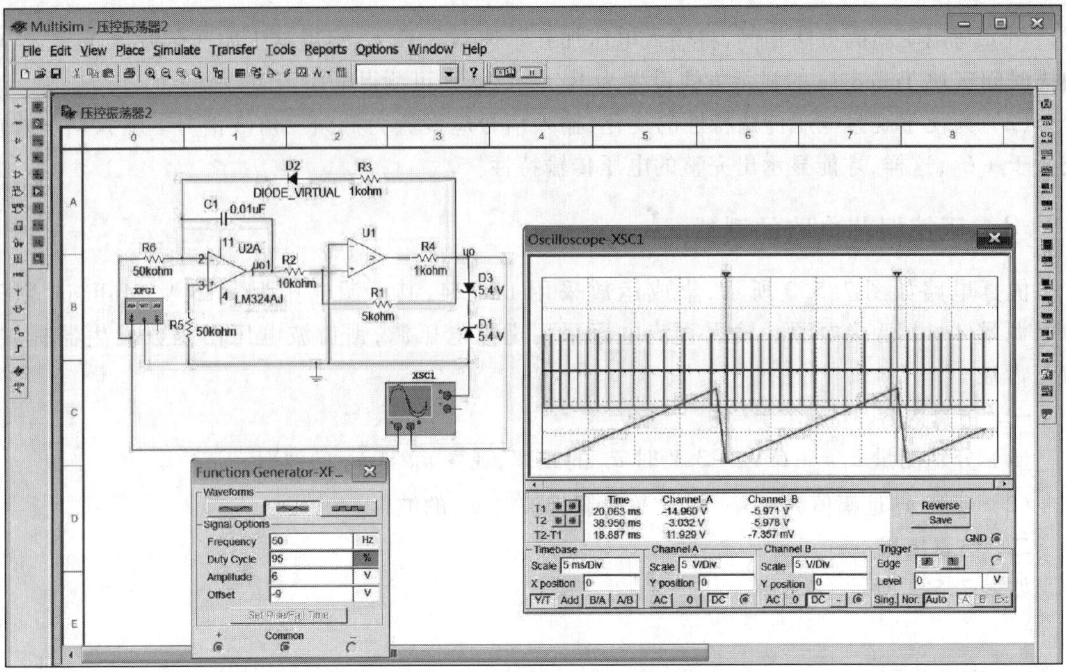

(b)

图 7.5.3　压控振荡电路的测试

(a) 输入为直流电压时　(b) 输入为锯齿波时

表 7.5.2　压控振荡电路在不同输入电压下的振荡频率

u_I/V	u_O 和 u_{O1} 的周期 T/ms	u_O 和 u_{O1} 的频率 f/Hz	u_O 的幅值/V
-6	4.279	233.7	±5.98
-3	2.132	469.0	±5.98

三、结论

(1) u_O 为脉冲波，u_{O1} 为锯齿波，两者频率相同。

(2) $u_I = -6$ V 时 u_O 的频率约为 $u_I = -3$ V 时的两倍，说明压控振荡电路的输出波形频率与输入电压幅度成正比，能够完成模拟信号到数字信号的转换。实用压控振荡器还需要增加一些措施来改进转换的进度。

(3) 当 u_I 为幅值为 $-3 \sim -15$ V 的锯齿波时，u_O 是幅值为 ±6.0 V、频率随 u_I 幅值而变化的、疏密相间的脉冲波。可用之驱动扬声器，获得频率相对丰富的声音信号。

本 章 小 结

本章主要讲述了正弦波振荡电路、非正弦波发生电路、波形变换电路和信号转换电路。具体内容如下：

一、正弦波振荡电路

(1) 正弦波振荡电路由放大电路、选频网络、正反馈网络和稳幅环节四部分组成。正弦波振荡的幅值平衡

条件为 $|\dot{A}\dot{F}|=1$，相位平衡条件为 $\varphi_A+\varphi_F=2n\pi$（$n$ 为整数）。按选频网络所用元件不同，正弦波振荡电路可分为 RC、LC 和石英晶体几种类型。在分析电路是否可能产生正弦波振荡时，应首先观察电路是否包含四个组成部分，进而检查放大电路能否正常放大，然后利用瞬时极性法判断电路是否满足相位平衡条件，必要时再判断电路是否满足幅值平衡条件。

（2）RC 正弦波振荡电路的振荡频率较低。常用的 RC 桥式正弦波振荡电路由 RC 串并联网络和同相比例运算电路组成。若 RC 串并联网络中的电阻均为 R，电容均为 C，则振荡频率 $f_0=\dfrac{1}{2\pi RC}$，反馈系数 $\dot{F}=1/3$，因而 $\dot{A}_u\geqslant 3$。

（3）LC 正弦波振荡电路的振荡频率较高，分为变压器反馈式、电感反馈式和电容反馈式三种。谐振回路的品质因数 Q 值越大，电路的选频特性越好。

（4）石英晶体的振荡频率非常稳定，有串联和并联两个谐振频率，分别为 f_s 和 f_p，且 $f_p\approx f_s$。在 $f_s<f<f_p$ 极窄的频率范围内呈感性。利用石英晶体可构成串联型和并联型两种正弦波振荡电路。

二、电压比较器

（1）电压比较器能够将模拟信号转换成具有数字信号特点的两值信号，即输出不是高电平就是低电平，其电路中的集成运放一般工作在非线性区。它既用于信号转换，又作为非正弦波发生电路的重要组成部分。

（2）通常用电压传输特性来描述电压比较器的输出电压与输入电压的函数关系。电压传输特性具有三个要素：一是输出高、低电平，它决定于集成运放输出电压的最大幅度或输出端的限幅电路；二是阈值电压，它是使集成运放输出电压产生跃变的输入电压；三是输入电压过阈值电压时输出电压的跃变方向，它决定于输入电压是作用于集成运放的反相输入端，还是同相输入端。

（3）本章介绍了单限比较器、滞回比较器和窗口比较器。单限比较器只有一个阈值电压；窗口比较器有两个阈值电压，当输入电压向单一方向变化时，输出电压跃变两次；滞回比较器具有滞回特性，虽有两个阈值电压，但当输入电压向单一方向变化时输出电压仅跃变一次。

三、非正弦波发生电路

模拟电路中的非正弦波发生电路由滞回比较器和 RC 延时电路组成，主要参数是振荡幅值和振荡频率。由于滞回比较器引入了正反馈，从而加速了输出电压的变化；延时电路使比较器输出电压周期性地从高电平跃变为低电平，再从低电平跃变为高电平，而不停留在某一稳态，从而使电路产生振荡。

图 7.3.2、图 7.3.7 和图 7.3.10（a）所示分别为方波发生电路、三角波发生电路和锯齿波发生电路，式（7.3.2）、式（7.3.10）和式（7.3.14）分别是它们的振荡周期。若利用二极管的单向导电性改变 RC 电路正向充电和反向充电的时间常数，则可将方波发生电路变为占空比可调的矩形波发生电路；改变正向积分和反向积分的时间常数，则可由三角波发生电路变为锯齿波发生电路。

四、波形变换电路

波形变换电路利用非线性电路将一种形状的波形变为另一种形状。电压比较器可将周期性变化的波形变为矩形波，积分运算电路可将方波变为三角波，微分运算电路可将三角波变为方波。利用比例系数可控的比例运算电路可将三角波变为锯齿波，利用滤波法或折线法可将三角波变为正弦波。

五、信号转换电路

信号转换电路是信号处理电路。利用反馈的方法可将电流转换为电压，也可将电压转换为电流。利用精密整流电路可将交流信号转换为直流信号，利用电压－频率转换电路（压控振荡电路）可将直流电压转换成频率与其值成正比的矩形波、三角波或锯齿波电压。

学完本章，希望达到如下要求：

一、掌握电路产生正弦波振荡的幅值平衡条件和相位平衡条件以及 RC 桥式正弦波振荡电路的组成和工作原理。了解变压器反馈式、电感反馈式、电容反馈式和石英晶体正弦波振荡电路的工作原理，理解它们的振荡频率与电路参数的关系。并能够根据相位平衡条件正确判断电路是否可能产生正弦波振荡。

二、理解典型电压比较器的电路组成、工作原理和性能特点。

三、理解由集成运放构成的矩形波、三角波和锯齿波发生电路的工作原理、波形分析和有关参数。

四、了解信号转换电路的工作原理。

自　测　题

一、改错：改正图 T7.1 所示各电路中的错误，使电路可能产生正弦波振荡。要求不能改变放大电路的基本接法（共射、共基、共集）。

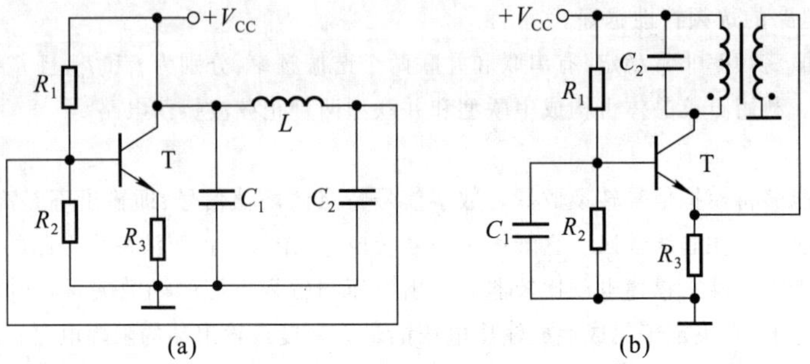

图 T7.1

二、试将图 T7.2 所示电路合理连线，组成 RC 桥式正弦波振荡电路。

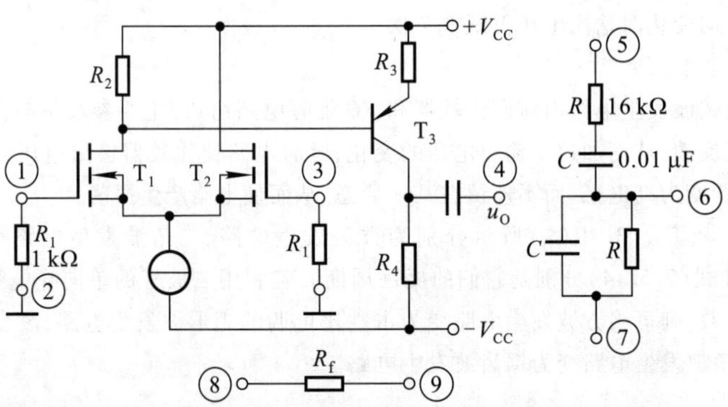

图 T7.2

三、已知图 T7.3(a)所示方框图各点的波形如图(b)所示，填写各电路的名称。

电路 1 为________，电路 2 为________，电路 3 为________，电路 4 为________。

四、试分别求出图 T7.4 所示各电路的电压传输特性。

五、电路如图 T7.5 所示。

(1) 分别说明 A_1 和 A_2 各构成哪种基本电路；

(2) 求出 u_{O1} 与 u_O 的关系曲线 $u_{O1}=f(u_O)$；

(3) 求出 u_O 与 u_{O1} 的运算关系式 $u_O=f(u_{O1})$；

(4) 定性画出 u_{O1} 与 u_O 的波形；

(5) 说明若要提高振荡频率，则可以改变哪些电路参数，如何改变。

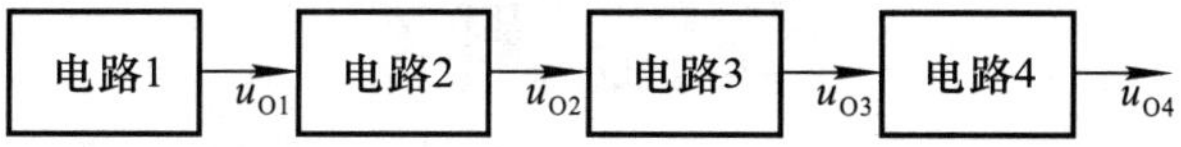

(a)

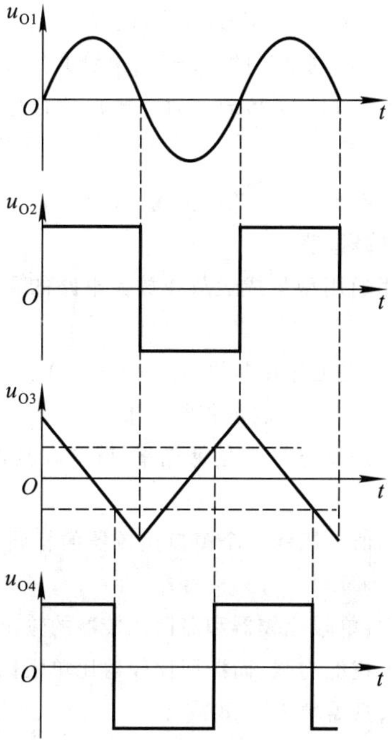

(b)

图 T7.3

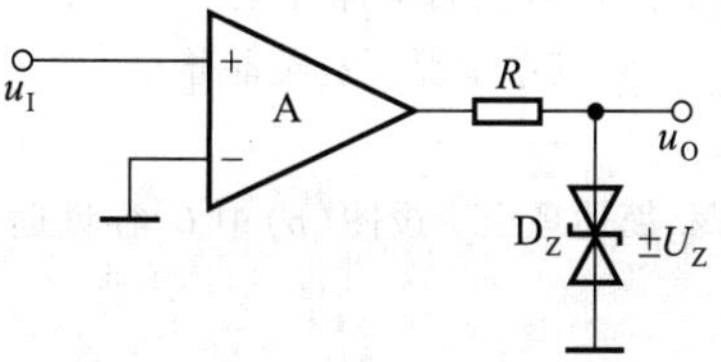

(a)

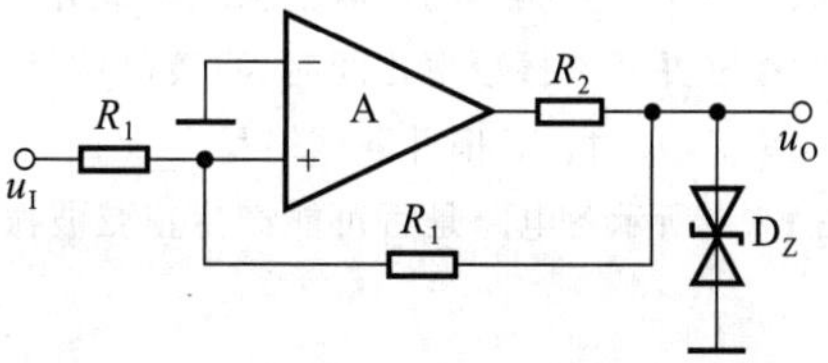

(b)

图 T7.4

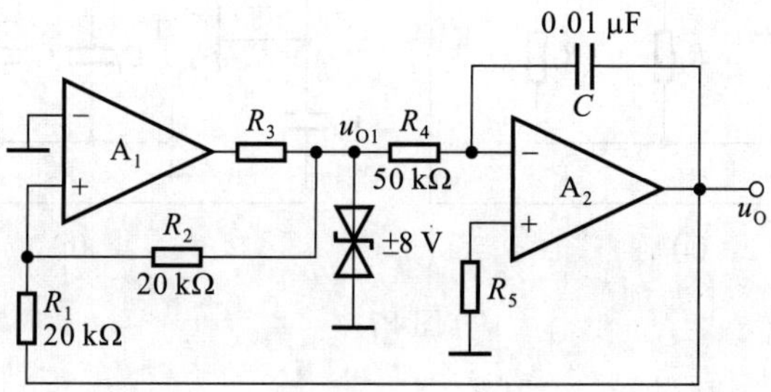

图 T7.5

习 题

7.1 判断下列说法是否正确，用"√"、"×"表示判断结果。

(1) 在图 P7.1 所示方框图中，只要 $\dot{A}$ 和 $\dot{F}$ 同符号，就有可能产生正弦波振荡。( )

(2) 因为 RC 串并联选频网络作为反馈网络时的 $\varphi_F=0°$，单管共集放大电路的 $\varphi_A=0°$，满足正弦波振荡的相位条件 $\varphi_A+\varphi_F=2n\pi$（$n$ 为整数），故合理连接它们可以构成正弦波振荡电路。( )

(3) 电路只要满足 $|\dot{A}\dot{F}|=1$，就一定会产生正弦波振荡。( )

(4) 负反馈放大电路不可能产生自激振荡。( )

(5) 在 LC 正弦波振荡电路中，不用通用型集成运放作放大电路的原因是其上限截止频率太低。( )

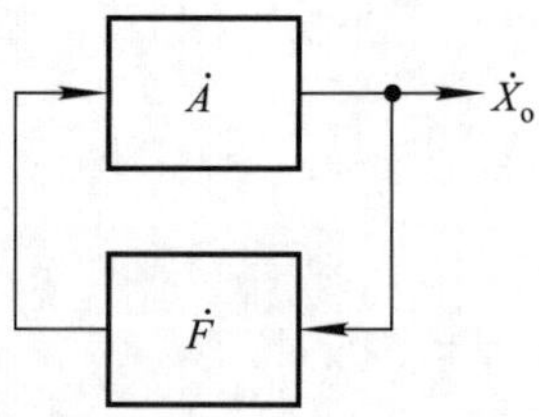

图 P7.1

(6) 只要集成运放引入正反馈，就一定工作在非线性区。( )

7.2 判断下列说法是否正确，用"√"、"×"表示判断结果。

(1) 为使电压比较器的输出电压不是高电平就是低电平，就应在其电路中使集成运放不是工作在开环状态，就是仅仅引入正反馈。( )

(2) 如果一个滞回比较器的两个阈值电压和一个窗口比较器的相同，那么当它们的输入电压相同时，它们的输出电压波形也相同。( )

(3) 输入电压在单调变化的过程中，单限比较器和滞回比较器的输出电压均只可能跃变一次。( )

(4) 单限比较器比滞回比较器抗干扰能力强，而滞回比较器比单限比较器灵敏度高。( )

7.3 选择下面一个答案填入空内，只需填入 A、B 或 C。

A. 容性　　B. 阻性　　C. 感性

(1) LC 并联网络在谐振时呈______，在信号频率大于谐振频率时呈______，在信号频率小于谐振频率时呈______。

(2) 当信号频率等于石英晶体的串联谐振频率或并联谐振频率时，石英晶体呈______；当信号频率在石英晶体的串联谐振频率和并联谐振频率之间时，石英晶体呈______；其余情况下石英晶体呈______。

(3) 当信号频率 $f=f_0$ 时，RC 串并联网络呈______。

7.4 判断图 P7.4 所示各电路是否可能产生正弦波振荡，简述理由。设图(b)中 C_4 容量远大于其它三个电容的容量。

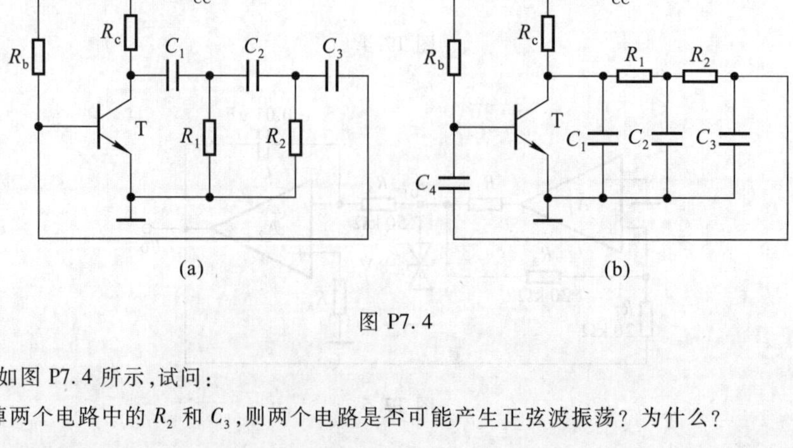

图 P7.4

7.5 电路如图 P7.4 所示，试问：

(1) 若去掉两个电路中的 R_2 和 C_3，则两个电路是否可能产生正弦波振荡？为什么？

（2）若在两个电路中再加一级 RC，则两个电路是否可能产生正弦波振荡？为什么？

7.6　电路如图 P7.6 所示，试求解：

（1）R_w 的下限值；

（2）振荡频率的调节范围。

7.7　电路如图 P7.7 所示，稳压管 D_Z 起稳幅作用，其稳定电压 $\pm U_Z = \pm 6$ V。试估算：

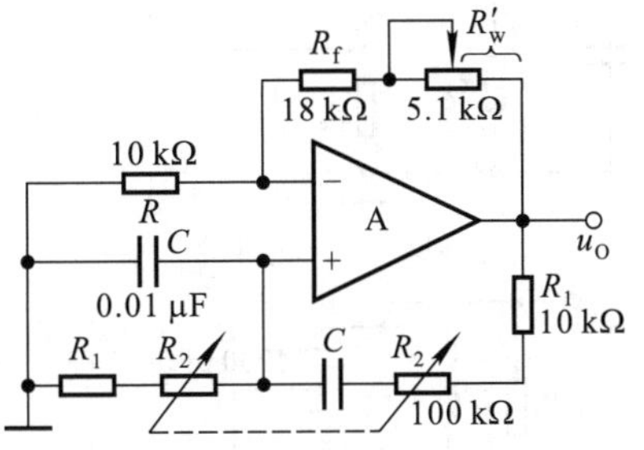

图 P7.6

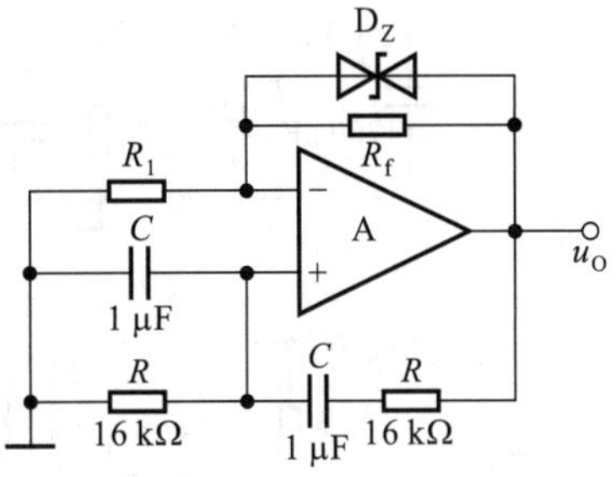

图 P7.7

（1）输出电压不失真情况下的有效值；

（2）振荡频率。

7.8　电路如图 P7.8 所示。

（1）为使电路产生正弦波振荡，标出集成运放的“＋”和“－”；并说明电路是哪种正弦波振荡电路。

（2）若 R_1 短路，则电路将产生什么现象？

（3）若 R_1 断路，则电路将产生什么现象？

（4）若 R_f 短路，则电路将产生什么现象？

（5）若 R_f 断路，则电路将产生什么现象？

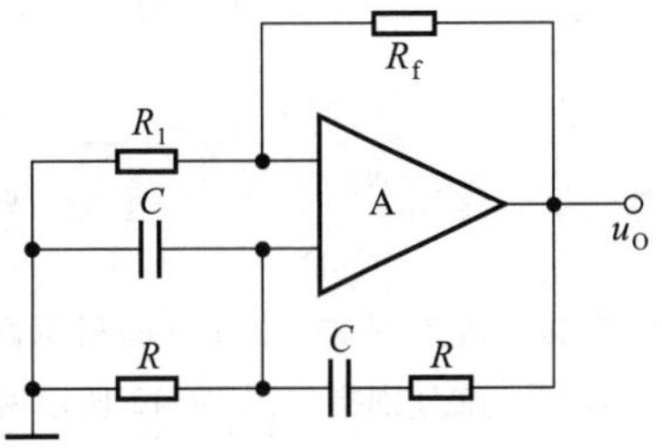

图 P7.8

7.9　分别标出图 P7.9 所示各电路中变压器的同名端，使之满足正弦波振荡的相位条件。

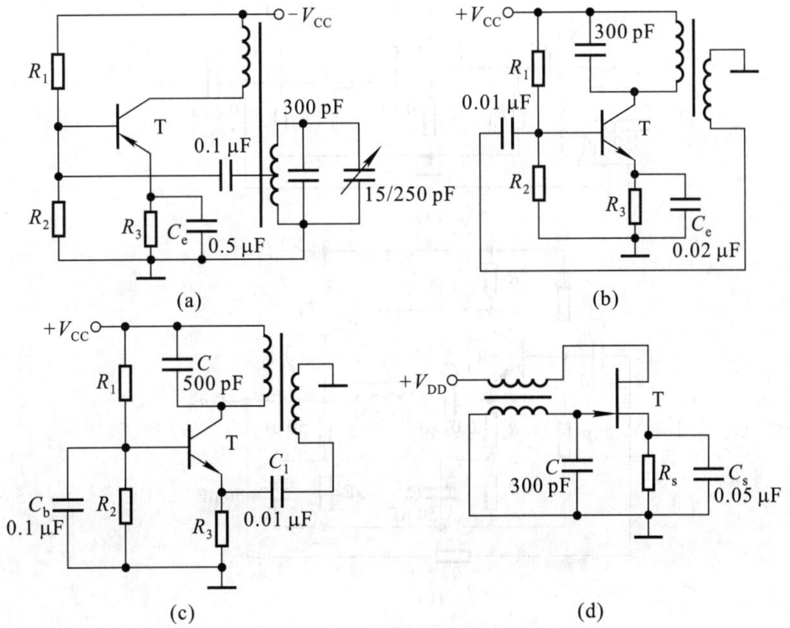

图 P7.9

7.10 分别判断图 P7.10 所示各电路是否满足正弦波振荡的相位条件。

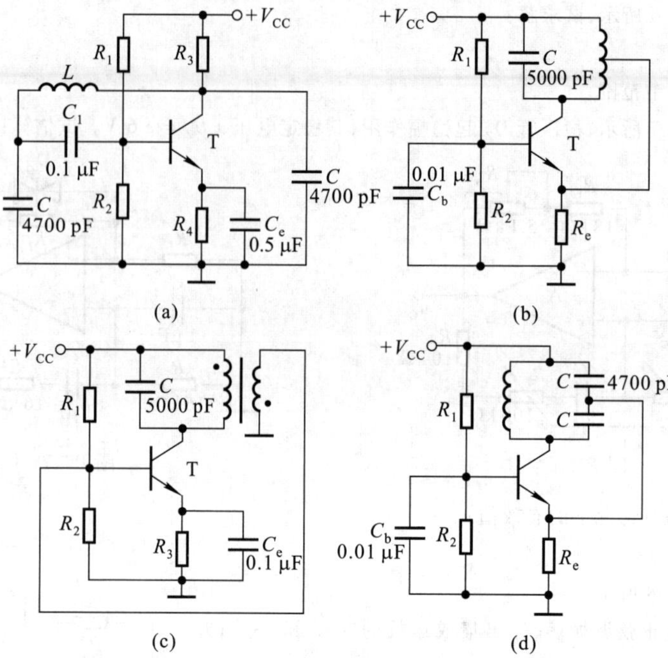

图 P7.10

7.11 改正图 P7.10(b)(c)所示两电路中的错误,使之有可能产生正弦波振荡。

7.12 试分别指出图 P7.12 所示两电路中的选频网络、正反馈网络和负反馈网络,并说明电路是否满足正弦波振荡的相位条件。

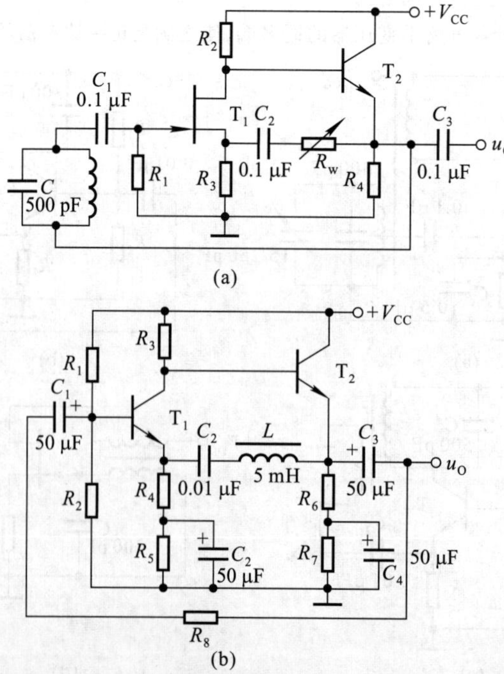

图 P7.12

7.13　试分别求解图 P7.13 所示各电路的电压传输特性。

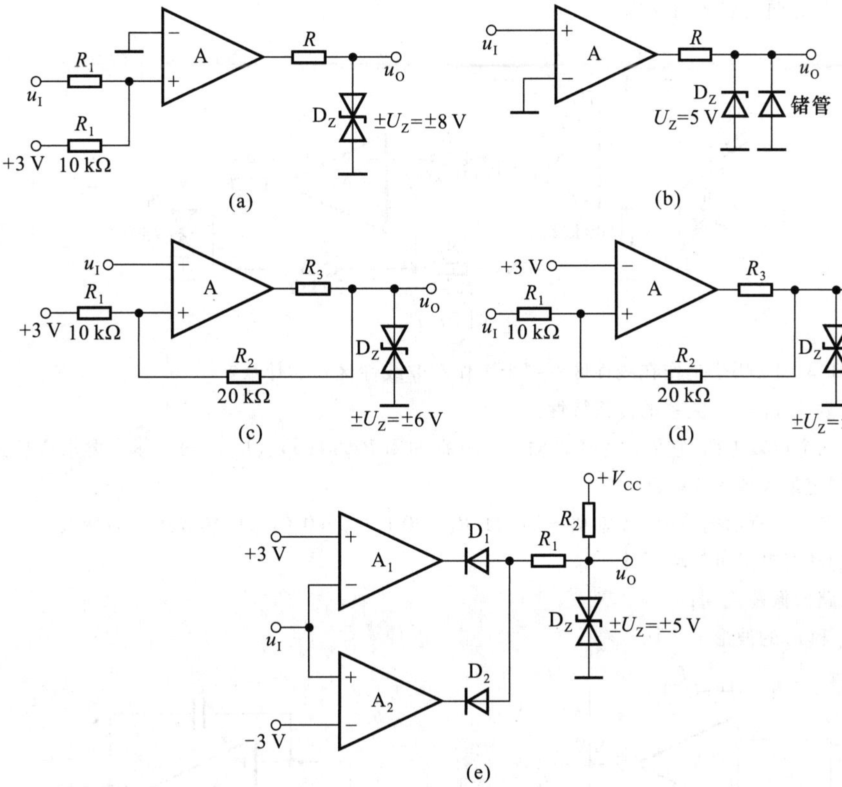

图 P7.13

7.14　已知三个电压比较器的电压传输特性分别如图 P7.14(a)、(b)、(c)所示，它们的输入电压波形均如图(d)所示，试画出 u_{O1}、u_{O2} 和 u_{O3} 的波形。

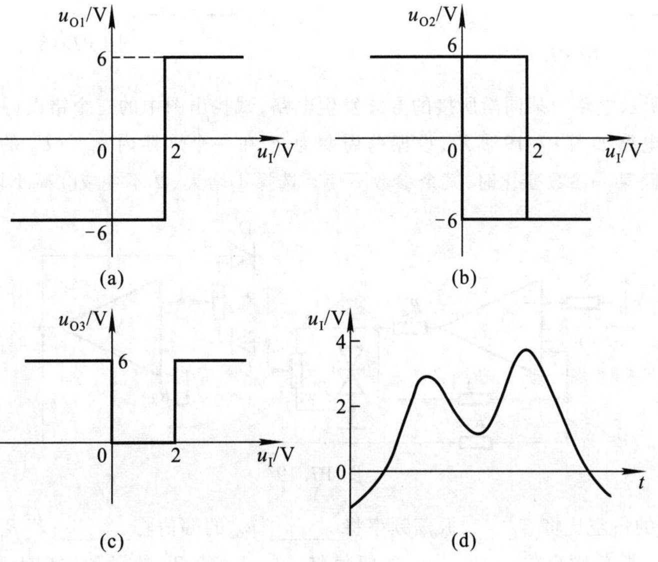

图 P7.14

7.15 图 P7.15 所示为光控电路的一部分，它将连续变化的光电信号转换成离散信号（即不是高电平，就是低电平），电流 i_I 随光照的强弱而变化。

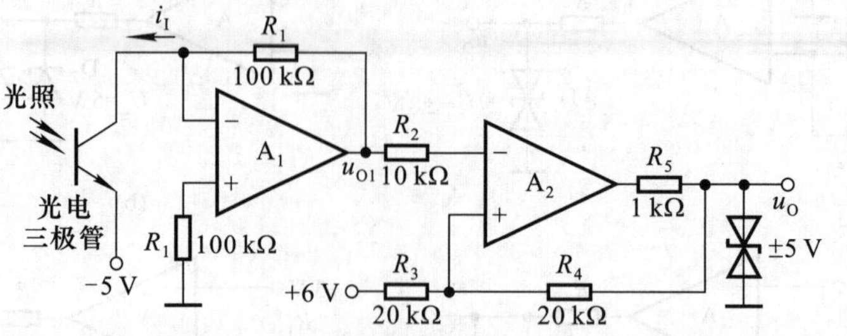

图 P7.15

（1）在 A_1 和 A_2 中，哪个工作在线性区？哪个工作在非线性区？为什么？

（2）试求出表示 u_O 与 i_I 关系的传输特性。

7.16 设计三个报警电路，它们的电压传输特性分别如图 P7.14(a)、(b)、(c)所示。要求合理选择电路中各电阻的阻值，限定最大值为 50 kΩ。

7.17 在图 P7.17 所示电路中，已知 $R_1=10\ \text{k}\Omega$，$R_2=20\ \text{k}\Omega$，$C=0.01\ \mu\text{F}$，集成运放的最大输出电压幅值为 ±12 V，二极管的动态电阻可忽略不计。

（1）求出电路的振荡周期；

（2）画出 u_O 和 u_C 的波形。

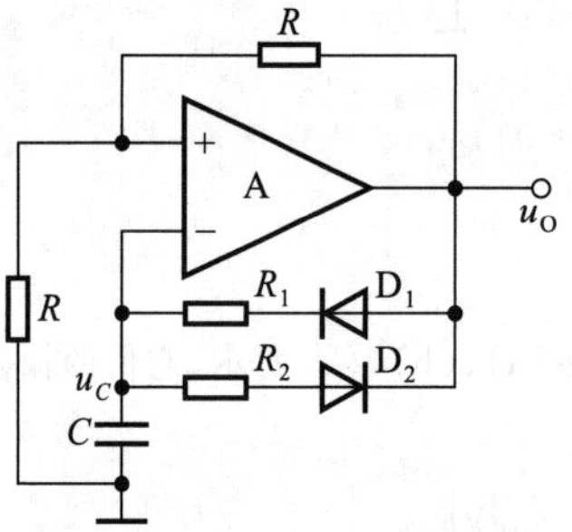

图 P7.17

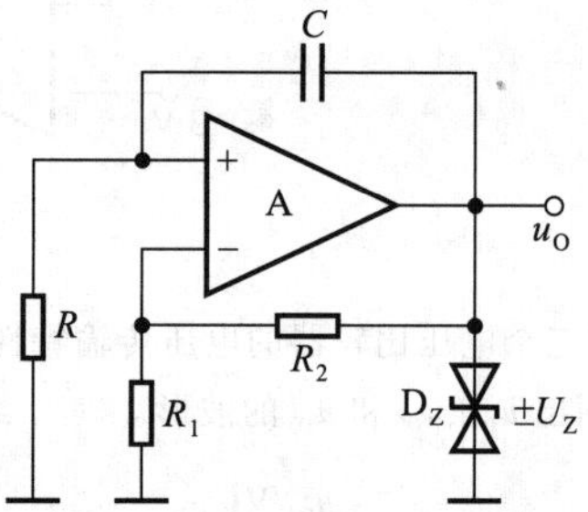

图 P7.18

7.18 图 P7.18 所示电路为某同学所接的方波发生电路，试找出图中的三个错误，并改正。

7.19 波形发生电路如图 P7.19 所示，设振荡周期为 T，在一个周期内 $u_{O1}=U_Z$ 的时间为 T_1，则占空比为 T_1/T；$R_{w1} \ll R_{w2}$；在电路某一参数变化时，其余参数不变。选择①增大、②不变或③减小填入空内：

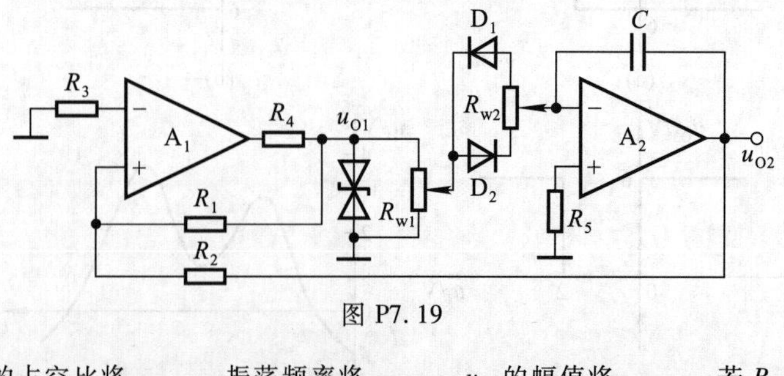

图 P7.19

当 R_1 增大时，u_{O1}的占空比将______，振荡频率将______，u_{O2}的幅值将______；若 R_{w1} 的滑动端向上移动，则 u_{O1}的占空比将______，振荡频率将______，u_{O2} 的幅值将______；若 R_{w2} 的滑动端向上移动，则 u_{O1} 的占空比将

______，振荡频率将______，u_{O2}的幅值将______。

7.20　电路如图 P7.20 所示，已知集成运放的最大输出电压幅值为 ±12 V，u_I 的数值在 u_{O1} 的峰－峰值之间。

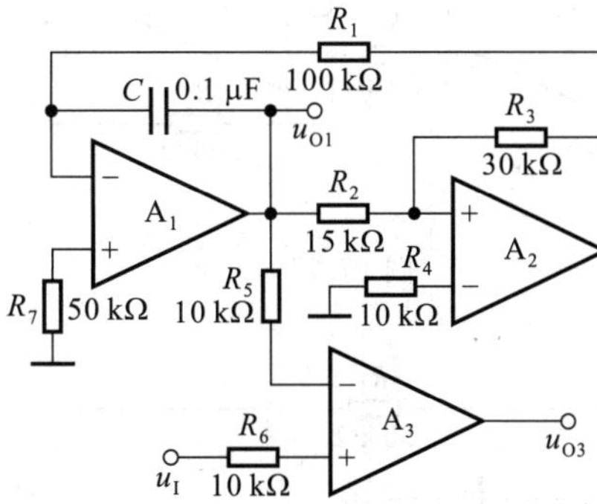

图 P7.20

（1）求解 u_{O3}的占空比与 u_I 的关系式；

（2）设 u_I =2.5 V，画出 u_{O1}、u_{O2}和 u_{O3}的波形。

（3）至少说出三种故障情况（某元件开路或短路）使得 A_2 的输出电压 u_{O2}恒为 12 V。

7.21　现有一频率计，它可以记录并显示矩形波的频率。分别给出下列电路的基本设计方案，要求画出方框图，并说明各部分的作用。

（1）数字式温度计；

（2）数字式交流电压表；

（3）数字式电容测量电路。

7.22　试分析图 P7.22 所示各电路输出电压与输入电压的函数关系。

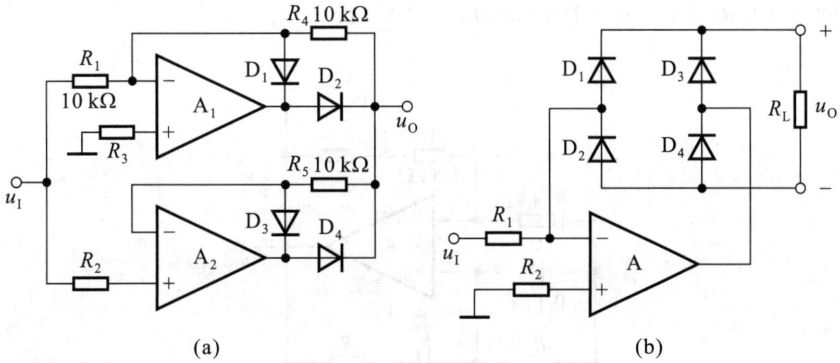

图 P7.22

7.23　电路如图 P7.23 所示。

（1）定性画出 u_{O1}和 u_O 的波形；

（2）估算振荡频率 f 与 u_I 的关系式。

7.24　已知图 P7.24 所示电路为压控振荡电路，晶体管 T 工作在开关状态，当其截止时相当于开关断开，当其导通时相当于开关闭合，管压降近似为零。

（1）分别求解 T 导通和截止时 u_{O1}和 u_I 的运算关系式 $u_{O1}=f(u_I)$；

（2）求出 u_O 和 u_{O1}的关系曲线 $u_O=f(u_{O1})$；

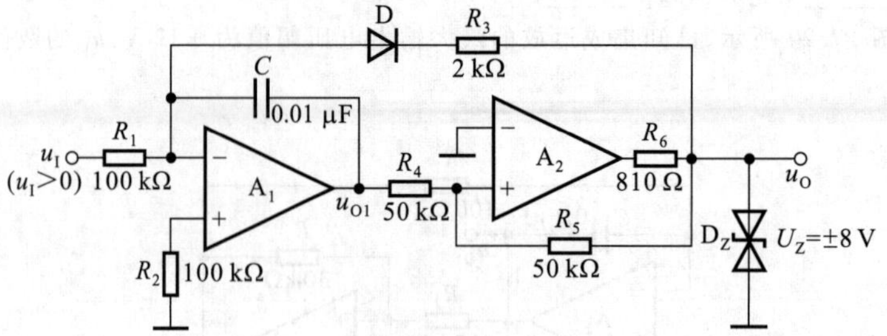

图 P7.23

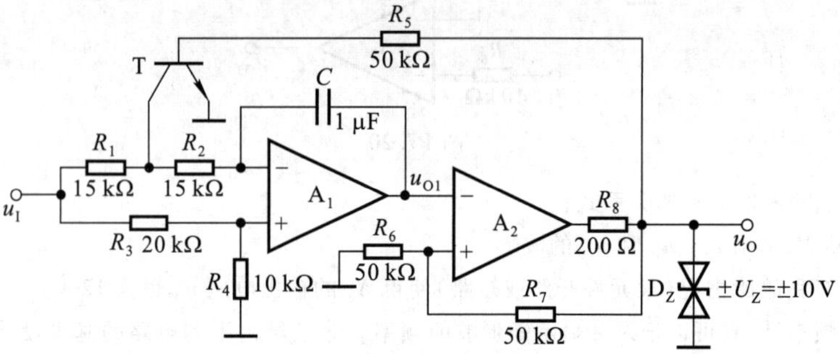

图 P7.24

（3）定性画出 u_O 和 u_{O1} 的波形；

（4）求解振荡频率 f 和 u_I 的关系式。

7.25 试将直流电流信号转换成频率与其幅值成正比的矩形波，要求画出电路来，并定性画出各部分电路的输出波形。

7.26 电路如图 P7.26 所示。利用 Multisim 分析下列问题：

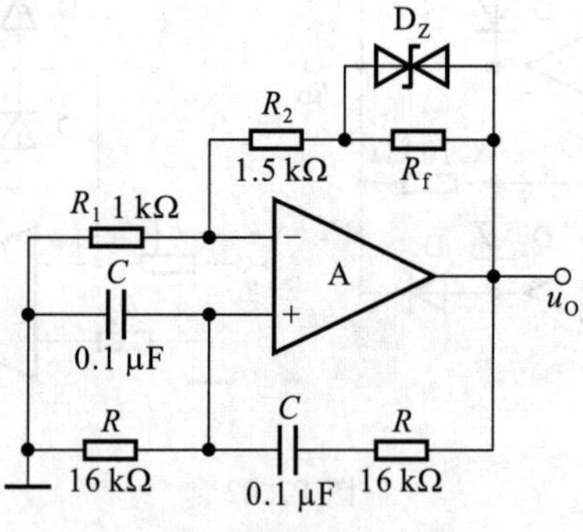

图 P7.26

（1）选择合适的 R_f 和稳压管，使电路产生正弦波振荡，并观察起振过程；

（2）调整电路参数，使输出电压峰值约为 14 V。

（3）测量输出电压的频率和幅值。

提示：由于稳压管特性的影响，当参数选取不当时，输出电压会因含有多次谐波而产生失真，调试时应做到输出电压波形基本不失真。

7.27 利用 Multisim 测试图 P7.13 所示各电路的电压传输特性。

提示：

（1）图中所有 A 均采用虚拟电压比较器。要合理选择稳压管的限流电阻，使其既稳压又不至于损坏。

（2）由于电压传输特性是静态特性，测试时应在电压比较器的输入端输入频率尽可能低、线性度好、幅值足够大的电压，如 10 Hz、峰值为 10 V 的三角波电压，可从函数发生器获得。

（3）将输入电压 u_I 接入示波器的 A 通道，将输出电压 u_O 接入 B 通道，利用 Y/T 扫描，即可测得 u_O 与 u_I 之间的关系曲线。

7.28 利用 Multisim 确定图 P7.19 所示电路中各元件的参数，使输出电压的频率为500 Hz、幅值为 ±6 V 的三角波。

出题目的：

（1）进一步理解非正弦波发生电路的工作原理及各参数对输出电压频率和幅值的影响。

（2）借助 Multisim，学习复杂电路的电路参数的选择。

提示：A_1 采用虚拟电压比较器，A_2 采用通用型集成运放，如 LM324。为便于调节，其余元件均可采用虚拟元件。

7.29 试将峰值为 1 V、频率为 100 Hz 的正弦波输入电压，变换为峰值为 5 V、频率为 200 Hz 锯齿波电压。利用 Multisim 对所设计的电路进行仿真、修改，直至满足设计要求。

出题目的：对所设计电路的仿真是 EDA 软件最典型的应用，希望通过本题得到基本的训练。

7.30 利用 Multisim 分析图 P7.23 所示电路，测试其各项指标参数。

提示：A_1 采用通用型集成运放，A_2 采用虚拟电压比较器。

第 8 章　功率放大电路

本章讨论的问题

- 什么是功率放大电路？对功率放大电路的基本要求是什么？
- 电压放大电路和功率放大电路有什么区别？如何评价功率放大电路？
- 什么是晶体管的甲类、乙类和甲乙类工作状态？
- 功率放大电路的输出功率是交流功率、还是直流功率？晶体管的耗散功率最大时，电路的输出功率是最大吗？
- 功率放大电路有哪些种类型？各有什么特点？
- 在已知电源电压和负载电阻的情况下，如何估算出最大输出功率？
- 在电源电压相同且负载电阻也相同的情况下，对于不同电路形式的功放，最大输出功率都相同吗？什么样的电路转换效率高？
- 功放管和小信号放大电路中晶体管的选择有何不同？如何选择？

8.1　功率放大电路概述

在实用电路中，往往要求放大电路的末级（即输出级）输出一定的功率，以驱动负载。能够向负载提供足够信号功率的放大电路称为功率放大电路，简称功放。从能量控制和转换的角度看，功率放大电路与其它放大电路在本质上没有根本的区别；只是功放既不是单纯追求输出高电压，也不是单纯追求输出大电流，而是追求在电源电压确定的情况下，输出尽可能大的功率。因此，从功放电路的组成和分析方法，到其元器件的选择，都与小信号放大电路有着明显的区别。

8.1.1　功率放大电路的特点

一、主要技术指标

功率放大电路的主要技术指标为最大输出功率和转换效率。

1. 最大输出功率 P_{om}

功率放大电路提供给负载的信号功率称为输出功率。在输入为正弦波且输出基本不失真条件下，输出功率是交流功率，表达式为 $P_o = I_oU_o$，式中 I_o 和 U_o 均为交流有效值。最大输出功率 P_{om} 是在电路参数确定的情况下负载上可能获得的最大交流功率。

2. 转换效率 η

功率放大电路的最大输出功率与电源所提供的功率之比称为转换效率。电源提供的功率是直流功率，其值等于电源输出电流平均值及其电压之积。

通常功放输出功率大，电源消耗的直流功率也就多。因此，在一定的输出功率下，减小直流电源的功耗，就可以提高电路的效率。

二、功率放大电路中的晶体管

在功率放大电路中，为使输出功率尽可能大，要求功放管工作在尽限应用状态。即对于晶体管，要求集电极电流最大时接近 I_{CM}，管压降最大时接近 $U_{(BR)CEO}$，耗散功率最大时接近 P_{CM}。I_{CM}、$U_{(BR)CEO}$和 P_{CM}分别是晶体管的极限参数：最大集电极电流、c－e 间能承受的最大管压降和集电极最大耗散功率。对于场效应管，要求漏极电流最大时接近 I_{DM}，管压降最大时接近 $U_{(BR)DS}$，耗散功率最大时接近 P_{DM}。I_{DM}、$U_{(BR)DS}$和 P_{DM}分别是场效应管的极限参数：最大漏极电流、d－s 间能承受的最大管压降和漏极最大耗散功率。因此，在选择功放管时，要特别注意极限参数的选择，以保证管子安全工作。

应当指出，功放管通常为大功率管，查阅手册时要特别注意其散热条件，使用时必须安装合适的散热片，有时还要采取各种保护措施。

三、功率放大电路的分析方法

因为功率放大电路的输出电压和输出电流幅值均很大，功放管特性的非线性不可忽略，所以在分析功放电路时，不能采用仅适用于小信号的交流等效电路法，而应采用图解法。

此外，由于功放的输入信号较大，输出波形容易产生非线性失真，电路中应采用适当方法改善输出波形，如引入交流负反馈。

8.1.2 功率放大电路的组成

在电源电压确定后，输出尽可能大的功率和提高转换效率始终是功率放大电路要研究的主要问题。因而围绕这两个性能指标的改善，可组成不同电路形式的功放。此外，还常围绕功率放大电路频率响应的改善和消除非线性失真来改进电路。

一、为什么共射放大电路不宜用作功率放大电路

图 8.1.1(a)所示为小功率共射放大电路，其图解分析如图(b)所示。静态时，若晶体管的基极电流可忽略不计，直流电源提供的直流功率约为 $I_{CQ}V_{CC}$，即图中矩形 $ABCO$ 的面积；集电极电阻 R_c 的功率损耗为 $I_{CQ}U_{R_c}$，即矩形 $QBCD$ 的面积；晶体管集电极耗散功率为 $I_{CQ}U_{CEQ}$，即矩形 $AQDO$的面积。

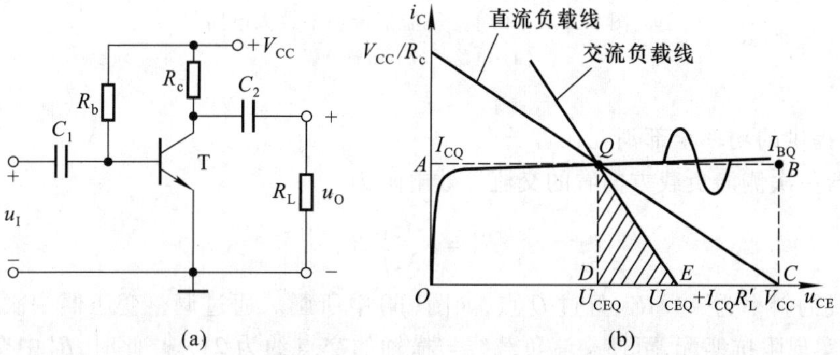

图 8.1.1 小功率共射放大电路的输出功率和效率的分析

(a) 共射放大电路 (b) 输出功率和效率的图解分析

在输入信号为正弦波时，若集电极交流电流也为正弦波，如图中所画，则电源输出的平均电流为 I_{CQ}，因而电源提供的功率不变。交流负载线如图中所画，集电极电流交流分量的最大幅值为 I_{CQ}，管压降交流分量的最大幅值为 $I_{CQ}(R_c /\!/ R_L)$，有效值为 $I_{CQ}(R_c /\!/ R_L)/\sqrt{2}$，所以 $R'_L(=R_c /\!/ R_L)$ 上可能获得的最大交流功率 P'_{om} 为

$$P'_{om}=\left(\frac{I_{CQ}}{\sqrt{2}}\right)^2 R'_L=\frac{1}{2}I_{CQ}(I_{CQ}R'_L)$$

即图中三角形 QDE 的面积。负载电阻 R_L 上所获得的功率（即输出功率）P_o 仅为 P'_{om} 的一部分，P_o 小于 P'_o。从图解分析可知，若 R_L 数值很小，比如扬声器，仅为几欧，交流负载线很陡，则 $I_{CQ}R'_L$ 必然很小，因而图 8.1.1(a)所示电路不但输出功率很小，而且由于电源提供的功率始终不变，使得效率也很低，可见其不宜作为功率放大电路。

为了提高输出功率和效率，可以去掉集电极电阻 R_c，直接将负载接在晶体管的集电极，并利用变压器实现阻抗变换，同时调节 Q 点使晶体管达到极限工作状态。

二、变压器耦合功率放大电路

传统的功率放大电路为变压器耦合式电路。图 8.1.2(a)所示为单管变压器耦合功率放大电路，因为变压器一次线圈电阻可忽略不计，所以直流负载线是垂直于横轴且过 $(V_{CC},0)$ 的直线，如图(b)中所画。若忽略晶体管基极回路的损耗，则电源提供的功率为

$$P_V=I_{CQ}V_{CC} \tag{8.1.1}$$

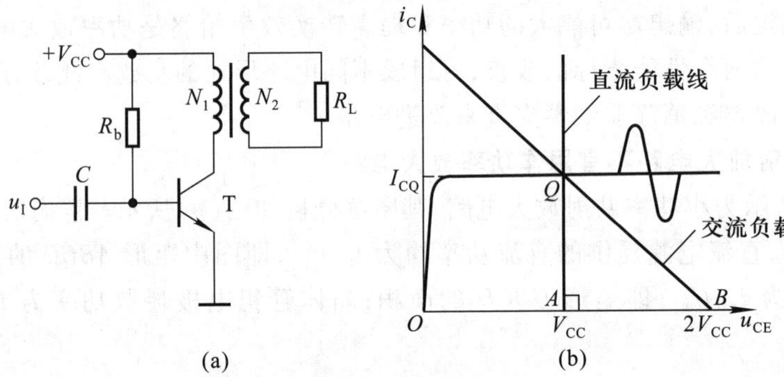

图 8.1.2　单管变压器耦合功率放大电路
(a) 电路　(b) 图解分析

静态时，电源提供的功率全部消耗在管子上。

从变压器一次侧向负载方向看的交流等效电阻为

$$R'_L=\left(\frac{N_1}{N_2}\right)^2 R_L$$

故交流负载线的斜率为 $-1/R'_L$，且过 Q 点，如图(b)中所画。通过调整变压器一次、二次侧的匝数比 N_1/N_2，实现阻抗匹配，可使交流负载线与横轴的交点约为 $2V_{CC}$。此时，R'_L 中交流电流的最大幅值为 I_{CQ}，交流电压的最大幅值约为 V_{CC}。因此，在理想变压器的情况下，最大输出功率为

$$P_{om}=\frac{I_{CQ}}{\sqrt{2}}\cdot\frac{V_{CC}}{\sqrt{2}}=\frac{1}{2}I_{CQ}V_{CC}$$

即三角形 QAB 的面积。当输入正弦波电压时,集电极动态电流的波形如图(b)中所画。在不失真的情况下,集电极电流平均值仍为 I_{CQ},故电源提供的功率仍如式(8.1.1)所示。可见,电路的最大效率 P_{om}/P_V 为 50%。

由于电源提供的功率不变,因而输入电压为零时,效率也为零;输入电压愈大,i_c 幅值愈大,负载获得的功率就愈大,管子的损耗就愈小,因而转换效率也就愈高。但是,人们通常希望输入信号为零时电源不提供功率,输入信号愈大,负载获得的功率也愈大,电源提供的功率也随之增大,从而提高效率。为了达到上述目的,在输入信号为零时,应使管子处于截止状态。而为了使负载上能够获得正弦波,常常需要采用两只管子,在信号的正、负半周交替导通,因此产生了变压器耦合乙类推挽功率放大电路,如图 8.1.3(a)所示。

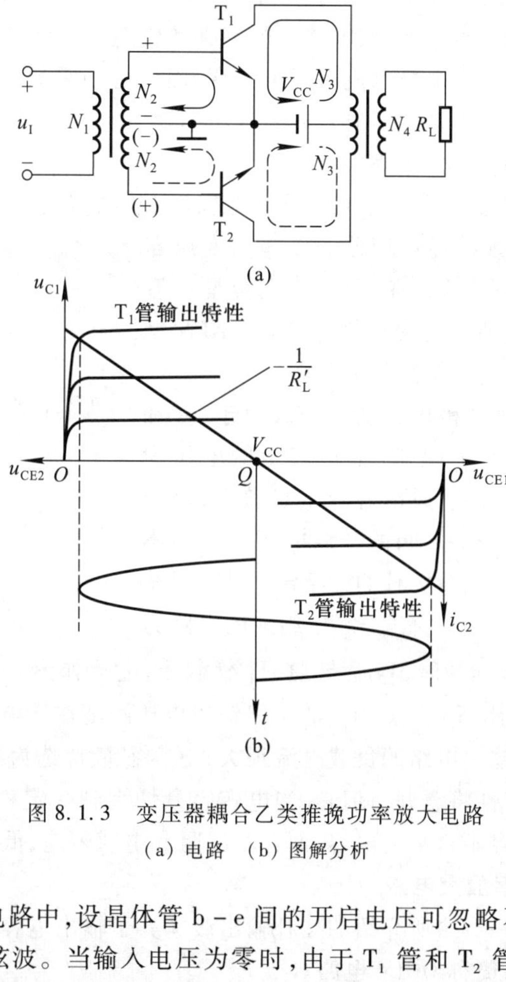

图 8.1.3 变压器耦合乙类推挽功率放大电路

(a) 电路 (b) 图解分析

在图 8.1.3(a)所示电路中,设晶体管 b - e 间的开启电压可忽略不计,T_1 管和 T_2 管的特性完全相同,输入电压为正弦波。当输入电压为零时,由于 T_1 管和 T_2 管的发射结电压为零,均处于截止状态,因而电源提供的功率为零,负载上电压也为零。当输入信号使变压器二次电压极性为上"+"下"-"时,T_1 管导通,T_2 管截止,电流如图中实线所示;当输入信号使变压器二次电压极性为上"-"下"+"时,T_2 管导通,T_1 管截止,电流如图中虚线所示,因此负载 R_L 上获得正弦波电压,从而获得交流功率。图(b)为图(a)所示电路的图解分析,等效负载上能够获得的最大电压幅值近似等于 V_{CC}。上述同类型管子(T_1 和 T_2)在电路中交替导通的方式称为"推挽"工作方式。

在放大电路中，当输入信号为正弦波时，若晶体管在信号的整个周期内均导通（即导通角 $\theta=360°$），则称之工作在甲类状态；若晶体管仅在信号的正半周或负半周导通（即 $\theta=180°$），则称之工作在乙类状态；若晶体管的导通时间大于半个周期且小于周期（即 $\theta=180°\sim360°$之间），则称之工作在甲乙类状态。可见，图 8.1.2（a）所示电路中的晶体管工作在甲类状态，而图 8.1.3（a）所示电路中的晶体管工作在乙类状态，故称该电路为乙类推挽功率放大电路。

提高功放效率的根本途径是减小功放管的功耗。方法之一是减小功放管的导通角，增大其在一个信号周期内的截止时间，从而减小管子所消耗的平均功率；因而在有些功放中，功放管工作在丙类状态①，即导通角 θ 小于 180°。方法之二是使功放管工作在开关状态，也称为丁类②状态，此时管子仅在饱和导通时消耗功率，而且由于管压降很小，故无论电流大小，管子的瞬时功率都不大，因此管子的平均功耗也就不大，电路的效率必然较高。但是，应当指出，当功放中的功放管工作在丙类或丁类状态时，集电极电流将严重失真，因此必须采取措施消除失真，如采用谐振功率放大电路，从而使负载获得基本不失真的信号功率。

三、无输出变压器的功率放大电路

变压器耦合功率放大电路的优点是可以实现阻抗变换，缺点是体积庞大，笨重，消耗有色金属，且效率较低，低频和高频特性均较差。无输出变压器的功率放大电路（简称为 OTL③ 电路）用一个大容量电容取代了变压器，如图 8.1.4 所示。虽然图中 T_1 为 NPN 型管，T_2 为 PNP 型管，但是它们的特性理想对称。

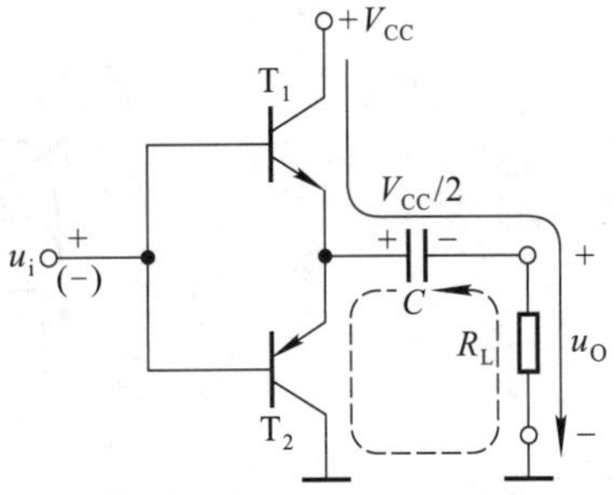

图 8.1.4　OTL 电路

静态时，前级电路应使基极电位为 $V_{CC}/2$，由于 T_1 和 T_2 特性对称，发射极电位也为 $V_{CC}/2$，故电容上的电压为 $V_{CC}/2$，极性如图 8.1.4 所标注。设电容容量足够大，对交流信号可视为短路；晶体管 b－e 间的开启电压可忽略不计；输入电压为正弦波。当 $u_i>0$ 时，T_1 管导通，T_2 管截止，电流如图 8.1.4 中实线所示，由 T_1 和 R_L 组成的电路为射极输出形式，$u_O\approx u_i$；当 $u_i<0$ 时，T_2 管导通，T_1 管截止，电流如图 8.1.4 中虚线所示，由 T_2 和 R_L 组成的电路也为射极输出形式，$u_O\approx u_i$；故电路输出电压跟随输入电压。

由于一般情况下功率放大电路的负载电流很大，电容容量常选为几千微法，且为电解电容。电容容量愈大，电路低频特性将愈好。但是，当电容容量增大到一定程度时，由于两个极板面积很大，且卷制而成，电解电容不再是纯电容，而存在漏阻和电感效应，低频特性将不会明显改善。

四、无输出电容的功率放大电路

在集成运算放大电路一章中所介绍的互补输出级摒弃了输出电容，如图 8.1.5 所示，称为无输出电容的功率放大电路，简称 OCL④ 电路。

在 OCL 电路中，T_1 和 T_2 特性对称，采用了双电源供电。静态时，T_1 和 T_2 均截止，输出电压

①② 关于丙类和丁类谐振功率放大电路可参阅谢嘉奎主编《电子线路　非线性部分（第四版）》第 2 章。

③ OTL 是 Output Transfomerless 的缩写。

④ OCL 是 Output Capacitorless 的缩写。

为零。设晶体管 b－e 间的开启电压可忽略不计；输入电压为正弦波。当 $u_i>0$ 时，T_1 管导通，T_2 管截止，正电源供电，电流如图 8.1.5 中实线所示，电路为射极输出形式，$u_O\approx u_i$；当 $u_i<0$ 时，T_2 管导通，T_1 管截止，负电源供电，电流如图 8.1.5 中虚线所示，电路也为射极输出形式，$u_O\approx u_i$。可见，电路中“T_1 和 T_2 交替工作，正、负电源交替供电，输出与输入之间双向跟随”。不同类型的两只晶体管（T_1 和 T_2）交替工作、且均组成射极输出形式的电路称为“互补”电路，两只管子的这种交替工作方式称为“互补”工作方式。

功率放大电路也可以采用功率 MOS 管实现，图 8.1.6 为无输出电容的互补 MOS（CMOS）功率放大电路，其工作原理与图 8.1.5 所示电路相类似。

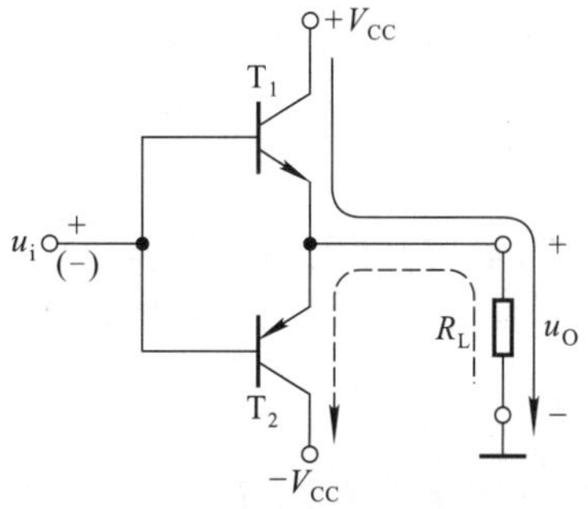

图 8.1.5 OCL 电路

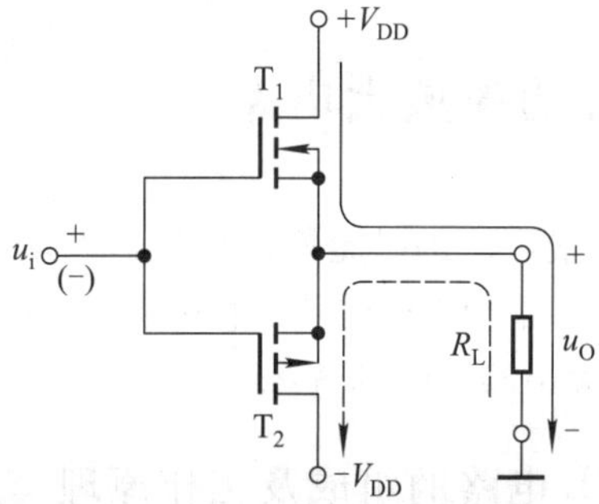

图 8.1.6 无输出电容的 CMOS 功率放大电路

五、桥式推挽功率放大电路

在 OCL 电路中采用了双电源供电，虽然就功放而言没有了变压器和大电容，但需制作两路电源，且在制作电源时仍需用变压器或带铁心的电感、大电容等，所以就整个电路系统而言未必是最佳方案。为了实现单电源供电，且不用变压器和大电容，可采用桥式推挽功率放大电路，简称 BTL[①] 电路，如图 8.1.7 所示。

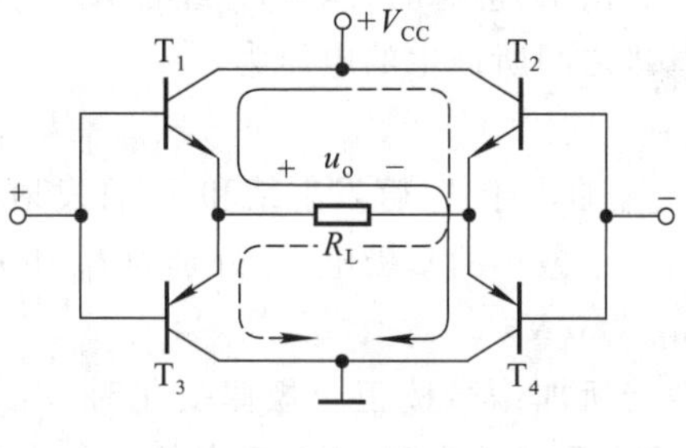

图 8.1.7 BTL 电路

图中四只管子特性理想对称，静态时均处于截止状态，负载上电压为零。设晶体管 b－e 间的开启电压可忽略不计；输入电压为正弦波，假设正方向如图中所标注。当 $u_i>0$ 时，T_1 和 T_4 管导通，T_2 和 T_3 管截止，电流如图 8.1.7 中实线所示，负载上获得正半周电压；当 $u_i<0$ 时，T_2 和 T_3 管导通，T_1 和 T_4 管截止，电流如图 8.1.7 中虚线所示，负载上获得负半周电压；因而负载电压跟随输入电压。

BTL 电路所用管子数量最多，难于做到四只管子特性理想对称；且管子的总损耗大，必然使得转换效率降低；电路采用双端输入双端输出方式，输入和输出均无接地点，因此有些场合不适用。

综上所述，变压器耦合乙类推挽电路、OTL、OCL 和 BTL 电路中晶体管均工作在乙类状态，它们各有优缺点，使用时应根据需要合理选择。目前集成功率放大电路多为 OTL 和 OCL 电路，前

① BTL 是 Balanced Transformerless 的缩写。

者需外接输出电容。当这两种集成电路不能满足负载所需功率要求时,应考虑采用分立元件OTL、OCL电路或变压器耦合乙类推挽功率放大电路。

■ **思考题**

8.1.1　为什么单管放大电路不适宜作功率放大电路?

8.1.2　在本节所介绍的功率放大电路中,为什么功放管均工作在乙类状态?

8.1.3　本节所述各种功率放大电路各具有什么特点?

8.1.4　在电源电压一定的情况下,为什么在功放电路中要使最大不失真输出电压最大?

8.2　互补功率放大电路

目前使用最广泛的是无输出变压器的功率放大电路(OTL电路)和无输出电容的功率放大电路(OCL电路)。本节以OCL电路为例,介绍功率放大电路最大输出功率和转换效率的分析计算,以及功放中晶体管的选择。

8.2.1　OCL电路的组成及工作原理

正如3.3.4节所述,为了消除图8.1.5所示的基本OCL电路所产生的交越失真,应当设置合适的静态工作点,使两只放大管均工作在临界导通或微导通状态。能够消除交越失真的OCL电路如图8.2.1所示。

在图中,静态时,从 $+V_{CC}$ 经过 R_1、R_2、D_1、D_2、R_3 到 $-V_{CC}$ 有一个直流电流,它在 T_1 和 T_2 管两个基极之间所产生的电压为

$$U_{B1B2}=U_{R2}+U_{D1}+U_{D2}$$

使 U_{B1B2} 略大于 T_1 管发射结和 T_2 管发射结开启电压之和,从而使两只管子均处于微导通态,即都有一个微小的基极电流,分别为 I_{B1} 和 I_{B2}。调节 R_2,可使发射极静态电位 U_E 为0 V,即输出电压 u_O 为0 V。

当所加信号按正弦规律变化时,由于二极管 D_1、D_2 的动态电阻很小,而且 R_2 的阻值也较小,因而可以认为 T_1 管基极电位的变化与 T_2 管基极电位的变化近似相等,即 $u_{b1}\approx u_{b2}\approx u_i$;也就是说,可以认为两管基极之间电位差基本是一恒定值,两个基极的电位随 u_i 产生相同变化。这样,当 $u_i>0$ V且逐渐增大时,u_{BE1} 增大,T_1 管基极电流 i_{B1} 随之增大,发射极电流 i_{E1} 也必然增大,负载电阻 R_L 上得到正方向的电流;与此同时,u_i 的增大使 u_{EB2} 减小,当减小到一定数值时,T_2 管截止。同样道理,当 $u_i<0$ V且逐渐减小时,使 u_{EB2} 逐渐增大,T_2 管的基极电流 i_{B2} 随之增大,发射极电流 i_{E2} 也必然增大,负载电阻 R_L 上得到负方向的电流;与此同时,u_i 的减小,使 u_{BE1} 减小,当减小到一定数值时,T_1 管截止。这样,即使 u_i 很小,总能保证至少有一只晶体管导通,因而消除了交越失真。T_1 和 T_2 管在 u_i 作用下,其输入特性中的图解分析如图8.2.2所示。综上所述,输入信号的正半周主要是 T_1 管发射极驱动负载,而负半周主要是 T_2 管发射极驱动负载,而且两管的导通时间都比输入信号的半个周期长,即在信号电压很小时,两只管子同时导通,因而它们工作在甲乙类状态。

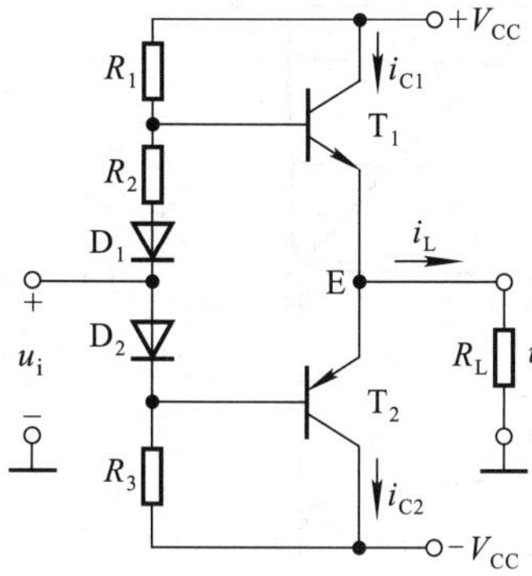

图 8.2.1 消除交越失真的 OCL 电路

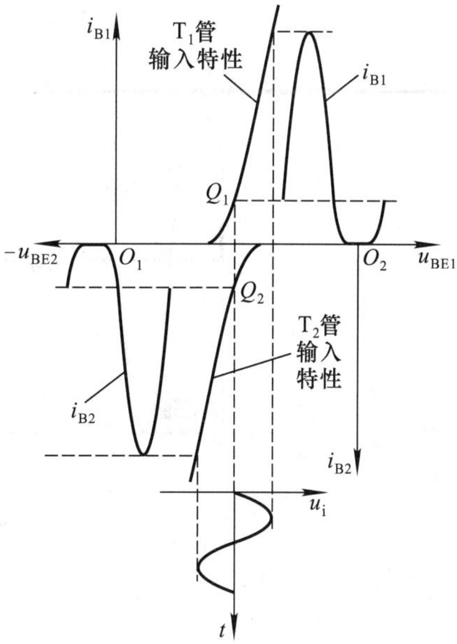

图 8.2.2 T_1 和 T_2 管在 u_i 作用下输入特性中的图解分析

值得注意的是,若静态工作点失调,例如 R_2、D_1、D_2 中任意一个元件虚焊,则从 $+V_{CC}$ 经过 R_1、T_1 管发射结、T_2 管发射结、R_3 到 $-V_{CC}$ 形成一个通路,有较大的基极电流 I_{B1} 和 I_{B2} 流过,从而导致 T_1 管和 T_2 管有很大的集电极直流电流,且每只管子的管压降均为 V_{CC},以至于 T_1 管和 T_2 管可能因功耗过大而损坏。因此,常在输出回路中接入熔断器以保护功放管和负载。

8.2.2 OCL 电路的输出功率及效率

功率放大电路最重要的技术指标是电路的最大输出功率 P_{om} 及效率 η。为了求解 P_{om},需首先求出负载上能够得到的最大输出电压幅值。当输入电压足够大,且又不产生饱和失真时,电路的图解分析如图 8.2.3 所示。图中Ⅰ区为 T_1 管的输出特性,Ⅱ区为 T_2 管的输出特性。因两只管子的静态电流很小,所以可以认为静态工作点在横轴上,如图中所标注,因而最大输出电压幅值等于电源电压减去晶体管的饱和压降,即 $(V_{CC}-U_{CES1})$。

实际上,即使不画出图来,也能得到同样的结论。可以想象,在正弦波信号的正半周,u_i 从零逐渐增大时,输出电压随之逐渐增大,T_1 管管压降必然逐渐减小,当管压降下降到饱和管压降时,输出电压达到最大幅值,其值为 $(V_{CC}-U_{CES1})$,因此最大不失真输出电压的有效值

$$U_{om}=\frac{V_{CC}-U_{CES1}}{\sqrt{2}}$$

设饱和管压降

$$U_{CES1}=-U_{CES2}=U_{CES} \tag{8.2.1}$$

最大输出功率

$$P_{om}=\frac{U_{om}^2}{R_L}=\frac{(V_{CC}-U_{CES})^2}{2R_L} \tag{8.2.2}$$

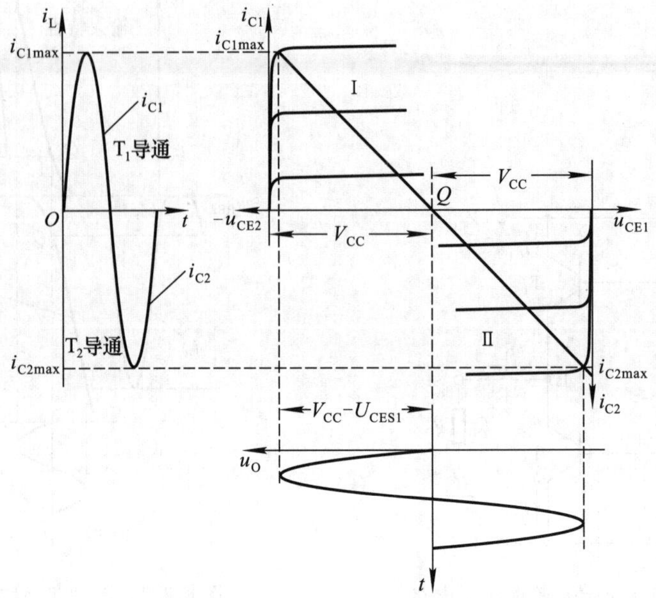

图 8.2.3 OCL 电路的图解分析

在忽略基极回路电流的情况下，电源 V_{CC} 提供的电流

$$i_C=\frac{V_{CC}-U_{CES}}{R_L}\sin\omega t$$

电源在负载获得最大交流功率时所消耗的平均功率等于其平均电流与电源电压之积，其表达式为

$$P_V=\frac{1}{\pi}\int_0^{\pi}\frac{V_{CC}-U_{CES}}{R_L}\sin\omega t\cdot V_{CC}\mathrm{d}\omega t$$

整理后可得

$$P_V=\frac{2}{\pi}\cdot\frac{V_{CC}(V_{CC}-U_{CES})}{R_L} \tag{8.2.3}$$

因此，转换效率

$$\eta=\frac{P_{om}}{P_V}=\frac{\pi}{4}\cdot\frac{V_{CC}-U_{CES}}{V_{CC}} \tag{8.2.4}$$

在理想情况下，即饱和管压降可忽略不计的情况下

$$P_{om}=\frac{U_{om}^2}{R_L}=\frac{V_{CC}^2}{2R_L} \tag{8.2.5}$$

$$P_V=\frac{2}{\pi}\cdot\frac{V_{CC}^2}{R_L} \tag{8.2.6}$$

$$\eta=\frac{\pi}{4}\approx 78.5\% \tag{8.2.7}$$

应当指出,大功率管的饱和管压降常为 2 ~3 V,因而一般情况下都不能忽略饱和管压降,即不能用式(8.2.5)和式(8.2.7)计算电路的最大输出功率和效率。

8.2.3 OCL 电路中晶体管的选择

在功率放大电路中,应根据晶体管所承受的最大管压降、集电极最大电流和最大功耗来选择晶体管。

一、最大管压降

从 OCL 电路工作原理的分析可知,两只功放管中处于截止状态的管子将承受较大的管压降。设输入电压为正半周,T_1 导通,T_2 截止,当 u_i 从零逐渐增大到峰值时,T_1 和 T_2 管的发射极电位 u_E 从零逐渐增大到$(V_{CC}-U_{CES1})$,因此,T_2 管压降 u_{EC2} 的数值$[u_{EC2}=u_E-(-V_{CC})=u_E+V_{CC}]$将从 V_{CC}增大到最大值

$$u_{EC2max}=(V_{CC}-U_{CES1})+V_{CC}=2V_{CC}-U_{CES1} \tag{8.2.8}$$

利用同样的分析方法可得,当 u_i 为负峰值时,T_1 管承受最大管压降,数值为$[2V_{CC}-(-U_{CES2})]$。所以,考虑留有一定的余量,管子承受的最大管压降为

$$|U_{CEmax}|=2V_{CC} \tag{8.2.9}$$

二、集电极最大电流

从电路最大输出功率的分析可知,晶体管的发射极电流等于负载电流,负载电阻上的最大电压为 $V_{CC}-U_{CES1}$,故集电极电流的最大值

$$I_{Cmax}\approx I_{Emax}=\frac{V_{CC}-U_{CES1}}{R_L}$$

考虑留有一定的余量

$$I_{Cmax}=\frac{V_{CC}}{R_L} \tag{8.2.10}$$

三、集电极最大功耗

在功率放大电路中,电源提供的功率,除了转换成输出功率外,其余部分主要消耗在晶体管上,可以认为晶体管所损耗的功率 $P_T=P_V-P_o$。当输入电压为零,即输出功率最小时,由于集电极电流很小,使管子的损耗很小;当输入电压最大,即输出功率最大时,由于管压降很小,管子的损耗也很小;可见,管耗最大既不会发生在输入电压最小时,也不会发生在输入电压最大时。下面列出晶体管集电极功耗 P_T 与输出电压峰值 U_{OM}的关系式,然后对 U_{OM}求导,令导数为零,得出的结果就是 P_T 最大的条件。

管压降和集电极电流瞬时值的表达式分别为

$$u_{CE}=(V_{CC}-U_{OM}\sin\omega t),\quad i_C=\frac{U_{OM}}{R_L}\cdot\sin\omega t$$

功耗 P_T 为功放管所损耗的平均功率,所以每只晶体管的集电极功耗表达式为

$$P_T=\frac{1}{2\pi}\int_0^{\pi}(V_{CC}-U_{OM}\sin\omega t)\cdot\frac{U_{OM}}{R_L}\cdot\sin\omega t\,d\omega t$$

$$=\frac{1}{R_L}\left(\frac{V_{CC}U_{OM}}{\pi}-\frac{U_{OM}^2}{4}\right)$$

令$\dfrac{dP_T}{dU_{OM}}=0$，可以求得，$U_{OM}=\dfrac{2}{\pi}\cdot V_{CC}\approx 0.6V_{CC}$。

以上分析表明，当$U_{OM}\approx 0.6V_{CC}$时，$P_T=P_{Tmax}$。将U_{OM}代入P_T的表达式，就可得出

$$P_{Tmax}=\frac{V_{CC}^2}{\pi^2 R_L} \tag{8.2.11}$$

当$U_{CES}=0$时，根据式(8.2.5)可得

$$P_{Tmax}=\frac{2}{\pi^2}P_{om}\approx 0.2P_{om}\Big|_{U_{CES}=0} \tag{8.2.12}$$

可见，晶体管集电极最大功耗仅为理想(饱和管压降为零)时最大输出功率的五分之一。

在查阅手册选择晶体管时，应使极限参数

$$\begin{cases} U_{(BR)CEO}>2V_{CC} & (8.2.13a)\\ I_{CM}>\dfrac{V_{CC}}{R_L} & (8.2.13b)\\ P_{CM}>0.2P_{om}\Big|_{U_{CES}=0} & (8.2.13c)\end{cases}$$

这里仍需强调，在选择晶体管时，其极限参数，特别是P_{CM}应留有一定的余量，并严格按手册要求安装散热片。

【例8.2.1】　在图8.2.1所示电路中，已知$V_{CC}=15$ V，输入电压为正弦波，晶体管的饱和管压降$|U_{CES}|=3$ V，电压放大倍数约为1，负载电阻$R_L=4\ \Omega$。

(1) 求解负载上可能获得的最大功率和效率；

(2) 若输入电压最大有效值为8 V，则负载上能够获得的最大功率为多少？

(3) 若T_1管的集电极和发射极短路，则将产生什么现象？

解：(1) 根据式(8.2.2)、(8.2.4)可得

$$P_{om}=\frac{(V_{CC}-|U_{CES}|)^2}{2R_L}=\frac{(15-3)^2}{2\times 4}\ \text{W}=18\ \text{W}$$

$$\eta=\frac{\pi}{4}\cdot\frac{V_{CC}-|U_{CES}|}{V_{CC}}\approx\frac{12-3}{12}\times 78.5\%=62.8\%$$

(2) 因为$U_o\approx U_i$，所以$U_{om}\approx 8$ V。最大输出功率

$$P_{om}=\frac{U_{om}^2}{R_L}=\left(\frac{8^2}{4}\right)\text{W}=16\ \text{W}$$

可见，功率放大电路的最大输出功率除了决定于功放自身的参数外，还与输入电压是否足够大有关。

(3) 若T_1管的集电极和发射极短路，则T_2管静态管压降为$2V_{CC}$，且从$+V_{CC}$经T_2管的e－b、R_3至$-V_{CC}$形成基极静态电流，由于T_2管工作在放大状态，集电极电流势必很大，使之因功耗过大而损坏。

【例8.2.2】　已知图8.2.1所示电路的负载电阻为8 Ω，晶体管饱和管压降$|U_{CES}|=2$ V，试问：

(1) 若负载所需最大功率为16 W，则电源电压至少应取多少伏？

(2) 若电源电压取20 V，则晶体管的最大集电极电流、最大管压降和集电极最大功耗各为

多少?

解:(1) 根据 $P_{om}=\dfrac{(V_{CC}-|U_{CES}|)^2}{2R_L}=\dfrac{(V_{CC}-2)^2}{2\times 8}\ W=16\ W$,可求出电源电压

$$V_{CC}\geqslant 18\ V$$

(2) 最大不失真输出电压的峰值

$$U_{OM}=V_{CC}-|U_{CES}|=(20-2)\ V=18\ V$$

因而负载电流最大值,即晶体管集电极最大电流

$$I_{Cmax}\approx\frac{U_{OM}}{R_L}=\left(\frac{18}{8}\right)\ A=2.25\ A$$

最大管压降

$$U_{CEmax}=2V_{CC}-U_{CES}=(2\times 20-2)\ V=38\ V$$

根据式(8.2.11),晶体管集电极最大功耗

$$P_{Tmax}=\frac{V_{CC}^2}{\pi^2 R_L}=\left(\frac{20^2}{\pi^2\times 8}\right)\ W\approx 5.07\ W$$

■ **思考题**

8.2.1 试分析 OTL、BTL 电路的最大不失真输出电压、最大输出功率和效率。

8.3 功率放大电路的安全运行

在功率放大电路中,功放管既要流过大电流,又要承受高电压。例如,在 OCL 电路中,只有功放管满足式(8.2.13)所示极限值的要求,电路才能正常工作。因此,所谓功率放大电路的安全运行,就是要保证功放管安全工作。在实用电路中,常加保护措施,以防止功放管过电压、过电流和过功耗。本节仅就功放管的二次击穿和散热问题作简单介绍;关于保护措施,可参阅 9.5.2 节。

8.3.1 功放管的二次击穿

从晶体管的输出特性可知,对于某一条输出特性曲线,当 c-e 之间电压增大到一定数值时,晶体管将产生击穿现象;而且,I_B 愈大,击穿电压愈低,称这种击穿为"一次击穿"。晶体管在一次击穿后,集电极电流会骤然增大,若不加以限制,则晶体管的工作点变化到临界点 A 时,工作点将以毫秒甚至微秒级的高速度从 A 点到 B 点,此时电流猛增,而管压降却减小,如图 8.3.1(a)所示,称为"二次击穿"。晶体管经二次击穿后,性能将明显下降,甚至造成永久性损坏。

I_B 不同时二次击穿的临界点不同,将它们连接起来,便得到二次击穿临界曲线,简称为 S/B 曲线,如图(b)中所画。从二次击穿产生的过程可知,防止晶体管的一次击穿,并限制其集电极电流,就可避免二次击穿。例如,在功放管的 c-e 间加稳压管,就可防止其一次击穿。

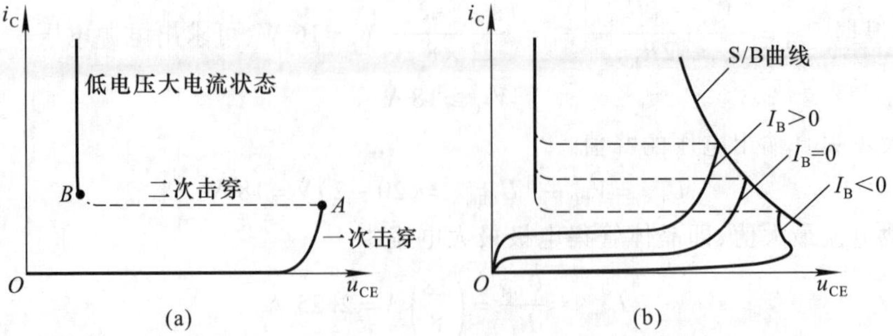

图 8.3.1 晶体管的击穿现象
(a) 二次击穿 (b) S/B 曲线

8.3.2 功放管的散热问题

功放管损坏的重要原因是其实际耗散功率超过额定数值 P_{CM}。而晶体管的耗散功率取决于管子内部的 PN 结(主要是集电结)温度 T_j。当 T_j 超过允许值后,集电极电流将急剧增大而烧坏管子。硅管的结温允许值为 120~180℃,锗管的结温允许值为 85℃左右。耗散功率等于结温在允许值时集电极电流与管压降之积。管子的功耗愈大,结温愈高。因而改善功放管的散热条件,可以在同样的结温下提高集电极最大耗散功率 P_{CM},也就可以提高输出功率。

一、热阻的概念

热在物体中传导时所受到的阻力用“热阻”来表示。当晶体管集电结消耗功率时,PN 结产生温升,热量要从管芯向外传递。设结温为 T_j,环境温度为 T_a,则温差 $\Delta T(=T_j-T_a)$ 与集电结耗散功率 P_C 成正比,比例系数称为热阻 R_T,即

$$\Delta T = T_j - T_a = P_C R_T \tag{8.3.1}$$

可见,热阻 R_T 是传递单位功率时所产生的温差,单位为℃/W。R_T 愈大,表明相同温差下能够散发的热能愈小。换言之,R_T 愈大,表明同样的功耗下结温升愈大。可见,热阻是衡量晶体管散热能力的一个重要参数。

当晶体管结温功耗达到最大允许值 T_{jM} 时,集电结功耗也达到 P_{CM},若环境温度为 T_a,则

$$\Delta T = T_{jM} - T_a = P_{CM} R_T$$

$$P_{CM} = \frac{T_{jM} - T_a}{R_T} \tag{8.3.2}$$

式(8.3.2)中,若管子的型号确定,则 T_{jM} 也就确定。T_a 常以 25℃为基准,因而要想增大 P_{CM},必须减小 R_T。

二、热阻的估算

以晶体管为例,管芯(J)向环境(A)散热的途径有两条:管芯(J)到外壳(C),再经外壳到环境;或者管芯(J)到外壳(C),再经散热片(S)到环境。即 J→C→A 或 J→C→S→A,如图 8.3.2(a)所示。设 J-C 间热阻为 R_{jc},C-A 间热阻为 R_{ca},C-S 间热阻为 R_{cs},S-A 间热阻为 R_{sa},则反映晶体管散热情况的热阻模型如图(b)所示。

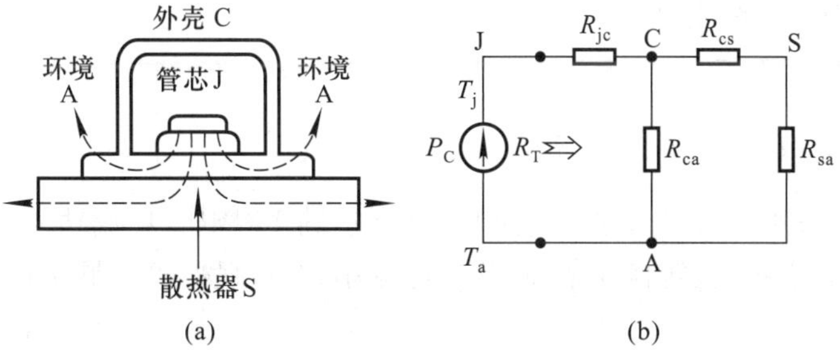

图 8.3.2 晶体管的散热

（a）晶体管的散热示意图 （b）晶体管散热的等效电路

在小功率放大电路中，放大管一般不加散热器，故晶体管的等效热阻为

$$R_T = R_{jc} + R_{ca} \tag{8.3.3}$$

在大功率放大电路中，功放管一般均要加散热器，且 $R_{cs} + R_{sa} \ll R_{ca}$，故

$$R_T \approx R_{jc} + R_{cs} + R_{sa} \tag{8.3.4}$$

不同型号的管子 R_{jc} 不同，如 3AD30 的 R_{jc} 为 1℃/W，而 3DG7 的 R_{jc} 却大于 150℃/W，可见其差别很大。R_{ca} 与外壳所用材料和几何尺寸有关，如大功率管 3AD30 的 R_{ca} 为 30℃/W，而小功率管 3DG7 的 R_{ca} 为 150℃/W。

式(8.3.4)中 R_{cs} 既取决于晶体管和散热器之间是否加绝缘层（如聚乙烯薄膜、0.05 ~ 0.1 mm的云母片），又取决于二者之间的接触面积和压紧程度。R_{sa} 与散热器所用材料及其表面积大小、厚薄、颜色，和散热片的安装位置等因素紧密相关。

三、功放管的散热器

两种散热器如图 8.3.3 所示。经验表明，当散热器垂直或水平放置时，有利于通风，故散热效果较好。散热器表面钝化涂黑，有利于热辐射，从而可以减小热阻。在产品手册中给出的最大集电极耗散功率是在指定散热器（材料、尺寸等）及一定环境温度下的允许值；若改善散热条件，如加大散热器、用电风扇强制风冷，则可获得更大一些的耗散功率。

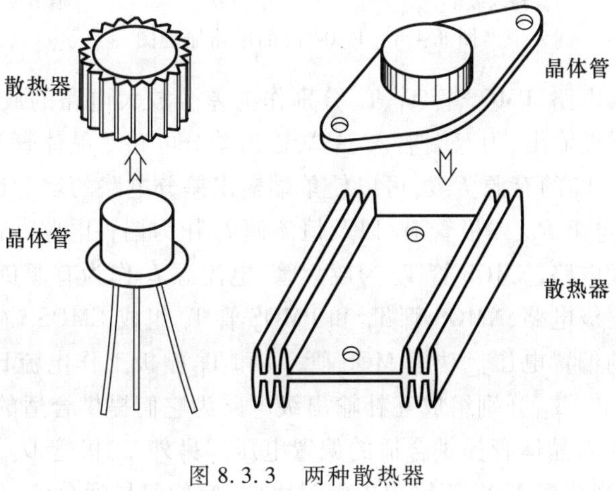

图 8.3.3 两种散热器

8.4 集成功率放大电路

8.4.1 集成功率放大电路的分析

PA04 是一种以采用 MOS 管和晶体管相结合制造的 BiCMOS 集成功放，具有电源电压范围大、输出功率大、输入阻抗高、转换速率高、静态电流小、有睡眠模式控制等特点，可应用于驱动声纳换能器和扬声器。

一、PA04 内部电路

PA04 内部电路原理图如图 8.4.1 所示，与通用型集成运放相类似，是一个三级放大电路，如点画线所划分。

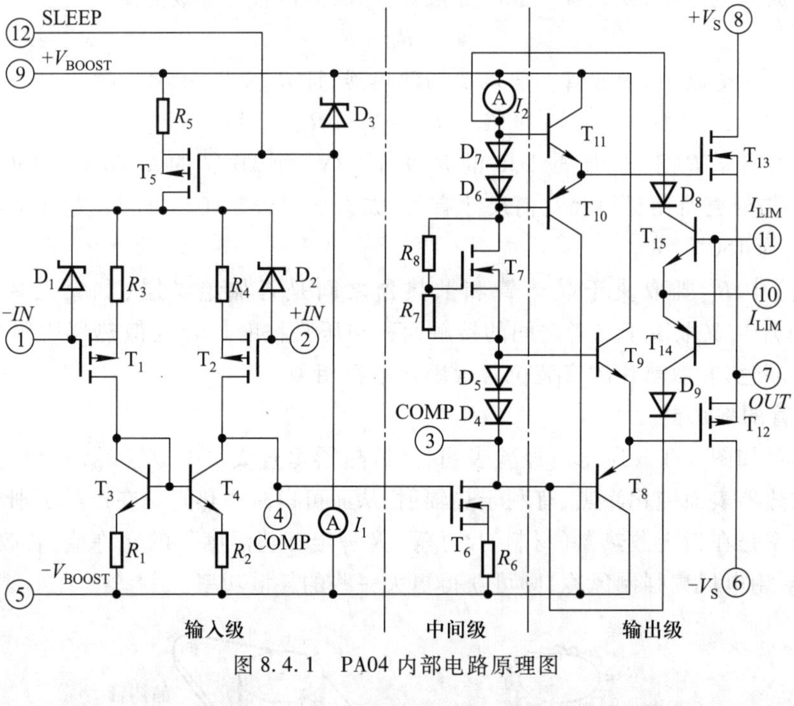

图 8.4.1 PA04 内部电路原理图

第一级为差分放大电路，PMOS 管 T_1、T_2 分别作为差分放大电路的放大管；信号从 T_1、T_2 管的栅极输入，从 T_2 的漏极输出，为双端输入、单端输出差分电路。晶体管 T_3、T_4 和电阻 R_1、R_2 组成比例电流源，作为 T_1、T_2 的有源负载，可以使单端输出差分电路的增益近似等于双端输出电路的增益。NMOS 管 T_5、电阻 R_5、二极管 D_3 以及恒流源 I_1 作为偏置电路，给第一级提供静态电流。

第二级为共源放大电路，NMOS 管 T_6 为放大管，电流源 I_2 作为有源负载，以增大放大倍数。

第三级为互补输出级电路，NMOS 管 T_{13} 和 PMOS 管 T_{12} 组成 CMOS 输出电路，NMOS 管 T_7 和电阻 R_7、R_8 提供合适的偏置电压。功率 MOS 管 T_{13} 和 T_{12} 栅极工作电流比小功率 MOS 管大，因此，晶体管 T_8、T_9 以及 T_{10}、T_{11} 分别组成互补输出级电路为它们提供合适的电流，而二极管 D_4、D_5 以及 D_6、D_7 则分别为两对晶体管提供合适的偏置电压。另外，二极管 D_8、D_9 以及晶体管 T_{14}、T_{15} 组成输出级保护电路，当功率 MOS 管输出电流过大时，它们将导通分流，从而使输出级电路不至于电流过大而损坏。使用时需要将第 10 和 11 端外接采样电阻。

利用瞬时极性法可以判断出,引脚 1 为反相输入端,引脚 2 为同相输入端。$+V_S$ 和 $-V_S$ 为电源端,可双电源供电,为 OCL 电路;若采用单电源供电,则为 OTL 电路。

二、PA04 的引脚图

PA04 的外形和引脚排列如图 8.4.2 所示。

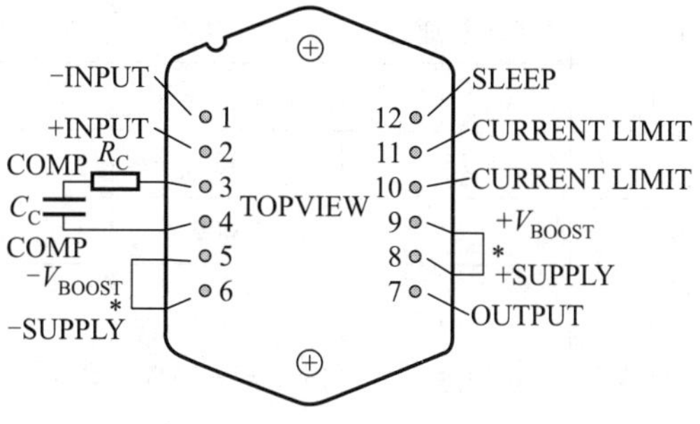

图 8.4.2 PA04 的外形和引脚排列

其中引脚 1 和 2 为差分输入端。引脚 3 和 4 为相位补偿端,使用时需外接电阻 R_c 和电容 C_c 进行相应补偿,R_c 和 C_c 的值与使用的负反馈电路的电压放大倍数有关,并影响带宽,如表 8.4.1 所示。引脚 6 和 8 为电源引脚,给 MOS 管 T_{12}和 T_{13}供电。引脚 5 和 9 为电压提升端,为除了

表 8.4.1 R_c 和 C_c 的值与电压放大倍数和带宽的近似关系

电压放大倍数	R_c/Ω	C_c/pF	带宽/kHz
1	120	470	10
>3	120	220	23
≥10	120	120	46

MOS 管 T_{12}和 T_{13}以外的电路供电,可外接比电源引脚 6 和 8 电压值高的电压,也可分别接至电源引脚 6 和 8。引脚 7 为输出端。引脚 10 和 11 为输出限流端,使用时需要在输出端连接一个采样电阻 R_{CL},并将这两个引脚分别连接至 R_{CL}两端,如图 8.4.3 所示。引脚 12 为睡眠控制端,高电平有效,可以使电路在不工作时进入睡眠模式,此时电路消耗的电流非常小;当不使用睡眠控制时,该引脚可悬空。

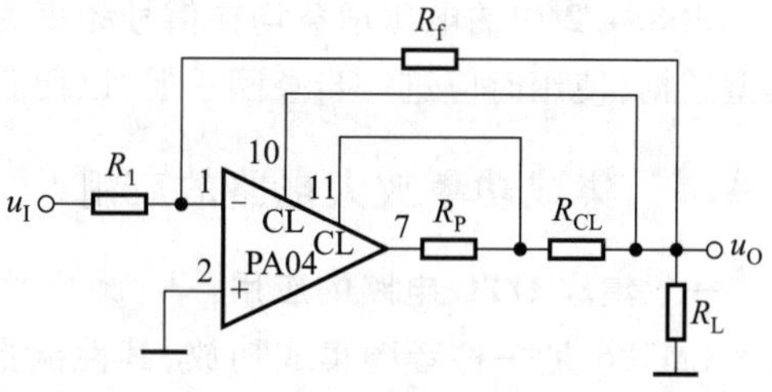

图 8.4.3 PA04 的限流端连接方法

8.4.2 集成功率放大电路的主要性能指标

集成功率放大电路的主要性能指标有最大输出功率、电源电压范围、电源静态电流、电压增益、带宽、输入阻抗、输入偏置电流、总谐波失真等。

PA04 的电源电压范围为 ±15 ~ ±100 V。对于同一负载,当电源电压不同时,最大输出功率

的数值将不同;而对于同一电源电压值,当负载不同时,最大输出功率的数值也将不同。当已知电源的静态电流和负载电流最大值时,可求出电源的功耗,从而得到转换效率。

几种典型产品的性能如表8.4.2所示。

表8.4.2 几种集成功放的主要参数

型 号	LM386-4	LM2877	TDA1514A	TDA1556	PA04
电路类型	OTL	OTL(双通道)	OCL	BTL(双通道)	OCL
电源电压范围/V	5.0~18	6.0~24	±10~±30	6.0~18	±15~±100
电源静态电流/mA	4	25	56	80	70
输入阻抗/kΩ	50		1 000	120	10^8
输出功率/W	1 ($V_{CC}=16$ V, $R_L=32$ Ω)	4.5	48 ($V_{CC}=\pm23$ V, $R_L=4$ Ω)	22 ($V_{CC}=14.4$ V, $R_L=4$ Ω)	400 (音频输出)
电压增益/dB	26~46	70(开环)	89(开环) 30(闭环)	26(闭环)	可由电路设置
频带宽/kHz	300 (1,8开路)		0.02~25	0.02~15	90 ($V_{OPP}=180$ V, $R_L=4.5$ Ω, $R_c=120$ Ω, $C_c=100$ pF)
增益频带宽积/kHz		65			2 000($I_o=10$ A)
总谐波失真/% (或dB)	0.2%	0.07%	-90 dB	0.1%	

表8.4.2中的电压增益均在信号频率为1 kHz条件下测试所得。应当指出,表中所示均为典型数据,使用时应进一步查阅手册,以便获得更确切的数据。

8.4.3 集成功率放大电路的应用

一、集成OTL电路的应用

LM386是一种音频集成功放,其性能指标如表8.4.2所示。图8.4.4所示为LM386的一种基本用法,也是外接元件最少的一种用法,C_1为输出电容。由于引脚1和8开路,集成功放的电压增益为26 dB,即电压放大倍数为20。利用R_w可调节扬声器的音量。R和C_2串联构成校正网络用来进行相位补偿。

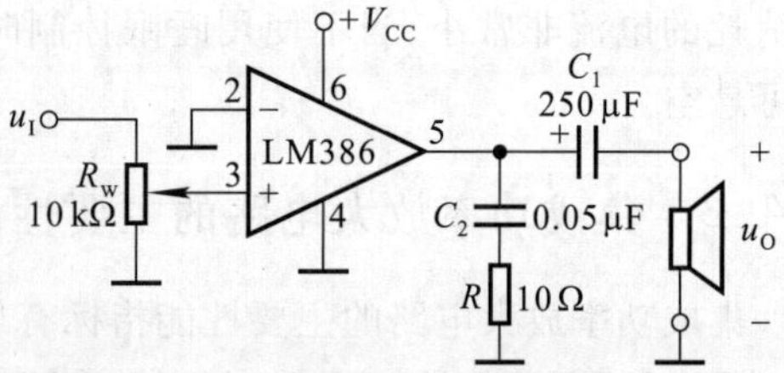

图8.4.4 LM386外接元件最少的用法

静态时输出电容上电压为 $V_{CC}/2$，LM386 的最大不失真输出电压的峰－峰值约为电源电压 V_{CC}。设负载电阻为 R_L，最大输出功率表达式为

$$P_{om} \approx \frac{\left(\frac{V_{CC}/2}{\sqrt{2}}\right)^2}{R_L} = \frac{V_{CC}^2}{8R_L} \tag{8.4.1}$$

此时的输入电压有效值的表达式为

$$U_{im} = \frac{\frac{V_{CC}}{2}\Big/\sqrt{2}}{A_u} \tag{8.4.2}$$

当 $V_{CC} = 16$ V、$R_L = 32$ Ω 时，$P_{om} \approx 1$ W，$U_{im} \approx 283$ mV。

图 8.4.5 所示为 LM386 电压增益最大时的用法，C_3 使引脚 1 和 8 在交流通路中短路，使 $A_u \approx 200$；C_4 为旁路电容；C_5 为去耦电容，滤掉电源的高频交流成分。当 $V_{CC} = 16$ V、$R_L = 32$ Ω 时，与图 8.4.4 所示电路相同，P_{om} 仍约为 1 W；但输入电压的有效值 U_{im} 却仅需 28.3 mV。

图 8.4.6 所示为 LM386 的一般用法，图中利用 R_2 改变 LM386 的电压增益。

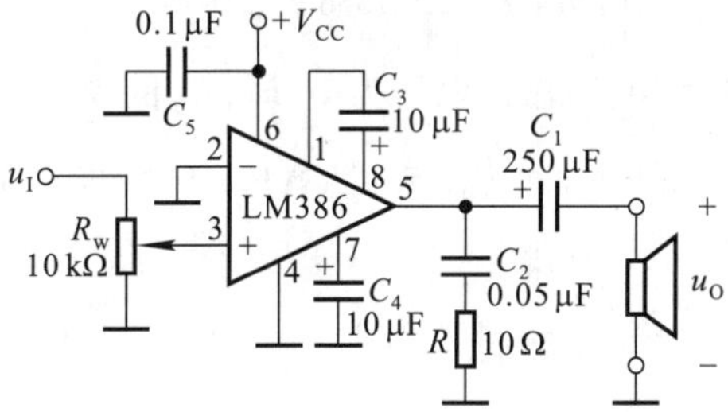

图 8.4.5 LM386 电压增益最大的用法

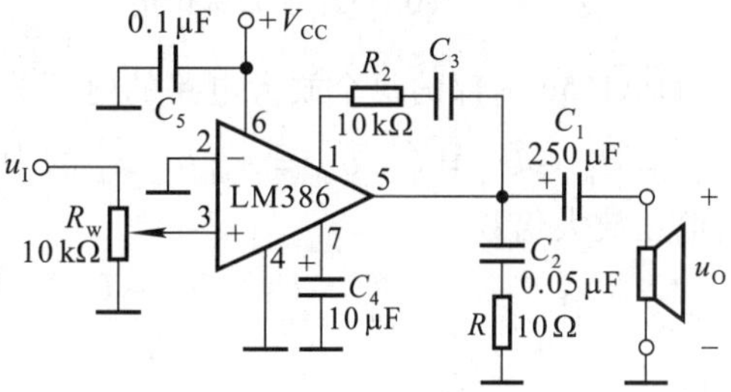

图 8.4.6 LM386 的一般用法

二、集成 OCL 电路的应用

图 8.4.7 所示为 TDA1521 的基本用法。TDA1521 为 2 通道 OCL 电路，可作为立体声扩音机左右两个声道的功放。其内部引入了深度电压串联负反馈，闭环电压增益为 30 dB，并具有待机、净噪功能以及短路和过热保护等。

查阅手册可知，当 $\pm V_{CC} = \pm 16$ V、$R_L = 8$ Ω 时，若要求总谐波失真为 0.5%，则 $P_{om} \approx 12$ W。由于最大输出功率的表达式为

$$P_{om} = \frac{U_{om}^2}{R_L}$$

可得最大不失真输出电压 $U_{om} \approx 9.8$ V，其峰值约为 13.9 V，可见功放内部压降的最小值约为 2.1 V。当输出功率为 P_{om} 时，输入电压有效值 $U_{im} \approx 327$ mV。

三、集成 BTL 电路的应用

TDA1556 为 2 通道 BTL 电路，与 TDA1521 相同，也可作为立体声扩音机左右两个声道的功放，图 8.4.8 所示为其基本用法，两个通道的组成完全相同。TDA1556 内部具有待机、净噪功能，并有短路、电压反向、过电压、过热和扬声器保护等。

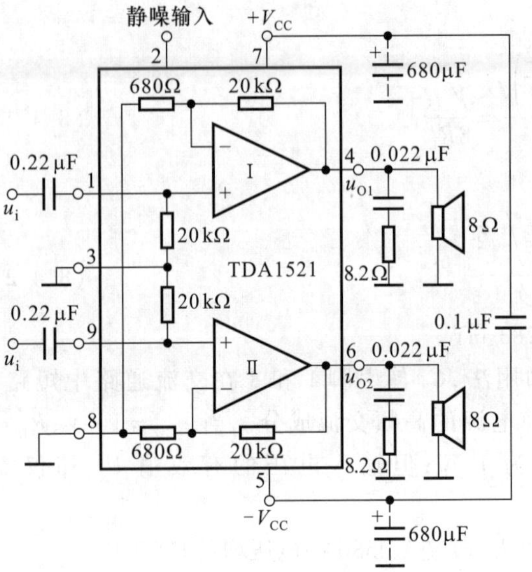

图 8.4.7　TDA1521 的基本用法

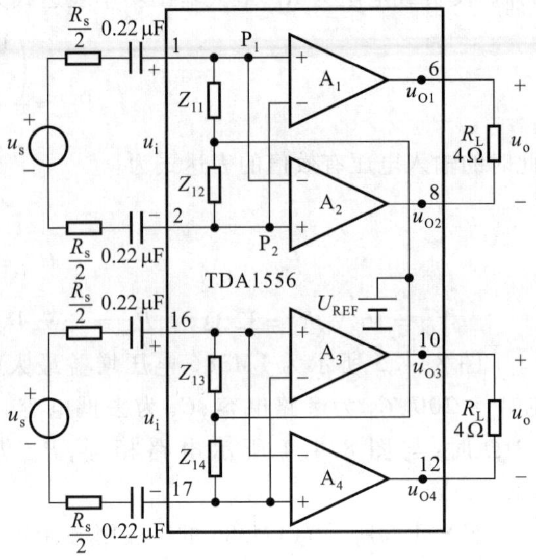

图 8.4.8　TDA1556 的基本用法

TDA1556 内部的每个放大电路的电压放大倍数均为 10，当输入电压为 U_i 时，A_1 的净输入电压 $\dot{U}_{i1}=\dot{U}_{p1}-\dot{U}_{p2}=\dot{U}_i$，$\dot{U}_{o1}=\dot{A}_{u1}\dot{U}_i$；$A_2$ 的净输入电压 $\dot{U}_{i2}=\dot{U}_{p2}-\dot{U}_{p1}=-\dot{U}_i$，$\dot{U}_{o2}=-\dot{A}_{u2}\dot{U}_i$；因此，电压放大倍数

$$\dot{A}_u=\frac{\dot{U}_o}{\dot{U}_i}=\frac{\dot{U}_{o1}-\dot{U}_{o2}}{\dot{U}_i}=\frac{\dot{A}_{u1}\dot{U}_i-(-\dot{A}_{u2}\dot{U}_i)}{\dot{U}_i}=2\dot{A}_{u1}=20$$

电压增益 $20\lg|\dot{A}_u|\approx 26\ \text{dB}$。

为了使最大不失真输出电压的峰值接近电源电压 V_{CC}，应设置放大电路同相输入端和反相输入端的静态电位均为 $V_{CC}/2$，输出端静态电位也为 $V_{CC}/2$，因此内部提供的基准电压 U_{REF} 为 $V_{CC}/2$。当 u_i 由零逐渐增大时，u_{O1} 从 $V_{CC}/2$ 逐渐增大，u_{O2} 从 $V_{CC}/2$ 逐渐减小；当 u_i 增大到峰值时，u_{O1} 达到最大值，u_{O2} 达到最小值，负载上电压可接近 $+V_{CC}$。同理，当 u_i 由零逐渐减小时，u_{O1} 和 u_{O2} 的变化与上述过程相反；当 u_i 减小到负峰值时，u_{O1} 达到最小值，u_{O2} 达到最大值，负载上电压可接近 $-V_{CC}$。因此，最大不失真输出电压的峰值可接近电源电压 V_{CC}。

查阅手册可知，当 $V_{CC}=14.4\ \text{V}$、$R_L=4\ \Omega$ 时，若总谐波失真为0.1%，则 $P_{OM}\approx 22\ \text{W}$。最大不失真输出电压 $U_{om}\approx 9.38\ \text{V}$，其峰值约为 13.3 V，因而内部放大电路压降的最小值约为 1.1 V。为了减小非线性失真，应增大内部放大电路压降的最小值，当然势必减小电路的最大输出功率。

■ 思考题

8.4.1　如何从集成功率放大应用电路的组成来判断集成功放是 OCL、OTL 还是 BTL？

8.5 Multisim 应用举例——OCL 电路输出功率和效率的研究

一、题目

研究 OCL 功率放大电路的输出功率和效率。

二、仿真电路

OCL 功率放大电路如图 8.5.1 所示。

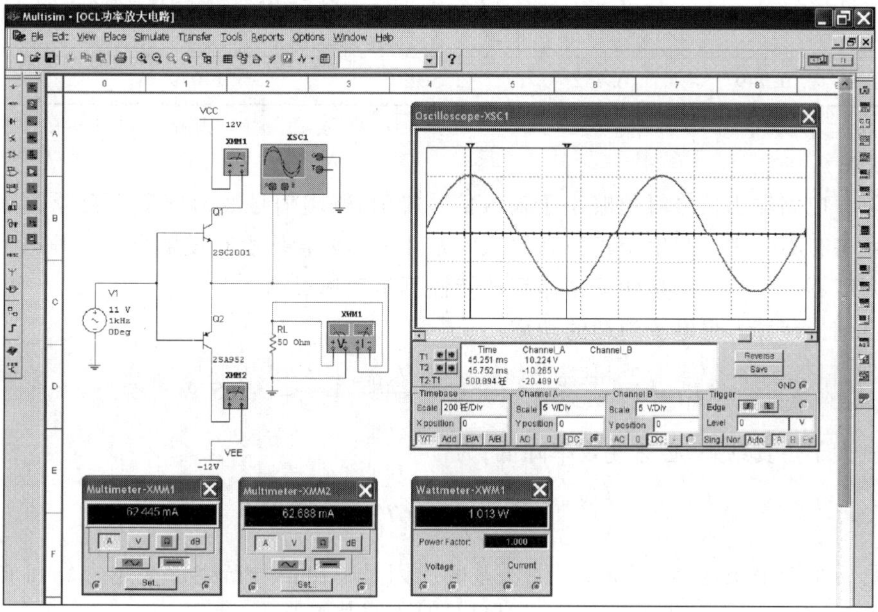

图 8.5.1

图中采用 NPN 型低频功率晶体管 2SC2001，其参数为：$I_{CM}=700\ mA$，$P_T=600\ mW$，$U_{(BR)CEO}=25\ V$，$U_{CES}=0.2\ V$；PNP 型低频功率晶体管 2SA952，其参数为：$I_{CM}=-700\ mA$，$P_T=600\ mW$，$U_{(BR)CEO}=-25\ V$，$U_{CES}=-0.25\ V$。

输出功率 P_o 为交流功率，可采用瓦特表测量；电源消耗的功率 P_V 为平均功率，可采用直流电流表测量电源的输出平均电流，然后计算出 P_V。

三、仿真内容

1. 观察输出信号波形的失真情况。
2. 分别测量静态时以及输入电压峰值为 11 V 时的 P_o 和 P_V，计算效率。

四、仿真结果

仿真结果如表 8.5.1 所示。

表 8.5.1 测试数据

输入信号 V1 峰值/V	直流电流表 1 读数 I_{C1}/mA	直流电流表 2 读数 I_{C2}/mA	电源消耗的功率 P_V/W	瓦特表读数 P_o/W	OCL 电路输出信号正、负向峰值 U_{omax+}，U_{omax-}/V
0	0	0	0	0	0,0
11	62.445	62.688	1.502	1.013	10.224，-10.265

利用表 8.5.1 中的数据,经简单计算,可得电源消耗的功率、输出功率和效率,如表 8.5.2 所示。

表 8.5.2　功率和效率

输入电压峰值为 11 V	$+V_{CC}$ 功耗 P_{V+}/W	$-V_{CC}$ 功耗 P_{V-}/W	电源总功耗 P_V/W	输出功率 P_{om}/W	效率 /%
计算公式	$I_{C1}V_{CC}$	$I_{C2}V_{CC}$	$(I_{C1}+I_{C2})V_{CC}$	$\left(\frac{U_{omax+}+U_{omax-}}{2}\right)^2\Big/(2R_L)$	P_{om}/P_V
计算结果	0.749	0.752	1.501	1.049	69.9%

五、结论

(1) OCL 电路输出信号峰值略小于输入信号峰值,输出信号波形产生了交越失真,且正、负向输出幅度略有不对称。产生交越失真的原因是两只晶体管均没有设置合适的静态工作点,正、负向输出幅度不对称的原因是两只晶体管的特性不是理想对称。

(2) 由理论计算可得电源消耗的功率

$$P_V=\frac{2}{\pi}\cdot\frac{V_{CC}\cdot(U_{omax+}+U_{omax-})/2}{R_L}\approx 1.565\ \text{W}$$

该数据明显大于仿真结果,必然使效率降低,为

$$\eta=\frac{P_{om}}{P_V}\approx 67\%$$

与通过仿真所得结果误差小于 5%,产生误差的原因是输出信号产生了交越失真和非对称性失真。由此可见,对于功率放大电路的仿真对设计具有指导意义。

(3) 从本例中可以学习功率的测试方法。

本章小结

本章主要阐明功率放大电路的组成、工作原理、最大输出功率和效率的估算,以及集成功放的应用。归纳如下:

一、功率放大电路是在电源电压确定情况下,以输出尽可能大的不失真的信号功率和具有尽可能高的转换效率为组成原则,功放管常工作在尽限应用状态。低频功放有变压器耦合乙类推挽电路、OTL、OCL、BTL 电路等。

二、功放的输入信号幅值较大,分析时应采用图解法。首先求出功率放大电路负载上可能获得的最大交流电压的幅值,从而得出负载上可能获得的最大交流功率,即电路的最大输出功率 P_{om};同时求出此时电源提供的直流平均功率 P_V,P_{om} 与 P_V 之比即为转换效率。

OCL 电路为直接耦合功率放大电路,为了消除交越失真,静态时应使功放管微导通;OCL 电路中功放管工作在甲乙类状态。在忽略静态电流的情况下,最大输出功率和转换效率分别为

$$P_{om}=\frac{(V_{CC}-U_{CES})^2}{2R_L},\quad \eta=\frac{\pi}{4}\cdot\frac{V_{CC}-U_{CES}}{V_{CC}}$$

所选用的功放管的极限参数应满足 $U_{(BR)CEO}>2V_{CC}$,$I_{CM}>V_{CC}/R_L$,$P_{om}>0.2P_{om}\big|_{U_{CES}=0}$。

三、OTL、OCL 和 BTL 均有不同性能指标的集成电路，只需外接少量元件，就可成为实用电路。在集成功放内部均有保护电路，以防止功放管过流、过压、过损耗或二次击穿。

学习本章，应能达到下列要求：

一、掌握下列概念：晶体管的甲类、乙类和甲乙类工作状态，最大输出功率、转换效率。

二、理解功率放大电路的组成原则，掌握 OCL 的工作原理，并了解其它类型功率放大电路的特点。

三、理解功率放大电路最大输出功率和效率的分析方法，了解功放管的选择方法。

四、了解集成功率放大电路的工作原理。

自　测　题

一、选择合适的答案，填入空内。只需填入 A、B 或 C。

（1）功率放大电路的最大输出功率是在输入电压为正弦波时，输出基本不失真情况下，负载上可能获得的最大______。

A. 交流功率　　B. 直流功率　　C. 平均功率

（2）功率放大电路的转换效率是指______。

A. 输出功率与晶体管所消耗的功率之比

B. 最大输出功率与电源提供的平均功率之比

C. 晶体管所消耗的功率与电源提供的平均功率之比

（3）在选择功放电路中的晶体管时，应当特别注意的参数有______。

A. β　　B. I_{CM}　　C. I_{CBO}

D. $U_{(BR)CEO}$　　E. P_{CM}　　F. f_T

（4）若图 T8.1 所示电路中晶体管饱和管压降的数值为 $|U_{CES}|$，则最大输出功率 P_{OM} = ______。

A. $\dfrac{(V_{CC}-|U_{CES}|)^2}{2R_L}$　　B. $\dfrac{\left(\frac{1}{2}V_{CC}-|U_{CES}|\right)^2}{R_L}$　　C. $\dfrac{\left(\frac{1}{2}V_{CC}-|U_{CES}|\right)^2}{2R_L}$

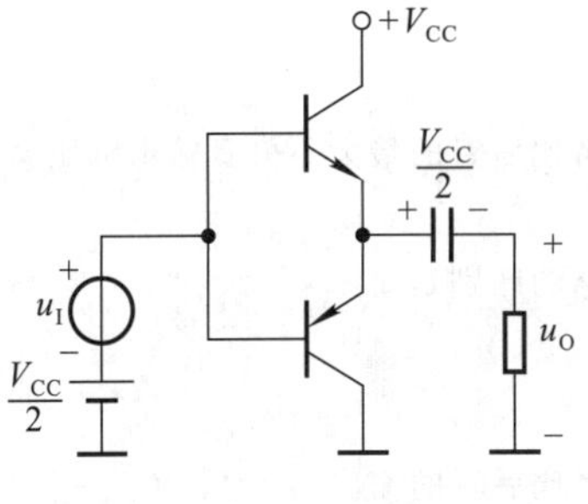

图 T8.1

二、电路如图 T8.2 所示，已知 T_1 和 T_2 的饱和管压降 $|U_{CES}|=2$ V，直流功耗可忽略不计。

回答下列问题：

（1）R_3、R_4 和 T_3 的作用是什么？

（2）负载上可能获得的最大输出功率 P_{om} 和电路的转换效率 η 各为多少？

（3）设最大输入电压的有效值为 1 V。为了使电路的最大不失真输出电压的峰值达到 16 V，电阻 R_6 至少应取多少千欧？

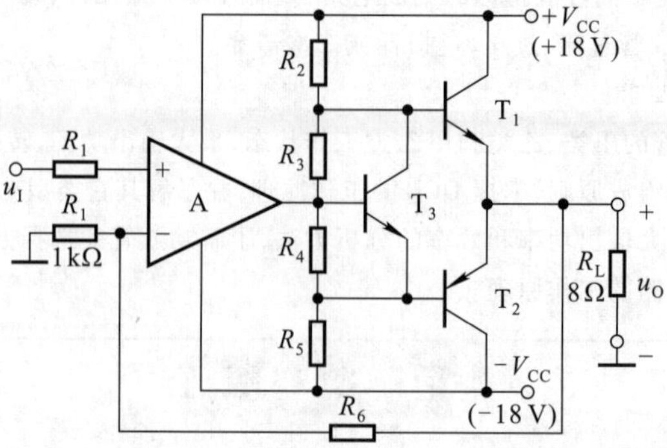

图 T8.2

习　题

8.1 分析下列说法是否正确,用"√"、"×"表示判断结果填入括号内。

(1) 在功率放大电路中,输出功率愈大,功放管的功耗愈大。(　　)

(2) 功率放大电路的最大输出功率是指在基本不失真情况下,负载上可能获得的最大交流功率。(　　)

(3) 当 OCL 电路的最大输出功率为 1 W 时,功放管的集电极最大耗散功率应大于 1 W。(　　)

(4) 功率放大电路与电压放大电路、电流放大电路的共同点是

① 都使输出电压大于输入电压;(　　)

② 都使输出电流大于输入电流;(　　)

③ 都使输出功率大于信号源提供的输入功率。(　　)

(5) 功率放大电路与电压放大电路的区别是

① 前者比后者电源电压高;(　　)

② 前者比后者电压放大倍数数值大;(　　)

③ 前者比后者效率高;(　　)

④ 在电源电压相同的情况下,前者比后者的最大不失真输出电压大;(　　)

⑤ 前者比后者的输出功率大。(　　)

(6) 功率放大电路与电流放大电路的区别是

① 前者比后者电流放大倍数大;(　　)

② 前者比后者效率高;(　　)

③ 在电源电压相同的情况下,前者比后者的输出功率大。(　　)

8.2 已知电路如图 P8.2 所示,T_1 和 T_2 管的饱和管压降 $|U_{CES}|=3$ V, $V_{CC}=15$ V, $R_L=8$ Ω。选择正确答案填入空内。

(1) 电路中 D_1 和 D_2 管的作用是消除______。

A. 饱和失真　　B. 截止失真　　C. 交越失真

(2) 静态时,晶体管发射极电位 U_{EQ}______。

A. >0 V　　B. =0 V　　C. <0 V

(3) 最大输出功率 P_{om}______。

A. ≈28 W　　B. =18 W　　C. =9 W

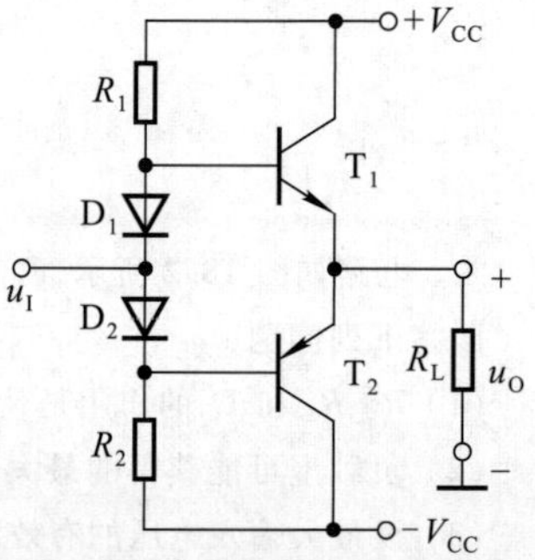

图 P8.2

（4）当输入为正弦波时，若 R_1 虚焊，即开路，则输出电压______。

A. 为正弦波　　B. 仅有正半波　　C. 仅有负半波

（5）若 D_1 虚焊，则 T_1 管______。

A. 可能因功耗过大烧坏　B. 始终饱和　　C. 始终截止

8.3　电路如图 P8.2 所示。在出现下列故障时，分别产生什么现象。

（1）R_1 开路；（2）D_1 开路；（3）R_2 开路；（4）T_1 集电极开路；

（5）R_1 短路；（6）D_1 短路。

8.4　在图 P8.2 所示电路中，已知 $V_{CC}=16\ V$，$R_L=4\ \Omega$，T_1 和 T_2 管的饱和管压降 $|U_{CES}|=2\ V$，输入电压足够大。试问：

（1）最大输出功率 P_{om} 和效率 η 各为多少？

（2）晶体管的最大功耗 P_{Tmax} 为多少？

（3）为了使输出功率达到 P_{om}，输入电压的有效值约为多少？

8.5　在图 P8.5 所示电路中，已知二极管的导通电压 $U_D=0.7\ V$，晶体管导通时的 $|U_{BE}|=0.7\ V$，T_2 和 T_4 管发射极静态电位 $U_{EQ}=0\ V$。试问：

（1）T_1、T_3 和 T_5 管基极的静态电位各为多少？

（2）设 $R_2=10\ k\Omega$，$R_3=100\ \Omega$。若 T_1 和 T_3 管基极的静态电流可忽略不计，则 T_5 管集电极静态电流为多少？静态时 $u_I=$？

（3）若静态时 $i_{B1}>i_{B3}$，则应调节哪个参数可使 $i_{B1}=i_{B3}$？如何调节？

（4）电路中二极管的个数可以是 1、2、3、4 吗？你认为哪个最合适？为什么？

8.6　电路如图 P8.5 所示。在出现下列故障时，分别产生什么现象。

（1）R_2 开路；（2）D_1 开路；（3）R_2 短路；

（4）T_1 集电极开路；（5）R_3 短路。

8.7　在图 P8.5 所示电路中，已知 T_2 和 T_4 管的饱和管压降 $|U_{CES}|=2\ V$，静态时电源电流可忽略不计。试问：

（1）负载上可能获得的最大输出功率 P_{om} 和效率 η 各约为多少？

（2）T_2 和 T_4 管的最大集电极电流、最大管压降和集电极最大功耗各约为多少。

8.8　为了稳定输出电压，减小非线性失真，试通过电阻 R_f 在图 P8.5 所示电路中引入合适的负反馈；并估算在电压放大倍数数值约为 10 的情况下，R_f 的取值。

8.9　在图 P8.9 所示电路中，已知 $V_{CC}=15\ V$，T_1 和 T_2 管的饱和管压降 $|U_{CES}|=2\ V$，输入电压足够大。求解：

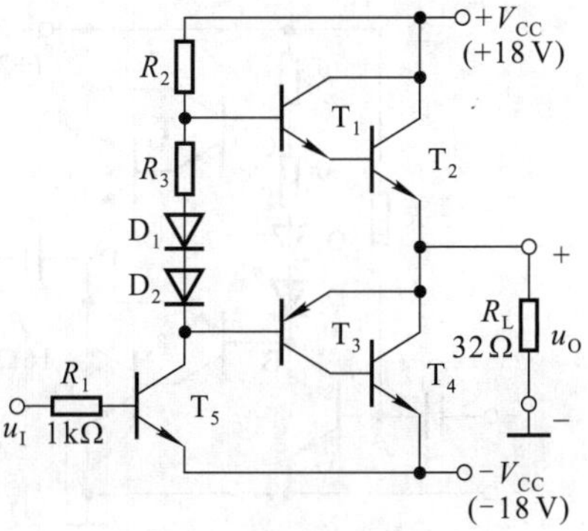

图 P8.5

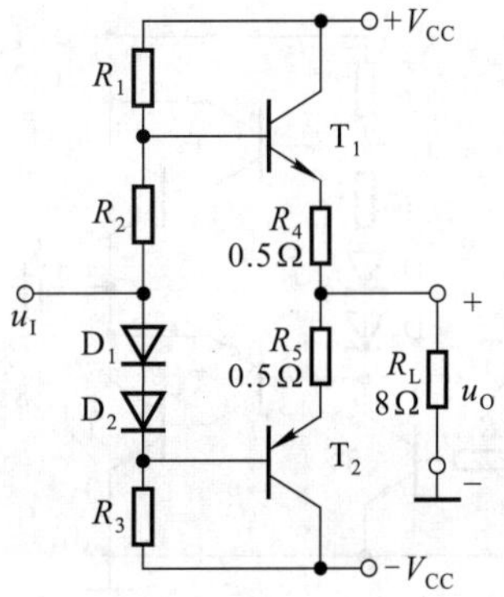

图 P8.9

(1) 最大不失真输出电压的有效值；

(2) 负载电阻 R_L 上电流的最大值；

(3) 最大输出功率 P_{om} 和效率 η。

8.10 在图 P8.9 所示电路中，R_4 和 R_5 可起短路保护作用，当输出因故障而短路时，晶体管的最大集电极电流和功耗各为多少？

8.11 在图 P8.11 所示电路中，已知 $V_{CC}=15$ V，T_1 和 T_2 管的饱和管压降 $|U_{CES}|=1$ V，集成运放的最大输出电压幅值为 ±13 V，二极管的导通电压为 0.7 V。

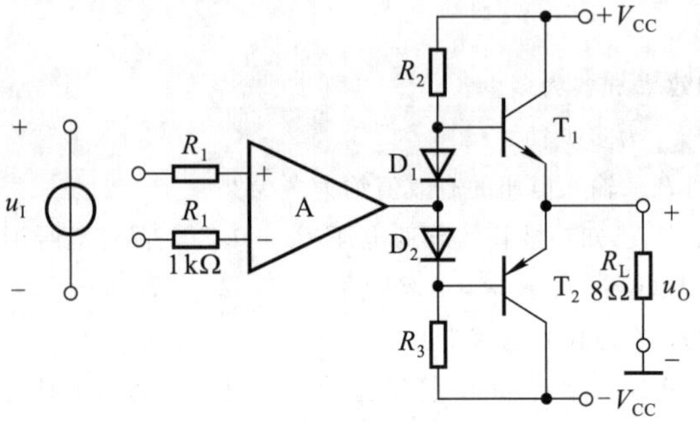

图 P8.11

(1) 若输入电压幅值足够大，则电路的最大输出功率为多少？

(2) 为了提高输入电阻，稳定输出电压，且减小非线性失真，应引入哪种组态的交流负反馈？画出图来。

(3) 若 $U_i=0.1$ V 时，$U_o=5$ V，则反馈网络中电阻的取值约为多少？

8.12 OTL 电路如图 P8.12 所示。

(1) 为了使得最大不失真输出电压幅值最大，静态时 T_2 和 T_4 管的发射极电位应为多少？若不合适，则一般应调节哪个元件参数？

(2) 若 T_2 和 T_4 管的饱和管压降 $|U_{CES}|=3$ V，输入电压足够大，则电路的最大输出功率 P_{om} 和效率 η 各为多少？

(3) T_2 和 T_4 管的 I_{CM}、$U_{(BR)CEO}$ 和 P_{CM} 应如何选择？

8.13 已知图 P8.13 所示电路中 T_2 和 T_4 管的饱和管压降 $|U_{CES}|=2$ V，导通时的 $|U_{BE}|=0.7$ V，输入电压足够大。

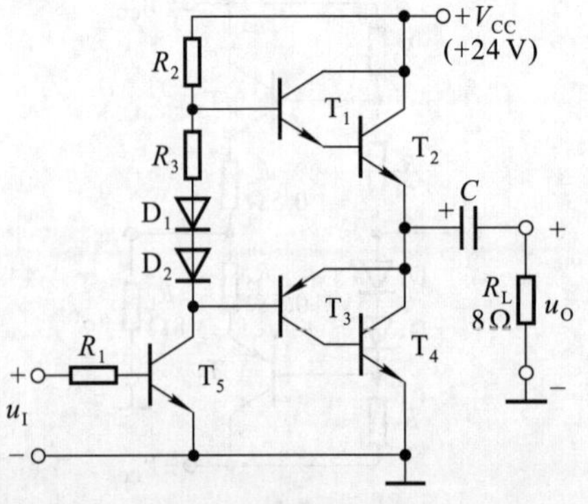

图 P8.12

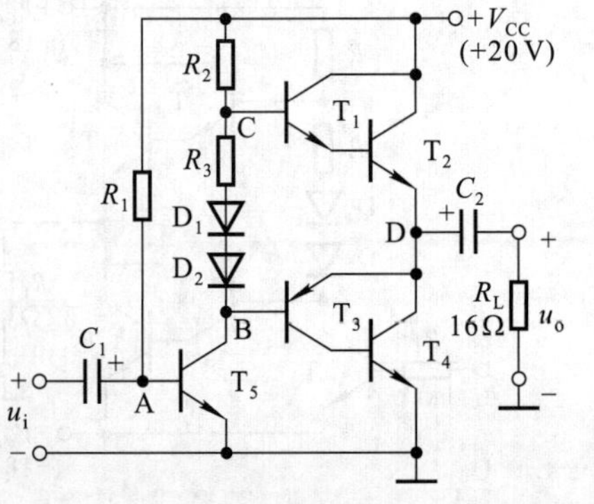

图 P8.13

（1）A、B、C、D 点的静态电位各为多少？

（2）若管压降 $|U_{CE}| \geq 3$ V，为使最大输出功率 P_{om} 不小于 1.5 W，则电源电压至少应取多少？

8.14　LM1877N－9 为 2 通道低频功率放大电路，单电源供电，最大不失真输出电压的峰－峰值 $U_{opp} = (V_{CC} - 6)$ V，开环电压增益为 70 dB。图 P8.14 所示为 LM1877N－9 中一个通道组成的实用电路，电源电压为 24 V，$C_1 \sim C_3$ 对交流信号可视为短路；R_3 和 C_4 起相位补偿作用，可以认为负载为 8 Ω。

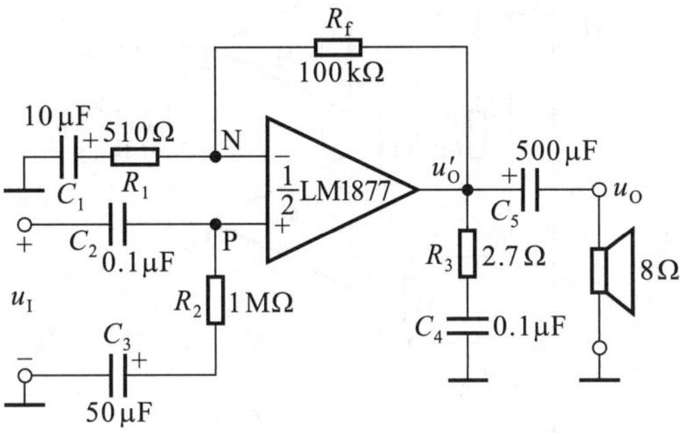

图 P8.14

（1）图示电路为哪种功率放大电路？

（2）静态时 u_P、u_N、u'_O、u_O 各为多少？

（3）设输入电压足够大，电路的最大输出功率 P_{om} 和效率 η 各为多少？

8.15　电路如图 8.4.7 所示，回答下列问题：

（1）$\dot{A}_u = \dot{U}_{o1} / \dot{U}_i \approx$？

（2）若 $V_{CC} = 15$ V 时最大不失真输出电压的峰－峰值为 27 V，则电路的最大输出功率 P_{om} 和效率 η 各为多少？

（3）为了使负载获得最大输出功率，输入电压的有效值约为多少？

8.16　TDA1556 为 2 通道 BTL 电路，图 P8.16 所示为 TDA1556 中一个通道组成的实用电路。已知 $V_{CC} =$ 15 V，放大器的最大输出电压幅值为 13 V。

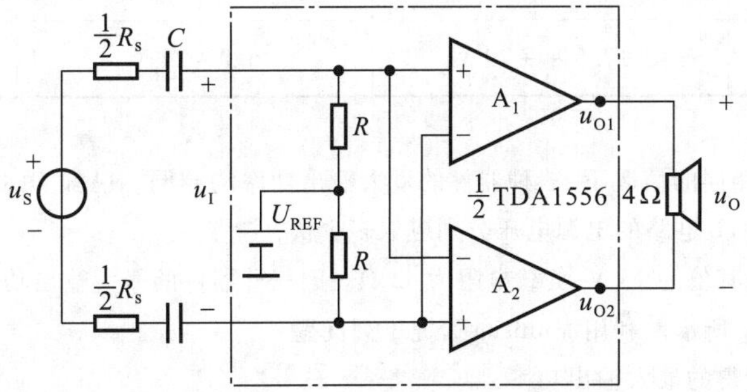

图 P8.16

（1）为了使负载上得到的最大不失真输出电压幅值最大，基准电压 U_{REF} 应为多少伏？静态时 u_{O1} 和 u_{O2} 各为多少伏？

(2) 若 U_i 足够大,则电路的最大输出功率 P_{om} 和效率 η 各为多少?

(3) 若电路的电压放大倍数为20,则为了使负载获得最大输出功率,输入电压的有效值约为多少?

8.17 TDA1556为2通道BTL,图P8.17所示为TDA1556中一个通道组成的实用电路。已知 $V_{CC}=15$ V,放大器的最大输出电压幅值为13 V。

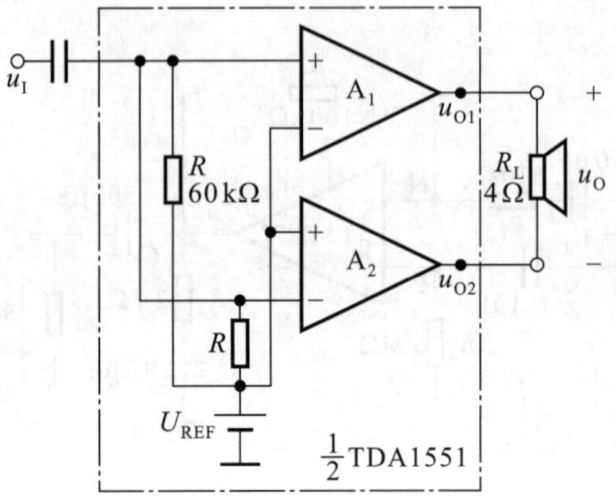

图 P8.17

(1) 输入信号分别作用于 A_1、A_2 的同相输入端还是反相输入端?若输入电压为 $\dot{U}_i$,则 A_1、A_2 的输入各为多少?

(2) 为了使负载上得到的最大不失真输出电压幅值最大,基准电压 U_{REF} 应为多少伏?静态时 u_{O1} 和 u_{O2} 各为多少伏?

(3) 若 U_i 足够大,则电路的最大输出功率 P_{om} 和效率 η 各为多少?

8.18 已知型号为TDA1521、LM1877和TDA1556的电路形式和电源电压范围如表所示,它们的功放管的最小管压降 $|U_{CEmin}|$ 均为3 V。

型　　号	TDA1521	LM1877	TDA1556
电路形式	OCL	OTL	BTL
电源电压	±7.5 ~ ±20 V	6.0 ~ 24 V	6.0 ~ 18 V

(1) 设在负载电阻均相同的情况下,三种器件的最大输出功率均相同。已知OCL电路的电源电压 $\pm V_{CC}=\pm 10$ V,试问OTL电路和BTL电路的电源电压分别应取多少伏?

(2) 设仅有一种电源,其值为15 V;负载电阻为32 Ω。问三种器件的最大输出功率各为多少?

8.19 电路如图P8.19所示。利用Multisim研究下列问题:

(1) 负载 R_6 上能够获得的最大输出功率;

(2) 电容 C_1、C_2 的作用;

(3) 当输入电压为频率为1 kHz、峰值为5 V的正弦波时,若 R_1 开路,将产生什么现象,解释理由。

8.20 电路如图P8.19所示。

(1) 若输入正弦波的最大峰值为1.4 V,则为使负载 R_6 上获得最大输出功率,应采用什么措施?画出电路图来。

（2）为了使信号源与图示电路直流通路隔离，同时为了稳定输出电压，减小非线性失真，引入合适的交流负反馈，画出电路图来。并利用 Multisim 选择合适的电路参数，使输入电压有效值 $U_i = 0.1$ V 时，输出电压有效值 $U_o = 1$ V。

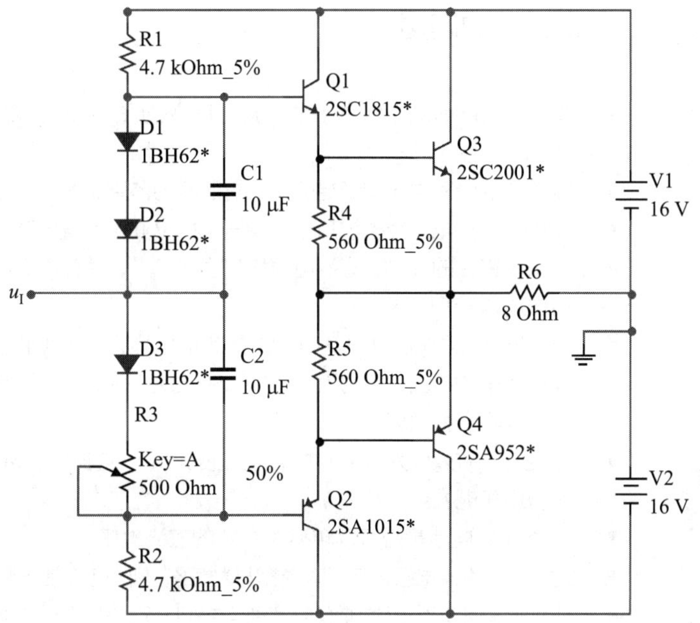

图 P8.19

第9章 直流电源

本章讨论的问题

- 如何将 50 Hz、220 V 的交流电压变为 6 V 的直流电压？主要步骤是什么？
- 220 V 的电网电压是稳定的吗？它的波动范围是多少？
- 220 V 交流电压经整流后是否输出 220 V 的直流电压？
- 将市场销售的 6 V 直流电源接到收音机上，为什么有的声音清晰，有的含有交流声？
- 对于同样标称输出电压为 6 V 的直流电源，在未接收音机时，为什么测量输出端子的电压，有的为 6 V，而有的为 7~8 V？用后者为收音机供电，会造成收音机损坏吗？
- 要使一个有效值为 5 V 的交流电压变为 6 V 直流电压是否可能？变为 10 V 直流电压呢？
- 一个 3 V 电池是否可以转换为 6 V 的直流电压？
- 对于一般直流电源，若不慎将输出端短路，则一定会使电源损坏吗？
- 线性电源和开关型电源有何区别？它们分别应用在什么场合为好？

9.1 直流电源的组成及各部分的作用

在电子电路及设备中，一般都需要稳定的直流电源供电。本章所介绍的直流电源为单相小功率电源，它将频率为 50 Hz、有效值为 220 V 的单相交流电压转换为幅值稳定、输出电流为几十安以下的直流电压。

单相交流电经过电源变压器、整流电路、滤波电路和稳压电路转换成稳定的直流电压，其方框图及各电路的输出电压波形如图 9.1.1 所示，下面就各部分的作用加以介绍。

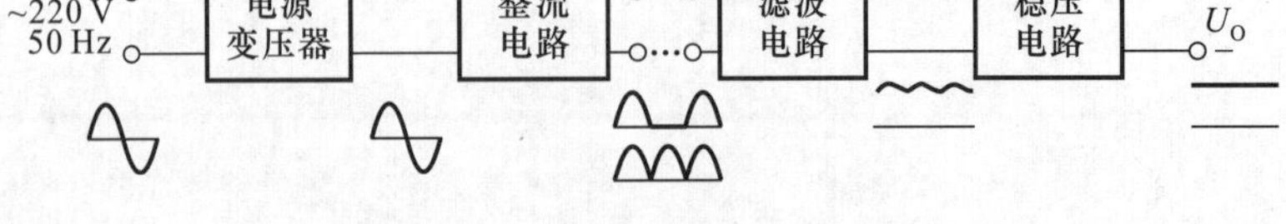

图 9.1.1 直流稳压电源的方框图

直流电源的输入为 220 V 的电网电压（即市电），一般情况下，所需直流电压的数值和电网电压的有效值相差较大，因而需要通过电源变压器降压后，再对交流电压进行处理。变压器二次电压有效值决定于后面电路的需要。目前,也有部分电路不用变压器,利用其它方法升压或降压。

变压器二次电压通过整流电路从交流电压转换为直流电压,即将正弦波电压转换为单一方向的脉动电压,半波整流电路和全波整流电路的输出波形如图中所画。可以看出,它们均含有较大的交流分量,会影响负载电路的正常工作;例如,交流分量将混入输入信号被放大电路放大,甚至在放大电路的输出端所混入的电源交流分量大于有用信号;因而不能直接作为电子电路的供电电源。应当指出,图中整流电路输出端所画波形是未接滤波电路时的波形,接入滤波电路后波形将有所变化。

为了减小电压的脉动,需通过低通滤波电路滤波,使输出电压平滑。理想情况下,应将交流分量全部滤掉,使滤波电路的输出电压仅为直流电压。然而,由于滤波电路为无源电路,所以接入负载后势必影响其滤波效果。对于稳定性要求不高的电子电路,整流、滤波后的直流电压可以作为供电电源。

交流电压通过整流、滤波后虽然变为交流分量较小的直流电压,但是当电网电压波动或者负载变化时,其平均值也将随之变化。稳压电路的功能是使输出直流电压基本不受电网电压波动和负载电阻变化的影响,从而获得足够高的稳定性。

9.2 整流电路

在分析整流电路时,为了突出重点,简化分析过程,一般均假定负载为纯电阻性;整流二极管具有图 1.2.4(a)中实线所示理想的伏安特性,即导通时正向压降为零,截止时反向电流为零;变压器无损耗,内部压降为零等。

9.2.1 整流电路的分析方法及其基本参数

分析整流电路,就是弄清电路的工作原理(即整流原理),求出主要参数,并确定整流二极管的极限参数。下面以图 9.2.1 所示单相半波整流电路为例来说明整流电路的分析方法及其基本参数。

一、工作原理

单相半波整流电路是最简单的一种整流电路,设变压器的二次电压有效值为 U_2,则其瞬时值 $u_2=\sqrt{2}U_2\sin\omega t$。

在 u_2 的正半周,A 点为正,B 点为负,二极管外加正向电压,因而处于导通状态。电流从 A 点流出,经过二极管 D 和负载电阻 R_L 流入 B 点,$u_O=u_2=\sqrt{2}U_2\sin\omega t(\omega t=0\sim\pi)$。在 u_2 的负半周,B 点为正,A 点为负,二极管外加反向电压,因而处于截止状态,$u_O=0(\omega t=\pi\sim2\pi)$。负载电阻 R_L 的电压和电流都具有单一方向脉动的特性。图 9.2.2 所示为变压器二次电压 u_2、输出电压 u_O(也可表示输出电流和二极管的电流)、二极管端电压的波形。

分析整流电路工作原理时,应研究变压器二次电压极性不同时二极管的工作状态,从而得出输出电压的波形,也就弄清了整流原理。整流电路的波形分析是其定量分析的基础。

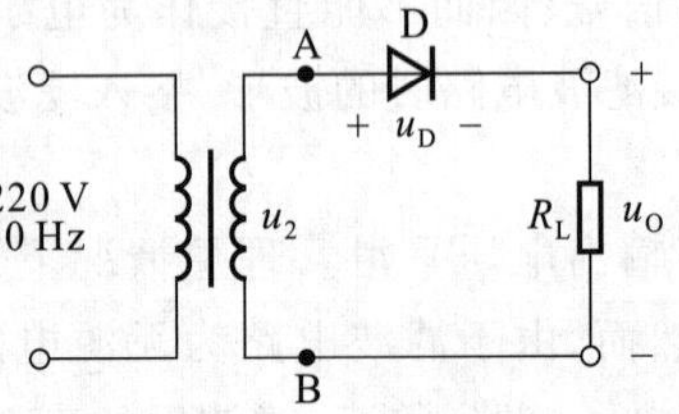

图9.2.1　单相半波整流电路

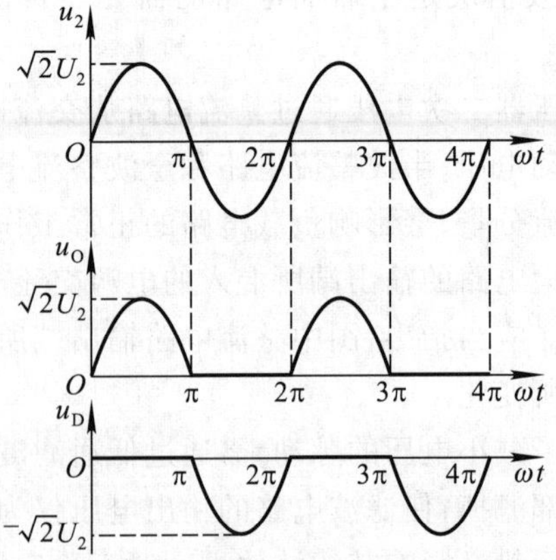

图9.2.2　半波整流电路的波形图

二、主要参数

在研究整流电路时，至少应考查整流电路输出电压平均值和输出电流平均值两项指标，有时还需考虑脉动系数，以便定量反映输出波形脉动的情况。

输出电压平均值就是负载电阻上电压的平均值 $U_{O(AV)}$。从图9.2.2所示波形图可知，当 $\omega t=0\sim\pi$ 时，$u_O=\sqrt{2}U_2\sin\omega t$；当 $\omega t=\pi\sim2\pi$ 时，$u_O=0$。所以，求解 u_O 的平均值 $U_{O(AV)}$，就是将 $0\sim\pi$ 的电压平均在 $0\sim2\pi$ 时间间隔之中，如图9.2.3所示，写成表达式为

$$U_{O(AV)}=\frac{1}{2\pi}\int_0^{\pi}\sqrt{2}U_2\sin\omega t\mathrm{d}(\omega t)$$

解得

$$U_{O(AV)}=\frac{\sqrt{2}U_2}{\pi}\approx0.45U_2 \tag{9.2.1}$$

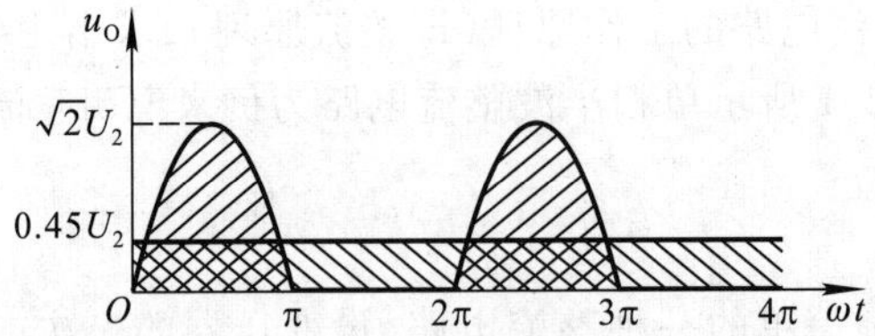

图9.2.3　单相半波整流电路输出电压平均值

负载电流的平均值

$$I_{O(AV)}=\frac{U_{O(AV)}}{R_L}\approx\frac{0.45U_2}{R_L} \tag{9.2.2}$$

例如，当变压器二次电压有效值 $U_2=20$ V 时，单相半波整流电路的输出电压平均值 $U_{O(AV)}\approx9$ V。若负载电阻 $R_L=20\ \Omega$，则负载电流平均值 $I_{O(AV)}\approx0.45$ A。

整流输出电压的脉动系数 S 定义为整流输出电压的基波峰值 U_{O1M} 与输出电压平均值 $U_{O(AV)}$ 之比，即

$$S=\frac{U_{O1M}}{U_{O(AV)}} \tag{9.2.3}$$

因而 S 愈大,脉动愈大。

由于半波整流电路输出电压 u_O 的周期与 u_2 相同,u_O 的基波角频率与 u_2 相同,即 50 Hz。通过谐波分析①可得 $U_{O1M}=U_2/\sqrt{2}$,故半波整流电路输出电压的脉动系数

$$S=\frac{U_2/\sqrt{2}}{\sqrt{2}U_2/\pi}=\frac{\pi}{2}\approx 1.57 \tag{9.2.4}$$

说明半波整流电路的输出脉动很大,其基波峰值约为平均值的 1.57 倍。

三、二极管的选择

当整流电路的变压器二次电压有效值和负载电阻值确定后,电路对二极管参数的要求也就确定了。一般应根据流过二极管电流的平均值和它所承受的最大反向电压来选择二极管的型号。

在单相半波整流电路中,二极管的正向平均电流等于负载电流平均值,即

$$I_{D(AV)}=I_{O(AV)}\approx\frac{0.45U_2}{R_L} \tag{9.2.5}$$

二极管承受的最大反向电压等于变压器二次侧的峰值电压,即

$$U_{R\max}=\sqrt{2}U_2 \tag{9.2.6}$$

一般情况下,允许电网电压有 ±10% 的波动,即电源变压器一次电压为 198 ~ 242 V,因此在选用二极管时,对于最大整流平均电流 I_F 和最高反向工作电压 U_{RM} 应至少留有 10% 的余地,以保证二极管安全工作,即选取

$$I_F>1.1I_{O(AV)}=1.1\frac{\sqrt{2}U_2}{\pi R_L} \tag{9.2.7}$$

$$U_{RM}>1.1\sqrt{2}U_2 \tag{9.2.8}$$

单相半波整流电路简单易行,所用二极管数量少。但是由于它只利用了交流电压的半个周期,所以输出电压低,交流分量大(即脉动大),效率低。因此,这种电路仅适用于整流电流较小,对脉动要求不高的场合。

【例 9.2.1】 在图 9.2.1 所示整流电路中,已知电网电压波动范围是 ±10%,变压器二次电压有效值 $U_2=30$ V,负载电阻 $R_L=100\ \Omega$,试问:

(1) 负载电阻 R_L 上的电压平均值和电流平均值各为多少?

(2) 二极管承受的最大反向电压和流过的最大电流平均值各为多少?

(3) 若不小心将输出端短路,则会出现什么现象?

解:(1) 负载电阻上电压平均值

$$U_{O(AV)}\approx 0.45U_2=(0.45\times 30)\ \text{V}=13.5\ \text{V}$$

流过负载电阻的电流平均值

$$I_{O(AV)}=\frac{U_{O(AV)}}{R_L}\approx\frac{13.5}{100}\ \text{A}=0.135\ \text{A}$$

① 可参阅童诗白主编的《模拟电子技术基础(第二版)》11.2.1 节。

（2）二极管承受的最大反向电压

$$U_{R\max}=1.1\sqrt{2}U_2\approx(1.1\times1.414\times30)\ \mathrm{V}\approx46.7\ \mathrm{V}$$

流过二极管的最大平均电流

$$I_{\mathrm{D(AV)}}=1.1I_{\mathrm{O(AV)}}=1.1\times0.135\ \mathrm{A}\approx0.149\ \mathrm{A}$$

（3）若不小心将输出端短路，则变压器二次电压全部加在二极管上，二极管会因正向电流过大而烧坏。若将二极管烧成为短路，则会使变压器二次线圈短路，二次电流将很大，如不及时断电，会造成变压器永久性损坏。

9.2.2 单相桥式整流电路

为了克服单相半波整流电路的缺点，在实用电路中多采用单相全波整流电路，最常用的是单相桥式整流电路。

一、电路的组成

单相桥式整流电路由四只二极管组成，其构成原则就是保证在变压器二次电压 u_2 的整个周期内，负载上的电压和电流方向始终不变。为达到这一目的，就要在 u_2 的正、负半周内正确引导流向负载的电流。设变压器二次侧两端分别为 A 和 B，则 A 为“ + ”、B 为“ - ”时应有电流流出 A 点，A 为“ - ”、B 为“ + ”时应有电流流入 A 点；相反，A 为“ + ”、B 为“ - ”时应有电流流入 B 点，A 为“ - ”、B 为“ + ”时应有电流流出 B 点；因而 A 和 B 点均应分别接两只二极管的阳极和阴极，以引导电流；如图 9.2.4(a)所示，负载接入的方式如图(b)所示。图 9.2.5(a)所示为习惯画法，图(b)所示为简化画法。

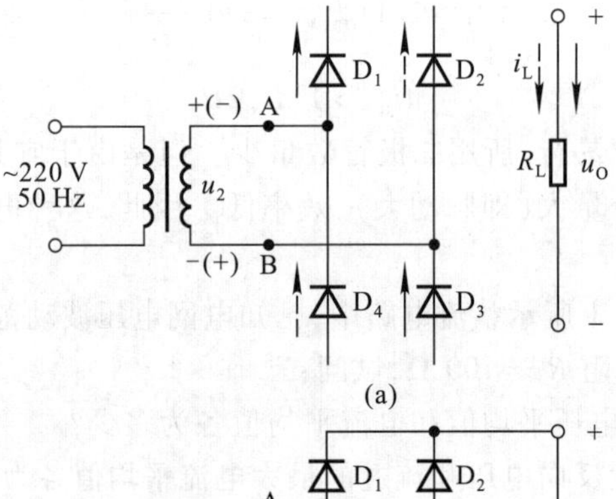

(a)

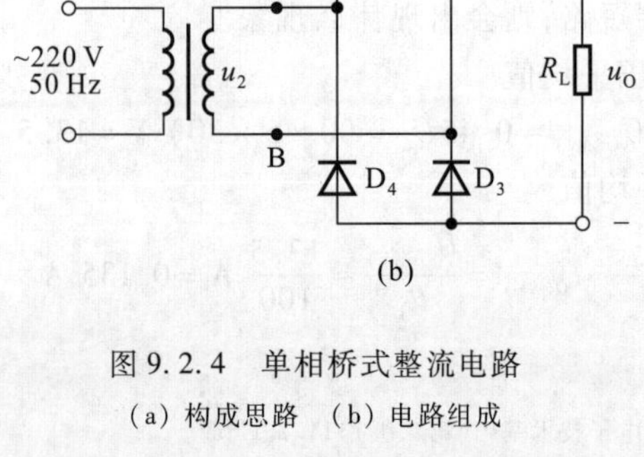

(b)

图 9.2.4 单相桥式整流电路

(a) 构成思路 (b) 电路组成

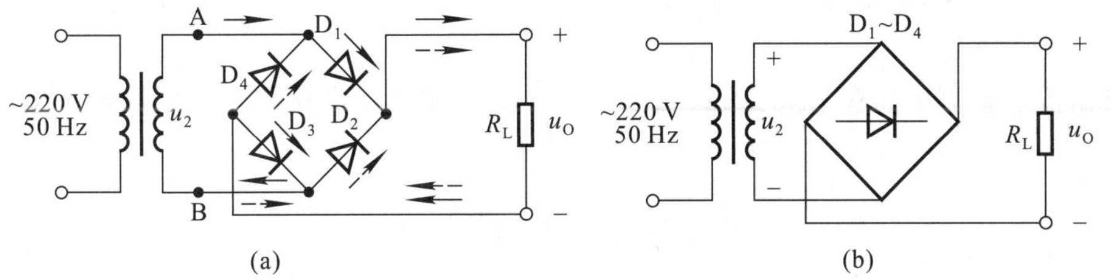

图 9.2.5 单相桥式整流电路的习惯画法

(a) 习惯画法 (b) 简化画法

二、工作原理

设变压器二次电压 $u_2=\sqrt{2}U_2\sin\omega t$，$U_2$ 为其有效值。

当 u_2 为正半周时，电流由 A 点流出，经 D_1、R_L、D_3 流入 B 点，如图 9.2.5(a) 中实线箭头所示，因而负载电阻 R_L 上的电压等于变压器二次电压，即 $u_O=u_2$，D_2 和 D_4 管承受的反向电压为 $-u_2$。当 u_2 为负半周时，电流由 B 点流出，经 D_2、R_L、D_4 流入 A 点，如图 9.2.5(a) 中虚线箭头所示，负载电阻 R_L 上的电压等于 $-u_2$，即 $u_O=-u_2$，D_1、D_3 承受的反向电压为 u_2。

这样，由于 D_1、D_3 和 D_2、D_4 两对二极管交替导通，致使负载电阻 R_L 上在 u_2 的整个周期内都有电流通过，而且方向不变，输出电压 $u_O=\left|\sqrt{2}U_2\sin\omega t\right|$。图 9.2.6 所示为单相桥式整流电路各部分的电压和电流的波形。

三、输出电压平均值 $U_{O(AV)}$ 和输出电流平均值 $I_{O(AV)}$

根据图 9.2.6 中所示 u_O 的波形可知，输出电压的平均值

$$U_{O(AV)}=\frac{1}{\pi}\int_0^{\pi}\sqrt{2}U_2\sin\omega t\mathrm{d}(\omega t)$$

解得

$$U_{O(AV)}=\frac{2\sqrt{2}U_2}{\pi}\approx 0.9U_2 \qquad (9.2.9)$$

由于桥式整流电路实现了全波整流电路，它将 u_2 的负半周也利用起来，所以在变压器二次电压有效值相同的情况下，输出电压的平均值是半波整流电路的两倍。

输出电流的平均值(即负载电阻中的电流平均值)

$$I_{O(AV)}=\frac{U_{O(AV)}}{R_L}\approx\frac{0.9U_2}{R_L} \qquad (9.2.10)$$

在变压器二次电压相同、且负载也相同的情况下，输出电流的平均值也是半波整流电路的两倍。

根据谐波分析，桥式整流电路的基波 U_{O1M} 的角频率是 u_2 的 2 倍，即100 Hz，$U_{O1M}=\frac{2}{3}\times 2\sqrt{2}U_2/\pi$。故脉动系数

$$S=\frac{U_{O1M}}{U_{O(AV)}}=\frac{2}{3}\approx 0.67 \qquad (9.2.11)$$

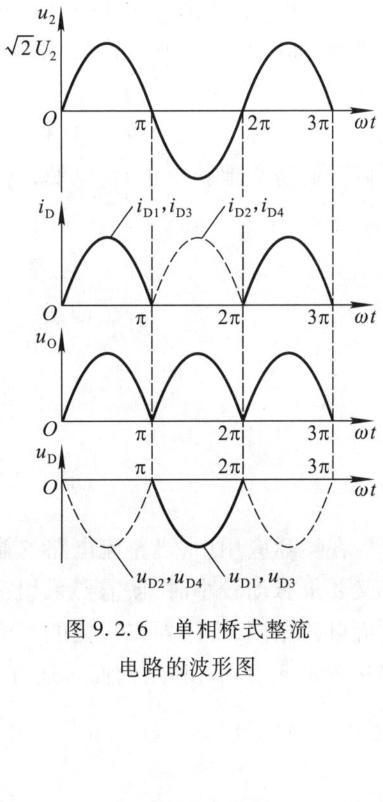

图 9.2.6 单相桥式整流电路的波形图

与半波整流电路相比，输出电压的脉动减小很多。

四、二极管的选择

在单相桥式整流电路中，因为每只二极管只在变压器二次电压的半个周期通过电流，所以每只二极管的平均电流只有负载电阻上电流平均值的一半，即

$$I_{D(AV)}=\frac{I_{O(AV)}}{2}\approx\frac{0.45U_2}{R_L} \tag{9.2.12}$$

与半波整流电路中二极管的平均电流相同。

根据图 9.2.6 中所示 u_D 的波形可知，二极管承受的最大反向电压

$$U_{Rmax}=\sqrt{2}U_2 \tag{9.2.13}$$

与半波整流电路中二极管承受的最大反向电压也相同。

考虑到电网电压的波动范围为 ±10%，在实际选用二极管时，应至少有 10% 的余量，选择最大整流电流 I_F 和最高反向工作电压 U_{RM} 分别为

$$I_F>\frac{1.1I_{O(AV)}}{2}=1.1\,\frac{\sqrt{2}U_2}{\pi R_L} \tag{9.2.14}$$

$$U_{RM}>1.1\sqrt{2}U_2 \tag{9.2.15}$$

单相桥式整流电路与半波整流电路相比，在相同的变压器二次电压下，对二极管的参数要求是一样的，并且还具有输出电压高、变压器利用率高、脉动小等优点，因此得到相当广泛的应用。目前有不同性能指标的集成电路，称之为“整流桥堆”。它的主要缺点是所需二极管的数量多，由于实际上二极管的正向电阻不为零，必然使得整流电路内阻较大，当然损耗也就较大。

可以想象，如果将桥式整流电路变压器二次侧中点接地，并将两个负载电阻相连接，且连接点接地，如图 9.2.7 所示；那么根据桥式整流电路的工作原理，当 A 点为“+”B 点为“−”时，D_1、D_3 导通，D_2、D_4 截止，电流如图中实线所示；而当 B 点为“+”A 点为“−”时，D_2、D_4 导通，D_1、D_3 截止，电流如图中虚线所示；这样，两个负载上就分别获得正、负电源。可见，利用桥式整流电路可以轻而易举地获得正、负电源，这是其它类型整流电路难于做到的。

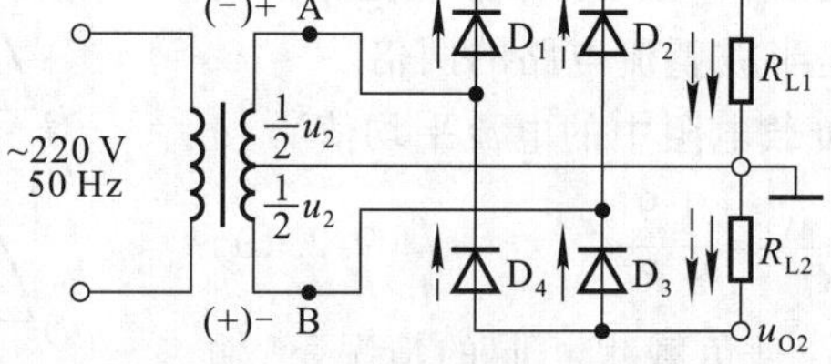

图 9.2.7　利用桥式整流电路实现正、负电源

在实际应用中，当整流电路的输出功率（即输出电压平均值与电流平均值之积）超过几千瓦且又要求脉动较小时，就需要采用三相整流电路。三相整流电路的组成原则和方法与单相桥式整流电路相同，变压器二次侧的三个端均应接两只二极管，且一只接阴极，另一只接阳极，电路如图 9.2.8(a)所示；利用前面所述方法分析电路，可以得出其波形，如图(b)所示。

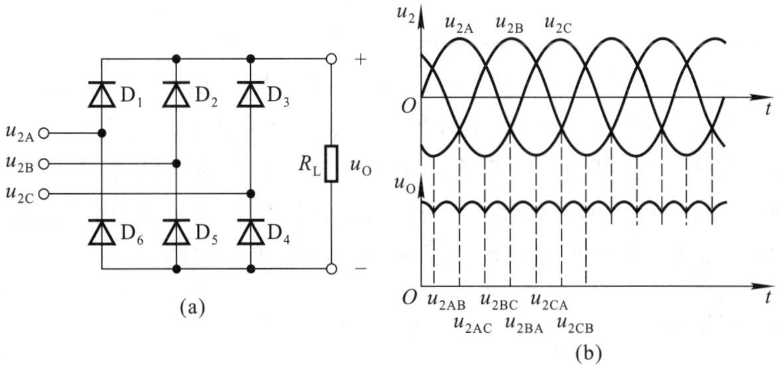

图 9.2.8 三相整流电路及其波形

(a) 电路 (b) 波形

【例 9.2.2】 在图 9.2.5 所示电路中,已知变压器二次电压有效值 $U_2=30$ V,负载电阻 $R_L=100\ \Omega$。试问:

(1) 输出电压与输出电流平均值各为多少?

(2) 当电网电压波动范围为 ±10%,二极管的最大整流平均电流 I_F 与最高反向工作电压 U_{RM} 至少应选取多少?

(3) 若整流桥中的二极管 D_1 开路或短路,则分别产生什么现象?

解:(1) 根据式(9.2.9),输出电压平均值

$$U_{O(AV)} \approx 0.9U_2 = 0.9\times 30\ \text{V} = 27\ \text{V}$$

根据式 (9.2.10),输出电流平均值

$$I_{O(AV)} = \frac{U_{O(AV)}}{R_L} \approx \frac{27}{100}\ \text{A} = 0.27\ \text{A}$$

(2) 根据式(9.2.14)和式(9.2.15),二极管的最大整流平均电流 I_F 和最高反向工作电压 U_{RM} 分别应满足

$$I_F > \frac{1.1 I_{O(AV)}}{2} \approx 1.1\times\frac{0.27}{2}\ \text{A} \approx 0.149\ \text{A}$$

$$U_{RM} > 1.1\sqrt{2}U_2 = 1.1\times\sqrt{2}\times 30\ \text{V} \approx 46.7\ \text{V}$$

(3) 若 D_1 开路,则电路仅能实现半波整流,因而输出电压平均值仅为原来的一半。若 D_1 短路,则在 u_2 的负半周将变压器二次电压全部加在 D_2 上,D_2 将因电流过大而烧坏,且若 D_2 烧成为短路,则有可能烧坏变压器。

思考题

9.2.1 若单相半波整流电路中的二极管接反,则将产生什么现象?

9.2.2 试问单相桥式整流电路中若有一只二极管接反,则将产生什么现象?

9.3 滤波电路

整流电路的输出电压虽然是单一方向的，但是含有较大的交流成分，不能适应大多数电子电路及设备的需要。因此，一般在整流后，还需利用滤波电路将脉动的直流电压变为平滑的直流电压。与用于信号处理的滤波电路相比，直流电源中滤波电路的显著特点是：均采用无源电路；理想情况下，滤去所有交流成分，而只保留直流成分；能够输出较大电流；而且，因为整流管工作在非线性状态（即导通或截止），故而滤波特性的分析方法也不尽相同。

9.3.1 电容滤波电路

电容滤波电路是最常见也是最简单的滤波电路，在整流电路的输出端（即负载电阻两端）并联一个电容即构成电容滤波电路，如图 9.3.1(a)所示。滤波电容容量较大，因而一般均采用电解电容，在接线时要注意电解电容的正、负极。电容滤波电路利用电容的充放电作用，使输出电压趋于平滑。

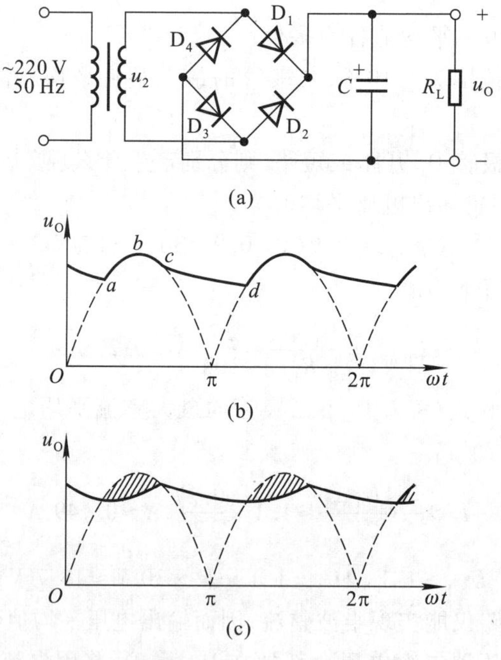

图 9.3.1 单相桥式整流电容滤波电路及稳态时的波形分析

(a) 电路 (b) 理想情况下的波形 (c) 考虑整流电路内阻时的波形

一、滤波原理

当变压器二次电压 u_2 处于正半周并且数值大于电容两端电压 u_C 时，二极管 D_1、D_3 导通，电流一路流经负载电阻 R_L，另一路对电容 C 充电。因为在理想情况下，变压器二次侧无损耗，二极管导通电压为零，所以电容两端电压 $u_C(u_L)$ 与 u_2 相等，见图 9.3.1(b)中曲线的 ab 段。当 u_2 上升到峰值后开始下降，电容通过负载电阻 R_L 放电，其电压 u_C 也开始下降，趋势与 u_2 基本相同，见图(b)中曲线的 bc 段。但是由于电容按指数规律放电,所以当 u_2 下降到一定数值后,u_C 的下降速度小于 u_2 的下降速度,使 u_C 大于 u_2 从而导致 D_1、D_3 反向偏置而变为截止。此后,电容 C 继续通过 R_L 放电,u_C 按指数规律缓慢下降,见图 9.3.1(b)cd 段。

当 u_2 的负半周幅值变化到恰好大于 u_C 时,D_2、D_4 因加正向电压变为导通状态,u_2 再次对 C 充电,u_C 上升到 u_2 的峰值后又开始下降;下降到一定数值时 D_2、D_4 变为截止,C 对 R_L 放电,u_C 按指数规律下降;放电到一定数值时 D_1、D_3 变为导通,重复上述过程。

从图 9.3.1(b)所示波形可以看出,经滤波后的输出电压不仅变得平滑,而且平均值也得到提高。若考虑变压器内阻和二极管的导通电阻,则 u_C 的波形如图(c)所示,阴影部分为整流电路内阻上的压降。

从以上分析可知,电容充电时,回路电阻为整流电路的内阻,即变压器内阻和二极管的导通电阻之和,其数值很小,因而时间常数很小。电容放电时,回路电阻为 R_L,放电时间常数为 R_LC,通常远大于充电的时间常数。因此,滤波效果取决于放电时间。电容愈大,负载电阻愈大,滤波后输出电压愈平滑,并且其平均值愈大,如图 9.3.2 所示。换言之,当滤波电容容量一定时,若负载电阻减小(即负载电流增大),则时间常数 R_LC 减小,放电速度加快,输出电压平均值随即下降,且脉动变大。

二、输出电压平均值

滤波电路输出电压波形难于用解析式来描述,近似估算时,可将图 9.3.1(c)所示波形近似为锯齿波,如图 9.3.3 所示。图中 T 为电网电压的周期。设整流电路内阻较小而 R_LC 较大,电容每次充电均可达到 u_2 的峰值(即 $U_{Omax}=\sqrt{2}U_2$),然后按 R_LC 放电的起始斜率直线下降,经 R_LC 交于横轴,且在 $T/2$ 处的数值为最小值 U_{Omin},则输出电压平均值为

$$U_{O(AV)}=\frac{U_{Omax}+U_{Omin}}{2}$$

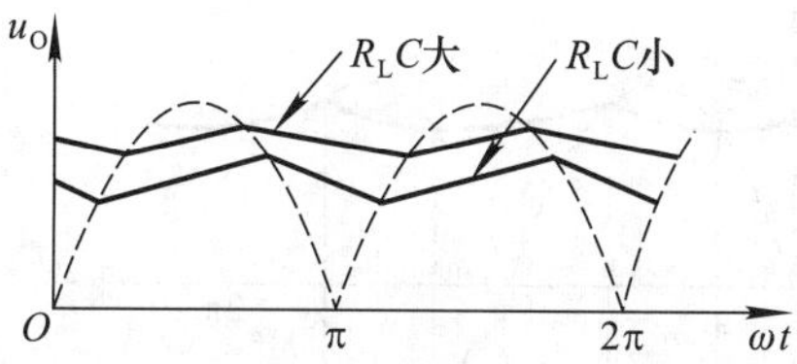

图 9.3.2 R_LC 不同时 u_C 的波形

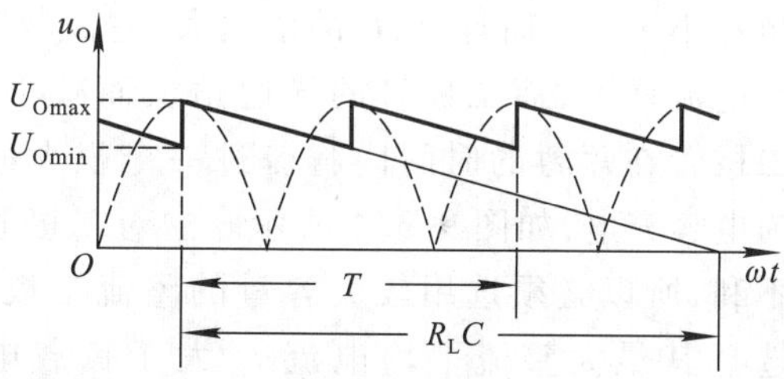

图 9.3.3 电容滤波电路输出电压平均值的分析

同时按相似三角形关系可得

$$\frac{U_{Omax}-U_{Omin}}{U_{Omax}}=\frac{T/2}{R_LC}$$

$$U_{O(AV)}=\frac{U_{Omax}+U_{Omin}}{2}=U_{Omax}-\frac{U_{Omax}-U_{Omin}}{2}=U_{Omax}\left(1-\frac{T}{4R_LC}\right) \tag{9.3.1}$$

因而

$$U_{O(AV)}=\sqrt{2}U_2\left(1-\frac{T}{4R_LC}\right) \tag{9.3.2}$$

式(9.3.2)表明，当负载开路，即 $R_L=\infty$ 时，$U_{O(AV)}=\sqrt{2}U_2$。当 $R_LC=(3\sim5)T/2$ 时，

$$U_{O(AV)}\approx1.2U_2 \tag{9.3.3}$$

为了获得较好的滤波效果，在实际电路中，应选择滤波电容的容量满足 $R_LC=(3\sim5)T/2$ 的条件。由于采用电解电容，考虑到电网电压的波动范围为 ±10%，电容的耐压值应大于 $1.1\sqrt{2}U_2$。在半波整流电路中，为获得较好的滤波效果，电容容量应选得更大些。

三、脉动系数

在图 9.3.3 所示的近似波形中，交流分量的基波的峰－峰值为 $(U_{Omax}-U_{Omin})$，根据式(9.3.1)可得基波峰值为

$$\frac{U_{Omax}-U_{Omin}}{2}=\frac{T}{4R_LC}\cdot U_{Omax}$$

因此，脉动系数为

$$S=\frac{\dfrac{T}{4R_LC}\cdot U_{Omax}}{U_{Omax}\left(1-\dfrac{T}{4R_LC}\right)}=\frac{T}{4R_LC-T}$$

或

$$S=\frac{1}{\dfrac{4R_LC}{T}-1} \tag{9.3.4}$$

应当指出，由于图 9.3.3 所示锯齿波所含的交流分量大于滤波电路输出电压实际的交流分量，因而根据式(9.3.4)计算出的脉动系数大于实际数值。

四、整流二极管的导通角

在未加滤波电容之前，无论是哪种整流电路中的二极管均有半个周期处于导通状态，也称二极管的导通角 θ 等于 π。加滤波电容后，只有当电容充电时，二极管才导通，因此，每只二极管的导通角都小于 π。而且，R_LC 的值愈大，滤波效果愈好，导通角 θ 将愈小。由于电容滤波后输出平均电流增大，而二极管的导通角反而减小，所以整流二极管在短暂的时间内将流过一个很大的冲击电流为电容充电，如图 9.3.4 所示。这对二极管的寿命很不利，所以必须选用较大容量的整流二极管，通常应选择其最大整流平均电流 I_F 大于负载电流的 2～3 倍。

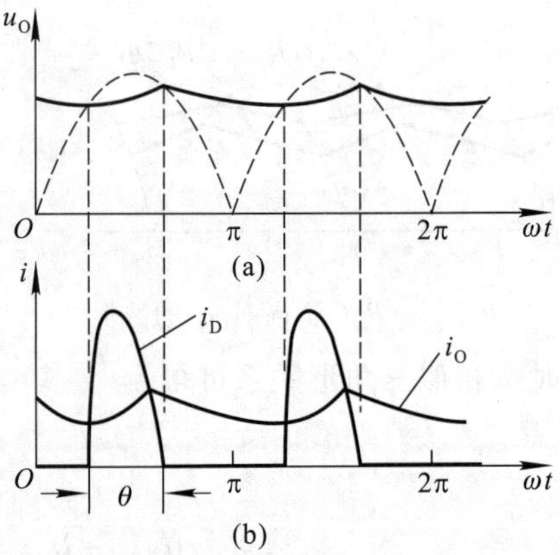

图 9.3.4　电容滤波电路中二极管的电流和导通角
(a) 输出电压波形
(b) 二极管电流波形及导通角

五、电容滤波电路的输出特性和滤波特性

当滤波电容 C 选定后，输出电压平均值 $U_{O(AV)}$ 和输出电流平均值 $I_{O(AV)}$ 的关系称为输出特性，脉动系数 S 和输出电流平均值 $I_{O(AV)}$ 的关系称为滤波特性。根据式(9.3.2)和(9.3.4)可画出输出特性如图9.3.5(a)所示，滤波特性如图 9.3.5(b)所示。曲线表明，C 愈大电路带负载能力愈强，滤波效果愈好；$I_{O(AV)}$ 愈大(即负载电阻 R_L 愈小)，$U_{O(AV)}$ 愈低，S 的值愈大。

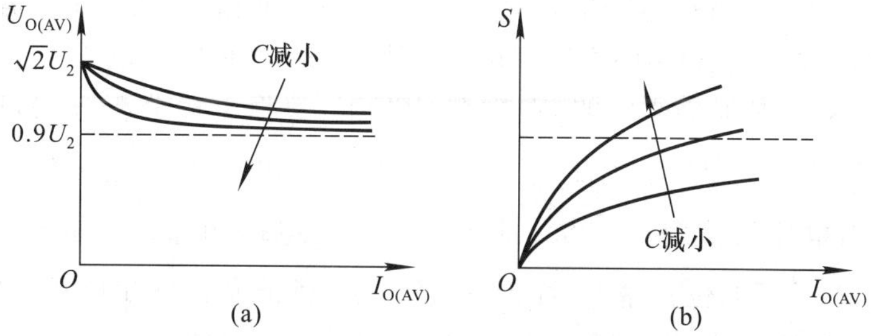

图 9.3.5 电容滤波电路的输出特性和滤波特性
(a) 输出特性 (b) 滤波特性

综上所述,电容滤波电路简单易行,输出电压平均值高,适用于负载电流较小且其变化也较小的场合。

【例 9.3.1】 在图 9.3.1(a)所示电路中,已知电网电压的波动范围为 ±10%,$U_{O(AV)} \approx 1.2U_2$。要求输出电压平均值 $U_{O(AV)}=15$ V,负载电流平均值 $I_{L(AV)}=100$ mA。试选择合适的滤波电容。

解: 根据 $U_{O(AV)} \approx 1.2U_2$ 可知,C 的取值满足 $R_L C=(3\sim5)T/2$ 的条件。

$$R_L=\frac{U_{O(AV)}}{I_{L(AV)}}=\frac{15}{100\times10^{-3}}\ \Omega=150\ \Omega$$

电容的容量为

$$C=(3\sim5)\frac{20\times10^{-3}}{2}\times\frac{1}{150}\ \mathrm{F}\approx200\sim333\ \mu\mathrm{F}$$

变压器二次电压有效值为

$$U_2\approx\frac{U_{O(AV)}}{1.2}=\frac{15}{1.2}\ \mathrm{V}=12.5\ \mathrm{V}$$

电容的耐压值为

$$U>1.1\sqrt{2}U_2=1.1\sqrt{2}\times12.5\ \mathrm{V}\approx19.5\ \mathrm{V}$$

实际可选取容量为 300 μF、耐压为 25 V 的电容做本电路的滤波电容。

9.3.2 倍压整流电路

利用滤波电容的存储作用,由多个电容和二极管可以获得几倍于变压器二次电压的输出电压,称为倍压整流电路。

图 9.3.6 所示为二倍压整流电路,U_2 为变压器二次电压有效值。其工作原理简述如下:当 u_2 正半周时,A 点为"+",B 点为"-",使得二极管 D_1 导通,D_2 截止;C_1 充电,电流如图中实线所示;C_1 上电压极性右为"+",左为"-",最大值可达$\sqrt{2}U_2$。当 u_2 负半周时,A 点为"-",B 点为"+",C_1 上电压与变压器二次电压相加,使得 D_2 导通,D_1 截止;C_2 充电,电流如图中虚线所示;C_2 上电压的极性下为"+",上为

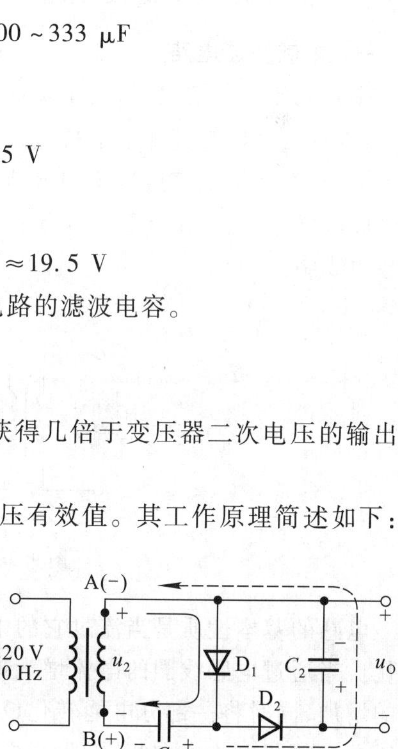

图 9.3.6 二倍压整流电路

“－”,最大值可达 $2\sqrt{2}U_2$。可见,是 C_1 对电荷的存储作用,使输出电压(即电容 C_2 上的电压)为变压器二次电压峰值的 2 倍,利用同样原理可以实现所需倍数的输出电压。

图 9.3.7 所示为多倍压整流电路,在空载情况下,根据上述分析方法可得,C_1 上电压为 $\sqrt{2}U_2$,$C_2 \sim C_6$ 上电压均为 $2\sqrt{2}U_2$。因此,以 C_1 两端作为输出端,输出电压的值为 $\sqrt{2}U_2$;以 C_2 两端作为输出端,输出电压的值为 $2\sqrt{2}U_2$;以 C_1 和 C_3 上电压相加作为输出,输出电压的值为 $3\sqrt{2}U_2$……依此类推,从不同位置输出,可获得 $\sqrt{2}U_2$ 的 4、5、6 倍的输出电压。应当指出,为了简便起见,分析这类电路时,总是设电路空载,且已处于稳态;当电路带上负载后,输出电压将不可能达到 u_2 峰值的倍数。

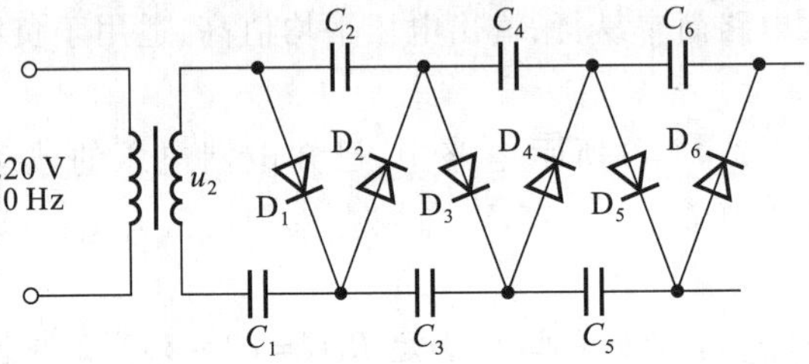

图 9.3.7 多倍压整流电路

9.3.3 其它形式的滤波电路

一、电感滤波电路

在大电流负载情况下,由于负载电阻 R_L 很小,若采用电容滤波电路,则电容容量势必很大,而且整流二极管的冲击电流也非常大,这就使得整流管和电容器的选择变得很困难,甚至不太可能,在此情况下应当采用电感滤波。在整流电路与负载电阻之间串联一个电感线圈 L 就构成电感滤波,如图 9.3.8 所示。由于电感线圈的电感量要足够大,所以一般需要采用有铁心的线圈。

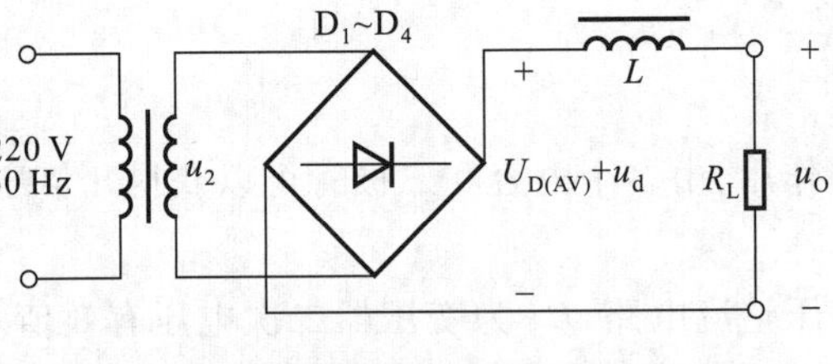

图 9.3.8 单相桥式整流电感滤波电路

电感的基本性质是当流过它的电流变化时,电感线圈中产生的感生电动势将阻止电流的变化。当通过电感线圈的电流增大时,电感线圈产生的自感电动势与电流方向相反,阻止电流的增加,同时将一部分电能转化成磁场能存储于电感之中;当通过电感线圈的电流减小时,自感电动势与电流方向相同,阻止电流的减小,同时释放出存储的能量,以补偿电流的减小。因此,经电感滤波后,不但负载电流及电压的脉动减小,波形变得平滑,而且整流二极管的导通角增大。

整流电路输出电压可分解为两部分,一部分为直流分量,它就是整流电路输出电压的平均值 $U_{O(AV)}$,对于全波整流电路,其值约为 $0.9U_2$;另一部分为交流分量 u_d;如图 9.3.8 所标注。电感线圈对直流分量呈现的电抗很小,就是线圈本身的电阻 R;而对交流分量呈现的电抗为 ωL。所以若二极管的导通角近似为 π,则电感滤波后的输出电压平均值

$$U_{O(AV)}=\frac{R_L}{R+R_L}\cdot U_{D(AV)}\approx\frac{R_L}{R+R_L}\cdot 0.9U_2 \tag{9.3.5}$$

输出电压的交流分量

$$u_O\approx\frac{R_L}{\sqrt{(\omega L)^2+R_L^2}}\cdot u_d\approx\frac{R_L}{\omega L}\cdot u_d \tag{9.3.6}$$

从式(9.3.5)可以看出,电感滤波电路输出电压平均值小于整流电路输出电压平均值,在线圈电阻可忽略的情况下,$U_{O(AV)}\approx 0.9U_2$。从式(9.3.6)可以看出,在电感线圈不变的情况下,负载电阻愈小(即负载电流愈大),输出电压的交流分量愈小,脉动愈小。注意,只有在 R_L 远远小于 ωL 时,才能获得较好的滤波效果。显然,L 愈大,滤波效果愈好。

另外,由于滤波电感电动势的作用,可以使二极管的导通角等于 π,减小了二极管的冲击电流,平滑了流过二极管的电流,从而延长了整流二极管的寿命。

二、复式滤波电路

当单独使用电容或电感进行滤波,效果仍不理想时,可采用复式滤波电路。电容和电感是基本的滤波元件,利用它们对直流量和交流量呈现不同电抗的特点,只要合理地接入电路都可以达到滤波的目的。图 9.3.9(a)所示为 LC 滤波电路,图(b)、(c)所示为两种 π 型滤波电路。读者可根据上面的分析方法分析它们的工作原理。

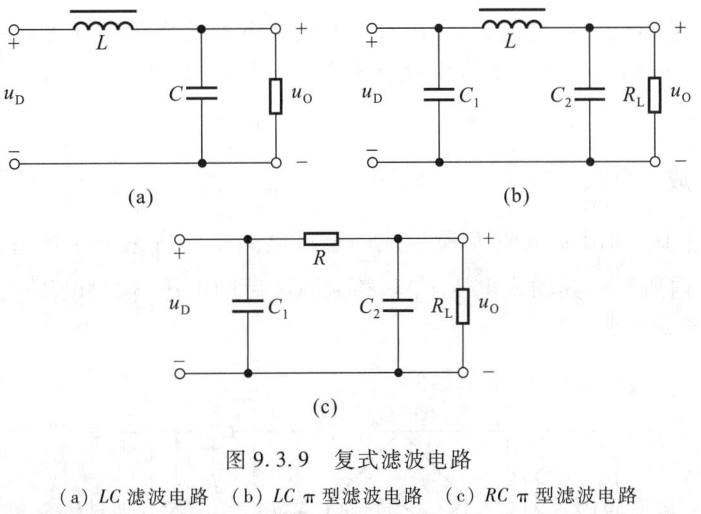

图 9.3.9 复式滤波电路

(a) LC 滤波电路 (b) LC π 型滤波电路 (c) RC π 型滤波电路

三、各种滤波电路的比较

表 9.3.1 中列出各种滤波电路性能的比较。构成滤波电路的电容及电感应足够大,θ 为二极管的导通角,凡 θ 角小的,整流管的冲击电流大;凡 θ 角大的,整流管的冲击电流小。

表 9.3.1 各种滤波电路性能的比较

类型 / 性能	电容滤波	电感滤波	LC 滤波	RC 或 LC π型滤波
$U_{O(AV)}/U_2$	1.2	0.9	0.9	1.2
θ	小	大	大	小
适用场合	小电流负载	大电流负载	适应性较强	小电流负载

■ **思考题**

9.3.1 在单相桥式整流、电容滤波电路中，若有一只二极管断路，则输出电压平均值是否为正常时的一半？为什么？

9.3.2 为什么用电容滤波要将电容与负载电阻并联，而用电感滤波要将电感与负载电阻串联？

9.4 稳压管稳压电路

虽然整流滤波电路能将正弦交流电压变换成较为平滑的直流电压，但是，一方面，由于输出电压平均值取决于变压器二次电压有效值，所以当电网电压波动时，输出电压平均值将随之产生相应的波动；另一方面，由于整流滤波电路内阻的存在，当负载变化时，内阻上的电压将产生变化，于是输出电压平均值也将随之产生相反的变化。例如，如果负载电阻减小，则负载电流增大，内阻上的电流也就随之增大，其压降必然增大，输出电压平均值必将相应减小。因此，整流滤波电路输出电压会随着电网电压的波动而波动，随着负载电阻的变化而变化。为了获得稳定性好的直流电压，必须采取稳压措施。本节将对稳压管稳压电路的组成、工作原理和电路参数的选择一一加以介绍。

9.4.1 电路组成

由稳压二极管 D_Z 和限流电阻 R 所组成的稳压电路是一种最简单的直流稳压电源，如图 9.4.1 中点画线框内所示。其输入电压 U_I 是整流滤波后的电压，输出电压 U_O 就是稳压管的稳定电压 U_Z，R_L 是负载电阻。

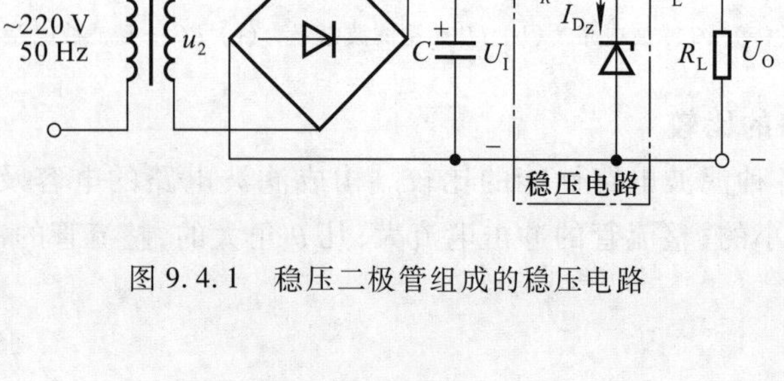

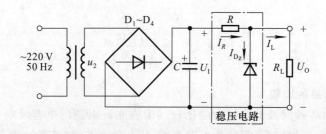

图 9.4.1 稳压二极管组成的稳压电路

从稳压管稳压电路可得两个基本关系式

$$U_{\mathrm{I}} = U_R + U_{\mathrm{O}} \tag{9.4.1}$$

$$I_R = I_{\mathrm{D_Z}} + I_{\mathrm{L}} \tag{9.4.2}$$

从图 9.4.2 所示稳压管的伏安特性中可以看出，在稳压管稳压电路中，只要能使稳压管始终工作在稳压区，即保证稳压管的电流$I_{\mathrm{Z}} \leqslant I_{\mathrm{D_Z}} \leqslant I_{\mathrm{ZM}}$，输出电压 U_{O} 就基本稳定。

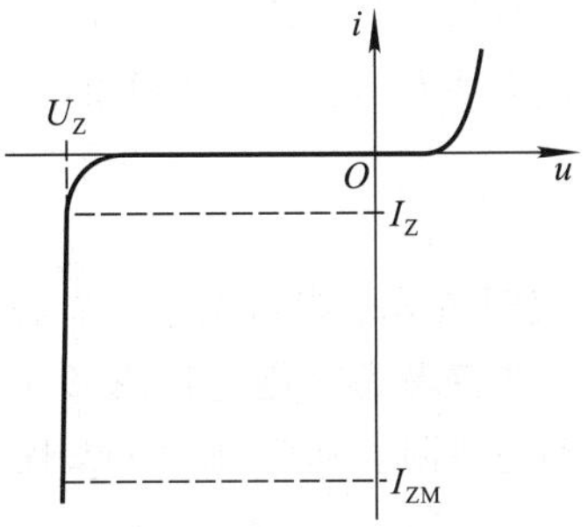

图 9.4.2 稳压管的伏安特性

9.4.2 稳压原理

对任何稳压电路都应从两个方面考察其稳压特性，一是设电网电压波动，研究其输出电压是否稳定；二是设负载变化，研究其输出电压是否稳定。

在图 9.4.1 所示稳压管稳压电路中，当电网电压升高时，稳压电路的输入电压 U_{I} 随之增大，输出电压 U_{O} 也随之按比例增大；但是，由于 $U_{\mathrm{O}} = U_{\mathrm{Z}}$，根据稳压管的伏安特性，$U_{\mathrm{Z}}$ 的增大将使 $I_{\mathrm{D_Z}}$急剧增大；根据式(9.4.2)，I_R 必然随着 $I_{\mathrm{D_Z}}$急剧增大，U_R 会同时随着 I_R 而急剧增大；根据式(9.4.1)，U_R 的增大必将使输出电压 U_{O} 减小。因此，只要参数选择合适，R 上的电压增量就可以与 U_{I} 的增量近似相等，从而使 U_{O} 基本不变。上述过程可简单描述如下：

$$\text{电网电压}\uparrow \longrightarrow U_{\mathrm{I}}\uparrow \longrightarrow U_{\mathrm{O}}(U_{\mathrm{Z}})\uparrow \longrightarrow I_{\mathrm{D_Z}}\uparrow \longrightarrow I_R\uparrow \longrightarrow U_R\uparrow$$

$$U_{\mathrm{O}}\downarrow \longleftarrow U_R\uparrow$$

当电网电压下降时，各电量的变化与上述过程相反。

可见，当电网电压变化时，稳压电路通过限流电阻 R 上电压的变化来抵消 U_{I} 的变化，即 $\Delta U_R \approx \Delta U_{\mathrm{I}}$，从而使 U_{O} 基本不变。

当负载电阻 R_{L} 减小即负载电流 I_{L} 增大时，根据式(9.4.2)，导致 I_R 增加，U_R 也随之增大；根据式(9.4.1)，U_{O} 必然下降，即 U_{Z} 下降；根据稳压管的伏安特性，U_{Z} 的下降使 $I_{\mathrm{D_Z}}$急剧减小，从而 I_R 随之急剧减小。如果参数选择恰当，就可使 $\Delta I_{\mathrm{D_Z}} \approx -\Delta I_{\mathrm{L}}$，使 I_R 基本不变，从而 U_{O} 也就基本不变。上述过程可简单描述如下：

$$R_{\mathrm{L}}\downarrow \rightarrow U_{\mathrm{O}}(U_{\mathrm{Z}})\downarrow \rightarrow I_{\mathrm{D_Z}}\downarrow \rightarrow I_R\downarrow \rightarrow \Delta I_{\mathrm{D_Z}} \approx -\Delta I_{\mathrm{L}} \rightarrow I_R\ \text{基本不变} \rightarrow U_{\mathrm{O}}\ \text{基本不变}$$

$$R_{\mathrm{L}}\downarrow \longrightarrow I_{\mathrm{L}}\uparrow \rightarrow I_R\uparrow \longrightarrow \Delta I_{\mathrm{D_Z}} \approx -\Delta I_{\mathrm{L}}$$

相反，如果 R_{L} 增大即 I_{L} 减小，则 $I_{\mathrm{D_Z}}$增大，同样可使 I_R 基本不变，从而保证 U_{O} 基本不变。

显然，在电路中只要能使 $\Delta I_{\mathrm{D_Z}} \approx -\Delta I_{\mathrm{L}}$，就可以使 I_R 基本不变，从而保证负载变化时输出电压基本不变。

综上所述，在稳压二极管所组成的稳压电路中，利用稳压管所起的电流调节作用，通过限流电阻 R 上电压或电流的变化进行补偿，来达到稳压的目的。限流电阻 R 是必不可少的元件，它既限制稳压管中的电流使其正常工作，又与稳压管相配合以达到稳压的目的。一般情况下，在电路中如果有稳压管存在，就必然有与之匹配的限流电阻。

9.4.3 性能指标

对于任何稳压电路，均可用稳压系数 S_{r} 和输出电阻 R_{o} 来描述其稳压性能。S_{r} 定义为负载

一定时稳压电路输出电压相对变化量与其输入电压相对变化量之比,即

$$S_r = \left.\frac{\Delta U_O / U_O}{\Delta U_I / U_I}\right|_{R_L = 常数} = \left.\frac{U_I}{U_O} \cdot \frac{\Delta U_O}{\Delta U_I}\right|_{R_L = 常数} \tag{9.4.3}$$

S_r 表明电网电压波动的影响,其值愈小,电网电压变化时输出电压的变化愈小。式中 U_I 为整流滤波后的直流电压。

R_o 为输出电阻,是稳压电路输入电压一定时输出电压变化量与输出电流变化量之比,即

$$R_o = \left.\frac{\Delta U_O}{\Delta I_O}\right|_{U_I = 常数} \tag{9.4.4}$$

R_o 表明负载电阻对稳压性能的影响。

在仅考虑变化量时,图 9.4.1 所示稳压管稳压电路的等效电路如图 9.4.3 所示,r_z 为稳压管的动态电阻。通常,$R_L \gg r_z$,且 $R \gg r_z$,因而

$$\frac{\Delta U_O}{\Delta U_I} = \frac{r_z /\!/ R_L}{R + r_z /\!/ R_L} \approx \frac{r_z}{R + r_z} \approx \frac{r_z}{R}$$

所以稳压系数

$$S_r = \frac{\Delta U_O}{\Delta U_I} \cdot \frac{U_I}{U_O} \approx \frac{r_z}{R} \cdot \frac{U_I}{U_Z} \tag{9.4.5}$$

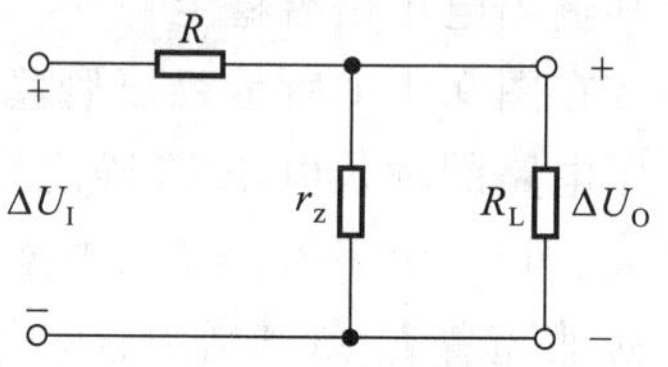

图 9.4.3　稳压管稳压电路的交流等效电路

式(9.4.5)表明,为使 S_r 数值小,需增大 R;而在 $U_O(U_Z)$ 和负载电流确定的情况下,若 R 的取值大,则 U_I 的取值必须大,这势必使 S_r 增大;可见 R 和 U_I 必须合理搭配,S_r 的数值才可能比较小。

根据式(9.4.4),稳压管稳压电路的输出电阻为

$$R_o = R /\!/ r_z \approx r_z \tag{9.4.6}$$

在一些文献中,也常用电压调整率和电流调整率来描述稳压性能。在额定负载且输入电压产生最大变化的条件下,输出电压产生的变化量 ΔU_O 称为电压调整率;在输入电压一定且负载电流产生最大变化的条件下,输出电压产生的变化量 ΔU_O 称为电流调整率。

9.4.4　电路参数的选择

设计一个稳压管稳压电路,就是合理地选择电路元件的有关参数。在选择元件时,应首先知道负载所要求的输出电压 U_O,负载电流 I_L 的最小值 I_{Lmin} 和最大值 I_{Lmax}(或者负载电阻 R_L 的最大值 R_{Lmax} 和最小值 R_{Lmin}),输入电压 U_I 的波动范围(一般为 ±10%)。

一、稳压电路输入电压 U_I 的选择

根据经验,一般选取

$$U_I = (2 \sim 3) U_O \tag{9.4.7}$$

U_I 确定后,就可以根据此值选择整流滤波电路的元件参数。

二、稳压管的选择

在稳压管稳压电路中 $U_O = U_Z$;当负载电流 I_L 变化时,稳压管的电流将产生一个与之相反的变化,即 $\Delta I_{D_Z} \approx -\Delta I_L$,所以稳压管工作在稳压区所允许的电流变化范围应大于负载电流的变化范围,即 $I_{Zmax} - I_{Zmin} > I_{Lmax} - I_{Lmin}$。选择稳压管时应满足

$$\begin{cases} U_Z = U_O & (9.4.8a) \\ I_{Zmax} - I_{Zmin} > I_{Lmax} - I_{Lmin} & (9.4.8b) \end{cases}$$

若考虑到空载时稳压管流过的电流 I_{D_Z}将与 R 上电流 I_R 相等,满载时 I_{D_Z}应大于 I_{Zmin},稳压管的最大稳定电流 I_{ZM}的选取应留有充分的余量,则还应满足

$$I_{ZM} \geqslant I_{Lmax} + I_{Zmin} \tag{9.4.9}$$

三、限流电阻 R 的选择

R 的选择必须满足两个条件:一是稳压管流过的最小电流 I_{D_Zmin}应大于稳压管的最小稳定电流 I_{Zmin}(即手册中的 I_Z);二是稳压管流过的最大电流 I_{D_Zmax}应小于稳压管的最大稳定电流 I_{Zmax}(即手册中的 I_{ZM})。即

$$I_{Zmin} \leqslant I_{D_Z} \leqslant I_{Zmax} \tag{9.4.10}$$

从图 9.4.1 所示电路可以看出

$$I_R = \frac{U_I - U_Z}{R} \tag{9.4.11}$$

$$I_{D_Z} = I_R - I_L \tag{9.4.12}$$

当电网电压最低(即 U_I 最低)且负载电流最大时,流过稳压管的电流最小,根据式(9.4.10)、(9.4.11)、(9.4.12)可写成表达式

$$I_{D_Zmin} = I_{Rmin} - I_{Lmax} = \frac{U_{Imin} - U_Z}{R} - I_{Lmax} \geqslant I_Z$$

由此得出限流电阻的上限值为

$$R_{max} = \frac{U_{Imin} - U_Z}{I_Z + I_{Lmax}} \tag{9.4.13}$$

式中 $I_{Lmax} = U_Z / R_{Lmin}$。

当电网电压最高(即 U_I 最高)且负载电流最小时,流过稳压管的电流最大,根据式(9.4.10)、(9.4.11)、(9.4.12)可写成表达式

$$I_{D_Zmax} = I_{Rmax} - I_{Lmin} = \frac{U_{Imax} - U_Z}{R} - I_{Lmin} \leqslant I_{ZM}$$

由此得出限流电阻的下限值为

$$R_{min} = \frac{U_{Imax} - U_Z}{I_{ZM} + I_{Lmin}} \tag{9.4.14}$$

式中 $I_{Lmin} = U_Z / R_{Lmax}$。

R 的阻值一旦确定,根据它的电流即可算出其功率。

【例 9.4.1】 在图 9.4.1 所示电路中,已知 $U_I = 15$ V,负载电流为 10 ~ 20 mA;稳压管的稳定电压 $U_Z = 6$ V,最小稳定电流 $I_{Zmin} = 5$ mA,最大稳定电流 $I_{Zmax} = 40$ mA,$r_z = 15\ \Omega$。

(1) 求解 R 的取值范围;

(2) 若 $R = 250\ \Omega$,则稳压系数 S_r 和输出电阻 R_o 各为多少?

(3) 为使稳压性能好一些,在允许范围内,R 的取值应当偏大些,还是偏小些?为什么?

解:(1) 根据式(9.4.13)、(9.4.14)

$$R_{\max}=\frac{U_{\mathrm{Imin}}-U_{\mathrm{Z}}}{I_{\mathrm{Zmin}}+I_{\mathrm{Lmax}}}=\left(\frac{15-6}{5+20}\times 10^{3}\right)\Omega=360\ \Omega$$

$$R_{\min}=\frac{U_{\mathrm{Imax}}-U_{\mathrm{Z}}}{I_{\mathrm{Zmax}}+I_{\mathrm{Lmin}}}=\left(\frac{15-6}{40+10}\times 10^{3}\right)\Omega=180\ \Omega$$

因此,R 的取值范围是 180 ~ 360 Ω。

(2) 根据式(9.4.5)、(9.4.6)

$$S_{\mathrm{r}}\approx\frac{r_{\mathrm{z}}}{R+r_{\mathrm{z}}}\cdot\frac{U_{\mathrm{I}}}{U_{\mathrm{Z}}}=\frac{15}{250+15}\times\frac{15}{6}\approx 0.14$$

$$R_{\mathrm{o}}\approx r_{\mathrm{z}}=15\ \Omega$$

(3) 在允许范围内,R 的取值应当偏大些。因为式(9.4.5)、(9.4.6)表明,当其余参数确定的情况下,R 愈大,S_{r} 愈小,R_{o} 愈接近 r_{z}。

【例 9.4.2】 在图 9.4.1 所示电路中,已知 $U_{\mathrm{I}}=12$ V,电网电压允许波动范围为 ±10%;稳压管的稳定电压 $U_{\mathrm{Z}}=5$ V,最小稳定电流 $I_{\mathrm{Zmin}}=5$ mA,最大稳定电流 $I_{\mathrm{Zmax}}=30$ mA,负载电阻 $R_{\mathrm{L}}=250\sim350\ \Omega$。试求解:

(1) R 的取值范围;

(2) 若限流电阻短路,则将产生什么现象?

解:(1) 首先求出负载电流的变化范围:

$$I_{\mathrm{Lmax}}=U_{\mathrm{Z}}/R_{\mathrm{Lmin}}=(5/250)\ \mathrm{A}=0.02\ \mathrm{A}$$

$$I_{\mathrm{Lmin}}=U_{\mathrm{Z}}/R_{\mathrm{Lmax}}=(5/350)\ \mathrm{A}\approx 0.0143\ \mathrm{A}$$

再求出 R 的最大值和最小值

$$R_{\max}=\frac{U_{\mathrm{Imin}}-U_{\mathrm{Z}}}{I_{\mathrm{Zmin}}+I_{\mathrm{Lmax}}}=\frac{0.9\times12-5}{0.005+0.02}\ \Omega=232\ \Omega$$

$$R_{\min}=\frac{U_{\mathrm{Imax}}-U_{\mathrm{Z}}}{I_{\mathrm{Zmax}}+I_{\mathrm{Lmin}}}=\frac{1.1\times12-5}{0.03+0.0143}\ \Omega\approx 185\ \Omega$$

所以,R 的取值范围是 185 ~ 232 Ω。

(2) 若限流电阻短路,则 U_{I} 全部加在稳压管上,使之因电流过大而烧坏。

稳压管稳压电路的优点是电路简单,所用元件数量少;但是,因为受稳压管自身参数的限制,其输出电流较小,输出电压不可调节,因此只适用于负载电流较小,负载电压不变的场合。

思考题

9.4.1 在稳压管稳压电路中,限流电阻的作用是什么?其值过小或过大将产生什么现象?

9.4.2 在选择稳压管稳压电路中的限流电阻 R 时,若计算出 R 应大于 300 Ω、小于 270 Ω,则说明出现了什么问题?应如何解决?

9.4.3 若计算出稳压管稳压电路中的限流电阻 R 应在 200 ~ 300 Ω 之间,则应选择 R 接近 300 Ω、还是 200 Ω,为什么?

9.4.4 在选择稳压管稳压电路中的稳压管时,若 $I_{\mathrm{Zmax}}<I_{\mathrm{Lmax}}$,一旦负载由于某种原因开路,则将产生什么现象?

9.5 串联型稳压电路

稳压管稳压电路输出电流较小,输出电压不可调,不能满足很多场合下的应用。串联型稳压电路以稳压管稳压电路为基础,利用晶体管的电流放大作用,增大负载电流;在电路中引入深度电压负反馈使输出电压稳定;并且,通过改变反馈网络参数使输出电压可调。

9.5.1 串联型稳压电路的工作原理

一、基本调整管电路

如前所述,在图 9.5.1(a)所示稳压管稳压电路中,负载电流最大变化范围等于稳压管的最大稳定电流和最小稳定电流之差($I_{Zmax}-I_{Zmin}$)。不难想象,扩大负载电流最简单的方法是:将稳压管稳压电路的输出电流作为晶体管的基极电流,而晶体管的发射极电流作为负载电流,电路采用射极输出形式,如图 9.5.1(b)所示,常见画法如图(c)所示。

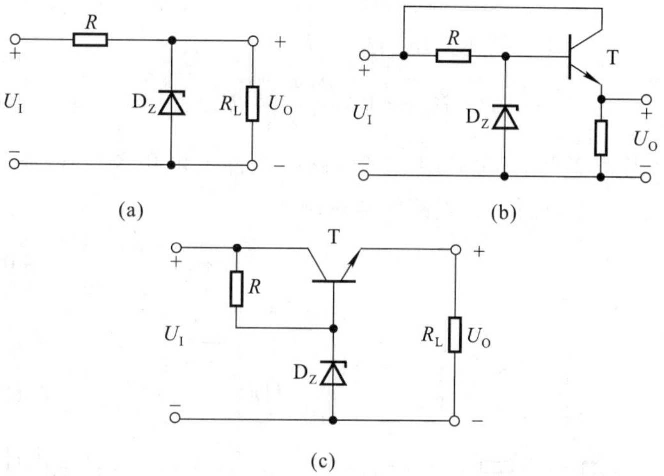

图 9.5.1 基本调整管稳压电路

(a) 稳压管稳压电路 (b) 加晶体管扩大负载电流的变化范围 (c) 常见画法

由于图(b)、(c)所示电路引入了电压负反馈,故能够稳定输出电压。但它们与一般共集放大电路有着明显的区别:其工作电源 U_I 不稳定,“输入信号”为稳定电压 U_Z,并且要求输出电压 U_O 在 U_I 变化或负载电阻 R_L 变化时基本不变。

其稳压原理简述如下。

当电网电压波动引起 U_I 增大,或负载电阻 R_L 增大时,输出电压 U_O 将随之增大,即晶体管发射极电位 U_E 升高;稳压管端电压基本不变,即晶体管基极电位 U_B 基本不变;故晶体管的 U_{BE} ($=U_B-U_E$)减小,导致 I_B(I_E)减小,从而使 U_O 减小;因此可以保持 U_O 基本不变。当 U_I 减小或负载电阻 R_L 减小时,变化与上述过程相反。可见,晶体管的调节作用使 U_O 稳定,所以称晶体管为调整管,称图(b)、(c)所示电路为基本调整管电路。

根据稳压管稳压电路输出电流的分析已知,晶体管基极的最大电流为($I_{Zmax}-I_{Zmin}$),因而

图(b)所示的最大负载电流为

$$I_{\mathrm{Lmax}}=(1+\beta)(I_{\mathrm{Zmax}}-I_{\mathrm{Zmin}}) \tag{9.5.1}$$

这也就大大提高了负载电流的调节范围。输出电压为

$$U_{\mathrm{O}}=U_{\mathrm{Z}}-U_{\mathrm{BE}} \tag{9.5.2}$$

从上述稳压过程可知,要想使调整管起到调整作用,必须使之工作在放大状态,因此其管压降应大于饱和管压降 U_{CES};换言之,电路应满足 $U_{\mathrm{I}} \geqslant U_{\mathrm{O}}+U_{\mathrm{CES}}$ 的条件。由于调整管与负载相串联,故称这类电路为串联型稳压电源;由于调整管工作在线性区,故称这类电路为线性稳压电源。

二、具有放大环节的串联型稳压电路

式(9.5.2)表明基本调整管稳压电路的输出电压仍然不可调,且输出电压将因 U_{BE} 的变化而变,稳定性较差。为了使输出电压可调,也为了加深电压负反馈以提高输出电压的稳定性,通常在基本调整管稳压电路的基础上引入放大环节。

1. 电路的构成

若同相比例运算电路的输入电压为稳定电压,且比例系数可调,则其输出电压就可调节;同时,为了扩大输出电流,集成运放输出端加晶体管,并保持射极输出形式,就构成具有放大环节的串联型稳压电路,如图 9.5.2(a)所示。输出电压为

$$U_{\mathrm{O}}=\left(1+\frac{R_1+R_2''}{R_2'+R_3}\right)U_{\mathrm{Z}} \tag{9.5.3}$$

由于集成运放开环差模增益可达 80 dB 以上,电路引入深度电压负反馈,输出电阻趋近于零,因而输出电压相当稳定。图(b)所示为电路的常见画法。

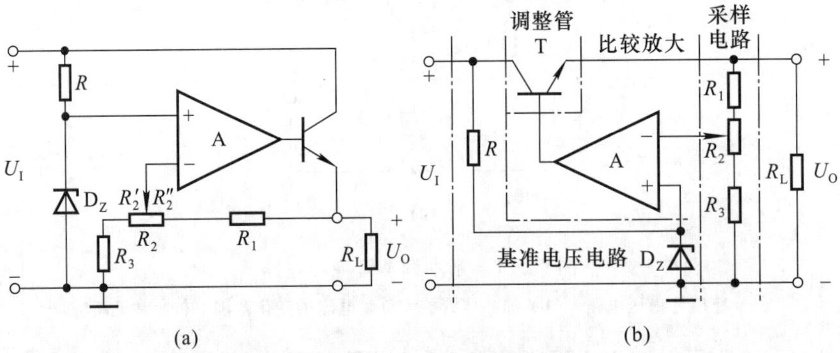

图 9.5.2 具有放大环节的串联型稳压电路

(a) 原理电路 (b) 常见画法

在图(b)所示电路中,晶体管 T 为调整管,电阻 R 与稳压管 D_{Z} 构成基准电压电路,电阻 R_1、R_2 和 R_3 为输出电压的采样电路,集成运放作为比较放大电路,如图中所标注。调整管、基准电压电路、采样电路和比较放大电路是串联型稳压电路的基本组成部分。

2. 稳压原理

当由于某种原因(如电网电压波动或负载电阻的变化等)使输出电压 U_{O} 升高(降低)时,采样电路将这一变化趋势送到 A 的反相输入端,并与同相输入端电位 U_{Z} 进行比较放大;A 的输出电压,即调整管的基极电位降低(升高);因为电路采用射极输出形式,所以输出电压 U_{O} 必然降

低(升高),从而使 U_O 得到稳定。可简述如下:

$$U_O \uparrow \longrightarrow U_N \uparrow \longrightarrow U_B \downarrow \longrightarrow U_O \downarrow$$

或

$$U_O \downarrow \longrightarrow U_N \downarrow \longrightarrow U_B \uparrow \longrightarrow U_O \uparrow$$

可见,电路是靠引入深度电压负反馈来稳定输出电压的。

3. 输出电压的可调范围

在理想运放条件下,$U_N = U_P = U_Z$。所以,当电位器 R_2 的滑动端在最上端时,输出电压最小,为

$$U_{Omin} = \frac{R_1 + R_2 + R_3}{R_2 + R_3} \cdot U_Z \tag{9.5.4}$$

当电位器 R_2 的滑动端在最下端时,输出电压最大,为

$$U_{Omax} = \frac{R_1 + R_2 + R_3}{R_3} \cdot U_Z \tag{9.5.5}$$

若 $R_1 = R_2 = R_3 = 300\ \Omega$,$U_Z = 6$ V,则输出电压 9 V$\leqslant U_O \leqslant$18 V。

4. 调整管的选择

在串联型稳压电路中,调整管是核心元件,它的安全工作是电路正常工作的保证。调整管常为大功率管,因而选用原则与功率放大电路中的功放管相同,主要考虑其极限参数 I_{CM}、$U_{(BR)CEO}$ 和 P_{CM}。调整管极限参数的确定,必须考虑到输入电压 U_I 由于电网电压波动而产生的变化,以及输出电压的调节和负载电流的变化所产生的影响。

从图 9.5.2(b)所示电路可知,调整管 T 的发射极电流 I_E 等于采样电阻 R_1 中电流和负载电流 I_L 之和($I_E = I_{R_1} + I_L$);T 的管压降 U_{CE} 等于输入电压 U_I 与输出电压 U_O 之差($U_{CE} = U_I - U_O$)。显然,当负载电流最大时,流过 T 管发射极的电流最大,即 $I_{Emax} = I_{R_1} + I_{Lmax}$。通常,$R_1$ 上电流可忽略,且 $I_{Emax} \approx I_{Cmax}$,所以调整管的最大集电极电流

$$I_{Cmax} \approx I_{Lmax} \tag{9.5.6}$$

当电网电压最高(即输入电压最高),同时输出电压又最低时,调整管承受的管压降最大,即

$$U_{CEmax} = U_{Imax} - U_{Omin} \tag{9.5.7}$$

当晶体管的集电极(发射极)电流最大(即满载),且管压降最大时,调整管的功率损耗最大,即

$$P_{Cmax} = I_{Cmax} U_{CEmax} \tag{9.5.8}$$

根据式(9.5.6)、(9.5.7)、(9.5.8),在选择调整管 T 时,应保证其最大集电极电流、集电极与发射极之间的反向击穿电压和集电极最大耗散功率满足

$$\begin{cases} I_{CM} > I_{Lmax} & (9.5.9a) \\ U_{(BR)CEO} > U_{Imax} - U_{Omin} & (9.5.9b) \\ P_{CM} > I_{Lmax}(U_{Imax} - U_{Omin}) & (9.5.9c) \end{cases}$$

实际选用时,不但要考虑一定的余量,还应按手册上的规定采取散热措施。

在图 9.5.2(b)所示电路中,如果最大负载电流为 500 mA;输出电压调节范围为 10 ~ 20 V;输入电压 25 V,波动范围为 ±10%;那么选择 T 管时,其极限参数应为

$$I_{CM} > I_L = 500\ \text{mA}$$

$$U_{(BR)CEO} > 1.1U_I - U_{Omin} = (1.1 \times 25 - 10)\ \text{V} = 17.5\ \text{V}$$

$$P_{CM} > I_L(1.1U_I - U_{Omin}) = (0.5 \times 17.5)\ W = 8.75\ W$$

三、串联型稳压电路的方框图

根据上述分析，实用的串联型稳压电路至少包含调整管、基准电压电路、采样电路和比较放大电路四个部分。此外，为使电路安全工作，还常在电路中加保护电路（见节9.5.2），所以串联型稳压电路的方框图如图9.5.3所示。

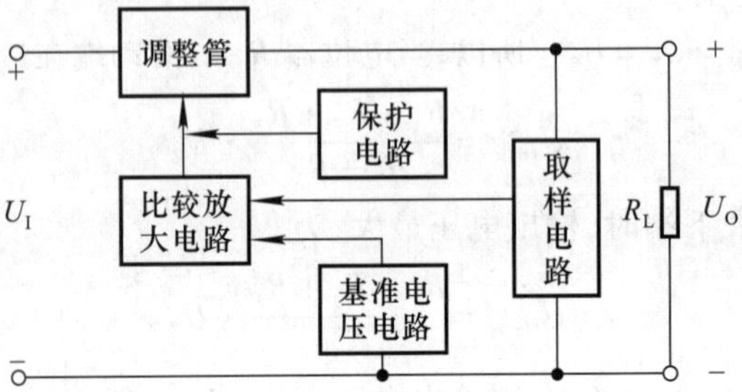

图9.5.3 串联型稳压电路的方框图

【例9.5.1】 电路如图9.5.2(b)所示，已知输入电压 U_I 的波动范围为 ±10%，调整管的饱和管压降 $U_{CES}=2$ V，输出电压 U_O 的调节范围为 5～20 V，$R_1=R_3=200\ \Omega$。试问：

(1) 稳压管的稳定电压 U_Z 和 R_2 的取值各为多少？

(2) 为使调整管正常工作，U_I 的值至少应取多少？

解：(1) 输出电压的表达式为

$$\frac{R_1+R_2+R_3}{R_2+R_3} \cdot U_Z \leqslant U_O \leqslant \frac{R_1+R_2+R_3}{R_3} \cdot U_Z$$

将 $U_{Omin}=5$ V、$U_{Omax}=20$ V、$R_1=R_3=200\ \Omega$ 代入上式，解二元方程，可得 $R_2=600\ \Omega$，$U_Z=4$ V。

(2) 所谓调整管正常工作，是指在输入电压波动和输出电压改变时调整管应始终工作在放大状态。研究电路的工作情况可知，在输入电压最低且输出电压最高时管压降最小，若此时管压降大于饱和管压降，则在其它情况下管子一定会工作在放大区。用式子表示为 $U_{CEmin}=U_{Imin}-U_{Omax}>U_{CES}$，即

$$U_{Imin} > U_{Omax} + U_{CES}$$

代入数据

$$0.9U_I > (20+2)\text{V}$$

得出 $U_I>24.7$ V，故 U_I 至少应取 25 V。

【例9.5.2】 电路如图9.5.2(b)所示，已知集成运放输出电流 I_O 最大值为 2 mA，调整管的电流放大倍数为 30。试问：

(1) 最大负载电流 I_{Lmax} 约为多少？

(2) 若要稳压电路的输出电流为 1 A，则应采取什么办法？画出改进部分的电路图来。

解：(1) 最大负载电流

$$I_{Lmax} \approx I_{Emax} \approx I_{Cmax} = \beta I_O = (30 \times 2)\text{mA} = 60\ \text{mA}$$

(2) 可用复合管做调整管，如图9.5.4所示。

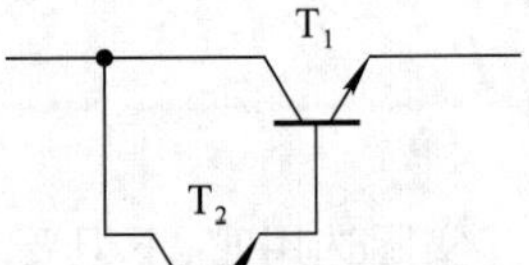

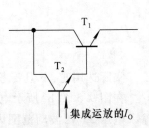

图9.5.4 用复合管作调整管

此时，$I_{Lmax}\approx I_{Emax}\approx I_{Cmax}\approx\beta_1\beta_2 I_O$，只要 $\beta_1\beta_2>500$，就可使稳压电路的输出电流达到 1 A 以上。若 $\beta_1=30$，则要求 $\beta_2>17$。

9.5.2 集成稳压器中的基准电压电路和保护电路

从 9.5.1 节的分析可知串联型稳压电路的基本组成部分及它们的功能。集成稳压器内的基准电压电路与分立元件电路有着明显的差别，而且芯片内部的保护电路也与分立元件电路不尽相同，下面将一一加以介绍。

一、基准电压电路

式(9.5.4)和式(9.5.5)表明，串联型稳压电路输出电压的稳定性取决于基准电压的稳定性，因而通常要求基准电压电路具有温度系数为零、输出电阻小、噪声低等特点。

1. 稳压管基准电压电路

图 9.5.5 所示为稳压管基准电压电路，也称齐纳基准源。设稳压管 D_Z 的稳定电压为 U_Z，晶体管 T_2 导通时b－e 间电压为 U_{BE}，则输出基准电压为

$$U_{REF}=U_{BE}+U_Z \tag{9.5.10}$$

由于图中的稳压管具有正温度系数，即温度升高时 U_Z 增大，反之则 U_Z 减小；而 T_2 的发射结在正向导通时具有负温度系数，即在基极电流基本不变条件下，温度升高时 U_{BE}减小，反之 U_{BE}增大；所以该电路具有温度补偿作用。当温度变化时，U_Z 与 U_{BE}的变化相反，互相抵消，使 U_{REF}变化很小。此外，电路采用射极输出形式，引入了电压负反馈，进一步提高了 U_{REF}的稳定性，且使输出电阻更小。

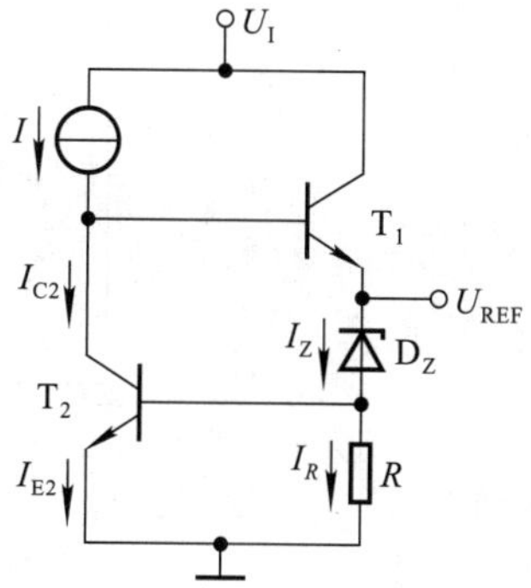

图 9.5.5 稳压管基准电压电路

图 9.5.6(a)所示为零温度系数基准电压电路，其等效电路如图(b)所示。已知稳压管的稳定电压具有正温度系数，NPN 型管 b－e 间电压 U_{BE}具有负温度系数。设 n 个和 m 个二极管的导通电压 U_{BE}基本相等，则基准电压为

$$U_{REF}=I_E R_2+mU_{BE} \tag{9.5.11}$$

$$I_E=\frac{U_Z-(m+n)U_{BE}}{R_1+R_2} \tag{9.5.12}$$

将式(9.5.12)代入式(9.5.11)，整理可得

$$U_{REF}=\frac{U_Z R_2+(mR_1-nR_2)U_{BE}}{R_1+R_2} \tag{9.5.13}$$

在集成电路内，因材料相同，R_1 与 R_2 具有同样的温度系数，当温度变化时其比值不变，它们随温度变化而产生的变化量相互抵消，因而对 U_{REF}的影响很小，可忽略不计。所以 U_{REF}的温度系数为

$$\frac{dU_{REF}}{dT}=\frac{R_2}{R_1+R_2}\cdot\frac{dU_Z}{dT}+\frac{mR_1-nR_2}{R_1+R_2}\cdot\frac{dU_{BE}}{dT} \tag{9.5.14}$$

设$\dfrac{dU_Z}{dT}\Big/\dfrac{dU_{BE}}{dT}=k$，代入式(9.5.14)，令$\dfrac{dU_{REF}}{dT}=0$，可得

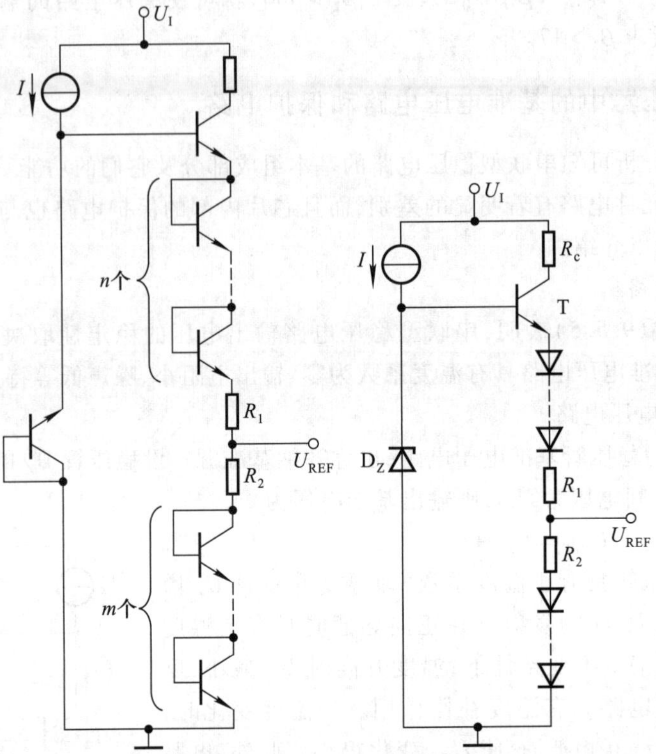

(a)　　　　　　(b)

图 9.5.6　零温度系数基准电压电路及其等效电路

(a) 原理电路　(b) 等效电路

$$\frac{R_1}{R_2}=\frac{n-k}{m} \tag{9.5.15}$$

上述分析表明，在 m、n、稳压管的 U_Z 和二极管的 U_{BE} 的温度系数确定的情况下，只要 R_1 与 R_2 按式(9.5.15)取值，就可做到基准电压温度系数为零。

2. 能隙基准电压电路

稳压管基准电压电路提供的基准电压中含有较高的噪声电平，因而在很多集成稳压器中采用能隙基准电压电路，也称带隙①基准电压电路或禁带宽度基准电压电路，其基本组成如图 9.5.7 所示。从图可知，基准电压为

$$U_{REF}=U_{BE3}+I_2R_2 \tag{9.5.16}$$

而 $I_2\approx I_3\approx I_S e^{\frac{U_{BE}}{U_T}}$②，且 $I_3R_3=U_{BE1}-U_{BE2}$。由于电路中晶体

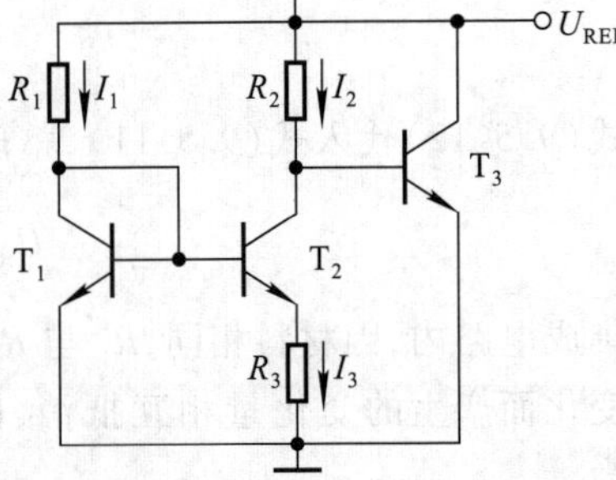

图 9.5.7　能隙基准电压电路

① 即英文 Bandgap Reference。

② 见本书 1.1 节。

管具有相同的特性，所以

$$U_{\mathrm{BE1}}-U_{\mathrm{BE2}}\approx U_{\mathrm{T}}\ln\left(\frac{I_1}{I_2}\right)$$

$$I_3\approx\frac{1}{R_3}\cdot U_{\mathrm{T}}\ln\left(\frac{I_1}{I_2}\right)$$

因而 R_2 上的电压为

$$U_{R_2}\approx I_3R_2\approx\frac{R_2}{R_3}\cdot U_{\mathrm{T}}\ln\left(\frac{I_1}{I_2}\right)\tag{9.5.17}$$

由于 T_1 和 T_3 特性相同，若 $U_{\mathrm{BE1}}\approx U_{\mathrm{BE3}}$，则 R_1 上电压与 R_2 上电压近似相等，即 $I_1R_1\approx I_2R_2$，故 $I_1/I_2\approx R_2/R_1$。代入式(9.5.17)，可得

$$U_{R_2}\approx I_3R_2\approx\frac{R_2}{R_3}\cdot U_{\mathrm{T}}\ln\left(\frac{R_2}{R_1}\right)$$

将上式代入式(9.5.16)，可得基准电压为

$$U_{\mathrm{REF}}\approx U_{\mathrm{BE3}}+\frac{R_2}{R_3}\cdot U_{\mathrm{T}}\ln\left(\frac{R_2}{R_1}\right)\tag{9.5.18}$$

式中 U_{BE3}的温度系数 α 为负值，且 $\alpha=\mathrm{d}U_{\mathrm{BE}}/\mathrm{d}T=-(1.8\sim2.4)\ \mathrm{mV/K}$，故可将 U_{BE3}表示为

$$U_{\mathrm{BE3}}=U_{\mathrm{go}}+\alpha T\tag{9.5.19}$$

式中 U_{go}为硅材料在 0 K 时外推禁带宽度（能带间隙）的电压值，又称为能隙电压值，根据 PN 结的分析，其值为

$$U_{\mathrm{go}}=1.205\ \mathrm{V}\tag{9.5.20}$$

因此基准电压为 $U_{\mathrm{REF}}=U_{\mathrm{go}}+\alpha T+U_{R2}$，即

$$U_{\mathrm{REF}}\approx U_{\mathrm{go}}+\alpha T+\frac{R_2}{R_3}\cdot U_{\mathrm{T}}\ln\left(\frac{I_1}{I_2}\right)\approx U_{\mathrm{go}}+\alpha T+\frac{R_2}{R_3}\cdot U_{\mathrm{T}}\ln\left(\frac{R_2}{R_1}\right)\tag{9.5.21}$$

由于 $I_1>I_2$，$\ln\left(\frac{I_1}{I_2}\right)>0$；$U_{\mathrm{T}}=\frac{kT}{q}$，$q$ 和 k 为常量，T 为热力学温度，T 增大时 U_{T} 增大；所以第三项将随温度 T 的升高而增大，即具有正温度系数。因此，只要选取合适的 $R_1\sim R_3$ 的数值，就可使式(9.5.21)中的第二项和第三项相互抵消，从而使基准电压变为

$$U_{\mathrm{REF}}=U_{\mathrm{go}}\tag{9.5.22}$$

显然，基准电压将与温度无关，从而获得极好的稳定性。

二、保护电路

在集成稳压器电路内部含有各种保护电路，如过流保护、短路保护、调整管安全工作区保护、芯片过热保护电路等，使集成稳压器在出现不正常情况时不至于损坏。而且，因为串联型稳压电路的调整管是其核心器件，它流过的电流近似等于负载电流，且电网电压波动或输出电压调节时管压降将产生相应的变化，所以这些保护电路都与调整管紧密相关。

1. 过流保护电路

过流保护电路能够在稳压器输出电流超过额定值时，限制调整管发射极电流在某一数值或使之迅速减小，从而保护调整管不会因电流过大而烧坏。凡在过流时使调整管发射极电流限制在某一数值的电路，称为限流型过流保护电路；凡在过流时使调整管发射极电流迅速减小到较小

数值的电路,称为截流型(或减流型)过流保护电路。

图 9.5.8(a)所示为限流型过流保护电路,T_1 为调整管,T_2 和 R_0 构成保护电路,图(b)所示为集成稳压电路中的画法。R_0 为电流采样电阻,其电流等于稳压电路的输出电流 I_O,故其电压正比于 I_O。正常工作时,T_2 的 b－e 间电压 $U_{BE2}=I_OR_0<U_{on}$,U_{on} 为 b－e 间的开启电压,因而 T_2 处于截止状态。当过流,即输出电流增大到一定数值时,R_0 上的电压足以使 T_2 导通,便从 T_1 管的基极电流分流,因而限制了调整管的发射极电流。R_0 的取值不同,调整管发射极的限定值将不同,其表达式为

$$I_{Omax}\approx I_{Emax}\approx U_{BE2}/R_0 \tag{9.5.23}$$

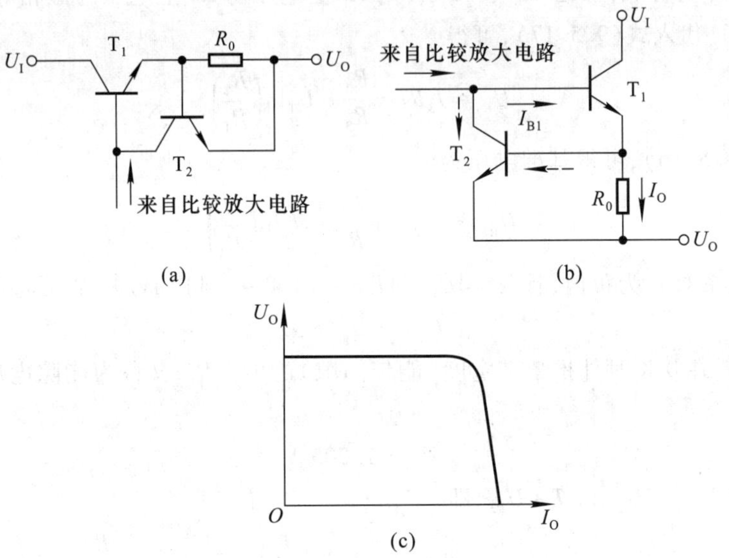

图 9.5.8　限流型过流保护电路及其输出特性
(a) 保护电路　(b) 集成稳压电路中的画法　(c) 输出特性

图(c)所示为输出特性。上述分析表明,限流型保护电路虽然组成简单,但是在保护电路起作用后调整管仍有较大的工作电流,因而也就有较大的功耗,所以不适用于大功率电路。

图 9.5.9(a)所示为截流型过流保护电路,T_1 为调整管,R_0 为电流采样电阻,它与 T_2、R_1 和 R_2 构成保护电路,图(b)所示为集成稳压电路中的画法。电路中 A、B 点的电位分别为

$$U_A=I_OR_0+U_O$$

$$U_B=\frac{R_2}{R_1+R_2}\cdot U_A$$

因而 T_2 管 b－e 间电压为

$$U_{BE2}=U_B-U_O=\frac{R_2}{R_1+R_2}\cdot(I_OR_0+U_O)-U_O \tag{9.5.24}$$

式(9.5.24)表明,I_O 增大,U_{BE2} 将随之增大。未过流时,$U_{BE2}<U_{on}$,使 T_2 截止。当 I_O 增大到一定数值或输出端短路时,T_2 导通,对调整管 T_1 的基极分流,使 I_O 减小,从而导致输出电压 U_O 减小;此时虽然 U_B 随 U_O 的下降而下降,但是 U_O 下降的幅值大于 U_B,使得 T_2 的电流进一步增大,

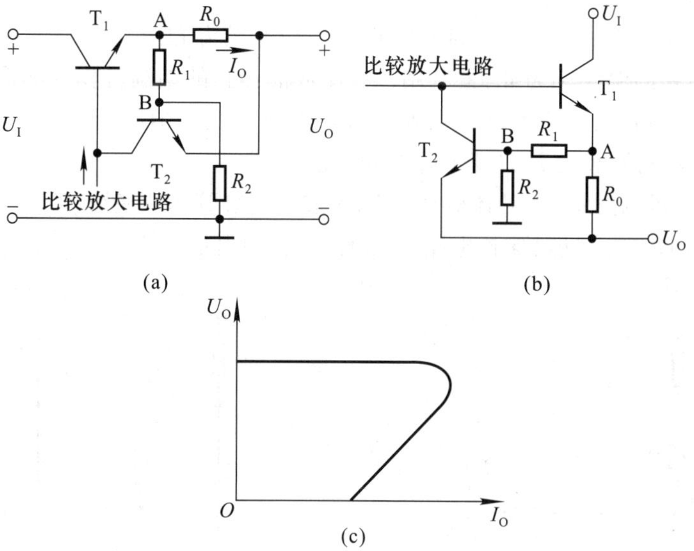

图 9.5.9 截流型过流保护电路及其输出特性

(a) 保护电路 (b) 集成稳压电路中的画法 (c) 输出特性

T_1 的电流进一步减小,最终减小到较小数值。输出特性如图(c)所示。设 T_2 导通时 b－e 间电压为 U_{on},令输出电压 U_O 为零,并代入式(9.5.24),可求出输出电流的最小值为

$$I_O \approx \frac{U_{on}}{kR_0} \quad \left(k = \frac{R_2}{R_1 + R_2}\right) \tag{9.5.25}$$

通常,在截流型过流保护电路启动后,均有一个正反馈过程,使输出电流迅速减小。

2. 调整管的安全工作区保护电路

调整管的安全工作区保护电路可使调整管既不因过电流而烧坏,又不因过电压而击穿,因此它由过流保护和过压保护两种电路组合而成,最终保证调整管不超过其最大耗散功率。在图 9.5.10 所示电路中,由晶体管 T_{16}、T_{17} 组成的复合管为调整管,由 R_{13}、D_{Z2} 和 R_{11}、R_{12}、R_{21}、T_{15} 组成保护电路,输出电流如图中所标注。在电路正常工作时,D_{Z2} 和 T_{15} 均截止。电阻 R_{12} 上的电压为

$$U_{R_{12}} = \frac{R_{12}}{R_{21} + R_{12}} \cdot U_{BE17}$$

T_{15} 的 b－e 间电压为

$$U_{BE15} = U_{R_{12}} + I_O R_{11} \tag{9.5.26}$$

且 $U_{BE15} < U_{on}$。I_O 增大,R_{11} 上的电压增大,U_{BE15} 将随之增大。

当电路过载或输出端短路时,R_{11} 上的电压增大使 $U_{BE15} > U_{on}$,T_{15} 导通,对调整管的基极分流,实现了过流保护。若 U_I 与 U_O 之间电压(即调整管管压降)超过允许值,则 D_{Z2} 击穿,使 T_{15} 基极电流骤然增大而迅速进入饱和区,I_9 的大部分电流流过 T_{15},从而使调整管 T_{17} 接近截止区,也就使其功耗下降到较小的数值。可见,过压保护电路最终限制了调整管的功耗,使调整管工作在安全区。

3. 芯片过热保护电路

芯片损坏的重要原因之一是长期通过大电流而引起结温超过允许值。在集成稳压器中，调整管的结温决定芯片的温度。为此，常利用二极管或晶体管的结温升作为测温元件，让它们靠近调整管，从而反映调整管的温升情况。当调整管温升超过允许值时，测温二极管（或晶体管）启动一个电路，减小其电流，使芯片温度下降至安全值。

在图9.5.11所示电路中，由晶体管 T_{16}、T_{17} 组成的复合管为调整管；T_{14} 和 R_7 为测温元件，它们与 R_1、R_6' 和 D_{Z1} 组成芯片过热保护电路。T_{14} 管 b－e 间电压为

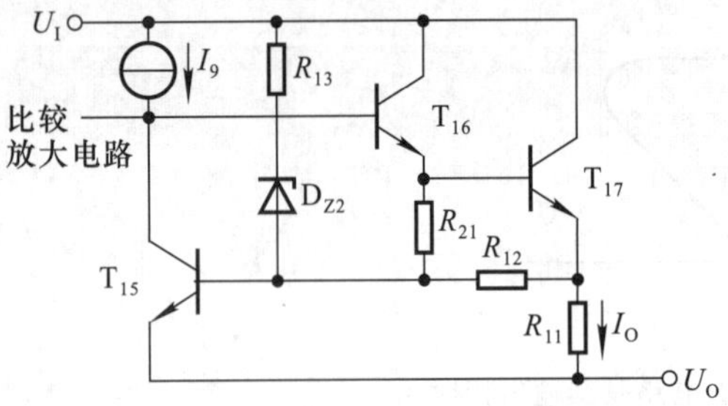

图9.5.10　调整管的安全工作区保护电路

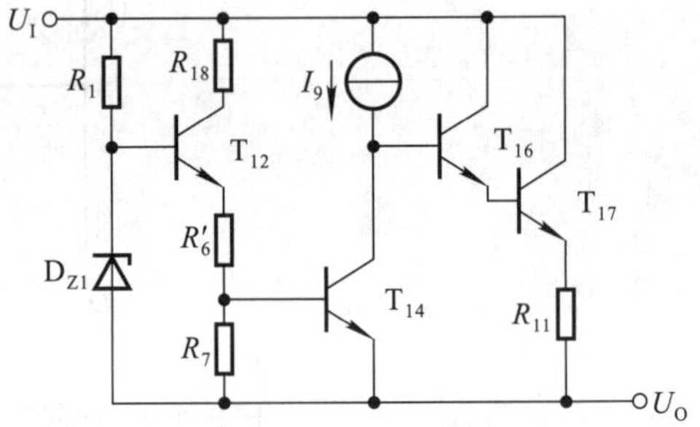

图9.5.11　芯片过热保护电路

$$U_{BE14} = U_{R_7} = \frac{R_7}{R_6' + R_7} \cdot (U_{Z1} - U_{BE12})$$

其中稳压管具有正温度系数，而晶体管 b－e 间电压具有负温度系数。芯片未过热时，T_{14} 管截止。芯片温度上升，U_{Z1} 增大，U_{BE12} 减小，即（$U_{Z1} - U_{BE12}$）增大，而 T_{14} 管 b－e 间的开启电压 U_{on} 却减小。当芯片温度上升到一定数值（通常在150～175℃）时，T_{14} 管导通，对调整管的基极分流，输出电流减小，调整管的功耗下降，使芯片温度被限制在一定数值之下。

9.5.3　集成稳压器电路

从外形上看，集成串联型稳压电路有三个引脚，分别为输入端、输出端和公共端（或调整端），因而称为三端稳压器。按功能可分为固定式稳压电路和可调式稳压电路；前者的输出电压不能进行调节，为固定值；后者可通过外接元件使输出电压得到很宽的调节范围。本节首先对型号为W7800固定式集成稳压器电路加以简要分析，然后介绍型号为W117可调式集成稳压器的特点。

一、W7800三端稳压器

1. 输出电压和输出电流

W7800系列三端稳压器的输出电压有5 V、6 V、9 V、12 V、15 V、18 V和24 V七个挡，型号后面的两个数字表示输出电压值。输出电流有1.5 A（W7800）、0.5 A（W78M00）和0.1 A（W78L00）三个挡。例如，W7805表示输出电压为5 V、最大输出电流为1.5 A，W78M05表示输出电压为5 V、最大输出电流为0.5 A，W78L05表示输出电压为5 V、最大输出电流为0.1 A，其它类推。它因性能稳定、价格低廉而得到广泛的应用。

2. 电路原理图分析

W7805 电路原理框图如图 9.5.12 所示①,其中稳压电路部分如图 9.5.13 所示。

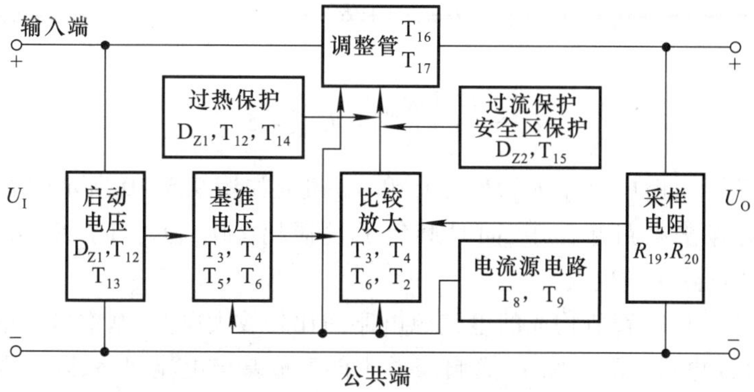

图 9.5.12 W7805 的原理框图

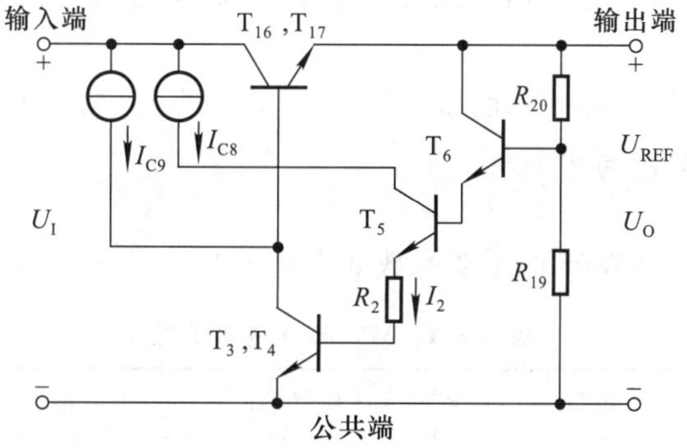

图 9.5.13 W7805 电路中的稳压电路部分

在图 9.5.13 所示电路中,由 T_{16}和 T_{17}管构成的复合管作为调整管。

以 T_3 和 T_4 构成的复合管作为放大管、以 T_9 管为有源负载组成的共射放大电路作为比较放大电路。基准电压 U_{REF}通过 T_6 管(T_2 管为有源负载)的发射极输入到 T_3 管的基极。

T_3、T_4、T_5、T_6 管和电阻 R_2 组成基准电压电路,它是与图 9.5.7 所示电路相类似的能隙基准电压电路。基准电压

$$U_{REF}=U_{BE4}+U_{BE3}+I_2R_2+U_{BE5}+U_{BE6} \tag{9.5.27}$$

在 $T_3\sim T_6$ 特性相同的情况下,得出

$$U_{REF}=4U_{BE}+I_2R_2 \tag{9.5.28}$$

根据式(9.5.19)、(9.5.21)可知

$$U_{REF}\approx 4U_{go}+4\alpha T+\frac{R_2}{R_3}\cdot U_T\ln\left(\frac{R_2}{R_1}\right) \tag{9.5.29}$$

通过调整 $R_1\sim R_3$ 的阻值,可使式(9.5.29)中的第二、三项相互抵消,从而基准电压仅决定于第一项,为

① W7805 电路原理图可参阅童诗白、华成英主编《模拟电子技术基础(第四版)》的 10.5.3 节。

$$U_{REF}=4U_{go}$$

实现了零温度系数。根据式(9.5.20)可得

$$U_{REF}=4.82\ V \tag{9.5.30}$$

输出电压为

$$U_O=\left(1+\frac{R_{20}}{R_{19}}\right)\cdot U_{REF}\approx 5\ V \tag{9.5.31}$$

在图 9.5.12 所示电路中，R_{11}、R_{12}、R_{13}、D_{Z2}和 T_{15}组成如图 9.5.10 所示的安全工作区保护电路，在过流、过压时保护电路起作用，同时避免了过损耗。D_{Z1}、T_{12}、T_{14}、R_5、R_6 和 R_7 组成如图 9.5.11 所示的芯片过热保护电路。

图 9.5.12 中，T_8 和 T_9 管所构成的电流源电路为比较放大电路、基准电压电路和调整管提供静态电流；但是，在通电后，靠 T_8 和 T_9 管自身并不能形成基极电流回路，因而也就无法使整个电路正常工作。启动电路的作用是在 U_I 接入后，为 T_8 和 T_9 管提供电流通路，从而使稳压电路各部分建立起正常的工作关系。电路启动正常工作之后，启动电路与稳压电路分开。可见启动电路仅在通电时起作用。

由以上分析可知，电路中的一些元件出现在多个功能电路中，如 D_{Z1}既作为启动电路的一部分，又作为过热保护电路的一部分。

3. 主要参数

在温度为 25℃条件下 W7805 的主要参数如表 9.5.1 所示。

表 9.5.1　W7805 的主要参数

参数名称	符号	测试条件	单位	W7805(典型值)
输入电压	U_I		V	10
输出电压	U_O	$I_O=500$ mA	V	5
最小输入电压	U_{Imin}	$I_O\leqslant 1.5$ A	V	7
电压调整率	$S_U(\Delta U_O)$	$I_O=500$ mA 8 V$\leqslant U_I\leqslant$18 V	mV	7
电流调整率	$S_I(\Delta U_O)$	10 mA$\leqslant I_O\leqslant$1.5 A	mV	25
输出电压温度变化率	S_T	$I_O=5$ mA	mV/℃	1
输出噪声电压	U_{no}	10 Hz$\leqslant f\leqslant$100 kHz	μV	40

从表中参数可知，W7805 输入端和输出端之间的电压允许值为 3 ~ 13 V；输出交流噪声很小，温度稳定性很好。

二、W117 三端稳压器

W117 为可调式三端稳压器。

1. 原理框图

W117 的原理框图如图 9.5.14 所示。它有三个引出端，分别为输入端、输出端和电压调整端

(简称调整端)。调整端是基准电压电路的公共端。T_1 和 T_2 组成的复合管为调整管;基准电压电路为能隙基准电压电路;比较放大电路 A 是共集－共射放大电路;保护电路包括过流保护、调整管安全区保护和过热保护三部分①。R_1 和 R_2 为外接的采样电阻,调整端接在它们的连接点上。

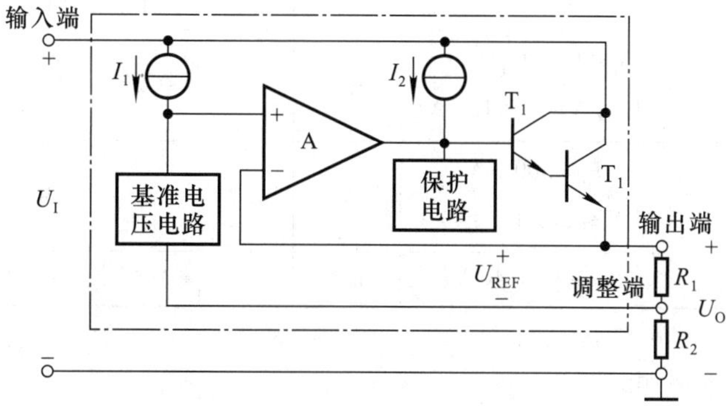

图 9.5.14 W117 的原理框图

与一般串联型稳压电路一样,由于 W117 电路中引入了深度的电压负反馈,输出电压非常稳定。

因为调整端的电流很小,约为 50 μA,所以输出电压为

$$U_O=\left(1+\frac{R_2}{R_1}\right)\cdot U_{REF} \qquad (9.5.32)$$

其中 U_{REF} 的典型值为 1.25 V②。

2. 主要参数

与 W7800 系列产品一样,W117、W117M 和 W117L 的最大输出电流分别为 1.5 A、0.5 A 和 0.1 A。W117、W217 和 W317 具有相同的引出端、相同的基准电压和相似的内部电路,它们的工作温度范围依次为 −55℃ ~150℃、−25℃ ~150℃、0 ~125℃。它们在 25℃时主要参数如表 9.5.2 所示。

表 9.5.2 W117/W217/W317 的主要参数

参数名称	符号	测试条件	单位	W117/W217			W317		
				最小值	典型值	最大值	最小值	典型值	最大值
输出电压	U_O	$I_O=1.5$ A	V	1.2 ~ 37					
电压调整率	S_U	$I_O=500$ mA $3\text{ V}\leqslant U_I-U_O\leqslant 40\text{ V}$	%/V		0.01	0.02		0.01	0.04
电流调整率	S_I	$10\text{ mA}\leqslant I_O\leqslant 1.5\text{ A}$	%		0.1	0.3		0.1	0.5
调整端电流	I_{Adj}		μA		50	100		50	100

① 可参阅童诗白主编《模拟电子技术基础(第二版)》第十一章附录。

② 可参阅童诗白主编《模拟电子技术基础(第二版)》第十一章附录。

续表

参数名称	符号	测试条件	单位	W117/W217			W317		
				最小值	典型值	最大值	最小值	典型值	最大值
调整端电流变化	ΔI_{Adj}	$3\ V \leqslant U_I - U_O \leqslant 40\ V$ $10\ mA \leqslant I_O \leqslant 1.5\ A$	μA		0.2	5		0.2	5
基准电压	U_R	$I_O = 500\ mA$ $25\ V \leqslant U_I - U_O \leqslant 40\ V$	V	1.2	1.25	1.30	1.2	1.25	1.30
最小负载电流	I_{Omin}	$U_I - U_O = 40\ V$	mA		3.5	5		3.5	10

对表 9.5.2 作以下说明：

① 对于特定的稳压器，基准电压 U_R 是 1.2 ~ 1.3 V 中的某一个值，在一般分析计算时可取典型值 1.25 V；

② W117、W217 和 W317 的输出端和输入端电压之差为 3 ~ 40 V，过低时不能保证调整管工作在放大区，从而使稳压电路不能稳压；过高时调整管可能因管压降过大而击穿；

③ 外接采样电阻必不可少，根据最小输出电流 I_{Omin} 可以求出 R_1 的最大值；

④ 调整端电流很小，且变化也很小；

⑤ 与 W7800 系列产品一样，W117、W217 和 W317 在电网电压波动和负载电阻变化时，输出电压非常稳定。

9.5.4 三端稳压器的应用

一、三端稳压器的外形和方框图

与其它大功率器件一样，三端稳压器的外形便于自身散热和安装散热器。封装形式有金属封装和塑料封装两种形式。图 9.5.15(a)、(b)、(c)所示分别为 W7800 系列产品金属封装、塑料封装的外形图和方框图，图(d)所示为 W117 系列产品金属封装、塑料封装的外形图和方框图。

二、W7800 的应用

1. 基本应用电路

基本应用电路如图 9.5.16 所示，输出电压和最大输出电流决定于所选三端稳压器。图中电容 C_i 用于抵消输入线较长时的电感效应，以防止电路产生自激振荡，其容量较小，一般小于 1 μF。电容 C_o 用于消除输出电压中的高频噪声，可取小于 1 μF 的电容，也可取几微法甚至几十微法的电容，以便输出较大的脉冲电流。但是若 C_o 容量较大，一旦输入端断开，C_o 将从稳压器输出端向稳压器放电，易使稳压器损坏。因此，可在稳压器的输入端和输出端之间跨接一个二极管，如图中虚线所画，起保护作用。

2. 扩大输出电流的稳压电路

若所需输出电流大于稳压器标称值时，可采用外接电路来扩大输出电流。图 9.5.17 所示电路为实现输出电流扩展的一种电路。

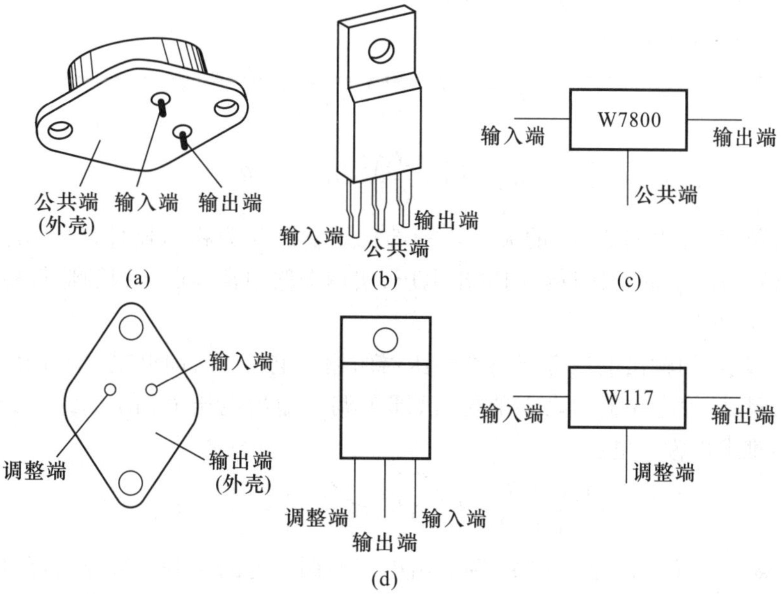

图 9.5.15 三端稳压器的外形和方框图

（a）W7800 金属封装外形图 （b）W7800 塑料封装外形图

（c）W7800 方框图 （d）W117 外形图和方框图

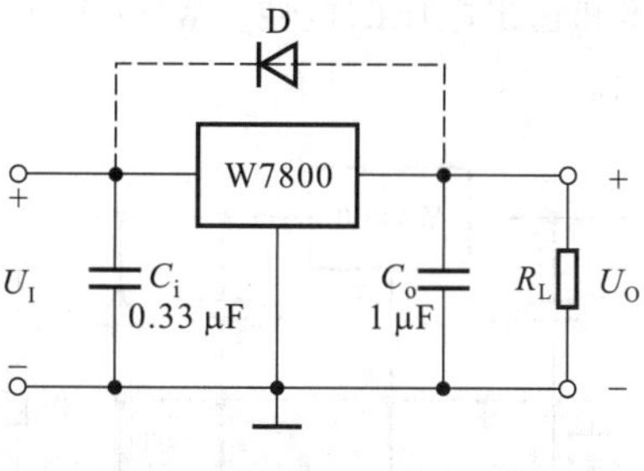

图 9.5.16 W7800 的基本应用电路

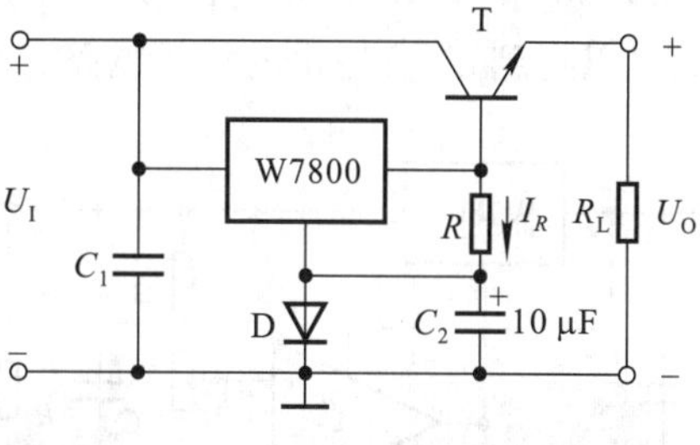

图 9.5.17 一种输出电流扩展电路

设三端稳压器的输出电压为 U'_O。图示电路的输出电压 $U_O = U'_O + U_D - U_{BE}$，在理想情况下，即 $U_D = U_{BE}$时，$U_O = U'_O$。可见，二极管用于消除 U_{BE}对输出电压的影响。设三端稳压器的最大输出电流为 I_{Omax}，则晶体管的最大基极电流 $I_{Bmax} = I_{Omax} - I_R$，因而负载电流的最大值为

$$I_{Lmax} = (1+\beta)(I_{Omax} - I_R) \tag{9.5.33}$$

3. 输出电压可调的稳压电路

图 9.5.18 所示电路为利用三端稳压器构成的输出电压可调的稳压电路。图中电阻 R_2 中流过的电流为 I_{R_2}，R_1 中的电流为 I_{R_1}，稳压器公共端的电流为 I_W，因而

$$I_{R_2} = I_{R_1} + I_W$$

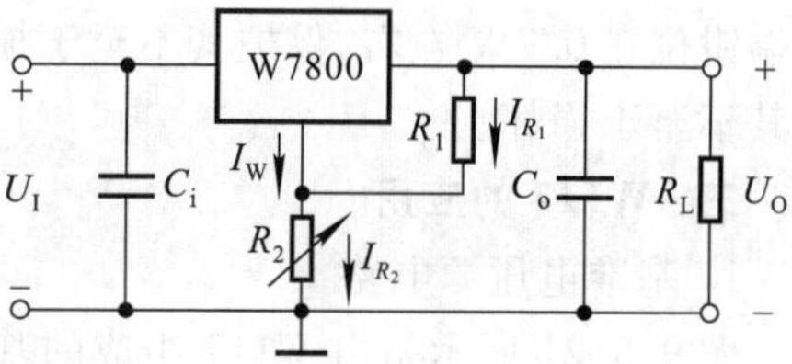

图 9.5.18 一种输出电压可调的稳压电路

由于电阻 R_1 上的电压为稳压器的输出电压 U'_O，$I_{R_1}=U'_O/R_1$，输出电压 U_O 等于 R_1 上电压与 R_2 上电压之和，所以输出电压为

$$U_O=U'_O+\left(\frac{U'_O}{R_1}+I_W\right)R_2$$

$$U_O=\left(1+\frac{R_2}{R_1}\right)\cdot U'_O+I_W R_2 \tag{9.5.34}$$

改变 R_2 滑动端位置，可以调节 U_O 的大小。三端稳压器既作为稳压器件，又为电路提供基准电压。由于公共端电流 I_W 的变化将影响输出电压，实用电路中常加电压跟随器将稳压器与采样电阻隔离，如图 9.5.19 所示。

图中电压跟随器的输出电压等于三端稳压器的输出电压 U'_O，即电阻 R_1 与 R_2 上部分的电压之和，是一个常量，改变电位器滑动端的位置，即可调节输出电压 U_O 的大小。以输出电压的正端为参考点，不难求出输出电压为

$$\frac{R_1+R_2+R_3}{R_1+R_2}\cdot U'_O\leqslant U_O\leqslant\frac{R_1+R_2+R_3}{R_1}\cdot U'_O \tag{9.5.35}$$

设 $R_1=R_2=R_3=300\ \Omega$，$U'_O=12\ \text{V}$，则输出电压的调节范围为 18 ~ 36 V。可以根据输出电压的调节范围及输出电流大小选择三端稳压器及采样电阻。

4. 正、负输出稳压电路

W7900 系列芯片是一种输出负电压的固定式三端稳压器，输出电压有 −5 V、−6 V、−9 V、−12 V、−15 V、−18 V 和 −24 V 七个挡次，并且也有 1.5 A、0.5 A 和 0.1 A 三个电流挡次，使用方法与 W7800 系列稳压器相同，只是要特别注意输入电压和输出电压的极性。W7900 与 W7800 相配合，可以得到正、负输出的稳压电路，如图 9.5.20 所示。

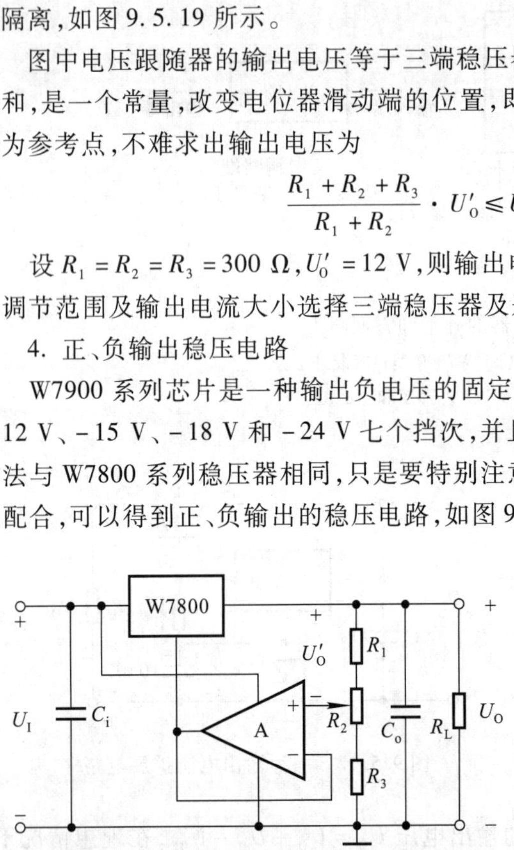

图 9.5.19 输出电压可调的实用稳压电路

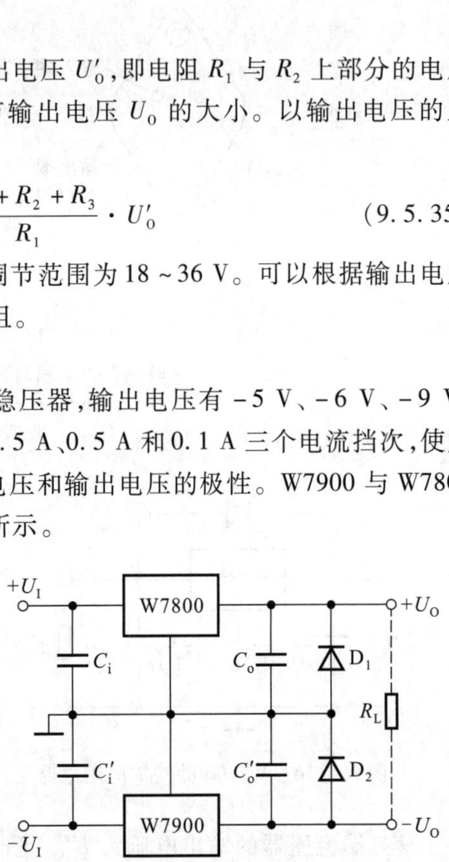

图 9.5.20 正、负输出稳压电路

图中两只二极管起保护作用，正常工作时均处于截止状态。若 W7900 的输入端未接入输入电压，W7800 的输出电压将通过负载电阻接到 W7900 的输出端，使 D_2 导通，从而将 W7900 的输出端钳位在 0.7 V 左右，保护其不至于损坏；同理，D_1 可在 W7800 的输入端未接入输入电压时保护其不至于损坏。

三、W117 的应用

1. 基准电压源电路

图 9.5.21 所示是由 W117 组成的基准电压源电路，输出端和调整端之间的电压是非常稳定的电压，其值为 1.25 V。输出电流可达 1.5 A。图中 R 为泄放电阻，根据表 9.5.2 中的最小负载

电流(取 5 mA)可以计算出 R 的最大值。$R_{max}=(1.25/0.005)\ \Omega=250\ \Omega$,实际取值可略小于 250 Ω,如 240 Ω。

2. 典型应用电路

可调式三端稳压器的主要应用是要实现输出电压可调的稳压电路。正如前面所述,可调式三端稳压器的外接采样电阻是稳压电路不可缺少的组成部分,其典型电路如图 9.5.22 所示。

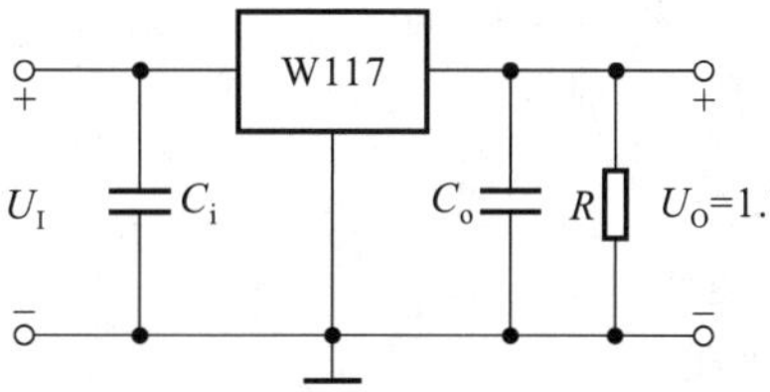

图 9.5.21 基准电压源电路

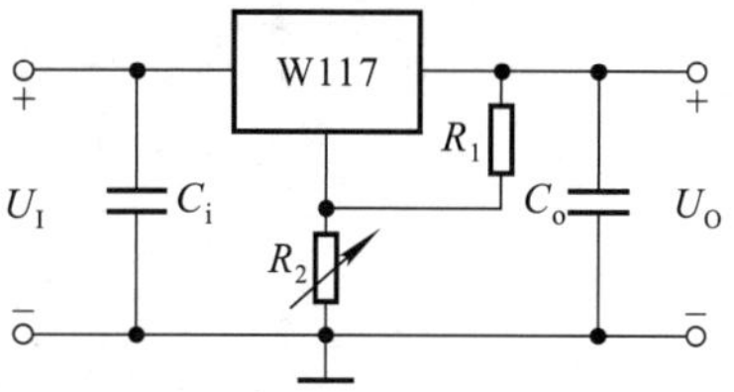

图 9.5.22 典型应用电路

图中 R_1 取值原则与图 9.5.21 所示电路中的 R 相同,可取 240 Ω。由于调整端的电流可忽略不计,输出电压为

$$U_O=\left(1+\frac{R_2}{R_1}\right)\times 1.25\ \text{V} \qquad (9.5.36)$$

为了减小 R_2 上的纹波电压,可在其上并联一个 10 μF 电容 C。但是,在输出开路时,C 将向稳压器调整端放电,并使调整管发射结反偏,为了保护稳压器,可加二极管 D_2,提供一个放电回路,如图 9.5.23 所示。D_1 的作用与图 9.5.16 所示电路中的 D 相同。

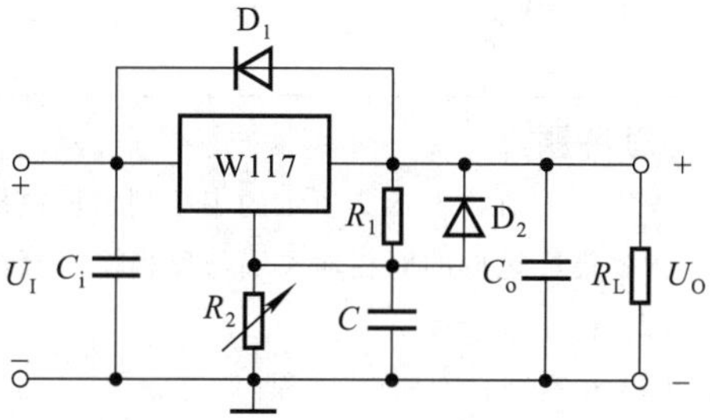

图 9.5.23 W117 的外加保护电路

3. 程序控制稳压电路

在调整端加控制电路可以实现程序控制稳压电路,如图 9.5.24(a)所示。图中晶体管为电子开关,当基极加高电平时,晶体管饱和导通,相对于开关闭合;当基极加低电平时,晶体管截止,相对于开关断开。因此,图(a)所示电路可等效为图(b)所示电路。

四路控制信号从全部为低电平到全部为高电平,共有十六种不同组合;$T_1 \sim T_4$ 也就有从全截止到全饱和导通,共有十六种不同的状态;因而 R_2 将与不同阻值的电阻并联,并联电阻最大值和最小值分别为

$$R'_{2max}=R_2,\quad R'_{2min}=R_2 /\!/ R_{D0} /\!/ R_{D1} /\!/ R_{D2} /\!/ R_{D3}$$

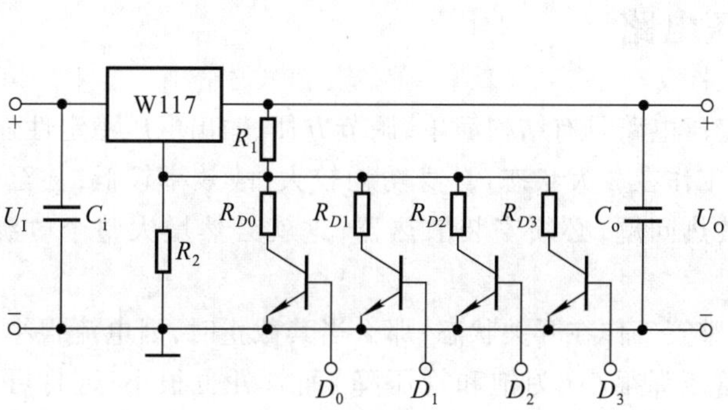

(a)

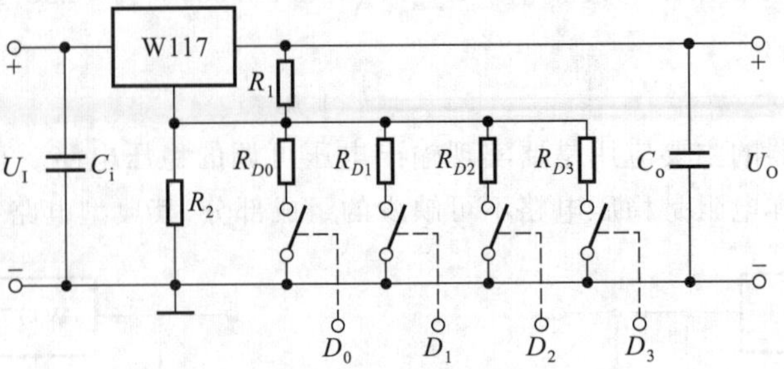

(b)

图 9.5.24 程序控制稳压电路
(a) 电路组成 (b) 等效电路

根据式(9.5.36),输出电压在不同控制信号下有十六个不同的数值。

W137/W237/W337 与 W7900 相类似,能够提供负的基准电压,可以构成负输出电压稳压电路,也可与 W117/W217/W317 一起组成正、负输出电压的稳压电路,这里不赘述。

■ 思考题

9.5.1 在图 9.5.2 所示的串联型稳压电路中,如出现下列情况,将分别产生什么现象?

(1) 集成运放的同相输入端与反相输入端接反;

(2) 稳压管接反;

(3) R 断路;

(4) R_2 短路。

9.5.2 在图 9.5.2 所示的串联型稳压电路中,已知输入电压的波动范围是 18 ~ 22 V,调整管的饱和管压降为 2 V。作为稳压电源的性能指标的最大输出电压是 16 V,还是20 V? 为什么?

9.5.3 在图 9.5.2 所示的串联型稳压电路中,若调整管的电流放大倍数 β 为 50,最大集电极电流 I_{CM} 为 500 mA,而从调整管最大集电极耗散功率算出的集电极电流最大值为 450 mA;集成运放的最大输出电流为 8 mA;则作为稳压电源的性能指标的最大输出电流应为多少? 为什么? 若取其它值将会怎样?

9.5.4 通常,在组成输出电压可调的稳压电源时应选用图 9.5.19、图 9.5.20 所示电路,还是图 9.5.23 所示电路? 为什么?

9.6 开关型稳压电路

前节所讲的线性稳压电路具有结构简单、调节方便、输出电压稳定性强、纹波电压小等优点。但是,由于调整管始终工作在放大状态,自身功耗较大;故效率较低,甚至仅为 30% ~40% 。而且,为了解决调整管散热问题,必须安装散热器,这就必然增大整个电源设备的体积、重量和成本。

可以设想,如果调整管工作在开关状态,那么当其截止时,因电流很小(为穿透电流)而管耗很小;当其饱和时,因管压降很小(为饱和管压降)而管耗也很小;这将可以大大提高电路的效率。开关型稳压电路中的调整管正是工作在开关状态,并因此而得名,其效率可达 70% ~95% 。

9.6.1 开关型稳压电路的发展及分类

开关型稳压电源的发展依赖于半导体器件和磁性材料的发展。随着电子工业的发展,高频率、高耐压、大功率开关管问世。20 世纪 70 年代以来,无工频电源变压器的开关型稳压电源在世界各工业化国家中已普及成为商品,电路可直接从电网电压整流供电,更显现突出的优越性。因此,以其自身功耗小、体积小、重量轻,得到越来越广泛的使用,尤其适用于大功率且负载固定、输出电压调节范围不大的场合。到了 80 年代,开关电源技术不断有新的突破,出现了许多不同种类的开关稳压电源。

按调整管与负载的连接方式可分为串联型和并联型。

按稳压的控制方式可分为脉冲宽度调制型(PWM)、脉冲频率调制型(PFM)和混合调制(即脉宽 - 频率调制)型。

按调整管是否参与振荡可分为自激式和他激式。

按使用开关管的类型可分为晶体管、VMOS 管和晶闸管型。

本节主要介绍采样双极型管作开关管的串联开关型稳压电源和并联开关型稳压电路的组成和工作原理。

9.6.2 串联开关型稳压电路

一、换能电路的基本原理

开关型稳压电路的换能电路将输入的直流电压转换成脉冲电压,再将脉冲电压经 LC 滤波转换成直流电压,图 9.6.1(a)所示为基本原理图。输入电压 U_I 是未经稳压的直流电压;晶体管 T 为调整管,即开关管;u_B 为矩形波,控制开关管的工作状态;电感 L 和电容 C 组成滤波电路,D 为续流二极管。

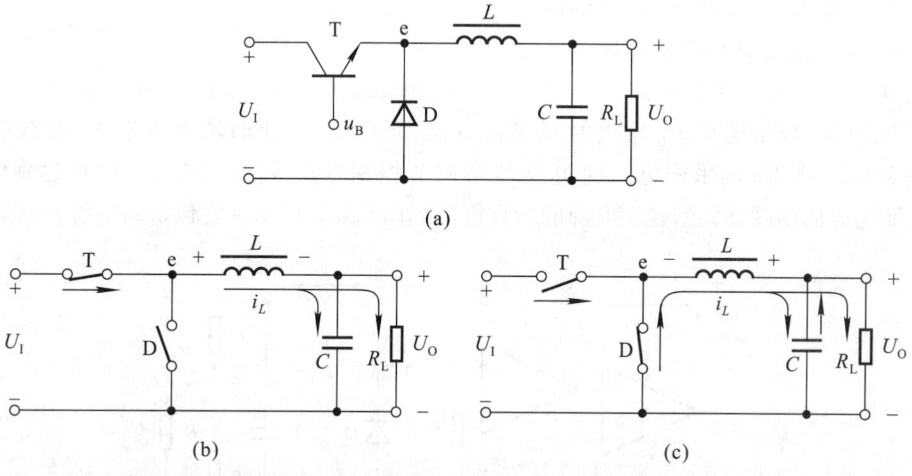

图 9.6.1 换能电路的基本原理图及其等效电路

(a) 基本原理图 (b) T 饱和导通时的等效电路 (c) T 截止时的等效电路

当 u_B 为高电平时,T 饱和导通,D 因承受反压而截止,等效电路如图(b)所示,电流如图中所标注;电感 L 存储能量,电容 C 充电;发射极电位 $u_E = U_I - U_{CES} \approx U_I$。当 u_B 为低电平时,T 截止,此时虽然发射极电流为零，但是 L 释放能量，其感应电动势使 D 导通，等效电路如图(c)所示；与此同时，C 放电，负载电流方向不变，$u_E=-U_D\approx 0$。

根据上述分析，可以画出 u_B、u_E、电感上的电压 u_L 和电流 i_L 以及输出电压 u_O 的波形，如图 9.6.2 所示。为使问题简单起见，图中将 i_L 折线化。在 u_B 的一个周期 T 内，T_{on} 为调整管导通时间，T_{off} 为调整管截止时间，占空比 $q=T_{on}/T$。

在换能电路中，如果电感 L 数值太小，在 T_{on} 期间储能不足，那么在 T_{off} 还未结束时，能量已放尽，将导致输出电压为零，出现台阶，这是绝对不允许的。同时为了使输出电压的交流分量足够小，C 的取值应足够大。换言之，只有在 L 和 C 足够大时，输出电压 U_O 和负载电流 I_O 才为连续的，L 和 C 愈大，U_O 的波形愈平滑。由于输出电流 I_O 是 U_I 通过开关调整管 T 和 LC 滤波电路轮流提供，通常脉动成分比线性稳压电源要大一些，这是开关型稳压电路的缺点之一。

若将 u_E 视为直流分量和交流分量之和，则输出电压的平均值等于 u_E 的直流分量，即

$$U_O=\frac{T_{on}}{T}(U_I-U_{CES})+\frac{T_{off}}{T}(-U_D)\approx\frac{T_{on}}{T}U_I$$

可以写为

$$U_O\approx qU_I \tag{9.6.1}$$

改变占空比 q，即可改变输出电压的大小。

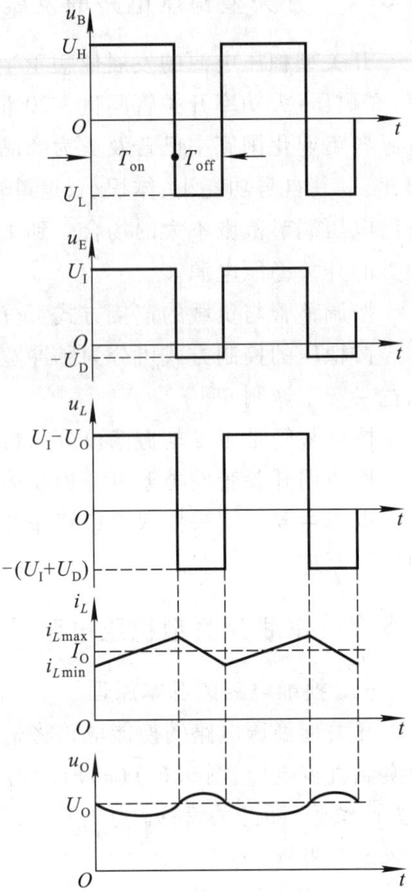

图 9.6.2 换能电路的波形分析

二、串联开关型稳压电路的组成

在图 9.6.1 所示的换能电路中，当输入电压波动或负载变化时，输出电压将随之增大或减小。可以想象，如果能在 U_O 增大时减小占空比，而在 U_O 减小时增大占空比，那么输出电压就可获得稳定。将 U_O 的采样电压通过反馈来调节控制电压 u_B 的占空比，就可达到稳压的目的。由此而构思的串联开关型稳压电源的结构框图如图 9.6.3 所示。它包括调整管及其开关驱动

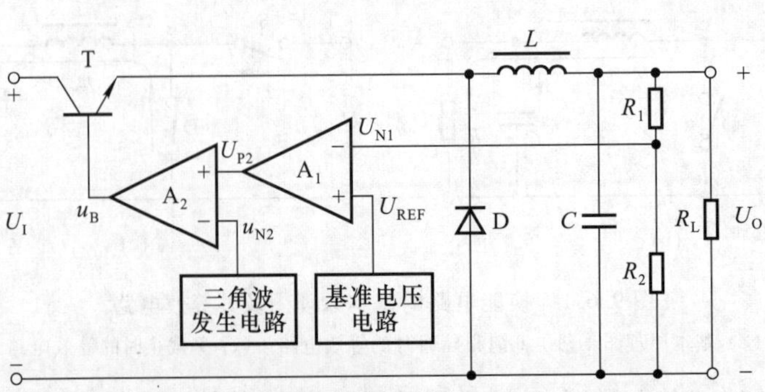

图 9.6.3 串联开关型稳压电源的结构框图

电路(电压比较器)、采样电路、三角波发生电路、基准电压电路、比较放大电路、滤波电路(电感 L、电容 C 和续流二极管 D)等几个部分。

与图 9.6.1 所示电路相同,若所有的开关和滤波元件都是无损耗的,根据能量守恒原理,输出电压 U_O 与输入电压 U_I 之间也有如下关系:

$$U_O \approx \frac{t_{on}}{T} U_I = qU_I$$

三、串联开关型稳压电路的工作原理

基准电压电路输出稳定的电压,采样电压 U_{N1} 与基准电压 U_{REF} 之差,经 A_1 放大后,作为由 A_2 组成的电压比较器的阈值电压 U_{P2},三角波发生电路的输出电压与之相比较,得到控制信号 u_B,控制调整管的工作状态。

当 U_O 升高时,采样电压会同时增大,并作用于比较放大电路的反相输入端,与同相输入端的基准电压比较放大,使放大电路的输出电压减小,经电压比较器使 u_B 的占空比变小,因此输出电压随之减小,调节结果使 U_O 基本不变。上述变化过程可简述如下:

$$U_O\uparrow \longrightarrow U_{N1}\uparrow \longrightarrow U_{P2}\downarrow \longrightarrow q\downarrow$$
$$U_O\downarrow \longleftarrow$$

当 U_O 因某种原因减小时,与上述变化相反,即

$$U_O\downarrow \longrightarrow U_{N1}\downarrow \longrightarrow U_{P2}\uparrow \longrightarrow q\uparrow$$
$$U_O\uparrow \longleftarrow$$

图 9.6.4 所示为三角波 u_{N2} 和 u_B 的波形,与图 9.6.2 所示波形对照,可以进一步理解开关型稳压电路的工作原理。当采样电压 $u_{N1} < U_{REF}$ 时,占空比大于 50%;当 $u_{N1} > U_{REF}$ 时,占空比小于 50%;因而改变 R_1 与 R_2 的比值,可以改变输出电压的数值。

应当指出,由于负载电阻变化时影响 LC 滤波电路的滤波效果,因而开关型稳压电路不适用于负载变化较大的场合。

从对图 9.6.3 所示电路工作原理的分析可知,控制过程是在保持调整管开关周期 T 不变的情况下,通过改变开关管导通时间 T_{on} 来调节脉冲占空比,从而达到稳压目的,故称之为脉宽调制型开关电源。目前有多种脉宽调制型开关电源的控制器芯片,有的还将开关管也集成于芯片之中,且含有各种保护电路,因而图 9.6.3 所示电路可简化成图 9.6.5 所示电路。

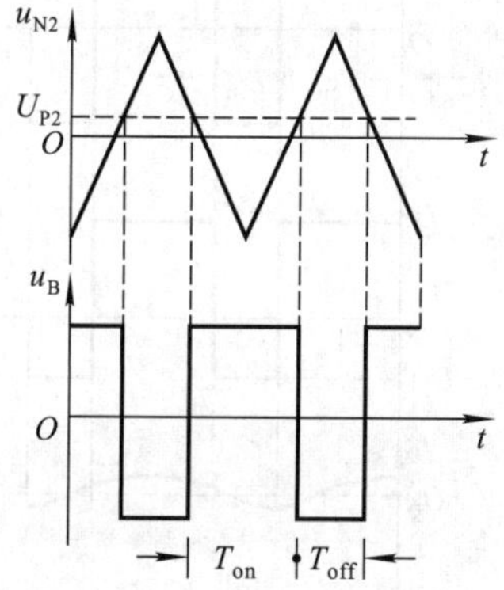

图 9.6.4 图 9.6.3 所示电路中 u_{N2} 和 u_B 的波形

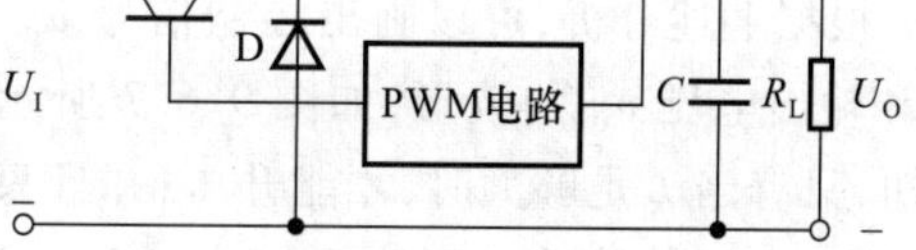

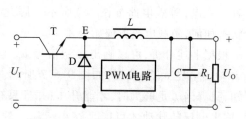

图 9.6.5 开关型稳压电路的简化电路

调节脉冲占空比的方式还有两种，一种是固定开关调整管的导通时间 T_{on}，通过改变振荡频率 f(即周期 T)调节开关管的截止时间 T_{off} 以实现稳压的方式，称为频率调制型开关电源。另一种是同时调整导通时间 T_{on} 和截止时间 T_{off} 来稳定输出电压的方式，称为混合调制型开关电源。

9.6.3　并联开关型稳压电路

串联开关型稳压电路调整管与负载串联，输出电压总是小于输入电压，故称为降压型稳压电路。在实际应用中，还需要将输入直流电源经稳压电路转换成大于输入电压的稳定的输出电压，称为升压型稳压电路。在这类电路中，开关管常与负载并联，故称之为并联开关型稳压电路；它通过电感的储能作用，将感生电动势与输入电压相叠加后作用于负载，因而 $U_O > U_I$。

图 9.6.6(a)所示为并联开关型稳压电路中的换能电路，输入电压 U_I 为直流供电电压，晶体管 T 为开关管，u_B 为矩形波，电感 L 和电容 C 组成滤波电路，D 为续流二极管。

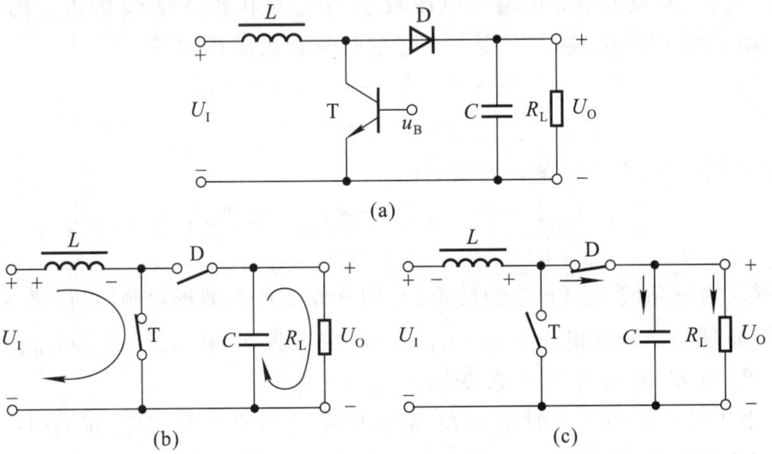

图 9.6.6　换能电路的基本原理图及其等效电路
(a) 基本原理图　(b) T 饱和导通时的等效电路　(c) T 截止时的等效电路

T 管的工作状态受 u_B 的控制。当 u_B 为高电平时，T 饱和导通，U_I 通过 T 给电感 L 充电储能，充电电流几乎线性增大；D 因承受反压而截止；滤波电容 C 对负载电阻放电，等效电路如图(b)所示，各部分电流如图中所标注。当 u_B 为低电平时，T 截止，L 产生感生电动势，其方向阻止电流的变化，因而与 U_I 同方向，两个电压相加后通过二极管 D 对 C 充电，等效电路如图(c)所示。因此，无论 T 和 D 的状态如何，负载电流方向始终不变。

根据上述分析，可以画出控制信号 u_B、电感上的电压 u_L 和输出电压 u_O 的波形，如图 9.6.7 所示。从波形分析可知，只有当 L 足够大时，才能升压；并且只有当 C 足够大时，输出电压的脉动才可能足够小；当 u_B 的周期不变时，其占空比愈大，输出电压将愈高。

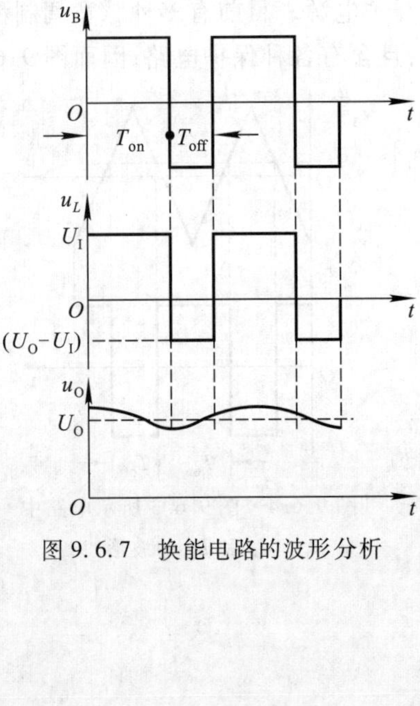

图 9.6.7　换能电路的波形分析

在图 9.6.6(a)所示换能电路中加上脉宽调制电路后，便可得到并联开关型稳压电路，如图 9.6.8 所示，其稳压原理与图 9.6.3 所示电路相同，这里不赘述。

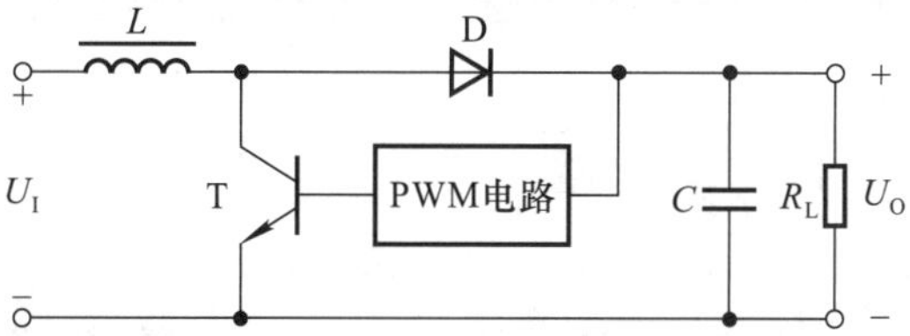

图 9.6.8 并联型开关稳压电路的原理图

■ **思考题**

9.6.1 为什么串联开关型稳压电路的输出电压会低于其输入电压？而并联开关型稳压电路的输出电压在一定条件下会高于其输入电压？条件是什么？

9.6.2 在图 9.6.5 和图 9.6.8 所示电路中，二极管 D 是必需的吗？为什么？

9.6.3 为什么说开关型稳压电源的关键技术是大功率开关管和高性能磁性材料？PWM 电路输出电压的频率应该高些、还是低些？为什么？

9.7 Multisim 应用举例——三端稳压器 W7805 稳压性能的研究

一、题目

W7805 输出电压、电压调整率、电流调整率以及输出纹波电压的研究。

二、仿真电路

电路如图 9.7.1 所示。集成稳压芯片采用 LM7805CT。

三、仿真内容

(1) 测量图 9.7.1(a)LM7805CT 的电压调整率，测量条件为 $I_O = 500$ mA，7 V $\leqslant U_I \leqslant$ 25 V。

(2) 测量图 9.7.1(b)LM7805CT 的电流调整率，测量条件为 5 mA $\leqslant I_O \leqslant$ 1.5 A。

(3) 观察图 9.7.1(c)输出纹波电压。

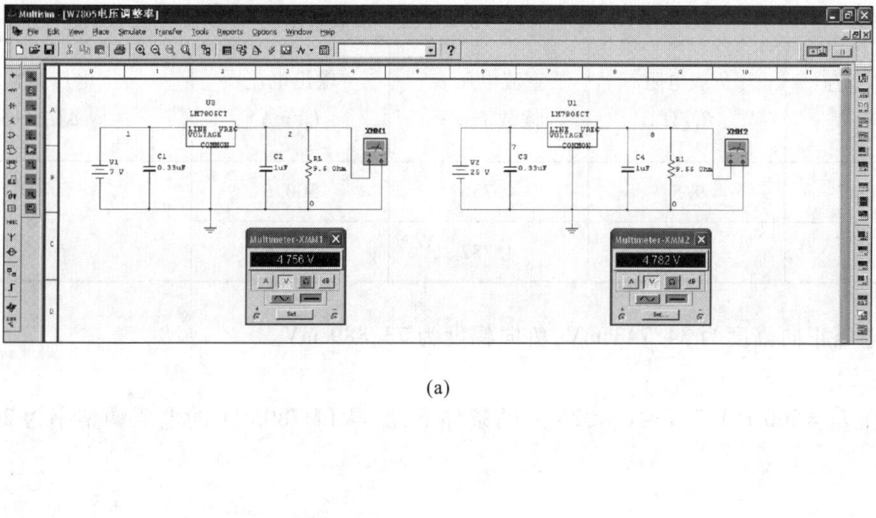

(a)

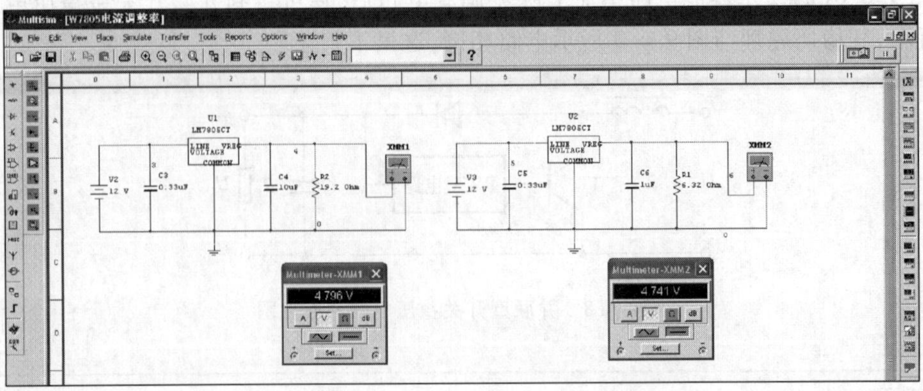

(b)

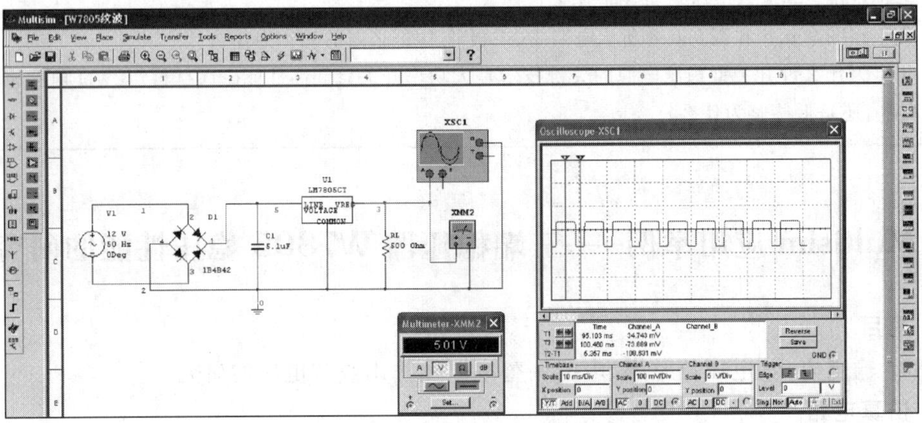

(c)

图 9.7.1

四、仿真结果

仿真结果如表 9.7.1、9.7.2 所示。

表 9.7.1　电压调整率仿真结果

输入直流电压 V1/V	负载电阻 R_L/Ω	直流电压表读数 U_O/V	输出电流 I_O/mA	电压调整率 ΔU_O/mV
7	9.5	4.756	500.6	26
25	9.55	4.782	500.5	

纹波电压正向幅度为 34.743 mV，负向幅度为 73.889 mV。

五、结论

（1）在 I_O = 500 mA、7 V ≤ U_I ≤ 25 V 的条件下，测得 LM7805CT 的电压调整率为 26 mV。

表 9.7.2 电流调整率仿真结果

输入直流电压 V1/V	负载电阻 R_L/Ω	直流电压表读数 U_O/V	输出电流 I_O/mA	电流调整率 ΔU_O/mV
12	19.2	4.796	250	55
12	6.32	4.741	750	

（2）在 250 mA≤I_O≤750 mA 的条件下，测得 LM7805CT 的电流调整率为 55 mV。

（3）图 9.7.1(c)输出直流电压近似为 5 V，纹波电压近似为正负方向幅度不对称的矩形波。

本章小结

本章介绍了直流稳压电源的组成，各部分电路的工作原理和各种不同类型电路的结构及工作特点、性能指标等。主要内容可归纳如下：

一、直流稳压电源由整流电路、滤波电路和稳压电路组成。整流电路将交流电压变为脉动的直流电压，滤波电路可减小脉动使直流电压平滑，稳压电路的作用是在电网电压波动或负载电流变化时保持输出电压基本不变。

二、整流电路有半波和全波两种，最常用的是单相桥式整流电路。分析整流电路时，应分别判断在变压器二次电压正、负半周两种情况下二极管的工作状态（导通或截止），从而得到负载两端电压、二极管端电压及其电流波形，并由此得到输出电压和电流的平均值，以及二极管的最大整流平均电流和所承受的最高反向电压。

三、滤波电路通常有电容滤波、电感滤波和复式滤波，本章重点介绍电容滤波电路。在 $R_LC=(3\sim5)T/2$ 时，滤波电路的输出电压约为 $1.2U_2$。负载电流较大时，应采用电感滤波；对滤波效果要求较高时，应采用复式滤波。

四、稳压管稳压电路结构简单，但输出电压不可调，仅适用于负载电流较小且其变化范围也较小的情况。电路依靠稳压管的电流调节作用和限流电阻的补偿作用，使得输出电压稳定。限流电阻是必不可少的组成部分，必须合理选择阻值，才能保证稳压管既能工作在稳压状态，又不至于因功耗过大而损坏。

五、在串联型线性稳压电源中，调整管、基准电压电路、输出电压采样电路和比较放大电路是基本组成部分。电路引入深度电压负反馈，使输出电压稳定。基准电压的稳定性和反馈深度是影响输出电压稳定性的重要因素。

在集成稳压器和实用的分立元件稳压电路中，还常包含过流、过压、调整管安全区和芯片过热等保护电路。集成稳压器仅有输入端、输出端和公共端（或调整端）三个引出端（故称为三端稳压器），使用方便，稳压性能好。W7800（W7900）系列为固定式稳压器，W117/W217/W317（W137/W237/W337）为可调式稳压器。通过外接电路可扩展输出电流和电压。

由于串联型稳压电路的调整管始终工作在线性区（即放大区），功耗较大，因而电路的效率低。

六、开关型稳压电路中的调整管工作在开关状态，因而功耗小，电路效率高，但一般输出的纹波电压较大，适用于输出电压调节范围小、负载对输出纹波要求不高的场合。串联开关型稳压电路是降压型电路，并联开关型稳压电路是升压型电路。脉冲宽度调制式（PWM）开关型稳压电路是在控制电路输出频率不变的情况下，通过电压反馈调整其占空比，从而达到稳定输出电压的目的的。

学习本章,应能达到下列要求:

一、理解直流稳压电源的组成及各部分的作用。

二、能够分析整流电路的工作原理、估算输出电压及电流的平均值。

三、了解滤波电路的工作原理,能够估算电容滤波电路输出电压平均值。

四、掌握稳压管稳压电路的工作原理,能够合理选择限流电阻。

五、理解串联型稳压电路的工作原理,能够计算输出电压的调节范围。

六、了解集成稳压器的工作原理及使用方法。

七、了解开关型稳压电路的工作原理及特点。

自　测　题

一、判断下列说法是否正确,用"√"、"×"表示判断结果填入空内。

(1) 直流电源是一种将正弦信号转换为直流信号的波形变换电路。(　　)

(2) 直流电源是一种能量转换电路,它将交流能量转换为直流能量。(　　)

(3) 在变压器二次电压和负载电阻相同的情况下,桥式整流电路的输出电流是半波整流电路输出电流的2倍。(　　)

因此,它们的整流管的平均电流比值为2:1。(　　)

(4) 若 U_2 为电源变压器二次电压的有效值,则半波整流电容滤波电路和全波整流电容滤波电路在空载时的输出电压均为$\sqrt{2}U_2$。(　　)

(5) 当输入电压 U_I 和负载电流 I_L 变化时,稳压电路的输出电压是绝对不变的。(　　)

(6) 一般情况下,开关型稳压电路比线性稳压电路效率高。(　　)

二、在图9.3.1(a)中,已知变压器二次电压有效值 U_2 为10 V,$R_LC \geqslant \frac{3T}{2}$($T$为电网电压的周期)。测得输出电压平均值 $U_{O(AV)}$ 可能的数值为

A. 14 V　　　　B. 12 V　　　　C. 9 V　　　　D. 4.5 V

选择合适答案填入空内。

(1) 正常情况 $U_{O(AV)} \approx$ ______;

(2) 电容虚焊时 $U_{O(AV)} \approx$ ______;

(3) 负载电阻开路时 $U_{O(AV)} \approx$ ______;

(4) 一只整流管和滤波电容同时开路,$U_{O(AV)} \approx$ ______。

三、填空:在图T9.3所示电路中,调整管为______,采样电路由______组成,基准电压电路由______组成,比较放大电路由________组成,保护电路由________组成;输出电压最小值的表达式为________,最大值的表达式________。

四、在图T9.4所示稳压电路中,已知稳压管的稳定电压 U_Z 为6 V,最小稳定电流 I_{Zmin} 为5 mA,最大稳定电流 I_{Zmax} 为40 mA;输入电压 U_I 为15 V,波动范围为±10%;限流电阻 R 为200 Ω。

(1) 电路是否能空载? 为什么?

(2) 作为稳压电路的指标,负载电流 I_L 的范围为多少?

五、在图9.5.23所示电路中,已知输出电压的最大值 U_{Omax} 为25 V,$R_1=240\ \Omega$;W117的输出端和调整端间的电压 $U_R=1.25$ V,允许加在输入端和输出端之间的电压为3~40 V。试求解:

(1) 输出电压的最小值 U_{Omin};

(2) R_2 的取值;

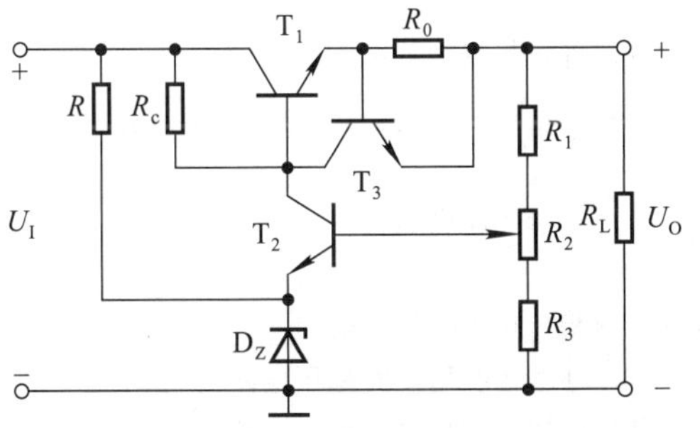

图 T9.3

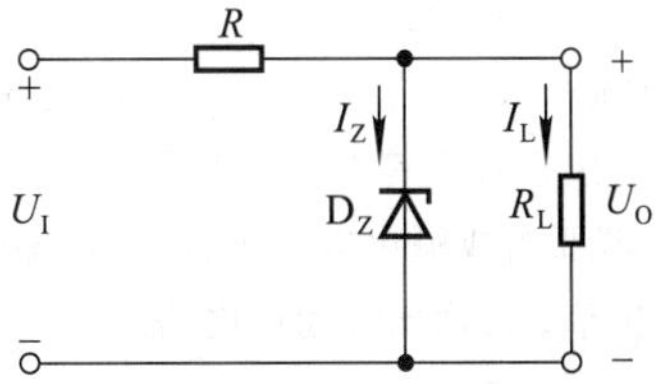

图 T9.4

(3) 若 U_I 的波动范围为 ±10%，为保证输出电压的最大值 U_{Omax} 为 25 V，U_I 至少应取多少伏？为保证 W117 安全工作，U_I 的最大值为多少伏？

六、电路如图 T9.6 所示。合理连线，构成 5 V 的直流电源。

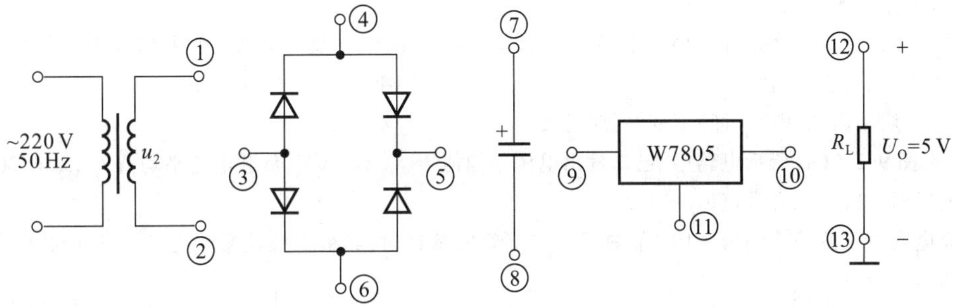

图 T9.6

习　题

9.1　判断下列说法是否正确，用"√"、"×"表示判断结果填入空内。

(1) 整流电路可将正弦电压变为脉动的直流电压。(　　)

(2) 电容滤波电路适用于小负载电流，而电感滤波电路适用于大负载电流。(　　)

(3) 在单相桥式整流电容滤波电路中，若有一只整流管断开，输出电压平均值变为原来的一半。(　　)

9.2　判断下列说法是否正确，用"√"、"×"表示判断结果填入空内。

(1) 对于理想的稳压电路，$\Delta U_O/\Delta U_I=0$，$R_o=0$。(　　)

(2) 线性直流电源中的调整管工作在放大状态，开关型直流电源中的调整管工作在开关状态。(　　)

(3) 因为串联型稳压电路中引入了深度负反馈，因此也可能产生自激振荡。(　　)

(4)在稳压管稳压电路中，稳压管的最大稳定电流必须大于最大负载电流。(　　)

而且，其最大稳定电流与最小稳定电流之差应大于负载电流的变化范围。(　　)

9.3　选择合适答案填入空内。

(1) 整流的目的是______。

A. 将交流变为直流　　B. 将高频变为低频　　C. 将正弦波变为方波

(2) 在单相桥式整流电路中，若有一只整流管接反，则______。

A. 输出电压约为 $2U_D$　　B. 变为半波整流　　C. 整流管将因电流过大而烧坏

(3) 直流稳压电源中滤波电路的目的是______。

A. 将交流变为直流　　B. 将高频变为低频

C. 将交、直流混合量中的交流成分滤掉

(4)滤波电路应选用______。

A. 高通滤波电路　　B. 低通滤波电路　　C. 带通滤波电路

9.4　选择合适答案填入空内。

(1) 若要组成输出电压可调、最大输出电流为 3 A 的直流稳压电源,则应采用______。

A. 电容滤波稳压管稳压电路　　B. 电感滤波稳压管稳压电路

C. 电容滤波串联型稳压电路　　D. 电感滤波串联型稳压电路

(2) 串联型稳压电路中的放大环节所放大的对象是______。

A. 基准电压　　B. 采样电压　　C. 基准电压与采样电压之差

(3) 开关型直流电源比线性直流电源效率高的原因是______。

A. 调整管工作在开关状态　　B. 输出端有 *LC* 滤波电路

C. 可以不用电源变压器

(4) 在脉宽调制式串联型开关稳压电路中,为使输出电压增大,对调整管基极控制信号的要求是______。

A. 周期不变,占空比增大　　B. 频率增大,占空比不变

C. 在一个周期内,高电平时间不变,周期增大

9.5　在图 9.2.5(a)所示电路中,已知输出电压平均值 $U_{O(AV)}=15$ V,负载电流平均值 $I_{L(AV)}=100$ mA。

(1) 变压器二次电压有效值 $U_2\approx$?

(2) 设电网电压波动范围为 ±10%。在选择二极管的参数时,其最大整流平均电流 I_F 和最高反向电压 U_R 的下限值约为多少?

9.6　电路如图 P9.6 所示,变压器二次电压有效值为 $2U_2$。

(1) 画出 u_2、u_{D1} 和 u_O 的波形;

(2) 求出输出电压平均值 $U_{O(AV)}$ 和输出电流平均值 $I_{L(AV)}$ 的表达式;

(3) 二极管的平均电流 $I_{D(AV)}$ 和所承受的最大反向电压 U_{Rmax} 的表达式。

9.7　电路如图 P9.7 所示,变压器二次电压有效值 $U_1=50$ V,$U_2=20$ V。试问:

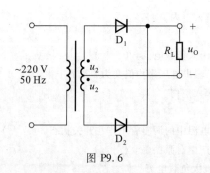

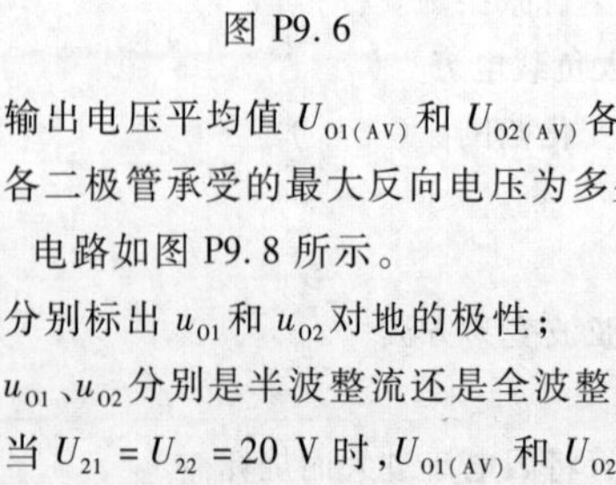

图 P9.6

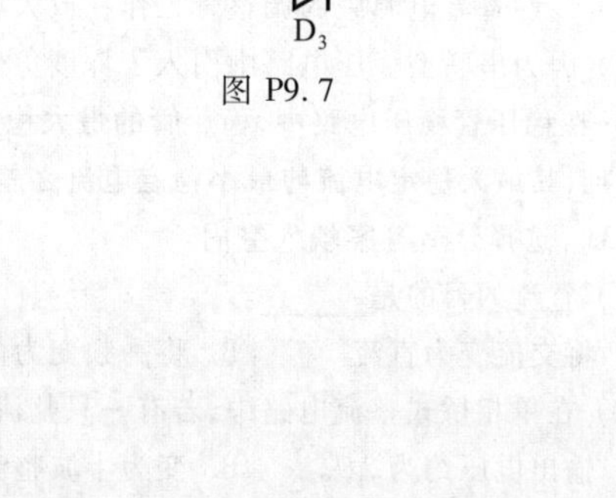

图 P9.7

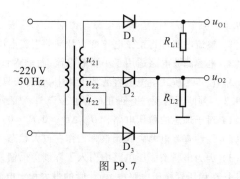

(1) 输出电压平均值 $U_{O1(AV)}$ 和 $U_{O2(AV)}$ 各为多少?

(2) 各二极管承受的最大反向电压为多少?

9.8　电路如图 P9.8 所示。

(1) 分别标出 u_{O1} 和 u_{O2} 对地的极性;

(2) u_{O1}、u_{O2} 分别是半波整流还是全波整流?

(3) 当 $U_{21}=U_{22}=20$ V 时,$U_{O1(AV)}$ 和 $U_{O2(AV)}$ 各为多少?

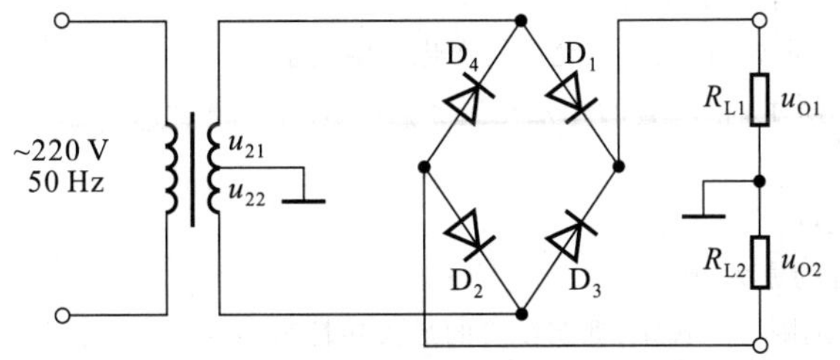

图 P9.8

（4）当 $U_{21}=18$ V，$U_{22}=22$ V 时，画出 u_{O1}、u_{O2} 的波形；并求出 $U_{O1(AV)}$ 和 $U_{O2(AV)}$ 各为多少？

9.9 分别判断图 P9.9 所示各电路能否作为滤波电路，简述理由。

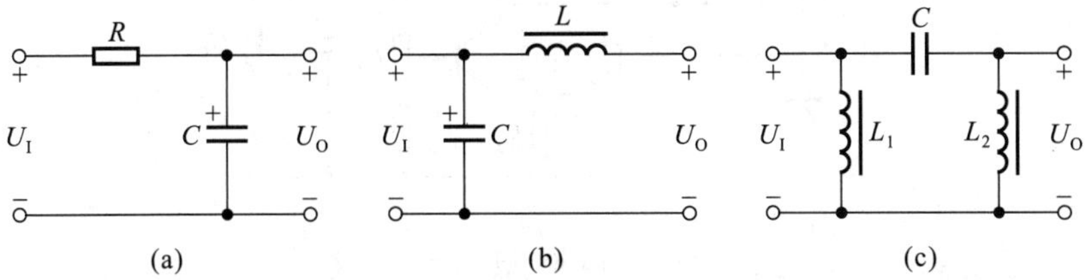

图 P9.9

9.10 试在图 P9.10 所示电路中，标出各电容两端电压的极性和数值，并分析负载电阻上能够获得几倍压的输出。

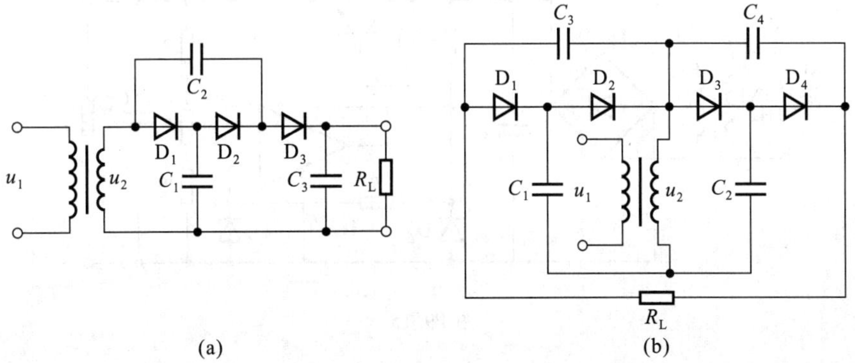

图 P9.10

9.11 电路如图 T9.4 所示，已知稳压管的稳定电压为 6 V，最小稳定电流为 5 mA，允许耗散功率为 240 mW，动态电阻小于 15 Ω。试问：

（1）当输入电压为 20～24 V、R_L 为 200～600 Ω 时，限流电阻 R 的选取范围是多少？

（2）若 $R=390$ Ω，则电路的稳压系数 S_r 为多少？

9.12 电路如图 P9.12 所示，已知稳压管的稳定电压为 6 V，最小稳定电流为 5 mA，最大耗散功率为 240 mW；输入电压为 20～24 V，$R_1=360$ Ω。试问：

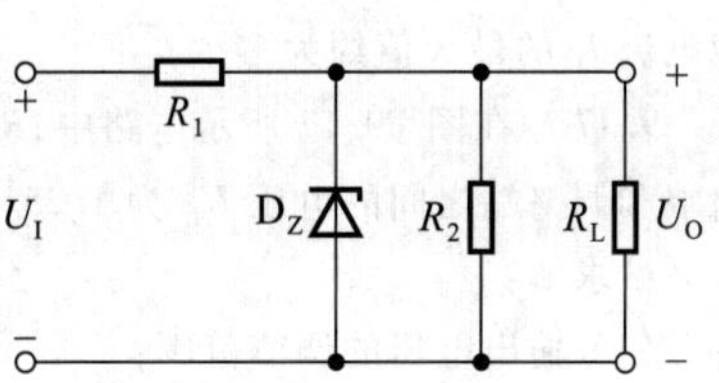

图 P9.12

(1) 为保证空载时稳压管能够安全工作，R_2 应选多大？

(2) 当 R_2 按上面原则选定后，负载电阻允许的变化范围是多少？

9.13 电路如图 T9.3 所示，稳压管的稳定电压 $U_Z=4.3\text{V}$，晶体管的 $U_{BE}=0.7\ \text{V}$，$R_1=R_2=R_3=300\ \Omega$，$R_0=5\ \Omega$。试估算：

(1) 输出电压的可调范围；

(2) 调整管发射极允许的最大电流；

(3) 若 $U_I=25\ \text{V}$，波动范围为 $\pm10\%$，则调整管的最大功耗为多少。

9.14 电路如图 P9.14 所示，已知稳压管的稳定电压 $U_Z=6\ \text{V}$，晶体管的 $U_{BE}=0.7\ \text{V}$，$R_1=R_2=R_3=300\ \Omega$，$U_I=24\ \text{V}$。判断出现下列现象时，分别因为电路产生什么故障(即哪个元件开路或短路)。

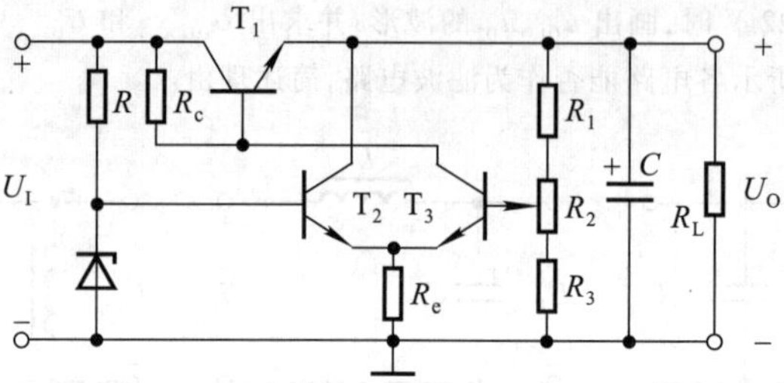

图 P9.14

(1) $U_O\approx24\ \text{V}$；(2) $U_O\approx23.3\ \text{V}$；(3) $U_O\approx12\ \text{V}$ 且不可调；(4) $U_O\approx6\ \text{V}$ 且不可调；(5) U_O 可调范围变为 $6\sim12\ \text{V}$。

9.15 直流稳压电源如图 P9.15 所示。

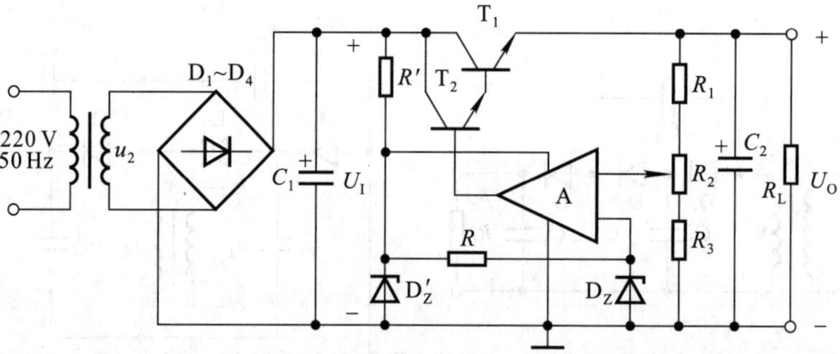

图 P9.15

(1) 说明电路的整流电路、滤波电路、调整管、基准电压电路、比较放大电路、采样电路等部分各由哪些元件组成。

(2) 标出集成运放的同相输入端和反相输入端。

(3) 写出输出电压的表达式。

9.16 电路如图 P9.16 所示，设 $I_I'\approx I_O'=1.5\ \text{A}$，晶体管 T 的 $U_{EB}\approx U_D$，$R_1=1\ \Omega$，$R_2=2\ \Omega$，$I_D\gg I_B$。求解负载电流 I_L 的最大值约为多少？

9.17 在图 P9.17 所示电路中，$R_1=240\ \Omega$，$R_2=3\ \text{k}\Omega$；W117 输入端和输出端电压允许范围为 $3\sim40\ \text{V}$，输出端和调整端之间的电压 U_R 为 1.25 V。

试求解：

(1) 输出电压的调节范围；

(2) 输入电压允许的范围。

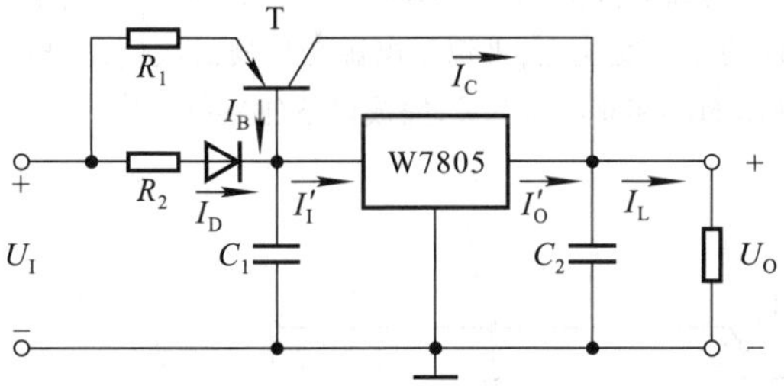

图 P9. 16

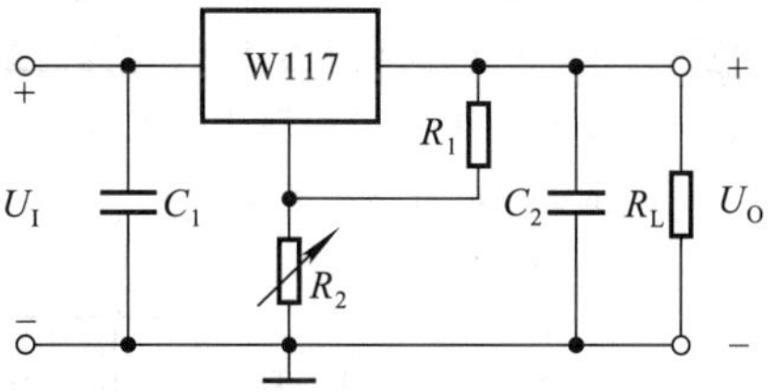

图 P9. 17

9. 18　试分别求出图 P9. 18 所示各电路输出电压的表达式。

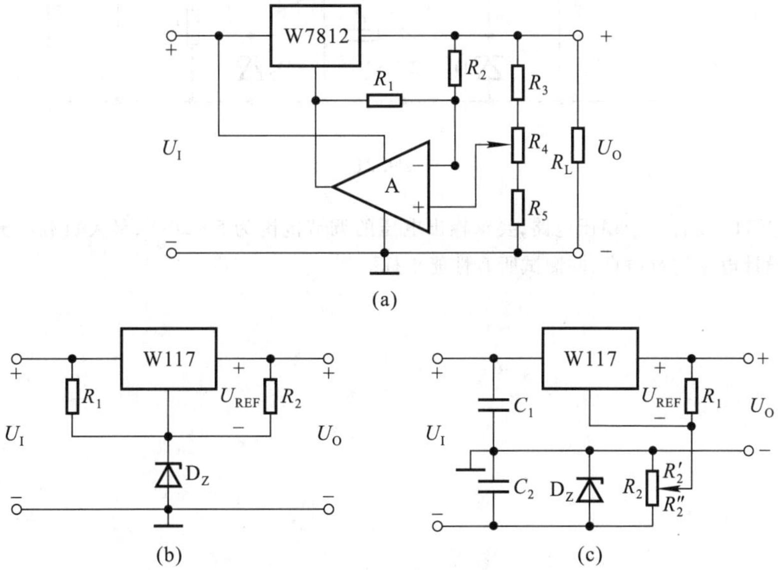

图 P9. 18

9. 19　两个恒流源电路分别如图 P9. 19(a)、(b)所示。

(1) 求解各电路负载电流的表达式;

(2) 设输入电压为 20 V,晶体管饱和压降为 3 V,b－e 间电压数值 $|U_{BE}|=0.7$ V;W7805 输入端和输出端间的电压最小值为 3 V;稳压管的稳定电压 $U_Z=5$ V;$R_1=R=50$ Ω。分别求出两电路负载电阻的最大值。

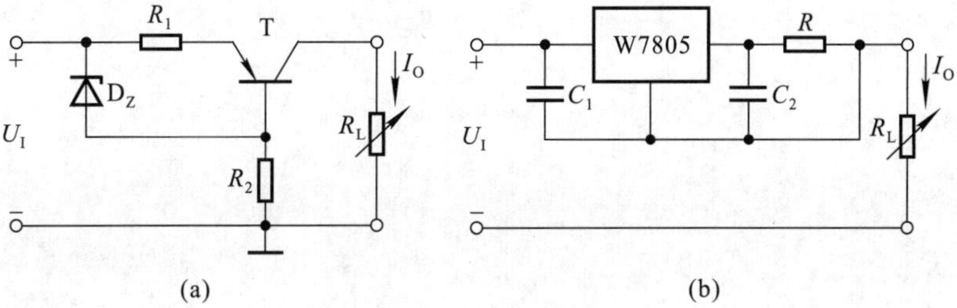

图 P9. 19

9.20 在图 9.6.5 所示电路中，若需要输出电压有一定的调节范围，则应如何改进电路，请画出电路来。

9.21 电路如图 P9.21 所示。已知输入电压为 50 Hz 的正弦交流电，来源于电源变压器二次侧；输出电压调节范围为 5 ~ 20 V，满载为 0.5 A；C_3 为消振电容。试利用 Multisim 作为工具，完成以下任务：

(1) 选择合适参数，使电路正常工作；

(2) 测试电路的各项性能指标。

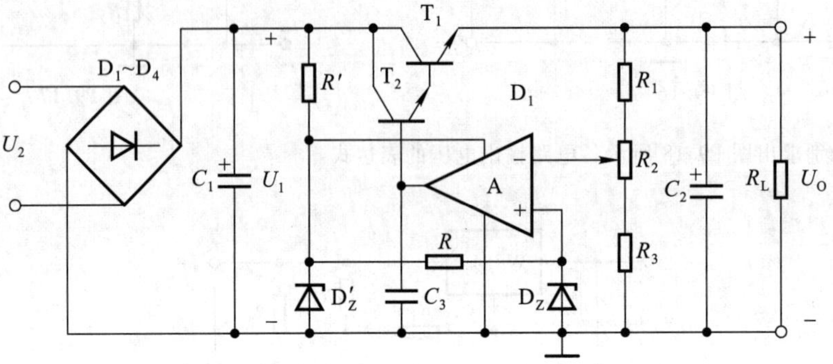

图 P9.21

9.22 利用 W117 设计一个稳压电路，要求输出电压的调节范围为 5 ~ 20 V，最大负载电流为 400 mA。利用 Multisim 对所设计电路进行仿真，并测试所有性能指标。

第 10 章　模拟电子电路读图

本章讨论的问题

- 本书讲述了哪些基本电路？它们各具有什么功能？
- 本书阐明了模拟电子电路哪些分析方法？它们分别适用于什么基本电路？
- 如何分析复杂的模拟电子电路？怎样应用本书讲述的基本概念、基本电路和基本分析方法读图？

10.1　读图的思路和步骤

所谓“读图”，就是对电路进行分析。读图能力体现了对所学知识的综合应用能力。通过读图，开阔视野，可以提高评价性能优劣的能力、系统集成的能力和设计能力，为电子电路在实际工程中的应用提供有益的帮助。

在分析电子电路时，首先将整个电路分解成具有独立功能的几个部分，进而弄清每一部分电路的工作原理和主要功能，然后分析各部分电路之间的联系，从而得出整个电路所具有的功能和性能特点，必要时再进行定量估算；为了得到更细致的分析，还可借助于各种电子电路计算机辅助分析和设计软件。详细思路和步骤如下：

一、了解用途

了解所读电路应用于何处及其所起作用，对于分析整个电路的工作原理、各部分功能以及性能指标均具有指导意义。因而“了解用途”是读图非常重要的第一步。通常，对于已知电路均可根据其使用场合大概了解其主要功能，有时还可知电路的主要性能指标。

二、化整为零

将所读电路分解为若干具有独立功能的部分，究竟分为多少部分，与电路的复杂程度、读者所掌握基本功能电路的多少和读图经验有关。有些电路的组成具有一定的规律，例如通用型集成运放一般均有输入级、中间级、输出级和偏置电路四个部分，串联型稳压电源一般均有调整管、基准电压电路、输出电压采样电路、比较放大电路和保护电路等部分，正弦波振荡电路一般均有放大电路、选频网络、正反馈网络和稳幅环节等部分。

模拟电子电路分为信号处理电路、波形产生电路和电路的供电电源电路等。其中信号处理电路是最主要、也是电路形式最多的部分，而且不同电路对信号处理的方式和所达到的目的各不相同，例如可对信号加以放大、滤波、比较、转换等。因此，对于信号处理电路，一般以信号的流通方向为线索将复杂电路分解为若干基本电路。

三、分析功能

选择合适的方法分别分析所分解的每部分电路的工作原理和主要功能。因而不但需要读者能够识别电路的类型，如是放大电路、运算电路、电压比较器……而且还需要读者能够定性分析电路的性能特点，如放大能力的强弱、输入和输出电阻的大小、振荡频率的高低、输出量的稳定性……它们是确定整个电路功能和性能的基础。

四、统观整体

首先将每部分电路用框图表示，并用合适的方式（文字、表达式、曲线、波形）扼要表述其功能；然后根据各部分的联系将框图连接起来，得到整个电路的方框图。方框图不但直观地看出各部分电路应如何相互配合以达到整个电路的功能，还能够根据前面的分析定性分析出整个电路的性能特点。

五、性能估算

对各部分电路进行定量估算，从而得出整个电路的性能指标。从估算过程可知每一部分电路对整个电路的哪一性能产生什么样的影响，为调整、维修和改进电路打下基础。

应当指出，读图时，应首先分析电路主要组成部分的功能和性能，必要时再对次要部分作进一步分析。对于不同水平的读者和不同的具体电路，分析步骤也不尽相同，上述思路和步骤仅供参考。

10.2　基本电路和基本分析方法回顾

为了能够顺利读图，本节对前九章所讲述的基本电路和基本分析方法作一简单回顾。

10.2.1　基本电路

表 10.2.1 中列出基本电路的名称、所在章节、特点和典型功能、所涉及的指标参数或功能描述方法等，以便读图时参考。

表 10.2.1　基本电路一览表

电路类型	电路名称	所在章节	特点和典型功能	指标参数或功能描述方法
基本放大电路	共射放大	2.2	$\lvert \dot{A}_u \rvert$ 大；适于小信号电压放大	$\dot{A}_u$、R_i、R_o、f_L、f_H、f_{bw}
	共集放大	2.5	R_i 大、R_o 小；适于作输入级、输出级，缓冲级	
	共基放大	2.5	f_H 高；适于作宽频带放大电路	
	共源放大	2.6	$\lvert \dot{A}_u \rvert$ 较大，R_i 很大；适于小信号电压放大	
	共漏放大	2.6	R_i 很大、R_o 较小；适于作输入级、输出级	
	差分放大	3.3	有两个输入端、四种接法、温漂小；作集成运放输入级	A_d、A_c、K_{CMR}、R_i、R_o
	互补输出	3.3	R_o 小，双向跟随；作集成运放输入级、功率放大	$\dot{A}_u$、R_o、U_{om}

续表

电路类型	电路名称	所在章节	特点和典型功能	指标参数或功能描述方法
电流源电路	镜像 微 多路	3.3	具有良好的恒流特性;集成运放的偏置电路、有源负载	输出电流表达式
集成运放	F007 C14573 LF153	3.4	A_{od}和K_{CMR}高、r_{id}大,能放大变化缓慢的信号,LM324可单电压供电;可用于放大、运算、波形发生、波形变换	A_{od}、K_{CMR}、r_{id}、U_{OS}和dU_{OS}/dT、I_{OS}和I_{OS}/dT、f_H、SR
由集成运放组成的运算电路	反相比例	6.1	R_i、R_o、共模信号均小;可用于电压放大、电流-电压转换	比例系数、R_i
	同相比例	6.1	R_i大、R_o小、共模信号大;可用于电压放大,电压跟随器可用于电压跟随和隔离	
	加减	6.1	实现多个信号的线性叠加;可作为求和、求差、差分放大电路	用运算关系式表达输出电压和输入电压之间的函数关系
	积分	6.1	实现对输入电压的积分;正弦波移相90°、波形变换	
由集成运放组成的运算电路	微分	6.1	实现对输入电压的微分;反映输入信号的变化速率	用运算关系式表达输出电压和输入电压之间的函数关系
	模拟乘法器	6.2	实现乘法运算;用于乘法器、除法器、乘方和开方运算、功率测量	
	对数	6.1	实现输入电压的对数和反对数运算;可用于将乘除运算变为加减运算、将信号范围扩大或缩小	
	指数	6.1		
有源滤波电路	低通	6.3	通过低频信号,抑制高频信号;减少直流信号的脉动,提高低频信号的信噪比	$A_u(s)$、A_{up}、f_0、f_p 幅频特性
	高通	6.3	通过高频信号,抑制低频信号;减少放大电路的漂移成分,提高高频信号的信噪比	
	带通	6.3	通过一定频率范围的信号,抑制其它频率的信号;从混入干扰、噪声和多频率信号中选出有用信号	
	带阻	6.3	抑制一定频率范围的信号,通过其它频率的信号;抑制干扰、噪声和无用信号的通过	

续表

电路类型	电路名称	所在章节	特点和典型功能	指标参数或功能描述方法
正弦波振荡电路	RC 桥式	7.1	输出波形好，振荡频率可调范围宽；用于产生 1 Hz ~ 1 MHz 的正弦波	$f_0=\frac{1}{2\pi RC}$
	变压器反馈式	7.1	放大电路和反馈网络耦合不紧密；用于产生几 kHz ~ 几十 MHz 的正弦波	$f_0\approx\frac{1}{2\pi\sqrt{LC}}$（$L$ 和 C 分别为选频网络中等效电感和电容）
	电感反馈式	7.1	放大电路和反馈网络耦合紧密，易振，输出波形含高次谐波；用于产生几 kHz ~ 几十 MHz 的正弦波，改变选频网络的电容容量可得较宽的振荡频率范围	
	电容反馈式	7.1	输出波形好；用于产生几 kHz ~ 几十 MHz 固定频率的正弦波	
	石英晶体	7.1	振荡频率非常稳定；用于产生一百 kHz ~ 几百 MHz 的固定频率正弦波	f_0 等于石英晶体的固有频率
电压比较器	单限	7.2	只有一个阈值电压；作为基本开关电路	U_{OH}、U_{OL}、U_T 电压传输特性
	滞回	7.2	输入电压正负方向变化的阈值电压不同，具有抗干扰能力；用于作抗干扰开关电路、作为非正弦波振荡电路的基本组成部分之一	
	窗口	7.2	输入电压单一方向变化时有两个阈值电压；判断信号电压幅值是否在两个阈值之间或之外	
非正弦波发生电路	矩形波	7.3	由 RC 回路和滞回比较器组成；产生脉冲信号	U_{OH}、U_{OL}、$T(f)$ 波形分析
	三角波	7.3	由积分运算电路和滞回比较器组成，产生三角波 - 方波电压；用于延时和定时，函数发生器的基本组成部分之一	
	锯齿波	7.3	由积分运算电路和滞回比较器组成，产生锯齿波 - 矩形波电压；用于单方向的延时和定时	
波形变换电路	任意波变为矩形波	7.2	利用比较器	输入、输出波形
	方波变为三角波	6.1	利用积分器	
	三角波变为锯齿波	7.3	利用可变极性的比例运算电路	
	三角波变为正弦波	7.3	利用二极管使比例系数改变，实现折线法	

续表

电路类型	电路名称	所在章节	特点和典型功能	指标参数或功能描述方法
信号转换电路	电压/电流	7.4	将输入电压转换成输出电流	$i_O=f(u_I)$
	交流/直流	7.4	将输入交流电压整流为直流电压	$u_O=f(u_I)$
	电压/频率	7.4	将输入直流电压转换成频率与之幅值成正比的脉冲(或三角波、矩形波)	$T_O=f(u_I)$或$f=f(u_I)$
功率放大电路	OTL	8.1	单电源供电，需加输出电容，低频特性差	P_{om}、η
	OCL	8.2	双电源供电，低频特性好	
功率放大电路	BTL	8.1	单电源供电，低频特性好，效率比 OCL 电路低	P_{om}、η
直流电源	桥式整流电路	9.2	将交流电源进行全波整流，整流效率高	$U_{O(AV)}$、$I_{O(AV)}$、S
	电容滤波电路	9.3	减小整流电压的脉动；用于负载电流较小且变化也较小的情况	$U_{O(AV)}$、$I_{O(AV)}$
	倍压整流电路	9.3	输出电压平均值高于变压器二次电压有效值；用于高输出电压小负载电流的情况	$U_{O(AV)}$
	电感滤波电路	9.3	减小输出电压的脉动；用于负载电流较大的情况	$U_{O(AV)}$、$I_{O(AV)}$
	稳压管稳压电路	9.4	电路简单，输出电压等于稳压管的稳定电压，输出电流变化范围小；作为小负载电流且输出电压固定的稳压电源	U_O、I_O
	串联型稳压电路	9.5	调整管工作在放大状态，输出电压稳定且可调、输出电流范围大；作为通用型的稳压电源	
	W78××	9.5	输出电压稳定、内含多种保护电路；作为输出电压为固定值的稳压电源	
	W117	9.5	输出电压稳定、内含多种保护电路；作为输出电压可调的稳压电源的基准电压源	
	开关型稳压电路	9.6	调整管工作在开关状态，转换效率高，可不用电源变压器；作为输出电压调节范围很小的稳压电源	

10.2.2 基本分析方法

一、小信号情况下的等效电路法

用半导体管在低频小信号作用下的等效电路取代放大电路交流通路中的管子，便可得到放大电路的交流等效电路，由此可估算放大倍数、输入电阻、输出电阻。

二、频率响应的求解方法

首先画出适于信号频率 0 ~ ∞ 的等效电路，求出电路的上、下限频率，然后写出电压放大倍数的表达式，最后画出波特图，通常可画折线化波特图。

在放大电路中，某个电容所确定的截止频率决定于其所在回路的时间常数 τ，而求解 τ 的关键是正确求出它所在回路的等效电阻，截止频率等于$\dfrac{1}{2\pi\tau}$。

三、反馈的判断方法和深度负反馈条件下放大倍数的求解方法

电子电路中总是引入这样或那样的反馈，以适应不同场合下的应用。例如，在实用放大电路中引入不同组态的交流负反馈以改善其性能，在电压比较器中引入正反馈以获得滞回特性，等等。正确判断电路中所引入的反馈是读懂电路的基础。

反馈的判断方法包括有无反馈、直流反馈和交流反馈、反馈极性（利用瞬时极性法）的判断，以及交流负反馈反馈组态（电压串联、电压并联、电流串联、电流并联）的判断。

在深度负反馈条件下可以通过两种方法求解电压放大倍数，一种是基于 $\dot{A}_{\mathrm{f}}=1/\dot{F}$ 的方法；另一种是基于理想运放的方法。前者适用于满足深度负反馈条件的所有电路，后者只适用于由集成运放所组成的负反馈放大电路。

四、集成运放应用电路的识别方法

根据集成运放应用电路中引入反馈的性质，可以判断电路的基本功能。集成运放若引入负反馈，则构成运算电路或有源滤波电路；利用同相比例运算电路和 RC 串并联网路又可构成正弦波振荡电路。若集成运放处于开环或仅引入正反馈，则构成电压比较器；利用电压比较器和积分运算电路又可构成波形发生电路。因而在识别集成运放应用电路时，可根据下面的基本思路：

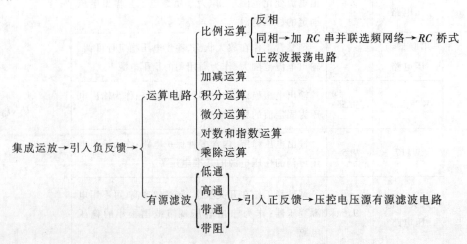

集成运放→引入负反馈→
- 运算电路
  - 比例运算
    - 反相
    - 同相→加 *RC* 串并联选频网络→*RC* 桥式正弦波振荡电路
  - 加减运算
  - 积分运算
  - 微分运算
  - 对数和指数运算
  - 乘除运算
- 有源滤波
  - 低通
  - 高通
  - 带通
  - 带阻

  →引入正反馈→压控电压源有源滤波电路

集成运放→开环或仅引入正反馈→电压比较器 { 单限；滞回→ { 加 *RC* 延迟环节→矩形波发生电路；加积分运算电路→三角波、锯齿波发生电路、压控振荡电路 }；窗口 }

五、运算电路运算关系的求解方法

在运算电路中都引入了深度负反馈，可以认为集成运放的净输入电压为零（即虚短），净输入电流也为零（虚断）。以“虚短”和“虚断”为基础，利用节点电流法和叠加原理（适于多个输入信号的情况）即可求出输出与输入的运算关系式。

六、电压比较器电压传输特性的分析方法

根据电压比较器的限幅电路求出输出高电平和低电平，令集成运放同相输入端和反相输入端电位相等求出（输入电压）阈值电压，根据输入电压作用于集成运放的同相输入端和反相输入端来确定输出电压在输入电压过阈值电压时的跃变方向，即得到电压比较器的电压传输特性。

七、波形发生电路的判振方法

对于正弦波振荡，首先应观察电路是否存在正弦波振荡电路的基本组成部分，放大电路能否正常工作，进而利用瞬时极性法判断电路是否符合正弦波振荡的相位条件，然后看其是否有可能满足正弦波振荡的幅值条件。同时满足两个条件，电路才能产生振荡。

对于非正弦波振荡，首先观察电路是否有电压比较器和延时电路（*RC* 电路或积分电路），然后假设比较器输出为某一状态（低电平或高电平），分析电路是否能稳定，若比较器的两个输出状态可以自动地相互转换，则说明电路能够产生非正弦波振荡，否则不振。

八、功率放大电路最大输出功率和转换效率的分析方法

首先求出最大不失真输出电压，即负载上可能获得的最大不失真电压，然后求出负载上可能获得的最大交流功率，即为最大输出功率。

输出最大输出功率时电源提供的平均电流与电源电压相乘，即得到电源的平均功率。

最大输出功率与此时电源提供的平均功率之比为转换效率。

九、直流电源的分析方法

包括整流电路、滤波电路、稳压管稳压电路、串联型稳压电路、三端稳压器应用电路、开关型稳压电路的分析方法，从而得出它们的主要参数。

10.3 读图举例

本节仅举几例分别说明分立元件电路和集成运放应用电路的分析方法，而且着重于定性分析，进一步的定量分析可借助于各种计算机辅助分析软件。

10.3.1 低频功率放大电路

图 10.3.1 所示为实用低频功率放大电路，最大输出功率为 7 W。其中 A 的型号为 LF356N，T_1 和 T_3 的型号为 2SC1815，T_4 的型号为 2SD525，T_2 和 T_5 的型号为 2SA1015，T_6 的型号为 2SB595。T_4 和 T_6 需安装散热器。

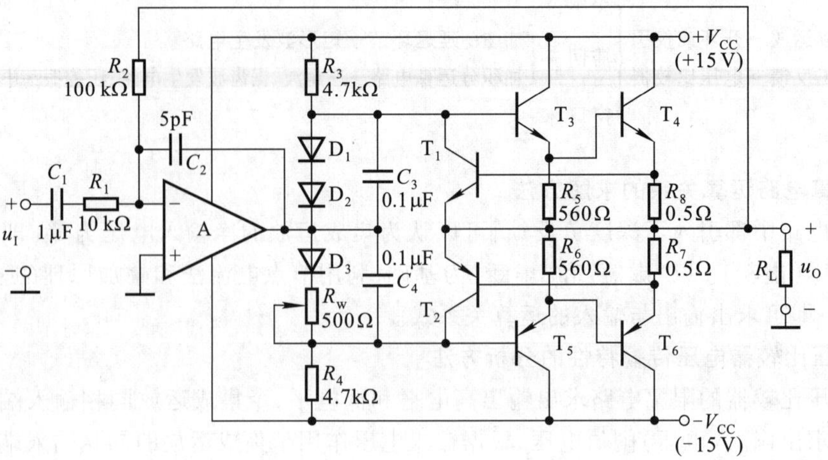

图 10.3.1 低频功率放大电路

一、化整为零

对于分立元件电路，应根据信号的传递方向，分解电路。

R_2 将电路的输出端与 A 的反相输入端连接起来，因而电路引入了反馈。由于图 10.3.1 所示电路为放大电路，可以推测它引入的应为负反馈，进一步的分析还需在弄清电路的基本组成之后。

C_1 为耦合电容。输入电压 U_i 作用于 A 的反相输入端，A 的输出又作用于 T_3 和 T_5 管的基极，故集成运放 A 为前置放大电路，且 T_3 和 T_5 为下一级的放大管；T_3 和 T_4、T_5 和 T_6 分别组成复合管，前者等效为 NPN 型管，后者等效为 PNP 型管，A 的输出作用于两个复合管的基极，而且两个复合管的发射极作为输出端，故第二级为互补输出级；因此可以判断出电路是两级电路。

因为 T_1、T_2 的基极和发射极分别接 R_7 和 R_8 的两端，而 R_7 和 R_8 上的电流等于输出电流 I_O；可以推测，当 I_O 增大到一定数值，T_1、T_2 才导通，可以为功放管分流，所以 T_1、T_2、R_7 和 R_8 构成过流保护电路。

利用反馈的判断方法可以得出，图 10.3.1 所示电路引入的是电压并联负反馈。

二、分析功能

对于功率放大电路，通常均应分析其最大输出功率和效率。在图 10.3.1 所示电路中，由于电流采样电阻 R_7 和 R_8 的存在，负载上可能获得的最大输出电压幅值为

$$U_{omax} = \frac{R_L}{R_8 + R_L} \cdot (V_{CC} - U_{CES}) \tag{10.3.1}$$

式中 U_{CES} 为 T_4 管的饱和管压降。最大输出功率为

$$P_{om} = \frac{\left(\dfrac{U_{omax}}{\sqrt{2}}\right)^2}{R_L} = \frac{U_{omax}^2}{2R_L} \tag{10.3.2}$$

在忽略静态损耗的情况下，效率为

$$\eta = \frac{\pi}{4} \cdot \frac{U_{omax}}{V_{CC}} \tag{10.3.3}$$

可见电流采样电阻使得负载上的最大不失真输出电压减小，从而使最大输出功率减小，效率降低。

设功放管饱和管压降的数值为 3 V，负载为 10 Ω，则最大不失真输出电压幅值为

$$U_{\text{omax}}=\frac{R_L}{R_8+R_L}\cdot(V_{CC}-U_{CES})=\left[\frac{10}{10+0.5}\times(15-3)\right]\text{V}\approx 11.43\ \text{V}$$

最大输出功率为

$$P_{\text{om}}=\frac{U_{\text{omax}}^2}{2R_L}\approx\frac{11.43^2}{2\times 10}\ \text{W}\approx 6.53\ \text{W}$$

效率

$$\eta=\frac{\pi}{4}\cdot\frac{U_{\text{omax}}}{V_{CC}}\approx\frac{\pi}{4}\cdot\frac{11.43}{15}\approx 59.8\%$$

一旦输出电流过流，T_1 和 T_2 管将导通，为功放管分流，保护电流的数值为

$$i_{\text{omax}}=\frac{U_{\text{on}}}{R_7}\approx\frac{0.7}{0.5}\ \text{A}=1.4\ \text{A}$$

三、统观整体

综上所述，图 10.3.1 所示电路的方框图如图 10.3.2(a)所示。若仅研究反馈，则可将电路简化为图(b)所示电路。

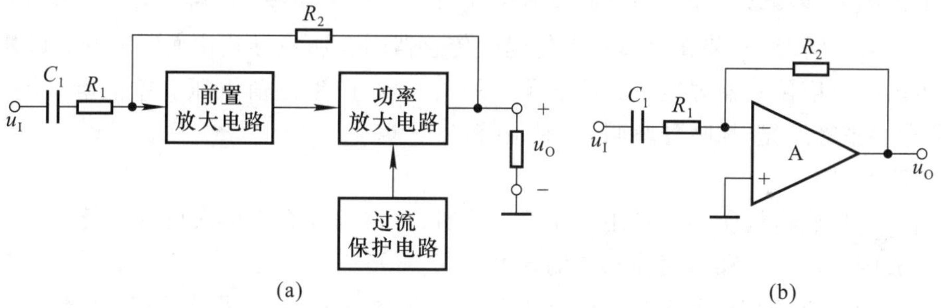

图 10.3.2 图 10.3.1 所示电路的方框图和简化电路

(a) 方框图 (b) 简化电路

根据图(b)所示电路，可以求得深度负反馈条件下电路的电压放大倍数为

$$A_{uf}\approx-\frac{R_2}{R_1}=-10$$

从而获得在输出功率最大时所需要的输入电压有效值为

$$U_i=\left|\frac{U_{\text{omax}}}{\sqrt{2}A_{uf}}\right| \tag{10.3.4}$$

其它器件作用如下：

(1) C_2 为相位补偿电容，它改变了频率响应，可以消除自激振荡。

(2) R_3、D_1、D_2、D_3、R_w 和 R_4 构成偏置电路，使输出级消除交越失真。

(3) C_3 和 C_4 为旁路电容，使 T_3 和 T_5 的基极动态电位相等，以减少有用信号的损失。

(4) R_5 和 R_6 为泄漏电阻，用以减小 T_4 和 T_6 的穿透电流。其值不可过小，否则将使有用信号损失过大。

10.3.2 火灾报警电路

图 10.3.3 所示为火灾报警电路，u_{I1} 和 u_{I2} 分别来源于两个温度传感器，它们安装在室内同一处。但是，一个安装在金属板上，产生 u_{I1}；而另一个安装在塑料壳体内部，产生 u_{I2}。

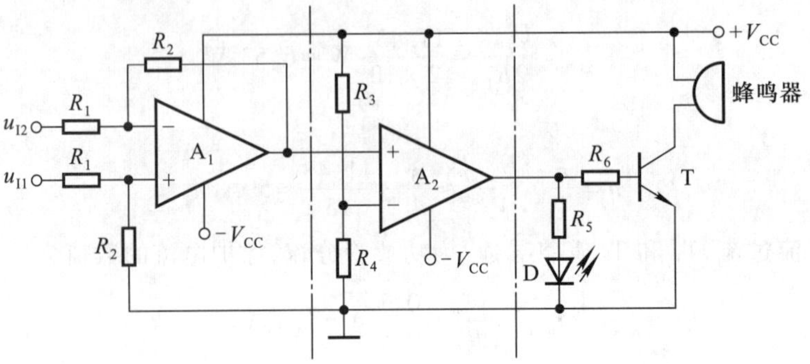

图 10.3.3 火灾报警电路

一、了解用途

在正常情况下，即无火情时，两个温度传感器所产生的电压相等，$u_{I1}=u_{I2}$，发光二极管不亮，蜂鸣器不响。有火情时，安装在金属板上的温度传感器因金属板导热快而温度升高较快，而安装在塑料壳体内的温度传感器温度上升得较慢，使 u_{I1} 与 u_{I2} 产生差值电压。差值电压增大到一定数值时，发光二极管发光、蜂鸣器鸣叫，同时报警。

二、化整为零

分析由单个集成运放所组成应用电路的功能时，可根据其有无引入反馈以及反馈的极性，来判断集成运放的工作状态和电路输出与输入的关系。

根据信号的流通，图 10.3.3 所示电路可分为三部分。A_1 引入了负反馈，故构成运算电路；A_2 没有引入反馈，工作在开环状态，故组成电压比较器；后面分立元件电路是声光报警及其驱动电路。

三、分析功能

输入级参数具有对称性，是双端输入的比例运算电路，也可实现差分放大，输出电压 u_{O1} 为

$$u_{O1}=\frac{R_2}{R_1}(u_{I1}-u_{I2}) \tag{10.3.5}$$

第二级电路的阈值电压 U_T 为

$$U_T=\frac{R_4}{R_3+R_4}\cdot V_{CC} \tag{10.3.6}$$

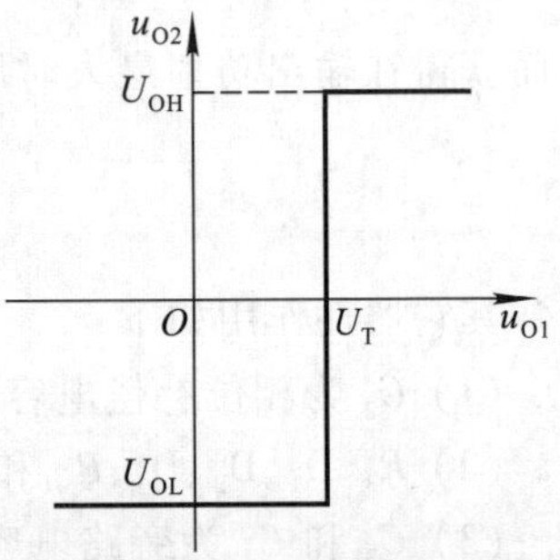

图 10.3.4 A_2 组成的电压比较器的电压传输特性

当 $u_{O1}<U_T$ 时，$u_{O2}=U_{OL}$；当 $u_{O1}>U_T$ 时，$u_{O2}=U_{OH}$；电路只有一个阈值电压，故为单限比较器。u_{O2} 的高、低电平决定于集成运放输出电压的最小值和最大值。电压传输特性如图 10.3.4 所示。

当 u_{O2} 为高电平时，发光二极管因导通而发光，与此同时晶体

管 T 导通,蜂鸣器鸣叫。发光二极管的电流为

$$I_D = \frac{U_{OH} - U_D}{R_5} \tag{10.3.7}$$

晶体管的基极电流为

$$I_B = \frac{U_{OH} - U_{BE}}{R_6} \tag{10.3.8}$$

集电极电流,即蜂鸣器的电流为

$$I_C = \beta I_B \tag{10.3.9}$$

若参数选择的结果是晶体管在导通时处于饱和状态,则

$$I_C = \frac{V_{CC} - U_{CES}}{R_L} \leqslant \beta I_B \tag{10.3.10}$$

式中 U_{CES} 为管子的饱和管压降,R_L 是蜂鸣器等效电阻。

四、统观整体

根据上述分析,图 10.3.4 所示电路的方框图如图 10.3.5 所示。

图 10.3.5 火灾报警电路的方块图

在没有火情时,$(u_{I1} - u_{I2})$数值很小,$u_{O1} < U_T$,$u_{O2} = U_{OL}$,发光二极管和晶体管均截止。

当有火情时,$u_{I1} > u_{I2}$,$(u_{I1} - u_{I2})$增大到一定程度,$u_{O1} > U_T$,u_{O2}从低电平跃变为高电平,$u_{O2} = U_{OH}$,使得发光二极管和晶体管导通,发光二极管和蜂鸣器发出警告。

10.3.3 自动增益控制电路

自动增益控制电路如图 10.3.6 所示,为了便于读懂,这里作了适当的简化。

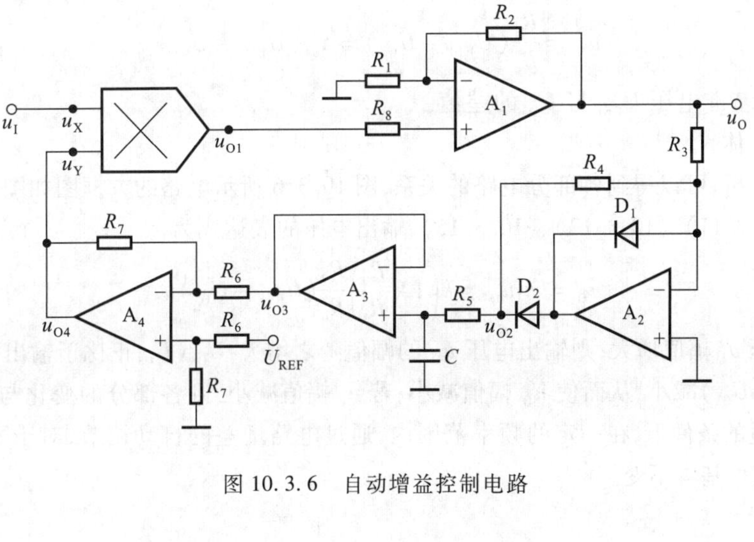

图 10.3.6 自动增益控制电路

一、了解功能

图 10.3.6 所示电路用于自动控制系统之中。输入电压为正弦波，当其幅值由于某种原因产生变化时，增益产生相应变化，使得输出电压幅值基本不变。

二、化整为零

以模拟集成电路为核心器件分解图 10.3.6 所示电路，可以看出，每一部分都是一种基本电路。第一部分是模拟乘法器。第二部分是由 A_1、R_1、R_2 和 R_8 构成的同相比例运算电路，其输出为整个电路的输出。第三部分是由 A_2、R_3、R_4、D_1 和 D_2 构成的精密整流电路。第四部分是由 A_3、R_5 和 C 构成的有源滤波电路。第五部分是由 A_4、R_6 和 R_7 构成的差分放大电路。A_4 的输出电压 u_{O4}作为模拟乘法器的输入，与输入电压 u_I 相乘，因此电路引入了反馈，是一个闭环系统。

三、功能分析

根据所学知识可知，模拟乘法器的输出电压

$$u_{O1}=ku_Xu_Y=ku_Iu_{O4} \tag{10.3.11}$$

同相比例运算电路的输出电压 u_O 为

$$u_O=\left(1+\frac{R_2}{R_1}\right)u_{O1} \tag{10.3.12}$$

设 $R_3=R_4$，则精密整流电路的输出电压 u_{O2}为

$$u_{O2}=\begin{cases}0 & u_O>0\\ -u_O & u_O<0\end{cases} \tag{10.3.13}$$

因此为半波整流电路。

有源滤波电路的电压放大倍数为

$$A_u=\frac{U_{O3}}{U_{O2}}=\frac{1}{1+\mathrm{j}\dfrac{f}{f_H}}\quad\left(f=\frac{1}{2\pi R_5C}\right) \tag{10.3.14}$$

可见电路为低通滤波电路。当参数选择合理时，可使输出电压 u_{O3}为直流电压 U_{O3}，且 U_{O3}正比于输出电压 u_O 的幅值。

在差分放大电路中，输出电压 u_{O4}为

$$u_{O4}=\frac{R_7}{R_6}(U_{REF}-U_{O3})=A_{u4}(U_{REF}-U_{O3}) \tag{10.3.15}$$

因而 u_{O4}正比于基准电压 U_{REF}与 U_{O3}的差值。

四、统观整体

根据上述分析，可以得到各部分电路的关系，图 10.3.6 所示电路的方框图如图 10.3.7 所示。

根据式(10.3.11)、(10.3.12)、(10.3.15)，输出电压的表达式为

$$u_O=ku_Iu_{O4}=k\left(1+\frac{R_2}{R_1}\right)\frac{R_7}{R_6}(U_{REF}-U_{O3})u_I \tag{10.3.16}$$

设输入电压 u_I 幅值增大，则输出电压 u_O 的幅值随之增大，U_{O3}(U_{O3}正比于输出电压 u_O)必然增大，导致($U_{REF}-U_{O3}$)减小，从而使 u_O 幅值减小；若 u_I 幅值减小，则各部分的变化与上述过程相反。在参数选择合适的条件下，在一定的频率范围内，通过电路增益的自动调节，对于不同幅值的正弦波 u_I，u_O 的幅值可基本不变。

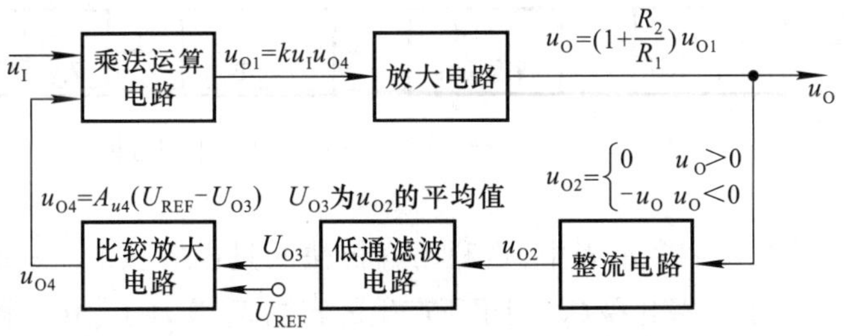

图 10.3.7 图 10.3.6 所示电路的方框图

10.3.4 电容测量电路

DT890C$_+$型 3 $\frac{1}{2}$位多功能数字多用表包括 12 个组成部分，有 A/D 转换器、小数点及标志符驱动电路、直流电压测量电路、交流电压测量电路、直流电流测量电路、交流电流测量电路、200 Ω ~ 20 MΩ电阻测量电路、200 MΩ 电阻测量电路、电容测量电路、温度测量电路、晶体管 h_{FE}测量电路、二极管及蜂鸣器电路等。电路中共用 6 片集成电路，分别是一片 3 $\frac{1}{2}$ A/D 转换器（型号为 TSC7106）、一片 CMOS 四**与非**门（型号为 CC4011）、两片低失调 JEFT 双运放（型号为 TL062）和两片低功耗通用双运放（型号为 LM358）。

图 10.3.8 所示为五量程电容测量电路，其输出电压通过 AC/DC（交流/直流）转换器和 A/D（模拟/数字）转换器，驱动液晶显示器，即获得测量值，方框图如图 10.3.9 所示。其中 AC/DC 转换器、A/D 转换器和液晶显示器是 DT890C$_+$型数字多用表中的公用电路。下面仅对图 10.3.8 所示电路加以分析。

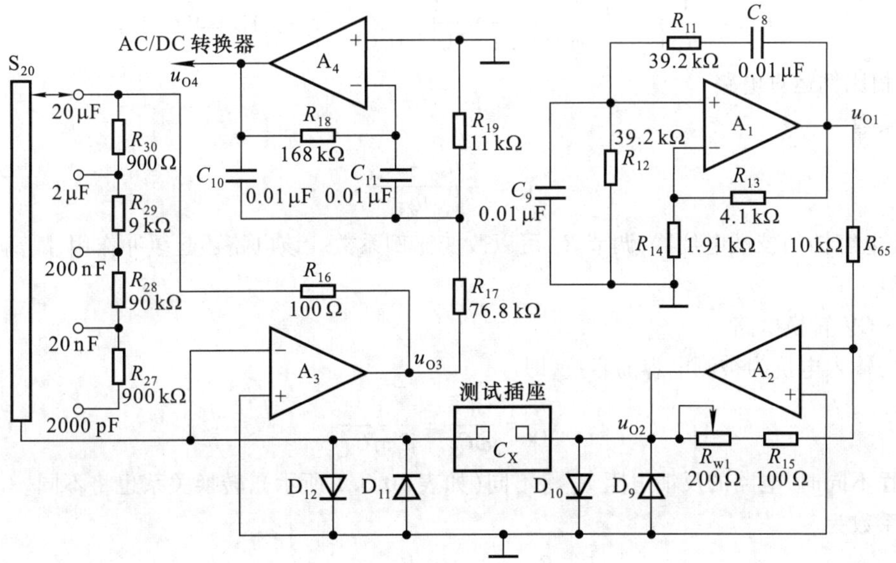

图 10.3.8 五量程电容测量电路

图 10.3.9　电容测量电路及其输出电压转换电路方框图

一、了解功能

在 DT890C$_+$型多功能数字多用表中，是利用容抗法测量电容量的。其基本设计思想是：将 400 Hz的正弦波信号作用于被测电容 C_X，利用所产生的容抗 X_C 实现 C/ACV 转换，将 X_C 转换为交流电压；再通过测量交流电压来获得 C_X 的电容量。

测量范围分为 2 nF、20 nF、200 nF、2 μF 和 20 μF 五挡，测量准确度为 ±2.5%。分辨率取决于 A/D 转换器的位数，当采用 TSC7106 时，最高分辨率为 1 pF。

图 10.3.8 所示电路中 A_1 和 A_2 是一片 TL062，A_3 和 A_4 是一片 LM358。

二、化整为零

观察图 10.3.8 所示电路，以集成运放为核心器件可将其分解为四个部分。A_1 和 C_8、C_9、R_{11}、R_{12}、R_{13}、R_{14}组成文氏桥振荡电路；A_2 和 R_{65}、R_{15}、R_{w1} 组成反相比例运算电路；A_2 的输出电压在被测电容 C_X 上产生电流，通过 A_3 及其有关元件组成的电路将电容量转换成交流电压，故组成 C/ACV 电路；A_4 和 R_{17}、R_{18}、R_{19}、C_{10}、C_{11} 组成有源滤波电路，根据整个电路的功能，该滤波电路应只允许 400 Hz正弦波信号通过，而滤掉其它频率的干扰，故为带通滤波电路。

三、功能分析

1. 文氏桥振荡电路

振荡频率的表达式为

$$f_0 = \frac{1}{2\pi\sqrt{R_{11}R_{12}C_8C_9}} \tag{10.3.17}$$

因为 $R_{11} = R_{12} = 39.2\ \text{k}\Omega$，$C_8 = C_9 = 0.01\ \mu\text{F}$，所以

$$f_0 = \frac{1}{2\pi R_{11}C_8} = \left(\frac{1}{2\pi \times 39.2\times 10^3 \times 0.01\times 10^{-6}}\right)\text{Hz} \approx 400\ \text{Hz}$$

2. 反相比例运算电路

比例系数为

$$A_u = -\frac{R_{15}+R_{w1}}{R_{65}} \tag{10.3.18}$$

式中 R_{w1} 为电容挡的校准电位器，调节 R_{w1} 可以改变比例系数。该电路还起缓冲作用，隔离振荡电路和被测电容。

3. C/ACV 转换电路

电路的输入电抗为被测电容的容抗，即

$$X_{C_X} = \frac{1}{\text{j}\omega C_X} = \frac{1}{\text{j}2\pi f C_X} \tag{10.3.19}$$

当电容量程不同时，电路的反馈电阻 R_f 将不同（如表 10.3.1 所示），转换关系也将不同。

转换系数为

$$\dot{A}_{u3} = \frac{\dot{U}_{o3}}{\dot{U}_{o2}} = -\frac{R_f}{X_{C_X}} = -\frac{R_f}{1/(2\pi \text{j} f C_X)} = -2\pi \text{j} f R_f C_X$$

表 10.3.1 不同量程时 C/ACV 转换电路的反馈电阻 R_f

电容量程	R_f 的表达式	R_f 的数值
20 μF	R_{16}	100 Ω
2 μF	$R_{16}+R_{30}$	1 kΩ
200 nF	$R_{16}+R_{30}+R_{29}$	10 kΩ
20 nF	$R_{16}+R_{30}+R_{29}+R_{28}$	100 kΩ
2000 pF	$R_{16}+R_{30}+R_{29}+R_{28}+R_{27}$	1 MΩ

其模为

$$|\dot{A}_{u3}| = 2\pi f R_f C_X \qquad (10.3.20)$$

式中 $f=400$ Hz,若在 200 nF 挡,从表 10.3.1 中可知 $R_F=10$ kΩ,则

$$|\dot{A}_{u3}| = 2\pi f R_f C_X = 2\pi\times400\times10\times10^3 C_X = 8\pi\times10^6\times C_X$$

其最大值为

$$|\dot{A}_{u3}|_{max} = 8\pi\times10^6\times C_X = 8\pi\times10^6\times200\times10^{-9}\approx5.03$$

从表 10.3.1 中可以看出,电容量每增大 10 倍,反馈电阻阻值减小 10 倍。因此,不难发现,在各电容挡,电路的转换系数的最大数值均相等。这样,可以保证对于各电容挡输出电压最大幅值均相等,也就限制了 A/D 转换电路的最大输入电压。

输出电压有效值为

$$U_{o3} = |\dot{A}_{u3}|U_{o2} = 2\pi f R_f C_X U_{o2} \qquad (10.3.21)$$

当 400 Hz 正弦波信号 U_{o2} 幅值一定时,电容挡确定,R_f 也就随之确定,因而 U_{o3} 与被测电容容量 C_X 成正比。

4. 有源滤波电路

从测量的需要出发,该电路应为带通滤波电路。为了便于识别电路,首先将电路变为习惯画法,如图 10.3.10 所示,这是一个多路反馈无限增益电路。

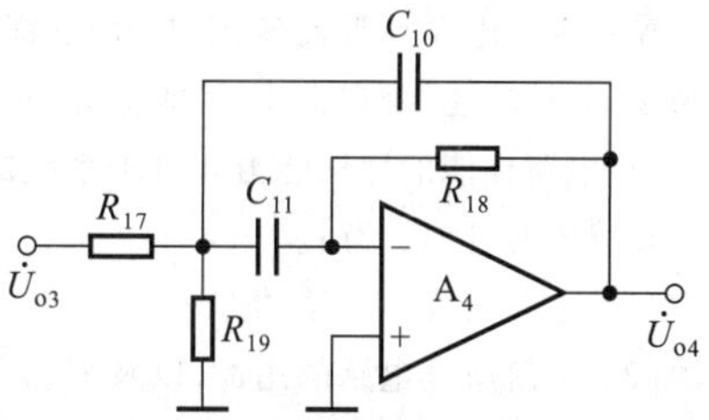

图 10.3.10 多路反馈无限增益带通滤波电路

经推导可得中心频率为

$$f_0 = \frac{1}{2\pi C_{10}}\sqrt{\frac{1}{R_{18}}\left(\frac{1}{R_{17}}+\frac{1}{R_{19}}\right)} \qquad (10.3.22)$$

将 $C_{10}=0.01$ μF、$R_{18}=168$ kΩ、$R_{17}=76.8$ kΩ、$R_{19}=11$ kΩ 代入上式,得出 $f_0\approx400$ Hz。因此,有源滤波电路只允许 u_{O3} 中 400 Hz 信号通过,而滤去其它频率的干扰。

可见,输出电压 u_{O4} 是幅值与被测电容 C_X 容量成正比关系的 400 Hz 交流电压。

四、统观整体

根据上述四部分的关系,可得图 10.3.8 所示电路的方框图如图 10.3.11 所示。

图 10.3.11 图 10.3.8 所示电路的方框图

综上所述,在测量电容量时,文氏桥振荡电路产生400 Hz正弦波电压,经过反相比例运算电路作为缓冲电路,作用于被测电容 C_X;通过C/ACV转换电路将 C_X 转换为交流电压信号,再经二阶带通滤波电路滤掉其它频率的干扰,输出是幅值与 C_X 成正比的400 Hz正弦波电压。

电容测量电路的输出电压作为AC/DC转换电路的输入信号,转换为直流电压;再由A/D转换电路转换成数字信号,并驱动液晶显示器,显示出被测电容的容量值。

电路有如下特点:

(1) 在C/ACV转换电路中,电容挡愈大,反馈电阻阻值愈小,使得各挡转换系数的最大数值均相等,从而限制了整个电路的最大输出电压幅值,也就限制了A/D转换电路的最大输入电压,其值为200 mV。

(2) 电路中所有集成运放的输入均为交流信号,因而其温漂不会影响电路的测量精度,也就不需要对电容挡手动调零。电路中仅有一个电位器 R_{w1} 用于校准电容挡,一般一经调好就不再变动。

(3) 二极管 D_9 和 D_{10} 用于 A_2 输出电压的限幅,二极管 D_{11} 和 D_{12} 用于限制 A_3 净输入电压幅值,以保护运放。此外,尽管电容挡不允许带电测量,但是若发生误操作,则二极管可为被测电容提供放电回路,从而在一定程度上保护了测量电路。

本章小结

本章回顾了书中所讲述的基本电路和基本分析方法,介绍了电子电路读图的一般方法,并通过实例具体说明了分析步骤。

模拟电子电路种类繁多,千差万别,能够读懂实用电路,必须综合运用所学知识。本章介绍的“了解用途、化整为零、分析功能、统观整体、性能估算”的基本读图方法和步骤适用于一般电路。通过读图,能够训练电路的识别能力、电路性能的评估能力和电子系统的集成能力。

在读图时还应注意:

(1) 本章所介绍的读图方法是一般方法,使用时应视具体电路灵活应用。

(2) 了解所读电路的用途,以及根据“用途”研究对电路性能的要求,对于读图有指导意义。特别是读者不太熟悉的应用领域,“了解用途”是关键步骤,否则将无从下手。

(3) “化整为零”时应以“能够识别”为原则,因而掌握基本电路的组成、原理和性能是读图的基础,同时还要不断丰富基本知识,拓宽知识面。

(4) 在很多实用电路中,电路的画法、元器件的符号与本书的习惯相差很大,因此,为了方便读图,读者可首先将图中符号和电路画法改成习惯的形式。

(5) 随着电子技术的发展,集成电路的功能越来越强,因而实用电路中所用芯片的数量也就越来越少,有的还采用了专用芯片。所以,在分析电路性能时,需要查阅有关手册和生产厂家的网上资料,了解所用元器件的基本功能和性能指标。

(6) 对于所读电路详细的定量分析应尽可能借助于电子电路计算机辅助分析软件。

应当指出,读图是工程技术人员的基本技能,单凭本章所介绍的知识,对读图能力的训练是非常有限的。只有不断跟踪电子器件的新发展,增加电子技术的基本知识,加强训练,积累经验,才能不断提高读图水平。

习 题

10.1 电路如图 P10.1 所示，其功能是实现模拟计算，求解微分方程。

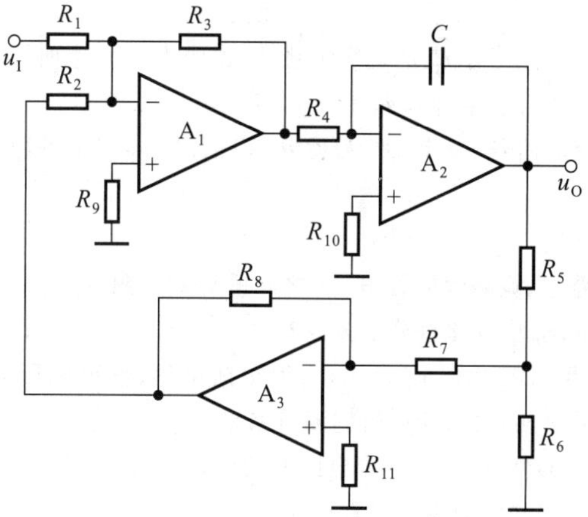

图 P10.1

(1) 求出微分方程；

(2) 简述电路原理。

10.2 图 P10.2 所示为反馈式稳幅电路，其功能是：当输入电压变化时，输出电压基本不变。主要技术指标为

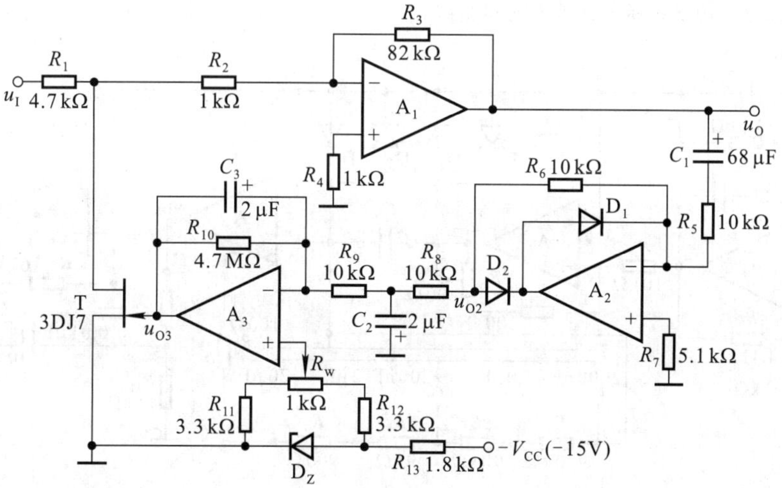

图 P10.2

(1) 输入电压波动 20% 时，输出电压波动小于 0.1%；

(2) 输入信号频率从 50 ~ 2 000 Hz 变化时，输出电压波动小于 0.1%；

(3) 负载电阻从 10 kΩ 变为 5 kΩ 时，输出电压波动小于 0.1%。

要求：

(1) 以每个集成运放为核心器件，说明各部分电路的功能；

（2）用方框图表明各部分电路之间的相互关系；

（3）简述电路的工作原理。

提示：场效应管工作在可变电阻区，电路通过集成运放 A_3 的输出控制场效应管的工作电流，来达到调整输出电压的目的。

10.3　在图 P10.2 所示电路中，参数如图中所标注。设场效应管 D－S 之间的等效电阻为 r_{DS}。

（1）求出输出电压 u_O 与输入电压 u_I、r_{DS}的运算关系式；说明当 u_I 增大时，r_{DS}应如何变化才能使 u_O 稳幅？

（2）当 u_I 为 1 kHz 的正弦波时，定性画出 u_O 和 u_{O2}的波形。

（3）u_{O3}是直流信号，还是交流信号，为什么？为使 u_O 稳幅，当 u_I 因某种原因增大时，u_{O3}的幅值应当增大，还是减小，为什么？

（4）电位器 R_w 的作用是什么？

10.4　在图 P10.2 所示电路中，设场效应管 D－S 之间的等效电阻为 r_{DS}。为了使得输入电压 u_I 波动 20%时，输出电压 u_O 波动小于 0.1%，r_{DS}应变化百分之多少？

10.5　五量程电容测量电路如图 P10.5 所示，C_X 为被测电容，输出电压 u_O 是一定频率的正弦波，u_O 经 AC/DC转换和 A/D 转换，送入数字显示器，即可得到测量结果。

（1）以每个集成运放为核心器件，说明各部分电路的功能；

（2）用方框图表明各部分电路之间的相互关系；

（3）简述电路的工作原理。

10.6　电路如图 P10.5 所示，试求解：

（1）u_{O1}的频率；

（2）u_{O2}与 u_{O1}的运算关系式；

（3）在五个量程中，u_{O3}与 u_{O2}的各运算关系式；

（4）A_4 及其有关元件所组成的电路的中心频率为多少？

10.7　电路如图 P10.5 所示。回答下列问题：

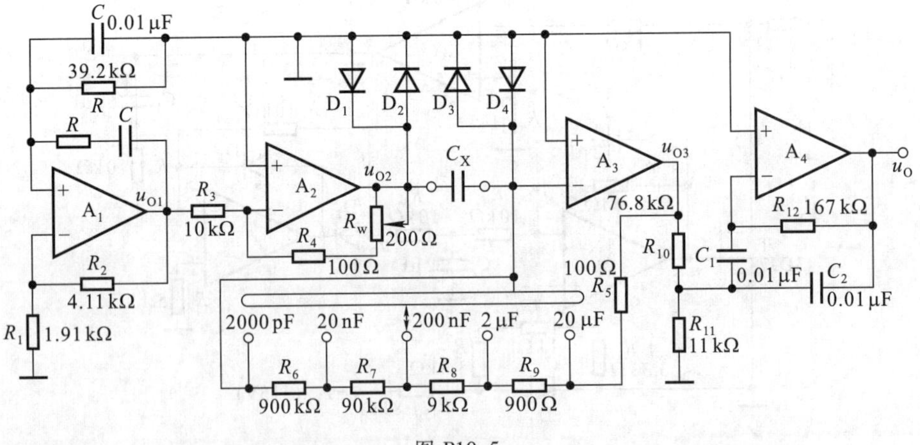

图 P10.5

（1）在不同量程下，u_{O3}与 u_{O2}转换系数的最大值为多少？为什么这样设计？简述理由。

（2）为什么 u_{O1}的频率和由 A_4 及其有关元件所组成的电路的中心频率相同？简述理由。

（3）二极管 D_1～D_4 的作用是什么？

10.8　直流稳压电源如图 P10.8 所示。

（1）用方框图描述电路各部分的功能及相互之间的关系；

（2）已知 W117 的输出端和调整端之间的电压为 1.25 V，3 端电流可忽略不计，求解输出电压 U_{O1} 和 U_{O2} 的调节范围，并说明为什么称该电源为“跟踪电源”？

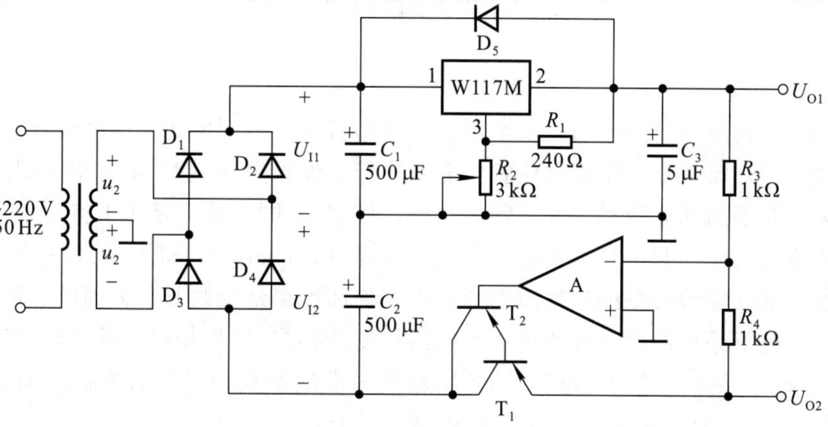

图 P10.8

10.9 电路如图 P10.8 所示。已知 W117 的输出端和调整端之间的电压为 1.25 V，3 端电流可忽略不计，输出电流的最小值为 5 mA；1 和 2 端之间电压大于 3 V 才能正常工作，小于 40 V 才不至于损坏；晶体管 T_1 饱和管压降的数值为 3 V；电网电压波动范围为 ±10%。

（1）求解输出电压 U_{O1} 和 U_{O2} 的调节范围；

（2）为使电路正常工作，在电网电压为 220 V 时，U_1 的取值范围为多少？

（3）若在电网电压为 220 V 时，$U_1 = 32$ V，则变压器二次电压有效值 U_2 约为多少伏？

10.10 电路如图 P10.8 所示。回答下列问题：

（1）电路中各电容的作用；

（2）二极管 D_5 的作用；

（3）调整管为什么采用复合管。

附　　录
半导体器件模型

在电子电路的分析计算中，通常将半导体器件用其等效模型取代。在本教材中，第 1 章介绍的二极管等效模型，第 2 章介绍的晶体管和场效应管 h 参数等效模型，第 3 章介绍的集成运放等效模型，第 4 章介绍的晶体管和场效应管高频等效模型，共同的特点是用于特定条件下的近似分析，因而尽量简化。而在利用计算机辅助分析和设计（Computer Aided Design，简称 CAD）电子电路时，构造电子器件等效模型的出发点是如何更正确和准确地反映其各方面的特性，从而使分析结果更精确，因此所采用的模型要比前面所介绍的复杂得多，它们是在器件物理原理基础上构造而成的。为描述半导体器件的复杂特性，需用较多的模型参数；例如，晶体管和场效应管的模型参数就有 40 个之多，即使比较简化的 EM2 模型也有十几个参数。

本节对 SPICE 中半导体器件模型加以简单介绍①，并在此基础上介绍 Multisim 中模型参数与之相同和不同之处。

一、二极管的模型及其参数

二极管的模型如图 1 所示。图中 R_s 为二极管的材料电阻，称为欧姆电阻；C_D 为二极管等效电容；I_D 为二极管的电流。设二极管端电压为 U_D，则 I_D 和 U_D 的关系为

$$I_D = f(U_D) = \begin{cases} (e^{qU_D/nkT} - 1) + U_D G_{min} & -5\dfrac{nkT}{q} \leqslant U_D \\ -I_S + U_D G_{min} & -BU < U_D < -5\dfrac{nkT}{q} \\ -I_{BU} & U_D = -BU \\ -I_S\left[e^{-q(BU+U_D)/kT} - 1 + \dfrac{qBU}{kT}\right] & U_D < -BU \end{cases}$$

其中 I_S——反向饱和电流（A）；

q——电子电荷（1.602×10^{-19} C）；

k——玻尔兹曼常数（1.38×10^{-23} J/K）；

T——绝对温度（K）；

N——发射系数（硅管 1.2 ~ 2.0）；

BU——反向击穿电压（V）；

I_{BU}——反向击穿时的电流（A）；

G_{min}——是 SPICE 程序中非线性支路的一个给定小电导，隐含值为10^{-12}S，一般情况下不影响二极管的特性。

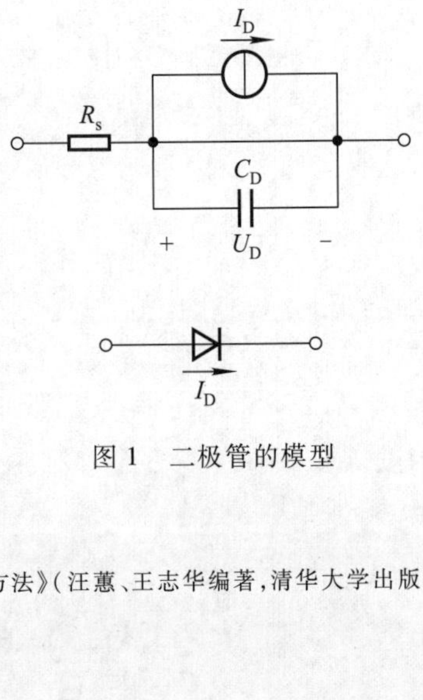

图 1　二极管的模型

① 附录中所涉及内容的详细分析可参阅《电子电路的计算机辅助分析与设计方法》（汪蕙、王志华编著，清华大学出版社 1996 年出版）第 3 章。为便于参阅，本节中所用符号与上述参考书中基本相同。

二极管的等效电容 C_D 为结电容 C_j，它是势垒电容 C_b 和扩散电容 C_d 之和，即

$$C_j = C_b + C_d$$

其中 $$C_d = \tau_D \frac{dI_D}{dU_D} \quad (\tau_D \text{ 为少数载流子的渡越时间})$$

$$C_b = \begin{cases} C_{j0}\left(1 - \dfrac{U_D}{\varphi_D}\right)^{-m} & U_D < FC \times \varphi_D \\ \dfrac{C_{j0}}{(1-FC)^{1+m}}\left[1 - FC(1+m) + \dfrac{mU_D}{\varphi_D}\right] & U_D \geqslant FC \times \varphi_D \end{cases}$$

其中 C_{j0}——零偏置时 PN 结的电容；

φ_D——PN 结自建电势，二极管的典型值为 0.7～0.8 V；

m——电容梯度因子，典型值为 0.3～0.5；

FC——正偏耗尽电容公式的系数，典型值为 0.5。

综上所述，二极管的模型参数共 14 个，如表 1 所示。

表 1　二极管的模型参数

序号	符号	SPICE 关键字	名　称	隐含值	单位	举例
1	I_S	IS	反向饱和电流	10^{-14}	A	2×10^{-15} A
2	R_s	RS	欧姆电阻	0	Ω	10 Ω
3	n	N	发射系数	1		1.2
4	τ_D	TT	渡越时间	0	s	1 ns
5	C_{j0}	CJO	零偏置电容	0	F	2 pF
6	φ_D	VJ	结电压	1	V	0.6 V
7	m	M	电容梯度因子	0.5		0.33
8	E_g	EG	禁带宽度	1.11	eV	1.11 eV(硅) 0.69 eV(锑) 0.67 eV(锗)
9	p_t	XTI	饱和电流温度系数	3.0		3.0
10	FC	FC	正偏耗尽层电容公式系数	0.5		0.5
11	BV	BV	反向击穿电压	∞	V	40 V
12	I_{BV}	IBV	反向击穿时电流	10^{-3}	A	10^{-3} A
13	K_f	KF	闪烁噪声系数	0		
14	a_f	AF	闪烁噪声指数	1		

在 Multisim V7 中，虚拟二极管和实际二极管模型参数均与 SPICE 中的完全相同。

二、晶体三极管的模型及其参数

晶体三极管(简称 BJT)的模型种类很多,应用最为广泛的是 Ebers－Moll 模型(简称 EM 模型)和 Gummel－Poon 模型(GP 模型)。其中 EM 模型从 1954 年诞生时的简单非线性直流模型 EM1,逐渐改进,已成为包括各种效应的较为完善的通用模型 EM3。GP 模型与 EM3 等价,是一种数学推导上更加严格和完整的模型。

晶体管的 EM2 模型如图 2 所示,它不但反映了晶体管的直流特性,而且在一定程度上描述了其频域和时域特性。其中 $r_{CC'}$、$r_{EE'}$和 $r_{BB'}$分别为集电极、发射极和基极的欧姆电阻,C_{DC}、C_{DE}为两个 PN 结的扩散电容,C_{JC}、C_{JE}为两个 PN 结的势垒电容。C_{SUB}为衬底电容,其典型值为 1～2 pF。

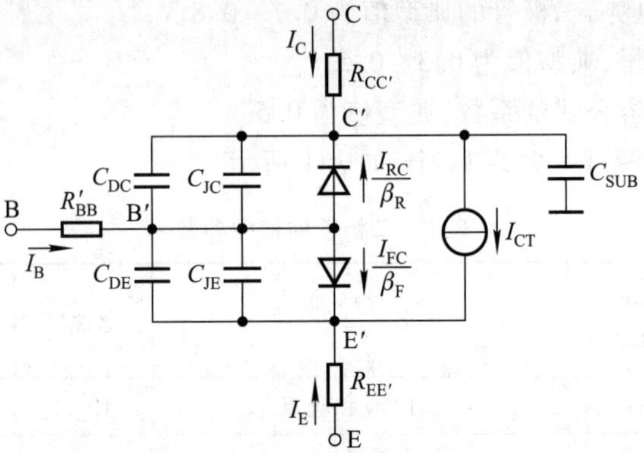

图 2　晶体管的 EM2 模型

电流源的电流为

$$I_{CT}=I_{FC}-I_{RC}=I_S\left[\exp\left(\frac{qU_{B'E'}}{kT}\right)-\exp\left(\frac{qU_{B'C'}}{kT}\right)\right]$$

晶体管三个极的电流为

$$I_E=-\frac{I_{FC}}{\beta_F}-I_{CT},\quad I_B=\frac{I_{FC}}{\beta_F}+\frac{I_{RC}}{\beta_R},\quad I_C=I_{CT}-\frac{I_{RC}}{\beta_R}$$

参数 I_S——晶体管的饱和电流;

β_F——正向共射电流放大系数;

β_R——反向共射电流放大系数。

发射结电容随发射结电压变化的表达式为

$$C_{JE}=\begin{cases}C_{JE0}\left(1-\dfrac{U_{B'E'}}{\varphi_E}\right)^{-m_E} & U_{B'E'}<FC\times\varphi_E\\ \dfrac{C_{JE0}}{F_2}\left(F_3+\dfrac{m_E U_{B'E'}}{\varphi_E}\right) & U_{B'E'}\geqslant FC\times\varphi_E\end{cases}$$

其中 $F_2=(1-FC)^{1+m_E}$,$F_3=1-FC(1+m_E)$。参数

C_{JE0}——$U_{B'E'}=0$ 时发射结电容值;

φ_E——发射区－基区内建势垒电位,典型值为 0.7～0.8 V;

m_E——发射区－基区电容梯度因子,典型值为 0.333～0.5;

FC——正偏耗尽电容公式系数。

集电结电容随结电压变化的表达式为

$$C_{JC}=\begin{cases}C_{JC0}\left(1-\dfrac{U_{B'C'}}{\varphi_C}\right)^{-m_C} & U_{B'C'}<FC\times\varphi_C\\ \dfrac{C_{JC0}}{F_2}\left(F_3+\dfrac{m_C U_{B'C'}}{\varphi_C}\right) & U_{B'C'}\geqslant FC\times\varphi_C\end{cases}$$

其中 $F_2=(1-FC)^{1+m_C}$，$F_3=1-FC(1+m_C)$，参数：

C_{JC0}——$U_{B'C'}=0$ 时集电结电容值；

φ_C——集电区-基区内建势垒电位，典型值为 0.7～0.8 V；

m_C——集电区-基区电容梯度因子，典型值为 0.333～0.5；

FC——正偏耗尽电容公式系数。

扩散电容的表达式为

$$C_{DE}\approx\tau_F\frac{qI_{FC}}{kT}$$

$$C_{DC}\approx\tau_R\frac{qI_{FC}}{kT}$$

其中 τ_F 为正向渡越时间，τ_R 为反向渡越时间。τ_F 可由下面公式求出。

$$\tau_F=\frac{1}{2\pi f_T}-C_{JC}R_{CC'}$$

式中 f_T 为晶体管的特征频率。

综上所述，EM2 共有 16 个模型参数。在 EM2 模型基础上，为了进一步反映晶体管基区宽度调制效应、电流和电压对电流放大系数的影响、电流对正向渡越时间的影响、温度对器件参数的影响等，便产生了 EM3 模型。EM3 模型中利用数学公式来描述上述效应，模型参数有 40 个之多，如表 2 所示。在 SPICE 程序中，若模型语句中没有定义 EM3 模型参数，则程序自动认为模型为 EM2 模型。

表 2　SPICE 中 BJT 管的模型参数

序号	符号	SPICE 关键字	名　称	隐含值	单位	举例
1	I_S	IS	饱和电流	10^{-16}	A	10^{-15}
2	β_F	BF	正向电流增益	100		80
3	β_R	BR	反向电流增益	1		1.5
4	n_F	NF	正向电流发射系数	1		1
5	n_R	NR	反向电流发射系数	1		1
6	c_2	ISE(c_2I_S)	B-E 结泄漏饱和电流	0	A	
7	c_4	ISC(c_4I_S)	B-C 结泄漏饱和电流	0	A	
8	I_{KF}	IKF	正向 β 大电流下降点	∞	A	10^{-2}

续表

序号	符号	SPICE 关键字	名 称	隐含值	单位	举例
9	I_{RF}	IRF	反向 β 大电流下降点	∞	A	10^{-13}
10	n_{EL}	NE	B-E 结泄漏发射系数	1.5		2
11	n_{CL}	NC	B-C 结泄漏发射系数	2		2
12	U_A	VAF	正向欧拉电压	∞	V	200
13	U_B	VAR	反向欧拉电压	∞	V	200
14	$R_{CC'}$	RC	集电极电阻	0	Ω	10
15	$R_{EE'}$	RE	发射极电阻	0	Ω	1
16	$R_{BB'}$	RB	基极电阻	0	Ω	10
17	R_{BM}	RBM	大电流时最小基极欧姆电阻	RB	Ω	10
18	I_{RB}	IRB	基极电阻下降到 1/2 最小值时的电流	∞	A	0.1
19	τ_F	TF	理想正向渡越时间	0	ns	1
20	τ_R	TR	理想反向渡越时间	0	ns	10
21	$X_{\tau F}$	XTF	TF 随偏置变化系数	0		
22	$U_{\tau F}$	VTF	TF 随 U_{BC} 变化的电压	∞		
23	$I_{\tau F}$	ITF	TF 的大电流参数	0	A	
24	$P_{\tau F}$	PTF	$f=(1/2\pi\tau_F)$ 时超前相位	0		
25	C_{JE0}	CJE	B-E 结零偏置耗尽电容	0	pF	2
26	φ_E	VJE	B-E 结内建电势	0.75	V	0.70
27	m_E	MJE	B-E 结梯度因子	0.33		0.35
28	C_{JC0}	CJE	B-C 结零偏置耗尽电容	0	pF	2
29	φ_C	VJC	B-C 结内建电势	0.75	V	0.70
30	m_C	MJC	B-C 结梯度因子	0.33		0.35
31	C_{SUB}	CJS	C-衬底结零偏置电容	0	pF	5
32	φ_S	VJS	衬底结内建电势	0.75	V	0.70
33	m_S	MJS	衬底结梯度因子	0.33		0.33
34	FC	FC	正偏压耗尽电容公式中的系数	0.5		
35	X_{CJC}	XCJC	B-C 结耗尽电容连接到基极内节点的百分数	1		
36	X_{TB}	XTB	BETA 的温度指数	0		
37	X_{TI}	XTI	饱和电流温度指数	3		

续表

序号	符号	SPICE 关键字	名　　称	隐含值	单位	举例
38	E_g	EG	IS 温度效应中的禁带宽度	1.11	（硅）eV	
39	K_f	KF	闪烁噪声系数	0		
40	a_f	AF	闪烁噪声指数	1		

此外，若采用改进的 GP 模型，则在 SPICE 程序中应定义。

Multisim 中虚拟晶体管模型采用了改进的 GP 模型，共有 40 个参数；实际晶体管模型采用了改进的 GP 模型中的一部分参数，共 27 个。

三、场效应管的模型及其参数

1. 结型场效应管的模型及其参数

图 3 所示为 N 沟道结型场效应管（简称 JFET）的模型。图中 I_{DS} 为非线性电流源，R_D 和 R_S 分别是漏极和源极的欧姆电阻，电容 C_{GD} 和 C_{GS} 反映两个栅结的电容存储效应，两只二极管 D_D 和 D_S 分别表示栅－漏和栅－源两个 PN 结。

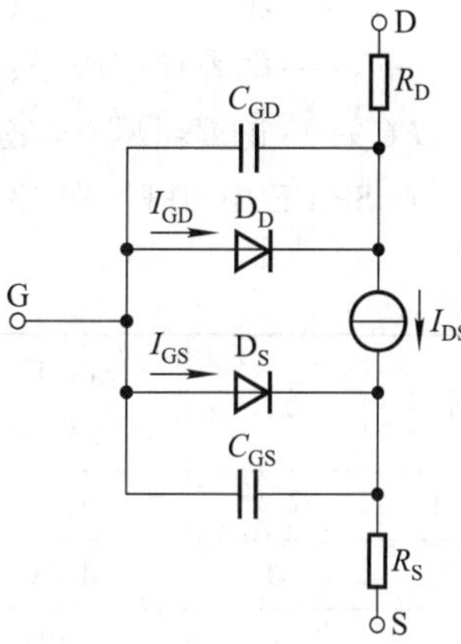

图 3　N 沟道结型场效应管的模型

二极管的电流方程为

$$I_{GD}=\begin{cases}-I_S+U_{GD}G_{min} & U_{GD}\leqslant -5\dfrac{kT}{q}\\ I_S\left[\exp\left(\dfrac{qU_{GD}}{kT}\right)-1\right]+U_{GD}G_{min} & U_{GD}>-5\dfrac{kT}{q}\end{cases}$$

$$I_{GS}=\begin{cases}I_S\left[\exp\left(\dfrac{qU_{GS}}{kT}\right)-1\right]+U_{GD}G_{min} & U_{GS}>-5\dfrac{kT}{q}\\ -I_S+U_{GD}G_{min} & U_{GS}\leqslant -5\dfrac{kT}{q}\end{cases}$$

I_{DS} 在正向工作区的计算公式为

$$I_{DS}=\begin{cases}0 & U_{GS}-U_{T0}\leqslant 0\\ \beta(U_{GS}-U_{T0})^2(1+\lambda U_{DS}) & 0<U_{GS}-U_{T0}\leqslant U_{DS}\\ \beta U_{DS}[2(U_{GS}-U_{T0})-U_{DS}](1+\lambda U_{DS}) & 0<U_{DS}<U_{GS}-U_{T0}\end{cases}$$

I_{DS} 在反向工作区的计算公式为

$$I_{DS}=\begin{cases}0 & U_{GS}-U_{T0}\leqslant 0\\ \beta(U_{GS}-U_{T0})^2(1+\lambda U_{DS}) & 0<U_{GS}-U_{T0}\leqslant U_{DS}\\ \beta U_{DS}[2(U_{GS}-U_{T0})-U_{DS}](1+\lambda U_{DS}) & 0<U_{DS}<U_{GS}-U_{T0}\end{cases}$$

其中 β——跨导参数；

U_{T0}——夹断电压；

λ——沟道长度调制系数。

由于正常工作时 D_D 和 D_S 均截止，故可只考虑势垒电容的电荷存储效应。势垒电容的计算公式为

$$C_{GS}=\begin{cases}C_{GS0}\left(1-\dfrac{U_{GS}}{\varphi_0}\right)^{-\frac{1}{2}} & U_{GS}<FC\times\varphi_0\\ \dfrac{C_{GS0}}{F_2}\left(F_3+\dfrac{U_{GS}}{2\varphi_0}\right) & U_{GS}\geqslant FC\times\varphi_0\end{cases}$$

$$C_{GD}=\begin{cases}C_{GD0}\left(1-\dfrac{U_{GD}}{\varphi_0}\right)^{-\frac{1}{2}} & U_{GD}<FC\times\varphi_0\\ \dfrac{C_{GD0}}{F_2}\left(F_3+\dfrac{U_{GD}}{2\varphi_0}\right) & U_{GD}\geqslant FC\times\varphi_0\end{cases}$$

其中 $F_2=(1-FC)^{1+m}$，$F_3=1-FC(1+m)$。参数：

C_{GS0}——零偏置 G－S 结电容值；

C_{GD0}——零偏置 G－D 结电容值；

φ_0——栅结内建电势；

m——电容梯度因子；

FC——正偏耗尽电容公式系数。

在 SPICE 中，JFET 有 13 个模型参数，如表 3 所示。

表 3 SPICE 中 JFET 的模型参数

序号	符号	SPICE 关键字	名称	隐含值	单位	举例
1	U_{T0}	VT0	阈值电压（夹断电压）	−2	V	
2	β	BETA	跨导参数	10^{-4}	A/V^2	
3	λ	LAMBDA	沟道长度调制系数	0	V^{-1}	
4	R_D	RD	漏极欧姆电阻	0	Ω	10 Ω
5	R_S	RS	源极欧姆电阻	0	Ω	10 Ω
6	C_{GS0}	CGS	零偏 G－S 结电容	0	F	
7	C_{GD0}	CGD	零偏 G－D 结电容	0	F	
8	φ_0	PB	栅结内建电势	1	V	
9	m	M	电容梯度因子	0.33		0.35
10	I_S	IS	栅 PN 结饱和电流	10^{-14}	A	
11	FC	FC	正偏耗尽电容系数	0.5		
12	K_f	KF	闪烁噪声系数	0		
13	a_f	AF	闪烁噪声指数	0		

在 Multisim 中，虚拟 JFET 模型参数采用了 SPICE3 中的 13 个参数，其中 12 个参数与 SPICE 中的完全相同，只有一个参数 B（Doping Tail Parameter，掺杂尾部参数）与 SPICE 中的 M

(电容梯度因子)不同;实际 JFET 模型采用了 PSpice 中的 JFET 模型,共有 21 个参数,除了包含 SPICE 中 JFET 模型的 13 个参数外,其余参数参见表 4,参数的关键字第一个字母大写,其余字母均小写。

表 4 Multisim 中增加的模型参数

序号	符号	关键字	名称	单位	隐含值
14	n	N	栅 PN 结发射系数		1.0
15	—	X_{TI}	饱和电流温度指数		3.0
16	I_{sscr} 或 I_{ssr}	I_{SR}	栅 PN 结复合电流参数	A	0
17	n	N_R	I_{SR} 的发射系数		2.0
18	—	Alpha	电离系数	V^{-1}	0
19	—	Vk	电离"膝点"电压	V	0
20	—	Vtotc	阈值电压温度系数	V/℃	0
21	—	Betatce	Beta 指数温度系数	%/℃	0

2. MOS 管的模型及其参数①

MOS 管是个四端器件,除栅极 G、漏极 D 和源极 S 外,还有衬底 B。N 沟道 MOS 管的模型如图 4 所示。由于绝缘层的隔离作用,从栅极看进去为栅-漏电容 C_{GD} 和栅-源电容 C_{GS};漏-衬、源-衬 PN 结分别用两只二极管表示,它们的电容效应用 C_{BD} 和 C_{BS} 表示;I_{DS} 为非线性电流源;R_D 和 R_S 分别是漏极和源极的欧姆电阻。

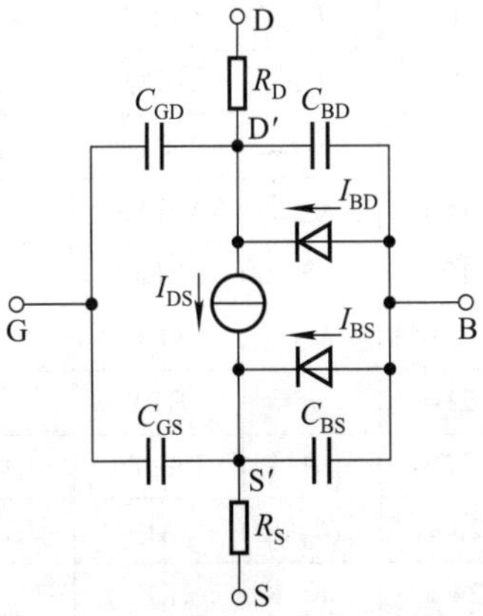

图 4 N 沟道 MOS 管的模型

MOS 管的模型在 SPICE 中分为 4 级(SPICE3 分为 6 级),模型级别用变量 LEVEL 指定:

LEVEL = 1 Shichma - Hodges 模型(缺省模型)
LEVEL = 2 基于几何图形的一种二维分析模型
LEVEL = 3 半经验短沟道模型
LEVEL = 4 适用于亚微米的 BSIM 模型

若不指定 LEVEL,则 SPICE 采用缺省模型,即一阶模型。SPICE 中 MOS 管的 1、2、3、6 阶有 41 个模型参数。Multisim 中虚拟 MOS 管模型采用了一阶模型,共有 28 个参数;实际晶体管模型采用了三阶模型,即半经验短沟道模型,共有 25 个参数,如表 5 所示,在序号栏中打"*"的为一阶模型参数,打"#"的为三阶模型参数。

---

① 场效应管模型参数的有关资料来源于姚立真主编的《通用电路模拟技术及软件应用》(北京:电子工业出版社. 1994 年 5 月)、http://www.ee.duke.edu/~hcc/DEVICE/node13.html、Spice3f User Manual 和 Orcad Pspice Reference Manual。

表 5 SPICE 中 MOS 管的模型参数

序号	符号	SPICE 关键字	名 称	隐含值	单位	举例
1 * #	V_{T0}	VT0	零偏阈值电压	1.0	V	1.0
2 *	K_P	KP	跨导参数	2×10^{-5}	A/V^2	3×10^{-5}
3 *	γ	GAMMA	体效应阈值参数	0.0	$V^{1/2}$	0.35
4 *	$2\Phi_P$	PHI	表面电势	0.0	V	0.65
5 *	λ	LAMBDA	沟道长度调制系数	0	V^{-1}	0.02
6 * #	t_{ox}	TOX	氧化层厚度	1×10^{-7}	m	1×10^{-7}
7#	N_b	NSUB	衬底掺杂浓度	0.0	$/cm^3$	1×10^{15}
8 * #	N_{SS}	NSS	表面态密度	0.0	$/cm^2$	1×10^{10}
9#	N_{FS}	NFS	快表面态密度	0.0	$/cm^2$	1×10^{10}
10	N_{eff}	NEFF	总沟道电荷系数	1		5.0
11#	X_J	XJ	结深	0.0	m	1×10^{-6}
12 * #	L_d	LD	横向扩散长度	0.0	m	8×10^{-7}
13 *	T_{PG}	TPG	栅材料类型	1(硅栅)		0(铝栅)
14 * #	μ_O	UO	载流子表面迁移率	600	$cm^2/(V\cdot s)$	700
15	U_c	UCRIT	迁移率下降时临界电场	1×10^4	V/cm	1×10^4
16	U_e	UEXP	迁移率下降时临界电场指数	0.0		0.1
17	U_t	UTRA	迁移率下降时横向电场系数	0.0		0.5
18#	v_{max}	VMAX	载流子最大漂移速度	0.0	m/s	5×10^4
19#	δ	DELTA	阈值电压的沟道宽度效应系数	0.1		1.0
20	X_{QC}	XQC	漏端沟道电荷分配系数	0.0		0.4
21#	η	ETA	静态反馈系数	0.0		1.0
22#	θ	THETA	迁移率调制系数	0.0	V^{-1}	0.05
23 *	A_F	AF	闪烁噪声指数	1.0		1.2
24 *	K_F	KF	闪烁噪声系数	0.0		1×10^{-26}
25 * #	I_S	IS	衬底结饱和电流	1×10^{-14}	A	1×10^{-15}
26 *	J_S	JS	衬底结饱和电流密度	0.0	A/m^2	1×10^{-8}
27 * #	Φ_J	PB	衬底结电势	0.8	V	0.75
28 * #	C_J	CJ	零偏衬底电容/平方米	0.0	F/m^2	2×10^{-4}
29 * #	M_J	MJ	衬底结电容梯度因子	0.5		0.5
30 * #	C_{JSW}	CJSW	零偏衬底电容/单位周边长度	0.0	F/m	1×10^{-9}
31 * #	M_{JSW}	MJSW	衬底周边电容梯度因子	0.33		0.33
32 * #	FC	FC	正偏耗尽电容系数	0.5		0.5

续表

序号	符号	SPICE 关键字	名　　称	隐含值	单位	举例
33 *	C_{GBO}	CGBO	G－B 间覆盖电容/单位沟道宽度	0.0	F/m	2×10^{-10}
34 *	C_{GDO}	CGDO	G－D 间覆盖电容/单位沟道宽度	0.0	F/m	2×10^{-11}
35 *	C_{GSO}	CGSO	G－S 间覆盖电容/单位沟道宽度	0.0	F/m	2×10^{-11}
36 * #	R_D	RD	漏极欧姆电阻	0.0	Ω	10
37 * #	R_S	RS	源极欧姆电阻	0.0	Ω	10
38 * #	R_{SH}	RSH	漏－源扩散区薄层电阻	0.0	Ω	30
39 * #	C_{BD}	CBD	零偏 B－D 电容	0.0	F	
40 * #	C_{BS}	CBS	零偏 B－S 电容	0.0	F	
41#	—	KAPPA	饱和场因子	0.2		

四、集成运放的模型及其参数

为了使问题简单化，突出主要特性，对于复杂的电子电路或电子系统往往采用宏模型。宏模型应在一定精度内，准确地模拟原电路的电特性，且电路的结构要尽可能简单。图 5 所示为集成运放的直流特性宏模型，表 6 所示为 F007 的手册参数和直流宏模型参数的关系。

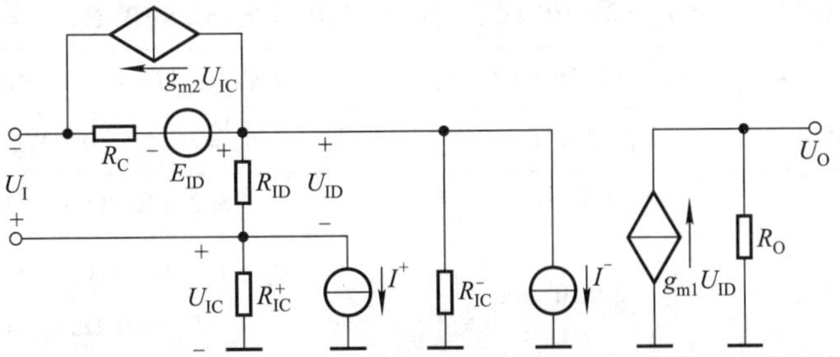

图 5　集成运放的直流特性宏模型

表 6　集成运放 F007 的手册参数和直流宏模型参数

序号	参数名称	手册参数	宏模型参数与手册参数的关系
1	输入偏置电流	$I_B=80\times10^{-9}$ A	$I^+=I_B=80\times10^{-9}$ A
2	输入失调电流	$I_{IO}=10\times10^{-9}$ A	$I^-=I_B+I_{IO}=90\times10^{-9}$ A
3	差模输入电阻	$r_{id}=2$ MΩ	$R_{ID}=r_{id}=2$ MΩ
4	共模输入电阻	$r_{ic}=2\times10^9$ Ω	$R_{IC}^+=R_{IC}^-=r_{ic}=2\times10^9$ Ω
5	输出电阻	$r_o=75$ Ω	$R_O=r_o=75$ Ω
6	输入失调电压	$U_{IO}=2$ mV	$E_{IO}=U_{IO}=2$ mV
7	差模开环增益	$A_{od}=2\times10^5$	$g_{m1}=A_{od}/R_O=2.76\times10^3$ S
8	共模抑制比	$K_{CMR}=3.16\times10^4$	$g_{m2}=1/(K_{CMR}R_C)=0.316\times10^{-6}$ S　（$R_C=100$ Ω）

图 6 所示为集成运放的交流小信号宏模型，其电路由输入级、第一中间级、第二中间级和输出级组成。输入级模拟运放差模和共模输入阻抗、共模抑制比，第一中间级模拟差模开环电压增益、上限频率，第二中间级模拟单位增益带宽，输出级模拟输出阻抗。表 7 所示为 F007 的手册参数和交流宏模型参数的关系。

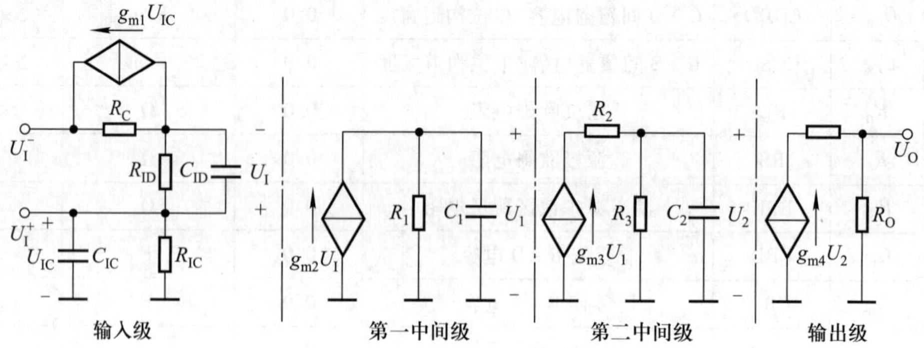

图 6 集成运放的交流小信号宏模型

表 7 集成运放 F007 的手册参数和交流小信号宏模型参数

序号	参数名称	手册参数	宏模型参数与手册参数的关系
1	差模输入电阻	$r_{id}=2\ \text{M}\Omega$	$R_{ID}=r_{id}=2\ \text{M}\Omega$
2	差模输入电容	$C_{id}=1.4\times10^{-12}\ \text{F}$	$C_{ID}=C_{id}=1.4\times10^{-12}\ \text{F}$
3	共模输入电阻	$r_{ic}=2\times10^{9}\ \Omega$	$R_{IC}=r_{ic}=2\times10^{9}\ \Omega, C_{IC}=0.256\times10^{-12}\ \text{F}$
4	共模抑制比	$K_{CMR}=3.16\times10^{4}$	$R_C=10\ \Omega, g_{m2}(f)=(300+\text{j}f)\times0.105\times10^{-7}\ \text{S}$
5	差模开环增益	$A_{od}=2\times10^{5}$	$R_1=85.2\times10^{3}\ \Omega, g_{m2}=2.35\ \text{S}$
6	上限频率	$f_H=7\ \text{Hz}$	$R_1=85.2\times10^{3}\ \Omega, C_1=0.267\times10^{-6}\ \text{F}$
7	单位增益带宽	$f_C=2\times10^{6}\ \text{Hz}$	$R_2=1\times10^{3}\ \Omega, C_2=79.6\times10^{-12}\ \text{F}$, $R_3=10\ \Omega, g_{m3}=0.1\ \text{S}$
8	输出电阻	$r_o=75\ \Omega$	$r_o=75\ \Omega, g_{m3}=0.013\ \text{S}$

部分自测题和习题答案

第 1 章

三、$U_{O1} \approx 1.3$ V，$U_{O2} = 0$，$U_{O3} \approx -1.3$ V，$U_{O4} \approx 2$ V，$U_{O5} \approx 1.3$ V，$U_{O6} \approx -2$ V。

四、(1) $R = 500\ \Omega$ 时 $U_O = 6$ V，$R = 5\ \text{k}\Omega$ 时 $U_O = 5$ V。(2) 25 mA。

五、(1) $U_O = U_{CE} = 2$ V。(2) $R_b \approx 45.4\ \text{k}\Omega$。

六、T_1、T_2、T_3 分别工作在恒流区、截止区、可变电阻区。

1.4 $I_d = U_i / r_d \approx 1$ mA。

1.5 (1) 1.4 V、6.7 V、8.7 V 和 14 V。(2) 0.7 V 和 6 V。

1.6 (1) 3.33 V、5 V、6 V。(2) $I_{D_Z} = 29\ \text{mA} > I_{ZM} = 25$ mA，稳压管将因功耗过大而损坏。

1.7 (1) S 闭合。(2) 约为 233 ~ 700 Ω。

1.11 当 $u_I = 0$ 时 $u_O = -U_Z = -5$ V。当 $u_I = -5$ V 时 $u_O = -0.1$ V。

1.13 管子可能是增强型管、耗尽型管和结型管。

1.14 当 $u_I = 4$ V 时 T 截止，当 $u_I = 8$ V 时 T 工作在恒流区，当 $u_I = 12$ V 时 T 工作在可变电阻区。

第 2 章

2.3 (1) 图(a)中：Q 点为 $I_{BQ} = \dfrac{V_{CC} - U_{BEQ}}{R_1 + R_2 + (1+\beta) R_3}$，$I_{CQ} = \beta I_{BQ}$，

$U_{CEQ} = V_{CC} - (1+\beta) I_{BQ} R_c$；$\dot{A}_u = -\beta \dfrac{R_2 /\!/ R_3}{r_{be}}$，$R_i = r_{be} /\!/ R_1$，$R_o = R_2 /\!/ R_3$。

(2) 在图(b)中，Q 点为 $I_{BQ} = \left(\dfrac{R_2}{R_2 + R_3} V_{CC} - U_{BEQ}\right) \Big/ [R_2 /\!/ R_3 + (1+\beta) R_1]$，$I_{CQ} = \beta I_{BQ}$，$U_{CEQ} = V_{CC} - I_{CQ} R_4 - I_{EQ} R_1$。$\dot{A}_u = \dfrac{\beta R_4}{r_{be}}$，$R_i = R_1 /\!/ \dfrac{r_{be}}{1+\beta}$，$R_o = R_4$。

2.4 空载时：$I_{BQ} = 20\ \mu\text{A}$，$I_{CQ} = 2$ mA，$U_{CEQ} = 6$ V；$U_{om} \approx 3.75$ V。带载时：$I_{BQ} = 20\ \mu\text{A}$，$I_{CQ} = 2$ mA，$U_{CEQ} = 3$ V；$U_{om} \approx 1.63$ V。

2.7 在空载时，$I_{BQ} \approx 22\ \mu\text{A}$，$I_{CQ} \approx 1.76$ mA，$U_{CEQ} \approx 6.2$ V。$r_{be} \approx 1.3\ \text{k}\Omega$，$\dot{A}_u \approx -308$，$R_i \approx 1.3\ \text{k}\Omega$，$\dot{A}_{us} \approx -93$，$R_o = 5\ \text{k}\Omega$。

$R_L = 5\ \text{k}\Omega$ 时，$U_{CEQ} \approx 2.3$ V，$\dot{A}_u \approx -115$，$\dot{A}_{us} \approx -35$，$R_i \approx 1.3\ \text{k}\Omega$，$R_o = 5\ \text{k}\Omega$。

2.9 (1) $R_b \approx 565\ \text{k}\Omega$。(2) $R_c > 3.93\ \text{k}\Omega$。

2.10 (1) $U_{om} \approx 2.12$ V。(2) $R_b \approx 446\ \text{k}\Omega$。

2.11 (1) 静态分析：$U_{BQ} \approx 2$ V，$I_{EQ} \approx 1$ mA，$I_{BQ} \approx 10\ \mu\text{A}$，$U_{CEQ} \approx 5.7$ V。

动态分析：$r_{be} \approx 2.73\ \text{k}\Omega$，$\dot{A}_u \approx -7.6$，$R_i \approx 3.7\ \text{k}\Omega$，$R_o = 5\ \text{k}\Omega$。

(3) R_i 增大，$R_i \approx 4.1\ \text{k}\Omega$；$|\dot{A}_u|$ 减小，$\dot{A}_u \approx -1.92$。

2.12 (1) Q 点：$I_{BQ} \approx 32\ \mu\text{A}$，$I_{EQ} \approx 2.6$ mA，$U_{CEQ} \approx 7.2$ V。

(2) $R_L = \infty$ 时 $R_i \approx 110\ \text{k}\Omega$，$\dot{A}_u \approx 0.996$；$R_L = 3\ \text{k}\Omega$ 时 $R_i \approx 76\ \text{k}\Omega$，$\dot{A}_u \approx 0.992$。

(3) $R_o \approx 37\ \Omega$。

2.13 (1) Q 点：$I_{BQ} \approx 31\ \mu\text{A}$，$I_{CQ} \approx 1.86$ mA，$U_{CEQ} \approx 4.56$ V。$R_i \approx 939\ \Omega$，$\dot{A}_u \approx -96$，

$R_o = 3\ \text{k}\Omega$。

(2) 设 $U_s = 10$ mV(有效值),则 $U_i \approx 3.2$ mV,$U_o \approx 307$ mV。若 C_3 开路,则 $R_i \approx 51.3\ \text{k}\Omega$,$\dot{A}_u \approx -1.5$,$U_i \approx 9.6$ mV,$U_{oi} \approx 14.4$ mV。

2.15 (1) $I_{DQ} = 1$ mA,$U_{GSQ} = -2$ V,$U_{DSQ} \approx 3$ V。(2) $g_m = 1$ mS,$\dot{A}_u = -5$,$R_i = 1\ \text{M}\Omega$,$R_o = 5\ \text{k}\Omega$。

2.16 (1) $U_{GSQ} = V_{GG} = 3$ V,$I_{DQ} = 1$ mA,$U_{DSQ} = 5$ V。(2) $g_m = 2$ mS,$\dot{A}_u = -20$。

第 3 章

三、(1) $I_{E1} = I_{E2} = 0.15$ mA。(2) 减小 R_{c2}。$R_{c2} \approx 6.8\ \text{k}\Omega$,$\dot{A}_u \approx -357$。

3.4 $\dot{A}_u \approx -30$,$R_i = 10\ \text{M}\Omega$,$R_o \approx 25\ \Omega$。

3.5 $I_{EQ} \approx 0.517$ mA,$r_{be} \approx 5.18\ \text{k}\Omega$,$A_d \approx -98$,$R_i \approx 20.5\ \text{k}\Omega$。

3.6 $u_{Ic} = 15$ mV,$u_{Id} = 10$ mV,$A_d \approx -175$,$\Delta u_O \approx -1.75$ V。

3.7 $A_d = -200$,$R_i = \infty$。

3.9 (1) $U_{om} \approx 7.78$ V,$U_{imax} \approx 77.8$ mV。

3.12 $I_{C1} = I_{C2} \approx I_R = 100\ \mu\text{A}$。

3.16 (3) $A_{ui} \approx \Delta u_O / \Delta i_{B3} = -\beta_3 R_c$。

第 4 章

二、(1) $\dot{A}_{usm} = \dfrac{R_i}{R_s + R_i} \cdot \dfrac{r_{b'e}}{r_{be}}(-g_m R_c) \approx -178$。(2) $C_\pi \approx 214$ pF,$C'_\pi \approx 1\,602$ pF。(3) $f_H \approx 175$ kHz,$f_L \approx 14$ Hz。(4) $20\lg|\dot{A}_{usm}| \approx 45$ dB。

4.8 (1) $C_1 : C_2 = 5 : 1$。(2) $f_L \approx 10$ Hz。

4.11 $\dot{A}_{um} = -50$,$20\lg|\dot{A}_{um}| \approx 34$ dB,$f_L \approx 0.796$ Hz,$C'_{gs} \approx 208$ pF,$f_H \approx 383$ Hz。

4.12 (2) $f_L \approx 50$ Hz,$f_H \approx 64.3$ kHz。

第 5 章

三、(2) $R_f = 190\ \text{k}\Omega$。

四、$20\lg|\dot{F}| < -40$ dB,即 $|\dot{F}| < 10^{-2}$。

5.12 反馈系数$20\lg|\dot{F}|$的上限值应为 -60 dB,即 $\dot{F}$ 的上限值为10^{-3}。

5.14 (2) $R_f = 18.5\ \text{k}\Omega$。

5.15 (1) 电路一定会产生自激振荡。

第 6 章

三、图(a):$u_{O1} = -R_f\left(\dfrac{u_{I1}}{R_1} + \dfrac{u_{I2}}{R_2}\right) + \left(1 + \dfrac{R_f}{R_1 /\!/ R_2}\right) \cdot \dfrac{R_4}{R_3 + R_4} \cdot u_{I3}$,$u_O = -\dfrac{1}{RC}\int u_{O1}\,dt$

图(b):$u_O = \sqrt{\dfrac{R_2 R_4}{k R_1 R_3} \cdot u_I}$

6.4 $R_i = 50\ \text{k}\Omega$,比例系数为 -104。

6.7 (a) $u_{Ic} = u_{I3}$;(b) $u_{Ic} = \dfrac{10}{11}u_{I2} + \dfrac{1}{11}u_{I3}$;(c) $u_{Ic} = \dfrac{8}{9}u_{I2}$;(d) $u_{Ic} = \dfrac{40}{41}u_{I3} + \dfrac{1}{41}u_{I4}$

6.8 $I_L = 0.6\ mA$。

6.9 (1) $u_O = 10\left(1+\frac{R_2}{R_1}\right)(u_{I2}-u_{I1})$或$u_O = 10 \cdot \frac{R_w}{R_1} \cdot (u_{I2}-u_{I1})$。

6.11 当$t = 5\ ms$时,$u_O = -2.5\ V$;当$t = 15\ ms$时,$u_O = 2.5\ V$。

6.14 (2) 经 0.6 s 输出电压达到 6 V。

6.15 $u_O = -\int u_I dt$。

6.16 (2) $t \approx 28.6\ ms$。

6.22 $R \approx 160\ k\Omega, R_1 = R_2 = 4R \approx 640\ k\Omega$。

6.23 以u_{O1}为输出是高通滤波器,以u_{O2}为输出是带通滤波器,以u_{O3}为输出是低通滤波器。

第 7 章

五、(2) $u_O = \pm 8\ V, \pm U_T = \pm 8\ V$。(3) $u_O = -2\,000 u_{O1}(t_2 - t_1) + u_O(t_1)$。

7.6 (2) 145 Hz ~ 1.6 kHz。

7.7 (2) $f_0 \approx 9.95\ Hz$。

7.8 (1) 上"-"下"+"。

7.15 (2) $u_{O1} = -100 i_I$。

7.17 (1) $T \approx 3.3\ ms$。(2) 脉冲宽度$T_1 \approx 1.1\ ms$。

7.20 (1) 占空比$\delta = \frac{6+u_I}{12}$。

7.23 (2) $f \approx \frac{u_I}{2U_T R_1 C} = 0.625 u_I$。

7.24 (4) $f \approx 1.1 u_I$。

第 8 章

二、(2) $P_{om} = 16\ W, \eta \approx 69.8\%$。(3) R_5至少应取 10.3 kΩ。

8.4 (1) $P_{om} = 24.5\ W, \eta \approx 68.7\%$。(2) $P_{Tmax} \approx 6.4\ W$。(3) $U_i \approx 9.9\ V$。

8.5 (3) 增大R_3。

8.7 (1) $P_{om} = 4\ W, \eta \approx 69.8\%$。(2) $I_{Cmax} = 0.5\ A, U_{CEmax} = 34\ V, P_{Tmax} \approx 1.03\ W$。

8.9 (1) $U_{om} \approx 8.65\ V$。(2) $i_{Lmax} \approx 1.53\ A$。(3) $P_{om} \approx 9.35\ W, \eta \approx 64\%$。

8.10 $i_{Cmax} \approx 26\ A, P_{Tmax} \approx 46\ W$。

8.11 (1) $P_{om} \approx 10.6\ W$。(3) $R_f \approx 49\ k\Omega$。

8.12 (2) $P_{om} \approx 5.06\ W, \eta \approx 58.9\%$。(3) $I_{CM} > 1.5\ A, U_{(BR)CEO} > 24\ V, P_{CM} > 1.82\ W$。

8.13 (2) $V_{CC} > 19.9\ V$。

8.14 (3) $P_{om} \approx 5.06\ W, \eta \approx 58.9\%$。

8.15 (1) $\dot{A}_u \approx 30.4$。(2) $P_{om} \approx 11.4\ W, \eta \approx 70.7\%$。(3) $U_i \approx 314\ mV$。

8.16 (2) $P_{om} \approx 21\ W, \eta \approx 68\%$。(3) $U_i \approx 0.46\ V$。

8.17 (3) $P_{om} \approx 21\ W, \eta \approx 68\%$。

8.18 (1) OTL 电路应取$V_{CC} = 20\ V$,BTL 电路应取$V_{CC} = 13\ V$。

(2) $P_{om(OTL)} \approx 0.316\ W, P_{om(OCL)} = 2.25\ W, P_{om(BTL)} \approx 1.27\ W$。

第 9 章

四、(2) 负载电流的范围为 12.5 ~ 32.5 mA。

五、(1) $U_{Omin} = 1.25$ V。(2) $R_2 = 4.56$ kΩ。(3) 输入电压的取值范围为 31.1 ~ 37.5 V。

9.5 (1) $U_2 \approx 16.7$ V。(2) $I_F \geqslant 55$ mA, $U_R > 26$ V。

9.6 (1) 全波整流电路。

9.7 (1) $U_{O1} \approx 31.5$ V, $U_{O2} \approx 18$ V。(2) $U_R > 99$ V, $U_R > 57$ V。

9.8 (3) $U_{O1(AV)} = -U_{O2(AV)} \approx 18$ V。(4) $U_{O1(AV)} = -U_{O2(AV)} \approx 18$ V。

9.11 (1) 360 ~ 400 Ω。(2) $S_r \approx 0.2$。

9.12 (1) $R_2 = 600$ Ω。(2) 250 Ω ~ ∞ 。

9.13 (1) $U_O = 7.5 \sim 15$ V。(2) $I_{Emax} \approx 140$ mA。(3) $P_{Tmax} \approx 2.8$ W。

9.16 $I_{Lmax} \approx 4.5$ A。

9.17 (1) $U_O \approx 1.25 \sim 16.9$ V。(2) 20 ~ 41.3V。

9.19 (2) 图(a): $R_{Lmax} \approx 148$ Ω。图(b): $R_{Lmax} = 120$ Ω。

第 10 章

10.1 (1) $\frac{du_O}{dt} + \frac{R_3 R_6 R_8 u_O}{R_2 R_4 R_7 (R_5 + R_6) C} - \frac{R_3}{R_1 R_4 C} u_I = 0$。

10.3 (1) $u_O = -\frac{R_3}{R_2} \cdot \frac{R_2 /\!/ r_{ds}}{R_1 + R_2 /\!/ r_{ds}} \cdot u_I$。(4) 调零。

10.4 $\frac{R_2 /\!/ r_{ds}}{R_1 + R_2 /\!/ r_{ds}}$变化 0.5% 。

10.6 (1) $f_0 \approx 400$ Hz。(2) $u_{O2} = (0.01 \sim 0.03) \cdot u_{O3}$。(3) $|\dot{A}_{u3}| = 2\pi f_0 R_f C_X$。

10.7 (1) 均约为 5.03。

10.8 (2) $U_{O1} = -U_{O2} = 1.25 \sim 16.9$ V。

10.9 (1) 1.25 ~ 16.9 V; (2) 22.1 ~ 37.5 V; (3) $U_2 \approx 27$ V。

10.10 (1) 滤波。(2) 保护 W117。(3) 增大负载电流。

参考文献

1. Donald A. Neamen. Microelectronics: circuit analysis and design[M]. 3rd ed. New York: McGraw-Hill Companies, Inc. 2007.

2. Adel S. Sedra, Keneth C. Smith. Microelectronic Circuits[M]. 5th ed. Oxford University Press. Inc, 2004.

3. Thomas L. Floyd. Fundamentals of Analog Circuits[M]. 2nd ed. New Jersey: Prentice-Hall Inc. 2002.

4. Muhammad H. Rashid. Microelectronic Circuits: Analysis and Design[M]. 2nd ed. Cengage Learning, Inc. 2009.

5. Sergio Franco. Design With Operational Amplifiers and Analog Integrated Circuits[M]. New York: McGraw-Hill Company. 2002.

6. Robert T. Paynter. Introductory Electronic Devices and Circuits[M]. 7th ed. New Jersey: Prentice-Hall Inc. 2005.

7. Stephen L. Herman. Electronics for Electricians[M]. 5th ed. Delmar Cengage Learning. 2006.

8. Theodore F. Bogart Jr, Jeffrey S. Bersley, Guillermo Rico. *Electronic Devices and Circuits*[M]. 6th ed. 电子器件与电路(第六版)中译本. 北京:清华大学出版社. 2006.

9. 华中科技大学电子技术课程编,康华光主编. 电子技术基础(模拟部分)[M]. 5版. 北京:高等教育出版社,2006.

10. 西安交通大学电子学教研组编,沈尚贤主编. 电子技术导论[M]. 北京:高等教育出版社,1985.

11. 谢嘉奎主编. 电子线路[M]. 5版. 北京:高等教育出版社,2010.

12. 浙江大学电工电子基础教学中心电子技术课程组编,郑家龙,陈隆道,蔡忠法主编. 集成电子技术基础教程[M]. 2版. 北京:高等教育出版社,2008.

13. 吴运昌. 模拟集成电路原理与应用[M]. 广州:华南理工大学出版社,2004.

14. 朱正涌. 半导体集成电路[M]. 2版. 北京:清华大学出版社,2009.

15. 冯民昌. 模拟集成电路系统[M]. 2版. 北京:中国铁道出版社,1998.

16. 童诗白,何金茂主编. 电子技术基础试题汇编(模拟部分)[M]. 北京:高等教育出版社,1992.

17. 谢沅清,解月珍. 电子电路基础[M]. 北京:人民邮电出版社,1999.

18. 汪惠,王志华. 电子电路的计算机辅助分析与设计方法[M]. 北京:清华大学出版社,1996.

19. C. Toumazou F. J. Lidgey & D. G. Haigh. 模拟集成电路设计——电流模法[M]. 姚玉洁,冯军,尹洪,等译. 北京:高等教育出版社,1996.

20. 董在望主编. 通信电路原理[M]. 2版. 北京:高等教育出版社,2002.

索　引

D

G

J

K